E-Book inside.

Mit folgendem persönlichen Code können Sie die E-Book-Ausgabe dieses Buches downloaden.

59018-r65p6-wr1pn-200hx

Registrieren Sie sich unter
www.hanser-fachbuch.de/ebookinside
und nutzen Sie das E-Book auf Ihrem Rechner*, Tablet-PC und E-Book-Reader.

Der Download dieses Buches als E-Book unterliegt gesetzlichen Bestimmungen bzw. steuerrechtlichen Regelungen, die Sie unter www.hanser-fachbuch.de/ebookinside nachlesen können.
* Systemvoraussetzungen: Internet-Verbindung und Adobe® Reader®

D1700931

Schuth / Buerakov
Handbuch Optische Messtechnik

Bleiben Sie auf dem Laufenden!

Hanser Newsletter informieren Sie regelmäßig über neue Bücher und Termine aus den verschiedenen Bereichen der Technik. Profitieren Sie auch von Gewinnspielen und exklusiven Leseproben. Gleich anmelden unter

www.hanser-fachbuch.de/newsletter

Michael Schuth
Wassili Buerakov

Handbuch Optische Messtechnik

Praktische Anwendungen für Entwicklung, Versuch, Fertigung und Qualitätssicherung

HANSER

Die Autoren:
Prof. Dr.-Ing. Michael Schuth, Fachhochschule Trier
Dr. Wassili Buerakov, Fachhochschule Trier

ISBN: 978-3-446-43634-3
eBook-ISBN: 978-3-446-43661-9

Bibliografische Information der Deutschen Nationalbibliothek
Die Deutsche Nationalbibliothek verzeichnet diese Publikation in der Deutschen Nationalbibliografie; detaillierte bibliografische Daten sind im Internet über *http://dnb.d-nb.de* abrufbar.

Das Werk einschließlich seiner Teile ist urheberrechtlich geschützt. Jede Verwertung, die nicht ausdrücklich vom Urheberrechtsgesetz zugelassen ist, bedarf vorheriger Zustimmung des Verlags. Das gilt insbesondere für Vervielfältigungen, Bearbeitungen, Übersetzungen, Mikroverfilmungen und die Einspeicherung und Verarbeitung in elektronischen Systemen.

Alle in diesem Buch enthaltenen Informationen wurden nach bestem Wissen zusammengestellt und mit Sorgfalt geprüft und getestet. Dennoch sind Fehler nicht ganz auszuschließen. Aus diesem Grund sind die im vorliegenden Buch enthaltenen Informationen mit keiner Verpflichtung oder Garantie irgendeiner Art verbunden. Autor und Verlag übernehmen infolgedessen keine Verantwortung und werden keine daraus folgende oder sonstige Haftung übernehmen, die auf irgendeine Weise aus der Benutzung dieser Informationen – oder Teilen davon – entsteht.

Ebensowenig übernehmen Autor und Verlag die Gewähr dafür, dass die beschriebenen Verfahren usw. frei von Schutzrechten Dritter sind. Die Wiedergabe von Gebrauchsnamen, Handelsnamen, Warenbezeichnungen usw. in diesem Werk berechtigen auch ohne besondere Kennzeichnung nicht zu der Annahme, dass solche Namen im Sinne des Warenzeichen- und Markenschutz-Gesetzgebung als frei zu betrachten wären und daher von jedermann benützt werden dürften.

© 2017 Carl Hanser Verlag GmbH & Co. KG, München
www.hanser-fachbuch.de
Lektorat: Dipl.-Ing. Volker Herzberg
Herstellung: Cornelia Rothenaicher
Umschlagmotiv: AMETEK GmbH – Division Creaform Deutschland
Umschlagrealisation: Stephan Rönigk
Satz: Kösel Media GmbH, Krugzell
Druck und Bindung: Firmengruppe APPL, Wemding
Printed in Germany

Vorwort

Wohl keine Technologie dieser Welt hat in den letzten Jahren ein so rasantes Wachstum erlebt wie die Photonik. Computer, Smartphones, 3D-Filme, digitale Fotokameras. Optische Technologien im weitesten Sinne haben unser Leben wesentlich verändert und werden es weiterhin tun. Zum Beispiel in der Medizintechnik sind Geräte, die auf der Photonik begründet sind, wegweisende Hilfsmittel, um unsere Mediziner zu unterstützen. Operationen werden von Kameras überwacht und liefern, eingebunden in Analysegeräte, wichtige Informationen. Beispiele sind: Tumorbehandlungen im Gehirn, Vermessung von Implantaten bei künstlichen Knie- und Hüftgelenken, Detektionen von Krebsgeschwüren, ja sogar die Formfassungen von Zahnprothesen werden mit optischen Systemen erfasst, ausgewertet und umgesetzt.

Auch in der Industrielandschaft sind optische Technologien nicht mehr wegzudenken und stehen auf Wachstumskurs. Weitreichende, zukünftige Entwicklungen sind zu erwarten, in denen optische Sensoren Messergebnisse liefern:

- Beim autonomen Fahren, um die Mobilität des Menschen zu verbessern
- In der Informationsverarbeitung in Form von Bildern, Videos, Animationen usw.
- Bei der Erforschung neuer Galaxien und des Weltraums (z. B. Rohstoffgewinnung auf dem Mond, dem Mars oder von Kometen, sowie die Erschließung neuer Lebensräume)
- Beim Einsatz individueller, robotergestützter Pflegedienste für ältere und erkrankte Menschen, um den Bedarf an Pflegekräften, zumindest teilweise zu kompensieren.
- Bei der Miniaturisierung von Schaltkreisen und der Erhöhung der Speicherkapazität zur Datenverwaltung (Stichwort optische Computer)
- Bei Analysegeräten, auch für den häuslichen Gebrauch, welche beispielsweise mit dem Smartphone in Verbindung stehen (Beantwortung einfacher Fragen, wie „Was habe ich noch im Kühlschrank?", „Sind meine Rollläden unten?", „Ist der Herd abgeschaltet?", „Sind Einbrecher im Haus?").
- Analysegeräte zur Energieberatung („Welche Geräte sind ein- bzw. ausgeschaltet?", „Wie ist die Temperaturverteilung rund um die Firma bzw. ums Haus?")
- Veränderungen in der Arbeitswelt durch verstärkten Einsatz von „Home-Office-Systemen", gekoppelt mit optischer Signalverarbeitung
- In der Agrarwirtschaft, zur Analyse des Pflanzenwachstums, mit Hilfe optischer Sensoren, welche direkt am Traktor befestigt werden.
- Industrie 4.0 ist ohne optische Messtechnik nicht umzusetzen

Die weitreichenden Einsatzmöglichkeiten optischer Messtechnik sind verbunden mit den Hauptvorteilen der Systeme wie:

- Zerstörungsfreie Prüf- und Messmethode
- Materialunabhängige Einsatzmöglichkeit
- Ganzflächige Überprüfbarkeit
- Kontaktlose Analyse
- Digitale Datenermittlung, -aufbereitung, -transfer und -protokollierung in einem Ablauf

Motivation

Mittlerweile gibt es eine Vielzahl an Büchern, Firmenbroschüren und Forschungsberichte, welche die Grundlagen der optischen Systeme erläutern. Dabei werden die physikalischen Zusammenhänge hergeleitet sowie die mathematischen Wege und Herleitungen diverser Algorithmen beschrieben. Genau hierin unterscheidet sich das Ihnen vorliegende „Handbuch Optische Messtechnik (HOM)".

Es wird bewusst auf seitenlange, mathematische Herleitungen verzichtet. Im Vordergrund steht der Anwender, der ein Verfahren sucht, um eine komplexe, messtechnische Aufgabe zu lösen und dafür ein schnelles, anwenderfreundliches, präzises und aussagekräftiges Messsystem benötigt. Das Handbuch ist daher ein Nachschlagewerk, um gezielt für verschiedene Messaufgaben das geeignete System zu finden und gleichzeitig Alternativen aufzuzeigen. Alle Messsysteme werden daher in diesem Buch anhand einer sorgfältig aufbereiteten Struktur erläutert. Die physikalischen Grundlagen werden durch übersichtliche Prinzipskizzen vorgestellt und beschrieben. Mehrere Anwendungsbeispiele aus der Industrie werden aufgeführt, die zudem zur Findung eigener Lösungswege anregen. Innerhalb kürzester Zeit ist jeder in der Lage, geeignete Systeme anhand der Übersichtstabellen, Verfahrensbeschreibungen und Anwendungsbeispiele für die vorliegende Messaufgabe auszuwählen. Ebenfalls können gezielt Fragen an Systemlieferanten gestellt werden.

Dank

Zum Schluss möchten wir uns bei den Mitarbeitern des Hanser Verlages bedanken, ohne dessen Unterstützung dieses Handbuch nicht zustande gekommen wäre. Insbesondere gilt unser Dank Herrn Herzberg, der uns bei der Gestaltung stets zur Seite gestanden hat.

Weiterhin gilt unser aufrichtiger Dank den über 40 beteiligten Firmen, den Mitarbeitern und Fachleuten, dessen Informationen und Anwendungsbeispiele wesentlich zum Gelingen dieses Handbuches beigetragen haben.

Trier, den 24.07.2017 *Wassili Buerakov*
Michael Schuth

PS:
Sollten Sie Anregungen, Hinweise und Ergänzungen haben, so sprechen Sie bitte den Hanser Verlag oder direkt die Autoren an. Wir freuen uns über jeden kreativen Hinweis.
Prinzipiell sind viele optische Messmethoden bekannt, aber die Umsetzung in die tägliche, industrielle Anwendung steht noch weit am Anfang.
Brauchen Sie weitere Unterstützung? Sprechen Sie uns an. Wir freuen uns auf Sie um ggf. weitere Details mit Ihnen zu besprechen.
Kontakt: schuth@hochschule-trier.de, Betreff: HOM

Inhaltsverzeichnis

Vorwort V

Die Autoren XXV

Firmen, die mit Praxisbeispielen im Handbuch vertreten sind XXVII

Einleitung XXIX
1 Geschichte der Optik XXIX
2 Bedeutung der optischen Technologien heute XXXV
    2.1 Bedeutung der optischen Technologien in der Technik XXXV
    2.2 Bedeutung der optischen Technologien im Militärsektor XXXVIII
    2.3 Bedeutung der optischen Technologien in der Medizin XXXVIII
3 Bedeutung der optischen Technologie in Zukunft XL
4 Literaturverzeichnis XLIII

TEIL I
3D-Formerfassung

1 Einleitung 3
    1.1 Historischer Rückblick 3
    1.2 Nichtoptische Messtechnik 3
    1.3 Übersicht 5

2 Lichtschnittverfahren 9
    2.1 Verfahrensgrundlagen 9
    2.2 Beschreibung des Lichtschnittverfahrens 10
    2.3 Messeinflüsse beim Lichtschnittverfahren 13
    2.4 Grenzen des Lichtschnittverfahrens 14
    2.5 Kalibrierung beim Lichtschnittverfahren 15
    2.6 Nachbearbeitung der Messdaten beim Lichtschnittverfahren 16
    2.7 Anwendungsbeispiele für das Lichtschnittverfahren 17
        2.7.1 Geometriekontrolle von Gussrohren 17
        2.7.2 Prüfung von Jochprofilträgern ohne Taktzeitverlust 19

		2.7.3	Vermessen eines Traktors	20
		2.7.4	Engineering eines Flugzeuginnenraums – vom Scan zum 3D-CAD-Modell	21
		2.7.5	Robotergeführte optische CMM-Scanner	23
		2.7.6	Verbau von Windschutzscheiben	24
		2.7.7	Spalt-Bündigkeitsmessung an Karosserieteilen	25
		2.7.8	Nietenprüfung im Flugzeugbau	25
		2.7.9	Vermessen von Karossen	25
		2.7.10	Reverse Engineering im Rennsport	26
		2.7.11	Vermessen und Auswerten der Tornadolinie	29
		2.7.12	Das messtechnische Geheimnis der Poleposition von Red Bull Technology	31
		2.7.13	Einsatz multisensorischer Messsysteme in Fertigung von hochpräzisen Bauteilen	33
		2.7.14	Optische Qualitätssicherung im Fahrzeugbau bei Volvo	35
		2.7.15	Optische Untersuchung von im Gesenk geschmiedeten Implantaten	36
		2.7.16	Vermessung von Blechteilen im Automobilbau	38
		2.7.17	Digitalisieren eines komplexen Türschließsystems	38
		2.7.18	Laserscantechnik in einer Zinkdruckgießerei	42

3 Streifenprojektion ... 44

	3.1	Verfahrensgrundlagen		44
	3.2	Beschreibung des Streifenprojektionverfahrens		45
		3.2.1	Zeitlich codierte Verfahren	45
		3.2.2	Gray-Code	46
		3.2.3	Phasen-codierte Verfahren	46
		3.2.4	Frequenzcodierte Verfahren	47
		3.2.5	Örtlich codierte Verfahren	47
		3.2.6	Sonstige Codierverfahren	48
		3.2.7	Vergleich der Codierverfahren	48
		3.2.8	Streifenprojektionstechniken	49
		3.2.9	Zweikamerasysteme	49
		3.2.10	Vermessung von Kleinstrukturen bzw. kleinen Objekten	50
	3.3	Kalibrierung bei der Streifenprojektion		50
	3.4	Anwendungsbeispiele der Streifenprojektion		50
		3.4.1	Systemlösung ATOS (GOM GmbH): Vollflächige Geometriemessung	51
		3.4.2	3D Digitalisierung eines Gebissabdrucks	55
		3.4.3	Schadensanalyse bei Pkw-Pkw-Kollisionen	56
		3.4.4	Fahrzeuginnenraumvermessung	57
		3.4.5	Nicht-industrielle Anwendungen (Archäologie)	57
		3.4.6	3D-Vermessung von Jagdwaffen	58
		3.4.7	3D-Vermessung im Werkzeugbau	60
		3.4.8	3D-Vermessung im Formenbau	61
		3.4.9	Digitalisierung eines Fahrzeugdesignmodells	61
		3.4.10	Optische Qualitätssicherung des neuen Honda Civic	63
		3.4.11	Schnelle Nietenprüfung im Flugzeugbau	66
		3.4.12	Untersuchung von Spaltmaßen im Automobilbau	67
		3.4.13	Untersuchung eines Turbinenlaufrads	68
		3.4.14	3D-Qualitätsprüfung von Getriebegehäusen für Nutzfahrzeuge	70

  3.4.15 3D-Qualitätsprüfung von Lagergehäusen für Vier-Takt-Motoren 71
  3.4.16 3D-Qualitätsprüfung von Turbinenschaufeln 72
  3.4.17 3D-Qualitätsprüfung und Fahrzeugvermessung in der Formel 1™ 73

4 Photogrammetrie 75
 4.1 Prinzip der Photogrammetrie 75
  4.1.1 Verfahrensgrundlagen 75
  4.1.2 Messverfahren der Photogrammetrie 76
 4.2 Anwendungsbeispiele der Photogrammetrie 78
  4.2.1 Einsatz mobiler optischer Koordinatenmesstechnik beim Aufbau
     von Offshore-Windenergieanlagen 78
  4.2.2 Qualitätssicherung an BMW-Cabriolets 83
  4.2.3 Mobile 3D-Koordinatenmesstechnik für den Schiffbau 90
  4.2.4 3D-Vermessung von Fenstern für Luxusyachten 95
  4.2.5 Vermessung der Rotorblattflansche von Windkraftanlagen 95
  4.2.6 Messen unter anspruchsvollen Bedingungen 97
  4.2.7 3D-Inspektion von Zügen 99

5 Triangulationssensor 101
 5.1 Verfahrensgrundlagen 101
 5.2 Messverfahren des Triangulationssensors 101
 5.3 Anwendungsbeispiele der Triangulationssensoren 102
  5.3.1 Dickenmessung von Gummibahnen für das Baugewerbe 102
  5.3.2 Dickenmessung von Folie 103
  5.3.3 Zweiseitige Dickenmessung mit Laserprofilsensoren 103

6 Weißlichtinterferometrie 106
 6.1 Verfahrensgrundlagen 106
 6.2 Beschreibung des Weißlichtinterferometrieverfahrens 107
 6.3 Anwendungsbeispiele der Weißlichtinterferometrie 108
  6.3.1 Vergleich zu taktilen Messsystemen 108
  6.3.2 Oberflächenuntersuchungen mit Weißlichtinterferometrie 109

7 Optische Kohärenztomografie 111
 7.1 Verfahrensgrundlagen 111
 7.2 Messverfahren der optischen Kohärenztomografie 111

8 Konfokale Mikroskopie 113
 8.1 Verfahrensgrundlagen 113
 8.2 Messverfahrens der konfokalen Mikroskopie 114
 8.3 Anwendungsbeispiele der konfokalen Mikroskopie 116
  8.3.1 Vermessung der Schneidkante einer Gewindeschneidplatte 116
  8.3.2 Oberflächenstruktur- und Rauheiterfassung 118
  8.3.3 Anwendungsbeispiele aus der Medizintechnik 120

	8.3.4	Konfokale Mikroskopie bei additiven Fertigungsverfahren	121
	8.3.5	Untersuchung von Mikrostrukturen in Forschung und Produktion	122

9 Chromatisch-konfokales Messverfahren 125

- 9.1 Verfahrensgrundlagen 125
  - 9.1.1 Beschreibung des chromatisch-konfokalen Messverfahrens 125
    - 9.1.1.1 Chromatisch-konfokale Spektralinterferometrie 127
- 9.2 Anwendungsbeispiele der chromatisch-konfokalen Mikroskopie 128
  - 9.2.1 Untersuchung von Dichtelementen und -flächen 128
  - 9.2.2 Anwendungsbeispiele aus der Medizin 129

10 Streulichtsensor 131

- 10.1 Verfahrensgrundlagen 131
- 10.2 Messverfahren des Streulichtsensors 132
- 10.3 Anwendungsbeispiele des Streulichtsensors 134
  - 10.3.1 Rauheitsmessung während des Walzenschleifens 134
  - 10.3.2 Flächenrauheitsmessung von Kegelrollen 134
  - 10.3.3 100%-Messung bei gehonten Lagerringen 135

11 Lasertracer 136

- 11.1 Verfahrensgrundlagen 136
- 11.2 Messverfahren des Lasertracers 137
- 11.3 Anwendungsbeispiele der Lasertracer 138
  - 11.3.1 Inspektion von Flugzeugen 138
  - 11.3.2 Steigerung der Effizienz von Wasserkraftwerken 140
  - 11.3.3 Vermessung von Schienenfahrzeugen und deren Komponenten 143

12 Autofokussensor 145

- 12.1 Verfahrensgrundlagen 145
- 12.2 Messverfahren des Autofokussensors 145

13 Kontrastvergleichsautofokussensor 149

- 13.1 Verfahrensgrundlagen 149
- 13.2 Messverfahren des Kontrastvergleichsautofokussensors 149
  - 13.2.1 Telezentrische Zoomobjektive für die Kontrastvergleichsautofokussensoren 150
  - 13.2.2 Optische Grenzen des Kontrastvergleichsautofokussensors 151

14 Interferometrische Abstands- bzw. Entfernungsmessung 153

- 14.1 Verfahrensgrundlagen 153
- 14.2 Messverfahren zur interferometrischen Abstands- bzw. Entfernungsmessung 154
  - 14.2.1 Homodyne Interferometrie 154
  - 14.2.2 Homodyne Interferometrie mit Quadraturerfassung 155
  - 14.2.3 Heterodyne Interferometrie 155
  - 14.2.4 Vermessung von großen Bauteilen mithilfe eines Laserradars 156

15 Konoskopische Holografie ... 159
15.1 Verfahrensgrundlagen ... 159
15.2 Messverfahren der konoskopischen Holografie ... 160

16 Ellipsometrie ... 162
16.1 Verfahrensgrundlagen ... 162
16.2 Messverfahren der Ellipsometrie ... 163

17 3D-Formprüfinterferometrie ... 165
17.1 Verfahrensgrundlagen ... 165
17.2 Beschreibung des Messverfahrens der 3D-Formprüfinterferometrie ... 166
17.3 Aufbau und Funktionsweise des Prismeninterferometers ... 167
17.4 Anwendungsbeispiele der 3D-Formprüfinterferometrie ... 169
17.4.1 Ebenheitsprüfung von polierten, geläppten, flachgehonten und feingeschliffenen Präzisionsteilen ... 170
17.4.2 Messung großer Flächen ... 170

18 Mehrwellenlänge-Interferometrie ... 172
18.1 Verfahrensgrundlagen ... 172
18.2 Messverfahren der Mehrwellenlänge-Interferometrie ... 173
18.3 Anwendungsbeispiele der Mehrwellenlänge-Interferometrie ... 176
18.4 Linsenvermessung mithilfe eines Mehrwellenlängen-Interferometers ... 176

19 Fokus-Variation ... 179
19.1 Verfahrensgrundlagen ... 179
19.2 Messverfahren der Fokus-Variation ... 180
19.3 Anwendungsbeispiele der Fokus-Variation ... 181
19.3.1 Hochgenaue Oberflächenmessung von Schaftwerkzeugen in der spangebenden Industrie ... 181
19.3.2 3D Oberflächenmessungen in der Mikropräzisionsfertigung ... 182

20 Deflektometrie ... 184
20.1 Verfahrensgrundlagen ... 184
20.2 Messverfahren der Deflektometrie ... 185
20.3 Anwendungsbeispiele der Deflektometrie ... 186

21 Makyoh-Sensor ... 188
21.1 Verfahrensgrundlagen ... 188
21.2 Messverfahren mit Makyoh-Sensor ... 189

22 Schattenwurfverfahren ... 190
22.1 Verfahrensgrundlagen ... 190

22.2	Beschreibung des Schattenwurfverfahrens	191
22.3	Anwendungen des Schattenwurfverfahrens	191
	22.3.1 Berührungslose Schneidkantenvermessung	191
	22.3.2 Automatische Holzplattenvermessung	192

23 Terrestrisches Laserscanning ... 193

- 23.1 Verfahrensgrundlagen ... 193
- 23.2 Messverfahren des terrestrischen Laserscannings ... 194
- 23.3 Anwendungsbeispiele des terrestrischen Laserscannings ... 196
  - 23.3.1 Terrestrische Flugzeugvermessung ... 197
  - 23.3.2 Digitalisierung des Wasserkraftwerkes Atlantis ... 197
  - 23.3.3 Terrestrische Truck-Vermessung ... 198

24 Shape from Shading ... 199

- 24.1 Verfahrensgrundlagen ... 199
- 24.2 Messverfahren Shape from Shading ... 200

25 Hybride Messverfahren ... 202

- 25.1 Verfahrensgrundlagen ... 202
- 25.2 Beschreibung der hybriden Messverfahren ... 203
- 25.3 Anwendungsbeispiele der hybriden Messverfahren ... 205

26 Literaturverzeichnis zu Teil I ... 207

TEIL II
Temperaturerfassung

1 Einleitung ... 211

- 1.1 Historischer Rückblick ... 211
- 1.2 Nichtoptische Messtechnik ... 212
- 1.3 Grundbegriffe ... 212
- 1.4 Übersicht ... 213

2 Thermografie ... 215

- 2.1 Verfahrensgrundlagen ... 215
- 2.2 Messverfahren der Thermografie ... 216
  - 2.2.1 Wichtige Einflussgrößen bei thermografischen Messungen ... 217
    - 2.2.1.1 Emissionsgrad ... 217
    - 2.2.1.2 Atmosphäreneinfluss bei thermografischen Messungen ... 219
    - 2.2.1.3 Einfluss von Strahlungsquellen bei thermografischen Messungen ... 219
    - 2.2.1.4 Aufbau einer modernen Thermografiekamera ... 220
    - 2.2.1.5 Einfluss der Auflösung einer Thermografiekamera ... 220
    - 2.2.1.6 Kalibrierung ... 221

  2.3 Anwendungsbeispiele der Thermografie 221
    2.3.1 Bauthermografie 222
    2.3.2 Thermografische Untersuchung von Elektrobauteilen 223
    2.3.3 Thermografische Untersuchung einer Großraumpumpe 223
    2.3.4 Thermografische Untersuchung von Elektroanlagen 224
    2.3.5 Thermografie in der vorbeugenden Instandhaltung 225
    2.3.6 Automatische Zustandsüberwachung von Gießpfannen (Transport von Flüssigstahl) 227
    2.3.7 Steuerung der Temperaturverteilung in Druckgussformen 231
    2.3.8 Steuerung der Temperaturverteilung bei Thermoformingprozessen 232
    2.3.9 Kontrolle von Bierfässern 232
    2.3.10 Detektion von Mikroleckagen 233
    2.3.11 Erfassung der Temperaturverteilung bei Überwachungsaufgaben 234
    2.3.12 Schlackedetektion 235
    2.3.13 Detektion von Reststoffen in Edelstahlformen 236
    2.3.14 Wahrnehmung menschlicher Gefühle 237
    2.3.15 Thermografische Untersuchungen der Zerspanzone 239
    2.3.16 Wärmebildkameras im Bereich der Brennstoffzellen- und Batterietechnologie 241

3 Pyrometrie 243
  3.1 Verfahrensgrundlagen 243
  3.2 Messverfahren der Pyrometrie 243
    3.2.1 Bauarten der Pyrometer 244
    3.2.2 Einfluss des Messabstands auf pyrometrische Messungen 246
    3.2.3 Kalibrierung 248

4 Faseroptische Temperaturmessung 249
  4.1 Verfahrensgrundlagen 249
  4.2 Messverfahren der faseroptischen Temperaturmessung 250
    4.2.1 Integriertes faseroptisches Messsystem (DTS) mit Messung der Raman-Streuung 251
    4.2.2 Integriertes faseroptisches Messsystem (DTS) mit Messung der Rayleigh-Streuung 252
    4.2.3 Faseroptische Temperaturmessung mit Faser-Bragg-Gittern 253
    4.2.4 Kombination aus faseroptischer und pyrometrischer Temperaturmessung 254
    4.2.5 Thermochrome faseroptische Temperaturmessung 255
    4.2.6 Weitere faseroptische Messprinzipien 256

5 Literaturverzeichnis zu Teil II 257

TEIL III
Strömungsuntersuchung

1 Einleitung 261
  1.1 Historischer Rückblick 261
  1.2 Nichtoptische Messtechnik 262

1.3	Übersicht	263
1.4	Dopplereffekt	263

2 Laser-Doppler-Anemometrie (LDA/LDV) ... 265
- 2.1 Verfahrensgrundlagen ... 265
- 2.2 Messverfahren der LDA ... 266
  - 2.2.1 Zweistrahl-Laser-Doppler-Anemometrie ... 267
  - 2.2.2 Referenzstrahl-Laser-Doppler-Anemometrie ... 268
  - 2.2.3 Weitere Laser-Doppler-Anemometrie-Ausführungen ... 269

3 Phasen-Doppler-Anemometrie (PDA) ... 270
- 3.1 Verfahrensgrundlagen ... 270
- 3.2 Messverfahren der PDA ... 270

4 Laser-2-Fokus Anemometrie (L2F) ... 272
- 4.1 Verfahrensgrundlagen ... 272
- 4.2 Messverfahren der L2F ... 272

5 Particle Image Velocimetry (PIV) ... 275
- 5.1 Verfahrensgrundlagen ... 275
- 5.2 Messverfahren der Particle Image Velocimetry ... 276
- 5.3 Anwendungsbeispiele ... 278
  - 5.3.1 Anwendung des Verfahrens PIV in der Motorenentwicklung ... 278
  - 5.3.2 Anwendung des Verfahrens PIV in der Fluidmechanik ... 279

6 Particle Tracking Velocimetry (PTV) ... 281
- 6.1 Verfahrensgrundlagen ... 281
- 6.2 Messverfahren der Particle Tracking Velocimetry ... 281

7 Laserinduzierte Fluoreszenz (LIF) ... 284
- 7.1 Verfahrensgrundlagen ... 284
  - 7.1.1 Messverfahren der laserinduzierten Fluoreszenz ... 284
- 7.2 Anwendungsbeispiele ... 285
  - 7.2.1 Anwendung des Messverfahrens LIV bei Untersuchung von Zerstäubungsprozessen ... 285
  - 7.2.2 Anwendung des Messverfahrens PLIF bei Untersuchung von Verbrennungen ... 287

8 Doppler Global Velocimetry (DGV) ... 288
- 8.1 Verfahrensgrundlagen ... 288
- 8.2 Messverfahren der Doppler Global Velocimetry ... 288

9 Sonstige Verfahren zur Untersuchung von Fluidströmungen ... 290
- 9.1 Global Phase Doppler (GPD), Interferometric Particle Imaging (IPI) ... 290

9.2 Teilchenbasierte Stoß-Visualisierung (TSV) 291
9.3 Filtered Rayleigh Scattering (FRS) 291
9.4 Anwendungsbeispiele der Verfahren IMI (Interferometric Mie Imaging) und Shadow bei Untersuchung von Partikeln 292
9.5 Sonderverfahren – Interferometrische Mehrwellenlängen-Kinematografie 293

10 Literaturverzeichnis zu Teil III 294

TEIL IV
Optische Untersuchung mechanischer Schwingungen und Bewegungsanalyse

1 Einleitung 297
   1.1 Historischer Rückblick 297
   1.2 Nichtoptische Messtechnik 298
   1.3 Übersicht 298
   1.4 Grundbegriffe 298
      1.4.1 Mechanische Schwingung 299
      1.4.2 Darstellung von Schwingungen 300
      1.4.3 Übertragungsfunktion 300
      1.4.4 Messen von Schwingungen 301

2 Laservibrometrie 303
   2.1 Verfahrensgrundlagen 303
   2.2 Messverfahren der Vibrometrie 304

3 Bildkorrelation 305
   3.1 Verfahrensgrundlagen 305
   3.2 Messverfahren der Bildkorrelation 306
   3.3 Anwendungsbeispiele für die Bildkorrelation zur Schwingungsmessung 309

4 Holografie zur Schwingungsmessung 311
   4.1 Verfahrensgrundlagen 311
   4.2 Messverfahren der Holografie 311
      4.2.1 Elektronische Speckle-Pattern-Interferometrie (ESPI) 313
      4.2.2 Erweiterung der klassischen Holografie auf dynamische Schwingungsanalyse 316

5 Bildbasierte Schwingungsanalyse und Videostroboskopie 318
   5.1 Verfahrensgrundlagen 318
   5.2 Messverfahren der Videostroboskopie und der bildbasierten Schwingungsanalyse 319
   5.3 Anwendungsbeispiele der bildbasierten Schwingungsanalyse und der Videostroboskopie .. 320
      5.3.1 Vibrationsanalyse an einer Elektronikplatine 320
      5.3.2 Prüfung der Rotorblätter von Windenergieanlagen 320
      5.3.3 Hochgeschwindigkeitsmessung von Radbewegungen 322

6	Shearografie zur Schwingungsmessung	325
	6.1 Verfahrensgrundlagen	325
	6.2 Verfahren der Shearografischen Schwingungsmessung	326
	6.3 Anwendungsbeispiel der Shearografischen Schwingungsanalyse	328

7	Faseroptische Schwingungsmessung	331
	7.1 Verfahrensgrundlagen	331
	7.2 Verfahren der faseroptischen Schwingungsmessung	332

8	Literaturverzeichnis zu Teil IV	333

**TEIL V
Oberflächenanalyse**

1	Einleitung	337
	1.1 Historischer Rückblick	337
	1.2 Mechanische Grundlagen	338
	1.2.1 Oberflächenrauheit, Form- und Lagetoleranzen	338
	1.2.2 Rauheitskenngrößen	339
	1.2.3 Übersicht der Normen	350
	1.3 Nichtoptische Messtechnik	350

2	Optische Verfahren vs. taktile Verfahren	353
	2.1 Messbereich/Messgenauigkeit der optischen Verfahren	354
	2.2 Typische Anwendungen der Verfahren	354
	2.3 Übersicht der optischen Verfahren	354

3	Streulichtverfahren zur Oberflächenanalyse	356

4	Weißlichtinterferometrie zur Oberflächenanalyse	357

5	Fokusvariation zur Oberflächenanalyse	359

6	Streifenprojektion zur Oberflächenanalyse	363

7	Konfokalmikroskopie zur Oberflächenanalyse	365

8	Literaturverzeichnis zu Teil V	369

TEIL VI
Messen von mechanischen Spannungen

1 Einleitung 373
    1.1 Historischer Rückblick 373
    1.2 Nichtoptische Messtechnik 373
    1.3 Mechanische Grundlagen der Spannungen 374
    1.4 Übersicht 376

2 Spannungsoptisches Durchlichtverfahren (klassische Spannungsoptik) 378
    2.1 Verfahrensgrundlagen 378
    2.2 Messverfahren der Durchlicht-SPO 379
    2.3 Anwendungsbeispiele des Verfahrens der Spannungsoptik (SPO) 383
        2.3.1 Untersuchung von Brillengläsern und Gestellen 383
        2.3.2 Untersuchung von Kerbwirkungen und Spannungsverläufen zur Bauteiloptimierung und mechanischen Analyse 385
        2.3.3 Spannungsverläufe „einfrieren" 387
        2.3.4 Messung von Restspannungen in Glasflaschen 387

3 Spannungsoptisches Reflexionsverfahren 391
    3.1 Verfahrensgrundlagen 391
    3.2 Funktionsweise des Reflexionsverfahrens 392
    3.3 Anwendungsbeispiele des Reflexionsverfahrens 393
        3.3.1 Untersuchung des Spannungsverhaltens in Knochen durch Implantate 394
        3.3.2 Messungen in der Luft- und Raumfahrtindustrie 394

4 Thermoelastische Spannungsanalyse (TSA) 396
    4.1 Verfahrensgrundlagen 396
    4.2 Funktionsweise der TSA 397
    4.3 Anwendungsbeispiel der TSA 398

5 Shearografie zur Messung von Spannungen 400
    5.1 Verfahrensgrundlagen 400
    5.2 Funktionsweise der Shearografie zur Spannungsmessung 401

6 Holografie zur Messung von Spannungen 404
    6.1 Verfahrensgrundlagen 404
    6.2 Funktionsweise der holografischen Spannungsmessung 405
    6.3 Anwendungsbeispiel Scheibenbremsuntersuchung zur holografischen Spannungsmessung 407

7	Bildkorrelation zur Messung von Spannungen		409
	7.1	Verfahrensgrundlagen	409
	7.2	Funktionsweise der Bildkorrelation zur Spannungsmessung	410
	7.3	Anwendungsbeispiele der Bildkorrelation	412
		7.3.1 Untersuchung eines Zahnrads	412
		7.3.2 Untersuchung einer Rohrzange	412
		7.3.3 Untersuchung von zugbelasteten Rundproben	413
		7.3.4 Untersuchung von scherbelasteten Proben	414
		7.3.5 Untersuchung von Rissen	414
8	Literaturverzeichnis zu Teil VI		416

TEIL VII
Abstands- und Geschwindigkeitsmessung

1	Einleitung		419
	1.1	Historischer Rückblick	419
	1.2	Nichtoptische Messtechnik	419
	1.3	Grundbegriffe	421
	1.4	Übersicht	421
2	Interferometrische Abstands- und Geschwindigkeitsmessung		423
	2.1	Verfahrensgrundlagen	423
	2.2	Das Messverfahren zur interferometrischen Abstands- und Geschwindigkeitsmessung	424
3	Laserdistanzmessung		426
	3.1	Verfahrensgrundlagen	426
	3.2	Das Messverfahren zur Laserdistanzmessung	427
		3.2.1 Einzelpulsmessung	427
		3.2.2 Phasenvergleichsmessung	428
		3.2.3 Puls-Akkumulations-Messverfahren	428
4	Lasertriangulation		430
	4.1	Verfahrensgrundlagen	430
	4.2	Das Messverfahren zur Lasertriangulation	431
	4.3	Anwendungsbeispiele der Lasertriangulation	433
		4.3.1 Vermessung von Spannstahl	433
		4.3.2 Automatische Positionierung von Synchronringen	433
5	Konfokale und chromatisch-konfokale Abstandsmessung		434
	5.1	Verfahrensgrundlagen	434
	5.2	Das Messverfahren der konfokalen und der chromatisch-konfokalen Abstandsmessung	435

	5.2.1	Konfokale Abstandsmessung	435
	5.2.2	Chromatisch-konfokale Abstandsmessung	436

6 Radiointerferometrie ... 438

6.1 Verfahrensgrundlagen ... 438
6.2 Das Messverfahren der Radiointerferometrie ... 439
6.3 Astronomische Abstandsmessung ... 439
  - 6.3.1 Parallaxe ... 440
  - 6.3.2 Rotverschiebung ... 442

7 Literaturverzeichnis zu Teil VII ... 444

TEIL VIII
Verformungsmessung

1 Einleitung ... 447
1.1 Historischer Rückblick ... 447
1.2 Nichtoptische Messtechnik ... 448
1.3 Übersicht ... 449

2 Holografie zur Verformungsmessung ... 451
2.1 Verfahrensgrundlagen ... 451
2.2 Das Verfahren der Holografie ... 452
2.3 Anwendungsbeispiele der Holografie zur Verformungsmessung ... 455
  - 2.3.1 Verformungsmessung eines Bremssattels und Vergleich mit FEM-Berechnungen ... 456

3 Shearografie zur Verformungsmessung ... 461
3.1 Verfahrensgrundlagen ... 461
3.2 Das Messverfahren Shearografie ... 462

4 Bildkorrelation zur Verformungsmessung ... 467
4.1 Verfahrensgrundlagen ... 467
4.2 Das Messverfahren Bildkorrelation ... 468
4.3 Anwendungsbeispiele der Bildkorrelation ... 470
  - 4.3.1 Formänderungsanalyse von Umformvorgängen ... 470
  - 4.3.2 Messen der Verformung von Zug-, Druck- und Biegeproben ... 471
  - 4.3.3 Dynamische Verformungsmessung ... 473
  - 4.3.4 Einsatz der Bildkorrelation in der Medizin ... 475
  - 4.3.5 Untersuchung von Brücken mithilfe der Bildkorrelation ... 478
  - 4.3.6 Einsatz der Bildkorrelation in der Fahrzeug- bzw. Luftfahrtindustrie ... 479
  - 4.3.7 Untersuchung einer Flugzeugtür ... 481
  - 4.3.8 360°-Untersuchung eines Druckbehälters ... 482

5 Streifenprojektion zur Verformungsmessung ... 484
5.1 Verfahrensgrundlagen ... 484
5.2 Das Verfahren der Streifenprojektion ... 485
5.3 Anwendungsbeispiele der Streifenprojektion ... 486
5.3.1 Untersuchung einer Membran ... 486

6 Photogrammetrie zur Verformungsmessung ... 488
6.1 Verfahrensgrundlagen ... 488
6.2 Das Verfahren der Photogrammetrie ... 489
6.3 Anwendungsbeispiele der Photogrammetrie ... 490
6.3.1 Untersuchung von Solarpanels ... 490
6.3.2 Verformungsmessung in der Klimakammer ... 491
6.3.3 Photogrammetrie zur Verformungsmessung in der Raumfahrt ... 493

7 Literaturverzeichnis zu Teil VIII ... 497

TEIL IX
Detektion von Schäden

1 Einleitung ... 501
1.1 Historischer Rückblick ... 501
1.2 Nichtoptische Messtechnik ... 502
1.3 Übersicht optischer Messverfahren ... 505

2 Terahertz ... 506
2.1 Verfahrensgrundlagen ... 506
2.2 Messverfahren für Terahertz-Strahlung ... 507
2.3 Anwendungsbeispiele ... 510
2.3.1 Erkennung verborgener Ondulationen in GFK-Materialien ... 510
2.3.2 Porenartige Materialdefekte in einem keramischen Kühlkörper ... 512
2.3.3 Untersuchung von Dichtringen in Kunststoffrohren ... 512

3 Thermografie ... 514
3.1 Verfahrensgrundlagen ... 514
3.2 Messverfahren der Thermografie ... 515
3.2.1 Passive Thermografie ... 517
3.2.2 Aktive Thermografie ... 518
3.2.3 Verfahren der aktiven Thermografie zur Überprüfung von Solarzellen ... 523
3.3 Anwendungsbeispiele der Thermografie zur Schadensdetektion ... 524
3.3.1 Detektion von Gaseinschlüssen im Schaum von Instrumententafeln (passive Thermografie) ... 524
3.3.2 Prüfung von Faserverbundwerkstoffen (Lockin-Thermografie) ... 525
3.3.3 Qualitätskontrolle an Leder (Lockin-Thermografie) ... 526

	3.3.4	Kontrolle des Rumpfs von Flugzeugen (Lockin-Thermografie)	527
	3.3.5	Inspektion von Laserschweißnähten (Puls-Thermografie)	528
	3.3.6	Inspektion von Faserverbundwerkstoffen (Transienten-Thermografie)	529
	3.3.7	Inspektion von Instrumententafeln (Transienten-Thermografie)	530
	3.3.8	Inspektion von Turbinenschaufeln (ultraschallangeregte Thermografie)	530
	3.3.9	Inspektion von Bauteilen aus Faserkeramik und aus Faserverbundwerkstoff (ultraschallangeregte Thermografie)	531
	3.3.10	Prüfverfahren mit aktiver Thermografie in der Solarzellenproduktion	532
	3.3.11	Thermografische Überprüfung von Faserverbundwerkstoffen (Lockin-Thermografie)	533

4 Computertomografie 535

4.1	Verfahrensgrundlagen	535
4.2	Messverfahren der Computertomografie	536
	4.2.1 Erzeugung der Röntgenstrahlung	537
	4.2.2 Detektion der Röntgenstrahlung	538
	4.2.3 Einteilung der Röntgengeräte	540
4.3	Anwendungsbeispiele der Computertomografie	542
	4.3.1 Computertomografie als Teil der Produktentwicklung	544
	4.3.2 Fehler- und Maßanalyse im Leichtbau und Messdatengewinnung für Simulationen	545
	4.3.3 Poren- und Restwandstärkeanalyse mittels der CT	546
	4.3.4 Untersuchung von Turbinenschaufeln	547
	4.3.5 Computertomografische Untersuchung von mechanischen Maschinen	547
	4.3.6 Computertomografische Untersuchung von Einspritzinjektoren	547
	4.3.7 Computertomografische Überprüfung von Fügenähten an Faserverbundbauteilen	549

5 Shearografie zur Detektion von Schäden 552

5.1	Verfahrensgrundlagen	552
5.2	Verfahren der shearografischen Detektion von Schäden	554
5.3	Anregungsarten zur shearografischen Fehlerdetektion	556
5.4	Anwendungsbeispiele der Shearografie zur Detektion von Schäden	565
	5.4.1 Shearografische Untersuchung einer CFK-Platte	565
	5.4.2 Shearografische Untersuchung von Druckleitungen	566
	5.4.3 Endoskopische Untersuchung einer beschädigten Turbinenschaufel	567
	5.4.4 Shearografische Inspektion von Helikopter-Rotorblättern	568
	5.4.5 Shearografische Untersuchung der Windkrafträder	570
	5.4.6 Shearografische Untersuchungen im Schiffbau	572
	5.4.7 Automatisierte shearografische Untersuchungen in der Produktion	574

6 Holografie zur Detektion von Schäden 576

6.1	Verfahrensgrundlagen	576
6.2	Verfahren der holografischen Detektion von Schäden	577
6.3	Anwendungsbeispiel der Holografie zur Detektion von Fehlstellen	580

7 Laservibrometrie zur Detektion von Schäden 582
7.1 Verfahrensgrundlagen 582
7.2 Verfahren zur Detektion von Schäden mittels Laservibrometrie 583
7.2.1 Laservibrometrische Detektion von Fehlstellen mittels Lamb-Wellen 584
7.2.2 Detektion von strukturellen Fehlstellen mittels Laservibrometrie 585

8 Literaturverzeichnis zu Teil IX 587

TEIL X
Normen in der optischen Messtechnik

1 Einleitung 591
1.1 Historie, Rückblick im Bereich Normung 591
1.2 Qualitätsmanagement, Normenbezug auf die Qualität von Produkten 592

2 Basiswissen Normung 594
2.1 Normen im Alltag 594
2.2 Zuordnung von Normen 595
2.2.1 Nationale (Deutsche) Normen 595
2.2.2 Europäische Normen 595
2.2.3 Internationale Normen 596

3 Übersicht von Normen in der Messtechnik, optischen Messtechnik 597
3.1 Allgemeine Normen der Messtechnik 597
3.2 Definitionen in der optischen Messtechnik 597
3.3 Magnetpulverprüfung (optisch) 598
3.4 Koordinatenmessgeräte (optisch) 598
3.5 Bestimmung und Messung von optischen Größen 598
3.6 Optische Komponenten und Messgeräte 598
3.7 Kalibrierung von optischen Systemen 599
3.8 Herstellung optischer Komponenten 599
3.9 Qualitätskontrolle für optische Systeme 599
3.10 Sicherheit optischer Systeme 599
3.11 Allgemeine Zahlen optischer Normen 600

4 Literaturverzeichnis zu Teil X 601

TEIL XI
Laserschutz

1 Einleitung 605

2 Gefahren von Laserstrahlung 606
   2.1 Schädigung des Auges 606
   2.2 Schädigung der Haut 607
   2.3 Schädigungen im Umfeld von Laserstrahlung 607

3 Klassifizierung von Laserstrahlung 609

4 Rechtliche Grundlagen 611

5 Schutzmaßnahmen 613
   5.1 Technische und bauliche Schutzmaßnahmen 613
   5.2 Organisatorische Schutzmaßnahmen 618
   5.3 Persönliche Schutzmaßnahmen 619

6 Zusammenfassung 624
   Literaturhinweis zu Teil XI: 624

TEIL XII
Optische Komponenten und Grundlagen

1 Einleitung 629

2 Licht und Optik 630
   2.1 Eigenschaften des Lichts 630
   2.2 Welle-Teilchen-Dualismus des Lichtes 631
   2.3 Beugung 632
   2.4 Brechung 632
   2.5 Reflexion 634
   2.6 Polarisation 635
      2.6.1 Linear polarisiertes Licht 635
      2.6.2 Unpolarisiertes Licht 636
      2.6.3 Zirkular und elliptisch polarisiertes Licht 636
      2.6.4 Polarisatoren 636

3 Optische Bauelemente 639
   3.1 Linsen 639
   3.2 Spiegel 644
   3.3 Prismen, Reflexionsprismen 644

	3.4	Okulare	648
	3.5	Blende	649
	3.6	Objektive	650
	3.7	Strahlteiler	651
		3.7.1 Geometrische Strahlteiler	651
		3.7.2 Physikalische Strahlteiler	651
		3.7.3 Periodische Strahlteiler	652
	3.8	Fassungen optischer Bauelemente	652
		3.8.1 Fassungsarten	653
		3.8.2 Konstruktionsgrundsätze für das Fassen optischer Bauelemente	653
		3.8.3 Gläseraufnahmen, Halterungen verschiedenster Art	654
	3.9	Glasfaserkabel (Lichtwellenleiter LWL, Endoskope)	655
		3.9.1 Arten von Fasern	658
		3.9.2 Fügen von Lichtwellenleitern (LWL)	660
4	**Lasertechnik**		**661**
	4.1	Allgemeines zur Lasertechnik	661
	4.2	Stationen in der Geschichte der Lasertechnik und Optoelektronik	662
	4.3	Grundlagen der Lasertechnik	662
		4.3.1 Anregungsformen	663
		4.3.2 Wechselwirkung von Photonen und Atomen	663
		4.3.3 Absorption eines Photons	664
		4.3.4 Ionisation eines Atoms	664
	4.4	Laser und Lasersysteme	666
		4.4.1 Prinzipieller Aufbau eines Lasers	666
		4.4.2 Festkörperlaser	667
		4.4.3 Gaslaser	670
		4.4.4 Flüssigkeitslaser	672
		4.4.5 Weitere Laser	672
5	**Grundlagen der Interferometrie**		**673**
6	**Allgemeines zu flächendeckenden Prüf- und Messverfahren, Einführung**		**675**
7	**Literaturverzeichnis zu Teil XII**		**677**
Stichwortverzeichnis			**679**

Die Autoren

Prof. Dr. Ing. Michael Schuth
ist seit 1996 als Prof. an der Hochschule Trier und Leiter des Technikums für optische Messtechnik, Konstruktion, Gerätebau und Bauteiloptimierung (OGKB). Er ist seit vielen Jahren im Projektmanagement, der Projektierung und der zeichnerischen Gestaltung in der Konzeptionierung und der 3D-CAD-Entwicklung tätig. Er leitet und moderiert seit 1998 Projektarbeiten, Teamsitzungen und Seminare von innovativen Industrieprojekten aus unterschiedlichen Branchen des Maschinenbaus und der Fahrzeugtechnik.
Als Technologiebeauftragter hat er viele Jahre auf der Schnittstelle zwischen der Industrie und der Hochschule gearbeitet. Seit 2002 ist er als Gutachter für Industrieunternehmen und für die ISB (Investitions- und Strukturbank Rheinland-Pfalz, Wirtschaftsförderung) tätig. Von 2010 bis 2012 lehrte er als Gastprofessor an der Universität Luxembourg, Fachrichtung Maschinenbau. Seit 2013 ist er als Gutachter für DFG tätig. Mitgliedschaften: Verein Deutscher Ingenieure (VDI), Deutsche Gesellschaft für angewandte Optik (DGaO), Normenausschuss für Materialprüfung DIN Deutsches Institut für Normung.

Dr. Ing. Wassili Buerakov
Studium des Maschinenbau an der Hochschule Trier mit Abschluss B. Eng., anschließend Masterstudium mit Abschluss M. Eng. Promotion an der Universität des Saarlandes auf dem Gebiet der zerstörungsfreien Werkstoffprüfung und experimenteller Modalanalyse mittels optischer Messverfahren. Parallel zur Promotion Tätigkeit im Laboratorium für optische Messtechnik an der Hochschule Trier. Seit 2016 Industrietätigkeit im Bereich der Qualitätssicherung und zerstörungsfreier Werkstoffprüfung.

Firmen, die mit Praxisbeispielen im Handbuch vertreten sind

- AICON 3D Systems GmbH
- Alicona GmbH
- Ametek GmbH
- Automation Technology
- BAM (Bundesanstalt für Materialforschung und -prüfung)
- Becker Photonik GmbH
- Carl Zeiss Automated Inspection GmbH & Co. KG
- Confovis GmbH
- Creaform
- Dantec Dynamics GmbH
- Duwe 3D AG
- Flir Systems GmbH
- FRT GmbH
- GLM Lasermeßtechnik GmbH
- GOM GmbH
- Hexagon Metrology
- Illis GmbH
- InfraTec GmbH
- Keyence
- LAMTech GmbH
- Laser 2000 GmbH
- LaVision GmbH
- Lasermet Ltd
- Limess Messtechnik und Software GmbH
- Mahr GmbH
- MEL GmbH
- Micro-Epsilon Messtechnik GmbH
- Micro-Measurements (a brand of Vishay Precision Group)
- Nano Focus
- Nikon Metrology
- OGP Messtechnik GmbH
- OptoSurf GmbH
- Steinbichler GmbH
- Stress Photonics
- SynView GmbH
- ViALUX GmbH
- Wenzel Volumetrik GmbH
- YXLON International GmbH
- Zygolot GmbH
- 8tree Company

Einleitung

Optik (griechisch: ὀπτική) ist die Lehre vom Licht. Als Teilbereich der Physik beschreibt sie die Gesetzmäßigkeiten der Ausbreitung von Licht und dessen Wechselwirkung mit Materie. Sie ist im Folgenden von der technischen Optik unterschieden, die sich mit der Nutzbarkeit optischer Grundlagen in technischen Systemen befasst.

1 Geschichte der Optik

Die Entwicklung der Optik über einen Zeitraum von nunmehr mindestens dreitausend Jahren (Hecht 2014) beginnt mit teils irrigen Annahmen zum Sehvorgang und mündet in der jüngeren Geschichte mit der Anerkennung des Welle-Teilchen-Dualismus des Lichts. Neben der Mechanik ist die Optik der wohl am frühesten erforschte und auch angewendete Zweig der Physik.

Funde belegen die Fähigkeit der Ägypter – bereits um 3000 v. Chr. – Glas für die Schmuckherstellung zu schmelzen (Bliedtner 2010). Die Entwicklung der Sandformtechnik um 1500 v. Chr. ermöglichte die Herstellung von Glashohlkörpern (Bliedtner 2010). Vor allem die Erfindung der Glasmacherpfeife um 500 v. Chr., vermutlich durch die Phönizier, bedeutete einen Entwicklungsschub in der Glasverarbeitung (Bliedtner 2010) und damit auch der Herstellung optischer Bauelemente.

Im zweiten Buch Mose 38.8 (Exodus um ca. 1250 v. Chr. (Rienecker 2013) ist von der Herstellung eines Bronzebeckens aus den „Bronzespiegeln der Frauen" zu lesen (Hecht 2014). Und in der lateinischen Übersetzung[1] von Alhazens Schatz der Optik (Ibn-al-Haitam,

Bild 1 Gebündeltes Sonnenlicht reflektiert an „Spiegeln" zur Vernichtung der feindlichen Flotte (Ibn-al-Haitam, 1572)

1572, Wilde 1838) ist eine Legende illustriert, nach der Aristoteles Konkav-Spiegelflächen zur Lichtbündelung nutzte, um die Schiffe der römischen Invasoren in Brand zu setzen[2] (Bild 1).

Ihren Ursprung nimmt die wissenschaftliche Form der Optik im antiken Griechenland. Nach der Sehstrahltheorie von Pythagoras von Samos (etwa 580–500 v. Chr.) (Scholl 2001) beruht der Sehvorgang auf einem Sehstrahl diskreter Länge als heiße Ausdüns-

---

[1] Opticae Thesaurus

[2] Ein nachgestellter Versuch 2005 am MIT erbrachte keine Bestätigung der Legende. (Heilmann 2013).

tung, der vom menschlichen Auge ausgesendet, am kälteren Objekt reflektiert und anschließend wieder vom Auge empfangen wird (Heilmann 2013).

In seinen Werken Optik und Katoptrik[3] liefert Euklid von Alexandria (um 300 v. Chr.) (Hecht 2014, Wilde 1838, Scholl 2001) eine Zusammenstellung der in seiner Zeit verbreiteten Theorien und Erkenntnisse zum Ausbreitungsverhalten von Licht (Wilde 1838). Diese beruhten überwiegend auf Erfahrungssätzen und weniger auf experimentellen Erkenntnissen. Beide Werke gelten als Grundlage der geometrischen Optik, die auf der geradlinigen Ausbreitung von Lichtstrahlen basiert (Strahlenoptik) (Heilmann 2013). Neben einer erstmaligen schriftlichen Formulierung des Reflexionsgesetzes in der Katoptrik ist in der Optik der Sehvorgang nach der geometrischen Strahlenoptik beschrieben (Hecht 2014, Wilde 1838). In der Optik von Claudius Ptolemäus (50 bzw. 130 n. Chr.) finden sich bereits Tabellen zur Beschreibung des Zusammenhanges zwischen Einfalls- und Brechungswinkeln für verschiedene Medien (Hecht 2014, Wilde 1838), also die Erweiterung der Gesetzmäßigkeit zur Lichtausbreitung von der Reflexion zur Transmission an Grenzschichten.

Während des Mittelalters ging die Fortentwicklung der Wissenschaft insbesondere mit einer Blütezeit islamischer Einflussgebiete einher, unter deren Herrschaft auch die „griechisch-römisch-orthodoxen Mittelmeerländer" (Hecht 2014) fielen. Auf dem Gebiet der Optik machte sich der Naturforscher Alhazen (ca. 1000 n. Chr.) neben weiteren Untersuchungen zum Reflexionsgesetz sowohl durch Untersuchungen an „Kugel- und Parabolspiegeln" (Hecht 2014) als auch durch eine ausführliche Beschreibung des anatomischen Aufbaus des menschlichen Auges verdient (Hecht 2014). Alhazen gilt als der Erfinder der Camera obscura, wobei das Funktionsprinzip dieser Kamera bereits Aristoteles bekannt war (Hecht 2014).

Seine Arbeiten wurden in das Lateinische übersetzt und hatten „gegen Ende des 13. Jahrhunderts" (Hecht 2014) großen Einfluss auf „Robert Grosseteste, Bischof von Lincoln (1175-1253)" und den „polnischen Mathematiker Vitello", welche die wissenschaftliche Auseinandersetzung in der Optik in Europa erneuerten (Hecht 2014). Die Idee, Linsen zur Korrektur des Sehvermögens einzusetzen, stammte vermutlich von dem Franziskaner Roger Bacon (1215-1294) (Hecht 2014). „Im 14. Jahrhundert findet man auf Gemälden europäi-

Bild 2 Kastenförmige Camera obscura (Illustrator unbekannt)

scher Künstler […] Mönche mit Augengläsern" (Hecht 2014). Leonardo da Vinci (1452-1519) lieferte Beschreibungen der als Camera obscura bezeichneten Lochkamera und Giovanni Battista Della Porta (1535-1615) erläuterte 1589 in Magia naturalis „Mehrfachspiegel und Kombinationen aus Sammel- und Zerstreuungslinsen" (Hecht 2014).

Nach dem recht langwierigen Zeitraum von fast 2000 Jahren war der Grundstein der Optik gelegt. Mit Beginn des 17. Jahrhunderts gingen aus dem bis dahin angesammelten Wissen eine Vielzahl technisch-optischer Anwendungen und Neuerungen hervor (Hecht 2014). Am 2. Oktober 1608 meldete der holländische Brillenhersteller Hans Lippershey (1587-1619) das Linsenfernrohr zum Patent an und „fast genau zur selben Zeit wurde das Mikroskop", wahrscheinlich durch den Holländer Zacharias Janssen (1588-1632), erfunden (Hecht 2014). Galileo Galilei (1564-1642), zu dieser Zeit Astronom am Hof von Padua, konnte das optische Instrument innerhalb weniger Monate mit eigenen geschliffenen Linsen und höherer Auflösung nachbauen und überließ der Signoria das illusorische alleinige Recht über die Herstellung dieser technischen Entwicklung (Brecht 1963).

Diese Art der Finanzierung eigener Forschungsprojekte und die damit einhergehende Nutzung des eigens gebauten Fernrohrs ermöglichte ihm auch die Entdeckung von vier Jupitermonden[4]. Das dadurch gestützte heliozentrische[5] Weltbild widersprach der vorherr-

---

3 Seine Autorenschaft ist nicht gesichert (Wilde 1838).

4 Galileische Monde.
5 Planetenbewegung um die Sonne.

schenden kirchlichen Lehrmeinung des geozentrischen[6] Weltbildes und wurde infolgedessen von der katholischen Kirche unterdrückt (Brecht 1963).

1621 wurde das „Snelliussche" Brechungsgesetz durch den Niederländer Willebrord Snell (1591–1626) aufgegriffen[7], (Hecht 2014) welches die Richtungsänderung des Lichtes im Übergang zwischen zwei Medien beschreibt. René Descartes (1596–1650) formulierte die empirisch gefundene Gesetzmäßigkeit erstmals in seiner heute bekannten Form durch Sinusterme (Hecht 2014). Nach den Dispersionsversuchen von Sir Isaac Newton (1642–1727) an dreieckigen Glasprismen stellte sich außerdem heraus, dass die Brechung weißen Lichts an den Glasflächen mit einer Auffächerung von Strahlen unterschiedlicher Farbe einhergeht (Hecht 2014).

Von fundamentaler Bedeutung für die Erweiterung des Wissens in der Optik war die Frage nach der Natur des Lichts. Die Beantwortung dieser Frage wurde gleich mit zum Schlüssel immer neuer technischer Anwendungen, deren Entwicklung sich seither nicht nur mit größerer Geschwindigkeit vollzieht, sondern auch mit zunehmender Beschleunigung. Mittelpunkt des Diskurses war die scheinbare Unvereinbarkeit zwischen der Wellenhypothese und der Teilchenhypothese des Lichts.

Nach der Wellentheorie, begründet durch Christiaan Huygens (1629–1695), war Licht eine Welle, die sich als Störung eines speziellen Trägermediums, dem Äther, ausbreitete (Grehn 1998). Die Huygenssche Wellentheorie konnte die bis dahin bekannten Phänomene der Reflexion und Brechung des Lichts erklären. Für die Brechung sagte die Wellentheorie eine geringere Ausbreitungsgeschwindigkeit in dichterem Medium voraus (Grehn 1998).

Newton formulierte die Korpuskulartheorie, nach der sich Licht als ein Strom von Teilchen (Korpuskeln) ausbreiten sollte. Gerade die zugrunde liegende Erfahrung in der Strahlenoptik, dass sich Licht geradlinig ausbreitet, führte dazu, dass Newton sich zusehends von der Wellentheorie abwandte und ein Vertreter der Teilchenhypothese wurde (Hecht 2014). Das Teilchenmodell des Lichts erklärte denn auch die Reflexion hinreichend nach mechanischen Gesetzmäßigkeiten elastischer Korpuskeln, die an einer Spiegelfläche unter einem Reflexionswinkel abprallen, der dem Einfallswinkel gleich ist. Die Brechung erklärte er über unterschiedliche „Gravitationswirkungen an der Grenzfläche" (Grehn 1998). Korpuskeln würden eine Beschleunigung an der Grenzfläche zweier Medien erfahren, sodass sie das dichtere Medium mit größerer Geschwindigkeit durchlaufen würden (Grehn 1998) – im Gegensatz zur Wellentheorie von Huygens. Darüber hinaus erklärte die Teilchenhypothese auch die Dispersion bei der Brechung am Glasprisma als Folge unterschiedlicher Massen der unterschiedlich gefärbten Korpuskeln (Hecht 2014).

Letztlich konnte sich jedoch vorerst keine der beiden Theorien durchsetzen. Allenfalls über die Bestimmung der Lichtgeschwindigkeit beim Durchlaufen unterschiedlicher Medien (Brechungsgesetz) hätte der Streit entschieden werden können (Grehn 1998). Dazu fehlte jedoch bisher die messtechnische Umsetzbarkeit (Grehn 1998).

Erst die Entdeckung der Polarisation durch Étienne Louis Malus (1775–1812) in 1808 (Hecht 2014) sowie die Nichteignung der Korpuskulartheorie zur Beschreibung des Beugungphänomens und der durch Thomas Young (1773–1829) im Jahr 1802 postulierte Interferenz (Grehn 1998, Hecht 2014) gab der Diskussion eine neue Anregung und führte zur Bewahrheitung der Wellennatur des Lichts. Die neueren Phänomene ließen sich nicht mit der Teilchentheorie erklären; die Wellentheorie lieferte dagegen Erklärungen. Jean Bernard Léon Foucault (1819–1868) nutzte seinen bekannten Drehspiegelversuch zur Bestimmung der Lichtgeschwindigkeit in unterschiedlich dichten Medien (Bild 3).

Er stellte fest, dass die Ausbreitungsgeschwindigkeit des Lichtes „in Wasser geringer sei als in Luft" (Hecht 2014). Dieses Ergebnis stand jedoch im Gegensatz zu Newtons Korpuskulartheorie, nach der die Geschwindigkeit von Korpuskeln mit zunehmender Materialdichte ebenfalls zunehmen würde. Beugung, Interferenz, Polarisation sowie die dichteabhängige Bestimmung der Lichtgeschwindigkeit bestätigten Huygens, sodass um die Mitte des 19. Jahrhunderts keine Zweifel mehr an der Wellennatur des Lichts bestanden (Grehn 1998), wenngleich auch die Teilchentheorie nicht widerlegt worden war.

James Clerk Maxwell (1831–1879) erweiterte das Verständnis zum Wellencharakter des Lichts, indem er erkannte, dass Licht als elektromagnetische Welle auf-

---

6 Planetenbewegung um die Erde.
7 Bereits im 10. Jhdt. n. Chr. lieferte der persische Mathematiker und Physiker Abu Sad al-Ala ibn Sahl die erste Beschreibung des Brechungsgesetzes.

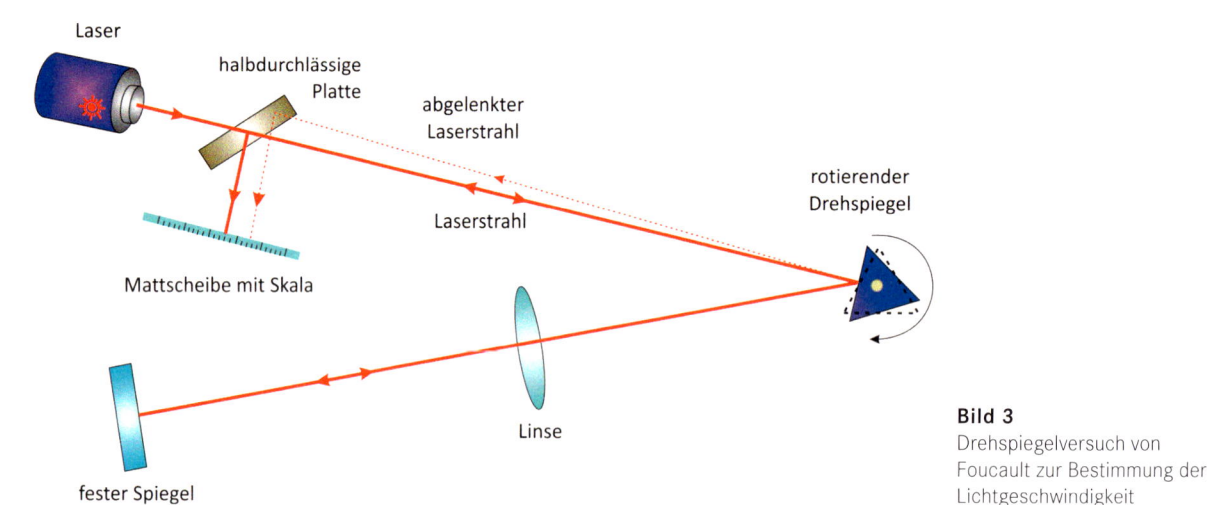

Bild 3
Drehspiegelversuch von Foucault zur Bestimmung der Lichtgeschwindigkeit

zufassen ist. In den Maxwellschen Gleichungen[8] formulierte er das Zusammenwirken einer elektrischen und einer magnetischen Feldkomponente. Dadurch erklärte er auch die bereits zu einem früheren Zeitpunkt erkannte Zweiseitigkeit des Lichts als Polarisation (Hecht 2014). Darüber hinaus leitete er aus dem Gleichungssatz einen Ausdruck für die Ausbreitungsgeschwindigkeit c elektromagnetischer Wellen nach der nächsten Gleichung ab. Die Geschwindigkeit für die Ausbreitung hängt also von der Permittivität ε_0 und Permeabilität μ_0 des Stoffes ab.

$$c = \frac{1}{\sqrt{\varepsilon_0 \mu_0}}$$

Die Übereinstimmung der Ausbreitungsgeschwindigkeiten von elektromagnetischen Wellen und Licht lässt den Schluss zu, dass Licht eine elektromagnetische Welle ist (Hecht 2014, Einstein 1988). Maxwell vollzog somit einen Brückenschlag zwischen den physikalischen Teildisziplinen der Optik und der Elektrodynamik. Aus der letzten Gleichung ist außerdem ersichtlich, dass sich Licht nicht nur mit endlicher, sondern auch konstanter Geschwindigkeit im Vakuum ausbreitet[9]. Den experimentellen Nachweis über die Existenz elektromagnetischer Wellen erbrachte Heinrich Rudolf Hertz (1857–1894) (Hecht 2014). 1888 veröffentlichte er die Ergebnisse seiner Versuchsreihen.

Die Anerkennung, dass Licht eine Welle sei, forderte jedoch konsequent den Nachweis eines Trägermediums, dem Äther. Denn obwohl sich nach dem heutigem Verständnis Lichtstrahlen trägerlos ausbreiten, war die damalige Wissenschaft sehr stark von einem mechanischen Denken geprägt: Wo sich Wellen ausbreiteten, musste es selbstverständlich auch ein Trägermaterial geben (Hecht 2014). Ein solches Material müsste allerdings ungewöhnlichen Anforderungen genügen: Einerseits müssten die Rückstellkräfte im Träger angesichts der enormen Ausbreitungsgeschwindigkeit des Lichtes unverhältnismäßig groß sein – eine Eigenschaft, die wenn überhaupt nur von Feststoffen aufgrund ihrer hohen Dichte erfüllt werden könnte – (Hecht 2014), andererseits durfte das Medium die Bahnbewegung der Himmelskörper nicht hemmen, denn tatsächlich konnte eine solche Beobachtung nachweisbar ausgeschlossen werden. Dennoch wurden zahlreiche Experimente durchgeführt, um die Existenz eines Äthers zu belegen (Grehn 1998, Whittaker 1910).

Besondere Beachtung für einen Nachweis des Äthers fand 1727 (Liebscher 2005) die Beobachtung der stellaren Aberration[10] durch James Bradley (1693–1792) (Einstein 1988). Bradley hatte festgestellt, dass die „Fix"-Sterne eine jährlich-periodische Positionsverschiebung am Nachthimmel erfahren, die nicht auf eine perspektivische Abweichung infolge der Relativbewegung zwischen Stern und erdgebundenem Beobachter zurückzuführen ist (Hecht 2014) (Bild 4).

---

8 Erstmals veröffentlicht in seinem Werk: *Treatise*, 1873 (Whittaker 1910).
9 Die Konstanz der Lichtgeschwindigkeit steht im Widerspruch zur klassischen Mechanik, die eine Unabhängigkeit von Raum und Zeit vorraussetzt. Erst die spezielle Relativitätstheorie löst diesen Widerspruch durch die Lorentz-Transformation (Müller 1988).

10 *stellar*: die Sterne betreffend; lat. *aberratio*: „Ablenkung".

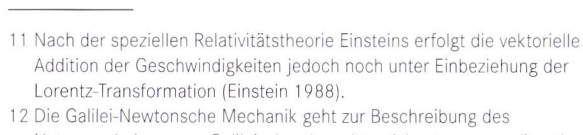

Ebenso wie ein Regenschirm, der den Regen dann optimal abfängt, wenn man ihn in bewegtem Zustand in die Bewegungsrichtung neigt, liefert ein Teleskop nur dann ein zentriertes Bild des Sterns, wenn man die Ausrichtung des Teleskopes in Bezug auf die Erdumlaufbewegung anpasst. Für den Fall, dass keine Anpassung der Teleskopausrichtung an die Bahnbewegung der Erde erfolgt, erscheint ein beobachteter Stern aus der Bildmitte verschoben. Diese Positionsabweichung erklärte Bradley mit der Endlichkeit der Lichtgeschwindigkeit, da das Licht eine Zeit benötigt, um durch das Teleskop auf die Bildebene zu gelangen. Die Aberration ist dann der Winkel α in Bild 4, der sich nach Bradley[11] im Geschwindigkeitsdreieck aus den Bahngeschwindigkeiten c und v von Teilchen und Erde in Bezug auf das als absolut[12] angenommene Bezugssystem des Äthers errechnen ließe (Grehn 1998).

Die stellare Aberration konnte durch die Teilchentheorie (Regentropfen als Korpuskel) erklärt werden. Sie war mit der Wellentheorie jedoch nur unter der Voraussetzung vereinbar, dass der Äther nicht oder nicht allzu merklich von der Durchlaufbewegung des Erdkörpers mitgenommen werde, sodass sich eine Relativbewegung zwischen Erde und Äther einstellt (Hecht 2014, Fizeau 1851, Liebscher 1998).

Dieser Annahme entspricht eine im 19. Jhdt. populäre Hypothese von Augustin Jean Fresnels (1788–1827), nach der das Teleskopobjektiv eine Störung in den einfallenden ebenen Wellenfronten erzeugt, die sich beim weiteren Durchlauf durch den Tubus als Wellengruppe im Äther fortpflanzt. Die Wellengruppe unterscheidet sich von ebenen Wellenfronten dadurch, dass sich der Ausbreitungsgeschwindigkeit (Phasengeschwindigkeit) eine bestimmbare Ausbreitungsrich-

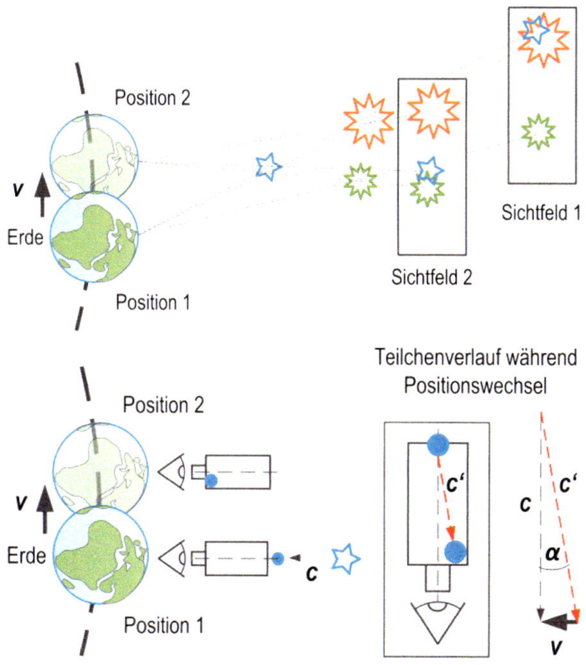

Bild 4 Fixsternparallaxe (links), stellare Aberration (rechts)

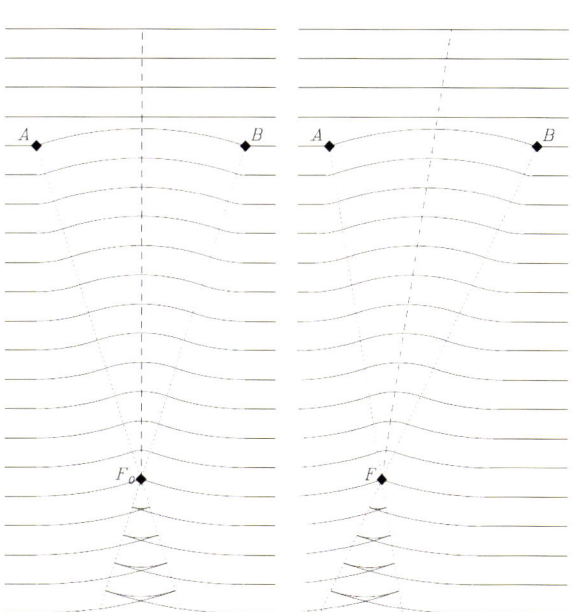

tung zuordnen lässt (ähnlich einem Teilchen). Wegen der angenommenen ungestörten Durchströmung des Äthers durch jegliche Materie sollte sich die Wellengruppe auch innerhalb des Tubus verschieben können, sodass infolge auch der Brennpunkt des Objektivs eine Ortsverschiebung erfahre (Bild 5) und somit eine Er-

---

11 Nach der speziellen Relativitätstheorie Einsteins erfolgt die vektorielle Addition der Geschwindigkeiten jedoch noch unter Einbeziehung der Lorentz-Transformation (Einstein 1988).

12 Die Galilei-Newtonsche Mechanik geht zur Beschreibung des Naturgeschehens von Galileischen bzw. *Intertialsystemen* aus (inertia lat., Trägheit). Unter den Inertialsystemen existiert dann ein absolutes, d.h. ein vor anderen Bezugssystemen bevorzugtes Inertialsystem, in dem sich physikalische Gesetze erklären lassen. Das absolute Bezugssystem findet im Äther seinen materiellen Ausdruck (Einstein 1988). Zur Begründung der Einführung eines absoluten Bezugssystems in der klassischen Mechanik merkt Einstein (Einstein 1988) an: „Dann wäre es kaum anders denkbar, als dass die Naturgesetze besonders einfach und natürlich sich nur dann formulieren ließen, wenn unter allen Galileischen Koordinatensystemen eines […] von bestimmtem Bewegungszustande als Bezugskörper gewählt würde. Dieses würden wir dann mit Recht (wegen seiner Vorzüge für die Naturbeschreibung) als das ‚absolut ruhende' bezeichnen, die übrigen Galileischen Systeme […] aber als ‚bewegt'."

Bild 5 Ätherbedingte Verlagerung der Wellengruppe im Teleskop. Interferenzvorgang ohne Äther (links) und mit Äther (rechts) (Liebscher 1998)

Bild 6
Fizeau-Experiment
(van Heel 1968)

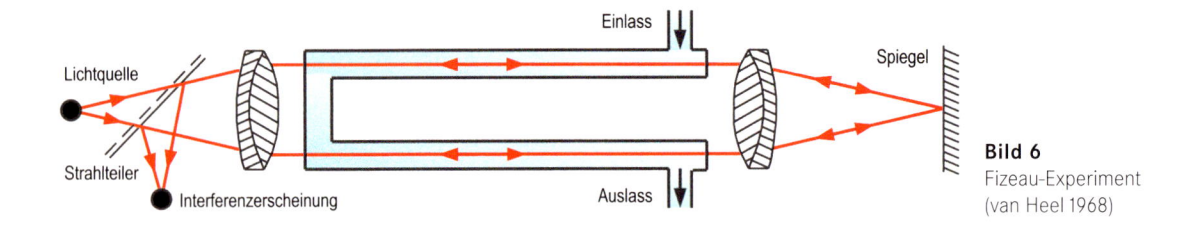

klärung der stellaren Aberration liefern sollte (Liebscher 1998).

Dominique François Jean Arago (1786 – 1853), der ursprünglich die Korpuskulartheorie Newtons zu stützen suchte, führte 1810 Experimente mit Prismen an Teleskopen durch. Von den beobachteten Sternen ausgesendete Korpuskeln sollten in Abhängigkeit der Relativgeschwindigkeit zwischen Erde und Gestirnen mit unterschiedlicher Geschwindigkeit auf das Prisma treffen und daher unterschiedlich stark dispergieren. Seine Ergebnisse, d.h. das Ausbleiben unterschiedlicher Dispersionswinkel, waren weder mit der klassischen Korpuskulartheorie nach Newton vereinbar, noch mit der Hypothese eines die Materie vollständig ungestört durchdringenden Äthers (Hoffmann 2015, Hecht 2014) (Bild 6).

Zur Erklärung stellt Fresnel die Hypothese auf, dass Medien mit einem Brechungsindex ungleich 1 den Äther bei ihrer Relativbewegung teilweise mitführen würden (Hecht 2014, Liebscher 1998, Whittaker 1910). Diese 1818 von Fresnel getroffene Annahme wurde durch ein Experiment Hippolyte Fizeaus (1819–1886) gestützt, der tatsächlich eine Veränderung der Durchlaufgeschwindigkeit von Licht in strömenden Wassersäulen[13] beobachten konnte (Hecht 2014).

Sir George Biddell Airy (1801–1892) unternahm außerdem 1871 den Versuch (Whittaker 1910), eine Vergrößerung der stellaren Aberration beim Durchlaufen von Medien mit einem Brechungsindex größer 1 herbeizuführen, die nach der Theorie eines völlig ungehindert strömenden Äthers zu erwarten gewesen wäre. Die Wellengruppe würde dann bei der geringeren Phasengeschwindigkeit infolge der Äther-Anströmung noch weiter aus dem Ruhefokus getragen, bevor sie die Bildebene erreicht. Stattdessen konnte Airy jedoch keine Vergrößerung des Aberrationswinkels beobachten.

Dieses Ergebnis wurde zugunsten der Fresnelschen Hypothese ausgelegt, nach der eine etwaige Änderung des Aberrationswinkels von der teilweisen Äther-Mitführung überlagert und relativiert würde (Hecht 2014, Liebscher 1998, Whittaker 1910).

Neben weiteren Hypothesen[14] ist auch die Theorie einer teilweisen Äthermitführung nicht unumstritten[15]. Jedenfalls setzt Fresnels Erklärung zur stellaren Aberration eine teilweise Mitführung des Äthers im Kontext der geforderten Relativbewegung zwischen terrestrischem Bezugssystem und Äther voraus.

Albert Abraham Michelson (1852–1931) und Edward Williams Morley (1838–1923) untersuchten im Michelson-Morley-Experiment die Relativbewegung zwischen Erde und Äther. Für den Fall, dass eine Äther-Mitführung beim Durchlauf der Erde ausgeschlossen werden kann, sollte sich die Relativgeschwindigkeit zwischen beiden Bezugssystemen durch den Versuchsaufbau messen lassen („Ätherwind"). Tatsächlich konnte eine Geschwindigkeit von 5–8 km/s gemessen werden; dieses Messergebnis stimmte jedoch nicht mit der erwarteten Relativgeschwindigkeit von rund 30 km/s überein, mit der sich die Erde auf ihrer Umlaufbahn gegen den Äther bewegen sollte. Aus diesem Versuchsergebnis schlussfolgerten Michelson und Morley:

„Alles in allem lässt sich mit ziemlicher Sicherheit folgern, dass die Relativbewegung zwischen Erde und Lichtäther, wenn es sie denn gibt, sehr langsam sein muss – langsam genug, um Fresnels Erklärung der Aberration zu widerlegen." (Hecht 2014)

Der Äther verhielt sich also so, als ob er relativ zur Erde ruhte oder sich mit der Erde mitbewegte.

Die Unvereinbarkeit zwischen dem Michelson-Morley-Experiment und Fresnels Hypothese zur teilweisen Mitführung des Äthers schloss eine einheitliche Äthertheorie aus, die sowohl mit der Wellentheorie des

---

13 Für strömende Luft konnte Fizeau in Übereinstimmung mit Fresnels Äther-Hypothese keine merkliche Veränderung der Durchlaufgeschwindigkeiten beobachten (verringerte Äther-Mitführung). (Fizeau 1851).

14 Etwa Sir George Gabriel Stokes' Hypothese einer vollständigen Äthermitführung (Liebscher 1998, Whittaker 1910).
15 Die Existenz eines Äthers wurde bis heute nicht widerlegt, sondern lediglich nicht nachgewiesen.

Lichts als auch mit der Beobachtung der stellaren Aberration vereinbar wäre (Hecht 2014).

Erst die 1905 von Albert Einstein (1879–1955) veröffentlichte Spezielle Relativitätstheorie bot eine widerspruchsfreie Beschreibung der Wellennatur des Lichts im Kontext aller bisherigen experimentellen Beobachtungen in der Optik (Liebscher 1998). Die Spezielle Relativitätstheorie vereint die durch die Newtonsche Mechanik eingeführte Absolutheit von Raum und Zeit (Einstein 1988). Die Einsteinsche Mechanik benötigt keinen absoluten Raum, der durch den Äther repräsentiert ist und der dadurch ein vor anderen Inertialsystemen bevorzugtes Bezugsmaß zur Beschreibung der Bewegung aller Körper darstellen sollte[16]. Daher wurde der Äther zur Erklärung der Wellentheorie überflüssig. Man stellte sich Licht nun als eine selbsterhaltende, d.h. trägerlose, elektromagnetische Welle vor (Hecht 2014). Die Frage nach der Natur des Lichts schien beantwortet.

Jedoch bereits 1900 legte Max Karl Ernst Ludwig Planck (1858–1947) durch die Einführung der Quantenmechanik die theoretischen Grundlagen, nach denen Einstein den 1905 äußeren fotoelektrischen Effekt erklärte (Grehn 1998). Die Energieübertragung von Lichtwellen auf die aus dem Atom herausgeschlagenen Elektronen erfolgte offenbar in diskreten Schritten und nicht kontinuierlich, wie bei einem Wellenzug zu erwarten gewesen wäre (Grehn 1998). Einstein folgerte aus dem Energieübertragungsverhalten, dass das Licht neben seiner Wellennatur auch Teilcheneigenschaften besitzen musste. Der Energiebetrag eines Lichtquantums, d.h. eines Photons, ist proportional zu seiner Frequenz v und der Naturkonstanten h, dem Planckschen Wirkungsquantum.

$$E = hv$$

Umgekehrt konnte Louis de Broglie (1892–1987) 1923 zeigen, dass sich weitere Elementarteilchen zur Erzeugung von Interferenzmustern eigneten und bestimmte die Wellenlänge λ eines Elektrons unter Einbeziehung seines Impulses p (Grehn 1998).

$$\lambda = \frac{h}{p}$$

Die Formulierung des Energiebetrages einer Masse m, die sich mit der Ausbreitungsgeschwindigkeit von Lichtwellen c bewegt, fasst in einer erstaunlich einfachen Darstellung eine Erkenntnis zusammen, für die seit Newton und Huygens über etwa zweieinhalb Jahrhunderten verschiedenste Anstrengungen unternommen worden waren:

$$E = mc^2$$

Licht war nicht nur Welle oder Teilchen, sondern offenbar beides. Wellen- und Teilchenhypothese schlossen sich nicht aus, sondern sind gegenseitige Ergänzungen in einem Welle-Teilchen-Dualismus.

2 Bedeutung der optischen Technologien heute

Aufbauend auf den neu gewonnen Erkenntnissen zu Beginn des 20. Jahrhunderts, realisierte Theodore Harold Maiman (1929–2007) 1960 den ersten Laser (Müller 1988). Der Laser basiert auf den theoretischen Überlegungen Einsteins zur stimulierten Emission[17], die er bereits 1916 äußerte. Über die letzten Jahrzehnte eröffnete das „Basiswerkzeug Laser" der modernen optischen Technologie bis heute immer neue Anwendungsfelder in naturwissenschaftlichen Disziplinen, auch außerhalb der Optik.

2.1 Bedeutung der optischen Technologien in der Technik

Eine der ersten Anwendungen ist auf den ungarischen Ingenieur Dennis Gábor zurückzuführen, der 1947 die holografische Bildgebung entwickelte, für die er 1971 den Physik-Nobelpreis erhielt. Die Holografie nach Gábor ermöglichte erstmals die perspektivische Wahrnehmung einer zweidimensionalen Abbildung in der dritten Dimension (Parallaxeverschiebung) (Bild 7). Benutzte Gábor 1948 noch eine Quecksilberdampflampe in der Holografie, um möglichst kohärentes Licht zu erzeugen, erbrachte die Nutzung einer Laserlichtquelle durch Emmett Norman Leith und Juris Upatnieks Holo-

---

16 „Indem die spezielle Relativitätstheorie die physikalische Gleichwertigkeit aller Inertialsysteme aufzeigte, erwies sie die Unhaltbarkeit der Hypothese des ruhenden Äthers." (Einstein 1988)

17 auch: induzierte Emission.

Einleitung

Bild 7 Holografie nach Gabor. Parallaxeverschiebung (Müller 1988)

gramme in höherer Qualität mit wesentlich kleineren Belichtungszeiten (Müller 1988). Die ersten solcher lasererzeugten Hologramme wurden erstmals 1963 veröffentlicht (Gabor 1971). Dadurch wurde das holografische Aufnahmeverfahren beherrschbar.
1965 leiteten R. L. Powell und K. A. Stetson aus dem Grundprinzip der Holografie nach Gábor eine Variante ab, die sich zur Verformungsmessung von Bauteiloberflächen eignet und die als holografische Interferometrie bezeichnet wird: Für zwei voneinander verschiedene Belastungszustände eines Objektes werden Hologramme aufgenommen (Doppelbelichtungsverfahren) und miteinander zur Überlagerung gebracht. Die dadurch entstehenden Interferenzstreifenmuster beschreiben Oberflächenverformungen.

Die Holografie nach Powell und Stetson wurde unter Einbeziehung elektronischer Hilfsmittel zur digitalen Holografie erweitert, welche das Interferenzstreifenmuster auf dem Bildschirm eines Rechners erzeugt. In Erweiterung der Holografie steht die Shearografie, die auf eine Erfindung von J. A. Leendertz und J. N. Butters 1973 zurückgeht und durch Y. Y. Hung weiterentwickelt wurde (Yang 1998). Shearografie ist ein Messverfahren zur Bestimmung der Dehnungen an Bauteiloberflächen, deren industrielle Praxistauglichkeit mit der digitalen Shearografie zunahm. Sowohl Holografie, als auch Shearografie haben sich mittlerweile in der Prüf- und Messtechnik etabliert und erfahren eine stetige technologische Weiterentwicklung (Mehrwellen-Holografie, Optisch angeregte Lockin-Shearografie etc.) (Bild 8 und 9).

Nicht nur die Anwendungsfelder des Lasers, sondern auch die Lasertechnologie selbst konnte weiterentwickelt werden. Nach der Etablierung des Rubinlasers von Maiman in den 1960er-Jahren, konnte der Festkörperlaser in den folgenden Jahrzehnten um die Klasse der Farbstofflaser, der Gas- oder auch der Flüssigkeitslaser erweitert werden. Im heutigen Alltagsleben spielt die Laserdiode, die als Halbleiterlaser klassifiziert ist, im Vergleich zu anderen Lasertypen eine hervorzuhebende Rolle. Sie dient z. B. zum Auslesen von Daten

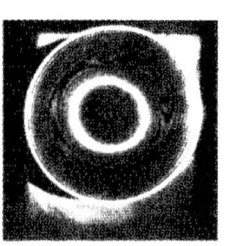

Bild 8
Holografie nach Powell und Stetson. Eigenformen einer Lautsprechermembran (Gabor 1971)

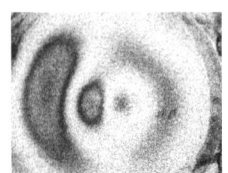

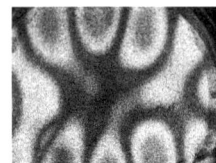

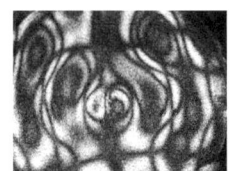

Bild 9
Digitale Shearografie. Eigenformen einer geklemmten Aluminiumplatte

(CD, DVD, Blu-ray), als Präsentationsmedium (Laserpointer) oder im Farbdruck zur Erzeugung qualitativ hochwertiger Bilder (Laserdrucker). 2011 ist mit C-Wave erstmals ein für messtechnische Zwecke nutzbarer optisch-parametrischer Oszillator[18] zur Marktreife gelangt, der als Laserlichtquelle eine kontinuierliche Durchstimmbarkeit des sichtbaren Frequenzspektrums während der Strahlungsemission bietet.

Auch außerhalb der Lasertechnik konnte innerhalb der zurückliegenden Jahrzehnte eine rasante Entwicklung optischer Technologien verzeichnet werden. Die Photonik entwickelte sich zum Überbegriff eines neu entstandenen Marktes. Offensichtliche Bezeichnungen wie Photovoltaik oder Optoelektronik geben nur einen ersten Hinweis auf das umfangreiche Anwendungsspektrum optischer Technologien. Zusammen mit weiteren Zweigen der Photonik, wie etwa der Medizintechnik und den Lebenswissenschaften (Life Sciences), der Sicherheits- und Verteidigungstechnik, Lichtquellen, der Produktionstechnik, der Bildverarbeitungs- und Messtechnik, der Informationstechnik oder der Kommunikationstechnik, gilt die Photonik auch in Deutschland als Wachstumsgarant für neue Arbeitsplätze; darüber hinaus vor allem aber im asiatischen Raum, in China, Japan und Taiwan (Photonik 2013).

Eine offensichtliche Rolle im Alltagsleben spielen Lichtquellen wie die allgemein als Leuchtdioden bezeichneten Lumineszenzdioden (LED). Ihre Entwicklung beginnt bereits im 19. Jhdt. und führte über die Fortschritte in der Halbleitertechnik schließlich 1962 zur ersten Lumineszenzdiode im sichtbaren Wellenlängenbereich (rotes Licht). Als deren Entwickler gelten u. a. Nick Holonyak und Robert Hall (Zheludev 2007). Seither wurden LEDs kontinuierlich weiterentwickelt und finden heute in verschiedensten Beleuchtungseinrichtungen im alltäglichen Gebrauch elektronischer Medien Anwendung.

Eine Erweiterung der LEDs ist auch die 1987 entwickelte OLED (organic light emitting diode) (Tang 1989). OLED bestehen aus einem organischen Halbleitermaterial, dessen Strahlungsemission auf dem Prinzip der Elektrolumineszenz[19] basiert. Zwischen p- und n-Schicht liegt eine organische Schicht, die als Emitterschicht fungiert. Die Farbstofffüllung der Emitterschicht bestimmt die Farbe des ausgestrahlten Lichtes.

Da die Emitterschicht lediglich eine Dicke von 100–200 nm umfasst, sind OLED „sehr leicht und flexibel" (Neumann 2014). Obwohl zurzeit der Allgemeinheit noch weniger bekannt bzw. bewusst, lassen die Forschungsanstrengungen zur OLED-Technologie für die Zukunft eine Vielzahl nützlicher und kreativer Einsatzmöglichkeiten erahnen. Denkbar wären aufrollbare Bildschirme oder großflächige Raumbeleuchtungen (Neumann 2014). Implementierungen der OLED als Grafikdisplays von Fernseh-, Kamera- oder Mobilfunkgeräten existieren schon heute (Bild 10).

Bild 10 Biegsames OLED-Display des LG G Flex

Isamu Akasaki, Hiroshi Amano und Shuji Nakamura gelang die Erfindung einer Leuchtdiode zur effizienten Emission blauen Lichts auf Grundlage des Halbleitermaterials GaN. Dieser ab 1993 im großen Stil produzierte blaue LED-Typ ermöglicht im Vergleich zu bisherigen blauen LEDs die energiesparende Zusammensetzung von hellem weißem Licht (Neumann 2014). Die Wissenschaftler wurden für ihre Leistung 2014 mit dem Physik-Nobelpreis geehrt.

Durch seine unerreichte Ausbreitungsgeschwindigkeit eignet sich Licht als Informationsträger. In der Nachrichtentechnik findet heute standardmäßig die Informationsübertragung über Lichtwellenleiter statt (Telekommunikation, Internet) (Hecht 2014). Gründe sind etwa die hohe Übertragungskapazität bei gleichzeitig kleinen Signalverlusten, die unübertroffene Abhörsicherheit und die ausbleibende Beeinträchtigung durch elektromagnetische Störfelder (Hecht 2014). Übertragungsreichweiten bis zu 100 km ohne Signalauffrischung sind möglich. In Verbindung mit modernen photonischen Schaltelementen, wie etwa durch die bereits heute eingesetzten mikrooptoelektromechani-

---

18 kurz: OPO.
19 Strahlungsemission bei Anlegen eines elektrischen Spannungsfeldes im Material.

schen Systeme (MOEMS), ließe sich die Koordinierung und die Übertragungsgeschwindigkeit der hiesigen Datenströme auf ein Vielfaches potenzieren und wäre daher ein Schritt hin zu einem zukünftig denkbaren „volloptischen Telefon-Fernseh-Internet-Netz" (Neumann 2014).

In unmittelbarem Zusammenhang zu den modernen bildgebenden optischen Mess- und Prüfverfahren steht die digitale Bildverarbeitung. Unter Nutzung geeigneter Programmiersprachen ergeben sich vielfältige Möglichkeiten in der Entwicklung von Messsoftware, etwa zur Filterung des Bildrauschens oder zur Demodulation von Phasenbildern. Anwendungsfelder bieten etwa Messvorrichtungen in der kohärent-interferometrischen Prüf- und Messtechnik für schnelllaufende Produktionsanlagen oder die Topologie-Erfassung eines Geländeabschnittes in der Radarinterferometrie mittels SAR-Technologie (Synthetic Aperture Radar[20]) (Ghiglia 1998, Hecht 2014) (Bild 11). Die somit zur Beherrschung optischer Systeme erforderlichen und umfassenden Fachkenntnisse schaffen ein Tätigkeitsfeld an der Schnittstelle zwischen Elektrotechnik, Informatik und Maschinenbau.

Bild 11 Phasenbild eines Geländeabschnittes mittels SAR-Technologie zum Geländevermessen (Ghiglia 1998)

2.2 Bedeutung der optischen Technologien im Militärsektor

Obgleich mit der Erfindung neuer Waffensysteme oftmals technologische Entwicklungsschübe einhergehen (z. B. die Raketentechnologie), deren Funktionsprinzipe sich auf den zivilen Bereich übertragen lassen, steht

---
20 Radar mit synthetischer Apertur

der Laser beispielhaft für die militärische Nutzung einer Erfindung zivilen Ursprungs. 1983 initiierte US-Präsident Ronald Reagan ein von ihm favorisiertes Raketenabwehrsystem. Satelliten sollten „ballistische Raketen" aus dem All mit einem Laserstrahl hoher Intensität abfangen. Das als Strategic Defense Initiative, kurz SDI, bezeichnete Vorhaben wurde allerdings 1993 aufgrund der Zweifel an seiner technischen Umsetzbarkeit und auch zu hoher Kosten beendet (Bild 12).

Dahingegen ist der Einsatz von Lasern in anderen Waffensystemen heute Standard. Jagdgewehre von z. B. Carl Zeiss oder auch verschiedenste Kampfpanzer nutzen Lasersysteme zum Anvisieren oder zur Entfernungsmessung von Zielen.

2.3 Bedeutung der optischen Technologien in der Medizin

Erste Ansätze zum Einsatz dreidimensional-bildgebender Verfahren in der Medizin wurden in den 1970er-Jahren vorangetrieben und in den 1980ern durch neue

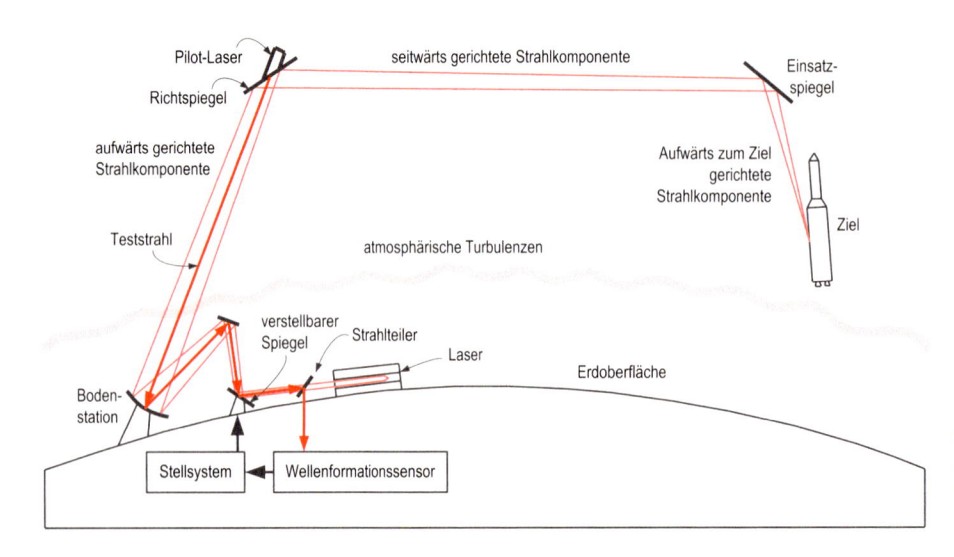

Bild 12 Variante des SDI-Projektes mit bodengebundener Laserlichtquelle (Müller 1988)

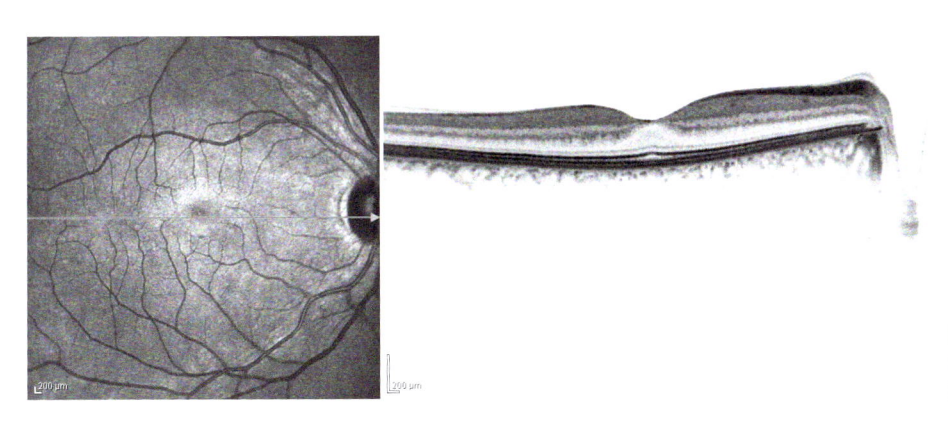

Bild 13
Digitalisierte Bildgebung der Retina mittels OCT

Algorithmen, Software und eine erweiterte Gerätetechnik intensiviert (Udupa 1991). Obwohl sich die Entwicklung bildgebender Verfahren in den Anfängen vor allem auf nichtphotonische Verfahren bezog (Computertomografie, Sonografie etc.), umfasst die Medizintechnik heute jedoch auch die Bildgebung etwa kohärent-optischer Behandlungsverfahren. Dadurch eröffneten optische Technologien neue Ansätze zur Behandlung von Krankheiten.

Entwickelt in den 1980er-Jahren konnte sich mittlerweile die optische Kohärenztomografie (engl.: optical coherence tomography, OCT) als bildgebendes Verfahren etablieren. Beispielsweise eignet sich die OCT in der Augenheilkunde zur Untersuchung von Krankheitsbildern an der Retina[21] (Bild 13). Entsprechend dem Aufbau eines Michelson-Interferometers werden an einem Detektor Interferenzen aus dem vom untersuchten Gewebe reflektierten Lichtsignal und einem Referenzsignal erzeugt. Je nach gewählter Bandbreite und Wellenlänge des im Michelson-Aufbau verwendeten Lichtspektrums lassen sich die Eindringtiefe der Strahlung ins Gewebe und die Tiefenauflösung vorgeben. Die OCT misst berührungslos und kommt daher auch in lebendem Gewebe (in vivo) zum Einsatz.

In der Ohrenheilkunde wird zur Schwingungsmessung am Trommelfell der Dopplereffekt mittels Laserbestrahlung angewendet. Ein Laserstrahl wird an der schwingenden Membran reflektiert. Im Rhythmus der periodischen Änderung ihrer Schwingungsrichtung erfolgt gemäß dem Dopplereffekt eine periodische Frequenzmodulation des Laserstrahls. Daher enthält der Laserstrahl die Bewegungsinformation der schwingenden Oberfläche (Messstrahl). Der reflektierte Messstrahl wird mit einem nichtfrequenzmodulierten Referenzstrahl an einem Detektorelement überlagert, um von dem zeitlichen Interferenzverhalten auf die Amplitude und die Geschwindigkeit der Membranschwingung zu schließen (Bild 14).

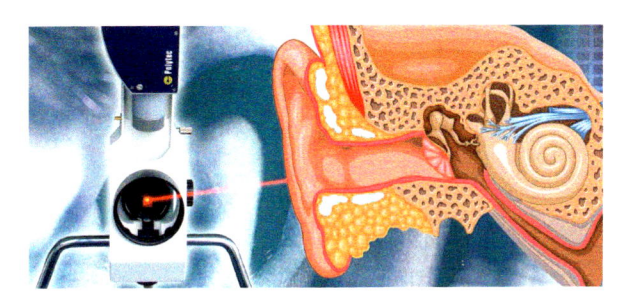

Bild 14 Laservibrometrie in der Otologie (Polytec 2011)

Des Weiteren lassen sich sowohl mit den bildgebenden Verfahren der Holografie als auch der Laser-Scanning-Vibrometrie Schwingungsformen vom Trommelfell aufnehmen (Bild 15).

---
21 Netzhaut

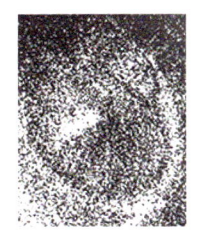

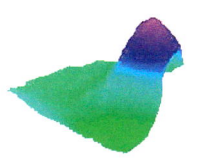

Bild 15
Schwingungen am Trommelfell. Links Holografie, rechts Laser-Vibrometrie (Polytec 2011, Fritze 1978)

2014 erhielt Stefan Hell den Chemie-Nobelpreis für die Steigerung des Auflösungsvermögens in der Lichtmikroskopie (Beckers 2012). Als maßgeblicher Entwickler der STED-Mikroskopie (Stimulated Emission Depletion) entwickelte er ein Fluoreszenzmikroskop, mit dem erstmals die durch Ernst Karl Abbe (1840–1905) beschriebene Beugungsgrenze für die maximale Auflösung von zwei Objektpunkte umgangen werden konnte. Das STED-Mikroskop bedient sich dazu der gezielten Anregung fluoreszierender[22] molekularer Strukturen mittels zweier Laserlichtquellen von unterschiedlicher Wellenlänge. Dabei ist die Bündelung beider Laserlichtstrahlen zunächst dem Beugungseffekt unterworfen, sodass sich ein Strahlenbündel nicht weiter als bis zu einem Lichtfleck des Durchmessers von 200 nm bündeln lässt. Die Strahlungsfrequenz des ersten Lasers (Messstrahl) hebt die Moleküle, die innerhalb des Strahlungsdurchmessers liegen, auf ein höheres Energieniveau und bereitet sie dadurch zur anschließenden Strahlungsemission (Fluoreszenz) vor. Das dem ersten Lichtbündel ringförmig überlagerte zweite Lichtbündel („Donutstrahl") überführt alle bestrahlten Moleküle nach der Anregung in einen energieärmeren Zustand mit zum Messstrahl unterschiedlicher Fluoreszenzwellenlänge. Aufgrund der unterschiedlichen Wellenlängen kann der Donutstrahl vom ersten Lichtbündel gefiltert werden (Beckers 2012). In dieser Weise kann der Durchmesser des noch fluoreszierenden Strahlungsbereiches lateral verkleinert werden und ermöglicht somit die Untersuchung kleinerer Molekülstrukturen. Auf der Grundlage dieses technologischen Prinzips sollen in der Zellforschung etwa neue Erkenntnisse im Zusammenwirken zwischen Synapsen und Nervenzellen gewonnen und sogar neue Ansätze zur Bekämpfung des HIV-Virus entwickelt werden können (Bild 16).

In der modernen industriellen Fertigung dient der Laser bei der Herstellung qualitativ hochwertiger Produkte. Die Miteinbeziehung von Laseranlagen in Fertigungsprozesse, wie Bohren und Entgraten, Schneiden, Schweißen und die Wärmebehandlung von Oberflächen (Müller 1988), erhöht die Fertigungsgenauigkeit und -geschwindigkeit.

Wohl der zunehmenden Technisierung und der digitalen Vernetzung, im Besonderen über Mobilfunkgeräte, ist zu verdanken, dass bereits einfache technische Anwendungen einer breiten Masse zugänglich sind. Eine neuere Anwendung der optischen Messtechnik ist jedenfalls ein adaptierbares Mikroskop, das auf die Leistungsfähigkeit der Mobilfunkgerätekamera zurückgreift. Die Anwendung ermöglicht die Identifikation von Parasiten im Blut und dient damit der Bekämpfung von Tropenkrankheiten (Bakaler 2015).

3 Bedeutung der optischen Technologie in Zukunft

Die Vereinten Nationen haben das Jahr 2015 als das „Jahr des Lichts" ausgerufen. Von vielen trendbestimmenden Institutionen wird die Photonik international als eine Schlüsseltechnologie des 21. Jahrhunderts angesehen (Photonik 2014, Lemmer 2015, BMWi 2015, Photonik 2013, Ampere 2014).

Bereits Mitte der 1970er-Jahre war die Idee bekannt,

---

22 Fluoreszenz: Nach einer photonischen Anregung erfolgte einmalige spontane Strahlungsemission am Atom mit zur Anregung geringerer Strahlungsfrequenz des emittierten Photons (Grehn 1998).

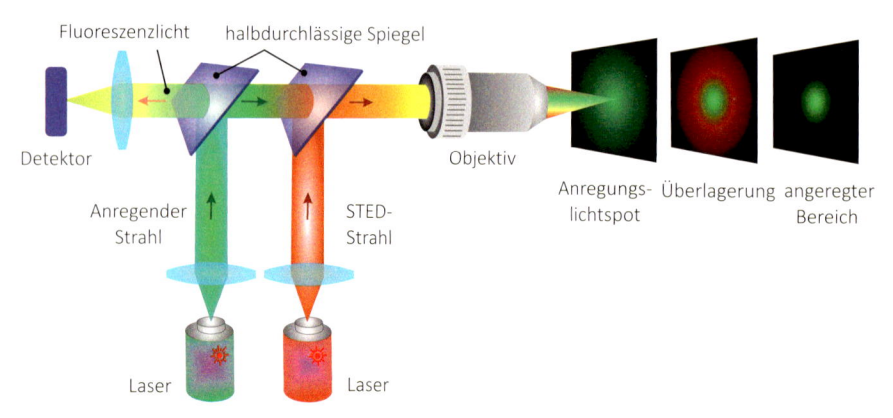

Bild 16
STED-Mikroskopie

die auf elektrischen Strömen basierende, rechnerinterne Informationsverarbeitung von Computern durch Laserlichtströme zu ersetzen. Nach dem heutigen Stand der Technik ist zur digitalen Signalverarbeitung noch eine Vielzahl elektronischer Bauteilkomponenten erforderlich. Wesentlich für die Ausführung der logischen und arithmetischen Operationen sind dabei elektronische Transistoren. Zukünftig sollen jedoch (als Analogon in optischen Computern) optische Transistoren als Funktionsbaustein die drei Grundzustände UND, ODER und NICHT darstellen können, aus denen sich jede komplexere logische oder arithmetische Operation zur Signalverarbeitung zusammensetzen lässt.

Optische Transistoren zeigen den Aufbau eines Fabry-Perot-Interferometers (Bild 17). Im optischen Computer könnten Halbleiter wie z. B. Indiumantimonid-Kristalle solche Interferometer nachbilden. Das Laserlicht zweier Strahlenbündel unterschiedlicher Intensität durchläuft ein geeignetes Material mit nichtlinearem Brechungsindex. Gegenüberliegende teildurchlässige Spiegel bedingen eine Mehrfachreflexion des hin- und zurücklaufenden Strahlenbündels.

Das Material des optischen Transistors reagiert auf eine gleichmäßige Änderung der einfallenden Intensität mit einer nichtlinearen Änderung seines Brechungsindexes. Ebenso nichtlinear ändert sich auch die Intensität des durchgelassenen Strahls nach der Kennlinie aus Bild 17: Die nichtlineare Kennlinie beschreibt die sprunghafte Zunahme der durchgelassenen Intensität, sobald die einfallende Intensität einen bestimmten Schwellwert überschritten hat. Dadurch ist die Unterscheidung zweier Energiezustände möglich, ähnlich den Zuständen „An" und „Aus" eines Schalters. Diese binären Zustände bilden die Grundlage logischer und arithmetischer Operationen eines Computers. Während der konstante Eingangsstrahl nach der letzten Abbildung immer am unteren Schwellwert der Kennlinie anliegt, lässt sich durch den geringen zusätzlichen Energiebeitrag des Steuerstrahls eine sprunghafte und massive Intensitätsveränderung des durchgelassenen Strahlenbündels herbeiführen, wie sie erst durch den Einsatz eines Materials mit nichtlinearem Brechungsindex möglich ist.

Im Zusammenspiel mit weiteren optischen Bauelementen ließen sich Photonenrechner konstruieren, deren Operationsgeschwindigkeiten um ein Vielfaches höher eingeschätzt werden als bei elektronischen Rechnern. Darüber hinaus ließen sich gleich mehrere Schaltoperationen an einem optischen Transistor ausführen, da sich mehrere Laserstrahlen beim Durchlauf nicht unbedingt stören würden. Die Herstellung optischer Schaltelemente erfordert die Verwendung von optisch bistabilen Bauelementen, d. h. Materialien mit zwei ansteuerbaren Energiezuständen, eben einer Stufe. Im Falle gleich mehrerer vom Computer unterscheidbarer Stufen wäre sogar die Einführung einer neuen Rechnerlogik denkbar (Müller 1988).

Seit alters her vollzog sich eine stete Verbesserung optischer Bauelemente, derer man erst durch die Beherrschung bestimmter Fertigungsmethoden (Glasblasen, Linsenschleifen, verschiedene Beschichtungsverfahren etc.) und Materialien (Halbleitermaterial, mineralische oder organische Gläser etc.) habbar wurde (Neumann 2014). Bemerkenswert ist in diesem Zusammenhang auch, dass sich die Anzahl optischer Bauelemente auf ein Minimum reduzieren lässt[23], wenn man die elementaren Interaktionsmöglichkeiten des Lichts mit diesen Systemkomponenten zugrunde legt

---

23 Linsen, Spiegel, Prismen, Lichtwellenleiter, Strahlteiler, Filter, Polarisatoren, Detektoren, Lichtquellen.

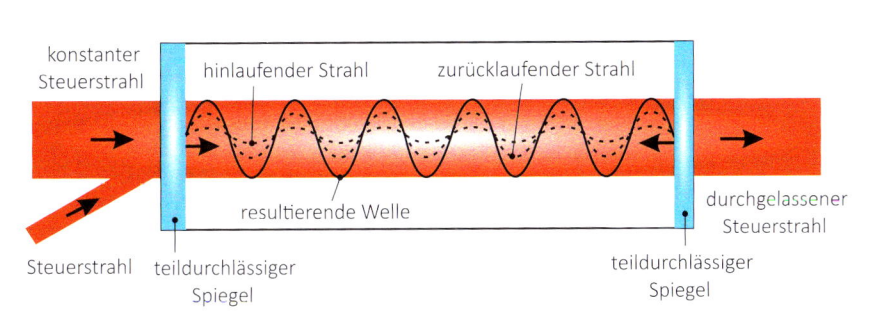

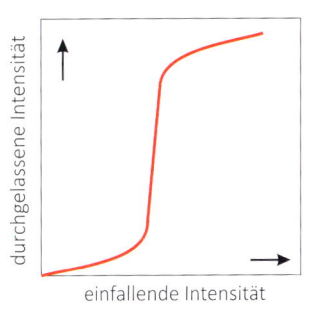

Bild 17 Aufbau und Funktionsweise optischer Transistoren

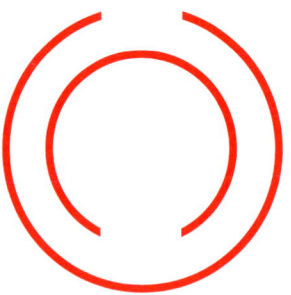

Bild 18 Beispiele der Struktur von Einzelelementen in Metamaterial

und durch die Licht erst funktionalisiert werden kann[24]. Das Bestreben nach dem Entwurf und der Verbesserung optischer Komponenten zielt etwa auf die Herstellung der perfekten Linse ab, wie sie Gegenstand aktueller Forschungsbemühungen ist (Ramakrishna 2005). Zur Realisierung dieser Innovation spielen auch dieses Mal neue Materialien die Schlüsselrolle.

Metamaterial heißt die Gesamtheit neuer optischer Medien, die zumeist als Struktur-Komposit-Material[25] beschaffen sind und erstmals 1967 beschrieben wurden. Dahingegen lässt die Bezeichnung Negative Refraction Material (NRM) eher erahnen, dass es sich bei Metamaterial nicht zwingend um ein eigentliches Material als vielmehr um eine Materialkonstruktion handelt, die bestimmte funktionelle Eigenschaften erfüllt. Die Konstruktion besteht dann oft aus einer Struktur zueinander angeordneter funktioneller Einzelelemente (Bild 18) (Ramakrishna 2005). Eine exakte Definition ist jedoch derzeit in der einschlägigen Literatur noch nicht zu finden.

Aus physikalischer Sicht zeichnen sich Metamaterialien u. a. durch ihren negativen Brechungsindex aus. Der negative Brechungsindex wird über negative Werte der relativen dielektrischen Permittivität ε und der relativen magnetischen Permeabilität μ herbeigeführt (Ramakrishna 2005). Die Abhängigkeit des Brechungsindex n von beiden Materialkonstanten ergibt sich zu:

$$n^2 = \varepsilon\mu.$$

Obige Gleichung erklärt, dass der übliche Aufbau von Metamaterial zwei strukturierte Materialien umfasst, wobei ein Material die negative Permittivität ε und das andere Material die negative Permeabilität μ abbildet.

---

24 Reflexion, Absorption, Transmission, Brechung, Beugung, Interferenz, Polarisation.
25 d. h. durch zwei miteinander verbauten Materialien.

Negative Brechungsindizes bewirken, dass elektromagnetische Strahlung beim Übergang des Medium mit positivem Brechungsindex n_+ in das Medium mit negativem Brechungsindex n_- (Metamaterial) nicht nur zum Lot hin, sondern sogar über das Lot hinaus gebrochen wird (Ramakrishna 2005). Das Brechungsgesetz nach Snellius lässt sich dann modifizieren.

$$n_+ \sin(\theta_+) = n_- \sin(\theta_-)$$

Für negative Brechungsindizes n_- nimmt über θ_- auch der zugeordnete Brechungswinkel negative Werte an, die aber betragsgleich mit θ_+ sind (Ramakrishna 2005) (Bild 19).

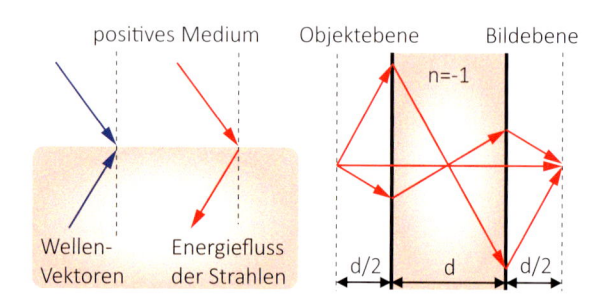

Bild 19 Brechungsverhalten von NRM (negative refractive index metamaterials)

Um die Funktionsfähigkeit von NRM zu gewährleisten, müssen ihre Einzelelemente kleiner als die Wellenlänge der verwendeten Strahlung sein. Anfangs konnten nur Struktur-Material-Komposite für die Untersuchung von Mikrowellenstrahlung hergestellt werden (Pendry 2000). Mittlerweile sind jedoch auch Metamaterialien als Nanostrukturen bekannt, sodass die Eigenschaften von NRM in Zukunft auch für das sichtbare Spektrum elektromagnetischer Wellen Anwendung finden werden (Ramakrishna 2005).

Sehr populäre ist die Idee einer perfekten Linse nach

Veselago. Diese Linse aus NRM hat die Materialkonstanten $\varepsilon = -1$ und $\mu = -1$ die Form einer Planplatte (Bild 19 rechts). Das Auflösungsvermögen dieser Linse ginge aufgrund ihrer Materialeigenschaften über die Abbessche Beugungsgrenze hinaus und basiert auf ihrer Fähigkeit, die Amplitude evaneszenten Lichts während der Ausbreitung im Material zu verstärken und so letzlich dieses Licht bis in den Brennpunkt außerhalb der Linse zu leiten (Pendry 2000). Tatsächlich wirken sich jedoch bereits kleine Fehlstellen im Metamaterial merklich auf die Fokussierung einzelner Bildpunkte aus. Außerdem wird die Funktionsfähigkeit der Linse durch die stark dissipativen und dispersiven Ausbreitung des Lichts, die für NRM charakteristisch ist, weiter herabgesetzt (Ramakrishna 2005).

Wenn also in Zukunft auch eher von einer „Super-Linse" (Ramakrishna 2005) als von einer perfekten Linse auszugehen sein dürfte, lässt dieses kleine Beispiel doch deutlich das Entwicklungspotenzial und die Bedeutung der Optik und ihrer Anwendungen in den nächsten Jahrzehnten erahnen. Ist die perfekte Linse doch symbolischer Ausdruck dafür, dass manchmal auch die längst als selbstverständlich in das Bewusstsein übergegangenen Innovationen aus anderer Zeit immer noch Ansätze für neue, faszinierende Ideen bieten.

4 Literaturverzeichnis

Ampere: Licht der Zukunft: LEDs stellen eine Branche auf den Kopf, Das Magazin der Elektronikindustrie, 2014

Bakaler, M.; D'Ambrosio, M. V.: Smartphone Microscope Counts Parasites in Blood, Science Translational Medicine, 2015

Beckers, M.: Leuchtende Quantemagnete unterm Mikroskop, Spektrum der Wissenschaft – Kompakt, Ausgabe Februar 2012

Bliedtner, J.; Gräfe, G.: Optiktechnologie, Carl Hanser Verlag, 2. Auflage, 2010

Brecht, B.: Leben des Galilei, Suhrkamp Verlag, 76. Auflage, 1963

Bundesministerium für Wirtschaft und Energie (BMWi): Geschäftsanbahnung – Schlüsseltechnologie Photonik, BMWi Pressemitteilung, 2015

Einstein, A.: Über die spezielle und allgemeine Relativitätstheorie, Viewer Verlag, 23. Auflage, 1988

Fizeau, H.: Über die Hypothesen vom Lichtäther, Annalen der Physik, Ergänzungsband 3, J. A. Barth Verlag, 1851

Fritze, W.; Kreitlow, H.; Ringer, K.: Holografische Untersuchung der Schwingungsform des menschlichen Trommelfells in vivo, Springer Verlag, 1978

Gabor, D.: Holography – Nobel Lecture, 1971

Ghiglia, D. C.; Pritt, M. D.: Two-Dimensional Phase Unwrapping, John Wiley & Sons Verlag, 1. Auflage, 1998

Grehn, J.; Krause, J.: Metzler Physik, Schroedel Verlag, 3. Auflage, 1998

Hecht, E.: Optik, Oldenburg Wissenschaftsverlag GmbH, 6. Auflage, 2014

Heilmann, R.: Licht die faszinierende Geschichte eines Phänomens, Herbig Verlag, 2013

Hoffmann, D.: Einsteins Relativitätstheorie: Eine geführte Reise durch Raum, Zeit und die Geschichte der Physik, Books on Demand, Norderstedt, 1. Auflage, 2015

Ibn-al-Haitam, al-Hasan Ibn-al Hasan: Opticae thesaurus Alhazeni arabis libri septem, nunc primum editi, 1572

Lemmer, U.: Photonik - Schlüsseltechnologie des 21. Jahrhunderts, Collocuium Fundamentale, 2015

Liebscher, D.-E.: Cosmology, Springer Berlin Heidelberg New York, 2005

Liebscher, D.-E.; Brosche, P.: Fallstricke beim Thema Aberration, Version des Aufsatzes vom 12. 3. 1998

Müller, A.: Anwendungen des Lasers, aus der Reihe Verständliche Forschung, Spektrum der Wissenschaft Verlagsgesellschaft mbH & Co., Heidelberg, 1988

Neumann, H.; Schröder, G.; Löffler-Mang, M.: Handbuch Bauelemente der Optik, Carl Hanser Verlag München Wien, 7. Auflage, 2014

Pendry, J. B.: Negative Refraction Makes a Perfect Lens, Physical Review Letters, 2000

Photonik, Spectaris, VDMA, ZVEI, BMBF: Photonik – Branchenreport 2013

Photonik, Spectaris, VDMA, ZVEI, BMBF: Photonik – Branchenreport - aktuelle Lage – Februar 2014

Polytec: Laser Vibrometry in Ear Mechanics and Otology, Datenblatt, 2011

Ramakrishna, S. A.: Physics of negative refractive index materials, Institute of Physics Publishing, 2005

Rienecker, F.; Maier, G.; Schick, A.; Wendel, U.: Lexikon zur Bibel, SCM-Verlag GmbH & Co. KG, 2013

Scholl, W.; Drews, R.: Handbuch Mathematik, Orbis Verlag, 2001

Schuth, M.: Aufbau und Anwendung der Shearografie als praxisgerechtes, optisches Prüf- und Messverfahren zur Dehnungsanalyse, Qualitätssicherung und Bateiloptimierung, VDI Verlag, 1971

Tang, C. W.; VanSlyke, S. A.: Organic Electroluminescent Diodes, Organic Electroluminescent Diodes, 1989

Udupa, J. K.; Herman, G. T.: 3D imaging in medicine, CRC Press, Inc., 1991

Van Heel, A. C. S.; Velzel, C. H. F.: Was ist Licht, Kindler Verlag GmbH München, 1968

Whittaker, E. T.: Theroies of Aether and Electricity, Dublin University Press Series, 1910

Wilde, E.: Geschichte der Optik: vom Ursprunge dieser Wissenschaft bis auf die gegenwärtige Zeit, Rücker und Pülcher, 1838

Yang, L. X.: Grundlagen und Anwendungen der Phasenschiebe-Shearografie zur zerstörungsfreien Werkstoffprüfung, Dehnungsmessung und Schwingungsanalyse, VDI Verlag, 1998

Zheludev, N: The life and times of the LED – a 100-year history, Nature Photonics 1, 2007

TEIL I
3D-Formerfassung

1 Einleitung 3
2 Lichtschnittverfahren 9
3 Streifenprojektion 44
4 Photogrammetrie 75
5 Triangulationssensor 101
6 Weißlichtinterferometrie 106
7 Optische Kohärenztomografie 111
8 Konfokale Mikroskopie 113
9 Chromatisch-konfokales Messverfahren 125
10 Streulichtsensor 131
11 Lasertracer 136
12 Autofokussensor 145
13 Kontrastvergleichsautofokussensor 149
14 Interferometrische Abstands- bzw. Entfernungsmessung 153
15 Konoskopische Holografie 159

16	Ellipsometrie	162
17	3D-Formprüfinterferometrie	165
18	Mehrwellenlänge-Interferometrie	172
19	Fokus-Variation	179
20	Deflektometrie	184
21	Makyoh-Sensor	188
22	Schattenwurfverfahren	190
23	Terrestrisches Laserscanning	193
24	Shape from Shading	199
25	Hybride Messverfahren	202
26	Literaturverzeichnis	207

1 Einleitung

1.1 Historischer Rückblick

Viele Herstellungsprozesse, wie z. B. Gießen, erfordern eine genaue Kenntnis der Objektform. Aus diesem Grund versuchten Wissenschaftler und Ingenieure lange bevor die ersten optischen Messverfahren zur 3D-Formerfassung entwickelt wurden, auf Basis der zu der damaligen Zeit zur Verfügung stehenden Werkzeuge, industrietaugliche Messmethoden zu entwickeln.

Die einfachste Möglichkeit die Objektform zu erfassen, stellen Abdrücke in Materialien dar, die die Form des Messobjektes nach Aushärten oder Fixierung, wie z. B. Gießformen oder Nagelbretter (Bild 1.1), speichern können.

Die später entwickelten, taktilen Messsysteme machen nichts anderes, als auch die Oberfläche punktweise abzutasten. Jedem Raumpunkt, in unserem Beispiel einem Nagel, wird in jeder Raumrichtung ein Wert (Eindringtiefe der Nägel) zugeordnet, sodass seine Form mathematisch beschreibbar wird.

Eine der Hürden für die Reproduzierbarkeit von Formen war die Definition des Vergleichsmaßstabs. 1971 beschloss die französische verfassungsgebende Versammlung die Einführung einer einheitlichen Längeneinheit, den Urmeter (französisch mètre des archives ‚Archivmeter'). Der Definition des Meters diente der zehnmillionste Teil des Viertels des meridionalen Erdumfangs. Im Laufe der Jahre wurde die Genauigkeit der Definition des Meters mehrmals dem Stand der Technik angepasst. Seit 1983 ist die SI-Basiseinheit Meter als jene Strecke definiert, die das Licht im Vakuum in 1/299.792.458 Sekunden zurücklegt.

1.2 Nichtoptische Messtechnik

In den 70er-Jahren wurden für die Formerfassung oder -überprüfung taktile Messsysteme entwickelt. Diese sogenannten Messarme werden industriell eingesetzt und sind nicht mehr wegzudenken. Durch eine ständige Weiterentwicklung und viele Anbieter sind die Systeme im Laufe der Jahre nicht nur leistungsfähiger, sondern auch für kleinere Firmen bezahlbar geworden. Taktile Messsysteme gibt es in den verschiedensten Größen und für verschiedenste Messaufgaben. In Verbindung mit industriellen Robotern sind Messungen voll automatisierbar, wodurch die Systeme aber kostenintensiver werden.

Taktile Messsysteme sind jedoch mit Nachteilen behaftet. Nicht alle Oberflächen können aufgrund der Oberflächenbeschaffenheit (leicht verformbar, stark strukturiert usw.) digitalisiert werden. Die nächste Abbildung zeigt das anhand der Untersuchung von Mikrostrukturen.

Die Abtastung von größeren Messobjekten ist sehr zeitintensiv, da eine punktweise Analyse durchgeführt

Bild 1.1 Nagelbrett mit dem Abdruck des Schriftzugs HDM

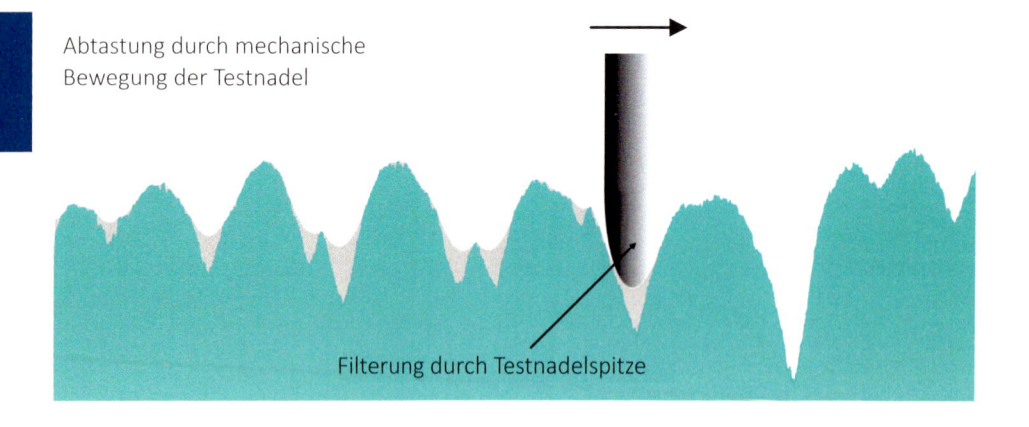

Abtastung durch mechanische Bewegung der Testnadel

Filterung durch Testnadelspitze

Abtastung durch Bildsensorpixel

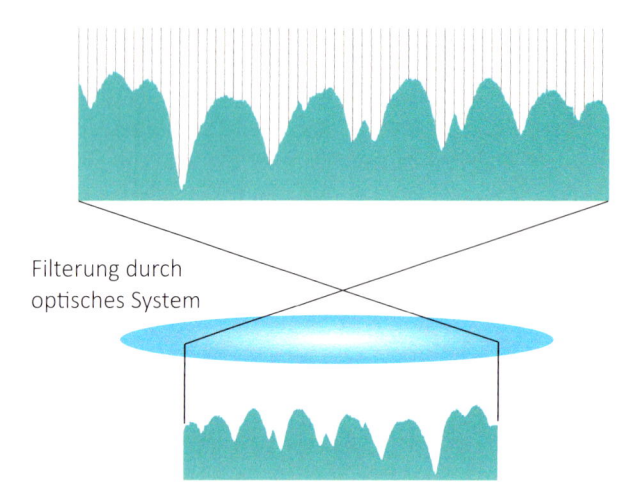

Filterung durch optisches System

Bild 1.2
Beispielhafter Vergleich der Oberflächenabtastung von taktiler und optischer Messtechnik (mit freundlicher Genehmigung der Confovis GmbH)

werden muss. Auch wenn stationäre Messeinrichtungen, sogenannte Koordinaten-Messmaschinen, sehr gute Auflösungen im Bereich von wenigen Mikrometern erreichen, ist insbesondere für handgeführte Anwendungen die erreichbare Genauigkeit manchmal zu gering. Letztendlich muss immer ein Kompromiss zwischen vertretbarer Messzeit und Minimalanforderung bezüglich örtlicher Auflösung (Abstand zwischen Messpunkten) gefunden werden.

Um einige der genannten Nachteile zu vermeiden, wurden zusätzlich optische Messverfahren entwickelt, mit dem Ziel, den wachsenden Bedarf an mehr Messpunkte in weit kürzerer Zeit zu erfüllen. Denn je nach Objektgröße kommt erschwerend hinzu, dass die Umgebungsbedingungen (Temperatur, Vibration usw.) während der gesamten Messzeit nicht konstant sind. Der technologische Fortschritt und die immer kürzer werdenden Messzeiten erlauben glücklicherweise die zunehmende Beherrschung dieser Probleme.

Es ist zu erwarten, dass die optische Formerfassung in Zukunft noch effizienter wird. Ein wichtiger Aspekt hierbei sind die Kosten, die mit der Anschaffung und dem Betrieb einer Messanlage verbunden sind. Bereits in den letzten Jahren konnte der klare Trend beobachtet werden, dass die optische Formerfassung in der Anschaffung zunehmend preiswerter wird. Bereits heute können preiswerte Systeme erworben werden, die Messdaten für einfache Anwendungen mit brauchbaren Auflösungen liefern.

Ein wichtiger Aspekt für die Akzeptanz der berührungslosen Formerfassung sind, wie alle neue Messmethoden, die Normen. Dank engagierter Fachausschüsse sowie geförderter Projekte auf nationaler und internationaler Ebene werden Messverfahren zur optischen Formerfassung Gegenstand von Normentwürfen.

1.3 Übersicht

Mit den Verfahren zur optischen Formerfassung ist es möglich, die Kontur zwei- und dreidimensionaler Objekte zu digitalisieren und in einem geeigneten CAD-Format bereitzustellen.

Durch große Fortschritte in der Sensortechnik und der Verarbeitung der Messdaten ist weltweit eine ganze Reihe von Systemen zur berührungslosen, dreidimensionalen Abtastung und Digitalisierung von Objekten entwickelt worden. Sie finden in verschiedensten Bereichen statt, wie beispielsweise in der Medizin, als industrielle Qualitätskontrolle und zum Reverse Engineering, als Teil von Überprüfungen während der Entwicklung.

Optische 3D-Messsysteme haben im Gegensatz zu weitverbreiteten taktilen Koordinatenmessmaschinen eine Reihe von Vorteilen. Sie erlauben eine schnelle und vor allem berührungslose Erfassung der Objektgeometrie und -kontur. Mit geeigneten optischen 3D-Sensoren lassen sich nahezu beliebige Messobjekte erfassen. Allerdings gehört es zu den Nachteilen, dass in dem Zuge die Struktur einer Oberfläche nur begrenzt erfasst werden kann. Soll beispielsweise bei textilähnlichen oder allgemein fein gemusterten Oberflächen die Oberflächentextur im Detail aufgenommen werden, so schrumpft die aufgenommene Fläche pro Messung sehr stark. Ansonsten findet bei nichtglatten Oberflächen eine künstliche Mittelung bzw. rechnerische Glättung statt, was wiederum die Streuung der Messwerte um die reale Kontur erhöht und somit die Genauigkeit verschlechtert.

An dieser Stelle sei bereits darauf hingewiesen, dass die Genauigkeit der Erfassung von Objekten im Raum sehr stark von der Kalibrierung abhängt. Je weiter die Messpunkte vom Sensor entfernt sind, umso ungenauer wird die Erfassung und Berechnung. Deshalb steht und fällt die Akzeptanz des Messverfahrens mit der Präzision der Kalibrieralgorithmen sowie deren mathematische Nachvollziehbarkeit.

Im Folgenden werden eine Übersicht aller Verfahren zur 3D-Oberflächenerfassung und zwei Diagramme mit Angabe der erreichbaren Messgenauigkeit und dem vertikalen Messbereich gezeigt.

1 Einleitung

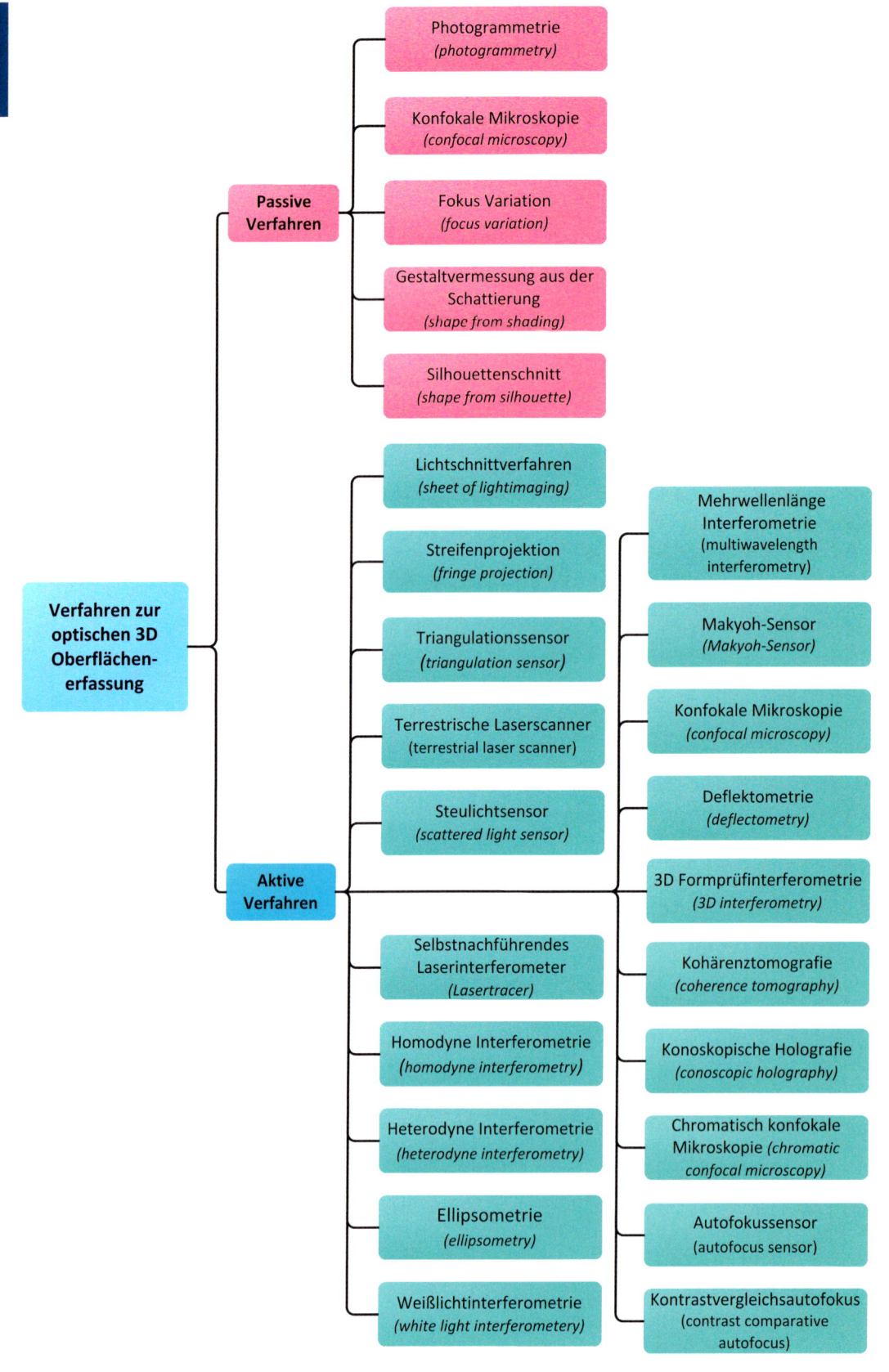

```
Verfahren zur optischen 3D Oberflächen-erfassung
├── Passive Verfahren
│   ├── Photogrammetrie (photogrammetry)
│   ├── Konfokale Mikroskopie (confocal microscopy)
│   ├── Fokus Variation (focus variation)
│   ├── Gestaltvermessung aus der Schattierung (shape from shading)
│   └── Silhouettenschnitt (shape from silhouette)
└── Aktive Verfahren
    ├── Lichtschnittverfahren (sheet of lightimaging)
    ├── Streifenprojektion (fringe projection)
    ├── Triangulationssensor (triangulation sensor)
    ├── Terrestrische Laserscanner (terrestrial laser scanner)
    ├── Steulichtsensor (scattered light sensor)
    ├── Selbstnachführendes Laserinterferometer (Lasertracer)
    ├── Homodyne Interferometrie (homodyne interferometry)
    ├── Heterodyne Interferometrie (heterodyne interferometry)
    ├── Ellipsometrie (ellipsometry)
    ├── Weißlichtinterferometrie (white light interferometery)
    ├── Mehrwellenlänge Interferometrie (multiwavelength interferometry)
    ├── Makyoh-Sensor (Makyoh-Sensor)
    ├── Konfokale Mikroskopie (confocal microscopy)
    ├── Deflektometrie (deflectometry)
    ├── 3D Formprüfinterferometrie (3D interferometry)
    ├── Kohärenztomografie (coherence tomography)
    ├── Konoskopische Holografie (conoscopic holography)
    ├── Chromatisch konfokale Mikroskopie (chromatic confocal microscopy)
    ├── Autofokussensor (autofocus sensor)
    └── Kontrastvergleichsautofokus (contrast comparative autofocus)
```

Bild 1.3 Messgenauigkeit (Höhenauflösung), lateraler und vertikaler Messbereiche aller Verfahren zur 3D-Vermessung

1.3 Übersicht

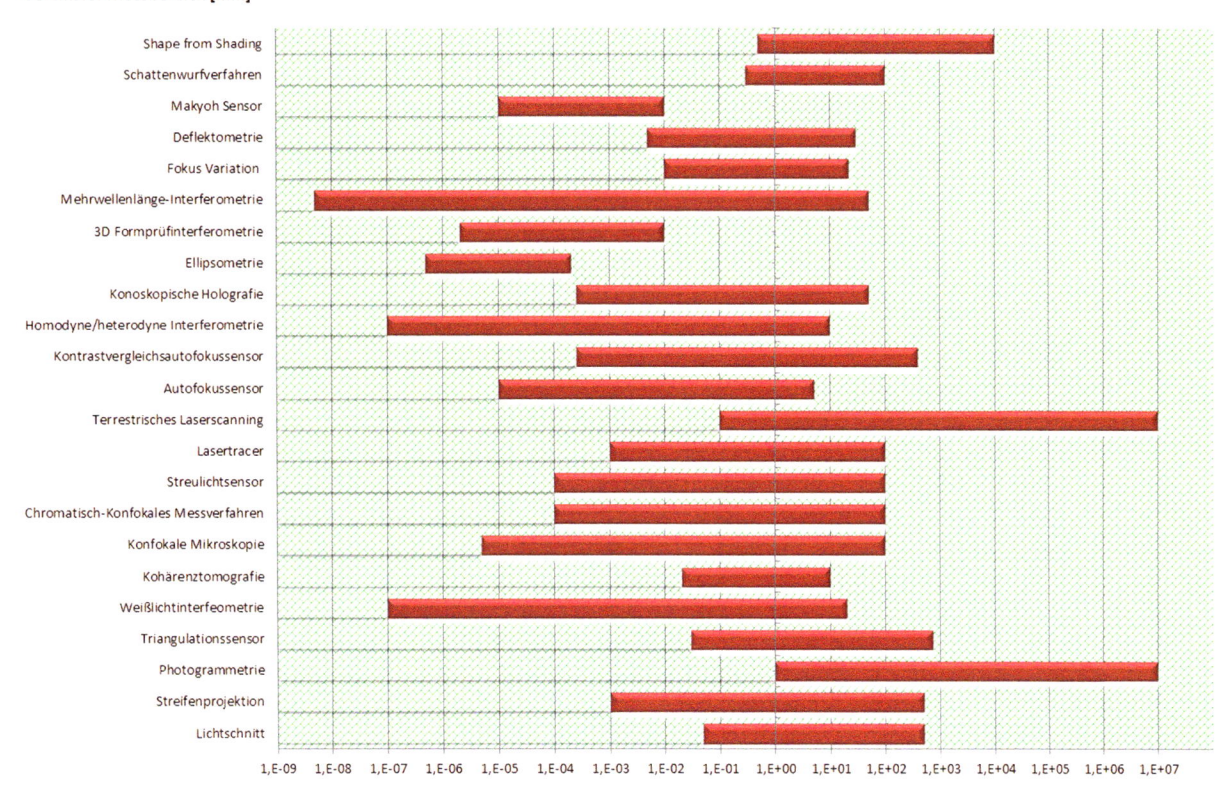

Bild 1.3 Messgenauigkeit (Höhenauflösung), lateraler und vertikaler Messbereiche aller Verfahren zur 3D-Vermessung

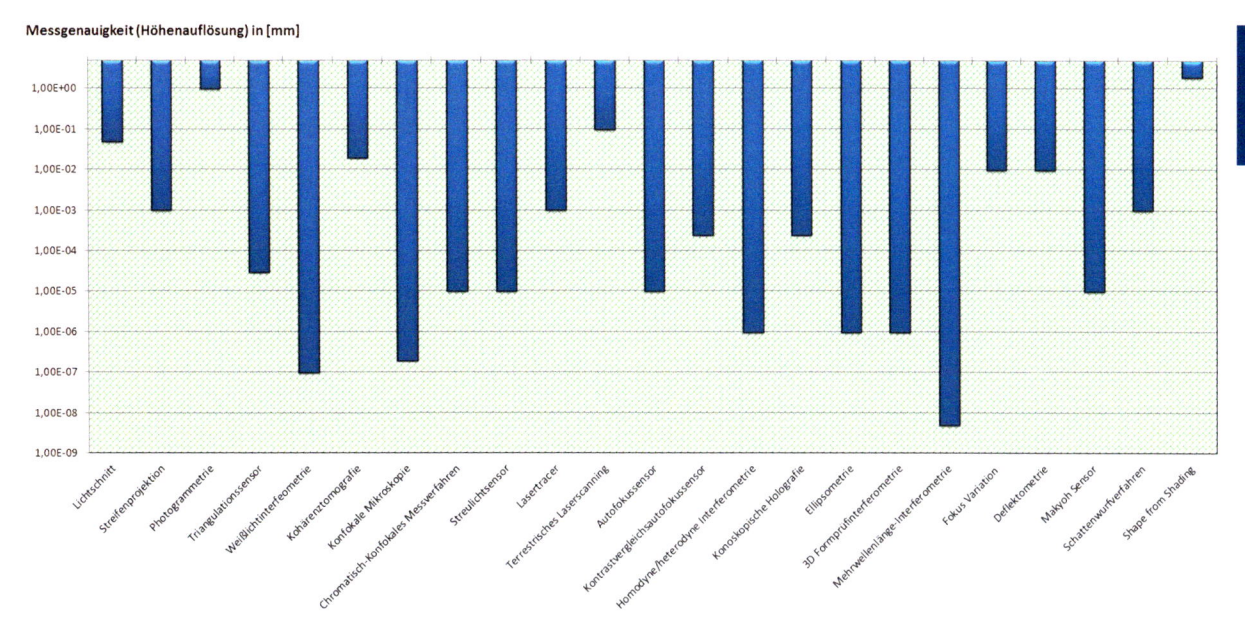

1 Einleitung

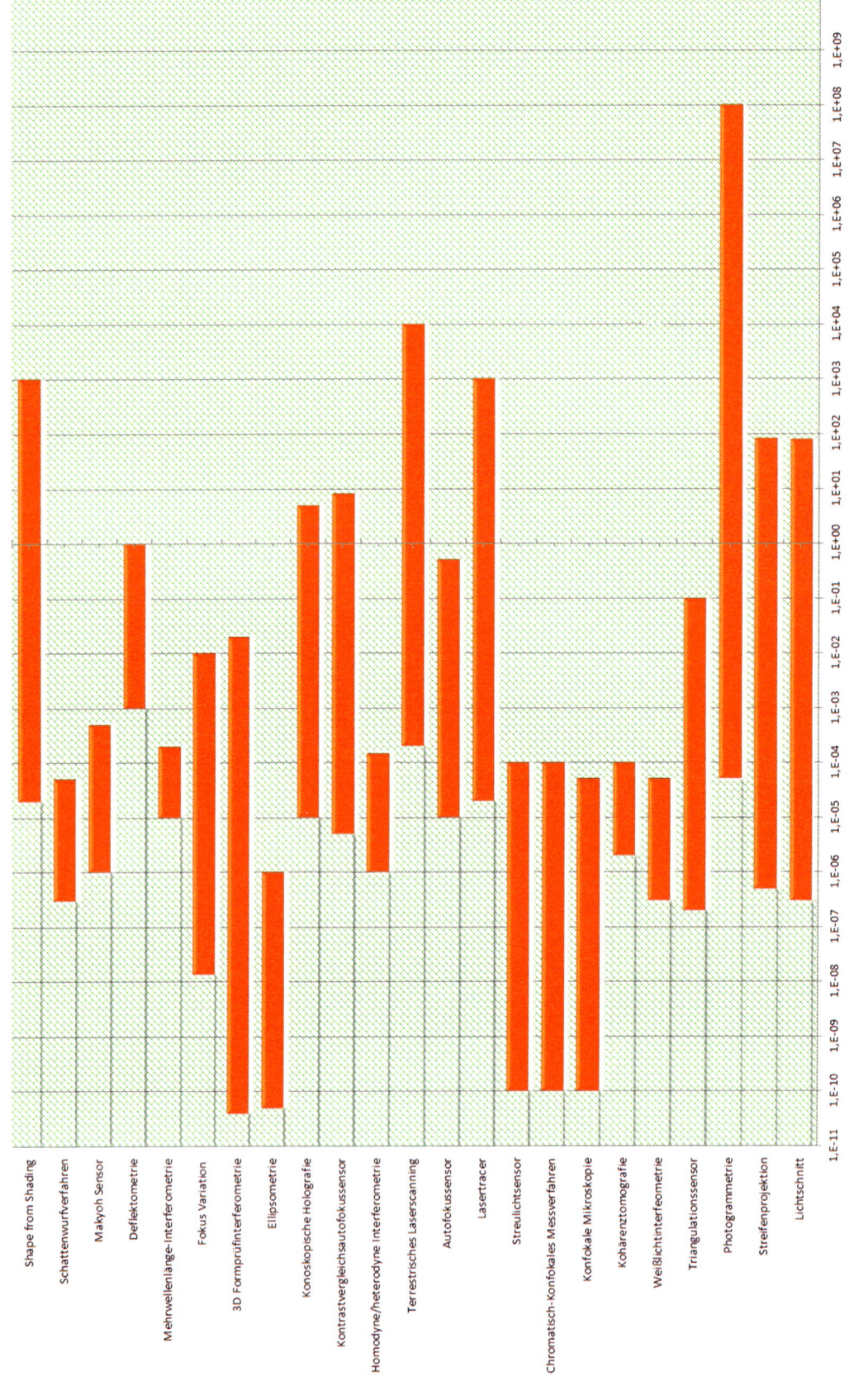

Bild 1.3 Messgenauigkeit (Höhenauflösung), lateraler und vertikaler Messbereiche aller Verfahren zur 3D-Vermessung *(Fortsetzung)*

2 Lichtschnittverfahren

2.1 Verfahrensgrundlagen

Das Lichtschnittverfahren ist ein sehr verbreitetes Verfahren zur 3D-Formerfassung. Es wird bereits seit vielen Jahren erfolgreich zur Oberflächenerfassung eingesetzt und ständig weiterentwickelt. Es handelt sich dabei um ein aktives Verfahren. Entweder die Laserlinie oder das Messobjekt müssen relativ zueinander bewegt werden.

Prinzip des Lichtschnittverfahrens

Eine möglichst dünne Linie wird auf das Objekt projiziert, dabei wird sie an der Oberfläche verformt. Die Reflexion erfasst eine Kamera. Die erfassten Intensitätswerte werden in 3D-Messpunkte umgerechnet. Zur Erzeugung des Lichtschnitts werden fast ausschließlich Linienlaser eingesetzt, die über eine fokussierende Optik verfügen.

Vor- und Nachteile

Vorteile	Nachteile
Absolute Geometrievermessung	Begrenzte Genauigkeit
für große Messobjekte geeignet	nicht für alle Oberflächen geeignet (diffus streuend)
Vermessung automatisierbar	Abschattungen vorhanden
einfacher Messaufbau	für bewegte Objekte geeignet
kompakt (leicht transportabel)	evtl. gefährliche Laserstrahlung

Messbereich/Messgenauigkeit des Lichtschnittverfahrens

Die erreichbare Messgenauigkeit bei der Digitalisierung von kleinen und mittelgroßen Prüflingen liegt bei ca. 0,03 mm, wobei die maximal erreichbare Höhenauflösung, bezogen auf die Abtastlänge, 1:5000 beträgt. Die volumetrische Genauigkeit liegt im Bereich von 0,02 mm/m. Das Auflösungsvermögen ist stark von den verwendeten Komponenten und der Messobjektbeschaffenheit abhängig. Das Messvolumen liegt zwischen 0,5 mm^3 und 8 m^3. Das maximale Messvolumen ist in erster Linie durch die entstehende Datenmenge begrenzt. In Ausnahmefällen, wie z. B. bei der Landvermessung, können auch wesentlich größere Messbereiche erreicht werden, wobei die Genauigkeit dabei deutlich abnimmt.

Um die Genauigkeit der Messung mit zunehmender Messobjektgröße zu wahren, können die 3D-Scanner durch Kamera-Sensoren getrackt werden. Verglichen mit anderen 3D-Scannern mit beweglichen Messarmen besticht so ein System durch absolute Bewegungsfreiheit.

Typische Anwendungen des Lichtschnittverfahrens

Die Lichtschnittsensoren werden zur 3D-Oberflächenerfassung eingesetzt, wobei sowohl kleine als auch große Messobjekte erfasst werden können. Für große Messobjekte (z. B. Autokarossen) existieren stationäre Anlagen, die auf die jeweilige Aufgabe zugeschnitten sind und eine effiziente Geometrieerfassung ermöglichen. Die meisten Lichtschnittsensoren sind jedoch als handgeführte Messsysteme realisiert und gestatten die Vermessung von verschiedensten Geometrien. Der Messkopf wird dabei über die Messobjektoberfläche geführt.

Bei der Digitalisierung von Messobjekten, die ihre Position bzw. Form innerhalb kurzer Zeit ändern können (z. B. Menschen als Messobjekt), wird die zu vermessende Geometrie gleichzeitig aus vier Richtungen erfasst.

Mit dem Lichtschnittverfahren können also fast beliebige Geometrien erfasst werden.

2 Lichtschnittverfahren

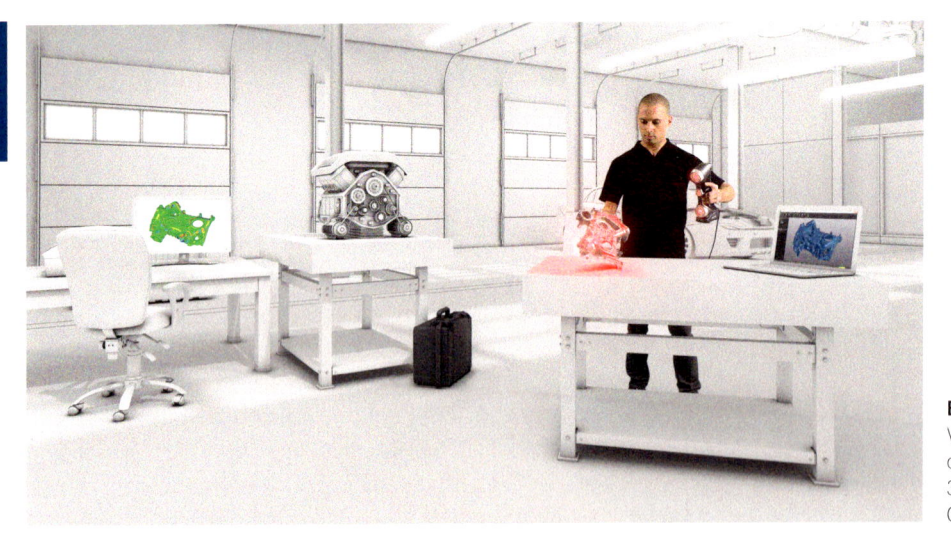

Bild 2.1 Vermessung eines Messobjektes mit dem HandySCAN 3D-Scanner (mit freundlicher Genehmigung von Creaform)

Die 3D-Scanner können in allen Phasen des Produktlebenszyklus verwendet werden (Bild 2.1):
- Konzeption: Produktanforderungen sowie Konzeptentwurf und Prototypen
- Design: CAD-Entwürfe, Prototypen und Tests, Simulation der Analyse
- Fertigung: Werkzeugkonstruktion, Montage/Produktion und Qualitätskontrolle
- Service: Dokumentation, Instandhaltung, Reparatur und Überholung sowie Austausch/Recycling
- Inspektionssysteme basierend auf dem Lichtschnittverfahren können in Fertigungsprozesse integriert werden, um diese zu überwachen (Bild 2.2).

2.2 Beschreibung des Lichtschnittverfahrens

Bei diesem Verfahren wird ein Lichtstrahl unter einem bekannten Winkel auf das Messobjekt projiziert. Diese Linie wird auf der Oberfläche des Messobjekts mehr oder weniger gekrümmt. Eine oder auch mehrere Kameras beobachten die Profillinie unter einem bekannten Triangulationswinkel. Nach dem Triangulationsprinzip kann somit das exakte Höhenprofil eines Messobjektes erfasst werden. Das Messprinzip wurde von dem holländischen Mathematiker Willebrordus Snellius für astronomische Messungen entwickelt.

Bild 2.2 Inspektion in der Fertigungslinie (mit freundlicher Genehmigung von Creaform)

2.2 Beschreibung des Lichtschnittverfahrens

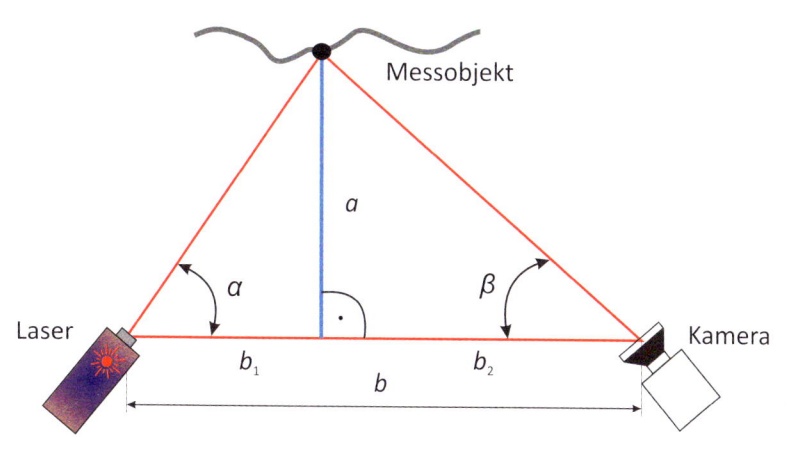

Bild 2.3 Skizze des Triangulationsprinzips

Der Abstand a kann wie folgt berechnet werden (Bild 2.3):

$$\tan \alpha = \frac{a}{b_1}$$

und

$$\tan \beta = \frac{a}{b_2}$$

Mit $b = b_1 + b_2$ folgt:

$$a = b \frac{\tan \alpha \cdot \tan \beta}{\tan \alpha + \tan \beta}$$

Es ist ersichtlich, dass ein möglichst großer Triangulationswinkel anzustreben ist, um eine hohe Genauigkeit zu erreichen. Dies bedeutet aber, dass die Basislänge b vergrößert werden muss. Bei nicht ebenen Messobjekten führt der große Triangulationswinkel zu Abschattungen. Je nach Verwendungszweck wird deshalb ein Kompromiss eingegangen, wobei der Triangulationswinkel γ meistens zwischen 20 und 45° liegt.

Aus Bild 2.4 ist erkennbar, dass jeder auf das Messobjekt unter dem Winkel α projizierte Punkt nach Reflexion auf dem Detektor unter dem Winkel β erfasst wird. Daraus kann, wie bereits gezeigt, der Abstand a bestimmt werden.

Für flächenhafte Oberflächenerfassung wird der Laserstrahl bzw. eine scharfe Schattenlinie über das Messobjekt geführt. Die Kamera nimmt dabei möglichst viele

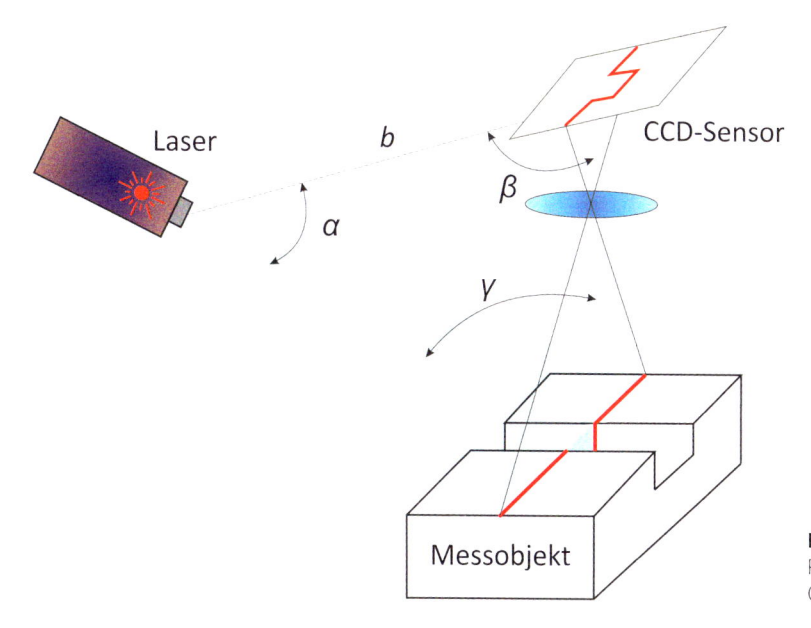

Bild 2.4 Prinzip des Lichtschnittsensors zur Objektformerfassung

2 Lichtschnittverfahren

Bilder auf, um eine hohe Genauigkeit erzielen zu können. Das Ergebnis der Vermessung ist eine Menge an Punkten im Raum, die jeweils durch x-, y- und z-Koordinaten definiert werden.

Da die komplette Oberfläche des Messobjektes meistens nicht durch eine einzige Scanbewegung zu erfassen ist, muss das Problem der Verknüpfung der Einzelaufnahmen gelöst werden. Um die Verrechnung zu realisieren, ist zu einem Element im Bild A das korrespondierende Element im Bild B zu finden. Das setzt voraus, dass die zu verknüpfenden Punktewolken über überlappende Areale verfügen.

Die meisten mathematischen Verfahren zur Lösung des Korrespondenzproblems basieren entweder auf Korrelation oder auf merkmalbasierten Methoden (Azad 2003). Die merkmalbasierten Methoden nutzen die geometrischen Eigenschaften des Messobjektes aus. Dazu gehören z. B. Form, Fläche, Abstände und Durchmesser der zu vermessenden Geometrie.

Nachdem die korrespondierenden Punktewolken gefunden sind, wird eine Transformationsmatrix zwischen den jeweiligen lokalen Koordinatensystemen berechnet. Dieses Problem wird als Registrierung bezeichnet. Im Folgenden wird grob die mathematische Vorgehensweise vorgestellt. Es sollen zwei Punktewolken, die das Ergebnis der Aufnahmen aus verschiedenen Perspektiven darstellen, $P = (p_1, p_2, \ldots p_n)$ und $Q = (q_1, q_2, \ldots, q_n)$ zu einer kombinierten Punktewolke zusammengefasst werden.

$$P = TQ \text{ bzw. } T = PQ^{-1}$$

Bei sehr genauen Messdaten wird bei den meisten modernen Messsystemen für die Zuordnung der einzelnen Punktewolken der populäre Algorithmus „Iterative Closest Point (ICP)" angewendet.

Zusammenfügen einzelner Scanns

Wie bereits erwähnt, kann durch eine einzelne Aufnahme des Messobjektes nicht die komplette Geometrie erfasst werden. Das macht ein rechnergestütztes Zusammenführen von einzelnen, aufeinander folgenden Scanns notwendig. Insbesondere für handgeführte Messsysteme (z. B. für Lichtschnittsensoren) muss die Verrechnung effizient sein, damit möglichst viele Einzelscanns pro Sekunde aufgenommen und ausgewertet werden können, um ungleichmäßige Handführung des Messsystembedieners tolerieren zu können.

Bei den Messsystemen, die keine kontinuierliche Vermessung der Oberfläche des Untersuchungsobjektes (z. B. viele Streifenprojektionsgeräte) zulassen, sondern viel mehr das Messobjekt aus verschiedenen Perspektiven aufnehmen, müssen die Punktewolken zu einem Datensatz verrechnet werden können. Hierzu gibt es folgende Voraussetzungen zu erfüllen:

- Ausreichende Überlappung der Einzelscanns
- Vorhandensein von eindeutigen Merkmalen
- ausreichende Punktedichte.

Einige moderne Messsysteme erlauben ein vollautomatisches Zusammenführen der Einzelscanns, wenn die oben genannten Voraussetzungen erfüllt sind.

Die meisten Geräte sind jedoch auf die Unterstützung des Bedieners bei der Verrechnung der Punktewolken angewiesen. Durch den Anwender wird eine grobe Vorausrichtung der Scans ermöglicht, um die Anforderungen an das Auswertprogramm erheblich zu reduzieren.

Vernetzung

Nach der Berechnung der globalen Punktewolke erfolgt in der nächsten Phase eine Vernetzung der aufgenommenen Messpunkte (Bild 2.6). Die Erzeugung des Polygonnetzes erfolgt mithilfe von drei, vier oder auch fünf Eckpunkten (die meisten Systeme arbeiten jedoch mit drei Eckpunkten). Für die Vermaschung wird gerne die räumliche Delaunay-Triangulation eingesetzt.

Die entstehenden Dreiecke müssen die sogenannte Umkreisbedingung erfüllen, damit drei Punkte, die ein Dreieck bilden, gefunden und Überschneidungen vermieden werden können. Die Umkreisbedingung besagt, dass innerhalb eines Kreises, auf dem die drei Punkte liegen, keine weiteren Punkte gefunden werden dürfen. Im Bild 2.5 wird die Umkreisbedingung grafisch erläutert.

Im dreidimensionalen Raum wird statt der Umkreis- eine Umkugelbedingung (bestehend aus vier Punkten) verwendet.

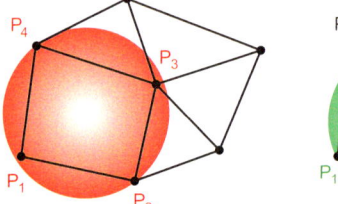

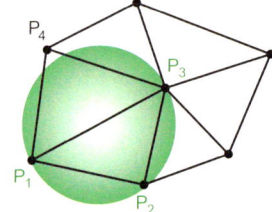

Bild 2.5 Links nicht erfüllte (P > 3) und rechts erfüllte Umkreisbedingung (P = 3)

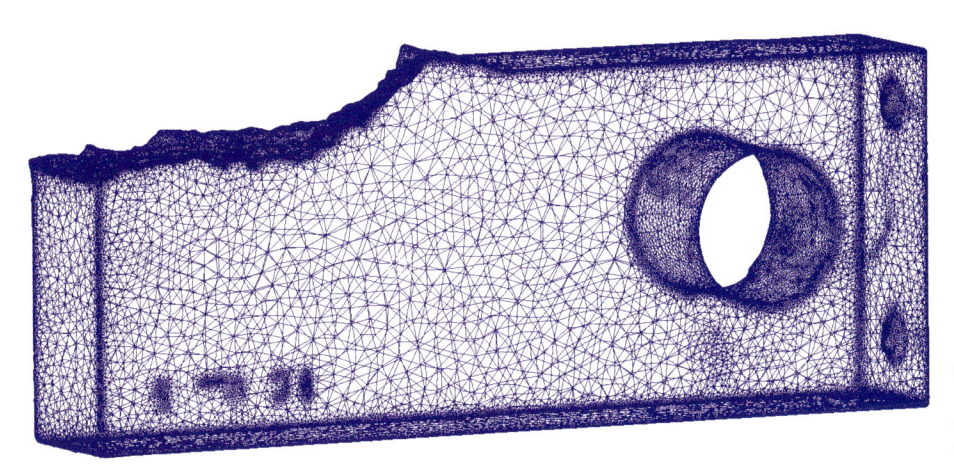

Bild 2.6
Ergebnis der Vernetzung einer Punktewolke einer CT-Bruchprobe

2.3 Messeinflüsse beim Lichtschnittverfahren

Die Materialeigenschaften der Oberfläche haben einen großen Einfluss sowohl auf die erreichbare Genauigkeit als auch auf die Durchführbarkeit der Oberflächenvermessung. In diesem Zusammenhang spricht man von kooperativen Flächen, wenn die Beschaffenheit der Oberfläche ohne zusätzliche Behandlung eine genaue Digitalisierung ermöglicht.

Besonders gut sind matte Oberflächen geeignet. Spiegelnde (z. B. blanke Metalle) oder auch teiltransparente Flächen (z. B. Glas) sind dagegen schwer zu erfassen. Glänzende Oberflächen führen dazu, dass auf dem Detektor eine inhomogene Intensitätsverteilung entsteht. Moderne Systeme können das aber zum Teil kompensieren, sodass spiegelnde Messobjekte zwar mit reduzierter Messgenauigkeit aber erfasst werden. Transparente Bereiche tragen dazu bei, dass eine geringe Intensität aufgrund des in die Oberfläche eindringenden Lichts für die eigentliche Messung zur Verfügung

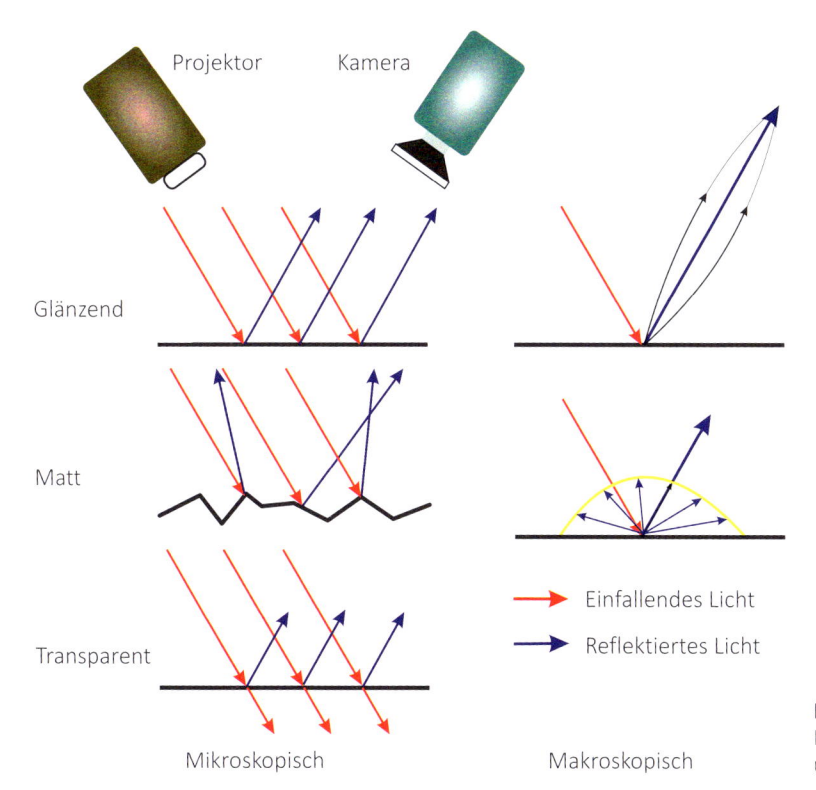

Bild 2.7
Reflektionsarten bei Vermessung von unterschiedlich beschaffenen Oberflächen

2 Lichtschnittverfahren

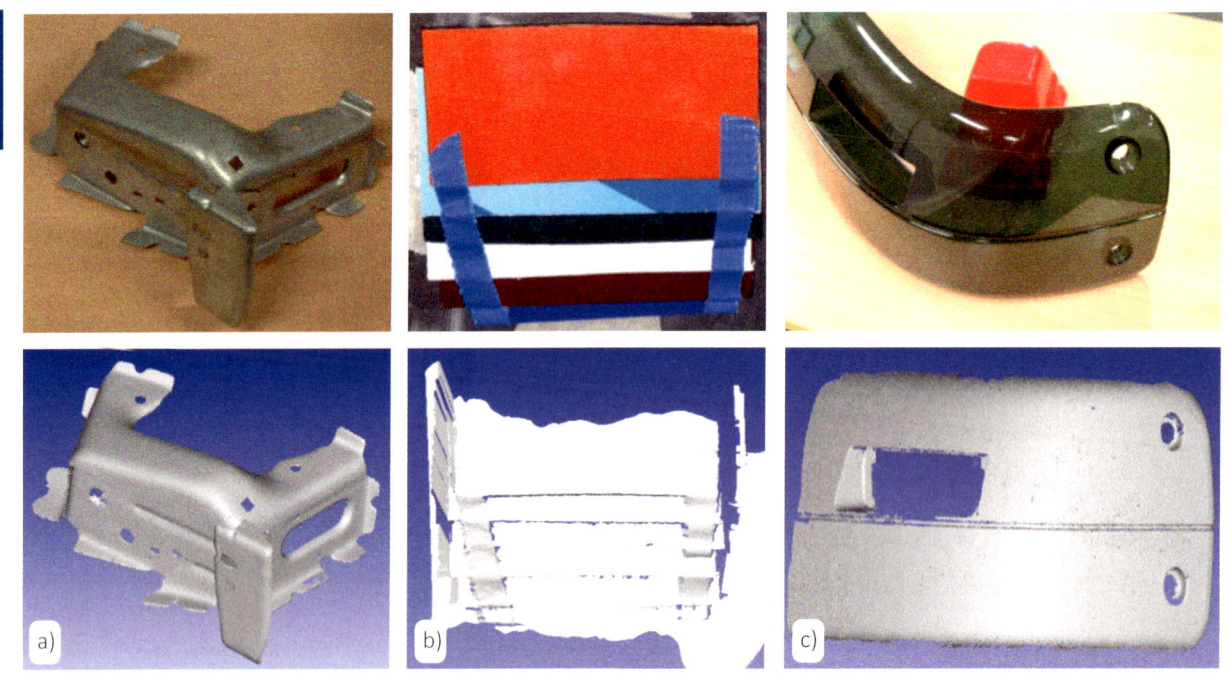

Bild 2.8 Vermessung von unterschiedlichen Oberflächen a) dunkle Metalloberfläche, b) verschiedene Farben, c) halbdurchsichtige Oberfläche

steht (Bild 2.7 und 2.8 c). Für eine optimale 3D-Digitalisierung soll die Oberfläche matt beschaffen sein, damit das einfallende Licht gleichmäßig in alle Raumrichtungen gestreut wird. Unterschiedliche Farben haben verschiedene Reflexionseigenschaften und sind deshalb nicht immer gut zu erfassen. Wie aus Bild 2.8 zu erkennen ist, ist der schwarze Papierstreifen am schlechtesten messbar.

Messobjekte mit vielen kleinen Hinterschneidungen und Lücken, wie z. B. viele Stoffe oder Schäume, sind grundsätzlich schwer zu erfassen.

Durch Besprühen der problematischen Oberflächen mit einer dünnen Kalkschicht können aber die Messunsicherheiten erheblich reduziert werden, wobei bei hochgenauen Messungen die erzeugte Schicht ebenfalls eine gewisse Geometrieabweichung verursacht.

fahren, für die Registrierung und Bearbeitung der Messdaten eine wichtige Rolle.

Grundsätzlich gilt, dass mit zunehmendem Triangulationswinkel die Messunsicherheiten verringert werden. Ein großer Triangulationswinkel hat jedoch den Nachteil, dass möglicherweise mehr Abschattungen verursacht werden.

Beim Beleuchten einer optisch rauen Oberfläche[1] mit kohärentem Licht wird auf der Oberfläche eine körnige Struktur beobachtet. Sie entsteht durch konstruktive und destruktive Interferenzerscheinungen. Bei konstruktiver Interferenz erscheint ein helles Speckle[2] und bei destruktiver entsprechend ein dunkles. Dies hat zur Folge, dass von der abbildenden Optik keine gleichmäßig helle Linie detektiert wird (Bild 2.9).

---
1 Rauheit größer als die verwendete Laserwellenlänge.
2 „Fleckchen"

2.4 Grenzen des Lichtschnittverfahrens

Neben dem bereits erwähnten Messoberflächeneinfluss spielen weitere Faktoren, wie Triangulationswinkel, abbildende Optik, Detektor und verwendete Ver-

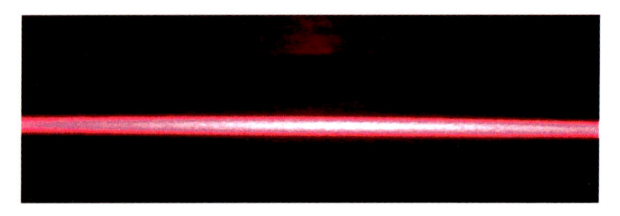

Bild 2.9 Laserlinie mit erkennbarem fleckigem Muster und somit unterschiedlicher Intensitätsverteilung

Um den Einfluss der Speckle möglichst gering zu halten und eine möglichst dünne und gleichmäßige Laserlinie zu erzeugen, sollte die Specklegröße verringert werden. Dies kann z. B. durch die Blende der Kamera eingestellt werden. Der mittlere Durchmesser $D_{Speckle}$ der Speckle kann nach folgender Gleichung ermittelt werden:

$$D_{Speckle} = 1{,}22 \cdot \lambda_{Laser} \cdot k_B$$

k_B – Blendenzahl der abbildenden Optik
λ_{Laser} – Wellenlänge des Laserlichts

Der Faktor 1,22 beruht auf kreisrunder Apertur.

2.5 Kalibrierung beim Lichtschnittverfahren

Um eine Kamera für die 3D-Vermessung verwenden zu können, muss sie zunächst kalibriert werden. Da die Abbildung der Geometrieinformationen auf einem Kamerachip zweidimensional erfolgt und die Tiefeninformation dadurch verloren geht, müssen die Abbildungseigenschaften der verwendeten Optik bekannt sein, um eine Orientierung im Weltkoordinatensystem zu definieren.

Es werden verschiedene Kameramodelle eingesetzt, um dieses Problem zu lösen. Je nach Kameramodell wird eine unterschiedliche Anzahl an Parametern benötigt. Dabei wird zwischen der inneren und äußeren Orientierung der Kamera unterschieden (Bild 2.10).

Die Parameter der äußeren Orientierung beschreiben die Lage des Kamerakoordinatensystems zum Weltkoordinatensystem. Die Parameter der inneren Orientierung sind dagegen von dem Weltkoordinatensystem unabhängig. Im Idealfall reicht die mathematische Beschreibung der Zentralprojektion über die Brennweite der Kamera aus. In Realität müssen aber die Abweichungen vom mathematischen Modell der Zentralprojektion ermittelt und mitberücksichtigt werden.

Ein Messobjektpunkt M wird über das Abbildungszentrum 0 auf der Bildebene abgebildet. Die mithilfe der Kalibrierung ermittelten inneren (X_K, Y_K, Z_K) und äußeren Parameter (X_W, Y_W, Z_W) werden zur Bestimmung einer Transformationsmatrix eingesetzt, die es erlaubt, die auf dem Detektor auf der Bildebene registrierten Objektpunkte in eine 3D-Punktewolke umzurechnen.

Meistens werden Testtafeln zur Kalibrierung verwendet, die einen kodierten Hintergrund haben (Bild 2.11). Die Kodierung ist dem Messsystem bekannt und somit beschränkt sich die Aufgabe des Messprogramms auf die Suche nach korrespondierenden Punkten. Zur Steigerung der Genauigkeit werden entweder mehrere

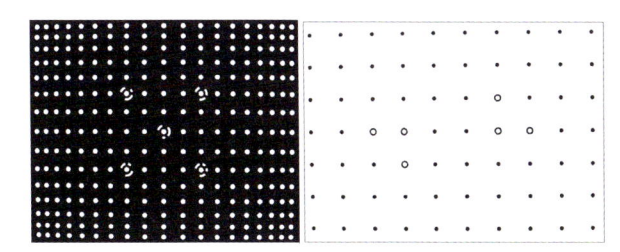

Bild 2.11 Zwei unterschiedliche Kalibrierplatten

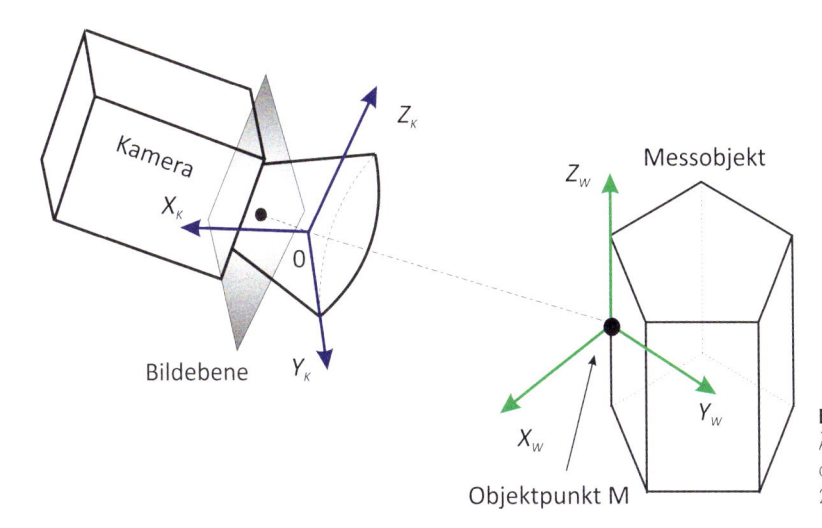

Bild 2.10
Äußere (grün) und innere (blau) Kameraorientierung (Zusammenhang zwischen 2D-Kamerapixel und 3D-Messobjektpunkt)

Testtafeln oder eine Tafel aus verschiedenen vordefinierten Positionen aufgenommen.

2.6 Nachbearbeitung der Messdaten beim Lichtschnittverfahren

Die nach dem Vermessen der Objektoberfläche in Form einer Punktewolke gewonnenen Messdaten müssen fast immer einer Nachbearbeitung unterzogen werden. Es können folgende Änderungen am Polygonnetz vorgenommen werden (Bild 2.12 bis 2.14):
a) Schließen von Lücken im Netz
b) Glätten der Punktewolke
c) Störende Fragmente entfernen
d) Ändern der Dichte der Punktmenge

Zu a) Schließen von Lücken im Netz
Aufgrund von Abschattungen bzw. störenden Reflexionen entstehen sehr oft Bereiche, die von der Kamera nicht gesehen werden und folglich nachträglich zu schließen sind. Messprogramme der führenden Anbieter der 3D-Oberflächenvermessung erlauben sowohl die manuelle als auch die automatische Beseitigung von Löchern in der Oberflächenstruktur. Das manuelle Schließen der Lücken ist sehr zeitaufwendig und wird daher nur dann durchgeführt, wenn die automatische Schließung nicht möglich ist. Moderne Messprogramme sind in der Lage, auch komplizierte Lücken präzise mithilfe von Splinefunktionen unter Berücksichtigung der Krümmung der umliegenden Geometrie zu füllen.

Zu b) Glätten der Punktewolke
Eine Glättung des Polygonnetzes wird zwecks Beseitigung von Ausreißern vorgenommen. Es existieren eine Vielzahl an Glättungsverfahren. Zu den bekanntesten zählen Gauß-, Median-, Mittelwert-, Bilaterale Filter und Laplace Smoothing (Karsten Fries). Eine zu starke Glättung führt zur Geometrieverfälschung und sollte mit Vorsicht eingesetzt werden. Besonders scharfe Kanten und Ecken werden stark verändert. Viele Messprogramme erlauben eine lokale Glättung des Polygonnetzes, um eine negative Beeinflussung der kompletten Geometrie zu vermeiden.

Zu c) Störende Fragmente entfernen
Aufgrund von Vermessungsfehlern bzw. beim Nachbearbeiten der Messdaten oder auch Verrechnung aller

Bild 2.12 Messobjekt vor dem Schließen (links) und nach dem Schließen (rechts) der Lücken

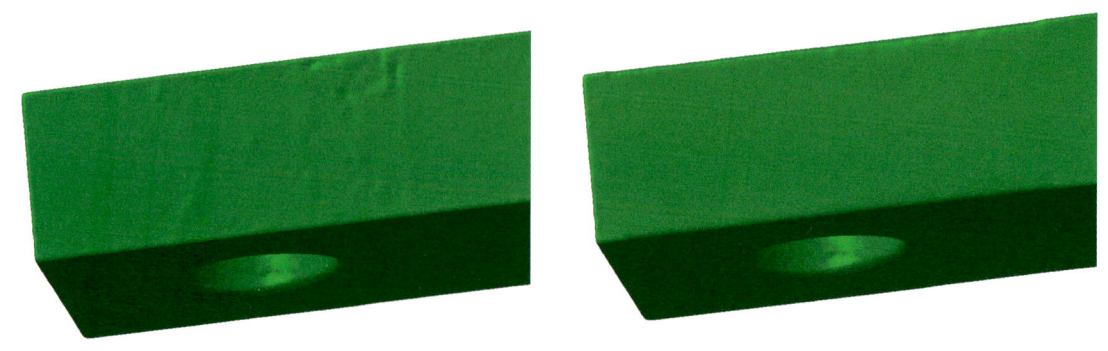

Bild 2.13 Messobjekt vor der Glättung (links) und nach der Glättung (rechts)

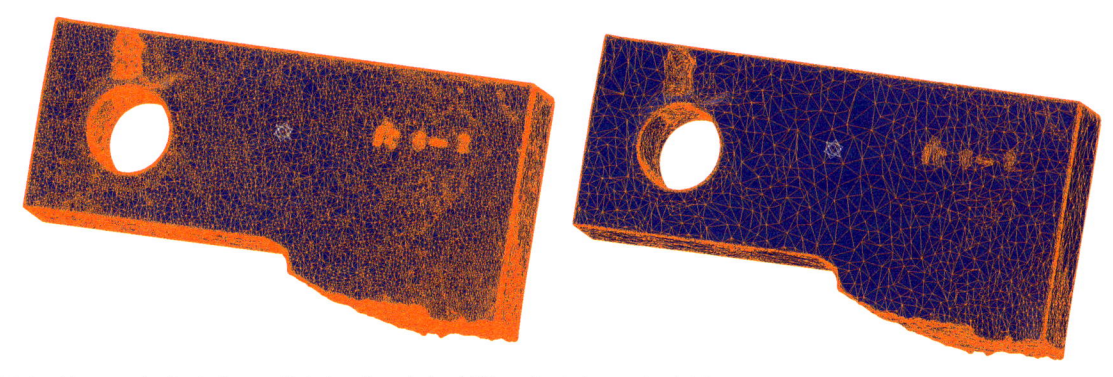

Bild 2.14 Netz vor der Reduzierung (links) und nach der 60%igen Reduzierung (rechts)

Aufnahmen zu einer Punktewolke können Fehlstellen im Polygonnetz entstehen. Zu den häufigsten Fehlerarten zählen doppelte Netze, fehlangeordnete Dreiecke und zu spitze Dreiecke. Diese Unregelmäßigkeiten führen dazu, dass eine nachträgliche Flächenerzeugung nicht mehr möglich ist. Die meisten Messprogramme verfügen über leistungsstarke Funktionen zum Auffinden und Beseitigen der Fehlstellen.

Zu d) Ändern der Dichter der Punktemenge

Eine nach der Geometrievermessung zur Verfügung stehende Punktewolke besteht nicht selten aus vielen hunderttausenden oder sogar Millionen von Einzelpunkten. Nach der Polygonisierung entstehen dadurch Netze, die eine große Datenmenge haben. Solche Datenmengen sind schlecht für die nachträgliche Bearbeitung geeignet. Große ebene Flächen können aber ohne an Genauigkeit einzubüßen durch eine geringere Punktemenge beschrieben werden. Bereiche mit vielen feinen Details müssen dabei durch viele Messpunkte beschrieben werden. An diesen Stellen ist eine Netzsimplifizierung nicht empfehlenswert, da die Genauigkeit vermindert wird.

2.7 Anwendungsbeispiele für das Lichtschnittverfahren

Im Folgenden werden einige industrielle Anwendungsbeispiele vorgestellt. Es geht dabei um beispielsweise Geometrie- und Schweißnahtkontrolle in laufender Produktion.

2.7.1 Geometriekontrolle von Gussrohren

Um die Ovalität und die Flansch-Geometrie an Gussrohren zu prüfen, hat zum Beispiel die Firma MEL eine Systemlösung mit M2-iLAN-Laserscannern realisiert. Das System ist in der Lage, eine Genauigkeit von 0,1 mm zu sichern. Große Bedeutung hat dabei das flexible Ethernet-Kabel, das durch den Roboterarm verlegt wird.

Die Herstellung von Rohren aus Stahl unterliegt meist einem thermischen Prozess. Die Firma Duktus stellt Rohre komplett mit Flansch und Anschlussprofil im Schleudergussverfahren her. Beim Abkühlen eines Rohres entsteht häufig unterschiedlicher Materialverzug. Dadurch erhält das Rohr eine ovale Form. Damit das Rohr den hohen Qualitätsanforderungen entspricht, muss es nach dem Abkühlen genauestens vermessen und gegebenenfalls mechanisch nachbearbeitet werden. Neben der Qualität wird auch der Flansch und das Anschlussprofil an den Rohrenden auf Fehler und Ausbrüche hin untersucht. Bisher wurde die Messung mit einem manuell zu bedienenden taktilen Messsystem an einzelnen Punkten gemessen. Der anschließende Biegeprozess wurde manuell initiiert und gesteuert. Die Firma Duktus setzt nun eine Systemlösung auf Basis von zwei M2-iLAn-Scannern der MEL Mikroelektronik GmbH ein. Die Lösung wurde in den automatisierten Fertigungsprozess integriert und steuert mit eigener Logik den gesamten Mess- und Biegeprozess vollautomatisch.

Die zu vermessenden Rohre werden über ein SPS-gesteuertes Transportsystem in die Haltevorrichtung der hydraulischen Biegepresse gefahren. Diese dient gleichzeitig als Messplatz. Die Messeinrichtung besteht aus einem Lineartisch mit Präzisionsantrieb, der die Abstände der beiden Scanner zueinander je nach

2 Lichtschnittverfahren

Bild 2.15 Biegepresse mit dem robotergeführten Lasermesssystem. Der Messaufbau wird von einem Roboterarm in das zu vermessende Rohr gefahren (mit freundlicher Genehmigung der MEL GmbH)

zu messendem Rohrdurchmesser variabel angepasst. Der Lineartisch selbst ist an einem Roboterarm befestigt und wird von diesem in das zu vermessende Rohrende geführt (Bild 2.15).

Der Rohrdurchmesser wird vor dem Einfahren der Messvorrichtung in das Rohr mit einem M10L-Lasersensor bestimmt. So können der Rohrinnendurchmesser sowie der geometrische Mittelpunkt des Rohres bestimmt werden. Beim Messvorgang wird der Lineartisch um 180° gedreht. Die beiden Scanner erfassen während einer Messdauer von ca. zwei Sekunden die Ovalität des Rohres sowie die Geometrie des umlaufenden Anschlussprofils.

Die von den Scannern erfassten Daten werden in Echtzeit über Ethernet an den Auswertungs-PC geschickt. Die Software von MEL ermittelt die Abweichungen vom Sollmaß und errechnet die sich daraus ergebenden Biegeparameter. Anschließend steuert die Software die Drehung des Rohrs in die richtige Biegeposition. Die Biegemaschine wird mit den nötigen Parametern adressiert und der Biegeprozess erfolgt. Nach dem Biegen erfolgt eine Kontrollmessung, um den Erfolg der Biegung zu dokumentieren (Bild 2.16).

Verschiedene Rohrdurchmesser sowie Unterschiede in den Flansch- und Anschlussprofilen erfordern ein flexibel einsetzbares Messsystem. Die eingesetzte Lösung ist in der Lage, Rohre mit Durchmessern von 350 bis 1100 mm zu erfassen. Unterschiedliche Flanschprofile lassen sich in der Software hinterlegen. So kann der Anwender das System an Veränderungen in der Produktionslinie anpassen. Die MEL-Software orchestriert[3] und stimmt die einzelnen am Prozess beteiligten Komponenten aufeinander ab. Initiiert von der Materialsteuerung, die das zu vermessende Rohr in die Haltevorrichtung der Biegemaschine fährt, übernimmt die MEL-Software während des gesamten Mess- und Biegevorgangs die Kontrolle.

Die Systemlösung erstellt von jedem erfassten Rohr umfangreiche Statistiken. Diese weisen gegenüber manuellen oder einfachen taktilen Systemen weitaus mehr Messpunkte auf. Die so gewonnen Erkenntnisse lassen sich nun wesentlich präziser und verbindlicher mit den Werten, die aus der Materialmischung im Hochofen stammen, vergleichen. So können eindeutige Rückschlüsse von der Materialbeschaffenheit im Be-

---
3 instrumentiert

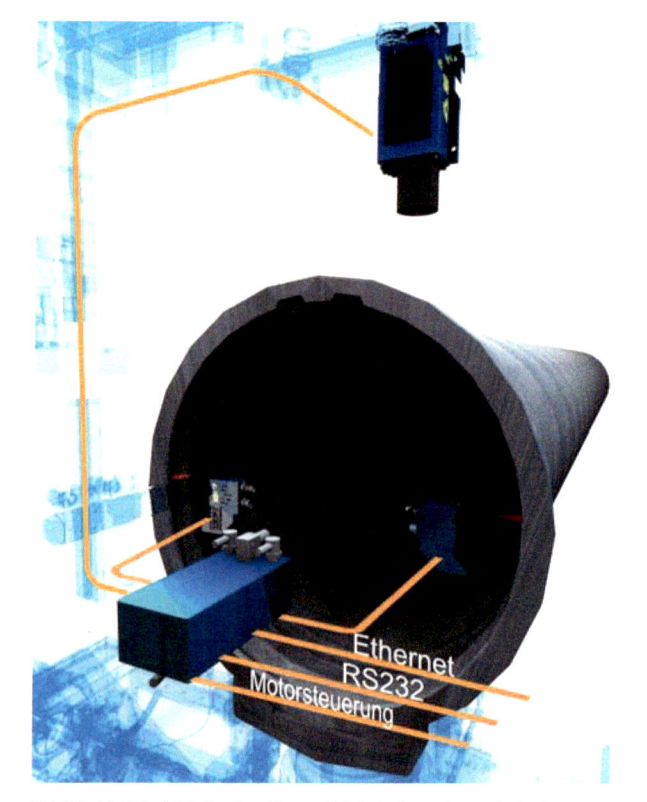

Bild 2.16 Die MEL-Systemlösung ist trotz komplexer Aufgabenstellung und Steuerung mit überschaubarem Aufwand zu realisieren. Die Administration erfolgt über das Ethernet (mit freundlicher Genehmigung der MEL GmbH)

zug zur Art der Verformung der Rohre gezogen werden. Der Fertigungsprozess kann so schon bei der Mischung des Gussmaterials hinsichtlich der Fertigungsqualität optimiert werden.

2.7.2 Prüfung von Jochprofilträgern ohne Taktzeitverlust

Bei der Herstellung von Jochprofilträgern aus Stahl treten fertigungsbedingt Toleranzen auf, die inline, fehlerfrei und prozesssicher überprüft werden müssen. Um diese verwinkelten Bauträger schnell und präzise zu prüfen, hat die MEL Mikroelektronik GmbH eine Systemlösung mit M2-iLan-Laserscannern realisiert. Das System ist in der Lage, bei einer Toleranz von 0,3 mm eine Taktzeit von 100 mm/sec einzuhalten, dabei werden vier Instanzen gleichzeitig geprüft und von der eigens entwickelten Software ausgewertet.

Die Herstellung von Bauträgern erfordert ein hohes Maß an Verantwortung. Die Firma IAG als Hersteller entsprechender Fertigungsanlagen wollte daher einen separaten Prüfprozess in die Anlage integrieren, der die Taktzeit der Produktion nicht direkt beeinflusst. Es galt die Produktion zu protokollieren, die Produktivität zu steigern und die Ausschussrate gegen Null zu bringen. Um die Wirtschaftlichkeit der Anlage zu erhöhen und die 100 %ige Stabilität und Sicherheit der Bauträger zu gewähren, müssen die Schweißnähte (Kehlnähte) ohne Zeitverlust auf ihre Qualität geprüft, die exakten Lochabstände nachgemessen und die Löcher der Längs- und Querseite auf Werkzeugbruch, Position und Form (rund/oval) kontrolliert werden.

Die Firma IAG setzt nun eine Systemlösung auf Basis von drei M2-iLAN-Scannern der MEL Mikroelektronik GmbH ein. Berührungslos werden in kürzester Zeit mehrere hundert Bauträger über das Prinzip der Lasertriangulation überprüft, vermessen, klassiert, sortiert und protokolliert. Bei einer Taktzeit von lediglich 100 mm/sec kann immer noch auf 0,3 mm genau gemessen werden. Das System wurde in den automatisierten Fertigungsprozess integriert und steuert mit eigener Logik den gesamten Prüfungsprozess inklusive dem Ausstoß fehlerhafter Bauträger – und das vollautomatisch.

Die zu vermessenden Bauträger werden auf einem Rollenförderer transportiert. Auf jeder Seite des Rollenförderers wird ein Laserscanner positioniert, der die Löcher erfasst. Ein Encodersystem liefert Impulse vom Rollenförderer an den Scanner, sodass jeder Scannermesslinie ein Positionswert des Rollenförderers zugeordnet werden kann. Ein durch Lichtschranken gesteuertes Start-/Stopp-Signal steuert Beginn und Ende der Messfahrt (Bild 2.17).

Die Schweißnaht (Kehlnaht) der Stege muss auf Maßhaltigkeit in Länge, Höhe und Lage geprüft werden. Da die Schweißnähte quer zur Laufrichtung des Rollenförderers liegen, wird der Rollenförderer jeweils an den Positionen der Stegbleche angehalten. Es folgt der Prüfprozess der parallel verlaufenden Kehlnähte (Bild 2.18). Speziell hierfür werden zwei Laserscanner in

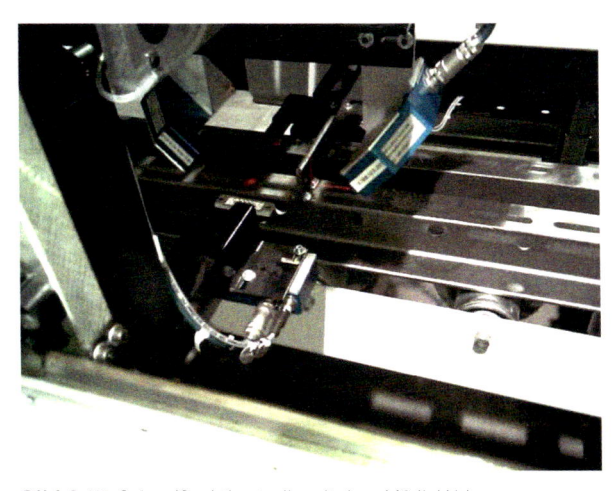

Bild 2.17 Schweißnahtkontrolle mit dem M2-iLAN-Laserscanner der MEL (mit freundlicher Genehmigung der MEL GmbH)

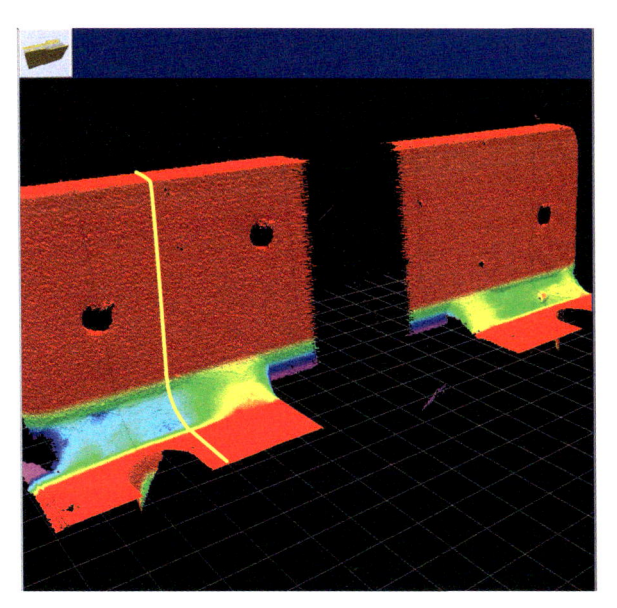

Bild 2.18 3D-Aufzeichnung der Schweißnaht durch Laserscanner (die rote Laserlinie ist gelb markiert), (mit freundlicher Genehmigung der MEL GmbH)

einem 45°-Winkel zur Oberfläche geneigt. Die Prüfung erfolgt auf Kriterien wie A-Maß, Nahtlänge, Einbrandkerben und Nahtposition. Unmittelbar nach erfolgter Schweißnahtprüfung wird die Fahrt für die Lochabstandsmessung fortgesetzt, bis zum nächsten Steg.

Die MEL-Software orchestriert und stimmt die einzelnen, am Prozess beteiligten Komponenten aufeinander ab. Initiiert durch den Rollenförderer, der die Bauträger avanciert, übernimmt die MEL-Software während des gesamten Mess- und Prüfvorgangs die Kontrolle. Möglich ist das, da neben der Erfassung der Messwerte auch deren Auswertung innerhalb der Software stattfindet.

Am Ende der Messfahrt werden die Ergebnisse beider Messaufgaben an eine SPS ausgegeben und auf dem Bildschirm eines Leitstandes angezeigt. Teile die nicht den Anforderungen entsprechen, werden sofort ausgeschleust.

Die vollautomatische Inlineprüfung dieser beiden Messkriterien erstellt von jedem Bauträger eine umfassende Statistik, die zur Anlagenoptimierung unerlässlich ist. Gegenüber manuellen oder einfachen taktilen Systemen kann nicht nur wesentlich genauer und schneller gemessen werden, weitaus mehr Messdaten aller Prüflinge werden als Nachweis permanent abgespeichert. Die Auswertung der Daten erfolgt bereits im Sensorkopf und wird zu konsolidierten Daten verarbeitet. Diese Daten weisen ein drastisch reduziertes Volumen gegenüber üblichen Framegrabbern auf und können ohne signifikante Netzwerkbelastung über den integrierten Ethernet-Anschluss übertragen werden.

2.7.3 Vermessen eines Traktors

MX (vormals MAILLEUX) ist ein 1951 in Frankreich gegründetes Familienunternehmen, das sich auf die Entwicklung, Herstellung und Vermarktung von Anbaukonsolen für landwirtschaftliche Schlepper spezialisiert hat. MX ist ein weltweit führender Anbieter, der mehr als 6000 verschiedene Traktorenmodelle ausrüstet.

MX entwickelt u. a. Konstruktionen für die Befestigung von Frontkrafthebern an allen derzeit erhältlichen Traktormodellen sowie dazugehörige Steuerungssysteme.

Das Problem
Traktorenhersteller geben selten Informationen zu ihren Produkten heraus, geschweige denn 3D-Modelle. Für die Entwicklung und Herstellung von Ausrüstungen und Zubehör wie den MX-Frontkrafthebern sind solche Modelle jedoch unerlässlich. MX muss daher 3D-Messungen aller Traktoren vornehmen, für die das Unternehmen speziell adaptiertes Zubehör entwickelt und herstellt (Bild 2.19).

Bis vor kurzem verwendete MX für das Vermessen, Scannen und Rekonstruieren eines Traktors 3D-Scanner Messarme. Dieses Verfahren nahm jedoch eine ganze Woche in Anspruch und war mit entsprechend hohen Arbeitskosten verbunden. Darüber hinaus mussten die Messarme während der Messung häufig neu positioniert sowie in einer stabilen Umgebung kalibriert und anschließend wieder installiert werden.

Um die Messzeiten zu verkürzen und die Kosten einzudämmen, suchte MX eine Alternative, die schneller und flexibler als die vorhandene Lösung war und unabhängig von den Umgebungsbedingungen präzise, zuverlässige Messergebnisse lieferte.

Technologische Integration in den Arbeitsablauf
Im Herbst 2012 erwarb MX ein Scan- und Abtastsystem bestehend aus dem tragbaren Koordinatenmessgerät HandyPROBE, dem optischen 3D-Scanner MetraSCAN 3D, dem DualKamera-Sensor C-Track 780 und der Nachbearbeitungssoftware Geomagic Solutions von 3D Systems. Seither nutzt MX die Technologien von Creaform zur Digitalisierung von Traktoren und zum Scannen der Bereiche, die für die Entwicklung der adaptierten Komponenten erforderlich sind, einschließlich der Befestigungspunkte und der umliegenden Strukturen (Traktorkabine, Auspuff, Tank, Batteriegehäuse, Filter, Leitungen, Kühler, Motor und Riemenscheibe). Anschließend werden die Oberflächen mit Geomagic Solutions bearbeitet, zugeschnitten und bereinigt und in eine CAD-Software exportiert.

Durch die Integration der tragbaren 3D-Messtechnologien von Creaform war MX außerdem in der Lage, ein flexibles Messsystem einzurichten, das von sechs Mitarbeitern des Konstruktionsbüros genutzt werden kann.

Die Messzeiten wurden mit dem optischen Sensor mehr als halbiert. Dadurch konnte die Anzahl der Projekte von 50 auf 100 pro Jahr verdoppelt werden. Die riesige Menge an erfassten Daten kann somit optimal genutzt werden.

2.7 Anwendungsbeispiele für das Lichtschnittverfahren

Bild 2.19 Messung eines Traktorteils mit dem optischen Scanner MetraSCAN 3D (mit freundlicher Genehmigung von Creaform)

Bild 2.20 Von MX hergestellte Befestigung für einen Traktor (mit freundlicher Genehmigung von Creaform)

2.7.4 Engineering eines Flugzeuginnenraums – vom Scan zum 3D-CAD-Modell

Das Schweizer Unternehmen Jet Aviation AG, eines der weltweit führenden Dienstleistungsunternehmen innerhalb der Geschäftsluftfahrt, hat den Creaform 3D Engineering Service beauftragt, einen 3D-Scanner eines leeren Boeing-737-800-Innenraums zu erstellen. Ziel war es, den Innenraum virtuell darzustellen, damit Jet Aviation das Interieur designen und fertigen kann. 3D-Scanner können vor der Verfügbarkeit des Flugzeugs bereitgestellt werden. Dies erlaubt den Ingenieuren, schon vorab mit dem Design für den Umbau zu beginnen und dabei die Sicherheit zu haben, dass die Konstruktion nur ein Minimum an Eingriffen in die vorhandenen Systeme und Strukturen des Flugzeugs erfordert. Ein weiterer wichtiger Vorteil ist, dass die Risiken des Projekts im Vorfeld gesenkt werden, indem potenzielle mechanische Störzonen und kostenintensives Design im Voraus erkannt sowie reduziert werden. Die 3D-Modellierung bietet außerdem ein erweitertes Context Management (d. h. eine visuelle Plattform, welche die Wechselbeziehung der Konstruktion über alle Ingenieurdisziplinen aufzeigt und potenzielle Konflikte offenbart/verhindert).

Der Creaform 3D Engineering Service wurde beauftragt, die Kabine und den Laderaum einer leeren Boeing 737-800 zu scannen. Der Prozess beinhaltete ein Vorbereitungstreffen auf einem Flugplatz in Deutschland zwischen dem Flugzeugbetreiber, Jet Aviation und Creaform.

Im Sommer 2011 wurde das Flugzeug in einen Hangar gerollt und für drei Wochen auf Stützfüße gehoben. Die Stützvorrichtung stellte sicher, dass das Flugzeug während der Dauer des Scans fixiert war, um eine gleichmäßige Datenerfassung sicherzustellen. Im Innenraum wurden die Bodenplatten und die Verkleidungen entfernt, um die zu scannende Struktur und Systeme freizulegen.

Ein Team von Applikations-Ingenieuren von Creaform digitalisierte dann den Flugzeuginnenraum mit Han-

2 Lichtschnittverfahren

Bild 2.21
Scanarbeiten in einem Flugzeuginnenraum (mit freundlicher Genehmigung von Creaform)

dySCAN-3D-Scannern, einem Leica-Long-Range-Scanner, dem optischen 3D-Laserscanner MetraSCAN 3D mit C-Track und einem System für Fotogrammmetrieaufnahmen (Bild 2.21). Sobald ein Abschnitt erfasst, zusammengeführt und nachbearbeitet war, wurden die Dateien an die CAD-Abteilung von Creaform nach Kanada gesendet, um zu einem CAD-Modell rekonstruiert zu werden (Bild 2.22). Während das Modell konstruiert wurde, hat Creaform fortlaufend Zwischenergebnisse an den Kunden Jet Aviation geschickt, damit die Arbeit parallel bewertet und validiert werden konnte.

Datenverarbeitung und Konstruktion eines 3D-Scanners

Mit der Software CATIA V5 rekonstruierten die Designer den Innenraum des Flugzeugs, einschließlich der verschiedenen Flugzeugelemente wie Decken- sowie Bodenspanten und -platten, Rahmen, mechanische Komponenten und verschiedene Arten von Verrohrungen und Verkabelung.

Die Arbeit wurde gemäß der Flugzeugabschnitte in mehrere Sektionen unterteilt. Mithilfe der Scandaten wurden Volumenmodelle der Flugzeugelemente rekon-

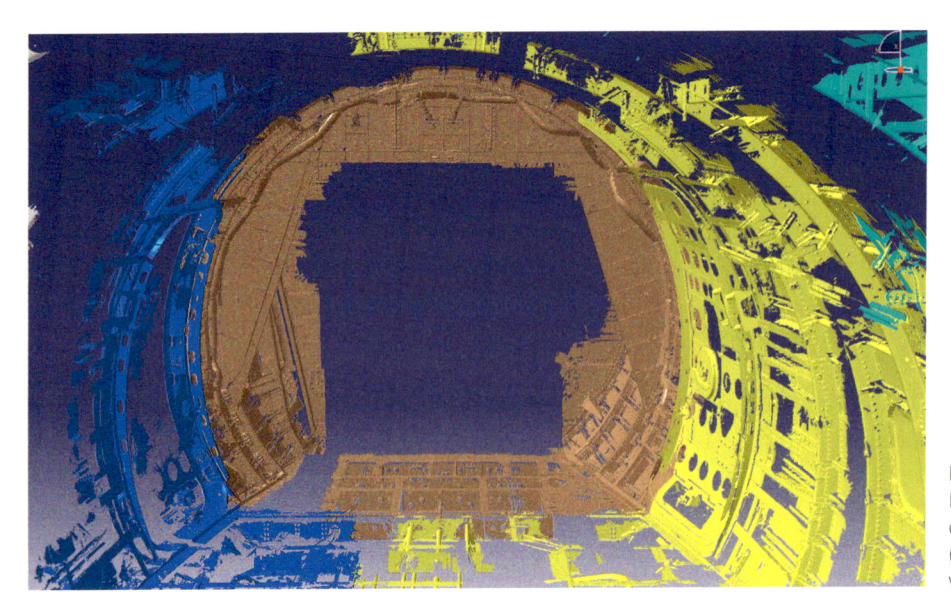

Bild 2.22
Rohdaten des Rumpfes nach dem 3D-Scan im .stl-Format (mit freundlicher Genehmigung von Creaform)

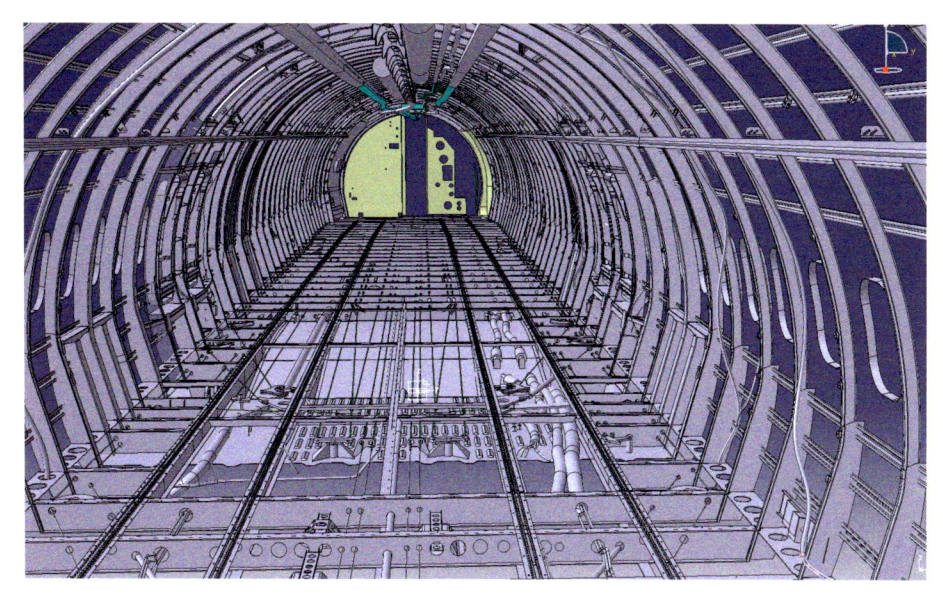

Bild 2.23
Rekonstruierter CAD-3D-Scan des Rumpfes (mit freundlicher Genehmigung von Creaform)

struiert. Aus diesen Volumenmodellen (Bild 2.23) können Schnittzeichnungen erstellt und konstruktive Ebenen sowie Oberflächen daraus abgeleitet werden. Für einteilige Objekte wurde das Volumenmodell entweder durch die mathematische Methode der Extrusion oder durch Unterteilung des Scans in vektorisierbare Flächen erzeugt. Zusammengesetzte Teile (z. B. im Falle bestimmter Mechanismen) wurden in geometrische Grundelemente zerlegt, die mit einfachen geometrischen Funktionen erstellt werden konnten.

Oberflächenmodelle wurden verwendet, um einige Flugzeugkomponenten zu rendern, deren Formen zu komplex waren. Aus den Oberflächenmodellen wurden dann – unter Annahme einer konstanten Wandstärke – Volumenmodelle der Komponenten erzeugt, wie z. B. bei den Rollen, welche die die Steuerleitungen führen. Diese Art der Rekonstruktion ermöglichte einen hohen Grad an Präzision. Zudem konnten die rekonstruierten Komponenten an verschiedenen Stellen des 3D-Scans wiederverwendet werden.

Um das Projekt zu vollenden, wurden alle rekonstruierten Komponenten zusammengefasst und ein kompletter 3D-Scan des Boeing-737-Innenraums erzeugt. Diese virtuelle 3D-Reproduktion wurde an Jet Aviation geliefert, wo anhand dieser Datenbasis die Inneneinrichtung des Flugzeugs entworfen, produziert und montiert wird.

Jet Aviation und Creaform haben gemeinsam etwa fünf Monate an der Erstellung und Überprüfung des Modells gearbeitet.

2.7.5 Robotergeführte optische CMM-Scanner

Mit der MetraSCAN-R™ Reihe erweitert Creaform seine Palette an Lösungen für Inspektionsanwendungen für den industriellen Sektor und das produzierende Gewerbe (Bild 2.24). Die Scanner werden in zwei Versionen (70-R und R 210) angeboten und für automatische und robotisierte Inspektionen wie die Online-Prüfungen in der Serienfertigung (bis zu einigen hundert Teile pro Tag), Online-Inspektionen von Bauteilen von 0,5 bis 3 m Größe, Teil-zu-CAD-Analysen, Prüfungen der Lieferantenqualität, Konformitätsbewertung von 3D-Scannern oder Fertigungswerkzeuge und Konformitätsbewertung hergestellter Teile anhand der Originalteile eingesetzt.

Die Lösung kann vollständig konfiguriert und programmiert werden (Prüfprogramme), um die Anforderungen der automatisierten Inspektions-Projekte für Teile in verschiedenen Größen und Formen zu erfüllen. Die robotergeführten MetraSCAN-R-Scanner arbeiten mit dem Dual-Kamera-Sensor C-Track zusammen. Es besteht außerdem die Möglichkeit, den MetraSCAN-R mit zwei bis vier C-Track 780 zu verbinden, um von der C-Link-Funktionalität und einer deutlich höheren Vielseitigkeit zu profitieren.

Die TRUaccuracy-Technologie garantiert Genauigkeiten von bis zu 0,085 mm in realen Produktionsumgebungen (unabhängig von Instabilitäten, Vibrationen, thermischen Unterschieden etc.). Die Genauigkeit wird

2 Lichtschnittverfahren

Bild 2.24
Robotergeführter MetraSCAN-R-Scanner für automatisierte Inspectionen in der Produktionslinie (mit freundlicher Genehmigung von Creaform)

vom optischen CMM-Scanner bestimmt und ist unabhängig vom Roboter.

2.7.6 Verbau von Windschutzscheiben

Eine Windschutzscheibe im Auto ist heute weit mehr als nur eine Glasscheibe, die den Fahrer vor dem Fahrtwind schützt. Sie übernimmt tragende Funktionen bei der Konstruktion des Automobils, zudem muss sie Erschütterungen und hohen Temperaturschwankungen standhalten können. Dafür entscheidend ist ein einwandfreier Kleberaupenauftrag auf den Scheibenrand, bevor die Scheiben durch Roboter im automatisierten Verbauprozess in die Karosserie eingesetzt werden. Hierzu überprüft ein Laserscanner die Höhe der Kleberaupe und deren Position am Scheibenrand (Bild 2.25). Danach wird von einem Roboter das Glas vor der Karosserie positioniert und nach erfolgter Positions-

Bild 2.25
Laserscanner überprüfen die Höhe der Kleberaupe am Scheibenrand (mit freundlicher Genehmigung von Mikro-Epsilon Messtechnik GmbH)

bestimmung durch die Lichtschnittsensoren zentriert in die Karosserie eingesetzt. Dieser Prozess erfolgt in Echtzeit und ist im normalen Fertigungstakt im Automobilbau von unter einer Minute integriert.

2.7.7 Spalt-Bündigkeitsmessung an Karosserieteilen

Im Fahrzeugbau werden die einzelnen Karosserieteile zu einem kompletten Auto zusammengefügt. Dabei ergeben sich Spalt- und Bündigkeitsmaße zwischen den einzelnen Teilen und kein Kunde möchte am Ende einen neuen Wagen mit einer herausstehenden Heckklappe und schief sitzenden Türen. Um dies zu vermeiden, werden „sehende Roboter" eingesetzt, deren Greifsysteme mit optischen Sensoren so ausgerüstet sind, dass der Verbauprozess für jeden einzelnen Fügevorgang in Echtzeit optimal geregelt wird. Anschließend wird auch noch überprüft, ob das Verbauergebnis der produzierten Fahrzeuge mit ihren umlaufenden Spalt-/Bündigkeitswerten den hohen Ansprüchen der Hersteller genügt.

2.7.8 Nietenprüfung im Flugzeugbau

Wie im Automobilbau spielt auch in der Flugzeugindustrie die Sicherheit der einzelnen Verbindungen eine entscheidende Rolle. Zum Beispiel erfordern die Nahtstellen zwischen Flugzeugrumpf und Flügeln schon aus Sicherheitsgründen eine lückenlose Qualitätsprüfung, wozu bei jedem Flugzeug die Nietenverbindungen mit einem Laserscanner überprüft werden.

Bei diesem Prüfprozess werden die kompletten Nietstellen eingescannt und das gesamte 3D-Abbild wird zur Überprüfung von den einzelnen Nietverbindungen herangezogen. Ausgeschlossen werden somit abgehende Nieten, aber auch zu hoch, zu tief oder schief sitzende Nieten.

Bild 2.26 Optische Sensoren prüfen die Autokarosserie nach dem Verbauprozess (mit freundlicher Genehmigung von Mikro-Epsilon Messtechnik GmbH)

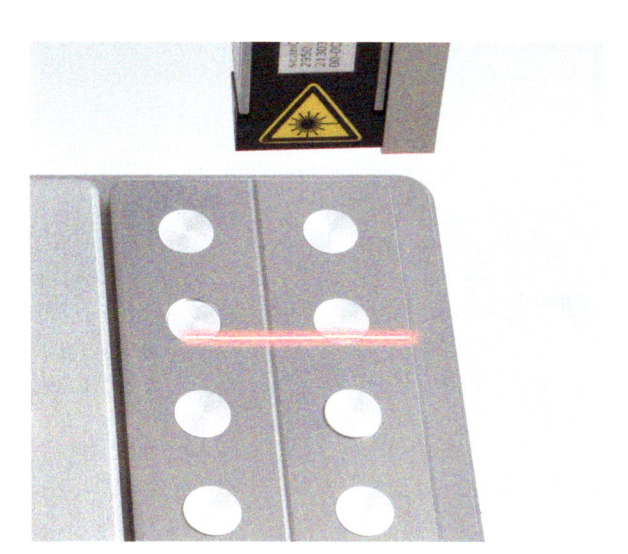

Bild 2.27 Laserscanner überprüft die Nietverbindungen (mit freundlicher Genehmigung von Mikro-Epsilon Messtechnik GmbH)

2.7.9 Vermessen von Karossen

Für moderne Fertigungsprozesse ist die ständige Überwachung von hoher Bedeutung. Insbesondere bei Produkten, die seitens der Kunden genauestens unter Augenschein genommen werden. Zu solchen Produkten gehören die Autos.

Die Position des optischen 3D-Scanners wird durch den Dual-Kamera-Sensor C-Track getrackt. Die messarmlosen optischen CMM-Scanner MetraSCAN 3D™ sind

Bild 2.28
3D-Scan einer Karosse mit dem MetraSCAN 3D (mit freundlicher Genehmigung von Creaform)

derzeit die exaktesten Scan- und Abtastlösungen auf dem Markt und garantieren höchste Genauigkeit sowohl im Labor als auch im Fertigungsbereich. Zusammen mit der HandyPROBE™ steigert diese leistungsstarke Komplettlösung die Zuverlässigkeit, Geschwindigkeit und Vielseitigkeit von Messvorgängen, sei es für Mess- oder große Reverse-Engineering-Anwendungen (Bild 2.28).

2.7.10 Reverse Engineering im Rennsport

Oldtimer-Rennen sind Rennen gegen die Zeit. Nicht Rundenzeiten stehen im Mittelpunkt, der eigentliche Gegner ist die Vergänglichkeit. Statt die geschätzten Vehikel zu konservieren, dreht man am Rad der Zeit. Geht etwas zu Bruch oder fängt Feuer, wird es neu gefertigt. Die Vergangenheit lebt – die Methoden leiht man sich aus der Zukunft. Stichwort: Reverse Engineering. Reverse Engineering oder Flächenrückführung bezeichnet einen umgekehrten Konstruktionsprozess. Nicht eine Idee oder ein Prototyp steht am Beginn, sondern ein bereits existierendes Teil.

Das kleine Münchner Rennteam „Project Lucky Racing" fährt einen Alfa Romeo Montreal Gruppe IV, Baujahr 1971. In Kombination mit einem Drei-Liter-Motor V8 von Autodelta war der Wagen seit 1973 im Renneinsatz. Aktuell ist er der einzig fahrende seiner Art mit FIA HTP (historic technical Passport) und europaweit auf Rennstrecken unterwegs: Monza, Salzburgring, Nürburgring. Ersatzteile sind schwer zu beschaffen, Konstruktionsdaten existieren nicht mehr. Während einer Generalüberholung vor zwei Jahren war klar, dieser Motor braucht ein Back-up. Man entschloss sich daher, Rücker Testing Services GmbH für die Anfertigung von Ersatzteilen zu beauftragen.

Einige Teile des Motors sind Gussteile aus Magnesium. Bei einem Unfall oder Feuer würden diese Teile wahrscheinlich zerstört. Die Aufgabenstellung: Von fünf Teilen, darunter eine Ansaugbrücke und ein Flachschiebergehäuse, soll die Rücker Testing Services GmbH CAD-Modelle erstellen, die man bei Bedarf nachproduzieren kann. Bei der Umsetzung greift Rücker Testing Services GmbH auf bewährte Technik zurück, die sie auch in der Qualitätskontrolle verwenden. Für die Datenerhebung dient ein FARO Edge ScanArm ES; Interpretation und Bearbeitung der Daten erfolgt mit der Software PolyWorks.

Vom Punkt zum Dreieck

Zuerst erfasst und digitalisiert ein Mitarbeiter die Bauteile optisch mit dem Laserscanner. In PolyWorks ergibt das eine Ansammlung einzelner unverbundener Datenpunkte, genannt Punktwolke.

Durch Polygonisierung erstellt PolyWorks aus der Punktwolke Dreiecksflächen. Bei glatten Oberflächen reichen einige wenige, große Dreiecke aus. Starke Krümmungen, Radien oder Bereiche mit hohem Detailgrad sind durch viele kleine Dreiecke zu beschreiben. Dieser Prozess der Gewinnung von Oberflächendaten nennt sich auch Vernetzung.

PolyWorks bietet eine Reihe an Optionen, die erzeugten Polygonmodelle zu bearbeiten. Das betrifft Bereiche, die der Scan nicht erfassen kann: Hinterschnitte eines Bauteils verdecken die „Sicht" des optischen Digitali-

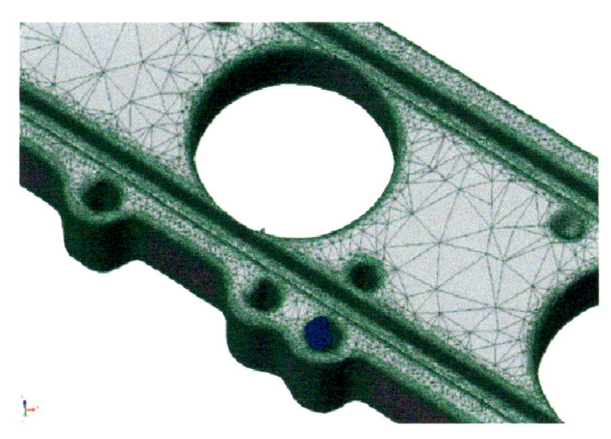

Bild 2.29 Polygonmodell bestehend aus einzelnen Punkten, die über Dreieckflächen miteinander verbunden sind. Für verwinkelte Bereiche errechnet PolyWorks viele kleine Dreiecke, bei flächigen Partien genügen große Dreiecke (mit freundlicher Genehmigung von Duwe-3D AG).

siersystems. Diese Löcher lassen sich leicht schließen. Eine Glättung der polygonalen Struktur reduziert die Datenmenge und beseitigt fehlerhafte Daten. Auch lassen sich Regelgeometrien, wie Kreise oder scharfe Kanten, in das Polygonmodell einfügen (Bild 2.29).

Von der Kurve zur Fläche

Der nächste Schritt wandelt das Polygonmodell in NURBS-Flächen um. NURBS sind parametrisch beschreibbare Flächen, die ein CAD-System für die Konstruktion verwendet.

Für NURBS-Flächen bilden Kurven die Basis, die PolyWorks aus dem Polygonmodell ableitet. Kurven orientieren sich in ihrem Verlauf an Kanten, Löcher, Vertiefungen und Radien des Bauteils. Zwischen Ihren Schnittpunkten fügt PolyWorks dann NURBS-Flächen ein (Bild 2.30).

Um vorerst Kurven zu erstellen, gibt es in PolyWorks verschiedene automatische und halbautomatische Erzeugungsmethoden. Auch lassen sich über vertikale und horizontale Schnitte einfach Flächen definieren.

Hier liegt die Herausforderung auch in der Wahl der richtigen Methode: „Für einige Bauteile hat sich die Erzeugung von NURBS-Flächen durch Schnitte als beste Möglichkeit erwiesen. Schnitte lassen sich in definierbaren Abständen setzen und als Kurven exportieren. Diese Methode ist extrem schnell. In verwinkelten Bereichen oder auf Kanten von Bohrungen erfordert aber auch diese Methode einige manuelle Nachbearbeitung. Für die Flächenrückführung ist Erfahrung wichtig, da je nach Bauteil die optimale Erzeugungsmethode der Kurven variieren kann." (R. Cristoforo) Je nach Datenqualität und Komplexität des Bauteils bringen manuell gezogene Linien für einzelne Abschnitte oft die besten

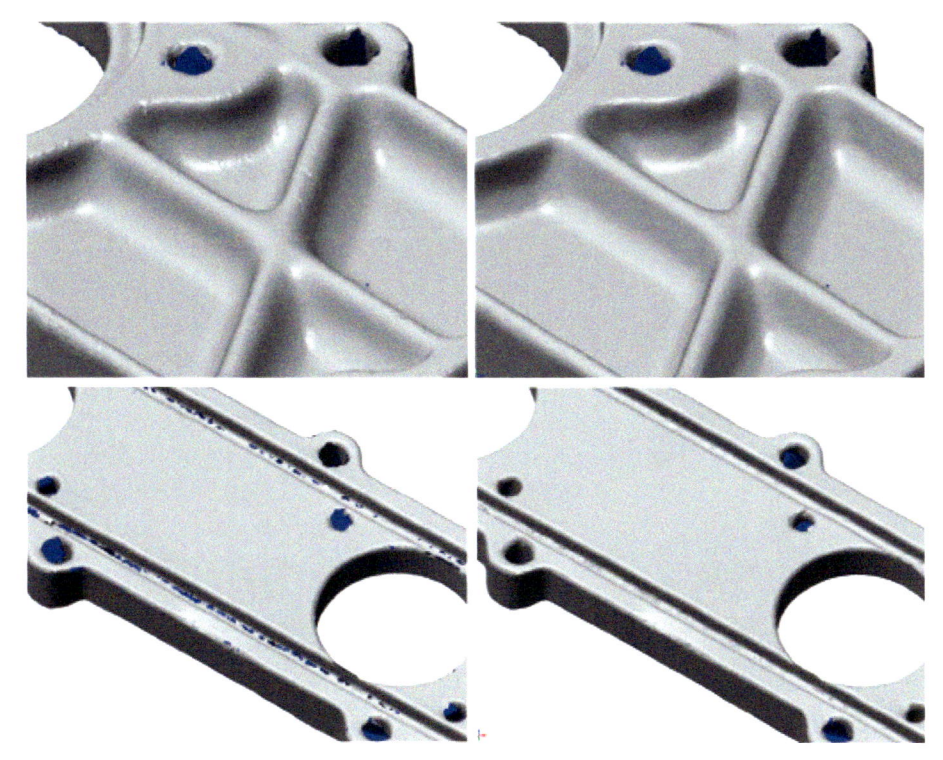

Bild 2.30
Links oben vor einer Glättung und rechts oben nach einer Glättung. Die untere Darstellung zeigt Löcher, die durch Scans unvollständig erfasst werden können. Durch wenige Klicks lassen sie sich in PolyWorks schließen (mit freundlicher Genehmigung von Duwe-3D AG).

Ergebnisse. Erfahrung und Kreativität lassen sich doch nicht vollständig automatisieren.

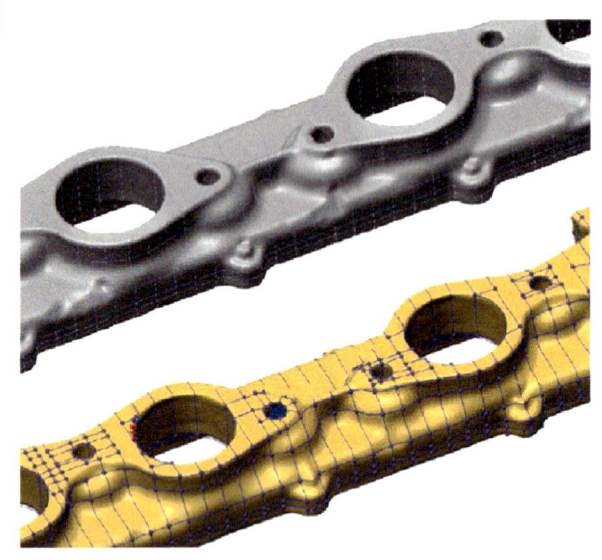

Bild 2.31 Für die Gewinnung von NURBS-Flächen lassen sich Schnitte auf das Polygon legen. Nach dem Export der Schnitte als Kurve, erzeugt PolyWorks zwischen ihren Schnittpunkten Flächen-Patches – die Basis für das spätere CAD (mit freundlicher Genehmigung von Duwe-3D AG).

Für die Analyse der NURBS-Flächen stehen in Poly-Works verschiedene Tools und Visualisierungen zur Verfügung. Fitting-Fehler, Abweichungen gegenüber dem Polygonmodell oder Stetigkeiten der einzelnen NURBS-Patches lassen sich in Falschfarben-Darstellungen zuverlässig beurteilen (Bild 2.32).

Bohrungen sind wegen ihrer Tiefe, allein durch optische Scans nicht ausreichend zu erfassen. „Hier haben wir die optischen Daten durch taktile Messungen ergänzt. In PolyWorks gibt es die Funktion „Löcher stanzen". Nimmt man den Kreismittelpunkt mit dem Taster auf, lässt sich eine Regelgeometrie bereits in das Polygonmodell oder in das aus den NURBS Flächen erzeugte CAD einarbeiten." (R. Cristoforo) (Bild 2.33)

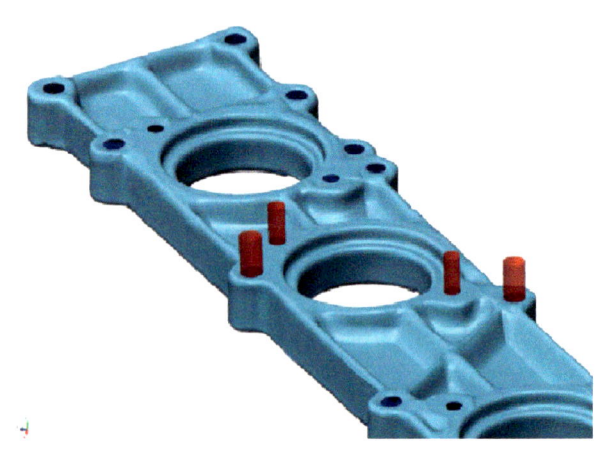

Bild 2.33 Position und Länge von Bohrlöchern, die mit optischen Scans nicht zu 100 % erfasst werden, lassen sich taktil bestimmen und mit Polyworks in das fertige CAD über „Löcher stanzen" (rote Stifte) einarbeiten (mit freundlicher Genehmigung von Duwe-3D AG).

Vom CAD auf die Rennstrecke

Mit einem CAD-Datensatz gäbe es verschiedene Möglichkeiten, an ein reales Teil zu kommen. „Man könnte es sich einfach machen und die Teile aus dem Vollen fräsen. Aber Leute, die solche Autos fahren, wollen die original Optik! Die habe ich nur, wenn ich es mit Sandguss mache." (D. Schumann) Diese Fertigung erfordert weitere Bearbeitungsschritte. Im Guss sind nicht alle Details des Bauteils darstellbar. Kleinere Bohrungen und einige längliche Hinterschnitte sind im CAD geschlossen und mit zusätzlichem Material überhöht. Sie erhalten erst durch eine Fräsnachbearbeitung ihre eigentliche Beschaffenheit. PolyWorks bedient die CAD-Formate .iges oder .step und ermöglicht somit die Nachbearbeitung in allen gängigen Konstruktionsprogrammen wie CATIA V5, Pro/E, SolidWorks usw.

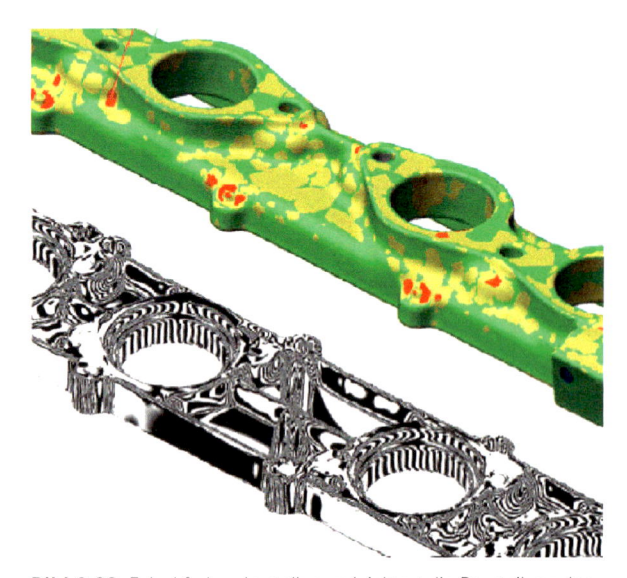

Bild 2.32 Falschfarbendarstellung erleichtert die Beurteilung der NURBS-Flächen (oben), unten: Das Zebramuster zeigt Stetigkeitsbedingungen an, ein gleichmäßiges Muster bedeutet Krümmungsstetigkeit der NURBS-Flächen (mit freundlicher Genehmigung von Duwe-3D AG).

2.7.11 Vermessen und Auswerten der Tornadolinie

Sportliche Proportionen, lange Motorhaube, langer Radstand, kurze Überhänge und athletisch geformte Außenkonturen mit markanter Tornadolinie – das sind Charaktere, die ein sportliches, modernes Auto ausmachen (Bild 2.34). Die Tornadolinie prägt die Seitenansicht des gesamten Fahrzeugs; für die Hardware und Software der optischen Messtechnik eine echte Herausforderung, für PolyWorks ein absolutes Highlight in Analyse und Beurteilung. Die Blechteile, wie Kotflügel, Türen und Seitenwände, werden durch Pressvorgänge erzeugt, die Presswerkzeuge unterliegen einem hohen Verschleiß. Dadurch ändern sich sowohl die Form als auch die Winkel des gepressten Blechteils im Bereich der Tornadolinie.

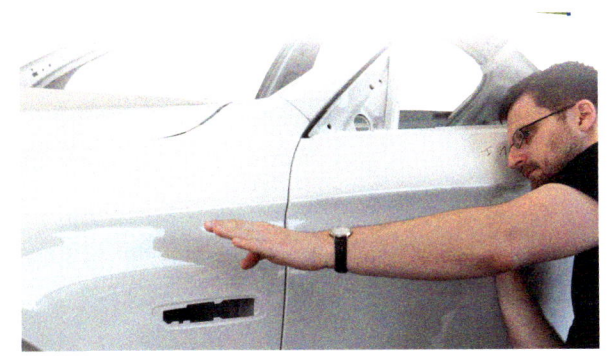

Bild 2.34 Visuelle Begutachtung der Tornadolinie (mit freundlicher Genehmigung von Duwe-3D AG)

Die Aufgabe ist es, die Tornadolinie des Fahrzeugs zu erfassen und mit PolyWorks/Inspector™ automatisiert auszuwerten. Ein mobiler Messarm von FARO wird zur flächenhaften Aufnahme eingesetzt (Bild 2.35).
Um die Messung der gesamten Tornadolinie des Fahrzeugs zu gewährleisten, wird zunächst im Messraum ein sogenanntes Passpunkt- oder Referenzpunktfeld erzeugt. Dieses Referenzpunktfeld besteht aus Zielmarken, die fest am Boden des Messraumes angebracht werden. Diese Vorbereitung ist für jede messtechnische Aufgabe am Gesamtfahrzeug von enormem Vorteil. Das Messpunktfeld ermöglicht es jederzeit, die Position des Messarmes zu verändern und somit das Gesamtfahrzeug in einem einheitlichen Koordinatensystem zu erfassen. Durch Verwendung der Plug-In-Funktion für den FARO-Arm im PolyWorks/Inspector™ wird sowohl die optische wie auch die taktile Messmethode unterstützt. Um die Tornadolinie zu erfassen, wird ein Laserscanner benutzt. Die taktil messende Einheit des FARO-Arms wird zum Einmessen in eine neue Position des Messarmes verwendet.

Vorgehensweise

Zunächst wird eine günstige Position des Messarmes zum Aufnahmeobjekt gewählt, um einen möglichst großflächigen Bereich der Tornadolinie zu erfassen. Der Standpunkt des Messarmes wird durch taktiles Einmessen anhand der Zielpunkte definiert. Diese Zielpunkte haben bereits Koordinaten. Hierzu sind wenigstens drei Punkte zu messen. Nach der taktilen Einmessung befindet sich der FARO-Arm im Koordinatensystem des Zielpunktfeldes. Durch Einmessen über die am Fahrzeug definierten RPS-Ausrichtepunkte und Anwendung der Transformation auf das gesamte Zielpunktfeld, befindet sich der Messarm bei jeder neuen Aufstellung im ausgerichteten Zustand. Jetzt kann die optische Einheit über das PolyWorks FARO-Plug-In ge-

Bild 2.35 Erfassen der Tornadolinie mit dem Laser-Scan-Arm (mit freundlicher Genehmigung der Duwe-3D AG)

startet werden. Mit einer gleichmäßigen Bewegung wird die Tornadolinie gescannt. Die durch die lineare Vorwärtsbewegung des Messarmes erzeugten Scans bilden die Tornadolinie als Punktwolke ab. Da sich die Tornadolinie über das ganze Fahrzeug erstreckt, ist ein Standpunktwechsel erforderlich. Dieser Standpunktwechsel, der mit dem erneuten Einmessen von Zielpunkten einhergeht, ist eine standardisierte Funktion innerhalb des PolyWorks/Inspectors™. Auf diese einfache Art und Weise kann man die gesamte Tornadolinie des Fahrzeuges schnell und effizient erfassen.

Auswertung mit dem PolyWorks/Inspector™

Die Auswertung der Tornadolinie erfolgt im Poly-Works/Inspector™ mithilfe von Profillehren, die als automatisierbare Messfunktion zur Verfügung stehen. In diesem Bereich werden entlang einer zuvor definierten Kurve, die dem Verlauf der Tornadolinie entspricht, mehrere Profillehren parallel zueinander erzeugt. Die Messungen der Profillehren leiten sowohl einen Sollradius auf dem CAD-Datensatz wie auch einen Istradius aus der Punktwolke ab (Bild 2.36).

Dieses Werkzeug gibt nun dem Anwender die Möglichkeit, den Sollradius mit dem gemessenen Istradius zu vergleichen und dadurch schon erste Schlüsse bezüglich der Qualität der Tornadolinie vorzunehmen.

Durch unterschiedliche Formen der Tornadolinie ist es erforderlich, frei definierbare Vorlagen für die Profillehrenmessung zu generieren. Dies ist in PolyWorks schnell und flexibel möglich.

Die Profillehrenmessung erzeugt zusätzlich zu den Radien entlang der Tornadolinie Schnitte. Diese Schnitte bieten vielfältige Möglichkeiten zur 2D-Analyse. Soll-Ist-Vergleich, 2D-Messschieber, Winkelmessungen sowie Schnittvergleichspunkte stehen als Standardanwendungen zur Verfügung. PolyWorks kann diese Messergebnisse übersichtlich in einem 2D-Ansichtsmodus darstellen.

Aus den ermittelten Radien werden jeweils zwei Tangenten abgeleitet. Diese beiden Tangenten definieren den Knickwinkel, der eine relevante Größe für die Beurteilung der Tornadolinie darstellt. Winkel lassen Rückschlüsse auf einen eventuellen Verschleiß des Presswerkzeuges zu. Eine weitere Größe stellen die aus den Profillehren abgeleiteten Scheitelpunkte dar. Die Scheitelpunkte der Tornadolinie werden auf ihre Position hin untersucht. Dafür steht in PolyWorks der direkte Vergleich von Soll- zu Istgeometrien zur Verfügung. Die Abweichungen zwischen den Geometrien werden durch Beschriftungen veranschaulicht.

Darstellung und Inhalt sind hier frei konfigurierbar

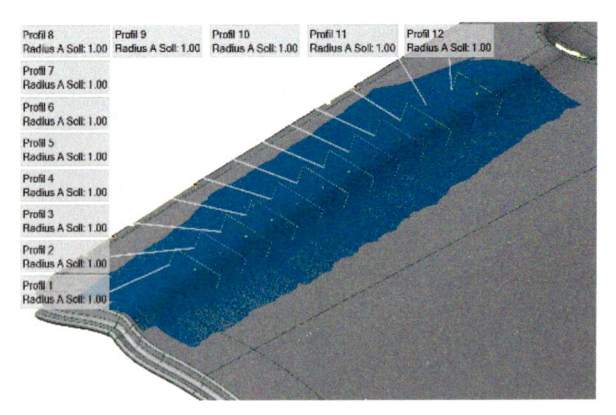

Bild 2.36 Scan mit Festlegung der Profillehren (mit freundlicher Genehmigung der Duwe-3D AG)

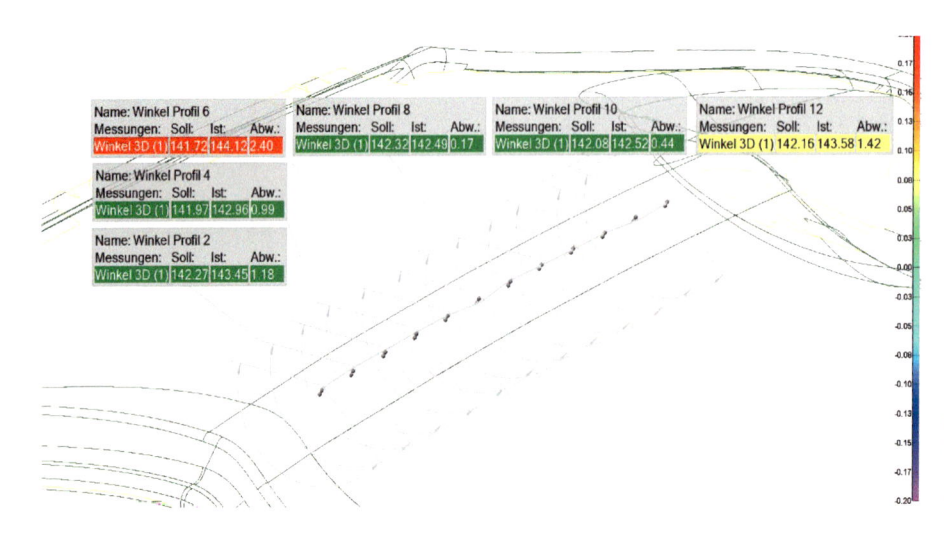

Bild 2.37 Darstellung der Winkelmessung der Tornadolinie (mit freundlicher Genehmigung der Duwe-3D AG)

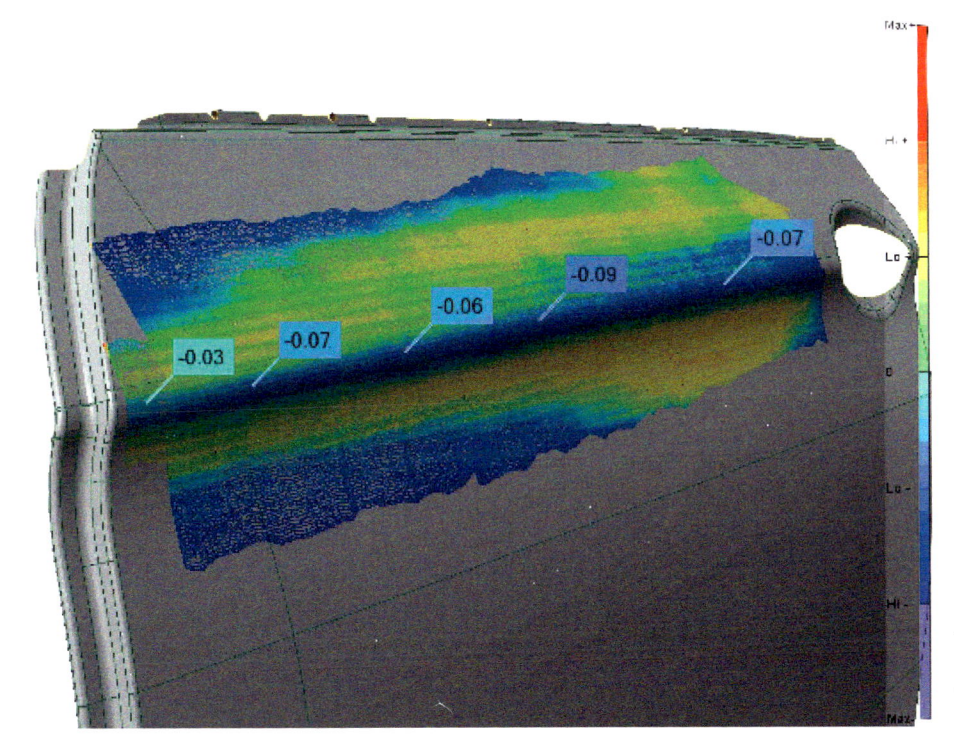

2.7 Anwendungsbeispiele für das Lichtschnittverfahren

Bild 2.38
Verlauf der Tornadolinie und Falschfarbendarstellung (mit freundlicher Genehmigung der Duwe-3D AG)

(Bild 2.37). Der Verlauf der Tornadolinie leitet sich durch die hintereinander aufgereihten Scheitelpunkte der entsprechenden Radien ab. Entlang dieser Scheitelpunkte wird in PolyWorks ein Linienzug erzeugt. Dieser Linienzug ermöglicht sowohl eine Bewertung des Verlaufs der Tornadolinie selbst, als auch ihrer Linienform (Bild 2.38).

Eine weitere relevante Größe stellt der Übergang zu anderen Baugruppen des Fahrzeuges dar. Ein „schlechter" Übergang zwischen Kotflügel und Tür im Bereich der Tornadolinie wird sehr schnell als Qualitätsmangel erkannt und mindert dadurch die Akzeptanz des Fahrzeugs.

Fazit

Die bestehende Auswertung der Tornadolinien in PolyWorks entstand aus Anforderungen der Automobilhersteller und deren Zulieferer. Hierbei wurden die geforderten Messprinzipien der einzelnen Firmen optimal umgesetzt. Da noch keine standardisierten Vorgaben für die Analyse der Tornadolinie vorhanden sind, beteiligt sich die Duwe-3d AG maßgeblich an deren Weiterentwicklung.

2.7.12 Das messtechnische Geheimnis der Poleposition von Red Bull Technology

Bei Red Bull Technology wird eine ungeheure Vielzahl von Komponenten gemessen. In der Heimat von Red Bull Technology in Milton Keynes, Großbritannien, gilt für alle Abläufe ein strenges Zeitmanagement. Daraus folgt, dass die Inspektionsabteilung genau, flexibel und vor allem schnell arbeiten muss. In der Formel 1 gibt es keine zweiten Chancen. Deshalb setzt Red Bull Technology ROMER Absolute Arme und CMS-Laserscanner von Hexagon Metrology ein, um den Boliden von Red Bull Racing weiterhin die Poleposition zu sichern.

Jede noch so kleine Verbesserung am Fahrzeug wirkt sich potenziell auf die Geschwindigkeit und damit auf die gesammelten Weltmeisterschaftspunkte aus. Aufgrund von Zeitknappheit mussten in der Vergangenheit Kompromisse eingegangen werden, wenn es darum ging, welche Komponenten gemessen wurden und bei welchen darauf verzichtet wurde. Das konnte während der Rennsaison dann zu Problemen führen. Mit den drei mobilen Messarmen, die das Team mittlerweile sein Eigen nennt, hat Red Bull Technology nun die Zeit, bis auf den letzten Mikrometer sicherzustellen, dass der Rennwagen der Konkurrenz vorausfährt.

2 Lichtschnittverfahren

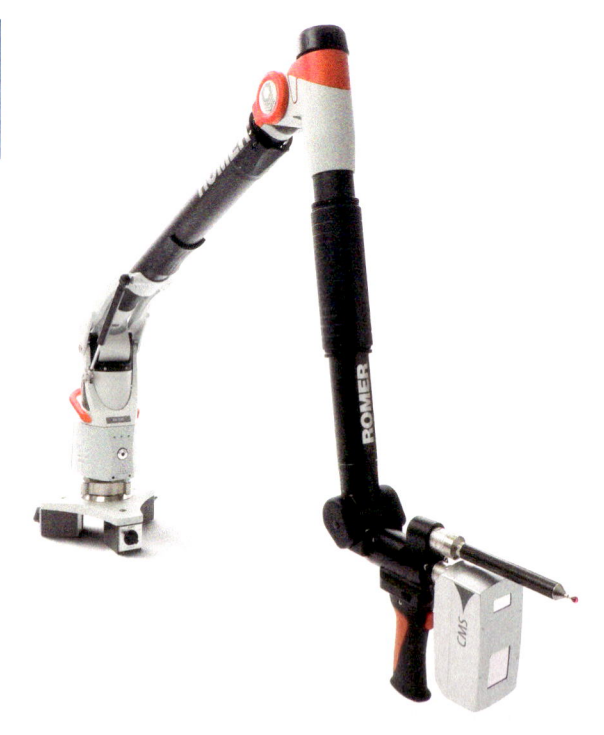

Bild 2.39 Der Scanner CMS 108 zur sowohl taktilen als auch berührungslosen 3D-Vermessung von Objekten (mit freundlicher Genehmigung von Hexagon Metrology)

Die ROMER Absolute Arme werden mit zwei verschiedenen Arten von Software für 3D-Scans und Einzelpunktmessungen eingesetzt (Bild 2.39). Dieselbe Software wird auch mit den anderen Messsystemen einschließlich Leica Laser Trackern verwendet, die Red Bull nutzt. Bei allen Systemen handelt es sich um Arme mit sieben Achsen und einem kinematischen Anschluss von TESA, der die Anbringung eines Hexagon Metrology CMS 108-Laserscanners erlaubt.

Messungen sind bei Red Bull Technology Teil des üblichen Tagesgeschäfts. Die Arme haben ihren Platz in der gemischten Fertigungsumgebung und werden laufend zur Prüfung von Formen und fertigen Komponenten verwendet. „Unser Anliegen ist es, unsere Produktionsabläufe zu verbessern und sicherzustellen, dass wir unsere Komponenten so genau wie möglich prüfen." (C. Charnley, Qualitätsmanager/Red Bull Technology) Die rasante Entwicklung in der Formel 1 ist in hohem Maß von der Möglichkeit zur raschen und effizienten Erfassung von 3D-Punktdaten abhängig. Zu diesem Zweck nutzt Red Bull Technology einen CMS 108-Laserlinienscanner von Hexagon Metrology, der in Kombination mit einem Messarm den letzten technischen Stand in der 3D-Scannertechnologie repräsentiert und selbst knappsten Zeitvorgaben Rechnung trägt. Der CMS 108 verfügt über eine automatische Laserleistungssteuerung, die die Laserempfindlichkeit automatisch an die gescannte Oberfläche anpasst.

Ein anderer Vorteil des 3D-Scannens gegenüber der herkömmlichen Einzelpunktmessung ist der berührungslose Messvorgang, der gewährleistet, dass die Werkstücke während der Prüfung nicht verformt werden können. Außerdem gibt es bei der Arbeit mit den

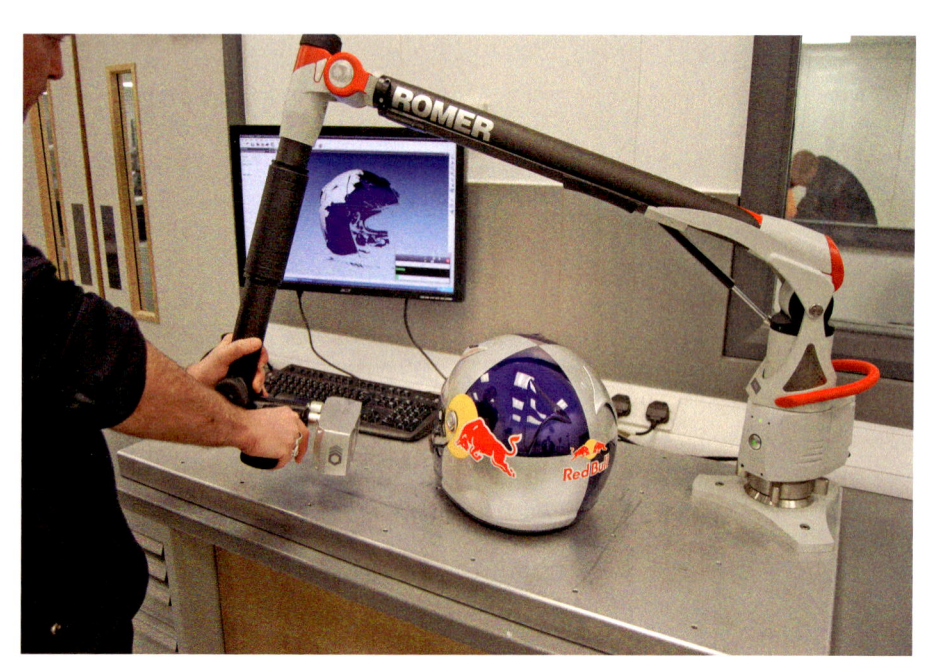

Bild 2.40 Vermessung des Rennhelms mit dem CMS 108, das Messgerät passt seine Empfindlichkeit automatisch an die gescannte Oberfläche an und vermeidet Verformungen nachgiebiger Teile des Helms wie des Visiers und der Polsterung (mit freundlicher Genehmigung von Hexagon Metrology)

ROMER-Armen keinen Zeitdruck in Bezug auf die Erstellung von Prüfprogrammen wie bei gängigen KMG. Das bedeutet, „dass wir das Teil einfach auf die Arbeitsfläche legen und binnen Sekunden vermessen" (C. Charnley, Qualitätsmanager/Red Bull Technology) (Bild 2.40 und 2.41).

Neben dem Einsatz mit dem Scanner für die Messung von Formen werden alle Arme auch häufig zu Einzelpunktmessungen mit schaltenden Tastern für elementbasierte Prüfungen eingesetzt. Wenn erforderlich, kombinieren die Ingenieure von Red Bull Technology Scan- und Einzelpunktmessdaten, um eine noch höhere Genauigkeit zu erzielen.

Vor der Investition in die ROMER Absolute Arme waren bei Red Bull Technology schon mehrere andere mobile Messarme von Hexagon Metrology und anderen Herstellern in Gebrauch. Der Leiter des Prüfteams für Verbundwerkstoffe sagt über die neuen Arme: „Die Arme sind sehr genau. Plötzlich finden wir unbekannte Fehler an bekannten Komponenten. Die Arbeit mit dem Arm ist im Gegensatz zu den früheren Modellen sehr bequem und die einfachen Tasterwechsel sorgen für eine hohe Benutzerfreundlichkeit." (S. Harper)

Hohe Erwartungen an den Kundendienst

Der Formel-1-Hersteller benötigt und erwartet in puncto Kundendienst Überdurchschnittliches. Erfahrungsbericht über das Service- und Applikationsteam von Hexagon Metrology: „Wir bekommen zu allen Tages- und Nachtzeiten, einschließlich der Wochenenden, Unterstützung. Genau diesen Service brauchen wir." (C. Charnley, Qualitätsmanager/Red Bull Technology)

Im Rahmen der Innovationspartnerschaft zwischen Hexagon Metrology und Red Bull Technology verwendet Red Bull nicht nur Produkte von Hexagon Metrology, sondern bringt sich auch in die Forschung und Entwicklung sowie in die Erprobung ein. So profitieren beide Unternehmen von dieser Zusammenarbeit an der vordersten Front der Fahrzeugtechnik.

2.7.13 Einsatz multisensorischer Messsysteme in Fertigung von hochpräzisen Bauteilen

Präzise, klein und ganz speziell. Das machen die Produkte von Hitega Präzisionsmechanik GmbH aus. Das Unternehmen im niederbayerischen Gangkofen hat sich als Dienstleister für Präzisionsmechanik etabliert. Verschiedene optische, taktile sowie multisensorische Messsysteme hat das Hitega-Team unter seinen Fittichen. Nicht ohne Grund investiert das Unternehmen in Messtechnik vom Feinsten: Insbesondere Kunden aus Healthcare und Medizintechnik fordern 100 %-Kontrollen sowie eine wasserdichte, lückenlose Dokumentation jedes einzelnen Prozessschrittes.

„Präzision ist unsere Leidenschaft", so der Claim des Unternehmens. Das spürt man beim Rundgang durch die Firma. Kaizen-Charts finden sich überall. Die Fer-

Bild 2.41
Vorbereitung und Befestigung zum Vermessen von großen Bauteilen auf einem Messtisch (mit freundlicher Genehmigung von Hexagon Metrology)

tigungshalle ist blitzblank sauber. Schmucke Bearbeitungsmaschinen auf dem neuesten Stand der Technik soweit das Auge reicht. „Wir bei der Hitega bewegen uns auf einem absoluten Präzisionsgebiet. „Einzel- und Kleinserienfertigung hochpräziser zerspanter Bauteile, Prototypenbau, Montage- und Fertigungsengineering hauptsächlich für Medizintechnik, Halbleiter- und Geräteindustrie – damit haben wir uns einen Namen gemacht." (M. Herre, Geschäftsführer/Hitega Präzisionsmechanik GmbH)

Werkstoffe wie Aluminium, Edelstahl, technische Kunststoffe oder Magnesium werden in Gangkofen verarbeitet. Hitega setzt ganz auf sein Know-how in Sachen Fertigung und Messtechnik. Da der Fokus auf die Fertigung und der damit verbundenen Messtechnik liegt, investiert Hitega in diesen Bereichen kräftig in den Maschinenpark und die Weiterbildung der Mitarbeiter. „Messtechnik ist Teil unseres Kerngeschäfts." (M. Herre, Geschäftsführer/Hitega) Drei Multisensor-Messsysteme von Hexagon Metrology stehen im Dienst der Qualitätssicherung bei Hitega. Zwei der Systeme verfügen über einen Messbereich von $400 \times 400 \times 200$ mm, die Dritte bietet ein Messvolumen von $600 \times 600 \times 200$ mm. Mit Messschieber oder Bügelmessschraube käme Hitega nicht weit. Zu hoch ist die Komplexität der Teile, zu groß die Anforderungen seitens der Kunden.

„Generell ist es in den vergangenen Jahren immer komplexer geworden. Wir bekommen Teile, die sind regelrecht mit Form- und Lagetoleranzen gespickt und müssen zu 100% kontrolliert werden, wie beispielsweise Wirbelsäulenimplantate. An einem dieser Implantate haben wir auf drei Bohrungen eine Form- und Lagetoleranz im Maximum-Material-Prinzip über drei Bezüge. In diese Bohrungen werden später die Schrauben eingesetzt, um das Implantat an der Knochenstruktur zu befestigen." (M. Ebner, Fertigungsleiter/Hitega Präzisionsmechanik GmbH) Meist auf wenige hundertstel Millimeter toleriert sind diese unterschiedlichen Merkmale und in den meisten Fällen wird gegen das CAD-Modell geprüft. Hitega macht sich optische und taktile Messverfahren zunutze, um alle Merkmale erfassen zu können. Mit den multisensorischen Messsystemen von Hexagon Metrology kann Hitega alles in einer Aufspannung erledigen. Denn alle drei Maschinen sind sowohl mit hochgenauer Optik, berührenden Tastsystemen als auch mit Lasersensoren ausgestattet (Bild 2.42).

Doch nicht nur Multisensorfähigkeit wird von den Messmaschinen gefordert. Ebenso wichtig ist die lückenlose Dokumentation. Die Vision-Software von Hexagon Metrology ermöglicht es, alle funktionsrelevanten Merkmale an jedem einzelnen Objekt zu prüfen und zu dokumentieren. Je nach Vorgabe des Kunden setzt Hitega Präzisionsmechanik GmbH die elektronische Dokumentation, die Dokumentation in Papierform oder eine Kombination der beiden Methoden ein. Für einige Kunden von Hitega spielen auch die Vorga-

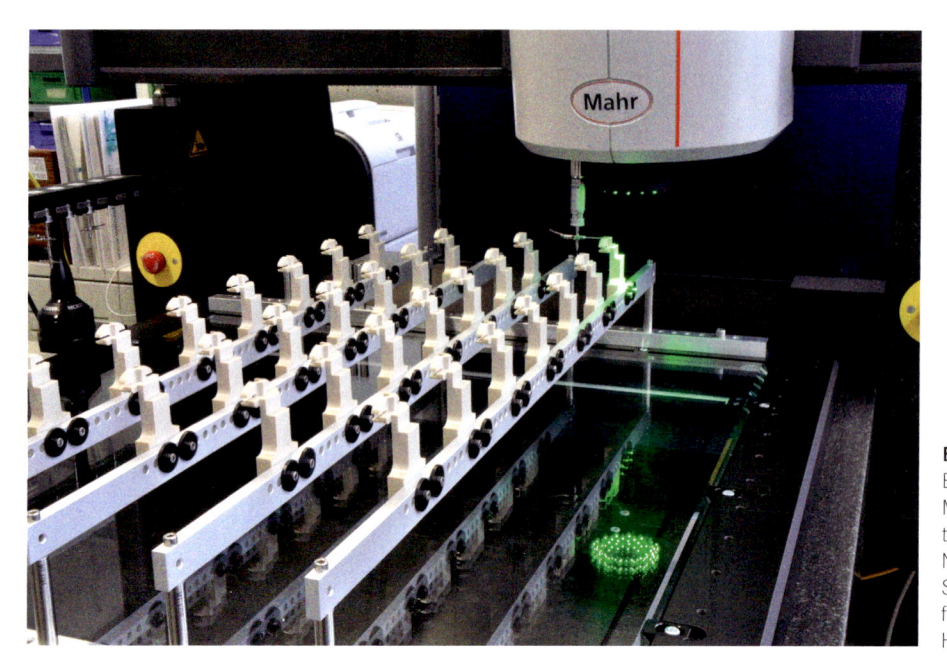

Bild 2.42
Einsatz multisensorischer Messsysteme, optischer und taktiler Vermessung, um die Nachteile des jeweiligen Systems zu eliminieren (mit freundlicher Genehmigung von Hexagon Metrology)

ben der US-amerikanischen FDA (Food and Drug Administration) eine Rolle. Die FDA 21 Teil 11 ist für Hersteller von Medizintechnik verbindlich und zielt darauf ab, alle Abläufe bei der Produktion manipulationssicher zu dokumentieren. „Unsere neue Optiv Performance 442 von Hexagon Metrology ist mit einem entsprechenden Validierungsprogramm ausgestattet. Damit können wir beispielsweise die Kennwörter verschiedener Benutzer in einer geschützten Datenbank verwalten oder Bedienereingriffe in das System speichern und mit einer elektronischen Unterschrift versehen." (M. Ebner, Fertigungsleiter/Hitega Präzisionsmechanik GmbH) Rückverfolgbarkeit lautet das Zauberwort in Medizintechnik und Healthcare.

Kapazitätsplus dank Offline-Programmierung
Prüfungen durch die Fertigungsmitarbeiter. Da bleibt kaum Maschinenkapazität für die Messprogrammierung. Ein Grund für Hitega, in einen Offline-Programmierplatz zu investieren. Da alle drei Multisensor-Messsysteme mit der gleichen Vision-Software von Hexagon Metrology arbeiten, ist der Austausch der Programme untereinander auch kein Problem. Bei 70 % der Programmierung handelt es sich um reine Eingabeaufgaben, also z.B. Schleifenprogrammierung oder Parameterzuweisung. Der Offline-Platz erweist sich für derartige Aufgaben als ideal. „Zuvor hatten wir nur eine multisensorfähige Messmaschine von Hexagon Metrology, auf der wir Zwischenkontrollen, Endkontrollen und Programmierungen vorgenommen haben. Jetzt sind wir natürlich viel besser aufgestellt." Und auch der Software-Support seitens Hexagon Metrology stimmt: „Die Software an sich ist super und der Support durch Hexagon Metrology bestens. Während der vergangenen Jahre hatte Hexagon Metrology immer ein offenes Ohr für uns und wir haben schnell zu einer Lösung gefunden." (M. Ebner, Fertigungsleiter/Hitega Präzisionsmechanik GmbH)

2.7.14 Optische Qualitätssicherung im Fahrzeugbau bei Volvo

Märchenhafte Assoziationen löste der legendäre Volvo P1800 ES aus. Erinnerte er doch mit seiner markanten Glasheckfläche an Schneewittchens Sarg. Das Nachfolgemodell, der Volvo V40, rollt im Werk im belgischen Gent vom Band. Hier setzt man auf Messsysteme von Hexagon Metrology (Bild 2.43).
Die Modelle von Volvo schmeicheln nicht nur dem Auge. Seit seinen Anfängen führt die Marke das Feld in Sachen Sicherheitstechnik an. Letzter Coup: Der Airbag, der Passanten bei einem Crash schützt. Der chinesische Mutterkonzern hat Großes mit seinem Schützling vor. Im Premium-Segment der Branche will man sich weiter etablieren. Seit der Übernahme durch den Geely-Konzern ist Qualität in aller Munde. Logische Konsequenz daraus sind engere Toleranzen der Werkstücke, was besonders das Messtechnik-Team betrifft. Vor allem im sogenannten A-Shop mit den Schweißlinien ist Messtechnik wichtig. Die Schweißprozesse machen es schwierig, die Dimensionen unter Kontrolle zu halten. Schwankungen sind die Norm. Daher nehmen die Messtechniker hier die meisten Prüfungen gegen die Nominaldaten vor. Im B-Shop werden die Rohmodelle in Flamenco Rot, Electric Blue und andere Farbkreationen getaucht. Sämtliche Teile, einschließlich dem Motor, fügen sich dann im C-Shop, der Endmontage, zu einem S60, XC60, C30 oder V40 zusammen.

Bild 2.43 Optische Überprüfung von Schweißlinien mit dem Lasersensor CMS106 (mit freundlicher Genehmigung von Hexagon Metrology)

Stichproben der Rohkarosserien aus den Schweißlinien werden im Bypass vollautomatisch auf zwei DEA BRAVO HP Systeme von Hexagon Metrology geführt (Bild 2.44). Die offene Bauweise der Horizontalarm-Messmaschinen vereinfacht die Beladung der sperrigen Rohkarosserien.

Bild 2.44 DEA BRAVO HP System zum optischen Vermessen von Autokarossen (mit freundlicher Genehmigung von Hexagon Metrology)

Die Wahl besteht zwischen taktilen und optischen Sensoren. Ein Merkmal, das einem Check unterzogen wird, ist die Position der Anschweißbolzen. Sie werden benötigt, um bestimmte C-Shop-Teile in einer vorgegebenen Position zu befestigen. Der Lasersensor CMS106 misst die Positionen. Die Software PC-DMIS vergleicht im Anschluss die Messdaten mit dem CAD-Modell.

Doch wieso wird optisch gemessen – und nicht konventionell taktil? Grundsätzlich sind beide Wege möglich. Und auf taktile Methoden griff Volvo früher auch zurück. Jedoch: Beim Messen mit taktilen Sensoren verursachte die unregelmäßige Form der Bolzen einen Flaschenhals. Um genaue Ergebnisse zu erhalten, mussten die Messtechniker Plastikzylinder auf die Bolzen setzen. Ein manueller Eingriff, der Zeit raubte. Darüber hinaus nutzten sich die Zylinder nach einigen Messungen ab und mussten ersetzt werden.

Ein weiterer Zeitfresser: Das Messsystem befand sich in einem Messraum. Die Rohkarosserien legten also im Vergleich zum neuen Inlinekonzept eine längere Distanz zurück. Die ganze Prozedur nahm satte drei Stunden in Anspruch. Heute offenbaren die optischen Sensoren nach 20 Minuten die Positionen der mehr als 170 Verbindungsbolzen einer Volvo-Rohkarosserie. Mit dem Inlinesystem und dem optischen Sensor ist der Prozess um das Neunfache schneller.

Auch störende Werkstückeigenschaften oder schlechtes Umgebungslicht haben keine Auswirkungen auf die Genauigkeit. Konventionelle optische Sensoren haben erfahrungsgemäß mit den Materialeigenschaften und dem Umgebungslicht zu kämpfen. Beispielsweise stören Reflektionen der Werkstückoberfläche die Datenaufnahme.

Der CMS106 generiert eine Laserlinie, die aus mehreren Punkten besteht. Damit scannt er die Oberfläche der Karosserie ab. Automatisch werden die Laserlinie und Laserintensität dem Werkstück und den Lichtbedingungen angepasst. Störfaktoren können so keinen Einfluss auf die Genauigkeit des Messergebnisses haben. Aufgrund der positiven Erfahrungen mit dem Sensor plant Volvo, auch die Gewindebohrungen an den Rohkarosserien in Zukunft optisch zu messen.

2.7.15 Optische Untersuchung von im Gesenk geschmiedeten Implantaten

Um die Qualitätssicherung für diese Fertigungsverfahren – insbesondere gemäß ISO 13485 für medizinische Geräte – zu unterstützen, hat 3A ein Nikon-Metrology-Koordinatenmessgerät (KMG) in Portalbauweise mit 800 × 700 × 600 mm Messvolumen gekauft.

Firmen, die medizinische Implantate herstellen, benötigen die Rückführung (per Reverse Engineering) all seiner bisherigen Schmiedegesenke in CAD-Dateien. Die heute immer noch im Einsatz befindlichen alten Gesenkformen wurden ursprünglich entweder mithilfe von Schlichtelektroden aus Kupfer im Elektroerosionsverfahren oder unter Verwendung einer Kopierfräsmaschine hergestellt. Daher standen dem Kunden keine digitalen Daten zur Verfügung.

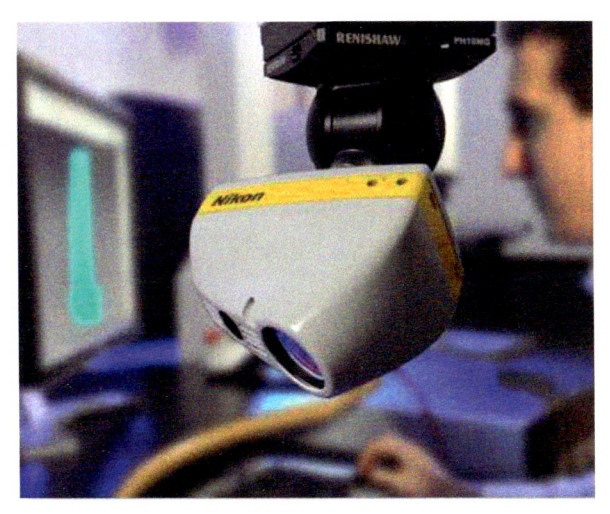

2.7 Anwendungsbeispiele für das Lichtschnittverfahren

Bild 2.45 Das Lasermessgerät LC15Dx (mit freundlicher Genehmigung von Nikon Metrology)

Die Reverse-Engineering-Daten werden unter Verwendung des LC15Dx-Laserkopfes und der Software Focus Scan auf dem Nikon Metrology KMG erfasst (Bild 2.45). Die Durchlaufzeit für den gesamten Reverse-Engineering-Prozess beträgt zwei bis drei Tage. Dank der schnellen Datenerfassungstechnik des Laserscanners, der 70 000 Punkte pro Sekunde in 22 µm Schritten misst, dauert das Scannen eines Teils etwa zwischen 30 Minuten bis 2,5 Stunden (bei einem komplizierten Harzmodell). Mehrere hundert Formmodelle müssen digitalisiert werden, um sie in Form von CAD-Dateien zur Verfügung zu haben, wenn die Werkzeuge verschlissen sind. Nur so ist die kontinuierliche Qualität der Implantatproduktion sichergestellt (Bild 2.46).

Mithilfe der digitalen CAD-Modelle kann der Kunde die Metallbeschneidungszyklen so vorbereiten, dass die Gesenke auf modernen, ultraschnellen Schneidemaschinen in einem Prozessverlauf bearbeitetet werden können, der um 35 % kostengünstiger und erheblich schneller ist als die herkömmliche Bearbeitung der Gesenke im Funkenerosionsverfahren unter Verwendung teurer Elektroden (Bild 2.47). Daraus ergeben sich erhebliche finanzielle Vorteile, da die in Verbindung mit den Schmiedewerkzeugen anfallenden Kosten die einzig maßgebliche Kostenvariable bei der Herstellung von im Gesenk geschmiedeten Produkten sind.

Ein zweiter Anwendungsbereich ist die Reparatur vorhandener Werkzeuge. Sobald die CAD-Modelle für eine Gesenkform zur Verfügung stehen, kann ein bereits abgenutztes Schmiedewerkzeug gescannt werden. Auf dieser Grundlage können die beiden Hälften dann

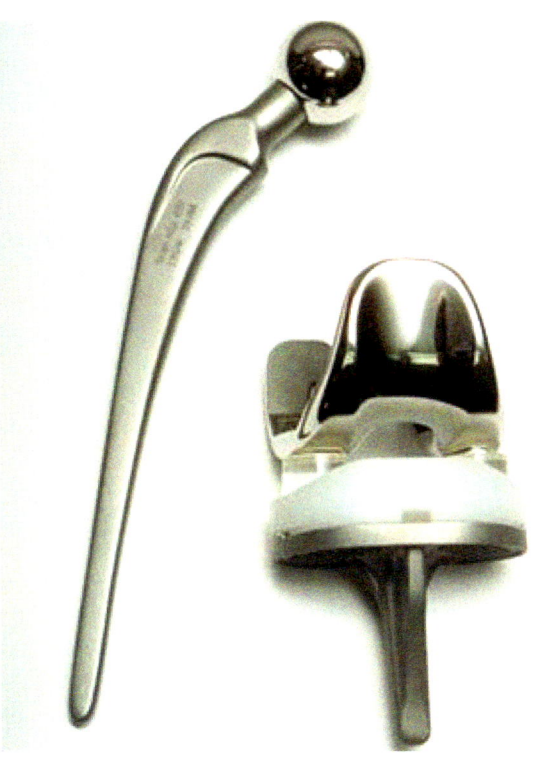

Bild 2.46 Implantate der Firma 3A (mit freundlicher Genehmigung von Nikon Metrology)

exakt nachgebaut werden, indem das Metall an den Stellen, an denen Verschleiß aufgetreten ist, repariert wird. Die reparierten Stellen werden bearbeitet und poliert und in einem weiteren Laserscan wird das neue Profil dann mit dem digitalen Modell abgeglichen. Kritische Bereiche können mit einer automatischen

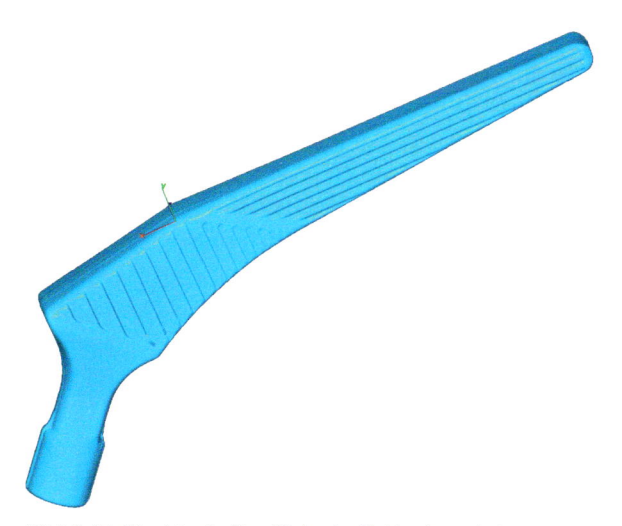

Bild 2.47 Die virtuelle Oberfläche der Elektrode nach der 3D-Flächenerstellung (mit freundlicher Genehmigung von Nikon Metrology).

Analyse der Abweichungen mit Farbkodierung und Protokollierung durch die Nikon Metrology Software Focus Inspection hervorgehoben werden.

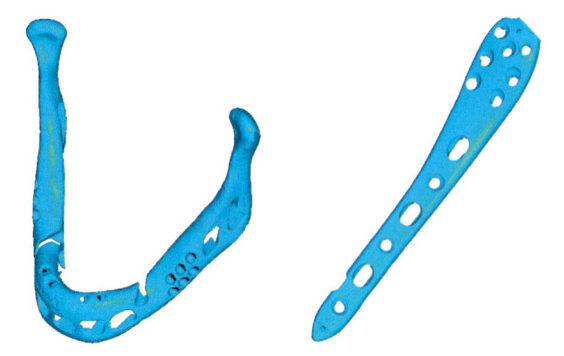

Bild 2.48 3D-Scan von verschiedenen Implantaten (mit freundlicher Genehmigung von Nikon Metrology)

Bild 2.49 Optische Vermessung eines Blechteils mithilfe eines Roboters (mit freundlicher Genehmigung von Nikon Metrology)

Reflektierende Oberflächen kommen im Alltagsgeschäft von 3A in Nogent am häufigsten vor, da die Gesenkformen von Hand poliert werden, um eine hohe Genauigkeit zu erzielen. Die Oberflächen von Implantaten (Bild 2.48) – insbesondere beim Einsatz in Knie und Hüfte – werden dagegen vor allem deswegen geschliffen, um den Reibungskoeffizienten zu optimieren. Das Laserscannen ist in der Regel anfällig für Fehler, wenn glänzende Oberflächen dieser Art geprüft werden. Der LC15Dx mit seinen Nikon-Objektiven kommt jedoch auch mit diesen Bedingungen gut zurecht. Unerwünschte Reflexionen werden von einem hochentwickelten Softwarefilter neutralisiert, während Änderungen im Umgebungslicht durch einen optischen Tageslichtfilter absorbiert werden.

2.7.16 Vermessung von Blechteilen im Automobilbau

Im Automobilbau werden oft komplex geformte Blechteile eingesetzt. Die manuellen Messverfahren unter Verwendung der herkömmlichen Messtechnik haben jedoch ihre Grenzen, sodass ohne optische Messverfahren die heutigen Industriestandards nicht einzuhalten sind. Ein weiterer großer Vorteil ist die Schnelligkeit der optisch scannenden Messsysteme (Bild 2.49).

Die Erfassung der Geometrie und Überprüfung von relevanten Merkmalen ist in die laufende Produktion integrierbar. Dadurch wird der Eingriff in die Produktion rechtzeitig möglich. Vor dem Messvorgang können an beliebigen Stellen die Grenzen für die zulässigen Abweichungen festgelegt werden.

Geprüft werden sowohl Formabweichungen der Gesamtgeometrie als auch die funktionsrelevanten Komponenten und Anschlussstellen. Die bei der Qualitätskontrolle erfassten Daten werden direkt am Bildschirm mit der ursprünglichen CAD-Datei, die entweder vom Kunden gestellt wurde oder aus einer Flächenrückführung stammt, verglichen und analysiert. Alle Merkmale außerhalb der Toleranz können identifiziert und gemessen werden. Ergebnisse werden anschließend in digitaler Form abgespeichert und stehen somit auch danach zur Verfügung (Bild 2.50 und 2.51).

Für die Prüfung von Blechteilen und anderen mittelgroßen Messobjekten müssen nicht unbedingt Robotergeführte Lösungen eingesetzt werden. Auf dem Markt sind auch handgeführte Systeme verfügbar, die für Kleinserien bzw. Einzelteilprüfungen besser geeignet sind.

Handgeführte Systeme können außerdem zur Steigerung der Genauigkeit um taktile Messköpfe erweitert werden. Außerdem wird die 3D-Vermessung auch der sonst nicht erfassbaren Stellen ermöglicht (Bild 2.52).

2.7.17 Digitalisieren eines komplexen Türschließsystems

Als ganz auf die Modulmontage spezialisiertes Unternehmen ist man bei der Kiekert AG zu 100 % auf Zulieferteile angewiesen. Diese Tatsache erfordert gerade in der Prototypenphase und im Vorserienstadium penibelste Prüfschritte und genaueste Abstimmungen mit den teilefertigenden Lieferanten.

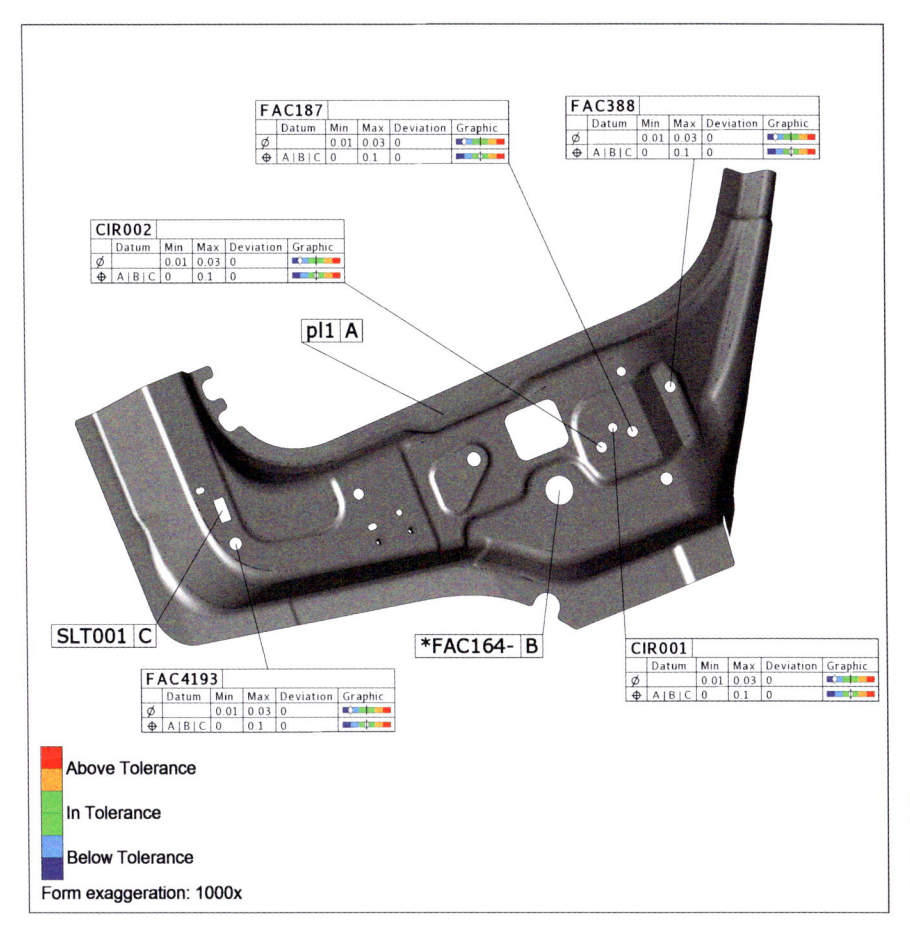

2.7 Anwendungsbeispiele für das Lichtschnittverfahren

Bild 2.50 Vorgabe von zulässigen Abweichungen an funktionsrelevanten Stellen an einem Blechteil (mit freundlicher Genehmigung von Nikon Metrology)

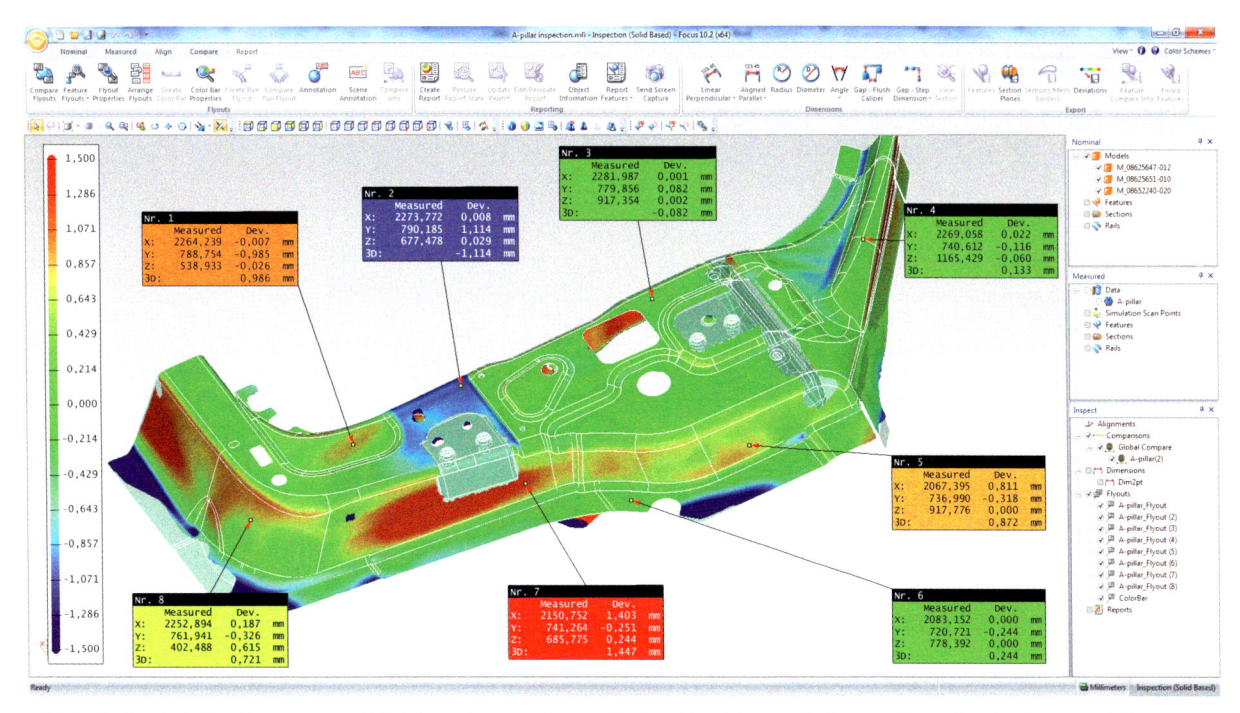

Bild 2.51 Ergebnis der Vermessung mit farblicher Ausgabe der ermittelten Abweichungen (mit freundlicher Genehmigung von Nikon Metrology)

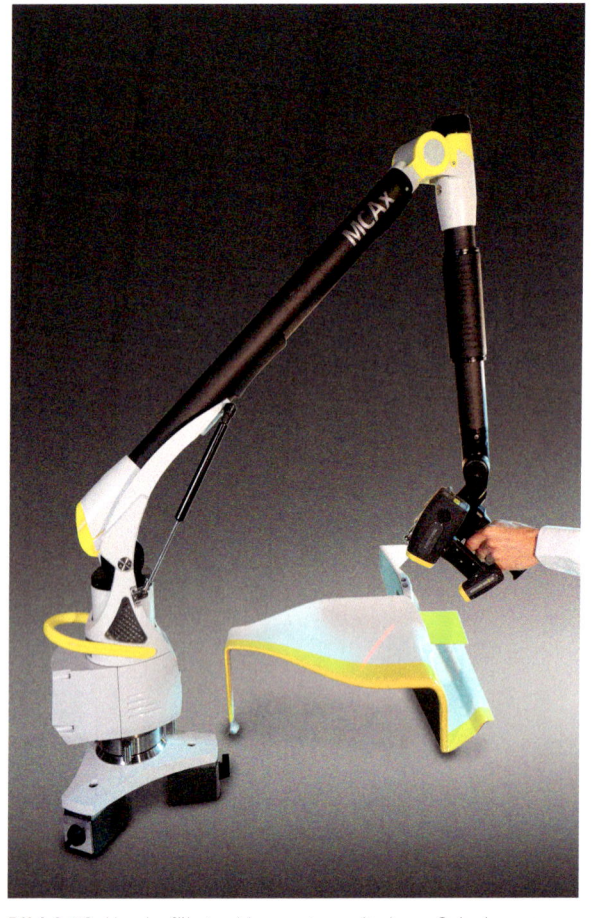

Bild 2.52 Handgeführtes Messsystem mit einem Gelenkmessarm der Firma Nikon (mit freundlicher Genehmigung von Nikon Metrology)

Welcher Aufwand dahintersteckt, lässt sich erahnen, wenn man weiß, dass ein Seitentürschloss leicht aus bis zu 130 Einzelteilen besteht. Ihr Zusammenspiel ist durchaus mit einem Uhrwerk vergleichbar. Erkennbar ist sehr viel Hebelage, also formschlüssiges Ineinandergreifen, Bewegen und Mitnehmen von Bauteilen. Abhängig ist diese komplexe Funktionalität auf engstem Raum vom korrekten Einhalten mehrerer hundert Funktionsmaße. Funktionsmaße, die beispielsweise Lagerstellen definieren oder akkurate Positionen zweier Getriebeelemente zueinander. Die Serientolerierung akzeptiert für solche Funktionsmaße nur selten Grenzen von mehr als fünf Hundertstel Millimeter.

Ein Genauigkeitsbereich, der grundsätzlich völlig mühelos von taktilen Koordinatenmessmaschinen abgearbeitet werden könnte. Grundsätzlich ja – aber eben nicht im Speziellen. Und somit nicht in der speziellen Bauteilqualifizierung im Messlabor bei Kiekert.

Der Hintergrund: Die Forderung nach sehr hoher dimensionaler Maßhaltigkeit betrifft vor allem sogenannte integrale Bauteile. Das sind solche, die die gesamte Komplexität eines Schließsystems abbilden. Allen voran die Gehäuseteile der Schlösser und Zentralverriegelungsmodule mit ihren zahlreichen Lagerstellen und Aufnahmen für Funktionselemente (Bild 2.53).

Entsprechend intensiv widmet man sich bei Kiekert den ersten werkzeugfallenden Exemplaren. Werkzeugfallene Teile, auch „Firstoff Tool"-Teile genannt, sind erste beim Zulieferer mit Serienwerkzeugen hergestell-

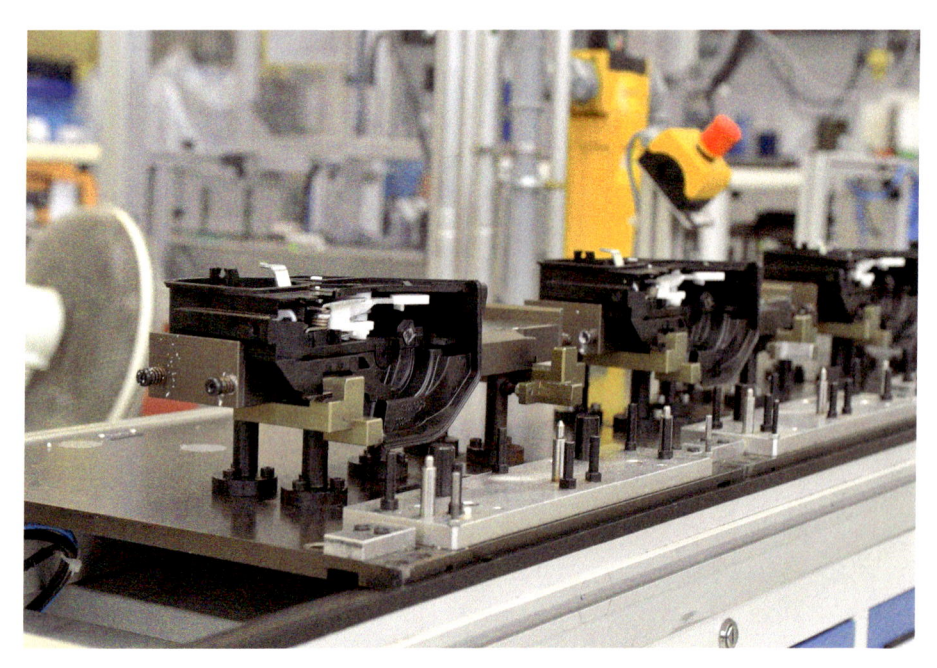

Bild 2.53 Produktion von Zentralverriegelungen bei Kiekert AG (mit freundlicher Genehmigung von Nikon Metrology)

te Muster. Sie liefern in der Vorserienphase wichtige Erkenntnisse und sind die Grundlage der Bauteilqualifizierung für die Serienfertigung.

Würde man sich diesen Prototyp-Teilen bei Kiekert messtechnisch klassisch nähern – also nach der Messausrichtung alle Messpunkte taktil anfahren –, müsste man feststellen, dass etliche der Merkmale außerhalb der Toleranz liegen. Das Teil also scheinbar nicht akzeptabel ist. Was allerdings ein Fehlschluss wäre. Zumindest dann, wenn es – wie der Großteil aller Gehäuseteile – aus Kunststoff besteht.

Denn Kunststoffbauteilen dieser Art wohnt materialbedingt und unvermeidlich ein gewisser Verzug inne. Eine durchaus beherrschbare Erscheinung – vorausgesetzt, man weiß um ihre Ausprägung und kann sie exakt definieren.

Überhaupt keine Aufschlüsse darüber würde die Aufnahme einzelner Messpunkte und Merkmalsmaße über ein taktiles Messverfahren geben. Weil dabei wegen der letztlich doch sehr endlichen Messpunktanzahl niemals ein geschlossenen Bild des Prüfteils entstehen könnte. Ein Problem vor allem dann, wenn solche Teile in einem späteren Produktionsschritt „verheiratet", also zusammengefügt werden.

Absolut unabdingbar für eine integrale Gesamtbetrachtung ist deshalb eine vollständige, alle Flächen und Merkmale darstellende 3D-Ansicht des Bauteils. Nur sie gewährleistet einen tragfähigen Eindruck über tatsächlich kritische Bereiche. Nur sie lässt tatsächliche Rückschlüsse für eine eventuell erforderliche Korrektur an Werkzeugmaschinen zu. Und nur sie ist in der Lage, unter Berücksichtigung des natürlichen Verzugs wirkliche „Nullpunkte" am Teil festzulegen, z. B. für ergänzende taktile Prüfungen.

Schon früh setzte sich Kiekert bei der Lösung dieses speziellen Prüfproblems von anderen Herstellern ab, indem man sofort das Potenzial berührungsloser Laser-Messsysteme erkannte und nutzte.

Scannen statt tasten

Schon mit Marktreife der Laserscanner-Technologie Anfang der 2000er Jahre wurde in Heiligenhaus das erste System dieser Art in die Qualitätssicherung implementiert. Bereits kurze Zeit später agierten Streifenlaserscanner des Herstellers Nikon Metrology nicht nur im Stammwerk Heiligenhaus, sondern auch im größten Kiekert-Produktionsstandort in Tschechien sowie der mexikanischen und chinesischen Fertigungsstätte.

Der digitale Cross-Scanner XC65Dx von Nikon Metrology nimmt mit drei kreuzförmig angeordneten Laserstrahlen sowohl flächige Bereiche als auch Merkmale, wie Langlöcher, Lagerstellen, Bohrungen etc., der Bauteile ins Visier (Bild 2.54).

Dies in den meisten Fällen in einem einzigen Scan, mit einem einmaligen Abfahren des Werkstücks. Die drei Laserlinien decken dabei ein Sichtfeld von 65 × 65 mm ab, während die Sensorgenauigkeit bei 12 µm liegt.

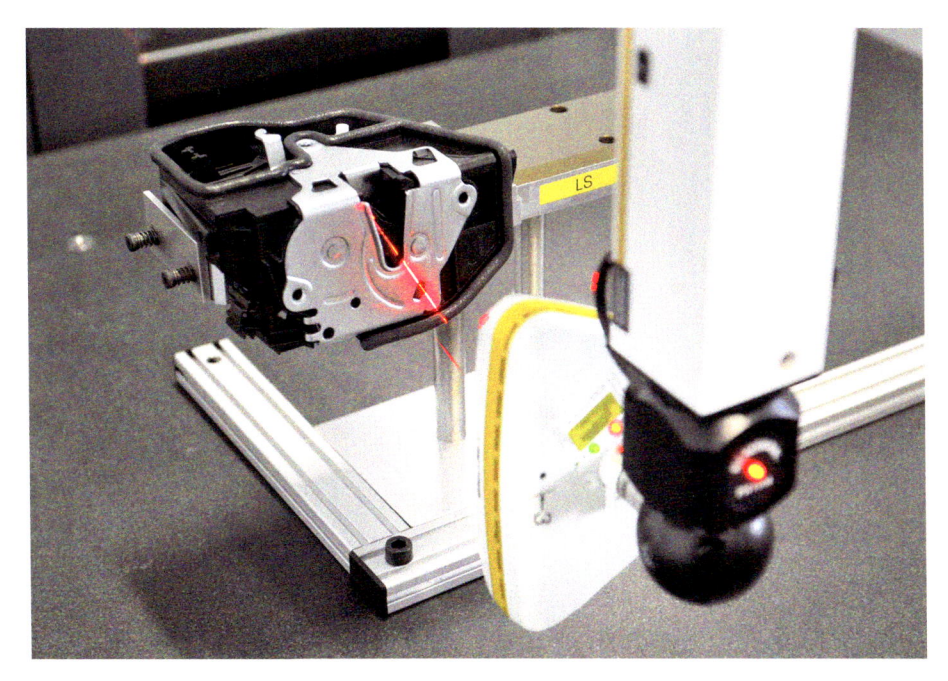

Bild 2.54
Der digitale Cross-Scanner verfügt über drei Laserlinien, die aus verschiedenen Winkeln komplexe Formen aufnehmen (mit freundlicher Genehmigung von Nikon Metrolgy).

Aus den insgesamt 75 000 Laserpunkten pro Sekunde generiert der an einer Portalmessmaschine agierende Nikon Cross-Scanner eine hoch dichte 3-D-Punktewolke. Bereits über die Falschfarbendarstellung der auswertenden Messsoftware Nikon Focus gewährt sie eine auf den ersten Blick extrem aussagefähige Bewertung des Prüfergebnisses.

2.7.18 Laserscantechnik in einer Zinkdruckgießerei

PMS Diecasting, die allgemein als eine der am besten ausgestatteten, führenden Zinkdruckgießereien in Europa angesehen ist, zählt viele hochkarätige Unternehmen zu ihren Kunden, wie u. a. Loadhog, einen Spezialisten für Verpackungssysteme, Avocet, einen Anbieter von Tür- und Fensterzubehör, und Gripple, einen Hersteller von Drahtverbindern und -spannern, für den PMS 36 Millionen Gussformen jährlich anfertigt.

Hochwertige Werkzeuge sind entscheidend für eine erfolgreiche Druckgießerei. Mit dem Laserscanner (Bild 2.55) kann der Werkzeugbau in jeder Herstellungsphase überwacht werden. Damit wird sichergestellt, dass die Formen (Bild 2.56), und somit auch die Gussteile, innerhalb der Toleranz liegen. Lunker, Kerne, Gleitlager, Elektroden, Auswerferplatten und andere Elemente werden nach ihrer Bearbeitung einzeln geprüft. Das Gleiche gilt für die Spannvorrichtungen, mit denen die Komponenten während der Herstellung

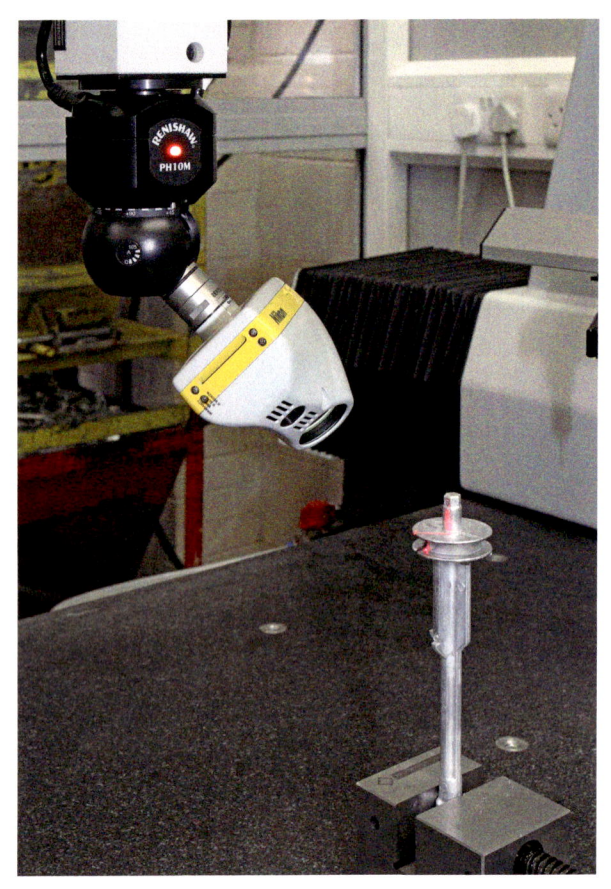

Bild 2.55 Nikon LC15Dx beim Scannen einer Antriebswelle aus Zinkdruckguss (mit freundlicher Genehmigung von Nikon Metrology)

Bild 2.56
Mehrere Formen, aus denen der neue PMS-Geschäftsbereich GoTools ein Werkzeug für die Fertigung herstellt (mit freundlicher Genehmigung von Nikon Metrology).

Bild 2.57
Auf dem rechten Bildschirm ist ein Teil-gegen-CAD-Vergleich mit Focus Inspection und auf dem Linken das CAD-Modell. Bei diesem Bauteil handelt es sich um ein Gripple-D4-Druckgussgehäuse (mit freundlicher Genehmigung von Nikon Metrology).

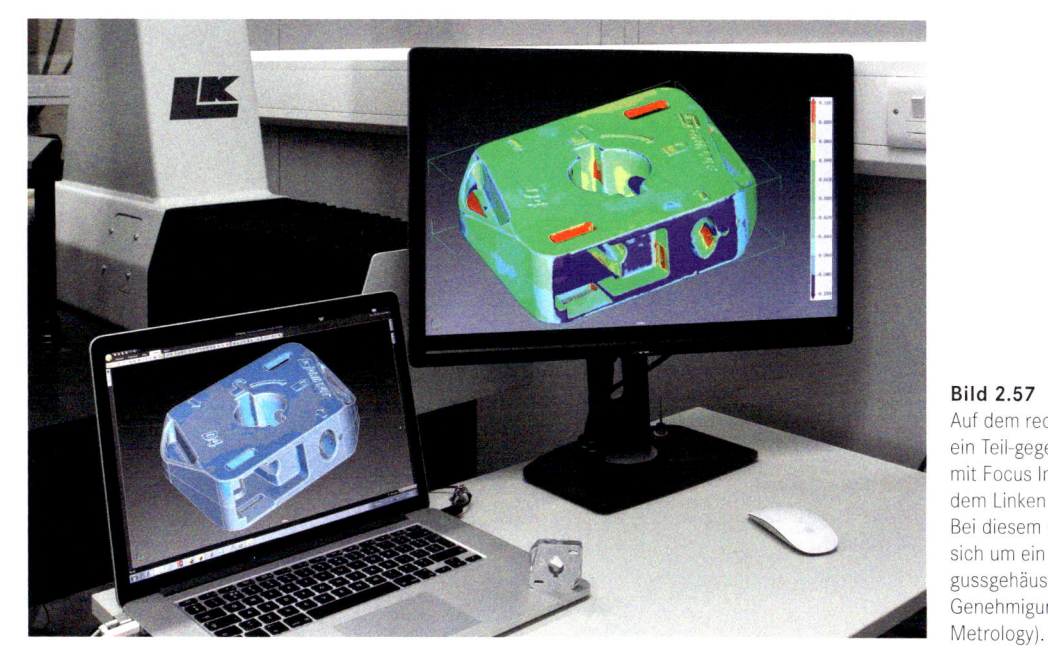

fixiert werden. Mit diesem Ansatz werden mögliche Fehlerquellen während der Werkzeugherstellung vermieden.

Das 3D-Scannen ist bei PMS heute das Standardprüfverfahren für Freiformteile und Standardmerkmale, während Kerne und andere tiefliegende Merkmale mit einem berührenden Messtaster gemessen werden. Dieser wird außerdem eingesetzt, um die Komponenten vor der Messung auf dem Granittisch auszurichten. An dem motorischen Renishaw Dreh-/Schwenkkopf PH10M wird entweder der Laserscanner oder der Messtaster angebracht. Dies bedeutet maximale Flexibilität bei der Programmierung von Messzyklen mit der multisensorfähigen Softwareplattform Camio von Nikon Metrology. Die Software unterstützt je nach Bedarf das Scannen mit dem Laser als auch mit dem berührenden Messsystem.

Die Nikon-Metrology-Software Focus, mit der Punktewolken während des Laserscans erfasst werden können, ermöglicht den Vergleich der Messdaten mit dem ursprünglichen CAD-Modell des Kunden (Bild 2.57).

Eine Analyse der Farbabweichungen veranschaulicht, inwiefern sich das gescannte 3D-Scanner von den Solldaten der CAD-Datei unterscheidet. Dadurch gewinnt man genauen Einblick in die Form und einzelne Merkmale, da im Vergleich zu berührenden Messsystemen weitaus mehr Datenpunkte zur Verfügung stehen. Die Maßstäbe der farbkodierten Grafiken können angepasst werden, um beispielsweise Fertigungstoleranzen wiederzugeben, und Abweichungen vom Sollwert in ausgewählten Bereichen können durch Anmerkungen kommentiert werden.

Wenn zwei oder mehr Produkte gescannt werden, beispielsweise zur Überwachung des Verschleißes, können mehrere Objekte miteinander verglichen und die Unterschiede zwischen ihnen kenntlich gemacht werden. Maße, die aus Teilabschnitten des Scanmodells extrahiert wurden, können mit den entsprechenden Abschnitten auf der ursprünglichen 2D-Zeichnung in Beziehung gesetzt werden, um direkt einen Erstmusterprüfbericht zu erstellen.

3 Streifenprojektion

3.1 Verfahrensgrundlagen

Die Streifenprojektion wird bereits seit vielen Jahren (seit Anfang der 90er) industriell eingesetzt. In letzter Zeit wurden insbesondere auf dem Gebiet der Messdatennachbearbeitung große Fortschritte erzielt. Je nach Messaufgabe sind verschiedenste Ausführungen der Streifenprojektion-Messsysteme erhältlich, da z. B. für medizinische Anwendungen die großen Messanlagen nicht geeignet sind.

Prinzip der Streifenprojektion

Unter dem Messverfahren Streifenprojektion wird eine Projektion von kodierten Streifenmustern in den Messraum unter gleichzeitiger Beobachtung und Aufzeichnung des verzehrten Streifenmusters mittels eines Detektors (Kamera) verstanden. Das Funktionsprinzip ist sehr ähnlich dem des Lichtschnittverfahrens. Zur schnelleren und genaueren Oberflächenvermessung werden jedoch gleichzeitig mehrere Streifenmuster in die Messszene projiziert. Zur eindeutigen Unterscheidung der Streifen sind sie kodiert.

Vor- und Nachteile der Streifenprojektion

Vorteile	Nachteile
Absolute Geometrievermessung	Bedingt für bewegte Objekte geeignet
für große Messobjekte geeignet	nicht für alle Oberflächen (diffus streuend)
Vermessung automatisierbar	Abschattungen vorhanden
einfacher Messaufbau	
kompakt (leicht transportabel)	
hohe Genauigkeit	
Texturerfassung möglich	
keine gefährliche Strahlung	

Messbereich/Messgenauigkeit der Streifenprojektion

Das Messvolumen kann durch Verwendung von verschiedenen Objektiven auf die jeweilige Messaufgabe angepasst werden und liegt zwischen 0,5 mm^3 und 4 m^3. Bei kleineren Messfeldern kann eine Genauigkeit von ca. 0,003 mm erreicht werden, wobei die maximal erreichbare Höhenauflösung bezogen auf die Abtastlänge bei 1:10 000 liegt. Durch einen scharfen Streifenübergang von schwarz nach weiß ist die Genauigkeit im Vergleich zum Lichtschnittverfahren deutlich höher.

Bei Digitalisierung von großen Prüflingen entstehen aufgrund von vielen Messpunkten hohe Datenmengen, wodurch die Anforderungen an den Messrechner und das Messprogramm enorm zunehmen, was auch letztendlich das maximale Messvolumen begrenzt.

Typische Anwendungen der Streifenprojektion

Die Streifenprojektionssysteme werden für 3D-Oberflächenerfassung eingesetzt. Die Einsatzmöglichkeiten sind äußerst vielfältig. Der Hauptanwendungsbereich ist die industrielle Vermessung von Werkzeugen (Formkontrolle) und Produkten (Soll-Ist-Vergleich). In Designprozessen und im Bereich von Reverse-Engineering-Aufgaben sind die Streifenprojektionsysteme nicht mehr wegzudenken. Im Medizinbereich (hauptsächlich Zahntechnik und Pathologie) ist die Verwendung von Streifenprojektionssensoren ebenfalls weit verbreitet. Abseits der klassischen Anwendungsfelder entstand in den letzten Jahren eine Vielzahl an neuen Messaufgaben. Zur dreidimensionalen Vermessung von Unfall- bzw. Tatorten ist dieses Verfahren gut geeignet. Im Bereich der Archäologie und Kunst werden die Messsysteme zur 3D-Erfassung und Dokumentation eingesetzt. Zur Anfertigung von Maßkleidungsstücken (Maßanzügen) oder Schuhen werden menschliche Körper dreidimensional vermessen.

Die meisten Messsysteme finden jedoch in der Automobil- und Flugzeugindustrie ihre Anwendung.
Zum Erreichen von hoher Flexibilität wurden in den letzten Jahren auch handgeführte Scanner nach dem Streifenprojektion-Prinzip entwickelt (Bild 3.1).

3.2 Beschreibung des Streifenprojektionverfahrens

Die Bestimmung der 3D-Messobjektoberfläche erfolgt über Triangulation. Die Grundlagen der Triangulation wurden bereits im Kapitel „Lichtschnitt" beschrieben, deswegen wird an dieser Stelle darauf verwiesen. Bei der Streifenprojektion werden im Gegensatz zum Lichtschnittverfahren jedoch viele Messlinien gleichzeitig in die Messszene projiziert und von der Kamera wahrgenommen (Bild 3.2).
Allgemein wird zwischen zeitlich und örtlich codierten Verfahren unterschieden.

3.2.1 Zeitlich codierte Verfahren

Sie zeichnen sich dadurch aus, dass sie eine Folge von Mustern verwenden, die nacheinander in die Messszene eingeblendet werden. Um die Anzahl der Muster zu begrenzen, bedient man sich einer binären Codierung der Streifenmuster.

Bild 3.1 Handgeführter Scanner (Go!SCAN 3D-Scanner) der Firma Creaform

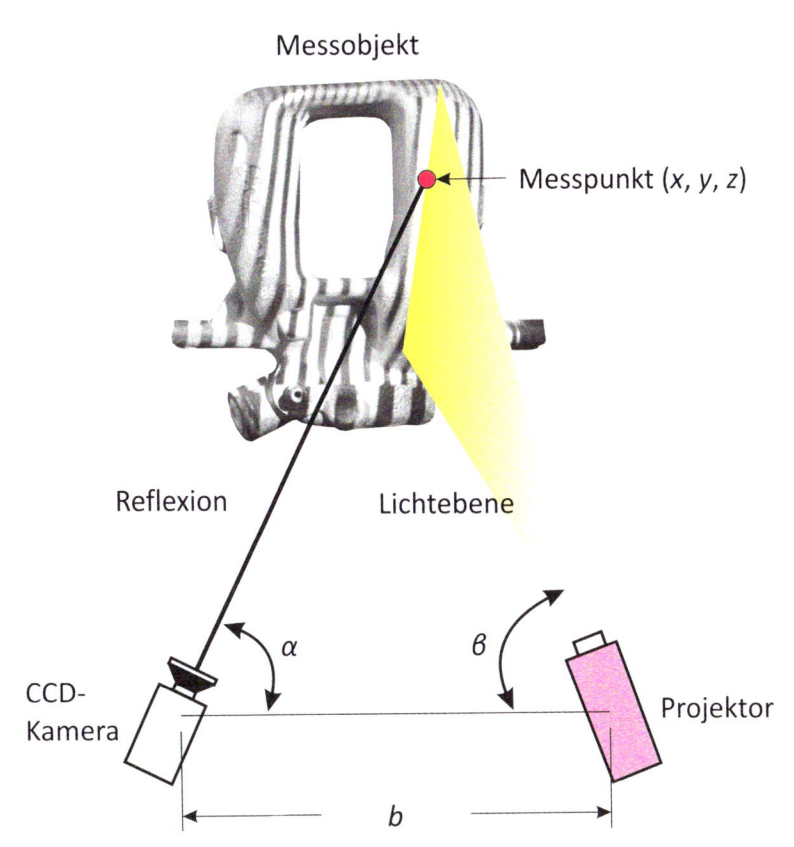

Bild 3.2 Messprinzip für die Streifenprojektion

3.2.2 Gray-Code

Besonders geeignet für 3D-Vermessungen ist der Gray-Code (Bild 3.3), da er besonders im industriellen Einsatz robust ist. Gray-Code ist so definiert, dass sich die benachbarten Codewörter genau in einem Bit unterscheiden. Außerdem wird die Breite der Streifen von Aufnahme zu Aufnahme verdoppelt, wodurch eine Analyse an steilen Objektorten wesentlich erleichtert wird. Die minimale Bit-Änderung zwischen benachbarten Codewörtern führt dazu, dass der eventuelle Fehler geringer als bei anderen Binärcodierungen ausfällt.

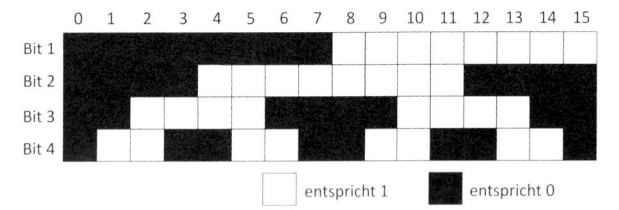

Bild 3.3 Gray-Code der Zahlen von 0 bis 15

Bild 3.4 zeigt die einzelnen Sequenzen des Gray-Codes, die in dargestellter Reihenfolge in der Praxis eingesetzt werden.

Eine Erweiterung um ein vollständig beleuchtetes und ein vollständig abgedunkeltes Bild erlaubt eine besonders einfache Klassifizierung der von der Kamera aufgenommenen Intensitäten in gültige und ungültige Messpunkte. Dadurch wird eine gewisse Unabhängigkeit von der Beschaffenheit der Messobjektoberfläche erreicht. Aus diesen beiden Aufnahmen kann die sogenannte Referenz-Grauwertfunktion $g(x,y)$ ermittelt werden. Die aus den anderen Aufnahmen erhaltenen Grauwertfunktionen $a(x,y)$ können wie folgt ausgewertet werden:

$$a(x,y) = \begin{cases} 1, \text{ falls } a(x,y) \geq g(x,y) + \text{Schwellenwert} \\ 0, \text{ falls } a(x,y) < g(x,y) + \text{Schwellenwert} \end{cases}$$

3.2.3 Phasen-codierte Verfahren

Eine weitere effiziente Möglichkeit zur Codierung von projizierten Mustern stellen die phasencodierten Verfahren dar (Bild 3.5). Phasenmessende Verfahren gewinnen die Informationen über die 3D-Oberflächenform des Messobjektes direkt aus den abgebildeten Intensitätswerten. Dabei wird das sinusförmige Streifenmuster als Interferogramm (sinusförmiger Graustufenverlauf) in die Messszene projiziert.

Für die Intensitätswerte I_i einer Streifenprojektion gilt:

$$I_i(x,y) = I_0 \cdot \left(1 + \gamma(x,y) \cdot \cos\left(\varphi(x,y) + i \cdot \Delta\varphi\right)\right)$$

mit
I_0 - Hintergrundintensität
$\gamma(x,y)$ - Streifenmodulation
$\varphi(x,y)$ - Gesuchter Phasenwert
$\Delta\varphi$ - Phasendifferenz

Bild 3.4 Codierungen (Gray-Code) erweitert um eine vollständig beleuchtete und eine vollständig abgedunkelte Sequenz

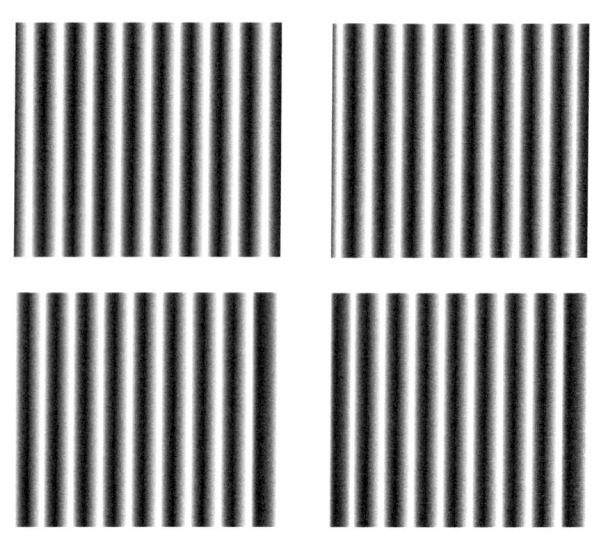

Bild 3.5 Intensitäten der Phasenschiebung, die in vier Schritten erfolgt

Die letzte Formel enthält die drei Unbekannten: Hintergrundintensität I_0, Streifenmodulation $\gamma(x,y)$ und Phasenwert $\varphi(x,y)$. Folglich werden mindestens drei Gleichungen benötigt, um die gesuchte Information (Phasenwert $\varphi(x,y)$) bestimmen zu können. Die drei Gleichungen können durch n-maliges Verschieben des Musters um einen bestimmten Phasenwert gewonnen werden.

$$\Delta\varphi = (n-1)\varphi_0$$

mit $n = 1,\ldots,m$ wobei $m \geq 3$

$$\varphi_0 = \frac{2\pi}{m}$$

Besonders einfach wird die Gleichung zur Bestimmung der Phaseninformation, wenn eine Phasenschiebungen von $m = 4$ mit $\Delta\varphi = \pi/2$ vorgenommen wird.

$$\varphi(x,y) = \arctan\frac{I_2(x,y) - I_4(x,y)}{I_3(x,y) - I_1(x,y)}$$

Die *arctan*-Funktion liefert lediglich im Bereich $-\pi\ldots+\pi$ eindeutige Ergebnisse, ansonsten muss das Problem der Korrespondenzfindung gelöst werden. Aus diesem Grund werden phasencodierte Verfahren in Verbindung mit anderen codierten Verfahren, wie z. B. Gray-Code-Verfahren, kombiniert.

Phasencodierte Verfahren liefern im Vergleich zu zeitlich codierten Verfahren höhere Genauigkeit und Auflösung. Für dynamische Messszenen ist dieses Verfahren jedoch weniger geeignet, da eine Reihe von Mustern verwendet wird.

3.2.4 Frequenzcodierte Verfahren

Weitere Möglichkeiten der Codierung stellen die sogenannten frequenzcodierten Verfahren dar. Frequenzcodierung der Lichtstrahlen erfolgt direkt durch die Farbe der einzelnen Streifen, wobei jedem Streifen eine Farbe zugewiesen wird (Bild 3.6).

Um dieses Verfahren der Streifencodierung erfolgreich anwenden zu können, müssen einige Einschränkungen berücksichtigt werden. Lichtverhältnisse während der Messung dürfen sich nicht ändern, deswegen werden Muster mittels einer Blitzlichtquelle projiziert, um einen möglichst hohen Kontrast zu erreichen und Umgebungseinflüsse zu minimieren. Die Farbe der Messobjektoberfläche muss möglichst gleich sein und der Farbe der Kalibrierflächen entsprechen (Azad 2003). Eine Verbesserung ist durch eine Division der RGB-Werte eines bei Umgebungslicht ohne Muster aufgenommenen Bildes zu erzielen.

Bild 3.6 Beispiel für eine Frequenzcodierung von Streifen

Der größte Vorteil dieses Codierverfahrens ist die Möglichkeit der Verwendung eines einzelnen Musters, wodurch eine sehr kurze Zeitdauer für die Projektion und Aufnahme benötigt wird. Dynamische Messszenen stellen folglich kein Problem mehr dar. Für höhere Genauigkeit müssen dichte Streifenmuster verwendet werden, wobei die Unterscheidbarkeit der einzelnen Streifen verschlechtert wird.

Basierend auf den genannten Vorteilen und der relativ einfachen Auswertung der Aufnahmen ist ersichtlich, dass auch handgeführte Systeme mithilfe dieses Verfahrens realisiert werden können.

3.2.5 Örtlich codierte Verfahren

Bei diesem Codierverfahren wird die Herkunft eines Bildpunktes durch seine codierte Umgebung eindeutig beschrieben, wobei es viele verschiedene Codes gibt. Eine Möglichkeit ist die Verwendung von farblich codierten Streifen, wobei die Position eines Streifens durch die Codierung der umgebenden Streifen eindeutig lokalisiert werden kann. Durch schwarze Sepa-

3 Streifenprojektion

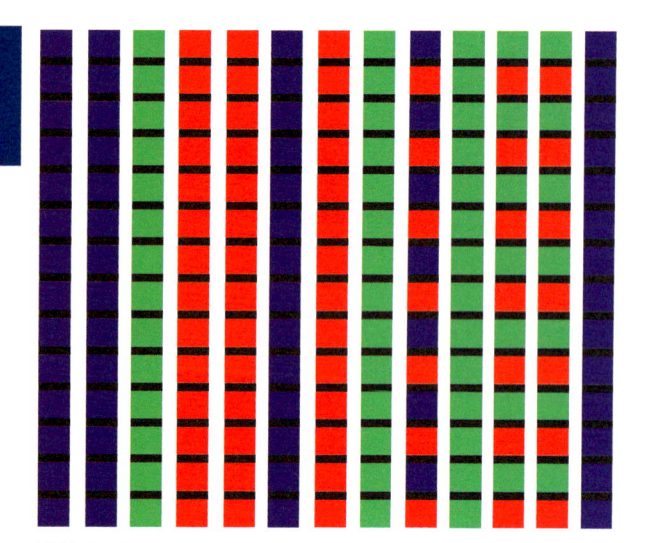

Bild 3.7 Beispiel für örtliche Codierung von Streifen

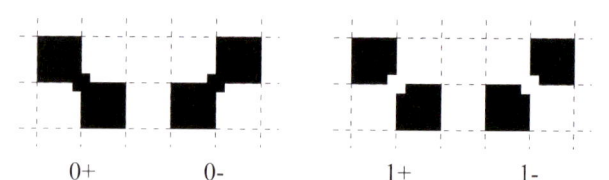

Bild 3.9 Vier mögliche Grundmuster nach Vuylske und Oosterlinck (Gockel 2006)

raturen sind die Streifen in codierte Kästchen unterteilt (Bild 3.7).

Die Herkunft der weißen Streifen ist somit durch die benachbarten zwei aufeinander folgenden Kästchen bestimmbar. Bei Verwendung von Basisfarben (rot, grün, blau und schwarz als Separator) ergeben sich sechs Farbcodes (*rr, gg, bb, gr, gb, rb,* da *gr=rg, gb=bg* und *rb=br*). Es können folglich $6^2 = 36$ Streifen decodiert werden.

Wie bereits bei der Frequenzcodierung erwähnt, hat die Verwendung von Farben den Nachteil, dass farbliche Oberfläche der Messobjekte sich schlecht vermessen lassen. Bohrungen und andere Unstetigkeit führen dazu, dass die benachbarten Kästchen nicht erkannt werden und somit das Problem der Zuordnung nicht gelöst werden kann. Um diesen Nachteil zu beseitigen, kann ein binäres Muster verwendet werden. Das bekannteste Muster wurde von den Autoren Vuylske und Oosterlinck entwickelt (Bild 3.8).

Das verwendete Muster ist auf ein Schachbrettmuster zurückzuführen, wobei die Ecken durch kleinere Kästchen nochmals codiert sind (Bild 3.9).

Mit diesem Muster ist es möglich, durch Auswertung einer 3 × 2 Matrix eine eindeutige Zuordnung zu realisieren.

3.2.6 Sonstige Codierverfahren

Zusätzlich zu den genannten Codierverfahren existiert eine Vielzahl an alternativen Vorgehensweisen, die der Vollständigkeit halber hier erwähnt werden. Im praktischen Einsatz spielen sie jedoch eine eher untergeordnete Rolle.
- Örtliche Codierung über ein Rauschmuster
- Gitterprojektionsverfahren
- Verfahren nach Maruyama und Abe.

Eine gute Übersicht aller Verfahren ist in folgenden Büchern enthalten: (Salvi 1997, Salvi 2004, Horn 1997).

3.2.7 Vergleich der Codierverfahren

Abschließend soll an dieser Stelle ein direkter Vergleich der vorgestellten Codierverfahren anhand folgender Kriterien erfolgen:
- Robustheit gegenüber der Oberflächenbeschaffenheit

Sind die Messergebnisse von der Beschaffenheit der Messobjektoberfläche stark abhängig werden sie als mit „sehr gering" bewertet.
- Genauigkeit und Auflösung

Hier wird die prinzipiell erreichbare Genauigkeit bewertet.
- Robustheit bei bewegten Objekten

Ist die Vermessung von bewegten Messobjekten nicht

Bild 3.8
Das von Vuylske und Oosterlinck entwickelte Projektionsmuster (Gockel 2006)

Tabelle 3.1 Direkter Vergleich verschiedener Codierverfahren

Verfahren	Robustheit gegenüber Oberflächenbeschaffenheit	Genauigkeit und Auflösung	Robustheit bei bewegten Objekten	Aufwand für Decodierung	Aufwand für Messsystemaufbau
Gray-Code	hoch	hoch	gering	gering	mittel
Phasencodierte Verfahren	hoch	sehr hoch	gering	mittel	mittel
Gray-Code + Phasenshift	hoch	sehr hoch	sehr gering	mittel	hoch
Frequenzcodierte Verfahren	sehr gering	hoch	hoch	gering	mittel
Örtlichcodierte Verfahren	gering	mittel	hoch	mittel	mittel

möglich, wird das Codierverfahren als „sehr gering" eingestuft.
- Aufwand für die Decodierung

An dieser Stelle erfolgt eine vergleichende Bewertung des Zeit- und Rechenaufwands für Decodierung der aufgenommenen Informationen und Umrechnung in 3D-Koordinaten.
- Aufwand für den Messsystemaufbau

Die Komplexität des Geräteaufbaus in Abhängigkeit des verwendeten Codierverfahrens spielt eine wesentliche Rolle bei der Wahl eines Messsystems und wird deshalb in den Vergleich aufgenommen. Wobei kein „einfaches" industrietaugliches Messsystem existiert.

3.2.8 Streifenprojektionstechniken

Die Qualität der projizierten Strukturen hat einen entscheidenden Einfluss auf die Genauigkeit einer Messung. Mithilfe von Projektoren, die pixelweise angesteuert werden, können relativ günstig, genaue Streifenmuster generiert werden. Die Unterscheidung erfolgt anhand der verwendeten Mikrodisplays. Zu den wichtigsten Techniken sind folgende zu zählen:
- LCoS (Liquid Crystal on Silicon)
- Durchlicht-LCD (Liquid Display)
- DLP/DMD (Digital Light Processing, Digital Mirror Device).

Zu den einfachsten Systemen sind die Durchlicht-LCDs zu zählen. Flüssigkristallprojektoren funktionieren wie Diaprojektoren. Anstelle von Dias werden transparente Flüssigkristallelemente eingesetzt, die pixelweise elektrisch angesteuert werden können. Die recht hohe Erwärmung der Projektoren dieses Typs führt zur Ausdehnung von Komponenten, wodurch die erreichbare Genauigkeit herabgesetzt wird.

Im Vergleich zu den Flüssigkristallprojektoren, die durchstrahlt werden, arbeitet die DLP-Technik mit Lichtreflexion. Es werden Tausende von Mikrospiegeln auf einer Platine angebracht, die einzeln angesteuert werden können. Die Mikrospiegel lassen sich in zwei Positionen verstellen (an und aus). Dadurch wird das Licht entweder in Richtung des Messobjektes projiziert oder nicht. Das hat zur Folge, dass verschiedene Lichtintensitäten durch schnelles Verstellen (bis zu 5000 Mal pro Sekunde) der Spiegel realisiert werden können. Die DLP-Technik ist somit grundsätzlich für Schwarz-Weiß-Bilder geeignet. Um auch Farbbilder erzeugen zu können, wird bei preiswerten Systemen (unter 20 000 €) zwischen Lichtquelle und Spiegel ein schnell rotierendes Farbrad eingesetzt. Mit DLP-Projektoren ist ein hoher Kontrast erzielbar.

Bei der LCoS-Technik kommen, wie bei Durchlicht-LCDs, ebenfalls Flüssigkristallpanele zum Einsatz, wobei hinter den Kristallen sich ein Spiegel befindet. Durch Anlegen einer Spannung kann das Licht polarisiert werden, wodurch das Licht auf einen Absorber oder auf das Messobjekt projiziert wird. Die LCoS-Technik ermöglicht eine Erzeugung von scharfen Bildern bei kompakter Bauweise.

3.2.9 Zweikamerasysteme

Bei allen Beschreibungen sind wir bisher von einem System mit einer Kamera ausgegangen. Industriell werden aber auch Streifenprojektionsmessgeräte nach Stereokameraprinzip eingesetzt. Die bereits vorgestellten Grundlagen haben ihre Gültigkeit für beide Ausführungen. Die Verwendung von zwei Kameras bringt sowohl Vor- als auch Nachteile mit sich.

Aufgrund des komplexeren Aufbaus sind solche Systeme teurer. Auch die Synchronisierung der beiden Kamerasysteme ist aufwendiger.

Zu den Vorteilen ist im Allgemeinen die etwas höhere Genauigkeit zu zählen, da der Projektor nicht unbedingt in die Berechnung der 3D-Messobjektkoordinaten einbezogen wird. Das Triangulationsdreieck wird zwischen den beiden Detektoren aufgespannt. Dadurch kann z. B. die thermische Ausdehnung ausgeglichen werden, sodass keine Kalibrierung nach einem Temperaturwechsel durchgeführt werden muss. Der Projektor wird lediglich dazu eingesetzt, das Messobjekt mit codierten Streifenmustern auszuleuchten.

3.2.10 Vermessung von Kleinstrukturen bzw. kleinen Objekten

Zur Digitalisierung von kleinen Messobjekten bzw. von kleinen Strukturen auf einem größeren Messobjekt bedarf es einer höheren Auflösung. Die Messgenauigkeit ist jedoch von vielen Faktoren abhängig (Auflösung der Kamera, Triangulationswinkel, Güte und Art der Streifencodierung, Messobjektabstand/Messvolumen usw.). Aus diesem Grund bieten viele Messsystemhersteller auswechselbare Optiken z. B. Objektive an, um das Messvolumen und somit auch die Auflösung an die jeweilige Größe des Messobjektes anzupassen.

Von dem verwendeten Messvolumen hängt der kleinstmögliche Abstand zwischen zwei Messpunkten ab. Zwischen zwei Messpunkten bei einer Kameraauflösung von 5 Megapixel und einer Messfläche von $500 \times 500 \times 500$ mm^2 ergibt sich ein Messpunktabstand von ca. 0,05 mm. Dieser Wert darf jedoch mit der Genauigkeit nicht verwechselt werden, da die tatsächliche Messgenauigkeit im Subpixelbereich liegt. Es ist ersichtlich, dass zum Erreichen einer höheren Genauigkeit bzw. zum Vermessen von sehr kleinen Oberflächendetails ein kleineres Messfeld zu verwenden ist. Es werden jedoch mehr Aufnahmen zum Digitalisieren einer gleichgroßen Fläche benötigt. Deswegen muss je nach Anwendungsfall ein Kompromiss eingegangen werden.

Vermessung von nicht kooperativen Oberflächen

Spiegelnde Oberflächen, wie z. B. blanke Metalle, reflektieren die codierten Streifenmuster gerichtet, sodass diese von der Kamera zum Teil oder gar nicht wahrgenommen werden. Das führt zu Lücken in der Punktewolke und einer verminderten Messgenauigkeit.

Eine Abhilfe kann durch Aufbringen von Beschichtungen erreicht werden. Im Idealfall wird eine möglichst dünne und gleichmäßige Schicht mithilfe einer Spraydose aufgetragen. Dadurch ist es möglich, auch nicht kooperative Oberflächen mit hoher Genauigkeit zu vermessen. Diese Vorgehensweise ist auch für lichtabsorbierende Texturen zu empfehlen.

3.3 Kalibrierung bei der Streifenprojektion

Wie bei dem Lichtschnittverfahren müssen auch bei Messgeräten, die mit codierten Lichtmustern arbeiten, die freien Parameter der geometrischen Anordnung der Messapparatur experimentell bestimmt werden.

Die Kalibrierung erfolgt in drei Schritten (Wiora 2001):
- Radiometrische Kalibrierung der Kamera
- geometrische Kamerakalibrierung
- geometrische Systemkalibrierung.

Zunächst werden mithilfe der radiometrischen Kalibrierung die Eigenschaften der Kamera bestimmt. Im nächsten Schritt erfolgt mithilfe der Photogrammetrie eine geometrische Kalibrierung der Kamera und des Messsystems (Wiora 2001).

Als Hilfsmittel werden meistens Kalibrierplatten oder Einmesskörper mit bekannter Geometrie eingesetzt, die aus verschiedenen Richtungen aufgenommen werden.

3.4 Anwendungsbeispiele der Streifenprojektion

Die optische 3D-Koordinatenmesstechnik erfasst die gesamte Bauteilgeometrie in einer hochauflösenden Punktewolke, anstatt nur einzelne Punkte anzutasten. Die gewonnenen Messdaten finden Einsatz im Bereich Flächenrückführung (Reverse Engineering/Morphing), als korrekte Eingabewerte für numerische Simulationsprozesse (CAE), im Werkzeugbau und der Werkzeugeinarbeitung (CAD/CAM), bei der Erstmusterprüfung und der fertigungsbegleitenden Qualitätssicherung (CAQ) sowie bei der Prozesskontrolle (PFU).

Der Einsatz von 3D-Scannern führt – neben der Blechumformung – auch in anderen Fertigungsverfahren, wie der Gießerei- und Massivumformung, der Spritzgusstechnik etc., zu kürzeren Produkteinführungszeiten, schnellerer Ursachenforschung, zielführender Werkzeugkorrektur sowie zu weniger Ausschuss und Nacharbeitszeit.

Wie sieht die Praxis für den Anwender aus?

Der Ansatz beim optischen Messen ist im Vergleich zur taktilen Messtechnik ein anderer: Zuerst werden alle Bereiche, die vermessen werden sollen, gescannt, im Idealfall das gesamte Objekt. Dafür werden, vergleichbar eines Panoramafotos, die einzelnen Bildaufnahmen über sogenannte Überlappbereiche (in beiden Bildern erfasste, markante Regionen) aneinander gereiht. Diesen Vorgang nennt man „Matchen".

Die Einzelscans können auch über aufgeklebte Marken (Punkte) gematched werden. Dies hängt von der vorliegenden Applikation und vom System ab. Manche Systeme benötigen zwingend immer Marken für das richtige Matching, andere nicht. Wenn alle zu prüfenden Regionen erfasst sind, wird die so erzeugte Punktewolke zum sogenannten Dreiecksnetz (STL oder Mesh) gerechnet.

Dieses Format ist das einfachste Flächenformat – ist aber nicht zu verwechseln mit einem modellierten CAD-Datensatz, der parametrisiert ist. Dieses STL-Modell kann dann im Folgenden für den Soll-Ist-Vergleich über das CAD-File herangezogen werden. Mit dem gescannten Datensatz geht es in die messtechnische Auswertung, indem man STL und CAD zueinander nach Zeichnungs- oder Kundenvorgabe ausrichtet und die gewünschten Features (z. B. Bohrungen, Flächenbereiche, Kanten, Kegel usw.) nach Form sowie Lage auswertet und ein PDF-Protokoll erzeugt (Steinbichler GmbH).

3.4.1 Systemlösung ATOS (GOM GmbH): Vollflächige Geometriemessung

ATOS Triple Scan (Bild 3.10) basiert auf dem Triangulationsprinzip. Dabei wird ein Streifenmuster auf das zu messende Bauteil projiziert, das von zwei Kameras aufgenommen wird. Für jeden Kamerapixel ermittelt die ATOS-Software mittels digitaler Bildverarbeitung 3D-Messpunkte in wenigen Sekunden mit höchster Präzision (Reich 2000), (Winter 1999).

Im Vergleich zu herkömmlichen Streifenprojektionsverfahren nutzt ATOS Triple Scan dabei alle drei Betrachtungswinkel des Stereokamerasystems und des Projektors (α^1, α^2 und α^3, Bild 3.10, links). Dabei kommt auch eine neue Projektionstechnik mit „Blue Light Technology" zum Einsatz, die den Sensor noch unabhängiger von äußeren Lichteinflüssen macht. Kameras, Projektor und Controller sind beim ATOS Triple Scan in einem robusten Gehäuse integriert. Der aus stoßfestem

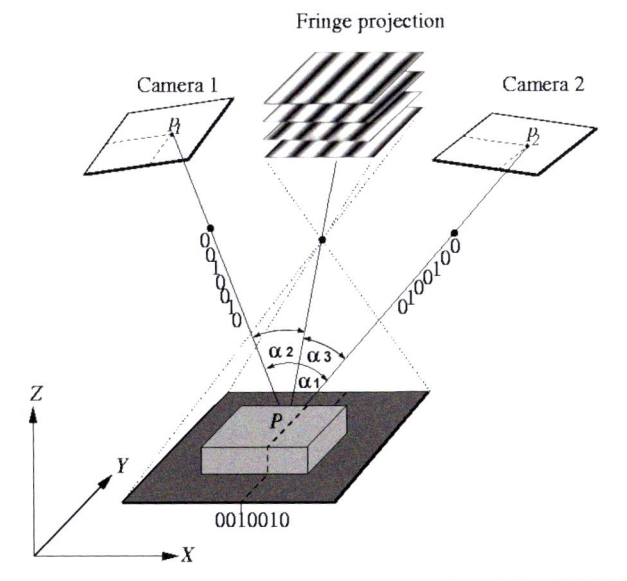

Bild 3.10 Messprinzip: Streifenprojektion und Triangulation; ATOS Triple Scan (mit freundlicher Genehmigung der GOM GmbH)

CFK gefertigte Sensorkopf ist speziell für die hohen Beanspruchungen im industriellen Umfeld entwickelt worden. Bei Bedarf kann der Anwender das System jederzeit selbst innerhalb weniger Minuten kalibrieren. Mittels spezieller Prüfkörper kann außerdem eine Systemabnahme gemäß der VDI/VDE-Richtlinie 2634 erfolgen.

Durch variable Messfeldgrößen von 30 × 30 mm³ bis 2 × 2 m³ können mit dem ATOS Triple Scan kleinste Details an wenigen Zentimeter großen Teilen ebenso einfach gemessen und geprüft werden wie bis zu über 50 m große Bauteile der Schwerindustrie. Das mobile System kann problemlos zum Messobjekt vor Ort transportiert werden. Zur kompletten Bauteilerfassung werden Einzelmessungen aus verschiedenen Richtungen aufgenommen. Dazu kann der Sensor manuell von einem Anwender frei vor dem Bauteil positioniert werden. Typischerweise kann die Messung eines Pkws von nur einer Person in weniger als zwei Stunden durchgeführt werden. Die Messdatenerfassung kann aber auch automatisiert werden – bis hin zur Integration in Robotermesszellen (Bild 3.11).

Für die Überführung der Einzelmessungen in ein gemeinsames Objektkoordinatensystem bietet das ATOS-Triple-Scan-System zwei verschiedene Strategien. Die Transformation kann entweder mittels zuvor aufgebrachter Referenzmarken oder aber geometriebasiert und konturabhängig erfolgen (ohne Referenzpunkte). In beiden Fällen läuft die Transformation automatisch sofort nach jeder Messung und ohne Eingriff des Benutzers ab.

Dabei überprüft die Software bei jeder Messung permanent Kalibrierung, Sensorbewegung und Umgebungsänderung. Auf diese Weise können Benutzerfehler und Messartefakte bei der laufenden Messdatenerfassung ausgeschlossen werden.

Sind alle erforderlichen Flächen des Bauteiles erfasst, werden alle Einzelmessungen in der Software „polygonisiert", d.h. Überlappungsbereiche und redundante Daten werden automatisch eliminiert. Das Ergebnis ist eine saubere und detaillierte Punktewolke bzw. Dreiecksmaschennetz (STL-Netz), die sofort für Folgeprozesse wie Flächenrückführung, CNC-Fräsen, Rapid Prototyping oder Soll-/Ist-Vergleich zu CAD zur Verfügung steht. Eine Folgebearbeitung der Messdaten bis hin zur kompletten Form- und Maßkontrolle (Inspektion) erfolgt in der GOM-Inspektionssoftware. Die Ergebnisse können sowohl grafisch dargestellt sowie in Tabellenform oder in frei verfügbaren 3D-Viewern ausgegeben werden.

Form- und Maßkontrolle an einem Blechbauteil

Untersucht werden sollten Geometrie und Maße eines Blechteils einer Automobil-Heckklappe (Bild 3.12). Zum Einsatz kam ein ATOS-Triple-Scan-System mit einem Messfeld von 700 × 500 mm².

Zur sicheren Geometrieerfassung wurde das Blechteil in einer Aufnahme fixiert, die es in Einbaulage im Bezug zum Fahrzeugkoordinatensystem versetzt. Zur Messung aller im Messplan enthaltenen Inspektionsmerkmale (ca. 100 Flächenpunkte, Randpunkte und Lochmuster) werden typischerweise 14 Einzelmessungen aus verschiedenen Richtungen benötigt. In einem automatisierten robotergestützten Prozess (Bild 3.12) erforderte diese Messung weniger als drei Minuten. Nach der anschließenden Weiterverarbeitung der Messdaten in der GOM-Inspect-Professional-Software standen umgehend eine flächenhafte Beschreibung der

Bild 3.11 ATOS Triple Scan ist ein Messsystem für den mobilen, stationären oder automatisierten Einsatz zur Messung kleiner und großer Bauteile (mit freundlicher Genehmigung der GOM GmbH).

Bild 3.12
Blechteil einer Heckklappe; manuelle und automatische Bauteilmessung in einer robotergestützten Messzelle (mit freundlicher Genehmigung der GOM GmbH)

Bauteilgeometrie in Form eines STL-Datensatzes sowie das Lochmuster und die Berandungskurven bereit. Aufgrund der flächenhaften Messdaten kann jede beliebige Stelle am Bauteil inspiziert werden (Bild 3.13). Die farbige Darstellung der Abweichung bietet eine übersichtliche und anschauliche Ergebnisbetrachtung und reduziert die Zeit bei der Bauteilanalyse.
Zusätzlich können Messpläne in allen gängigen Formaten in der Auswertung berücksichtigt werden und mit den Messdaten verglichen werden (Bild 3.13). Flächenpunkte, Beschnitt und Aufsprung sowie Lochmuster werden nach gängigen Vorgaben ausgewertet und als Tabelle oder in allen gängigen Exportformaten (BMW-Mess out, Audi-Plan, DMIS, Quirl, CM4D, Q-DAS, GOM Inspection format XML) bereitgestellt.

Anwendungen vom Werkzeugbau bis zur produktionsnahen Qualitätskontrolle

Im Werkzeugbau hat die optische 3D-Geometriemessung mit ATOS schon vor mehr als 10 Jahren Einzug gehalten. Typische Anwendungen sind u. a.: Digitalisierung von Werkzeugrohlingen zur Unterstützung des

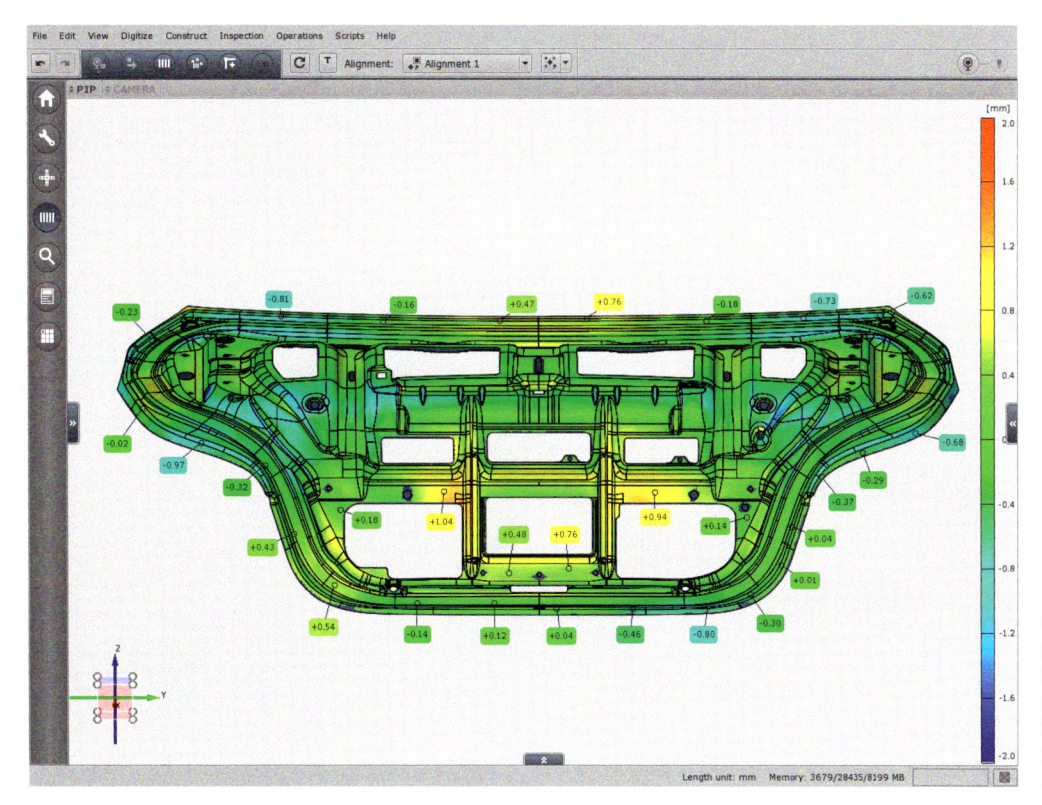

Bild 3.13
ATOS, flächenhafter Soll-Ist-Vergleich mit einzelnen Messfähnchen (mit freundlicher Genehmigung der GOM GmbH)

Schruppprozesses. Ist die Rohlingsgeometrie in der Programmierung des Schruppens bekannt, so kann der Prozess stark optimiert werden. Es kann sofort beurteilt werden, ob der Rohling das notwendige Aufmaß aufweist und die Bearbeitung des Aufmaßes kann sofort beim Schruppen beginnen, sodass der Prozess mannlos erfolgen kann.

Digitalisierung von Werkzeugen nach dem Einarbeitungsprozess

Die Einarbeitung von Werkzeugen hat in der Regel eine Veränderung der Geometrie zur Folge. Werden diese digitalisiert, so liegt der aktuelle Stand vor und kann für weitere Anfertigungen des Werkzeugs sowie für das Einpflegen in die CAD-Daten genutzt werden. Ebenfalls stehen die Daten zu Simulationszwecken zur Verfügung.

Ermittlung von Verschleiß

Der Vergleich der aktuellen 3D-Geometrie von Werkzeugen nach dem Einarbeitungsprozess ermöglicht eine schnelle und einfache Beurteilung des Werkzeugverschleißes.

Neben der 3D-Geometriemessung von Werkzeugen mit ATOS gewinnt die Messung von Einzelblechen und Zusammenbauten wie Klappen und Rohkarossen zunehmend an Bedeutung (Galanulis 2010). Typische Anwendungen sind hier u. a. die Erstbemusterung von Bauteilen zu Analysezwecken. Vorrangig geht es um die Messung gemäß der vorliegenden Messpläne. Hier kann mittlerweile die Messung mit ATOS vergleichbar schnell wie auf einer CNC-Koordinatenmessmaschine erfolgen, jedoch liefert ATOS zusätzlich die flächenhafte Information der Abweichungen am Bauteil, die für jedermann leicht verständlich und zugänglich ist. Bereiche, die der Messplan nicht berücksichtigt, sind ebenfalls Teil der Messung und können jederzeit analysiert werden, ohne das Bauteil erneut zu messen.

Analyse in der Produktion

Mit dem ATOS-System können schnell und sehr flexibel Bauteile aus der Produktion gemessen werden. Durch die einfache Visualisierung können zeitnah Fehlerquellen aufgedeckt und Gegenmaßnahmen getroffen werden.

Produktionsbegleitende Inspektion von Bauteilen

Durch die neuesten Entwicklungen bei der automatisierten Messung mit ATOS können Bauteile wie Tü-

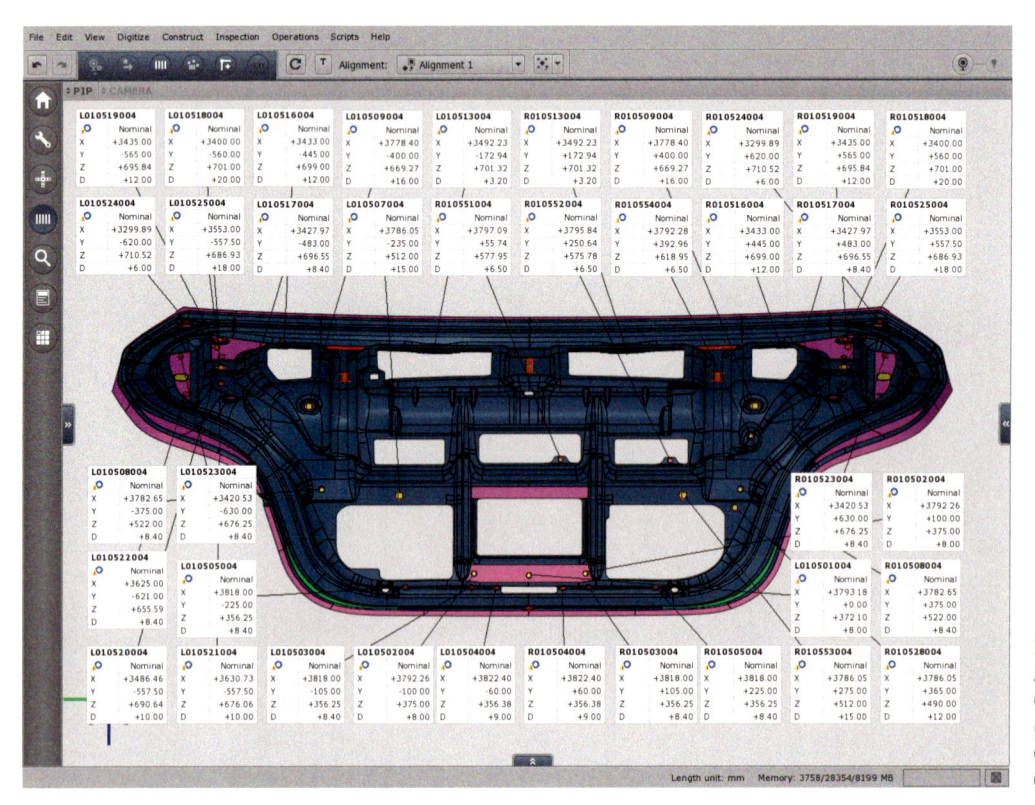

Bild 3.14
ATOS, Messplan in GOM-Software (mit freundlicher Genehmigung der GOM GmbH)

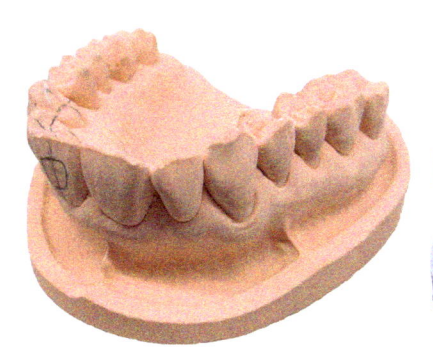

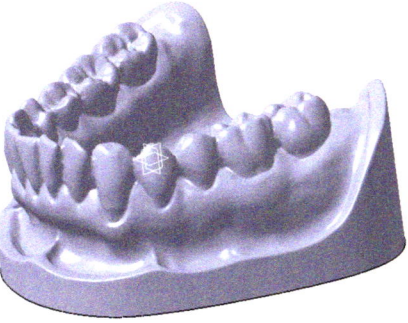

Bild 3.15
Abdruck eines menschlichen Gebisses (links), digitales Modell des Gebisses (rechts)

ren und Klappen stichprobenartig in der Produktion inspiziert werden. Auch hier steht die Inspektion der Bauteile gemäß eines Messplans im Vordergrund (Bild 3.14). Der signifikante Vorteil liegt allerdings darin, dass analysefähige Messdaten in einem Zeitrahmen von wenigen Minuten vorliegen. Auf eine zusätzliche Analysemessung kann bei Problemen verzichtet werden, sodass Gegenmaßnahmen in kürzester Zeit erfolgen können.

3.4.2 3D Digitalisierung eines Gebissabdrucks

Auch in der Medizintechnik sind die optischen Messsysteme seit Jahren vertreten. Im Bereich der Zahnmedizin wird bereits seit einigen Jahren die Streifenprojektion bei ärztlicher Beratung und Planung verwendet. Nach dem Vermessen des Gebisses kann die Funktion am virtuellen Modell geprüft werden. Der Einsatz von Prothesen wird bereits vor der Operation vorbereitet und simuliert, wodurch eine bessere Passgenauigkeit bei geringerem Zeitaufwand während der Operation erreicht werden kann.

Die nach dem Vermessen im Netz vorhandenen Lücken müssen entweder manuell oder automatisch geschlossen werden (Bild 3.16). Die Lücken entstehen meistens aufgrund von Abschattungen oder Spiegelungen. Die kommerziellen Programme sind in der Lage, basierend auf der Lückenumgebung die Löcher tangentenstetig zu schließen, sodass auf den ersten Blick kein Unterschied zwischen dem gefüllten Bereich und unmittelbarer Umgebung zu erkennen ist.

Zur Reduzierung der Datenmenge ist es in vielen Fällen sinnvoll, das aufgenommene Netz zu dezimieren (Bild 3.17). Auch das ist für moderne Programme kein Problem. Eine Netzreduzierung ist mit Informationsverlusten verbunden, wodurch die Genauigkeit und die Detailtreue herabgesetzt werden. Deswegen ist von dem Benutzer je nach Anwendungsfall ein Kompromiss einzugehen. Das dezimierte Netz eignet sich z. B. wegen den geringeren Rechenanforderungen besser zur weiteren Bearbeitung (Bild 3.15).

Bild 3.16 Vergleich von zwei Punktewolken, direkt nach dem Vermessen (links) und bearbeitet (rechts)

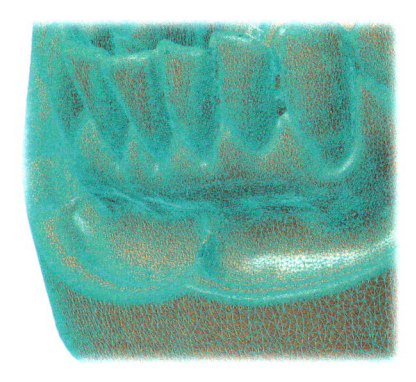

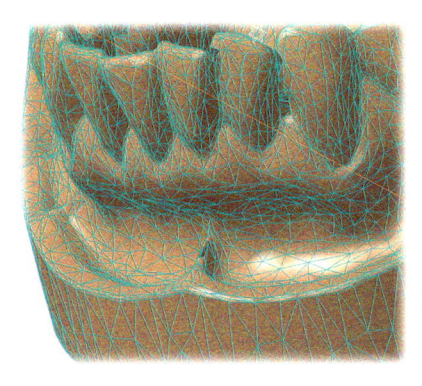

Bild 3.17
Das Netz nach der Vermessung (links) und nach der Netzdezimierung (rechts)

Bild 3.18
Fahrzeuge vor (obere Fotos) und nach (untere Fotos) der Kollision

Nachdem die Lücken geschlossen und alle notwendigen Anpassungen vorgenommen wurden, kann aus dem Netz eine Fläche und später ein Solid generiert werden (Bild 3.15 rechte Seite). Das Solid ist beliebig anzupassen und steht für Simulationen und Berechnungen zur Verfügung.

3.4.3 Schadensanalyse bei Pkw-Pkw-Kollisionen

In diesem Anwendungsbeispiel geht es um die Fragestellung, ob mithilfe von topometrischen Messgeräten eine Schadensanalyse bei Pkw-Pkw-Kollisionen möglich ist. Zur Vorbereitung wurden zwei Fahrzeuge zur Kollision gebracht (Bild 3.18).

Neben der Oberflächenerfassung werden digitale Fotos der Kollisionspartner aufgenommen, um den Kontaktstellen ein realistisches Aussehen zu verleihen. Nach der Vermessung wird die aufgenommene Punktewolke in eine Fläche und anschließend in ein Solid überführt. Zur dreidimensionalen, digitalen Verknüpfung der Kontaktspuren werden die CAD-Daten in ein Programm eingeladen. Beide Körper sind nun beliebig zueinander positionierbar.

Zur Verknüpfung der Kollisionsspuren der beiden Kollisionspartner werden sie so positioniert, wie sie sich während des möglichen Aufpralls zueinander befanden. Die Positionierung erfolgt dreidimensional, was beim aktuell verwendeten Analyseverfahren nicht möglich ist. Durch die gewonnene Dreidimensionalität wird eine Unterscheidung von Altschäden erst ermöglicht (Bild 3.19). Es ergeben sich folgende Vorteile bei Verwendung der topometrischen Messverfahren zur Schadensanalyse:

- Genauere Positionierung der Kollisionspartner
- Hilfsansichten verfügbar (Schnittdarstellungen, Draufsicht)
- schwer erfassbare Schäden gut visualisierbar

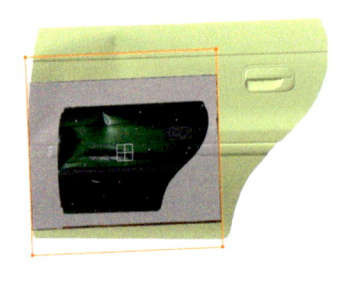

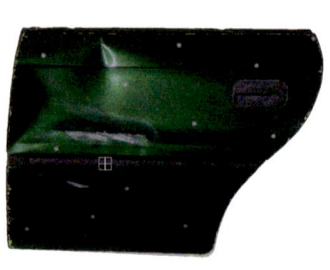

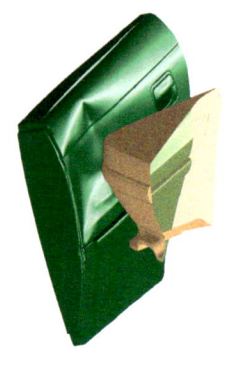

Bild 3.19
Oberfläche der Fahrzeugtür vor (links) und nach (in der Mitte) der Texturierung, dreidimensionale Positionierung der beiden Kollisionspartner (rechts)

- dreidimensionaler Datensatz
- bessere Anschaulichkeit der Ergebnisse.

Eine Vermessung von Beschädigungen mit direkter Ausgabe der Ergebnisse ist ebenfalls möglich. Quantitative Ergebnisse werden direkt auf die Messobjektoberfläche projiziert (Bild 3.20).

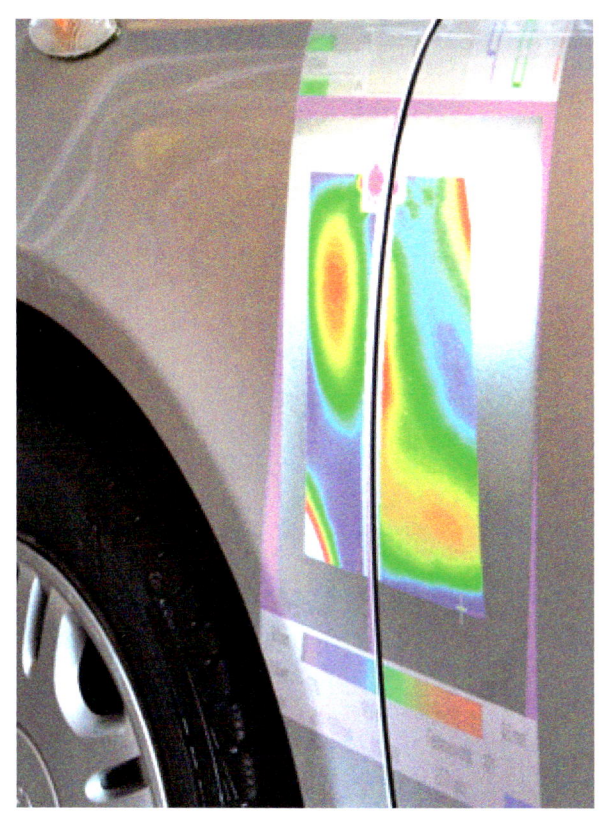

Bild 3.20 3D-Vermessung der beschädigten Stelle mit Ausgabe der Ergebnisse auf die Messobjektoberfläche (mit freundlicher Genehmigung von 8tree Company)

3.4.4 Fahrzeuginnenraumvermessung

Für eine bereits entwickelte und gebaute Karosserie (Bild 3.21) musste ein Armaturenbrett unter Berücksichtigung aller ergonomischen Bedingungen konstruiert und hergestellt werden. Zur effizienten Integration des neuen Armaturenbrettes in die bestehende Karosserie wird ein Streifenprojektionssystem eingesetzt. Bei dem Fahrzeug handelt es sich um eine Entwicklung eines möglichst effizienten Fahrzeugs mit Straßenzulassung an der Hochschule Trier.

Bild 3.21 Energiesparfahrzeug AERIS (Entwicklung der Hochschule Trier, Team Protron)

Basierend auf der Geometrie des Innenraums konnte ein Armaturenbrett konstruiert werden, welches optimal in die bestehende Konstruktion integriert wurde (Bild 3.22).

3.4.5 Nicht-industrielle Anwendungen (Archäologie)

Zur Restaurierung, Denkmalpflege oder Archivierung von archäologischen Messobjekten (Bild 3.23) kommen verstärkt 3D-Messsysteme zum Einsatz. Sie bieten den

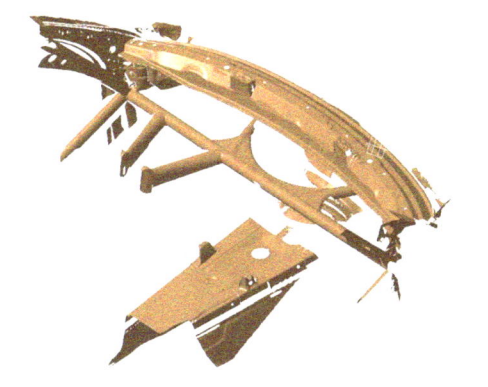

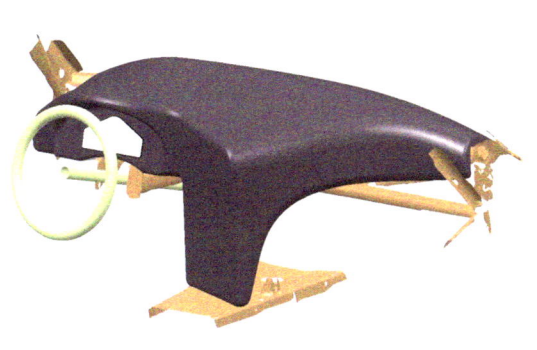

Bild 3.22 Ergebnis der Innenraumvermessung (links) und Ergebnis der Konstruktion (rechts)

3 Streifenprojektion

Bild 3.23 Mit dem Go!SCAN 3D gescannte Vase (mit freundlicher Genehmigung von Creaform)

Vorteil, der berührungslosen Formerfassung und sind dadurch in der Lage, auch bei empfindlichen Objekten eingesetzt zu werden, ohne einen Schaden zu verursachen. Die Erfassung der Textur ist ebenfalls möglich. Auch bei archäologischen Ausgrabungen finden die 3D-Messtechniken ihren Einsatz.

3.4.6 3D-Vermessung von Jagdwaffen

Die Firma Blaser Jagdwaffen hat als Traditionshersteller höchsten Anspruch an Qualität und Präzision. Für die 3D-Inspektion von handgeschäfteten Gewehrschäften mit komplexen Freiformflächen war man auf der Suche nach einem präzisen optischen Messgerät zur Digitalisierung und Flächenrückführung zum CAD-Modell.

Mit dem Steinbichler Sensor COMET L3D und dem COMETrotary-Rotationstisch zur automatischen Positionierung des Gewehrschaftes lässt sich die 3D-Digitalisierung in wenigen Arbeitsschritten abwickeln und die anschließende Qualitätskontrolle mit der Steinbichler INSPECTplus-Software ermöglicht einen präzisen und schnellen Vergleich der komplexen 3D-Freiformflächen mit den Solldaten (Bild 3.24). Neue, von Hand geschäftete Gewehrschäfte, werden nach der Digitalisierung in Geomagic Studio zu einem CAD-Modell zu-

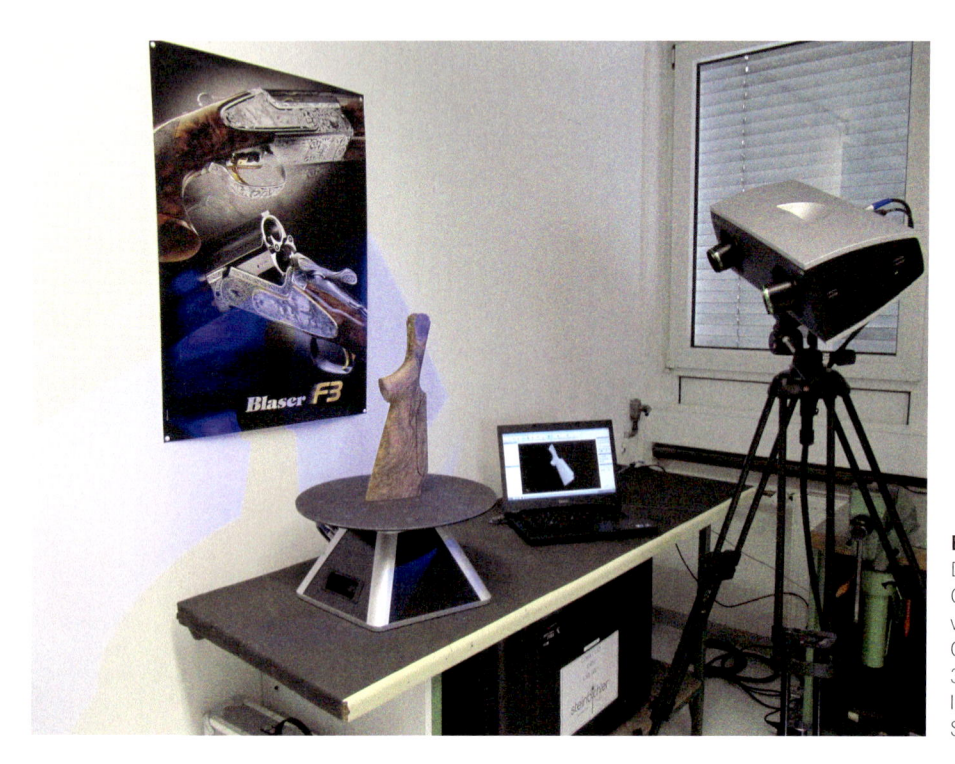

Bild 3.24
Das Messobjekt auf dem COMETrotary-Rotationstisch vor dem Steinbichler Sensor COMET L3D während der 3D-Vermessung (mit freundlicher Genehmigung der Steinbichler GmbH)

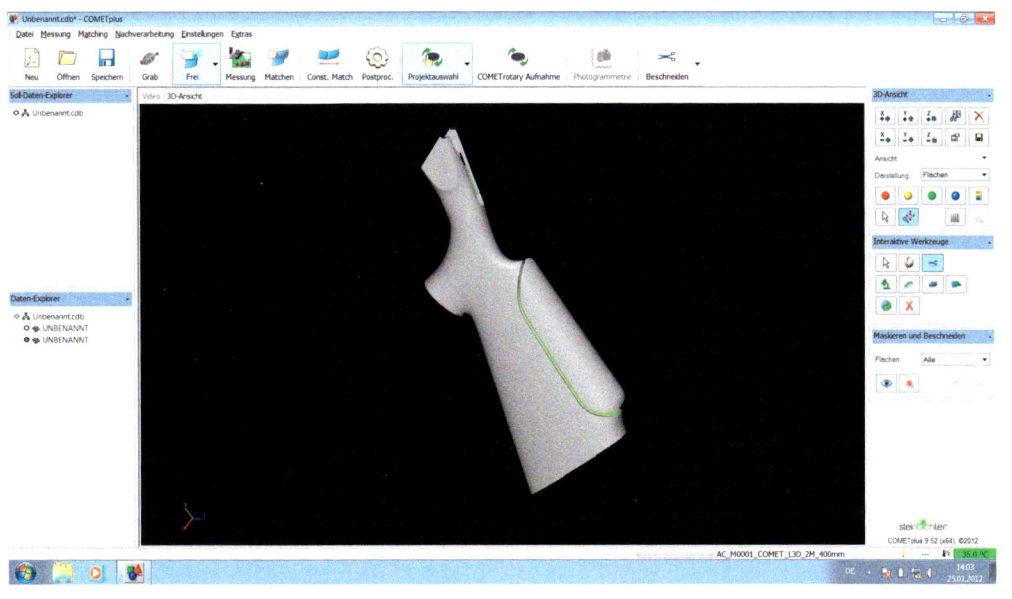

3.4 Anwendungsbeispiele der Streifenprojektion

Bild 3.25
Das vermessene Objekt zur Qualitätskontrolle in Steinbichler INSPECTplus-Software (mit freundlicher Genehmigung der Steinbichler GmbH)

rückgeführt, welches dann als Basis zur Neuproduktion dient (Bild 3.25).

Die bisherigen bei Blaser Jagdwaffen eingesetzten taktilen 3D-Koordinaten-Messmaschinen konnten die gestiegenen Anforderungen nicht mehr erfüllen, die insbesondere durch die komplexen Freiformflächen der neuen Schaftmodelle entstanden. Da man bei der Firma Blaser im Sinne der Kunden höchste Ansprüche an Qualität stellt, präsentierte sich die durch den Steinbichler Mitarbeiter vorgeschlagene, individuelle Lösung als genau passend. Das diese trotz der hohen Leistung in der Bedienung von Hard- und Software sehr einfach und schnell erlernbar war, erhöhte zusätzlich den Mehrwert.

Die komplette Kompetenz vom 3D-Scan bis hin zum Reverse Engineering ist nun direkt im Haus. Das steigert immens die Flexibilität und Reaktionszeit im Qualitätsmanagement sowie in der Konstruktion und Qualitätssicherung.

Für die positive Kaufentscheidung spielte neben den

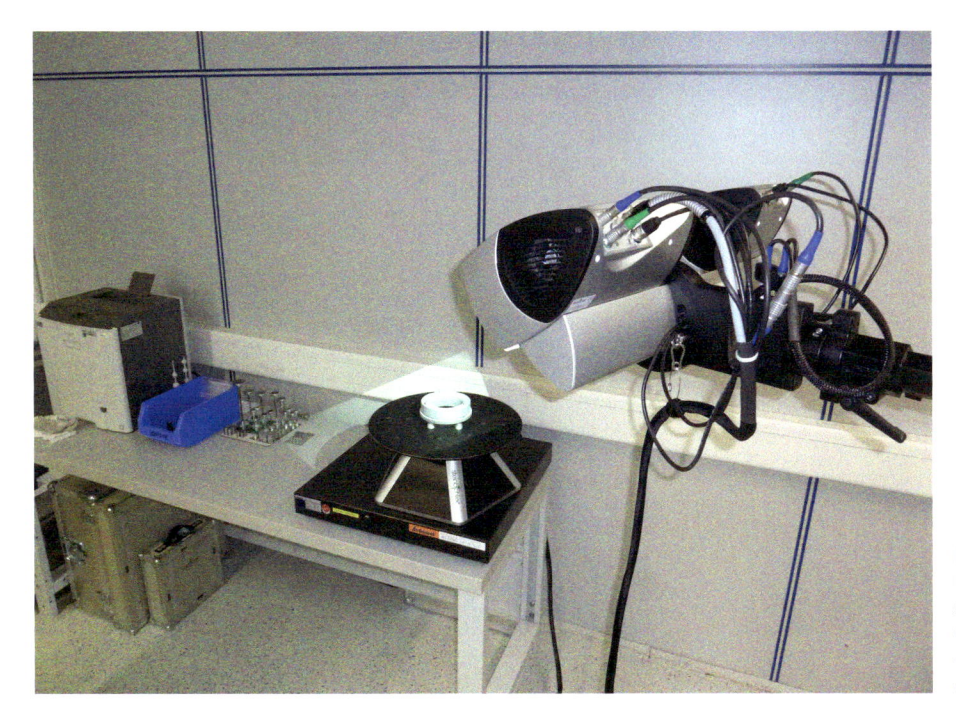

Bild 3.26
Berührungslose Bauteilvermessung mit dem STEINBICHLER COMET 5 4M (mit freundlicher Genehmigung der Steinbichler GmbH)

3.4.7 3D-Vermessung im Werkzeugbau

Als Lösungs- und Entwicklungspartner hat sich die Firma Erdrich in ihrer 50-jährigen Firmengeschichte international zu einem „Global Player" in der Umformtechnik entwickelt. Im Bereich Werkzeugbau steht hier u. a. die Vermessung von formgebenden Aktivteilen im Vordergrund. Außerdem spielt die frühzeitige Fehlerdetektion an Produktionsteilen eine wichtige Rolle (Bild 3.27).

Bei der Produktentwicklung von Werkzeugen werden sehr viele Anpassungen über einen mehrwöchigen Zeitraum ausgeführt. Die individuelle Formgebung muss jedes Mal ausprobiert werden und dann von Hand nachgearbeitet werden. Im Sinne der Effizienz bei Produktentwicklungen und zur Qualitätsverbesserung plante die Firma Erdrich die Anschaffung eines Systems zur optischen Formvermessung.

An ein geeignetes System stellte man hohe Ansprüche und fand in der Steinbichler-Vertretung Fa. BLANK Technology, Villingen-Schwenningen, einen kompetenten Ansprechpartner für optische Messsysteme. Der STEINBICHLER COMET 5 4M erfüllte die Erwartungen in vollem Umfang.

„Das uns von der Firma Steinbichler der Sensor zu Testzwecken zur Verfügung gestellt wurde, hat uns die Entscheidung erleichtert. Und die positiven Erfahrungen haben sich bis heute voll bestätigt." (I. Kaspar, Messtechniker, QS Werkzeugbau)

Zahlreiche aufwendige 3D-Messungen mit der taktilen Koordinatenmessmaschine werden nun durch den STEINBICHLER COMET 5 4M übernommen und die Zeitersparnis im gesamten Prozess ist sehr hoch. Messungen im Soll-Ist-Vergleich werden bei Teilen mit Genauigkeiten bis zu 0,02 mm benutzt. Die Formen werden direkt gescannt und Formenanpassungen über CAD verarbeitet und simuliert. Auch unbekannte Bauteile können schnell und einfach digitalisiert und identisch nachgebaut werden. Aufgrund variabler Messbereiche und des modularen Sensorkonzepts können Objekte unterschiedlicher Größe mit höchster Genauigkeit digitalisiert werden. Dank der Leistungsfähigkeit der STEINBICHLER COMETplus und der COMET-inspect-Software ist man in der Lage, Messabläufe mit anschließender automatisierter Auswertung zu programmieren.

Dass dabei auch die Wirtschaftlichkeit im Vordergrund

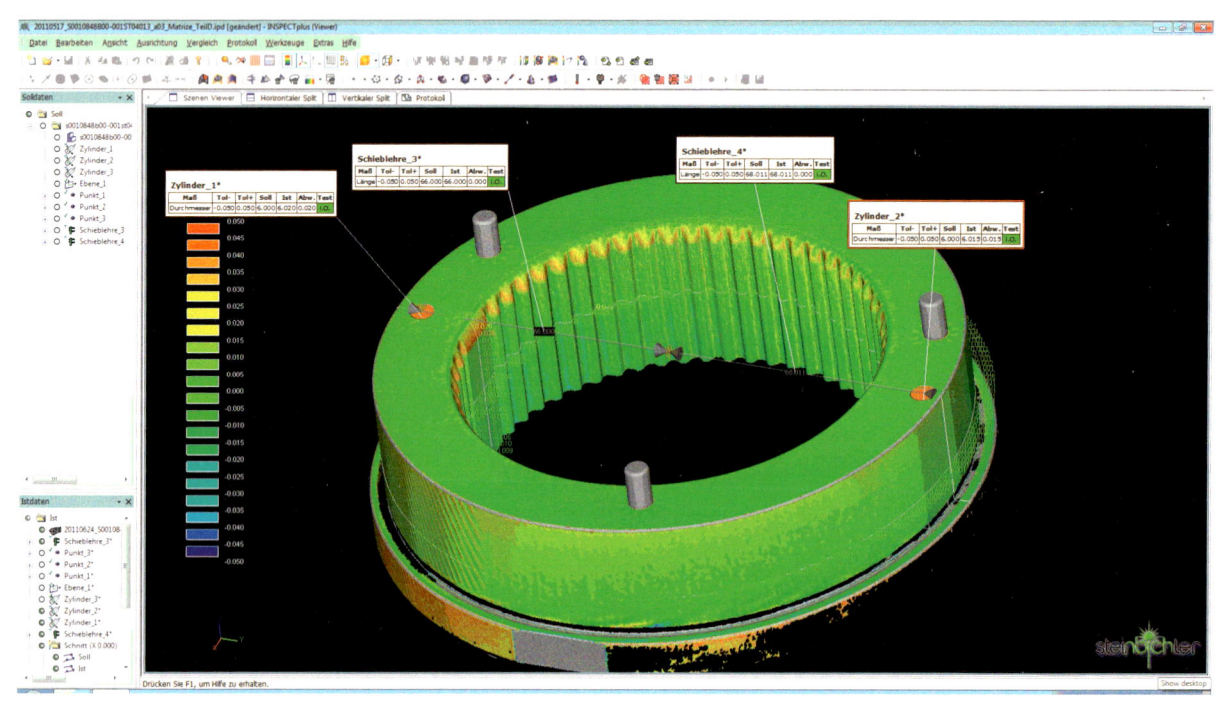

Bild 3.27 Soll-Ist-Vergleich unter COMETinspect (mit freundlicher Genehmigung der Steinbichler GmbH)

steht, erläutert ein Mitarbeiter so: „Die Anschaffungskosten für den optischen Sensor haben sich innerhalb eines Jahres amortisiert. Um unsere Messdienstleistungen weiter auszubauen, prüfen wir im Konzern zurzeit sogar den Kauf eines zweiten Steinbichler Systems." (I. Kaspar, Messtechniker, QS Werkzeugbau)

3.4.8 3D-Vermessung im Formenbau

Die Franz Banke GmbH beschäftigt sich mit der Entwicklung von Dachziegelmodellen sowie der Konstruktion und Fertigung von Formwerkzeugen. Für die Digitalisierung von Ziegelmodellen setzte die Firma schon seit Jahren einen Steinbichler-COMET-Sensor ein, der jedoch aufgrund seiner älteren Bauart mittlerweile hinsichtlich Präzision und Durchlaufzeiten an seine Grenzen stieß.

Besonders die Nutzung des neuen Rotationssystems und des 400 × 400-Messfeldes ermöglicht nun die effektive Aufnahme der „Mutterformen" in einem einzigen Arbeitsgang. Der Steinbichler COMETrotary dient der automatischen Positionierung von Messobjekten und wird über die Steinbichler-COMETplus-Software gesteuert (Bild 3.28).

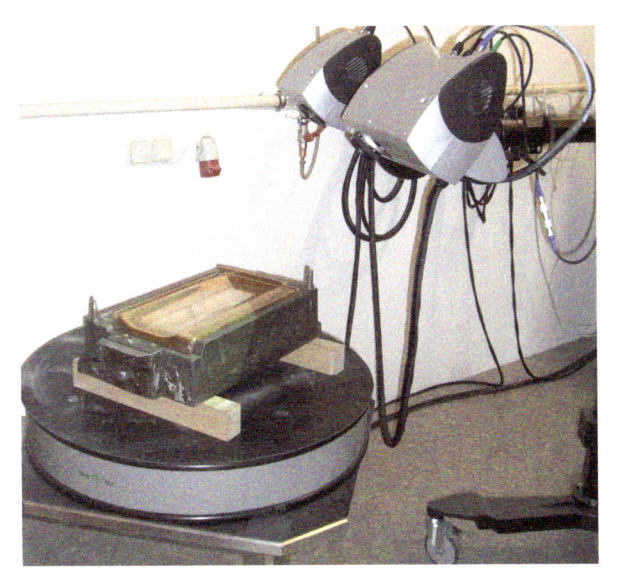

Bild 3.28 3D-Vermessung einer „Mutterform" mit dem COMET-5-2M-Sensor (mit freundlicher Genehmigung der Steinbichler GmbH)

Beim Messvorgang wird im ersten Schritt eine Ziegelober- oder Unterseite mit automatischer Tischrotation durch den Sensor aufgenommen. Schwer sichtbare Einzelbildaufnahmen werden im zweiten Schritt erfasst.

Die verschiedenen Ziegelaufnahmen werden anschließend gematcht. Die durch die Aufbereitung der Daten (krümmungsabhängige Ausdünnung, Rauschreduzierung) gewonnenen Informationen werden dann für die Konstruktion zur Verfügung gestellt (Bild 3.29). Generierte 3D-STL-Daten können zum Teil ohne Flächenrückführung entweder direkt genutzt oder als Ausgangsbasis für die Erstellung eines 3D-CAD-Modelles verwendet werden.

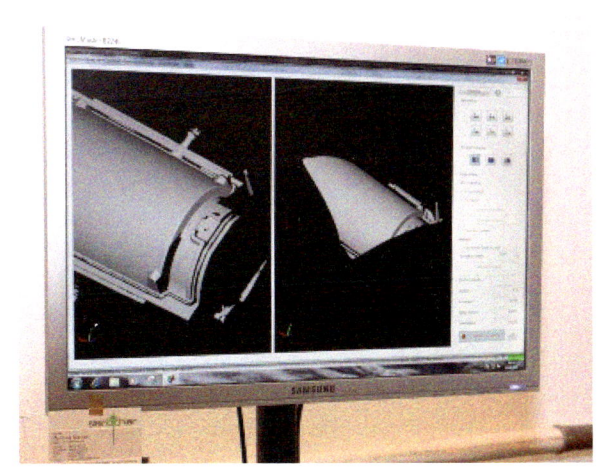

Bild 3.29 Ergebnis der Vermessung der „Mutterform" unter STEINBICHLER COMETplus-Software (mit freundlicher Genehmigung der Steinbichler GmbH)

Auch die Einführung des neuen COMET 5 2M verlief reibungslos. „Durch die Schulung und den Support bei Problem- und Fragestellungen konnten wir in relativ kurzer Zeit das System für unsere Bedürfnisse voll ausschöpfen. Mittlerweile ist es stark ausgelastet und zum festen Bestandteil unseres Leistungsangebotes im Bereich der Ziegelkonstruktion geworden." (B. Quaschning)

3.4.9 Digitalisierung eines Fahrzeugdesignmodells

Die Entwicklung eines Prototypen ist oft noch eine haptische Angelegenheit. Der Aufwand lässt sich jedoch deutlich reduzieren: Digitalisierung des Clay-Modells mit dem Steinbichler Comet-Messsystem und Aufbereitung der Daten zum Fräsen mit der Software PolyWorks®.

Im Designprozess eines Fahrzeugs werden unterschiedliche Ideen von Formen, Features und Charakterlinien zunächst in Zeichnungen und Renderings und später in einem 3D-Scanner verwirklicht. Das Design nimmt in Form eines dreidimensionalen Clay-Modells Gestalt an. Eine Masse aus speziellem Clay (Ton) wird auf einen Grundträger aus Holz aufgebracht und kann dann mit verschiedenen Werkzeugen von Hand geformt werden – ein aufwendiger und zeitintensiver Prozess.

Die Clay-Modelle dienen als Prototyp, um die Form der Außenhaut eines neuen Autos exakt bestimmen zu können und werden auch für erste aerodynamische Tests verwendet. Da die verfügbare Entwicklungszeit für neue Produkte insbesondere bei Fahrzeugen immer kürzer wird, müssen Wege gefunden werden, die Entstehung von Prototypen im Designprozess zu beschleunigen.

Durch die 3D-Digitalisierung des Halbmodells und Spiegelung konnte ein vollkommen symmetrisches Modell aus dem leichten Blockbaumaterial Ureol gefräst werden. Im Anschluss wurde das gefräste Modell grundiert und lackiert. Der gespeicherte 3D-Datensatz dient nicht nur zur Archivierung und Dokumentation vergangener Designideen, sondern ermöglicht auch, den Prototyp jederzeit zu vervielfältigen und zu skalieren.

Das Clay-Modell wurde mit dem Comet 5 11M, einem Streifenlichtprojektionssystem der Firma Steinbichler Optotechnik GmbH digitalisiert (Bild 3.30).

Datenaufbereitung

Die 3D-Daten (Punktwolken) werden in der Software PolyWorks eingelesen. Aufgabe ist es, aus der Punktewolke eine geschlossene Oberfläche des aufgenommenen Objekts zu generieren. Hierzu werden die Punkte durch Triangulation in Dreiecke umgewandelt und so ein sogenanntes Polygonnetz berechnet. In PolyWorks werden Polygonnetze aus Punktwolken mit Millionen von Punkten einfach und schnell per Knopfdruck generiert, geglättet und gefiltert. Im Anschluss daran können noch vorhandene Löcher im Polygonnetz geschlossen werden. Bauteilkanten, die bei der Digitalisierung nur ungenau aufgenommen wurden, können außerdem in PolyWorks als scharfe Kanten rekonstruiert werden. Im vorliegenden Fall wurde das Polygonnetz des halben Fahrzeugs gespiegelt, um aus dem Halbmodell einen symmetrischen Prototypen zu generieren. Das fertig bearbeitete Polygonnetz stellt eine optimale Grundlage für die eigentliche Flächenrückführung dar.

Flächenrückführung

Nach der Aufbereitung des Polygonnetzes beginnt der eigentliche Reverse-Engineering-Prozess. Polygonnetze können nicht direkt für die Konstruktion in CAD-Systemen verwendet werden, da keine parametrischen Informationen vorhanden sind. Deshalb ist ein weiterer Bearbeitungsschritt notwendig, um fräsfähige NURBS-Flächen aus dem Polygonnetz zu generieren.

Der Hauptaufwand beim Erstellen CAD-fähiger NURBS-Flächen besteht darin, das Polygonnetz in sogenannte Flächen-Patches einzuteilen. Die Begrenzung von dreiseitigen und vierseitigen Flächen-Patches wird durch „Spline-Kurven" erreicht. Nachdem die Flächen-Patches die gesamte Struktur des Polygonnetzes in Berei-

Das Clay-Modell wird mit dem Steinbichler Comet 5 System aus unterschiedlichen Blickrichtungen aufgenommen.

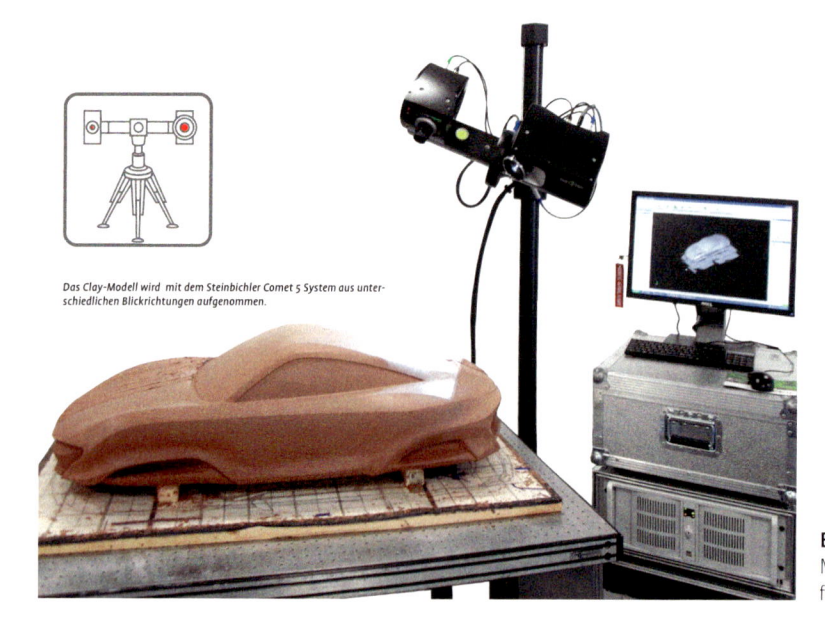

Bild 3.30
Messszene beim Erfassen des Modells (mit freundlicher Genehmigung von Duwe-3D AG)

che unterteilen, werden diese gefittet, d.h. wie eine Haut über die aufgenommenen Messdaten gespannt. Das Ergebnis der gefitteten Flächen-Patches sind die NURBS-Patches. Alle zusammenhängenden NURBS-Patches werden auch als NURBS-Modell bezeichnet. Dieses NURBS-Modell kann nun als IGES- oder Step-Datei exportiert werden und liegt somit in einem fräsfähigen CAD-Format vor.

Vom Datensatz zum realen Modell

Um aus dem virtuellen Designmodell wieder einen realen Prototypen zu machen, wurde der aufbereitete Datensatz von der Firma Rücker AG in Böblingen aus dem Werkstoff Ureol gefräst. Ureol wurde gewählt, da es sich für den industriellen Urmodellbau optimal eignet. Es besteht aus einem PU-Harz, das mit Füllstoff gesättigt wird und ist somit sehr belastbar bei gleichzeitig geringem Gewicht. Durch die sehr feine Struktur lässt es sich auch sehr gut veredeln, d.h. feinschleifen und lackieren.

Für die Herstellung unseres Fahrzeugmodells (Bild 3.31) kam eine 5-Achsen-CNC-Fräse zum Einsatz. Beim CNC-Fräsen werden die fünf Achsen und die Verfahrwege der Fräse über eine Maschinensteuerung programmiert. Das Werkstück wird dabei in vielen kleinen nebeneinanderliegenden Zeilen abgefahren. Beim 5-Achsen-Fräsen kann die Maschine den Fräser unter jedem Winkel am Werkstück positionieren und verfahren, wodurch die Fertigung von extrem komplexen 3D-Konturen ermöglicht wird. Für unser Fahrzeugmodell kamen außerdem Fräsköpfe unterschiedlicher Größe zum Einsatz. Zunächst wurde ein grobes Modell gefräst, welches in jedem folgenden Fräsgang immer mehr verfeinert wurde, bis eine glatte Oberfläche entstand. Das fertige Ureol-Modell wurde anschließend grundiert und lackiert, um es wie ein „echtes" Fahrzeug aussehen zu lassen. In kürzester Zeit entstanden somit aus einem Clay-Halbmodell ein digitaler 3-dimensionaler Datensatz sowie ein vollständiger Ureol-Prototyp.

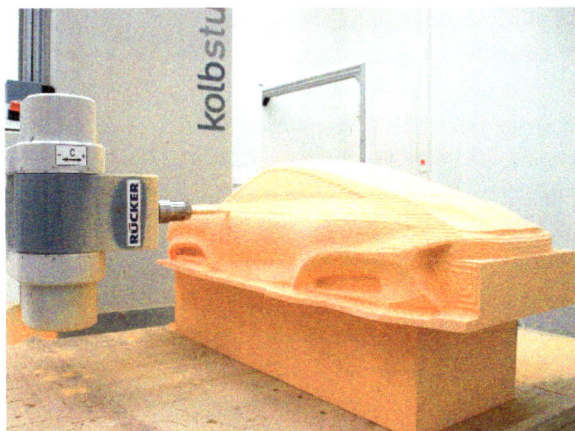

Bild 3.31 Die Form des Fahrzeugmodells wird in mehreren Fräsgängen immer weiter verfeinert (mit freundlicher Genehmigung von Duwe-3D AG).

3.4.10 Optische Qualitätssicherung des neuen Honda Civic

Mit dem Cognitens WLS400M dauert eine Ursachenanalyse bei Honda in Großbritannien nun nur noch eine Schicht lang, anstatt wie früher mehrere Tage. Messungen, für die zuvor 1,5 Stunden benötigt wurden, lassen sich jetzt in 15 Minuten erledigen.

Für den britischen Honda-Fertigungsstandort „Honda of the UK Manufacturing Ltd" (HUM) ist Kundenzufriedenheit das oberste Gebot. In jeder Phase des Produktionsprozesses werden Präzisionsmessungen durchgeführt, damit vom Motor bis hin zur Karosserie optimale Qualität gewährleistet ist.

Bild 3.32
Montage von Honda Civic in Großbritanien (mit freundlicher Genehmigung von Hexagon Metrology)

Während der Entwicklung des neuen, preisgekrönten Honda Civic (Bild 3.32) setzte das für die Präzisionskarosserie zuständige Messteam („Complex Analysis Team for High Accuracy Body") das Cognitens-System ein, um den Prozess der Verfeinerung wichtiger Teile wie Türbaugruppen und Heckklappe zu unterstützen. Diese kritischen Bereiche wirken sich gleichermaßen auf die Optik und die Funktion des Fahrzeugs aus. Schließt die Heckklappe nicht sauber oder ist das Spaltmaß zwischen Tür und Karosserie nicht überall einheitlich, sind weder die Kunden noch Honda zufrieden. Dieses Streben nach Genauigkeit findet innerhalb knapper Fristen für die Fertigstellung statt, die unbedingt eingehalten werden müssen, wenn die Unternehmensziele erreicht werden sollen. Die Messstrategie in der Entwicklungsphase schlägt daher eine Brücke zwischen hoher Präzision einerseits und Geschwindigkeit und Effizienz andererseits.

Das für die Präzisionskarosserie zuständige Messteam mit seinen Qualitätssicherungsaufgaben ist in der Schweißabteilung angesiedelt, umfasst jedoch Mitarbeiter aus der Lackiererei, Montage und Fertigungstechnik, um Erfahrungen zu kombinieren und komplexe, fachgebietsübergreifende Aspekte zu klären. Durch den Einsatz des Cognitens-Weißlichtscanners von Hexagon Metrology konnte sich das Team auf bestimmte Bereiche konzentrieren und in der Entwicklungsphase die Ursachenanalyse in Bezug auf etwaige Mängel erheblich beschleunigen. Ziel war es, Materialien und Verarbeitung vor der Aufnahme der Serienfertigung zu optimieren, damit schließlich die hochwertigen Fahrzeuge produziert werden können, die die Kunden von Honda erwarten.

Der Prozess beginnt mit dem Erhalt der Konstruktionszeichnungen aus Japan und der Definition der kritischen Parameter. Anschließend werden die ersten Versuchsbauten des Fahrzeugs hergestellt und die dabei gesammelten Erfahrungen unternehmensweit von allen Zuständigen besprochen. Als nächstes werden Schwerpunktbereiche festgelegt. Das Cognitens-WLS400M-System dient dabei zur Prüfung von Teilen von Unterbaugruppen (stufenweise Messung) sowie kritischen Elementen wie der Heckklappe. Die Leiter des Messteams scannen Bauteile mit dem Cognitens-System in unterschiedlichen Stufen des Fertigungsvorgangs. Eine Heckklappe wird beispielsweise nach Abschluss der Schweißarbeiten sowie vor und nach dem Lackieren, Montieren und anderen Tätigkeiten vermessen. Die Messdaten der Heckklappe werden dann übereinandergelegt, um festzustellen, ob Veränderungen aufgetreten sind bzw. ob diese außerhalb der definierten Toleranzen liegen. Der Cognitens-WLS400-Sensor projiziert ein zufälliges Muster auf das Messobjekt und erfasst den Bereich gleichzeitig mit seinen Kameras. Innerhalb des Scanfelds von einem halben Quadratmeter werden sämtliche Oberflächen, Elemente und Kanten gemessen. Kein anderes System ist zu einer derartig vollständigen Messung in der Lage. Die Daten werden innerhalb weniger Millisekunden erfasst, sodass die Messungen auch bei der Arbeit in der Werksumgebung nicht durch Erschütterungen oder unterschiedliche Beleuchtungsbedingungen gestört werden können. Die Messdaten werden in Form einer intuitiv verständlichen, farbcodierten Darstellung des Werkstücks angezeigt.

Messungen, die bei HUM in Swindon nach der Erfas-

3.4 Anwendungsbeispiele der Streifenprojektion

Bild 3.33
Optische Vermessung mit dem Cognitens WLS400-Sensor von Karosserieteilen (mit freundlicher Genehmigung von Hexagon Metrology)

sung einer Aufspannvorrichtung 1,5 Stunden dauerten und manuelle Verfahren sowie den Einsatz von mobilen Messarmen kombinierten, lassen sich nun in 15 Minuten erledigen (Bild 3.33). Ursachenanalysen, die früher mehrere Tage dauern konnten, werden nun häufig innerhalb einer Schicht abgeschlossen.

Der Leiter des Messteams erklärt: „Durch die Nutzung des Cognitens-Systems erhalten wir klare, eindeutige Messergebnisse, was unsere Ursachenanalyse beschleunigt. Die Toleranzen bei unserer Arbeit betragen +/- 0,5 mm bei fertigen Teilen nach dem Montieren, Pressen und Schweißen. Wir können nun mehr Daten erfassen, diese sind präziser und rascher verfügbar. So können wir innerhalb unseres knappen Zeitrahmens die angepeilten hervorragenden Ergebnisse erzielen."

In Bezug auf die stufenweise Messung – den Vorgang des Scannens der einzelnen Bestandteile einer Baugruppe – bedeutet das, dass eine Messung, die früher nur einmal durchgeführt wurde, nun fünfmal wiederholt werden kann.

In der Unternehmenskultur von HUM tief verwurzelt ist die persönliche Weitergabe von Informationen in Form von PowerPoint-Präsentationen. Die farbcodierte Darstellung der Cognitens-eigenen Software CoreView erlaubt eine klare Kommunikation zwischen dem Messteam und den Leitern der anderen Abteilungen. Es ist viel einfacher, den Verbesserungsbedarf an bestimmten Teilen visuell darzustellen (in Blau, wenn der Messwert unter dem Sollwert liegt; in Rot, wenn der Messwert über dem Sollwert liegt) bzw. nachzuweisen, dass die Toleranzen eingehalten werden (grün), als diese Sachverhalte den Personen ohne tiefergehende messtechnische Kenntnisse nur in Form von Zahlenreihen zu erläutern. Die Farbdarstellungen und Messprotokolle des Cognitens-Systems haben sich bei HUM als wichtige Dokumente etabliert, die wesentliche Beiträge zu einem effizienten Wissenstransfer und zur Entscheidungsfindung leisten (Bild 3.34). Obwohl es sich bei CoreView um ein interaktives Berichtssystem handelt, sind seine komprimierten Dateien klein genug zur Übermittlung per E-Mail.

Auch einige der wichtigen Lieferanten von HUM setzen das Cognitens-System und die zugehörige Software ein – eine ideale Grundlage für die Bearbeitung von Anfragen. Es kann auch sein, dass ein den Spezifikationen entsprechendes Bauteil an Honda geliefert wird, sich bei der Verarbeitung im Werk jedoch verändert. Durch die Weitergabe der Cognitens-Messprotokolle und die enge Zusammenarbeit können rasch Lösungen gefunden und Änderungen vorgenommen werden.

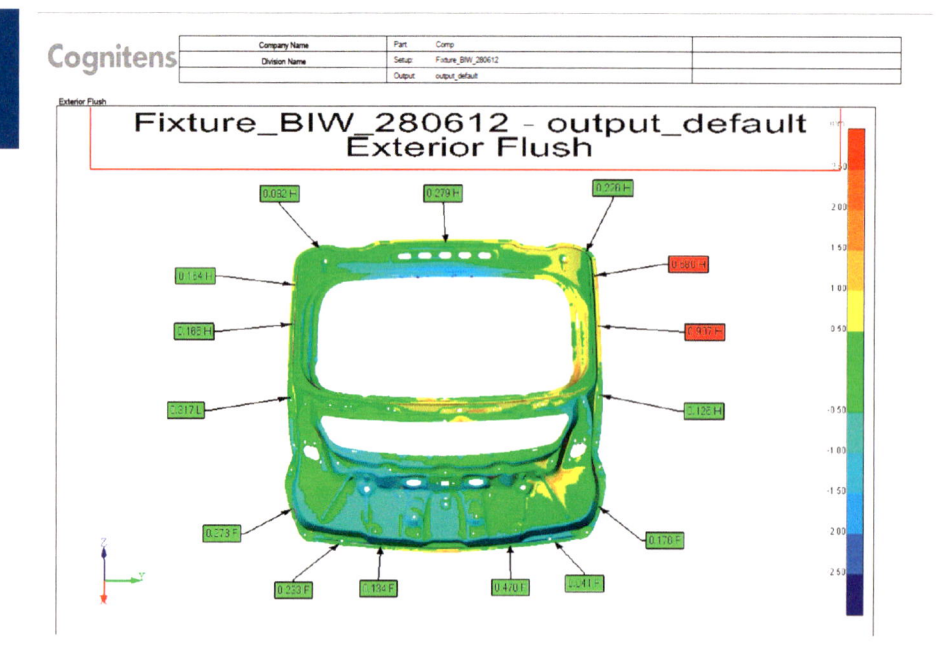

Bild 3.34
Die Farbcodierte Darstellung der Messergebnisse mit Angabe der Einhaltung von definierten Toleranzen (mit freundlicher Genehmigung von Hexagon Metrology)

3.4.11 Schnelle Nietenprüfung im Flugzeugbau

Jeder hat schon mal gesehen, dass die komplette Außenhaut von Flugzeugen mit Nieten übersät ist. Das sind viele tausende Verbindungen, die alle zu überprüfen sind, da es sich dabei um sicherheitsrelevante Komponenten handelt.

Bisher erfolgte die Kontrolle mithilfe des speziell geschulten Personals, die mit Fingerkuppen rein subjektiv die Oberfläche abtasten. Bei Auffälligkeiten wird mit taktilen Messgeräten eine quantitative Messung vorgenommen (Bild 3.36).

Die optische Überprüfung bringt eine Reihe von Vorteilen mit sich. Größter Vorteil ist die Objektivität der Messung und die Verfügbarkeit der Ergebnisse auch

Bild 3.36 Taktile Überprüfung von Nieten (mit freundlicher Genehmigung von 8tree Company)

Bild 3.35
Beschädigung der Außenhaut des Flugzeugs wegen der fehlerhaften Vernietung (mit freundlicher Genehmigung von 8tree Company)

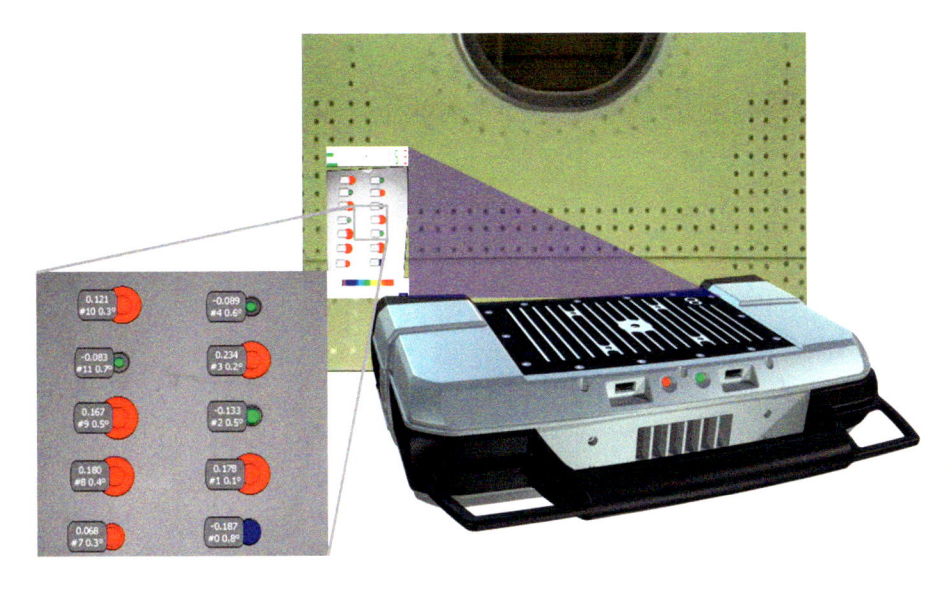

3.4 Anwendungsbeispiele der Streifenprojektion

Bild 3.37 Optische 3D-Überprüfung von Nietverbindungen mithilfe eines Systems von 8tree Company

nach langer Zeit. Eine Messung dauert weniger als zwei Sekunden und das Ergebnis wird auf die zu untersuchende Oberfläche projiziert. Die farbliche Kennzeichnung der Ergebnisse erleichtert dem Benutzer die Beurteilung der Ergebnisse (Bild 3.37).
Überprüft wird nicht nur die Tiefe bzw. Höhe des Nietkopfes in Bezug auf die Oberfläche, sondern auch die mögliche Schrägstellung (Bild 3.38).

3.4.12 Untersuchung von Spaltmaßen im Automobilbau

Die heutigen Qualitätsstandards setzen gleichmäßige Spaltmaße im Automobilbau voraus. Kein Automobilhersteller wird Autos mit groben optischen Mängeln verkaufen können. Deshalb werden Systeme in laufende Produktion integriert, um Fehler rechtzeitig zu erkennen und reagieren zu können.

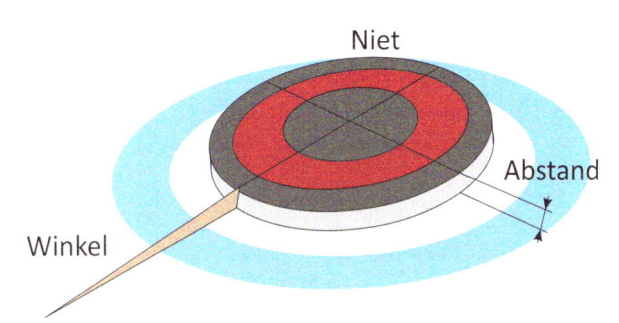

Bild 3.38 Untersuchung des Sitzes einer Nietverbindung hinsichtlich des Abstandes zur Oberfläche und der Schrägstellung

Die konventionellen Messmethoden (Bild 3.39) haben meist einen großen Nachteil und zwar die Subjektivität von Ergebnissen. Je nachdem, aus welchem Winkel die Messung durchgeführt wird, entsteht eine gewisse Streuung.
Die optische 3D-Analyse dauert weniger als zwei Se-

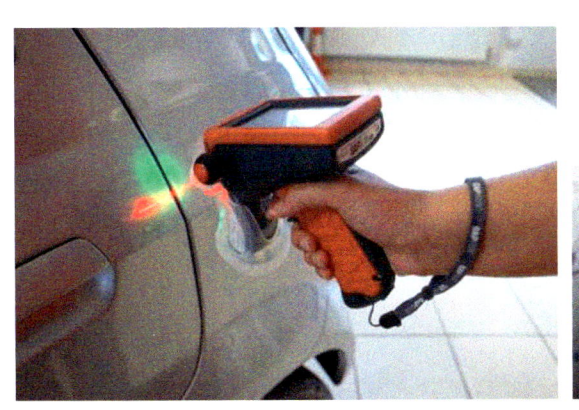

Bild 3.39 Konventionelle Techniken zur Überprüfung von Spaltmaßen (mit freundlicher Genehmigung von 8tree Company)

kunden und bietet den großen Vorteil der Reproduzierbarkeit der Ergebnisse (Bild 3.40). Außerdem besteht die Möglichkeit, die Ergebnisse dauerhaft speichern zu können.

Überprüfung von z. B. Unfallautos ist ebenfalls möglich und kann vor Ort durchgeführt werden (Bild 3.41). Messgeräte können dabei für einige Stunden vom Stromnetz unabhängig eingesetzt werden.

3.4.13 Untersuchung eines Turbinenlaufrads

Für eine hohe Produktgüte wird die Qualität eines Inconell-Turbinenlaufrads für Abgas-Turbolader in Mikrometern definiert: Die Abmessungen bewegen sich innerhalb enger Toleranzen, die im Verlauf der Herstellung wiederholt geprüft werden müssen. Bei der stetig wachsenden Komplexität dieser Komponenten können taktile Inspektionsmethoden mittels Koordinatenmessmaschinen (KMM) weder zeitlich noch qualitativ Schritt halten. Zudem müssen die Resultate einer KMM von einem Messtechniker interpretiert und erläutert werden.

Messsystem und Aufbau

In seiner produktionsbegleitenden Qualitätsüberwachung arbeitet Zollern mit dem Breuckmann-Streifenprojektionssystem stereoSCAN (Bild 3.42). Die Inspektionsaufgaben beim Feinguss sind vielfältig: Neben dem Einsatz in Forschung und Entwicklung wird das 3D-Messsystem in der produktionsbegleitenden Prü-

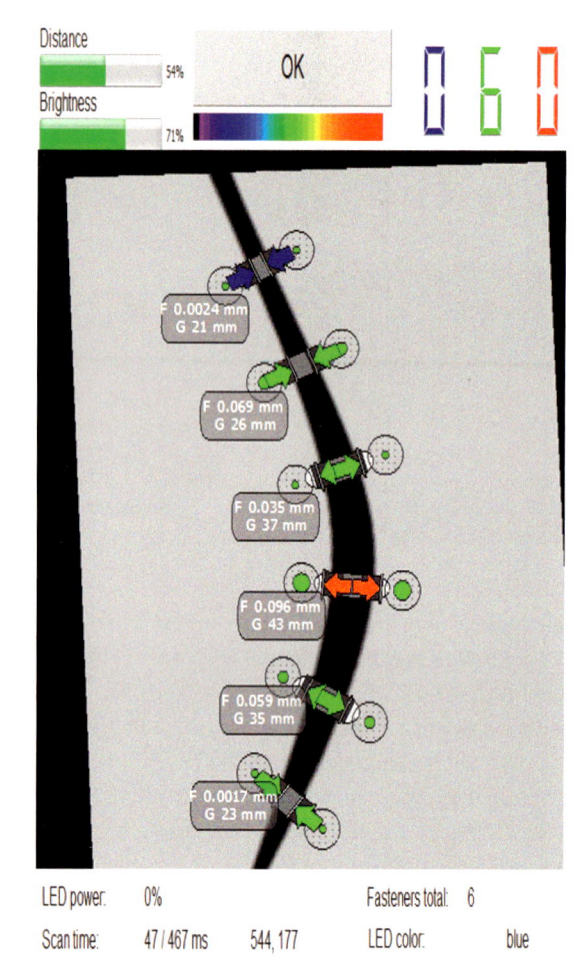

Bild 3.40 Überprüfung von Spaltmaßen mit Ausgabe der Ergebnissen direkt auf die Messobjektoberfläche (mit freundlicher Genehmigung von 8tree Company)

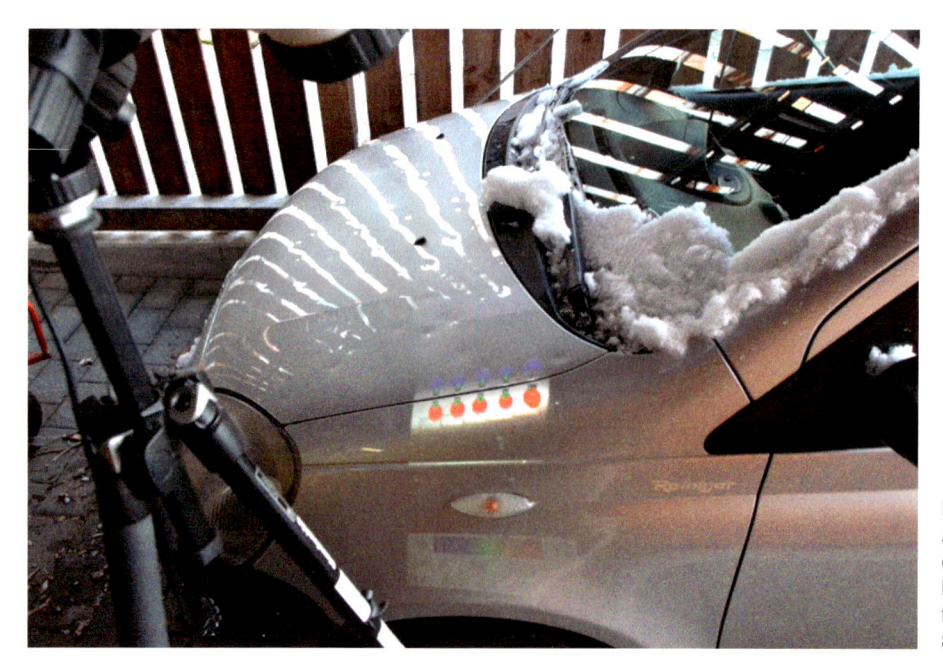

Bild 3.41 Analyse der Spaltmaße an einem gebrauchten und beschädigten Auto (mit freundlicher Genehmigung von 8tree Company)

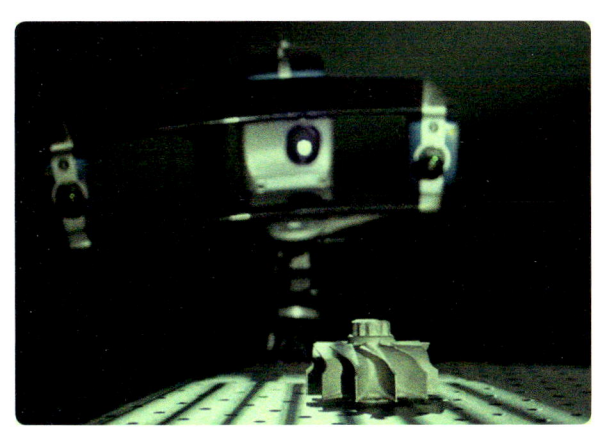

3.4 Anwendungsbeispiele der Streifenprojektion

Bild 3.42 3D-Erfassung eines Turbinenlaufrads mit dem Streifenprojektionssystem stereoSCAN (mit freundlicher Genehmigung der AICON 3D Systems GmbH)

fung verwendet. Hier wird z. B. das Wachsmodell des Turbinenlaufrads dreidimensional erfasst, um einen Soll-Ist-Abgleich gegen seine CAD-Konstruktionsdaten durchzuführen (Bild 3.43) oder bei einem geteilten Modell die Innengeometrie zu vermessen.

Zudem lassen sich die hochgenauen Messdaten in der Erstbemusterungsphase sowie auch für Werkzeugkorrekturen einsetzen. Während der Serienproduktion ist schließlich 3D-Präzision gefragt, wenn es um die Einhaltung der Qualitätsstandards geht: Hier wird die Formtreue der Feingussteile in Stichproben ermittelt. Geprüft werden z. B. der Gesamtdurchmesser oder die Übergänge von der Nabe zu jedem einzelnen Schaufelrad.

Arbeitsablauf

Die dreidimensionale Qualitätsprüfung der Turbinenlaufräder wird mit dem stereoSCAN durchgeführt; ein kleines Messfeld gewährleistet die in diesem Projekt geforderte hohe Detailauflösung. Das zu prüfende Turbinenlaufrad wird in folgenden Schritten digitalisiert: Nachdem der 3D-Scanner, das Messobjekt und der Drehteller eingerichtet sind, wird die Sensorik (d. h. die Kameras und der Projektor) kalibriert.

Im Scanprozess selbst werden zunächst die Einzelaufnahmen des Turbinenlaufrads mithilfe der Breuckmann-Software OPTOCAT erstellt, ausgerichtet und zu einem einheitlichen Dreiecksnetz verbunden. Tiefe Rippenstrukturen sind mit den Standardwinkeln der flächenhaft messenden optischen Sensoren von Koordinatenmessmaschinen nicht präzise zu erfassen. Die flexible Sensorkonfiguration des Breuckmann-3D-Scanners erlaubt zusätzliche Aufnahmen mit Triangulationswinkeln von 30°, 20° und 10°, wodurch auch schwierig zu erfassende Objektbereiche bei Gussteilen jeder Größe detailgenau vermessen werden. In einem zweiten Schritt werden die gescannten Daten mit einer Inspektionssoftware evaluiert (hier: PolyWorks | Inspector™ von InnovMetric Software Inc.), um die zuvor definierten Prüfmerkmale, wie z. B. Regelgeometrien, Schnitte oder Verformung, zu beurteilen. Dazu stehen detaillierte, frei gestaltbare Messprotokolle zur Verfügung, welche sich unter anderem als zwei- oder dreidimensionale Falschfarbendarstellungen, Tabellen mit Nominalwerten und Toleranzen oder Schnitte ausgeben lassen.

Ergebnis

Mit den einfach und schnell auswertbaren Messergebnissen werden die Prozessparameter zeitnah optimiert. Damit unterstützt der Breuckmann-Scanner die Firma Zollern in ihrer konstanten Effizienz bei der Produktion qualitativ hochwertiger Turbinenlaufräder. Das aufwendige Erfassen und Auswerten mit einer Koordinatenmessmaschine ist nicht erforderlich: In der dritten Dimension des digitalisierten Turbinenlaufrads lassen sich kleinste Formabweichungen nicht nur schneller, besser und bequemer erkennen, es werden dabei auch noch Zeit und Kosten gespart.

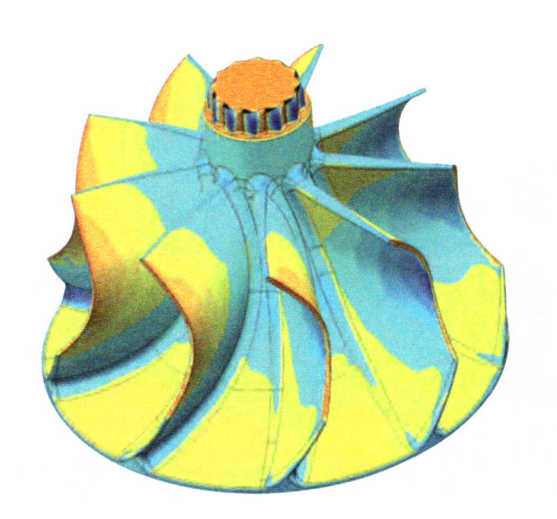

Bild 3.43 Falschfarbenvergleich (Soll- und Ist-Vergleich) des Turbinenschaufelrads (mit freundlicher Genehmigung der AICON 3D Systems GmbH)

3.4.14 3D-Qualitätsprüfung von Getriebegehäusen für Nutzfahrzeuge

Basierend auf dem im CAD-System konstruierten Gehäuse werden Druckgusswerkzeuge gefertigt, in welchen die Gehäuseteile ausgeformt werden. Bei der Herstellung selbst beeinflussen verschiedene Parameter wie Füllmenge, Druck, Temperaturverhältnisse, Zeit und Werkzeugkonstruktion die Beschaffenheit der Formteile. Um eine stabile Qualität der Druckgussteile gewährleisten zu können, muss die Einhaltung der vorgegebenen Toleranzen kontinuierlich geprüft werden. An dieser Stelle kommt das hochauflösende 3D-Vermessungs- und -Inspektionssystem smartSCAN zum Zug.

Zielsetzung und Messobjekt

Die Inspektionsaufgaben für den smartSCAN bei der Firma ZF und ihr Getriebegehäuse (Bild 3.44) aus Aluminium-Druckguss sind vielfältig: Zuerst werden in der Prototypenphase präzise, dreidimensionale Daten für die Erstbemusterung benötigt, um die geforderte Qualität zu überprüfen. Ziel der Konstruktion ist dabei die höchste Festigkeit des Gehäuses bei möglichst ausgewogenem Materialeinsatz.

Während der Serienproduktion ist Präzision gefragt, wenn es um die Erhaltung des Qualitätsstandards geht: Hier wird die Inspektion des Gehäuses auf Formtreue sowie die Kontrolle der Oberfläche auf Beschädigungen und Deformationen durchgeführt (Bild 3.45). Ein besonderes Prüfmerkmal ist hierbei die Wandstärke, bei der es auf ein optimales Verhältnis von Stabilität und eingesetzter Materialmenge ankommt.

Zuletzt werden die in der Produktion eingesetzten Werkzeuge regelmäßig kontrolliert, um Abnutzungserscheinungen rechtzeitig zu erkennen und so mindere Produktqualität erst gar nicht entstehen zu lassen. Alle Inspektionsprozesse werden entweder manuell auf einem Drehteller oder in Kombination mit einem Roboter automatisiert durchgeführt (Serienprüfung).

Arbeitsablauf

Im Scanprozess werden zunächst die Einzelaufnahmen mithilfe der Breuckmann-Software OPTOCAT erstellt, ausgerichtet und zu einem einheitlichen Dreiecksnetz verbunden. In einem zweiten Schritt werden die so erzeugten Daten mit einer Inspektionssoftware ausgewertet (im vorliegenden Fall PolyWorks | Inspector™ von InnovMetric Software Inc.), um die Geometrien zu beurteilen.

Bild 3.44 Das originale Getriebegehäuse für Nutzfahrzeuge von ZF (mit freundlicher Genehmigung der AICON 3D Systems GmbH)

Ergebnis

Bei vorliegenden CAD-Werkzeugdaten werden diese direkt als Referenz geladen. Typischerweise werden die gemessenen Abweichungen zwischen dem Soll- und Istzustand durch Falschfarbenvergleich visualisiert. Damit sind die Messergebnisse schnell sowie direkt interpretierbar und werden umgehend zur Optimierung

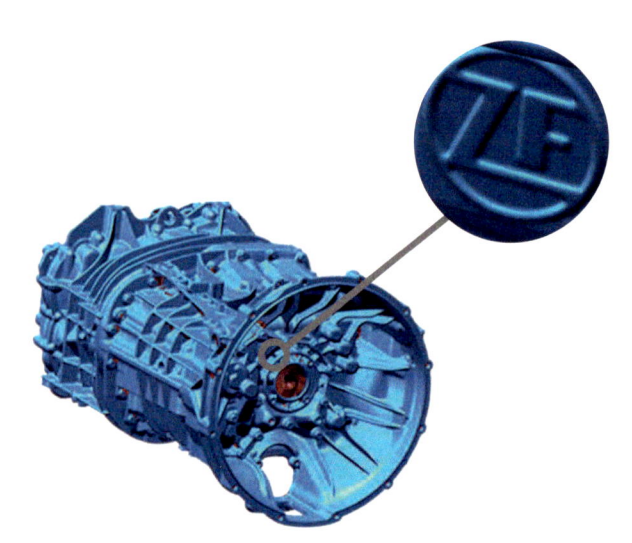

Bild 3.45 Gemessene 3D-Daten eines ZF-Nutzfahrzeuggetriebes mit einem Objektdetail (mit freundlicher Genehmigung der AICON 3D Systems GmbH)

des Druckwerkzeugs bzw. der Prozessparameter herangezogen. Dies hilft der Produktionsabteilung, selbst unter schwierigen Bedingungen kontinuierliche Effizienz aufrechtzuerhalten und qualitativ hochwertige Getriebegehäuse im Endergebnis zu gewährleisten.

3.4.15 3D-Qualitätsprüfung von Lagergehäusen für Vier-Takt-Motoren

Das in diesem Projekt zu vermessende Lagergehäuse (Bild 3.46) wird im Sandgussverfahren hergestellt und erfüllt vielfältige Funktionen: So werden hier Kurbelwelle sowie die Ausgleichswelle in Gleitlager aufgenommen und das Drucköl an die entsprechenden Lagerstellen geführt.

Des Weiteren dient das Gehäuse sowohl der Aufnahme der Druckölpumpe mit Begrenzungsventil als auch der resultierenden Zündkräfte des Verbrennungsmotors (axial und radial); außerdem wird es als Abdeckung für den Kettenschacht von Steuertrieb und Zahnräder verwendet. Das Lagergehäuse aus Aluminium stellt somit ein wichtiges A-Teil dar; abhängig vom Anwendungsgebiet erreichen die darin aufgenommenen Motorenteile Drehzahlbereiche bis 10 000 1/min. Aufgrund der höheren möglichen Formabweichungen des angewandten Gussverfahrens müssen die Gehäuse vermessen und auf mögliche Abweichungen von den Vorgaben überprüft werden.

Angesichts der vorliegenden komplexen Rohteil-Geometrie ist die Oberflächenerfassung mit einer Koordinatenmessmaschine jedoch zu zeitintensiv und arbeitsaufwendig, da neben umfangreichen Programmierarbeiten auch ein höherer Aufwand für die Erstellung von Zeichnung und Dokumentation eingeplant werden muss. Hier stellt ein Soll-Ist-Vergleich mit den präzisen 3D-Daten des smartSCAN eine ideale, zeit- und ressourcensparende Alternative dar.

Für die Prüfung der Rohteile kommt das Breuckmann-Messsystem smartSCAN mit einem kleinen Messfeld zum Einsatz. Zur teilweise automatisierten Erfassung wird zusätzlich ein Drehteller verwendet.

Arbeitsablauf

Im Scanprozess werden zunächst die Einzelaufnahmen des Lagergehäuses mithilfe der Breuckmann-Software OPTOCAT erstellt, ausgerichtet und zu einem einheitlichen Dreiecksnetz verbunden. In einem zweiten Schritt werden die so erzeugten Daten mit einer Inspektionssoftware ausgewertet (im vorliegenden Fall

Bild 3.46 Explosionszeichnung: Verbrennungsmotor-Komponenten inklusive des zu prüfenden Lagergehäuses (das unterste Bauteil), (mit freundlicher Genehmigung der AICON 3D Systems GmbH)

PolyWorks | Inspector™ von InnovMetric Software Inc.), um die Geometrie zu beurteilen.

Ergebnis

Die hochpräzisen Daten des smartSCAN unterstützen die Firma Weber Motor bei der Einhaltung ihrer hohen Qualitätsnormen. Zur Kontrolle der Gehäuseproduktion verfügt der Gießer über einen 3D-Datensatz mit entsprechend zugelassener Formabweichung nach DIN 1680 GTA.

Nach dem Abguss wird das Lagergehäuse mit dem smartSCAN digitalisiert und gegen die vorliegenden

CAD-Referenzdaten verglichen (Bild 3.47). Das aufwendige Arbeiten mit dem Messtaster einer Koordinatenmessmaschine ist nicht erforderlich: Jede noch so kleine Formabweichung lässt sich nicht nur schneller, bequemer und besser erkennen, der Digitalisierungsprozess mit anschließendem Datenvergleich spart zudem Zeit und Kosten.

zigen Turbinenschaufel zwischen 30 und 60 Minuten, wobei in diesem Messprozess nur einzelne Punkte der Objektgeometrie erfasst werden. Als hochpräzise, zeit- und kostensparende Alternative für diese herausfordernde Aufgabenstellung wird die Messstation Part-Inspect eingesetzt.

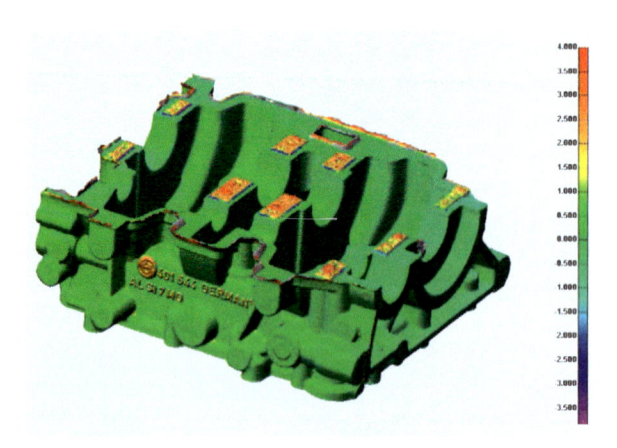

Bild 3.47 Abweichungen des vermessenen Gehäuses von den Solldaten (mit freundlicher Genehmigung der AICON 3D Systems GmbH)

Bild 3.48 Ein Triebwerk mit mehr als 1000 Turbinenschaufeln (mit freundlicher Genehmigung der AICON 3D Systems GmbH)

Die direkt interpretierbaren Messergebnisse werden umgehend zur Optimierung der Prozessparameter herangezogen. Damit unterstützt das smartSCAN die Produktionsabteilung in ihrer konstanten Effizienz bei der Herstellung qualitativ hochwertiger Lagergehäuse.

3.4.16 3D-Qualitätsprüfung von Turbinenschaufeln

Die Produktion von Turbinenschaufeln für den zivilen wie auch militärischen Flugzeugbau wird durch extrem enge Form- und Maßtoleranzen bestimmt. Hochwertige Produkte sind das erklärte Ziel der Produktion, zugleich sind auch die Herstellungskosten ein gewichtiger Aspekt. Das Endprodukt muss hundertprozentig stimmen, denn die Funktionalität und insbesondere der Wirkungsgrad verbunden mit dem Kerosinverbrauch eines modernen Flugzeugantriebs stützen sich auf seine mehr als 1000 Turbinenschaufeln pro Triebwerk (Bild 3.48).

Bei der Qualitätsprüfung dieser hochkomplexen Freiformflächen können taktile Inspektionsmethoden weder zeitlich noch qualitativ Schritt halten: So benötigt eine Koordinatenmessmaschine zur Prüfung einer ein-

Zur hochpräzisen, verlässlichen Qualitätsprüfung seiner Turbinen und Kompressorschaufeln setzt GE Aviation das 3D-Messsystem b-INSPECT ein. Die Datenerfassung mithilfe dieser vollständig in sich geschlossenen Messstation erfolgt durch den bewährten Breuckmann-stereoSCAN in Kombination mit speziellen, von GE patentierten Messtechnologien. Dadurch lassen sich in kürzester Zeit die gesamte Objektgeometrie und selbst schwierigste Oberflächen automatisch dreidimensional erfassen, wobei eine Vorbehandlung wie Einsprühen oder Mattieren entfällt. Diese speziell an die Bedürfnisse der Luftfahrtindustrie angepasste Technik wurde von GE Aviation in enger Kooperation mit Breuckmann und seinem amerikanischen Vertriebspartner Accurex Dimensional Measurement entwickelt und wird bei GE Aviation in der Produktion und Qualitätskontrolle von Turbinenschaufeln erfolgreich verwendet.

Arbeitsablauf

Die Projektbearbeitung erfolgt in zwei Arbeitsschritten: Zuerst erfasst das Messsystem die komplexe Oberfläche und erstellt ein hochpräzises, dreidimensionales Abbild der Objektgeometrie. Danach erfolgt direkt die Qualitätskontrolle, bedarfsbedingt auch automatisiert, wobei auf ein spezielles Inspektionsmodul für Schaufeln zurückgegriffen wird (z.B. PolyWorks | Inspector™, Rapidform® XOV/Veri er™ oder Geomagic Studio®).

Ergebnis

Computergestützte Qualitätskontrolle (CAQ) in Verbindung mit optischer Messtechnik ist angesichts der hohen Datenqualität und des Kosten-/Zeitfaktors ein sehr effizientes Verfahren, um dreidimensionale Istdaten von hochkomplexen Objekten mit den Solldaten ihrer CAD-Modelle zu vergleichen. Geringste Abweichungen von den Produktionsvorgaben werden so auf schnelle, einfache Weise identifiziert. Der Anwender erhält zeitnah detaillierte Informationen für erforderliche Anpassungsmaßnahmen zur spezifikationsgetreuen Fertigung (Bild 3.49).

Die ganzheitliche Inspektion erzielt nicht nur eine deutlich geringere Prüfzeit, sondern insbesondere auch erheblich aussagekräftigere, besser vermittelbare Messergebnisse. Die Interpretation dieser Resultate fließt umgehend in den Herstellungsprozess zurück und dient so der direkten Produktionsoptimierung sowie der Produktqualität der bei GE Aviation produzierten Turbinenschaufeln.

3.4.17 3D-Qualitätsprüfung und Fahrzeugvermessung in der Formel 1™

Der Zeitfaktor spielt nicht nur im Rennen selbst, sondern auch bei der Vorbereitung für jede Saison eine maßgebliche Rolle: Da die Testtage in der Formel 1™ streng begrenzt sind, gilt es, Entwicklung und Produktion des Rennwagens unter rekordverdächtigen Bedingungen zum Abschluss zu bringen.

Das Projekt setzt sich aus zwei Aufgaben zusammen: Zum einen werden unterschiedliche Produktionsformen und Fahrzeugbauteile (Bild 3.50) aus Karbonfasern zeitsparend und hochgenau digitalisiert. Direkt im Anschluss erfolgt der Vergleich der flächenhaft gewonnenen Messdaten mit dem CAD-Modell, um Abweichungen schnell und einfach zu detektieren sowie darzustellen.

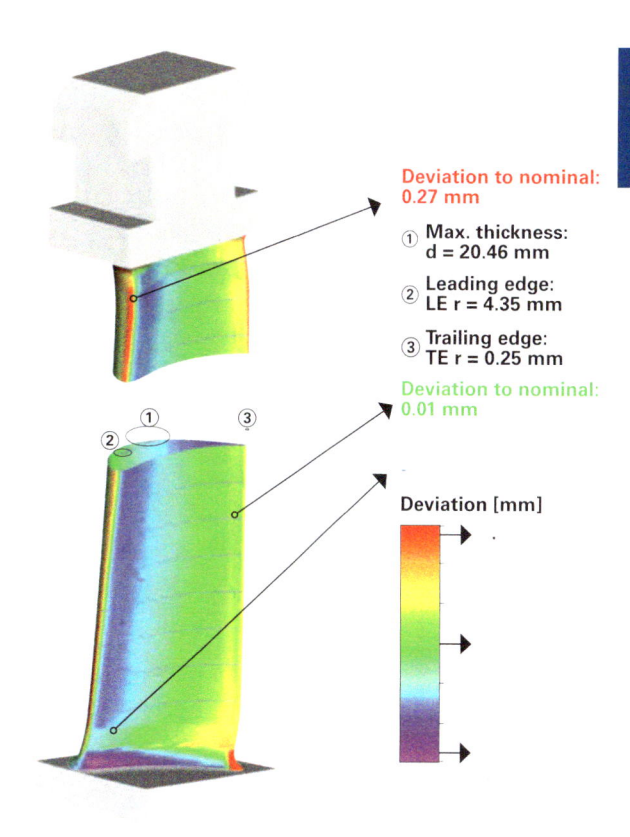

Bild 3.49 Auswertung aller relevanter Parameter einer vermessenen Turbinenschaufel (mit freundlicher Genehmigung der AICON 3D Systems GmbH)

Messsystem und Aufbau

Angesichts der geforderten Präzision und Flexibilität, verbunden mit der Voraussetzung, auf das zeitaufwendige Anbringen und Einmessen von Passmarken

Bild 3.50 Der zu vermessende Frontspoiler eines F1™ Wagens (mit freundlicher Genehmigung der AICON 3D Systems GmbH)

zu verzichten, entschied sich Pierluca Magaldi von der Scuderia Toro Rosso für den Breuckmann-naviSCAN. Diese Kombination aus dem Breuckmann-Hochleistungs-Weißlichtscanner mit einem portablen Koordinatenmessgerät, z. B. dem MoveInspect von AICON 3D Systems, erlaubt dem Anwender individuell angepasste, hochpräzise Messprozesse.

Durch den Einsatz des Messtasters wird das Anwendungsspektrum des 3D-Scanners nochmals erweitert, sodass selbst schwer zugängliche Stellen in kürzester Zeit taktil erfasst werden. Bohrungen, Hinterschneidungen, verdeckte Bereiche und ähnliche Objekteigenschaften lassen sich somit schnell und einfach taktil erfassen und direkt in jedes einzelne Scuderia-Messprojekt integrieren. Müssen nur einzelne Maße, also Punkte, überprüft werden, so lässt sich dies ebenfalls mühelos mithilfe des Tasters durchführen, ohne flächenhafte Daten erfassen zu müssen.

Arbeitsablauf

Die Kombination von Streifenprojektion und optischem Trackingsystem ermöglicht der Qualitätssicherung von Toro Rosso, ein großes Messvolumen aufzuspannen. Das zeitaufwendige Anbringen und Einmessen von Passmarken entfällt. Pro Aufnahme wird eine Fläche von bis zu einem Quadratmeter gescannt; das Zusammenfügen der einzelnen Aufnahmen zu einem 3D-Modell erfolgt automatisch im Fahrzeugkoordinatensystem.

Ergebnis

Die Scuderia Toro Rosso verwendet zur Digitalisierung der Produktionsformen und Fahrzeugbauteile ihrer Formel-1™-Rennwagen den Breuckmann-naviSCAN. Damit werden selbst große, glänzende Oberflächen ohne zeitaufwendiges Anbringen von Referenzmarken schnell und hochpräzise erfasst. Trotz großer Datenmengen stehen die Messergebnisse direkt zur Qualitätsprüfung bzw. zur Kontrolle der Fahrzeugmaße zur Verfügung (Bild 3.51).

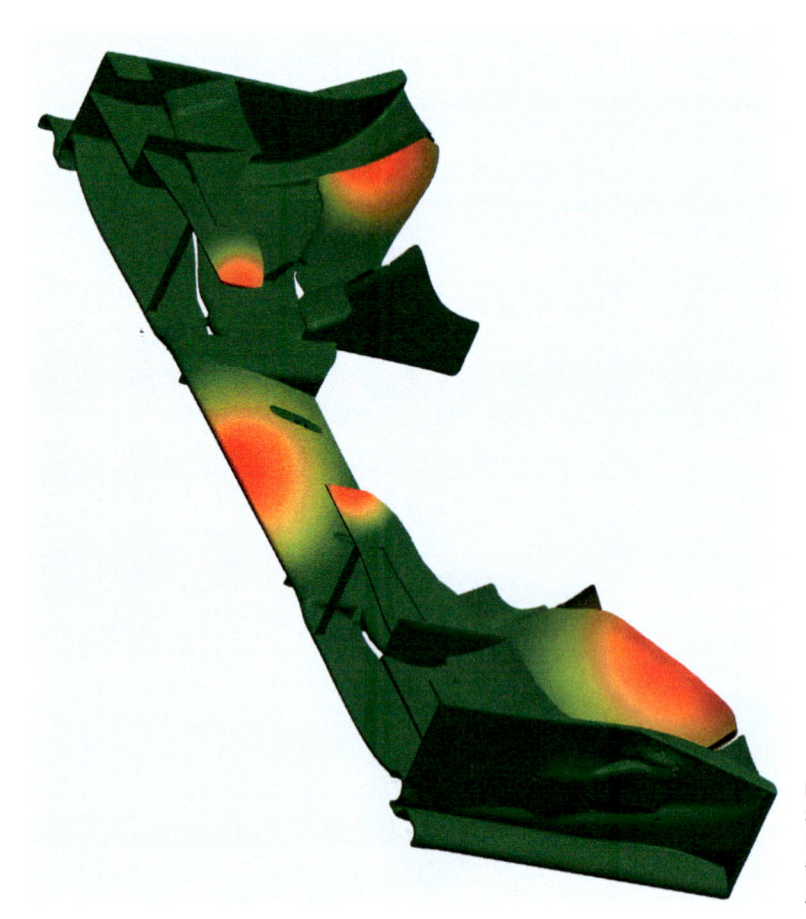

Bild 3.51
Soll-Ist-Datenvergleich des eingescannten Frontspoilers mit CAD-Daten als Falschfarbengrafik (mit freundlicher Genehmigung der AICON 3D Systems GmbH)

4 Photogrammetrie

Die Photogrammetrie findet ihren Ursprung (um 1900) auf dem Fachgebiet der Geodäsie wieder und wurde parallel zur Fotographie entwickelt. Mithilfe der Photogrammetrie kann die Form und Lage von Messobjekten aus Bildern rekonstruiert werden. Mit dem Verfahren der Photogrammetrie können folgende Informationen gewonnen werden (Kraus 2004):

- Digitale geometrische Modelle, die weiter in CAD-Systemen verarbeitet werden können
- Karten und Pläne von Gebäuden und Grundstücken mit Angabe der Höhenlinien und sonstigen grafischen Darstellungen
- Bilder, entzerrte Fotos oder dreidimensionale Fotomodelle, die texturierte CAD-Modelle darstellen
- Maßzahlen, die Koordinaten einzelner Objektpunkte im Raum angeben.

4.1 Prinzip der Photogrammetrie

4.1.1 Verfahrensgrundlagen

Das Messobjekt wird aus verschiedenen Positionen aufgenommen, anhand von markanten Stellen oder Markierungen kann anschließend die Form und Lage des Prüflings berechnet werden.

Vor- und Nachteile der Photogrammetrie

Vorteile	Nachteile
Für sehr große Messobjekte geeignet	Begrenzte Genauigkeit
fast beliebige Oberflächenbeschaffenheit	schwer automatisierbar
handelsübliche Kameras verwendbar	erfordert Vorbereitungen
kompakt (leicht transportabel)	nicht für bewegte Objekte geeignet
Texturerfassung möglich	für kleine Messobjekte ungeeignet
keine gefährliche Strahlung	

Messbereich und Genauigkeit der Photogrammetrie

Die Genauigkeit kann mithilfe folgender Formel ermittelt werden (Pfeiffer 2007):

$$Objektgenauigkeit = Bildkoordinatenmessgenauigkeit \times Bildmastabszahl$$

Beispiel: Bildkoordinatenmessgenauigkeit = 0,001 mm, Bildmaßstab = 1:1000, Objektgenauigkeit = 1 mm
Es ist ersichtlich, dass die Messobjektgröße einen entscheidenden Einfluss auf die erreichbare Genauigkeit hat und, dass dennoch eine erstaunlich genaue 3D-Vermessung mit diesem Verfahren möglich ist.
Der laterale und vertikale Messbereich erstreckt sich von wenigen Millimetern bis zu sehr großen Landoberflächen.

Typische Anwendungen der Photogrammetrie

Die Photogrammetrie wird hauptsächlich zur 3D-Vermessung von großen Objekten eingesetzt (Luftbildphotogrammetrie), also dann wenn erhebliche Punktmengen aufgenommen werden sollen. So kann z. B. aus einem Flugzeug heraus oder von einem Satelliten eine

4 Photogrammetrie

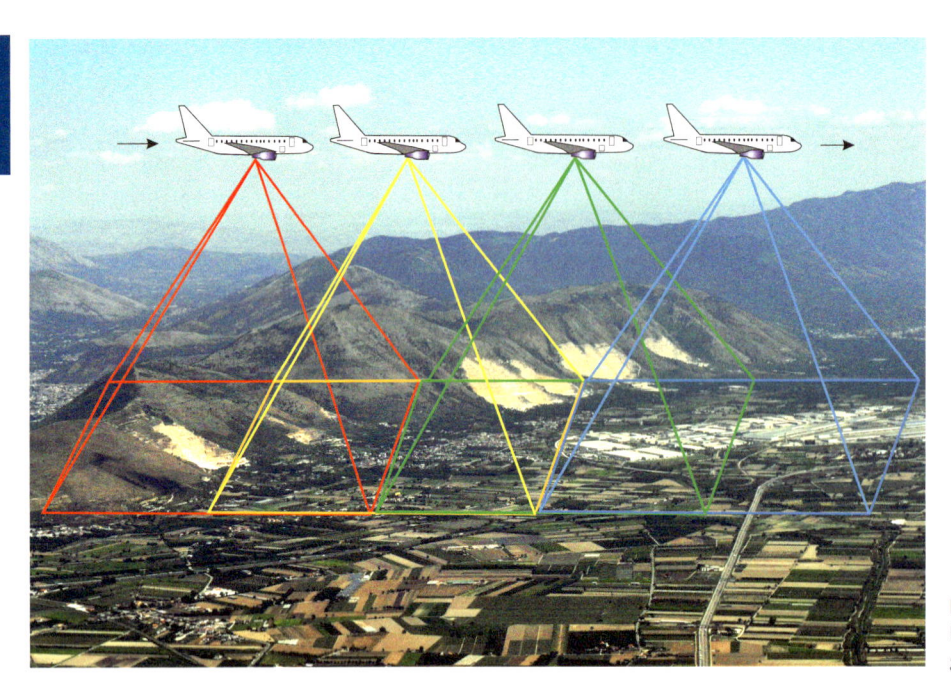

Bild 4.1
Prinzip der Luftbildphotogrammetrie

Landvermessung zur Erstellung von topografischen Karten vorgenommen werden (Bild 4.1). Ein Großteil der Geo-Daten wird auf diesem Wege ermittelt.

Ein weiterer Schwerpunkt ist die Vermessung von archäologischen oder ingenieurtechnischen Objekten, Gebäuden und großen Anlagen (Nahbereichsphotogrammetrie). Die Photogrammetrie wird auch bei der Unfallrekonstruktion eingesetzt.

4.1.2 Messverfahren der Photogrammetrie

Zur Rekonstruktion von 3D-Koordinaten aus 2D-Aufnahmen muss das Messobjekt aus mindestens zwei verschiedenen Perspektiven erfasst werden.

Es wird ein mathematisches Modell benötigt, um aus ebenen Abbildungen 3D-Punktkoordinaten zu bestimmen, deshalb müssen die geometrischen Abbildungsgesetze der verwendeten Technik bekannt sein. Die Zentralprojektion ist das meist verwendete Modell. Geometrisch kann das als eine Abbildung der drei-

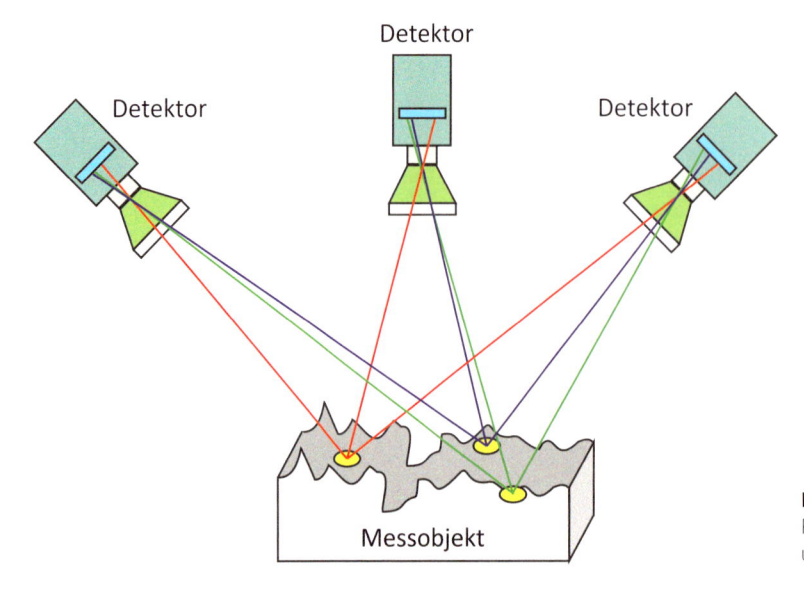

Bild 4.2
Photogrammetrische 3D-Objekterfassung aus unterschiedlichen Perspektiven

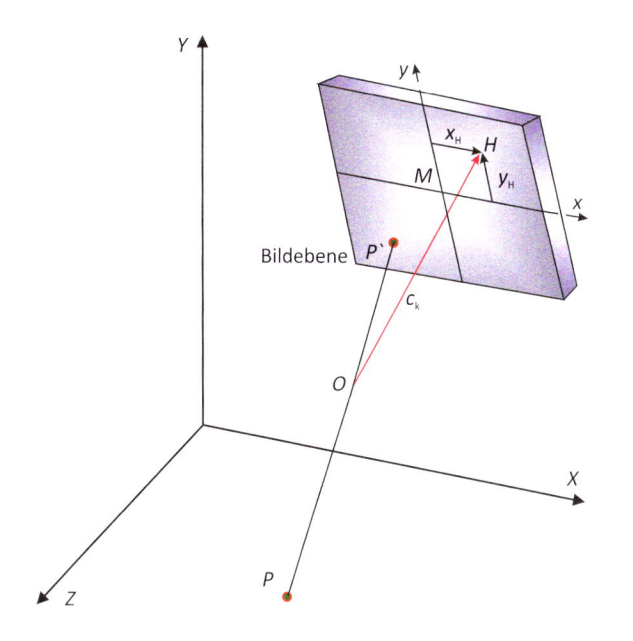

4.1 Prinzip der Photogrammetrie

c_k - Kamerakonstante
H - Bildhauptpunkt
M - Bildmittelpunkt
O - Aufnahmeort des Strahlenbündels

Bild 4.3
Parameter der inneren Orientierung

dimensionalen Punkte mittels Geraden auf eine zweidimensionale Ebene (Kamerasensor) betrachtet werden.

Zur Rekonstruktion der Strahlenbündel im Raum müssen die Daten der inneren und der äußeren Orientierung bekannt sein. Mit dem Begriff der Orientierung werden die geometrischen Zusammenhänge im und um das Messbild beschrieben.

Die innere Orientierung beschreibt die geometrischen Verhältnisse in der Aufnahmekamera (Bild 4.3).

Aus dem Grund, dass die Brennweite konstant sein muss, sind Kameras mit Autofokus nicht geeignet. Die äußere Orientierung beschreibt die Lage des Projektionszentrums im Raum (Bild 4.4).

Bei der äußeren Orientierung werden mit φ, κ, β Drehungen im Raum angegeben.

Außer der beschriebenen Orientierungen existieren weitere Arten:

- Relative Orientierung (beschreibt die Lage zweier überlappender Bilder zueinander)
- absolute Orientierung (beschreibt die Transformation, um ein photogrammetrisches Modell in ein anderes übergeordnetes Koordinatensystem zu überführen).

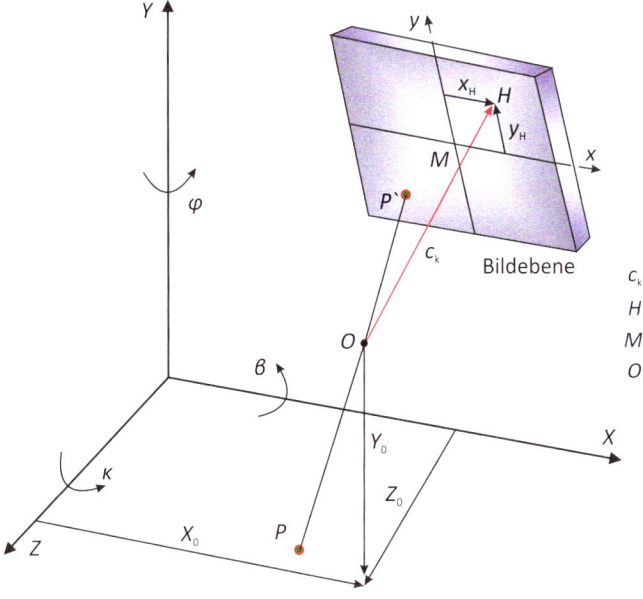

c_k - Kamerakonstante
H - Bildhauptpunkt
M - Bildmittelpunkt
O - Aufnahmeort des Strahlenbündels

Bild 4.4
Parameter der äußeren Orientierung

Der Zusammenhang zwischen dem Bild- und Objektsystem wird durch sogenannte Kollinearitätsgleichungen beschrieben.

$$x = x_H - c_k \frac{r_{11}(X-X_0) + r_{21}(Y-Y_0) + r_{31}(Z-Z_0)}{r_{13}(X-X_0) + r_{23}(Y-Y_0) + r_{33}(Z-Z_0)} + dx$$

$$y = y_H - \frac{r_{12}(X-X_0) + r_{22}(Y-Y_0) + r_{32}(Z-Z_0)}{r_{13}(X-X_0) + r_{23}(Y-Y_0) + r_{33}(Z-Z_0)} + dy$$

Die Parameter r_{ik} sind Elemente der Drehmatrix R, die die räumliche Position des Bildes in Bezug zum Objektkoordinatensystem XYZ angibt. Mithilfe der drei Drehwinkel φ, κ, β (Bild 4.4) können die Parameter r_{ik} beschrieben werden.

Für eine Bildebene, die parallel zum Objekt ist, und ein ebenes Objekt $Z = 0$ ergibt sich die Drehmatrix zu:

$$R = \begin{bmatrix} r_{11} & r_{12} & r_{13} \\ r_{21} & r_{22} & r_{23} \\ r_{31} & r_{32} & r_{33} \end{bmatrix} = \begin{matrix} \cos(\kappa) & -\sin(\kappa) & 0 \\ \sin(\kappa) & \cos(\kappa) & 0 \\ 0 & 0 & 1 \end{matrix}$$

Der besonders interessierte Leser kann die vollständige mathematische Herleitung der Kollinearitätsgleichungen z. B. in (Kraus 2004) nachlesen. Bei Überlappungen der Aufnahmen entsteht ein überbestimmtes Gleichungssystem, welches gelöst werden muss.

Bei bekannten inneren und äußeren Orientierungen können Objektkoordinaten bestimmt werden. Die Parameter der beiden Orientierungen werden mithilfe von Kalibrierungen ermittelt. Für diesen Zweck existiert eine Vielzahl an Kalibrierverfahren. Mit der sogenannten Bündelausgleichmethode (Bündeltriangulation) können die Parameter der inneren und äußeren Orientierung und gleichzeitig die Objektkoordinaten berechnet werden. Auf die Kalibrierung der Kameras kann bei diesem Verfahren verzichtet werden. Die höhere Anzahl der Unbekannten muss jedoch durch die Verwendung von Verknüpfungspunkten kompensiert werden. Diese Methode gestattet die Benutzung von handelsüblichen Kamerasystemen.

Zur Automatisierung der Auswertung von Aufnahmen werden auf die Messoberfläche bei vielen photogrammetrischen Verfahren (auch bei der Bündelausgleichmethode) kodierte Passmarken aufgeklebt. Die Messmarken werden von dem System automatisch erkannt und die Einzelaufnahmen können somit automatisch aufgrund von Überlappungen und homologer Punkte ausgewertet werden. Seit kurzer Zeit werden auch virtuelle Passmarken verwendet, die auf die Oberfläche aufprojiziert werden und somit die Geometrie nicht verdecken.

4.2 Anwendungsbeispiele der Photogrammetrie

Photogrammetrie wird hauptsächlich zur Vermessung von großen und sehr großen Objekten eingesetzt, also dort, wo keine sehr hohe Genauigkeit erforderlich ist.

4.2.1 Einsatz mobiler optischer Koordinatenmesstechnik beim Aufbau von Offshore-Windenergieanlagen

Windenergieanlagen werden für den Offshore-Aufbau (Bild 4.5) wegen ihrer Größe in Einzelteilen zum Zielort transportiert. Aufgrund verschiedener Produktionsstandorte treffen die einzelnen Bausegmente mitunter

Bild 4.5 Windenergieanlagen im Offshore-Bereich (mit freundlicher Genehmigung von GOM GmbH)

4.2 Anwendungsbeispiele der Photogrammetrie

Bild 4.6
Links: TRITOP^{CMM}-Messsystem, Photogrammetriekamera mit Zubehör; Rechts: Verbrauchsmaterial, selbstklebende und magnetische Messmarken (mit freundlicher Genehmigung von GOM GmbH)

erst bei der Montage auf hoher See das erste Mal aufeinander. Eine Kontrolle der Montageflächen von Turm und Fundament muss daher im Vorfeld räumlich und zeitlich unabhängig voneinander durchgeführt werden. Um einen reibungslosen Aufbau der Offshore-Windenergieanlagen zu gewährleisten, wird das optische TRITOP^{CMM}-Messsystem zur Überprüfung der Montageflächen und Befestigungsbolzen eingesetzt.

Optisches 3D-Koordinatenmesssystem

TRITOP^{CMM} ist ein transportables optisches Messsystem, welches die 3D-Koordinaten markierter Objektpunkte präzise bestimmt. Die zu messenden Stellen auf dem Objekt werden vor dem Messvorgang mit selbstklebenden oder magnetischen Messmarken gekennzeichnet (Bild 4.6).
Mit der TRITOP^{CMM}-Photogrammetrie-Kamera wird das Messobjekt aus verschiedenen Richtungen aufgenommen. Anhand der aufgenommenen Bilder werden umgehend im Rechner über den Bündelausgleich aller aufgenommenen 2D-Bilder die 3D-Koordinaten für die Messmarken automatisch berechnet.
Geometrieelemente wie Zylinder, Bohrungen, Kugeln, Randkanten etc. können mit entsprechenden Adaptern vermessen werden. Für spezielle Anforderungen kann der Anwender benutzerdefinierte Adapter (Bild 4.7) auch selber herstellen. Kamerakoffer, Laptop sowie Maßstabskoffer können problemlos von einer Person transportiert werden. Für den Messvorgang ist ebenfalls nur eine Person erforderlich. Eine externe Stromversorgung ist dabei weder für die Messung noch für die anschließende Auswertung nötig.

Inspektion von Montagebolzen auf Offshore-Fundamenten

Für den Aufbau von Offshore-Windenergieanlagen werden an Land spezielle Betonfundamente gefertigt. Diese haben eine Höhe von über 20 m und einen Durchmesser von etwa 10 m auf der oberen Plattform. Nach Fertigstellung werden die Fundamente mit einem Schiff zur Zielposition geschleppt und dort im Meeresboden verankert, sodass die Plattformoberkante etwa zwei bis vier Meter aus dem Wasser ragt. Der Turm wird aufgrund der Höhe von Windenergieanlagen aus mehreren Teilen gefertigt. Auch diese Teile werden mit Schiffen zum Zielort transportiert und vor Ort auf dem Meer mit einem speziellen Schwimmkran für große Lasten zu einem Turm aufgebaut. Für die Montage des

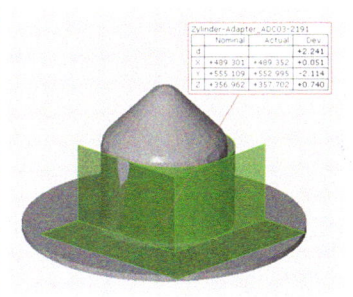

Bild 4.7 Links: GOM-Adapter zur Messung von Geometrieelementen, in der Mitte: GOM-Adapter im realen Einsatz, Rechts: gemessenes Geometrieelement (mit freundlicher Genehmigung von GOM GmbH)

4 Photogrammetrie

Bild 4.8
Anordnung der Montagebolzen im Betonfundament und Messvorbereitung (mit freundlicher Genehmigung von GOM GmbH)

untersten Turmsegmentes sind 120 Stahlbolzen in das Betonfundament eingelassen. Diese Montagebolzen sind in zwei Kreisen mit einem Durchmesser von etwa 4 m angeordnet (Bild 4.8).
Da Fundamente und Turmelemente an verschiedenen Orten gefertigt werden, ist ein Testaufbau an Land nicht möglich. Passt die Position der Montagebolzen im Fundament nicht zu dem Lochbild im untersten Turmsegment, müssen vor Ort zeitintensive Anpassungen vorgenommen werden. Eventuell ist eine Montage auf hoher See auch gar nicht möglich. Durch den Einsatz des sehr teuren Schwimmkrans können hierbei extreme Zusatzkosten und große zeitliche Verzögerungen entstehen. Zur Vermeidung dieses Problems müssen

Bild 4.9
Messung und Inspektion von 120 Montagebolzen mit dem TRITOP^{CMM}-System auf hoher See (mit freundlicher Genehmigung von GOM GmbH)

die Positionen der Montagebolzen auf dem Betonfundament überprüft werden (Bild 4.9), die geforderte Genauigkeit beträgt hier 1/10 mm. Mit dem TRITOP^{CMM}-Messsystem ist dies sowohl direkt nach der Fertigung des Fundamentes an Land als auch nach der Verankerung auf hoher See möglich.

Dabei stellen auch die kritischen Rahmenbedingungen wie der eingeschränkte Raum und Messabstand auf den Betonfundamenten, der kräftige Wind oder die fehlende Stromversorgung kein Hindernis für die Messung mit dem mobilen und kompakten TRITOP^{CMM}-System dar. Fehlerhaft positionierte oder schräg stehende Montagebolzen auf den Fundamenten können dadurch schnell, eindeutig und mit der geforderten Genauigkeit identifiziert werden. Somit ist bereits vor der Montage die Möglichkeit gegeben, eventuelle Probleme zu beheben.

Messablauf

Für die Messung wird der Messbereich auf dem Fundament mit Messmarken und Maßstäben ausgestattet (Bild 4.10). Zur Erfassung der über 120 Bolzen werden Adapter benutzt, die speziell für diese Anwendung aus einfachen Winkelprofilen hergestellt wurden.

Bild 4.11 Messdatenerfassung mit der TRITOP^{CMM}-Photogrammetrie-Kamera (mit freundlicher Genehmigung von GOM GmbH)

Bild 4.10 Benutzerdefinierte TRITOP^{CMM}-Adapter zur Vermessung der Montagebolzen (mit freundlicher Genehmigung von GOM GmbH)

Anschließend wird der Messbereich mit mehreren überlappenden Aufnahmen aus verschiedenen Richtungen aufgenommen.
Noch während des Messvorgangs (Bild 4.11) werden die Bilder automatisch auf den Laptop übertragen. Sofort nach der Bildübertragung erfolgt die Berechnung der 3D-Koordinaten aller 120 Montagebolzen anhand des eindeutigen Punktmusters auf den Adaptern innerhalb weniger Minuten. Durch die Auswertung noch vor Ort kann die Messung auf Vollständigkeit geprüft werden.

Je nach Definition der Adapter können z. B. einzelne Punkte oder die Achse der Montagebolzen berechnet werden, sodass die Position oder auch die Ausrichtung jedes einzelnen Montagebolzens bestimmt werden kann. Die TRITOP^{CMM}-Software ermöglicht auch die Erstellung von Messberichten (Bild 4.12 und 4.13) und den Export der Messdaten in Tabellen.

Die Vorbereitung der TRITOP^{CMM}-Messung dauert weniger als 30 Minuten, für die Messung selbst werden etwa zehn Minuten benötigt. Somit kann, inklusive dem Übersetzen per Schiff zum nächsten Standort, für jedes Fundament etwa eine Stunde einkalkuliert werden.

4 Photogrammetrie

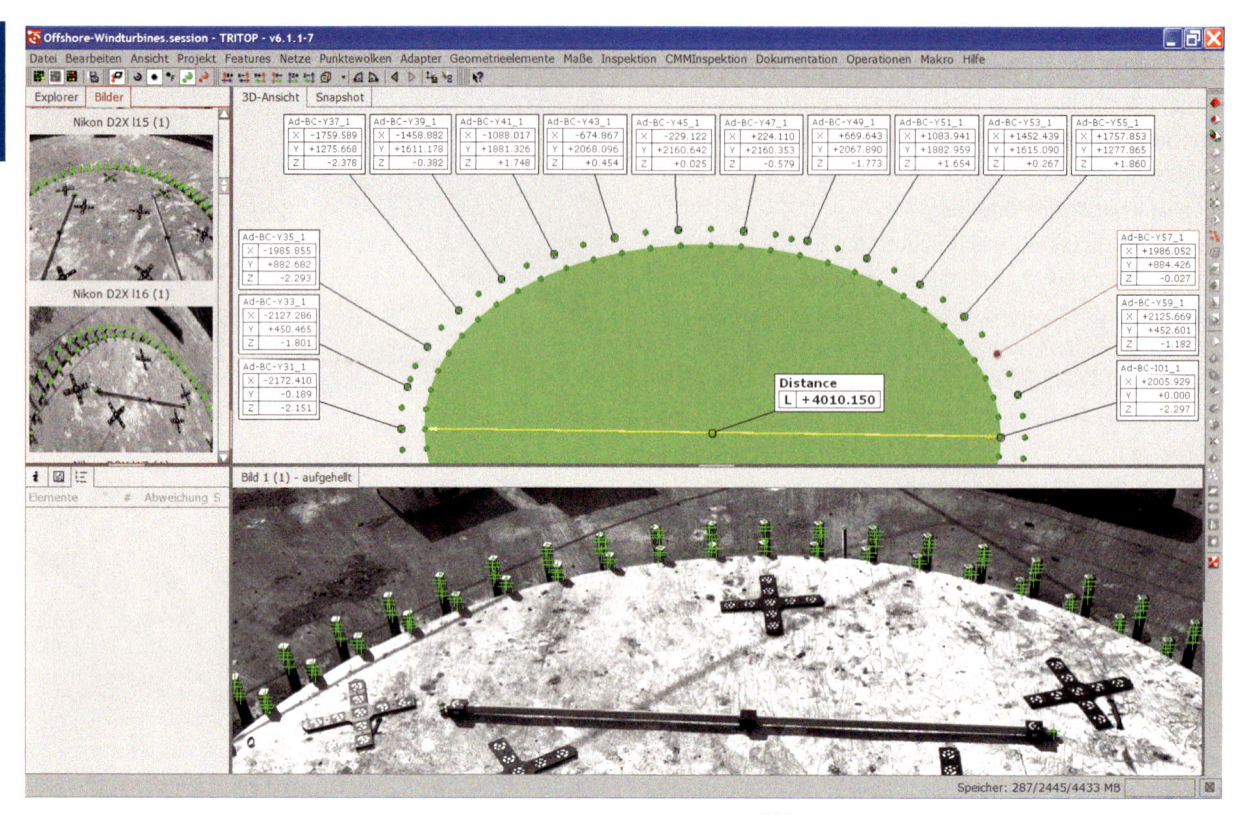

Bild 4.12 Messbericht der gemessenen Positionen der Montagebolzen in der TRITOP[CMM]-Software (mit freundlicher Genehmigung von GOM GmbH)

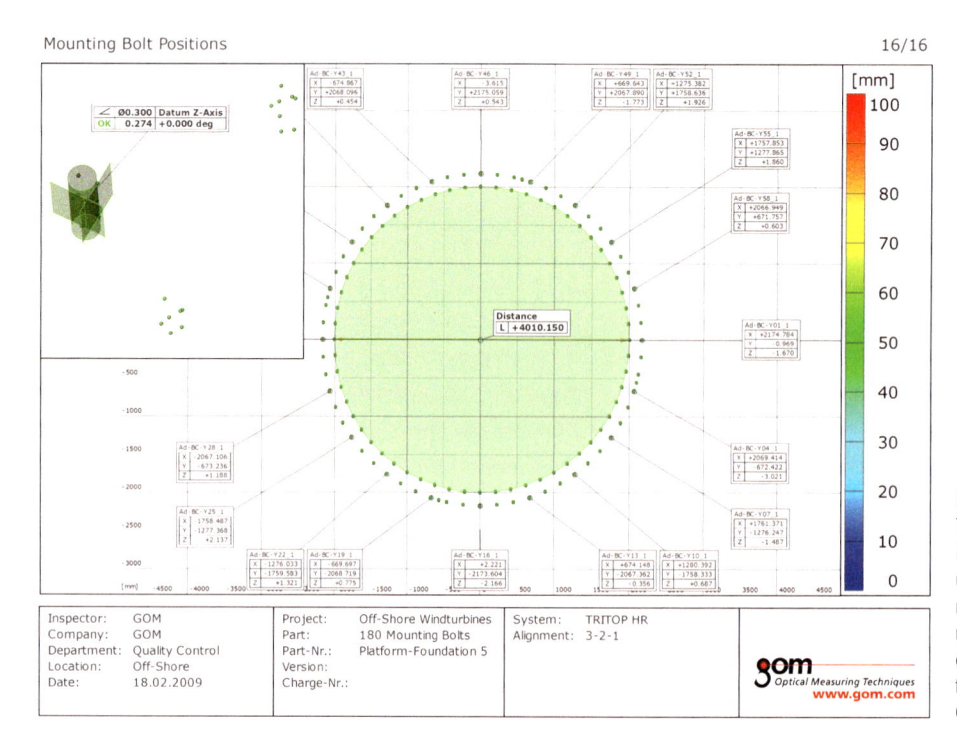

Bild 4.13
TRITOP[CMM]-Messbericht mit Positionen der Montagebolzen und Form-/Lage-Detail (Geometric Dimensioning and Tolerancing, GD&T), mit Tabellenexport eines Reports (mit freundlicher Genehmigung von GOM GmbH)

Fazit

Das leicht transportable, optische TRITOP^{CMM}-Messsystem ermöglicht die präzise Vermessung und Kontrolle von Montagebolzen und -flächen mittels CMM-Inspektion. Dadurch können mögliche Probleme durch falsch positionierte oder schräg stehende Montagebolzen bereits vor dem Aufbau identifiziert und behoben werden. Aufgrund des einfachen Messablaufes kann die Vermessung von über 120 Montagebolzen durch eine einzelne Person erfolgen. Die Messdatenauswertung direkt vor Ort garantiert, dass alle Merkmale erfasst wurden. Durch die Kontrolle von Montageflächen mittels optischer Messtechnik kann somit ein reibungsloser Aufbau von Offshore-Windenergieanlagen ohne die Gefahr hoher Zusatzkosten und zeitlichen Mehraufwand gewährleistet werden.

4.2.2 Qualitätssicherung an BMW-Cabriolets

Im BMW-Werk Regensburg wird mobile optische 3D-Koordinatenmesstechnik zur Qualitätssicherung in der Fertigungslinie eingesetzt. Bei der Montage von Dachmodulen an Cabriolets kommt die optische Messtechnik bereits vor dem Serienbeginn bei der Prozessplanung für die Maschinenfähigkeitsuntersuchung (MFU) zum Einsatz. In der laufenden Fertigung ermöglicht das Photogrammetrie-System die flexible Inspektion direkt an der Montagelinie. Dadurch können frühzeitig Tendenzen und Abweichungen in der Produktion erkannt werden. Dies erlaubt die Reduzierung von Nacharbeitszeiten und die deutliche Senkung von Produktionskosten. Mittels Prozessfähigkeitsuntersuchungen kann damit auch das Qualitätsmanagement gezielt verbessert werden.

Im BMW-Werk Regensburg befinden sich vom Presswerk über den Karosseriebau bis zur Montage alle nötigen Fertigungsschritte für den Automobilbau auf einem Gelände. In der Montage – als letztem Prozessabschnitt der Kernfertigung – entstehen aus etwa 20 000 Komponenten in rund 100 Arbeitsschritten fertige BMWs. Hier werden in einzigartiger Variantenvielfalt der BMW 1er (5-Türer), von der BMW 3er-Reihe die Limousine, das Coupé und das Cabrio sowie die entsprechenden M3-Modelle und zudem noch der BMW Z4 Roadster (Bild 4.14) in bunter Reihenfolge auf einem variantenneutralen Hauptband produziert. Diese Art von individualisiertem Automobilbau erfordert bei der Montage die Sorgfalt einer klassischen Manufaktur sowie modernste logistische Steuerung. Die einzelnen Teile müssen nicht nur „just in time", sondern auch „just in sequence", also in der Reihenfolge entsprechend den Fahrzeugen auf der Montagelinie, zugeliefert werden.

Beim 3er Cabrio und dem Z4 Roadster ist die Montage der Dachmodule eine besonders sensible Aufgabe und stellt hohe Anforderungen an die Mitarbeiter, den Arbeitsablauf und die verwendeten Hilfsmittel. Um einen verzugsfreien Einbau der Cabrio-Hardtop-Module, die Dichtigkeit sowie gleichmäßige Spaltmaße zu kontrollieren, wird das mobile optische TRITOP^{CMM}-System eingesetzt (Bild 4.14). Dieses Messsystem ermöglicht eine unabhängige und flexible Inspektion direkt an der Montagelinie. Es erlaubt dadurch die indirekte Überprüfung der Kalibrierungsstabilität von Montagelehren, die Analyse von sensiblen Arbeitsschritten und von kritischen Zulieferteilen. Durch das frühe Erkennen unzulässiger Abweichungen und die kurzen Reaktionszeiten trägt das TRITOP^{CMM}-System zur deutlichen Einsparung von Nacharbeitszeiten, zur Optimierung von Arbeitsabläufen und dadurch zur Senkung von Produktionskosten bei.

Bild 4.14
BMW-Cabriolet Z4 Roadster und Messsystem TRITOP^{CMM} (mit freundlicher Genehmigung von GOM GmbH)

Messaufgabe: Inspektion der Montagekonsolen

Um die Hardtop-Module verzugsfrei einzubauen, ist die präzise Positionierung der Montagekonsolen (Verbindungsstücke zwischen Karosserie und einzubauendem Dachmodul, Bild 4.15) von entscheidender Bedeutung. Nur so kann die dauerhafte Funktion – wie das präzise Einhaken der Dachschale am Windlauf und die genaue Passung an den Abschlussdichtungen – sichergestellt werden. Durch die exakte Montage werden auch Stauchungen des Hardtops sowie störende Geräusche beim Öffnen und Schließen verhindert. Ferner müssen gleichmäßige Spaltmaße und Abstände der Dichtungen zueinander erzielt werden. Die sechs Konsolen (je drei rechts und drei links) werden dafür mittels einer Deckenlehre von zwei Mitarbeitern mit der Karosserie verbunden. Dabei ist eine Toleranzgrenze von maximal 0,7 mm zulässig. Die regelmäßige Positionskontrolle der Dorne, Gewinde und Bohrungen der Konsolen gewährleistet die gleichbleibende Qualität bei den entsprechenden Montagevorgängen. Wichtig ist dabei vor allem, schnell und gezielt in den Montageablauf eingreifen zu können, sobald unzulässige Abweichungen erkennbar werden.

Vor der Inbetriebnahme unterzogen die Mitarbeiter das optische TRITOP^{CMM}-Messsystem den BMW-typischen Eingangs- und Bewährungstests. Dabei ergab die MFU (Maschinenfähigkeitsuntersuchung) mit verschiedenen Anwendern durchweg beste Ergebnisse hinsichtlich Präzision, Wiederholgenauigkeit und Reproduzierbarkeit. „Uns wurde schnell klar, dass das Messen aus Bildern ein präziser und kontrollierbarer Vorgang ist,

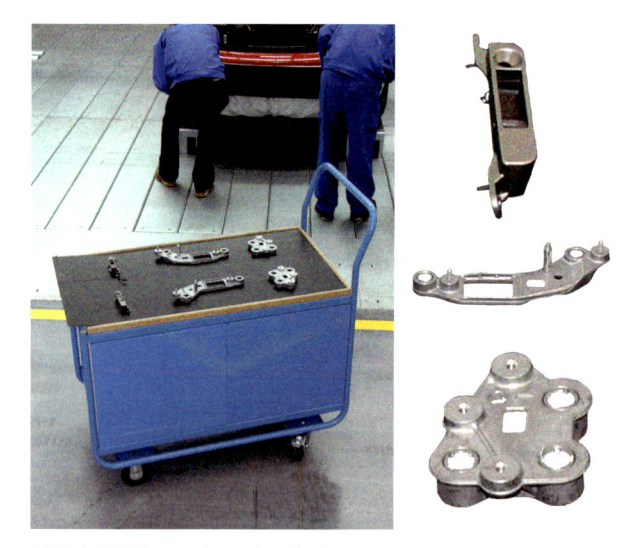

Bild 4.15 Montagekonsolen für das 3-teilige, versenkbare Hardtop-Dachmodul und Einbaupositionen in der Karosserie (mit freundlicher Genehmigung von GOM GmbH)

da das System die Messgenauigkeit eines Projektes durch die Pixel-Abweichung und die doppelten Maßstäbe in mehrfacher Hinsicht überprüfbar macht. Ein großer Vorteil ist auch, dass wir nun über ein Messsystem verfügen, mit dem wir unmittelbar an der Montagelinie messen können und nicht mehr von der unflexiblen taktilen Messtechnik abhängig sind (Bild 4.16). Bisher mussten wir einen Messplatz buchen, das Fahrzeug aus der Montagehalle in den Messraum bringen und konnten durch den planerischen und logistischen Vorlauf manchmal nur ein Fahrzeug am Tag kontrollieren." (M. Grimm, verantwortlicher Mitarbeiter, BMW)

Bild 4.16
Portables optisches Messsystem TRITOP^{CMM}, Betrieb ohne externe Stromversorgung (mit freundlicher Genehmigung von GOM GmbH)

"Das System ist zudem leicht zu bedienen und kann schnell vom Benutzer vor jedem Projekt den Umweltbedingungen entsprechend kalibriert werden." (A. Besenreiter, messender Mitarbeiter, BMW) Derzeit erfolgt im Schnitt an jedem 15. Fahrzeug eine Kontrollmessung, sodass nun in einer Schicht bis zu fünf Fahrzeuge kontrolliert werden können. Das mobile TRITOP^{CMM}-System kann dabei bequem von einer Person zum Einsatzort getragen werden, auch die Messung kann von einer Person durchgeführt werden.

Mit dem Ausschleusen des Fahrzeuges aus der Produktionslinie und dem Wiedereinschleusen werden pro Messvorgang etwa 45 Minuten benötigt, wobei beliebig viele Merkmale gemessen werden können, ohne dass sich die Messzeit wesentlich verlängert.

Messablauf: TRITOP^{CMM} im BMW-Werk Regensburg

Für die Messung werden die Dorne, Außen- und Innengewinde der montierten Konsolen des BMW 3er Cabriolets und des BMW Z4 mit den entsprechend markierten Adaptern bestückt. Das Referenzpunktmuster auf den Adaptern ist zum jeweiligen Mittelpunkt auf den Konsolenoberflächen kalibriert. Nach der Vermessung werden dadurch automatisch CMM-Punkte mit den entsprechenden Abweichungen zur Sollposition ausgegeben (Bild 4.17).

Zusätzlich werden kodierte Orientierungskreuze und zwei Maßstäbe im Messfeld platziert und der Messbereich mit mehreren Aufnahmen aus verschiedenen Richtungen aufgenommen. Noch während des laufenden Messvorganges werden die Bilder automatisch auf den Laptop übertragen. Nach der Bildübertragung erfolgt in weniger als einer Minute die Berechnung der 3D-Koordinaten aller Konsolen-Montagepunkte. Anhand der Adapter werden Messberichte entsprechend den Fertigungsvorgaben automatisch erstellt.

Durch die schnelle Auswertung direkt neben der Montagelinie werden Abweichungen sofort erkannt. Somit können Probleme in der Montagekette umgehend analysiert und erforderliche Korrekturmaßnahmen eingeleitet werden.

Zielführende Analysen mit TRITOP^{CMM}

"Das TRITOP^{CMM}-System ermöglicht uns zum einen die regelmäßige und montagenahe Überprüfung der vorgeschriebenen Toleranzgrenzen beim Einbau der Konsolen und zum anderen ein schnelles und gezieltes Handeln, wenn diese überschritten werden. Die Messungen erlauben uns eine permanente Überwachung der Leh-

Bild 4.17
Bestückung der Dorne, Außen- und Innengewinde der montierten Dachkonsolen mit den entsprechenden TRITOP^{CMM}-Adaptern für die Messung (mit freundlicher Genehmigung von GOM GmbH)

Bild 4.18
Messvorgang direkt neben dem Montageband (mit freundlicher Genehmigung von GOM GmbH)

ren und ihrer Kalibrierungsstabilität. Dadurch ist eine frühzeitige Korrektur von dekalibrierten Lehren möglich, bevor viele weitere Konsolen fehlerhaft damit in den Fahrzeugen verbaut würden. So kann kurzfristig eine Ersatzlehre zum Einsatz kommen, während die zu korrigierende Montagelehre neu kalibriert wird. Gleichzeitig sind wir durch die mobile Messtechnik in der Lage, Einbauprobleme zu analysieren. Dadurch können wir Montageprozesse optimieren sowie unseren Monteuren effiziente Nachschulungen bieten." (S. Gebhard, verantwortlicher Projektleiter, BMW) So konnte beispielsweise durch das TRITOP^{CMM}-System festgestellt werden, dass die Anschraubreihenfolge bei der Montage der Konsolen wichtig ist. Ebenfalls ist von Bedeutung, ob die Monteure synchron arbeiten, da hier ansonsten ein großer Teil des Toleranzpuffers bereits aufgebraucht würde. Ferner konnten typische Einbauprobleme wie die unvollständige Verriegelung der Montagelehre beim Verschrauben als solche erkannt und entsprechend schnell Abhilfe geschaffen werden. Die TRITOP^{CMM}-Software ermöglicht nicht nur die unmittelbare Inspektion von Merkmalen mittels leicht verständlicher bildhafter Messberichte. Durch den Export der Messdaten in Tabellen können zusätzlich auch langfristige Tendenzen erkannt und analysiert werden. Durch die einfache Bedienbarkeit des TRITOP^{CMM}-Systems können Messung und Auswertung, wie hier in Regensburg, von Mitarbeitern aus der Montage übernommen werden (Bild 4.18). Da diese mit den einzelnen Prozessen in der Montagelinie bestens vertraut sind, konnten sie sehr schnell entscheidenden Zusatznutzen der mobilen Messtechnik einbringen. Wurden anfänglich nur die Konsolen-Adapter gemessen, werden nun auch – durch einfaches Aufkleben von Messmarken – die Position und Abmaße der Gummidichtung des A-Säulenknotens kontrolliert. So kann diese empfindliche Dichtpassung zwischen Dachschale und Windlauf gleich beim Standardmessvorgang mitinspiziert werden. Durch die optische Messtechnik wird zusätzlich überprüft, ob evtl. eine Charge mit problematischen Zulieferteilen vorliegt, wie ungenau gefertigte Konsolen oder in sich unstimmige Dachmodule. Anders als bei der taktilen Messtechnik verlängert sich dabei die Messzeit nicht, denn die zusätzlichen Messpunkte liegen sichtbar im Messvolumen. So haben die Mitarbeiter in Regensburg nun auch noch einen neuen Adapter hergestellt, mit dem der Scheitelpunkt der Überrollbügel bestimmt wird. Dadurch wird eine sichere Einstellung und Positionierung des Voreinweisers an der Montagelehre gewährleistet – und das ist sicher noch lange nicht die letzte Idee der BMW-Mitarbeiter.
„Nach eingehender Prüfung haben wir die Vorteile der optischen Messtechnik sehr schnell schätzen gelernt (Bild 4.19). Das mobile Messsystem erlaubt uns das

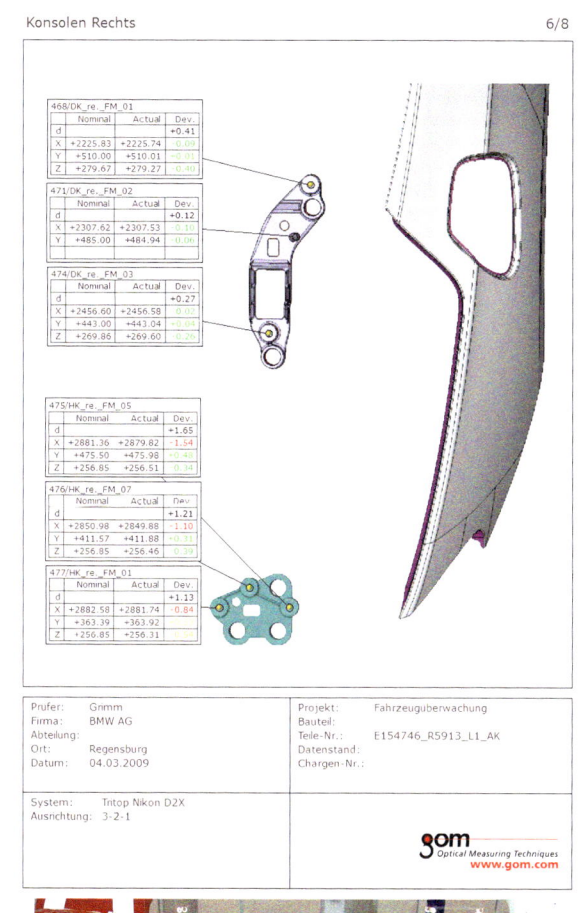

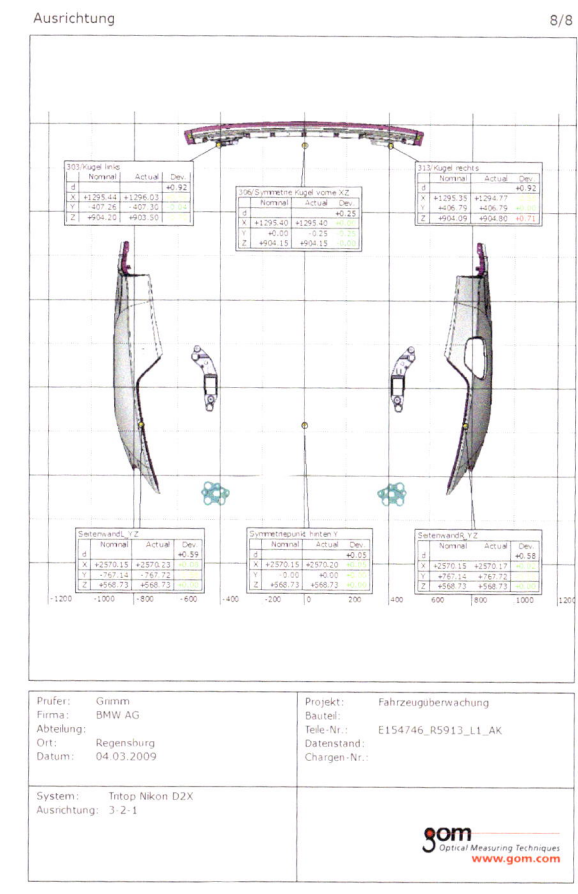

Bild 4.19 Direkt nach der Vermessung automatisch erstellte Messberichte mit den CMM-Punkten der Adapterkonsolen am Fahrzeug. Die entsprechenden Abweichungen zur Sollposition sind durch die übersichtliche Visualisierung leicht verständlich (mit freundlicher Genehmigung von GOM GmbH).

4 Photogrammetrie

Bild 4.20 Benutzerdefinierter Messbericht mit CMM-Messpunkten und Ausgabe der Messdaten in Tabellenformat zur Analyse langfristiger Tendenzen (mit freundlicher Genehmigung von GOM GmbH)

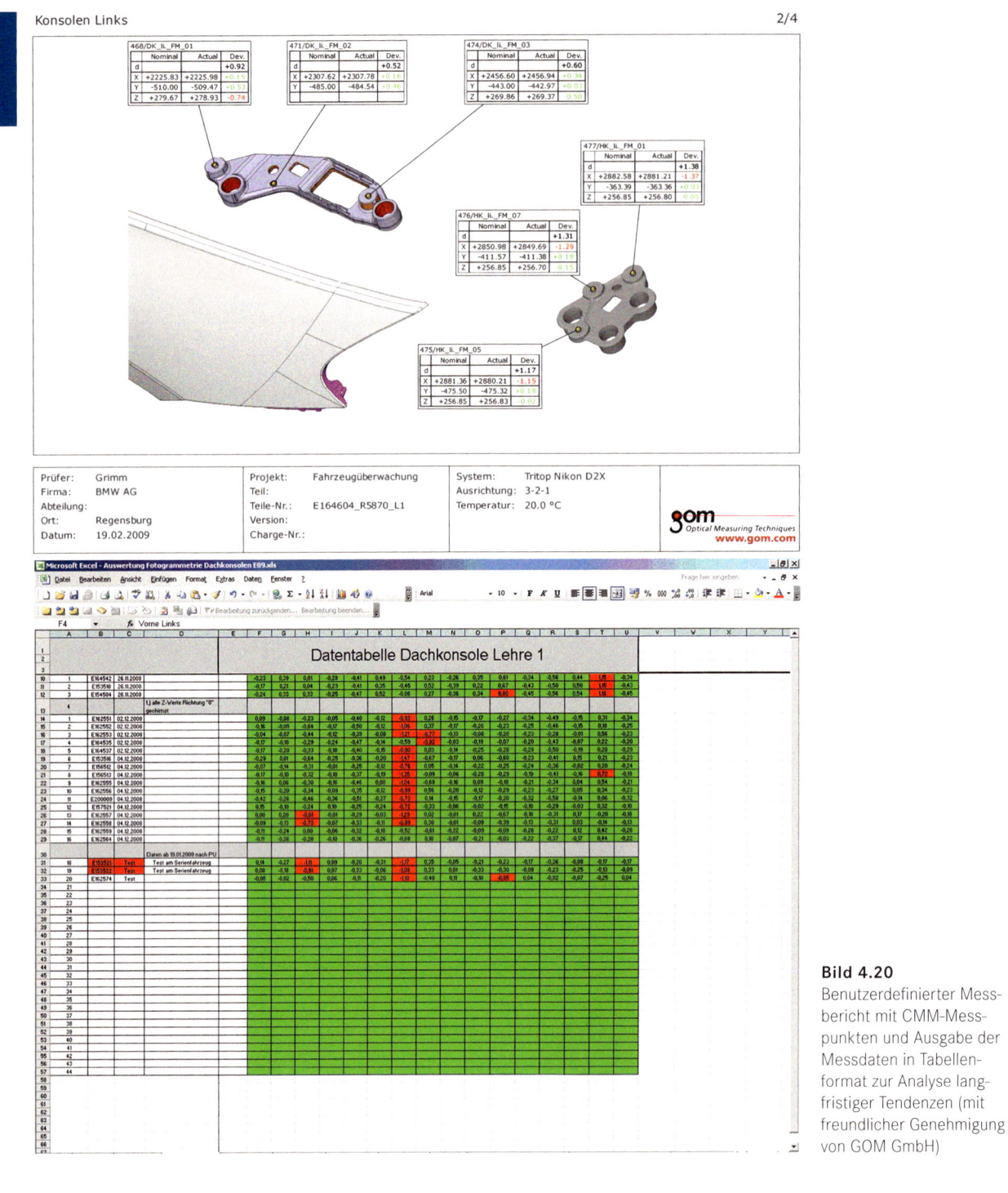

produktionsnahe Messen, unmittelbar am Montageband. Durch die Unabhängigkeit vom taktilen Messraum und die schnelle Messzeit von weniger als 45 Minuten inklusive Aus- und Einschleusen des Fahrzeuges in die Linie können wir sehr viel mehr Autos pro Schicht kontrollieren. Durch die kurze Mess- und Reaktionszeit sind wir in der Lage, Unstimmigkeiten in der Montagelinie zu erkennen und sehr schnell zu reagieren (Bild 4.20). Wir können dabei auch analysieren, ob es sich um eine dekalibrierte Lehre handelt, ein Einbauproblem oder etwa um Zulieferteile, die nicht die vereinbarten Spezifikationen aufweisen." (M. Grimm, Mitarbeiter, BMW)

Durch die Einsparung von nachträglichen Justagetätig-

4.2 Anwendungsbeispiele der Photogrammetrie

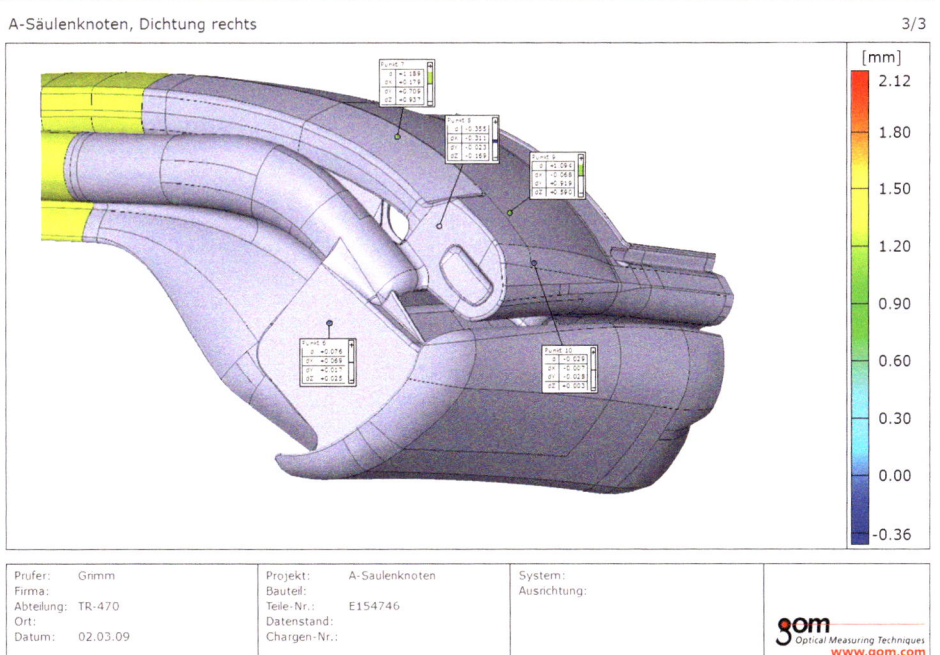

Bild 4.21
Die Kontrollmessung der Gummidichtung am A-Säulenknoten durch Aufkleben von Messmarken ermöglicht zusätzlich die Analyse von Zuliefererteilen bei gleicher Messzeit (mit freundlicher Genehmigung von GOM GmbH).

keiten hilft das System, die Produktionskosten zu senken und Arbeitsabläufe zu optimieren. Je früher Unstimmigkeiten in der Montagelinie erkannt werden, umso schneller können Abweichungen verhindert und behoben werden. Unnötig langer Nacharbeitsaufwand ist somit vermeidbar. Denn kleinere Anpassungen werden effizient mit Nacharbeitshilfsmitteln vorgenommen. Und durch die frühzeitige Messung und Routinekontrolle der Montagekonsolen kann auch eine mögliche Kollision von Dachmodul und Windlauf beim Testlauf später in der Linie ausgeschlossen werden.

Zusammenfassende Erfahrungen mit dem TRITOP^{CMM}-System: „Das TRITOP^{CMM}-System unterstützt uns bei der Einhaltung der hohen optischen und funktionellen Anforderungen beim Automobilbau, wie der Gewährleistung passender Dichtungen (Bild 4.21) und gleichmäßiger Spaltmaße. Dabei hilft uns, das mobile optische Messsystem durch die Einsparung von Nacharbeitsaufwand die Produktionskosten zu senken und Arbeitsabläufe zu optimieren." (S. Gebhard, verantwortlicher Projektleiter, BMW)

4.2.3 Mobile 3D-Koordinatenmesstechnik für den Schiffbau

Der Einsatz des mobilen optischen 3D-Koordinatenmessgerätes TRITOP^{CMM} ermöglicht die Verkürzung der Liegezeiten von Schiffen im Trockendock von Monaten auf Tage.

Die wirtschaftliche Herstellung und Wartung von Schiffen erfordert eine intelligente Kombination von Fachwissen, Erfahrung und Handwerkskunst. Die Integration von High-end-CAD-Programmen und optischen 3D-Messsystemen steigert dabei Präzision und Kosteneffizienz. Der Einsatz des digitalen Messsystemes TRITOP^{CMM} ermöglicht die schnelle Ersatzteilfertigung mit modernen CAD- und CAM-Systemen sowie CNC-Maschinen. Dadurch verkürzen sich die Liegezeiten von Schiffen im Trockendock von Monaten auf Tage. Die optische 3D-Koordinatenmesstechnik steigert dadurch wesentlich die Effizienz und Genauigkeit bei Reparaturen und Umbauten in der Schiffbauindustrie.

Die Kooiman Gruppe (De Kooiman Groep) in Zwijndrecht, Niederlande, ist spezialisiert auf Reparatur, Umbau und Neubau von Schiffen. Mit Sitz in „Swinhaven" hat die Schiffswerft Zugang zum offenen Meer, genauso wie zu den Wasserstraßen der Binnenschifffahrt. Gegründet 1884, blickt De Kooiman Groep auf eine lange, erfolgreiche Firmengeschichte zurück: „Durch unser eigenes Konstruktionsbüro, die Tischlerei und unseren umfangreichen Maschinenpark sind wir in der Lage, alle erforderlichen Arbeiten von kleinen Reparaturen bis zum Neubau selber durchzuführen. Unsere Werft ist bestens ausgestattet hinsichtlich Betriebsanlagen, wie Trockendocks, Ausrüstungskais und Hubkraftvermögen. Alerdings verzeichneten wir bei Reparaturen

Bild 4.22 Die Länge eines zu vermessenden Schiffes kann über 100 m betragen (mit freundlicher Genehmigung von GOM GmbH).

und Überholungsarbeiten extrem lange Ausfall- und Liegezeiten, da wir die Schiffe im Trockendock bislang manuell und mit handwerklichen Techniken reparierten. Liegezeiten können jedoch extrem verkürzt werden, wenn Ersatzteile mit modernen CAD-Systemen und digitalen CNC-Maschinen vorbereitet werden." (R. Kooiman, Direktor, De Kooiman Groep, Zwijndrecht/Niederlande) Für die Kooiman Werft war es damit an der Zeit, die Weichen für die Zukunft zu stellen.

Im Konstruktionsbüro hat die Kooiman Werft in den letzten Jahren in modernste CAD-Technologie investiert. Die Eingabewerte für das CAD-System wurden jedoch weiter durch manuelle Messungen und Schablonen gewonnen: „Die Vision der Geschäftsführung war es, die Ausfall- und Liegezeiten drastisch zu verkürzen. Um dieses Ziel zu erreichen, waren digitale Eingabewerte in das kürzlich installierte CAD-System erforderlich, die nur durch den Einsatz fortschrittlicher 3D-Messtechnik gewonnen werden können." (Bild 4.22 und 4.23) (P. Vrolijk, Abt. für Schwerindustrie-Schiff-

Bild 4.23 Das mobile optische TRITOP^{CMM}-System im Einsatz vor Ort. System und Zubehör können problemlos von einer Person transportiert werden. Eine externe Stromversorgung ist weder für die Messung noch für die anschließende Auswertung nötig (mit freundlicher Genehmigung von GOM GmbH).

bau, De Kooiman Groep) Die Werft begann daher, sich über industrielle 3D-Mess- und Scantechnik zu informieren. Durch das Ingenieurbüro Mühlhoff, ein Pionier in der Anwendung von 3D-Technik im Schiffsbau, wurde die De Kooiman Groep auf die GOM mbH aufmerksam, deren optische 3D-Messtechnik weltweit für 3D-Digitalisierung, Deformationsmessungen und Qualitätskontrolle eingesetzt wird. Als erfahrener Entwickler optischer Messtechnik empfahl die GOM mbH der Kooiman Gruppe das TRITOP^{CMM}-System, eine photogrammetrische Lösung bestehend aus einer Digitalkamera, Messmarken und Software.

Anhand der digitalen Bilder werden online im Rechner – über den Bündelausgleich aller aufgenommenen 2D-Bilder – die 3D-Koordinaten für die Messmarken und Adapter automatisch berechnet. Dabei gewährleisten zwei zertifizierte Maßstäbe die Genauigkeit und Prozesssicherheit der durchgeführten Messung. Die gemessenen 3D-Koordinaten können in der TRITOP-Software für eine Bemaßung, Form- und Lagetoleranzen, den Vergleich gegen CAD-Daten und für den Export in Messprotokolle und Excel-Tabellen verwendet werden (Bild 4.24).

Für Reverse Engineering werden Messpunkte und Primitive, wie im Fall von Kooiman, im IGES-Format exportiert. Das Photogrammetrie-System ist zudem äußerst mobil und benötigt für den Messvorgang nur eine Person.

Tauglichkeitsprüfung im Innen- und Außenbereich

Die Herausforderung, das passende System auszuwählen: „Natürlich wollten wir nur in die bestmöglich verfügbare 3D-Messtechnik investieren. Also haben wir uns verschiedene Verfahren wie das terrestrische Laserscanning und die Photogrammetrie angeschaut. Wir wollten auch sicherstellen, dass alle unsere Ansprüche erfüllt werden und definierten gewisse Aufgaben, die das System bewältigen muss." (P. Vrolijk, Abt. für Schwerindustrie-Schiffbau, De Kooiman Groep) Neben der Erfassung der Außenhaut sollten auch Messungen in kleinen Räumen im Inneren des Rumpfes durchgeführt werden. Das System muss also auch zuverlässige Messdaten bei begrenztem Platz und geringem Messabstand liefern. So bestand eine Vorgabe für die Systeme darin, die Abmessungen interner Verstärkungen wie Spanten, Rippen und Querträger eines 6 × 6 m großen Schotts hinter dem Maschinenraum direkt über

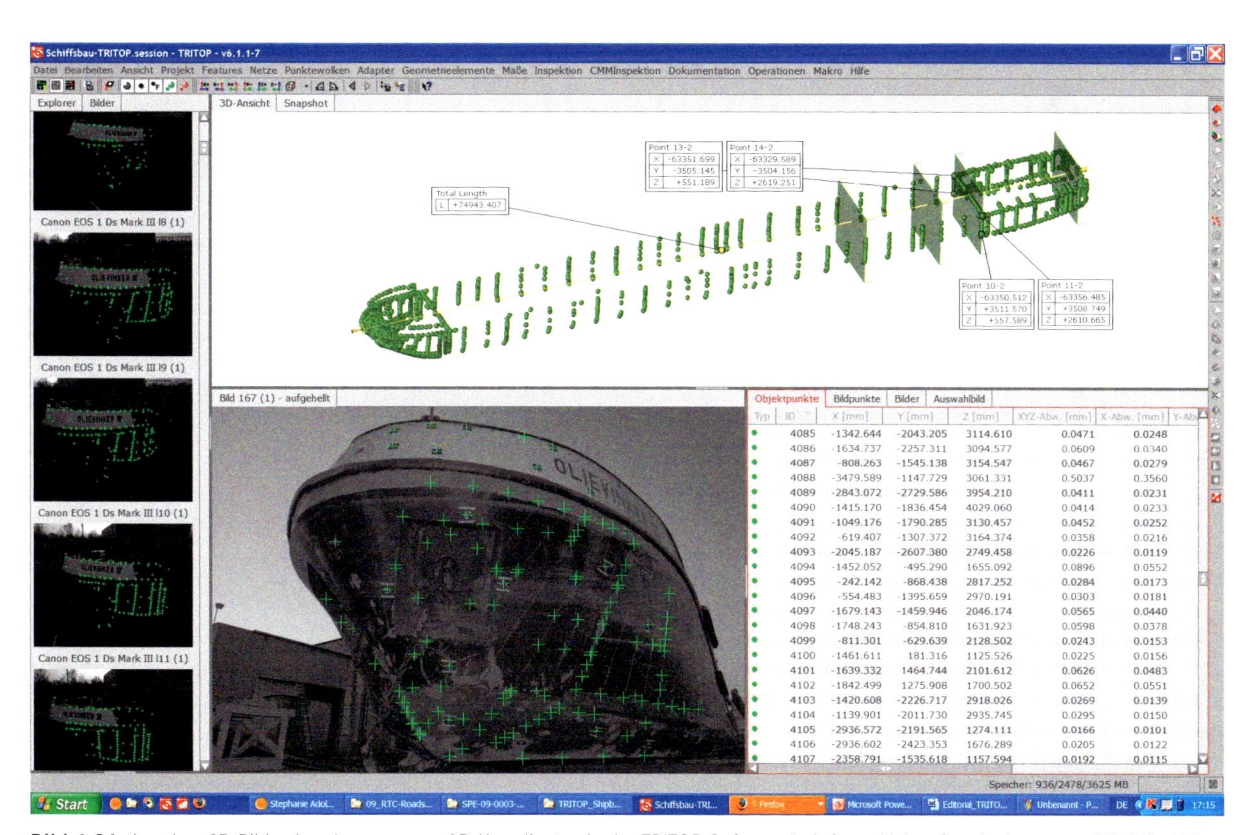

Bild 4.24 Aus dem 2D-Bildverband gemessene 3D-Koordinaten in der TRITOP-Software (mit freundlicher Genehmigung von GOM GmbH)

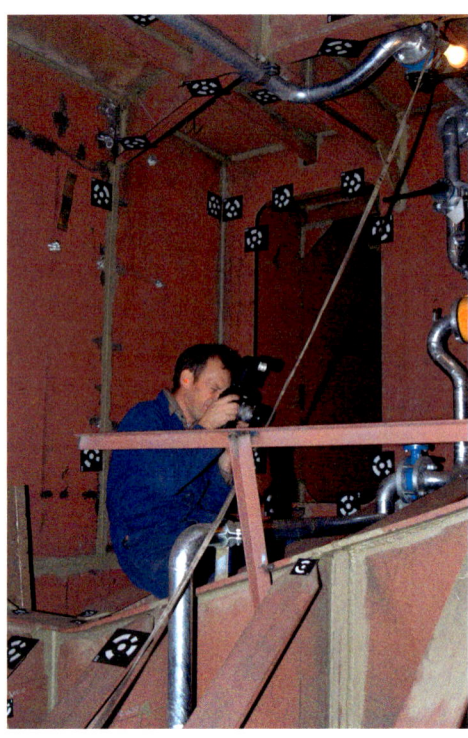

Bild 4.25
Vermessung von Spanten, Rippen und Querträgern in einem engen Innenraum zur Erstellung des 3D-Aufrisses der Raumgeometrie (mit freundlicher Genehmigung von GOM GmbH)

der Schiffsschraube sicher zu erfassen (Bild 4.25). Obwohl eine Person in dem Raum aufgrund der Verstrebungen und Querträger kaum aufrecht stehen konnte, verlief die Vermessung mit dem TRITOP^{CMM}-System reibungslos und ein 3D-Aufriss der Raumgeometrie wurde innerhalb nur weniger Stunden erstellt (Bild 4.26).

Somit konnten die neuen Einbauten im Voraus exakt angepasst und zügig integriert werden, da eine genaue CAD-gestützte Konstruktion möglich wurde.

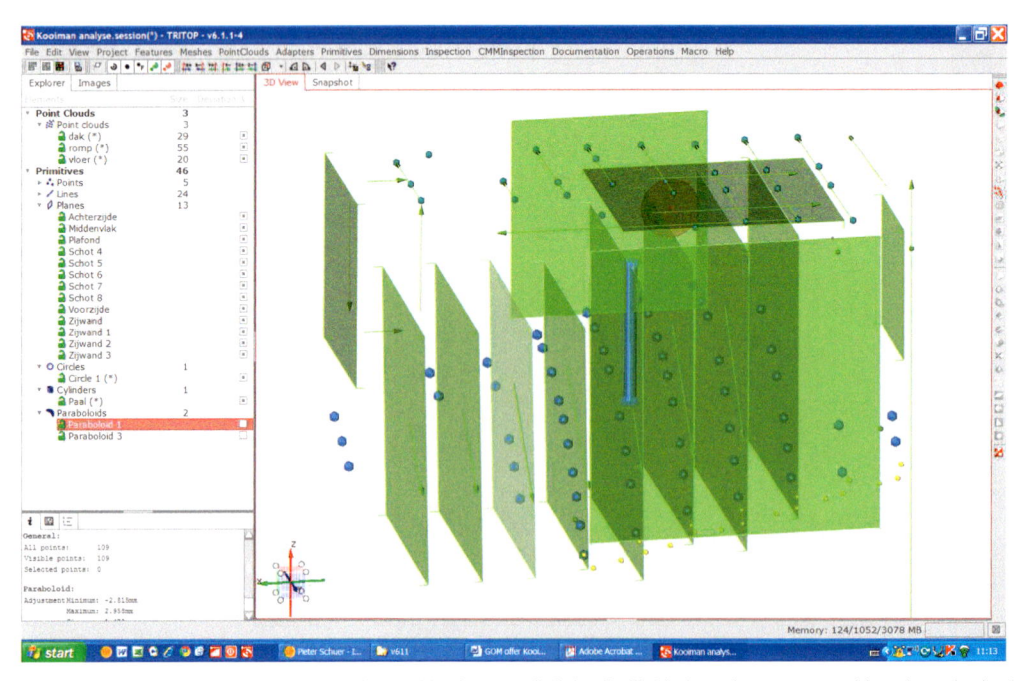

Bild 4.26 Der Export von gemessenen Flächen, Linien und Kreisen ermöglicht die Einbindung der gewonnen Messdaten in das bestehende CAD-System (mit freundlicher Genehmigung von GOM GmbH).

Reverse Engineering für doppelte Außenhaut

Die zweite Aufgabe besteht darin, komplette Rümpfe für Umbauten draußen im Trockendock zu vermessen (Bild 4.27 und 4.28). Ein 75 m langes Tankschiff, welches Öl und Treibstoff an andere Schiffe liefert, erforderte aufgrund der kommenden EU-Sicherheitsrichtlinien eine zweite Außenhaut. Um die neuen Profile und die Außenhaut herstellen zu können, benötigte Kooimans Konstruktionsbüro die gesamte Außenform und Lage der Spanten des bestehenden Rumpfes. Mit

Bild 4.27
Mobile Vermessung des gesamten Schiffsrumpfes mit dem TRITOP^{CMM}-System (mit freundlicher Genehmigung von GOM GmbH)

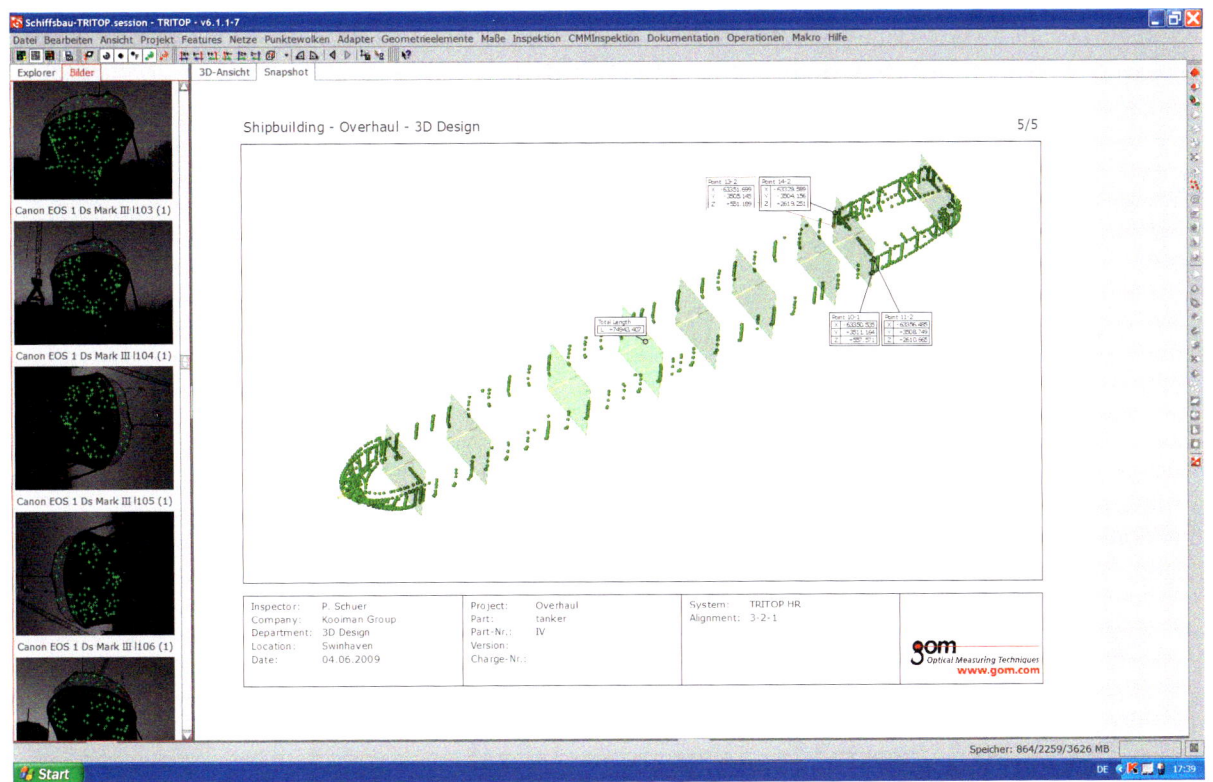

Bild 4.28 Gemessene 3D-Koordinaten und Profilschnitt-Ebenen in der TRITOP^{CMM}-Software beschreiben die exakte Form des Rumpfes. Die Daten werden im IGES-Format direkt in das CAD-System der Kooiman Werft importiert (mit freundlicher Genehmigung von GOM GmbH).

traditioneller Technik wäre die Abnahme der erforderlichen Maße mit Holzschablonen und konventionellen Messinstrumenten erfolgt. Die typische Liegezeit für eine solch herkömmliche Vermessung hätte vier bis fünf Wochen betragen. Das Ziel war, neben der signifikanten Verkürzung der Ausfallzeit, auch die Präzision der 3D-Messungen zu verbessern. Zur Vorbereitung der TRITOP^{CMM}-Messung wurde rundum jeder Spantenverlauf mit Messmarken markiert. Mithilfe eines Krans konnte der Vermesser schnell und einfach Bilder aus verschiedenen Richtungen aufnehmen, da überlappende Bilder vom gesamten Rumpf benötigt wurden (Bild 4.27).

Für die Berechnung der 3D-Koordinaten aus den 2D-Bildern kam ein Standard-Laptop zum Einsatz. Die Messabweichung des Gesamtprojekts lag bei weniger als 0,6 mm. Die aus der Photogrammetrie-Messung resultierende 3D-Punktewolke, welche die Form des Rumpfes exakt beschreibt, wurde zusammen mit den erstellten Profilschnitt-Ebenen direkt aus der TRITOP-Software in das CAD-System der Kooiman Werft importiert (Bild 4.28).

Kaum 48 Stunden waren für diesen Messvorgang vergangen, als das Schiff gewässert wurde, um den regulären Betrieb wieder aufzunehmen. Anhand der präzisen, digitalen 3D-Daten können die Schiffbauer von Kooiman nun alle erforderlichen Teile im Voraus herstellen, während der Schiffseigner weiterhin Geld verdient. Wenn der Tanker zum eigentlichen Umbau wieder ins Trockendock kommt, sind alle Teile für die zweite Außenhaut fertig. Die gesamte Liegezeit wurde somit um Wochen reduziert und das Projekt dadurch deutlich kosteneffizienter.

Optische Messtechnik beschleunigt Reparaturen und Umbauten in der Schiffbauindustrie

Die Einführung des TRITOP^{CMM}-Systems von GOM bedeutete für die De Kooiman Groep einen Durchbruch hinsichtlich Effizienz und Genauigkeit bei Reparaturen und Umbauten an Schiffsrümpfen: „Wir waren von der Geschwindigkeit und Qualität der Daten sehr beeindruckt, genauso wie vom direkten Import in unser CAD-System." (P. Vrolijk, Abt. für Schwerindustrie-Schiffbau, De Kooiman Groep) „Der Schritt von 2D in die dritte und digitale Dimension war eine notwendige Weiterentwicklung, um auch in Zukunft wettbewerbsfähig zu bleiben. Aufgrund der schnellen Erfassung präziser 3D-Daten mit dem optischen Messsystem verkürzen sich die Liegezeiten extrem, sodass wir mit dieser neuen Technik Wochen einsparen können. Auch das professionelle Training und die Betreuung durch die GOM-Vertretung direkt bei uns vor Ort war eine nutzbringende Erfahrung." (R. Kooiman, Direktor, De Kooiman Groep, Zwijndrecht/Niederlande)

Bild 4.29
Vermessung von Fenstern für Luxusyachten (mit freundlicher Genehmigung von AICON 3D Systems GmbH)

4.2.4 3D-Vermessung von Fenstern für Luxusyachten

Die Herstellung von Fenstern im Luxusyachtbereich stellt an die Fertigung höchste Ansprüche, da die Glasscheiben um mehrere Achsen mit wechselnden Radien gebogen sind (Bild 4.29). Zur Vermessung der Form und Abmessungen eines Fensterrahmens eignet sich das mobile 3D-Industriemesssystem DPA hervorragend und hat sich in der praktischen Anwendung bewährt (Bild 4.30).

Um die Perfektion einer Yacht zu erreichen, dürfen sich Sonnenstrahlen an den aufwendig hergestellten gebogenen Scheiben nicht brechen. Ziel ist es, die Herstellung der Biegeformen zu optimieren. Hierfür wird die Form der Fensterrahmen mit dem Industriemesssystem DPA dreidimensional vermessen. Die früher verwendeten Messmethoden (Theodolitmesssystem, Holzmodellbau) erwiesen sich für diesen Bereich als zu aufwendig und zu fehlerbehaftet.

Zu vermessende Punkte werden an dem Objekt signalisiert, digital fotografiert und nach einer kurzen Auswertung stehen die 3D-Koordinaten des Objektes zur Verfügung (Bild 4.31). Durch die Verwendung von speziellen Adaptern lassen sich selbst schwer zugängliche Punkte vermessen und die Arbeitszeit an Bord noch weiter reduzieren.

Mit diesem Verfahren lassen sich nicht nur die Fenster von Yachtneubauten vermessen, sondern auch Reparaturvermessungen durchführen. Hierbei ist die Mobilität des Systems von großem Vorteil. Die Vermessung und der Austausch von defekten Scheiben erfolgt nicht auf einer Werft, sondern kann in den Häfen dieser Welt, wo sich die Yacht gerade befindet, durchgeführt werden.

Die Bewegungen, die das Schiff im Hafenbecken vollführt, haben auf diese Art der Vermessung keinen Einfluss.

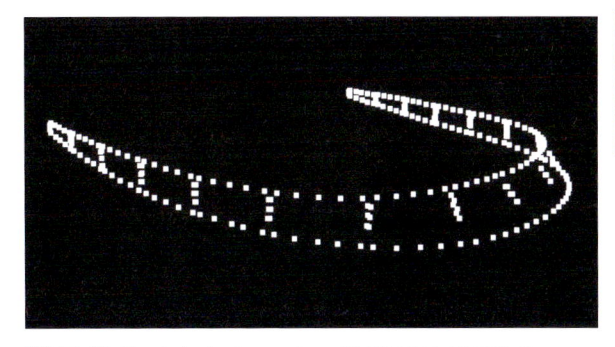

Bild 4.31 Ergebnis der Auswertung der Fenstervermessung einer Yacht (mit freundlicher Genehmigung von AICON 3D Systems GmbH)

4.2.5 Vermessung der Rotorblattflansche von Windkraftanlagen

Bei der Herstellung der Rotorblätter gelten höchste Anforderungen an Qualität und Maßhaltigkeit. Zum einen haben diese Faktoren Einfluss auf die weitere Bearbei-

Bild 4.30 Messsystem DPA der Firma AICON (mit freundlicher Genehmigung von AICON 3D Systems GmbH)

Bild 4.32 Windkrafträder vor der Montage, Messmarker auf der Oberfläche sind für photogrammetrische Messungen erforderlich (mit freundlicher Genehmigung von AICON 3D Systems GmbH)

tung und Montage der Rotorblätter, zum anderen auf die Effizienz der gesamten Windkraftanlage. Eine zuverlässige Qualitätskontrolle ist daher im gesamten Fertigungsprozess unverzichtbar. Die Vermessung der Rotorblattflansche, der sensiblen Schnittstelle zwischen Rotorblatt und Nabe, erfolgt mit AICONs portablem Koordinatenmessgerät MoveInspect DPA (Bild 4.32).

Die Herstellung der Rotorblätter erfolgt in verschiedenen Arbeitsschritten. Die Flansche haben einen Durchmesser von bis zu drei Metern. Bei der Bearbeitung des Flansches muss die Ebenheit der Flanschfläche direkt auf der Bearbeitungsmaschine überprüft werden (Bild 4.33). Der Raum, der für die Messung zur Verfügung steht, ist etwa 5 × 8 m groß. Bisher wurde die Aufgabe mit einem Lasertracker gelöst. Für die Messung musste das Rotorblatt innerhalb der Bearbeitungsmaschine zurückgefahren und mit einem handgehaltenen Reflektor von einer Leiter aus an etwa 100 Messpunkten angetastet werden. Die große Schwierigkeit dabei: Anschließend musste exakt die gleiche Position wiederhergestellt werden, um weitere Bearbeitungsschritte durchzuführen. Alleine die Messung dauerte gut eine Stunde.

Seit Anfang 2014 ist das portable Koordinatenmessgerät MoveInspect DPA bei Enercon erfolgreich im Einsatz. Für diese besondere Messaufgabe hat AICON das System um eine Komponente erweitert. Die hochauflösende Digitalkamera arbeitet hier zusammen mit einem Projektor, der das Punktraster auf das zu messende Bauteil projiziert. Dadurch kann die Messung direkt in der Bearbeitungsmaschine erfolgen, ohne die Blattposition zu verändern. Auch die Messmarken werden projiziert, das manuelle Antasten entfällt.

Mit der Digitalkamera wird der Flansch aus unterschiedlichen Richtungen aufgenommen, sodass alle relevanten Bereiche erfasst sind. Die digitalen Mess-

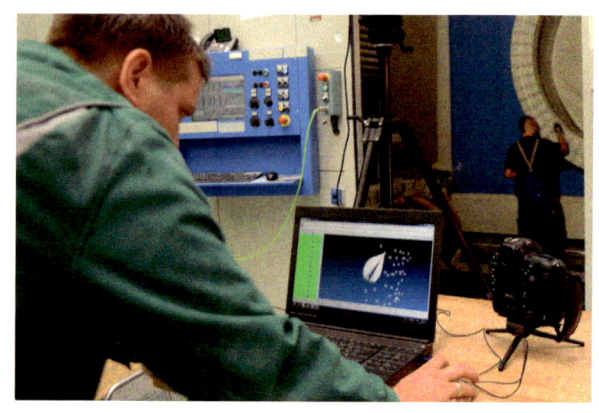

Bild 4.33 Messen direkt in der Bearbeitungsmaschine, ohne Veränderung der Blattposition (mit freundlicher Genehmigung von AICON 3D Systems GmbH)

bilder werden im Auswerterechner verarbeitet und die 3D-Koordinaten der signalisierten Geometriepunkte vollautomatisch berechnet (Bild 4.34). Die Messung dauert etwa 20 Minuten. Eine 75%ige Zeitersparnis gegenüber der Messung mit dem Lasertracker! Außerdem kann das Rotorblatt sofort weiterbearbeitet werden, ein weiterer Zeit- und Kostenvorteil.

4.2.6 Messen unter anspruchsvollen Bedingungen

Beim Bau von Offshore-Windenergieanlagen sind Qualität und Maßhaltigkeit das A und O, denn die einzelnen Komponenten der Anlage werden auf offener See zusammengebaut. Der Offshore-Einsatz von Mitarbeitern und Errichterschiffen ist kostspielig, der Aufwand soll so gering wie möglich gehalten werden.

Offshore-Windenergieanlagen stehen im Meer, häufig bei Wassertiefen bis 50 m. Die Lasten durch Wind und Welle werden durch Gründungsstrukturen in den Meeresboden geleitet. Bei großen Windenergieanlagen und Wassertiefen werden solche Gründungsstrukturen auf mehreren Fußpunkten gegründet, dies geschieht beispielsweise mit Tripods (Bild 4.35).

Tripods werden aus großformatigen Stahlrohren gefertigt und bilden einen stabilen Dreifuß. Beim Anlagenbauer WeserWind GmbH wurde die Maßhaltigkeit der rund 60 m hohen und bis zu 960 t schweren Tripods mit dem Koordinatenmessgerät DPA von AICON sichergestellt.

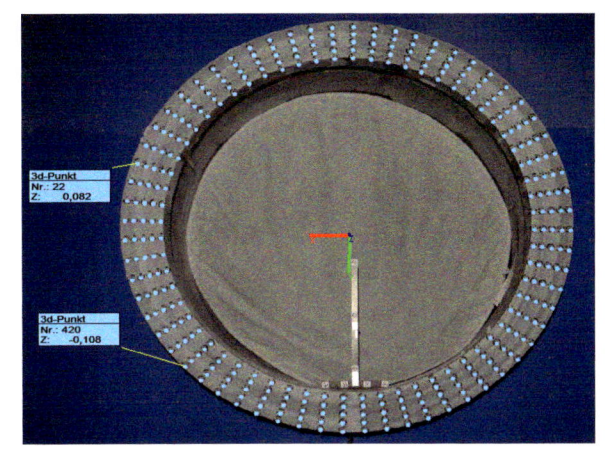

Bild 4.34 Auswertung der Flanschebenheit im AICON 3D-Studio, Darstellung der Min-Max-Abweichung (mit freundlicher Genehmigung von AICON 3D Systems GmbH)

Das mobile 3D-Messsystem DPA war ab 2011 bei WeserWind im Einsatz. Messaufgaben sind u.a. die Neigung der Flanschebene, das Bohrbild des Flansches, die Ovalität des Flansches und der Winkel der Kopf- und Fußstreben. So können Abweichungen rechtzeitig vor der Fertigstellung erkannt und korrigiert werden und somit die nachfolgenden Montageprozesse auf See gesichert werden.

Bild 4.35 Vor- und Endfertigung von Tripods in Bremerhaven (mit freundlicher Genehmigung von AICON 3D Systems GmbH)

4 Photogrammetrie

Bild 4.36
DPA-Messung auf dem Transition Piece mit Flanschadaptern (mit freundlicher Genehmigung von AICON 3D Systems GmbH)

Die Vermessungsarbeiten finden oft in einer Höhe von 55 bis 60 m unter schwierigen Bedingungen statt: Große Höhe, starker Wind, instabiler Untergrund. Das Messsystem ist leicht und mobil einsetzbar, daher ist es auch für das Arbeiten in außergewöhnlichen Produktions- oder Messumgebungen geeignet. Wo Lasertracker oder Tachymeter aufgeben, zeigt die DPA ihr Können.

Zunächst wird das Messobjekt an den geometrisch relevanten Punkten mit Messmarken oder Messadaptern versehen (Bild 4.36 und 4.37). Mithilfe der Digitalkamera wird das Objekt dann aus unterschiedlichen

Bild 4.37
Photogrammetrisches Messen in anspruchsvoller Produktionsumgebung (mit freundlicher Genehmigung von AICON 3D Systems GmbH)

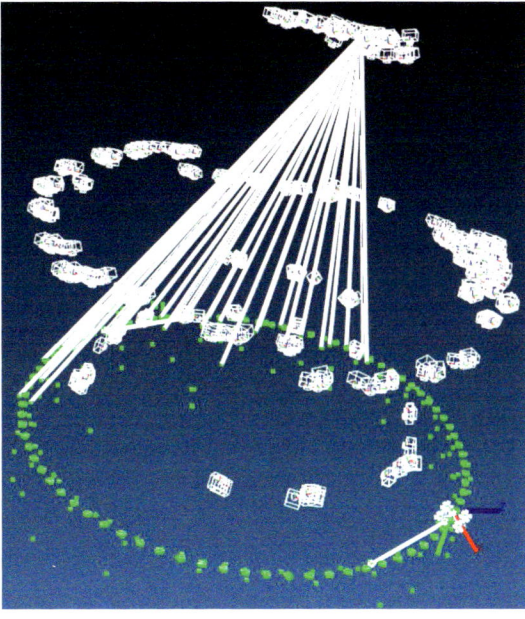

Bild 4.38
Das Messobjekt mit Messmarken (links), unterstützende Darstellung während der Messung (rechts), (mit freundlicher Genehmigung von AICON 3D Systems GmbH)

Richtungen aufgenommen, sodass alle relevanten Objektbereiche erfasst sind. Die digitalen Messbilder werden im Auswerterechner verarbeitet und die 3D-Koordinaten der signalisierten Geometriepunkte vollautomatisch berechnet. Die durchschnittliche Messung eines Flansches, inklusive Signalisierung, Bildaufnahme und automatisierter Reporterstellung, dauert weniger als eine Stunde.

Gemeinsam mit den Supportingenieuren von AICON haben WeserWind und TKB ein Messkonzept für die Tripods entwickelt. AICON bietet spezielle Adapter an, um die geometrischen Elemente wie beispielsweise das Bohrbild einfach zu messen. Außerdem hat AICON einen automatisierten Messablauf mit Reporterstellung entwickelt (Bild 4.38).

4.2.7 3D-Inspektion von Zügen

Um in der Produktion von Triebkopfhauben und bei der Verkleidung von Schienenfahrzeugen eine höhere Passgenauigkeit zu erreichen, nutzt ALSTOM das optische Industriemesssystem DPA von AICON (Bild 4.39). So vergleicht ALSTOM z. B. die Istkontur der oberen Bugklappe des Triebkopfes, hinter der sich Scheibenwischer und Scheinwerfer befinden, mit der Istkontur der einzusetzenden Frontscheibe (Bild 4.40). Auf diese Weise wird bereits vor Verbau der Komponenten die Passgenauigkeit von Spaltmaßen und Klebestellen sichergestellt.

Um eventuelle Fehlerquellen ausfindig zu machen, werden die gemessenen Daten mit den CAD-Solldaten verglichen. Ungenauigkeiten in diesem Bereich sind möglich, da die Herstellung der Bugklappe per Hand erfolgt. Sie besteht aus CFK (kohlefaserverstärktem Kunststoff), einem sehr hochwertigem Material, bei dessen Verarbeitung die einzelnen Kohlefasermatten manuell mit einem Harz in einer Werkzeugform laminiert werden müssen. Ebenso vermisst ALSTOM mit DPA Werkzeuge und Urformen, die für die Herstellung

Bild 4.39 Signalisierung (Anbringen von Messmarken) einer Triebkopfhaube (mit freundlicher Genehmigung von AICON 3D Systems GmbH)

4 Photogrammetrie

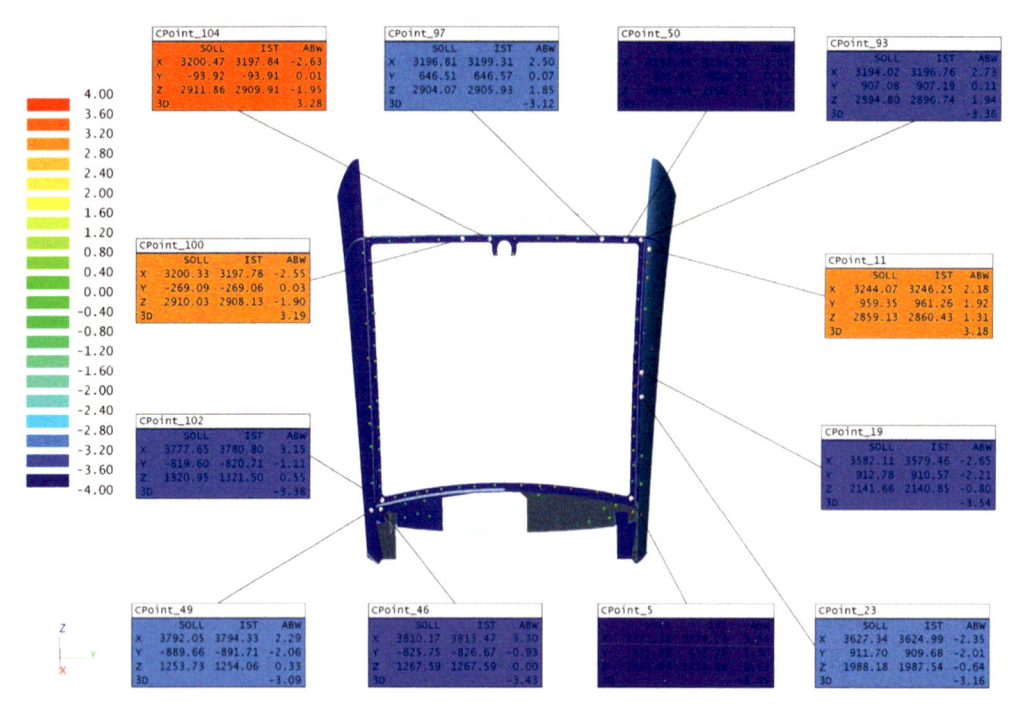

Bild 4.40 Ergebnisreport der Vermessung eines Frontscheibenausschnittes (mit freundlicher Genehmigung von AICON 3D Systems GmbH)

des Triebkopfseitenteils verwendet werden. Durch den Vergleich mit CAD-Solldaten erhält die Produktion schnell präzise Informationen über erforderliche Korrekturen.

Die zu überprüfenden Positionen, z. B. bestimmte Teile des Triebkopfes, werden gemäß eines Abnahmeprotokolls mit Messmarken versehen. ALSTOM verwendet hierfür Papiermessmarken, die mit dem Softwaremodul CodeMaker von AICON eigenständig hergestellt und gedruckt werden. Hierdurch bleiben die Kosten für Verbrauchsmaterial minimal. Allgemein gilt: Die Anzahl der Messpunkte jedes einzelnen Bauteils ist abhängig von dessen Komplexität. Kontrolliert werden an den Bauteilen u. a. Struktur, Form und Lage von Bohrungen und Ebenen.

Nun kann die zu vermessende Triebkopfhaube mit einer hochauflösenden Digitalkamera aus unterschiedlichen, frei wählbaren Richtungen aufgenommen werden. DPA ermittelt anschließend aus den digitalen Bildern vollautomatisch mittels einer photogrammetrischen Auswertung 3D-Koordinaten und überführt diese direkt in das Werkstück-Koordinatensystem.

In der CAD-Analysesoftware werden die Istkoordinaten des Triebkopfs, die bereits um die Stärke des Messmarkenmaterials kompensiert wurden, mit der CAD-Sollform verglichen. Neben der Analyse der Abweichungen von Einzelpunkten zur Oberflächenstruktur lassen sich auch die Istpositionen von Bohrungen sowie Orientierung und Ebenheit von Stoßebenen ermitteln und vergleichen.

Die Auswertung wird mit der Erstellung von aussagekräftigen Reports abgeschlossen. Diese werden von DPA automatisch erstellt und ersetzen bei ALSTOM die bisher manuell ausgefüllten Abnahmeprotokolle.

5 Triangulationssensor

5.1 Verfahrensgrundlagen

Wie bereits im Unterkapitel (1.4) „Lichtschnittsensor" gezeigt, können basierend auf dem Triangulationsprinzip sowohl punktuelle als auch flächenhafte Abstandsmessungen vorgenommen werden. Bereits im 16. Jahrhundert wurden auf der Triangulation basierende Messverfahren entwickelt. Wobei damals die Sonnenstrahlen, da keine andere Beleuchtungstechnik zur Verfügung stand, zur Messung verwendet wurden. Moderne Triangulationssensoren verfügen über Laser verschiedener Wellenlängen und Intensität. Als Empfänger werden lichtempfindliche Fotosensoren eingesetzt, die vor Ort meistens in einer kompakten Box untergebracht sind und somit platzsparend in den Fertigungsprozess integriert werden können.

Prinzip des Triangulationssensors

Ein unter einem bekannten Winkel projizierter Lichtstrahl wird von der Messobjektoberfläche reflektiert und in Abhängigkeit von dem Abstand am Detektor registriert. Daraus kann direkt der Messobjektabstand und bei vielen Messpunkten die 3D-Form ermittelt werden.

Vor- und Nachteile des Triangulationssensors

Vorteile	Nachteile
Einfacher und preiswerter Messaufbau	Keine absolute Messung
kurze Messdauer (Abstandsmessung)	Texturerfassung nicht möglich
Messung automatisierbar	3D-Oberflächenvermessung nicht wirtschaftlich
in laufende Produktion integrierbar	nicht für alle Oberflächen (diffus streuend)
kompakt (leicht transportabel)	Abschattungen sind möglich
hohe Genauigkeit	Strahlung – evtl. gefährlich für Augen

Messbereich/Messgenauigkeit des Triangulationssensors

Je nach Ausführung können sowohl lateral als auch vertikal Messbereiche von einigen Submillimetern bis zu einigen Zentimetern erreicht werden. Die meisten Sensoren verfügen über einen einstellbaren Messbereich und können somit an die Messaufgabe angepasst werden.

Die Genauigkeit liegt im Idealfall im Submikrometerbereich und ist in erster Linie von der Oberflächenbeschaffenheit abhängig.

Typische Anwendungen des Triangulationssensors

Die Triangulationssensoren werden meistens zur Abstandsmessung eingesetzt. Bei einer Erweiterung können auch 3D-Oberflächenerfassungen durchgeführt werden. Im industriellen Einsatz können die Triangulationssensoren z. B. zur Messung der Dicke verschiedener Bauteile (Blechproduktion), Anwesenheitskontrolle, Profilkonturkontrolle und Füllstandsmessungen eingesetzt werden. Die Messsensoren finden in der Regel ihre Anwendung in laufender Produktion zur Überwachung der wichtigen Produktmerkmale.

5.2 Messverfahren des Triangulationssensors

Eine Lichtquelle erzeugt auf dem Messobjekt einen Lichtfleck. Das Licht wird an der Objektoberfläche gestreut, sodass ein Teil des Lichtes auf den Detektor fällt. In Abhängigkeit davon, an welcher Stelle das Maximum registriert wird, kann der Abstand bis zur Oberfläche aus den geometrischen Beziehungen berechnet werden (Bild 5.1). Als Detektor kommen entweder Photodioden oder CCD-Sensoren zum Einsatz.

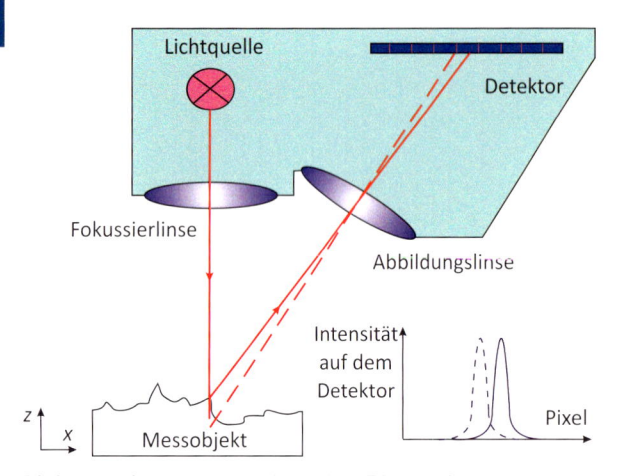

Bild 5.1 Aufbau und Messprinzip eines Triangulationssensors

Wie bei allen auf Triangulation basierenden Verfahren ist es notwendig, dass die Objektoberfläche „kooperierend" ist. Das beleuchtete Objekt soll möglichst über eine helle, diffus streuende Oberfläche verfügen. Bei spiegelnden Objekten und Oberflächen, die das Licht überproportional stark absorbieren, können Messfehler entstehen. Bei zu starken Spiegelungen ist keine Abstandsmessung möglich.

Bei bekannter Position des Messsensors kann eine Formerfassung punktuell abtastend vorgenommen werden. Dies ist jedoch zeitintensiv und somit für die Praxis wenig geeignet. Deswegen werden diese Messsensoren fast ausschließlich zur Abstandsmessung und sich daraus ergebenden Messaufgaben (z. B. Schichtdickenmessung) eingesetzt.

5.3 Anwendungsbeispiele der Triangulationssensoren

Eines der wichtigsten Anwendungsgebiete der Triangulationssensoren stellt die Dickenmessung dar.

5.3.1 Dickenmessung von Gummibahnen für das Baugewerbe

Für die Bauindustrie spielen Isolation und Abdichtung eine große Rolle. Deswegen werden an Materialien zur Bauwerksabdichtung hohe Ansprüche gestellt. Hierfür werden Gummimatten gefertigt, dessen wichtigste Eigenschaft eine konstante Dicke darstellt, welche Haltbarkeit, Reißfestigkeit und hohe Dichtigkeit gewährleistet (Bild 5.2). Um diesen Ansprüchen gerecht zu werden, wird in die Bahn ein Netzgewebe eingewalzt und zusätzlich eine Klebefolie – zum Verkleben der Bahnen untereinander – aufgebracht. Zur Vermeidung von Fehlproduktionen muss die Gummibahn direkt nach der Extrusion an der Maschine gemessen werden, dies ermöglicht bei eventuellen Korrekturen einen schnellen Eingriff in den Fertigungsprozess. Bisher wurden Messungen sporadisch mittels radiometrischer Messeinheit vollzogen, da dies das einzig funktionie-

Bild 5.2 Lasertriangulationssensoren bei der Dickenmessung an schwarzem Gummi (mit freundlicher Genehmigung von Mikro-Epsilon Messtechnik GmbH)

rende Verfahren war. Nachteil dieser Technik war der hohe Aufwand für Strahlenschutz, um den Austritt von Röntgenstrahlen auszuschließen. Damit dieser Aufwand nicht mehr getragen werden muss, werden nun Lasertriangulationssensoren eingesetzt.

Die Messung erfolgt berührungslos, sehr genau und schnell. Zur konstanten Dickenmessung werden zwei traversierende Lasertriangulationssensoren eingesetzt, welche aufgrund der verschiedenen Bahnbreiten, verstellbar sind. Die Bahnen müssen mit niedriger Toleranz auf 5 bzw. 7 mm gefertigt werden. Die Messwerte werden über eine Analogverbindung in das bestehende Steuerungssystem geleitet. Der Abstand der Referenzwalze ist im Controller fix vorgegeben. So wird zur Schichtdickenberechnung nur noch die Distanz zur Gummioberfläche benötigt. Durch die enorm hohe Auflösung der Sensoren sind zusätzlich zur Distanz auch die Strukturen im Netzgewebe des Gummis erkennbar.

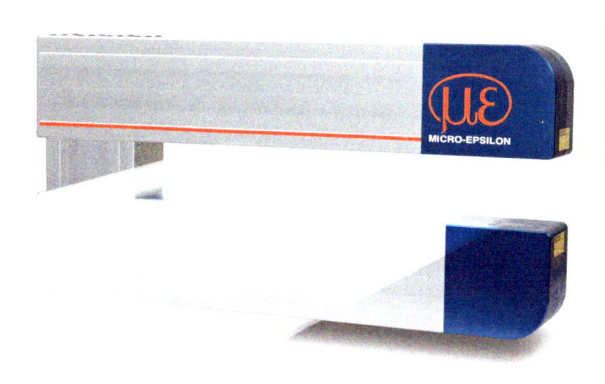

Bild 5.3 Auch in der Kunststoffindustrie werden die präzisen Lasertriangulationssensoren zur Messung der Profildicke von Folien verwendet (mit freundlicher Genehmigung von Mikro-Epsilon Messtechnik GmbH)

5.3.2 Dickenmessung von Folie

Für präzise Messung der Profildicke (Bild 5.3) – dem Qualitäts- und Produktivitätsmerkmal schlechthin in der Folienextrusion – werden Messanlagen mit Lasertriangulationssensoren eingesetzt. Durch die Einspeisung des gemessenen Profils in die Regelung der Düse wird so eine optimale Produktion der Folien erreicht. Die Anlagen arbeiten im Differenzbetrieb, d. h. im Unter- und Obergurt des als C-Rahmen aufgebauten Messsystems ist jeweils ein Lasertriangulationswegsensor integriert. Aus der Differenz des Abstands der Sensoren zueinander und der Summe ihrer Signale resultiert die Dicke des zu messenden Materials. In Kombination mit den effizienten Signalverarbeitungsalgorithmen der Analyse- und Visualisierungssoftware kann mit Genauigkeiten im Submikrometerbereich gemessen werden. Mithilfe von Linearachsen lassen sich die C-Rahmen zu traversierenden Dickenmesssystemen erweitern, um die Dicke über der ganzen Breite des Materials zu messen. Die Steuer- und Analysesoftware steuert die notwendigen Werkzeuge bei, um die Qualität der Produktion lückenlos zu dokumentieren und auszuwerten. Zur Kommunikation mit dem Leitsystem der Produktionslinie steht eine Vielzahl von Schnittstellen zur Verfügung, die eine reibungslose Integration in die Linie erlauben.

5.3.3 Zweiseitige Dickenmessung mit Laserprofilsensoren

Bei der optischen Dickenmessung von Metallband wird auf beiden Seiten des Bandes jeweils ein Distanzsensor angeordnet. Die Differenz aus den gemessenen Einzelabständen ist dann die Dicke. Allerdings muss der Abstand der beiden Sensoren zueinander bekannt und sehr konstant sein. Das impliziert eine stabile Mechanikkonstruktion, die entweder als C-Bügel oder als O-Rahmen ausgeführt wird und besondere Anforderungen hinsichtlich sowohl der Positionierung als auch Kalibrierung der Sensoren sowie der Kompensation einer Rahmendurchbiegung erfüllt.

Geräteaufbau

Die Systeme arbeiten traversierend im Differenzbetrieb, d. h. im Unter- und Obergurt des O-Rahmens ist jeweils ein applikationsspezifischer Wegsensor auf gekoppelten Schlitten integriert. Aus der Differenz des Abstands der Sensoren zueinander und der Summe ihrer Signale resultiert die Dicke des zu messenden Materials. Auf den traversierenden Schlitten befinden sich ferner Hochgeschwindigkeitslasertaster, um die Breite des Materials (in Spaltanlagen auch die Breiten der einzelnen Ringe) zu messen.

Triangulationssensoren ermitteln an einem Messpunkt sehr präzise einen Distanzwert zur Messgutoberfläche, in dem sie die Positionsverschiebung des Messflecks auf einem winklig angeordneten Detektor registrieren. Allerdings führen Welligkeiten oder Schräglagen des Bandes bei einer punktweisen Messung immer zu einem Messfehler. Diesen sogenannten Winkelfehler

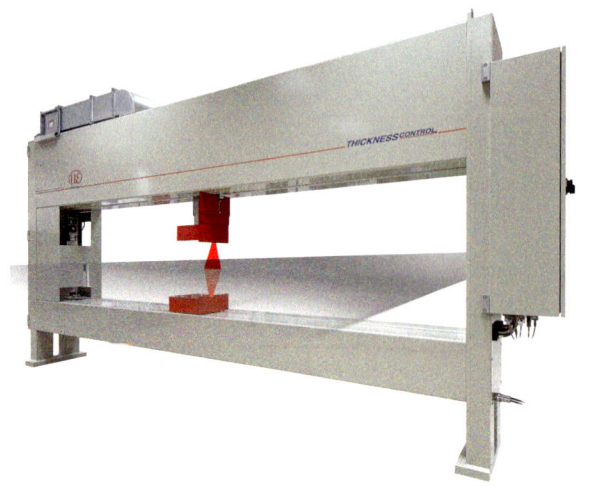

Bild 5.4 O-Rahmensystem zur Aluminium-Banddickenmessung (mit freundlicher Genehmigung von Mikro-Epsilon Messtechnik GmbH)

kann man nur eliminieren, wenn man die Bandlage erkennt.

Die Verwendung von Laserprofilsensoren (Bild 5.4) (s. g. „Laserscanner") gegenüber Punktsensoren erhöht die Informationsdichte und lässt somit eine wesentlich bessere optische Messung auf unterschiedlichsten Bandmaterialien zu. Auch die Messgenauigkeit wird gegenüber dem Punktlaser signifikant verbessert (Bild 5.5).

Weitere Vorteile des Einsatzes von Laserliniensensoren liegen darin, dass durch den hohen Informationsgehalt von bis zu 640 einzelnen Messpunkten – aus denen durch das Einpassen einer „Best fit Geraden" ein Messwert berechnet wird – größere Messbereiche mit höherer Präzision als bei der Verwendung von Laserpunktsensoren umgesetzt werden können. Dies gibt den Anlagen eine hohe Robustheit im industriellen Einsatz. Dies gilt insbesondere für den Einsatz in Spaltanlagen, in denen die Messer hohe vertikale Bewegungen des Bandes, verbunden mit entsprechenden Verkippungen, induzieren. Führen diese bei Laserpunktsensoren mit steigender Materialdicke zu immer größeren Messfehlern, können sie mit Laserscannern erfasst und rechnerisch kompensiert werden. Damit ist auch in diesen Situationen mehr Präzision gewährleistet.

Messdatenauswertung

Für die unterschiedlichen Einsatzgebiete stehen Softwarepakete im Bereich Prozessvisualisierung und Dokumentation zur Verfügung. Die Vielzahl der unterstützten Schnittstellen zur Kommunikation mit dem Leitsystem der Produktionslinie ermöglicht die reibungslose Integration in die Linie.

Die Datenerfassungs- und Analysesoftware bietet unter anderem eine Artikel- und Auftragsdatenbank, ein Produktionsarchiv, statistische Auswertungen sowie eine Grenzwertüberwachung mit Rückkopplung in die Produktion.

Dies ermöglicht eine vollautomatisierte Dokumentation und Steuerung des Fertigungsprozesses. Eine Überwachung von Merkmalen wie Keiligkeit, Balligkeit etc. ist ebenso möglich, wie eine Aufteilung der Scannerlinie in mehrere Dickenabschnitte. Die Software kann um spezielle Funktionen zur Unterstützung von Spaltanlagen erweitert werden, wie z. B zur Di-

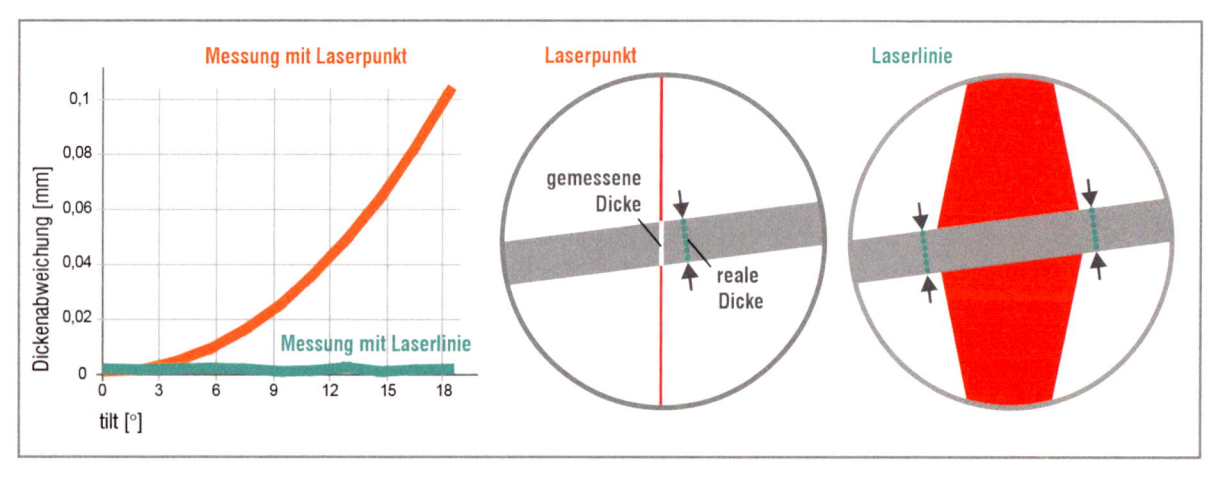

Bild 5.5 Vergleich Winkelfehler bei punktförmigen Sensoren und Laserprofilsensoren (mit freundlicher Genehmigung von Mikro-Epsilon Messtechnik GmbH)

ckenmessung für jeden einzelnen, gespaltenen Ring, Breitenmessung für jeden Ring, Dokumentation eines jeden Ringes.

Dickenmessung an Spaltband in Längsteilanlagen

Oft entstehen bei der Verarbeitung von Kaltband große vertikale Bewegungen, wie z. B. in Längsteilanlagen. Punktsensoren, die einen großen Messbereich überwachen können, sind bezüglich Auflösung und Linearität jedoch meist nicht mehr in der Lage, die geforderte Präzision zu erreichen, die zur Überwachung der Toleranzen EN 485-4 entsprechend notwendig ist. Dies ist damit zu erklären, dass bei Punktsensoren nur ein Messwert bzw. Punkt zur Verfügung steht. Mittels Liniensensoren werden jedoch viele Messwerte bzw. Punkte verwendet, die zudem mit beträchtlich höheren Frequenzen erfasst werden. Durch das gemessene Höhenprofil kann bei einem linearen Ansatz eine Ausgleichsgerade gelegt werden. Berechnet man jetzt die Dicke, kann eine wesentlich höhere Auflösung erzielt werden, da diese nun aus der geringsten Änderung zweier Ausgleichsgeraden resultiert. Mithilfe von geeigneten Algorithmen erreichen die Systeme mit Linienscannern bei einem Messspalt von 190 mm und einem Messbereich von 40 mm eine Linearität von ± 5 µm. Demgegenüber sind mit Punktsensoren für die genannten Bereiche nur Linearitäten von ± 25 µm erreichbar.

Eine weitere Herausforderung bei den bereits angesprochenen Längsteilanlagen sind die Lageveränderungen im Bandlauf (Verkippungen), denen die produzierten Ringe durch den Spaltvorgang unterworfen sind. In einer Spaltanlage ist vor allem die Messung der einzelnen Streifen hinter der Messerwelle interessant, da hier die Messgrößen für jeden einzelnen Ring bestimmt werden können. Bei einem Punktsensor entsteht auch bei perfekter Ausrichtung der Sensoren immer ein Winkelfehler. Bei Systemen mit Liniensensoren kann die Verkippung des Materials durch die bereits beschriebenen Ausgleichsgeraden ermittelt und kompensiert werden. Damit ist auch in diesem für die Dickenmessung schwierigem Umfeld eine exakte Messung möglich.

Wirtschaftliche Aspekte

Durch die Messung basierend auf Lasertriangulation sind aufwendige Kalibrierschritte, wie sie bei der radiometrischen Dickenmessung in Bezug auf Materialeigenschaften erforderlich sind, nicht notwendig. Ferner sind keine Schutzmaßnahmen vor Isotopen und Röntgenstrahlung zu beachten. Dadurch sind die Betriebskosten bei der Verwendung von Laserprofilsensoren wesentlich günstiger als bei herkömmlichen Messverfahren.

Bild 5.6 C-Rahmensystem zur Dickenmessung von Riffelblech (mit freundlicher Genehmigung von Mikro-Epsilon Messtechnik GmbH)

6 Weißlichtinterferometrie

6.1 Verfahrensgrundlagen

Die Weißlichtinterferometrie basiert, wie bereits der Name verrät, auf der Interferometrie. Dabei werden die einzigartigen Eigenschaften des Lichts genutzt, um mithilfe von zeitlich und räumlich kohärenten Lichtwellen, die überlagert werden können, Geometrieinformationen zu erhalten. Der grundsätzliche Aufbau der Weißlichtinterferometrie geht auf das Michelsoninterferometer zurück, welches seit vielen Jahrzehnten genutzt wird. Die ersten Weißlichtinterferometer kamen aber erst vor ca. 20 Jahren auf den Markt (Kohärenzradar).

Als Lichtquelle wird weißes Licht (Halogen-, Entladungslampen, LEDs) mit extrem kurzer Kohärenzzeit verwendet. Die kurze Kohärenzzeit ist auf kurze Emissionszeiten zurück zu führen. Die kurze Kohärenzlänge erlaubt hochgenaue Topografiemessungen. Die hohe Messgenauigkeit, die lediglich, von den wenigsten Messmethoden erreicht wird, ist auch der Grund für die relativ weite Verbreitung dieses Messverfahrens.

Prinzip der Weißlichtinterferometrie

Das von einer weißen Lichtquelle imitierte Licht wird auf die Messobjektoberfläche projiziert. Die reflektierte Strahlung gelangt anschließend zum Detektor, wo anhand von Interferenzen Informationen über die Oberflächengestalt gewonnen werden.

Vor- und Nachteile der Weißlichtinterferometrie

Vorteile	Nachteile
Keine Abschattungen (Bohrungen vermessbar)	Keine absolute Messung
extrem hohe Genauigkeit	kleiner Messfleck
Messung automatisierbar	großflächige Vermessung nicht wirtschaftlich
Rauheitsuntersuchungen möglich	nicht für alle Oberflächen (diffus streuend)
kompakt (leicht transportabel)	kleiner Abstand zum Messobjekt
keine gefährliche Strahlung	Schwingungsisolierung erforderlich

Messbereich/Messgenauigkeit der Weißlichtinterferometrie

Der laterale Messbereich liegt zwischen 0,3 mm^2 und 50 mm^2. Der vertikale Messbereich beträgt je nach Messaufbau einige Nanometer bzw. bis zu 40 mm. Die erreichbare Genauigkeit liegt aufgrund der kurzen Kohärenzlänge im Subnanometerbereich (bis zu 0,08 nm). Die Messgenauigkeit wird wesentlich von der Messobjektoberflächenbeschaffenheit beeinflusst. Im Idealfall soll die Prüflingsoberfläche diffus streuend sein.

Typische Anwendungen der Weißlichtinterferometrie

Weißlichtinterferometer werden dort eingesetzt, wo hohe Genauigkeit bei der 3D-Vermessung erreicht werden muss. Mit diesem Messverfahren können z.B. Rauheitsmessungen vorgenommen werden. Der Messbereich erlaubt aber auch Untersuchungen von Mikrogeometrien. Aufgrund des koaxialen Sensoraufbaus können Bohrungen bis zu einer Tiefe von ca. 40 mm digitalisiert werden. Hochgenaue Ebenheitsprüfungen stellen ebenfalls kein Problem dar.

Standartmikroskope können um einen Weißlichtinterferometer erweitert werden, um nicht nur die rein visuelle Überprüfung, sondern auch 3D-Messungen durchzuführen.

6.2 Beschreibung des Weißlichtinterferometrieverfahrens

Das Weißlichtinterferometer besteht aus einer Lichtquelle, die das Licht mit einer Kohärenzlänge von wenigen µm emittiert – einem Strahlenteiler, einem Spiegel und einem Detektor (Bild 6.1).

Der parallel geführte Lichtstrahl wird mithilfe eines Strahlteilers in zwei Wege aufgespalten. Mit einem Strahl wird die Oberfläche des Messobjektes beleuchtet. Der zweite Strahl wird zum Referenzspiegel abgelenkt. Nach der Reflexion von dem hochgenauen Referenzspiegel und der Messobjektoberfläche werden die beiden Strahlen überlagert und zum Detektor geleitet. Der Objekt- und Referenzstrahl interferieren nur dann miteinander, wenn die Strecke zwischen dem Strahlteiler und Referenzspiegel der Strecke zwischen dem Strahlteiler und der Messobjektoberfläche nahezu identisch sind. Für jedes Pixel wird somit ein Interferogramm (Intensitätswert) erfasst. Mithilfe der gemessenen Intensitätswerte wird für alle Pixel eine separate und präzise Höheninformation mit einer Auflösung im nm-Bereich bestimmt. Bild 6.2 zeigt die Intensität in Abhängigkeit von der Lichtwegdifferenz der beiden Teilstrahlen.

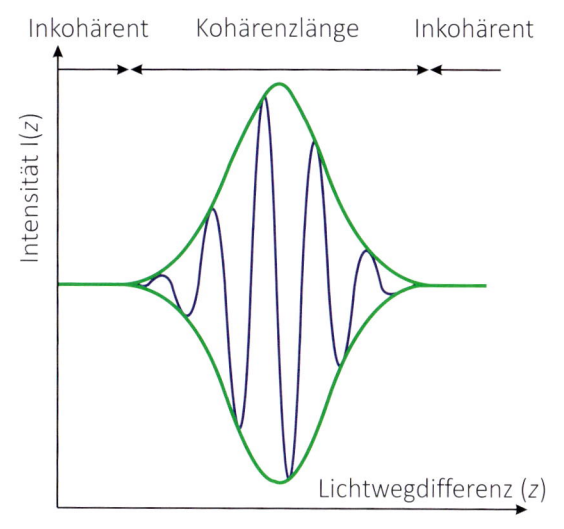

Bild 6.2 Interferogram mit Angabe der Intensitäten im Bereich und außerhalb der Kohärenzlänge

In letzter Zeit entstanden eine Reihe neuer Weißlichtinterferometer. In der Vergangenheit waren lediglich Mikroskopsysteme verfügbar. Der vertikale Messbereich und die Messfeldgröße betragen bei diesen Messsystemen lediglich wenige Millimeter. Dabei erreichen

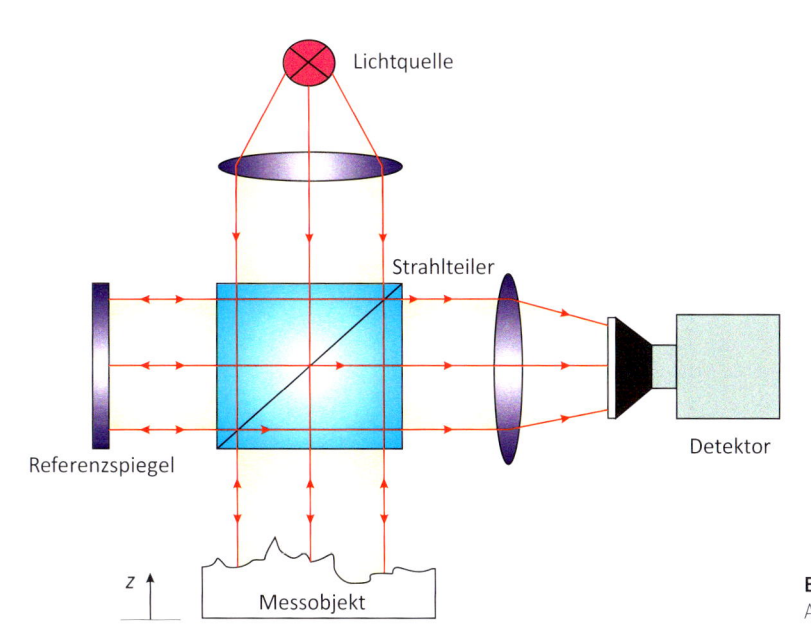

Bild 6.1 Aufbau eines Weißlichtinterferometers

sie eine laterale Auflösung von weniger als 1 µm und weniger (Rahlves, Seewig 2009). Es ist jedoch möglich, mehrere Aufnahmen zusammenzuführen, um auch größere Oberflächen zu vermessen. Die Probe wird dabei schrittweise verschoben und die entstehenden Interferenzmuster mit einem Detektor aufgenommen.

Für größere Messbereiche werden zunehmend Geräte mit telezentrischem Aufbau eingesetzt. Die laterale Auflösung ist aber im Vergleich zu Mikroskopsystemen niedriger.

6.3 Anwendungsbeispiele der Weißlichtinterferometrie

Die Weißlichtinterferometrie zeichnet sich durch schnelle, flächige Topografiemessungen mit hervorragender Höhenauflösung im Sub-Nanometer-Bereich aus. Damit sind die Weißlicht-Sensoren ideal für Rauheitsmessungen an ebenen Oberflächen geeignet. Topografiemessungen werden hochaufgelöst im Vertical Scanning Modus (VSI) durchgeführt. Typische Messaufgaben sind Untersuchungen von Bauteilen, wie z. B. Mikrospiegeln, Linsen, MEMS und Mikroelektronik.

6.3.1 Vergleich zu taktilen Messsystemen

Grundsätzlich finden optische Messprinzipien immer dort Anwendung, wo sehr feine und hochpräzise Funktionsflächen vermessen werden müssen, bei denen eine taktile Rauheitsmessung zu einer Beschädigung und damit zu einer Funktionsbeeinträchtigung führen kann. Oftmals werden noch 2D-Rauheitskenngrößen zur Beschreibung der Funktionalität eingesetzt. Da diese auch in Zukunft für bestimmte Oberflächenstrukturen ihre Berechtigung haben werden, ist das Erzielen einer Vergleichbarkeit zwischen optischen und taktilen Messprinzipien gerechtfertigt. Für die Rauheitsmes-

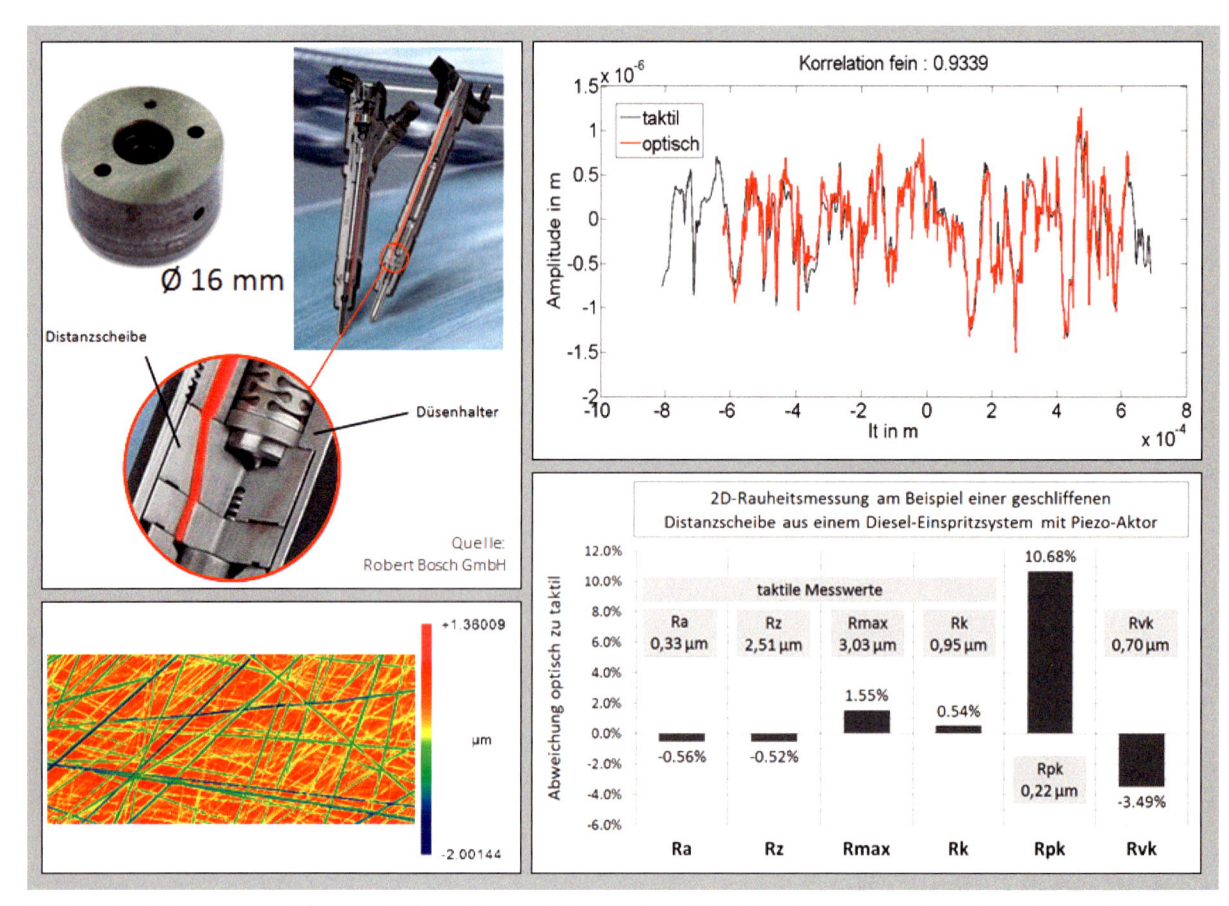

Bild 6.3 Rauheitsmessung auf einer geschliffenen Distanzscheibe aus einem Dieseleinspritzsystem (mit freundlicher Genehmigung der Zygolot GmbH)

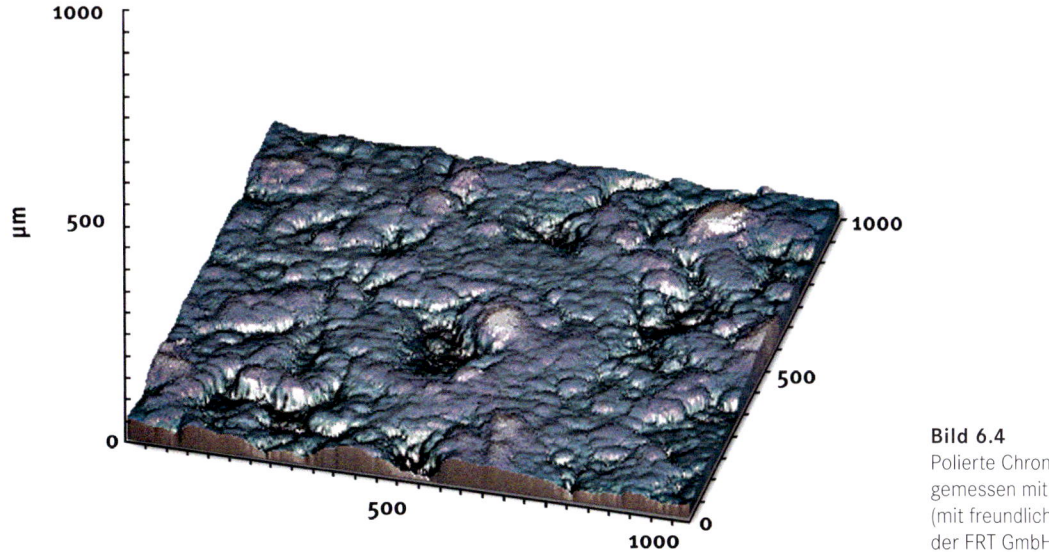

Bild 6.4
Polierte Chromoberfläche, gemessen mit dem FRT WLI FL (mit freundlicher Genehmigung der FRT GmbH)

sung an Komponenten eines Einspritzsystems am Beispiel einer Distanzscheibe aus einem piezoaktorischen Einspritzsystem ist die praktische Anwendung der erarbeiteten Algorithmen aufgezeigt (Bild 6.3). Gemessen wird auf einer metallisch dichtenden Oberfläche, welche auch bei Einspritzdrücken jenseits der 2000 bar die Funktion aufrechterhalten soll. Betrachtet wird hier die Qualität der Dichtfläche nach dem Vorschleifen. Die Korrelationsüberprüfung der erfassten Profile zeigt einen Wert von über 93 %. Der Vergleich der berechneten Rauheitsparameter weist nur sehr geringe Abweichungen, teilweise sogar weniger als 1 % auf. Lediglich die reduzierte Spitzenhöhe Rpk stellt mit ca. 10 % eine etwas höhere Abweichung dar. Dennoch entsprechen diese 10 % dem gesetzten Zielkriterium.

Diese Studie zeigt eindeutig, dass trotz unterschiedlicher physikalischer Messprinzipien beachtliche Übereinstimmungen in den erfassten Profilen und den daraus extrahierten Rauheitskennwerten erzielt werden können. Aktuelle Projekte beschäftigen sich mit der Übertragung der Ergebnisse auf die flächenhafte Charakterisierung von technischen Bauteiloberflächen und mit der Einbindung der Studien in die Umgebung der ISO-Normenreihe ISO 25178. Die Aufgabe besteht darin, die aktuellen Auswertealgorithmen aus den Vergleichsstudien an die Definitionen der ISO 25178 anzupassen, um somit eine ISO-konforme flächenhafte Rauheitsauswertung durchzuführen, welche sich zudem mit einer flächenhaften taktilen Oberflächenabtastung vergleichen lässt.

6.3.2 Oberflächenuntersuchungen mit Weißlichtinterferometrie

Die Oberflächenbeschaffenheit spielt im technischen Bereich eine enorme Rolle. Fehler in der Oberfläche führen nicht selten dazu, dass die die Funktion von Maschinen eingeschränkt oder gar nicht ausgeführt wird. Bild 6.4 zeigt eine hochglanzpolierte Chromoberfläche. Diese sehr glatte Oberfläche wurde mit dem FRT WLI FL mit höchster Auflösung erfasst.

Auch im medizinischen Bereich sind die Anforderungen an die Oberflächen – insbesondere bei z. B. künst-

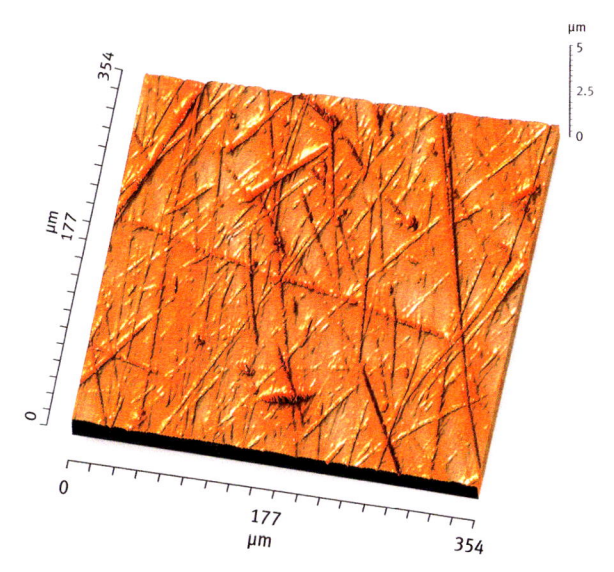

Bild 6.5 Messergebnis der Vermessung der Rauheit eines polierten Kniegelenks (mit freundlicher Genehmigung der FRT GmbH)

lichen Gelenken – sehr hoch. Vor einer Implantation werden deshalb die künstlichen Kniegelenke poliert und im Idealfall anschließend mit weißlichtinterferometrischen Messverfahren untersucht, um feststellen zu können, ob die notwendigen Oberflächeneigenschaften erreicht wurden (Bild 6.5).

7 Optische Kohärenztomografie

7.1 Verfahrensgrundlagen

In ihrem Grundaufbau unterscheidet sich die optische Kohärenztomografie nur unwesentlich von der Weißlichtinterferometrie. Auch bei diesem Verfahren wird eine Lichtquelle mit kurzer Kohärenzlänge verwendet. Die optische Kohärenztomografie ermöglicht aber durch den beweglichen Referenzspiegel Untersuchungen von teildurchlässigen Oberflächen sowohl an der Oberfläche als auch in der Tiefe.

Prinzip der optischen Kohärenztomografie

Das weiße Licht wird auf die Messobjektoberfläche projiziert. Die reflektierte Wellenfront gelangt zum Detektor. Anhand von Überlagerungseffekten der Wellenfronten können Abstandsinformationen gewonnen werden.

Vor- und Nachteile der optischen Kohärenztomografie

Vorteile	Nachteile
Keine Abschattungen (Bohrungen vermessbar)	Keine absolute Messung
extrem hohe Genauigkeit	kleiner Messfleck
Messung automatisierbar	großflächige Vermessung nicht wirtschaftlich
Rauheitsmessungen möglich	nicht für alle Oberflächen (diffus streuend)
kompakt (leicht transportabel)	kleiner Abstand zum Messobjekt
teiltransparente Oberflächen untersuchbar	
ungefährlich für den Benutzer	

Messbereich/Messgenauigkeit der optischen Kohärenztomografie

Das Messvolumen ist von der Kohärenzlänge der Lichtquelle abhängig. Der vertikale Messbereich beträgt einige Millimeter und der laterale Messbereich liegt bei einigen mm^2. Die vertikale und laterale Genauigkeit hängt ebenfalls von der Kohärenzlänge der Lichtquelle ab und liegt in der Regel zwischen 1 µm–20 µm (vertikal) und 10 µm–50 µm (lateral).

Typische Anwendungen der optischen Kohärenztomografie

Wegen der ungefährlichen Strahlung und der Möglichkeit in der Tiefe liegende Oberflächen untersuchen zu können, ist die optische Kohärenztomografie insbesondere im medizinischen Bereich weit verbreitet. Der Haupteinsatz dieses Verfahrens im medizinischen Bereich ist derzeit auf dem Gebiet der Augenheilkunde, vor allem der Untersuchung des Augenhintergrundes bzw. des hinteren Augenabschnittes, anzusiedeln. Die Untersuchung ist absolut schmerzfrei und wird innerhalb einer kurzen Zeit durchgeführt.

Im technischen Bereich ist die Schichtanalyse und Werkstoffprüfung als Hauptanwendungen zu nennen.

7.2 Messverfahren der optischen Kohärenztomografie

Im Vergleich zur Weißlichtinterferometrie verfügt die optische Kohärenztomografie über einen beweglichen Referenzspiegel. Dadurch wird eine Untersuchung von Messobjekten mit teildurchlässiger Oberfläche ermöglicht.

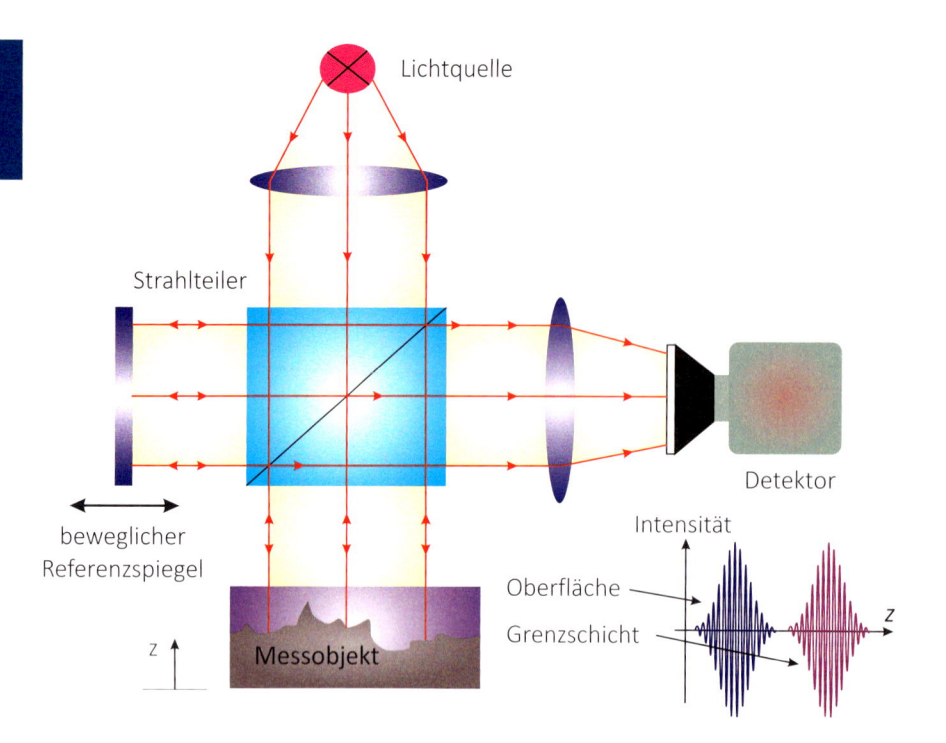

Bild 7.1 Aufbauprinzip der optischen Kohärenztomografie

Strukturen unter der Oberfläche können also mit diesem Verfahren dreidimensional vermessen werden. Dazu wird der bewegliche Referenzspiegel verschoben (scannende Bewegung). Aufgrund der kurzen Kohärenzlänge sind die Reflexionen der Oberflächen als Intensitätsausschläge deutlich zu erkennen (Bild 7.1). Zu Intensitätsausschlägen kommt es dann, wenn der Referenzstrahl und der Objektstrahl eine Strecke zurückgelegt haben, deren Differenz kleiner als die Kohärenzlänge der Lichtquelle ist. Bei Auswertung der Referenzspiegelbewegungen können hochgenaue Abstandsinformationen gewonnen werden.

Zur Auswertung der Informationen werden die aufgezeichneten Signale mithilfe der Fouriertransformation in den Frequenzbereich transformiert, wodurch lediglich zwei Pieks gewonnen werden. Der Abstand zwischen den Pieks entspricht der Entfernung der beiden Oberflächen zueinander.

8 Konfokale Mikroskopie

8.1 Verfahrensgrundlagen

Zum ersten Mal wurde das Prinzip der konfokalen Mikroskopie von M. Minsky (Minsky 1957) beschrieben und zum Patent angemeldet (US 301346). Er verwendete Weißlicht zur punktuellen Messobjektbeleuchtung. Das weiße Licht ließ sich zu der damaligen Zeit nicht mit hohen Intensitäten auf das Messobjekt fokussieren. Ein effizienter Einsatz dieser Messmethode war bis dahin aufgrund der nicht vorhandenen, geeigneten Lichtquelle nicht möglich. Erst mit der Entwicklung der Laser in den 1980er Jahren wurde die konfokale Mikroskopie zu einem industrietauglichen Messprinzip. In den letzten Jahren entstanden – basierend auf der konfokalen Mikroskopie – eine Reihe von Messmethoden, die das Auflösungsvermögen bzw. die Scanngeschwindigkeit verbessert haben.

Prinzip der konfokalen Mikroskopie

Das Licht wird auf die Messobjektoberfläche fokussiert. Durch eine geschickte Anordnung von Lochblenden wird lediglich das reflektierte Licht, welches aus der Fokusebene kommt, durchgelassen. Dadurch gewinnt man eine Information bezüglich des Abstandes zu den einzelnen Punkten des Messobjektes (Bild 8.1).

Vor- und Nachteile der konfokalen Mikroskopie

Vorteile	Nachteile
Keine Abschattungen (Bohrungen vermessbar)	Keine absolute Messung
hohe Genauigkeit	kleiner Messfleck
Messung automatisierbar	großflächige Vermessung nicht wirtschaftlich
Rauheitsmessungen möglich	nicht für alle Oberflächen (diffus streuend)
kompakt (leicht transportabel)	kleiner Abstand zum Messobjekt
bei LED-Beleuchtung ungefährlich für Augen	

Messbereich/Messgenauigkeit der konfokalen Mikroskopie

Der vertikale Messbereich erstreckt sich von 50 nm bis 100 mm. Der laterale Messbereich liegt zwischen 100 µm^2 und 50 mm^2. Die lateralen und vertikalen Genauigkeiten betragen wenige Nanometer und sind im Bereich der Biowissenschaften, wie bei einem konventionellen Mikroskop, von der verwendeten Lichtquelle limitiert. Bei den technischen Anwendungen ist die Genauigkeit in erster Linie von dem Systemrauschen vorgegeben, da das Maximum nicht mehr eindeutig bestimmt werden kann.

Typische Anwendungen der konfokalen Mikroskopie

Die konfokalen Mikroskope werden für mikrostrukturelle 3D-Oberflächenvermessung eingesetzt. Aufgrund des hohen Auflösungsvermögens sind auch Rauheitsmessungen durchführbar. Konfokale Mikroskope sind in die Halbleiterherstellung integrierbar, um primär Schichtdickenmessungen und die Suche nach Fehlstellen zu ermöglichen.
Im Medizin- und Biologiebereich werden mithilfe der

8 Konfokale Mikroskopie

Bild 8.1 Prinzip des konfokalen Mikroskops

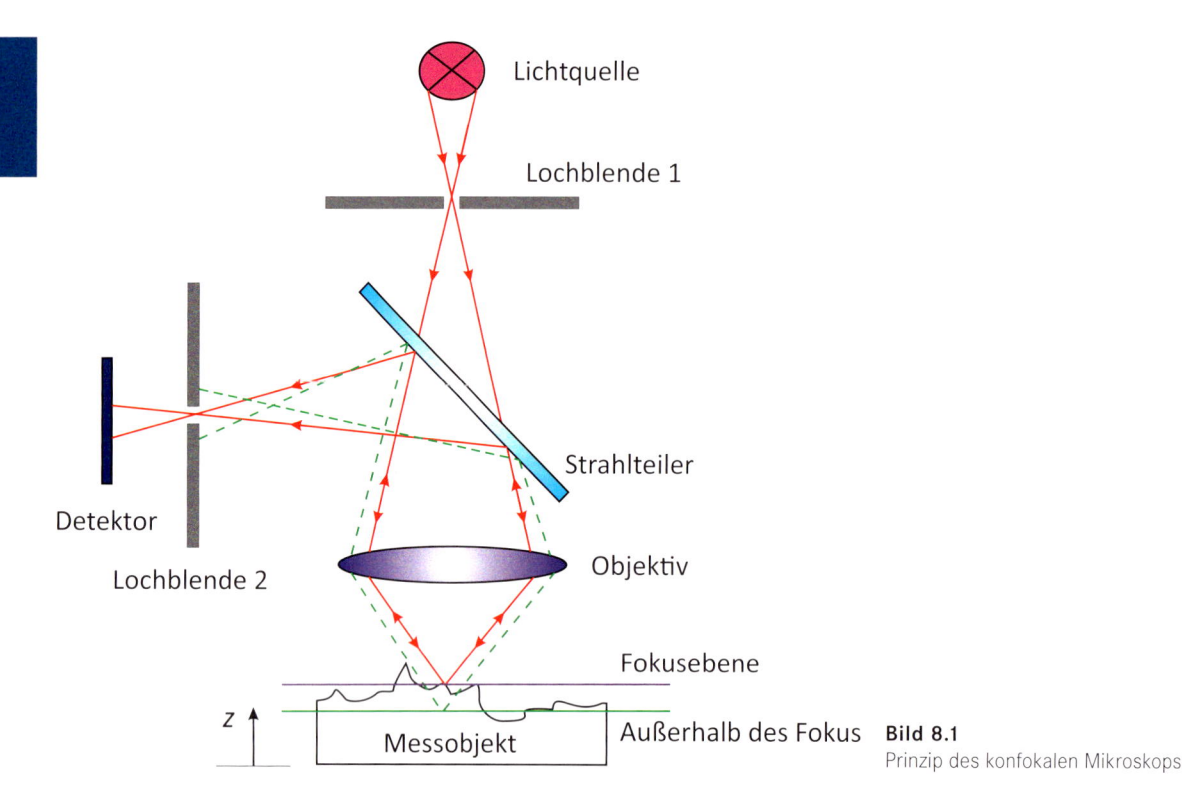

konfokalen Mikroskopie Untersuchungen von lebendigem Gewebe durchgeführt. Dadurch, dass das Licht eine gewisse Eindringtiefe hat, sind auch Analysen von in der Tiefe liegenden Strukturen bedingt möglich.

8.2 Messverfahrens der konfokalen Mikroskopie

Der Aufbau eines konfokalen Mikroskops unterscheidet sich von einem konventionellen Lichtmikroskop dadurch, dass Lochblenden (Pinhole) verwendet werden. Dadurch wird das nicht aus der Fokalebene kommende Licht fast vollständig geblockt. Bei einem „normalen" Mikroskop entsteht das Bild dagegen aus der Überlagerung einer scharfen Abbildung der Messprobe im Fokus und einer unscharfen Abbildung der Punkte außerhalb.

Die von einer Lichtquelle (LED oder Laser) erzeugte Strahlung wird zunächst durch eine Lochblende, um eine punkförmige Lichtquelle zu generieren, geschickt. Über einen Strahlteilerspiegel und ein Objektiv fällt das Licht nun auf die Probe, die sich im Fokusbereich befindet. Anschließend wird das Licht von der Messoberfläche reflektiert und gelangt über den Strahlteiler und eine Lochblende zum Detektor. Diese zweite Lochblende hat die Aufgabe, das Licht, welches von den Bereichen außerhalb des Fokus reflektiert wird, und das Streulicht zu blockieren. Durch den Durchmesser der Blende, die auch variabel sein kann, wird die Tiefenauflösung des Messgerätes eingestellt. Die laterale Auflösung ist im Vergleich zur konventionellen Mikroskopie um den Faktor 2 größer (Bild 8.1).

Die vom Abstand abhängige Intensität *I(z)* kann wie folgt berechnet werden (Lücke 2006):

$$I(z) = \left(\frac{\sin\left(^1/_2 kNA^2 z\right)}{^1/_2 kNA^2 z} \right)^2 \; mit \; k = \frac{2\pi}{\lambda}$$

λ – Wellenlänge $\quad k$ – Kreiswellenzahl
NA – Numerische Apertur $\quad z$ – Höhenkoordinate

Da die Vermessung der Messobjektoberfläche punktuell erfolgt, muss die Probe abgerastert werden, um flächenhafte Untersuchungen durchführen zu können. Für diesen Zweck existieren einige Verfahren.

Konfokale Laserrastermikroskopie

Wie bereits der Name verrät, wird bei dieser Methode ein Laser als Beleuchtungsquelle verwendet. Der Laserstrahl wird über die Messobjektfläche durch bewegliche Spiegel geführt. Hauptanwendung findet dieses Verfahren im biologischen und medizinischen Bereich. Dabei werden mithilfe des Lasers bestimmte Moleküle zur Fluoreszenz und somit zur Emission von Licht angeregt, um in einer Probe unterschiedliche Bereiche mithilfe von verschiedenen Fluoreszenzfarbstoffen zu untersuchen.

Konfokale Mikroskopie mit rotierenden Scheiben

Anstelle von Laser kann auch weißes Licht, welches mithilfe von LEDs erzeugt wird, verwendet werden. Wegen der geringeren Intensität sind jedoch längere Belichtungszeiten nötig. Um diesen Nachteil zu eliminieren, verfügen moderne Systeme über mehrere parallele Strahlengänge. Dadurch wird es möglich, direkt eine Vielzahl an Messstellen zu erfassen. Eine der Möglichkeiten für diesen Zweck stellen die sogenannten Nipkow-Scheiben dar, die in den Zeiten der Schwarz-Weiß-Fernseher zur Zerlegung von Bildern in Helligkeitswerte und nach dem Übertragen zum Zusammensetzen eingesetzt wurden. Nach einer Umdrehung der Scheibe von 360° ist das gesamte Sehfeld erfasst (Bild 8.3).

Bild 8.2 Nipkow-Scheibe mit spiralförmiger Anordnung der Pinholes

Diese zweite Methode ist auch für technische Anwen-

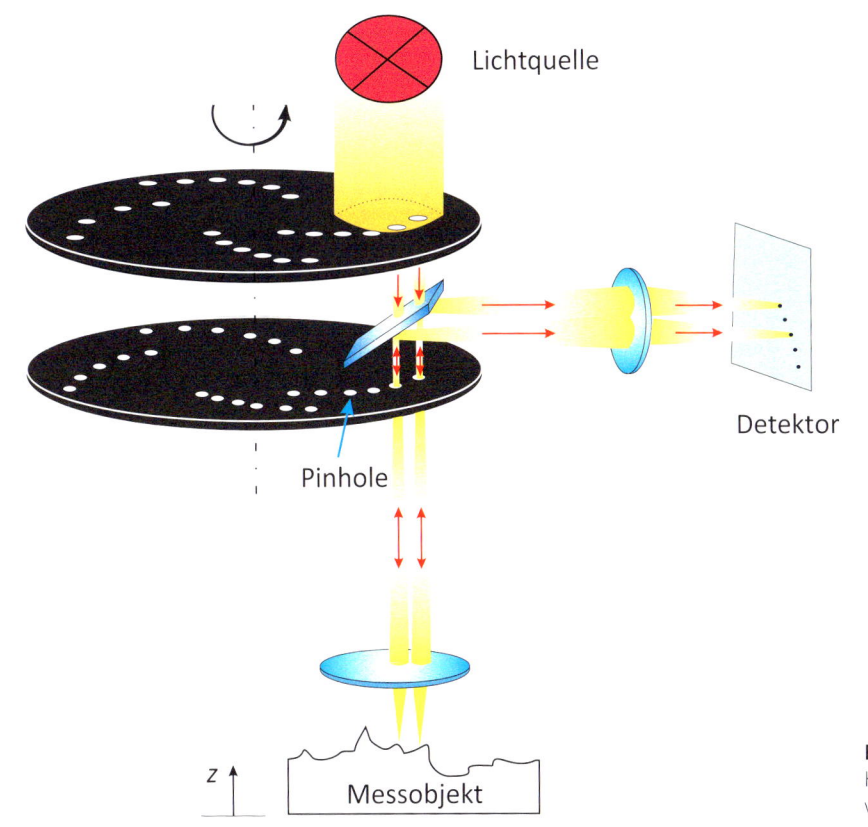

Bild 8.3
Konfokale Mikroskopie mit Verwendung von Nipkow-Scheiben

8 Konfokale Mikroskopie

dungen gut geeignet. Wobei bei Vermessung von Geometrien und Oberflächen die erreichbare Auflösung im *nm*-Bereich liegt.

Konfokale Mikroskopie mit DMD-Elementen
Auch mithilfe der DMD-Technik (digital mirror device) sind flächenhafte Untersuchungen möglich. Es werden kleine Spiegelelemente so angesteuert, dass das Licht gezielt punktuell über die Oberfläche geführt wird.

8.3 Anwendungsbeispiele der konfokalen Mikroskopie

Bisher war die Messung von Konturen mit großen Winkeln Messsystemen mit Fokusvariation vorbehalten. Um auch feinste Oberflächen bis in den Nanometerbereich hinein auflösen zu können, wurde die Konfokalmesstechnik verwendet. Es besteht die Möglichkeit, die Fokusvariation und die strukturierte Beleuchtung (konfokale Mikroskopie) in einem System zu kombinieren. Sowohl Mikrogeometrien als auch Rauheiten u. a. an spiegelnden Oberflächen werden nanometergenau und normgerecht gemessen. Mit der Kombination beider Messverfahren entfällt für Komponenten- und Werkzeughersteller zukünftig die Anschaffung mehrerer Messgeräte.

8.3.1 Vermessung der Schneidkante einer Gewindeschneidplatte

Das von Confovis patentierte Messverfahren der strukturierten Beleuchtung mit LED (Bild 8.4) arbeitet grundsätzlich nach dem konfokalen Messprinzip. Durch den Verzicht auf einen Laser reduziert es jedoch Speckle- und Kohärenzeffekte. Dadurch ist eine artefaktfreie Messung möglich. Bei der strukturierten Be-

ConfoCam C1+
1 | Beleuchtungsmaske
2 | LED - Lichtquelle
3 | Beleuchtungsstrahlengang Transmission
4 | Beleuchtungsstrahlengang Reflexion
5 | CMOS-Sensor
6 | Abbildungsstrahlengang
7 | Objektiv

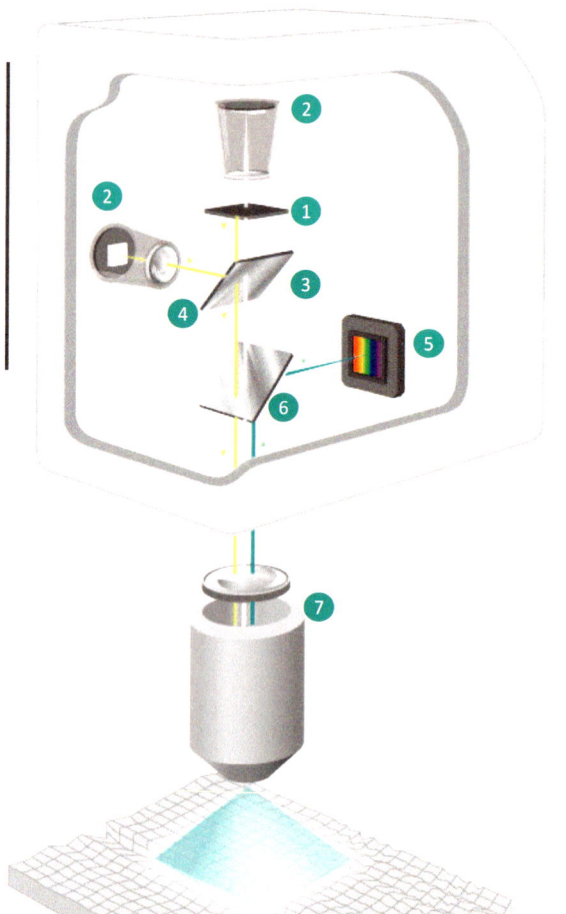

Bild 8.4
Funktionsprinzip der konfokalen Mikroskopie (mit freundlicher Genehmigung von Confovis GmbH)

8.3 Anwendungsbeispiele der konfokalen Mikroskopie

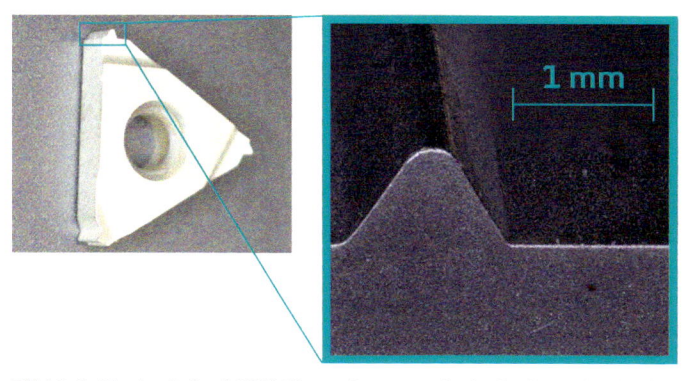

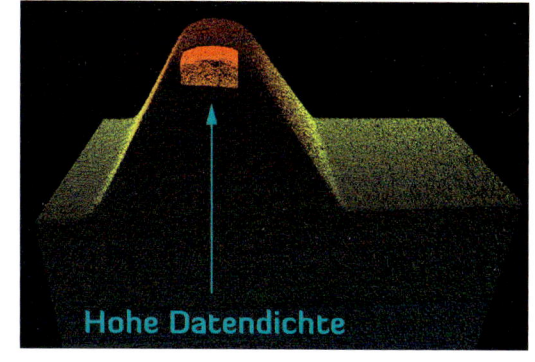

Bild 8.5 Die durch ConfoVIZ®-Messsoftware ermittelte Punktewolke der Schneidkante einer Gewindeschneidplatte (mit freundlicher Genehmigung von Confovis GmbH)

leuchtung wird ein Gitter mittels getakteter LEDs phasenverschoben auf die Bauteilprobe abgebildet und aufgenommen. Anschließend wird der Kontrast, der genau dann maximal ist, wenn die Oberfläche in der Fokuslage ist, ausgewertet. Um die gesamte Topografie des Werkstücks zu bestimmen, wird dieses in Fokusrichtung verfahren. Es werden dabei optische Schnitte erzeugt, die anschließend verwendet werden, um eine 3D-Punktewolke zusammenzusetzen.

Oberflächen – hochauflösend und real abgebildet

Für eine deutliche Zeitersparnis kombiniert die ConfoViZ® Mess-Software gleichzeitig Bereiche mit geringer Datendichte – ausreichend für eine Konturbestimmung – sowie Bereiche mit hoher Messdatendichte – zur Ermittlung von Rauheiten – in einer Punktewolke (Bild 8.5). Der Benutzer des Messsystems erhält damit die hohe Auflösung in den Bereichen, wo sie erforderlich ist, ohne zeitaufwendig die gesamte Probe nanometerweise abzuscannen. Dem Anwender stehen die Messwerte somit unverfälscht zur Verfügung.

Neben dem Konfokalmessverfahren nutzt Confovis zusätzlich die Fokusvariation, um Werkstücke oder Werkzeuge umfangreich vermessen zu können (Bild 8.6). Die Fokusvariationsmessung ermöglicht die Aufnahme und Auswertung von steilen Flanken. Aufgrund des

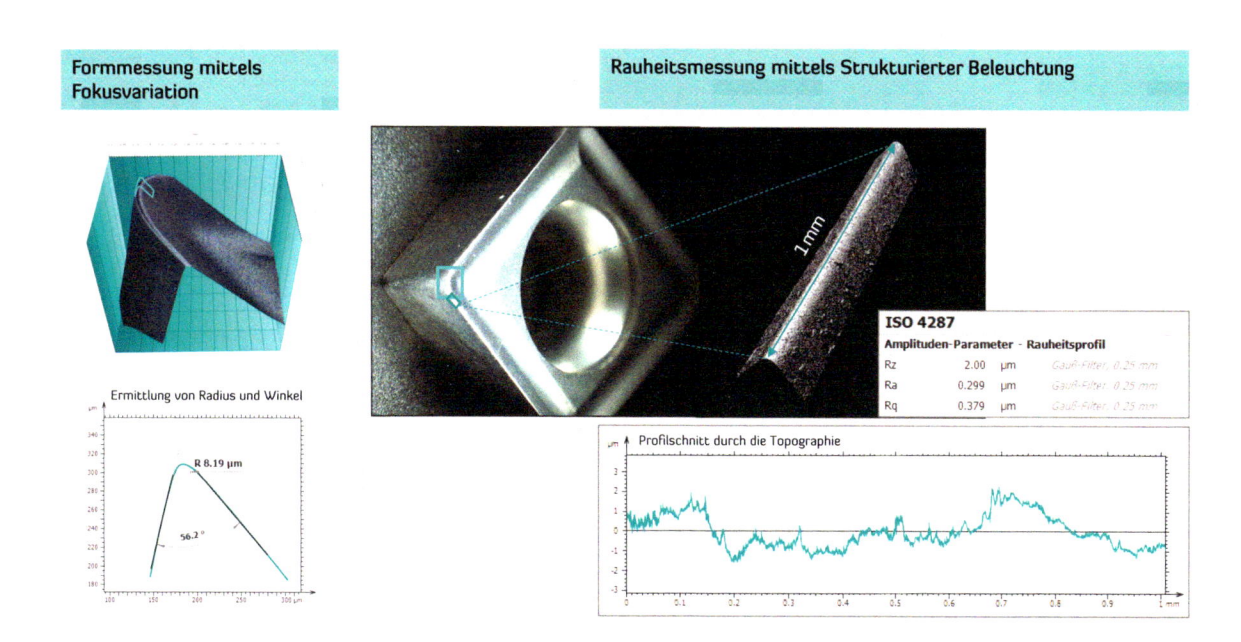

Bild 8.6 Vermessung der Wendeschneidplatte mit Fokusvariation und konfokaler Mikroskopie (mit freundlicher Genehmigung von Confovis GmbH)

8 Konfokale Mikroskopie

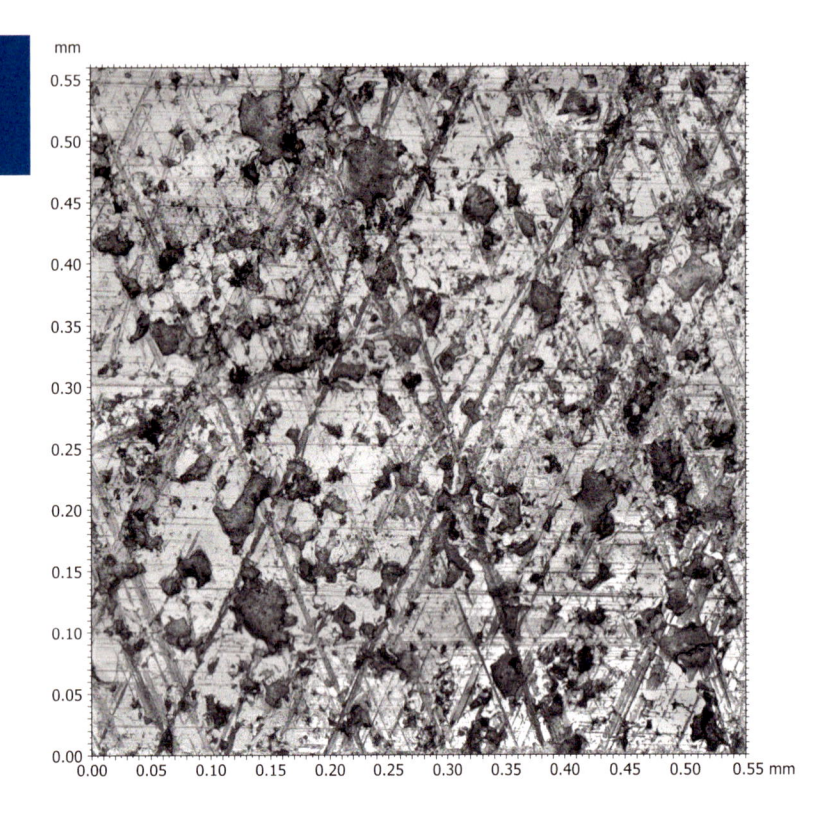

Bild 8.7 Extended-Focus-Aufnahme einer gelaufenen Zylinderfläche (mit freundlicher Genehmigung der Confovis GmbH)

Arbeitsprinzips ist die Analyse von spiegelnden Oberflächen und von feinen Rauheiten mittels Fokusvariation nicht möglich, sodass hier mit strukturierter Beleuchtung (konfokal) gemessen wird.

8.3.2 Oberflächenstruktur- und Rauheiterfassung

Am Beispiel einer gehonten Zylinderoberfläche mit stark poriger Struktur kann durch das Arbeitsprinzip der Fokusvariation die Oberfläche mit einer Extended-Focus-Aufnahme (Bild 8.7) zerstörungsfrei gemessen werden. Bei dieser Aufnahme werden Einzelaufnahmen unterschiedlicher Fokussierung zu einer Abbildung mit erweiterter Schärfentiefe zusammengesetzt. Zusätzlich wird der Dynamikumfang bei der Bildaufnahme erhöht und somit der Bildkontrast signifikant verbessert. Dadurch wird eine vergleichbare Bildqualität wie bei einer REM-Aufnahme erreicht. Außerdem wird die plateauartige, reflektierende Struktur durch die strukturierte Beleuchtung aufgenommen.

Neben der rein visuellen Auswertung des Bildes, die

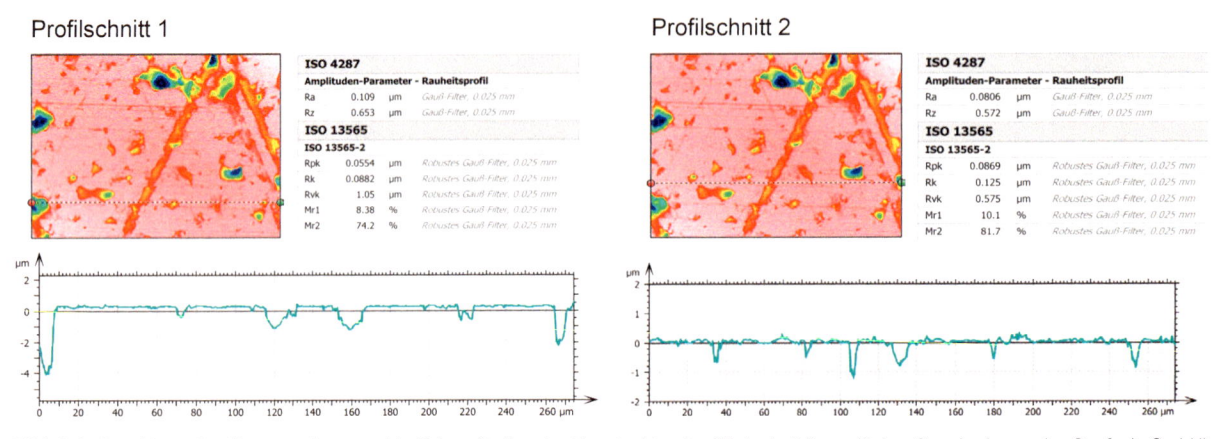

Bild 8.8 Extrahierte Profile an zwei unterschiedlichen Stellen der Honstrukturoberfläche (mit freundlicher Genehmigung der Confovis GmbH)

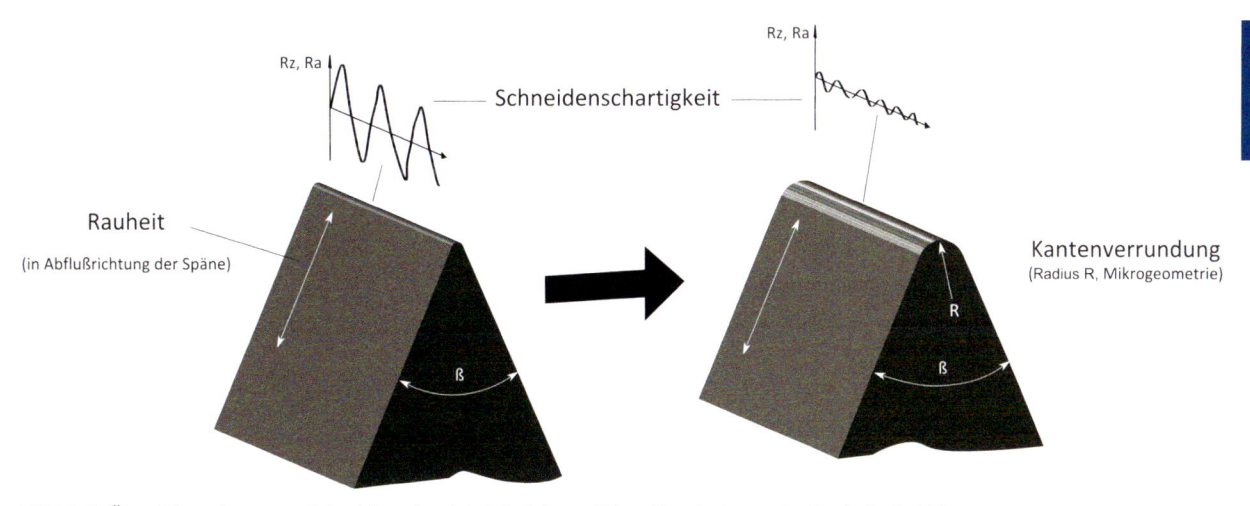

8.3 Anwendungsbeispiele der konfokalen Mikroskopie

Bild 8.9 Übersichtsschema zur Schneidenschartigkeit (mit freundlicher Genehmigung der Confovis GmbH)

mit einer REM-Aufnahme der Oberfläche in ihrer Qualität vergleichbar ist, ergeben sich weitere umfangreiche Auswertungsmöglichkeiten, da dem Anwender eine 3D-Punktewolke zur Verfügung gestellt wird. Mit einer axialen Auflösung von 3 nm und einer lateralen Auflösung von 300 nm ermöglichen es die Confovis-Messsysteme, Oberflächenstrukturen präzise zu quantifizieren. Die Analysesoftware MountainsMap® ermöglicht u. a. die Berechnung von Kontur- und Volumenparametern, Profilschnitten, Texturrichtung sowie Auswertungen nach den entsprechenden Normen (Bild 8.9).

Neben der Messung und Bewertung von Oberflächen bietet die Kombination der Verfahren von strukturierter Beleuchtung und Fokusvariation in einem Gerät auch deutliche Vorteile bei der Vermessung von Werkzeugen.
Bei diesen kommt es einerseits häufig auf Dimensionsangaben bzw. das Messen von Konturen an, was mit der Fokusvariation erfolgen kann. Beispielsweise können so Maße an Schneidkanten ermittelt werden (Bild 8.10). Zusätzlich können im selben Gerät auch mittels strukturierter Beleuchtung auf der Grundlage einer lateralen Auflösung von ca. 300 nm bestimmte Flächen

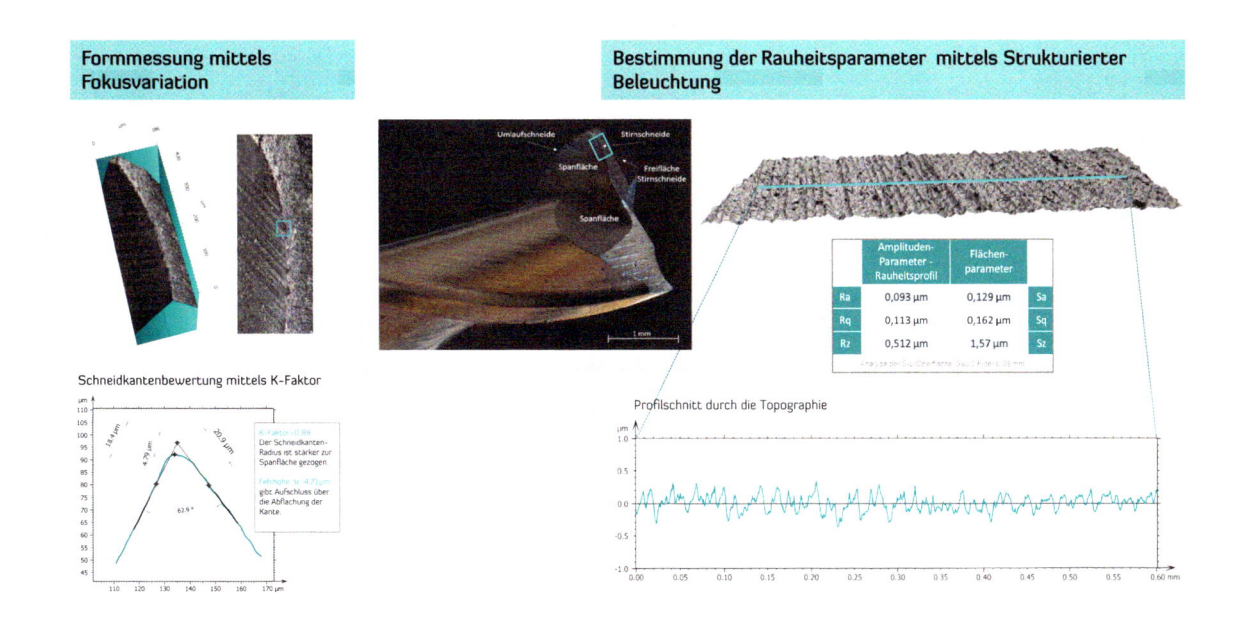

Bild 8.10 Schneidkantenmessung an der Stirnschneide: Übersichtsbild Bohrnutenfräser, 3D-Darstellung der Schneidkante und die Auswertung (mit freundlicher Genehmigung der Confovis GmbH)

8 Konfokale Mikroskopie

Bestimmung der Parameter Ra, Rz, Rpk, Rvk, Rk, Mr1, Mr2 am von der PTB zertifizierten superfeinen Halle-Raunormal

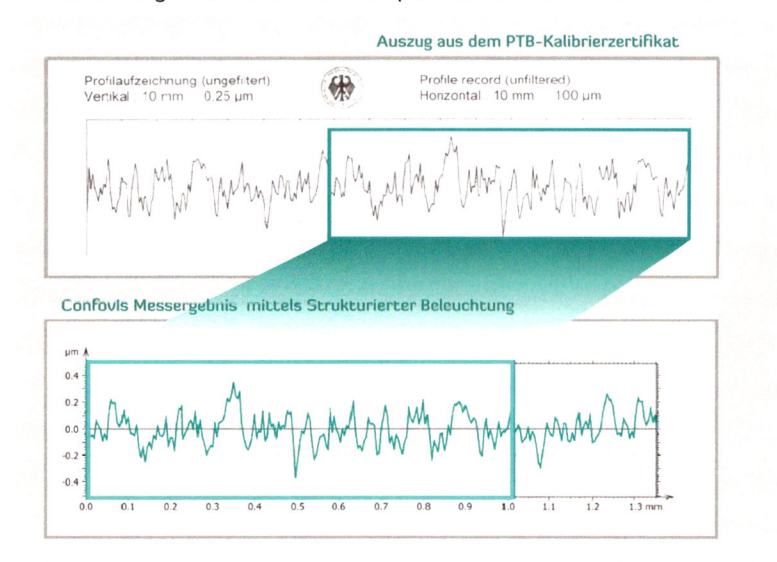

Auszug aus dem PTB-Kalibrierzertifikat

Profilaufzeichnung (ungefiltert) / Profile record (unfiltered)
Vertikal 10 mm 0,25 µm   Horizontal 10 mm 100 µm

	Mittelwert	Min.*	Max.*	U
Ra [nm]	87,4	84,8	90,0	± 3 %
Rz [nm]	481,8	467,3	496,3	± 3 %
Rpk [nm]	73,2	65,9	80,5	± 10 %
Rk [nm]	277,9	264,0	291,8	± 5 %
Rvk [nm]	100	90,0	110,0	± 10 %
Mr1 [%]	11,7	11,5	11,9	± 2 %
Mr2 [%]	88,4	86,6	90,2	± 2 %

Gauß-Filter 0,25 mm   * inkl. Messunsicherheit

Confovis Messergebnis mittels Strukturierter Beleuchtung

	Mittelwert	Gemessene Werte	Relative Abweichung
Ra [nm]	87,40	84,30	-3,55 %
Rz [nm]	481,80	494,00	2,53 %
Rpk [nm]	73,20	70,20	-4,10 %
Rk [nm]	277,90	272,20	-2,05 %
Rvk [nm]	100,00	91,50	-8,50 %
Mr1 [%]	11,70	11,71	0,09 %
Mr2 [%]	88,40	86,50	-2,15 %

Gauß-Filter 0,25 mm

Bild 8.11 Bestimmung der Parameter R_a, R_z, R_{pk}, R_{vk} am von der PtB (Physikalisch-Technische Bundesanstalt) zertifizierten superfeinen Halle-Raunormal (mit freundlicher Genehmigung der Confovis GmbH)

besonders genau gemessen werden, sodass dort die Rauheitswerte exakt bestimmt werden können.

So werden die gemessenen Oberflächen nach DIN EN ISO 4287/4288 und DIN EN ISO 25178 rückführbar und damit vergleichbar analysiert. Sämtliche Ergebnisse lassen sich nicht nur für die mittlere Rauheit R_a und der größten Höhe des Profils R_z, sondern auch für die reduzierte Spitzenhöhe R_{pk} und die reduzierte Riefentiefe R_{vk} nach DIN EN ISO 13565 anhand von Raunormalen unabhängiger Anbieter exakt nachweisen (Bild 8.11). Außer der Auswahl eines normgerechten Filters (mit entsprechender Cut-off-Wellenlänge) sind keine Post-Prozesse erforderlich, weil die konfokale Messung nach dem patentierten Arbeitsverfahren der strukturierten Beleuchtung keine signifikanten Speckle- und Kohärenzeffekte erzeugt. Dem Anwender stehen somit Daten für seinen Bearbeitungsprozess zur Verfügung, die es ihm ermöglichen, die Prozessparameter zu kontrollieren.

Neben den Parametern R_k (Materialanteile der gemessenen Oberfläche) R_{pk} und R_{vk}, die die 2D-Beurteilung von Kernbereich, Spitzenbereich und Riefenbereich ermöglichen, stehen dem Anwender bereits die Flächenwerte S_k, S_{pk} und S_{vk} (Parameter zur Beurteilung des Schmierungsverhaltens) entsprechend der ISO 25178 zur Verfügung. Bei vielen tribologischen Funktionsoberflächen werden niedrige R_{pk}-Werte und größere R_{vk}-Werte angestrebt. Dies beschreibt eine plateauartige Oberfläche mit tiefen Riefen, wie sie etwa der Motorenbau verlangt. Aus dem S_{vk}-Wert kann direkt das Ölrückhaltevolumen bestimmt werden.

Die von der Physikalisch-Technischen Bundesanstalt zertifizierten Raunormale gemäß DIN EN ISO4287 DIN EN ISO 13565 ermöglichen dem Anwender eine Vergleichbarkeit zu konventionellen Systemen. Die Messfläche der Raunormale besteht aus geschliffenen unregelmäßigen Profilen. Die Normale verfügen somit über ein breites Spektrum der in der Praxis vorkommenden Oberflächenabweichungen. Aus den R_{pk}-, R_{vk}- und R_k-Werten lässt sich die Basis für die Flächenrauheitswerte herleiten und eine Überleitung zur DIN EN ISO 25178 schaffen.

8.3.3 Anwendungsbeispiele aus der Medizintechnik

Auch bei der Untersuchung von medizintechnischen Objekten können beide Verfahren kombiniert zum Einsatz kommen. Bei einem Zahnimplantatgewinde (Bild 8.13) können die Konturen mittels Fokusvariation und die Rauheit bzw. andere Parameter mit der konfokalen strukturierten Beleuchtung gemessen werden.

8.3 Anwendungsbeispiele der konfokalen Mikroskopie

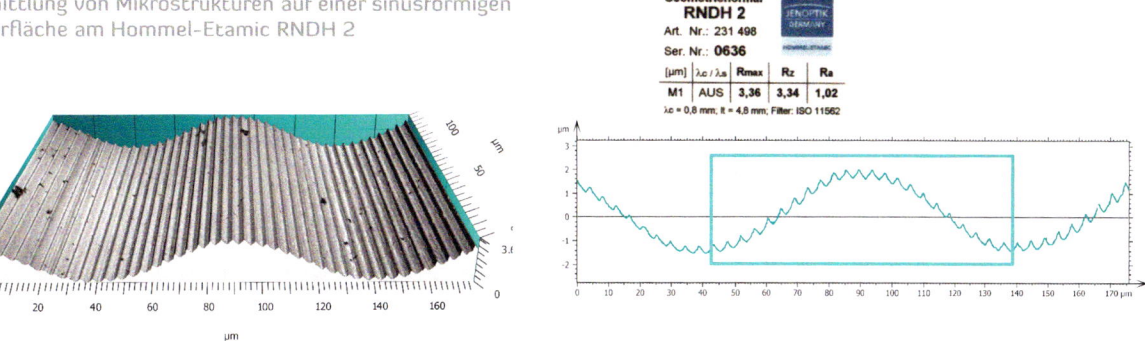

Ermittlung von Mikrostrukturen auf einer sinusförmigen Oberfläche am Hommel-Etamic RNDH 2

Zur Analyse der Mikrostruktur wurde der oben gekennzeichnete Ausschnitt in 2 unterschiedlichen Positionen erneut gemessen.

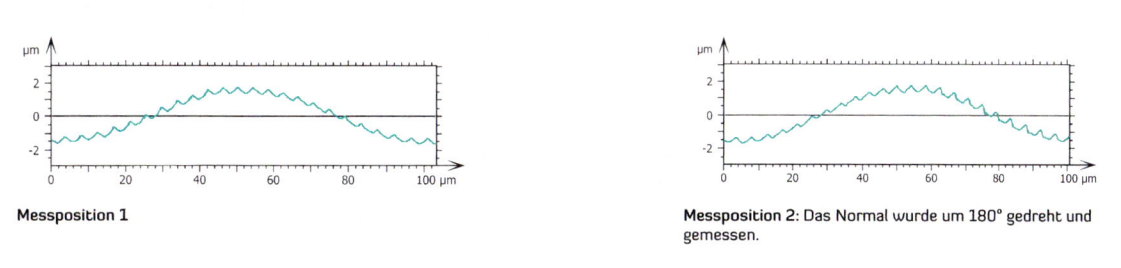

Messposition 1

Messposition 2: Das Normal wurde um 180° gedreht und gemessen.

Bild 8.12 Artefaktfreie Messung anspruchsvoller Mikrostrukturen nachgewiesen am Geometrienormal RNDH2 (mit freundlicher Genehmigung der Confovis GmbH)

Formmessung mittels Fokusvariation

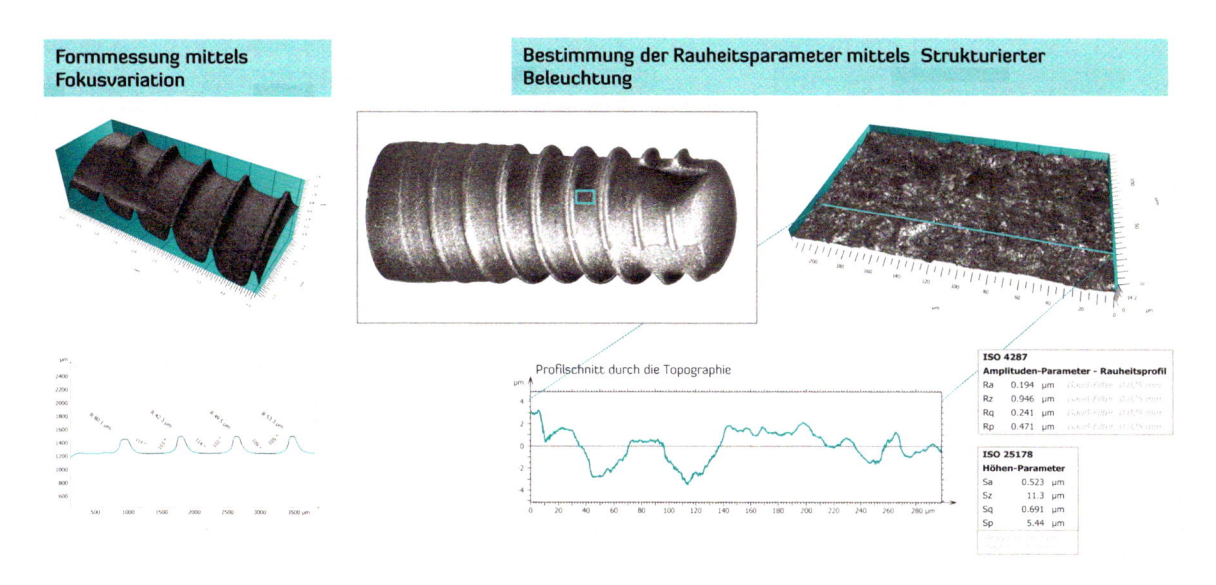

Bestimmung der Rauheitsparameter mittels Strukturierter Beleuchtung

Bild 8.13 Analyse eines Zahnimplantats (Kontur und Rauheit) mit dem kombinierten Messverfahren (mit freundlicher Genehmigung der Confovis GmbH)

8.3.4 Konfokale Mikroskopie bei additiven Fertigungsverfahren

Ein neuer Anwendungsbereich, in dem die Funktionalität der Messgeräte voll ausgenutzt werden kann, ist die additive Fertigung. Von der Vermessung der eingesetzten Pulver beim selektiven Laserschmelzen (SLM) über die Aufnahme der Schmelzspuren mit Restpulver in der Fertigung bis hin zur Bewertung der Finishing-Prozesse kann ein Gerät verwendet werden (Bild 8.14).

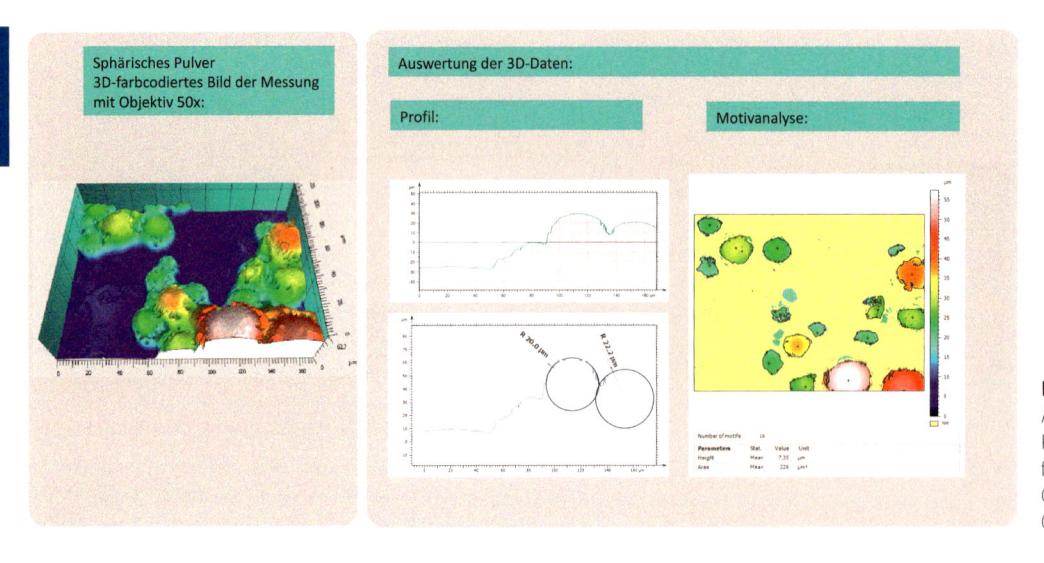

Bild 8.14 Analyse der SLM-Pulvers (mit freundlicher Genehmigung der Confovis GmbH)

Nach dem Verschmelzen des Pulvers kann die Oberfläche der generierten Fläche erneut untersucht werden (Bild 8.15).

Die Neigung der Werkstückoberfläche hat einen großen Einfluss auf die Oberflächenstruktur des fertigen Bauteils.

8.3.5 Untersuchung von Mikrostrukturen in Forschung und Produktion

Das konfokale Messprinzip ist ein bewährtes berührungsloses Messverfahren für die sehr schnelle und hochaufgelöste 3D-Messung von kleinen Strukturen in den Bereichen Forschung und Produktion, wie z. B. MEMS, Mikrolinsen, Defekte und vieles mehr (Bild 8.16). Außer zur Untersuchung von Mikrostrukturen wird der Sensor für Rauheitsmessungen und zur Erfassung sowie Auswertung der 3D-Topografie eingesetzt. Dank des flächenhaft arbeitenden, konfokalen Messverfahrens liegen aussagekräftige Ergebnisse in weniger als zehn Sekunden vor.

Bild 8.17 zeigt die 3D-Topografie des Randbereichs eines Solarwafers mit einem Kantenausbruch, der beim Sägen entstanden ist. Dank des schnellen konfokalen Messprinzips können solche Defekte in wenigen Sekunden hochauflösend gemessen und ausgewertet werden.

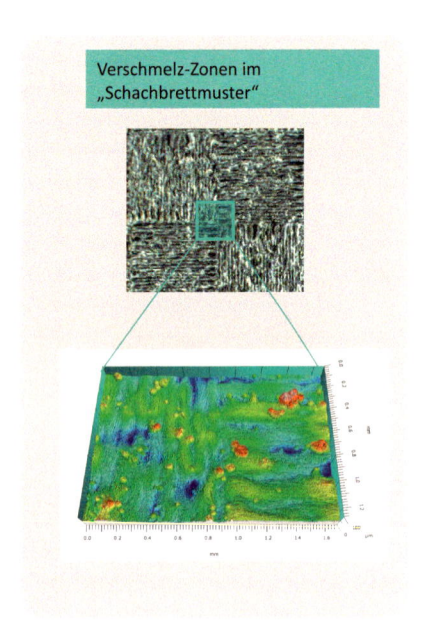

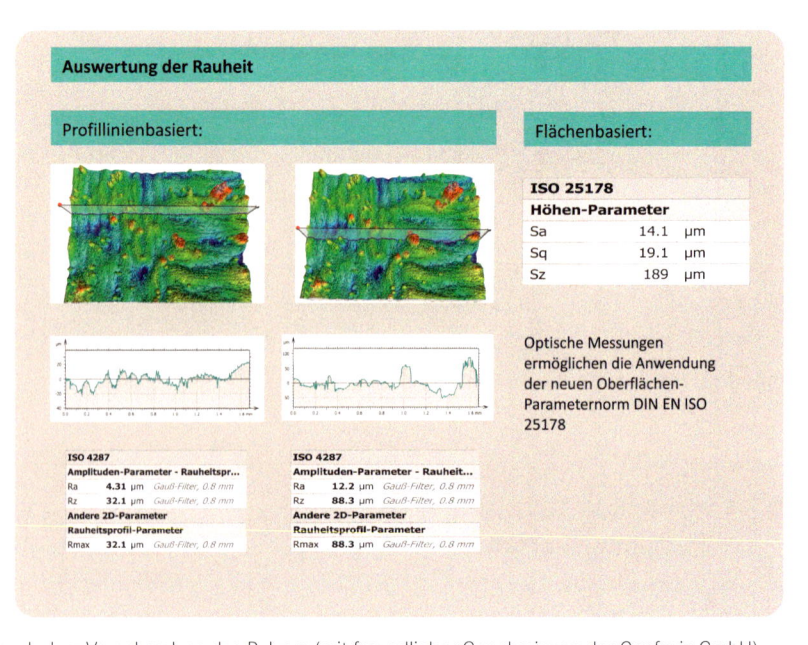

Bild 8.15 Analyse der Bearbeitungsoberfläche nach dem Verschmelzen des Pulvers (mit freundlicher Genehmigung der Confovis GmbH)

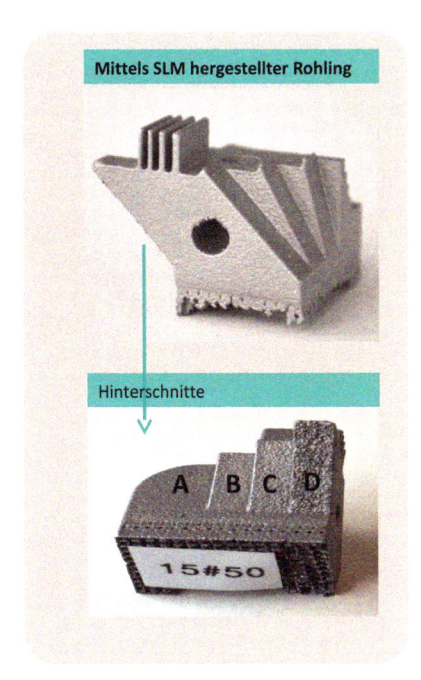

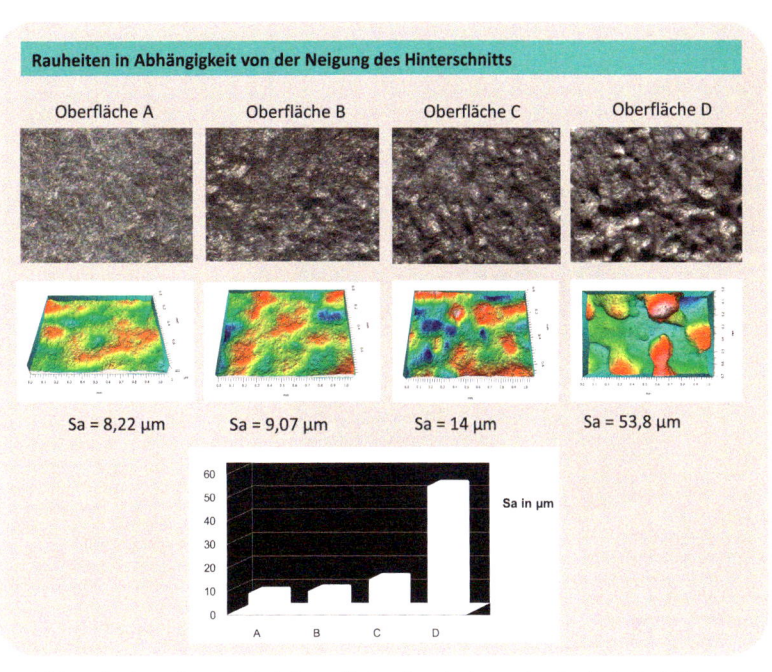

Bild 8.16 Ermittelte 3D-Oberflächenstruktur eines additiv gefertigten Bauteils (mit freundlicher Genehmigung der Confovis GmbH)

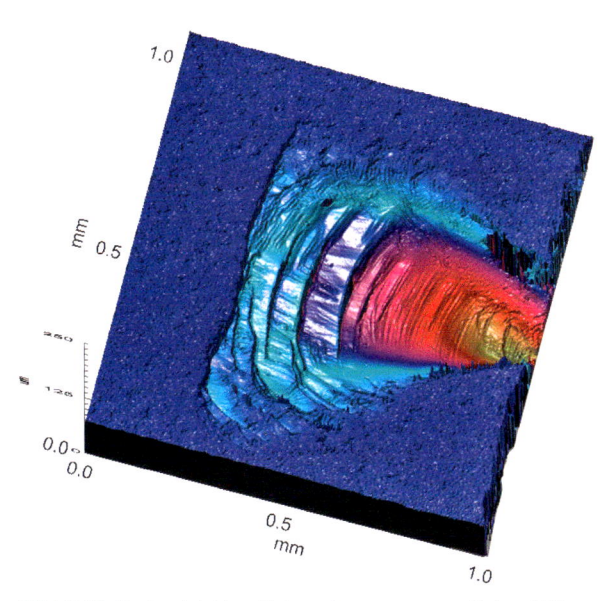

Bild 8.17 Kantendefekt an Solarwafer, gemessen mit dem FRT CFM (mit freundlicher Genehmigung der FRT GmbH)

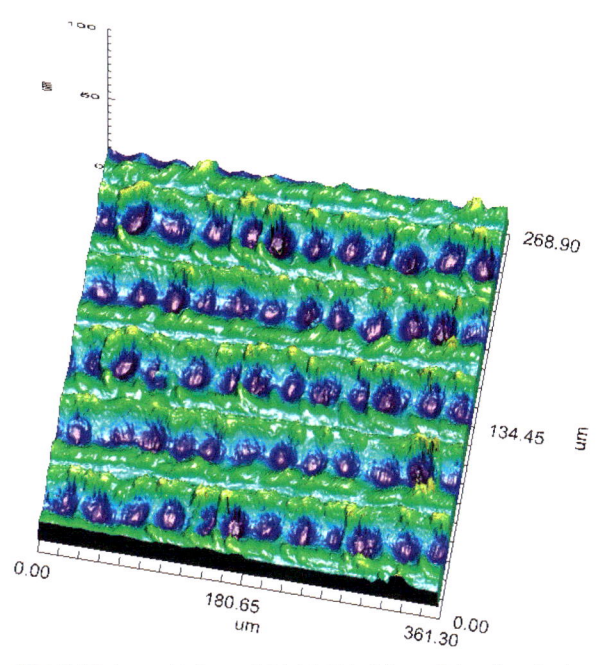

Bild 8.18 Laserablation auf Edelstahl (mit freundlicher Genehmigung der FRT GmbH)

Bild 8.18 zeigt das Messergebnis einer strukturierten Edelstahloberfläche, deren Vertiefungen mit einem Laser erzeugt wurden (Bild 8.18). Durch die Analyse der Oberflächenstruktur können die Prozessparameter optimiert werden.

Auch im medizinischen Bereich ist die konfokale Mikroskopie nicht mehr wegzudenken. Die Rauheit und der Winkel von medizinischen Injektionsnadeln spielen eine große Rolle, um z.B. das Verschleppen von Hautpartikeln (somit auch Bakterien) in den Stichkanal zu vermeiden (Bild 8.19 und 8.20).

Die Nadelstichverletzungen können ernsthafte Gefahren für den Patienten darstellen, deshalb ist die Geometrie der Spitze enorm wichtig, um die Risiken zu minimieren.

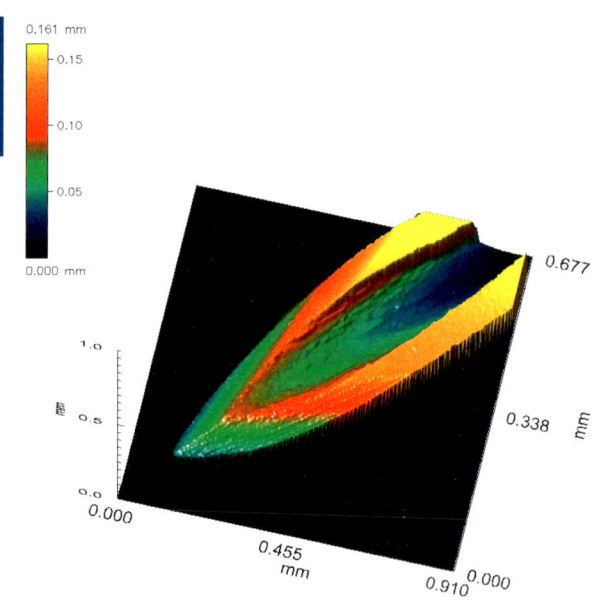

Bild 8.19 Das Ergebnis der 3D-Vermessung einer Nadelspitze (mit freundlicher Genehmigung der FRT GmbH)

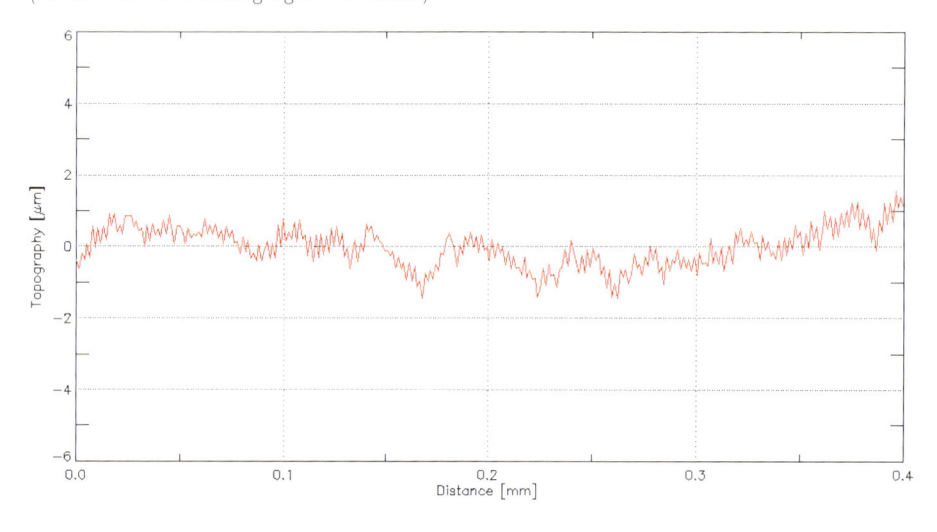

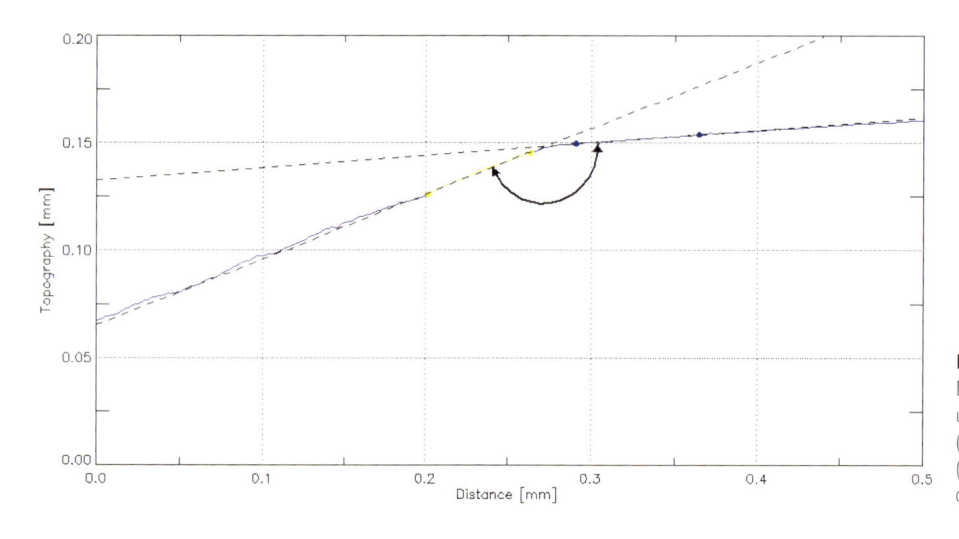

Bild 8.20 Die gemessene Rauheit (oben) und der gemessene Winkel (unten) einer Injektionsnadel (mit freundlicher Genehmigung der FRT GmbH)

9 Chromatisch-konfokales Messverfahren

9.1 Verfahrensgrundlagen

Bei diesem Verfahren wird die sonst störende Eigenschaft von Linsen ausgenutzt, Licht unterschiedlicher Wellenlänge mit unterschiedlicher Brennweite zu fokussieren und dadurch eine gewisse chromatische Codierung zu erreichen.

Prinzip des chromatisch-konfokalen Messverfahrens

Chromatisch-konfokale Sensoren verfügen über eine polychromatische Punktlichtquelle. Durch eine Linse oder ein Linsensystem mit bekannter chromatischer Abweichung wird das Licht in Richtung des Prüflings in monochromatische Wellenlängen aufgeteilt. Abhängig vom Abstand zum Sensor wird lediglich eine Spektralfarbe mit hoher Intensität reflektiert und detektiert. Anhand der Farbe kann der Abstand zum Messobjekt bestimmt werden (Bild 9.1).

Vor- und Nachteile des chromatisch-konfokalen Messverfahrens

Vorteile	Nachteile
Keine Abschattungen (Bohrungen vermessbar)	Keine absolute Messung
extrem hohe Genauigkeit	kleiner Messfleck
Messung automatisierbar	großflächige Vermessung nicht wirtschaftlich
Rauheitsmessungen möglich	meist kleiner Abstand zum Messobjekt
kompakt (leicht transportabel)	
ungefährlich für Augen	
von der Beschaffenheit der Oberfläche unabhängig	
hohe Abtastraten möglich	

Messgenauigkeit/Messbereich des chromatisch-konfokalen Messverfahrens

Der vertikale Messbereich erstreckt sich bis zu einigen Millimetern (bis ca. 30 mm). Er ist von der chromatischen Abweichung der verwendeten Linse (oder auch eines Linsensystems) abhängig. Die vertikale Auflösung liegt im Nanometerbereich (ca. 10 nm). Das laterale Auflösungsvermögen beträgt wenige Mikrometer. Durch eine scannende Messung können auch größere Messobjektoberflächen untersucht werden.

Typische Anwendungen des chromatisch-konfokalen Messverfahrens

Chromatisch-konfokale Messverfahren können sowohl für Abstands-, Rauheitsmessungen als auch 3D-Oberflächenvermessung der Mikrostruktur (z. B. Leiterplatinen) eingesetzt werden. Bei Verwendung von mehreren konfokalen Sensoren, die beispielsweise gegenüber liegend angebracht sind, können auch Dicken- oder Rundheitsmessungen vorgenommen werden.

Bei transparenten Materialien sind auch Dickenmessungen möglich, wobei nur ein Sensor benötigt wird. So können beispielsweise Monitore und Solarzellen in der laufenden Produktion auf Risse, Dicke und Planarität geprüft werden.

Konfokale Sensoren erlauben auch hochgenaue Füllstandsmessungen, z. B. im medizinischen Bereich.

Chromatisch-konfokale Messköpfe sind auch in einer kompakten Form ausführbar. Sie erlauben dadurch auch Messungen in tieferen Bohrungen und Hohlräumen.

9.1.1 Beschreibung des chromatisch-konfokalen Messverfahrens

Zur Erzeugung des polychromatischen Lichts mit einem möglichst gleichmäßigen Intensitätsverlauf wird eine Lichtquelle benötigt, die einen möglichst breiten

9 Chromatisch-konfokales Messverfahren

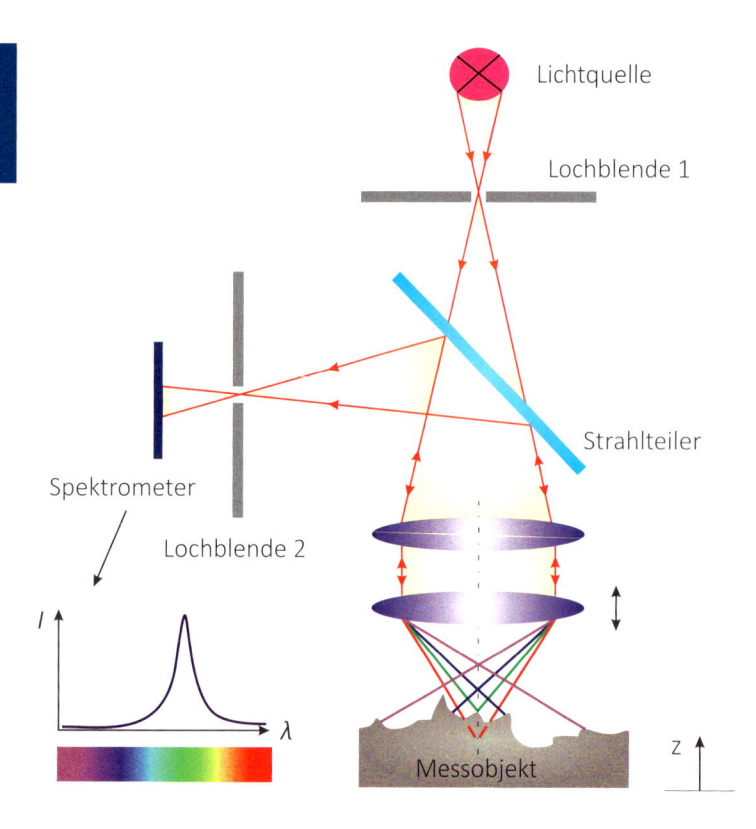

Bild 9.1 Messprinzip eines chromatisch-konfokalen Sensors

Wellenlängenbereich besitzt, wodurch die Verwendung von preiswerten LEDs verhindert wird. Ein Linsensystem mit ausgeprägter chromatischer Abweichung fokussiert das Licht unterschiedlicher Spektralfarben in unterschiedlichen Abständen. Dadurch wird auf der Messobjektoberfläche lediglich ein schmaler Bereich aus dem Frequenzspektrum des weißen Lichts fokussiert. Die anderen Wellenlängen des Lichts beleuchten dagegen eine viel größere Fläche. Durch eine geschickte Anordnung der optischen Komponenten und der Lochblenden (Pinhole) wird fast ausschließlich die auf der Objektoberfläche scharf fokussierte Spektralfarbe zum Sensor durchgelassen.

Das am Detektor registrierte Licht wird mithilfe eines Spektrometers in Spektralfarben aufgespalten und der Intensitätsverlauf über die jeweilige Wellenlänge analysiert. Das Maximum im gemessenen Intensitätsdiagramm kann dann einer bestimmten Spektralfarbe eindeutig zugeordnet werden, wodurch der genaue Abstand zum Messobjekt bzw. die relative Höhenänderung des Oberflächenprofils bestimmt werden kann.

Die Intensitätsverteilung $I(z)$ kann nach (Lücke 2006) wie folgt berechnet werden:

$$I(z) = \left(\frac{\sin\left(\frac{1}{2}kNA^2(z-z_\lambda)\right)}{\frac{1}{2}kNA^2 z}\right)^2 \; mit \; k = \frac{2\pi}{\lambda}$$

λ - Wellenlänge
NA - Numerische Apertur
k - Kreiswellenzahl
z_λ - Von der Wellenlänge abhängige Position

Zur flächenhaften Vermessung von Oberflächen kann ein System bestehend aus einem Mikrolinsen-Array eingesetzt werden.

Im Vergleich zur konfokalen Mikroskopie kommt dieses Messverfahren ohne mechanisch bewegliche Komponenten aus. Im Messbereich des Messsystems kann ein konfokal-chromatischer Sensor den Abstand ohne Scannen ermitteln, wodurch eine hohe Abtastrate realisiert werden kann.

Die konfokalen Sensoren zeichnen sich durch eine extrem hohe Auflösung, die im Nanobereich liegt aus. Die oberflächenunabhängige Messung, ein kompakter Strahlengang und die Ungefährlichkeit für den Benutzer, da kein Laserlicht verwendet wird, sind weitere Vorteile. Zu dem Nachteil dieses Messverfahrens ist primär der begrenzte Abstand zwischen dem Sensor und dem Messobjekt zu erwähnen.

9.1.1.1 Chromatisch-konfokale Spektralinterferometrie

Dieses Messverfahren stellt eine Erweiterung des zuvor beschriebenen Messprinzips dar. Die chromatisch-konfokale Abstandsmessung hat den Nachteil, dass die Schärfentiefe sehr gering ist. Lediglich innerhalb der Schärfentiefe, die von dem verwendeten Objektiv abhängig ist, kann die Oberfläche vermessen werden. Daher wird wegen dem möglichst hohen Auflösungsvermögen die Verwendung von einer hochaperturigen Optik angestrebt, wodurch jedoch der Tiefenmessbereich verringert wird.

Das Auflösungsvermögen d kann wie folgt berechnet werden:

$$d = \frac{\lambda}{\sin(\theta)}$$

λ – Wellenlänge des verwendeten Lichts
θ – Halber Öffnungswinkel des Objektivs

Von dem Öffnungswinkel Θ des Objektivs ist die numerische Apertur NA direkt abhängig.

$$NA = n\sin(\theta)$$

n – Brechzahl des Mediums zwischen der Probe und dem Objektiv

Das Licht einer breitbandigen Lichtquelle wird durch einen Strahlteiler in einen Objekt- und einen Referenzstrahl aufgeteilt. Mit dem Objektstrahl wird die Messobjektoberfläche beleuchtet, wobei auch bei diesem Verfahren eine Aufspaltung des weißen Lichts in seine Spektralfarben vorgenommen wird. Die Referenzwelle wird an einem Spiegel reflektiert und gelangt zusammen mit dem Objektstrahl zum Spektrometer. Mithilfe des Spektrometers wird anschließend die Interferenz der beiden Teilwellen detektiert. Wenn sich das Messobjekt im Bereich der codierten Spektralfarben befindet, wird ein Interferenz-Wavelet mit einem hohen Kontrast aufgezeichnet (Seewig 2009). Durch die Auswertung der Position des Wavelets bzw. Phase kann punktweise die Höhe der Oberfläche berechnet werden (Bild 9.2).

Zusätzlich zu den bereits erwähnten Vorteilen der chromatisch-konfokalen Messtechnik wird eine Entkopplung des Messbereichs von der Schärfentiefe er-

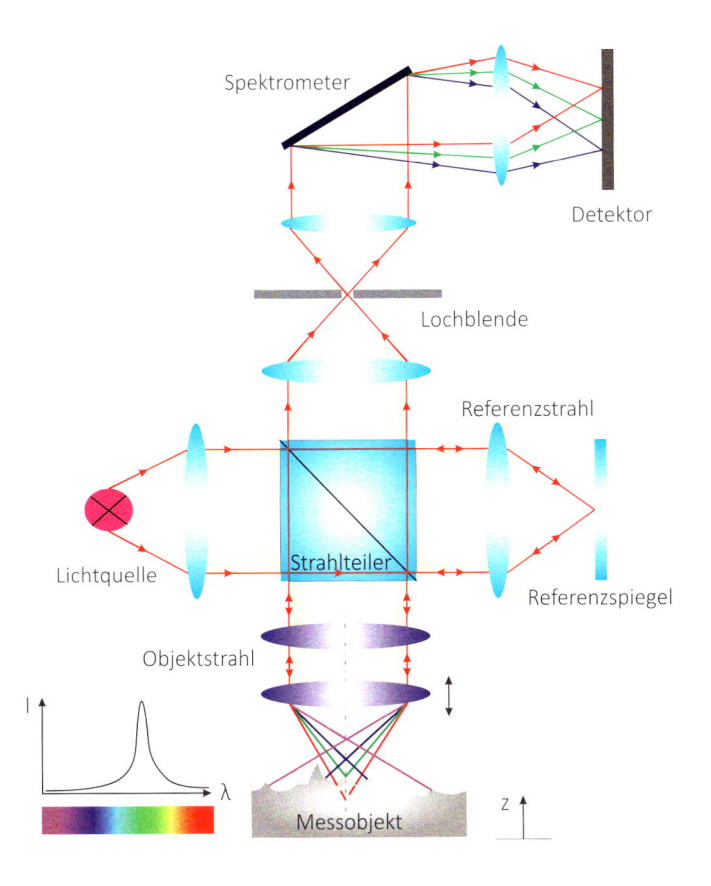

Bild 9.2
Messprinzip eines chromatisch-konfokalen spektralinterferometrischen Sensors

9 Chromatisch-konfokales Messverfahren

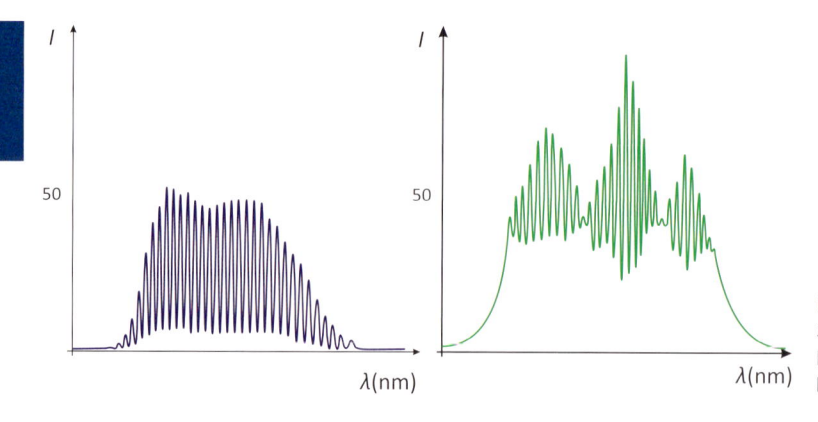

Bild 9.3 Signalmodulation für einen chromatisch-konfokalen Sensor (links) und einem chromatisch-konfokalen Spektralinterferometer (rechts)

reicht. Durch den Einsatz von hochaperturigen Optiken ist eine hohe laterale Auflösung zu erzielen (Bild 9.3). Bei Untersuchung von unkooperativen Oberflächen (nicht diffus streuend) wird die Robustheit dieses Messverfahrens durch hybriden Einsatz der beiden Messtechniken entscheidend verbessert.

9.2 Anwendungsbeispiele der chromatisch-konfokalen Mikroskopie

Chromatisch-konfokale Messsysteme werden primär zur Abstandsmessung eingesetzt. Die Messgeräte können sowohl bei spiegelnden als auch stark absorbierenden Kunstoffen genaue Messergebnisse liefern.

9.2.1 Untersuchung von Dichtelementen und -flächen

Die sichere Abdichtung von Maschinen oder Anlagen ist in vielen Branchen eine Herausforderung, um den unerwünschten Übergang von Gasen oder Flüssigkeiten von einem Bereich in den anderen zu begrenzen oder zu verhindern. So werden Dichtungen beispielsweise im Automotivebereich, in der chemischen und petrochemischen Industrie sowie im Bereich der Energie- und Nukleartechnik eingesetzt. Sowohl die Medizintechnik, die Lebensmittelindustrie als auch die Luft- und Raumfahrt sowie die Vakuum- und Ultrahochvakuumtechnik sind weitere Branchen, die ebenfalls auf anspruchsvolle technische Dichtungen angewiesen sind.

Den vielfältigen Betriebsbedingungen und Dichtheitsanforderungen wird mit einer großen Bandbreite an technischen Dichtungen entsprochen. Statische oder dynamische Dichtungen müssen bei hohen Temperaturen, Drücken oder Gleitgeschwindigkeiten die unterschiedlichsten Medien abdichten und unter Umständen eine hohe chemische Beständigkeit, Lebensmittelechtheit oder Verschleißfestigkeit aufweisen.

Diese Anforderungen führen zu einer Vielzahl an Materialien und Geometrien, die bei technischen Dichtungen zum Einsatz kommen. Hierbei haben Eigenschaften wie Oberflächengüte (z. B. Rauheit, Welligkeit), Ebenheit und Kontur eine hohe Bedeutung im Hinblick auf die Dichtfähigkeit. Auch die Dicke von Beschichtun-

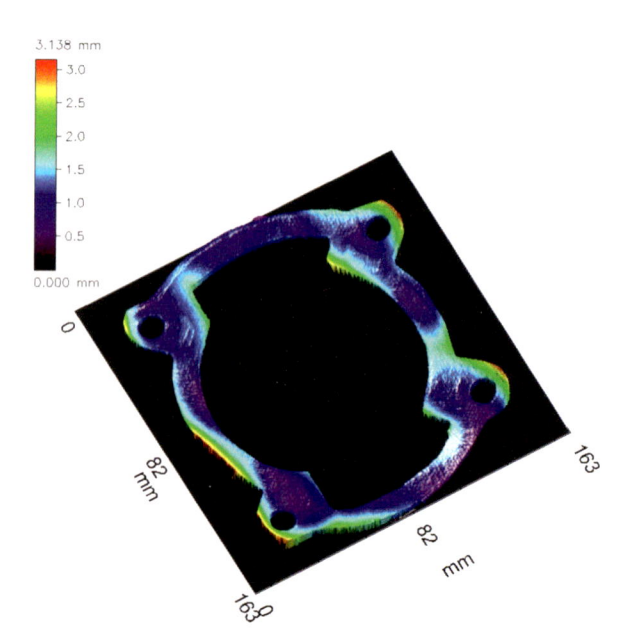

Bild 9.4 3D-Messung einer Zylinderfußdichtung aus Papier zur Bestimmung der Topografie, Rauheit, Welligkeit und Ebenheit (mit freundlicher Genehmigung der FRT GmbH)

9.2 Anwendungsbeispiele der chromatisch-konfokalen Mikroskopie

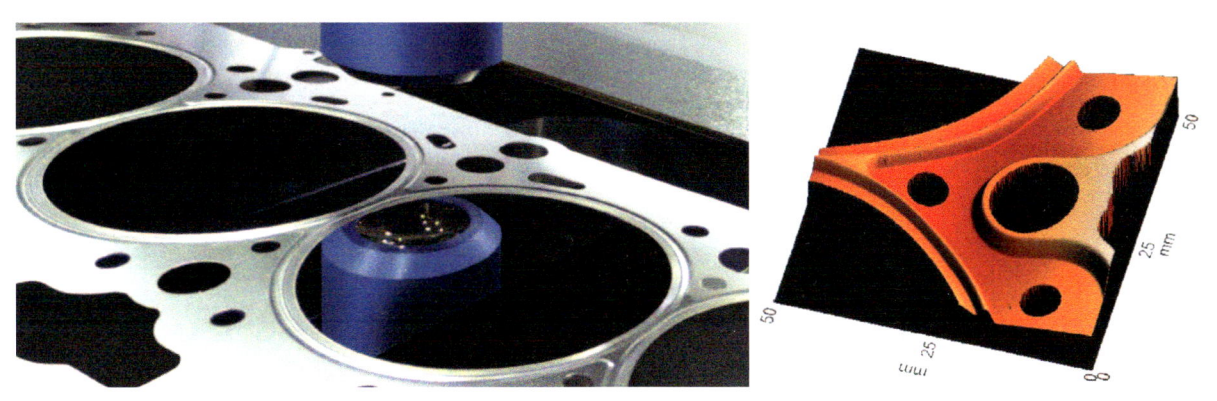

Bild 9.5 Messsensor (blau) oberhalb der zu untersuchenden Stelle der Zylinderkopfdichtung (links), Messergebnis eines Bereichs zur Überprüfung der Kontur der Dichtkante (rechts), (mit freundlicher Genehmigung der FRT GmbH)

gen oder Dichtungsbahnen muss genau eingestellt werden, um die Funktionalität zu gewährleisten (Bild 9.4). Die Zylinderkopfdichtungen (Bild 9.5) spielen im Automobilbau eine sehr wichtige Rolle und sind an die jeweiligen Betriebsbedingungen angepasst. Bereits geringe Abweichungen können dazu führen, dass ganze Motoren versagen.

9.2.2 Anwendungsbeispiele aus der Medizin

Das zerstörungsfreie Verfahren arbeitet gleichermaßen zuverlässig auf stark und gering reflektierenden Oberflächen. Aufgrund seiner Lichtstärke und hohen Messraten von bis zu 14 kHz eignet sich der Sensor für eine Vielzahl von Aufgaben in der Produktionskontrolle sowie Forschung und Entwicklung. Je nach Messaufgabe können verschiedene Messköpfe auf eine Elektronik kalibriert und nach Bedarf im Wechsel genutzt werden.

Im Bereich der Zahnheilkunde werden seit einigen Jahren 3D-messende Sensoren eingesetzt. Das sind meistens Messsysteme, die nach dem Prinzip der Streifenprojektion funktionieren. Chromatisch-konfokale Sensoren liefern aber genauere Ergebnisse (Bild 9.6).

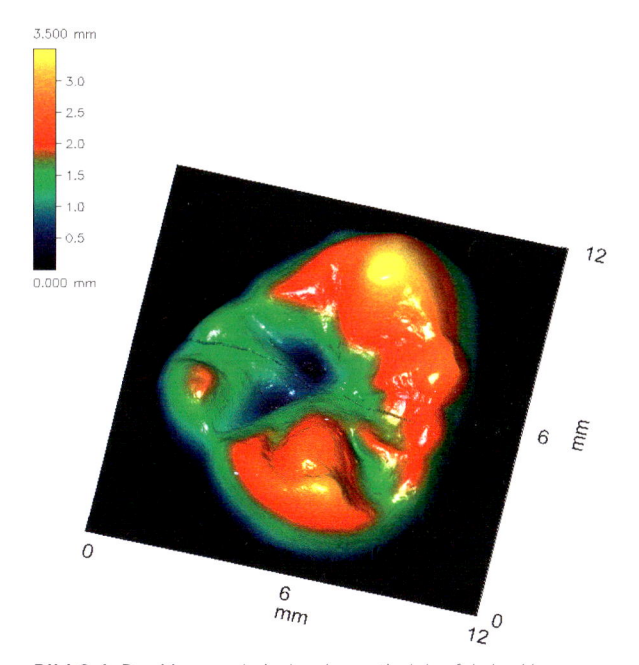

Bild 9.6 Das Messergebnis der chromatisch-konfokalen Vermessung eines Weisheitszahns (mit freundlicher Genehmigung der FRT GmbH)

Werkzeuge, die im Dentalbereich eingesetzt werden, unterliegen hohen Qualitätsansprüchen. Das gilt insbesondere für rotierende zahnärztliche Instrumente, wie z. B. Bohrer. Um sehr gute Schneideigenschaften zu erreichen, muss die Spitze des Bohrers einen bestimmten Winkel aufweisen. Aus diesem Grund wird der Winkel nach der Herstellung bzw. auch nach längerem Einsatz erneut untersucht (Bild 9.7).

9 Chromatisch-konfokales Messverfahren

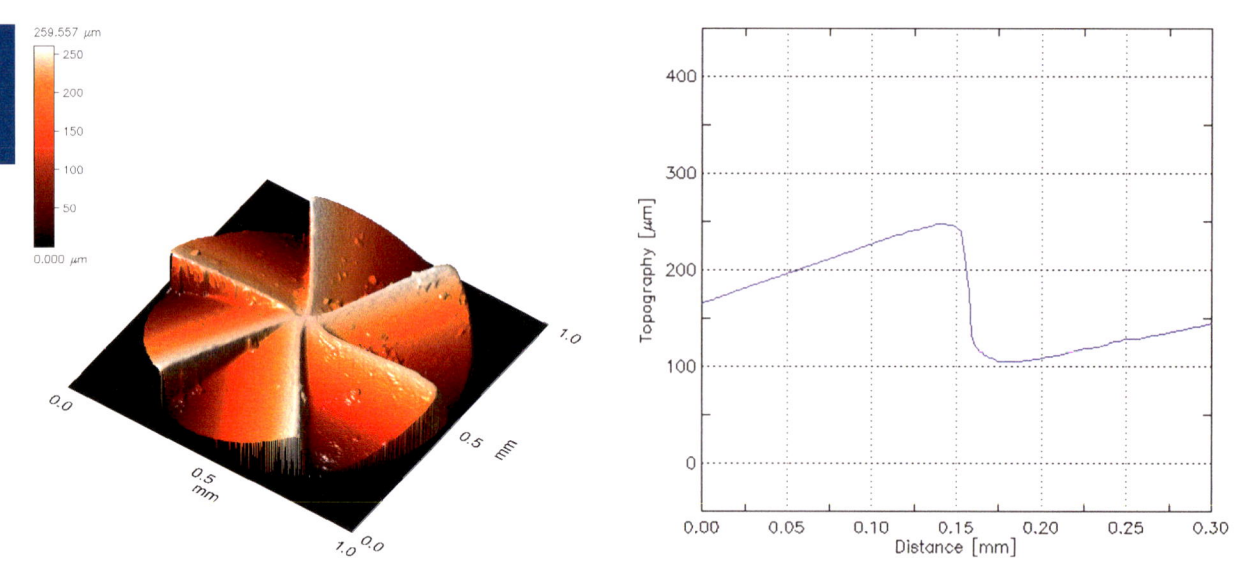

Bild 9.7 Das Messergebnis der Vermessung einer Bohrerspitze, links das 3D-Messergebnis und rechts die Analyse des Winkels der Schneidkante (mit freundlicher Genehmigung der FRT GmbH)

10 Streulichtsensor

10.1 Verfahrensgrundlagen

Die zunehmende Optimierung der Herstellungsprozesse und Verbesserung der Prozessbeherrschung verlangen von der Messtechnik immer schnellere und genauere Messverfahren. Mit dem Streulichtsensor kann eine optische Form- und Rauheitsmessung schnell, automatisiert und zuverlässig realisiert werden.

Das Messprinzip ist nicht neu und wurde bereits vor über 20 Jahren entwickelt und eingesetzt. Aufgrund der zu der damaligen Zeit nicht möglichen Computerauswertung der Messsignale und den Schwierigkeiten bezüglich der Interpretierbarkeit der Ergebnisse konnte das Messsystem sich am Markt nicht etablieren. Die rasante Computerentwicklung und Fortschritte bezüglich der Interperetierbarkeit der Ergebnisse machen die Streulichtsensoren zu einer leistungsfähigen und industrietauglichen Messmethode.

Prinzip des Streulichtsensors

Mittels von LEDs oder Laser wird ein Messfleck erzeugt. Das zurückgestreute Licht registriert ein Detektor. Anhand der Intensitätsverteilung der Streukeule können Rückschlüsse auf die Beschaffenheit und Form der Messobjektoberfläche geschlossen werden (Bild 10.1).

Vor- und Nachteile des Streulichtsensors

Vorteile	Nachteile
Keine Abschattungen (Vertiefungen vermessbar)	Keine absolute Messung
extrem hohe Genauigkeit	kleiner Messfleck
Messung automatisierbar	großflächige Vermessung nicht wirtschaftlich
Rauheitsmessungen möglich	meistens kleiner Abstand zum Messobjekt
kompakt (leicht transportabel)	Interpretierbarkeit der Messwerte
bei Verwendung von LEDs ungefährlich für die Augen	
unempfindlich für störende Vibrationen	

Messgenauigkeit/Messbereich des Streulichtsensors

Der vertikale Messbereich erstreckt sich von einigen Nanometern bis zu einigen Millimetern. Der laterale Messbereich ist lediglich durch mögliche Verfahrwege und Rechenkapazität begrenzt. Die vertikale Auflösung bei 3D-Oberflächenvermessung liegt im Nanometerbereich (bis zu 10 nm). Die laterale Auflösung ist im Verhältnis gesehen sehr gering und liegt je nach Konfiguration zwischen 100–1000 μm.

Typische Anwendungen des Streulichtsensors

Diese Methode kann sowohl für 3D-Formvermessungen von kleinen Bauteilen als auch für Rauheitsuntersuchungen eingesetzt werden. So kann beispielsweise neben der Rauheitsanalyse eine Rundheits- bzw. Welligkeitsprüfung mit diesem Messsystem vorgenommen werden.

Die Streulichtsensoren sind in die laufende Fertigung integrierbar, da sie unempfindlich auf störende Vibrationen und Feuchtigkeit reagieren. Die Streulichtsenso-

10 Streulichtsensor

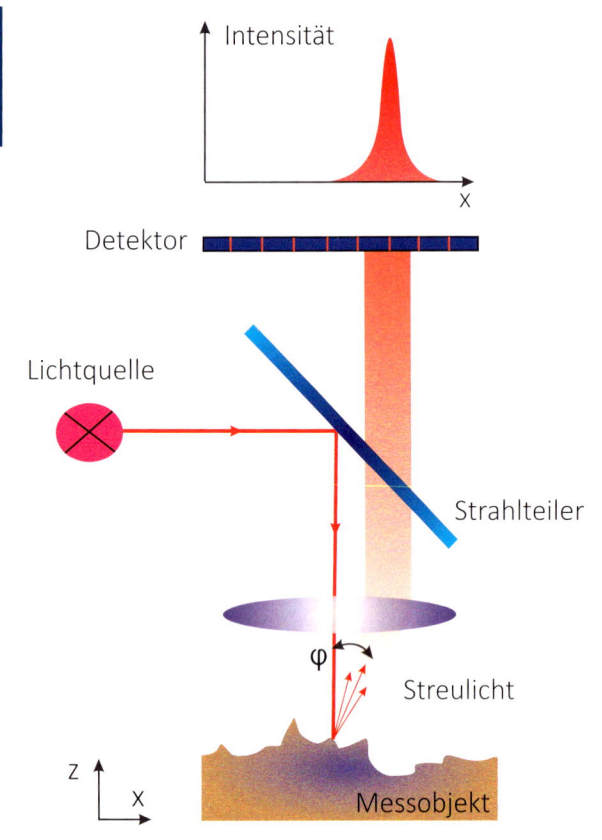

Bild 10.1 Prinzip des Streulichtmessverfahrens (klassische Bauweise)

teilung registriert, wobei das Streulichtobjektiv das unter verschiedenen Winkeln φ zurückgestreute Licht sammelt. Ein angeschlossener PC ermittelt daraus eine Intensitätskurve, die statistisch ausgewertet wird. Die Hauptreflexionsrichtung der Streukeule ist von der Steigung der Oberfläche abhängig und kann somit zur Formerfassung verwendet werden. Die Verteilung und Form der Streukeule ist dagegen von der Oberflächenbeschaffenheit abhängig und kann aus diesem Grund zu Rauheitsuntersuchungen eingesetzt werden.

Als Rauheitsparameter hat sich die Varianz

$$A_{qj} = k \cdot \sum_{i=1}^{N_{Dioden}} \left(\varphi_{i,j} - M_j\right)^2 \cdot H\left(\varphi_{i,j}\right)$$

mit

$$M_j = \sum_{i=1}^{N_{Dioden}} \varphi_{i,j} \cdot H\left(\varphi_{i,j}\right)$$

der Verteilung bewährt, wobei M das 1. statistische Moment darstellt (Schwerpunkt der Verteilungsfunktion) und den lokalen Formabweichungswinkel δ widerspiegelt. Der A_q-Wert ist eine eigenständige Rauheitsgröße, die besonders gut das Reibverhalten von Oberflächen charakterisiert und auf Glanzeffekte reagiert. Mit herkömmlichen Profilkennwerten sind diese Funktionseigenschaften nur schwer zu beschreiben. Es gibt aber auch die Möglichkeit, für vorgegebene Fertigungsverfahren eine Korrelation zu den Vertikalparametern R_a und R_z herzustellen. Dies wird beispielhaft in Bild 10.2 dargestellt. Dieser Zusammenhang ist aber abhängig vom Fertigungsverfahren und muss vorher experimentell ermittelt werden.

Mit dem A_q-Wert lassen sich auch gut gefinishte und rollierte Oberflächen beschreiben, die sich ja dadurch auszeichnen, dass die steilen Profilstrukturen von der Vorbearbeitung (Schleifen bzw. Drehen) prozessbedingt flacher werden und der Traganteil deutlich ansteigt. Diese Änderungen der Profilwinkel erzeugen eine schmale Streulichtverteilung und damit einen kleineren A_q-Wert.

Eine bedeutende Eigenschaft des Streulichtsensors ist – wie bereits angesprochen – die Möglichkeit, neben der Rauheit auch Form- und Welligkeit zu bestimmen. Ist der Messfleck klein im Vergleich zur Formabweichung, so wird das auf die Oberfläche lokal auftreffende Lichtbündel um den doppelten Formabweichungswinkel δ abgelenkt.

Über eine einfache trigonometrische Beziehung lässt sich die lokale Formabweichung $\Delta\gamma$ berechnen. Sum-

ren eignen sich deshalb insbesondere zur Überwachung von materialabhebenden (Schleif-, Fräs- und Dreh-) Prozessen.

10.2 Messverfahren des Streulichtsensors

Die zu untersuchende Oberfläche wird flächenhaft in der Größe eines Messflecks beleuchtet. Die Größe des Messfleckes variiert in Abhängigkeit von der Messaufgabe. Als Lichtquelle kommen entweder Laser oder LEDs zum Einsatz. Das zurückgestreute Licht wird mithilfe eines lichtempfindlichen Detektors registriert, wobei vor diesem die reflektierte Strahlung mithilfe von Optiken entsprechend umzulenken ist.

In Abhängigkeit von der Beschaffenheit der Messobjektoberfläche wird auf dem Detektor eine Häufigkeitsver-

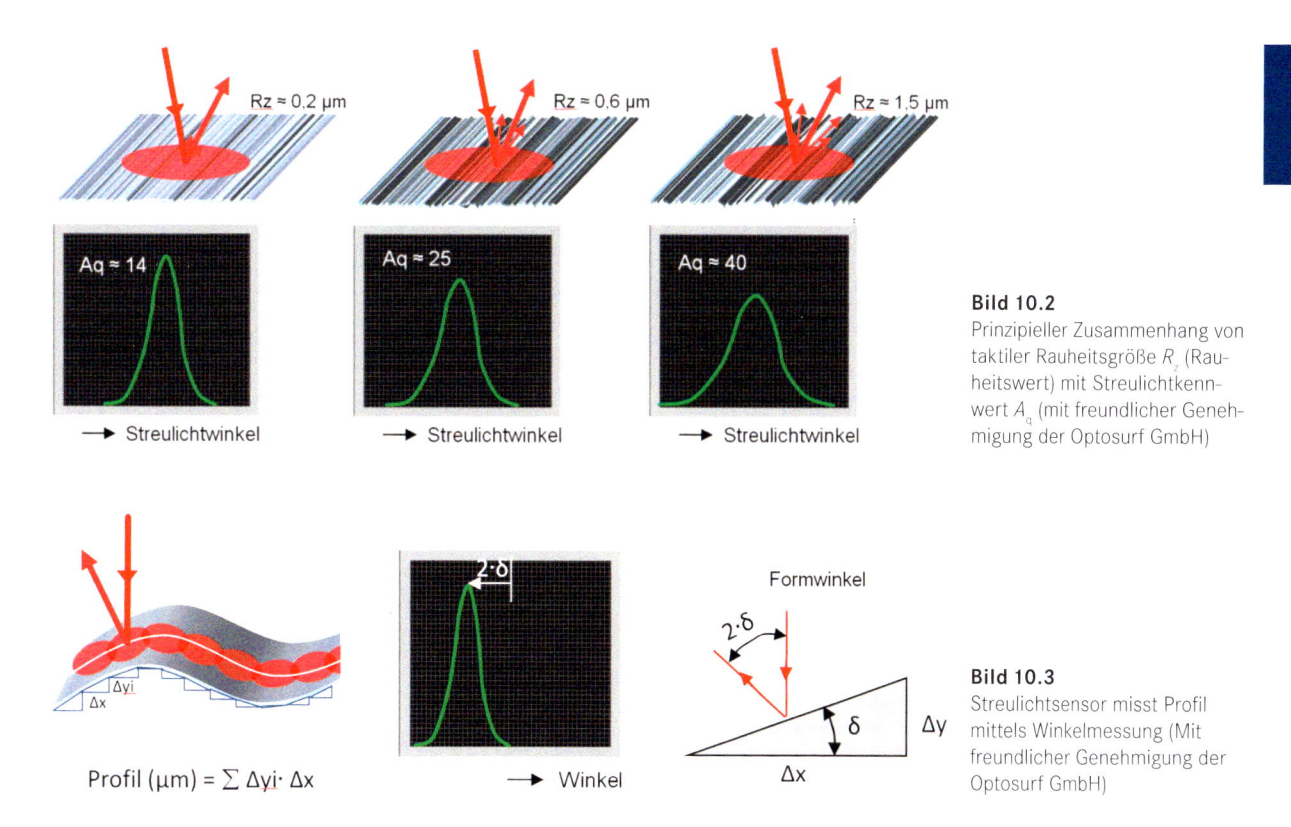

10.2 Messverfahren des Streulichtsensors

Bild 10.2
Prinzipieller Zusammenhang von taktiler Rauheitsgröße R_z (Rauheitswert) mit Streulichtkennwert A_q (mit freundlicher Genehmigung der Optosurf GmbH)

Bild 10.3
Streulichtsensor misst Profil mittels Winkelmessung (Mit freundlicher Genehmigung der Optosurf GmbH)

miert man nun alle diskreten Formabweichungen entlang der Messstrecke auf, so erhält man daraus das absolute Formprofil (Bild 10.3).

$$y(l \cdot \Delta x) = \sum_{j=1}^{l} \arctan\left(\frac{M_j}{2}\right) \cdot \Delta x$$

Große Bedeutung hat diese Art der Formmessung bereits bei der Rundheits- und Welligkeitsmessung von hochbeanspruchten Rotationsteilen (Getriebewelle, Pumpenkolben, Walzen, Wälzlagerringe) bekommen. Die Messergebnisse sind hier identisch mit denen von taktilen Rundheitsmessgeräten. In Bild 10.4 wird dies am Beispiel eines Welligkeitsnormals (Seewig 2009) gezeigt.

Der große Vorteil bei der optischen Messung ist die Robustheit und Schnelligkeit, sodass auch 100%-Messungen in der Fertigung möglich sind. Was die Genauigkeit betrifft, so können noch Rundheitsabweichungen < 0,2 μm und Welligkeiten < 0,02 μm sicher erfasst

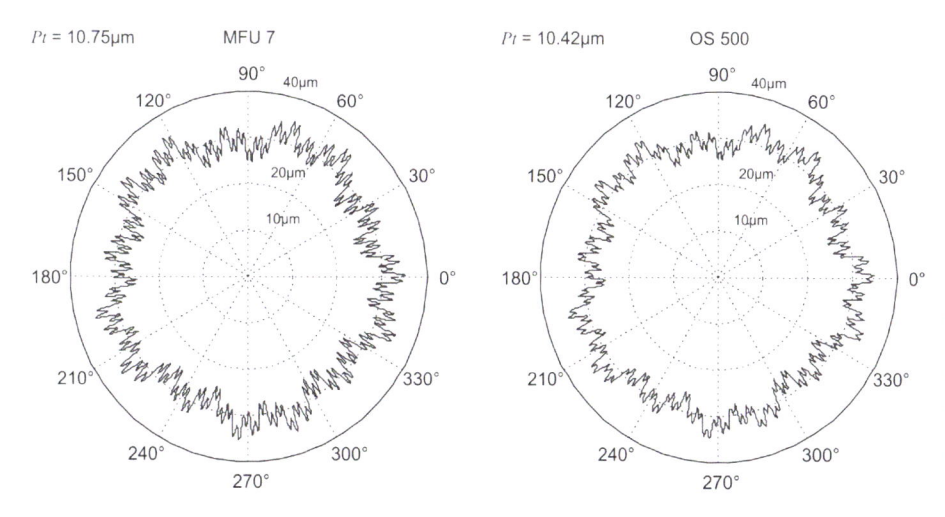

Bild 10.4
Rundheitsmessung eines Welligkeitsnormals. Vergleich taktile (links) und Streulichtmessung (rechts) nach (Seewig 2009), (mit freundlicher Genehmigung der Optosurf GmbH)

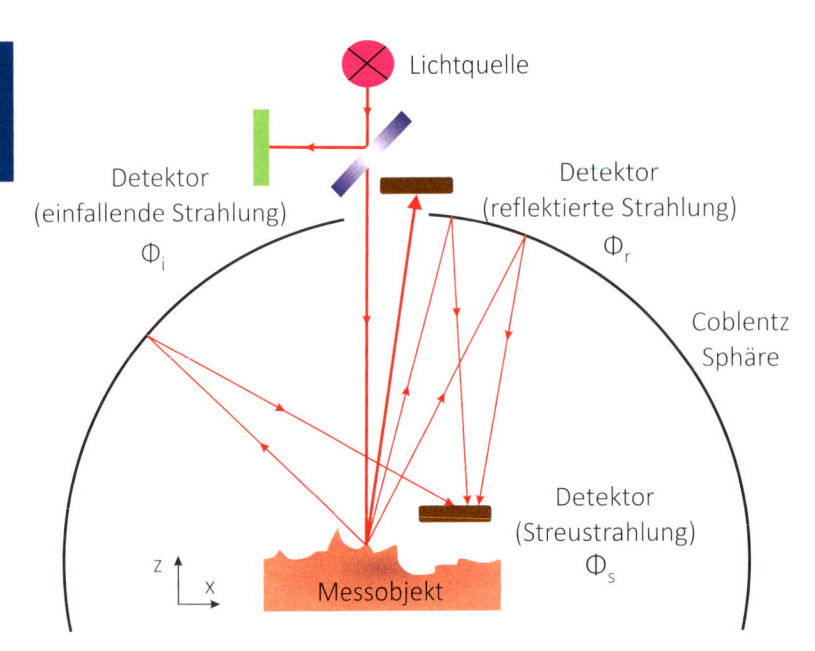

Bild 10.5
Prinzip des Streulichtmessverfahrens (integrale Bauweise)

werden. Im Rauheitsbereich liegt die untere Nachweisgrenze bei polierten Flächen im Bereich von 0,001 μm (Ra). Über Normale ist das Messverfahren rückführbar. Bei der Messung von Streulichtintensitäten kommen meistens zwei unterschiedliche Techniken zum Einsatz. Industriell werden integrale Streulichtmessungen (TIS – Total Integrated Scattering) und bereits vorgestellte, winkelauflösende Streulichtmesssensoren verwendet (Kasper 1990).

Die einfallende Strahlung Φ_i, reflektierte Strahlung Φ_r und Streustrahlung Φ_s werden über unterschiedliche Detektoren erfasst. Der TIS-Wert kann mithilfe folgender Gleichung berechnet werden:

$$TIS = \frac{\Phi_s}{\Phi_r + \Phi_s} \cong \left(\frac{4\pi R_q}{\lambda}\right)^2$$

Der TIS-Wert ist folglich zu dem Quadrat des Mittenrauheitswertes proportional.

Die winkelauflösende Streulichtmessung ermöglicht eine bessere Charakterisierung der zu untersuchenden Oberfläche und ist deshalb in der industriellen Praxis weit verbreitet (Bild 10.5).

10.3 Anwendungsbeispiele des Streulichtsensors

10.3.1 Rauheitsmessung während des Walzenschleifens

Der Streulichtsensor lässt sich auch in rauer Fertigungsumgebung einsetzen, wie dies am Beispiel Walzenschleifen gezeigt wird. Die Oberfläche wird mittels Luft von Kühlmittel befreit, sodass der Sensor bereits während des Schleifvorgangs die Rauheit messen kann. Dies bietet für den Prozessverantwortlichen einen großen Vorteil, da er bei Abweichungen von der vorgegebenen Rauheit sofort eingreifen kann (Bild 10.6).

10.3.2 Flächenrauheitsmessung von Kegelrollen

Eine flächendeckende Rauheitsmessung ist bisher nur mit modernen Topografiemikroskopen (Konfokal, Weißlichtinterferometrie) möglich. Die Messung ist ziemlich aufwendig, relativ teuer und beschränkt sich auf wenige Quadratmillimeter. Am Beispiel von zwei stirnseitig geschliffenen Kegelrollen wird in Bild 10.7 gezeigt, dass es mit dem Streulichtsensor sehr einfach ist, größere Flächen in kurzer Zeit (wenige Sekunden) messtechnisch zu erfassen. Im oberen Bildteil wird eine gut geschliffene Fläche gezeigt und unten das Er-

Bild 10.6 Rauheitsmessung einer Welle (mit freundlicher Genehmigung der Optosurf GmbH)

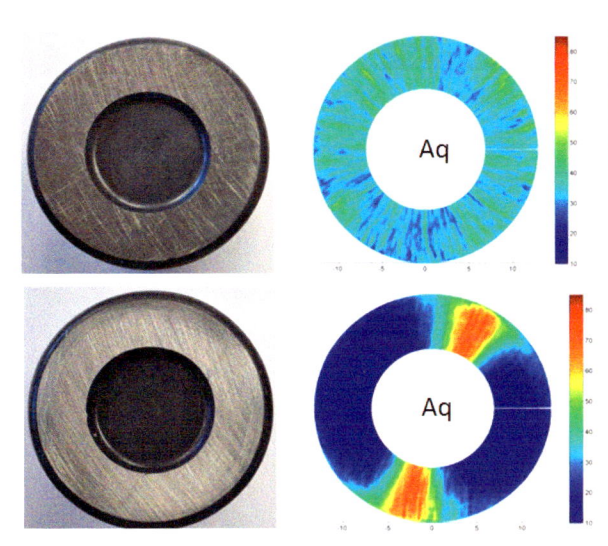

Bild 10.7 Ermittelte Rauheit von zwei unterschiedlich geschliffenen Kegelrollen, obere Kegelrolle gut geschliffen und die untere mit unterwünschten Richtungsriefen (mit freundlicher Genehmigung der Optosurf GmbH)

gebnis, wenn beim Schleifen die Rolle sich nicht bewegt hat. Dies führt zu einer nicht gewünschten Vorzugsrichtung der Schleifstrukturen, was sich in der flächenhaften A_q-Wertdarstellung sofort erkennen lässt. Die Messung wurde bei rotierendem Teil und feststehendem Sensor durchgeführt.

10.3.3 100%-Messung bei gehonten Lagerringen

An die Laufbahn von Wälzlagerringen werden hohe Anforderungen gestellt. Die Fläche soll auf dem gesamten Umfang eine gleichförmige geringe Rauheit aufweisen und frei von Feinwelligkeit sein. Die Rauheit liegt bei $R_z < 0{,}5$ μm und die oberste Grenze für eine nicht mehr tolerierbare Welligkeit bei einer Amplitude von 0,04 μm. Die heutige Prüfung mit den berührenden Messgeräten kann nur im Messraum durchgeführt werden und ist außerdem sehr zeitaufwendig. Der Streulichtsensor ist in der Lage, nicht nur alle drei Sekunden ein Teil vollständig zu messen, sondern erfasst dabei auch die gesamte Lauffläche einschließlich Kratzer und Defekte (Bild 10.8).

Bild 10.8 Untersuchung von gehonten Lagerringen (mit freundlicher Genehmigung der Optosurf GmbH)

11 Lasertracer

11.1 Verfahrensgrundlagen

Zur Ermöglichung von hochgenauen Längen- bzw. Entfernungsmessungen von beweglichen Messobjekten und Kalibrierung von Fertigungsmaschinen wurden auf der Basis des bereits vorgestellten interferometrischen Messverfahrens (Michelson Interferometer) Lasertracer entwickelt. Die Lasertracer sind so ausgeführt, dass sie der Bewegung eines Reflektors, der am Messobjekt angebracht wird, durch eine reaktionsschnelle Lasernachführung folgen können. Dies ermöglicht hochgenaue Messungen von Längen in fast beliebige Raumrichtung.

Prinzip des Lasertracers

Das Licht einer Laserlichtquelle wird in zwei Teilstrahlen aufgeteilt. Ein Teilstrahl (Objektstrahl) gelangt zum Messobjekt und anschließend zurück zum Messgerät. Nach der Überlagerung der Teilstrahlen entstehen Interferenzen. Durch die Beobachtung der Änderungen der Intensität am Detektor können Rückschlüsse auf die Abstandsänderung gezogen werden (Bild 11.1 und 11.2).

Vor- und Nachteile des Lasertracers

Vorteile	Nachteile
Sehr große Abstände zum Messobjekt möglich	Keine absolute Messung
extrem hohe Genauigkeit	Maßnahmen zur Lasersicherheit erforderlich
Messung automatisierbar	hoher Vorbereitungsaufwand
großflächige Vermessungen möglich	relativ komplexer Aufbau
hochgenaue Verfolgung von Messobjektbewegungen	

Messgenauigkeit/Messbereich des Lasertracers

Der Messbereich bei Längenmessungen erstreckt sich auf bis zu 15 m (kann durch Erweiterungen fast beliebig vergrößert werden). Die Messabweichungen sind vom Messbereich abhängig und liegen zwischen 0,2 µm und 1 mm. Die Auflösung liegt bei ca. 0,001 µm. Diese hohe Genauigkeit wird durch die Verwendung eines Referenzspiegels, welcher als eine sphärische Kugel ausgeführt ist, erreicht. Der interferometrische Messaufbau bewegt sich dabei um diese Kugel, wodurch die mechanischen Fehler eliminiert werden.
Durch Temperaturschwankungen wird die Genauigkeit ebenfalls aufgrund des Aufbaus nicht beeinflusst.

Typische Anwendungen des Lasertracers

Die Lasertracer werden in erster Linie für hochgenaue Entfernungsmessungen eingesetzt. Bei gleichzeitiger Verwendung von mehreren Lasertracern können auch 3D-Vermessungen vorgenommen werden. Da dies aber aus Kostengründen nicht lukrativ ist, finden einzelne Lasertracer meistens bei der Kalibrierung von Maschinen und der Überwachung von Fertigungsprozessen Anwendung. Mithilfe von Lasertracern können also Roboter, Werkzeugmaschinen, Parallelkinematiken und sonstige Fertigungsanlagen mit beweglichen Komponenten kalibriert bzw. ständig überwacht werden.
Die Werkzeuge können ebenfalls mit Reflektoren versehen werden, um die Bewegungen dieser präzise und in Echtzeit nachverfolgen zu können, um bei Bedarf in den Fertigungsprozess rechtzeitig eingreifen zu können.

Bild 11.1
Messprinzip des Lasertracers

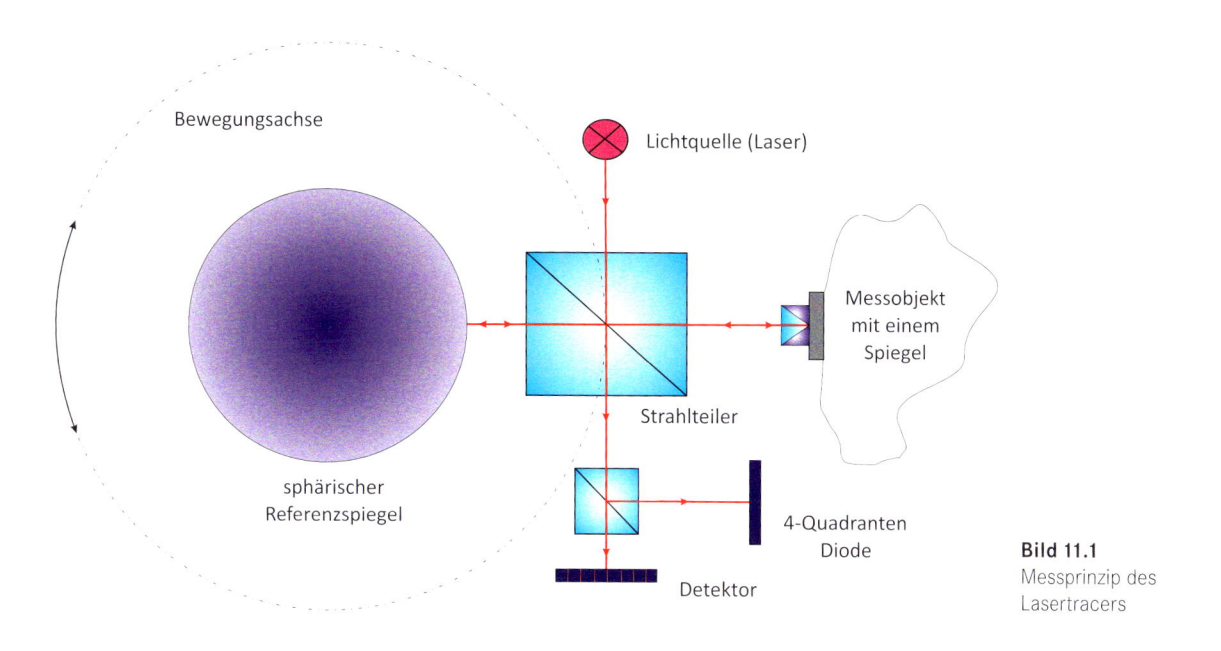

11.2 Messverfahren des Lasertracers

Mit einem Lasertracer können Genauigkeiten erreicht werden, die im μm-Bereich liegen. Um diese hohe Genauigkeit zu erreichen, wird ein interferometrischer Aufbau verwendet.

Als Lichtquelle wird in der Regel ein Laser genutzt. Der Laserstrahl passiert den Strahlteiler, wobei er dabei aufgespalten wird. Ein Teilstrahl gelangt direkt in den Detektor (Referenzstrahl). Der zweite Teilstrahl (Objektstrahl) wird auf den Spiegel, der am Messobjekt befestigt wird, geworfen. Nach der Reflexion am Objektspiegel gelangt dieser zweite Teilstrahl erneut in den Strahlenteiler und anschließend auf den Referenzspiegel (sphärische Kugel). Der Objektstrahl wird vom Referenzspiegel reflektiert und gelangt nach dem Strahlteiler zum Detektor. Nach der Überlagerung der beiden Teilstrahlen kommt es wegen den unter-

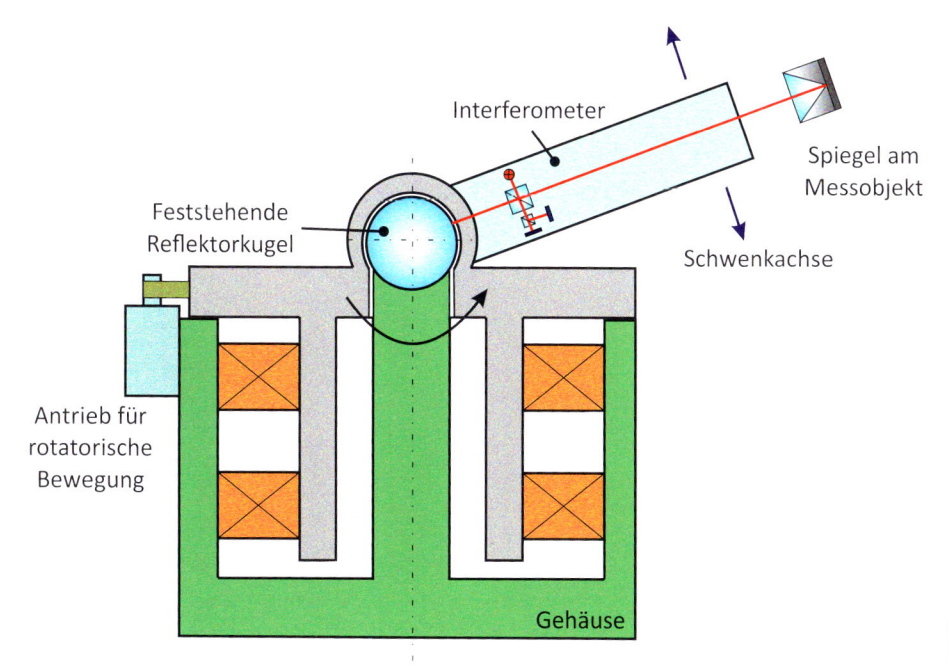

Bild 11.2
Prinzipskizze des Lasertracers

schiedlich langen, zurückgelegten Strecken und damit Phasenverschiebungen zu Interferenzen. Mithilfe der Auswertung der Interferenzen kann der Abstand zum Messobjekt sehr genau berechnet werden.

Als Referenzspiegel wird eine Kugel aus Invarstahl (sehr geringe thermische Ausdehnung) mit sehr geringen Formabweichungen (< 50 nm) verwendet (Depenthal 2008). Die Kugel ist von dem Interferometermesskopf mechanisch entkoppelt, sodass der Abstand zur Kugel unabhängig von der Bewegung des Messkopfes konstant bleibt.

Der zweite Strahlteiler lenkt einen Teil des Strahls in Richtung einer 4-Quadranten-Diode ab. In Abhängigkeit davon, welcher Quadrant der Diode beleuchtet wird, kann die Abweichung der Ausrichtung des Spiegels am Messobjekt zum Interferometer mechanisch durch Rotation des Messkopfes ausgeglichen werden. Dadurch kann mit dem Messkopf die Bewegung des Messobjektspiegels und damit des Messobjektes verfolgt werden, wobei der Abstand ständig gemessen werden kann.

Zur Bestimmung der Position im Raum, der Messobjektform bzw. der Bewegung des Messobjektes werden mehrere (mindestens drei) Lasertracer auf bekannten Positionen benötigt.

Bild 11.3 Bombardier ist Spezialist für Geschäfts-, Verkehrs- und Amphibienflugzeuge (mit freundlicher Genehmigung von Duwe-3D AG)

Bombardier ist der weltweit drittgrößte Hersteller für Geschäfts-, Verkehrs- und Amphibienflugzeuge. Um seinen Kunden maximale Sicherheit zu gewährleisten, unterhält Bombardier ein globales Netz für Service und Wartung. Die mobile Sondereinheit ist das CRJ Ground Support Equipment Team; ihre Aufgabe: Maschinen in der Luft halten. Das CRJ Ground Support Equipment Team ist spezialisiert auf die NextGen Serie, Bombardiers Regionalflugzeuge. Muss eine Maschine nach ei-

11.3 Anwendungsbeispiele der Lasertracer

Lasertracer kommen bevorzugt bei Vermessung von großen Objekten zum Einsatz.

11.3.1 Inspektion von Flugzeugen

Wenn der erste Kontakt zur Landebahn mal etwas ruppiger ausfällt, heißt das „Harte Landung". Ein Vorfall, der in der Karriere jedes Piloten zumindest einmal vorkommt. Die Ursachen können verschieden sein: Wetterbedingungen oder mechanische Probleme, Überlast, Pilotenfehler. Ebenso unterschiedlich fallen die Folgen aus, angefangen beim eher verhaltenen Applaus der Passagiere bis hin zu ernsthaften Beschädigungen des Flugzeugs. Nach jeder „Harten Landung" muss die Maschine daher vor ihrem nächsten Flug auf strukturelle Schäden untersucht werden.

Bild 11.4 Vermessung einer Maschine mit einem Lot an definierten Aufhängepunkten (mit freundlicher Genehmigung von Duwe-3D AG)

nem Zwischenfall auf Symmetrie und die korrekte Lage ihrer Komponenten überprüft werden, z. B. nach der Kollision mit einem Gepäckwagen, einer Brückenberührung oder einer „Harten Landung", rückt die Truppe sofort aus. „Wir wissen, eine Maschine auf dem Boden verdient kein Geld. Daher arbeiten wir rund um die Uhr, weltweit, um das Flugzeug so schnell wie möglich zurück in die Luft zu bringen." (B. Roby, Koordinator des CRJ Ground Support Equipment Team, Bombardier) Beim „Patienten" angekommen, wird als erstes eine Überprüfung der Maschine auf Symmetrie und Lage durchgeführt, um herauszufinden, ob der Vorfall sicherheitsrelevante Folgen hinterlassen hat. Darauf geht die Maschine in die Wartung. Ein abschließender Symmetrie- und Lagestest bescheinigt der Maschine die Flugtauglichkeit.

Symmetrie und Lage beziehen sich auf den Rumpf des Flugzeugs, Tragflächen und Heck werden auf ihre Lage zur Längsachse untersucht. Die vertikalen Abweichungen des Rumpfes, die V-Stellung des horizontalen Stabilisators, vertikale und horizontale Abweichungen des Antriebs, Lage des vertikalen Stabilisators, Tragflächenwinkel und -drehung, Fahrwerk und die Lage der Winglets stehen auf der Checkliste.

Um eine hohe Genauigkeit der Messungen zu garantieren, findet die Kontrolle in einem geschlossenen Hangar statt. Man vermeidet dadurch Temperaturschwankungen und Vibrationen. Die Motoren sollten innerhalb der letzten vier Stunden nicht gelaufen, die Tanks leer und das Flugzeug in einer neutralen Position fixiert sein, beispielsweise auf Hubgeräten, die eine gleichmäßige Gewichtsverteilung gewährleisten.

Bisher ist der Abstand der Tragfläche zum Boden mit einem Lot vermessen worden. Schrauben am Flugzeug dienten als Bezugspunkte. Kisten voll flugzeugtypspezifischen Werkzeugs, zwei Mann und 12 bis 14 Stunden waren für die Vermessung notwendig. Allein die Techniker und ihre sensible, übergewichtige Ausrüstung schnellstmöglich an denselben Ort zu bringen, war eine logistische Herausforderung: „Der Transport des traditionellen Symmetrie- und Lageequipments hatte beträchtliche Nachteile, weshalb wir uns auf die Suche nach einer Lösung zur drei dimensionalen Vermessung gemacht haben. Wir brauchten ein System, das weder unseren Input, noch Form und Ergebnisse unseres Messberichts beeinflusst. Nachdem ich die 3D-Hardware ausgesucht hatte, haben mir die Vermessungsspezialisten aus unserer Werkzeugabteilung PolyWorks empfohlen!"

(B. Roby, Koordinator des CRJ Ground Support Equipment Team, Bombardier)

Der Focus bei der Auswahl einer neuen Technik des CRJ Ground Service Equipment Teams lag darauf, Gepäck und damit Zeit sowie Geld einzusparen. Ebenso wichtig war aber auch, die Bedienung der Messinstrumente so einfach wie möglich zu halten, da nicht alle Techniker auch Vermessungsspezialisten sind.

Das Equipment

Ein Team entschied sich für den mobilen Leica Absolute Tracker AT401 und einen 1.5" Corner Cube Reflector (CCR) kombiniert mit InnovMetrics PolyWorks/Inspector™ Probing. Die neue 3D-Vermessungsmethode ist nun auf alle Flugzeugtypen anwendbar. „Diese Lösung ist universell einsetzbar und passt in unser Handgepäck. Das ist ein riesiger Vorteil, die Instrumente am Gepäckschalter nicht mehr aufgeben zu müssen." (B. Roby, Koordinator des CRJ Ground Support Equipment Team, Bombardier). Packt man zu Tracker, Reflector und PolyWorks noch einen Laptop und die selbstgebaute Halterung, auf welche der Tracker montiert wird, ist das Equipment komplett. Das vereinfacht die Koordination des Einsatzes enorm.

Ein weiterer nicht unerheblicher Vorteil ist, dass viel weniger Zeit auf die Vorbereitungen der Vermessung aufgewendet werden muss. Das System ist um einiges flexibler. Alles in allem konnte die Zeit für einen Symmetrie- und Lagecheck von 12 bis 14 auf sechs Stunden reduziert werden. Auch kann jetzt ein Techniker den Test alleine durchführen. Ein Koordinator des CRJ Ground Support Equipment Teams schätzt, dass sie die Servicezeit gar bis auf vier Stunden weiter senken können. Ohne die Verzögerungen, die der Transport der alten Ausrüstung verursachte, können Servicezeiten standardisiert und Kosten einheitlich im Voraus kalkuliert werden. Für eine Firma wie Bombardier essentiell.

Die Anwendung

PolyWorks vereinfacht den gesamten Messablauf. Der Techniker baut am Standort seine Ausrüstung auf und ordnet die am Flugzeug zu messenden Punkte zu. Darauf misst er diese mit dem Tracker-Reflektor ein – PolyWorks übernimmt den Rest (Bild 11.5 und 11.6).

Arbeitsschritte wie die Bestimmung des Standpunkts und die Orientierung des Trackers laufen selbständig in PolyWorks ab. Alle aufgenommenen Messdaten sind sofort verfügbar und werden automatisch im Report

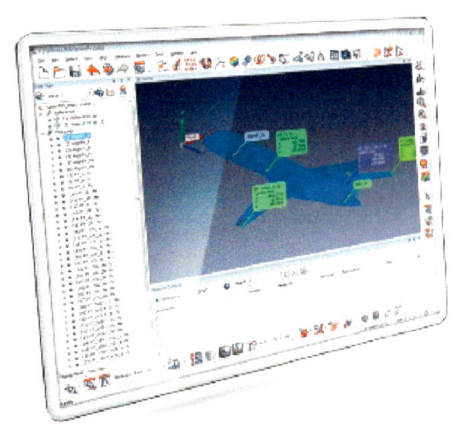

Bild 11.5 Die CAD-Daten des jeweiligen Flugzeugtyps in PolyWorks mit Referenzpunkten und gemessenen Werten (mit freundlicher Genehmigung von Duwe-3D AG)

aktualisiert. PolyWorks reduziert Fehlbedienungen durch den Benutzer.

In Einzelschritten führt PolyWorks den Benutzer durch die Messung und meldet Fehler sofort. „PolyWorks verringert den Einfluss von menschlichen Fehlern. Ich habe Vertrauen zu PolyWorks; tritt ein Fehler auf, wird das sofort angezeigt." (B. Roby, Koordinator des CRJ Ground Support Equipment Team, Bombardier) Sobald die Zielpunkte aufgenommen sind, sieht der Techniker die Abweichungen gegenüber dem CATIA CAD-Modell.

Fazit

PolyWorks war ursprünglich für die Symmetrie- und Lagetest des CRJ Ground Support Equipment Teams angeschafft worden. Inzwischen hat sich PolyWorks aber auch in anderen Unternehmensbereichen bewährt. Durch die Einführung von PolyWorks konnte Bombardier die Zeiten für geometrische Analysen um 75 % senken. Die Inspektionsteams bekommen dadurch eine effiziente Hilfe, die Maschinen schnellstmöglich zurück in die Luft zu bringen, Geld zu sparen – und einen Beitrag zu mehr Sicherheit zu leisten.

11.3.2 Steigerung der Effizienz von Wasserkraftwerken

Die Vorarlberger Illwerke betreiben zehn Wasserkraftwerke im Vorarlberger Montafon und produzieren hochwertige Spitzen- und Regelenergie. Um die Kraft des Wassers bestmöglich in Strom umzuwandeln, untersucht das Unternehmen den Wirkungsgrad seiner Turbinen. Die Datenbasis dafür schafft ein Laser-Tracker-System von Leica Geosystems (Bild 11.7).

Wer mit dem Auto die Silvretta-Hochalpenstraße befährt, weiß wozu Bremsenbelüftung gut ist. Bis zu 14 % Steigung, unzählige Serpentinen und der Blick auf eine spektakuläre Alpenlandschaft sind charakteristisch für diese 25 km lange private Gebirgsstraße. Eigentümerin der Straße ist die Vorarlberger Illwerke AG, ein Unternehmen der Illwerke vkw, dem größten Energiedienstleister in Vorarlberg. Dieses Unternehmen ließ bereits in den 1920er Jahren Verkehrswege anlegen, um den Bau von Wasserkraftwerken und Stauseen im Hochgebirge zu ermöglichen.

Messtechnik für große Dimensionen

Wasserkraft ist ein wesentlicher Teil der Energiezukunft in Vorarlberg. Aus diesem Grund kommt den Vorarlberger Illwerken eine tragende Rolle zu. Während sich neue Kraftwerke in Planung befinden, beschäftigt sich das Unternehmen auch damit, bereits bestehende

Bild 11.6
Im Modus geführtes Messen gibt PolyWorks die Messung der einzelnen Referenzpunkte vor, die der Techniker mit dem Reflektor aufnimmt (mit freundlicher Genehmigung von Duwe-3D AG)

Anlagen effizienter zu gestalten. Um dieses Ziel zu erreichen, setzen die Vorarlberger Illwerke auf leistungsfähige Messtechnik von Hexagon Metrology.

Das Vermesserteam im Bereich Engineering Services der Vorarlberger Illwerke am Standort Schruns umfasst 13 Personen: Einer der Aufgabenschwerpunkten ist die industrielle Messtechnik. Arbeitsgerät ist ein Leica Absolute Tracker AT901, der zusammen mit dem handgeführten Taster Leica T-Probe und dem Laser-Scanner Leica T-Scan ein mobiles Koordinatenmessgerät (KMG) bildet, das sich besonders zur Messung großer Objekte eignet. Die optische Technologie „PowerLock" ermöglicht die Bedienung des Systems durch nur einen Benutzer. Der Laser-Strahl, der die Grundlage der Messung bildet, bewegt sich dank PowerLock automatisch zum Anwender.

Effizienzverlust vorbeugen

Bevor neue Turbinen in Betrieb genommen werden, besteht die Aufgabe, die exakte Form des Laufrads für spätere Untersuchungen zu erfassen. Mit dem Leica T-Scan wird das gesamte Laufrad digitalisiert, um sicherzustellen, dass die Qualität des Laufrads jederzeit bei anstehenden Revisionen genau überprüft werden kann. Ein typisches Laufrad für eine Pelton-Turbine, wie es bei den Vorarlberger Illwerken im Einsatz ist, wiegt 10 t, hat einen Durchmesser von über 2 m und verfügt über 20 Schaufeln, auf die das Wasser mit hoher Geschwindigkeit trifft, um die Turbine anzutreiben – über 25 000 l Wasser bewegen ein Pelton-Laufrad dieser Größe in jeder Sekunde. Nach einigen Jahren in Betrieb wird ein erneuter Scan Aufschluss darüber geben, wie sich das Laufrad verformt hat und wo möglicherweise Effizienz verloren geht. „Schäden und Abnutzungen aufspüren und Defekten vorbeugen, das ist unser Ziel." (R. Laufer, Vermesserteam/Bereich Engineering Services, Vorarlberger Illwerke/Standort Schruns).

Auch Turbinenlaufräder, die bereits seit vielen Jahrzehnten im Einsatz sind, werden digitalisiert, wenn in einem Kraftwerk eine Revision ansteht. Die Messergebnisse erlauben Rückschlüsse auf alle Laufräder desselben Typs. „Zeigt eines davon auffälligen Verschleiß, ist die Wahrscheinlichkeit hoch, dass die anderen auch betroffen sind." (R. Laufer, Vermesserteam/Bereich Engineering Services, Vorarlberger Illwerke/Standort Schruns) Damit liefert der Bereich Vermessung wichtige Analysen für die Maschinenbauer des Energieunternehmens.

Bild 11.7 Leica Absolute Tracker AT901, ein aktives optisches Messsystem (mit freundlicher Genehmigung von Hexagon Metrology)

Bild 11.8
Vermessung einzelner Schaufeln einer Pelton-Turbine mit dem Leica T-Scan (mit freundlicher Genehmigung von Hexagon Metrology)

Sensible Punkte untersuchen

Besonderes Augenmerk gilt den sensiblen Punkten des Laufrads, etwa den Ausflussöffnungen am äußeren Rand jedes „Bechers". Hier können Verwirbelungen entstehen, die den Wirkungsgrad der Turbine herabsetzen und ihren Verschleiß beschleunigen. Auch die optimale Form der Turbinenschaufel selbst ist von Bedeutung. Weitere Untersuchungsgegenstände: Sind alle Schaufeln identisch? Trifft das Wasser dort auf die Schaufel, wo die Effizienz optimal ist? Die Ergebnisse der Messungen, die mithilfe des Leica Absolute Trackers und des Leica T-Scan erzielt werden, sind eine immense Erleichterung für derartige Berechnungen.

„Bei Revisionen bestehender Kraftwerke müssen wir sicherstellen, dass die Turbinen, die wir zerlegen, anschließend wieder exakt ihre ursprüngliche Position

Bild 11.9
Vermessung der Gesamtkontur einer Pelton-Turbine mit dem Leica Absolute Tracker (mit freundlicher Genehmigung von Hexagon Metrology)

erhalten. Wir erstellen Netze von Referenzpunkten, prüfen die Einhaltung von Maschinenachsen oder ob Flanschebenen und Bohrlöcher aufeinanderpassen." (R. Laufer, Vermesserteam/Bereich Engineering Services, Vorarlberger Illwerke/Standort Schruns) Dazu wird die Leica T-Probe eingesetzt, die auch schwer zugängliche Messpunkte antasten kann, ohne eine direkte Sichtlinie zum Laser Tracker zu benötigen. Die Absicherung durch Vermessung ist angesichts der geografischen Bedingungen unverzichtbar. Turbinen und Maschinenbauteile dieser Größe, die im Hochgebirge ihren Dienst verrichten, transportieren die Vorarlberger Illwerke wenn erforderlich mithilfe eines schweren Transporthubschraubers. Solch ein Transport ist riskant und teuer – mehr als ein Versuch würde jeden Zeit- und Kostenrahmen sprengen: „Jeder Tag zählt in der Energiewirtschaft." Im Gepäcknetz des Hubschraubers reist der Leica Absolute Tracker AT901 mit, um dann unter schwierigen Bedingungen, wie hohe Luftfeuchtigkeit und Temperaturen nahe dem Gefrierpunkt, seine Unempfindlichkeit unter Beweis zu stellen.

„Das Tracker-System ist für unsere Einsatzzwecke ideal. Der Wechsel zwischen Scannen und Tasten am selben Bauteil funktioniert super. Die Leica T-Probe ist ohne Alternative. Wir arbeiten schon seit vielen Jahrzehnten mit Messinstrumenten von Leica Geosystems und haben deren Zuverlässigkeit zu schätzen gelernt. Das gilt auch für den schnellen Service von Hexagon Metrology Österreich." (R. Laufer, Vermesserteam/Bereich Engineering Services, Vorarlberger Illwerke/ Standort Schruns)

11.3.3 Vermessung von Schienenfahrzeugen und deren Komponenten

Die Bandbreite heutiger Schienenfahrzeuge beginnt bei Dampfloks und geht über Gleisbaufahrzeuge bis hin zu Triebfahrzeugen und Hochgeschwindigkeitszügen. Alle diese Schienenfahrzeuge müssen eine gemeinsame Anforderung erfüllen.
Aus funktionalen und sicherheitsrelevanten Gründen müssen Schienenfahrzeuge Maße innerhalb vorgegebener Toleranzen aufweisen. Somit spielen 3D-Vermessungssysteme von GLM schon lange eine wichtige Rolle bei der Produktion und Überprüfung (Revision) von Schienenfahrzeugen. GLM Lasermesstechnik hat seit 1992 weit mehr als hundert 3D-Messsysteme in den Werkstätten der verschiedensten Bahnunternehmen europaweit ausgeliefert und installiert. Einsatzfelder sind u. a. die Drehgestell-, Wagenkasten-, Triebfahrzeugrahmen-, Untergestell-, Revisions- und Deformationsvermessung.

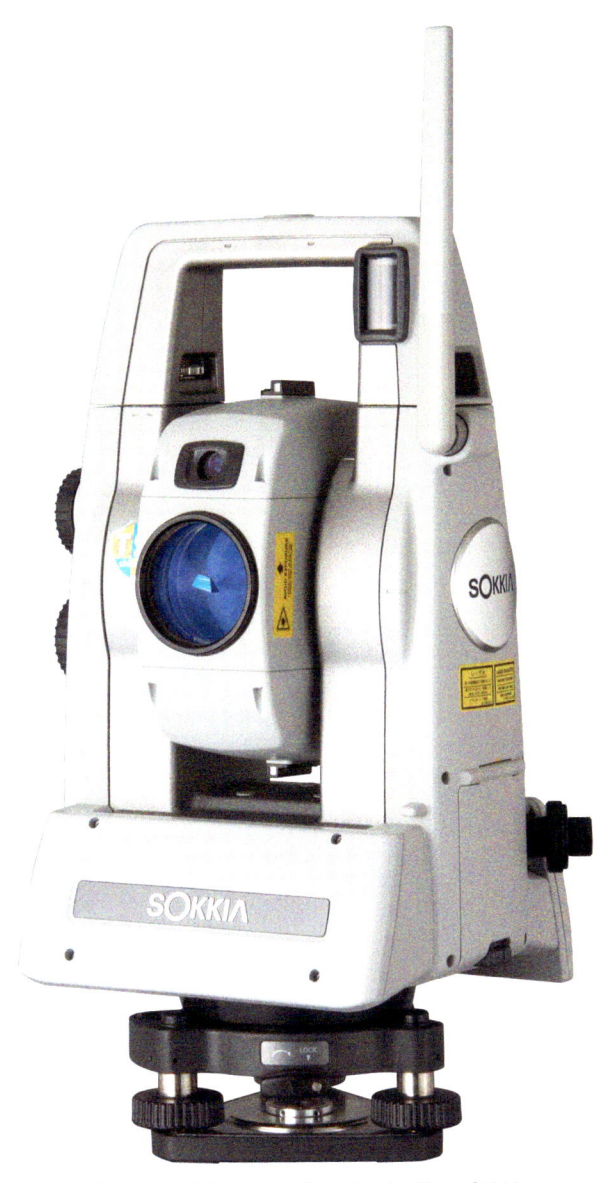

Bild 11.10 Automatisierte Robotikstation der Firma GLM Lasermesstechnik GmbH

Sofern die Auswertung mithilfe eines 3-DIM PC-Basic Macro automatisch erfolgt, kann zur Dokumentation das Programm „grafisches Messblatt für 3-DIM" eingesetzt werden (Bild 11.11). Die aktuellen Maße werden dann automatisch direkt in das eingescannte Messblatt eingetragen.
Als Ergebnis steht eine Dokumentation zur Verfügung,

11 Lasertracer

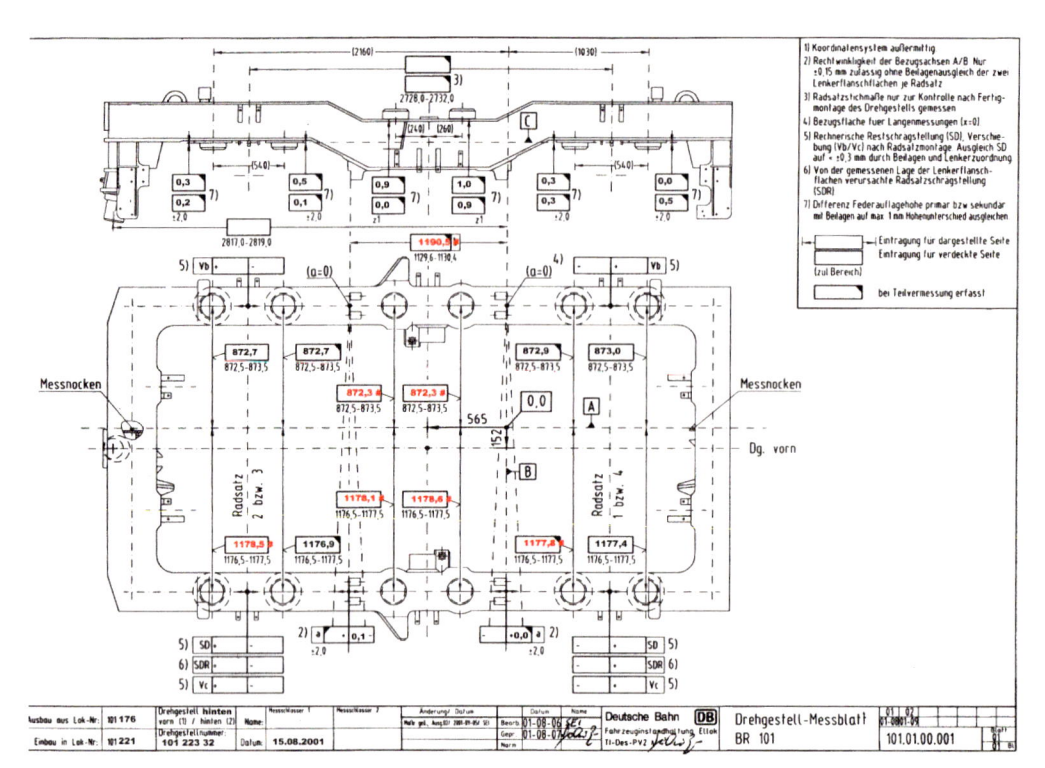

Bild 11.11 Ein Messblatt mit eingetragenen Messergebnissen, Maße außerhalb der Toleranz werden in Rot angezeigt (mit freundlicher Genehmigung der GLM Lasermeßtechnik GmbH)

die höchsten Ansprüchen genügt und die sehr effizient erstellt werden kann. Das Ergebnis halten Sie unmittelbar nach der Messung in den Händen.

12 Autofokussensor

12.1 Verfahrensgrundlagen

Es wurden einige Verfahren entwickelt, die auf dem Prinzip der Fokusdetektion basieren. Nicht alle finden jedoch Verwendung in industriell vertriebenen Messgeräten. Dies ist auf viele Faktoren zurückzuführen, wie beispielsweise zu hohe Kosten, zu geringe Genauigkeit, zu geringe Robustheit. Im Folgenden werden daher nur die wichtigsten Messprinzipien näher erläutert.

Prinzip des Autofokussensors

Autofokussensoren basieren auf der punktuellen Fokussierung des Laserstrahls genau auf der Oberfläche des Messobjektes. Die Fokussierung wird durch eine einfache Regelung realisiert. Mithilfe der Regelung kann somit der Abstand zum Messobjekt bestimmt werden (Bild 12.1).

Vor- und Nachteile des Autofokussensors

Vorteile	Nachteile
Keine Abschattungen (Vertiefungen vermessbar)	Keine absolute Messung
hohe Genauigkeit	kleiner Messfleck
Messung automatisierbar	großflächige Vermessung nicht wirtschaftlich
Rauheitsmessungen möglich	meistens kleiner Abstand zum Messobjekt
kompakt (leicht transportabel)	evtl. gefährliche Laserstrahlung

Messgenauigkeit/Messbereich des Autofokussensors

Der vertikale Messbereich erstreckt sich von wenigen Nanometern bis zu einigen Millimetern. Der laterale Messbereich ist nicht begrenzt und kann bei punktueller Abrasterung auch einen halben Quadratmeter betragen. Eine Verwendung von mehreren Sensoren zur schnelleren Oberflächenerfassung ist denkbar.

Die laterale Auflösung liegt bei ca. 1 µm. Die vertikale Auflösung wird mit ca. 10 nm angegeben. Die Auflösung hängt entscheidend von dem Durchmesser des auf die Prüflingsoberfläche projizierten Lichtflecks ab. Er beträgt typischerweise einige Mikrometer. Die erreichbare Genauigkeit wird außerdem durch die verwendeten mechanischen Komponenten beeinflusst und begrenzt.

Typische Anwendungen des Autofokussensors

Diese Methode wird für mikrostrukturelle Oberflächengeometrieerfassung an hochempfindlichen, weichen oder flüssigen Messobjekten eingesetzt. Es können also Höhen-, Positions- und Ebenheitsmessungen vorgenommen werden. Die hohe Genauigkeit erlaubt auch Rauheitsuntersuchungen.

Im Bereich der Elektrotechnik bzw. Elektronik werden die Autofokussensoren zur Untersuchung von Schaltungen verwendet. Bestimmung der Oberflächenform und der damit verbundenen Größen (Welligkeit, Oberflächenform, Rauheit, Koplanarität usw.) spielt insbesondere im Bereich des Maschinenbaus eine große Rolle.

12.2 Messverfahren des Autofokussensors

Als Lichtquelle kommen meistens Lasersysteme zum Einsatz. Das Laserlicht wird mithilfe eines Kollimators zunächst parallelisiert und anschließend über eine bewegliche Abbildungslinse auf die Messobjektoberfläche fokussiert. Das zurückgestreute Licht gelangt erneut über die Abbildungslinse und den Kollimator zum Strahlteiler. Mithilfe des Strahlteilers wird das Licht

12 Autofokussensor

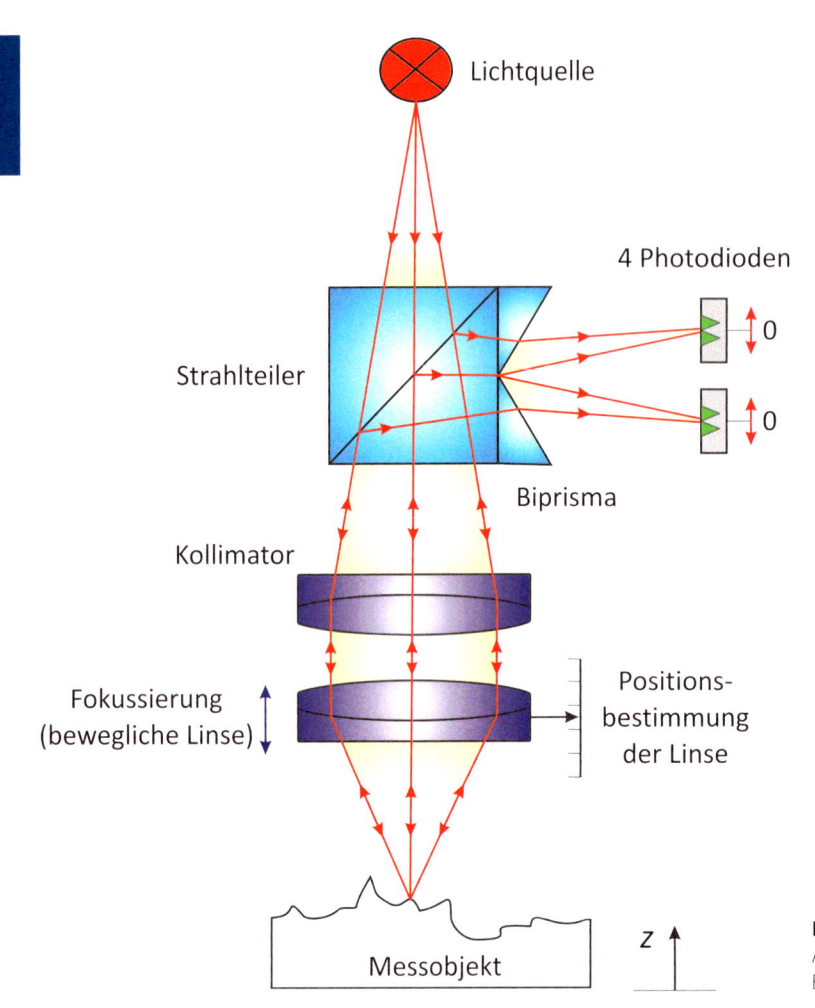

Bild 12.1
Autofokussensor nach Foucault-Methode mit Biprisma

auf ein Doppelprisma gelenkt. Das Doppelprisma hat die Funktion, das Licht von jeder Prismenhälfte auf ein räumlich getrenntes Fotodiodenpaar abzulenken.

Bei optimaler Strahlfokussierung werden die beiden Diodenhälften der beiden Diodenpaare gleichmäßig beleuchtet. Bei einer Defokussierung sind die Dioden nicht mehr gleich ausgeleuchtet. Dadurch ist es möglich, zu berechnen, wie die bewegliche Abbildungslinse zu verstellen ist, damit eine scharfe Fokussierung erreicht wird; daraus kann man wiederum den Abstand zum Messobjekt punktuell messen.

Das Doppelprisma bewirkt, dass durch die Verwendung von getrennten Fotodiodenpaaren die Positionierungenauigkeiten in gewissen Grenzen ausgeglichen werden.

Für die Erkennung von Defokussierungen gibt es eine Vielzahl an Techniken. Neben der bereits vorgestellten Methode (Doppelprisma) ist die Verwendung von einer sogenannten Foucaultschen Schneide weit verbreitet.

Vor dem Brennpunkt wird eine Messerschneide positioniert, sodass eine Strahlhälfte abgeblendet wird. Bei optimaler Strahlfokussierung werden die beiden Dioden gleich beleuchtet (Bild 12.2).

Eine Defokussierung bewirkt eine Verschiebung des auf den Detektor einfallenden Strahlenbündels auf eine oder andere Fotodiode (Bild 12.3). Anstatt der Messerschneide kann eine Ringlinse eingesetzt werden. Diese Ausführung ist jedoch weniger verbreitet.

Eine andere Bauart namens Lichtwaage ist dagegen leicht zu realisieren und daher für den industriellen Einsatz interessanter.

Aus Bild 12.1 ist zu erkennen, dass zwei getrennte Detektoren mit davor platzierten Lochblenden verwendet werden. Im fokussierten Zustand erhalten beide Detektoren die gleiche Lichtmenge. Bei Defokussierung wird eine der Fotodioden stärker beleuchtet. Daraus kann wiederum das Stellsignal für die bewegliche Abbildungslinse generiert und die Abstandsinformation gewonnen werden.

12.2 Messverfahren des Autofokussensors

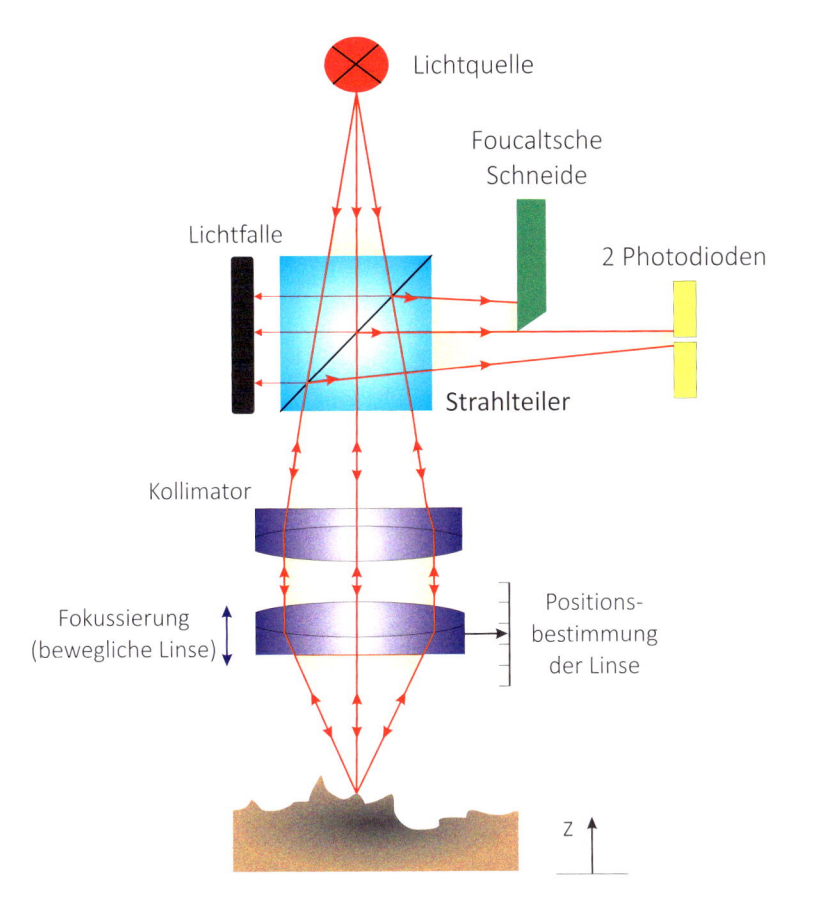

Bild 12.2
Autofokussensor nach Foucault-Methode mit Foucaltscher Schneide

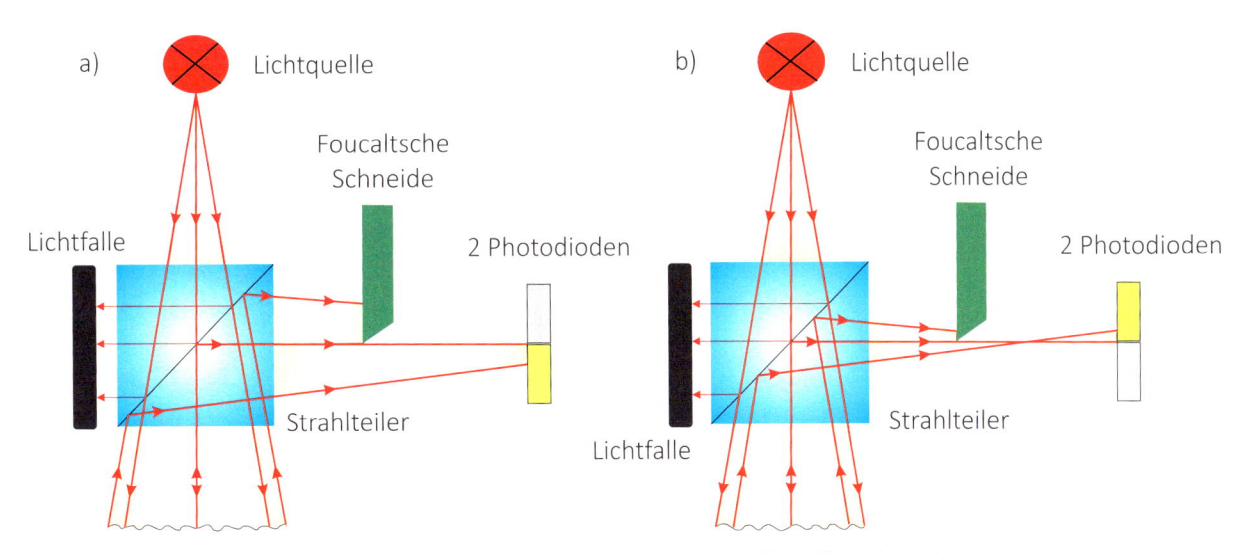

Bild 12.3 Detektion der Defokussierung durch Verwendung der Foucaltschen Schneide a) Objektabstand zu gering, b) Objektabstand zu groß

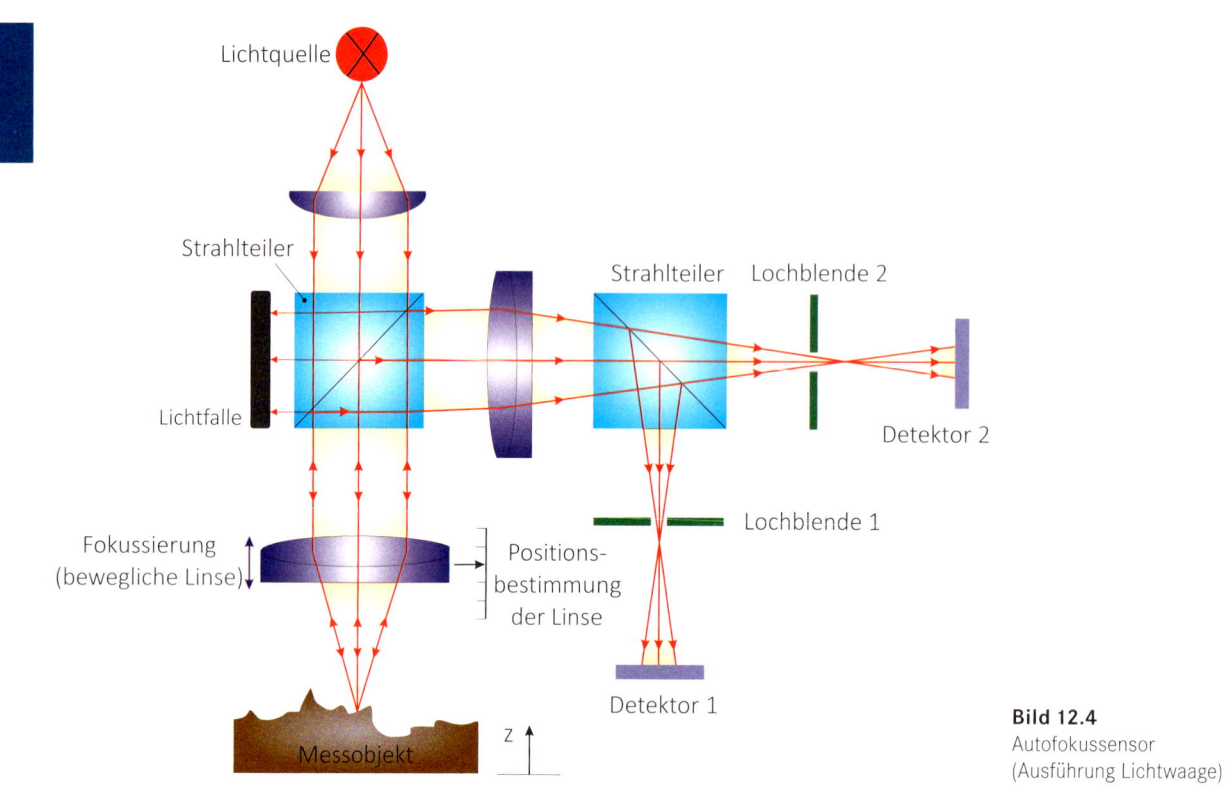

Bild 12.4
Autofokussensor
(Ausführung Lichtwaage)

Die zuletzt beschriebene Ausführung hat einen großen Nachteil. Bei einer Verkippung des Messobjektes wird fälschlicherweise eine der Fotodioden stärker beleuchtet, wodurch das System eine vorgetäuschte Abstandsänderung registriert und somit falsche Informationen liefert.

13 Kontrastvergleichsautofokussensor

13.1 Verfahrensgrundlagen

Es wurden einige Verfahren entwickelt, die auf dem Prinzip der Fokusdetektion basieren. An dieser Stelle wird eine weit verbreitete Methode vorgestellt, die keine Laserbeleuchtung benötigt und mit wenig Hardware auskommt.

Prinzip des Kontrastvergleichsautofokussensor

Kontrastvergleichsautofokussensoren basieren auf der flächenhaften Erfassung der Messobjektoberfläche mittels einer Kamera. Durch Ermittlung der Parameter, die für eine scharfe schichtweise Abbildung der Oberfläche nötig sind, kann der 3D-Höhenprofil schrittweise ermittelt werden.

Vor- und Nachteile des Kontrastvergleichsautofokussensor

Vorteile	Nachteile
Keine Abschattungen (Vertiefungen vermessbar)	Keine absolute Messung
hohe Genauigkeit	meistens kleiner Abstand zum Messobjekt
Messung automatisierbar	empfindlich auf störende Vibrationen
Rauheitsmessungen möglich	
relativ kompakt	
flächenhafte Messung	

Messgenauigkeit/Messbereich des Kontrastvergleichsautofokussensors

Der Messbereich kann mehrere Quadratmeter groß sein, je größer das Messobjekt ist, desto ungenauer werden die Ergebnisse. Die erfassbare maximale Höhe beträgt bis zu 300–400 mm.
Die erzielbare Genauigkeit hängt von der verwendeten Optik und den zur Verfügung stehenden Zusatzlinsen bzw. -objektiven ab. Sie liegt im Bereich von ca. 0,25 µm, bei 100facher Vergrößerung. Das hat zur Folge, dass bei Messungen mit höchster Genauigkeit das Messfeld sehr klein ist.

Typische Anwendungen des Kontrastvergleichsautofokussensors

Diese Methode wird für mikrostrukturelle Oberflächengeometrieerfassung an verschiedensten Messobjekten eingesetzt. Es können also Höhen-, Positions- und Ebenheitsmessungen vorgenommen werden. Die hohe Genauigkeit erlaubt auch Rauheitsuntersuchungen.
Im Bereich der Elektrotechnik bzw. Elektronik werden die Autofokussensoren zur Untersuchung von Schaltungen verwendet. Bestimmung der Oberflächenform und der damit verbundenen Größen insbesondere im Bereich des Maschinenbaus spielen eine große Rolle.

13.2 Messverfahren des Kontrastvergleichsautofokussensors

Der Autofokussensor bietet die Möglichkeit, mit einem Bildverarbeitungssensor optische 3D-Messungen durchzuführen. Er benötigt fast keine zusätzliche Hardware. Je nach Beschaffenheit der Objektoberfläche ist es erforderlich, diese entsprechend auszuleuchten. Die eingesetzte Kamera mit den entsprechenden Optiken besitzt eine geringe Schärfentiefe, sodass lediglich die Strukturen scharf abgebildet werden, die sich in einem bestimmten Abstand zum Sensor befinden. Durch die Bewegung des Messobjektes oder des Sensors in z-Richtung wird das gesamte Höhenprofil des Prüflings in verschiedenen Aufnahmen scharf abgebildet (Bild 13.1).

13 Kontrastvergleichsautofokussensor

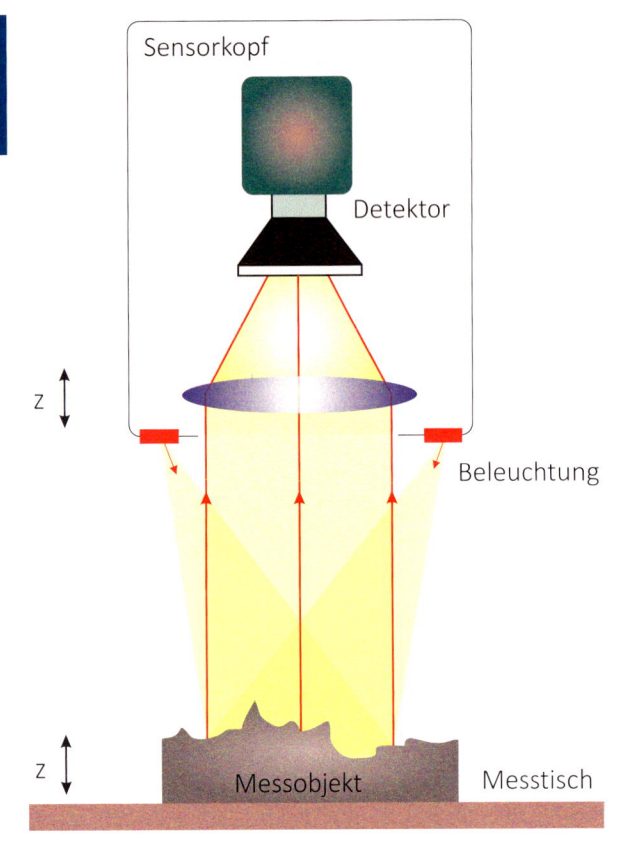

Bild 13.1 Messprinzip des Kontrastvergleichsautofokussensors

Kontrast ist somit ein Maß für die Grauwertunterschiede benachbarter Bildpunkte. Wenn optimal auf die Werkstückoberfläche oder -kante scharf gestellt ist, ist der Kontrast maximal. Durch das Auslesen der Positionen des Messkopfes kann ein 3D-Messpunkt bestimmt werden.

Die erzielbare Genauigkeit hängt von der verwendeten Optik und den zur Verfügung stehenden Zusatzlinsen bzw. -objektiven ab. Grundsätzlich unterscheidet man zwischen Festoptiken (feste Vergrößerung), selbstkalibrierendem Zoom ohne Telezentrik und selbstkalibrierenden telezentrischen Zoomeinheiten.

13.2.1 Telezentrische Zoomobjektive für die Kontrastvergleichsautofokussensoren

Die besten Ergebnisse hinsichtlich der Messunsicherheit lassen sich mit telezentrischen Objektiven erzielen (Bild 13.4). Die Telezentrie hat den Vorteil, dass die Veränderung des Arbeitsabstandes (z. B. durch Fehler im Werkstück, die durch eine geringe Unschärfe erkennbar sind) keine Veränderung des Abbildungsmaßstabes und damit des Messergebnisses erzeugt.

Nur bei einem telezentrischen Objektiv ändert sich die Vergrößerung beim Scharfstellen innerhalb des Telezentriebereiches nicht. Deswegen kann auch dann genau gemessen werden, wenn nicht exakt scharf gestellt ist. Die beste Qualität erreichen telezentrische Objektive bisher nur mit fester Vergrößerung und seit der Patentierung sowie Einführung durch OGP Messtechnik GmbH auch Objektive mit selbstkalibrierendem Zoom.

Der telezentrische Vorteil ist nicht so signifikant bei

Bei praktischen Messungen wird zunächst der interessierende Bereich (Messfenster) festgelegt. Während einer Bewegung des Sensors in Richtung der optischen Achse wird eine Kontrastkurve (s. Bild 13.2) im Messfenster ermittelt. Der Kontrast dient dabei als Maßstab für die Schärfe.

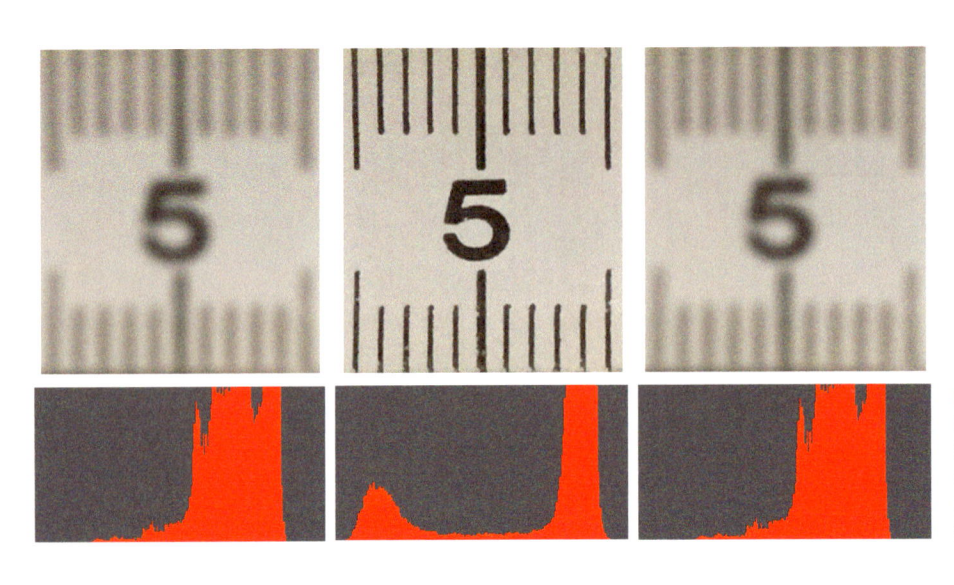

Bild 13.2
Kontrast vor der maximalen Schärfe (links), Kontrast bei maximaler Schärfe (in der Mitte) und nach der maximalen Schärfe (rechts)

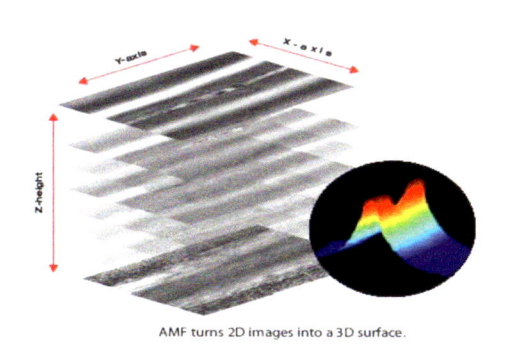

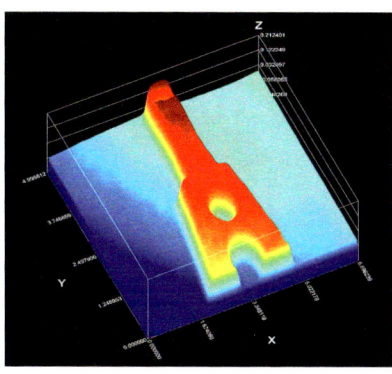

Bild 13.3
Beispielhafte Einzelbilder, die in Verbindung die 3D-Analyse ergeben (links), 3D-Modell einer Fokusaufnahme berechnet aus Einzelbildern (rechts) (mit freundlicher Genehmigung der OGP Messtechnik GmbH)

hohen Vergrößerungen mit geringer Tiefe des Feldes. Ein telezentrisches Objektiv ergibt jedoch andere Vorteile bei höheren Vergrößerungen. Es gibt zwei optische Phänomene, die entstehen, wenn nicht paralleles Licht in das Objektiv-System eintritt – „Effekt der Lichtbeugung" und „Wrap-around-Effekt". Bei prismatischen 3D-Teilen tritt die Lichtbeugung in Erscheinung, da nichtparallele Strahlen tatsächlich Bilder von den Seiten des Teiles erzeugen, die senkrecht zur Objektiv-Achse sind. Dies bewirkt, dass der Bildkontrast niedriger oder ein schwacher Schatten auf dem Bild der Kante angezeigt wird. Der „Wrap-around-Effekt" ist ähnlich, wirkt sich aber bei Zylindern und Kugeln aus, wo das Licht sich an den gekrümmten Oberflächen effektiv neigt – „Wrap-around" (Bild 13.4). Diese Effekte waren oft Hürden für Video-Messsysteme, was zu Unklarheiten in der Randschärfe führte und somit Wiederholbarkeit der Messungen beeinflusste. Ein telezentrisches Linsensystem minimiert diese Effekte, die Verbesserung der Bildqualität und somit die Messgenauigkeit und Reproduzierbarkeit.

13.2.2 Optische Grenzen des Kontrastvergleichsautofokussensors

Die Hauptbegrenzung bei einfachen Abbildungsoptiken ist die Tatsache, dass die beste Abbildung vom Objekt nur innerhalb einer schmalen Schärfentiefe auf der Bildebene stattfindet – weiter zum Rand divergiert oder konvergiert die Abbildung. In dieser Situation ist die Bildgröße nur bei einer optimalen Fokusposition genau. Abbildungen, zumindest beidseits der optimalen Bildgröße, führen zu Variationen. Dieser Effekt ist bei der niedrigsten Vergrößerungen zu bedenken, wo es bei einer großen Schärfentiefe sein kann, dass auch unscharfe Randbereiche des Bildes im Fokus scheinen, es aber nicht sind. Wenn das der Fall ist, dann ist die Bildgröße entweder zu groß oder zu klein (Bild 13.5).
Feste Vergrößerungslinsen, die traditionell die Wahl für hohe Genauigkeiten in der Bildverarbeitung waren, bieten nicht die notwendige Vielseitigkeit bei der raschen Vergrößerungsveränderung, die für reale Messanwendungen erforderlich ist.

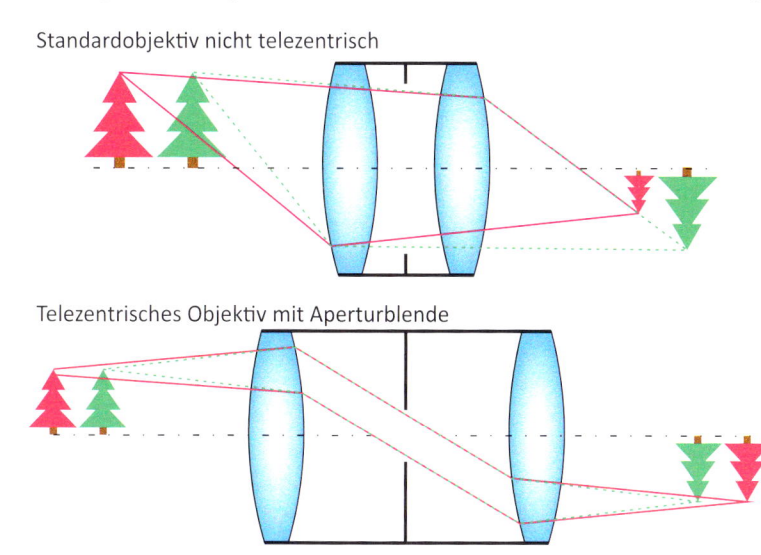

Bild 13.4
Funktionsweise der Objektive mit und ohne Telezentrik

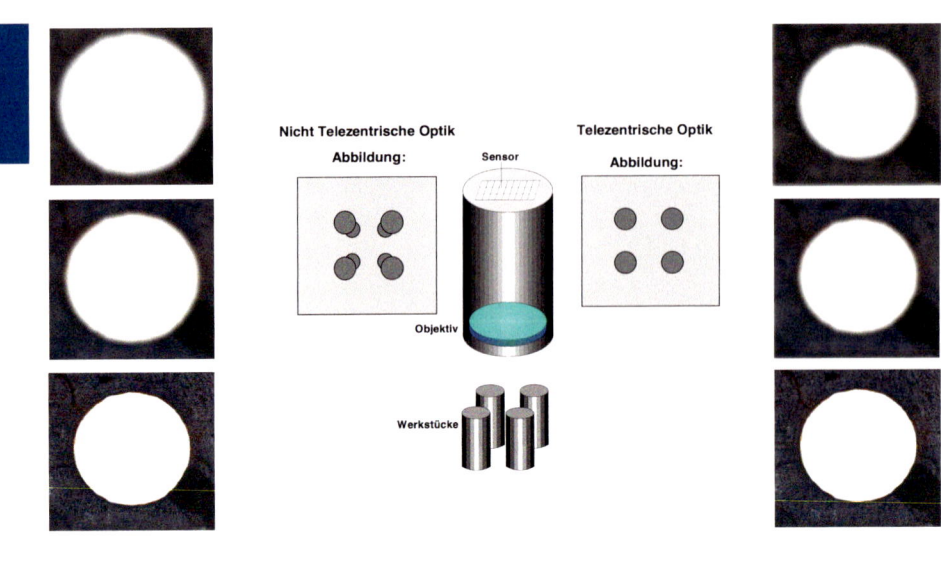

Bild 13.5
Auswirkungen der Telezentrik:
links Zoom ohne Telezentrik,
rechts Zoom mit Telezentrik
(mit freundlicher Genehmigung
der OGP Messtechnik GmbH)

Objektive, die für die Videomesstechnik verwendet werden, müssen eine minimale Verzerrung aufweisen. Verzerrung bedeutet eine Variation in der Vergrößerung über die Bildebene. Die Vergrößerung variiert mit dem Abstand von der optischen Achse. Die messtechnische Auswirkung von Linsenverzerrung ist, dass die scheinbare Größe des Objekts auf der Bildebene variiert. In anderen Worten: Eine Linse mit einer Verzerrung wird ein Objekt unterschiedlich zeigen, in Abhängigkeit davon, wo es sich innerhalb des Bildfeldes bzw. Schärfenbereiches befindet. Es ist wichtig zu beachten, dass eine Linse mit Verzerrungen, trotzdem ein gestochen scharfes und fokussiertes Bild liefern kann, aber bei Wiederholungsmessungen dann Fehlmessungen im gesamten Bildfeld aufweist. Dies ist dann ein Problem für Videosysteme mit Datenerfassung im gesamten Gesichtsfeld (Bildbereich).

Bildfeldkrümmung bedeutet, dass das Bild nicht in einer Ebene zu fokussieren ist. Wobei diese Bildfeldkrümmung nicht immer symmetrisch ist. Sie kann in Größe und Orientierung in einer Linse mit Astigmatismus variieren. Astigmatische Linsen fokussieren in flachen Zylindern – senkrecht zur Oberfläche – in verschiedenen Kurven, die alle in der Nähe der Bildebene liegen. Wenn diese Kurven dann mit entgegen gesetztem Vorzeichen sind, ergibt sich für die Wellenfront eine Form, die einem Kartoffelchip ähnelt. Die Gleichmäßigkeit des Bildes in der Ebene des Detektors ist für hohe Messgenauigkeit erforderlich, deshalb sollte die Feldkrümmung und der Astigmatismus bei Linsen für die optische Messtechnik minimal sein.

Andere Objektivfehler sind z.B. sphärische Aberrationen (Öffnungsfehler). Bei den ausgewählten Linsen für hohe Genauigkeiten – einer Video-Messung – sollten diese Fehler minimiert werden. Da Video-Messsysteme verschiedene Beleuchtungstechniken verwenden, um den Bildkontrast zu optimieren, kann die chromatische Aberration die Messgenauigkeit beeinflussen. Die chromatische Aberration, d.h. Licht unterschiedlicher Farben konzentriert sich entweder an verschiedenen Punkten auf der optischen Achse oder an verschiedenen Punkten in der Bildebene oder beidem. Bei der Verwendung einer Linse von Beleuchtungen mit bekannten Wellenlängen zeigt die chromatische Aberration jedes Quellbild möglicherweise anders. Im Falle von einer Weißlichtbeleuchtung, kann die chromatische Aberration des Bildes bewirken, dass Falschfarben und ein schlechter Fokus angezeigt werden (das ist ein Problem für Systeme mit Farbkameras).

Minimierung aller dieser Aberrationen im Objektiv ist wichtig für die Video-Messtechnik. Denn dort wird das Bild des Objekts und nicht das Objekt selbst gemessen. Fehler bei der Bildqualität können dann zu Fehlern bei der Koordinierung und den Dimensionsmessungen führen.

14 Interferometrische Abstands- bzw. Entfernungsmessung

14.1 Verfahrensgrundlagen

Wie bereits erwähnt, ist eine weit verbreitete Bauart für Interferometer, die zur Abstandsmessung eingesetzt werden, das Michelson-Interferometer. Es existiert eine Reihe von verschiedenen Ausführungen, die auf die jeweilige Messaufgabe angepasst sind. Die Erfindung des Michelson-Interferometers geht auf den deutsch-amerikanischen Physiker Albert Abraham Michelson (1881). Mit dem Michelson-Morley-Interferometer wurde versucht, zu klären, ob die Lichtwellen sich in einem Medium (ähnlich der Wasserwellen) ausbreiten. Entsprechend der damaligen Auffassung (Ätherphysik) wurden unterschiedliche Lichtgeschwindigkeiten abhängig von der Ausbreitungsrichtung erwartet, aber nie gemessen.

Heutzutage sind die Interferometer weit verbreitet und werden überall dort eingesetzt, wo extrem genaue Abstandsmessungen durchgeführt werden müssen. Die Michelson-Interferometer sind aber auch nach wie vor im Bereich der experimentellen Physik vertreten. Einige Forschungsgruppen versuchen z. B. die von Albert Einstein vorhergesagten Gravitationswellen (Änderungen der Struktur der Raumzeit) nachzuweisen. Im September 2015 konnten Signale von Gravitationswellen erstmals gemessen werden.

Prinzip der interferometrischen Abstands- bzw. Entfernungsmessung

Die Funktionsweise basiert auf der einzigartigen Eigenschaft des Lichts, zu interferieren. Das Laserlicht wird in zwei Teilstrahlen aufgeteilt, in einen Objekt- und einen Referenzstrahl. Nach der Reflexion des Objektstrahls von der Prüflingsoberfläche und dem Zurücklegen von unterschiedlich langen Strecken werden die beiden Lichtfronten überlagert. Anhand der Änderung des Interferenzmusters erfolgt die hoch genaue Bestimmung der Abstandsverschiebung des Messobjektes.

Vor- und Nachteile

Vorteile	Nachteile
Extrem hohe Genauigkeit	Keine absolute Messung
sowohl extrem kurze als auch große Abstandsänderungen messbar	kleiner Messfleck
Messung automatisierbar	großflächige Vermessung nicht wirtschaftlich
kompakt (leicht transportabel)	hoher Vorbereitungsaufwand
	Interpretierbarkeit der Messwerte
	empfindlich auf störende Vibrationen
	evtl. Gefährdung durch Laser

Messgenauigkeit/Messbereich der interferometrischen Abstands- bzw. Entfernungsmessung

Die Interferometer haben trotz eines einfachen Aufbaus alle eine sehr hohe Genauigkeit (bis 1 nm). Bei einer Erweiterung des Interferometers, dadurch dass z. B. an beiden Armen leicht unterschiedliche Laserwellenlängen verwendet werden, wird die Genauigkeit weiter verbessert. Es kommt neben der Interferenz zur Schwebung bei Überlagerung der beiden Teilwellen. Ein Vergleich der nicht am Spiegel reflektierten Teilwellen (Referenzschwebung) ermöglicht eine noch höhere Genauigkeit (0,01 nm).

Der Messbereich kann auf bis zu einigen Metern durch Signalkodierung erweitert werden. Es sind folglich sowohl extrem kleine als auch größere Abstandsänderungen zuverlässig zu detektieren. Aufgrund der großen Kohärenzlänge der modernen Lasersysteme ist es möglich, Entfernungsänderungen auch von weit entfernten Messobjekten (auch einige hundert Meter) zu erfassen.

14 Interferometrische Abstands- bzw. Entfernungsmessung

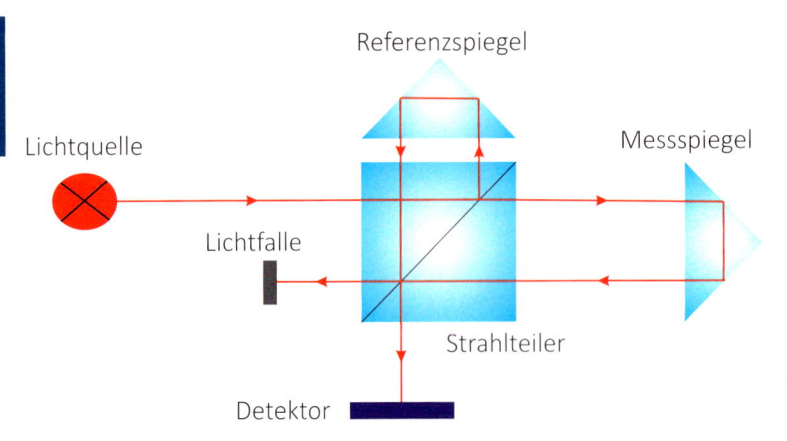

Bild 14.1
Prinzipskizze der homodynen Interferometrie (Messspiegel ist Objektverbunden)

Typische Anwendungen der interferometrischen Abstands- bzw. Entfernungsmessung

Diese Methode wird hauptsächlich für hochgenaue Längenmessungen eingesetzt. Bei der Erfassung von mehreren Messpunkten kann auch die Oberfläche vermessen werden. Die interferometrische Abstandsmessung kommt überall dort zum Einsatz, wo eine extrem hohe Genauigkeit erforderlich ist. Es können z. B. im Unterbau von Gebäuden mittels der interferometrischen Sensoren die kleinsten Erdmassebewegungen aufgezeichnet werden. Kleinste Bewegungen von Bauwerken sind ebenfalls erfassbar.

Das Michelson-Interferometer ermöglicht die Ermittlung der Kohärenzlänge verschiedener Lasersysteme, da lediglich unterhalb dieser charakteristischen Länge Interferenzerscheinungen zu beobachten sind. Durch Abzählen der Intensitätsmaxima oder Minima bei bekannter Verschiebung kann die Laserwellenlänge berechnet werden.

Bei Verwendung einer IR-Lichtquelle sind spektrometrische Untersuchungen durchführbar.

14.2 Messverfahren zur interferometrischen Abstands- bzw. Entfernungsmessung

Im Folgenden werden verschiedene Ausführungen der Interferometer vorgestellt, die in Abhängigkeit von der zu lösenden Messaufgabe industriell bzw. im Forschungsbereich ihre Anwendung finden.

14.2.1 Homodyne Interferometrie

Die homodyne Interferometrie entspricht in ihrem Prinzipaufbau dem Michelson-Interferometer und wird zur hochgenauen Abstands- bzw. Entfernungsmessung verwendet. Die Bezeichnung homodyn deutet darauf hin, dass eine Lichtquelle mit einer Wellenlänge verwendet wird (Bild 14.1).

Ein Laserstrahl trifft auf einen Strahlteiler und wird in zwei kohärente Strahlenbündel gleicher Intensität aufgeteilt. Ein Teilstrahl gelangt zum feststehenden Referenzspiegel und wird zurück zum Strahlteiler reflektiert. Der zweite Strahl (Objektstrahl) wird an dem Messspiegel, der mit dem zu messenden Objekt verschoben wird, zum Strahlteiler zurückgeworfen. An dem Strahlteiler werden die beiden Strahlen wieder zusammengeführt. Die Abhängigkeit der Phase ϕ vom Unterschied des Abstands des Messspiegels ergibt sich zu:

$$\phi = 2\frac{2\pi}{\lambda}\Delta s$$

Es ist ersichtlich, dass für diese Ausführung eine eindeutige Aussage lediglich im Bereich des Phasenunterschieds zwischen $\phi = 0$ und $\phi = 2\pi$ möglich ist. Die Wegänderung kann durch Abzählen der Intensitätsmaxima bzw. -minima berechnet werden. Dabei entspricht jedes gezählte Maximum oder Minimum einer Abstandsänderung um $\lambda/2$. Da dadurch keine Aussage bezüglich der Bewegungsrichtung formuliert werden kann, ist eine Erweiterung des beschriebenen Aufbaus notwendig.

14.2.2 Homodyne Interferometrie mit Quadraturerfassung

Zur Erweiterung des begrenzten Aussagebereichs über die $\lambda/2$-Grenze werden die Signale in Quadratur ausgelesen. Dies bedeutet, dass zusätzlich zu dem klassischen Interferometersignal ein weiteres Signal erzeugt werden muss, welches um $\pi/2$ verschoben ist (Bild 14.2).

Der polarisierte Laserstrahl (45° zur Polarisationsachse des Strahlteilers) wird in einem polarisierten Strahlteiler in einen Referenz- und einen Objektstrahl aufgeteilt. Auf dem Weg zu dem Referenz- bzw. Messspiegel und dem Rückweg passieren die beiden Strahlbündel jeweils zweimal die $\lambda/4$-Platten. Dadurch wird der Objektstrahl (transmittierter Strahl) s-polarisiert (senkrecht zur Schwingungsrichtung des magnetischen Feldvektors), während der Referenzstrahl p-polarisiert ist (parallel zur Schwingungsrichtung des magnetischen Feldvektors).

Die überlagerten Teilstrahlen werden an dem zweiten Strahlteiler, der nicht polarisiert ist, in zwei gleich große Teilstrahlen aufgeteilt. Die beiden Strahlenbündel durchlaufen auf dem Weg zu den beiden Detektoren jeweils einen Polarisator, der um 45° zu der s- bzw. p-Polarisationsachse der polarisierten Teilstrahlen steht. Dadurch sind die beiden überlagerten Strahlen der beiden Strahlbündel gleich polarisiert und können folglich miteinander interferieren. Der in Bild 14.2 nach unten abgelenkte Teilstrahl durchläuft zusätzlich eine $\lambda/4$-Platte, dadurch wird die nötige $\pi/2$-Phasenverschiebung realisiert.

Die Signale an den Detektoren:

$$I_1 = 2I_0 \cos\left(\frac{4\pi \cdot n \cdot \Delta s}{\lambda}\right)$$

$$I_2 = 2I_0 \sin\left(\frac{4\pi \cdot n \cdot \Delta s}{\lambda}\right)$$

Mit n wird der Brechungsindex des durchstrahlten Mediums, mit λ die verwendete Wellenlänge und I Intensität angegeben. Aus den beiden Signalen kann nun die Abstandsänderung Δs des Messspiegels berechnet werden:

$$\Delta s = \frac{\lambda}{4\pi \cdot n} \arctan\left(\frac{I_2}{I_1}\right)$$

Bei Darstellung der beiden Detektorsignale auf einem Oszilloskop kann bei einer Abstandsänderung ein Kreis beobachtet werden. Aus der Umlaufrichtung kann auf die Bewegungsrichtung des Messspiegels geschlossen werden.

14.2.3 Heterodyne Interferometrie

Der Laser bei dieser Interferometrieart emittiert einen kohärenten Lichtstrahl mit zwei leicht voneinander abweichenden Wellenlängen.

Vor dem eigentlichen Messaufbau befindet sich ein Strahlteiler, der für die Aufspaltung der Laserstrahlung verwendet wird. Ein Teil der Strahlung gelangt direkt zum Detektor, wobei ein Polarisator die Interferenz der

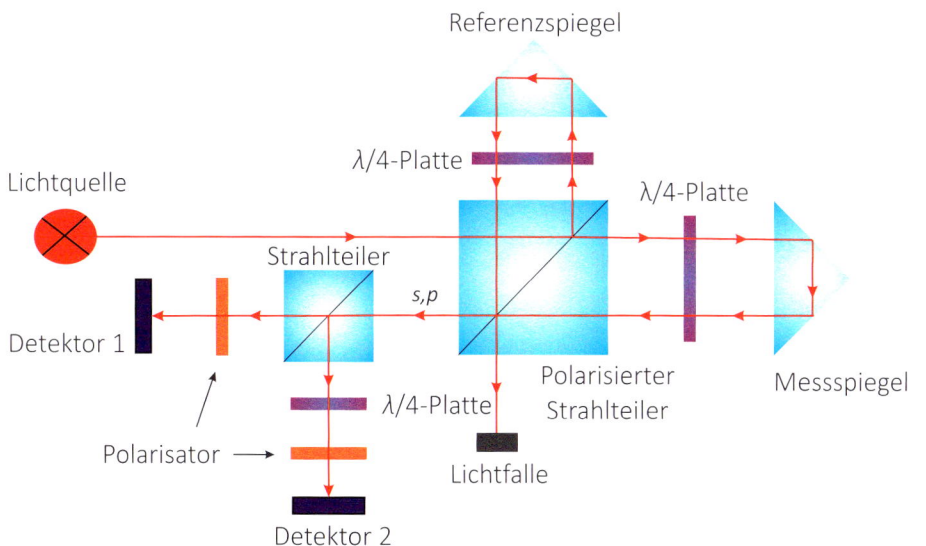

Bild 14.2
Prinzipskizze der homodynen Interferometrie mit Quadraturerfassung (Messspiegel ist objektverbunden)

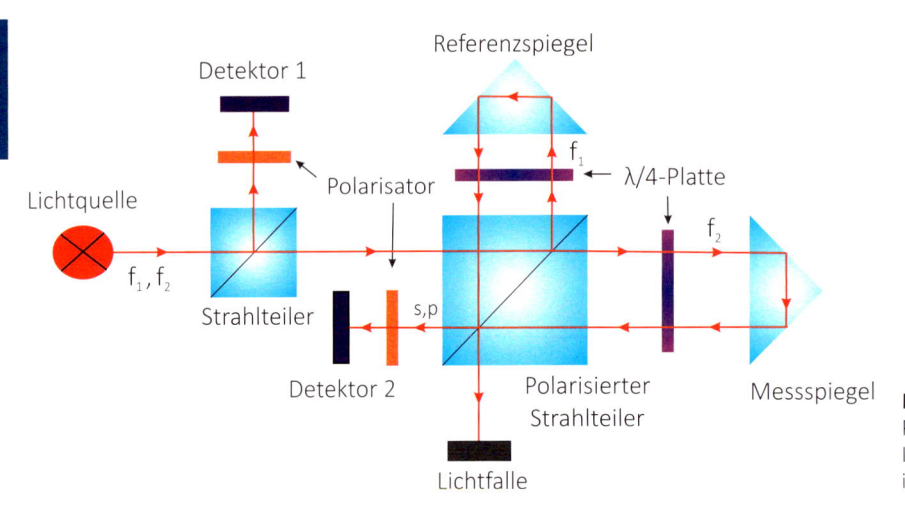

14 Interferometrische Abstands- bzw. Entfernungsmessung

Bild 14.3 Prinzipskizze der heterodynen Interferometrie (Messspiegel ist Objektverbunden)

beiden Strahlen erst ermöglicht. Dieses Signal wird als Referenzsignal verwendet.

Die durchgelassenen Strahlen werden an dem polarisierten Strahlteiler aufgespalten. Der s-polarisierte (senkrecht) Strahl wird aufgrund seiner Polarisation zum Referenzspiegel abgelenkt und an diesem reflektiert. Der Referenzstrahl passiert dabei zweimal die λ/4-Platte, wobei die Polarisation bei s (senkrecht) bleibt. Der p-polarisierte Strahl wird transmittiert und gelangt anschließend zum beweglichen Messspiegel. Auf dem Weg zum Messspiegel bzw. Rückweg passiert der Strahl die λ/4-Platte, nun ist der Messstrahl p-polarisiert (Wu 1999).

Nach dem erneuten Passieren des polarisierten Strahlteilers werden die beiden Strahlen unterschiedlicher Frequenz überlagert. Nach dem Polarisator können die beiden Teilstrahlen interferieren. Nun kommt es aufgrund der leicht abweichenden Frequenzen zur Schwebung.

Bei einer Bewegung des Strahlteilers ändert sich die Frequenz des Messstrahls. Bei Bewegung des Messspiegels in Richtung des Strahlteilers wird eine Frequenzerhöhung und bei Abstandsvergrößerung eine Frequenzverringerung beobachtet. Durch den Vergleich mit dem am Detektor 1 aufgezeichneten Signal kann die Bewegungsrichtung, Geschwindigkeit und somit zurückgelegte Strecke des Messspiegels berechnet werden.

Es existiert eine Reihe von weiteren Interferometerausführungen, auf die aber im Rahmen dieses Buches wegen der recht geringen praktischen Bedeutung nicht eingegangen wird.

14.2.4 Vermessung von großen Bauteilen mithilfe eines Laserradars

Das Laserradar ist ein vielseitiges Messsystem, das die berührungs- und targetlose Messung und Überprüfung von sehr großen Objekten ermöglicht. Als solches überschreitet das Laserradar zum Teil die Grenzen der bisherigen Tracker- und Photogrammetriesysteme und ermöglicht eine Beschleunigung der Messzeiten. Dieses Messgerät ersetzt in vielen Fällen großvolumige Messsysteme, die Schwierigkeiten mit Bauteilen haben, die zu komplex, schwer zugänglich, empfindlich oder arbeitsaufwendig sind.

Wenn das unsichtbare, für das Auge ungefährliche Laserlicht zwischen dem Target hin- und herläuft, bewegt es sich auch durch die Referenzbahn eines kalibrierten optischen Faserbündels, das sich in einem umgebungsverträglichen Modul befindet. Die heterodyne Detektion des empfangenen optischen Signals und kohärente Mischung mit dem Referenzsignal erzeugt ein Radar mit hochempfindlicher Erkennungsleistung. Eines der typischen Einsatzgebiete ist die Prüfung von Solarspiegeln.

In der schnell wachsenden Solarenergiebranche prüft das Laserradar die geometrische Vollständigkeit von Flach- und Parabolspiegeln, da die visuelle Prüfung nicht mehr ausreichend ist. In diesem Zusammenhang kommt es auf die Fähigkeit an, die fehlerhafte Wölbung und Ausrichtung einzelner Module erkennen zu können (Bild 14.4 und 14.5).

Die Fähigkeit des Laserradars, präzise und effizient riesige Bauteile messen zu können, ist für viele führende Flugzeughersteller ein entscheidendes Argu-

Bild 14.4
Visuelle Überprüfung von Solarspiegeln (mit freundlicher Genehmigung von Nikon Metrology)

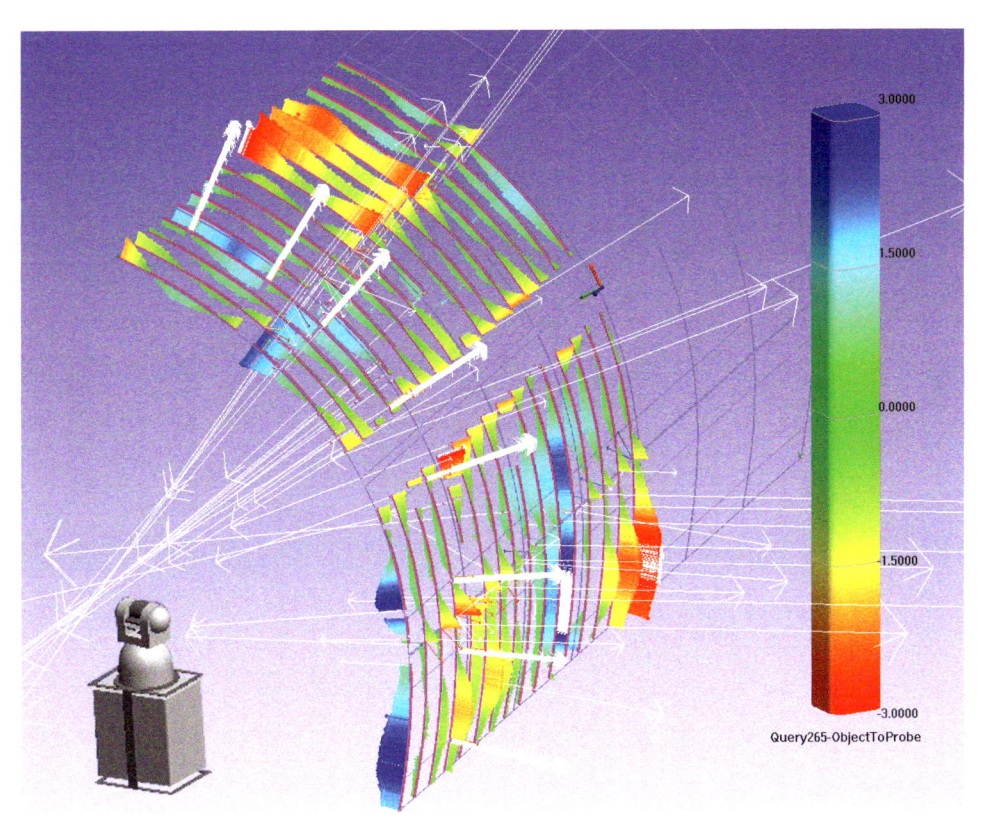

Bild 14.5
Ergebnis der Vermessung der Solarspiegel mit farblicher Angabe der Abweichungen (mit freundlicher Genehmigung von Nikon GmbH)

ment. Anwendungen der Luftfahrt umfassen die Inspektion von Flugzeugrümpfen, Tragflächen, Verbindungen zwischen Tragfläche/Flugzeugkörper, Fahrwerksklappen und Düsentriebwerksverkleidungen (Bild 14.6 und 14.7).

Um die Geometrieprüfung zu beschleunigen, erfasst das Laserradar präzise Geometrieabweichungen bei großen Flugzeugtriebwerken in nur einem Produktionsablauf. In diesem begrenzten Zeitraum ist das System in der Lage, mehrere tausend Einzelmesspositionen zu erfassen.

Bild 14.6
Untersuchung von Flugzeugkomponenten im Flugzeugbau mithilfe eines Laserradars (mit freundlicher Genehmigung von Nikon Metrology)

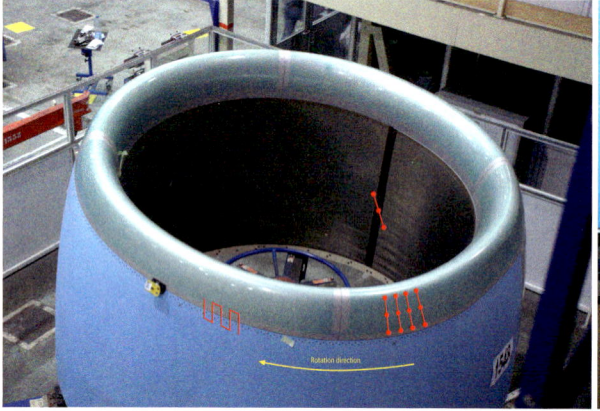

Bild 14.7 Untersuchung der Einlassseite eines Flugzeugtriebwerkes, links die Messpunkte auf der Prüflingsoberfläche, rechts Ergebnisse der Messung (mit freundlicher Genehmigung von Nikon Metrology)

15 Konoskopische Holografie

15.1 Verfahrensgrundlagen

Die konoskopische Holografie ist bereits seit vielen Jahren bekannt. Die Theorie wurde im Jahre 1985 von den Wissenschaftlern G. Sirat und D. Psaltis aufbauend auf dem von Dennis Gabor entdeckten Messprinzip veröffentlicht (Sirat 1985). Das Messprinzip basiert auf der Interferenz von polarisierten Lichtwellen, die von der Messobjektoberfläche diffus reflektiert und mittels eines Objektivs erfasst werden. Die entstehenden Interferenzmuster sind mittels der Konoskopie auswertbar, sodass daraus der Abstand zum Prüfling bestimmt wird.

Prinzip der konoskopischen Holografie

Das Laserlicht wird auf die Messobjektoberfläche fokussiert. Die reflektierte Wellenfront passiert auf dem Weg zum Detektor mehrere Linsen und Polarisatoren, sodass am Detektor ein Ringmuster, welches eine Abhängigkeit vom Abstand zum Messobjekt zeigt, entsteht. Durch die Auswertung des Musters kann der Messobjektabstand ermittelt werden (Bild 15.1 und 15.2).

Vor- und Nachteile der konoskopischen Holografie

Vorteile	Nachteile
Keine Abschattungen (Vertiefungen vermessbar)	Keine absolute Messung
extrem hohe Genauigkeit	kleiner Messfleck
Messung automatisierbar	großflächige Vermessung nicht wirtschaftlich
Rauheitsmessungen möglich	meistens kleiner Abstand zum Messobjekt
kompakt (leicht transportabel)	evtl. gefährliche Laserstrahlung
in laufende Produktion integrierbar	

Messgenauigkeit und Messbereich der konoskopischen Holografie

In Abhängigkeit von den verwendeten optischen Komponenten ist eine Genauigkeit von ca. 0,25 µm erreichbar. Die hohe Genauigkeit wird durch den optischen Aufbau ohne bewegliche Komponenten und dem interferometrischen Messprinzip realisiert. Mit diesem Verfahren sind auch größere Objekte erfassbar (bis zu einigen Quadratmetern). Die Größe des Messbereichs ist in erster Linie von dem verwendeten Objektiv (bzw. der Vorsatzlinse) abhängig (ca. 1–50 mm). Zur Erweiterung des Messbereichs werden daher oft austauschbare Linsen verwendet.

Typische Anwendung der konoskopischen Holografie

Die konoskopischen Holografiemessgeräte werden primär im Bereich der Qualitätsprüfung, Reverse Engineering und zur Überwachung der laufenden Produktion eingesetzt. Die konoskopische Holografie eignet sich aber auch für medizinische Anwendungen wie z. B. die Zahnmedizin. Wegen der hohen erreichbaren Genauigkeit ist dieses Verfahren auch zur Untersuchung von Mikrostrukturen, z. B. Rauheitsmessungen, einsetzbar. Zur Erfassung von 3D-Oberflächen wird der Sensor über die Oberfläche geführt, wobei auf dem Markt nicht nur Punkt-, sondern auch Liniensensoren verfügbar sind.

Aufgrund der kollinearen Strahlen (keine Abschattungen) eignen sich konoskopische Holografiemessgeräte zur Untersuchung von sehr steilen Flanken oder auch Vertiefungen. Das Messverfahren ist in Bezug auf die Beschaffenheit der Prüflingsoberfläche relativ unempfindlich, was in vielen Fällen keine Oberflächenmodifikation des Prüflings erfordert.

15.2 Messverfahren der konoskopischen Holografie

Die Voraussetzung für Interferenz ist die kohärente Strahlung, deshalb wird ein Laser zur Erzeugung eines Lichtpunktes auf dem Objekt verwendet. Linse 1 fokussiert das parallele Laserlicht auf die Messoberfläche. Das vom Messobjekt zurückgestreute Licht gelangt über die beiden Linsen und den Strahlteiler zum Polarisator 1. Das kohärente, nicht polarisierte Laserlicht wird am zirkularen Polarisator 1 orthogonal polarisiert und um $\lambda/4$ phasenverschoben.

Nachfolgend durchlaufen die polarisierten und phasenverschobenen Lichtbündel den Kristall mit doppelbrechenden Eigenschaften.

Abhängig vom Abstand zwischen dem Messobjekt und dem Sensor wird das Licht in ordentliche und außerordentliche Strahlen aufgespalten (Bild 15.2). Die Strahlen bewegen sich im Kristall fast in identische Richtungen – jedoch mit unterschiedlichen Geschwindigkeiten. Durch die Kristallstruktur breiten sich die ordentlichen und außerordentlichen Strahlen ungleich schnell aus. Beim Austreten aus dem Kristall haben die beiden Strahlen eine Phasenverschiebung. Nach dem zweiten Polarisator sind die beiden Strahlen gleich polarisiert und können überlagert werden. Aufgrund des Phasenunterschieds entsteht ein ringförmiges Interferenzstreifenmuster (auch Fresnelsche Zonenplatte oder Gabor-Zonenlinse genannt), welches vom Detektor erfasst wird.

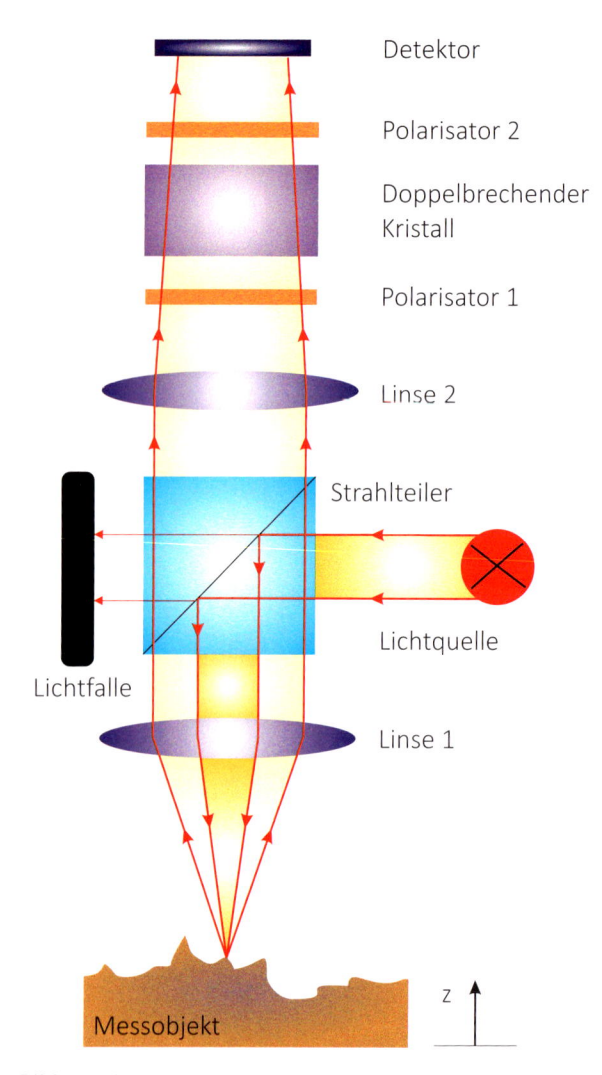

Bild 15.1 Messprinzip der konoskopischen Holografie

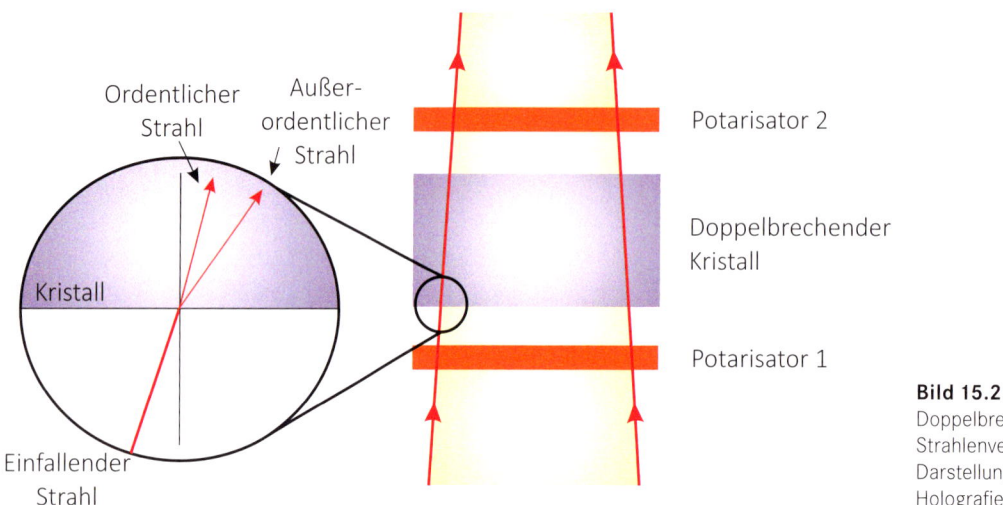

Bild 15.2 Doppelbrechender Kristall mit Strahlenverlauf (übertriebene Darstellung) im konoskopischen Holografiemessgerät

Die Dichte des Streifenmusters hängt vom Abstand zwischen dem Messobjekt und dem Sensor ab. Bei fernen Messobjekten sind mehr ringförmige Interferenzmuster als bei nahen Entfernungen zu erkennen. Das Streifenmuster ist somit der Träger der Information des Abstandes zwischen dem Objekt und dem Sensor. Durch die Auswertung des Streifenabstands kann der Abstand bis zum Lichtfleck auf der Messoberfläche rekonstruiert werden (Bild 15.3).

Konoskopische Holografie verfügt über eine Reihe von Vorteilen im Vergleich zu anderen abstandsmessenden Sensoren. Es sind keine beweglichen Komponenten notwendig. Geneigte Flächen (bis ca. 85°) können aufgrund des kollinearen Aufbaus problemlos untersucht werden (Glaser 2003). Es entstehen dadurch keine Abschattungen, die nicht erfassbar sind.

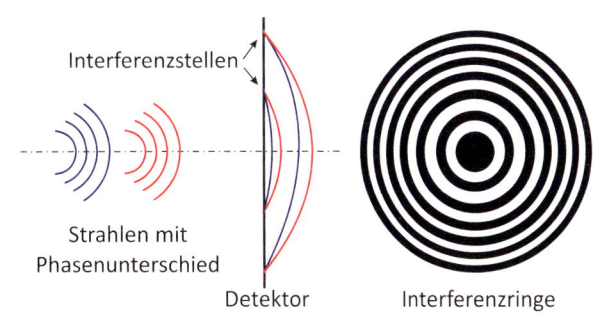

Bild 15.3 Bildung von Interferenzringen (konoskopische Holografie)

16 Ellipsometrie

16.1 Verfahrensgrundlagen

Die Erfindung des Verfahrens (Ende des 19. Jahrhunderts) geht auf den deutschen Physiker Paul Karl Ludwig Dude zurück. Er beobachtete eine Polarisationsänderung von Licht bei Reflexion an einer Probe, wobei die Änderung von den Eigenschaften der Oberfläche und Schichtdicke abhing. Der Name des Verfahrens geht ebenfalls auf eine der gemachten Beobachtungen. Das vor der Reflexion linear polarisierte Licht wird nach der Reflexion elliptisch polarisiert. Ein Ellipsometer erfasst diese von der Messgröße abhängige Änderung und ermöglicht dadurch hochgenaue Messungen. Die gemessenen Parameter erlauben jedoch keine direkte Bestimmung der zu messenden physikalischen Parameter. Sie werden durch eine nachgeschaltete Fit-Prozedur bestimmt (Bild 16.1 und 16.2).

Prinzip der Ellipsometrie

Das polarisierte Licht ändert nach seiner Reflexion von der Prüflingsoberfläche in Abhängigkeit von Messobjekteigenschaften seine Polarisation. Anhand dieser Änderung kann auf die Oberflächenbeschaffenheit geschlossen werden.

Vor- und Nachteile der Ellipsometrie

Vorteile	Nachteile
Optische Materialeigenschaften bestimmbar	Keine absolute Messung
hohe Genauigkeit	kleiner Messfleck
Messung automatisierbar	großflächige Vermessung nicht wirtschaftlich
bei Verwendung von LEDs ungefährlich für Augen	meistens kleiner Abstand zum Messobjekt
kompakt (leicht transportabel)	Interpretierbarkeit der Messwerte
unempfindlich auf störende Vibrationen	Abschattungen (Vertiefungen nicht vermessbar)

Messgenauigkeit und Messbereich der Ellipsometrie

Die Genauigkeit bei Messdickenbestimmung liegt im Subnanometerbereich. Da je nach Messaufgabe unterschiedliche Wellenlängen verwendet werden können, variiert die erreichbare Genauigkeit entsprechend. Allgemein gilt, dass die kurzwelligen Lichtquellen genauer sind. Als Lichtquelle kommen meistens Lasersysteme zum Einsatz.

Der Messbereich erstreckt sich von $0,5$ nm^2 bis 1 mm^2. Bei Untersuchung von Schichtdicken erstreckt sich der Messbereich von einigen Nanometern bis zu mehreren hundert Nanometern.

Typische Anwendungen der Ellipsometrie

Je nach Bauart können verschiedene optische Messgrößen ermittelt werden. Mithilfe der temperaturabhängigen Ellipsometrie sind z. B. thermische Eigenschaften von Prüflingen zu bestimmen. Die spektroskopische Ellipsometrie ermöglicht eine berührungslose Bestimmung von Elementen in verschiedenen Zusammensetzungen. Bei Verwendung von infraroten Lichtquellen können auch Gitterschwingungen analysiert werden.

Die klassische Ellipsometrie wird dazu verwendet, um Schichtdicken und optische Materialeigenschaften (Brechungsindex, Reflexionsgrad) zu messen. Einer der bedeutenden Einsatzgebiete der Ellipsometrie liegt im Bereich der Mikroelektronik und Halbleiterindustrie.

16.2 Messverfahren der Ellipsometrie

Als Lichtquelle wird meistens ein Laser verwendet. Das Licht ist monochromatisch und zunächst nicht polarisiert.

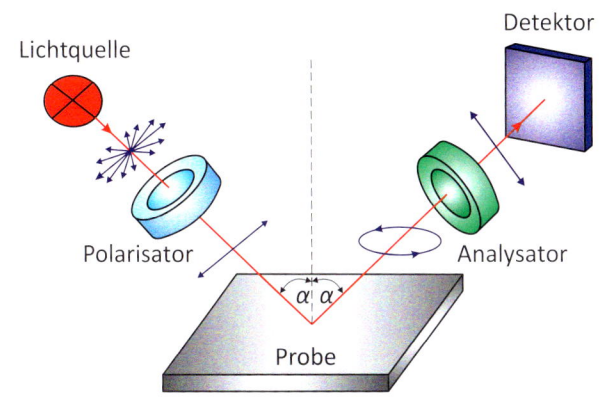

Bild 16.1 Messprinzip des optischen Messverfahrens Ellipsometrie

Für spektroskopische Untersuchungen sind Lichtquellen mit mehreren Wellenlängen notwendig, deswegen werden für solche Analysen Systeme mit Lampen ausgestattet. Licht wird unter dem Winkel α auf die Oberfläche projiziert. Ein Polarisator wandelt das nicht polarisierte Licht in linear polarisiertes Licht um.

Das Licht wird bei Reflexion an der Grenzfläche elliptisch polarisiert. Dieser Effekt ist auch für die Namensgebung dieses Verfahrens verantwortlich. Die Komponenten des elektrischen Feldes E_s, die senkrecht zur Einfallsebene liegt, und die parallele Komponente des elektrischen Feldes E_p werden unterschiedlich stark gedämpft und erfahren dadurch unterschiedliche Phasenverschiebungen (Erber 2010). Durch die Phasendifferenz ändert sich die Polarisation des reflektierten Lichts. Der Analysator (auch Verzögerungsplatte genannt) hat die Aufgabe, die Polarisation des reflektierten Strahls zu ändern (aus elliptisch wird linear). Mithilfe der Verzögerungsplatte wird eine der Komponenten der beiden Feldvektoren verlangsamt, sodass sich eine Phasendifferenz einstellt. Bei einer Phasendifferenz, die genau der durch die Reflexion entstandenen Phasenverschiebung entspricht, wird aus dem elliptisch polarisierten Strahl linear polarisiertes Licht. Für diesen Zweck muss der Analysator entsprechend verstellbar ausgeführt sein.

Die elektrische Feldstärke $\vec{E}$ einer polarisierten Welle wird durch

$$E(\vec{z},t) = \vec{E}_0 e^{i(\omega t - \vec{k}\vec{z} + \delta)}$$

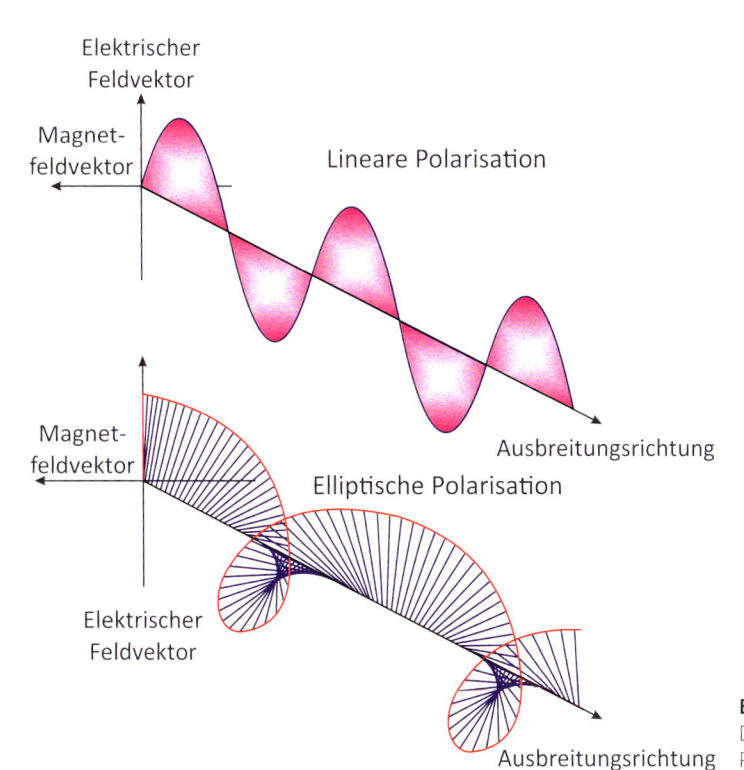

Bild 16.2
Darstellung der linearen und zirkularen (elliptischen) Polarisationen von Licht

beschrieben. $\vec{E}_0$ ist die Feldamplitude. Der Wellenvektor k gibt die Ausbreitungsrichtung der Welle im Raum an, ω ist die Kreisfrequenz, δ eine konstante Phase. Die Zeitabhängigkeit wird wegen der Kurzschreibweise nicht angegeben, wodurch sich folgende Darstellung ergibt

$$\vec{E} = \begin{pmatrix} E_{op} e^{i\delta_p} \\ E_{0s} e^{i\delta_s} \end{pmatrix}$$

Zur Darstellung von Polarisationszuständen wird die Jones-Notation verwendet. Für die einfallende (Index E) und reflektierte (Index R) Welle gilt:

$$\vec{E}^E = \begin{pmatrix} E_p^E \\ E_s^E \end{pmatrix} = \begin{pmatrix} E_{0p}^E e^{i\delta_p^E} \\ E_{0s}^E e^{i\delta_s^E} \end{pmatrix}$$

$$\vec{E}^R = \begin{pmatrix} E_p^R \\ E_s^R \end{pmatrix} = \begin{pmatrix} E_{0p}^R e^{i\delta_p^R} \\ E_{0s}^R e^{i\delta_s^R} \end{pmatrix}$$

Die Ellipsometrie wertet die Polarisationsänderung mithilfe von ellipsometrischen Winkeln Ψ und Δ aus. Diese Winkel entsprechen dem Amplitudenverhältnis bzw. der Phasendifferenz (Erber 2010). Die Änderung der Phasendifferenz ist wie folgt definiert:

$$\Delta = \left(\delta_p^R - \delta_s^R \right) - \left(\delta_p^E - \delta_s^E \right)$$

Der ellipsometrische Winkel kann mit folgender Formel bestimmt werden:

$$\tan \Psi = \frac{E_{0p}^R / E_{0p}^E}{E_{0s}^R / E_{0s}^E}$$

Mithilfe der Parameter $\tan \Psi$ und Δ können die optischen Parameter nicht direkt bestimmt werden. Für jedes Messobjekt ist daher ein parametrisiertes Modell zu entwickeln. Das Modell soll die zu untersuchende Struktur möglichst korrekt physikalisch beschreiben, um die genaue Bestimmung der Oberflächenparameter (Brechungsindex, Schichtdicke) zu ermöglichen. Durch eine iterative Änderung der Modellparameter wird versucht, die Abweichung zwischen den experimentellen und rechnerischen Größen zu minimieren. Sobald die Abweichungen im tolerierbaren Bereich liegen, können die Oberflächenparameter abgelesen werden.

Es existieren eine Vielzahl verschiedener Arten von Ellipsometriemessgeräten. Sie unterscheiden sich meistens in der Anordnung und Art der optischen Komponenten. Der jeweilige Aufbau ist auf die zu messende Größe abgestimmt.

Die wichtigsten Bauarten sind:
- Nullellipsometrie
- spektroskopische Ellipsometrie
- Ellipsometer mit rotierendem Analysator
- temperaturabhängige Ellipsometrie.

17 3D-Formprüfinterferometrie

17.1 Verfahrensgrundlagen

Wie der Name des Verfahrens bereits verrät, basiert die Formprüfinterferometrie auf einem interferometrischen Messaufbau. 3D-Formprüfinterferometrie unterscheidet sich von der abstandsmessenden Interferometrie dadurch, dass eine aufgeweitete Laserlichtfront verwendet wird. Die Auswertung der aufgenommenen Informationen erfolgt jedoch analog zur distanzmessenden Interferometrie, wobei die komplette Wellenfront analysiert wird. Die 3D-Form des im Messgerät verbauten Referenzspiegels muss jedoch bekannt sein, um die aufgenommen Interferenzmuster auswerten zu können.

Prinzip der 3D-Formprüfinterferometrie
Der aufgeweitete Laserstrahl wird in zwei Teilstrahlen aufgeteilt. Der Objektstrahl reflektiert von der spiegelnden Messobjektoberfläche und wird zur Interferenz mit dem Referenzstrahl gebracht. Das entstehende Interferenzmuster ist der Informationsträger über die Messobjektoberflächenform. Nach Auswertung des Musters können die 3D-Korrdinaten jedes Messpunktes bestimmt werden (Bild 17.1).

Vor- und Nachteile der 3D-Formprüfinterferometrie

Vorteile	Nachteile
Keine Abschattungen (Vertiefungen vermessbar)	Keine absolute Messung
extrem hohe Genauigkeit	lediglich für spiegelnde Messobjektoberflächen
Messung automatisierbar	großflächige Vermessung nicht wirtschaftlich
Rauheitsmessungen möglich	meistens kleiner Abstand zum Messobjekt
kompakt (leicht transportabel)	Interpretierbarkeit der Messwerte
	empfindlich auf störende Vibrationen

Messgenauigkeit und Messbereich der 3D-Formprüfinterferometrie
Der Messbereich und die Messgenauigkeit sind von der verwendeten Laserwellenlänge abhängig. Die Genauigkeit liegt typischerweise wie bei anderen interferometrischen Messverfahren im Subnanometerbereich. Diese hohe Genauigkeit wird aufgrund der extremen Homogenität der Laserstrahlung erreicht.
Der Messbereich bei Vermessung von Höhenprofilen erstreckt sich von wenigen Nanometern bis zu einigen Mikrometern. Bei Verwendung von mehreren Wellenlängen sind auch größere Höhenunterschiede analysierbar. Die Messfläche, die durch Laserlichtaufweitung erreicht wird, kann bis zu 0,02 m² betragen.

Typische Anwendungen der 3D-Formprüfinterferometrie
Üblicherweise werden plane, glatte, sphärische oder leicht von der sphärischen Gestalt abweichende Oberflächen untersucht. 3D-Formprüfinterferometrie ist daher insbesondere zur Überprüfung von Formabwei-

chungen von optischen Komponenten (Linsen, Spiegeln) sehr gut geeignet. Transparente Messobjekte können jedoch ohne Oberflächenbehandlung nicht vermessen werden.

Die 3D-formprüfinterferometrischen Systeme sind in die Fertigungsprozesse integrierbar, wobei starke Vibrationen einen negativen Einfluss auf die Genauigkeit haben können. Thermische Ausdehnungen der optischen Strecke bis zum Referenzspiegel während der Messung sind ebenfalls zu vermeiden.

17.2 Beschreibung des Messverfahrens der 3D-Formprüfinterferometrie

Im Vergleich zu den einfachen Interferometern (z. B. Michelson-Interferometer) erfolgt eine flächenhafte Oberflächenuntersuchung. Für diesen Zweck wird eine Strahlaufweitung vorgenommen. Die bekanntesten Bauarten, die industriell eingesetzt werden, sind in Bild 17.1 schematisch dargestellt.

Das Fizea-Interferometer (Bild 17.2) hat aufgrund der in den Objektstrahl integrierten Referenzplatte eine geringere Störanfälligkeit. Bei thermischen Störungen oder Vibrationen ändert sich der optische Weg der Referenz- sowie Objektwelle gleichermaßen und wird dadurch kompensiert (Zacher 2003).

Als Strahlquelle werden Laser, die monofrequente und kohärente Strahlung emittieren, eingesetzt. Die aufgeweitete Wellenfront wird an dem teildurchlässigen Referenzspiegel in einen Referenz- und einen Objektstrahl aufgeteilt. Der Referenzstrahl wird an einem Referenzspiegel reflektiert. Die Form bzw. Abweichungen von der Idealform dieses Messspiegels sind bekannt. Der Objektstrahl trägt nach der Reflexion die Information über die Form der Objektoberfläche. Nach dem erneuten Passieren des Strahlteilers werden die beiden Teilstrahlen zur Interferenz gebracht. Als Interferenzmuster ergeben sich Streifen am Bildschirm. Aus dem Streifenmuster kann die Form des Messobjektes berechnet werden.

Die Überlagerung der beiden Wellenfronten kann mathematisch wie folgt formuliert werden:

$$I(x,y) = I_0 \left(1 + \gamma(x,y) cos(\delta(x,y) + \varphi)\right)$$

Mit I wird die Intensität angegeben, wobei unter I_0 die Grundintensität zu verstehen ist. Die Modulation des Interferenzterms γ wird auch als Kontrast bezeichnet. Mit φ wird die zufällige, relative Phasenlage angege-

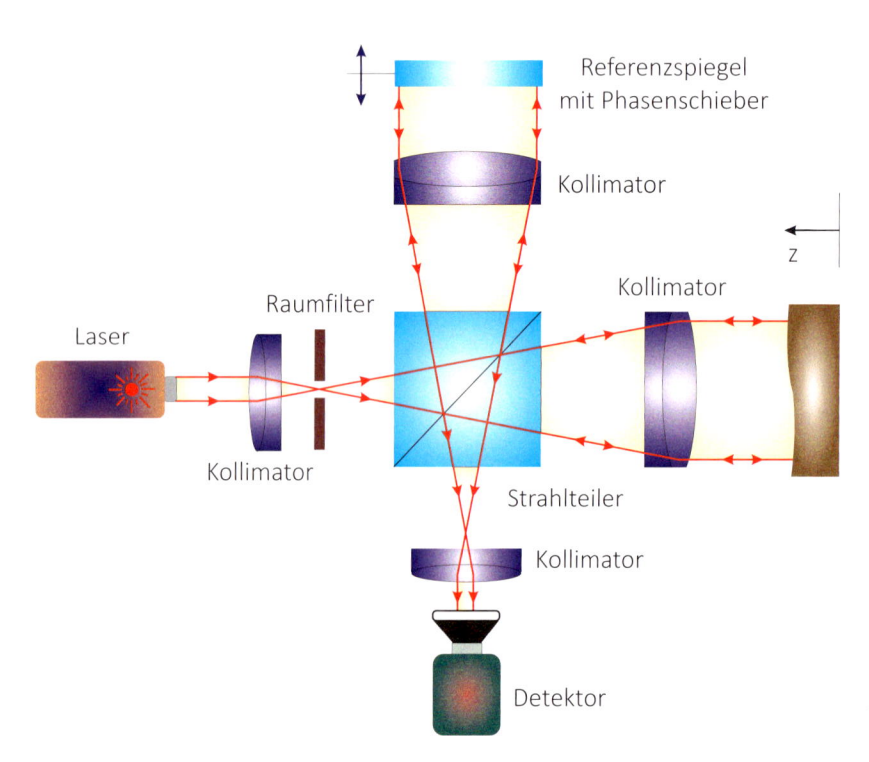

Bild 17.1
Aufbau eines Twyman-Green-Interferometers zur 3D-Formprüfinterferometrie

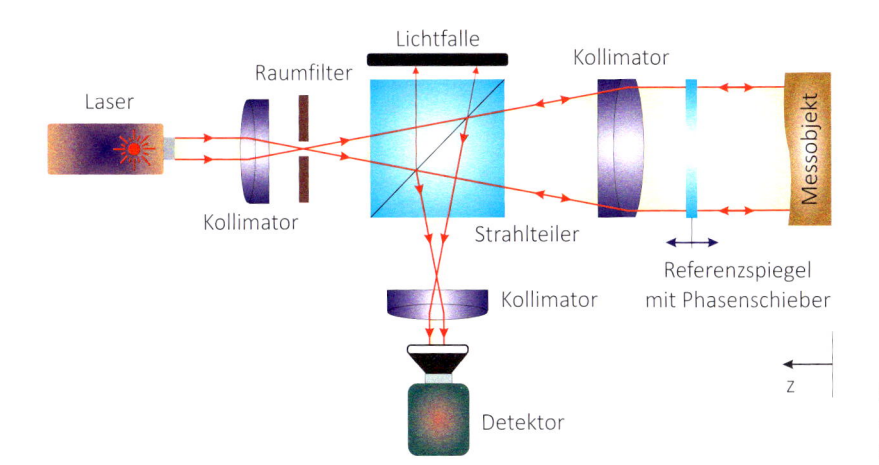

Bild 17.2
Aufbau eines Fizeau-Interferometers zur 3D-Formprüfinterferometrie

ben. $\delta(x,y)$ ist die zu bestimmende Größe und wird als von der Messobjektoberflächenform abhängige Phasenverteilung bezeichnet. Die obige Gleichung enthält drei Unbekannte $(I_0, \gamma, \delta(x,y))$, die bestimmt werden müssen, um die Phasenverteilung zu berechnen. Um zwei (oder mehr) zusätzliche Gleichungen zu erhalten, wird der optische Weg des Referenzstrahls verändert (Phasenschiebung), wobei die Verschiebung bekannt sein muss. In der Regel werden für eine Phasenschiebung Piezoaktoren eingesetzt. Das lösbare Gleichungssystem ist nun wie folgt formuliert:

$$I_n = I_0 \left[1 + \gamma(x,y) \cos(\delta(x,y) + n\varphi)\right]$$

wobei $n \geq 3$ sein muss.
Aus diesem Gleichungssystem kann daher die Phasenverteilung des Interferogramms aus den gemessenen Intensitäten berechnet werden:

$$\delta = \arctan \frac{\sqrt{3}(I_3 - I_2)}{2I_1 - I_2 - I_3}$$

Wegen der *arctan*-Funktion werden alle Phasenwerte modulo 2π berechnet, wodurch die Ergebnisse mehrdeutig sind. Zur Beseitigung der Mehrdeutigkeit ist das Interferogramm zu demodulieren (oder auch unwrapping genannt). Mathematisch gesehen, handelt es sich dabei um eine Entfaltung.
Das Höhenprofil kann nach dem Lösen der letzten Gleichung nun bestimmt werden.

$$z(x,y) = \frac{\lambda \cdot \delta(x,y)}{4\pi}$$

17.3 Aufbau und Funktionsweise des Prismeninterferometers

Es wird von der Darstellung von Interferometern mit senkrechtem Lichteinfall, wie beispielsweise dem Fizeau-Interferometer in vorherigen Kapiteln, ausgegangen.
Mit den zuvor vorgestellten Interferometern mit einem senkrechten Lichteinfall auf die Fläche ergeben sich bei Messfeldern – die nicht mikroskopisch sind – nur bei spiegelnden Oberflächen kontrastreiche Interferenzstreifen. Viele technische Komponenten hingegen haben eine nicht spiegelnde Oberfläche und es sind keine Interferenzstreifen zu sehen, stattdessen ist eine „körnige" Helligkeitsverteilung (Speckle Bild) zu sehen.
Dies lässt sich damit erklären, dass bei matten Flächen das Licht nicht gerichtet reflektiert wird, sondern diffus gestreut wird und somit Licht von einer ausgedehnten Fläche interferiert. Um solche Flächen dennoch mit dem klassischen Planglas oder dem Fizeau-Interferometer prüfen zu können, müssen sie in einem zusätzlichen Arbeitsschritt auf einem mit feinstem Polierpapier bespanntem Poliertisch abgezogen werden. Durch diese „Politur" wird die Form des Teils verändert und es kann bei einer geforderten Mindestrauheit unbrauchbar geworden sein. Bei einem Übergang von einem senkrechten Lichteinfall hin zu einem schrägen Lichteinfall auf die Oberfläche wird die Streukeule des reflektierten Lichtes mit größer werdendem Lotwinkel der kollimierten Beleuchtung schmaler (Bild 17.3).
Dieser Effekt kann leicht gesehen werden, wenn eine matte Oberfläche unter einem schrägen Winkel be-

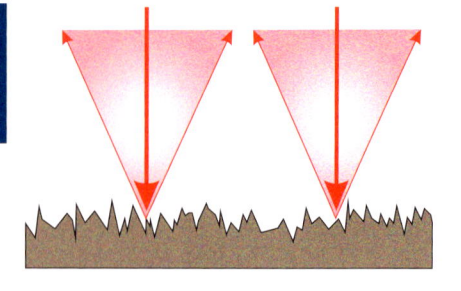

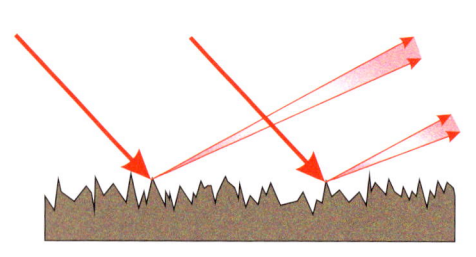

Bild 17.3
Diffuse Reflexion an rauer Fläche beim senkrechten Lichteinfall (links), Reflexion beim schrägen Lichteinfall (rechts)

trachtet wird. Je steiler auf die Oberfläche geschaut wird, umso spiegelnder erscheint die Fläche und Objekte dahinter können erkannt werden. Tritt dieser Effekt auch bei sehr flachem Winkel nicht auf, so wird die Fläche mit einem Interferometer mit schrägem Lichteinfall (ξ) nicht zu messen sein.

Durch den schrägen Lichteinfall verringert sich die Empfindlichkeit des Interferometers. Betrug diese beim senkrechten Lichteinfall die halbe Wellenlänge λ der Lichtquelle, so gilt nun:

$$Empfindlichkeit(\xi) = \frac{\lambda}{2} \frac{1}{\cos(\xi)}.$$

Durch diese Reduzierung der Empfindlichkeit um $1/\cos(\xi)$ sind mit dem schrägen Lichteinfall auch größere Abweichungen von der Ebenheit als bei dem senkrechten Lichteinfall messbar. Der Messbereich ist somit größer als beim Fizeau-Interferometer. Die Auflösung ist bei beiden Interferometertypen ein Bruchteil der Empfindlichkeit.

Eine weitere Auswirkung des schrägen Lichteinfalls ist die Verzerrung des Bildes der Fläche. Diese Verkürzung des Bildes des Prüflings in Richtung des Lichteinfalls auf die Fläche hat zur Folge, dass in einer Achse nur eine reduzierte Ortsauflösung zur Verfügung steht. Bei hohen Streifenzahlen aufgrund der Unebenheit der Fläche oder bei starker Verkippung bei der Ausrichtung können diese unter Umständen dann nicht mehr aufgelöst werden. Die Verzerrung bei einem rein schrägen Lichteinfall entspricht der Verringerung der Empfindlichkeit im Vergleich zum senkrechten Lichteinfall. Eine weitgehende Kompensation der Verzerrung wird durch Verwendung eines Prismas als Strahlteiler erreicht. Damit ist die Verzerrung beim „Prismeninterferometer" nahezu konstant und selbst bei einer Empfindlichkeit von 4 μm pro Streifen entsprechend einer Reduzierung der Empfindlichkeit um das 12-fache mit einer Verkürzung um das 1,4-fache vergleichsweise gering.

Durch Variation des Einfallswinkels auf das Messobjekt kann das Prismeninterferometer optimal auf die Rauheit des Teils eingestellt werden. Für polierte und feinstbearbeite Teile ergeben sich schon bei einem Einfallswinkel von 50° Interferogramme mit hohem Kontrast, wohingegen bei matten Teilen mit einem $Ra0,6/Rz6$ ein Einfallswinkel von 84° genommen wird.

Das Licht des Lasers wird mit einer Strahlaufweitungsoptik auf den maximalen Messfelddurchmesser aufgeweitet. Der Einfallswinkel des Lichtes (ξ) zur Kathetenfläche des 90°-Prismas ist durch die gewünschte Empfindlichkeit bestimmt. Die Hypothenusenfläche des Prismas ist die Referenzfläche des Interferometers und gleichzeitig der Strahlteiler ähnlich wie beim Fizeau-Interferometer. Das aus dem Prisma austretende Licht fällt mit dem steilen Einfall auf die zu prüfende Fläche und wird von dieser reflektiert. Diese Lichtwelle überlagert sich mit dem von der Hypothenusenfläche (untere Fläche) reflektierten Licht. Das resultierende Interferenzstreifenmuster wird mit einer

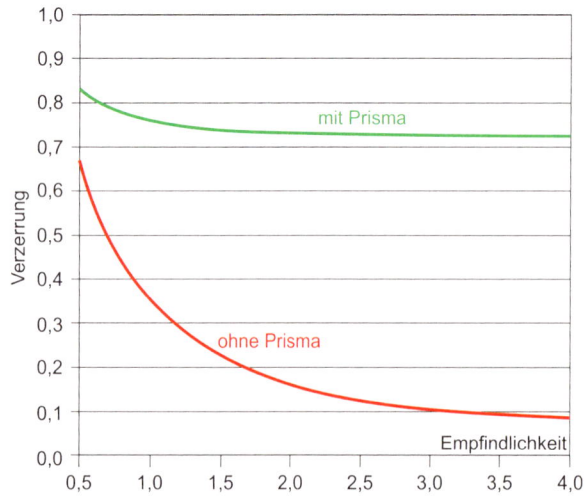

Bild 17.4 Verzerrung ohne und mit Prisma beim schrägen Lichteinfall (gilt für rote Laserwellenlänge)

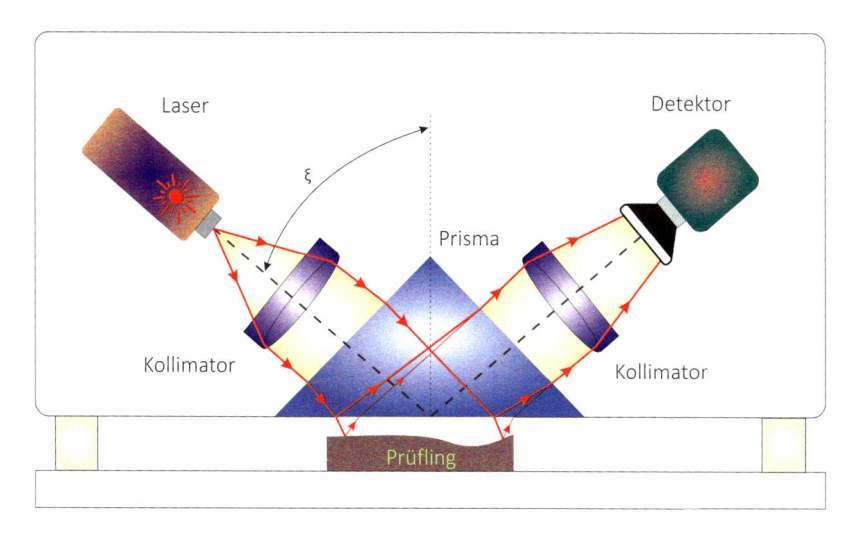

Bild 17.5 Der optische Aufbau eines Prismeninterferometers

Abbildungsoptik auf den Sensor der Kamera abgebildet.

Durch den schrägen Lichteinfall und den Luftspalt interferieren hierbei zwei seitlich versetzte Teile der beleuchtenden Wellenfront. Für eine hohe Genauigkeit des Interferometers wird somit eine möglichst ebene Wellenfront benötigt, was hohe Anforderungen an die Optiken stellt.

Die Bestimmung der Ebenheit erfolgt durch Auswertung von phasenverschobenen Interferogrammen. Dieses Verfahren arbeitet mit hoher Genauigkeit und liefert ein objektives Messergebnis. Das Verfahren kann sowohl bei Interferometern mit senkrechtem Lichteinfall als auch bei Schräglichtinterferometern eingesetzt werden. Bei den Schräglichtinterferometern werden angepasste Algorithmen eingesetzt, die einen Anteil von Mehrfachinterferenz im Interferogramm berücksichtigen. Aus dem berechneten Phasenbild wird unter Berücksichtigung der eingestellten Empfindlichkeit die Ebenheit bestimmt.

17.4 Anwendungsbeispiele der 3D-Formprüfinterferometrie

Die schnelle Auswertung und das berührungslose Messverfahren mit einem Luftspalt zwischen Referenzfläche und Messobjekt erlauben den Einsatz in einer 100 %-Kontrolle von Teilen. Inklusive des Handlings der Teile können so Taktzeiten kleiner drei Sekunden erreicht werden.

Die reduzierte Empfindlichkeit des Prismeninterferometers ist auch bei Verschleißmessungen von Vorteil. Hierbei wird zunächst das Neuteil gemessen und das Ergebnis gespeichert. Nach dem Einsatz wird das Teil lagegleich nochmals gemessen und von diesem Datensatz der des Neuteils abgezogen, um den Verschleiß zu erhalten. Hierbei ist allerdings zu beachten, dass mit dem Interferometer keine absoluten Höhen gemessen werden können und somit ein Teil des Teils keinem Verschleiß unterliegen darf, um eine Referenzfläche zu haben.

Bild 17.6 Kommerzielles Prismeninterferometer (mit freundlicher Genehmigung der LAMTech GmbH)

17.4.1 Ebenheitsprüfung von polierten, geläppten, flachgehonten und feingeschliffenen Präzisionsteilen

Schräglichtinterferometer werden zur Ebenheitsprüfung von polierten, geläppten, flachgehonten und feingeschliffenen Präzisionsteilen aus Metall (Stahl, Bronze, Aluminium, Messing), Keramik (SiC, SiN, Al2O3), Kunststoff (Thermoplast, Duroplast, Thermoset) und Graphit eingesetzt. Diese Teile werden beispielsweise im Automobilsektor als Komponenten in der Benzin- und Dieseleinspritztechnik, in Pumpen von Lenkhilfen, in Wasserpumpen, in Kraftstoffpumpen und als Motorenelemente eingebaut. Im Gerätebau finden sich keramische Dicht- und Regelscheiben in einem weiten Einsatzgebiet von Einhebel-Mischerarmaturen im Waschbecken bis hin zu Espressomaschinen. Keramische Dichtungskomponenten und Gleitringe werden in Drehdurchführungen und Wellendichtungen eingebaut. Als Beispiel für ein flachgehontes Bauteil ist in Bild 17.7 ein Zahnrad aus Stahl zu sehen. Rechts davon ist das Interferogramm bei einer Empfindlichkeit von 1 μm/*Streifen* dargestellt. Darunter sind die Falschfarben- und Reliefdarstellungdarstellung zu sehen. Das Zahnrad hatte eine Ebenheit von 2,27 μm und es wurden ca. 81 000 Messpunkte ausgewertet.

17.4.2 Messung großer Flächen

Bei Komponenten, die größer als das maximale Messfeld des Interferometers sind, würde sich als erstes ein Interferometer mit entsprechend großer Optik für das benötigte Messfeld anbieten. Die Kosten für optische Komponenten steigen aber überproportional zu ihrem Durchmesser, sofern sie ab einer bestimmten Größe – zumal in der benötigten Qualität – überhaupt verfügbar sind. So ist es wirtschaftlicher von dem verfügbaren Interferometer mit maximalem Messfeld auszugehen und dies um eine mechanische Verfahreinheit für eine segmentweise Messung des Teils zu ergänzen, womit das Teil unter dem Messfeld des Interferometers verschoben wird. Aus den einzelnen gemessenen Segmenten kann dann die Gesamtfläche rechnerisch zusammengesetzt werden. Dies bietet zudem den Vorteil, dass das maximale Messfeld unabhängig vom Interferometer selber wird und von der preisgünstigeren Mechanik bestimmt wird. Zudem bleibt die hohe Ortsauflösung der einzelnen Messung erhalten. Diese Art der Erweiterung des Messfeldes ist aufgrund der berührungslosen Messung möglich.

Bei vollflächigen Bauteilen deren kürzere Seite schmaler als das Messfeld des Interferometers ist, kann mit einer einzelnen motorisch angetriebenen Linearachse

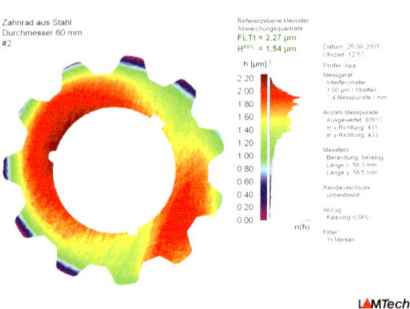

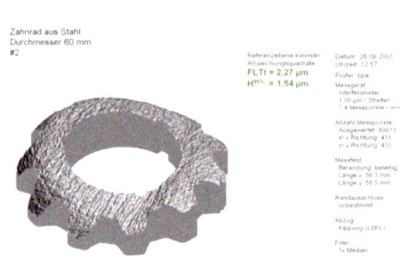

Bild 17.7
Untersuchung eines flachgehontes Zahnrades (mit freundlicher Genehmigung der LAMTech GmbH)

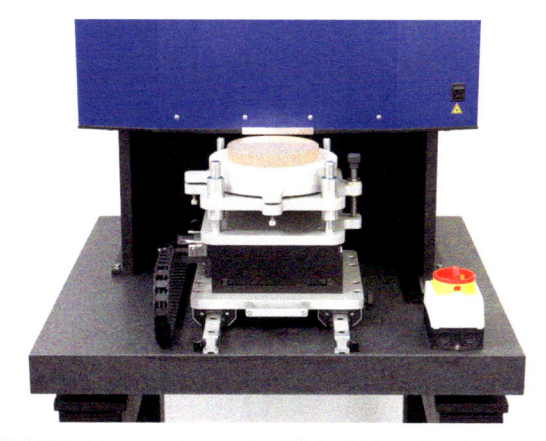

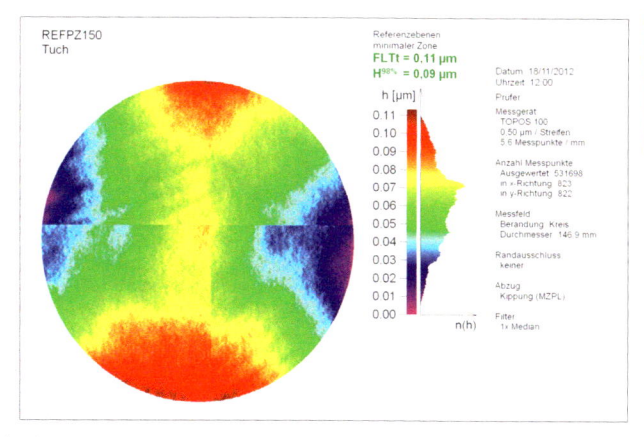

17.4 Anwendungsbeispiele der 3D-Formprüfinterferometrie

Bild 17.8 Messung einer großen Fläche (150 mm Durchmesser) mit einem Kreuztisch, Ergebnis berechnet aus vier Einzelmessungen (mit freundlicher Genehmigung der LAMTech GmbH)

gemessen werden. Ist die schmale Seite länger als das Messfeld des Interferometers wird mit einem Kreuztisch gemessen (Bild 17.8).

Bei ringförmigen Teilen mit einer Ringbreite kleiner als das Messfeld kann mit einem Drehtisch gemessen werden. Es werden jeweils Ringsegmente gemessen, die nach Messung aller Segmente zum Gesamtring wieder stetig zusammengefügt werden. Beispiele für große ringförmige Flächen mit einer Ebenheit im µm-Bereich sind Hydraulik-Komponenten, beispielsweise Ventilplatten, und keramische Gleitringe die bis zu einem Durchmesser von 620 mm gefertigt werden.

Ein Ring mit 215 mm Außendurchmesser wird beispielsweise in 8 Segmenten gemessen. Dabei wird eine Gesamtzeit von 30 s für die Messung bis zur Ausgabe der Ebenheit benötigt.

Der Ring wurde in 24 Segmente bei einer Messzeit von weniger als 90 s gemessen. Die Ebenheit dieses Rings betrug 5,88 µm mit einer für das Läppen typischen Zweipunktwelligkeit (Bild 17.9).

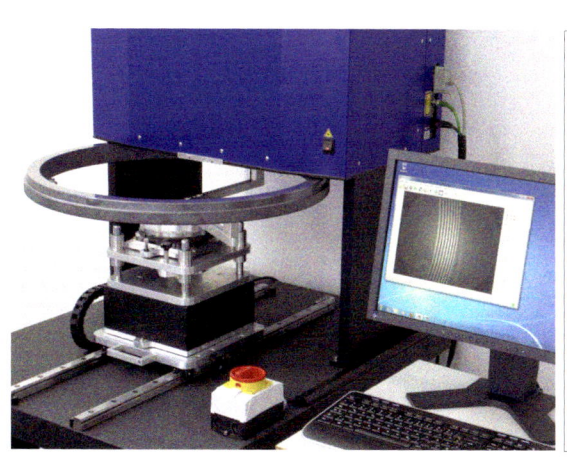

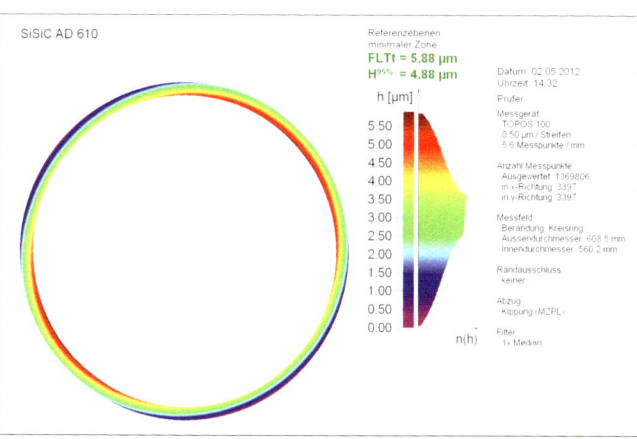

Bild 17.9 Ein Motor getriebener Drehtisch bei der Messung eines SiSiC-Gleitrings mit einem Durchmesser von 610 mm, rechts das Ergebnis der Messung (mit freundlicher Genehmigung der LAMTech GmbH)

18 Mehrwellenlänge-Interferometrie

18.1 Verfahrensgrundlagen

Im industriellen Umfeld werden die Anforderungen an optische Systeme immer größer. Hieraus ergibt sich ein Trend zu steigender Komplexität von Linsenformen, bei gleichzeitig engeren Fertigungstoleranzen. Während moderne Fertigungsmaschinen bereits Linsen mit Formabweichungen von nur wenigen Nanometern fertigen können, ist die passende Messtechnik zur Qualitätskontrolle schwer zu finden. Die Anforderungen an die Messinstrumente sind enorm: Neben der absoluten Formgenauigkeit, die deutlich besser als ± 100 nm sein sollte, wird auch eine hohe Flexibilität bezüglich der Asphärizität (d. h. Form und Flankenwinkel) gefordert. Weiterhin müssen diverse Grundformen, z. B. segmentierte, annulare oder auch asphäro-diffraktive Linsen, messbar sein. Abhängig vom Einsatzzweck des Produkts (Wellenlängenbereich des sichtbaren Lichts, UV, NIR, IR etc.) beeinflussen auch verschiedene Materialien (oder Materialmixe), sowie Coatings die Messung. Neben den technischen Herausforderungen kommt noch die Wirtschaftlichkeit der Qualitätsprüfung hinzu. Diese äußert sich hauptsächlich durch die Forderung nach kurzen Messzeiten. Aber auch ein frühzeitiges Erkennen (und Korrigieren) von Fehlern innerhalb der Produktion spart Kosten ein. Daher fordern viele Hersteller nicht nur eine hochgenaue Endkontrolle auf polierten Linsen, sondern zusätzliche Qualitätskontrollen in den verschiedenen Bearbeitungsprozessen der Fertigung, z. B. nach dem Schleifen oder Feinschleifen.

Prinzip der Mehrwellenlänge-Interferometrie

Auf das Messobjekt werden zwei geringfügig voneinander abweichende Laserlichtwellen projiziert. Nach der Reflexion von der Messobjektoberfläche erfolgt jeweils eine Überlagerung mit der Referenzwelle. Aufgrund der unterschiedlichen Strecken zwischen der Referenzwelle und der Messwelle, kommt es zur Interferenz. Die Auswertung der Interferenzinformationen liefert die gesuchte 3D-Geometrie (Bild 18.1).

Vor- und Nachteile der Mehrwellenlänge-Interferometrie

Vorteile	Nachteile
Keine Abschattungen (Vertiefungen vermessbar)	Keine absolute Messung
extrem hohe Genauigkeit	sehr kleiner Messfleck (< 1mm)
Messungen automatisierbar	großflächige Vermessung nicht wirtschaftlich
Rauheitsmessungen möglich	meistens kleiner Abstand zum Messobjekt
Erfassung von Kanten möglich	evtl. gefährliche Laserstrahlung

Messgenauigkeit und Messbereich der Mehrwellenlänge-Interferometrie

Reproduzierbare Messgenauigkeit liegt in der Größenordnung weniger Nanometer (zum Teil je nach Laserwellenlänge im Subnanometerbereich). Durch die Verwendung der künstlichen Schwebung beträgt der Eindeutigkeitsbereich pro Messung ca. 1×1 mm². Um größere Messobjekte zu erfassen, sind also viele Messungen notwendig. Das bedeutet, dass entweder das Messobjekt oder das Messsystem während der Messung bewegt werden müssen.

Typische Anwendung der Mehrwellenlänge-Interferometrie

Mehrwellenlänge-Interferometrie wird dort eingesetzt, wo extreme Genauigkeit gefragt ist. Das sind z. B. hochgenaue Optiken (Linsen, asphäro-diffraktive Objektive, Spiegel). Außerdem stellen die glänzenden Oberflächen kein Problem dar.
Eine Qualitätskontrolle von technischen Oberflächen

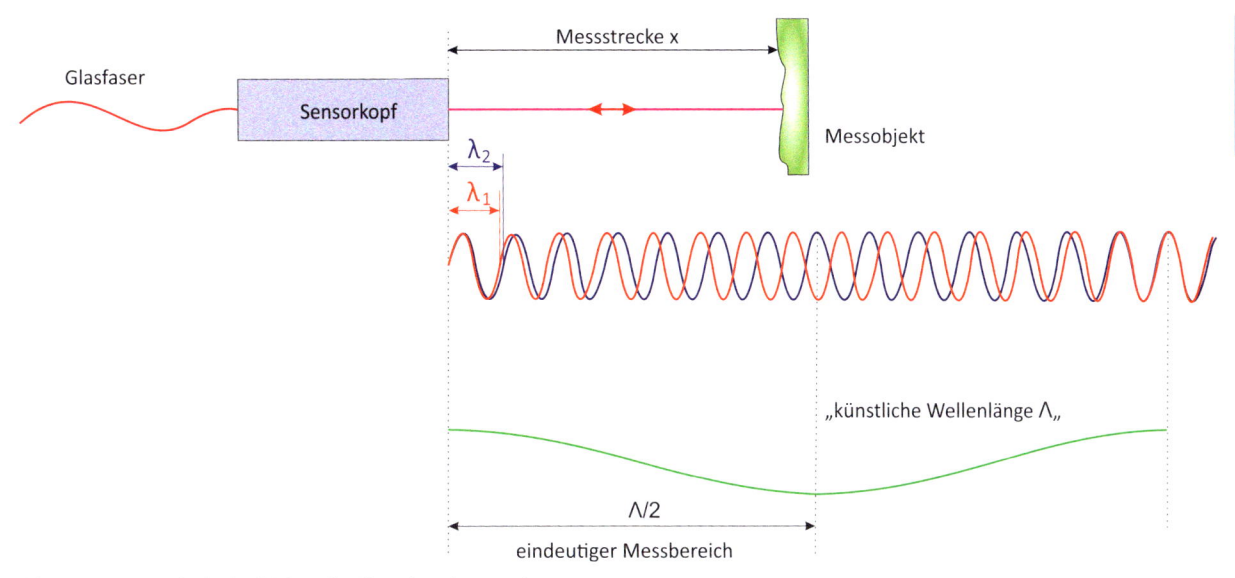

Bild 18.1 Messprinzip der Mehrwellenlänge-Interferometrie

ist ebenfalls durchführbar, da tiefe Riefen, Steigungen und Kanten aufgrund des größeren Eindeutigkeitsbereichs ohne Weiteres zu vermessen sind.

Eine Integration in die laufende Produktion ist möglich, da die Messzeit für einen Messobjektpunkt sehr kurz ist und somit gegenüber den Vibrationen relativ unempfindlich ist.

18.2 Messverfahren der Mehrwellenlänge-Interferometrie

Interferometer können ohne großen Aufwand Genauigkeiten im Bereich weniger Nanometer liefern und dabei Wegänderungen im Picometerbereich registrieren. Allerdings ist man bei der Verwendung eines homodynen Interferometers zur Vermessung von Abständen größer, als die halbe Wellenlänge dazu gezwungen, Interferenzringe zu zählen. Im sichtbaren Wellenlängenbereich beschränkt sich daher der Eindeutigkeitsbereich (halbe Wellenlänge des verwendeten Lichts) auf etwa 190 nm bis 390 nm. Verwendet man hingegen mehrere Wellenlängen, so kann man dieses Problem leicht lösen.

Die MWL-Technologie (Mehrwellenlänge-Interferometrie) nutzt mehrere unabhängige, diskrete Wellenlängen, die sich einen optischen Leiter teilen. Verwendet man zwei Wellenlängen λ_1 und λ_2 zur Messung des gleichen Abstandes, so liefert jede Wellenlänge ein eigenes Interferenzsignal. Dies entspricht zwei unabhängigen Homodyn-Interferometern mit hoher Genauigkeit aber kleinem Eindeutigkeitsbereich $\lambda_1 / 2$ bzw. $\lambda_2 / 2$. Mithilfe der MWL-Technologie kann der Eindeutigkeitsbereich jedoch drastisch erweitert werden, indem die synthetische Schwebungswellenlänge der beiden diskreten Wellenlängen berechnet wird. Die Größe des erzielten Eindeutigkeitsbereichs entspricht der Hälfte der synthetischen Schwebungswellenlänge Λ gemäß

$$\frac{\Lambda}{2} = \frac{\lambda_2 \cdot \lambda_1}{\lambda_2 - \lambda_1}.$$

Innerhalb dieses Bereichs kann eine Wegstreckenänderung eindeutig erfasst werden, auch wenn ein kontinuierliches Nachverfolgen der Änderung nicht möglich ist.

Die synthetische Schwebungswellenlänge wird größer, wenn die Einzelwellenlängen dichter beieinander liegen. Technisch sind so Eindeutigkeitsbereiche größer als 1 mm ohne weiteres realisierbar. Der offensichtliche Vorteil der rein mathematischen Berechnung der synthetischen Schwebungswellenlänge ist der um mehr als drei Größenordnungen erweiterte Eindeutigkeitsbereich, ohne Verlust der hohen Auflösung und Genauigkeit.

In einem auf Punktsensorik basierendem Metrologiesystem zur Erfassung der 3D-Objektform muss entweder die Sensorik, das Objekt oder beides bewegt werden. Bei der Bewegung der MWL-Sensorik ist es sinnvoll, die träge Masse zugunsten der Dynamik zu reduzieren. Eine Reduktion des Sensorkopfes auf ein Minimum durch Auslagerung der Elektronik (Laser und Datenerfassung) ist daher eine Grundvoraussetzung. Die optische Verbindung zwischen Elektronik und Sensorkopf geschieht durch eine optische Faser. Diese überträgt das Licht von vier unabhängigen, hoch stabilisierten Lasern (Wellenlängen zwischen 1530 nm und 1610 nm). Die Objektoberfläche reflektiert einen Teil der eingestrahlten Lichtleistung. Dieses Licht wird mit einer intern erzeugten Referenzwelle zur Interferenz gebracht und ausgewertet. Hierbei werden die vier Wellenlängen unabhängig und parallel ausgewertet. Erst im Anschluss werden die Ergebnisse in Relation gesetzt, um die Position des Objekts innerhalb des synthetischen Eindeutigkeitsbereichs zu ermitteln.

Weiterhin muss für eine hochgenaue Messung nicht nur der Abstand von Objekt zu Sensor bekannt sein, sondern zusätzlich die exakte Position im Raum, an der gemessen wird. Das im Folgenden vorgestellte Messsystem nutzt hierzu drei zusätzliche MWL-Sensoren in Kombination mit einem hochgenauen Referenzkonzept. Basierend auf dem Einzelkopfsystem wird ein Mehrkopfsystem mit vier optischen Fasern und Detektoren verwendet (Bild 18.2).

Zunächst wird das Licht der hoch stabilisierten Laser in eine Faser gekoppelt. Anschließend wird das Licht auf vier Fasern, eine für jeden Sensorkopf, aufgeteilt. Die Interferenzsignale von jedem Sensorkopf werden unabhängig und parallel verarbeitet, sowie die Auswertung im synthetischen Eindeutigkeitsbereich durchgeführt. Das scannende MWL-Metrologie-System basiert auf einer Anordnung von Linear- und Rotationsachsen zur Positionierung des Objektsensors über der Oberfläche (vgl. Bild 18.3). Zwei lineare Achsen, in radialer Richtung (R) und in vertikaler Richtung (Z), positionieren den Sensor hierbei im Raum, während eine Rotationsachse (T) die senkrechte Messung bezüglich der Oberfläche ermöglicht. Der Objektsensor erfasst ununterbrochen den Abstand zum Messobjekt. Hierbei wird die (asphärische) geometrische Sollform der Oberfläche abgefahren und die Abweichung gemessen. Während der Messung wird das Objekt mittels einer weiteren Rotationsachse mit bis zu 720°/s rotiert und eine Spiralbahn auf der Oberfläche abgefahren.

Die erhaltene Punktewolke zeigt die Formabweichungen von Istform zu Sollform sowie Oberflächendefekte. Während der Achsbewegung auftretende Positionierungsfehler der R-, Z- und T-Achse vermischen sich selbstverständlich mit den zu erfassenden Formabweichungen. Zur Trennung der zu erfassenden Geometriemerkmale von den Achsfehlern ist ein Referenzierungskonzept unabdingbar.

Referenzierungskonzept

Die Forderung nach einer hohen Messgenauigkeit im gesamten Messvolumen macht es nötig, die Positionierungsfehler der Achsen (R, Z und T) zu erfassen und zu

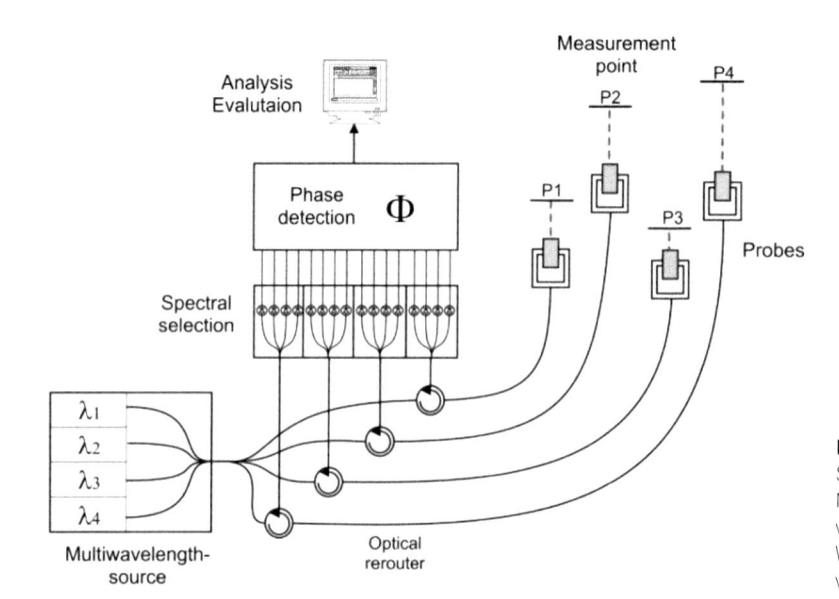

Bild 18.2
Schematischer Aufbau eines faserbasierten Mehrwellenlängen-Interferometers (MWLI); vier Sensoren arbeiten parallel mit jeweils vier Wellenlängen (mit freundlicher Genehmigung von AMETEK GmbH)

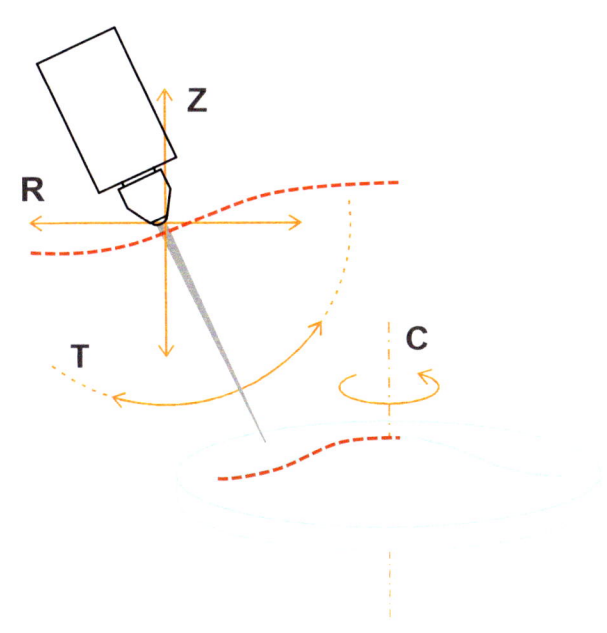

Bild 18.3 Achsbewegung zur scannenden 3D-Vormerfassung von rotationssymmetrischen Objekten; Sensorachsen: R, Z und T; Objektachse: C (mit freundlicher Genehmigung von AMETEK GmbH)

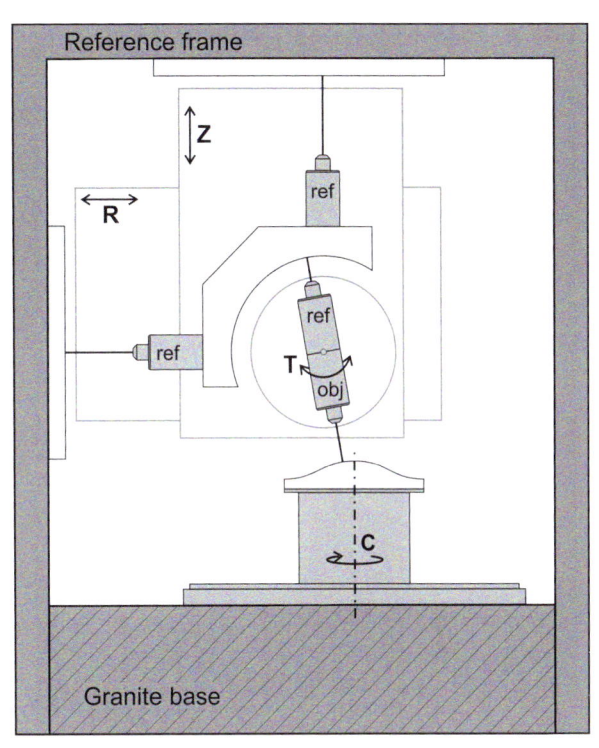

Bild 18.4 Referenzrahmen und Layout der vier Achsen (C, R, Z und T); eingezeichnet sind der Objektsensor (obj) und die drei Referenzsensoren (ref) (mit freundlicher Genehmigung von AMETEK GmbH)

berücksichtigen. Um dies zu erreichen, sind drei Referenzsensoren und ein stabiler Referenzrahmen mit hochgenauen Referenzspiegeln nötig. Form und Verkippung der Spiegel im Raum muss weiterhin durch eine präzise Kalibrierung erfasst und bei der Auswertung der Messdaten berücksichtigt werden. Durch die gezeigte Anordnung von zwei linearen und einem zylindrischen Referenzspiegeln kann die absolute Position des Objektsensors im Messvolumen ununterbrochen erfasst werden. Die Referenzsensorik ist so positioniert, dass Abbe-Fehler der ersten Ordnung, welche durch die mechanische Bewegung der Achsen entstehen und den Messabstand beeinflussen, kompensiert werden. Die sehr gut reproduzierbaren Fehler der luftgelagerten Objektrotationsachse (C) werden während der Messung nicht erfasst, jedoch durch eine Kalibrierung berücksichtigt. Die nächste Entwicklungsstufe des Systems wird auch diese Fehler aktiv überwachen und kompensieren. Zusammen mit Schutzvorrichtungen vor Luftturbulenzen im Strahlengang wird durch das vorgestellte Referenzierungskonzept eine Genauigkeit von ±50 nm (3σ) im gesamten Messvolumen garantiert. Mehrere Langzeitstudien über Zeiträume von einigen Wochen zeigen, dass die Reproduzierbarkeit sogar besser als ±20 nm (3σ) liegt, unabhängig von der zu vermessenden Objektgeometrie.

Als Ergebnis erhält man neben den Justage-Parametern (Verkippung und Dezentrierung des gemessenen Objekts zur Rotationsachse der Messeinrichtung) diverse Kennwerte. Hierzu gehören u. a. der optimierte Radius (im zentralen Bereich der Linse eingepasster Radius, auch geläufig als „best-fit"-Radius), die Power, der „Peak-to-Valley"-Abstand (in ISO 25178-2 als S_z bezeichnet), die RMS-Abweichung (in ISO 25178-2 als S_q bezeichnet) sowie mehrere Oberflächensteigungskennwerte (mittlerer, maximaler und RMS Steigungsfehler). Eine Berechnung der Zernike-Koeffizienten ist ebenfalls implementiert, was z. B. eine Auswertung von Koma und Astigmatismus ermöglicht. Die gemessene Punktewolke kann außerdem in diversen Standardformaten zur Weiterverarbeitung exportiert werden.

18.3 Anwendungsbeispiele der Mehrwellenlänge-Interferometrie

Diese Art der Interferometer findet insbesondere in der Produktion von präzisen Optiken statt. Geprüft werden Soll-Ist-Abweichungen. Ein Beispiel für die beeindruckende Genauigkeit der MWL-Technologie ist in Bild 18.5 zu sehen. Ein piezoelektrischer Modulator wurde mit einem Rechtecksignal zu Schwingungen mit einer Amplitude von nur 1 nm angeregt und die Bewegung mit einem MWLSensor überwacht. Der zusätzlich beobachtbare hochfrequente Anteil mit einer Amplitude von etwa 10 pm wurde vom Lüfter eines in der Nähe aufgestellten Elektrogeräts verursacht. Die Ergebnisse zeigen, dass die MWL-Sensoren (bei geeigneten Umgebungsbedingungen) ein reales Auflösungsvermögen von deutlich besser als 50 pm aufweisen.

18.4 Linsenvermessung mithilfe eines Mehrwellenlängen-Interferometers

Untersucht wird eine Linse mit einem Sollkrümmungsradius von 34,322 mm. Mit einer Messpunktdichte von 100 *Punkten*/mm² ergibt sich eine Messzeit von unter fünf Minuten. Die Summe aus größter positiver und (betragsmäßig) größter negativer Abweichung (peak-to-valley) von der Sollform beträgt für das ausgewählte Beispiel 1,092 µm, bei einer mittleren (RMS) Streuung um die Sollform von 0,163 µm. Der optimierte Radius wurde aus dem 3D-Datensatz zu 34,317 mm berechnet.

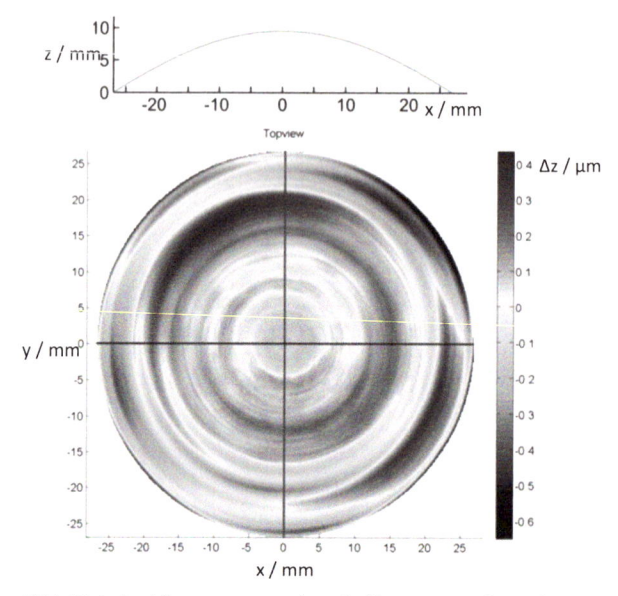

Bild 18.6 Asphärenmessung; oben: Sollform, unten: Formabweichung (mit freundlicher Genehmigung der AMETEK GmbH)

Nach mathematischer Entfernung der diffraktiven Stufen erhält man die Formabweichung zur asphärischen Sollform. Die Formabweichungen sind dominiert von einem Astigmatismus. Entfernt man diesen durch geeignete Filterung, so können die restlichen Formabweichungen beurteilt werden.

Neben der zuvor gezeigten Messung von diffraktiven Stufen sind auch weitere Diskontinuitäten durch einen

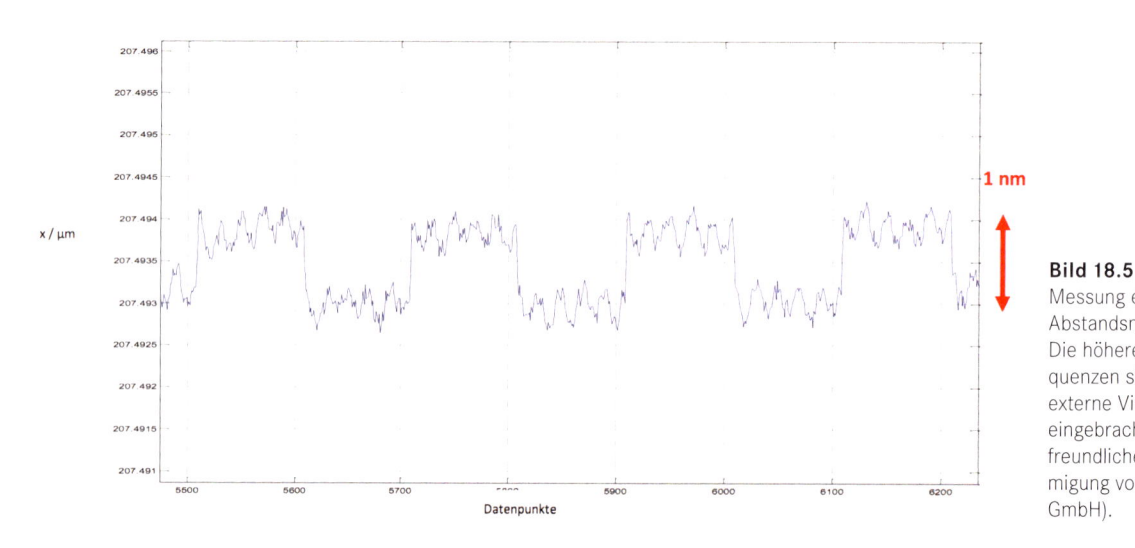

Bild 18.5 Messung einer 1 nm Abstandsmodulation. Die höheren Frequenzen sind durch externe Vibrationen eingebracht (mit freundlicher Genehmigung von AMATEK GmbH).

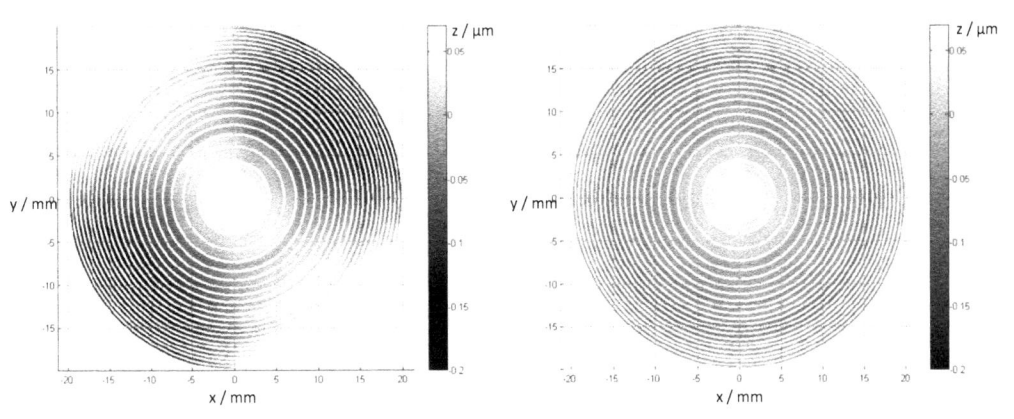

Bild 18.7 Messergebnisse einer aspäro-diffraktiven Linse; ein Astigmatismus dominiert die Linsenfehler. Rechts: Verbleibende Linsenfehler nach Entfernen der astigmatischen Formabweichung (mit freundlicher Genehmigung von AMETEK GmbH)

angepassten Messablauf des scannenden Verfahrens der Messeinrichtung erfassbar. Als Beispiel seien hier Axikons (spezielle, konisch geschliffene Linse) aufgeführt. Der in Bild 18.8 dargestellte Axikon weist einen Durchmesser von 45 mm und eine Steigung von 20,016° auf. Rechts in der Abbildung sind die Ergebnisse der Messung aufgezeigt. Durch den fest vorgegebenen (und während der Messung nicht veränderten) Winkel des Objektsensors kann die Messgenauigkeit des Gesamtsystems nochmals verbessert werden. Sie liegt für diese Messaufgabe bei einer Formgenauigkeit von nur 25 nm (3σ) sowie einer Steigungseinpassung besser als $\pm 0,001°$ (3σ).

Ebenfalls weit verbreitet sind rechteckige Ausschnitte von Standardasphären. Diese segmentierten Linsen können dank des absolut messenden Verfahrens der MWLTechnologie ohne Einschränkungen erfasst werden. Der Messablauf ist analog zu einer Standardasphäre ohne Segmentierung, sodass eine Spiralbahn auf dem Objekt erfasst wird. Hierbei liegen immer wieder Messpunkte nicht auf der Oberfläche. Diese ungültigen Datenpunkte werden vom System erkannt und aus der topografischen Punktewolke entfernt. Solange die Abstandsänderung des letzten Punktes vor und des ersten Punktes nach der Unterbrechung einer Spiralbahn innerhalb eines synthetischen Eindeutigkeitsintervalls ($\mu 627\,\mu m$) liegt, kann der Abstand ohne Genauigkeitsverluste absolut ermittelt werden. Das untersuchte Messobjekt weist einen maximalen Durchmesser von 34 mm auf. Die gemessene Summe aus größter positiver und (betragsmäßig) größter negativer Abweichung (peak-to-valley) von der Sollform beträgt $0,5\,\mu m$.

Neben den zuvor angeführten Beispielen, die alle eine hohe Oberflächengüte aufweisen, ist es weiterhin möglich, geschliffene Linsen zu vermessen, ohne den Aufbau des Messsystems zu verändern. Durch Vergleich der sich verändernden Speckle-Muster der vier unabhängigen Interferometer des Objektsensors kann ein Abstandswert berechnet werden. Da jedoch die Phaseninformation jedes einzelnen Interferometers verloren geht, reduziert sich die Genauigkeit des Systems,

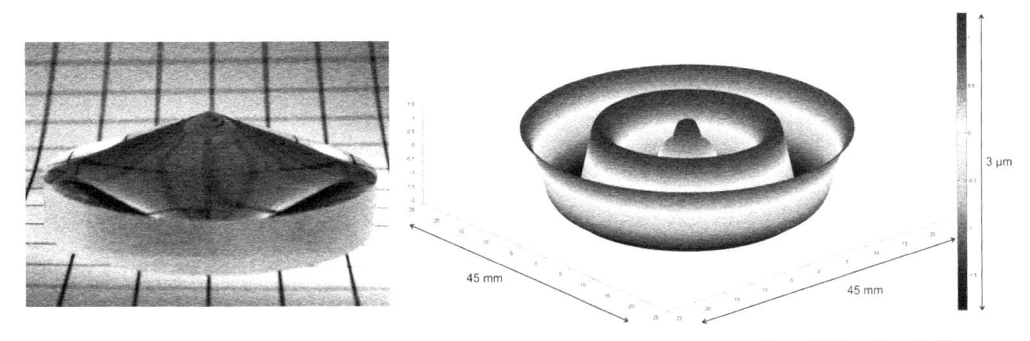

Bild 18.8 Vermessung eines Axikons; links: Foto des Messobjektes, rechts: Messergebnisse (mit freundlicher Genehmigung von AMETEK GmbH)

abhängig von der Rauheit der Oberfläche, auf einen Bereich zwischen 0,25 µm und 1,5 µm. Dennoch ist die Möglichkeit, eine Qualitätsprüfung von Linsen über weite Teile der Prozesskette mit ein und demselben Messinstrument durchzuführen, von großer Bedeutung.

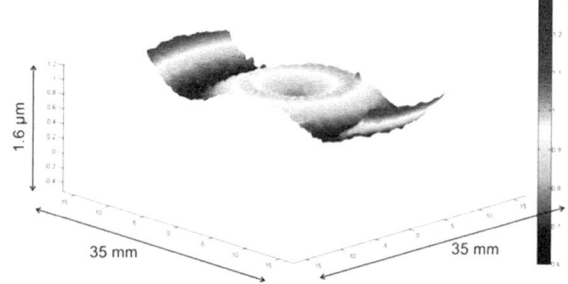

Bild 18.9 Segmentierte Linse; oben: Messaufbau im LuphoScan, unten: Ergebnisse der Vermessung (mit freundlicher Genehmigung von AMETEK GmbH)

19 Fokus-Variation

19.1 Verfahrensgrundlagen

Zur Untersuchung von spiegelnden Oberflächen mit großer Rauheit und steilen Kanten eignen sich nur ganz wenige Messverfahren. Mit dem optischen Messverfahren Fokus-Variation können solche nicht kooperativen Geometrien im Nanometerbereich vermessen werden. Das Messprinzip ist seit längerer Zeit bekannt und wird industriell stark verbreitet eingesetzt. Auf dem Markt sind daher bereits ausgereifte Messsysteme erhältlich.

Prinzip der Fokus-Variation

Bei Oberflächenabbildung mit Optiken, die lediglich über eine geringe Schärfentiefe verfügen, ist für scharf abgebildete Bildbereiche der Abstand zum Sensor bekannt. Aus Variation der Schärfentiefe kann die gesamte Oberfläche vermessen werden (Bild 19.1).

Vor- und Nachteile der Fokus-Variation

Vorteile	Nachteile
Keine Abschattungen (Vertiefungen und steile Kanten vermessbar)	Meistens ein relativ kleiner Abstand zum Messobjekt
hohe Genauigkeit	keine absolute Messung
Messung automatisierbar	bewegliche Komponenten vorhanden
Rauheitsmessungen möglich	
kompakt (leicht transportabel)	
unempfindlich gegenüber stark variierenden Reflexionsbedingungen	
in laufende Produktion integrierbar	
Farbinformationen erfassbar	

Messgenauigkeit und Messbereich der Fokus-Variation

Als flächenbasiertes Messsystem, das bei einer Messung zwischen 2 und 200 Millionen Messpunkte liefert, erzielt das Messsystem eine vertikale Auflösung von bis zu 10 nm. Der laterale Messbereich liegt zwischen $0{,}14 \times 0{,}1$ mm^2 und 100×100 mm^2. Die maximale Scanhöhe beträgt je nach Objektiv von 3,2 mm bis 22 mm. Die für jedes Objekt frei wählbare vertikale Auflösung bleibt auch über den gesamten Scanbereich bestehen, wodurch die hohe vertikale Auflösung auch über mehrere Millimeter gegeben ist und eine Auflösungsdynamik von bis zu $1:430\,000$ zu erzielen ist.

Die hohe Messpunktzahl über große Flächen erlaubt eine große Wiederholgenauigkeit. Die Wiederholbarkeit ist eine Abschätzung, wie sehr ein Messpunkt in der Höhe (z) bei wiederholten Messungen schwanken würde. Dieses Wiederholbarkeitsmaß ist unter anderem relevant zur Abschätzung der Qualität von einzelnen Messpunkten, zur Filterung von Messpunkten mit schlechter Wiederholbarkeit oder Detektion von Vibrationen während der Messung (mit freundlicher Genehmigung der Alicona GmbH).

Typische Anwendungen der Fokus-Variation

Fokus-Variation wird bei Untersuchung/Digitalisierung von komplexen Bauteilgeometrien mit steilen Flanken und/oder stark variierenden Reflexionsbedingungen eingesetzt. Mit diesem Verfahren können nicht nur hochgenaue 3D-Mikrovermessungen, sondern auch Rauheitsmessungen vorgenommen werden.

Neben den Messmodulen zur numerischen Verifizierung von Form- und Rauheit bzw. der Profil-, Flächen- und Volumenmessung zählen weitere Methoden zum automatischen Einpassen komplexer geometrischer Elemente wie Kugeln, Kegel, Zylinder oder Ebenen. Das ermöglicht die numerische Verifizierung von gerundeten oder gekrümmten Regelgeometrien inklusive der Messung von Abweichungen zu einer Referenzgeometrie oder einem CAD-Datensatz. Auch hier werden neben den nominalen Werten die Unsicherheiten der approximierten Elemente bestimmt. Die optionale Rotation von Werkstücken um 360° ermöglicht die vollständige Formmessung von rotationssymmetrischen Bauteilen (Bohrer, Fräser etc.).

Durch ein flexibles, modulares Hardwaresystem wird die Integration der Technologie der Fokus-Variation in die Inlinequalitätssicherung möglich. Die Industrietauglichkeit ist außerdem auf die hohe Automatisierung auch über große Scanhöhen sowie umfangreichen Datenex- und -import zurückzuführen, der eine schnelle Auswertung der Messergebnisse gewährleistet. Hohe Messgeschwindigkeiten steigern die Anwendungsmöglichkeiten in der fertigungsintegrierten Qualitätssicherung. Dazu zählt beispielsweise die Form- und Rauheitsmessung von mikrostrukturierten Oberflächen auf Flugzeugturbinen, Motorblöcken oder Rotoren für Windkraftanlagen.

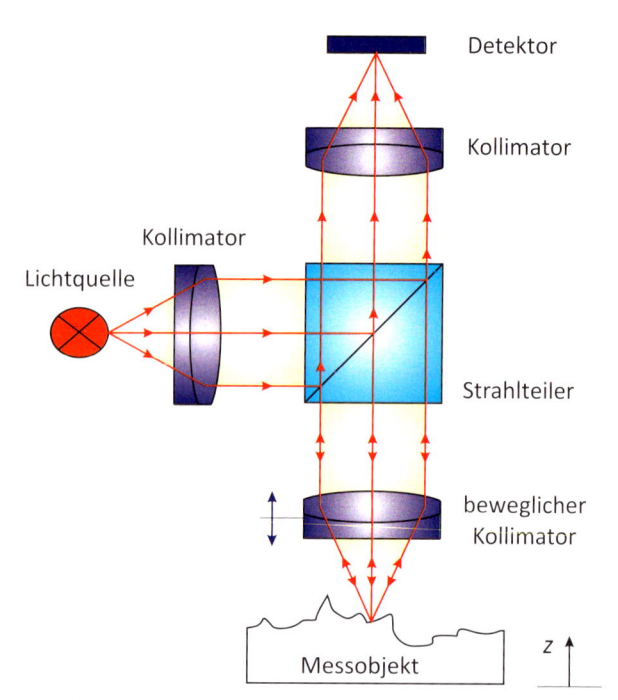

Bild 19.1 Aufbau eines Fokus-Variation-Messgerätes

19.2 Messverfahren der Fokus-Variation

Das technische Prinzip basiert auf der geringen Schärfentiefe der genutzten Optik, um die Tiefeninformation einer Probe zu extrahieren. Je nach Oberflächengeometrie werden nur limitierte Bereiche scharf abgebildet. Aus der Variation der Schärfentiefe wird für jeden Messpunkt die entsprechende Tiefeninformation gewonnen. Der resultierende 3D-Datensatz enthält die zu den Höhendaten registrierte 3D-Farbinformation (mit freundlicher Genehmigung der Alicona GmbH).

Als Lichtquelle wird weißes Licht verwendet. Nach Kollimation der Wellenfront passiert sie einen Strahlteiler. Der zweite Kollimator, der beweglich ist und zum Abscannen der Messobjektoberfläche eingesetzt wird, fokussiert das Weißlicht auf die Messprobe. Das Licht wird anschließend von der Oberfläche reflektiert. Die Abbildungsoptik leitet das reflektierte Licht zum Detektor weiter. Das registrierte Bild entspricht weitestgehend einer normalen Oberflächenfotografie. Aufgrund der geringen Schärfentiefe werden verschiedene Bereiche unterschiedlich scharf abgebildet. Durch Verstellung des beweglichen vertikalen Kollimators wird der Schärfebereich über die Topografie der Oberfläche variiert, wobei am Detektor diese Änderungen registriert werden.

Es existiert eine Vielzahl an verschiedenen Methoden für Tiefenauswertung, die auf der Auswertung der Grauwertdaten beruhen. Je stärker die Variation der Sensordaten in einem Bereich ist, desto schärfer ist dieser Bereich abgebildet (Bauer 2007). Durch Auswertung aller 2D-Aufnahmen und Zuordnung jedem Bereich von Schärfewerten können für jeden Punkt Tiefeninformationen und eine vollständig scharfe Abbildung gewonnen werden.

Dadurch, dass auch Farbinformationen erfasst werden, ist jedem Messpunkt die der Realität entsprechende Farbe zuzuordnen. Die Farbinformation wird aus der schärfsten Abbildung für jeden Punkt ausgewählt. Bei einigen Anwendungen (z. B. Papierindustrie) wird diese zusätzliche Information für die weitere Analyse benötigt.

19.3 Anwendungsbeispiele der Fokus-Variation

Die gängigsten Anwendungsgebiete für Forschung und Entwicklung sowie industrielle Qualitätssicherung sind die spangebende, metallbearbeitende Industrie, Präzisions- und Feinwerktechnik bzw. Mikrotechnik, Materialwissenschaften, Medizintechnik, Korrosions- und Tribologieforschung, Kunststoffindustrie sowie die Papier- und Druckindustrie. Im Folgenden werden einige Einsatzgebiete anhand ausgewählter praktischer Anwendungen zur 3D-Oberflächenmessung in der Werkzeugmesstechnik und Mikroproduktion vorgestellt.

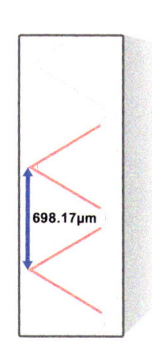

Bild 19.2 Mit Fokus-Variation erfasste Form und Rauheit der Oberfläche eines Schaftwerkzeugs (mit freundlicher Genehmigung der Alicona GmbH)

19.3.1 Hochgenaue Oberflächenmessung von Schaftwerkzeugen in der spangebenden Industrie

Radien und Winkel einer Schneidkante sind kritische und qualitätsentscheidende Parameter von Schaft- und Gewindewerkzeugen. Sie entscheiden über Standzeit, Kantenstabilität und Werkstückgüte von Bohrern und Fräsern. Die zunehmend enger werdenden Fertigungstoleranzen verlangen nach hochauflösenden und flächenbasierten Messverfahren, da Rauheiten oder komplexe Geometrien mit steilen Flanken, Hinterschneidungen und konkaven Strukturen mittels herkömmlicher Verfahren, wie der Messung mit einer taktilen Tastspitze, nur unzureichend bis gar nicht erfasst werden können.

Die Fokus-Variation ist in der industriellen Praxis eine etablierte Technologie zur Einhaltung der Formtreue und Maßgenauigkeit von Werkzeugen. Als flächen-

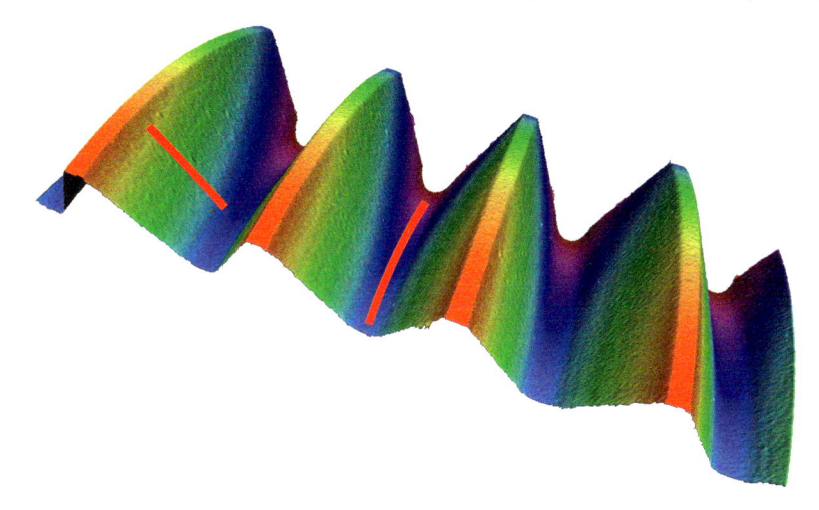

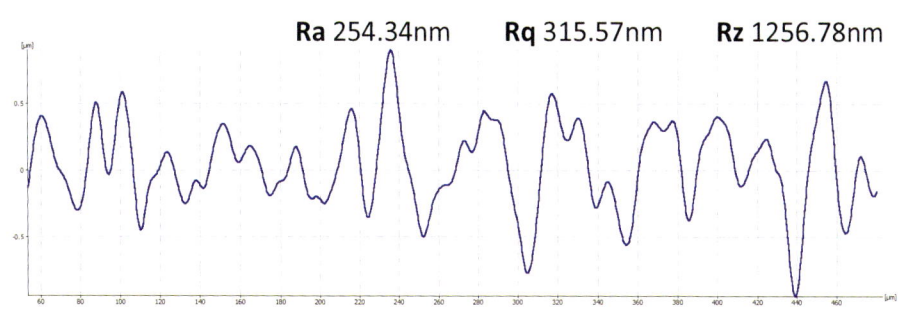

Ra 254.34nm **Rq** 315.57nm **Rz** 1256.78nm

Bild 19.3 Mit Fokus-Variation gemessene Rauheit am Gewindegrund an den Flanken von gewindeförmiger Bauteilgeometrie (mit freundlicher Genehmigung der Alicona GmbH)

basiertes Verfahren erfasst das Verfahren auch Geometrien wie Hinterschneidungen und konkave Strukturen. Die vertikale Auflösung von bis zu 10 nm ermöglicht die Messung von Bauteilgeometrien mit Toleranzen bis in den µm-Bereich. Die spezielle Algorithmik und modulierte Beleuchtung gewährleisten die hohe Auflösung in z-Richtung auch bei stark unterschiedlichen Materialien mit divergierenden Reflexionseigenschaften. In der Industrie ist das u. a. bei qualitätssichernden Prozessen relevant, wo Werkstücke fertigungsbegleitend gemessen werden. Das Spektrum von Reflexionseigenschaften während der verschiedenen Fertigungsschritte kann von matt bis massiv spiegelnd reichen.

Ein weiteres Anwendungsgebiet ist die Verschleißanalyse. Damit beugen Anwender verschlissenen Kanten und mangelhaften Bearbeitungsergebnissen vor. Dieser Bestimmung gehen vergleichende Messungen des Werkstücks vor und nach Gebrauch in der Fertigung voraus. Das optische 3D-Messgerät InfiniteFocus, das auf der Fokus-Variation basiert, erstellt 3D-Datensätze der ungebrauchten und der verschlissenen Schneidkante, wobei das Messsystem beide Datensätze registriert und unabhängig von der manuellen Justierung ein Differenzmodell erstellt. Die automatische Ausrichtung der 3D-Datensätze gewährleistet, dass die Differenz korrekt von zueinander korrespondierenden Punkten berechnet wird.

Ein anderer qualitätsentscheidender Parameter, der die Oberflächengüte des bearbeiteten Werkstücks beeinflusst, ist die Rauheit der Werkzeugoberfläche. Sie hat maßgeblichen Einfluss auf mechanische Belastbarkeit, Spanabfluss, Zähigkeit, Schneidkantenstabilität und Verschleißfestigkeit des Werkstücks. InfiniteFocus berechnet die Rauheit sowohl gemäß ISO-Norm 25178 (ISO25178-2) zur flächenhaften Analyse von Oberflächen oder gemäß profilbasierter ISO-Normen (ISO4287) (ISO4288). Mit der Fokus-Variation messen Anwender nicht nur die klassische Schartigkeit einer Schneidkante, sondern auch die Rauheit auf der Spanfläche eines Werkzeugs (Bild 19.4).

Für die Messung der Form ist entscheidend, dass der gesamte Umfang des Werkzeugs gemessen und dreidimensional erfasst wird. Zusätzlich zur Messung der Oberfläche aus einer Blickrichtung wird das Messsystem InfiniteFocus auch zur 360°-Messung von Werkzeugen genutzt. Einzelmessungen aus verschiedenen Perspektiven werden zu einem vollständigen 3D-Datensatz fusioniert. Damit messen Anwender auch Geometrien wie Hinterschneidungen und Abweichungen zu einem CAD-Datensatz (Bild 19.5).

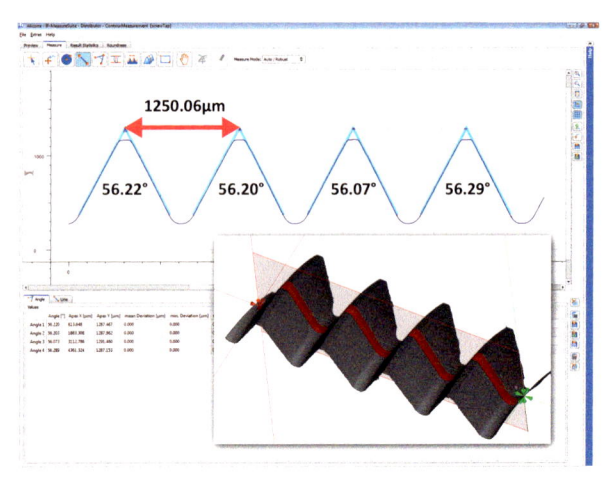

Bild 19.5 Hochauflösende Messung großer Volumina zur Prüfung von Toleranzen im µm- und subµm-Bereich (mit freundlicher Genehmigung der Alicona GmbH)

19.3.2 3D Oberflächenmessungen in der Mikropräzisionsfertigung

Je kleiner geometrische Formen von mikrostrukturierten Bauteilen werden, desto anspruchsvoller wird die Einhaltung der Toleranzen von typischerweise Bohrungen, Stegen, Nuten etc. mit kleinsten Gesamtabmessungen. Eine hohe Oberflächengüte und formtreue Geometrie sind Grundvoraussetzung für einen opti-

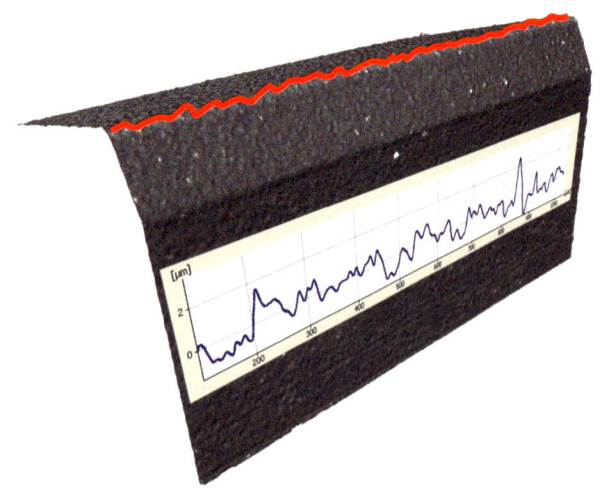

Bild 19.4 Mit Fokus-Variation gemessene Schartigkeit entlang der Kante und die Rauheit auf der Spanfläche (die Rauheit beeinflusst unter anderem die Verschleißfestigkeit), (mit freundlicher Genehmigung der Alicona GmbH)

mierten Verschleiß von z. B. Mikrolagern oder Mikrozahnrädern. Die wiederholgenaue und hochauflösende Messung von mikrobearbeiteten Werkstücken wird in der Qualitätssicherung daher immer bedeutender, wenngleich entsprechende Oberflächen aufgrund ihrer Beschaffenheit exakte Bedingungen an ein Messsystem stellen. In der Regel ist die Topografie von hochfesten Werkstoffen, wie Hartmetallen, Kohlenstoffwerkstoffen, Keramiken und gehärteten Stählen, zu messen. Derartige Oberflächen können aufgrund ihrer Materialzusammenstellung stark variierende Reflexionsmuster und komplexe Formen mit steilen Flanken aufweisen. Die Fokus-Variation macht die Radien- und Winkelmessung von sehr steilen Flanken möglich, was z. B. bei der Messung von Zahnrädern und Gewindeformen relevant ist. Bei der Fokus-Variation wird eine Messung durch Licht aus verschiedenen Richtungen positiv beeinflusst. Ebenso wird der maximal messbare Flankenwinkel nicht durch die numerische Apertur der Optik beschränkt. Das ermöglicht dem Anwender, Flanken je nach Oberfläche bis annähernd 90° zu messen.

Bild 19.6 Mit Fokus-Variation 3D vermessender Mikrobohrer (erfasst aus verschiedenen Perspektiven), (mit freundlicher Genehmigung der Alicona GmbH)

Die hohe Messpunktdichte garantiert auch hier eine hohe Wiederholgenauigkeit der Messungen. Diese Wiederholgenauigkeit spielt u. a. dann eine große Rolle, wenn 3D-Messungen zur Steigerung der Prozesssicherheit durchgeführt werden. Darüber hinaus erzielt das Verfahren durch eine patentierte Beleuchtungstechnologie – unabhängig von der Reflexion eines Bauteils – Messergebnisse mit einer konstanten vertikalen Auflösungsdynamik von 1:430 000 auch über große Messbereiche und große Scanhöhen. Die Fokus-Variation bietet auch hier den Vorteil, neben der Form- auch die Rauheitsmessung abzudecken, die u. a. zur Verifizierung von Schleif- und/oder Beschichtungsvorgängen wesentlich ist.

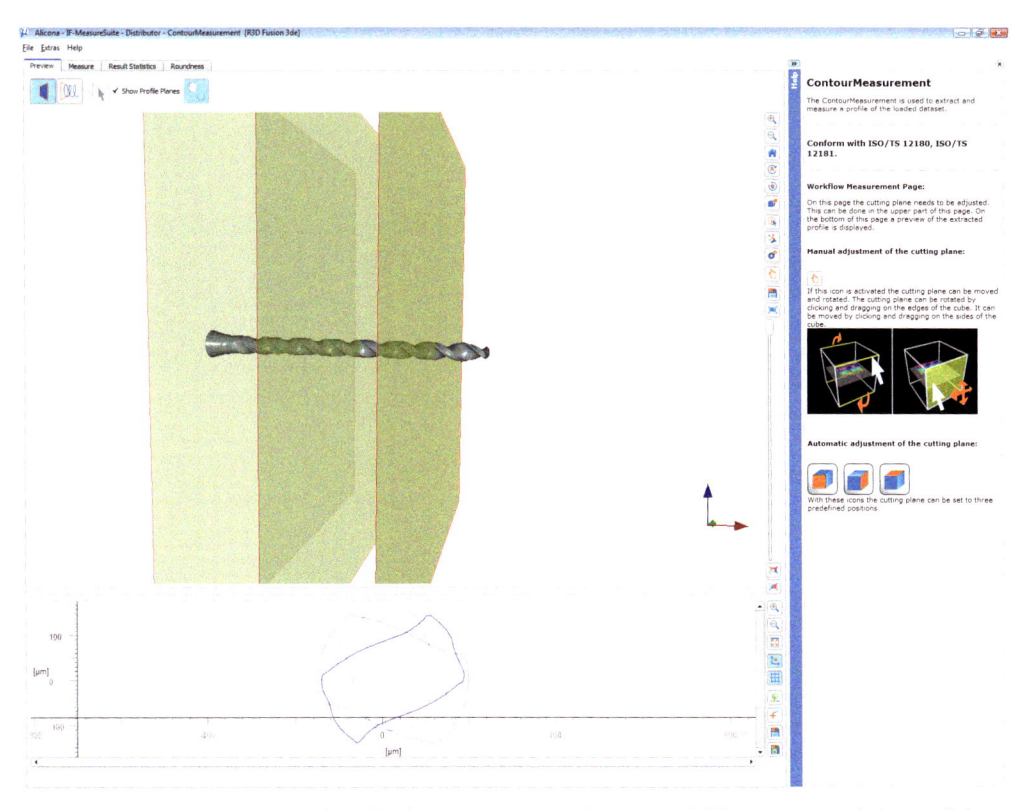

Bild 19.7 Analyse von Winkeln, Distanzen, Kreisen, Gewindesteigungen, etc. im Messmodul Konturmessung (mit freundlicher Genehmigung der Alicona GmbH)

20 Deflektometrie

20.1 Verfahrensgrundlagen

Deflektometrie basiert auf einem einfachen Messprinzip. Jeder hat bereits beobachtet, dass bei spiegelnden Oberflächen (z. B. Autolackierungen) die feinsten Unebenheiten bei Betrachtung der Oberfläche aus einem bestimmten Winkel (von dem Umgebungslicht abhängig) plötzlich deutlich zum Vorschein kommen. Dieser Effekt kann bei Betrachtung von Spiegelungen von der Messobjektoberfläche projizierter Muster weiter verstärkt werden, dadurch dass die Spiegelungen im Bereich von Deformationen unnatürlich gekrümmt werden. Unter Deflektometrie versteht man also eine Gewinnung der 3D-Gestaltungsinformationen aus dem Spiegelbild eines bekannten Musters.

Die meisten Messverfahren sind auf kooperierende Oberflächen (im Idealfall diffus streuend) angewiesen. Die spiegelnden Oberflächen stellen für diese Verfahren eine große Herausforderung dar. Mit deflektrometrischen Messsystemen können dagegen spiegelnde Oberflächen großflächig inspiziert werden.

Prinzip der Deflektometrie

Bei diesem Verfahren wird die Verformung eines bekannten Messmusters an der Prüflingsoberfläche betrachtet, um auf die Form zurückzuschließen (Bild 20.1 und 20.2).

Vor- und Nachteile der Deflektometrie

Vorteile	Nachteile
Keine Abschattungen (Vertiefungen vermessbar)	Keine absolute Messung
Genauigkeit (> 10 µm)	lediglich für spiegelnde Messobjektoberflächen
Messung automatisierbar	Interpretierbarkeit der Messwerte (Streifenzuordnung)
großflächige Messungen möglich (> 1 m^2)	
kompakt (leicht transportabel)	
Oberflächenanalyse in Bezug auf Fehler möglich	
keine Gefährdung durch Strahlung	

Messgenauigkeit und Messbereich der Deflektometrie

Mit der Deflektometrie können große Oberflächen (Autokarosserien) schnell und vollflächig untersucht werden. Der Messbereich liegt also zwischen wenigen µm^2 (mikroskopische Deflektometrie) und ca. 1 m^2.

Die maximale, zuverlässig nachweisbare Oberflächensteigung befindet sich im Bereich von ±18° (Seewig 2009). Mit dem Verfahren der Deflektometrie lassen sich Unebenheiten in der Oberfläche im Nanometerbereich detektieren. Bei 3D-Oberflächenvermessungen liegt die erreichbare Genauigkeit im µm-Bereich. Die vertikale Auflösung beträgt ca. 5 µm und erstreckt sich bis zu 30 mm. Die laterale Auflösung liegt bei 0,1 mm und der laterale Messbereich kann bis 500 mm betragen.

Typische Anwendungen der Deflektometrie

Mit der Deflektometrie werden spiegelnde Oberflächen untersucht. Dazu zählen folgende Messobjekte (um einige wenige zu nennen): Brillengläser, Linsen, Spie-

Bild 20.1 An der Oberfläche eines Bauteils verformtes Streifenmuster

gel, Karosserieteile, Verglasungen, Solarzellen, solare Konzentratoren und Mikrochips. Mithilfe der Deflektometrie ist es also möglich, nicht nur die Oberflächenform zu digitalisieren, sondern auch auf Fehler zu analysieren.

Eine automatisierte Vermessung/Analyse von 3D-Prüflingsoberflächen ist realisierbar. Es werden z. B. im Automobilbau die gesamten Autokarossen voll automatisch untersucht. Für eine genaue Positionierung von kleineren Objekten vor dem Messsystem kommen Industrieroboter zum Einsatz.

Wenn die Oberflächenform der spiegelnden Oberfläche bekannt ist, kann das verzerrte Bild der gespiegelten Gegenstände rekonstruiert werden (Umkehrung des Wirkprinzips). Dies ist für Anwendungen in Architektur und Kriminalistik von Bedeutung.

20.2 Messverfahren der Deflektometrie

Das Messprinzip ist dabei simpel und basiert auf der Auswertung der durch die Neigung der zu untersuchenden Oberfläche verursachten Verzerrungen des projizierten Musters.

Mithilfe einer Lichtquelle werden meistens streifenförmige Muster erzeugt. Das durch die Oberflächenneigung verzerrte Muster wird über die gesamte Oberfläche auf dem Kamerasensor abgebildet. Bei qualitativer visueller Qualitätsprüfung können unregelmäßige Verzerrungen des Streifenmusters zur Beurteilung der Oberflächenbeschaffenheit herangezogen werden. Für quantitative Aussagen bzw. Oberflächenvermessungen muss das Korrespondenzproblem (Streifenzuordnung) gelöst werden.

Dadurch, dass bei der Deflektometrie bei Fokussierung der Kamera ein Kompromiss zwischen örtlicher Auflösung und Kontrast eingegangen werden muss, wird das reflektierte Streifenmuster unscharf abgebildet. Bei der Verwendung von Sinus-Streifen kann dieser Nachteil jedoch, dadurch dass die Phase der unscharf abgebildeten Streifen nicht verändert wird, beseitigt werden.

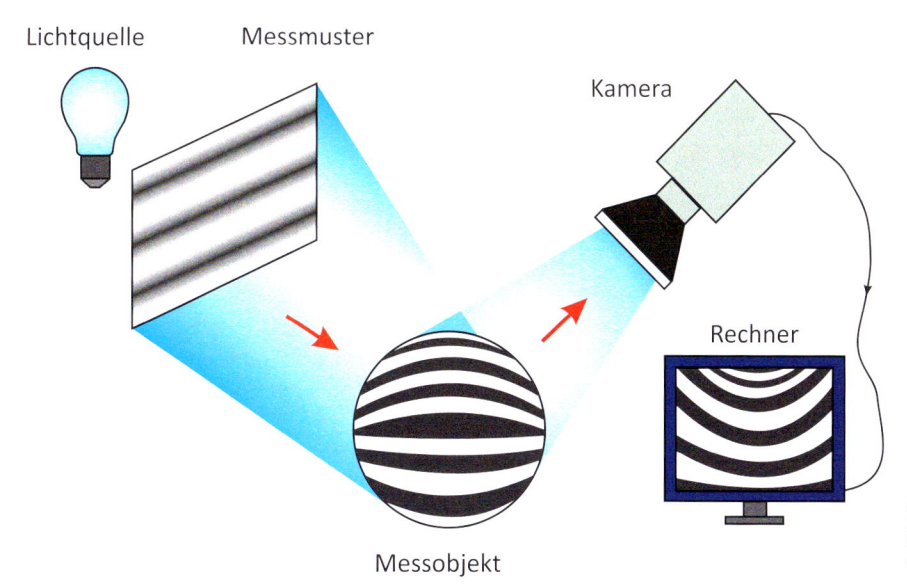

Bild 20.2 Prinzip des optischen Messverfahrens Deflektometrie

Zur eindeutigen Oberflächenvermessung sind mindestens vier Phasenschiebungen pro Richtung (vertikal und horizontal) notwendig. Die mathematischen Zusammenhänge können im Kapitel „Streifenprojektion" nachvollzogen werden.

Mithilfe der Deflektometrie kann also aus den verzerrten Streifen mittels Phasenschiebeverfahren die lokale Neigung der Oberfläche in jedem Punkt bestimmt werden. Durch numerische Integration der gemessenen Neigungen sind die Höhendaten zu berechnen und durch Ableitung die lokale Oberflächenkrümmung. Die Krümmungsdaten können zur schnellen und unkomplizierten Beurteilung der Oberflächenbeschaffenheit eingesetzt werden. Die Höhendaten, die mithilfe der anderen Verfahren ermittelt werden, sind mithilfe der zweimaligen Ableitung ebenfalls in Krümmungen umrechenbar. Die ist jedoch mit numerischen Fehlern verbunden.

Es existiert eine Reihe von verschiedenen Bauarten.

- Phasenmessende Deflektometrie

Die bekannteste und am weitesten verbreitete Methode der Phasenschiebung wurde bereits vorgestellt.

- Stereo-Deflektometrie

Die Mehrdeutigkeit bei der Streifenzuordnung kann durch Verwendung von zwei (oder mehr) Kameras gelöst werden (Bild 20.3).

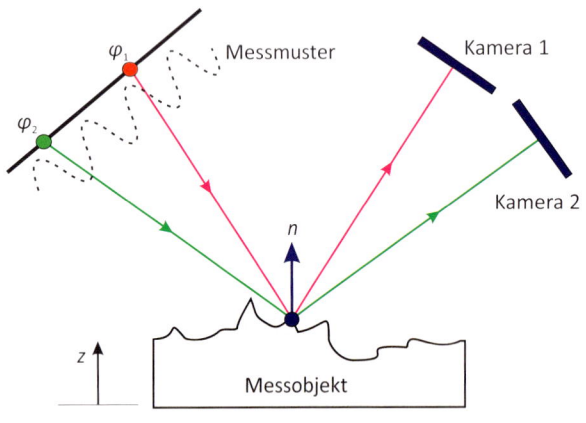

Bild 20.3 Messprinzip der Stereo-Deflektometrie

Die beiden Kameras sehen zwar den gleichen Punkt aber unterschiedliche Phasen. Die ermittelte Oberflächennormale n ist jedoch bei beiden Kameras (im kalibrierten System) identisch, wenn der Messpunkt auf der Oberfläche des Messobjektes liegt. Bei all den anderen Überschneidungen sind die Normalen ungleich (Bild 20.4).

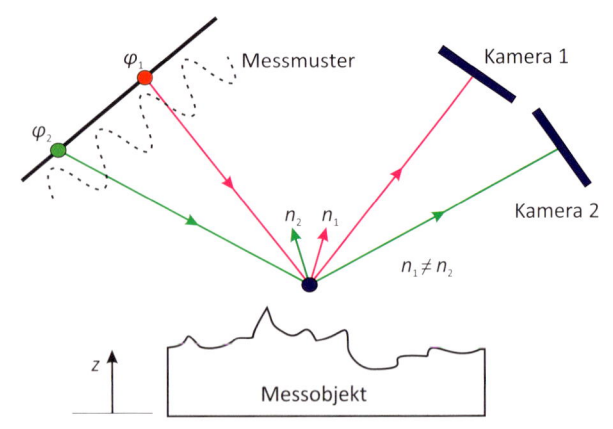

Bild 20.4 Ermittelte Oberflächennormalen bei der Stereo-Deflektometrie zur Detektion von Oberflächenpunkten (im dargestellten Fall kein Oberflächenpunkt)

- Mikroskopische Deflektometrie

Einsatz der Deflektometrie in Verbindung mit Mikroskopie wird zur Untersuchung von kleinen Objekten verwendet.

- Fast Optical Scanning Deflectometry

Bei dieser Methode wird Regularisierung mittels Lasertriangulation realisiert.

Vergleich mit der Messmethode Streifenprojektion

Die in diesem Kapitel vorgestellte Messmethode ähnelt sehr der Streifenprojektion. Bei der Deflektometrie wird das gerichtet reflektierte Spiegelbild jedoch in Abhängigkeit des Reflexionswinkels ausgewertet. Dadurch wird die Flächenneigung und keine Höhenmessung durchgeführt. Die Kamera bei der Streifenprojektion beobachtet dagegen ein auf die Oberfläche projiziertes Muster.

20.3 Anwendungsbeispiele der Deflektometrie

Die Kontrolle der Oberflächenqualität, insbesondere die Inspektion lackierter Bauteile, wird bisher ausschließlich von Menschen durchgeführt. Die visuelle Begutachtung durch erfahrene Auditoren unterliegt aufgrund einer subjektiven Bewertung und der unterschiedlichen Tagesform einer gewissen Bandbreite und ist nur die zweitbeste Lösung in der Qualitätskontrolle.

Sowohl die Vermessung als auch die Inspektion glänzender bzw. im Extremfall total reflektierender Oberflächen ist ein schwieriges Problem. Herkömmliche Verfahren in der 3D-Messtechnik (Laserscanner, Streifenlichtprojektion usw.) funktionieren fast ausschließlich auf diffus reflektierenden Oberflächen zuverlässig. Systeme für die Inspektion total reflektierender Oberflächen erfüllten bisher nicht die von der Industrie gestellten Anforderungen an Robustheit und Taktzeit in den Produktionslinien.

Aufgrund einer aufwendig durchgeführten Testreihe mit diversen Systemen konnte vor der Umsetzung der Innovation die Erkenntnis gewonnen werden, dass es zwar möglich ist, auf der Karossenaußenhaut Oberflächenfehler zu finden und Karossenkoordinaten zuordnen zu können, eine 100%-Kontrolle im Linientakt war jedoch nicht gegeben und eine genaue qualifizierte Aussage über Art und Ausprägung des Fehlers konnte ebenfalls nicht getroffen werden.

Weitere Einsatzgebiete der Deflektometrie sind breit gefächert. Sie eignet sich z.B. auch zur Qualitätskontrolle von Smartphones bis hin zur hochgenauen Vermessung präzisionsoptischer asphärischer Oberflächen, die z.B. in Weltraumteleskopen wie dem E-ELT benötigt werden. Generell kann die Technologie überall dort eingesetzt werden, wo die Produkte spiegelnde und glänzende Oberflächen besitzen. In vielen Branchen ist ein bisher nicht gedeckter Bedarf an leistungsfähigen Inspektionssystemen festzuhalten.

Bild 20.5 Vollautomatische deflektometrische Defektinspektion auf lackierten Kfz-Karossen (mit freundlicher Genehmigung von Mikro-Epsilon)

21 Makyoh-Sensor

21.1 Verfahrensgrundlagen

Diese Methode ähnelt sehr der Deflektometrie. Zum ersten Mal wurden Auswirkungen dieses Messprinzips bereits vor mehr als 2000 Jahren beobachtet. Damals konnte jedoch das Messprinzip nicht verstanden werden. Zur Zeit der Han-Dynastie wurden bronzene Spiegel hergestellt. Auf die Rückseite waren Schriftzeichen und Reliefe eingraviert. Das von der spiegelnden Seite reflektierte Sonnenlicht zeigte an der Wand das auf der Rückseite eingravierte Muster. Aus diesem Grund wurden diese Spiegel als „Zauberspiegel" (japanisch Ma-Kyoh) benannt (Pfitzner 2012).

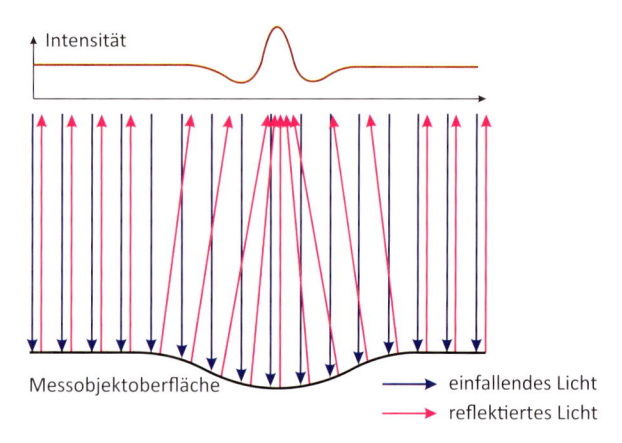

Bild 21.1 Makyoh-Messprinzip, Reflektion vom parallelen Licht an spiegelnden Oberflächen

Prinzip des Makyoh-Sensors
Nach einer kolinearen Messobjektbeleuchtung gelangen die reflektierten Lichtstrahlen auf den Detektor. In Abhängigkeit von der Oberflächenbeschaffenheit ergibt sich auf dem Detektor eine Intensitätsverteilung, die auf die Messobjektform zurückschließen lässt.

Vor- und Nachteile des Makyoh-Sensors

Vorteile	Nachteile
Keine Abschattungen (Vertiefungen vermessbar)	Keine absolute Messung
hohe Genauigkeit (wenige Nanometer)	lediglich für spiegelnde Messobjektoberflächen
Messung automatisierbar	Interpretation der Messergebnisse
großflächige Messungen möglich	seit kurzem erst auf dem Markt erhältlich, wenige Anbieter
kompakt (leicht transportabel)	
Oberflächenanalyse auf Fehler möglich	
keine Gefährdung durch Strahlung	

Messgenauigkeit und Messbereich des Makyoh-Sensors
Die Höhenauflösung beträgt ca. 10 nm. Die laterale Auflösung liegt bei 50 μm. Es können Messflächen bis zu 500 mm² untersucht werden. Die Genauigkeit hängt aber entscheidend von den verwendeten Messmustern und der verwendeten Optik ab. Die Genauigkeit liegt bei Verwendung von hochwertigen Optiken und geeigneten Messmustern im nm-Bereich.

Typische Anwendungen des Makyoh-Sensors
Die Makyoh-Sensoren werden bisher fast ausschließlich zur Defekterkennung und Ebenheitsprüfung in der Halbleiterfertigung eingesetzt. Topografiemessungen von spiegelnden Oberflächen sind ebenfalls möglich. Daher können auch z. B. blanke Metalle mit einer ausreichend spiegelnden Oberfläche vermessen oder auf Defekte untersucht werden. Ein Einsatz im Bereich der Präzisionsoptik ist ebenfalls denkbar.

21.2 Messverfahren mit Makyoh-Sensor

Mit den modernen Messmethoden kann gezeigt werden, dass die Gravur mikroskopische Verformung auf der spiegelnden Seite hervorruft. Bild 21.1 zeigt, wie die Lichtstrahlen und somit auch die Intensitäten sich nach der Reflexion in Abhängigkeit von der Messobjektform auf einer Wand verteilen. Das ist auch die Erklärung für die Funktionsweise der „Zauberspiegel".

Bei modernen Messsystemen wird das – mittels einer LED erzeugte – Licht über einen Strahlteiler und einen Kollimator als ebene Wellenfront auf die Messobjektoberfläche projiziert. Das zurückreflektierte Licht gelangt über den Kollimator und den Strahlteiler zur CCD-Kamera und wird dort detektiert. In Abhängigkeit von der Beschaffenheit und Form der Messobjektoberfläche ergibt sich auf dem Detektor eine Intensitätsverteilung. Durch Auswertung der aufgenommenen Intensitäten kann die Oberflächentopografie ermittelt werden. Bild 21.2 zeigt schematisch den einfachen Aufbau des Makyoh-Sensors.

Zur quantitativen Höhenbestimmung des Profils muss der beschriebene Messaufbau erweitert werden. Eine der Möglichkeiten ist die Verwendung von bekannten, kodierten Mustern, die auf die Messobjektoberfläche projiziert werden. Im Kapitel „Streifenprojektion" sind sie ausführlich beschrieben. Von der CCD-Kamera werden bei Verwendung von Gittern im Falle von unebenen Oberflächen verzerrte Muster beobachtet. Aus der registrierten Verzerrung kann die quantitative Höhenbestimmung vorgenommen werden.

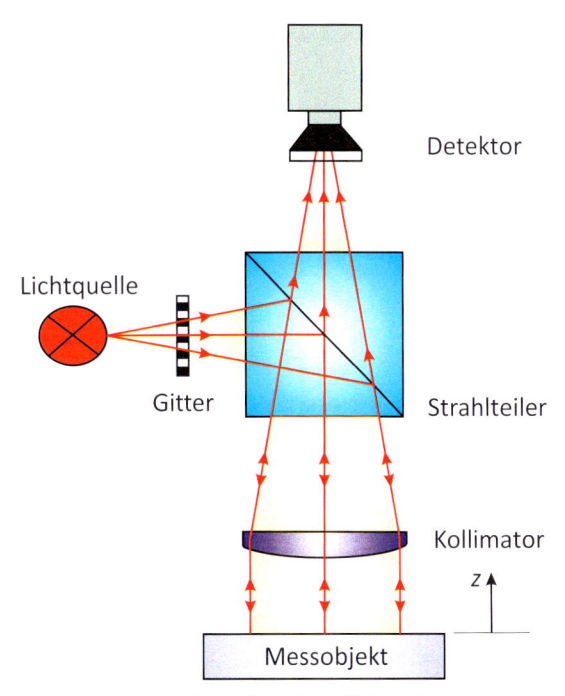

Bild 21.2 Schematischer Aufbau eines Makyoh-Messsystems

Da die Makyoh-Methode der Deflektometrie in der Funktionsweise sehr ähnelt, werden mit Makyoh-Sensoren ebenfalls die Oberflächenneigungen bestimmt. Durch numerische Integration der gewonnenen Neigungen können Höheninformationen berechnet werden. Eine Ableitung der Oberflächenneigungen liefert die Oberflächenkrümmungen. Zur Oberflächeninspektion sind die Krümmungen bestens geeignet.

22 Schattenwurfverfahren

22.1 Verfahrensgrundlagen

Diese Messmethode ist seit längerer Zeit bekannt und basiert auf einem einfachen Prinzip. Wie der Name verrät, wird der Schatten des Messobjektes für Messzwecke verwendet. Durch Schattenregistrierung kann direkt auf die Abmessungen des Messobjektes geschlossen werden. Die Beschaffenheit der Oberfläche spielt daher eine untergeordnete Rolle.

Aufgrund des einfachen Aufbaus sind die Messgeräte preiswert. Die hohe Genauigkeit und hohe Messrate ermöglichen zuverlässige Messungen auch bei bewegten Messobjekten. Das macht die Schattenwurfsensoren besonders zur Kontrolle in laufender Fertigung interessant. Transparente Messobjekte können mit diesem Verfahren ebenfalls untersucht werden.

Die Schattenwurfsensoren verfügen über keine beweglichen Komponenten und sind deshalb für lange Betriebszeiten und hohe Lebensdauer gut geeignet.

Prinzip des Schattenwurfverfahrens

Durch die geschickte Anordnung der Lichtquelle und des Detektors kann ein dazwischen platziertes Messobjekt, aufgrund der vom Prüflingskörper hervorgerufenen Abschattung, vermessen werden (Bild 22.1).

Vor- und Nachteile des Schattenwurfverfahrens

Vorteile	Nachteile
Einfacher und preiswerter Aufbau	Evtl. gefährliche Laserstrahlung (bei Lasereinsatz)
Messung automatisierbar (in laufende Fertigung integrierbar)	Untersuchung von sehr großen Objekten nicht möglich
kein Einfluss der Oberflächenbeschaffenheit	begrenzte Genauigkeit (wenige µm)
kompakt (leicht transportabel)	staub- und schmutzfreie Einsatzbedingungen erforderlich
einfache Beleuchtung (sowohl mit Laser als auch LED)	
Einsatztemperaturen (−40 bis +400 °C)	

Messgenauigkeit und Messbereich des Schattenwurfverfahrens

Je nach verwendeter Optik zur Lichtvorhangerzeugung und Detektion von Abschattungen können Objekte mit einem Umfang von bis zu 100 mm untersucht werden. Der kleinste, zuverlässig erfassbarer Durchmesser liegt im Submillimeterbereich (bis ca. 0,3 mm). Der Abstand zwischen der Lichtquelle und dem Detektor kann bis zu 8000 mm betragen (bei stärkeren Lasern auch mehr). In diesem Freiraum (im Idealfall in der Mitte) muss sich das Messobjekt befinden.

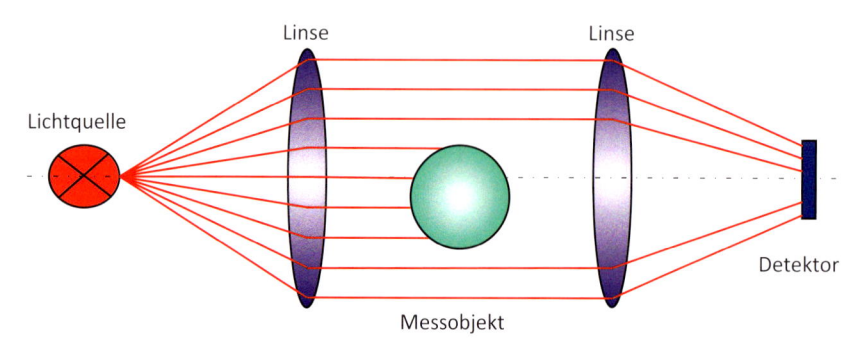

Bild 22.1 Messprinzip eines Schattenwurf-Sensors

Die reproduzierbare Genauigkeit liegt bei ca. 1 μm. Aufgrund der geringen auszulesenden Information (beleuchtet oder nicht beleuchtet) können Messraten bis zu einigen tausend Bildern pro Sekunde betragen. Die Betriebstemperaturen können auch unter dem Gefrierpunkt (bis ca. −10 °C) liegen. Die während der Messung herrschenden Temperaturen können bis zu 400 °C betragen.

Typische Anwendungen des Schattenwurfverfahrens

Aufgrund der genannten Vorteile werden die Schattenwurfsensoren primär in laufender Produktion (Extrusionslinien, Zieprozesse, Fertigung von Rohren usw.) eingesetzt. Dabei können nicht nur Dimensionen (Durchmesser, Breite, Höhe) der Messobjekte ermittelt werden, sondern auch Kanten- bzw. Spaltmessungen vorgenommen werden. Durch Kombination von mehreren Sensoren sind auch Messungen zur Überprüfung der Formabweichung von rotationssymmetrischen Bauteilen möglich.

Bei der Überprüfung können Bauteile auch um 360° rotiert werden, um genaue Informationen hinsichtlich der Form bzw. des Durchmessers zu erfassen.

22.2 Beschreibung des Schattenwurfverfahrens

Auf der einen Seite befindet sich ein Sender. Mittels einer LED oder einer Laserdiode und spezieller Optik wird ein paralleles Lichtfeld erzeugt.

Auf der anderen Seite befindet sich ein Detektor. Als Detektoren kommen CCD-Kameras bzw. Zeilenkameras in Betracht. Das Messobjekt erzeugt Abschattungen, die von dem Detektor erkannt werden. Anhand der registrierten Abschattungen können die Geometrieabmessungen (z. B. Durchmesser) bestimmt werden.

Es existieren verschiedene Ausführungen bezüglich des Aufbaus zwischen Sender und Empfänger. In manchen Messgeräten wird ein Linsensystem verbaut, um beispielsweise die Anforderungen an die Detektoreinheit zu reduzieren bzw. Abmessungen zu verringern.

22.3 Anwendungen des Schattenwurfverfahrens

22.3.1 Berührungslose Schneidkantenvermessung

Schneidplatten für die metallbearbeitende Industrie zählen zu den alltäglichen Verschleißteilen. In modernen Anlagen werden Drehteile mit Submikrometerpräzision gefertigt. Neben der hochgenauen Positionierung des Werkzeugs durch die Maschine müssen auch die Schneidplatten exakt den Vorgaben genügen, um der geforderten Genauigkeit der Werkzeugmaschine zu entsprechen. Die optischen Mikrometer werden zur Produktionskontrolle der Schneidplatten mit einem Messautomaten eingesetzt. Per pneumatischer Verfahreinheit traversiert der vertikal montierte optische Mikrometer entlang der Messobjektauflage. Nach dem Schattenwurfprinzip erfasst das Messsystem die Breite der hochempfindlichen Schneidkanten, um das Höhenmaß und den Schneidkantenverlauf über die gesamte Länge sicher zu erkennen. Das Messsystem wurde mit einem sehr einfachen und kostengünstigen Aufbau realisiert, der mobil eingesetzt werden kann. Durch die berührungslose Arbeitsweise benötigt das System eine

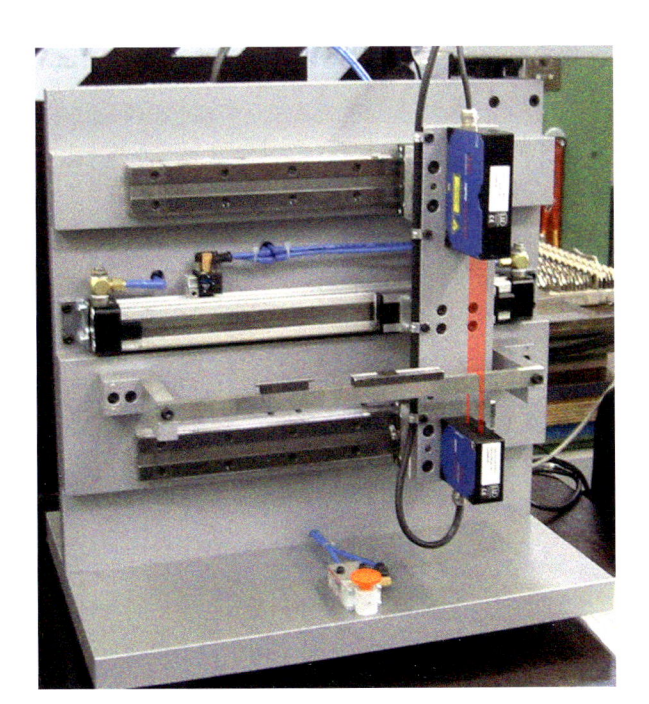

Bild 22.2 Optischer Mikrometer vermisst die Schneidkante im Produktionsprozess (mit freundlicher Genehmigung von Mikro-Epsilon Messtechnik GmbH)

minimale Messzeit und arbeitet verschleißfrei. Die erfassten Messdaten werden an einen PC zur Datenauswertung übergeben. Durch eine grafische Breitenanzeige erfolgt eine schnelle Bewertung des Prüflings.

22.3.2 Automatische Holzplattenvermessung

Optische Mikrometer werden für die automatische Qualitätskontrolle von Span-, MDF- und HDF-Platten eingesetzt. In der Produktion werden die Fertigplatten nach der Verpressung normalerweise von Hand vermessen. Bei der kurzen Taktzeit stellt dies eine mögliche Unfallquelle dar. Außerdem müssen die Platten nach einer automatischen Aufteilung besäumt werden. Der entstehende Verschnitt erhöht die Produktionskosten. Um die Arbeitsvorgänge zu erleichtern und die Kosten zu optimieren, wird hinter der Verpressung und Besäumsäge die Messanlage mit den optischen Mikrometern eingesetzt. Sie vermisst bis zu 2600 mm breite Holzplatten. Dabei erfassen zwei parallel angeordnete, optische Mikrometer berührungslos und präzise die Abmaße der Holzplatte: Länge, Breite, Diagonale und Winkligkeit. Da die Umgebung staubig ist, werden die Optiken der Sensoren mit Pressluft sauber gehalten. Gleichzeitig sind die Sensoren wegen der rauen Umgebungsbedingungen mit einer Glasscheibe geschützt. Bei Beschädigung kann sie einfach und preisgünstig ausgewechselt werden. Zum Mastern und Nullsetzen dient als Vergleichsnormal eine Kalibrierplatte.

Bild 22.3 Die Messung nach dem Abschattungsprinzip erfolgt berührungslos und präzise (mit freundlicher Genehmigung von Mikro-Epsilon Messtechnik GmbH).

23 Terrestrisches Laserscanning

23.1 Verfahrensgrundlagen

Seit einigen Jahren wurden die terrestrischen Laserscanner (TLS) hauptsächlich für Fernerkundung eingesetzt, da die Genauigkeitsanforderungen für 3D-Messobjekterfassung im Vergleich zu anderen bereits etablierten Messverfahren nicht hoch genug war. Die rasante Weiterentwicklung der Hard- und Software haben jedoch dazu geführt, dass in den letzten Jahren eine Vielzahl an neuen Geräten auf dem Markt verfügbar geworden sind und diese sich als berührungsloses Messverfahren zur 3D-Objektformerfassung etablieren konnten.

Prinzip der terrestrischen Laserscanner

Ein Laserpuls wird in Richtung der Oberfläche des Messobjektes mithilfe eines Spiegels abgelenkt. Das ist der Startpunkt für die Zeitmessung. Nach der Reflexion von der Oberfläche gelangt ein Teil des Laserpulses zum Detektor. Das ist der Zeitpunkt fürs Stoppen der Zeitmessung. Nun kann der Abstand zum Messobjekt aus der gemessenen Zeit genau berechnet werden (Bild 23.2).

Vor- und Nachteile der terrestrischen Laserscanner

Vorteile	Nachteile
Sehr große Abstände zum Messobjekt möglich (im Kilometerbereich)	Keine absolute Messung
Messung automatisierbar	Messgenauigkeit im Millimeterbereich
Zusammensetzen der einzelnen Aufnahmen oft nicht erforderlich	Anzahl an Messpunkten gering bei gleicher Messdauer
großflächige Vermessungen möglich	relativ komplexer Aufbau
schnelle Messung	Laserschutzbrille erforderlich

Messgenauigkeit/Messbereich der terrestrischen Laserscanner

Der Arbeitsabstand kann bis zu acht Kilometer betragen (impulslaufzeitmessende Scanner). Die erfassbare Größe des Messobjektes kann von einigen Zentimetern bis zu sehr großen Objekten (Erfassung eines Tagebaus) betragen.

Modernste Messsysteme können bis zu einer Million Punkte pro Sekunde aufnehmen. Die aufgenommenen Messpunkte bilden anschließend eine Punktewolke, die weiterbearbeitet werden kann. Die Vermessung von großen Objekten, z. B. Gebäuden, dauert je nach gewünschter Anzahl der Messpunkte einige Minuten pro Scan. Für das gesamte Gebäude (Aufnahmen von allen Seiten) sind zwei bis drei Stunden erforderlich.

Die Genauigkeit hängt von vielen Faktoren ab. Zu den wichtigsten Einflussfaktoren zählen die Distanz zum Messobjekt, der Auftreffwinkel, die Farbe und die Reflexivität der Oberfläche. Im günstigsten Fall ist eine Genauigkeit von ca. 0,1 mm erreichbar. Im praktischen Einsatz ist jedoch von einer Genauigkeit im Millimeterbereich auszugehen.

Typische Anwendungen der terrestrischen Laserscanner

Terrestrische Laserscanner sind aufgrund des sehr großen Messbereichs und der hohen Genauigkeit (bezogen auf die Messobjektgröße) sehr weit verbreitet. Zu den klassischen Einsatzgebieten zählen:
- Vermessung von Fabrikanlagen
- Forensik
- Geomatik
- Gebäudevermessung
- Tunnelbau
- Denkmal- und Kulturschutz
- Tagebauvermessung.

Die bis zu zehnmal bessere Messgenauigkeit und Datenqualität der neuen Systeme ermöglicht den Einsatz

23.2 Messverfahren des terrestrischen Laserscannings

Den terrestrischen Laserscannern liegen prinzipiell drei Verfahren zugrunde. Bei allen drei Verfahren geht es darum, den Abstand vom Scanner bis zur Oberfläche des Messobjektes zu bestimmen. Für den praktischen Einsatz sind jedoch nicht alle Verfahren relevant. Das Triangulationsverfahren spielt wegen des eingeschränkten Arbeitsabstandes keine Rolle. Deshalb werden im Folgenden das Phasenvergleichsverfahren und das Laufzeitverfahren näher erläutert. Beide Scannertypen führen viele Einzelmessungen durch und setzen diese anschließend zu einer Punktewolke zusammen.

Impulslaufzeitverfahren

Beim Impulslaufzeitverfahren werden Lichtpulse in Richtung der Messobjektoberfläche ausgesendet. Nach der Reflexion an der Oberfläche des Prüflings wird die Rückstreuung von einem Fotodetektor registriert.

Aus der bekannten Lichtgeschwindigkeit im Vakuum c_0, der Brechzahl der Atmosphäre n und der gemessenen Laufzeit t kann die gesuchte Entfernung s folgendermaßen berechnet werden (Joeckel 1995):

$$s = \frac{1}{2 \cdot n} c_0 \cdot t$$

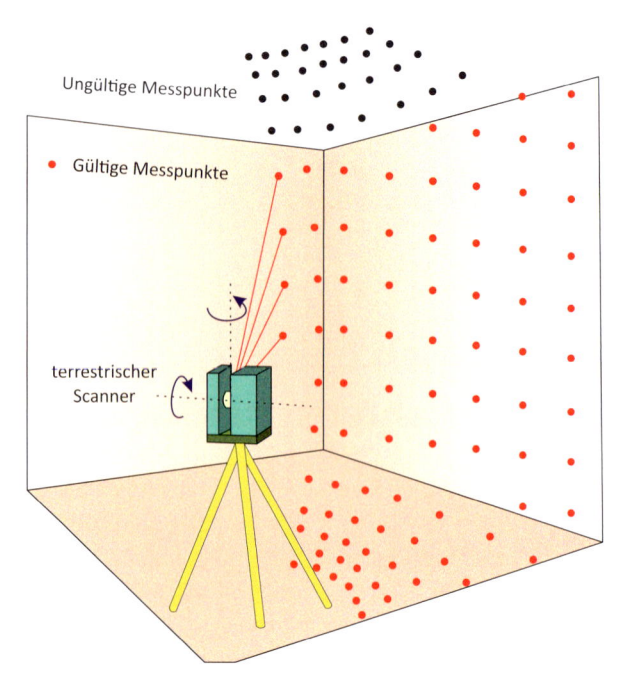

Bild 23.1 Prinzip der flächenhaften Messungen mit einem terrestrischen Laserscanner

Der große Vorteil dieses Verfahrens ist der große Arbeitsabstand. Die Genauigkeit ist jedoch im Vergleich zu den Systemen, die nach dem Phasenvergleichsverfahren arbeiten, schlechter.

Phasenvergleichsverfahren

Die ausgestrahlte Welle wird am Messobjekt reflektiert und vom Messsystem wieder empfangen. Bei der Welle handelt es sich um eine harmonische elektromagnetische Welle, sodass ein Vergleich der Phasenverschiebung gegenüber der ausgesandten Welle vorgenommen werden kann (Bild 23.3).

Die Wellenlänge λ des verwendeten Lasers ist also die Maßeinheit für die Abstandsmessung.

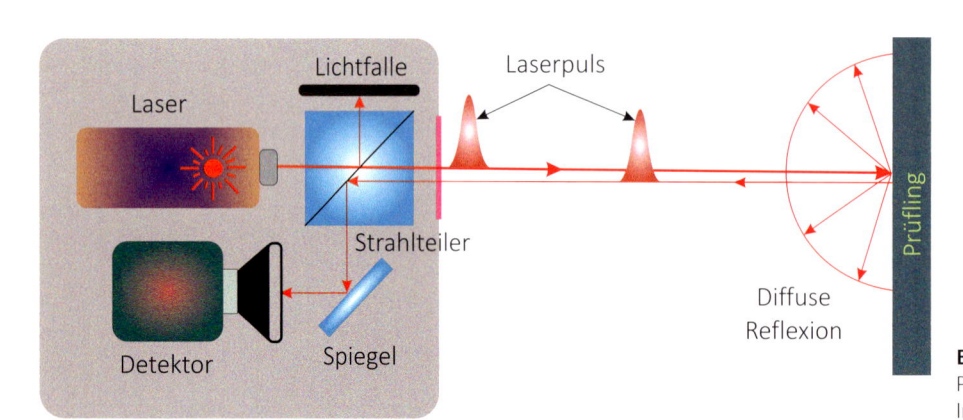

Bild 23.2 Prinzip des terrestrischen Impulslaufzeitverfahrens

23.2 Messverfahren des terrestrischen Laserscannings

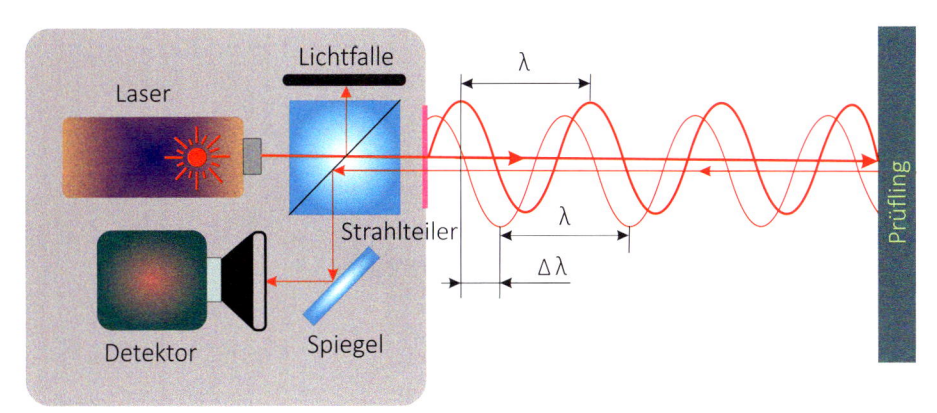

Bild 23.3 Prinzip des terrestrischen Phasenvergleichverfahrens

$$\lambda = \frac{c}{f}$$

c – Lichtgeschwindigkeit
f – Frequenz der Welle

Aus der Phasenverschiebung kann die Entfernung s jedoch nicht direkt bestimmt werden, da die Ordnung N der registrierten Sinusschwingung nicht bekannt ist. Dabei handelt es sich um das sogenannte Mehrdeutigkeitsproblem.

$$2s = N \cdot \lambda + \Delta\lambda$$

$\Delta\lambda$ – Wellenreststück (Phasenverschiebung)

Zum Lösen des Mehrdeutigkeitsproblems wird eine Überlagerung der Trägerwelle mit mehreren Modulationswellen verwendet, sodass eine neue Wellenlänge (wesentlich größer) generiert wird.

Das Phasenschiebeverfahren zeichnet sich gegenüber dem Impulslaufzeitverfahren durch eine höhere Genauigkeit aus. Außerdem sind die Messungen sehr schnell. Nachteil dieser Methode ist die begrenzte Reichweite (max. ca. 100 m) bei der Abstandsmessung.

Aufbau der Scanner und Realisierung der Messungen

Zum 3D-Vermessen von Objekten ist die Oberfläche an möglichst vielen Punkten abzutasten. Das bedeutet, dass der Strahl gezielt abzulenken ist. Das wird dadurch realisiert, dass das Messsystem mehrere Rotationsachsen besitzt. Die Rotation des Messgerätes um die vertikale Achse erfolgt mithilfe von Servomotoren. Dabei wird die Position des Sensorkopfes hochgenau bestimmt und fließt in die Berechnungen mit ein.

Die Rotation um die horizontale Achse wird mithilfe von rotierenden Spiegeln erzielt. Dabei gibt es eine Vielzahl an verschiedenen Arten der Strahlablenkung mithilfe von rotierenden Spiegeln.

Je nachdem welche Art der Strahlablenkung eingesetzt wird und wie viele Rotationsachsen das Messgerät hat, ergeben sich unterschiedliche Sichtfelder. Die einfachsten Systeme (mit oszillierenden Spiegeln, also die erste Art aus Bild 23.5) und ohne Drehung des Scannkopfes können lediglich sehr eingeschränkte Abschnitte der Umgebung erfassen. Bei Erweiterung eines einfachen Messsystems um die Rotation um die vertikale Achse wird das Sichtfeld wesentlich größer. Zur Realisierung der sogenannten Panoramascanner ist zusätzlich eine 360°-Rotation um die horizontale Achse, mit z. B. rotierenden Schrägspiegeln, umzusetzen (Hesse 2007).

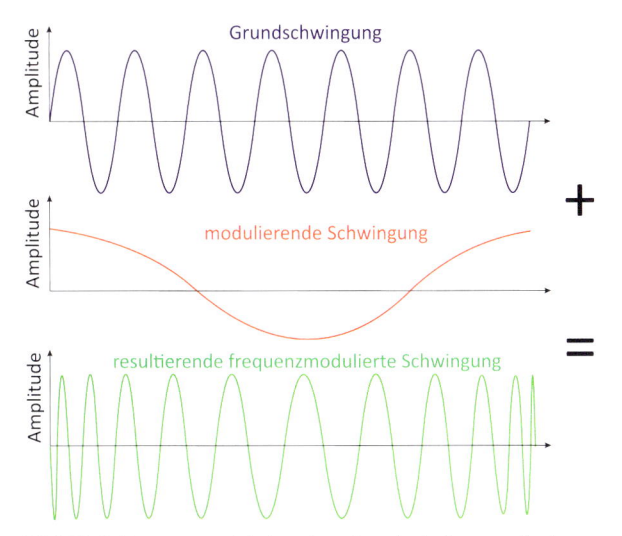

Bild 23.4 Frequenzmodulation einer Grundschwingung mittels einer modulierenden Schwingung

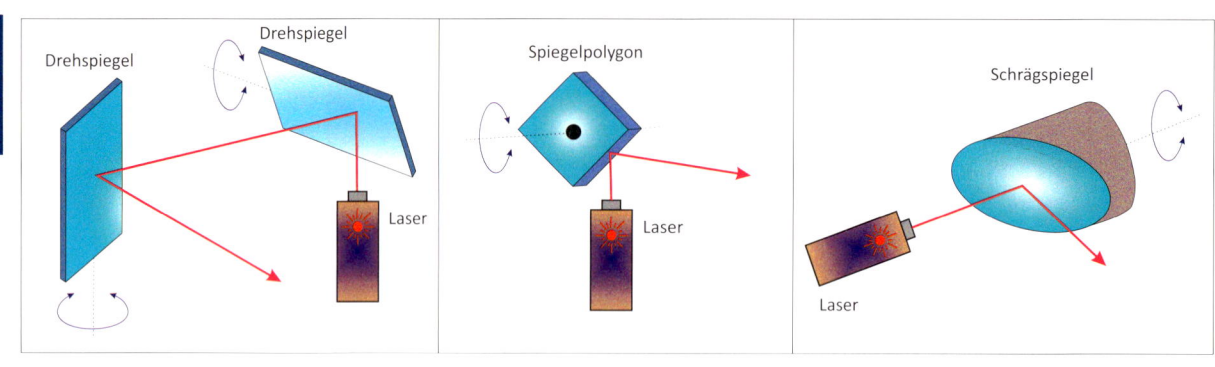

Bild 23.5 Drei verschiedene Arten der Strahlablenkung bei terrestrischen Scannern

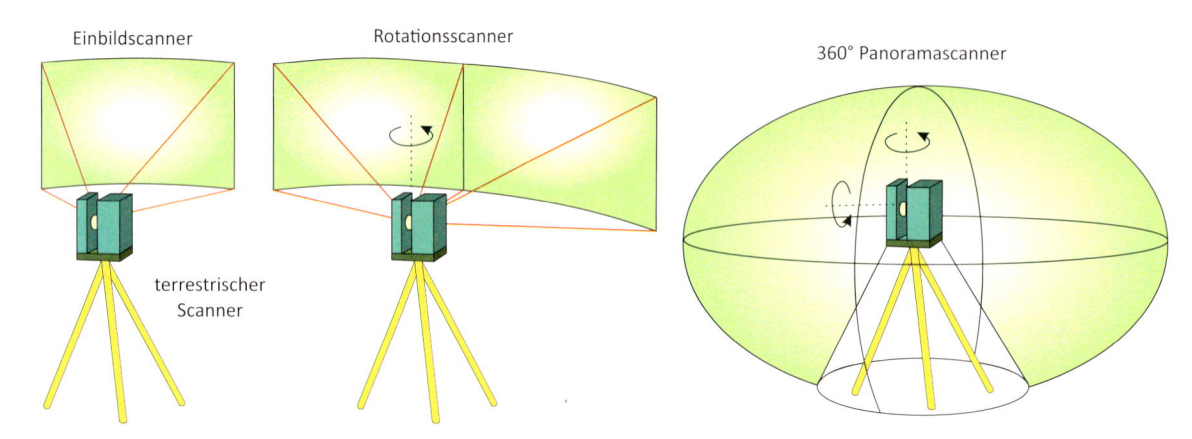

Bild 23.6 Unterscheidung der terrestrischen Laserscanner nach Sichtfeld

Einflussfaktoren auf die Messung

Bei Messungen darf sich der Standpunkt des Messsystems nicht ändern, folglich sind auch Vibrationen zu vermeiden.

Ein wichtiger limitierender Faktor ist die Reflexion an der Oberfläche des Prüflings. Die besten Ergebnisse werden auf diffus streuenden Oberflächen erreicht. Spiegelnde und stark laserstrahlabsorbierende Oberflächen sind für die Messungen nicht geeignet. Die Farbe des Messobjektes spielt eine Rolle.

Da die Messung nicht im Vakuum erfolgt, sind die Einflüsse der Atmosphäre zu berücksichtigen. Die Lichtgeschwindigkeit hängt von den atmosphärischen Einflüssen (Lufttemperatur, Luftfeuchte, Luftdruck) ab. Außerdem können Partikel (Staub, Nebel) in der Luft unter Umständen die Messungen verfälschen oder sogar unmöglich machen.

Da der Laserpunkt nicht unendlich klein sein kann, entstehen oft beim Vermessen von Kanten Verfälschungen. Das liegt daran, dass ein Teil des Laserpunktes auf der einen Seite der Kante reflektiert wird, während der Rest auf die Oberfläche hinter der Ecke auftrifft und von dort reflektiert wird. Das Ergebnis ist ein Mittelwert aus den beiden Reflexionen und entspricht somit der Realität nicht mehr.

23.3 Anwendungsbeispiele des terrestrischen Laserscannings

Es gibt sehr viele terrestrische Laserscanner auf dem Markt, die für verschiedenste Messaufgaben eingesetzt werden. Der Messbereich ist bei den meisten Herstellern modellabhängig. Die Genauigkeit hängt ihrerseits entscheidend vom Messabstand ab.

Bild 23.7 Die gesamte Unterseite einer Boeing 747 (mit freundlicher Genehmigung der Limess Messtechnik und Software GmbH)

23.3.1 Terrestrische Flugzeugvermessung

Aufgrund der enorm verbesserten Messgenauigkeit der modernen Systeme, werden die terrestrischen Laserscanner auch für typische Reverse Engineering-Aufgaben zunehmend eingesetzt. Der große Vorteil liegt darin, dass ein viel größeres Messvolumen mit einer einzigen Aufnahme erfasst wird. Dadurch müssen viel weniger Aufnahmen gemacht und somit auch zusammengesetzt werden.

Die gesamte gemessene Punktewolke der Flugzeugunterseite besteht aus 12 Scans, die in drei Stunden aufgenommen wurden. Dabei entstand ein Datensatz aus 380 Millionen Messpunkten. Nach weiteren fünf Stunden stand ein Polygonmodell zur Verfügung. Der gesamte Aufwand für die Vermessung von einem solch großen Messobjekt ist also recht überschaubar.

23.3.2 Digitalisierung des Wasserkraftwerkes Atlantis

Bereits in der Antike nutzten die Menschen die Energie des fließenden Wassers. Mit den Wasserkraftwerken geht man noch einen Schritt weiter und betreibt sie unter der Wasseroberfläche. Die Funktionsweise ist vergleichbar mit der der Windkraftanlagen. Der Unterschied besteht darin, dass nicht der Wind, sondern Unterwasserströmungen die Rotorblätter antreiben. Die Länge der Rotorblätter beträgt dabei bis zu 10 m. Für die Vermessung eines solch komplexen Bauteils waren 16 Scans und insgesamt lediglich fünf Stunden erforderlich. Im Vordergrund stand dabei die hochpräzise Digitalisierung der Komponenten.

Bild 23.8 Wasserkraftwerk Atlantis (mit freundlicher Genehmigung der Limess Messtechnik und Software GmbH)

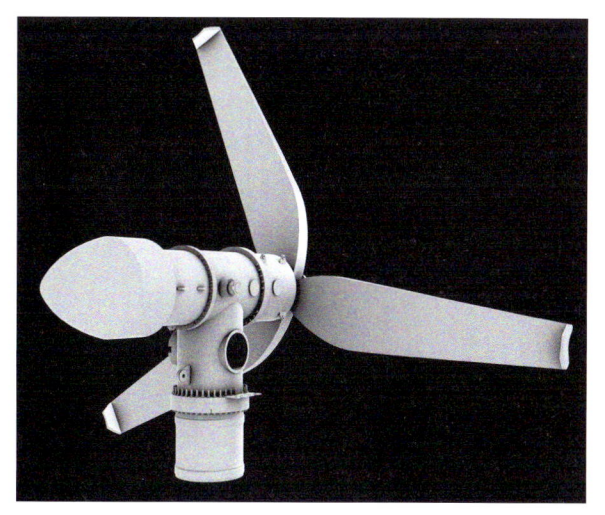

Bild 23.9 3D-Modell des vermessenen Gezeitenkraftwerkes Atlantis (mit freundlicher Genehmigung der Limess Messtechnik und Software GmbH)

23.3.3 Terrestrische Truck-Vermessung

Bei diesem Anwendungsbeispiel ging es darum, einen Truck dreidimensional zu erfassen. Auch der Lastkraftwagen musste aus verschiedenen Richtungen aufgenommen werden. Dabei wurden entsprechende Targets verwendet, um die Ausrichtung der einzelnen Scans zu erleichtern.

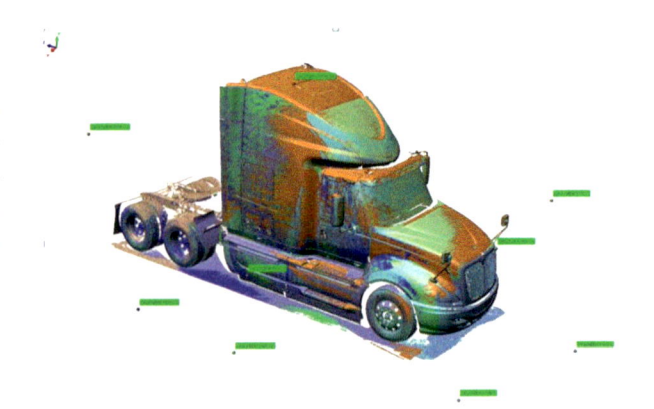

Bild 23.10 Truck aus mehreren Einzelscans zusammengesetzt (mit freundlicher Genehmigung der Limess Messtechnik und Software GmbH)

24 Shape from Shading

24.1 Verfahrensgrundlagen

Mit diesem Verfahren ist es möglich, die Form des Messobjektes aus der Schattierung zu bestimmen. Um in Gemälden die Illusion von Tiefe zu vermitteln, werden hell-dunkel Übergänge verwendet. Mit dem Verfahren Shape from Shading wird dieses Prinzip umgekehrt. Aus der Helligkeitsverteilung der Aufnahmen bei bekannter Beleuchtung wird die Objektform berechnet (Photometrie).

Messgeräte nach dem „Shape from Shading"-Prinzip sind erst seit wenigen Jahren auf dem Markt. Der Ursprung des Verfahrens geht auf den Planetologen Thomas C. Rindfleisch (1966) und B. Horn (1970), die als erste praktikable Lösungsansätze formuliert haben.

Prinzip des Verfahrens Shape from Shading

Der Prüfling wird aus mehreren Richtungen nacheinander beleuchtet, wobei eine Kamera aus unveränderter Position das Messobjekt aufnimmt. Aus den aufgenommenen Abschattungen ist es nun möglich, die Oberflächenform mathematisch zu bestimmen (Bild 24.2).

Vor- und Nachteile des Verfahrens Shape from Shading

Vorteile	Nachteile
Großflächige Messungen möglich	Keine absolute Messung
Genauigkeit (hängt von der Objektgröße ab)	Abschattungen vorhanden
Messung automatisierbar	Interpretierbarkeit der Messwerte nicht einfach
Oberflächenanalyse auf Fehler möglich	in laufende Fertigung schwer zu integrieren
Einfluss der Oberflächenbeschaffenheit gering	
einfache Komponenten	

Messgenauigkeit und Messbereich des Verfahrens Shape from Shading

Mit dem Verfahren Shape from Shading können Messobjekte mit einer Höhe von bis zu einigen Metern vermessen werden. Es gibt aber bereits Ansätze zur Vermessung von Planetenoberflächen. Da die Beleuchtung in diesem Fall nicht gleichmäßig ist und nicht beeinflusst werden kann, liegt die Genauigkeit im Meterbereich. In stationären Anlagen mit idealer Beleuchtung liegen die Genauigkeiten im Submillimeterbereich. Die Oberflächenbeschaffenheit spielt in Bezug auf die Genauigkeit eine große Rolle. Im Idealfall soll die Beschaffenheit der Oberfläche diffus spiegelnd sein.

Typische Anwendungen des Verfahrens Shape from Shading

Shape from Shading wird in erster Linie für die Qualitätskontrolle in der industriellen Fertigung eingesetzt. Mit diesem Messverfahren ist es möglich, Oberflächen- und Formkontrolle vorzunehmen, wobei auch sehr kleine Formabweichungen erkannt werden. So können z. B. Knitter und Falten in Stoffen schnell erfasst und ausgewertet werden.

Schlagzahlen und Prägeschriften erkennt das Messsystem zuverlässig und schnell. Deshalb werden „Shape from Shading"-Messsysteme in laufende Produktion integriert, um z. B. Prägeschriften auf medizinischen Verpackungen zu lesen.

Mit Shape from Shading können auch sehr große Objekte, wie beispielsweise Planeten, dreidimensional vermessen werden.

24 Shape from Shading

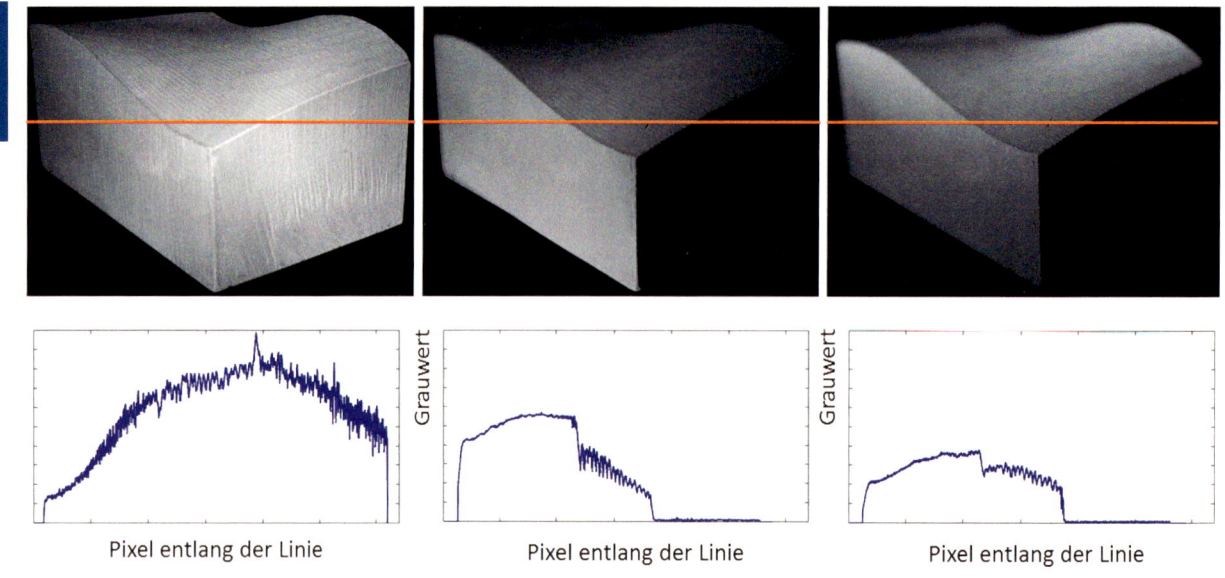

Bild 24.1 Beleuchtung des Messobjektes aus verschiedenen Richtungen mit Ausgabe der Grauwerte entlang der eingezeichneten Linie

24.2 Messverfahren Shape from Shading

Das Messobjekt wird aus verschiedenen Richtungen beleuchtet, wobei im Idealfall die Position des Messobjektes nicht verändert wird. Abhängig von der Geometrie des Messobjektes ergeben sich unterschiedliche Intensitätsprofile (Abschattungen) für gleiche Kamerapixel. Bild 24.1 zeigt einen Würfel der aus drei verschiedenen Perspektiven beleuchtet und die Intensität entlang einer Linie für die Oberflächenvermessung abgegriffen wird (Grauwerte entlang der eingezeichneten Linie).

Der Detektor erfasst die Intensitäten in jedem Pixelpunkt. Das Ziel ist, aus den gemessenen Intensitäten die Oberflächenform zu berechnen.

Im ersten Schritt werden aus den Intensitäten die Gradienten (p, r) bestimmt. Der Normalenvektor n ist wie folgt definiert (Söll, Moritz, Ernst 2006):

$$n = \frac{1}{\sqrt{1+p^2+q^2}} \begin{pmatrix} -p \\ -q \\ 1 \end{pmatrix}$$

Die gemessene Intensität I kann mithilfe folgender Formel beschrieben werden:

$$I(x,y) = b \cdot n \cdot s$$

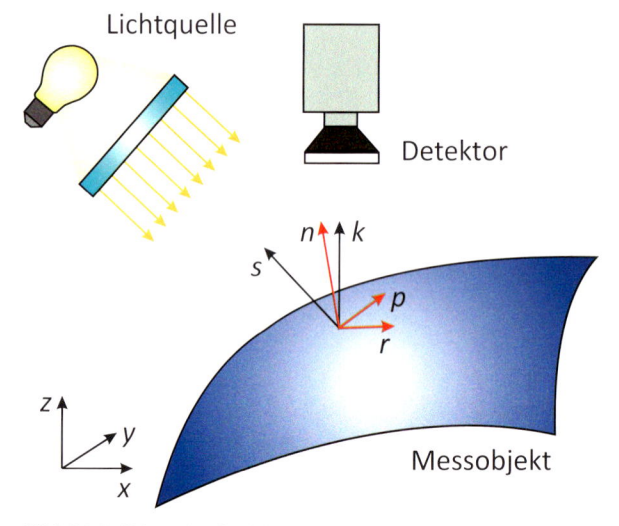

Bild 24.2 Skizze des Funktionsprinzips des Verfahrens Shape from Shading

Mit dem Faktor b werden die Intensität beeinflussenden Faktoren berücksichtigt. Das sind:
- Position der Kamera relativ zur Messobjektoberfläche
- Lichtempfindlichkeit der verwendeten Kamera
- Intensität des eingestrahlten Lichtes
- Reflexionskoeffizient der Messobjektoberfläche.

Die Richtung des eingestrahlten Lichtes s ist aus dem Messaufbau bekannt. Nun kann die letzte Gleichung um den Normalenvektor erweitert werden.

$$I(x,y) = b \frac{1}{\sqrt{1+p^2+q^2}} \begin{pmatrix} -p \\ -q \\ 1 \end{pmatrix} s$$

Diese Gleichung ist so noch nicht zu lösen, da sie drei Unbekannte (p, q, b) enthält. Folglich werden mindestens drei unabhängige Gleichungen benötigt, um ein bestimmtes Gleichungssystem zu erhalten. Dies wird dadurch realisiert, dass das Messobjekt aus verschiedenen Richtungen mit homogenem und parallelem Licht beleuchtet wird. Im industriellen Einsatz hat sich eine Methode mit vier Belichtungen etabliert.

Nach der Bestimmung der Gradienten p und q für jeden Kamerapunkt, kann die Oberflächenform durch numerische Integration berechnet werden. Mit dieser Methode wird also die relative Oberflächenform und nicht die absolute Entfernung erfasst.

Mit diesem Verfahren können lediglich die Bereiche ausgewertet werden, die von der Kamera als Grauwerte (Intensität) gesehen werden. Abschattungen (an steilen Kanten oder Hinterschneidungen) führen dazu, dass diese Bereiche nicht gesehen werden und folglich auch die lokalen Gradienten nicht zu erhalten sind. Die besten Ergebnisse werden an relativ ebenen Messobjekten erreicht.

Durch eine geschickte Anordnung der Beleuchtungsquellen ist es möglich, den Einfluss der Oberflächenbeschaffenheit zu reduzieren, sodass auch farbliche Messobjekte problemlos erfasst werden.

25 Hybride Messverfahren

25.1 Verfahrensgrundlagen

Messverfahren lassen sich auch als sogenannte Hybridmessverfahren geeignet kombinieren. Dabei können die Vorteile einzelner Verfahren gezielt genutzt und zu einem gewünschten Gesamtergebnis kombiniert werden.

Dabei sind beispielsweise bestimmte geometrische Merkmale, wie z. B. die 3D-Position eines Durchgangsloches, automatisiert und schnellstmöglich während des Fertigungsprozesses zu messen.

Funktionsprinzip der hybriden Messverfahren

Ein bekanntes Verfahren wertet beispielsweise mit Kamerabildern über den Kontrast die Kontur von Löchern aus, bewertet den Ebenenabstand und die Orientierung in der dieses Loch mithilfe einer sogenannten 5-Linien-Triangulation liegt und erhält aus dieser Kombination die 3D-Postion X/Y/Z, die Orientierung (A/B/C) sowie Größeninformationen wie z. B. den Durchmesser.

Dadurch, dass stets nur die jeweils relevanten Informationen eines Merkmals ausgewertet werden, ist das Messverfahren sehr schnell (typ. < 1 Sek.). In einem solchen Sensor sind mehrere Beleuchtungen unterschiedlicher Prinzipien, wie z. B. Hellfeld, Dunkelfeldbeleuchtung, Streifenprojektion, integriert (Bild 25.2).

Vor- und Nachteile der hybriden Messverfahren

Je nachdem, welche Messverfahren in einem Messsystem integriert werden, ergeben sich zum Teil andere Vor- und Nachteile.

Vorteile	Nachteile
Hohe Messgenauigkeit	Keine absolute Messung
hohe Messgeschwindigkeit	nicht immer für dynamische Messungen geeignet
geringe Datenmengen (einfachere Archivierung)	Interpretierbarkeit der Messwerte nicht immer einfach
Vermessungen automatisierbar	evtl. teurer als Einzelsysteme
vorkonfigurierte Templates für die Messung	
robuste Messungen	

Messbereich/Genauigkeit

Das Messvolumen des Sensors ist für die Realisierung eines kompakten Aufbaus zur Steigerung der Zugänglichkeit (z. B. Radhaus, Karosserieinnenraum) vergleichsweise klein.

Obwohl das Messvolumen durch Verwendung verschiedener Objektive anpassbar wäre, wird für die Tauschbarkeit und Langzeitverfügbarkeit im Automobilbereich versucht, die Variantenanzahl möglichst gering zu halten und einen für den Einsatzzweck besten Kompromiss zu finden.

Exemplarisch sei ein Messvolumen von $80 \times 60 \times 20$ mm genannt, bei dem eine Vielzahl typischer Blechmerkmale gemessen werden können. Je nachdem welche Verfahren miteinander kombiniert werden, entstehen selbstverständlich unterschiedliche Messvolumina. Größere Objektmerkmale können über die Antastung mehrerer Positionen und entsprechende Verrechnung gemessen werden. Typische Sensorgenauigkeiten liegen bei einer Reproduzierbarkeit von < 0,02 mm etwa für Messung der Position eines Loches. Die Linearität liegt i. d. R. bei < 0,05 mm.

Typische Anwendungen der hybriden Messverfahren

Für die 100 %-Kontrolle im Karosseriebau müssen montagerelevante Merkmale an Bauteilen im Fertigungstakt kontrolliert werden. Bei dieser sogenannten In-line-Messtechnik werden komplexe Geometriemerkmale (Features) wie z. B. Löcher, Kanten, Spalt- und Bündigkeit, Bolzen innerhalb eines Produktionstaktes gemessen und ausgewertet, um unmittelbare Maßnahmen (z. B. Ausschleusung, Nacharbeit) einleiten zu können.

Wurde dies in der Vergangenheit mithilfe stationär installierten Inlinesensoren (Festsensoren) realisiert, wobei regelrechte „Sensorwälder" in die Fertigungslinien integriert wurden, sind heute immer häufiger flexible Messsysteme im Einsatz. Hierbei werden Roboter mit optischen 3D-Sensoren ausgestattet, um individuelle Messprogramme abfahren zu können – abhängig von Problemstellungen und Modellen, die in einer Fertigungslinie produziert werden (Bild 25.1).

Dabei werden als EOL („End-Of-Line")-Prüfung am Ende einzelner Schweisslinien wichtiger Strukturteile und Baugruppen (z. B. Unterbau) Messroboter eingesetzt, die jedes einzeln gefertigte Bauteil bezüglich seiner Maßhaltigkeit prüfen.

Dabei können stochastische Fehler – aber auch mittels statistischer Prozesskontrolle Drifts (Trends) – in der Produktion erkannt und erforderliche Korrekturmaßnahmen rechtzeitig eingeleitet werden.

25.2 Beschreibung der hybriden Messverfahren

Bei dem gewählten Beispiel erfolgt die Bestimmung der 3D-Messoberfläche über Triangulation. Im Vergleich zum Verfahren Streifenprojektion werden nur wenige Linien als statisches Gitter projiziert und es erfolgt keine Phasenschiebung.

Mit einer Mehrlinientriangulation (z. B. fünf Linien) werden lateral verteilte 3D-Punkte ermittelt, aus denen eine Ebene berechnet wird. Die Verteilung der Punkte wird über ROIs (Regions of Interest) so definiert, dass der Fehler beim Fit einer Ebene möglichst gering gehalten wird.

Für die Ermittlung von komplexen Geometriemerkmalen (Löcher) wird ein 2D-Grauwertbild einer Kamera aufgenommen – unter Verwendung einer Beleuchtung, die zu einer möglichst optimalen und vollständigen Kontrastierung von Konturen führt. Dieses 2D-Ergebnis (z. B. Position und Durchmesser) wird danach auf die vorher gemessene Ebene projiziert und ein 3D-Ergebnis erhalten.

Auf beiden Seiten eines Geometriemerkmals werden triangulatorisch Flächenpunke erfasst und aus allen ermittelten verteilten Abstandskoordinaten eine Ebene berechnet.

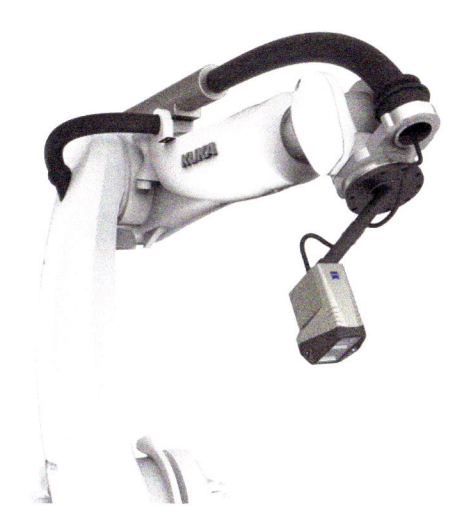

Bild 25.1 Messroboter mit 3D-Sensor (mit freundlicher Genehmigung von Carl Zeiss Automated Inspection GmbH & Co. KG)

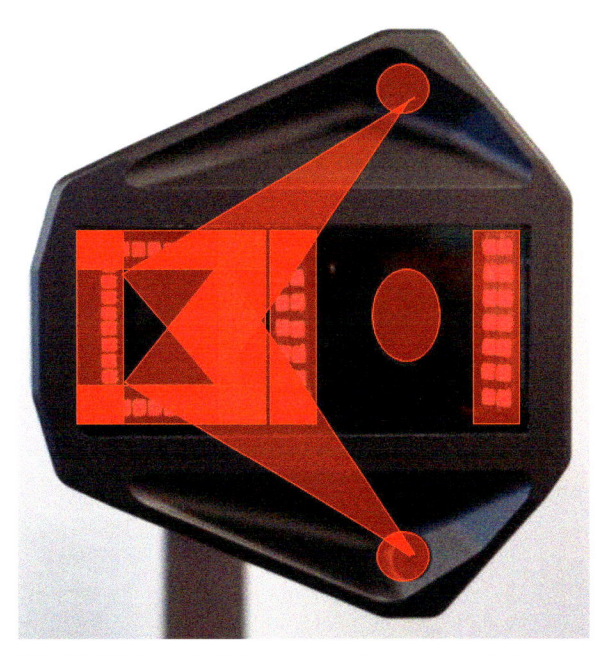

Bild 25.2 Unterschiedliche Mess- und Beleuchtungsprinzipien (2D und 3D) integriert in einen kompakten Sensor (mit freundlicher Genehmigung von Carl Zeiss Automated Inspection GmbH & Co. KG)

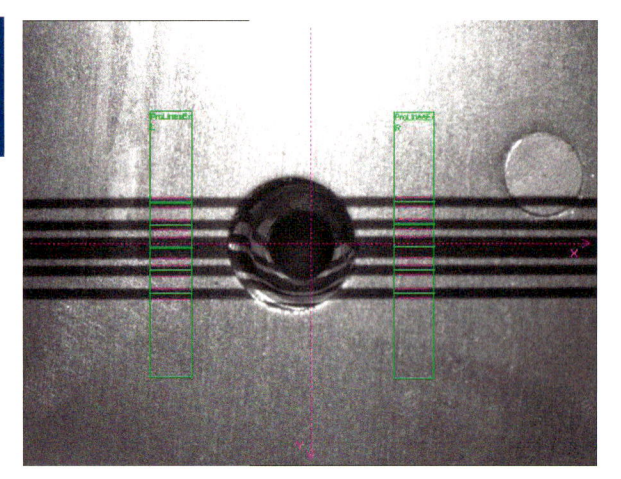

Bild 25.3 3D-Ebenenmessung mit Mehrlinientriangulation (mit freundlicher Genehmigung von Carl Zeiss Automated Inspection GmbH & Co. KG)

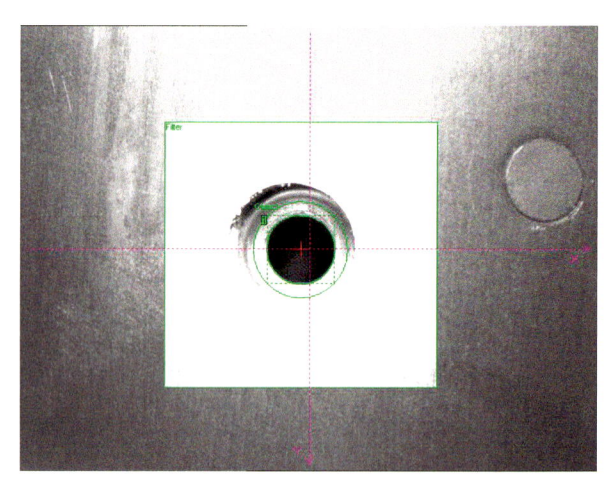

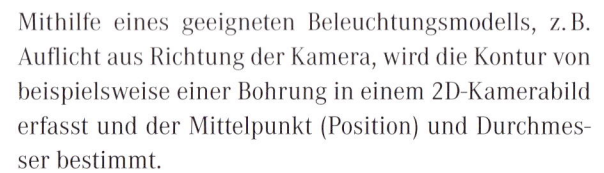

Bild 25.4 2D-Konturerfassung einer Bohrung aus Kamerabild (mit freundlicher Genehmigung von Carl Zeiss Automated Inspection GmbH & Co. KG)

Mithilfe eines geeigneten Beleuchtungsmodells, z.B. Auflicht aus Richtung der Kamera, wird die Kontur von beispielsweise einer Bohrung in einem 2D-Kamerabild erfasst und der Mittelpunkt (Position) und Durchmesser bestimmt.

Für die Messung von Schweißbolzen existiert ein von ZEISS zum Patent angemeldetes Verfahren, bei dem der Bolzen aus zwei Richtungen beleuchtet wird und der Kreuzungspunkt der Mittellinie zweier Schatten in eine gemessene 3D-Ebene projiziert wird. Bei diesem indirekten aber sehr einfachen Verfahren kann der Fußpunkt eines Bolzens in seiner Befestigungsebene maßgeblich unabhängig von seiner Formgeometrie, seinen Materialeigenschaften und auftretenden Schmauchspuren eines Schweißprozesses robust und reproduzierbar gemessen werden.

Die beschriebene Beleuchtung zur Bolzenmessung, lässt sich auch für eine optimierte Kontrastierung gebogener Bleche (Bördelkanten) verwenden. Dabei können Randkonturen optisch gut ermittelt werden. Mit diesem Verfahren lassen sich Beschnitte oder auch Spalt- und Bündigkeitsmessungen realisieren.

Neben der Messung von montagerelevanten Merkmalen sind auch Prozessfehler, die Montage- oder Fügevorgänge verhindern, zu erkennen. Bei sogenannten attributiven Merkmalen sind i.O.- oder n.i.O.-

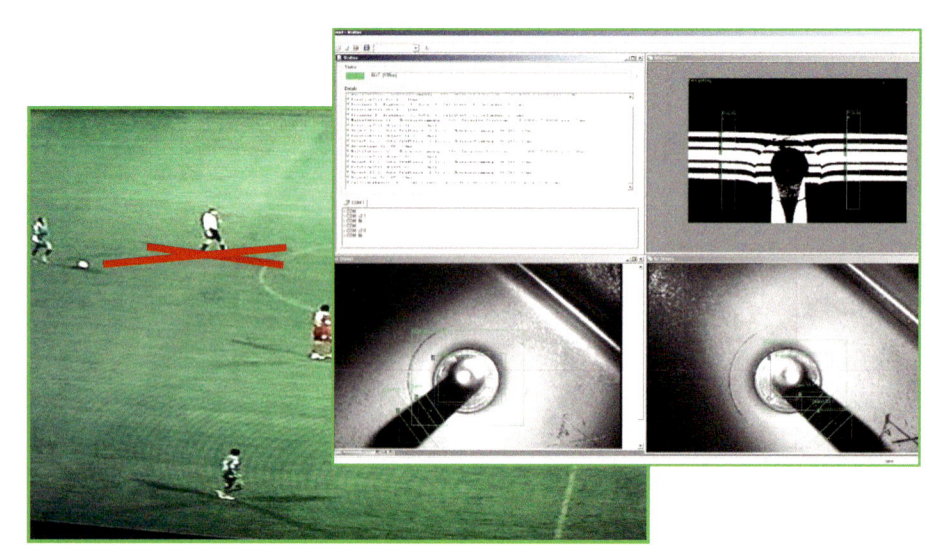

Bild 25.5 Die Kreuzung zweier Schlagschatten gibt Auskunft über den Befestigungspunkt eines Schweißbolzens (mit freundlicher Genehmigung von Carl Zeiss Automated Inspection GmbH & Co. KG).

Entscheidungen zu treffen. Dies können z. B. Schweißfahnen sein, die beim Schweißen von Gewindemuttern auftreten und einen Schraubprozess beinträchtigen können. 2D-Bildaufnahmen in einem 3D-Sensor können auch für Barcode oder Matrixcode zur Teileidentifizierung ohne externe Zusatzsensorik ein Vorteil sein.

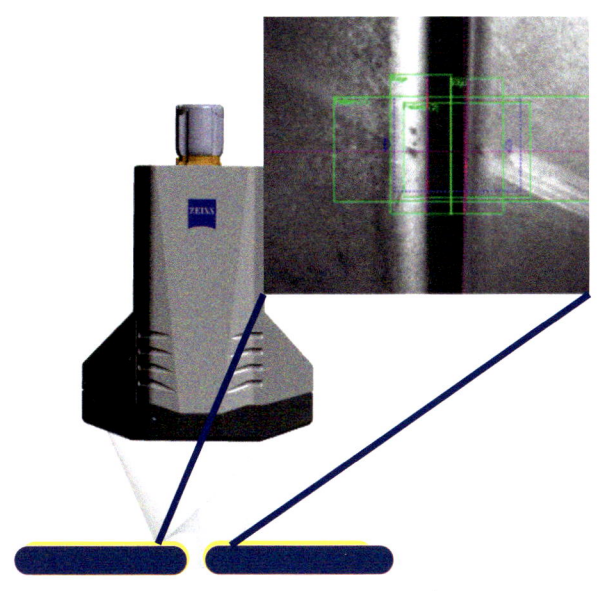

Bild 25.6 Kantenkontrastierung zur Beschnitt/Spalt- und Bündigkeitsmessung (mit freundlicher Genehmigung von Carl Zeiss Automated Inspection GmbH & Co. KG)

25.3 Anwendungsbeispiele der hybriden Messverfahren

Die optische 3D-Koordinatenmesstechnik erfasst die gesamte Bauteilgeometrie in einer hochauflösenden Punktewolke. Diese Vorgehensweise generiert dabei aber große Datenmengen, deren Auswertung von 5 bis über 15 Minuten benötigt. Ein Schwerpunkt ist die Ermittlung von Freiformflächen. Die Messung verhältnismäßig kleiner Geometriemerkmale (z. B. einer 8 mm

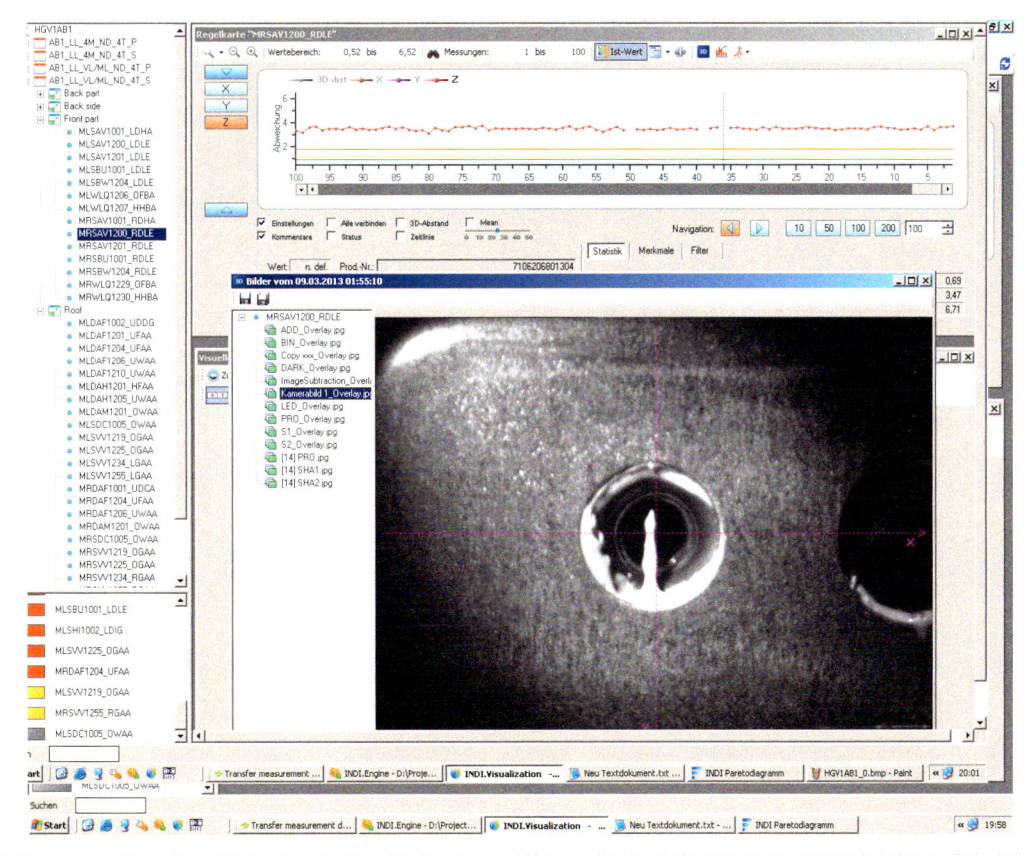

Bild 25.7 Erkennung attributiver Merkmale am Beispiel einer Schweißfahne, die den Schraubprozess beeinträchtigen würde (mit freundlicher Genehmigung von Carl Zeiss Automated Inspection GmbH & Co. KG).

Schweißmutter hinter Blech) in einem großen Sichtfeld von z. B. 700 × 500 mm stellt für die automatisierte Auswertung mit hoher Reproduzierbarkeit jedoch eine Herausforderung dar.

Das vorgestellte Verfahren ermittelt nur die wesentlichen charakteristischen Merkmalskoordinaten, um zum Messergebnis zu kommen. Dabei ist das Sichtfeld so ausgelegt, dass in der Regel nur ein Merkmal mit einer Sensoraufnahmeposition, Bild- und Beleuchtungssequenz bestimmt wird.

Flexibilität erhält das System, indem ein Roboter den Sensor zur definierten Messstelle positioniert und die Messung auslöst. Für große Bauteile wir z. B. Komplettkarosserien werden mehrere Roboter projektiert. In dieser roboterbasierten Inlinemesstechnik misst jeder Roboter innerhalb des Produktionstaktes zwischen 15 und 30 priorisierte fertigungsrelevante Merkmale (Bild 25.8).

Verschiedene Modelle, die auf einer Plattform produziert werden, und Bauteilvarianten (z. B. Batteriemulden für Hybridantriebe oder Rechts-/Linkslenker) werden in flexiblen Fahrprogrammen berücksichtigt.

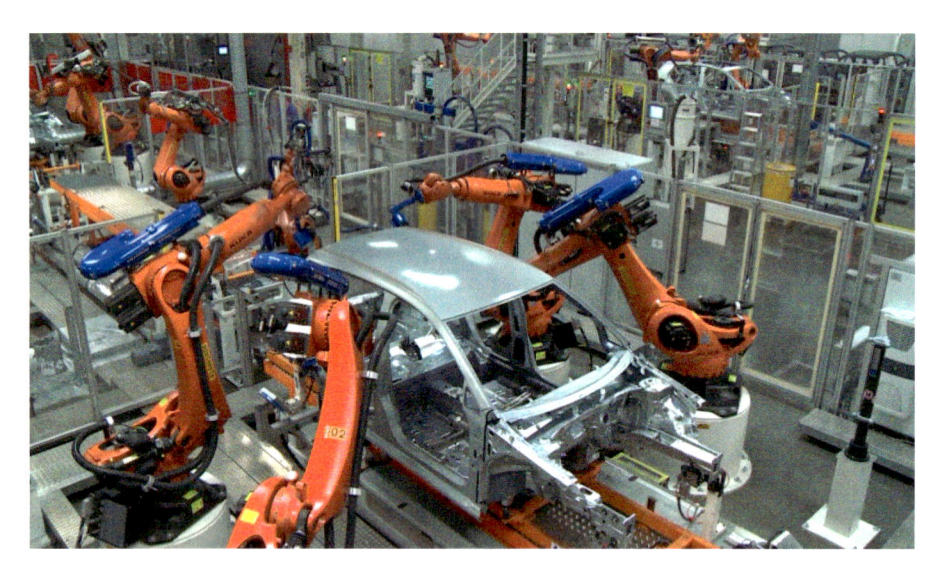

Bild 25.8
Vier Messroboter überprüfen die geometrische Masshaltigkeit einer Autokarosserie (mit freundlicher Genehmigung von Carl Zeiss Automated Inspection GmbH & Co. KG)

26 Literaturverzeichnis zu Teil I

Azad, P.: Entwicklung eines Projektor-basierten 3D-Scanners für dynamische Szenen, Universität Karlsruhe, 2003

Bauer, N.: Handbuch zur industriellen Bildverarbeitung, Fraunhofer IRB Verlag, 2007

Brodmann, R.: et al., Kenngrößen der Mikrostruktur definiert. VDA-Richtlinie für die Oberflächenmessung mit Streulicht. QZ 2008, 53 (7), S. 46–49.

Depenthal, C.: Entwicklung eines zeitreferenzierten 4-D-Kalibrier- und Prüfsystems für kinematische optische Messsysteme, Universität Karlsruhe, 2008

Erber, M.; Die glasartige Dynamik von Polymeren mit spezieller Architektur in eingeschränkter Geometrie dünner Filme, Logos Berlin Verlag, 2010

Fries, K.: Realisierung eines dreidimensionalen Laserscanners auf Basis der Lichtschnitttechnik, Hochschule für angewandte Wissenschaften Hamburg, 2009

Galanulis, K.; Reich, C.: 3D-Digitizing in Optimization of Sheet Metal Processing. Proceedings of IDDRG 2010, 31th May – 2nd June 2010, Graz, Austria, pp. 917–924, ISBN 978-3-85125-108-1

Glaser, U.; Zhichao, L.; Pfeifer, T.: Multisensorbasierte Fertigungskontrolle durch effiziente Prüf- und Messplanung, RWTH Aachen, 2003

Gockel, T.: Interaktive 3D-Scannererfassung mittels One-Shot-Musterprojektion und schneller Registrierung, S. 29, Universitätsverlag Karlsruhe, 2006

Hercke, T.: Daimler AG, Stuttgart, private Mitteilung

Hesse, C.: Ein Beitrag zur hochauflösenden kinematischen Objekterfassung mit terrestrischen Laserscannern, Verlag der Bayrischen Akademie der Wissenschaft, Dissertation, 2007

Horn, E., Kiryati, N.: Toward Optimal Structured Light Patterns, Int. Conf. On Recent Advances in 3D-Digital Imaging and Modeling, pp. 28–35, Ottawa (Canada), 1997

Joeckel, R.; Stober, M.: Elektronische Entfernungs- und Richtungsmessung, 3. erweiterte Auflage, Verlag Konrad Wittwer, Stuttgart, 1995

Kasper, R.; Lückel, J.; Jäker, K.-P., Schröer, J.: CACE-Tool for multi-input, multi-output systems using a new vector optimization method. Int. J. Control 51, 1990, S. 963–993

Kraus, K.: Photogrammetrie Geometrische Informationen aus Photografien und Laserscanneraufnahmen, Deutsche Nationalbibliothek, 2004

Lücke, P.; Last, A.; Mohr, J.: Mikroskopische Sensoren nach dem chromatisch konfokalen Messprintip, Forschungszentrum Karlsruhe, 2006

Minsky, M.: Microscopy apparatus, 1957 und Minsky M., Memoir on inventing the confocal scanning microscope, (1988)

Pfeiffer, B.: Das Skript zur Photogrammetrievorlesung Hochschule Karlsruhe, 2007

Pfitzner, L.; Schellenberger, M.; Tobisch, A.: Der „Zauberspiegel" als Messprinzip, Carl Hanser Verlag, 2012

Reich, C.; Ritter, R.; Thesing, J.: 3D-shape measurement of complex objects by combining photogrammetry and fringe projection, Optical Engineering, 39(1), 2000, pp. 224–231.

Salvi, J.: An Approach to Coded Structured Light to Obtain Three Dimensional Information, Universität de Girona (Spanien), 1997

Salvi, J., Pages, J., Batlle, J.: Pattern Codification Strategies in Structured Light Systems, Journal of the Pattern Recognition Society, Vol. 37, Issue 4, 2004

Seewig, J.; Rahlves, M.: Optisches Messen technischer Oberflächen, Beuth Verlag, 2009

Seewig, J.: et al., Extraction of shape and roughness using scattering light, Proc. SPIE 7389, 73890N (2009)

Sirat, G.; Psaltis, D.: Conoscopic Holography, Optics Letters, USA, 10/1985, S. 4–6

Söll, S.; Moritz, H.; Ernst, H.: 3D-Formmessung durch „Shape from Shading" – Blindenschriftlesung und -inspektion auf bedruckten Faltschachteln, anlässlich der Veranstaltung Qualitätskontrolle für die industrielle Fertigung, IPA Fraunhofer, 2006

Winter, D.; Bergmann, D.; Galanulis, K.; Thesing, J.: Qualitätssicherung und Digitalisierung mit Photogrammetrie und Streifenprojektion, Fachtagung Optische Formerfassung (5./6.10.1999), Berichtsband 70, 45–53. VDI/DVE – GMA und Deutsche Gesellschaft für Zerstörungsfreie Prüfung e. V., Stuttgart, Germany.

Wiora, G.: Präzise Gestaltvermessung mit einem erweiterten Streifenprojektionsverfahren, Universität Heidelberg, 2001

Wu, C.M.: Heterodyne interferometer with subatomic periodic nonlinearity, Appl. Optics 38, 4089 (1999)

Zacher, M.: Integration eines optischen 3D-Sensors in ein Koordinatenmessgerät für die Digitalisierung komplexer Oberflächen, technische Hochschule Aachen, 2003

TEIL II
Temperaturerfassung

1	Einleitung	211
2	Thermografie	215
3	Pyrometrie	243
4	Faseroptische Temperaturmessung	249
5	Literaturverzeichnis	257

1 Einleitung

Eine Temperaturangabe erlaubt eine Aussage über den thermischen Zustand eines Körpers. Deswegen ist die Temperaturerfassung von sehr hoher Bedeutung, sowohl im technischen als auch in vielen anderen Bereichen des Alltaglebens.

1.1 Historischer Rückblick

Bereits in der Antike war der Zusammenhang zwischen der Ausdehnung von Gasen und Temperatur bekannt. Die ersten Temperaturmessverfahren basieren genau auf diesem Prinzip. Bereits im zweiten Jahrhundert nach Christus wurde von Heron ein Thermoskop entwickelt (Bild 1.1). Dabei wird ein mit Luft gefüllter Glasbehälter in Wasser getauft. Aufgrund von Temperaturschwankungen ändert sich der Luftdruck im Behälter, wodurch der Wasserstand entweder steigt oder fällt. Die Höhe des Wasserspiegels wird also zur Temperaturmessung verwendet. Das beschriebene Thermoskop hat aber einen entscheidenden Nachteil, da die Höhe des Wasserspiegels nicht nur von der Temperatur, sondern auch vom Luftdruck abhängig ist. Ebenfalls im zweiten Jahrhundert nach Christus wurde vom griechischen Arzt und Anatom Gale der erste Versuch unternommen, die Temperaturmessung zu quantifizieren. Er führte für diesen Zweck die sogenannten acht „Grade der Hitze und Kälte" ein.

Im 16. Jahrhundert wurde das Thermoskop von Heron durch Galileo Galilei weiter verbessert, wobei er ebenfalls die Wärmeausdehnung der Flüssigkeit nutzte.

Im Jahr 1654 stellte Ferdinando II. de' Medici das erste Thermometer, welches keine Luft, sondern Alkohol als Ausdehnungsmedium nutzte, her. Später wurden auch Thermometer mit Quecksilber gebaut. Sie haben den Vorteil, dass auch bei tieferen Temperaturen zuverlässige Messungen möglich sind.

Erst im Jahr 1715 begann der Danziger Glasbläser David Fahrenheit Thermometer mit Quecksilber zu produzieren, die alle über eine gleiche Skala verfügten. Diese Temperaturskala wurde nach ihm benannt und wird z.B. in den USA immer noch verwendet. David Fahrenheit schlug vor, den Schmelzpunkt von Wasser als 32 °F und die Körpertemperatur des Menschen als 96 °F zu definieren.

25 Jahre später stellte Anders Celsius seine Skala vor. Er legte den Siedepunkt von Wasser mit 0 °C und den Gefrierpunkt mit 100 °C fest. Später wurde die Skala andersherum definiert. Das Revolutionäre an seiner Idee war die klare Definition der Randbedingungen (z.B. Luftdruck), bei denen diese Temperaturen zu messen waren, sodass auf der ganzen Welt einheitliche Temperaturmessungen ermöglicht wurden.

Den Grundstein für berührungslose Temperaturmessung legte Gustav Robert Kirchhoff mit der Entdeckung des Strahlungsgesetzes (1859).

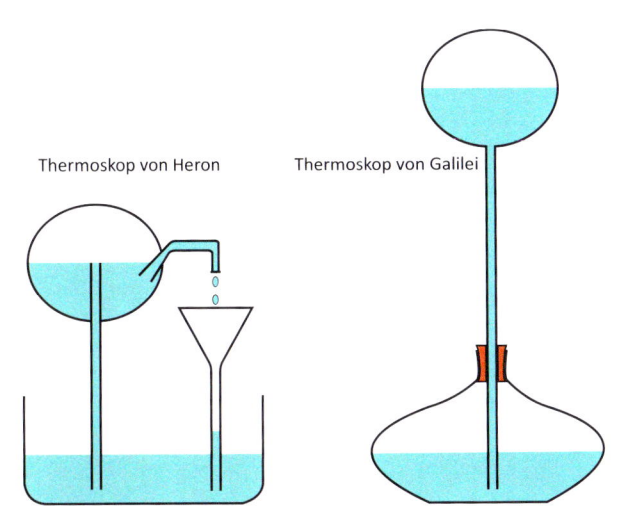

Bild 1.1 Die von Heron (links) und Galilei (rechts) entwickelten Thermoskope zur Temperaturmessung

1 Einleitung

1.2 Nichtoptische Messtechnik

Die nicht optischen Messmethoden setzen einen Kontakt mit dem Messobjekt voraus. Die meisten Systeme bauen darauf auf, dass Materialien bei Temperaturänderung eine Volumenänderung erfahren. Auf diesem Messprinzip basieren folgende Verfahren:
- Dampfdruckthermometer
- Gasthermometer
- Bimetallthermometer.

Bei Anwendungen, wo höhere Genauigkeiten nötig sind, werden Sensoren eingesetzt, welche die elektrische, temperaturbedingte Widerstandsänderung eines Materials messen. Dazu zählen:
- Widerstandsthermometer mit Platin (Pt 100) oder Silizium
- Halbleiterthermometer.

Bei Kombination von zwei Metallen (Thermoelemente), die miteinander verbunden werden und eine Temperaturdifferenz aufweisen, entstehen elektrische Ströme. Bei Auswertung dieser Ströme kann auf die zu messende Temperatur geschlossen werden.

Die Eigenschaft von einigen Kristallen, ihre Farbe in Abhängigkeit von ihrer Temperatur (thermochrome Eigenschaften) zu ändern, kann ebenfalls zur Messung eingesetzt werden.

Die berührend messenden Messsysteme sind heutzutage sehr weit verbreitet. Der wichtigste Grund liegt in den geringen Anschaffungskosten und der guten Genauigkeit.

Für viele Anwendungsfälle reichen die berührend messenden Sensoren jedoch nicht mehr aus. Da sie über folgende Nachteile verfügen:

- Relativ langsame Messung
- Messbereich erstreckt sich lediglich bis 2000 °C
- geringere Genauigkeit
- Messergebnisse vom Bediener abhängig
- an schwer zugänglichen Orten nicht einsetzbar
- bei sehr kleinen Objekten Beeinflussung der Prüflingstemperatur
- zum Teil aufwendige Vorbereitungen
- punktuelle Messungen
- störende Verkabelung oft erforderlich.

Aufgrund der genannten Nachteile wurden somit optische Messverfahren entwickelt, um den entstandenen Bedarf zu decken. Der technologische Fortschritt erlaubt teilweise heute schon, den Bedarf in seiner ganzen Breite zu erfüllen.

1.3 Grundbegriffe

Die Temperatur eines Körpers wird oft mit der Wärme verwechselt. Was wir oft umgangssprachlich „Wärme" nennen, ist der physikalischen Definition nach die Temperatur. Deswegen sollen an dieser Stelle klare Definitionen der beiden Begriffe eingeführt werden.

Die Temperatur ist der Ausdruck der kinetischen Energie einzelner Bausteine (vibrierende Atome und Moleküle) der Stoffe. Die Temperatur ist also eine Zustandsgröße. Die Wärme ist die Summe der kinetischen Energien, die statistisch verteilt sind, aller im Stoff sich befindenden Atome und Moleküle (Lindner 2006).

Wie bereits erwähnt, sind die wichtigsten Temperaturskalen Celsius und Fahrenheit. In der Thermodynamik wird eine andere Skala mit der Bezeichnung Kelvin

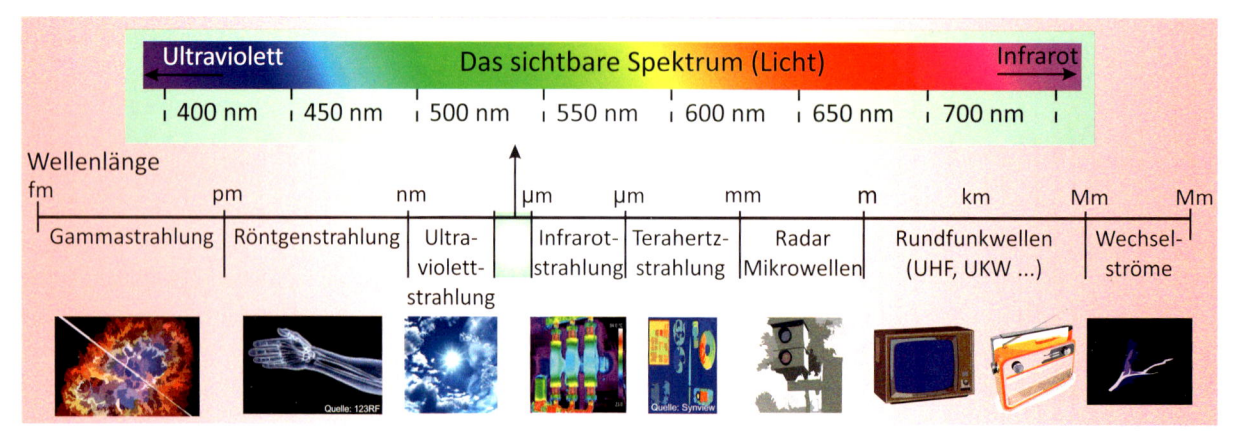

Bild 1.2 Elektromagnetisches Spektrum des Lichtes

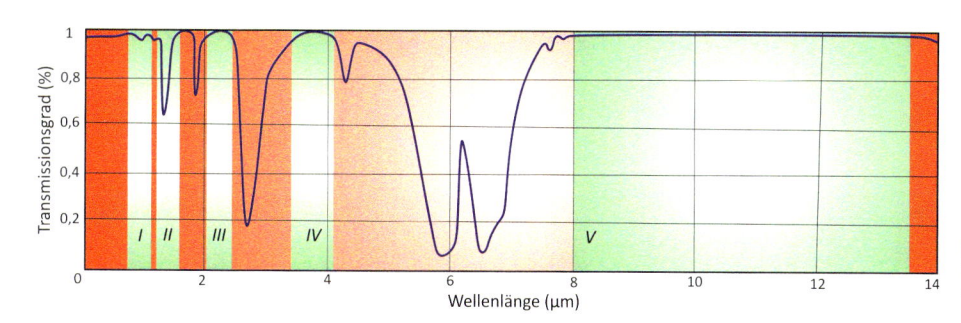

Bild 1.3
Verlauf des spektralen Transmissionsgrads der Luft

verwendet. Die Besonderheit liegt darin, dass diese Skala bei 0 beginnt. Bei 0 Kelvin verfügen also die Atome und Moleküle über keine kinetische Energie und sind unbeweglich (Glockman 2008).
Umrechnung:

$$0K = -273{,}15°C = -459{,}67°F$$

Die Temperatur der Messobjekte wird mit berührungslosen Verfahren meistens im infraroten Bereich gemessen.

Die infrarote Strahlung (0,75 µm bis 1000 µm) befindet sich oberhalb des für den Menschen sichtbaren Bereichs. Die Strahlung kann folglich durch Menschen nicht wahrgenommen werden. Einige Insekten können aber auch in diesem Spektrumbereich sehen. Zum ersten Mal wurde die infrarote Strahlung von William Herschel bei seinen Experimenten im Jahr 1800 zufällig entdeckt, als er mit Erstaunen feststellte, dass das Thermometer die höchste Temperatur weit außerhalb des sichtbaren Bereichs bei einer Spektralzerlegung des weißen Lichtes anzeigte.

Nicht das komplette Spektrum kann für infrarote Untersuchungen verwendet werden. Der sich in der Luft befindende Wasserdampf absorbiert die Strahlung in einigen Bereichen überproportional stark. Die für die Temperaturmessungen geeigneten Wellenlängenbereiche werden als „atmosphärische Fenster" bezeichnet. Im Wesentlichen sind das:

I $0{,}75 - 1{,}3 \mu m$

II $1{,}4 - 1{,}8 \mu m$

III $2{,}0 - 2{,}5 \mu m$

IV $3{,}2 - 4{,}3 \mu m$

V $8 - 13{,}8 \mu m$

Für thermografische Untersuchungen spielt der Wellenlängenbereich zwischen 8µm und 14µm die wichtigste Rolle. Die Wahl des atmosphärischen Fensters beeinflusst die Wahl des Materials des Objektivs.

1.4 Übersicht

Durch große Fortschritte in der Computer- und Sensortechnik entstand in den letzten Jahren eine ganze Reihe an optischen Messsystemen zur Temperaturerfassung, die für verschiedenste Messaufgaben entwickelt wurden.

Optische Temperaturmessverfahren haben im Gegensatz zu weitverbreiteten, berührend messenden Systemen eine Reihe von Vorteilen. Sie erlauben eine viel schnellere, flächendeckende und vor allem berührungslose Erfassung der Objekttemperatur. Mit geeigneten optischen Temperaturmesssensoren lassen sich Messungen an schwer zugänglichen Stellen vornehmen.

Im Folgenden wird eine Übersicht der verschiedenen Verfahren zur Temperaturmessung, zwei Diagramme mit Angabe der erreichbaren Messgenauigkeit und den Messbereich aller Verfahren, vorgestellt.

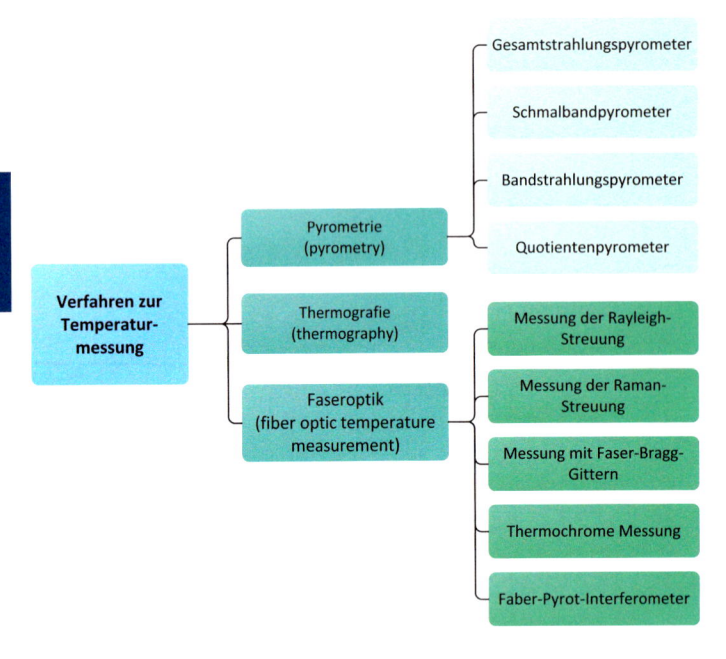

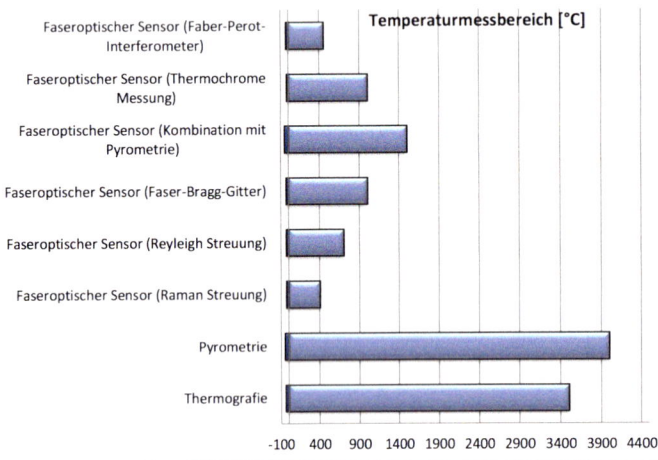

1 Einleitung

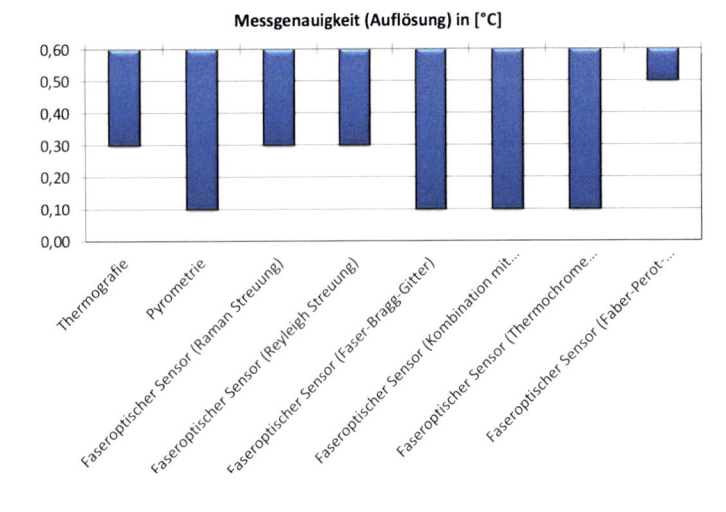

Bild 1.4
Messbereich und Messgenauigkeit verschiedener Verfahren der optischen Temperaturmessung

	Thermografie	Pyrometrie	Faseroptischer Sensor (Raman Streuung)	Faseroptischer Sensor (Reyleigh Streuung)	Faseroptischer Sensor (Faser-Bragg-Gitter)	Faseroptischer Sensor (Kombination mit Pyrometrie)	Faseroptischer Sensor (Thermochrome Messung)	Faseroptischer Sensor (Faber-Perot-Interferometer)
Minimale Temperatur (°C)	-40	-50	-30	-30	-30	-50	-21	-30
Maximale Temperatur (°C)	3500	4000	400	700	1000	1500	1000	450

214

2 Thermografie

2.1 Verfahrensgrundlagen

Die Infrarotthermografie ist die bekannteste Art der berührungslosen Temperaturmessung. Dabei wird die Eigenschaft eines jeden Körpers genutzt, oberhalb des absoluten Nullpunktes ($0K = -273{,}15°C$) elektromagnetische Strahlung zu emittieren. Das ist auf die mechanische Bewegung der Atome und Moleküle zurückzuführen. Diese Strahlung ist weitestgehend für das menschliche Auge unsichtbar. Lediglich bei sehr hohen Temperaturen wird die Strahlung im sichtbaren Bereich abgegeben (z. B.: Sonne, glühende Metalle).

Prinzip der Thermografie
Die von den Körpern in verschiedenen Wellenlängen abgegebene Strahlung wird mittels infrarotempfindlicher Detektoren gemessen und weiterverarbeitet.

Vor- und Nachteile der Thermografie

Vorteile	Nachteile
Flächenhafte Messungen	Kenntnis des Emissionsfaktors erforderlich
für große Messobjekte geeignet	teure Komponenten
Vermessung automatisierbar	viele Faktoren zu berücksichtigen
schnelle Messung (in Echtzeit)	begrenzter Messbereich
kompakt (leicht transportabel)	schmutz- und wasserempfindlich
hohe Temperaturauflösung	

Messbereich/Messgenauigkeit der Thermografie
Der Messbereich erstreckt sich typischerweise von $-40°C$ bis $2000°C$. Es sind jedoch Systeme verfügbar, die auch Temperaturen bis $3500°C$ erfassen können. Die Genauigkeit ist sehr von dem verwendeten Detektortyp und dem Messobjekt abhängig. Zum Beispiel bei spiegelnden Oberflächen ist keine hohe Genauigkeit zu erreichen. Die modernen Messsysteme erreichen eine Genauigkeit von ca. 1 % vom Messwert. Bei bekannten Umgebungseinflüssen und unter Berücksichtigung aller Faktoren lässt sich aber auch eine noch höhere Genauigkeit erreichen. Die Auflösung ist im Bereich von $0{,}3°C$ anzusiedeln.

Für die Infrarotkameras werden verschiedene Objektive angeboten (sowohl Weitwinkel- als auch Makroobjektive), sodass sowohl sehr kleine Objekte (wenige Millimeter) als auch ganze Galaxien sich thermografisch untersuchen lassen.

Typische Anwendungen der Thermografie
Die Thermografie ist extrem weit verbreitet und findet aufgrund der vielen positiven Eigenschaften in den verschiedensten Bereichen Anwendung. Zu den bekanntesten Anwendungen sind zu zählen:

- Gebäudethermografie
  Mithilfe der berührungslosen Messungen werden Gebäude hinsichtlich der möglichen Wärmebrücken und der Isolierfähigkeit der Wärmedämmung untersucht. Fehler, die z. B. in der Bauphase aufgetreten sind, können ebenfalls nachgewiesen werden. So sind beispielsweise undichte Stellen in einer Bodenheizung leicht auffindbar.
- Wartung elektrischer Anlagen
  Die Fehlerquellen sind mittels der Thermografie bereits vor Ausfall der Anlage als Bereiche mit deutlich überhöhter Temperatur lokalisierbar. Viele Folgeschäden sind dadurch vermeidbar. In diesem Anwendungsbereich wird also Thermografie zur vorbeugenden Instandhaltung eingesetzt.
- Fertigungskontrolle
  Die thermografischen Sensoren sind ohne weiteres in die laufende Fertigung integrierbar und werden dort zur Prozessüberwachung eingesetzt, da viele Mängel sich durch detektierbare Wärmeentwicklungen ankündigen.

- Medizin
  Zu einigen typischen Symptomen zählt eine lokale oder Ganzkörpertemperaturüberhöhung. Sie lässt sich dadurch thermografisch in Sekundenbruchteilen nachweisen. So können z. B. Entzündungen schnell lokalisiert werden.
- Kontrolle auf Dichtigkeit
  Behälter, die unter Druck stehen, sind mithilfe der flächendeckenden Kontrolle auf Dichtigkeit überprüfbar, da austretende Gase eine lokale Temperaturabsenkung verursachen.
- Zerstörungsfreie Werkstoffprüfung (Lockin-Thermografie)
  Die in die Bauteile eingeleiteten Wärmewellen verhalten sich im Bereich der Fehlstellen anders, da sie in ihrer Ausbreitung gestört werden. Durch diese Störung sind sie thermografisch detektierbar.
- Militärische Anwendungen
  Die Anwendung der thermografischen Sensoren für militärische Zwecke ist sehr verbreitet. Angefangen von der Ausstattung von Militärfahrzeugen und Infanterieeinheiten, die mit Sensoren zur Feindaufspürung bei Nacht ausgestattet werden und zu guter Letzt mit der Bestückung von hochkomplexen Raketen, die anhand der gemessenen Wärmebilder selbstständig den Feind aufspüren können.

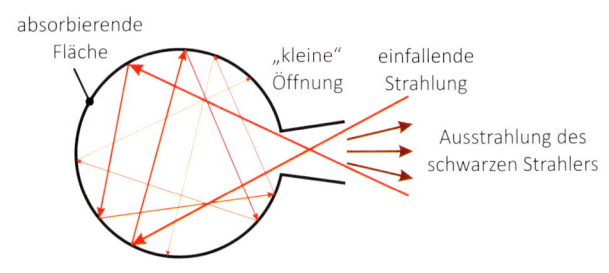

Bild 2.1 Modell des schwarzen Strahlers

2.2 Messverfahren der Thermografie

Die Thermografie basiert auf dem Effekt, dass jeder Körper mit einer Temperatur oberhalb des absoluten Nullpunktes elektromagnetische Strahlung aussendet. Diese Strahlung verhält sich physikalisch wie das Licht. Dadurch ist es möglich, z. B. durch Linsen, sie zu bündeln oder umzulenken. Für thermografische Analysen ist der Wellenlängenbereich des ausgesendeten Spektrums zwischen 8μm und 14μm am interessantesten.
Es wird also im Idealfall die Intensität der ausgesendeten Strahlung erfasst, um auf die Temperatur des Prüflings zu schließen. Im realen Einsatz ist diese Aufgabe leider nicht so ganz trivial, da die Intensität der ausgesendeten Strahlung nicht immer direkt auf die Oberflächentemperatur Rückschlüsse zulässt. Im Idealfall entspricht die Oberflächenbeschaffenheit des Messobjektes dem sogenannten schwarzen Strahler (Bild 2.1).
Nach dem Gesetz von Stefan Boltzmann kann die Oberflächentemperatur eines schwarzen Strahlers aus der gemessenen Intensität M wie folgt berechnet werden (Nabil 2008):

$$M = \sigma \cdot T^4 = C_S \cdot \left(T/100\right)^4$$

σ – Stefen Boltzmann Konstante ($5{,}67 \cdot 10^{-8} W/m^2 K^4$)
T – Absolute Temperatur in K
C_S – Strahlungskoeffizient des schwarzen Strahlers ($5{,}67 W/m^2 K^4$)

Die Intensität M ist die Summe aller Intensitäten, die jedoch über verschiedene Wellenlängen abgegeben werden. Die Abhängigkeit der abgegebenen Strahlung und der Temperatur von der Wellenlänge wird mithilfe des „Planckschen Strahlungsgesetzes" beschrieben (Nabil 2008):

$$M_\lambda = \frac{c_1}{\lambda^5} \cdot \frac{1}{e^{c_2/\lambda \cdot T} - 1}$$

c_1 – 1. Strahlungskonstante ($3{,}7418 \cdot 10^4 \frac{W\mu m^4}{cm^2}$)
c_2 – 2. Strahlungskonstante ($1{,}4388 \cdot 10^4 K\mu m$)
λ – Wellenlänge (μm)

Aus Bild 2.2 ist erkennbar, dass die elektromagnetische Strahlung über einen breiten Wellenlängenbereich abgestrahlt wird. In Abhängigkeit von der Temperatur haben daher die heißen Körper verschiedene Farben. Es ist also möglich anhand der Farbe, z. B. der Sterne, ihre Oberflächentemperatur zu ermitteln.

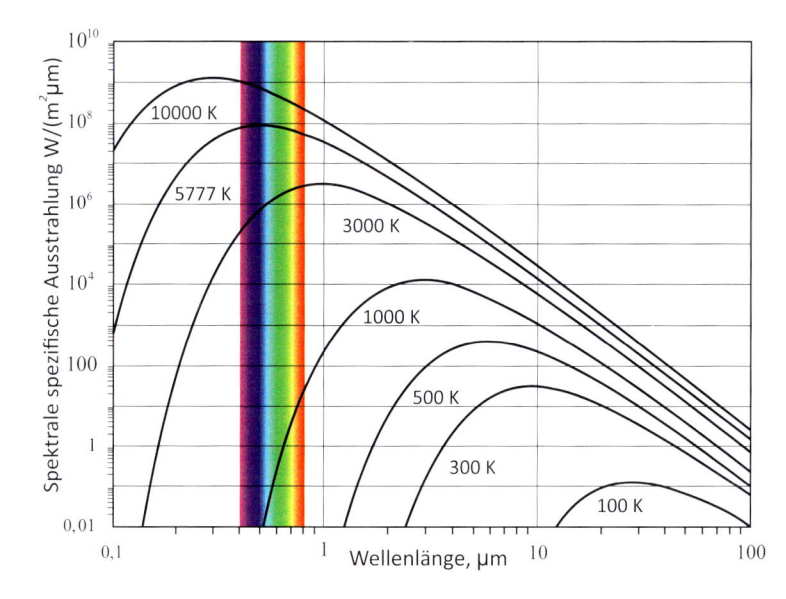

Bild 2.2
Plancksches Strahlungsgesetz, Zusammenhang zwischen der Temperatur, Wellenlänge und spezifischer Ausstrahlung

2.2.1 Wichtige Einflussgrößen bei thermografischen Messungen

Mithilfe der letzten Formel ist nun möglich, aus der in einem Messbereich gemessenen Intensität die Oberflächentemperatur zu messen. Bei realen technischen Messungen haben jedoch auch weitere Faktoren einen Einfluss auf die Messung. Eine bedeutende Rolle spielt dabei die Stoffgröße Emissionsgrad.

2.2.1.1 Emissionsgrad

Mithilfe des Emissionskoeffizienten wird der Zusammenhang zwischen einem schwarzen Strahler und einem beliebigen Strahler beschrieben. Die auftreffende Strahlung M kann an realen Oberflächen absorbiert, reflektiert oder transmittiert werden (Bild 2.3).

$$M = R + A + T$$

R – Reflektierte Strahlung
A – Absorbierte Strahlung
T – Transmittierte Strahlung

Vom Schwarzen Strahler (Idealfall) wird die auftreffende elektromagnetische Strahlung vollständig absorbiert. Die blanken Metalle haben aber die Eigenschaft, die auftreffende Strahlung fast vollständig zu reflektieren. Die transparenten Materialien, wie z. B. ideale Fenster, lassen die Strahlung durch.
Der Emissionskoeffizient ε wird aus dem Verhältnis der abgegebenen Strahlung zwischen einem schwarzen Strahler und dem realen Strahler berechnet.

$$\varepsilon(\lambda, T) = \frac{M_{Real}}{M_{Schw.Strahler}} = \frac{\alpha}{\alpha_s}$$

λ – Wellenlänge der Strahlung
M_{Real} – Strahlungsemission eines realen Messobjektes
$M_{Schw.Strahler}$ – Strahlungsemission des schwarzen Strahlers
α – Absorptionsgrad eines realen Messobjektes
α_s – Absorptionsgrad des schwarzen Strahlers ($=1$)

Im Idealfall ist der Emissionskoeffizient $\varepsilon = 1$. Bei Abweichungen muss dies berücksichtigt werden, um eine akkurate Temperaturbestimmung durchführen zu können. Es ist ersichtlich, dass bei z. B. blanken Metallen der Emissionskoeffizient (Absorptionsgrad) nahe bei Null liegt und bei Nichtberücksichtigung eine erhebliche Verfälschung entstehen würde. Der interessierte Leser, der mehr über die physikalischen Zusammenhänge erfahren möchten, wird auf folgende Literatur verwiesen: (Baehr 2010, Bernhard 2004 und Huhnke 2006).

Der Emissionskoeffizient ist nicht nur von der Beschaffenheit der Oberfläche abhängig, sondern auch von der Oberflächentemperatur und der Wellenlänge der empfangenen elektromagnetischen Strahlung.

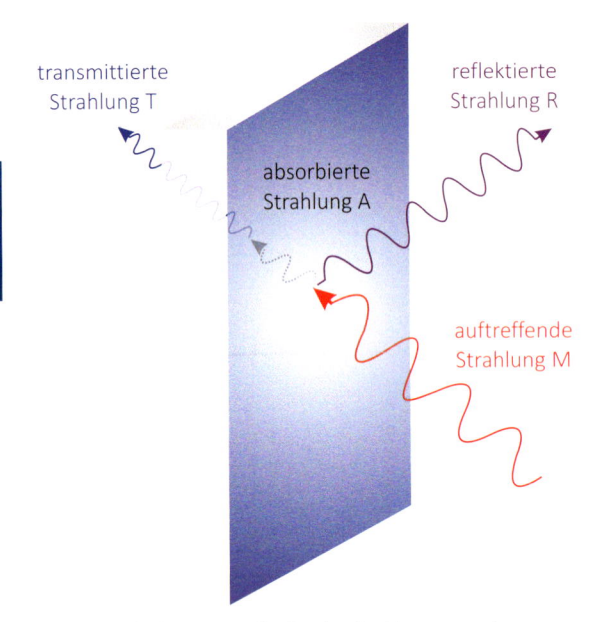

Bild 2.3 Aufteilung von auftreffender Strahlung an realen Oberflächen

(Labels: transmittierte Strahlung T; reflektierte Strahlung R; absorbierte Strahlung A; auftreffende Strahlung M)

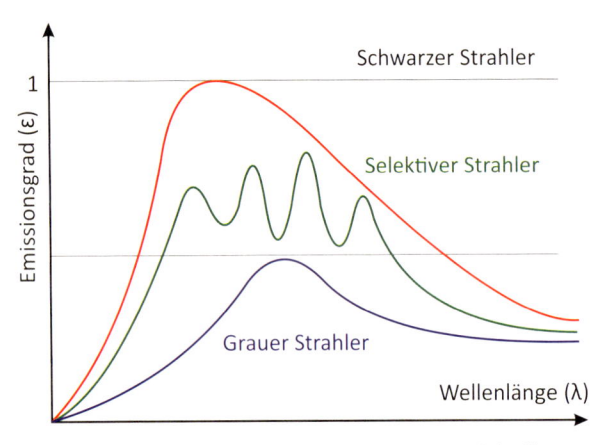

Bild 2.4 Abhängigkeit des Emissionsgrades von der Wellenlänge (qualitativer Verlauf)

(Labels: Schwarzer Strahler; Selektiver Strahler; Grauer Strahler; Emissionsgrad (ε); Wellenlänge (λ))

nach Materialzustand, wie die folgende Tabelle zeigt, große Schwankungen auftreten können.

Tabelle 2.1 Emissionsgrade einiger Materialien (gültig zwischen –10° und 100°)

Material	Zustand	Emissionskoeffizient ε
Aluminium	poliert	0,04–0,06
Aluminium	eloxiert	0,55
Eisen	poliert	0,04–0,06
Eisen	oxidiert	0,74
Holz	gehobelt	0,8–0,9
Holz	geschmirgelt	0,5–0,7
Kupfer	poliert	0,02
Kupfer	oxidiert	0,6–0,7
Wasser	Schnee	0,8

Es ist zu beachten, dass vor dem Beginn der Untersuchungen der Emissionskoeffizient zu ermitteln und in die Infrarotkamera (oft auch nachträglich möglich) einzugeben ist. Meistens kann der Emissionskoeffizient einfach zahlreichen Literaturquellen bzw. Tabellenwerken – z. B. (Pfeifer 2007, Baehr 2010) bitte auf die Wellenlänge des von dem Sensor verwendeten Messfensters achten – entnommen werden. Ist dies nicht möglich, kann eine manuelle Bestimmung des Emissionsgrades mithilfe verschiedener Verfahren durchgeführt werden. In der nachfolgenden Tabelle ist der jeweilige Emissionskoeffizient für einige wichtige Materialien aufgeführt. Es ist jedoch zu beachten, dass je

Bestimmung des Emissionsgrades

Zur Bestimmung des unbekannten Emissionsgrades (Bild 2.4) existiert eine Reihe von Methoden. Im Folgenden werden lediglich die wichtigsten und die für den praktischen Einsatz geeigneten Verfahren vorgestellt.

1. Mithilfe eines berührend messenden Systems (z. B. eines Thermoelementes) wird punktuell die Temperatur des Prüflings gemessen. Die Thermografiekamera ermittelt anschließend berührungslos anhand der elektromagnetischen Strahlung dieses Messpunktes die Oberflächentemperatur. Die Justierung des Emissionsgrades wird nun solange vorgenommen, bis die berührungslos und berührend gemessenen Temperaturen übereinstimmen. Der korrekte Emissionsgrad ist somit ermittelt.

2. Alternativ kann lokal auf die Messobjektoberfläche eine Farbe mit einem bekannten Emissionsgrad aufgetragen werden. Nun ist es möglich, thermografisch nach der Einstellung des bekannten Emissionskoeffizienten, die korrekte Oberflächentemperatur zu messen. Im nächsten Schritt wird die Temperatur der angrenzenden Region ermittelt. Bei Abweichungen ist der Emissionsgrad (für nicht gefärbte Oberfläche) anzupassen – bis eine Übereinstimmung der Temperaturen erreicht ist.

3. Auf sensible und nicht allzu warme Oberflächen des Prüflings kann ein Aufkleber mit einem bekannten Emissionskoeffizient angebracht werden. Durch die Anpassung des Emissionskoeffizienten soll auch bei dieser Methode eine Übereinstimmung der gemessenen Temperaturen der beiden Oberflächen (Aufkleber und Prüflingsoberfläche) erreicht werden.

2.2.1.2 Atmosphäreneinfluss bei thermografischen Messungen

Die vom Messkörper abgestrahlte elektromagnetische Strahlung bewegt sich auf dem Weg zu der Thermografiekamera durch die Atmosphäre. Die in der Luft enthaltenen Partikel, Wasserdampf und Moleküle absorbieren, reflektieren und streuen die Infrarotstrahlung, sodass am Detektor eine geringere Intensität im Vergleich zur abgestrahlten gemessen wird. Wie die Abbildung in Bild 1.3 zeigt, spielt die Wellenlänge eine entscheidende Rolle, da der Transmissionsgrad über die Wellenlänge nicht konstant bleibt. Verantwortlich für diesen Effekt ist das Transmissionsverhalten von Kohlendioxid (CO_2) und Wasserdampf, welche in der Atmosphäre enthalten sind. Die Kohlendioxidkonzentration ist jedoch konstant, sodass lediglich die Luftfeuchtigkeit zu berücksichtigen ist.

Mit einem handelsüblichen Hygrometer wird die Wasserdampfkonzentration gemessen und in die Kamera (oft auch nachträglich möglich) eingegeben. Bei bekannter Luftfeuchtigkeit hängt die Absorption der Strahlung nun lediglich von der Strecke ab, welche die elektromagnetischen Wellen vom Messobjekt bis zur Infrarotkamera zurückzulegen haben. Grundsätzlich gilt, je größer der Abstand desto höher der Intensitätsverlust ist. Die gemessene Entfernung wird ebenfalls in die Kamera bzw. später in ein Nachbearbeitungsprogramm eingegeben.

Wenn in der Atmosphäre eine hohe Konzentration an Partikeln (z. B. Staub) festgestellt wird, sind die Ergebnisse der Messung äußerst kritisch zu bewerten. Gleiches gilt für hohen Wasserdampf- oder Wasseranteil (Nebel, Schnee oder Regen).

2.2.1.3 Einfluss von Strahlungsquellen bei thermografischen Messungen

Eine reale thermografische Temperaturmessung wird von verschiedensten Strahlungsquellen mitbeeinflusst. Das hat zur Folge, dass die IR-Kamera die verschiedensten Strahlungsanteile registriert und eine falsche Temperaturverteilung daraus berechnet.

Zur korrekten Temperaturmessung sind die Strahlungsquellen zu berücksichtigen. Der Einfluss der Strahlung der Messstrecke kann durch die Eingabe der Umgebungstemperatur weitestgehend eliminiert werden. Die modernen, thermografischen Systeme ermöglichen die Eingabe der Temperatur der vorhandenen Strahlungsquellen, um vor allem bei stark reflek-

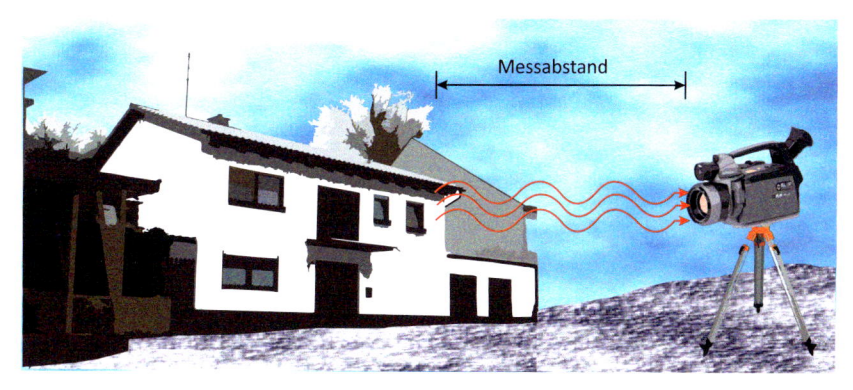

Bild 2.5
Thermografische Messungen aus einem bestimmten Abstand

Bild 2.6
Beispielhafte Darstellung der verschiedensten Strahlungsanteile, die von einer Infrarotkamera erfasst werden

tierenden Oberflächen eine Messverfälschung zu vermeiden.

Der Anwender soll seinerseits ebenfalls darauf achten, den Einfluss von möglichen Strahlungsquellen gering zu halten. Zum Beispiel bei thermografischen Gebäudeanalysen sollen aus diesem Grund die Messungen möglichst zu einer dunklen Tageszeit stattfinden (Bild 2.5 und 2.6).

Der besonders interessierte Leser wird zum Nachvollziehen der mathematischen Zusammenhänge auf einschlägige Literatur verwiesen (z. B. Nabil 2008).

2.2.1.4 Aufbau einer modernen Thermografiekamera

Im Aufbau unterscheiden sich die flächenhaft messenden Thermografiemesssysteme nur unwesentlich von den handelsüblichen CCD-Kameras. Der größte Unterschied besteht wohl darin, dass die Glas- oder Kunststofflinsen nicht verwendet werden können, da sie für die infrarote Strahlung undurchlässig sind. Es muss auf die teuren Materialien, wie z. B. Halbleiter wie Germanium, zurückgegriffen werden.

Der zweite prinzipielle Unterschied liegt in einem anderen Detektoraufbau. Die thermische Strahlung führt dazu, dass die Pixel sich erwärmen und dadurch die Messung verfälschen, da die Messung mit thermischem Rauschen überlagert wird. Die Wärme würde auch von einem Pixel auf das nächste weitergeleitet. Dadurch sind nicht nur punktuelle Ungenauigkeiten zu erwarten. Um dem zuvorzukommen, sind die Pixel auch thermisch voneinander abzugrenzen. Das führt dazu, dass im Vergleich zu CCD- oder CMOS-Sensoren eine wesentlich geringere Pixelzahl zur Verfügung steht. Außerdem kann keine so hohe Bildwiederholrate (üblicherweise bis 30 bis 35 Bilder pro Sekunde) erreicht werden (Bild 2.7).

Für wissenschaftliche Anwendungen sind die Detektoren gekühlt, um aufgrund von Detektorerwärmungen mögliche Fehlmessungen zu vermeiden. Zur Kühlung können z. B. Flüssigkeiten, wie beispielsweise Stickstoff, welche die Wärme durch einen direkten Kontakt abführen, eingesetzt werden. Das Prinzip des Stirling-Prozesses (wird hier nicht weiter behandelt) eignet sich ebenfalls zur wirkungsvollen Abkühlung des Detektors.

Wesentlich wirtschaftlicher sind die FPA-Bolometerkameras (Focal Plane Array). Die Genauigkeit liegt für die meisten Anwendungen im tolerierbaren Bereich

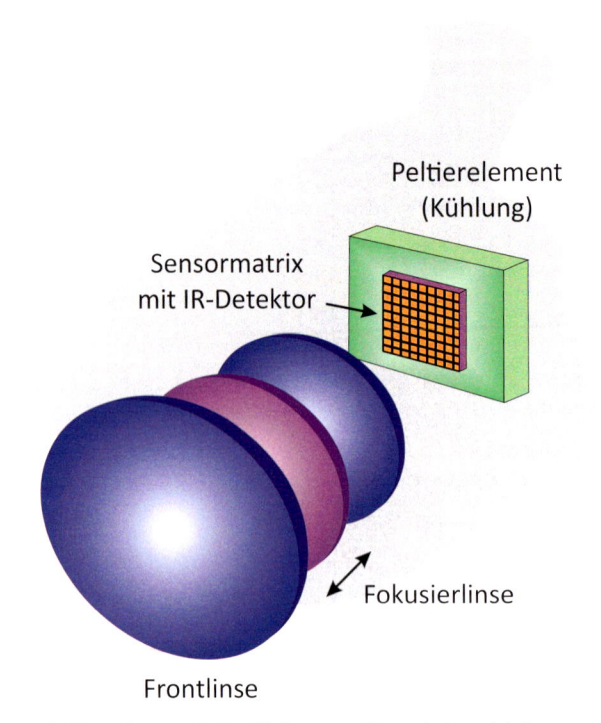

Bild 2.7 Schematischer IR-Kameraaufbau mit den wichtigsten Komponenten

($\pm 2K$ bzw. $\pm 2\%$ vom Messwert). Die Temperaturstabilisierung wird mithilfe von Peltier-Elementen realisiert. Die Bolometerkameras kommen ohne mechanische Verschleißteile aus und verfügen über einen robusten Aufbau. Aus diesen Gründen sind die meisten Infrarotkameras nach diesem Prinzip ausgeführt. Die Funktionsweise zur Bildaufnahme beruht auf der Abhängigkeit des elektrischen Widerstands von der Temperatur. Bei der Absorbierung von elektromagnetischer Strahlung ändert sich also der elektrische Widerstand, wodurch letztendlich die Temperatur bestimmt werden kann.

2.2.1.5 Einfluss der Auflösung einer Thermografiekamera

Dass auch die Anzahl der Pixel der Wärmebildkamera einen erheblich Einfluss auf die Identifikation von Fehlern hat, merken Inspektoren sehr oft zu spät, nämlich dann, wenn sie aufgrund ungenügend beachteter technischer Parameter thermische Fehler nicht erkennen. So resultiert eine geringe Anzahl Pixel verbunden mit einer Optik mit einem größeren Bildfeld (ausgedrückt in °) in der Gefahr, ab einem bestimmten Messabstand nur noch eine Durchschnittstemperatur aus wirklicher

2.3 Anwendungsbeispiele der Thermografie

Im Gegensatz zur klassischen Bildverarbeitung im sichtbaren Spektralbereich ist die Bildverarbeitung mit Infrarotkameras ein relativ junges Gebiet. Dabei sind die Anwendungsmöglichkeiten gerade im industriellen Bereich extrem vielfältig und erlauben häufig eine erhebliche Steigerung der Produktivität und/oder der Produktqualität. In diesem Beitrag soll ein Überblick über Anwendungsbereiche und einige bereits realisierte Applikationen gegeben werden.

Obwohl der Infrarotbildverarbeitung gerade im industriellen Umfeld ein großes Potenzial zugesprochen werden kann, hat ihr Einzug in die Automation und Qualitätssicherung gerade erst begonnen. Die Ursachen hierfür sind vielfältig. Ein wesentlicher Grund ist aber die Entwicklung der Gerätetechnik: Lange Zeit war die Infrarottechnik dem Militär vorbehalten. Erst seit den 70er-Jahren werden Infrarotkameras auch im zivilen Bereich eingesetzt. Dabei war die Gerätetechnik zunächst unhandlich, schwer zu bedienen und sehr teuer. Der Detektor in der Kamera musste gekühlt werden, was in der Regel mit flüssigem Stickstoff erfolgte. Neben dem Einsatz an Universitäten und Forschungsinstituten beschränkten sich die Anwendungsbereiche auf die Gebäudethermografie zur Ortung von Wärmeverlusten oder die vorbeugende Instandhaltung, z. B. zur Erkennung von Fehlern an Elektroanlagen.

Erst Mitte der 90er-Jahre wurde mit ungekühlten Infrarotdetektoren eine Technologie eingeführt, welche es erlaubte, kleine und robuste Infrarotkameras zu bauen und gleichzeitig die Preise zu reduzieren. Daneben stehen heute für spezielle Anwendungen stirlinggekühlte Hochleistungskameras zur Verfügung. Im Hinblick auf Langlebigkeit, Zuverlässigkeit und universelle Einsetzbarkeit entsprechen diese Kameras den modernsten Standards der industriellen Bildverarbeitung. Da gleichzeitig auch die entsprechende Hard- und Softwareperipherie entwickelt wurde, können heute applikationsspezifische Infrarotbildverarbeitungslösungen für unterschiedlichste Anwendungen schnell und kostengünstig realisiert werden. Das Spektrum der Anwendungsmöglichkeiten ist dabei äußerst vielfältig. Grob unterscheidet man zwischen Anwendungen mit aktiver Messung, wobei das Objekt während des Messvorgangs zusätzlich mit Energie beaufschlagt wird, und Anwendungen mit passiver Messung, wobei eine

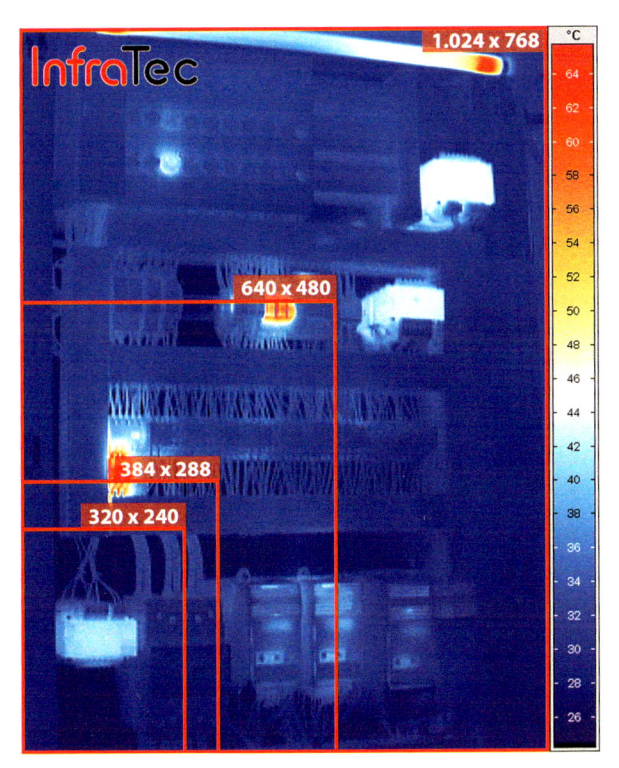

Bild 2.8 Vergleich der geometrischen Auflösungen am Beispiel der Inspektion eines Schaltschranks (mit freundlicher Genehmigung der InfraTec GmbH)

Fehlertemperatur und niedrigerer Umgebungstemperatur je Pixel anzuzeigen. Folgendes Beispiel möge dieses Problem verdeutlichen:

Die Lösung liegt im Einsatz einer Wärmebildkamera mit einer hohen Detektorauflösung, d. h. heute (1024 × 768), (640 × 480) oder (384 × 288) IR-Pixel, aber mindestens (320 × 240) IR-Pixel. Daneben ist eine dem Messabstand und der zu erreichenden Detailtreue entsprechende Optik zu wählen, d. h. die Möglichkeit Wechselobjektive einzusetzen, erhöht die Flexibilität und Genauigkeit des Einsatzes einer Thermografiekamera.

2.2.1.6 Kalibrierung

Vor der Auslieferung an den Kunden wird von dem Hersteller eine Kalibrierung mithilfe eines schwarzen Strahlers durchgeführt. Lediglich nach längerem Gebrauch oder Eingriffen in das System ist eine Neukalibrierung empfehlenswert.

2 Thermografie

solche Beaufschlagung mit Energie nicht erfolgt. Im Folgenden werden einige Anwendungsfelder mit entsprechenden Beispielen aufgezeigt.

2.3.1 Bauthermografie

Die steigenden Energiekosten erfordern eine Verbesserung der Energieeffizienz von Gebäuden. Die thermografischen Messsysteme sind hier in der Lage, einen großen Beitrag zu leisten. Moderne Thermografiekameras ermöglichen aufgrund der hohen Auflösung und schneller Visualisierung der Ergebnisse eine effiziente Vorgehensweise. Die Schwachstellen in der Wärmeisolierung lassen sich innerhalb von wenigen Minuten detektieren. Auch die kleinsten Temperaturunterschiede, die auf den Wärmeverlust hinweisen, können visualisiert werden (Bild 2.9 und 2.10).

Fehler, die während der Bauphase entstanden sind, können ebenfalls mit wenig Aufwand entdeckt werden. Besonders einfach lassen sich Außenfassaden auf Wärmeleckagen untersuchen. Dafür muss lediglich ein Temperaturunterschied (möglichst hoch) zwischen dem Gebäudeinneren und Außen bestehen.

Auch eine wirtschaftliche Abschätzung der Notwendigkeit einer Gebäudeisolierung kann anhand der Wärmemenge, die das Gebäude verliert, vorgenommen werden.

Thermografische Analysen sind auch im Inneren von Gebäuden aufschlussreich, da sich einige Wärmebrücken nur so orten lassen.

Bei Verlegung von Leitungen und anschließender Kontrolle oder auch bei der Ortung der vorhandenen Leckagen kann Thermografie beim Auffinden der Schadstellen sehr hilfreich sein (Bild 2.11).

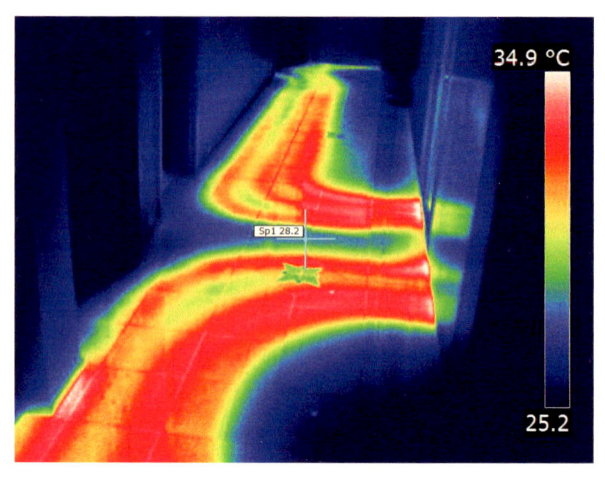

Bild 2.11 Thermografische Untersuchung einer Fußbodenheizung auf mögliche Leckagen

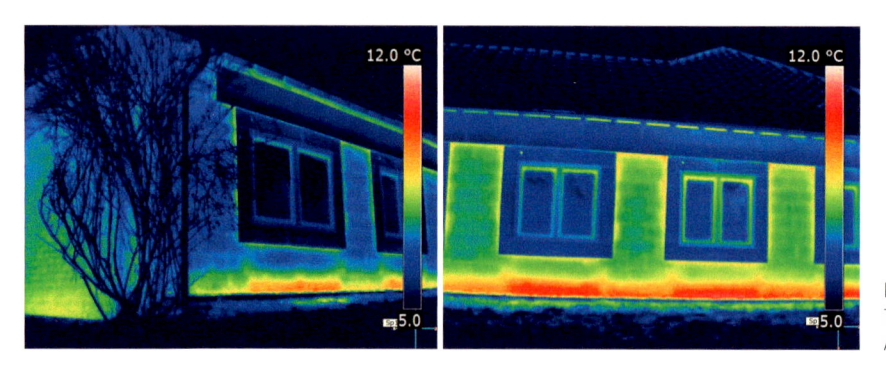

Bild 2.9 Thermografische Untersuchung einer Außenfassade

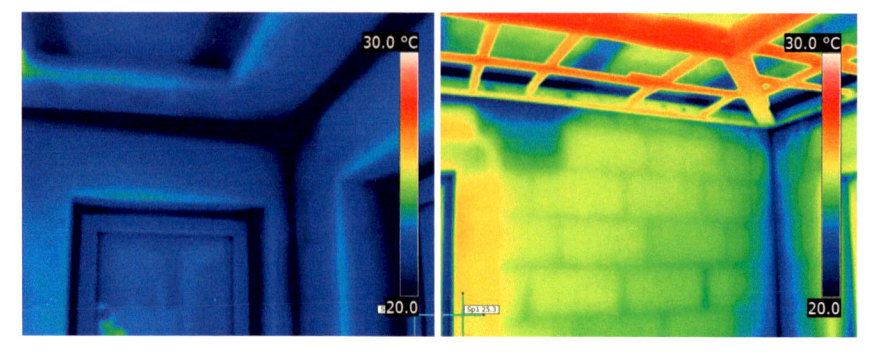

Bild 2.10 Thermografische Untersuchung eines Hauses während der Bauphase, um mögliche Wärmebrücken rechtzeitig entdecken zu können

2.3.2 Thermografische Untersuchung von Elektrobauteilen

Bei der Entwicklung von elektronischen Anlagen und Schaltungen kommen häufig thermografische Systeme zum Einsatz, um mögliche Fehlerquellen bereits in der Entwicklungsphase entdecken zu können. Bei der Auslegung der Kühlsysteme sind die Kenntnisse bezüglich der Verteilung und der Temperaturhöhe entscheidend und können lediglich experimentell exakt bestimmt werden.

Die durchgeführte Untersuchung zeigte deutlich, dass einige Komponenten recht hohe Temperaturen aufwiesen (über 70 °C) und bei Dauerbetrieb oder ungünstigen äußeren Bedingungen ausfallen werden. Einige der vor der Untersuchung gebauten Geräte sind tatsächlich nach einiger Zeit wegen der thermischen Überlastung ausgefallen (Bild 2.12 und 2.13).

2.3.3 Thermografische Untersuchung einer Großraumpumpe

Im Rahmen dieses Projektes ging es um eine Untersuchung einer Großraumpumpe. Von besonderer Bedeutung war die Analyse der Erwärmung der Wellenlagerung, da an dieser Stelle thermische Belastungen auftreten, die auf den Zustand der Lagerung hinsichtlich Verschleiß und Abrollreibung hindeuten. Dies ist jedoch lediglich dann möglich, wenn ein Temperaturunterschied zu einem Vergleichslager, das vor der Auslieferung der Maschine untersucht wurde, detektiert werden kann. Nach einer bestimmten Betriebsdauer wird die Lagerung erneut thermografisch untersucht, ohne die Maschine zu zerlegen, um auf den Zustand der Lagerung zurückzuschließen. Damit können mögliche Schäden vorgebeugt werden, ohne die Maschine einer aufwendigen Inspektion zu unterziehen (Bild 2.14 und 2.15).

Die Infrarotkamera wurde auf einem Stativ in einer Entfernung von 4,5 m vor dem Gehäuse der Lagerung platziert. Die Kamera nahm in Abständen von fünf Minuten ein Infrarotbild auf, um den gesamten Aufheiz-

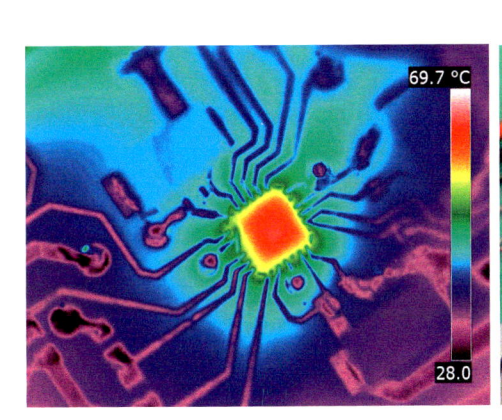

Bild 2.12
Thermografische Aufnahme (links) einer Platine (Digitalbild rechts), die zur Steuerung von Piezoelementen dient

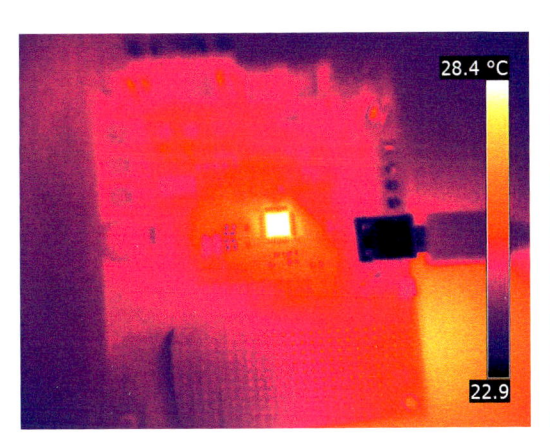

Bild 2.13
Thermografische Untersuchung einer Steuerung, die keine nennenswerten Temperaturüberhöhungen aufweist

prozess zu analysieren. Die Pumpe wurde während der gesamten Messung unter realen Einsatzbedingungen betrieben. Die Analyse zeigte eine gleichmäßige Erwärmung des Gehäuses.

2.3.4 Thermografische Untersuchung von Elektroanlagen

Elektrothermografie ist ein bereits etabliertes Verfahren. Thermografische Anlagen werden dabei meistens zur flächendeckenden Überwachung eigesetzt. Defekte lassen sich dadurch rechtzeitig erkennen und Folgeschäden werden vermieden. Anlagen können auch durch ständiges Monitoring automatisch bei kritischen Temperaturen abgeschaltet werden, sodass erst keine Schäden entstehen können.

Bild 2.14 Seitenansicht der zu untersuchenden Pumpe (mit freundlicher Genehmigung der Feluwa Pumpen GmbH)

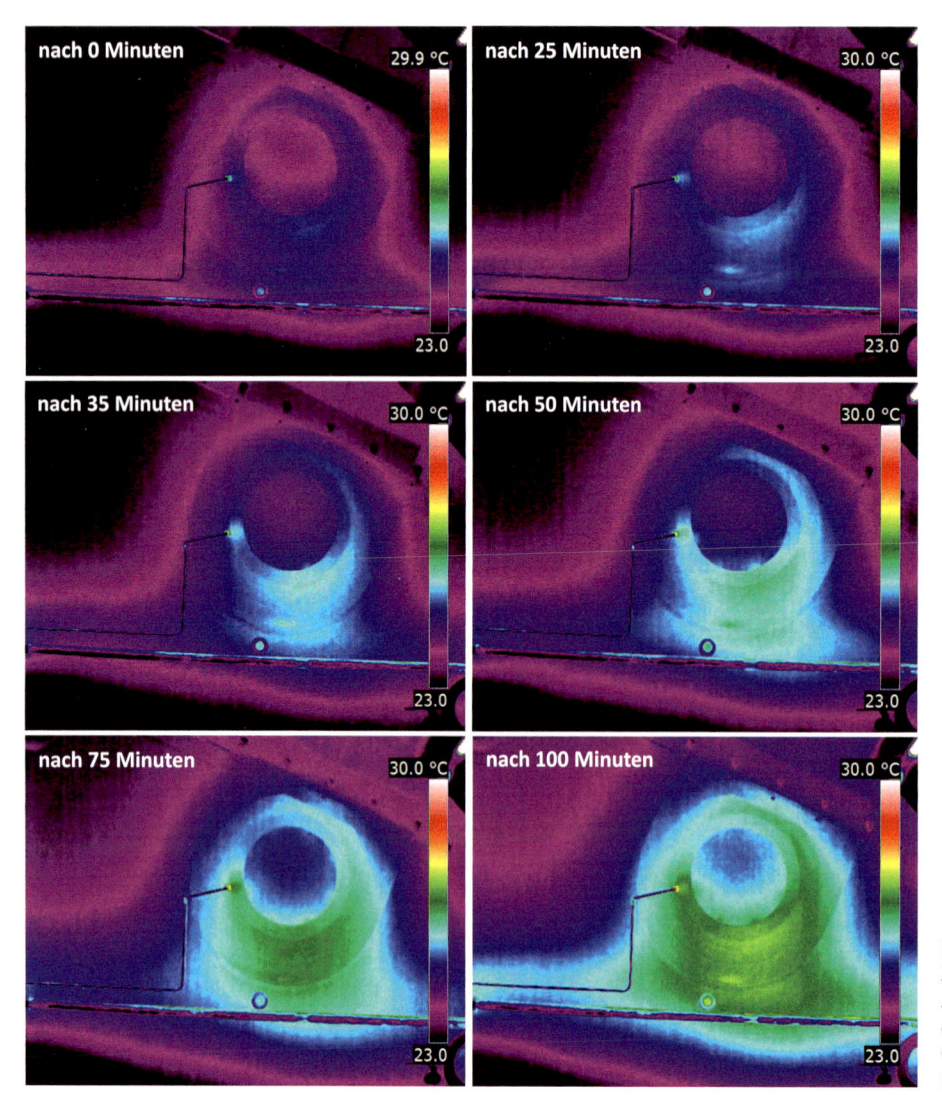

Bild 2.15 Zeitliche, thermografische Auswertung der Gehäuseerwärmung (mit freundlicher Genehmigung der Feluwa Pumpen GmbH)

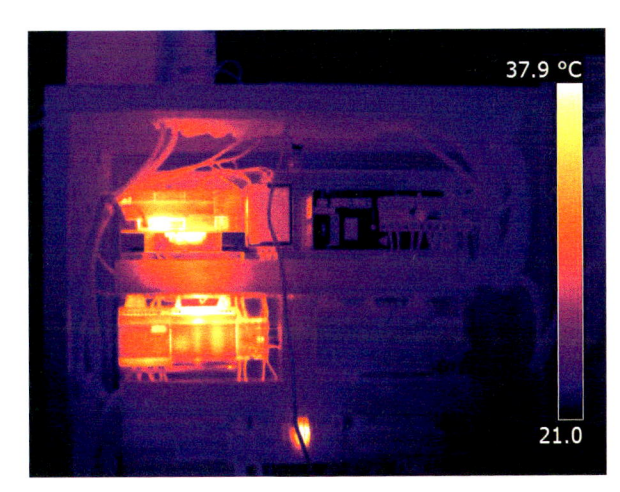

Bild 2.16 Thermografiebild eines Schaltschranks

Auch bei der Auslegung von z. B. Schaltschränken wird Thermografie eingesetzt, um eine optimale Kühlung der Komponenten zu entwickeln. Auch im Privatbereich kann präventive Instandhaltung sehr hilfreich sein, da insbesondere die meisten Hausbrände durch defekte elektrische Systeme verursacht werden. Eine rechtzeitige Erkennung der potenziellen Gefahrenstellen ist deshalb enorm wichtig. Sie lassen sich meistens recht einfach erkennen, da sie deutliche Temperaturüberhöhungen aufweisen (Bild 2.16 und 2.17).

2.3.5 Thermografie in der vorbeugenden Instandhaltung

Um dem steigenden Wettbewerbsdruck zu begegnen, entsteht für viele Unternehmen die Notwendigkeit produktiver zu operieren. Die bestmögliche Auslastung kapitalintensiver Produktionsmittel, teurer Maschinen und Anlagen, ist somit zwingend geboten – so wird beispielsweise in mehreren Schichten gearbeitet. Entscheidend für eine optimale Auslastung der Maschinen und Anlagen ist deren definiertes Funktionieren (Bild 2.18).

Zeitgleich zu dieser Entwicklung ist die inner- und zwischenbetriebliche Vernetzung der verschiedenen Produktionsprozesse enorm gestiegen. Die Folge ist, dass ein Ausfall einer bestimmten Anlage ganze Produktionsprozesse lahmlegen kann und somit zu enormen Ausfällen führt. Damit zeigt sich auch aus diesem Blickwinkel die gestiegene Bedeutung einer hohen Verfügbarkeit der Maschinen und Anlagen für die Unternehmen.

Beide Entwicklungen betrachtend, stellt sich die Frage, wie die fehlerfreie Funktion der Produktionsmittel sichergestellt werden kann. Die Antwort liegt bei der Instandhaltung. Gut organisierte Instandhaltungsprogramme führen zu geringen Ausfällen und sind damit Grundlage einer hohen Produktivität der bestehenden Anlagen.

Während Instandhaltung in früheren Zeiten bedeutete, Teile dann auszuwechseln, wenn sie defekt waren. Heute wurde diese kostspielige, weil unplanbare Vorgehens-

Bild 2.18 Thermografiebild eines Sicherungskastens (mit freundlicher Genehmigung der InfraTec GmbH)

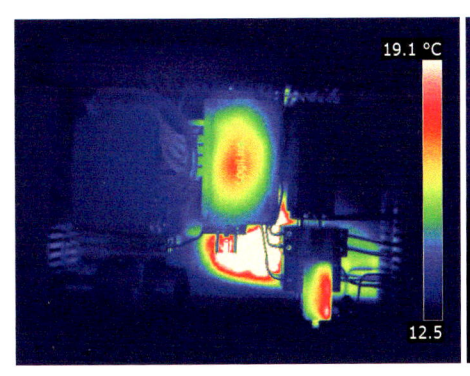

Bild 2.17 Thermografische Bilder einer durchaus intakten elektrischen Anlage

weise durch umfangreiche Instandhaltungsprogramme mit festen Austauschzyklen für bestimmte Teile ersetzt. Doch auch diese geplanten Programme sind letztlich kostenintensiv, weil Verschleißteile auch dann ersetzt werden, wenn sie zwar im Durchschnitt verschlissen sind, aber es im Einzelfall nicht sein müssen.

Eine Lösung für das Problem ist in der vorbeugenden Instandhaltung basierend auf Inspektionen zu sehen. Dabei ist wiederum die Infrarotthermografie eine universell einsetzbare Technologie. Änderungen im thermischen Verhalten verschiedenster Komponenten können auf zukünftige Fehlentwicklungen hindeuten (Bild 2.19).

Bild 2.19 Thermografiebild eines Motors (mit freundlicher Genehmigung der InfraTec GmbH)

Wärmebildkameras sind somit u. a. im Einsatz zur:
- Untersuchung von Motoren und mechanischen Lagern
- Bewertung und Überwachung von Heiz- und Kühlsystemen
- Analyse von Isolationen und Wandverschleiß (mechanisch, chemisch)
- Zustandsanalysen an allen technologischen Einrichtungen
- Überwachung thermisch kritischer, technologischer Prozesse.

Dabei können vor allem folgende Fehler lokalisiert werden:
- Defekte oder unzureichende Kühlungen
- Defekte, schlecht geschmierte, überlastete oder unzureichend gekühlte Lager
- übermäßige Reibung auf Gleitflächen
- überlastete Riemen und Gurte (z. B. Förderanlagen, Transportbänder)
- schleifende Bremsen, rutschende Kupplungen
- unsachgemäße Getriebeanpassung
- schlechte Wellenausrichtung, defekte Kupplungen
- Abnutzung von Schutz- und Wärmeisolierungen
- Ablagerungen in Kesseln und Rohrleitungen.

Wie bei der Nutzung jeder Technologie gilt es auch bei der Infrarotthermografie, einige Grundregeln zu beachten, um richtige Ergebnisse zu erzielen, d. h. letztlich Fehler zu finden und präventiv beheben zu können – siehe nachfolgende Bespiele:
- Für korrekte Temperaturmessungen glänzender, stark reflektierender Metallflächen sind geeignete Messbedingungen durch Besprühen mit matter Farbe oder Bekleben mit Kreppband oder Isolierband zu schaffen.
- Fehler wegen Reflexionen werden durch Messungen aus mehreren Positionen bzw. Sichtwinkeln aufgedeckt und verhindert. Exakt senkrechte Messungen sind zu vermeiden, da sie Eigenreflexionen des Bedieners hervorrufen können.
- Es ist eine genaue Kenntnis der Anlage und ihrer thermischen Verhältnisse erforderlich, um die Messergebnisse korrekt zu interpretieren.
- Aufnahmen an Freiluftanlagen sollten durchgeführt werden:
  - Zu sonneneinstrahlfreien Tageszeiten oder bei starker Bewölkung
  - bei trockener und windschwacher Witterung
  - ohne Oberflächenfeuchte, Schnee oder Reif auf dem Messobjekt.

Vorbeugende Instandhaltung fordert hohe Präzision von Wärmebildkameras

Werden die Randbedingungen eingehalten, hängt der Erfolg des Einsatzes der Infrarotthermografie entscheidend von der eingesetzten Wärmebildkamera ab. Sollen hochwertige Produktionsanlagen inspiziert werden und darüber eine gewisse Flexibilität des Einsatzes einer Wärmebildkamera, z. B. auch der Einsatz im Außenbereich gewährleistet sein, sind professionelle Universalsysteme die erste Wahl.
- Wärmebildkameras, die im sogenannten langwelligen Infrarotbereich (LWIR) von ca. 7,5 µm bis 14 µm arbeiten, sind in der vorbeugenden Instandhaltung aufgrund geringer Anfälligkeit gegenüber atmosphärischen Störungen und wegen ihrer wartungsarmen ungekühlten Detektoren empfehlenswert.

Da Störungen im Inneren von Anlagen nur durch Konduktion der entstandenen Wärme bis an die Oberfläche erkannt werden können, ermöglicht der Einsatz von Wärmebildkameras mit hoher thermischer Empfindlichkeit, selbst kleinste Temperaturunterschiede zu erkennen und somit präzise Rückschlüsse auf das Verhalten im Inneren der Anlagen zu ziehen. Hohe thermische Empfindlichkeiten von bis zu 30 mK (0,03 K ≙ 0,03 °C) basieren u. a. auf dem Einsatz ausgewählter Detektoren und Hochleistungsobjektive und sind daher ein wichtiges Auswahlkriterium für eine Thermografiekamera.

Geeignete Kalibrierungen ermöglichen es, die Wärmebildkameras in weiten Messbereichen einzusetzen. Dadurch sind Temperaturmessungen von bis zu 2000 °C möglich. In der Mehrzahl der Fälle ist in der vorbeugenden Instandhaltung jedoch eine Kalibrierung bis zu 600 °C völlig ausreichend. Diese 600 °C sollten innerhalb eines Toleranzbereiches auch dann gemessen werden, wenn die Wärmebildkamera selbst erhöhten oder niedrigen Umgebungstemperaturen ausgesetzt ist. Hier trennen sich oft Spreu von Weizen, erfordert eine solche Messgenauigkeit doch neben dem Einsatz ausgezeichneter Detektoren und Optiken einen erhöhten Kalibrieraufwand u. a. resultierend in der Ermittlung von Nebenkennlinien.

Wird die vorbeugende Instandhaltung zur Steigerung der Effizienz eines Unternehmens eingesetzt, sollten zweifelsohne auch die Instandhaltungswerkzeuge selbst effizient arbeiten. Bezogen auf den Einsatz von Wärmebildkameras bedeutet dies, dass eine Vielzahl von Automatikfunktionen die durchzuführenden Inspektionen erheblich vereinfachen und beschleunigen können. Präzise Autofokusfunktionen, Alarme bei Überschreitung von Grenzwerten oder die automatische Darstellung von Maximaltemperaturen sind nur einige dieser Funktionen.

Sind zeitliche Temperaturverläufe bei Inspektionen zu ermitteln, sollten Thermografiekameras schnelle Serien von Wärmebildern für die nachfolgende Auswertung aufnehmen und speichern können. Sogenannte Echtzeitspeicher leisten darüber hinaus gute Dienste, um im Nachgang die kritischen Teile der gespeicherten Sequenzen im Slow-Motion-Modus genau zu untersuchen.

Eine gute Auswertesoftware kann besondere Effizienzreserven für die Wärmebilder freisetzen. Die schnelle und teilweise automatische Identifikation von Schwachstellen, deren prägnante Markierung und das einfache Verfassen von Inspektionsberichten – unter Nutzung vieler automatisch generierter Parameter über Datum und Zeit hinaus – sind Kriterien, die zu erfragen und möglichst zu testen sind.

2.3.6 Automatische Zustandsüberwachung von Gießpfannen (Transport von Flüssigstahl)

Der Transport von flüssigem Stahl ist, trotz hoher Sicherheitsstandards, mit erheblichen Risiken verbunden. Selbst die speziell für diese Zwecke entwickelte Feuerfestauskleidung der Transportpfannen hält der hohen Beanspruchung durch die Stahlschmelze nicht dauerhaft stand. Ein vollautomatisches Sicherheitssystem auf Basis von Infrarotbildverarbeitung ist in der Lage, die Feuerfestauskleidung der Pfannen kontinuierlich zu überwachen (Bild 2.20). Eventuelle Schwachstellen werden lange vor einem Durchbruch zuverlässig erkannt. Das System trägt damit wesentlich zur Erhöhung der Sicherheit in Stahlwerken bei (Bild 2.21).

Bild 2.20 Die Feuerfestauskleidung der Gießpfanne besteht aus Keramikmaterial, welches die innere Wandung der Pfanne vor 1500 °C heißen Stahlschmelze schützt (mit freundlicher Genehmigung von Automation Technology).

Ein Versagen der Feuerfestauskleidung würde zu einem unkontrollierten Ausbruch einer großen Menge 1500 °C heißen Stahls führen. Dass ein solches Szenario erhebliche Schäden verursacht und ein extrem hohes Sicherheitsrisiko für die Belegschaft bedeutet, lässt sich auch für Außenstehende leicht nachvollziehen. In einem Stahlwerk bei Duisburg kam es 2006 zu solch einem Zwischenfall, als 280 t flüssiger Stahl routinemäßig vom Ofen zum Konverter befördert wurden. Eine Schwachstelle in der überlasteten Feuerfestauskleidung genügte, damit sich der Stahl innerhalb weniger Sekunden durch die Gießpfanne „hindurchfraß", über dem Boden ausbreitete und sämtliche Betriebsmittel in der Umgebung zerstörte. Allein die Reparaturkosten beliefen sich auf ca. 10 Millionen Euro. Hinzu kamen die Kosten durch die Ausfallzeit des Werks.

Um sicherzugehen, dass ihnen ein ähnlicher Unfall erspart bleibt, veranlassten die Anlagenbetreiber von ArcelorMittal in Eisenhüttenstadt die Installation eines Sicherheitssystems zur kontinuierlichen Zustandsüberwachung ihrer Pfannen. Temperaturmessende Infrarotkameras erfassen dabei die Temperaturverteilung auf der gesamten Oberfläche der Pfanne. Die Kameras sind über ein Gigabit-Ethernet-Netzwerk mit einem Rechner verbunden, auf welchem eine speziell entwickelte Software ausgeführt wird. Diese Software steuert das gesamte System und wertet die von den Kameras gelieferten Bilder aus. Kritische Materialzustände werden vollautomatisch erkannt, lange bevor aus Sicherheitsgründen ein Produktionsstop veranlasst werden muss.

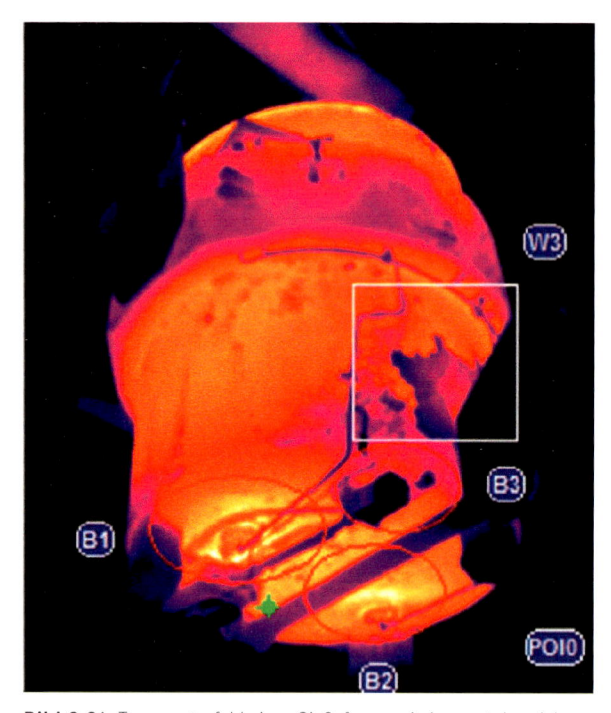

Bild 2.21 Temperaturfeld einer Gießpfanne mit Auswertebereichen (mit freundlicher Genehmigung von Automation Technology)

Gute Gründe zur Überwachung

Damit die Gießpfannen den extremen Temperaturbelastungen gewachsen sind, werden sie mit feuerfestem Keramikmaterial ausgekleidet. Mit jedem Kontakt erodiert der heiße Stahl jedoch einen Teil der Keramikoberfläche, weshalb die Wandstärke der Auskleidung von mal zu mal abnimmt. Außerdem reagieren die Keramikziegel schockempfindlich, auch wenn sie aus einem robusten Material bestehen. Es ist also nur eine Frage der Zeit, wann es zu Schwachstellen in der Auskleidung kommt und ein unmittelbares Sicherheitsproblem entsteht.

„Vor allem ist unsere Lösung ein Sicherheitssystem, das Personal und Anlagenteile schützen soll." (M. Wandelt, Geschäftsführer, Automation Technology) Des Weiteren verfügt das System aber auch über eine Datenbank zur Langzeitspeicherung und -auswertung der gemessenen Temperaturdaten. Durch Analyse der Messwerte lässt sich die verbleibende Verwendungszeit der Gießpfannen viel präziser bestimmen und Wartungszeiten im Voraus planen. Bisher beruhte die Festlegung der Einsatzzyklen dagegen auf Erfahrungswerten. Aufgrund der hohen Sicherheitsrisiken waren die Einsatzzeiten dabei sehr konservativ bemessen. Dabei kostet die Erneuerung der Feuerfestauskleidung einer Pfanne bis zu 40 000 €. Mit dem thermografischen Überwachungssystem sind die Anlagenbetreiber nun in der Lage, die Gießpfannen länger in Betrieb zu behalten, ohne ein erhöhtes Sicherheitsrisiko einzugehen. Zusätzlich können Wartungsintervalle zuverlässig geplant werden.

Kameraeinsatz unter extremen Bedingungen

Vom Hochofen wird das Flüssigeisen zunächst auf dem Schienenweg in sogenannten Torpedowagen zum Stahlwerk transportiert. Das Innere der Torpedowagen ist ebenfalls mit Feuerfestmaterial ausgekleidet. Für die Zustandsüberwachung der Wagen wurden zwei Infrarotkameras beidseitig entlang des Schienenwegs montiert.

Im Stahlwerk erfolgen der Transport und die metallurgische Behandlung des Flüssigstahls in Pfannen. Für den Transport wird dabei ein Kran eingesetzt, welcher innerhalb des Stahlwerks die dafür vorgegebene Fahrstrecke abfährt.

Entlang der Fahrstrecke des Krans wurden vier wartungsfreie Infrarotkameras installiert, welche die gesamte Oberfläche der Pfanne erfassen (Bild 2.22 und 2.23). Während der Kran eine beladene Gießpfanne

2.3 Anwendungsbeispiele der Thermografie

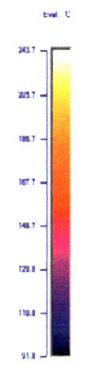

Bild 2.22
Torpedowagen zum Befördern von Flüssigeisen vom Hochofen zum Stahlwerk, rechts Infrarotbild des Torpedowagens (mit freundlicher Genehmigung von Automation Technology)

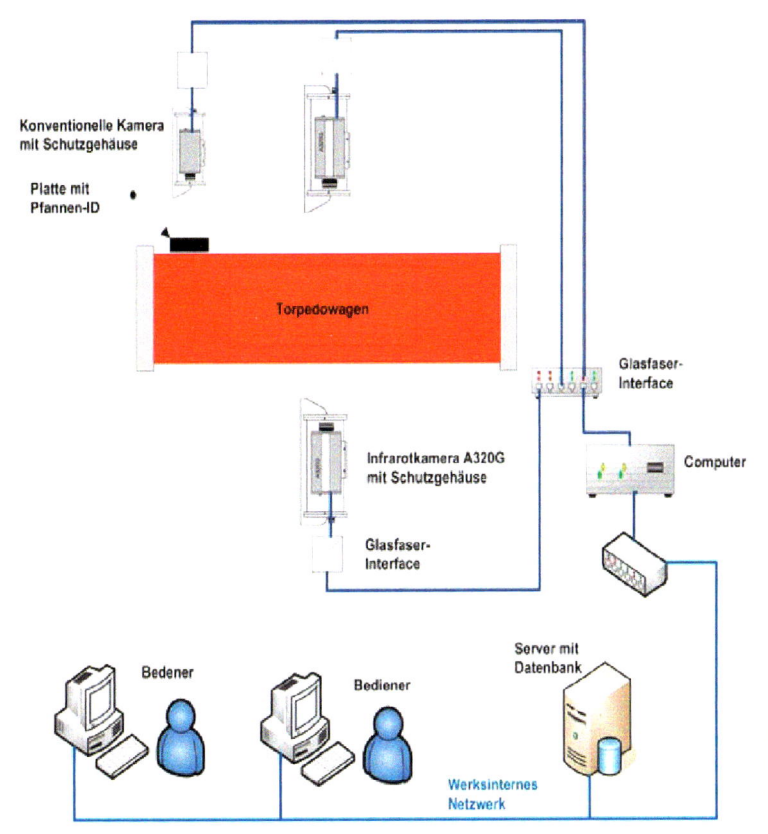

Bild 2.23
Aufbau des Systems für die Zustandsüberwachung der Torpedowagen (mit freundlicher Genehmigung von Automation Technology)

transportiert, fährt er durch jedes Sichtfeld der vier Kameras. Die Installation der Kameras erfolgte in einem Abstand von mehreren Metern zu den durchfahrenden Pfannen. Trotzdem herrscht auch an den Montageplätzen eine hohe Umgebungstemperatur. Die Infrarotkameras sind deshalb in speziellen Schutzgehäusen untergebracht. Das Innere der Gehäuse wird durch einen Luftstrom gekühlt, damit der Betrieb der Kameras nicht durch Überhitzung gefährdet wird. Die Schutzgehäusen selbst sind als Doppelkammerkonstruktion ausgeführt. Sie verfügen über ein Fenster aus Germanium, welches im infraroten Spektralbereich transparent ist. Jede Kamera ist für die Datenübertragung an ein Gigabit-Netzwerk angeschlossen und arbeitet unabhängig von den anderen drei Kameras.

Durch die konsequente Auslegung des Systems für den Einsatz unter rauen Umgebungsverhältnissen lässt sich auch unter den Bedingungen in einem Stahlwerk eine optimale, störungsfreie Funktion gewährleisten (Bild 2.24).

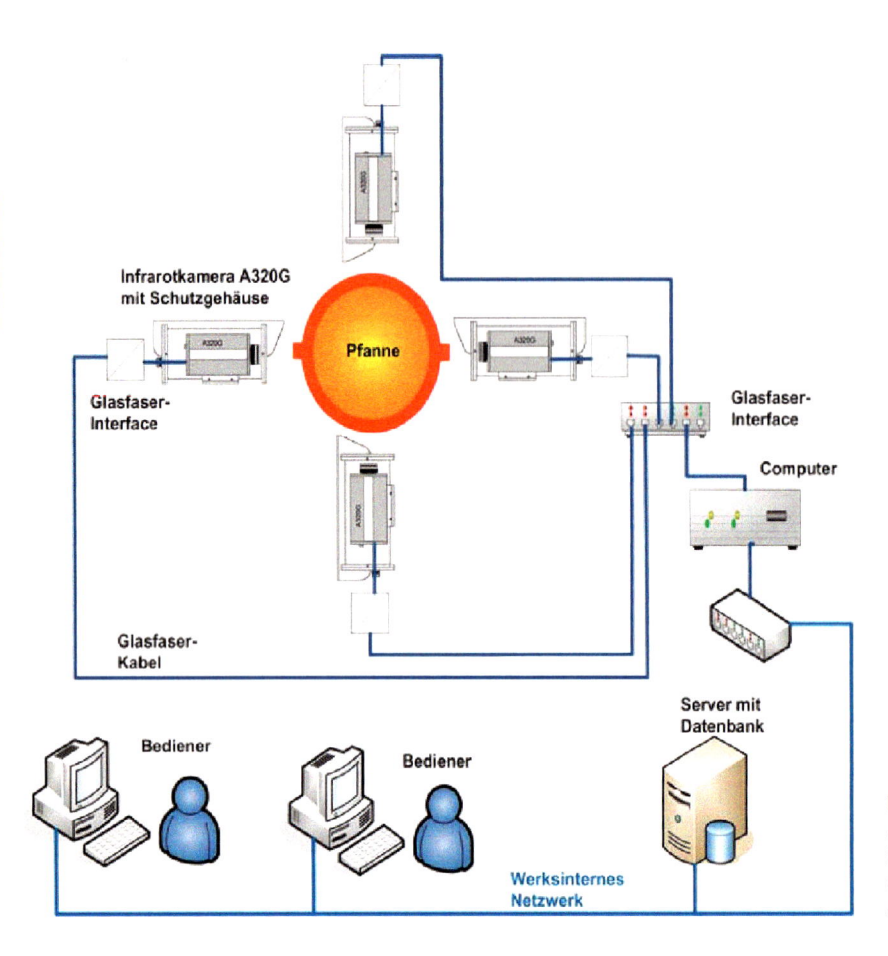

Bild 2.24
Aufbau des Systems für die Zustandsüberwachung der Transportpfannen (mit freundlicher Genehmigung von Automation Technology)

Intelligente Auswertung zur Vermeidung von Fehlalarmen

Die auf dem Rechner laufende Software analysiert während des Betriebes jedes einzelne von den Kameras übermittelte Bild. Anhand voreingestellter Objektmasken wird eine Pfanne automatisch erkannt, wenn sie am Kran in den Sichtbereich der Kamera fährt. Findet die Software eine Pfanne, so platziert sie einen Auswertungsbereich exakt über die Außenkontur. Der Auswertungsbereich wird dann während des Messvorgangs mit der Pfanne im Bild mitbewegt. Die Software analysiert pixelgenau die Temperaturwerte innerhalb des Auswertungsbereichs und vergleicht diese mit vorgegebenen Alarmschwellen. Alle Messwerte von Pixeln außerhalb des Auswertungsbereichs werden nicht berücksichtigt. Hohe Temperaturwerte, beispielsweise von im Bild erfassten Brennern oder Öfen, werden so vollständig ausgeblendet. Gerade in Stahlwerken, die eine Vielzahl von Objekten mit hoher Temperatur aufweisen, minimiert die beschriebene Art der Auswertung die Gefahr von Fehlalarmen. Gleichzeitig braucht der Kranführer den Kran für die Durchführung der Messung weder zu stoppen, noch ist er gezwungen, einen exakten Fahrweg einzuhalten.

Der Überwachungsvorgang wird wie folgt konkretisiert: „Nach den Erfahrungen des Stahlwerks kann die Anlagensicherheit garantiert werden, solange die Außentemperatur der Gießpfanne einen Wert von 400 °C nicht überschreitet. Sobald bei einer Messung eine Temperatur oberhalb des Schwellwerts festgestellt wird, generiert das System einen Alarm und sendet diesen an den Leitstand. Gleichzeitig wird das Bild mit dem kritischen Bereich der Pfanne im Leitstand angezeigt und die Identifikationsnummer der Gießpfanne ausgegeben. Anhand der Identifikationsnummer kann eine Grafik mit den bisherigen Messwerten der Gießpfanne dargestellt werden. Diese Information ermöglicht ggf. eine schnellere Beurteilung und vereinfacht die Entscheidung des weiteren Vorgehens." (M. Wandelt, Geschäftsführer, Automation Technology) (Bild 2.25)

Zusätzlich führt das System eine automatische Trendanalyse über die bisherigen Messungen an der jeweiligen Pfanne durch. Hierdurch werden plötzliche Temperaturanstiege zuverlässig erkannt, welche auf eine

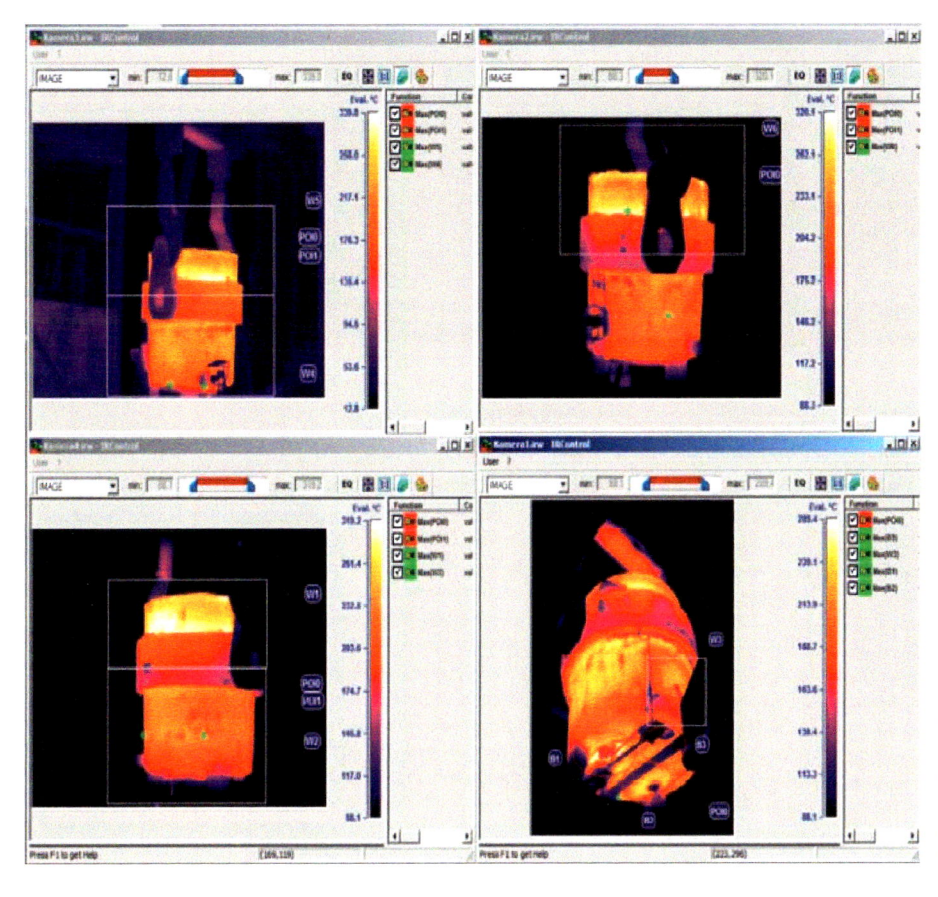

Bild 2.25
Die speziell entwickelte Multikamerasoftware IrMonitor zur Auswertung der Temperaturbilder und zur Steuerung des Gesamtsystems (mit freundlicher Genehmigung von Automation Technology)

Schwächung der Feuerfestauskleidung, z. B. durch Abplatzen von Material, hindeuten.

Um die fehlerfreie Funktion und die Zuverlässigkeit der Messungen jederzeit zu gewährleisten, verfügt das System über vielfältige Selbstüberwachungsfunktionen. Beispielsweise ist im Sichtfeld jeder IR-Kamera ein Wärmestrahler positioniert, dessen Temperatur hochgenau auf 70 °C konstant gehalten wird. Dieser Wärmestrahler liefert bei jeder Messung eine Temperaturreferenz. Fehler bei der Temperaturmessung können so vom System sofort erkannt werden. Weicht der Messwert an der Position des Wärmestrahlers zu stark von 70 °C ab, wird eine Störungsmeldung an den Leitstand gesendet.

Fazit

Die Zustandsüberwachung von Transportpfannen mit einen Infrarotbildverarbeitungssystem eröffnet für Stahlwerke eine neue Möglichkeit, um den Sicherheitsstandard deutlich zu erhöhen. Gleichzeitig ermöglicht ein solches System die Vorhersage der Restlebensdauer der Feuerfestauskleidung. Die Pfannen können so ohne Risiko länger in Betrieb gehalten und Wartungsarbeiten zuverlässig geplant werden. Das System ist weitestgehend wartungsfrei und verfügt über vielfältige Schnittstellen und Selbstdiagnosefunktionen.

2.3.7 Steuerung der Temperaturverteilung in Druckgussformen

Bei allen Druckgussprozessen (z. B. Aluminium- und Magnesiumdruckguss oder bei der Produktion von Kunststoffteilen) spielt die Temperaturverteilung in der Form eine entscheidende Rolle für die Produktqualität. Eine Messung ist allgemein nur berührungslos möglich. Durch Optimierung und Steuerung der Temperaturverteilung in den Formen bietet die Infrarotbildverarbeitung hier ein hervorragendes Instrument zur Steigerung der Produktqualität, zur Reduktion des Ausschusses und zur Vermeidung von Stillstandszeiten.

Bild 2.26 zeigt die Realisierung eines Bildverarbeitungssystems an einer großen Druckgussmaschine. Hergestellt werden Bauteile aus Aluminium für die Kfz-Produktion.

Bild 2.26
Links: IR-Kamera mit Schutzgehäuse, montiert an der Druckgussmaschine, Mitte: Druckgussform, rechts Steuerschrank mit Rechner und digitaler Steuerungselektronik (mit freundlicher Genehmigung von Automation Technology)

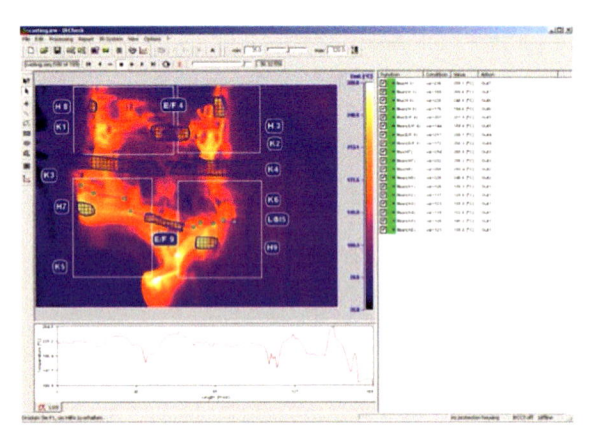

Steuerungsvorgang

- Messung der Temperaturwerte in den festgelegten Auswertungsbereichen nach Entnahme des Gussteils und nach dem Sprühen der Form

- Vergleich mit den Sollwerten

- Steuerung der Kühlkreisläufe der Form

- Ausgabe eines Alarms bei unzulässiger Abweichung von den Sollwerten

Bild 2.27
Infrarotbildverarbeitungssoftware IRControl (Automation Technology) mit Messplan für die Temperaturüberwachung und Steuerung (mit freundlicher Genehmigung von Automation Technology)

Die Überwachungs- und Steuerungsaufgabe gestaltet sich mit einer modernen Infrarotbildverarbeitungssoftware relativ einfach: In einem Messplan sind Bereiche definiert, in welchen im Bild Temperaturwerte ermittelt werden (z.B. Mittelwert, Maximalwert, Minimalwert). Bei einer Messung werden diese Istwerte mit voreingestellten Sollbereichen verglichen. Sollten die Istwerte nicht innerhalb der Sollbereiche liegen, werden entsprechende Steuerungskommandos an die Maschine gesendet. Gleichzeitig können die Messwerte und das Bild gespeichert werden.

2.3.8 Steuerung der Temperaturverteilung bei Thermoformingprozessen

Bei der Herstellung von Produkten durch Thermoforming wird Kunststoffmaterial erhitzt und anschließend in einer Form in die vorgesehene geometrische Gestalt gebracht. Das Temperaturfenster für die Erwärmung des Kunststoffs ist in der Regel relativ schmal: Eine zu geringe Erwärmung führt bei dem Produkt zu Abweichungen in der Geometrie – zu hohe Temperaturen können zum Verbrennen des Kunststoffs führen. Auch hier hat sich die Infrarotbildverarbeitung zur flächenhaften Temperaturerfassung und zur Steuerung bewährt. Bild 2.28 zeigt eine Thermoforminganlage zur Herstellung von großen Bauteilen. Das Ausgangsmaterial sind Kunststoffplatten, welche vor dem Formprozess aufgewärmt werden. Das Infrarotbildverarbeitungssystem erfasst hierbei die Temperaturverteilung auf den Platten, ermittelt die Temperaturwerte in den definierten Auswertungsbereichen und vergleicht diese mit den eingestellten Sollbereichen. Bei Abweichungen kann das System Steuerungskommandos an die Maschine senden, um die einzelnen Elemente des Heizfelds nachzuregeln. Falls die Solltemperaturverteilung nicht eingestellt werden kann (z.B. weil ein Element des Heizfelds ausgefallen ist), kann das System einen Alarm ausgeben. Im Bild wird die entsprechende Position, welche zur Alarmausgabe geführt hat, markiert. Damit ist es für den Bediener einfach, den Fehler an der Maschine zu finden.

2.3.9 Kontrolle von Bierfässern

Bei der Abfüllung von Bier werden Leerfässer vor dem Befüllvorgang zunächst mit warmer Lauge gereinigt. Hierdurch besteht die Gefahr, dass ein Fass zur Auslie-

2.3 Anwendungsbeispiele der Thermografie

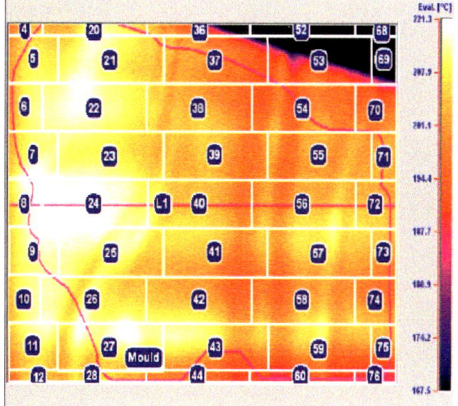

Bild 2.28
Links: Thermoforminganlage, rechts: Infrarotbild einer Kunststoffplatte mit Auswertungszonen zur Ermittlung der Temperaturverteilung (mit freundlicher Genehmigung von Automation Technology)

ferung kommen könnte, welches statt mit Bier mit Lauge gefüllt ist. Auch hier liefert Infrarotbildverarbeitung einen sicheren Lösungsansatz, sodass laugenbefüllte Fässer vollautomatisch aussortiert werden können: Da ein laugenbefülltes Fass eine höhere Oberflächentemperatur aufweist, als ein mit Bier gefülltes Fass, ist eine leichte Identifizierung durch Messung und Auswertung der Temperaturverteilung möglich (Bild 2.29).

2.3.10 Detektion von Mikroleckagen

Bei der Verpackung von Flüssigkeiten sollten die Packgefäße nach dem Füllvorgang möglichst zu 100 % auf das Vorhandensein von Leckagen geprüft werden. In vielen Bereichen stellt dies bis heute ein nicht zufriedenstellend gelöstes Problem dar. Nicht nur, dass durch eine Leckage Flüssigkeit nach außen dringen kann, viel wesentlicher ist oftmals, dass so auch Keime in das Packgefäß eindringen können. Dafür reichen auch sehr kleine Leckstellen aus. Ein besonders sensibler Bereich ist in diesem Zusammenhang die Pharmaindustrie.

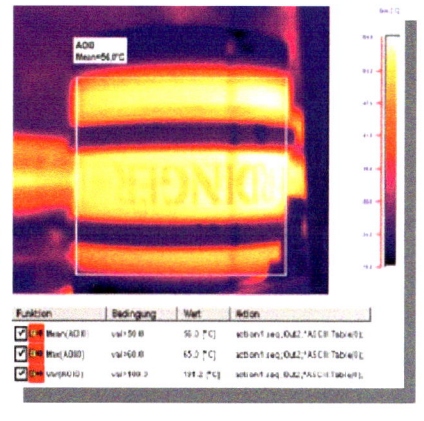

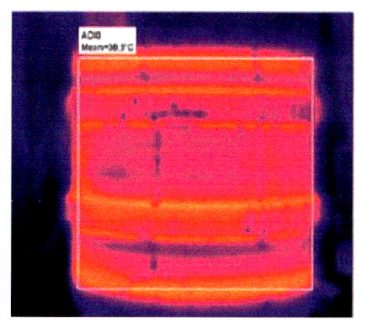

Bild 2.29
Kontrolle von Bierfässern auf Befüllung mit Lauge. Links: Reinigungs- und Befüllanlage mit Infrarotkamera. Rechts oben: Temperaturbild laugenbefülltes Fass. Rechts unten: Temperaturbild bierbefülltes Fass (mit freundlicher Genehmigung von Automation Technology)

2 Thermografie

Flüssigkeitsgefüllte Verpackungen, wie z. B. Infusionsbeutel, werden hier zwar geprüft, dies erfolgt allerdings in der Regel rein manuell durch Drücken der Verpackungen mit der Hand und visuelle Kontrolle. Hier kann schnell einmal ein kleiner Flüssigkeitstropfen übersehen werden.

Infrarotbildverarbeitung liefert wiederum einen relativ einfachen Lösungsansatz für die Qualitätskontrolle: Bedingt durch den Effekt der Verdunstungskälte ergibt sich zwischen einem austretenden Flüssigkeitstropfen und dem Verpackungsmaterial ein Temperaturkontrast. Dieser kann mit einer Infrarotkamera erfasst und softwaregestützt ausgewertet werden, um eine vollautomatische Ausschleusung der defekten Verpackung zu realisieren. Sollten besonders hohe Anforderungen an die Detektionsfähigkeit vorliegen, lässt sich der Verdunstungseffekt und damit der Kontrast verstärken. Hierzu kann man z. B. die Verpackung durch eine Vakuumschleuse führen (Bild 2.30).

2.3.11 Erfassung der Temperaturverteilung bei Überwachungsaufgaben

Auch für Sicherheits- und Überwachungsaufgaben gewinnt die Infrarotbildverarbeitung zunehmend an Bedeutung. Personen können rein passiv, d. h. ohne zusätzliche Beleuchtungsquellen, auf weite Entfernung detektiert werden. Dies macht die Technik für die Absicherung von Hochsicherheitsbereichen interessant. Darüber hinaus weisen Infrarotkameras einige weitere Eigenschaften auf, welche sie für viele Anwendungen interessant machen. So kann man z. B. durch Rauch und Nebel hindurchsehen. Der Einsatz bei der Feuerwehr zum Auffinden von Personen in verrauchten Räumen ist daher mittlerweile schon verbreitet, die Einführung als „Driver Assistance System" für Kraftfahrzeuge in der Diskussion.

Im industriellen Bereich überwachen IR-Kameras z. B. Müllbunker und Freilager auf mögliche Glutnester und Brandherde. Im Brandfall dienen sie gleichzeitig als Hilfsmittel bei der Brandbekämpfung. In der chemischen Industrie überwachen Infrarotkameras z. B. sensible Anlagenteile mit hohen Temperaturen, bei denen beim Austritt von gasförmigen oder flüssigen Medien Brand- oder Explosionsgefahr besteht.

Beispielhaft soll hier nur eine realisierte Anwendung aufgeführt werden. Bei dieser Applikation werden die Strömungsverhältnisse in der Wesermündung automatisch mit einer Infrarotkamera erfasst und ausgewertet (Bild 2.31). Hintergrund ist, dass an der Wesermündung ein neuer Großhafen gebaut wird. Der Betreiber eines unmittelbar stromabwärts gelegenen Kraftwerks

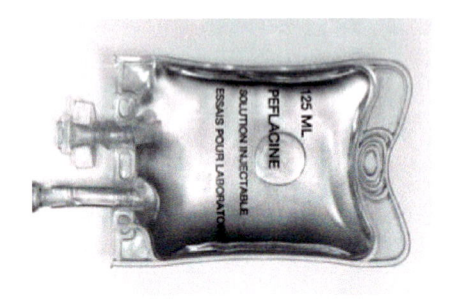

Bild 2.30
Infusionsbeutel mit Leckagen – im Infrarotbild (rechts) sind die Flüssigkeitstropfen deutlich zu erkennen (mit freundlicher Genehmigung von Automation Technology).

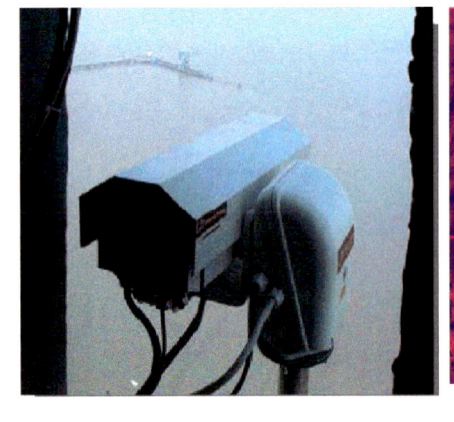

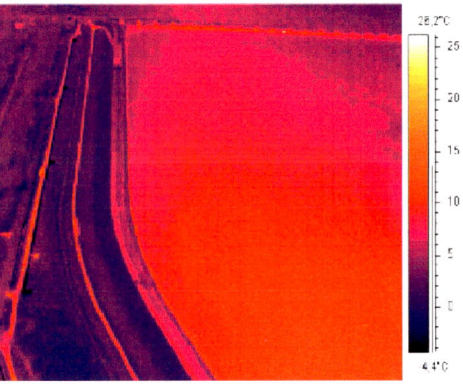

Bild 2.31
Links: Infrarotkamera im Wetterschutzgehäuse mit Schwenk-/Neigkopf, rechts: Während eines Erfassungszyklus aufgenommenes Einzelbild (mit freundlicher Genehmigung von Automation Technology)

befürchtet, dass sich hierdurch die Strömungsverhältnisse ändern könnten, was ggf. die Effizenz des Kraftwerks mindern würde. Er hat daher die Überwachung beauftragt. Der zu überwachende Bereich beträgt insgesamt 3 km. Um dieses große Areal mit ausreichender Auflösung erfassen zu können, wurde eine Kamera mit Schwenk-/Neigekopf in 250 m Höhe an dem Schornstein des Kraftwerks montiert.

Während eines Erfassungszyklus fährt der Schwenk-/Neigekopf insgesamt 14 Positionen an und die Kamera nimmt jeweils ein Bild auf. Aus den 14 Einzelbildern wird anschließend durch dreidimensionales Mapping ein Bild berechnet, welches das gesamte zu erfassende Areal darstellt. Das System arbeitet vollautomatisch, wobei ein kompletter Erfassungszyklus jeweils alle 15 Minuten erfolgt (Bild 2.32).

2.3.12 Schlackedetektion

In der klassischen Bildverarbeitung im sichtbaren Spektralbereich werden Intensitätsunterschiede im reflektierten Licht ausgewertet. In analoger Weise können bei der Infrarotbildverarbeitung auch Unterschiede in der Emissivität der Messobjekte ausgenutzt werden. Bei gleicher Temperatur strahlen Objekte mit unterschiedlicher Emissivität unterschiedlich intensive thermische Strahlung ab. Sie erscheinen damit im Infrarotbild heller oder dunkler. Alternativ können die Objekte auch mit einem Infrarotstrahler beleuchtet werden, wobei die von ihnen reflektierte Strahlung detektiert wird.

Die hier betrachtete Applikation ist mittlerweile in einer Vielzahl von Stahlwerken weltweit im Einsatz. Beim Abguss eines Konverters möchte man den flüssigen Stahl möglichst gut von der Schlacke separieren. Hierzu wird der Abguss gestoppt, sobald im Gießstrahl Schlacke zu laufen beginnt. Bisher wurde zwischen Stahl und Schlacke durch reine Beobachtung des Gießstrahls unterschieden. Da die Strahlungsunterschiede zwischen beiden Medien im sichtbaren Spektralbereich sehr gering sind, fiel diese Aufgabe sehr erfahrenen Mitarbeitern zu.

Im Gegensatz zum sichtbaren Spektralbereich sind die Strahlungsunterschiede zwischen Stahl und Schlacke im infraroten erheblich. Der Emissionsgrad von Stahl liegt hier bei ungefähr 0,4, der von Schlacke nahe bei 1. Dies bedeutet, dass die von der Schlacke ausgehende Strahlungsleistung mehr als doppelt so hoch ist, wie die von Stahl. Erfasst man den Gießstrahl mit einer Infrarotkamera, so lässt sich durch Einsatz von Bildverarbeitung der Abgussprozess vollautomatisch steuern (Bild 2.33 und 2.34).

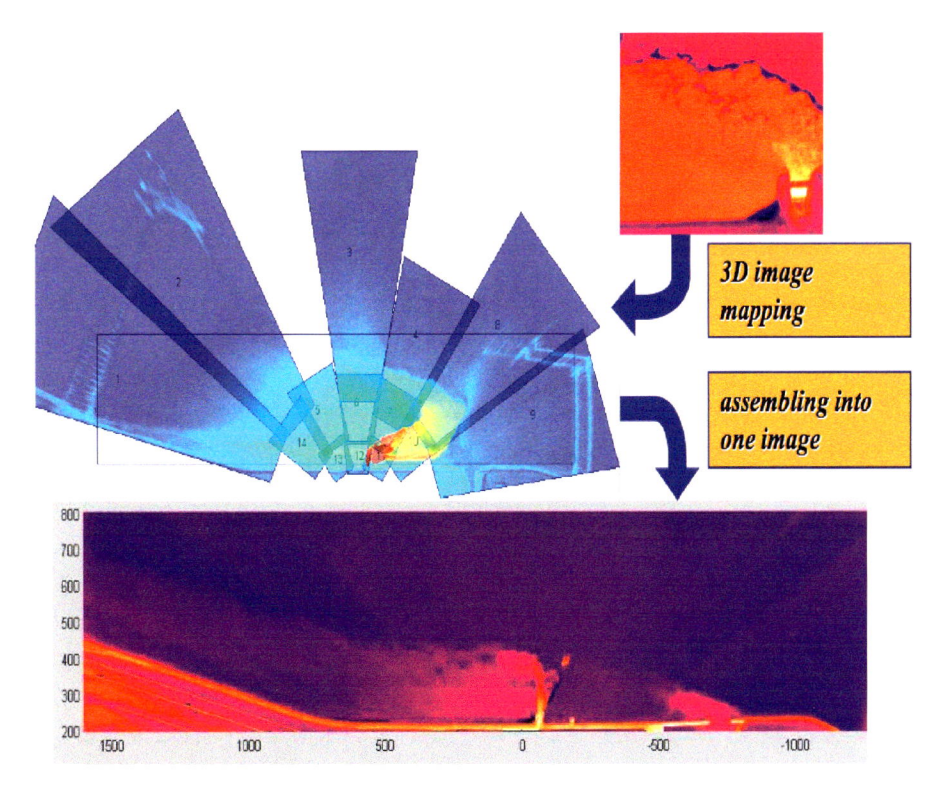

Bild 2.32
Zusammenfügen von 14 Einzelbildern zu einem Gesamtbild durch dreidimensionales Mapping. Das Gesamtbild repräsentiert das gesamte, zu erfassende Arial (ca. 3 km^2), (mit freundlicher Genehmigung von Automation Technology)

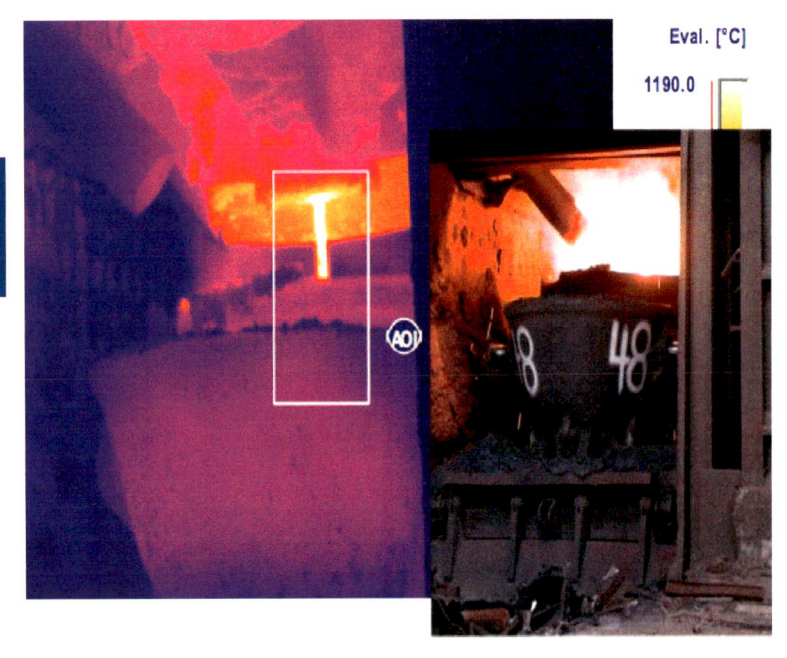

Bild 2.33
Abguss eines Konverters (mit freundlicher Genehmigung von Automation Technology)

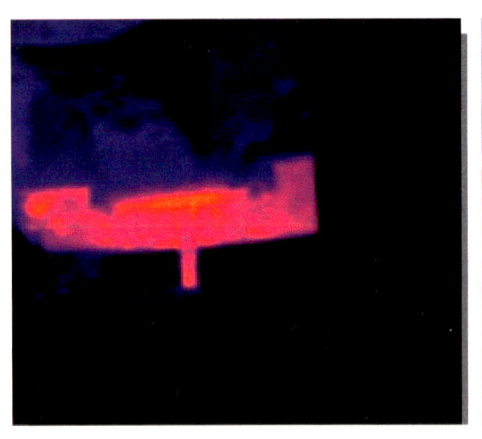

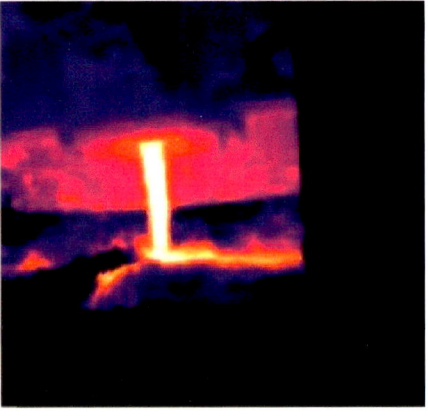

Bild 2.34
Unterscheidung zwischen Stahl (links) und Schlacke (rechts), (mit freundlicher Genehmigung von Automation Technology)

2.3.13 Detektion von Reststoffen in Edelstahlformen

Bei der Produktion von Bauteilen in Formen kommt es häufig darauf an, Reststoffe in der Form zu erkennen und zu entfernen, bevor das nächste Teil gefertigt wird. Eine automatische Detektion mit Bildverarbeitung im sichtbaren Spektralbereich gestaltet sich schwierig, falls zwischen dem Material der Form und der Verunreinigung nur ein geringer Kontrast besteht. Auch hier kann Infrarotbildverarbeitung oftmals das Problem lösen.

Als Beispiel wird die Produktion von Teilen aus kohlefaserverstärktem Kunststoff betrachtet. Die Form besteht hier aus Edelstahl, bei den Reststoffen handelt es sich allgemein um dünne Kunststoffteile. Im sichtbaren Spektralbereich ist der Kontrast nicht ausreichend, um eine sichere Detektion zu gewährleisten.

Für die Detektion mit Infrarotbildverarbeitung werden die starken Unterschiede in den thermophysikalischen Eigenschaften zwischen Kunststoff und Edelstahl ausgenutzt. Beleuchtet man die Form kurz mit einem Infrarotstrahler, so wärmen sich die Kunststoffteile auf, der Edelstahl hingegen nicht. Man erhält so im Infrarotbild einen deutlichen Kontrast (Bild 2.35).

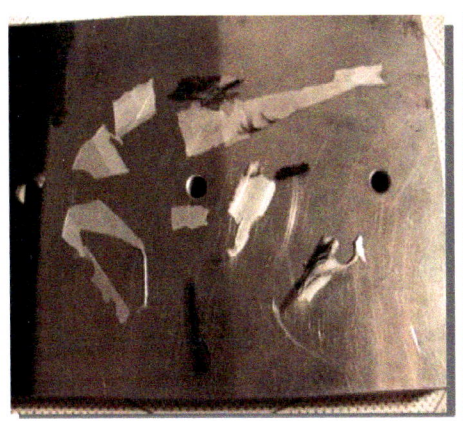

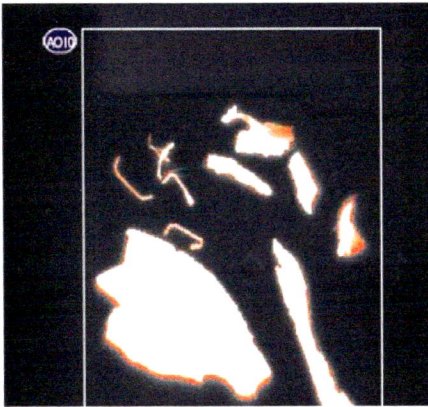

Bild 2.35 Edelstahlform mit Reststoffen, links: Sichtbild, rechts: Ergebnisbild durch Infrarotbildverarbeitung – zur Kontrastverbesserung wurde ein Referenzbild (Form ohne Reststoffe) vom aufgenommenen Bild abgezogen (mit freundlicher Genehmigung von Automation Technology).

2.3.14 Wahrnehmung menschlicher Gefühle

Maschinen sind aus unserem Alltag nicht mehr wegzudenken. Die Interaktion zwischen Mensch und Maschine ist bereits fester Bestandteil unseres Lebens. Im Laufe der Jahrhunderte hat sich die Art und Weise, in der diese Interaktion erfolgt, drastisch verändert, da sich die Maschinen von rein mechanischen Werkzeugen zu komplexen Robotern mit menschenähnlichen Fähigkeiten weiterentwickelt haben. Roboter sind heute nicht mehr ausschließlich in Fabriken vorzufinden, sondern erobern allmählich auch unsere Schulen, Arbeitsplätze und unseren Privatbereich.

Am sinnvollsten ist es sicherlich, wenn die Interaktion zwischen Mensch und Roboter in einer für den Menschen bequemen und natürlichen Art und Weise erfolgt. Eine gemeinsame Hauptanforderung an Roboter bzw. künstliche Agenten ist der Aufbau einer wechselseitigen Interaktion. Dies bedeutet, dass künstliche Agenten nicht nur auf menschliche Handlungen reagieren sollten, sondern ihre Reaktion zudem auf den emotionalen und psychophysiologischen Zustand des menschlichen Benutzers bzw. Gegenübers abgestimmt sein sollte. Das letztere Kriterium ist insbesondere relevant für sogenannte soziale Roboter, d. h. Roboter, die vorwiegend für die Interaktion mit einem menschlichen Gegenüber bestimmt sind. Dazu zählen beispielsweise als Museumsführer eingesetzte Roboter oder Assistenzroboter zur Unterstützung älterer Menschen.

Detektion menschlicher Gefühlszustände

Künstlichen Agenten die Fähigkeit zu verleihen, psychophysiologische und emotionale Zustände des Menschen wahrzunehmen und zu deuten, ist ein zentrales Thema im Bereich der Mensch-Maschine-Interaktion.

In der Regel erfolgt die Überwachung psychophysiologischer und emotionaler Zustände durch Messung mehrerer Parameter des vegetativen Nervensystems (VNS), wie Hautleitfähigkeitsreaktion, Handflächentemperatur, Herzfrequenz- bzw. Atemfrequenzänderung, peripherer Gefäßtonus und Gesichtsausdruck (Bild 2.36).

Die zur Überwachung der VNS-Aktivität herkömmlich eingesetzte Technik besteht in der Regel aus Kontaktsensoren oder anderen taktilen Systemen. Diese Verfahren sind naturgemäß invasiv und können folglich subjektiv beeinflussbare Ergebnisse liefern, da die kooperative Mitwirkung der jeweiligen Person erforderlich ist. Im Gegensatz dazu gilt die Wärmebildtechnik bzw. Thermografie zunehmend als eine mögliche Lösung zur nicht invasiven Erfassung der Wärmesignatur der VNS-Aktivität. Diese Technik ermöglicht die

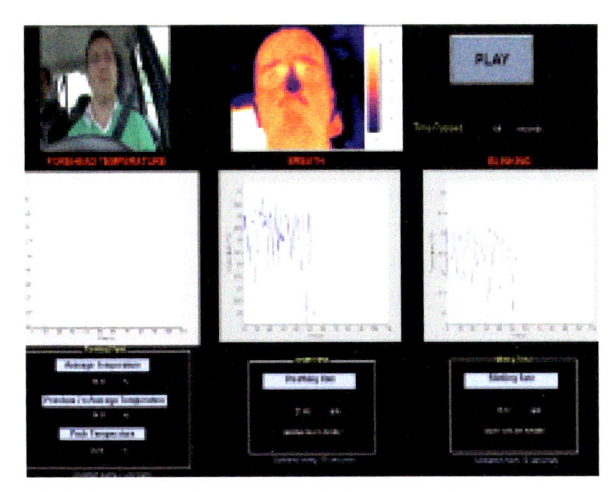

Bild 2.36 Screenshot der für die Fahrerüberwachung eingesetzten Verarbeitungssoftware. Sichtbild- und Wärmebildvideos des Fahrers werden zusammen mit diversen benutzerdefinierten physiologischen Parametern gleichzeitig dargestellt (mit freundlicher Genehmigung der FLIR Systems GmbH).

berührungslose und nicht invasive Erfassung der Hauttemperatur durch Messung der spontanen Körperwärme. Da das Gesicht in der Regel in die soziale Kommunikation und Interaktion eingebunden ist, wird zur Erfassung psychophysiologischer Zustände eine Thermografie des Gesichts durchgeführt.

So lassen sich in der Wärmesignatur einer Person zahlreiche psychophysiologische Signale erkennen. Die Atmung kann mittels der Wärmebildtechnik überwacht werden, während die Umgebungsluft über die Nase die Lunge erreicht und wieder durch die Nase ausgeatmet wird. Beim Ausatmen werden hohe Temperaturwerte, beim Einatmen hingegen niedrige Werte gemessen. Die Thermografie ermöglicht auch die Berechnung des Herzpulses durch Spektralanalyse der Wärmesignatur der Pulsation im Blutfluss oberflächlicher Gefäße. Die kutane Perfusionsrate (Durchblutung der Haut) sowie die Schweißbildung im Gesicht sind weitere Beispiele, welche Phänomene unter Einsatz der Wärmebildtechnik erfasst, aufgezeichnet und quantifiziert werden können (Bild 2.37).

Gefühle können eine Wärmesignatur haben oder durch Aktivität des vegetativen Nervensystems gekennzeichnet sein. Diese wiederum liefert ein Wärmebild, über das sie sich nachweisen lässt. So wurde die Thermografie als mögliches Instrument zur Erstellung eines Temperaturatlas emotionaler Zustände bei Verwendung geeigneter Klassifikationsalgorithmen angeführt. Zustände wie Bestürzung, Sorge, Angst, sexuelle Erregung und sogar eine Täuschungsabsicht haben jeweils ganz spezifische Wärmesignaturen, die mit Wärmebildkameras erkannt werden können. In einer Studie wurde z.B. postuliert, dass sich im Rahmen einer Befragung durch Überwachung von Temperatur und Hautdurchblutung des Periorbitalgefäßes Täuschungsversuche seitens der Befragten mit einer Genauigkeit von 87,2 % nachweisen lassen.

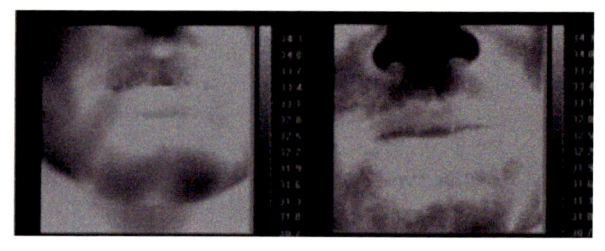

Bild 2.37 Emotional bedingtes Schwitzen und sudomotorische Reaktion – die Erzeugung von emotionalem Druck oder eine Stressstimulation (rechts) verändert die Temperaturverteilung der Ruhetemperatur (links). Die dunkel dargestellte Wärmesignatur resultiert aus der Aktivität der Schweißdrüsen (nach Merla, 2007a), (mit freundlicher Genehmigung von Flir Systems GmbH).

Assistenzroboter mit Wärmebildtechnik

Der Vorteil der Wärmebildtechnik für psychophysiologische Anwendungen besteht darin, dass physiologische Daten auf nicht invasive, natürliche Art und Weise erfasst werden, d.h. ohne Beeinflussung oder Beeinträchtigung des Spontanverhaltens eines Menschen. Dank dieser Eigenschaft könnte die Thermografie als Wegbereiter für Assistenzroboter fungieren, die beispielsweise zur Unterstützung älterer Menschen oder zur Überwachung der regelmäßigen Atmung bei Neugeborenen eingesetzt werden könnten. Automatische Agenten zur Steuerung von Umgebungsbedingungen – z.B. in einem Auto oder Haus – könnten mittels Wärmebildtechnik die Vitalfunktionen des menschlichen Benutzers überwachen, damit sich das System an den Benutzer anpassen kann.

Auch wenn all dies noch Theorie ist, so könnte die Wärmebildtechnik besonders für sogenannte emotionale Roboter und automatische Agenten von Nutzen sein, deren Lernprozess und Behandlungsstrategien auf der Grundlage des psychophysiologischen Feedbacks des gemessenen Benutzers verbessert und benutzerspezifisch angepasst werden können.

Wärmebildkameras zur Fahrerüberwachung

Die bisher entwickelten High-End-Lösungen auf diesem Gebiet basieren auf Multisensorsystemen mit Elektroenzephalografie, Kontaktthermistoren, Nahinfrarotkameras oder Kameras für den sichtbaren Spektralbereich (insbesondere für die Überwachung der Lidschlagfrequenz der Augen). Leider benötigen alle vorgesehenen Lösungen abgesehen von den eigentlichen Kameras Kontaktsensoren. Diese können den Fahrer ablenken und damit seine vollständige und sichere Kontrolle über das Fahrzeug beeinträchtigen. Aus diesem Grunde wurden mehrere Studien lediglich in einem Fahr-

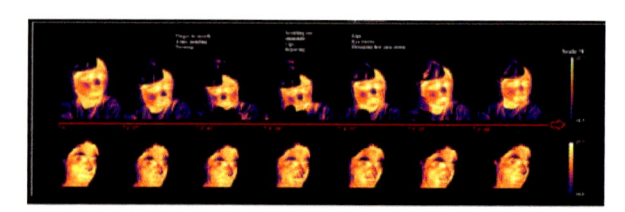

Bild 2.38 Wärmebilder der Gesichter von Mutter und Kind sowie Temperatursynchronisierung der Nasenspitzen in einer durch Sorge oder Beunruhigung geprägten Situation (nach Ebisch, 2012), (mit freundlicher Genehmigung von Flir Systems GmbH).

simulator und nicht direkt an Bord eines echten Fahrzeugs durchgeführt.

Änderungen von Parametern wie Atmung, Puls, Lidschlagfrequenz sind verlässliche Indikatoren für die körperliche Verfassung des Fahrers, einer einsetzenden Schläfrigkeit oder einer verminderten Wachsamkeit. In der von Arcangelo Merla durchgeführten Studie wurde nachgewiesen, dass die Wärmebildtechnik eine effiziente Lösung zur Erfassung fast aller relevanten Vitalfunktionen darstellt (Bild 2.36).

Eine FLIR-Autofokuskamera wurde an der Windschutzscheibe des Fahrzeugs montiert und auf das Gesicht des Fahrers gerichtet. Das Wärmebildvideo wurde mit einer Vollbildfrequenz von 15 FPS (Bildern pro Sekunde) aufgezeichnet. Zu Referenzwecken wurden Daten zu Vitalfunktionen (Herzfrequenz, Atemfrequenz, elektrodermale Aktivität, Handflächentemperatur) mit einem PowerLab-Datenerfassungssystem von ADInstruments erfasst. Ferner wurden sowohl der Fahrer als auch die Straße mit einer hochauflösenden Videokamera aufgenommen.

Die Regions of Interest (ROIs) im Gesicht waren der orbitale, periorbitale und periorale Bereiche sowie die Nasenspitze, das Kinn und die Stirn. Für jede ROI wurden Mittelwert, Standardabweichung sowie Minimum- und Maximumwert der Temperaturverteilung errechnet. Die Lidschlagfrequenz wurde anhand der Änderung der Durchschnittstemperatur im orbitalen Bereich geschätzt, da geöffnete und geschlossene Augen eine völlig unterschiedliche Temperaturverteilung aufweisen. Das vorgesehene Verfahren ist komplett nicht invasiv, passiv und für die kontinuierliche Überwachung im Fahrzeug geeignet, ohne das Fahrverhalten des Fahrers zu beeinträchtigen oder diesen in irgendeiner Weise zu behindern.

2.3.15 Thermografische Untersuchungen der Zerspanzone

Anlass für die durchgeführte Analyse war die fertigungsbedingte thermische Belastung von Nickelbasislegierungen, die in Flugzeugturbinen (Bild 2.39) verwendet werden. Wegen eines fertigungsbedingten Fehlers kam es zu einem Unfall, der auf Mikrorisse im Bohrloch eines Turbinenteils zurückzuführen war. Eine genaue Analyse, bei welchen Produktionsbedingungen stark beanspruchte Bauteile den höchsten Qualitätsansprüchen genügen (und wann nicht), kann hier also über Leben und Tod entscheiden.

Während bestimmte Bestandteile (wie z. B. die Schaufeln einer Turbine) durchaus im Flug beschädigt werden können, ohne dass Menschen dabei zwangsläufig zu Schaden kommen müssen, hat ein Bruch des Turbinenrades fast immer verheerende Folgen. Daher müssen definierte Materialeigenschaften vorliegen, auch an den bearbeiteten Oberflächen (Geometrie, Rauheit und mögliche Anomalien der Oberfläche sowie Härte). Kritisch sind aber auch Gefügeveränderungen in der Oberflächenrandzone wie Mikrohärte, mikrostrukturelle Anomalien (Verformungsschichten, Phasenveränderungen etc.) und Eigenspannungen eines Bauteils.

Bild 2.39 Das Turbinenrad (MTU Aero Engines GmbH) besteht aus einer schweren, hochfesten Nickellegierung (mit freundlicher Genehmigung von Flir Systems GmbH).

Einflüsse des Zerspanungsprozesses auf das Werkstück

Wichtige Parameter für den Zerspanungsprozess sind die Geschwindigkeit, die Stärke oder Dicke des Spans sowie die Materialabtragsrate, die sich allesamt auf die Materialqualität und die Temperaturentwicklung im Prozess auswirken. Bei niedriger Schnittgeschwindigkeit und geringer Spanstärke, d. h. mäßigem Zeitspanvolumen sollte die Qualität des Bauteils theoretisch am höchsten sein. In der Praxis ergeben sich – neben einer sehr niedrigen Produktivität – aber auch Probleme durch entstehende Aufbauschneiden. Sehr hohe Prozessgeschwindigkeit, größere Spandicke und hohe Materialabtragsraten dagegen haben durch die starke Wärmeentwicklung problematische Auswirkungen auf das Werkzeug (Verschleiß) und die Qualität des Werkstücks. Es gilt also die Prozessparameter in einem thermisch optimalen Bereich zu halten, bei dem Qualität und Produktivität gleichzeitig am höchsten sind.

Viele Prozesse stellen sich für die Forscher auch heute noch als „black box" dar, über die vielleicht theoretische Modelle bestehen, deren experimentelle Überprüfung in der Vergangenheit jedoch nicht oder nur unvollständig möglich war. Mit den thermischen Prozessen beim Zerspanen hat sich z. B. bereits im 19. Jahrhundert William Thomson beschäftigt – der spätere Lord Kelvin, nach dem die wissenschaftliche Temperaturskala benannt wurde.

Seit den Tagen von Lord Kelvin ist natürlich viel passiert, als die Ingenieure des WZL um die Jahrtausendwende begannen, Zerspanungsprozesse von hochfesten Metall-Legierungen bei hohen Schnittgeschwindigkeiten experimentell zu untersuchen. Aber die exakte Temperaturverteilung beim Zerspanen „gesehen" hatte immer noch niemand – die technischen Voraussetzungen für eine solche Visualisierung waren einfach noch nicht gegeben.

Vorteile der Thermografie

Ganz anders sieht es heute aus, denn als zerstörungsfreies Inspektionsverfahren bietet sich mittlerweile die Thermografie mit hochwertigen, gekühlten Wärmebildkameras an. Das untersuchte Werkstück kann später ohne Einschränkungen weiterverwendet werden. Ein weiterer entscheidender Vorteil: Die angestrebte Qualität wird neben dem Prozess analysiert, d. h. Signale können bereits während des Herstellungsprozesses ermittelt und interpretiert werden. Daraus können Entscheidungen getroffen werden, die einen hohen Aufwand und damit viel Geld sparen können. Ein hochkomplexes Werkstück wie ein Turbinenrad hat in unterschiedlichen Stadien seiner Produktion einen bestimmten Wert, der mit dem Grad seiner Weiterbearbeitung steigt. Stellt man in einem frühen Stadium der Bearbeitung Probleme in den Materialeigenschaften fest, kann die Weiterverarbeitung abgebrochen werden, was hohe Folgekosten verhindert.

Was sich zunächst nach einem idealen Einsatzgebiet für die Thermografie anhören mag, entpuppte sich tatsächlich als hochkomplexe Aufgabe, bei der viele Herausforderungen gelöst werden mussten. Eine der Schwierigkeiten war die exakte Kalibrierung der Kamera, die von den niedrigen Emissionsgraden der Nickellegierungen bestimmt war. Außerdem haben wir es hier mit einem Hochgeschwindigkeitsprozess zu tun, d. h. die Thermografiekamera muss in der Lage sein, in einer Sekunde mehrere hundert Bilder aufzunehmen (im konkreten Fall 800 Bilder), um den tatsächlichen Moment der Zerspanung überhaupt zu erwischen. Da der Span bei den Versuchen oft nur wenige Mikrometer dick ist (im Beispiel ca. 15 Mikrometer), benötigt man außerdem ein Makro-Objektiv, das in der Lage ist, feinste Strukturen darzustellen.

Um die SC7600 optimal zu kalibrieren, verwendeten die Forscher des WZL ein speziell entwickeltes Zweifarbenpyrometer, das trotz des Namens nicht mit den industriellen Punktpyrometern vergleichbar ist, die bereits für unter 100 Euro am Markt erhältlich sind. Es

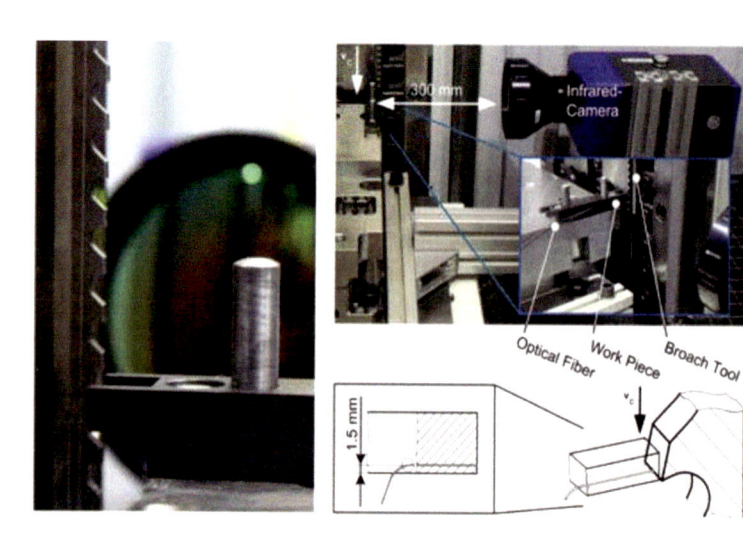

Bild 2.40
Die Versuchsanordnung verbindet die FLIR SC7600 (Infrarotkamera) mit den optischen Lichtleitern des Zweifarbenpyrometers (Optical Fiber). Im Beispiel erfolgt die Bewegung des Werkzeugs nach unten. Vom (zentimeterkleinen) Werkstück selbst wird im Versuch nur ein Span von wenigen Mikrometern Größe abgetragen und das passiert bei sehr hoher Geschwindigkeit (mit freundlicher Genehmigung von Flir Systems GmbH).

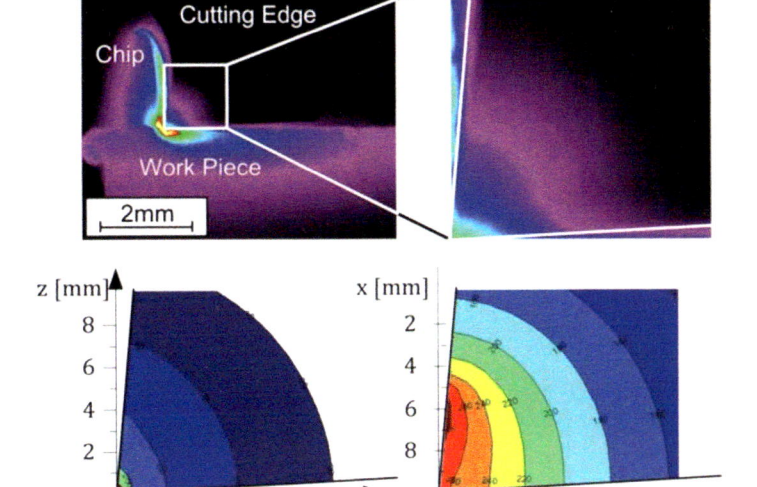

2.3 Anwendungsbeispiele der Thermografie

Bild 2.41
Oben links das Infrarotbild mit Span, Werkstück und Schnittkante; rechts daneben der Bereich, den das Standardmodell von Komanduri & Hou etwas anders erwarten ließ. Daraus ergibt sich ein modifiziertes Model (links unten), (mit freundlicher Genehmigung von Flir Systems GmbH).

handelt sich hierbei vielmehr um optische Lichtleiter, die lediglich zwei ganz bestimmte, eng definierte Wellenlängenbereiche messen, aber dafür mit einer sehr hohen Genauigkeit. Die Forscher verwenden diese Daten, um die Wärmebildkamera zu kalibrieren und umgekehrt. Mit diesem besonderen Versuchsaufbau gelang es dem Team weltweit zum ersten Mal, die exakte Temperaturverteilung beim Zerspanen in einer äußerst guten Qualität zu visualisieren.

2.3.16 Wärmebildkameras im Bereich der Brennstoffzellen- und Batterietechnologie

Wenn es um Stromerzeugung geht, gilt die Brennstoffzellentechnologie weithin als sehr vielversprechender Weg, um die ökologischen Erfordernisse und den Energiebedarf von heute und morgen zu decken. Brennstoffzellen können als Wärme- und Stromquelle für Gebäude sowie als Energiequelle für Elektromotoren genutzt werden.

Eine Brennstoffzelle verbindet Wasserstoff und Sauerstoff, um Strom, Wärme und Wasser zu erzeugen. Genauso wie Batterien wandeln Brennstoffzellen die durch eine chemische Reaktion erzeugte Energie in nutzbare elektrische Energie um. Die Brennstoffzelle erzeugt jedoch so lange Strom, wie der Brennstoff (Wasserstoff) geliefert wird und verliert nie ihre Ladung. Brennstoffzellen arbeiten am besten mit reinem Wasserstoff. Aber auch Erdgas, Methanol oder sogar Benzin können so transformiert werden, dass daraus der Wasserstoff entsteht, den die Zellen benötigen.

Damit die erforderliche Energiemenge bereitgestellt werden kann, lassen sich Brennstoffzellen in Reihe und parallel schalten. Sie liefern dann entweder eine höhere Spannung oder einen höheren Strom, was sich nach der gewünschten Anwendung richtet. Eine Einheit dieser Art wird als Brennstoffzellenstapel bezeichnet.

Heiße Stellen in aktiven Batterien (Bild 2.42) können einen Hinweis auf Bereiche geben, in denen die Batte-

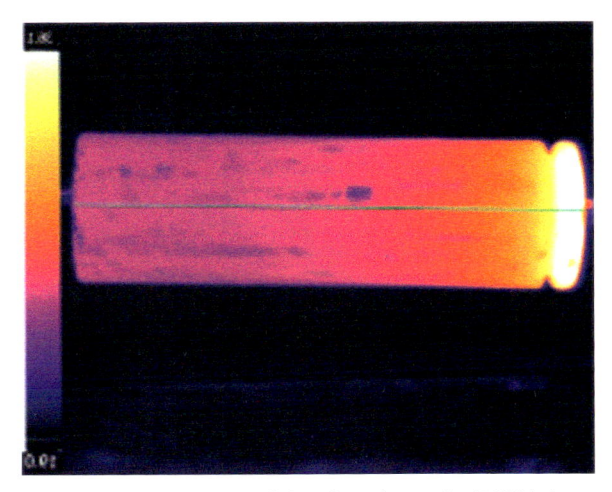

Bild 2.42 Temperaturverlauf einer Batterie vom Typ 18650 beim Entladen (mit freundlicher Genehmigung von Flir Systems GmbH)

rie möglicherweise ausfallen wird. Dieses nachteilige thermische Verhalten kann sich über einen Dominoeffekt, der als „thermisches Durchgehen" bezeichnet wird, schnell auf die ganze Batterie ausbreiten. Ein Totalausfall ist unter Umständen die Folge. Zu hohe Spannung, zu hohe Last, zu hohe Umgebungstemperatur oder eine Kombination dieser Ursachen können das thermische Durchgehen auslösen. Geschlossene Zellen explodieren mitunter heftig, wenn Sicherheitsventile überlastet oder funktionsunfähig sind. Besonders anfällig für thermisches Durchgehen sind Lithium-Ionen-Batterien. Wenn wir dieses Verhalten verstehen, kann das EIL (Electrochemical Innovation Lab) Konstruktionen für neue, sicherere und langlebigere Batterien von Grund auf entwickeln.

Bild 2.43
Analyse von aufgenommenen Bildern mithilfe von ResearchIR (mit freundlicher Genehmigung von Flir Systems GmbH)

3 Pyrometrie

3.1 Verfahrensgrundlagen

Pyrometer werden auch als Strahlungsthermometer bezeichnet. Sie ermöglichen punktuelle, berührungslose Temperaturmessungen. Wie bei der Thermografie wird die elektromagnetische Strahlung der physikalischen Körper registriert und in Temperaturwerte umgerechnet.

Prinzip der Pyrometrie
Die von den Körpern in verschiedenen Wellenlängen abgegebene Strahlung wird mittels infrarotempfindlicher Detektoren gemessen und weiterverarbeitet (Bild 3.1 und 3.2).

Vor und Nachteile der Pyrometrie

Vorteile	Nachteile
Für große Entfernungen geeignet	Kenntnis des Emissionsfaktors erforderlich
hohe Temperaturauflösung	punktuelle Messungen
schnelle Messung (in Echtzeit)	evtl. viele Faktoren zu berücksichtigen
sehr kompakt (leicht transportabel)	begrenzter Messbereich
preiswerter Aufbau	
kein Verschleiß	
rückwirkungsfrei (berührungslos)	
für bewegte Objekte geeignet	

Messbereich/Messgenauigkeit der Pyrometrie
Der Temperaturmessbereich erstreckt sich von –50 °C bis 4000 °C. Die Genauigkeit ist sehr von dem verwendeten Detektortyp und dem Messobjekt abhängig. Zum Beispiel bei spiegelnden Oberflächen ist keine hohe Genauigkeit zu erreichen. Die modernen Messsysteme erreichen eine Genauigkeit von ca. 1 % vom Messwert. Bei bekannten Umgebungseinflussen und Berücksichtigung aller Faktoren lässt sich sogar eine noch höhere Genauigkeit erreichen. Die Auflösung ist im Bereich von 0,1 °C anzusiedeln.

Typische Anwendungen der Pyrometrie
Die Pyrometer werden insbesondere dort eingesetzt, wo eine berührungslose und schnelle Temperaturmessung durchzuführen ist. Der Einsatzbereich ist enorm breit gefächert. Die Infrarotpyrometer werden hauptsächlich dort eingesetzt, wo die konventionellen, berührend messenden Systeme an ihre Grenzen stoßen:
- Bei bewegten Objekten
- bei großen Entfernungen
- bei der Messung von hohen Temperaturen
- an schwer zugänglichen Stellen.

Aber auch dadurch, dass die Pyrometer immer preiswerter werden, sind sie auch im heimischen Gebrauch immer mehr anzutreffen.

3.2 Messverfahren der Pyrometrie

Der physikalische Hintergrund ist identisch mit dem der Thermografie. Die beiden Verfahren basieren auf dem identischen Effekt, die Temperatur anhand der vom Prüfling ausgesandten elektromagnetischen Strahlung zu bestimmen. Zum Nachvollziehen der physikalischen Grundlagen wird deshalb auf das letzte Kapitel verwiesen.

Im Aufbau gibt es jedoch Unterschiede. Bild 3.1 zeigt den prinzipiellen Aufbau eines Pyrometers.

Ein Pyrometer besteht im Wesentlichen aus einem Ob-

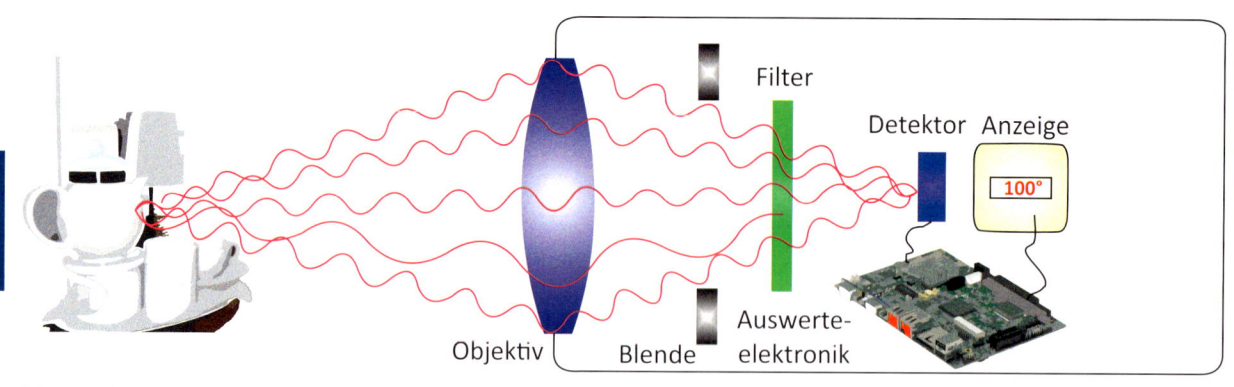

Bild 3.1 Schematischer Aufbau eines Pyrometers

jektiv (Linsenoptik), einer Blende, einem Filter, einem Detektor, einer Auswerteelektronik und einer Anzeige. Das Objektiv sammelt und fokussiert die vom Prüfling ausgesandte Strahlung auf einen Detektor. Die nachgeschaltete Blende sorgt dafür, dass die Strahlung der Randbereiche den Detektor nicht erreicht. Zur Eingrenzung des Spektralbereichs wird ein Filter eingesetzt, dadurch wird lediglich die für die Auswertung erforderliche Wellenlänge zum Detektor durchgelassen. Die am Detektor registrierte elektromagnetische Strahlung wird in elektrische Signale umgewandelt und an die Auswerteeinheit weitergeleitet. Mithilfe der hinterlegten Funktionen und Algorithmen kann nun die Temperatur des Messpunktens ermittelt werden. Im letzten Schritt wird der elektronische Temperaturwert angezeigt oder auch weiterverwendet.

3.2.1 Bauarten der Pyrometer

Für unterschiedliche Temperaturbereiche und je nach Messzweck existieren eine Vielzahl an Pyrometern. Das Hauptunterscheidungskriterium ist der für die Analyse verwendete Spektralbereich.

Gesamtstrahlungspyrometer
Diese Pyrometerart wertet fast die vollständige elektromagnetische Strahlung des Prüflings aus. Zur Fokussierung der Strahlung sind Materialien mit Transparenz für den breiten Spektralbereich erforderlich. Solche Optiken existieren jedoch nicht. Es wird aber bei einem Strahlungsanteil von über 85 % trotzdem von Gesamtstrahlungspyrometer gesprochen. Zur Strahlungsfokussierung können einfache Spiegel eingesetzt werden.
Die Gesamtstrahlungspyrometer haben eine relativ geringe Genauigkeit und werden hauptsächlich zur Messung von tieferen Temperaturen verwendet.

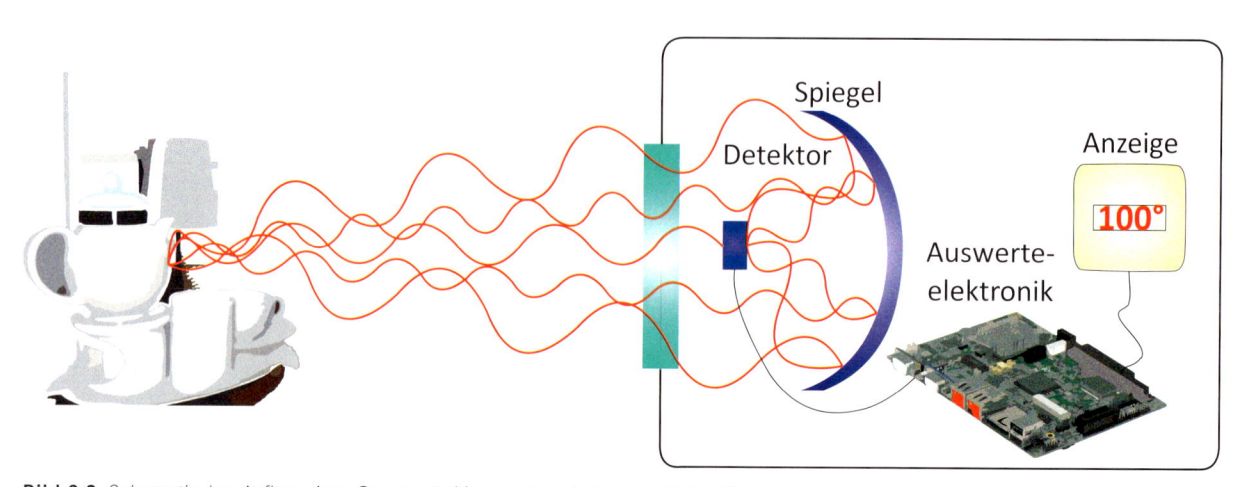

Bild 3.2 Schematischer Aufbau eines Gesamtstrahlpyrometers (mit einem Spiegel)

Bandstrahlungspyrometer

Im Gegensatz zu den Gesamtstrahlungspyrometern kommen bei dieser Pyrometerart Filter zum Einsatz, die dafür sorgen, dass nicht alle Wellenlängen des elektromagnetischen Spektrums zum Detektor durchgelassen werden. Der durchgelassene Wellenlängenbereich ist relativ breit. Die Bandstrahlungspyrometer werden bei Untersuchung von z. B. organischen Stoffen verwendet (IMPAC Infrared 2004).

Schmalbandpyrometer

Schmalbandpyrometer messen die Strahlung, wie der Name bereits verrät, in einem schmalen Frequenzbereich. Die restliche Strahlung wird mithilfe von Filtern blockiert. Die Schmalbandpyrometer werden in der Regel bei Temperaturmessung von Werkstoffen eingesetzt, die einen hohen Emissionskoeffizienten lediglich in einem schmalen Wellenlängenbereich haben. Zu solchen Werkstoffen sind z. B. Metalle zu zählen (IMPAC Infrared 2004).

Quotientenpyrometer

Die Quotientenpyrometer werden oft auch als Zweifarbenpyrometer bezeichnet (Bild 3.3). Die Quotientenpyrometer werten zwei unterschiedliche Wellenlängen der vom Messobjekt abgestrahlten elektromagnetischen Strahlung aus, indem ein Quotient gebildet wird. Der Vorteil dieser Ausführung liegt darin, dass in weiten Bereichen eine von dem Emissionsgrad unabhängige Temperaturmessung möglich ist. Die Quotientenpyrometer erlauben folglich hochgenaue Messungen auch bei Prüflingen mit schwankenden Emissionskoeffizienten.

In Quotientenpyrometern wird ein Indiumphosphid-Filter verwendet, wodurch es möglich wird, Strahlung ab einer bestimmten Wellenlänge durchzulassen und den Rest zu reflektieren. Die beiden Photodetektoren sind in der Lage jeweils eine bestimmte Wellenlänge zu registrieren. Die Auswerteelektronik bildet ein Verhältnis der beiden Wellenlängen und bestimmt dadurch die vom Emissionsgrad unabhängige Oberflächentemperatur.

Staub und Flüssigkeiten in der Luft, die sich zwischen dem Sensor und Messobjekt befinden, können überproportional stark und selektiv Anteile des elektromagnetischen Spektrums absorbieren. Bei solch schwierigen Einsatzbedingungen werden bevorzugt Quotientenpyrometer eingesetzt.

Glühfadenpyrometer

Glühfadenpyrometer sind zu der Klasse der Vergleichspyrometer zu zählen (Bild 3.4). Wie bereits erwähnt senden einige Messobjekte in gewissen Temperaturgrenzen die elektromagnetische Strahlung im sichtbaren Spektralbereich ab (z. B. glühende Metalle). Die Farbe des glühenden Prüflings hängt von dessen Temperatur ab. In dem Pyrometer wird eine Lampe integriert, deren Temperatur und somit die Glühfarbe verändert werden kann. Durch die Anpassung des Stroms wird die Temperatur des Glühfadens so eingestellt, dass die Lampe nicht mehr sichtbar wird, da sie nun die gleiche Temperatur hat. Die Auswertung des Stroms ermöglicht nun die Bestimmung der Temperatur des Prüflings.

Eine objektive Auswertung kann durch Verwendung von einem rotierenden Spiegel realisiert werden, in-

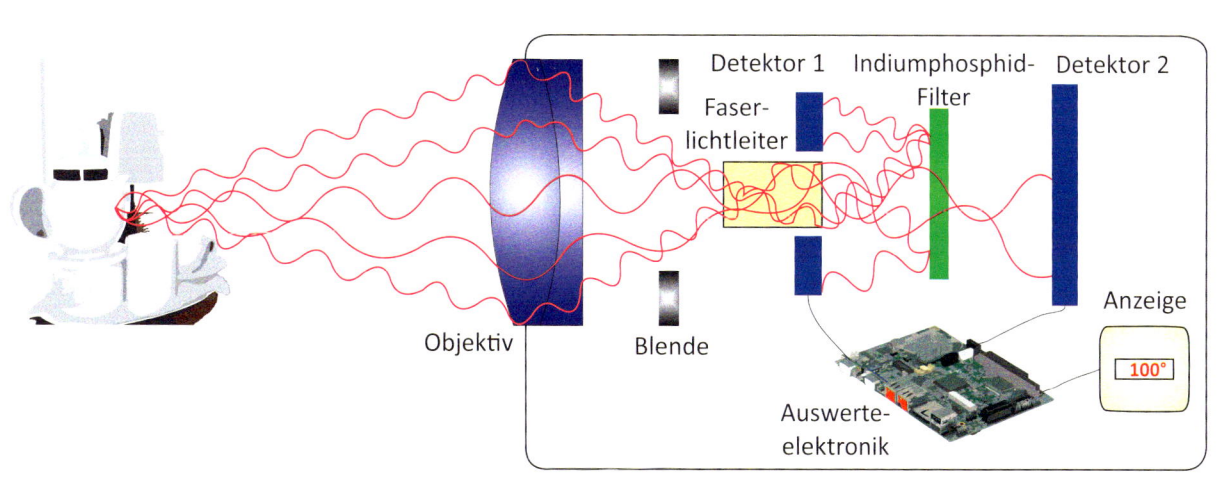

Bild 3.3 Schematischer Aufbau eines Farbpyrometers

3 Pyrometrie

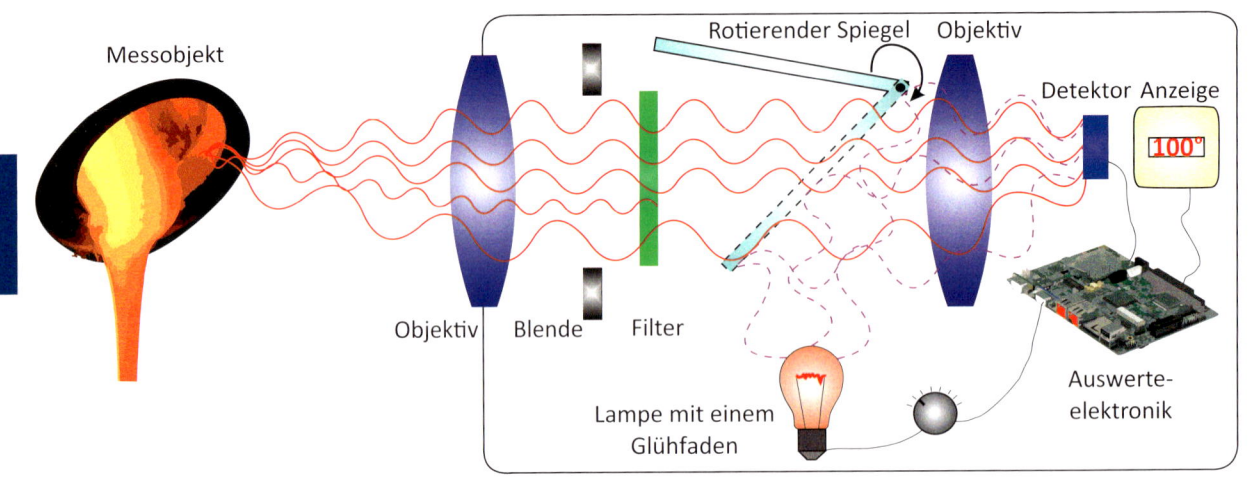

Bild 3.4 Schematischer Aufbau eines Glühfadenpyrometers

dem der Spiegel abwechselnd die Strahlung des Prüflings oder der Lampe zum Detektor ablenkt. Ein direkter Vergleich der Farben ist nun möglich und vom Beobachter unabhängig. Eine Stromregelvorrichtung steuert die Leuchtdichte, sodass die beiden Farben übereinstimmen und die Temperatur des Messobjektes ermittelt werden kann.

3.2.2 Einfluss des Messabstands auf pyrometrische Messungen

Wie auch bei jeder handelsüblichen Digitalkamera ist das Messfeld eines Pyrometers vom Abstand zum Prüfling abhängig. Allgemein gilt, dass mit steigendem Abstand das Messfeld größer wird. Durch verschiedene Blenden ist die Form des Messfeldes entweder rund oder viereckig.

Auf dem Markt sind zwei verschiedene Optiktypen erhältlich (IMPAC Infrared 2004):
- Mit Festoptik
- mit fokussierbarer Optik.

Pyrometer mit Festoptik sind lediglich für einen Messabstand ausgelegt. Durch Verwendung von auswechselbaren Optiken ist jedoch eine Anpassung an die jeweilige Messaufgabe möglich. Außerhalb der Messentfernung wird das Messobjekt unscharf abgebildet. Solange die Oberfläche des Prüflings jedoch größer als das Messfeld ist, tritt auch bei einer unscharfen Abbildung kein Messfehler auf.

Die fokussierbare Optik erlaubt dagegen eine Anpassung der Schärfe auf die jeweilige Messdistanz (Bild 3.5). Die Größe des Messflecks kann in Abhängigkeit von der Entfernung zum Prüfling errechnet werden (IMPAC Infrared 2004).

$$M_3 = \frac{s_3}{s_2}(M_2 + D) - D$$

$$M_1 = \frac{s_1}{s_2}(M_2 - D) + D$$

mit:
D - Durchmesser der Optik

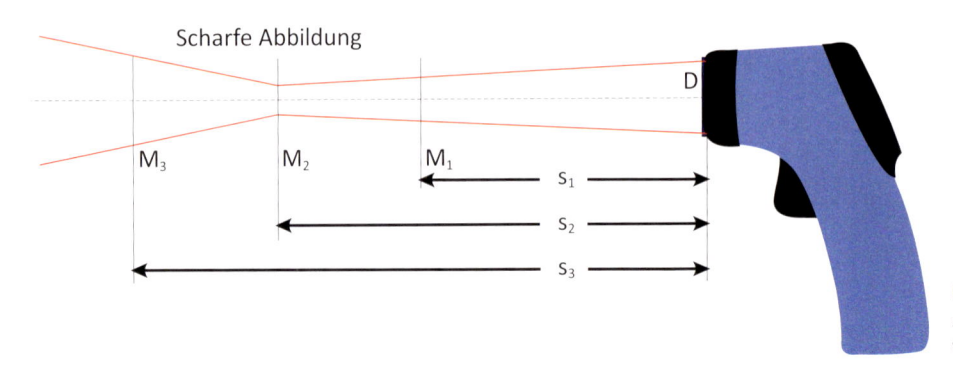

Bild 3.5 Abhängigkeit der Messfeldes vom Messabstand

M_1 – Messfeld unterhalb der scharfen Abbildung
M_2 – Messfeld bei scharfer Abbildung
M_3 – Messfeld oberhalb der scharfen Abbildung.

Die meisten Hersteller legen jedoch ihren Systemen Tabellen bei, aus denen das Messfeld in Abhängigkeit vom Messabstand einfach abgelesen werden kann.

Wie bereits erwähnt, ist bei pyrometrischen Messungen nicht so sehr die scharfe Abbildung, sondern eine komplette Messfeldausfüllung wichtig. Wenn der Messfleck größer als das Messobjekt ist, muss mit nicht korrekten Messungen gerechnet werden.

Bei realen Messungen ist also der in Bild 3.6 gezeigte erste Fall anzustreben.

Die meisten Pyrometer verfügen über Visiereinrichtungen, die zur Vereinfachung der Messung verwendet werden. Im Wesentlichen sind das (IMPAC Infrared 2004):
- Pilotlicht (LED, Laser)
- Durchblickvisier
- verschiedene Aufsätze (Laserpointer, Visierstab).

Durchblickvisiere waren in der Vergangenheit recht breit verbreitet. In der Mitte des Blickfeldes wird eine Markierung angebracht, die auf die Position des Messpunktes hindeutet. Zum Schutz der Augen, sind die Visiere mit Optiken ausgestattet, die gefährliche Strahlung herausfiltern.

Die modernen Systeme verfügen meistens über Pilotlichtsysteme, die nicht nur visuell die zu untersuchende Stelle markieren, sondern auch das Messfeld durch die Größe des Messfleckes andeuten. Bei der Messung von hohen Temperaturen können Messobjekte, die

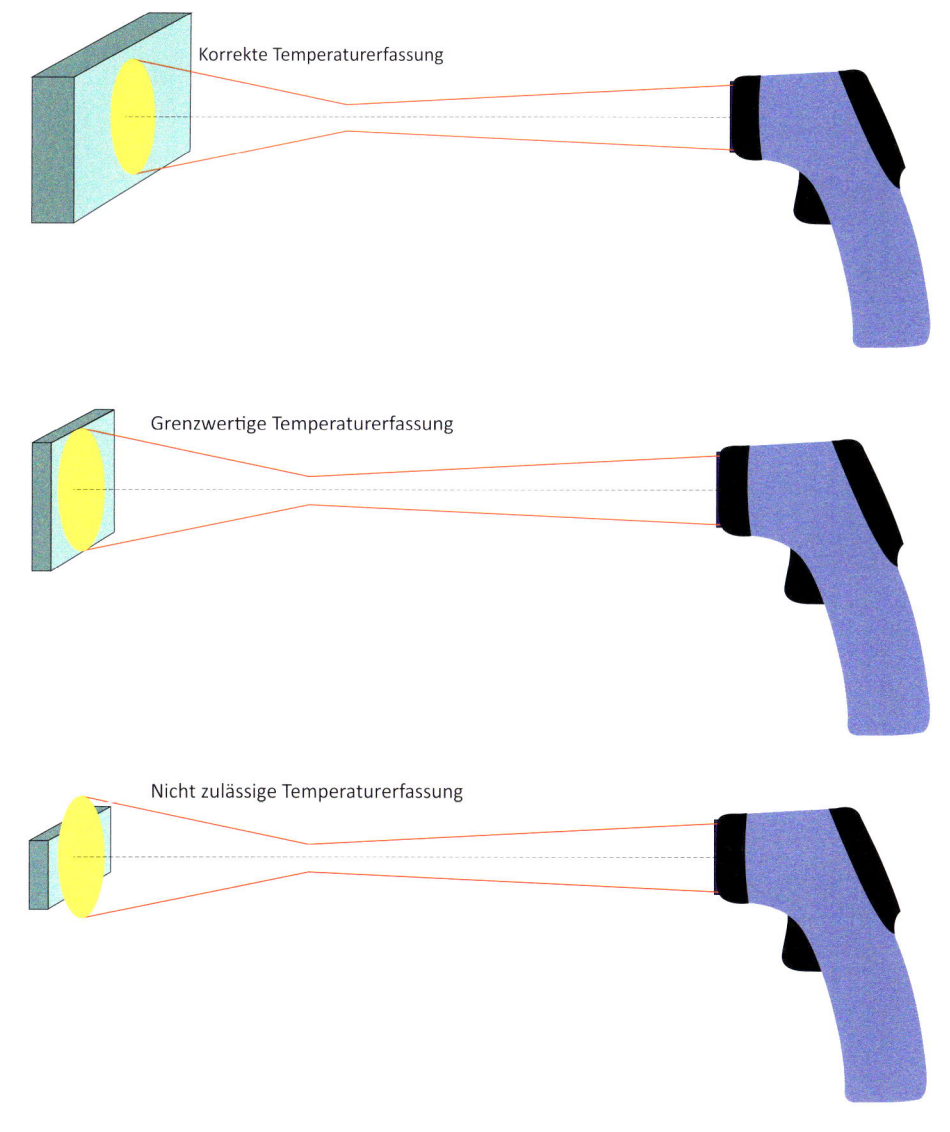

Bild 3.6
Einfluss des Abstands und des Messfleckes auf die korrekte Temperaturerfassung

elektromagnetische Strahlung im sichtbaren Bereich abgeben (z. B. glühende Metalle), das Pilotlicht unsichtbar machen.

Laserpointer werden aufgrund der geringen Strahldivergenz und preiswerter Ausführung auch relativ oft eingesetzt. Sie zeigen den Mittelpunkt des Messfeldes, dadurch wird das Anvisieren deutlich erleichtert.

3.2.3 Kalibrierung

Vor der Auslieferung werden die Pyrometer beim Hersteller mithilfe eines schwarzen Strahlers kalibriert, sodass der Benutzer keine Anpassungen durchzuführen hat. Lediglich nach längerem Gebrauch oder Reparaturen ist es erforderlich, die Pyrometer neu zu kalibrieren.

4 Faseroptische Temperaturmessung

4.1 Verfahrensgrundlagen

Die Benutzung der Glasfaser zur Übertragung von Licht und somit Informationen ist jedem geläufig. Unter Ausnutzung verschiedener physikalischer Effekte ist es aber auch möglich, die faseroptischen Systeme zur Temperaturmessung einzusetzen. Diese Methode ist noch relativ neu, obwohl die Entdeckung der physikalischen Grundlagen auf das Jahr 1926 zurückzuführen ist. Erst Mitte der 90er-Jahre fanden erste industrielle Einsätze statt.

Prinzip der faseroptischen Temperaturmessung

Temperaturänderungen in der Glasfaser verursachen Änderungen bestimmter optischer Eigenschaften von Lichtwellenleitern. Die Messung der hervorgerufenen Änderungen erlaubt Rückschlüsse auf die Temperatur. Viele Verfahren basieren auf der Messung der Rückstreuungen, die temperaturabhängige Eigenschaften zeigen.

Vor- und Nachteile der faseroptischen Temperaturmessung

Vorteile	Nachteile
Einfacher Messaufbau	Messung erfolgt berührend
kurze Messdauer	Systeme sind relativ teuer
Messung automatisierbar	Montageaufwand erforderlich
in laufende Produktion integrierbar	
kompakt (leicht transportabel), miniaturisierbar	
hohe Genauigkeit	
unempfindlich gegenüber elektromagnetischen Störungen	
einsetzbar in explosionsgefährdeten Umgebungen	
keine Beeinflussung der Messgröße	

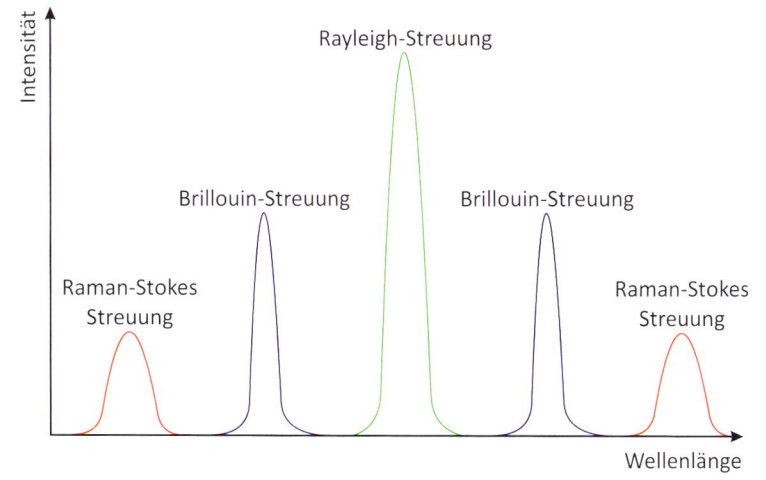

Bild 4.1 Schematische Darstellung der Streuungsarten, die in Glasfasern als Rückstreuung auftreten

Messbereich/Messgenauigkeit der faseroptischen Temperaturmessung

Es existiert eine Vielzahl an faseroptischen Messsystemen, die auf unterschiedlichen physikalischen Prinzipien basieren. Mit den meisten Sensoren können Temperaturen von −20 °C bis +450 °C erfasst werden. Für Spezialanwendungen gibt es jedoch spezielle Glasfasern, wie z. B. Glaslichtleiter mit beschichteter Saphirfaserspitze, um auch Temperaturen bis +2000 °C zu erfassen.

Mit faseroptischen Systemen ist eine sehr hohe Absolutgenauigkeit von 0,1 °C erreichbar. Die meisten faseroptischen Sensoren haben jedoch eine geringere Genauigkeit, die typischerweise bei ± 2 °C liegt. Die Temperaturauflösung beträgt bis zu 0,02 °C. Ortsauflösende faseroptische Temperatursensoren erlauben Messungen an jeder beliebigen Stelle der Glasfaser. Das bedeutet, dass in einer Entfernung von einigen Kilometern Temperaturen ohne zusätzlichen Aufwand hochgenau bestimmt werden. Aufgrund der nicht beliebig kurz einstellbaren Laserimpulsdauer wird mit dieser Art der faseroptischen Systeme keine punktuelle Messung durchgeführt. Als Ergebnis steht die durchschnittliche Temperatur einer von der Impulsdauer abhängigen Strecke zur Verfügung. Diese Abschnitte können von 0,25 Meter bis zu einigen Kilometern betragen. Die Faser selbst kann eine Länge von bis zu 25 Kilometer haben.

Typische Anwendungen der faseroptischen Temperaturmessung

Die faseroptische Temperaturerfassung findet meistens dort Anwendung, wo Messsysteme benötigt werden, die durch aggressive Umwelteinflüsse nicht gestört werden.

Faseroptische Sensoren sind gegenüber Röntgenstrahlen unempfindlich. Deswegen werden z. B. in modernen CT-Anlagen für medizinische Anwendungen zur Temperaturerfassung faseroptische Systeme eingesetzt.

Aggressive Medien und Mikrowellen stellen ebenfalls kein Problem dar. Im Bereich der Mikrowellenchemie kann deswegen auf die faseroptische Temperaturerfassung nicht verzichtet werden.

Es ist möglich, ortsauflösend Temperaturen entlang der Faser zu bestimmen. Die technischen Anlagen können dadurch rund um die Uhr flächenmäßig überwacht werden. Temperaturschwankungen, die z. B. auf eine undichte Stelle hinweisen, sind somit zuverlässig erfassbar. Ganze Rohrleitungen oder sogar Pipelines können somit in Bezug auf Leckagen rund um die Uhr überwacht werden.

In Kraftwerken, wo Temperaturen ständig beobachtet werden müssen, sind die faseroptischen Sensoren nicht mehr wegzudenken.

Faseroptische Sensoren können in Schaltkreise integriert werden, da durch die Wellenleiter keine Kurzschlussgefahr besteht. Dadurch sind auch in elektronischen Analgen punktuelle Temperaturmessungen möglich (Bernhard 2004).

4.2 Messverfahren der faseroptischen Temperaturmessung

Auf dem Markt ist eine ganze Reihe von faseroptischen Temperatursensoren vorhanden, die auf verschiedenen physikalischen Effekten bzw. Materialeigenschaften basieren. Zu den wichtigsten Phänomenen, die in modernen Systemen Anwendung finden und die sich im Laufe der letzten Jahre auf dem Markt etabliert haben, gehören:

- Abhängigkeit der Lage der Bandkanten von GaAs (Renschen 2004)
- Abklingzeit der Fluoreszenz von Farbstoffen (Renschen 2004)
- Messung der spektralen Intensitätsverteilung nach Fotolumineszenz
- Messung der Strahlung eines in die Faser integrierten, schwarzen Strahlers
- spektrale Änderung des eingekoppelten Lichts
- Wellenlängenänderung eines faseroptischen Bragg-Gitters (National Instruments 2010)
- Messung der rückgestreuten Ramankomponente
- Messung der Lichttransmission in Abhängigkeit von der Änderung der Brechzahl
- doppelbrechende Kristalle bzw. Fasern.

Faseroptische Sensoren sind sowohl für punktuelle, z. B. am Ende der Glasfaser, als auch entlang der Faser verteilte Temperaturmessungen geeignet (Bild 4.2). Dies hängt von dem zugrunde liegenden physikalischen Effekt ab.

Im Folgenden wird die Funktionsweise und die daraus resultierenden Besonderheiten für den Benutzer verschiedener faseroptischer Sensoren einzeln vorgestellt.

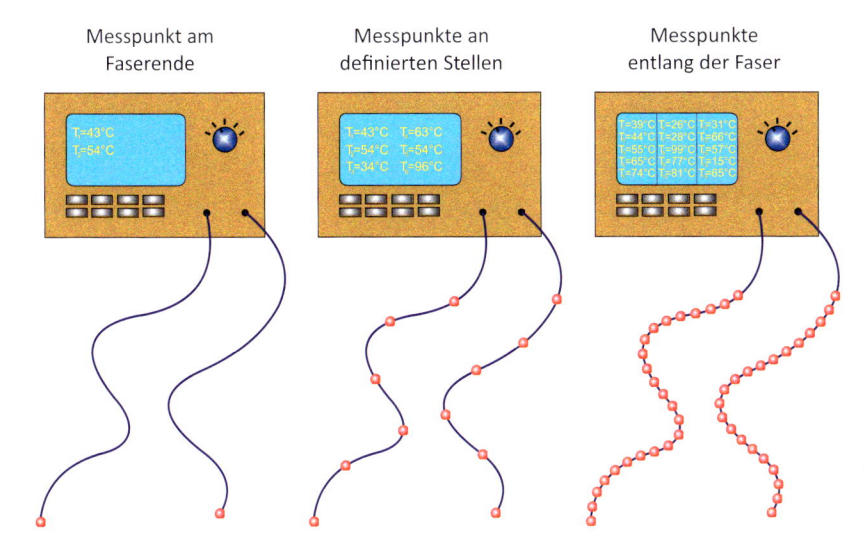

Bild 4.2
Mögliche Verteilung der Messstellen entlang der Glasfaser

4.2.1 Integriertes faseroptisches Messsystem (DTS)[1] mit Messung der Raman-Streuung

Die theoretischen Grundlagen dieses Verfahrens basieren auf der Entdeckung des Physikers C. V. Raman aus dem Jahre 1928. Er entdeckte die inelastische Streuung des Lichtes in Festkörpern. Dafür erhielt er im Jahre 1930 den Nobelpreis für Physik (Swierzy 2009). Der Effekt wurde aber bereits im Jahre 1923 von Adolf Smekal vorausgesagt.

Nach Einkopplung in eine Glasfaser bewegt sich das Licht durch die Faser in Ausbreitungsrichtung. Durch die amorphe Glasstruktur kommt es zu Rückstreuungen (Rayleigh-Streuung), die sich zum Teil in Rückwärtsrichtung ausbreiten. Zusätzlich zur Rayleigh-Streuung wurde von Raman eine weitere jedoch temperaturabhängige Rückstreuung (Raman-Streuung) gemessen. Der Anteil der Raman-Streuung ist jedoch um Faktor 10^3 schwächer als das elastisch gestreute Licht (Rayleigh-Streuung).

Einige wenige der Photonen, die sich durch die Glasfaser bewegen, treffen auf Moleküle und Atome des Glasfasermaterials. Dabei kommt es zur Energieübertragung. Es wird entweder die Energie des anregenden Photons auf das Molekül oder die Bewegungsenergie des Moleküls auf das Photon übertragen.

- Im ersten Fall kommt es zur Emittierung eines Photons, dessen Energie und Frequenz geringer als die des anregenden Photons ist (Stokes-Raman-Streuung).
- Im zweiten Fall kommt es zur Emittierung eines Photons, dessen Energie und Frequenz höher als die des anregenden Photons ist (Anti-Stokes-Raman-Streuung).

Die Intensität der Anti-Stokes-Raman-Streuung ist stark temperaturabhängig, da sie im Wesentlichen von der Resonanzfrequenz des schwingenden Moleküls beeinflusst wird und die Resonanzfrequenz im direkten Verhältnis zu dessen Temperatur steht (Bild 4.3). Die Abhängigkeit der Intensität der Stokes-Raman-Streuung von der Temperatur kann vernachlässigt werden.

Der faseroptische Sensor besteht im Wesentlichen aus einer Glasfaser, die als verteilter Sensor dient, einem Laser, einem Detektor und einer Auswerteelektronik. In eine Glasfaser wird Laserlicht eingekoppelt. Da die Intensität der Raman-Rückstreuung sehr gering ist, müssen leistungsstarke Laserimpulse verwendet werden, insbesondere wenn über lange Strecken gemessen werden soll.

Die Intensität der Raman-Streuung wird mit einem Photodetektor bzw. oft mit einem Zeitbereichsreflektometer (engl. Optical Time Domain Reflectometer, OTDR) gemessen und kann anschließend zur Bestimmung der Temperatur T eingesetzt werden (Grosswig 2001).

$$\frac{I_a}{I_s} = \frac{(\vartheta_0 + \vartheta_k)^4}{(\vartheta_0 - \vartheta_k)^4} e^{\left(-h \cdot c \cdot \frac{\vartheta_k}{k} \cdot T\right)}$$

I_a – Intensität der Anti-Stokes-Strahlung
I_s – Intensität der Stokes-Strahlung
ϑ_0 – Wellenzahl des einfallenden Lichtes
ϑ_k – Verschiebungsbetrag der Wellenzahl

---
[1] Destributed Temperatur Sensing

4 Faseroptische Temperaturmessung

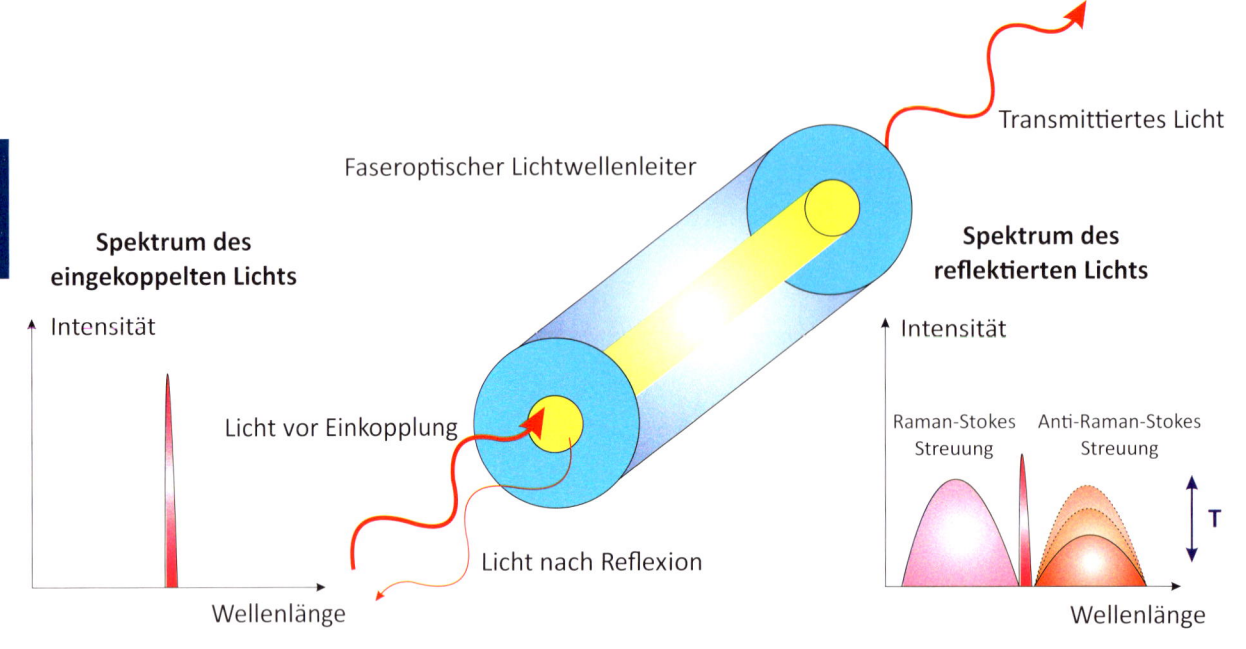

Bild 4.3 Messprinzip der faseroptischen Temperaturmessung nach dem Prinzip der Ramansensoren

h – Plancksches Wirkungsquantum
k – Boltzmann-Konstante
c – Ausbreitungsgeschwindigkeit des Lichtes im Lichtwellenleiter

Es ist zu beachten, dass mit DTS-Sensoren keine punktuelle Temperaturmessung, sondern die mittlere Temperatur eines Abschnitts (je nach Laserimpulsdauer ab 0,25 m) ermittelt wird.

Bei Einbeziehung der zeitlichen Komponente ist es möglich, anhand der doppelten Ausbreitungsgeschwindigkeit (Laufzeitmessung) des eingekoppelten Lichtes in jedem beliebigen Faserabschnitt die Temperatur zu bestimmen. Die Länge der Glasfaser kann dabei einige Kilometer betragen (für einige Temperaturbereiche bis zu 25 km).

Die Dauer einer Messung kann von wenigen Sekunden bis zu einigen Stunden betragen. Der Temperaturmessbereich hängt von der Glasfaserart ab. Die acrylatebeschichtete Multimodefaser erlaubt beispielsweise Temperaturmessungen von −30 °C bis +90 °C (Swierzy 2009). Mithilfe von einfachen Modifikationen kann der Messbereich auf bis zu 400 °C erhöht werden.

4.2.2 Integriertes faseroptisches Messsystem (DTS) mit Messung der Rayleigh-Streuung

Wie bereits im Kapitel davor gezeigt, kommt es aufgrund von elastischen Steuprozessen an lokalen Brechzahlschwankungen und Defekten in der Glasfaser zu Rückstreuungen. Diese Art der Strahlung wird als Rayleigh-Streuung bezeichnet. Würde man die Glasfaser gedanklich in viele, wenige Millimeter große Abschnitte unterteilen, so würde in jedem Abschnitt die Rückstreuung aufgrund der lokalen Faserbeschaffenheit geringfügig variieren. Auf diesem Phänomen basiert dieses Verfahren.

Ein Laserstrahl wird in die Glasfaser eingekoppelt. Dabei kommt es in jedem Segment der Faser zu Rayleigh-Streuungen, die sich zum Teil in Rückrichtung ausbreiten. Zur Realisierung einer zeitlichen Signalabtastung wird ein Interferometer verwendet. Dabei wird das Licht vor dem Einkoppeln in die Faser in einen Referenz- und einen Messstrahl geteilt. Der Referenzstrahl passiert, bevor er zum Detektor gelangt, eine feste Weglänge. Die Rückstreuungen werden nun mit dem Referenzstrahl zur Interferenz gebracht. Beim Durchstimmen eines Wellenlängenbereichs entsteht ein periodisches Signal. Die Auswertung kann dann z. B. mit einem kohärenten Frequenzbereichsreflektometer (engl. Coherent, Optical Frequency Domain Reflectometer, c-OFDR) vorgenommen werden (Samiec 2011). Nach der Aufzeichnung des Signals wird eine Fouriertransformation vorgenommen, sodass die Information nun im aktuellen Frequenzbereich vorliegt. Die Frequenz des Signals ist direkt von der Entfernung des Entstehungsortes abhängig, sodass bei höheren Frequenzen eine Rückstreuung der weit entfernten Glasfaserbereiche auftritt. Dieses Frequenzspektrum ist für jede Glasfaser einzigartig und ändert sich bei gleichbleibenden äußeren Einflüssen nicht.

Temperaturänderungen führen zu Faserlängenänderungen.

Dadurch verschiebt sich das aufgenommene Frequenzspektrum, weil die Länge der einzelnen Faserabschnitte sich ebenfalls ändert (Bild 4.4). Anhand dieser Frequenzverschiebung kann auf die Zustandsänderung, also z. B. Temperatur, zurückgeschlossen werden.

Der Temperaturmessbereich erstreckt sich von − 30 °C bis zu 700 °C. Die räumliche Auflösung von modernen Sensoren liegt bei ca. 10 µm. Die Faserlänge kann dabei bis zu 70 m betragen. Durch die enorme räumliche Auflösung stehen somit mehrere Millionen von Messpunkten zur Verfügung (Samieck 2011).

4.2.3 Faseroptische Temperaturmessung mit Faser-Bragg-Gittern

Anstatt die natürlichen Brechzahlschwankungen, die durch den Herstellungsprozess entstehen, für Temperaturmessungen zu nutzen, können gezielt Änderungen an der Glasfaser vorgenommen werden.

Mithilfe von UV-Behandlungen wird in die Glasfaser ein periodisches Gitter (Faser-Bragg-Gitter) eingeschrieben. Dabei wird der Brechungsindex der einzelnen Zellen gezielt entsprechend der einwirkenden Lichtintensität modelliert (Bild 4.6). Der Begriff Bragg-Reflexion ist auf die Entdeckung der Physiker William Henry Bragg und William Lawrence Bragg zurückzuführen. Die Bragg-Reflexion entsteht an Schichtsystemen mit unterschiedlichen Brechzahlen. Die Ausdehnung der einzelnen Zellen beträgt üblicherweise wenige Millimeter. Sie wird aber innerhalb der Faser variiert, um eine eindeutige Zuordnung der Reflexionen zu ermöglichen.

Beim Einkoppeln einer breitbandigen Lichtquelle wird entsprechend dem Brechungsindex der einzelnen Faser-Bragg-Zellen eine Bragg-Wellenlänge reflektiert (Bild 4.7). Die restlichen Frequenzen werden aber durchgelassen. Die Bragg-Wellenlänge λ_b kann mithilfe der folgenden Gleichung berechnet werden (National Instruments 2010):

$$\lambda_b = 2n\Lambda$$

mit
n – Brechungsindex
Λ – Abstand zwischen den Gittern.

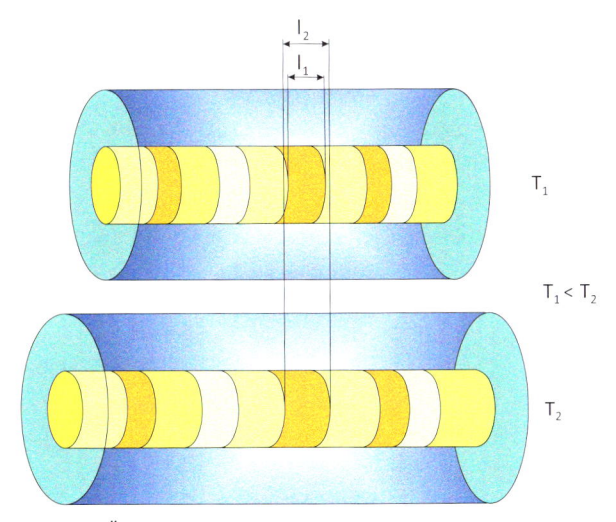

Bild 4.4 Änderung der Länge der Glasfaser und somit einzelner Segmente aufgrund des Temperatureinflusses

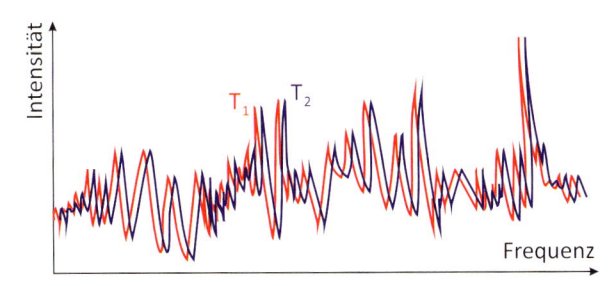

Bild 4.5 Qualitative Darstellung der Änderung der Rayleigh-Rückstreuung im Frequenzbereich infolge von Temperaturänderungen

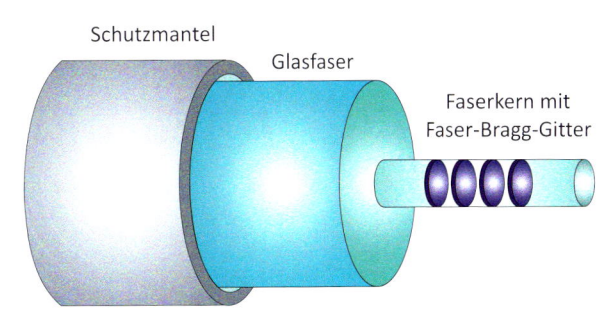

Bild 4.6 Aufbau einer Glasfaser mit Faser-Bragg-Gitter zur Temperaturmessung

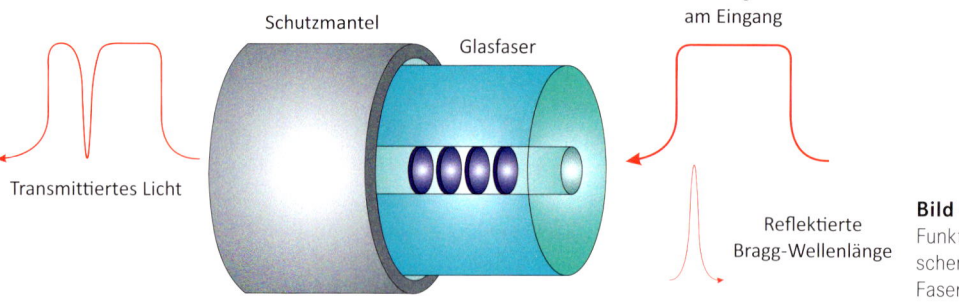

Bild 4.7 Funktionsweise der faseroptischen Temperaturmessung mit Faser-Bragg-Gittern

Temperaturänderungen bewirken eine Brechzahländerung der einzelnen Bragg-Zellen. Sie verursachen aber auch eine Ausdehnung der Fasern, die sich ebenfalls auf das Ausgangssignal auswirken. Um diesen Nachteil zu eliminieren, werden Fasern aus Glas, einem Material mit einem niedrigen Ausdehnungskoeffizient, verwendet. Zum Schutz vor mechanischen Belastungen ist die Faser mit einer Schutzschicht überzogen.

Die Periodenlänge jedes Faser-Bragg-Gitters variiert. Dadurch wird ein eindeutig bestimmbares Spektrum geschaffen, welches sich relativ einfach auswerten lässt. Die eingearbeiteten Brechzahlsprünge innerhalb der Faser bewirken, dass an Übergangsstellen Reflexionen von Teilwellen auftreten. Wenn die Brechzahlperiode der halben Lichtwellenlänge im Glas entspricht, kommt es zur konstruktiven Interferenz der Teilwellen und somit zu einer gegenläufigen Welle. Durch den Temperatureinfluss und der daraus resultierenden Brechzahländerung wird eine geringfügig andere Wellenlänge reflektiert (Lindner 2012).

Das Gitter bewirkt, dass eine vorgegebene Wellenlänge reflektiert wird, während alle anderen durchgelassen werden. Anhand der spektroskopisch messbaren Verschiebung der reflektierten Wellenlänge kann auf die Brechzahländerung und somit auf die Temperatur rückgeschlossen werden.

Faseroptische Sensoren mit Fasern-Bragg-Gittern können für Messungen von Temperaturen von −30 °C bis zu 1000 °C eingesetzt werden. Die Faserlänge mit verteilten Bragg-Zellen kann mehr als 10 km betragen. Die Fasern werden meistens in ein Trägermaterial, z.B. Beton, eingebettet oder auf das Messobjekt aufgeklebt. Die Auflösung beträgt üblicherweise 0,1 K.

4.2.4 Kombination aus faseroptischer und pyrometrischer Temperaturmessung

Zur Durchführung von Temperaturmessungen an schwer zugänglichen und/oder heißen Stellen (z.B. Strahltriebwerken) wurde eine Kombination aus pyrometrischer und faseroptischer Temperaturmessung entwickelt. Die Auswertung des Messsignals erfolgt pyrometrisch (s. Kapitel Pyrometrie), während die Erzeugung und der Transport der elektromagnetischen Strahlung faseroptisch erfolgt.

Der Aufbau eines solchen Systems ist relativ einfach (Bild 4.9). Am Ende einer Saphir-Faser (oder auch einer anderen Faserart) wird eine Schwarzkörperschicht (z.B. aus Iridium) aufgetragen. Zur Messung von höheren Temperaturen, bis zu 1000 °C, wird die Schwarzkörperschicht mit einer Keramikschicht überzogen. Dieses Faserende muss einen direkten Kontakt mit der zu vermessenden Oberfläche haben. Dadurch erreicht die Iridium-Schicht nach einer kurzen Verzögerung die Temperatur des Messobjektes. Die Schwarzkörperschicht imitiert elektromagnetische Strahlung, die zur Messobjekttemperatur proportional ist.

Die Saphir-Faser dient zur Leitung der elektromagneti-

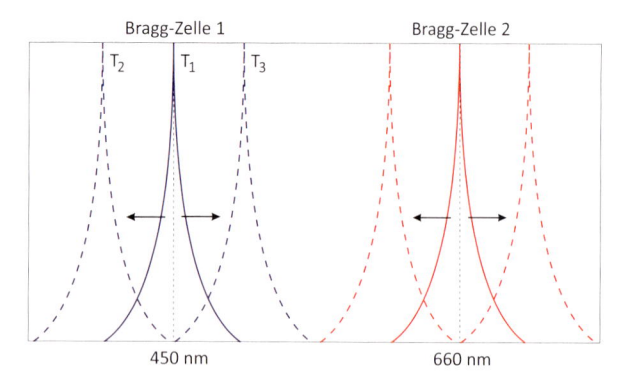

Bild 4.8 Schematische Darstellung der Änderung der Bragg-Wellenlänge aufgrund von Temperaturschwankungen (Sensoren arbeiten je nach Hersteller in verschiedenen Wellenlängenbereichen)

4.2 Messverfahren der faseroptischen Temperaturmessung

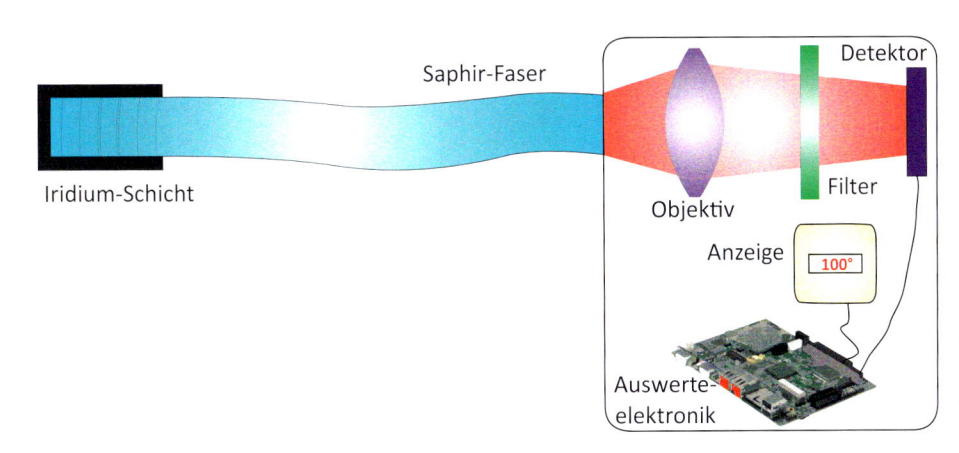

Bild 4.9 Faseroptischer Temperatursensor mit pyrometrischer Signalauswertung

schen Strahlung zum Detektor. Das analoge Signal wird anschließend mithilfe der Auswerteelektronik in Temperaturwerte umgerechnet. Der Filter lässt dabei lediglich die für die Auswertung relevanten Wellenlängen durch.

Der beschriebene Sensor weist eine sehr geringe Unsicherheit (< 0,05 %) auf und kann für Temperaturmessungen von über 1500 °C eingesetzt werden. Außerdem ist es möglich, die Temperaturänderungen mit einer Frequenz von > 10 kHz zu erfassen (Bernhard 2004).

4.2.5 Thermochrome faseroptische Temperaturmessung

Einige Werkstoffe zeigen eine Abhängigkeit in ihrem Absorptionsverhalten von der Umgebungstemperatur. Diese Eigenschaft kann auch zur Temperaturmessung verwendet werden.

Die Abbildung in Bild 4.10 zeigt deutlich, dass zur Auswertung lediglich eine Wellenlänge ausgewertet wird, da sie eine deutliche Abhängigkeit des Transmissionsgrades von der Temperatur zeigt (hier bei 600 nm).

Die thermochromen, faseroptischen Sensoren können dabei in intrinsische und extrinsische Messsysteme unterteilt werden. Die intrinsischen Fasern werden dotiert, sodass die Faser als Messsensor dient. Extrinsische Systeme haben am Faserende entweder eine Beschichtung oder Kristalle, sodass die Faser lediglich zur Übertragung des Lichts verwendet wird (Bild 4.11). Intrinsische Sensoren haben den Vorteil, dass sie auch für Messungen entlang der Faser mithilfe der zeitauflösenden Rückstreumesstechniken an jeder beliebigen Stelle erweitert werden können. Die Auflösung liegt

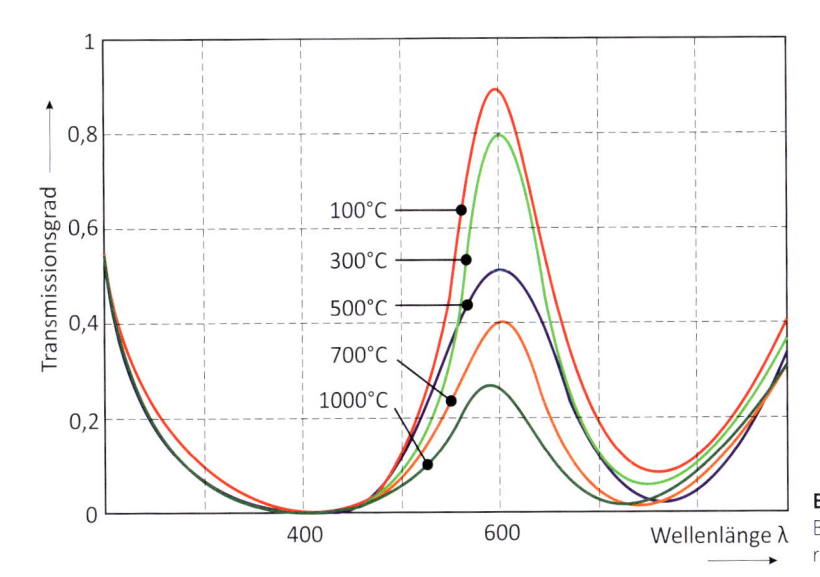

Bild 4.10 Beispielhafte Darstellung des Absorptionsspektrums einer Faser über die Wellenlänge in *nm*

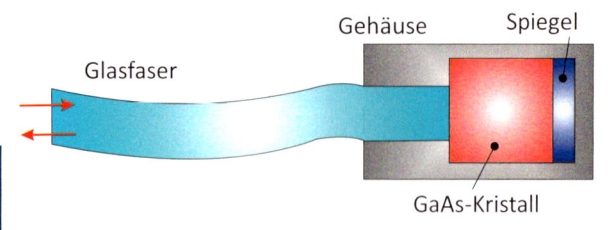

Bild 4.11 Schematischer Aufbau eines extrinsischen, thermochromen Sensors

dabei im Bereich von einem Kelvin. Mit intrinsischen Sensoren aus Quarzglas können Temperaturen bis zu 1000 °C gemessen werden (Bernhard 2004).
Bei extrinsischen Messsystemen kommt meistens Galiumarsenid (GaAs) als Absorptionsmedium zum Einsatz. Die messbaren Temperaturen liegen im Bereich von −21 °C bis +150 °C. Für einige Messbereiche kann die Auflösung bis auf 0,1 K verbessert werden, dabei beträgt die Unsicherheit 0,7 K (Bernhard 2004).

4.2.6 Weitere faseroptische Messprinzipien

Es existiert eine Vielzahl der faseroptischen Verfahren, die auf verschiedenen Messprinzipien basieren. Nicht alle sind jedoch für den industriellen Einsatz geeignet bzw. sind noch nicht so weit entwickelt. Der Vollständigkeit wegen werden diese Verfahren in diesem Teilkapitel kurz vorgestellt.
Eine Kombination aus einem Interferometer (Fabry-Perot-Interferometer) und einer Glasfaser ermöglicht hochgenaue Temperaturmessungen. Dabei werden entweder die Enden von zwei Glasfasern poliert oder an dessen Enden teildurchlässige Spiegel verwendet. Die beiden Faserenden haben einen sehr geringen Abstand (ca. 50 μm) und sind planparallel gegeneinander positioniert.
Das in die Glasfaser eingekoppelte Licht wird zwischen den beiden Spiegeln mehrfach reflektiert (wirkt wie ein Resonator). Die Teilwellen, die durch den teildurchlässigen Spiegel transmittieren, interferieren miteinander, sodass lediglich eine auslaufende Welle die Faser verlässt. Der Frequenzabstand kann mithilfe folgender Gleichung berechnet werden:

$$f = \frac{c}{2 \cdot n \cdot L}$$

Welche Wellenlänge die Mikrokapilare verlässt, hängt also vom Abstand L zwischen den Fasern, der Lichtgeschwindigkeit c und dem Brechungsindex n ab. Bei Temperaturschwankungen schrumpft oder vergrößert sich der Abstand zwischen den Fasern, sodass sich das spektrale Verhalten der Mikrokapilare ändert (Bornhorst 2011).
Anhand der Detektion der spektralen Änderung kann bei bekannten Ausdehnungskoeffizienten auf die Temperatur des Messobjektes zurückgeschlossen werden.
Es können auch andere physikalische Effekte für Temperaturmessung eingesetzt werden. Dazu zählen in erster Linie folgende Effekte:

- Temperaturabhängigkeit der Doppelbrechung von Kristallen
- temperaturabhängige Fluoreszenzerscheinungen
- temperaturabhängige Doppelbrechung.

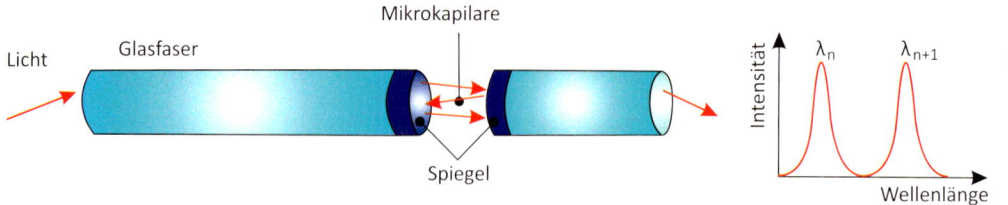

Bild 4.12 Schematischer Aufbau eines Fabry-Perot-Interferometers zur Temperaturmessung

5 Literaturverzeichnis zu Teil II

Autorenkollektiv der IMPAC Infrared GmbH: Pyrometerhandbuch, 2004, Firmenschrift der IMPAC Infrared GmbH

Baehr, H. D.; Stephan. K.: Wärme und Stoffübertragung, Springer Verlag, 2010

Bernhard, F: Technische Temperaturmessung, Springer Verlag, 2004

Bornhorst, N.: Temperaturveränderungen bei Säuglingen und Kleinkindern während einer 3T-MRT-Untersuchung in Sedierung, Dissertation an der Universität Leipzig, 2011

Glockman, W.: Kontaktlose Temperaturmessung, Theorie und Applikationen, Newport Electronics GmbH

Grosswig, S.; Hurtig, E.; Rudolph, F.: Distrubuted Fibre-optic Temperature Sensing Technique (DTS) for Surveying Underground Gas Storage Facilities, Oil Gas European Magazine 4/2001

Hecht, E.: Optik, 4. Auflage, Oldenbourg Verlag München Wien, 2005

Huhnke, D.; Maier, U: Temperaturmesstechnik, Oldenbourg Industrieverlag, 2006

Lindner, E.: Erzeugung und Eigenschaften hoch-temperaturstabiler Faser-Bragg-Gitter, Dissertation an der Universität Jena, 2012

Lindner, H., Siebke, W.: Physik für Ingenieure, Hanser Verlag, 2010

Nabil, A. Fouad; Richter, T.: Leitfaden Thermografie im Bauwesen, Fraunhofer IRB Verlag, 2008

National Instruments: Grundlagen der optischen Sensormessung mit Faser-Brag-Zellen, Elektronik messen+testen 2010

Pfeifer, H.: Industrielle Wärmetechnik, Vulkan Verlag, 2007

Renschen, C.: Fieber-Thermometer, Prinzipien und Anwendungen der faseroptischen Temperaturmessung, Fachzeitschrift Laser+Photonik November 2004

Samieck, D.: Verteilte faseroptische Temperatur- und Dehnungsmessung mit sehr hoher Ortsauflösung, Photonik 6/2011

Swierzy, M.; Churchill, R.: Faseroptische Temperaturmessung, Messtechnik E & E, 07.2009

TEIL III
Strömungsuntersuchung

1	Einleitung	261
2	Laser-Doppler-Anemometrie (LDA/LDV)	265
3	Phasen-Doppler-Anemometrie (PDA)	270
4	Laser-2-Fokus Anemometrie (L2F)	272
5	Particle Image Velocimetry (PIV)	275
6	Particle Tracking Velocimetry (PTV)	281
7	Laserinduzierte Fluoreszenz (LIF)	284
8	Doppler Global Velocimetry (DGV)	288
9	Sonstige Verfahren zur Untersuchung von Fluidströmungen	290
10	Literaturverzeichnis	294

1 Einleitung

Die Untersuchung von Strömungen spielt in vielen technischen Bereichen eine sehr wichtige Rolle. Dazu zählen z. B. Kraftwerke, Bauwerke und Flugzeuge. Die optische Analyse von Strömungszuständen ist jedoch erst seit wenigen Jahrzehenten verfügbar. Aufgrund der gestiegenen Leistungsfähigkeit der optischen Verfahren ist es heutzutage möglich, sowohl hochaufgelöst kleine Bereiche einer Strömung zu visualisieren, als auch großvolumige Fluidbewegungen zu erfassen.

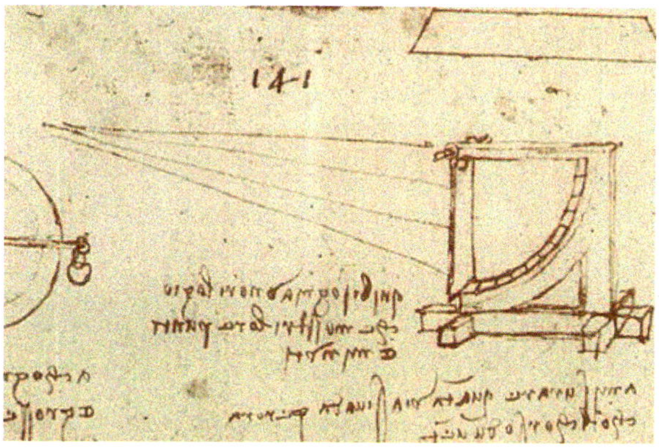

Bild 1.1 Das von Leonardo da Vinci skizzierte Pendelanemometer (Original wird in Biblioteca Ambrosiane aufbewahrt)

1.1 Historischer Rückblick

Bei einer Vielzahl von Prozessen in der industriellen Herstellung, Entwicklung und Forschung ist eine optimale Strömungsgestaltung von großer Bedeutung. Im Laufe der Jahre wurden zahlreiche Verfahren für diesen Zweck entwickelt. Die ersten Messmethoden wurden bereits im 15. Jahrhundert erfunden. Die ersten Anemometer (griechisch „anemos" Wind) dienten zur Messung der Windgeschwindigkeit. Mitte des 15. Jahrhunderts beschrieb Leon Battista Alberti ein Instrument zur Messung der Windgeschwindigkeit, welches aus einer Windfahne mit einer Schwingplatte und einem Winkelmesser mit einer Skala bestand (Wolfschmidt 2009). Auch Leonardo da Vinci skizierte ein ähnliches Gerät (Bild 1.1).

Die von zwei Stiften gehaltene Metallplatte wird von Wind ausgelenkt und anhand der Skala kann die Windgeschwindigkeit abgelesen werden.

Seit der Erfindung des ersten Anemometers wurde im Laufe der nächsten Jahrhunderte eine Vielzahl an verschiedensten Ausführungen entwickelt. Dabei wurden die Geräte immer leistungsfähiger und genauer. Zu den wichtigsten Meilensteinen ist die Entwicklung des ersten manometrischen Anemometers von Pierre Daniel Huet (1721) und die Messung über ein Staudruckroh (Staudruckanemometer) von Dr. Hutton's (1775) zu zählen.

Die zu einem späteren Zeitpunkt entwickelten Ultraschallanemometer erlauben eine sehr schnelle und präzise Messung der Strömungsgeschwindigkeit. Außerdem können Geschwindigkeitskomponenten für mehrere Richtungen bestimmt werden. Die fehlenden beweglichen Teile sorgen für einen robusten Aufbau.

Mit der Entwicklung der leistungsfähigen Elektronik wurde noch ein weiteres, sehr einfaches und genaues Verfahren zur Messung von Strömungen namens thermische Anemometrie entwickelt. Ein Heizdraht wird auf eine bestimmte Temperatur erwärmt. Bei vorhandenen Fluidströmungen wird dem Heizdraht Wärme entzogen. Die Menge der verlorenen Wärme ist somit proportional zur Geschwindigkeit der Strömung.

Erst mit der Entwicklung der leistungsfähigen Laser entstanden erste optische Messverfahren zur Strömungsuntersuchung.

1.2 Nichtoptische Messtechnik

Die Anemometer werden seit etlichen Jahrhunderten industriell eingesetzt und sind nicht mehr wegzudenken. Durch die ständige Weiterentwicklung sind die Systeme im Laufe der Jahre nicht nur leistungsfähiger, kostengünstiger und genauer, sondern auch kompakter geworden. Die Anemometer gibt es in verschiedensten Ausführungen, die an die jeweilige Aufgabe angepasst sind. In Verbindung mit Elektronik sind Messungen voll automatisierbar. Aufgrund der hohen Stückzahlen, von z. B. Luftmassenmessgeräten in Fahrzeugen, sind die Systeme relativ preiswert.

Berührend messende Geräte sind jedoch mit Nachteilen behaftet. Nicht alle Strömungsvorgänge können aufgrund der Strömungseigenschaften (wandnahe Strömungen, Überschallströmungen usw.) untersucht werden. Die Analyse von komplexen Strömungsvorgängen, da eine punktweise Analyse durchgeführt werden muss, ist sehr zeitintensiv oder überhaupt nicht möglich. Außerdem ist die erreichbare Genauigkeit viel zu gering. Aufgrund der genannten Nachteile wurden auch optische Messverfahren entwickelt, um den entstehenden Bedarf zu decken. Der technologische Fortschritt erlaubt teilweise heute schon den Bedarf zu erfüllen.

Es ist zu erwarten, dass die optischen Messsysteme der Strömungsuntersuchung in Zukunft noch effizienter werden. Ein wichtiger Aspekt sind die Kosten, die mit der Anschaffung und dem Betrieb der Anlage verbunden sind. Bereits in den letzten Jahren konnte der klare Trend beobachtet werden, dass die Systeme nicht nur

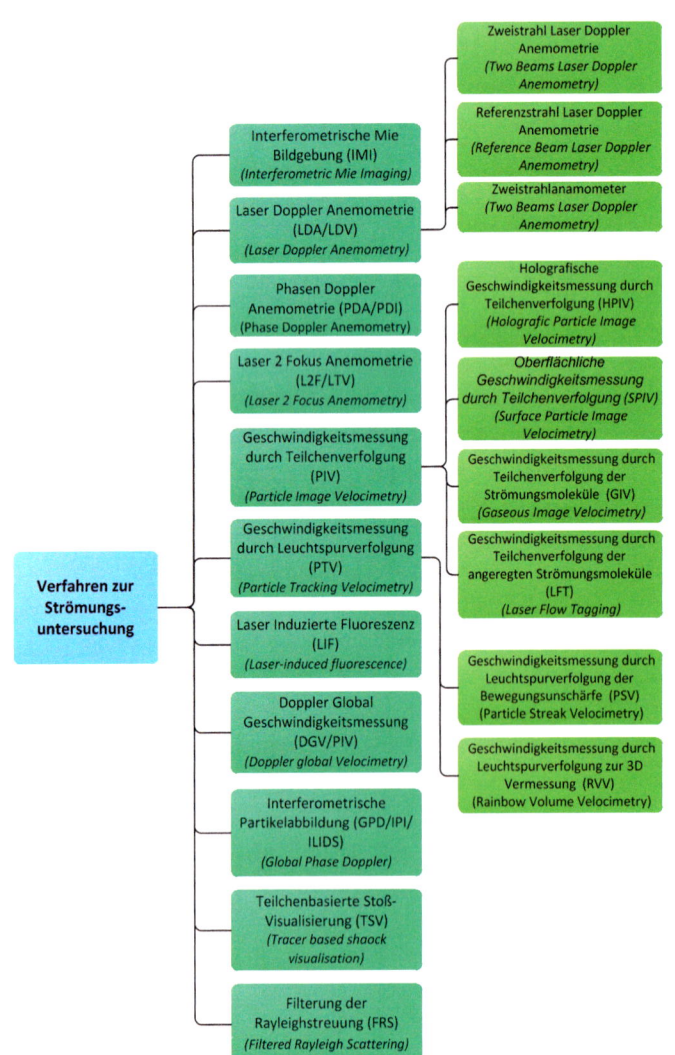

Bild 1.2
Übersicht der Verfahren zur Strömungsuntersuchung

1.4 Dopplereffekt

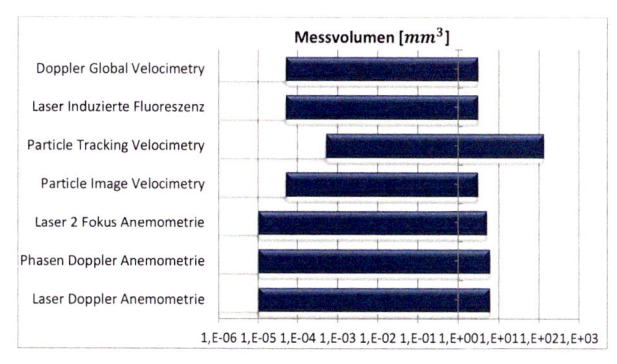

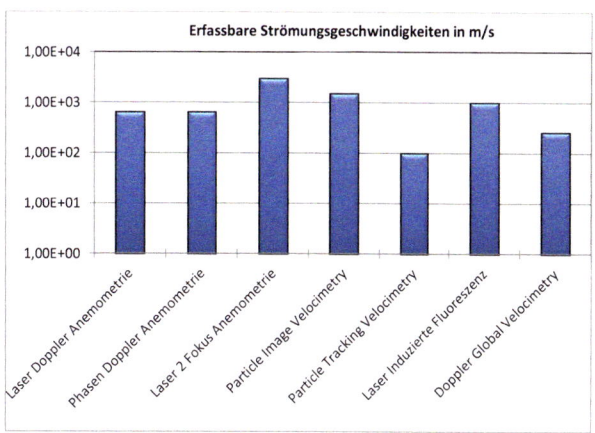

Bild 1.3 Mögliches Messvolumen und erfassbare Strömungsgeschwindigkeit der Verfahren der optischen Messtechnik

leistungsfähiger, sondern auch preiswerter werden. Es ist davon auszugehen, dass dieser Trend weiterhin anhalten wird.

Ein wichtiger Aspekt sind die Normen. Viele Messverfahren (noch nicht alle) wurden in den letzten Jahren normiert. Die nationale und internationale Normierung wird in Zukunft immer mehr Messmethoden erfassen.

1.3 Übersicht

Durch große Fortschritte in der Sensor- und Lasertechnik sowie der Verarbeitung der Messdaten ist weltweit eine ganze Reihe von Systemen zur Untersuchung von Strömungsvorgängen entwickelt worden. Im Folgenden wird eine Übersicht der verschiedenen Verfahren und zwei Diagramme mit Angabe der messbaren maximalen Strömungsgeschwindigkeit und des Messbereiches vorgestellt (Bild 1.2).

1.4 Dopplereffekt

Im Rahmen dieses Teils werden verschiedene optische Verfahren zur Untersuchung von Strömungsproblemen vorgestellt. Die Funktionsweise einiger Verfahren basiert auf einem physikalischen Phänomen – dem Dopplereffekt.

Der Dopplereffekt beschreibt die Frequenzänderung einer Welle in Abhängigkeit von den Geschwindigkeiten des Senders und des Beobachters. Er entsteht also, wenn entweder der Sender oder der Beobachter sich annähern oder sich voneinander entfernen.

Eine Erklärung dieses Phänomens gelang im Jahre 1842 dem Astronomen Christian Doppler. Er hat als erster die Wellennatur, von z. B. sich ausbreitenden Wasserwellen, mit den bereits damals bekannten Beobachtungen dieses Effektes verbunden. Quantitativ wurde seine Theorie jedoch später bewiesen und erst einige Jahre danach zeigte William Huggins, dass die elektromagnetischen Wellen, von z. B. Licht, auch Dopplereffekterscheinungen zeigen.

Allgemein muss zwischen zwei Fällen unterschieden werden (Eichler 2011):
- Der Beobachter bewegt sich.
- Die Quelle bewegt sich.

Im ersten Fall des bewegten Senders kann die Wellenlänge, die vom Beobachter wahrgenommen wird λ_b, wie folgt berechnet werden (Eichler 2011):

$$\lambda_b = \lambda_S - \frac{v_S}{f_S}$$

mit
λ_S – Wellenlänge des Senders
v_S – Geschwindigkeit des Senders
f_S – Sendefrequenz.

1 Einleitung

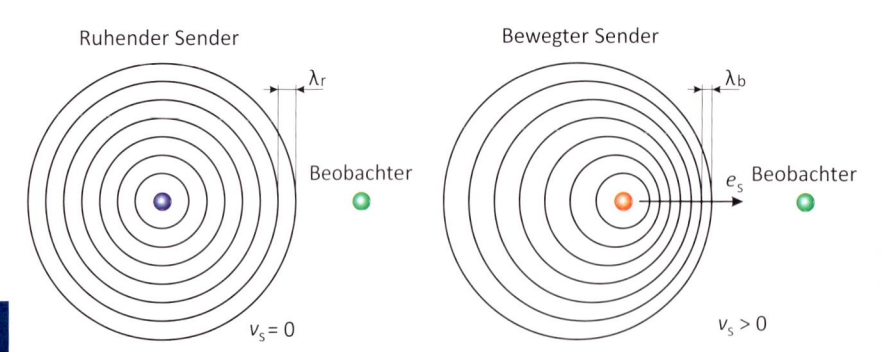

Ruhender Sender — $v_s = 0$, λ_r

Bewegter Sender — $v_s > 0$, λ_b, $\vec{e}_s$

Bild 1.4
Dopplereffekt am Beispiel eines ruhenden und eines bewegten Senders (ruhender Beobachter)

In Abhängigkeit von der Ausbreitungsgeschwindigkeit der emitierten Wellen $c = \lambda \cdot f$ kann die letzte Gleichung wie folgt umgeformt werden:

$$f_b = \frac{f_S}{1 - \dfrac{v_S}{c}}$$

Im letzten Schritt soll die Position des Beobachters in Bezug auf die Bewegungsrichtung des Senders berücksichtigt werden, um eine allgemeingültige Gleichung zu erhalten. Dies geschieht mithilfe des Einheitsvektors $\vec{e}_S$.

$$f_b = \frac{f_S}{1 - \dfrac{\vec{v}_S \cdot \vec{e}_S}{c}}$$

Analog zu der gezeigten Vorgehensweise lässt sich auch die vom Beobachter wahrgenommene Frequenz f_b für den Fall des bewegten Beobachters und ruhenden Signalquelle herleiten.

$$f_b = f_S \left(1 - \frac{\vec{v}_S \cdot \vec{e}_S}{c}\right)$$

Wenn sich sowohl der Sender als auch der Beobachter bewegen, kann die vom Beobachter wahrgenommene Frequenz durch Kombination der beiden Gleichungen berechnet werden.

2 Laser-Doppler-Anemometrie (LDA/LDV)

2.1 Verfahrensgrundlagen

Laser-Doppler-Anemometrie (LDA), die auch als Laser Doppler Velocimetry (LDV) bezeichnet wird, hat sich im Laufe der Jahre zu einem sehr wichtigen Werkzeug für das Gebiet der Strömungsmechanik entwickelt. Die erste praktische Anwendung dieses Verfahrens gelang im Jahre 1964. Yeh und Cummins gelang es, Geschwindigkeitsmessungen in einer laminaren Wasserströmung durchzuführen (Durst 1987).
Seitdem wurde das Messverfahren entscheidend weiterentwickelt. Die modernen Laser-Doppler-Anemometer ermöglichen Untersuchungen nicht nur von laminaren, sondern auch von turbulenten Strömungen. Viele Strömungsvorgäge konnten erst mit der Entwicklung dieses Verfahrens untersucht werden.

Prinzip der Laser-Doppler-Anemometrie

Laser-Doppler-Anemometrie basiert auf der Auswertung der Streuung von Licht an – in der Strömung befindlichen – Partikeln. Die Streuung ist also der Träger der Information bezüglich der Geschwindigkeit der Strömung (Bild 2.1).

Vor- und Nachteile der LDA

Vorteile	Nachteile
3D-Geschwindigkeitsmessungen	Messsysteme teuer
für große Volumen geeignet	Laserschutz erforderlich
keine Kalibrierung erforderlich	Fluidtransparenz erforderlich
berührungslose Messung	Tracerpartikel erforderlich
sehr hohe räumliche Auflösung	Messung erfolgt in einem Punkt
leicht transportabel	komplexer Aufbau für 3D-Geschwindigkeitsmessungen

Messbereich/Messgenauigkeit der LDA

Die modernen Messsysteme sind in der Lage, Geschwindigkeiten von bis zu 650 m/s zu erfassen (z.B. Messsystem von Dantec Dynamics, Flow Explorer). Die Geschwindigkeitsauflösung beträgt dabei 0,002 % von der gemessenen Geschwindigkeit. Die Zeitauflösung kann mit modernen Systemen bis zu 10^6 Messwerte pro Sekunde betragen.
Die räumliche Auflösung liegt bei Untersuchung von kleinen Volumina bei 10 µm³. Durch eine scannende Ausführung des Systems können auch große Fluidvolumen von bis zu 6 m³ untersucht werden.

Typische Anwendungen der LDA

Laser-Doppler-Anemometer sind bereits seit vielen Jahren auf dem Markt. Sie haben sich zu unverzichtbaren Werkzeugen zur Untersuchung von Strömungen entwickelt. Aus diesem Grund ist der Anwendungsbereich extrem breit.
Zu den wichtigsten zählt ganz klar die Untersuchung von verschiedensten Strömungsvorgängen und allen physikalischen Vorgängen, die damit verbunden sind. Das können z.B., um einige wenige zu nennen, Analysen von Grenzschichtablösungen, Strömungsgeschwindigkeiten oder auch Vermischungen von turbulenten Strömungen sein.
Laser-Doppler-Anemometer finden auch im Bereich Forschung und Entwicklung eine breite Anwendung. So werden beispielsweise LDA-Anlagen in Wind- oder Wasserkanälen eingesetzt.
Alle Maschinen, die entweder besonders aerodynamisch (Flugzeuge, Autos, Schiffe) sein sollen, oder mit Strömungen interagieren (Strömungsmaschinen), werden grundsätzlich in der Entwicklungsphase mit LDA-Messsystemen untersucht.
Verbrennungsvorgänge oder auch Flammenuntersuchungen sind ebenfalls mithilfe der Laser-Doppler-Anemometrie möglich.

Bild 2.1 Prinzip des Messverfahrens LDA

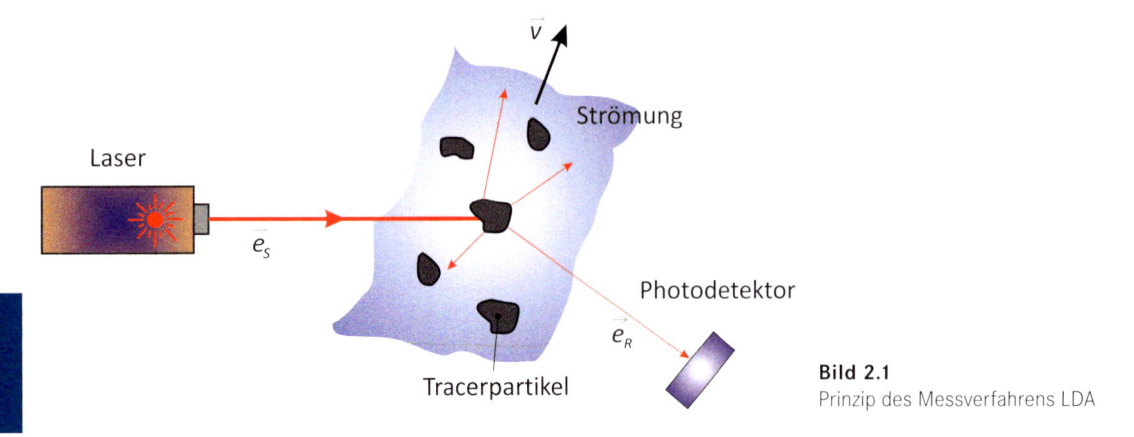

2.2 Messverfahren der LDA

Einer Strömung werden Streupartikel (auch als „tracers" und „seeding" bezeichnet) zugesetzt. Sie haben jedoch aufgrund der hinreichend kleinen Abmessungen (ca. 10 µm) keinen Einfluss auf die zu messenden Größen und die Strömung. Mit einem Laserstrahl wird ein Teil der Strömung beleuchtet. Dadurch kommt es zur Streuung des Lichts durch die Tracerpartikel beim Passieren des Strahls.

Das Streulicht wird von einem Detektor registriert (Bild 2.2). Aufgrund des Dopplereffekts unterscheidet sich nun die Frequenz der Laserstrahlung von der vom Detektor registrierten Streuung. Wie bereits im Kapitel „Grundbegriffe" gezeigt ist die Frequenzverschiebung direkt von der Geschwindigkeit des Streupartikels abhängig. In diesem Fall muss jedoch beachtet werden, dass es zweimal zum Dopplereffekt kommt. Zunächst werden die sich mit der Strömung bewegenden Tracerpartikel vom ruhenden Sender (Laser) beleuchtet und anschließend fungieren die Streupartikel bei der Lichtstreuung selbst als Sender (jedoch als sich bewegender Sender). Der Photodetektor ist dabei ruhender Empfänger (Breuer 2011).

$$f_B = f_S \frac{1 - \frac{\vec{v}_S \cdot \vec{e}_S}{c}}{1 - \frac{\vec{v}_S \cdot \vec{e}_R}{c}}$$

Die Bewegungsrichtung der Streuung zum Empfänger hin, wird mithilfe des Einheitsvektors $\vec{e}_R$ berücksichtigt.

Die Geschwindigkeit der Strömung ist im Vergleich zur Lichtgeschwindigkeit c sehr gering. Dadurch unterscheidet sich die Frequenz der vom Empfänger empfangenen Streuung kaum von der vom Laser erzeugten Frequenz. Dies erschwert eine effektive Auswertung der empfangenen Strahlung. Außerdem ist die Detektion einer solch hochfrequenten Strahlung $f = c/\lambda \approx 6 \cdot 10^{14}$ Hz mit einem Photodetektor kaum möglich (Breuer 2011).

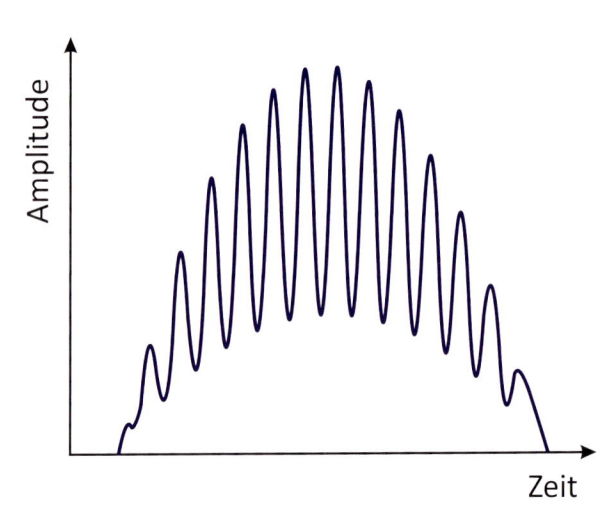

Bild 2.2 Schematische Darstellung des typischen LDA-Signals am Detektor

Aus diesen Gründen wurden mehrere Verfahren entwickelt, die diese Probleme umgehen sollen. Dabei wird das Streulicht mit einem zweiten Strahl vergleichbarer Frequenz überlagert (Büttner 2004). Durch die Überlagerung kommt es zur Schwebung, die wesentlich niederfrequenter ist und somit verwertbar wird.

Zwei Verfahren haben sich als besonders praxistauglich gezeigt und sollen im Folgenden näher betrachtet werden.

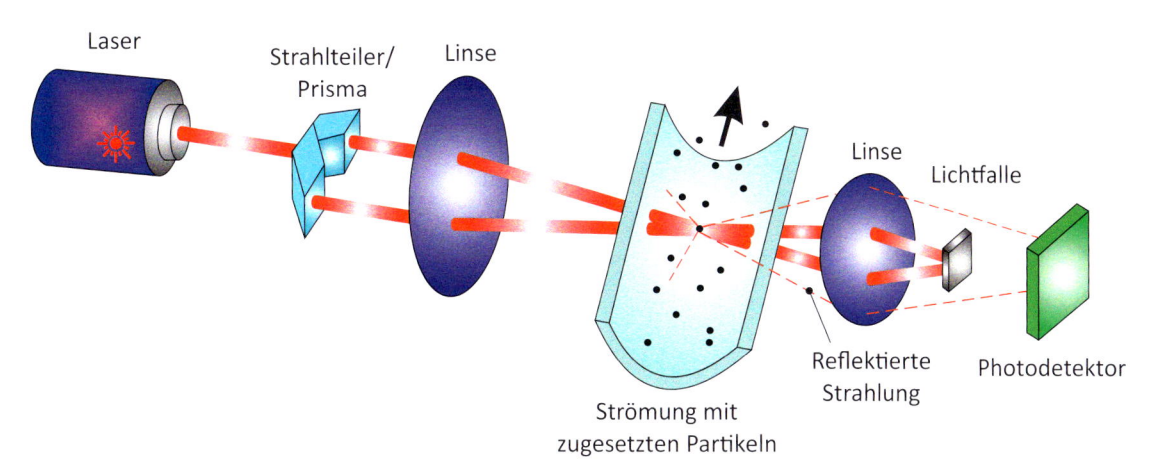

Bild 2.3 Schematische Darstellung eines Laser-Doppler-Anemometers im Zweistrahlverfahren

2.2.1 Zweistrahl-Laser-Doppler-Anemometrie

Der Laserstrahl wird durch ein Prisma aufgeteilt, sodass zwei Teilstrahlen entstehen. Mithilfe einer Konvexlinse werden die beiden Strahlen in ihrem Brennpunkt gekreuzt. Dieser Schnittpunkt stellt das Messvolumen dar. Die der Strömung zugesetzten Tracerpartikel streuen das Laserlicht beim Passieren des Messvolumens. Eine nachgeschaltete Linse leitet das Streulicht zu einem Photodetektor (Bild 2.3). Die beiden Teilstrahlen werden nach dem Verlassen des Messvolumens ausgelöscht. Die Abmessung des Messvolumens beträgt wenige Millimeter. Zur Untersuchung von größeren Fluidvolumen, muss folglich das Messvolumen beweglich ausgeführt werden.

Zur Beschreibung der physikalischen Funktionsweise dieses Verfahrens existieren zwei Modelle.

a) Klassische Beschreibung

Ein Tracerpartikel streut das Laserlicht der beiden Teilstrahlen. Durch den Dopplereffekt erfahren sie eine Frequenzverschiebung. Ihre Frequenzen sind jedoch geringfügig unterschiedlich, da die beiden Strahlen aus verschiedenen Richtungen kommen. Aus dem Grund, dass die Laserstrahlung kohärent ist, überlagert sich das Streulicht der beiden Teilstrahlen zu einer Schwebung. Die Schwebungsfrequenz kann nach (Pfeifer 2010) oder auch (Hucho 2011) wie folgt berechnet werden:

$$\Delta f = |\vec{v}| \sin\gamma \frac{2\sin\left(\frac{\gamma}{2}\right)}{\lambda}$$

mit

γ – Winkel zwischen den beiden Teilstrahlen
λ – Wellenlänge des Lasers.

Die lokale Geschwindigkeit der Strömung $v_\perp$ kann also mithilfe der beschriebenen Anordnung senkrecht zur Winkelhalbierenden der beiden Teilstrahlen bestimmt werden (Ruck 1987). Wenn alle drei Geschwindigkeitskomponenten bestimmt werden sollen, ist die vorgestellte Anordnung insgesamt dreimal in ein Messsystem zu integrieren. Es sind also insgesamt drei Strahlenpaare erforderlich. Außerdem ist aus der letzten Gleichung ersichtlich, dass die Position des Detektors für die Auswertung unerheblich ist. Eine Kalibrierung des Systems ist somit nicht erforderlich.

Die Geschwindigkeit der Tracerpartikel und somit lokale Strömungsgeschwindigkeit ist in der obigen Gleichung im Betrag. Dies hat zur Folge, dass die Strömungsrichtung unbekannt ist. Die obige Messanordnung wird deshalb bei realen Messungen um einen optoakustischen Modulator (Bragg-Zelle) erweitert, um die Bewegungsrichtung erfassen zu können.

b) Interferenzstreifenmodell

Alternativ zum klassischen Modell können die physikalischen Zusammenhänge der Zweistrahl-LDA mithilfe des Interferenzstreifenmodells erklärt werden. Dabei geht man davon aus, dass durch die Inter-

2 Laser-Doppler-Anemometrie (LDA/LDV)

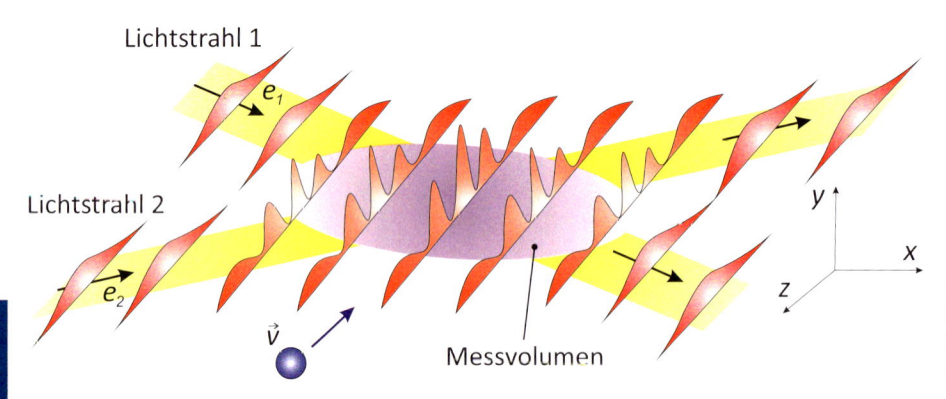

Bild 2.4 Schematische Darstellung der Entstehung der Interferenzstreifen bei der Zweistrahl-LDA

ferenz der beiden Teilstrahlen ein Interferenzstreifenmuster entsteht. Das Muster besteht folglich aus hellen (konstruktive Interferenz) und dunklen (destruktive Interferenz) Streifen (Bild 2.4).
Der Abstand der Streifen kann dabei mithilfe folgender Formel berechnet werden (Durst 1987):

$$\Delta x = \frac{\lambda}{2\sin\left(\frac{\gamma}{2}\right)}$$

Wenn Tracerteilchen die hellen Streifen durchqueren, streuen sie das Laserlicht, welches vom Photodetektor empfangen wird. Die Frequenz Δf der vom Detektor empfangenen Streuung kann nun zur Geschwindigkeitsmessung eingesetzt werden (Pfeifer 2010):

$$u_\perp = \frac{\Delta f \lambda}{2\sin\left(\frac{\gamma}{2}\right)}$$

Die letzte Formel zeigt deutlich, dass die beiden Modelle identische Aussagen liefern.

2.2.2 Referenzstrahl-Laser-Doppler-Anemometrie

Zur Erreichung einer Schwebung und um damit die Auswertung überhaupt zu ermöglichen, werden bei Referenzstrahl-LDA keine zwei Messstrahlen, sondern ein Messstrahl und ein Referenzstrahl eingesetzt (Bild 2.5).
Mithilfe eines Strahlteilers wird das Laserlicht in zwei Lichtwellen unterschiedlicher Intensität aufgeteilt. Der Messstrahl hat eine höhere Intensität und wird direkt durch die zu untersuchende Strömung geleitet. Dabei kommt es zu Streuungen an Tracerpartikeln. Das Streulicht wird auf dem Detektor mit dem Referenzstrahl überlagert. Aufgrund der entstandenen Frequenzverschiebungen kommt es dabei zur Überlage-

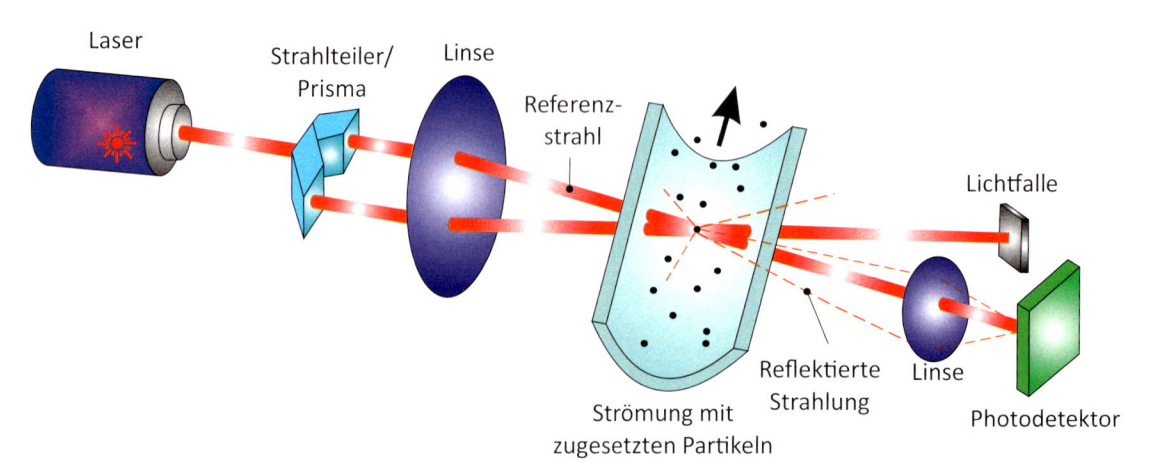

Bild 2.5 Schematische Darstellung eines Laser-Doppler-Anemometers im Referenzstrahlverfahren

rung der beiden Lichtwellen, sodass vom Detektor eine Schwebung gemessen wird.

Vom Detektor wird eine Überlagerung des nicht doppelverschobenen Laserstrahls f_0 (Referenzstrahl) und der Streuung des Lichtes f_R an den Tracerpartikeln beobachtet (Büttner 2004).

$$f_D = f_R - f_0 = \frac{\vec{v} \cdot (\vec{e}_R - \vec{e}_S)}{\lambda}$$

Diese Anordnung hat im Vergleich zur Zweistrahl-LDA den Nachteil, dass eine Kalibrierung vor der Messung erforderlich wird (Durst 10987). Da die Position des Detektors einen Einfluss auf die Dopplerfrequenz hat. Außerdem variiert die Intensität des Streulichts, da die Teilchengröße auch gewissen Schwankungen unterliegt. Die Intensität des Referenzstrahls ist aber konstant. Nach der Überlagerung der beiden Strahlen wird am Detektor aus diesem Grund eine ständig schwankende Schwebung registriert. Das erschwert zusätzlich die Auswertung (Büttner 2004).

Aufgrund der genannten Nachteile ist die Zweistrahl-LDA wesentlich weiter verbreitet.

2.2.3 Weitere Laser-Doppler-Anemometrie-Ausführungen

Neben den beschriebenen beiden Verfahren existiert eine Reihe von weiteren Ausführungen, die aber für den industriellen Einsatz weniger relevant sind. Der Vollständigkeit halber sollen die wichtigsten Messanordnungen an dieser Stelle aufgeführt werden:
- Symmetrisches Überlagerungsverfahren
- Zweistreustrahlanemometer

Der besonders interessierte Leser kann sich mithilfe folgender Literatur genauer über diese Verfahren informieren: (Durst 2006, Fiedler 1992 und Ruck 1987).

3 Phasen-Doppler-Anemometrie (PDA)

3.1 Verfahrensgrundlagen

Phasen-Doppler-Anemometrie (auch als Phasen Doppler Interferometrie PDI bezeichnet) ist eine Erweiterung des bereits vorgestellten Verfahrens Laser-Doppler-Anemometrie. Mit diesem Verfahren ist es möglich, nicht nur die Geschwindigkeit der in der Strömung sich befindenden Partikel, sondern auch Partikelgröße zu messen.

Prinzip der Phasen-Doppler-Anemometrie

Phasen-Doppler-Anemometrie basiert, wie auch LDA, auf der Messung der Dopplerverschiebung des an den Tracerpartikeln zurückgestreuten Laserlichtes (Bild 3.1).

Vor- und Nachteile der PDA

Vorteile	Nachteile
3D-Geschwindigkeitsmessungen	Messsysteme relativ teuer
für große Volumen geeignet	Laserschutz erforderlich
keine Kalibrierung erforderlich	Fluidtransparenz erforderlich
berührungslose Messung	komplexer Aufbau für 3D-Geschwindigkeitsmessungen
sehr hohe räumliche Auflösung	Messung erfolgt in einem Punkt
leicht transportabel	
Partikelgröße erfassbar	

Messbereich/Messgenauigkeit von PDA

Mithilfe des Verfahrens Phasen-Doppler-Anemometrie ist es möglich, Partikel unterschiedlicher Größe zu erfassen. Der Messbereich für den erfassbaren Durchmesser liegt dabei zwischen einigen Mikrometern bis zu einigen Millimetern.

PDA ist wie LDA auch zur Untersuchung von hoch dynamischen Strömungen (bis ca. 650 m/s) geeignet. Das Messvolumen ist auch mit dem des LDA vergleichbar (bis 6 m^3).

Typische Anwendungen von PDA

Phasen-Doppler-Anemometrie ist in erster Linie für Messungen von Strömungsgeschwindigkeiten entwickelt worden. Durch einen zusätzlichen Detektor ist es aber auch möglich, den Durchmesser der Partikel zu bestimmen. Hierbei gibt es jedoch eine Einschränkung. Um die korrekte Größe erfassen zu können, müssen die Partikel zumindest annähernd eine sphärische Gestalt haben. Bei flüssigen Stoffen, wie z.B. Tröpfchen in der Luft, ist aufgrund der Oberflächenspannung diese Bedingung erfüllt. Mithilfe von PDA kann also z.B. die Brennstoffzerstäubung untersucht werden.

Ein weiteres breites Anwendungsgebiet stellt die Verfahrenstechnik dar. Im Bereich der Umwelttechnik ist die PDA auch seit einiger Zeit eine weit verbreitete Methode.

3.2 Messverfahren der PDA

Wie auch die LDA besteht die PDA im Wesentlichen aus einer Laserlichtquelle, Optik zur Fokussierung der Laserstrahlen und somit zur Bildung des Messvolumens. Im Vergleich zu LDA werden aber zwei Detektoren, die in einem Winkel von 2Θ zueinander angeordnet sind, eingesetzt. Dies ermöglicht zusätzlich zur Bestimmung der Partikelgeschwindigkeit auch die Auswertung der Phasenlage des Streulichtes.

Durch die Auswertung der Phaseninformation kann auf den Durchmesser der Tracerpartikel zurückgeschlossen werden. Die Phasenverschiebung entsteht dadurch, dass die Laserstrahlen bis zur Streuung am Tracerpartikel aufgrund der gekrümmten Oberfläche geringfügig unterschiedlich lange Wege zurückgelegt haben (Bild 3.2). Die Frequenz der gestreuten Strahlen

3.2 Messverfahren der PDA

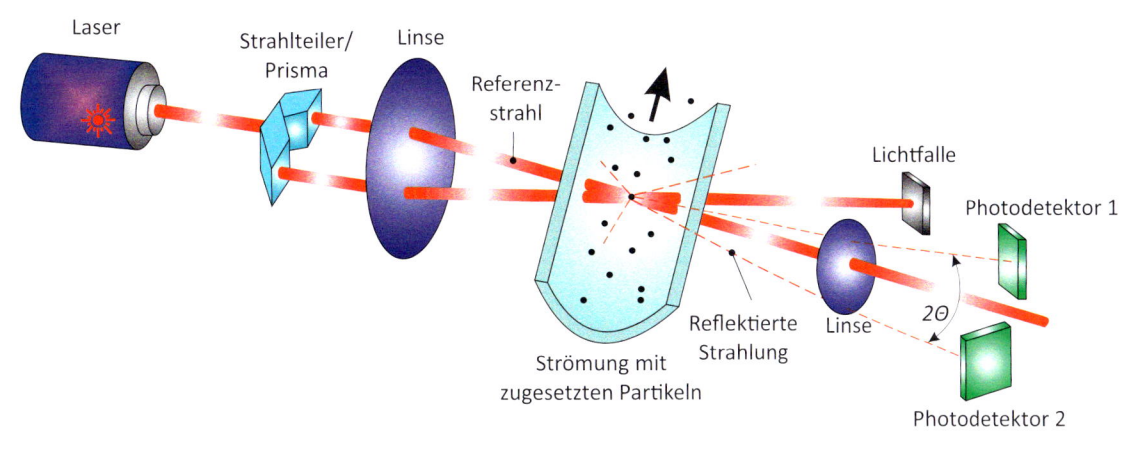

Bild 3.1 Schematischer Aufbau der Phasen-Doppler-Anemometrie

ist dagegen gleich und ist Träger der Information bezüglich der momentanen Geschwindigkeit.

Aus der Phasenverschiebung der mithilfe der beiden Detektoren aufgenommenen Signale kann mithilfe der Signalanalyse auf den Durchmesser der Partikel zurückgeschlossen werden. Je nach Größe der Tracerpartikel sind verschiedene Lasersysteme zu verwenden.

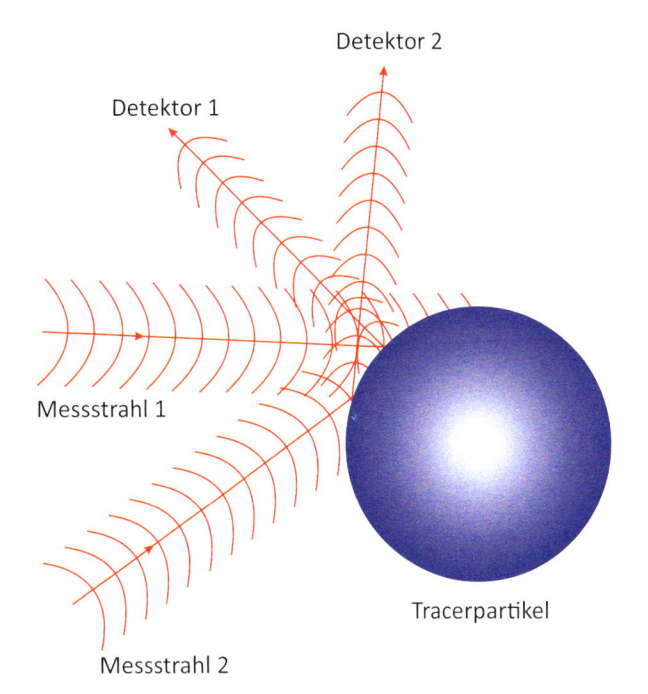

Bild 3.2 Schematische Darstellung der Streuung der Laserstrahlen an einem Tracerpartikel

4 Laser-2-Fokus Anemometrie (L2F)

4.1 Verfahrensgrundlagen

Auch bei diesem Messverfahren war die Entwicklung kohärenter Laser die notwendige Voraussetzung zur Realisierung von Laser-2-Fokus Anemometrie (L2F). Heutzutage hat sich L2F zu einer sehr leistungsfähigen Methode zur Untersuchung von Strömungen entwickelt. Der relativ einfache Aufbau und hochgenaue Messungen sind für die große Verbreitung dieses Messsystems verantwortlich. L2F wird manchmal auch als Laser Transit Velocimetry (LTV) bezeichnet.

Prinzip der Laser-2-Fokus Anemometrie

Laser-2-Fokus Anemometrie basiert auf der Auswertung der Flugzeit von Tracerpartikel, die einem Fluid zugesetzt werden, zwischen zwei fokussierten Laserstrahlen (Bild 4.1).

Vor- und Nachteile der L2F

Vorteile	Nachteile
Keine Kalibrierung erforderlich	Ungeeignet für turbulente Strömungen
einfacher Aufbau für 1-D-Messungen	komplexer Aufbau für 3-D Messungen
unauffällig gegenüber Störungen	lange Messzeit
Messungen durch kleine Öffnungen	
einfache Messergebnisauswertung	
leicht transportabel	

Messbereich/Messgenauigkeit des L2F

Laser-2-Fokus Anemometrie erlaubt Messungen von Fluidgeschwindigkeiten von bis zu 3000 m/s. Auch sehr langsame Strömungsvorgänge (bis zu 0,001 m/s) können problemlos untersucht werden.

L2F ist ein punktuell messendes Verfahren. Für flächenhafte oder 3D-Messungen muss der Messpunkt durch die Strömung bewegt werden. Dabei können auch größere Flächen von bis zu 5 m² untersucht werden.

Typische Anwendungen des L2F

Der Abstand zwischen den beiden Strahlen kann sehr klein ausgeführt werden. Dadurch ist es möglich, Strömungen an schwer zugänglichen Stellen zu untersuchen. Strömungs- und Turbomaschinen können mithilfe dieses Verfahrens strömungstechnisch analysiert werden.

Ein weiterer Vorteil dieses Verfahrens, sehr schnelle Strömungen messen zu können, macht die Laser-2-Fokus Anemometrie für Untersuchung von extremen Strömungsvorgängen sehr nützlich. Fluidströmungen, durch z. B. Turbolader, können mithilfe der Laser-2-Fokus Anemometrie untersucht werden. Auch bei aerodynamischer Auslegung von Militärflugzeugen, die sehr hohe Geschwindigkeiten erreichen, ist das L2F-Verfahren sehr hilfreich.

4.2 Messverfahren der L2F

Der zu untersuchenden Strömung werden Tracerpartikel zugesetzt. Sie folgen aufgrund ihrer Größe der Strömung und stören diese keinesfalls. Die lokale Geschwindigkeit der Partikel entspricht folglich der lokalen Geschwindigkeit der Strömung.

Das Laserlicht wird mittels eines Rochon-Prismas in zwei Teilsrahlen gleicher Intensität aufgeteilt. Mithilfe mehrerer Spiegel und Linsen werden die beiden Strahlen parallelisiert und im Bereich der zu untersuchenden Strömung fokussiert.

4.2 Messverfahren der L2F

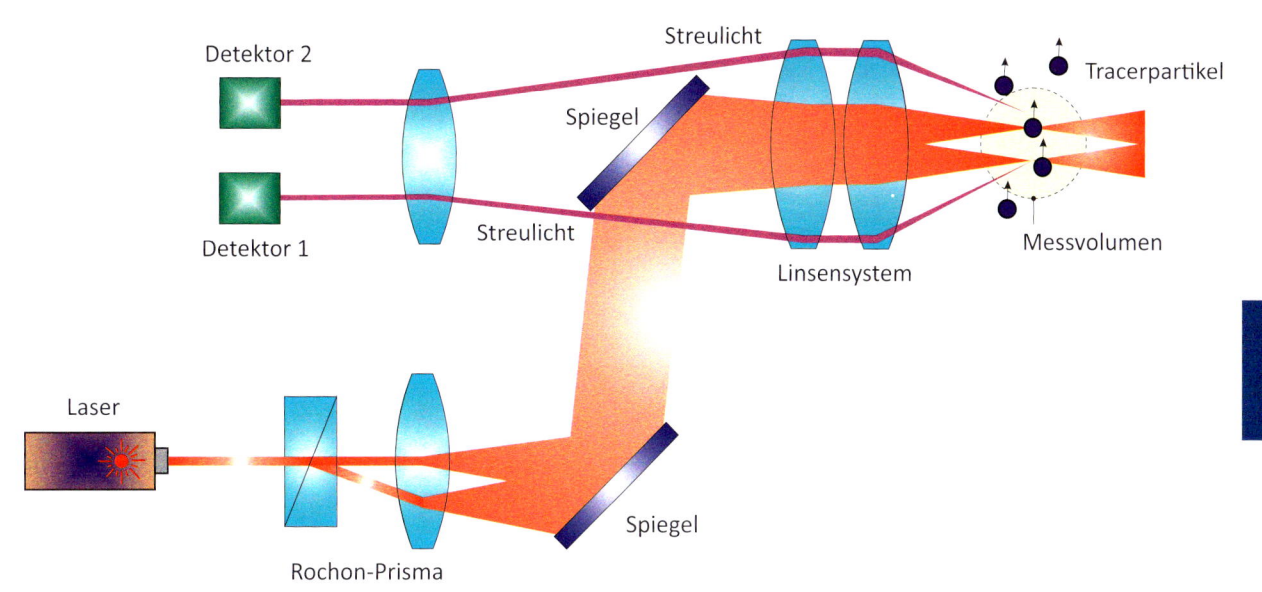

Bild 4.1 Schematischer Aufbau eines Laser-2-Fokus Anemometers

Die Tracerpartikel emittieren Streulicht beim Durchqueren der beiden Strahlen. Die Streuungen werden von zwei Detektoren registriert. Der Zeitverzug zwischen den beiden Signalen hängt von dem Abstand der Strahlen und Strömungsgeschwindigkeit ab. Der Abstand s ist bekannt und liegt meistens in der Größenordnung von ca. 0,5 mm (Bild 4.2).

Wenn die Tracerpartikel sich senkrecht zu den Strahlachsen bewegen, kann die Geschwindigkeit aus der Zeitdifferenz Δt sehr einfach berechnet werden (Nitsche 2006):

$$v = \frac{s}{\Delta t}$$

Die Strömungsrichtung entspricht lediglich in seltenen Fällen der aufgespannten Messebene, sodass die Ergebnisse bei Einzelmessungen mit hoher Wahrscheinlichkeit falsch sein werden. Aus diesem Grund werden mehrere tausend Messungen in einem kurzen Zeitraum durchgeführt, um zuverlässige Ergebnisse zu erhalten. Außerdem kann durch die Drehung des Rochon-Prismas die Winkelstellung der Messstrahlen verändert werden. Dadurch wird es ermöglicht, anhand der Häufigkeitsverteilung, die lokale Strömungsrichtung zu bestimmen (Nitsche 2006). Winkelstellung, bei der die meisten Ereignisse detektiert werden, entspricht der Strömungsrichtung.

Für dreidimensionale Strömungsuntersuchungen muss das Messsystem um eine weitere Achse drehbar sein. Es muss also um zwei rotatorische und eine translatorische Achse bewegt werden. Dies ist in der Regel nicht möglich, da die Messungen häufig z. B. durch enge Öffnungen vorzunehmen sind. Alternativ kann, wie auch bei dem Laser-Doppler-Anemometer, ein weiterer Laser mit abweichender Wellenlänge eingesetzt

Bild 4.2 Prinzip der Flugzeitmessung mit L2F bei laminaren Strömungen

werden, um direkt die Strömung in zwei Richtungen untersuchen zu können. In diesem Fall muss dann lediglich die dritte Raumkomponente durch die Strahlverschiebung erfasst werden. Der gerätetechnische Aufwand steigt bei dreidimensionalen Messungen extrem an.

Im Fall von turbulenten Strömungen bewegen sich die Tracerpartikel nicht mehr geradlinig, sondern auf gekrümmten Bahnen. Dadurch kommt es zu fehlerhaften Messungen, da die Teilchen, die den ersten Strahl gekreuzt haben und somit die Zeitmessung ausgelöst haben, den zweiten Strahl nicht mehr erreichen. Stattdessen wird die Zeit gestoppt, wenn ein ganz anderes Teilchen zufällig den zweiten Strahl kreuzt.

Anhand der Häufigkeitsverteilung kann aber rechtzeitig erkannt werden, dass es sich um eine turbulente Strömung handelt, da die Form der Kurve sich ändert (Nitsche 2006). Sie fällt wesentlich flacher aus.

5 Particle Image Velocimetry (PIV)

5.1 Verfahrensgrundlagen

Bereits im Jahre 1904 hat Ludwig Prandtl mithilfe einfacher Fotoapparate durch lange Belichtung einer Strömung mit zugesetzten Tracerpartikeln durch Aufzeichnen der Leuchtspur der Teilchen die qualitative Bahnaufzeichnung vorgenommen (Walther 2001).
Nach der Erfindung der Laser und großen Fortschritten auf den Gebieten der Datenverarbeitung und digitaler Fotografie wurde Particle Image Velocimetry in den letzten 20 Jahren zu einer leistungsfähigen Methode zur Untersuchung von Strömungen weiterentwickelt. Seit über zehn Jahren wird dieses Verfahren bereits sehr erfolgreich industriell eingesetzt.

Prinzip der Particle Image Velocimetry
Die zu untersuchende Strömung, mit zugesetzten Tracerpartikeln, wird in einer Ebene mit einem Laser in Nanosekundenabständen mehrfach beleuchtet. Mithilfe mathematischer Verfahren können anschließend die Geschwindigkeit und Strömungsrichtungen bestimmt werden (Bild 5.1).

Vor- und Nachteile von Particle Image Velocimetry

Vorteile	Nachteile
Für turbulente Strömungen geeignet	Laserschutzmaßnahmen erforderlich
kurze Messzeit	Kalibrierung erforderlich
große Messfläche	Zusatz von Tracerpartikeln erforderlich
leicht transportabel	
Mikroströmungen untersuchbar	

Messbereich/Messgenauigkeit von Particle Image Velocimetry
Mit dem Verfahren Particle Image Velocimetry können sowohl sehr kleine Strömungsabschnitte von wenigen μm^3 als auch große Volumen von bis zu 3 m^3 untersucht werden. Das gilt auch für erfassbare Strömungsgeschwindigkeiten. Sehr langsame Strömungsvorgänge (wenige mm/sec) können durch gezielte Einstellung des Messsystems erfasst werden. Schnelle und turbulente Strömungsvorgänge von bis zu Überschallgeschwindigkeiten sind ebenfalls erfassbar.
Je nach Anzahl der Tracerpartikel in der Strömung können einige zehntausend Partikel gleichzeitig erfasst werden.

Typische Anwendungen von PIV
PIV ist auf dem Gebiet der Strömungsmechanik weit verbreitet. In Windkanälen für aerodynamische Messungen ist PIV ein nicht mehr wegzudenkendes Werkzeug. Es können auch Messungen an echten Messobjekten, die recht groß sind (bis zu einem kleinen Lkw), durchgeführt werden.
Für die Untersuchung von Mikroströmungen existieren auch miniaturisierte Messsysteme. Damit können z. B. Strömungen zur Kühlung der Mikroelektroteile auf einer Platine visualisiert und analysiert werden.
Strömungen in medizinischen Apparaten und Organmodellen werden oft mithilfe von PIV analysiert. Die Ergebnisse werden häufig zur Validierung von Strömungssimulationen eingesetzt.

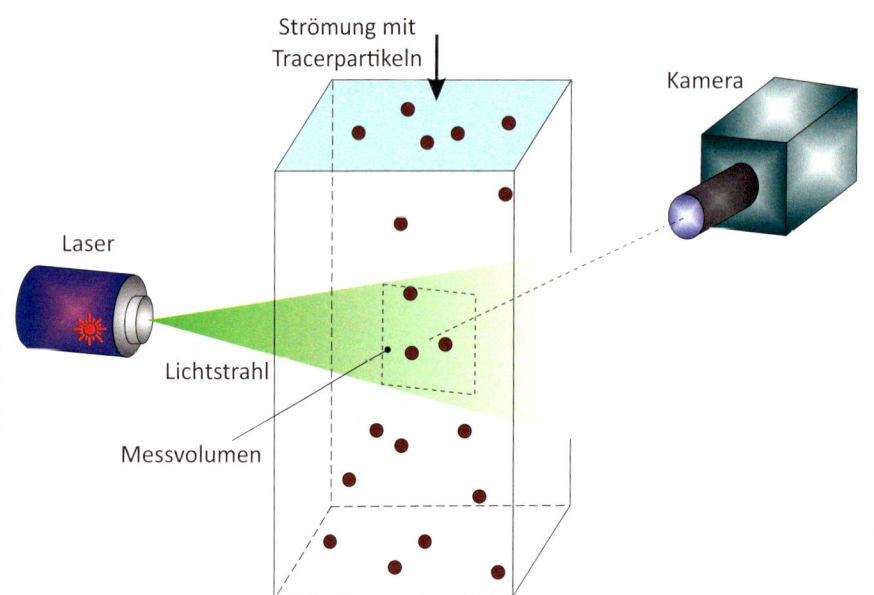

Bild 5.1
Schematische Darstellung der Funktionsweise von PIV

5.2 Messverfahren der Particle Image Velocimetry

Particle Image Velocimetry (PIV) ist ein optisches Messverfahren zur Untersuchung von Fluidströmungen. Der kreisrunde bzw. elliptische Querschnitt einer Laserlichtquelle wird mithilfe von Optiken zu einer Lichtschicht umgeformt. Die Lichtschicht wird in die zu messende Strömung positioniert. Der Strömung werden, wie auch bei anderen optischen Messverfahren zur Untersuchung von Strömungsfluiden, Tracerpartikel zugeführt.

Die Tracer streuen das Laserlicht seitwärts zur Einstrahlrichtung (Nitsche 2006). Diese Streuung wird von einer Kamera aufgenommen. Der Laser wird gepulst und mit der Kamera synchron betrieben.

Die Pulsdauer beträgt dabei lediglich wenige Nanosekunden, sodass der augenblickliche Strömungszustand als statisch registriert wird (Walther 2001). Nach einer kurzen Verzögerung, die bekannt und einstellbar ist, wird die Strömung erneut mit einem Lichtimpuls beleuchtet und von der Kamera aufgenommen.

Mithilfe mathematischer Verfahren (Kreuzkorrelation) ist es möglich, auf den nacheinander aufgenommenen Bildern die sich bewegenden Tracerpartikel zu identifizieren und den Partikeln der Aufnahme davor zu zuordnen. Dadurch ist die zurückgelegte Strecke bekannt. Mit der Kenntnis der Dauer der Verzögerung zwischen den beiden Aufnahmen kann die lokale Geschwindigkeit jedes Tracerpartikels genau bestimmt werden. Die lokale Strömungsrichtung (Geschwindigkeitsvektor) ist dadurch ebenfalls bekannt.

Für quantitative Messungen muss das PIV-Messsystem kalibriert werden. Einerseits muss der zeitliche Abstand zwischen den Laserimpulsen sehr genau ermittelt werden, andererseits sind die Abbildungseigenschaften der verwendeten Optik zu berücksichtigen.

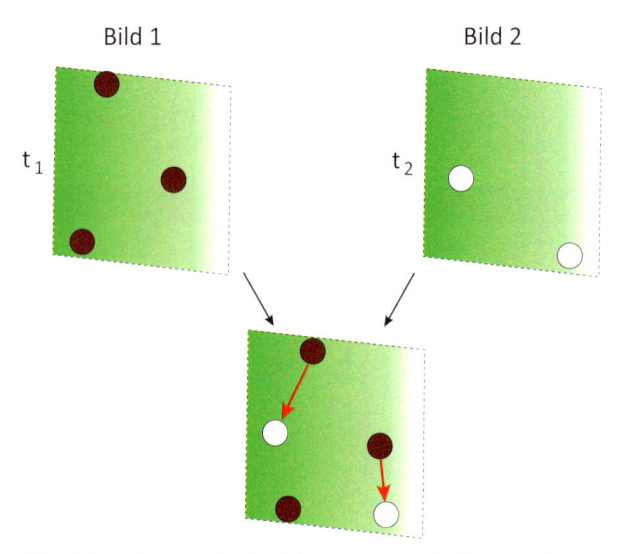

Bild 5.2 Mathematische Ermittlung der durch die Tracer zurückgelegten Strecke und Bestimmung der Strömungsrichtungen

Es existiert eine Vielzahl an Variationen von PIV-Systemen. Zur Bestimmung der dritten Geschwindigkeitskomponente werden zwei Kameras eingesetzt, sodass ein Stereosystem entsteht. Für echte 3D-Messungen werden bis zu vier Kameras verwendet. In diesem Fall wird nicht mehr eine dünne, sondern eine dicke Lichtebene benutzt. In Abhängigkeit von der Partikelkonzentration in der Strömung werden drei Arten der PIV unterschieden (Walther 2001):

- LDPIV (Low Image Density PIV): Die Konzentration an Tracerpartikeln ist gering. Es entsteht keine Überlagerung der Partikel. Die Auswertung der aufgenommenen Bilder gestaltet sich aus diesem Grund sehr einfach. Nachteilig wirkt sich die geringe Konzentration auf die Informationsmenge aus, sodass evtl. nicht alle Einzelheiten der Strömung aufgelöst werden (Walther 2001).
- HDPIV (High Image Density): Die Konzentration an Tracerpartikeln ist zwar höher als bei LDPIV, aber nicht so hoch, dass es zu Überlagerung der Partikel kommt. Die Verfolgung der einzelnen Partikeln ist aber nicht mehr möglich, deshalb werden sogenannte Zellen betrachtet. Für einzelne Zellen werden also Geschwindigkeitsvektoren berechnet (Walther 2001).
- LSV (Laser Speckle Velocimetry): Die Konzentration wird soweit erhöht, dass es zur Überlappung der Tracerpartikel kommt. Betrachtet werden nicht mehr einzelne Teilchen in der Strömung, sondern die Interferenzen, die durch Überlagerung der gestreuten Laserstrahlung entstehen. Die Änderung des Interferenzmusters wird also ausgewertet, um die Geschwindigkeitsvektoren zu erhalten. Die hohe Konzentration an Tracerpartikeln kann zur Störung der zu untersuchenden Strömung führen (Walther 2001).

Moderne Systeme arbeiten meistens nach dem HDPIV-Prinzip, da einer der wenigen Nachteile dieses Verfahrens – der hohe Rechenaufwand – mit den heutigen Messrechnern kein Problem mehr darstellt.

Zur dreidimensionalen Untersuchung von Fluidströmungen kann PIV mit einem anderen optischen Messverfahren und zwar der Holografie (s. Kapitel Holografie) erweitert werden.

Holografische Particle Image Velocimetry (HPIV)

Ein Laserstrahl wird durch einen Strahlteilwürfel in einen Objekt- und einen Referenzstrahl aufgeteilt. Der Referenzstrahl wird direkt zur Kamera geleitet. Der Objektstrahl passiert die zu untersuchende Strömung. Die in der Strömung vorhandenen Tracerpartikel streuen das Laserlicht. Seitliche Streuungen, auch Objektstrahlen genannt, werden mit dem Referenzstrahl überlagert. Es kommt zur Interferenz der beiden Wellen, die das Messsignal darstellt und ausgewertet werden kann (Bild 5.3).

Die aufgenommenen, digitalen Hologramme beinhalten die Information bezüglich der räumlichen Position

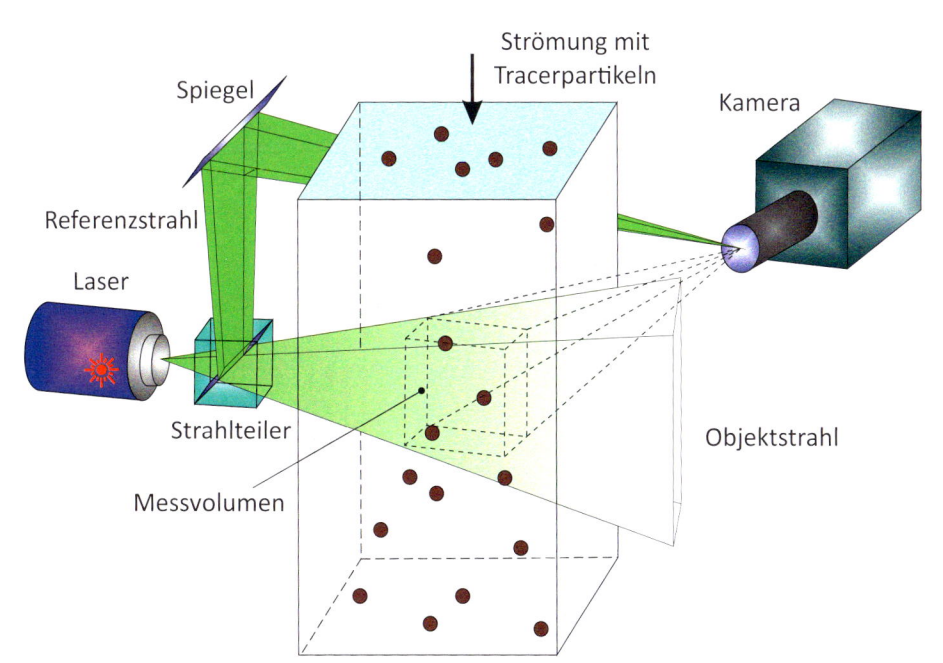

Bild 5.3
Schematischer Aufbau von HPIV mit seitlicher Führung

der einzelnen Partikel auch in der Tiefe. Mithilfe von numerischen Verfahren ist es möglich, diese Informationen zu extrahieren.

Auch HPIV-Systeme nutzen die Doppelbelichtungstechnik. Somit wird durch den Vergleich der aufeinanderfolgenden Aufnahmen, die Berechnung der dreidimensionalen Geschwindigkeitsvektoren ermöglicht. Problematisch ist bei dieser PIV-Art jedoch die stark variierende Intensität des Objektstrahls, da die Anzahl der Tracerpartikel, die das Laserlicht streuen, sich zeitlich ändert (Ilchenko 2007).

Surface Particle Image Velocimetry (SPIV)
Diese Methode wurde entwickelt zur Untersuchung von Oberflächenströmungen und Grenzschichten.

Gaseous Image Velocimetry (GIV)
Particle Image Velocimetry unterscheidet sich unwesentlich von der Gaseous Image Velocimetry. Bei GIV werden keine Tracerpartikel der Strömung beigesetzt. Stattdessen werden Moleküle, die sich bereits in der Strömung befinden, mittels mehrerer Laserlichter zum Strahlen angeregt. Dieses Strahlen wird zu verschiedenen Zeitpunkten mittels Kameras registriert. Aus der Verzerrung kann anschließend mathematisch die Strömungsgeschwindigkeit berechnet werden.

Laser Flow Tagging (LFT)
Laser Flow Tagging ist wie Gaseous Image Velocimetry zur Untersuchung von Strömungen ohne Tracerpartikel geeignet. Im Unterschied zu GIV werden bei LFT eigene Strukturen in der Strömung erzeugt (Bild 5.4). Bei dem Messverfahren LFT werden im ersten Schritt Atome mittels Laserlicht zum Strahlen angeregt. Dies wird als „Schreib"-Prozess bezeichnet. Im nächsten Schritt – der sogenannte „Lese"-Prozess – wird die Verschiebung der angeregten Teilchen registriert. Wenn die Zeit zwischen den beiden Prozessen bekannt ist, kann die Geschwindigkeit mithilfe der registrierten Verschiebung der Atome berechnet werden (Wissel 2006).

Im ersten Schritt („Schreib"-Prozess) geht es primär darum, die Partikel so anzuregen, dass im zweiten Schritt („Lese"-Prozess) eine eindeutige Zuordnung der registrierten Partikel erfolgen kann. Dies wird meistens mithilfe von gepulsten Laserstrahlen realisiert. Dadurch wird eine eindimansionale Geschwindigkeitsbestimmung ermöglicht. Ein Gitter aus überkreuzten Laserstrahlen ermöglicht dagegen, eine Vermessung von zwei Komponenten des Geschwindigkeitsvektors. Zur Bestimmung der dritten Geschwindigkeitskomponente muss eine stereoskopische Aufnahmetechnik eingesetzt werden (Wissel 2006).

Zur Anregung der Moleküle existieren grundsätzlich zwei Verfahren (Wissel 2006):
- Photochemische Verfahren
- photophysikalische Verfahren (Messung von Überschallströmungen)

Weiterhin kann LFT in folgende Verfahren unterteilt werden, die zwar alle auf LFT basieren (Wissel 2006), aber verschiedene chemische Verbindungen – die in der Strömung vorhanden sind – zum Anregen und somit Strahlen verwenden:
- Hydroxyl Tagging Velocimetry (HTV)
- Ozone Tagging Velocimetry (OTV)
- Laser Induced Electronic Fluorescence (RELIEF)
- Laser Enhanced Ionisation (LEI)
- Molecilar Tagging Velocimetry (MTV).

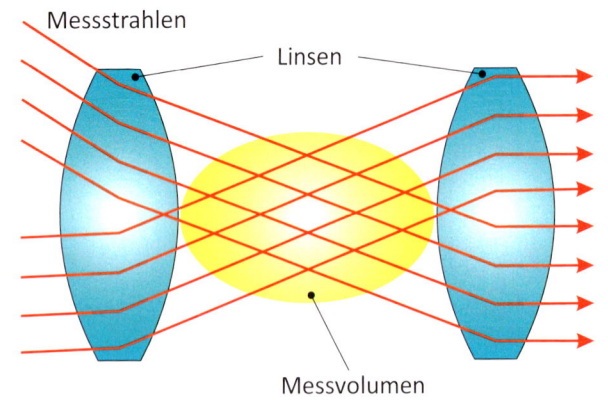

Bild 5.4 Erzeugte Strukturen, bestehend aus einem Gitter, zur zweidimensionalen Strömungsuntersuchung mittels LFT

5.3 Anwendungsbeispiele

5.3.1 Anwendung des Verfahrens PIV in der Motorenentwicklung

Während der letzten Jahre sind optische Diagnostiktechniken zu etablierten Entwicklungswerkzeugen in vielen Forschungslaboratorien und in der Fahrzeugindustrie geworden. Sie wurden erfolgreich angewandt bei der Analyse innermotorischer Prozesse, wie beispielsweise bei der Entstehung von Strömungen, der

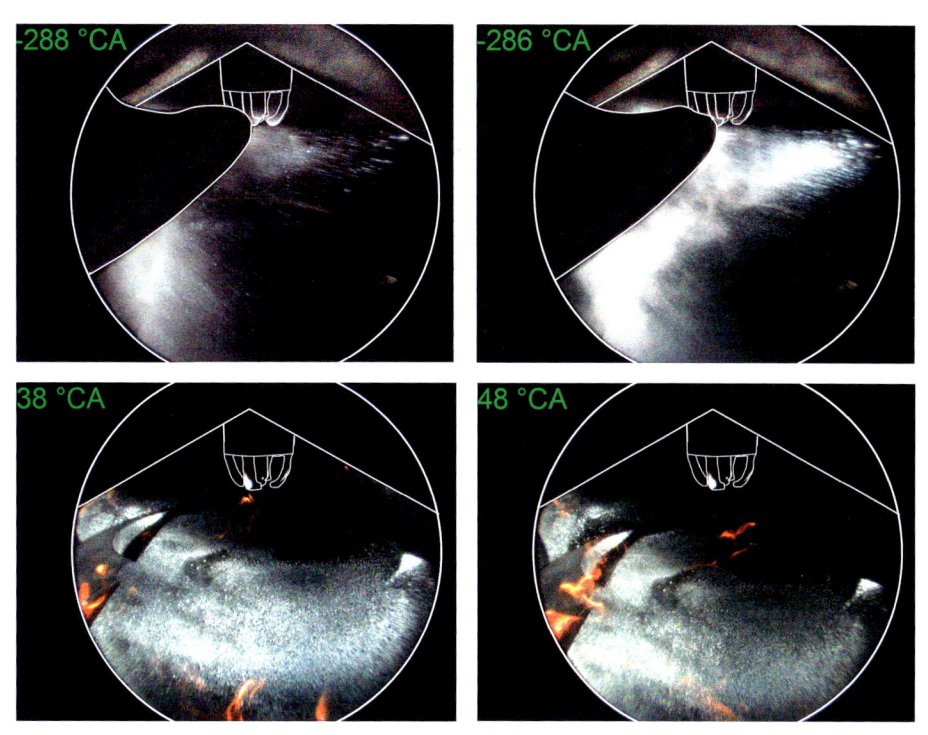

Bild 5.5 Bei den verschiedenen Kurbelwellenstellungen erfasste Strömungsverteilung, Vermischung und Verbrennung (mit freundlicher Genehmigung von LaVision GmbH)

Kraftstoffeinspritzung, der Sprayzusammensetzung, Zerstäubung und Vermischung, der Zündung sowie bei der Verbrennung und anschließender Bildung und Reduktion von Schadstoffen inklusive Rußpartikeln (Bild 5.5).

Die optischen Methoden dienen dazu, die Kraftstoffeffizienz bei gleichzeitiger Reduktion der Schadstoffemission zu steigern.

Optische Systeme unterstützen bei der Entwicklung neuer Motoren und Motorenkonzepte (Direkteinspritzung, alternativ betriebene Motoren mit Wasserstoff oder Methan, Downsizing) oder spezieller Betriebsarten (Kaltstart, Teillast, Abgasrückführung, flexible Einspritzung, variable Ventilsteuerzeiten) und tragen zu einer schnellen sowie effizienten Entwicklung bei, durch die Zeit und Kosten eingespart wird.

Übliche messbare Motorenparameter sind das kurbelwinkelaufgelöste Kraftstoff-Luft-Verhältnis, Gaszusammensetzungen bei der Verbrennung, Rußkonzentrationen, Temperatur sowie Mehrphasenströmungsfelder.

5.3.2 Anwendung des Verfahrens PIV in der Fluidmechanik

Die optischen Verfahren erlauben die Untersuchung von unterschiedlichsten Strömungen aus der Wissenschaft und Technik, wie z. B. laminare und turbulente Strömungen, Mischungs- und Reaktionsströmungen, Hochtemperatur-, Mehrphasen-, und Überschallströmungen. Laser Imaging erlaubt In-situ-Messungen im mikro- und makroskopischen Maßstab mit einer hohen räumlichen und zeitlichen Auflösung (Bild 5.6).

Aufgrund der komplexen Natur von Strömungen in Medien ist die Laserdiagnostik zur quantitativen Visualisierung heutzutage das wichtigste Instrument in der Erforschung der Strömungsmechanik.

Laserbasierte Imaging-Techniken, wie die laserinduzierte Fluoreszenz (LIF), Particle Image Velocimetry (PIV), laserinduzierte Inkandeszenz (LII) sowie Raman-, Rayleigh- und Mie-Streuung, werden eingesetzt, um quantitative Messdaten sowie zwei- bzw. dreidimensionale Datenfelder einer großen Anzahl unterschiedlicher Strömungsvariablen zu erhalten. Neben anderen sind dies hauptsächlich Dichte, Temperatur, Konzentration und Geschwindigkeit.

Bild 5.6 Beispielhafte Darstellung der möglichen Anwendung des Verfahrens PIV im Bereich der Fluiddynamik (mit freundlicher Genehmigung LaVision)

Aus den Messdaten können weitere strömungsrelevante Parameter abgeleitet werden, u. a. die Verwirbelung (vorticity), die Verformungsgeschwindigkeit und der Wärmefluss.

6 Particle Tracking Velocimetry (PTV)

6.1 Verfahrensgrundlagen

Particle Tracking Velocimetry unterscheidet sich unwesentlich von Particle Image Velocimetry. Der Unterschied besteht darin, dass Kameras mit einer längeren Belichtungszeit verwendet werden, dadurch wird die Flugbahn jedes einzelnen Tracers verfolgt. Die ersten quantitativen Untersuchungen gehen auf Adamczyk und Rimai (1988), aber für zweidimensionale Strömungen, zurück. Untersuchungen von Volumenströmungen wurden erst später im Jahre 1993 bzw. 1994 mithilfe von zwei Kameras (Mass et al., Guezenner et al.) durchgeführt (Putze 2008).

Prinzip des Verfahrens Particle Tracking Velocimetry

Die der Strömung zugesetzten Partikeltracer werden beleuchtet. Eine oder mehrere Kameras nehmen Reflexionen über einen längeren Zeitraum auf. Die Partikeltracer hinterlassen damit in einem Bild längere Spuren, die ausgewertet werden können (Bild 6.1).

Vor- und Nachteile von Particle Tracking Velocimetry

Vorteile	Nachteile
Für instationäre Strömungen geeignet	Evtl. Laserschutzmaßnahmen erforderlich
für Gase und Flüssigkeiten geeignet	Kalibrierung erforderlich
große Messfläche	Zusatz von Tracerpartikeln erforderlich
leicht transportabel	komplexer Hardwareaufbau
dreidimensionale Untersuchungen	

Messbereich/Messgenauigkeit von PTV

Particle Tracking Velocimetry ist für dreidimensionale Untersuchung von sowohl relativ kleinen Strömungsausschnitten (> 0,5 dm^3) als auch ganze Hallen (bis zu 130 m^3) geeignet (Putze 2008). Aufgrund der variabel einstellbaren Belichtungszeit können relativ langsame Strömungsvorgänge problemlos visualisiert werden (0,3 m/s). Sehr dynamische Strömungsvorgänge können mithilfe dieses Verfahrens nicht untersucht werden.

Typische Anwendungen von PTV

Zu den typischen Anwendungen dieses Verfahrens zählen vor allem aerodynamische Untersuchungen in Wind-Wellen-Kanälen. Aufgrund der möglichen dreidimensionalen Analyse ist PTV auch für reine Kanalströmungen sehr gut geeignet. Umströmung von komplexen geometrischen Formen kann problemlos vermessen und visualisiert werden.

Mit PTV lassen sich nicht nur Flüssigkeiten, sondern auch Gase untersuchen. So können z. B. Luftströmungen in einer ganzen Halle visualisiert werden.

PTV erlaubt außerdem die Analyse der Bewegung von Blasen oder auch anderen Partikeln in der Strömung. Im Bereich z. B. der Biotechnologie können mit diesem Verfahren Informationen gewonnen werden, die bisher nicht zugänglich waren.

6.2 Messverfahren der Particle Tracking Velocimetry

Der physikalische Grundaufbau des Messverfahrens entspricht dem bereits vorgestellten Verfahren PIV. Der größte Unterschied besteht darin, dass eine länge-

6 Particle Tracking Velocimetry (PTV)

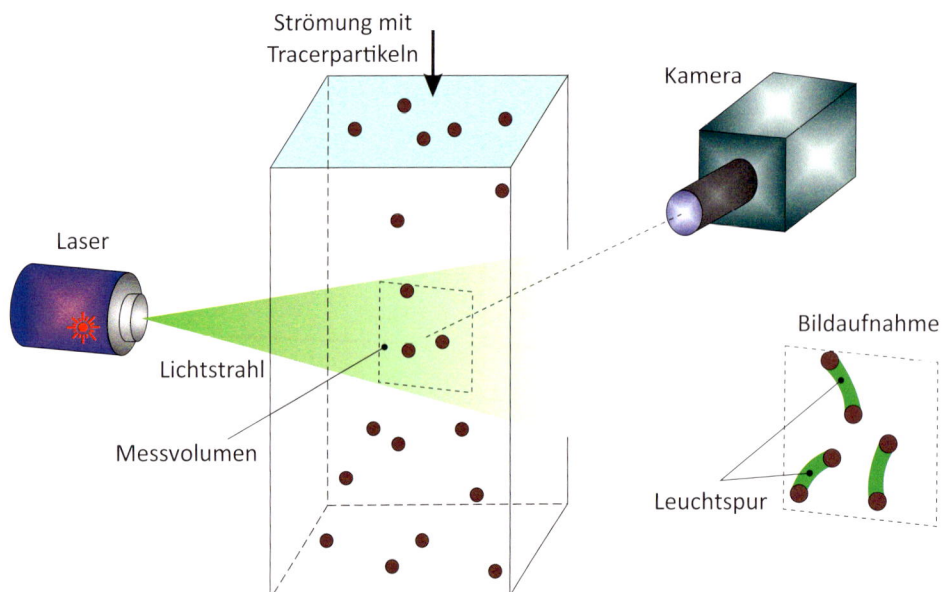

Bild 6.1 Schematischer Aufbau von PTV mit seitlicher Streuung

re Belichtungszeit eingestellt wird und die anschließende mathematische Bestimmung der Flugbahn und der Strömungsgeschwindigkeit auf anderen Grundlagen basieren.

Der Strömung werden Tracerpartikel zugesetzt. Die Anzahl der Partikel ist viel geringer als bei anderen Verfahren zur Strömungsuntersuchungen. Da PTV die Flugbahn jedes einzelnen Partikels verfolgt, wird das Problem der Mehrdeutigkeit vermieden. Mehrdeutigkeit resultiert daraus, dass alle Partikel identisch sind. Die Anzahl der Mehrdeutigkeiten nimmt quadratisch mit Anzahl der Tracer zu (Maas et al. 1993).

Um eine größere Anzahl der Tracerpartikel verwenden zu können, müssen mehrere Kameras eingesetzt werden. Daraus resultiert aber der Nachteil, dass der Aufwand für die Steuerung und Auswertung entsprechend zunimmt. Für die meisten Anwendungsfälle reichen aber zwei Kameras.

Für dreidimensionale Strömungsuntersuchungen existieren grundsätzlich zwei Strategien (Putze 2008):

- Bildraumbasiertes Tracking

Mithilfe von – zu verschiedenen Zeitpunkten – aufgenommenen Partikelpositionen werden im Bildraum zweidimensionale Bahnlinien berechnet. Die in verschiedenen Ebenen rekonstruierten Bahnlinien können nun zu dreidimensionalen Trajektorien zusammengesetzt werden.

- Objektraumbasiertes Tracking

Im ersten Schritt werden die – zu verschiedenen Zeitpunkten – aufgenommenen Partikelpositionen in einem dreidimensionalen Raum bestimmt. Im zweiten Schritt sind mithilfe der sogenannten Trackingverfahren die dreidimensionalen Trajektorien zu berechnen.

Eine Kombination aus beiden Verfahren ist auch denkbar.

Zur Lösung des Korrespondenzproblems ist eine Kalibrierung des Messsystems erforderlich, um folgende Randbedingungen zu berücksichtigen (Garbe 1998):

- Geometrische Randbedingungen (Geometrie des Messaufbaus, optischer Aufbau)
- physikalische Randbedingungen (Beleuchtung, zeitliche Synchronisierung der Systeme)
- objektspezifische Randbedingungen (Form der Tracerpartikel, geometrische Eigenschaften).

Particle Streak Velocimetry PSV und Rainbow Volume Velocimetry (RVV)

Bei diesem Verfahren wird die Bewegungsunschärfe als Auswertemerkmal verwendet. Die Bewegungsunschärfe entsteht bei längerer Belichtung einer dynamischen Strömung. Also im Gegensatz zu PTV wird die Position der einzelnen Tracerpartikel nicht verfolgt. Die Länge und Form der aufgenommenen Streifen beinhalten die Information der Strömungsgeschwindigkeit und Strömungsrichtung (Putze 2008).

Dreidimensionale Analysen sind ebenfalls möglich und werden genau wie bei dem Verfahren PTV mithilfe von mehreren Kameras realisiert.

In den letzten Jahren ist aus Particle Streak Veloci-

Bildraumbasiertes Tracking **Objektraumbasiertes Tracking**

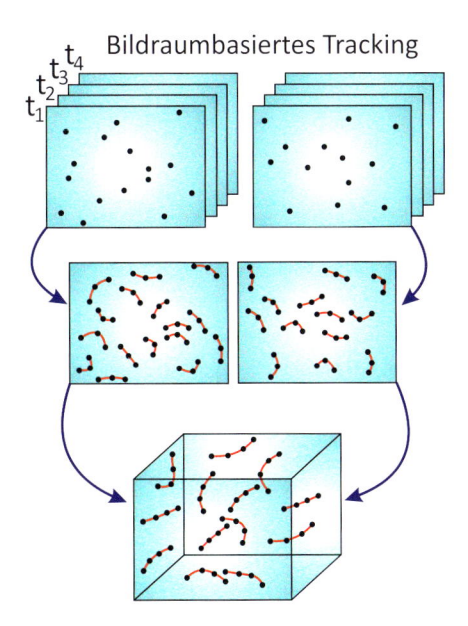

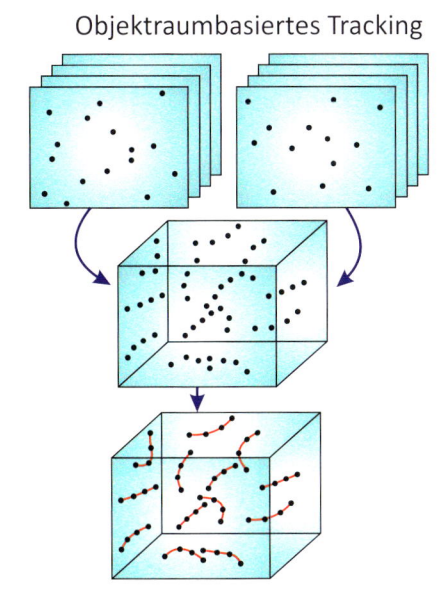

Bild 6.2
Zwei unterschiedliche Strategien zur Auswertung der Messdaten, bild- und objektraumbasiertes Tracking

metry ein neues Verfahren namens Rainbow Volume Velocimetry entstanden. Der Vorteil dieses neuen Verfahrens liegt darin, dass lediglich eine Kamera eingesetzt werden muss, um auch in der Tiefe messen zu können. Dies wird durch eine farbliche Tiefenkodierung des Messraums erreicht. Mithilfe einer speziellen breiten Beleuchtung, die in der Tiefe des Messraums polychromatisch ist, erreicht man durch die Detektion der Farbe der zurück gestreuten Strahlung die Gewinnung der Tiefeninformation mit einer Kamera (Putze 2008).

7 Laserinduzierte Fluoreszenz (LIF)

7.1 Verfahrensgrundlagen

Laserinduzierte Fluoreszenz wird primär zur Untersuchung von Verbrennungsvorgängen verwendet. LIF hat sich auf diesem Gebiet fest etabliert und wird bereits seit mehreren Jahrzehnten erfolgreich eingesetzt. Die ständige Weiterentwicklung der Kamerasysteme und weiterer Komponenten ermöglichen eine effiziente Miniaturisierung. Untersuchungen von Durchmischungs- und Verbrennungsvorgängen sind direkt im Zylinder eines Verbrennungsmotors möglich.

Prinzip der laserinduzierten Fluoreszenz

Mit einer Laserlichtebene werden Tracerpartikel zur Fluoreszenz angeregt. Ein Kamerasystem misst die Fluoreszenz und eine Recheneinheit berechnet aus mehreren Aufnahmen die Geschwindigkeitsvektoren (Bild 7.1).

Vor- und Nachteile der laserinduzierten Fluoreszenz

Vorteile	Nachteile
Für turbulente Strömungen geeignet	Quantitative Messungen komplex
kurze Messzeit	Laserschutzmaßnahmen erforderlich
große Messfläche	Zusatz von Tracerpartikeln erforderlich
leicht transportabel	
kombinierbar mit anderen Verfahren	
Temperaturverteilungen messbar	

Messbereich/Messgenauigkeit von LIF

Laserinduzierte Fluoreszenz ist ein sehr empfindliches Messverfahren. Mit LIF lassen sich Konzentrationen von Stoffen im pm (10^{-12} m) Bereich nachweisen. Mit dem Verfahren Laserinduzierte Fluoreszenz können sowohl sehr kleine Strömungsabschnitte von wenigen μm^3 als auch große Volumen von bis zu 3 m^3 untersucht werden. Bei Strömungsuntersuchungen lassen sich auch hoch turbulente Strömungsvorgänge visualisieren.

Typische Anwendungen von LIF

Laserinduzierte Fluoreszenz wird hauptsächlich im Bereich Forschung eingesetzt. Die Anwendung dieses optischen Messverfahrens ist recht vielfältig. Aber hauptsächlich wird LIF für Untersuchung von Brenn- und Einspritzvorgängen verwendet.

Untersuchung von Flamen gehört ebenfalls zu den wichtigsten Anwendungsgebieten. Es lassen sich nicht nur die hochturbulenten Strömungsvorgänge, sondern auch gleichzeitig Temperaturverteilungen präzise erfassen. Untersuchungen von Brennräumen von Motoren oder auch Gasturbinen sind ebenfalls möglich und werden in der Entwicklungsphase zur Optimierung der Verbrennung durchgeführt.

Mithilfe des Verfahrens LIF können hoch turbulente Strömungen schichtweise visualisiert werden. Basierend auf den gewonnen Erkenntnissen lassen sich z. B. Durchmischungsvorgänge visualisieren.

7.1.1 Messverfahren der laserinduzierten Fluoreszenz

Die Eigenschaft einiger Stoffe, nach Anregung elektromagnetische Strahlung abzugeben, bildet die Grundlagen für dieses Verfahren. Dieses Phänomen wird als Fluoreszenz bezeichnet. Je nach zu untersuchender Strömungs- und Fluidzusammensetzung können entweder die in dem Fluid vorhandenen Moleküle oder zugesetzte Partikeltracer verwendet werden.

Im gerätetechnischen Aufbau unterscheidet sich LIF

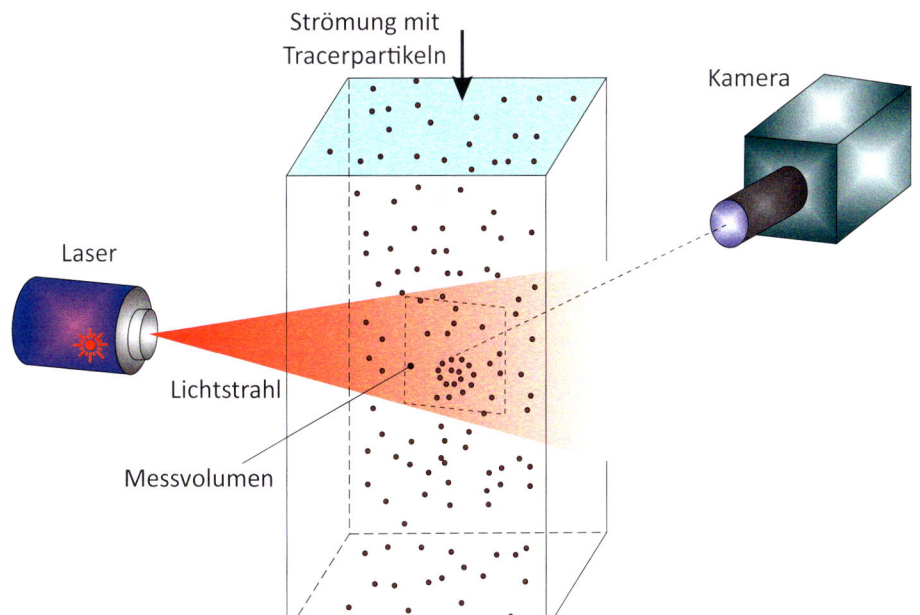

Bild 7.1
Schematische Darstellung der Funktionsweise von LIF

nur unwesentlich von PIV. Es wird ebenfalls ein Laser, der mithilfe zusätzlicher Optiken eine Lichtebene erzeugt, eingesetzt. Ein kurzer Lichtimpuls reicht aus, um die Moleküle auf ein höheres Energieniveau zu bringen. Die Moleküle streben aber den energieärmeren Zustand an (Warnatz 2001). Diesen Zustand erreichen sie dadurch, dass sie elektromagnetische Strahlung (also Licht) abstrahlen. Die Fluoreszenz tritt also mit einer zeitlichen Verzögerung zu dem Lichtimpuls auf. Eine Kamera nimmt das emittierte Licht auf.

Fluoreszenz, wie bereits auch im Kapitel „Temperaturmessung" angesprochen, ist temperaturabhängig. Dadurch lässt sich auch die Temperaturverteilung in der Strömung bestimmen.

Da die Funktionsweise dieses Verfahrens weitestgehend der Particle Image Velocimetry entspricht, bietet sich eine Kombination der beiden Verfahren an. Dies lässt sich einfach realisieren. Es muss lediglich eine weitere Kamera mit separater Auswertung eingebaut werden. Weiterhin kann mit der Kombination der Verfahren auch eine spektroskopische Analyse vorgenommen werden, da verschiedene Moleküle während der Fluoreszenz unterschiedliche Wellenlängen imitieren.

Für dreidimensionale Messungen muss die Lichtebene verschoben werden, sodass mehrere Lichtschnitte ausgewertet werden können.

Quantitative Messungen sind schwer realisierbar, jedoch grundsätzlich möglich. Hintergrundstrahlung erschwert zusätzlich die Auswertung der Aufnahmen.

7.2 Anwendungsbeispiele

7.2.1 Anwendung des Messverfahrens LIV bei Untersuchung von Zerstäubungsprozessen

Zerstäubungsprozesse spielen bei einer großen Anzahl von verarbeitenden und energiegebundenen Technologien eine wesentliche Rolle, wie beispielsweise bei der Kraftstoffeinspritzung sowie der Sprühtrocknung von Lebensmitteln, Pulvern und Pharmazeutika (Bild 7.2 bis 7.5). Die Entstehung von Sprays ist ein komplexer mehrphasiger Prozess, charakterisiert durch eine innere Düsenströmung, der Sprayauflösung, der Zerstäubung und letztlich der Verdunstung.

Die Kraftstoffzerstäubung und die Verteilung im Brennraum haben einen großen Einfluss auf die Effizienz der Verbrennung und somit auf den Wirkungsgrad eines Verbrennungsmotors. Die Entstehung der Emissionen wird von dem Verbrennungsprozess ebenfalls entscheidend beeinflusst.

Zur Untersuchung der Kraftstoffverteilung oder auch

7 Laserinduzierte Fluoreszenz (LIF)

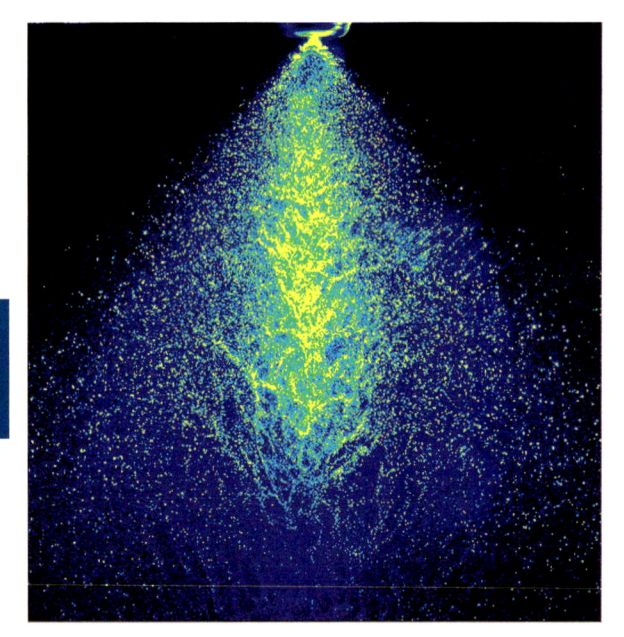

Bild 7.2 Ergebnis der Untersuchung der Zerstäubung einer Flüssigkeit (mit freundlicher Genehmigung von LaVision GmbH)

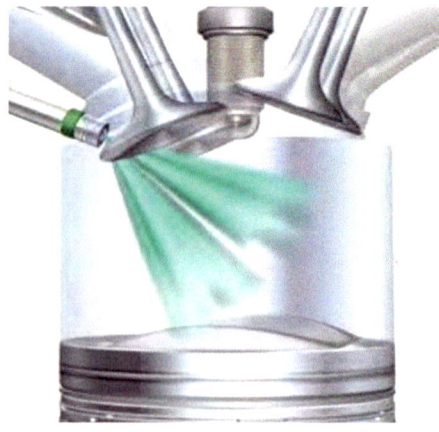

Bild 7.3 Untersuchung der Kraftstoffzerstäubung im Brennraum eines Verbrennungsmotors (mit freundlicher Genehmigung von LaVision GmbH)

der eigentlichen Verbrennung werden Endoskope eingesetzt. Es wird also lediglich eine kleine Öffnung zum Einführen des Endoskops benötigt. Bei den modernen Systemen wird aber auch durch diesen Eingriff die versursachte Strömungsbeeinflussung berücksichtigt und rechnerisch das gemessene Ergebnis korrigiert.

Die Kraftstoffzerstäubung, -verdampfung und -erwärmung sowie Vermischung mit der Luft müssen innerhalb einer sehr kurzen Zeit erfolgen, weswegen Mehrlochdüsen eingesetzt werden. Deshalb müssen viele Parameter (Anzahl der Bohrungen, Durchmesser der Bohrungen, Einspritzdruck) optimal eingestellt werden, um einen möglichst hohen Wirkungsgrad erreichen zu können.

Bei der Untersuchung von Zerstäubungsprozessen wird oft eine Kombination von mehreren Strömungs-

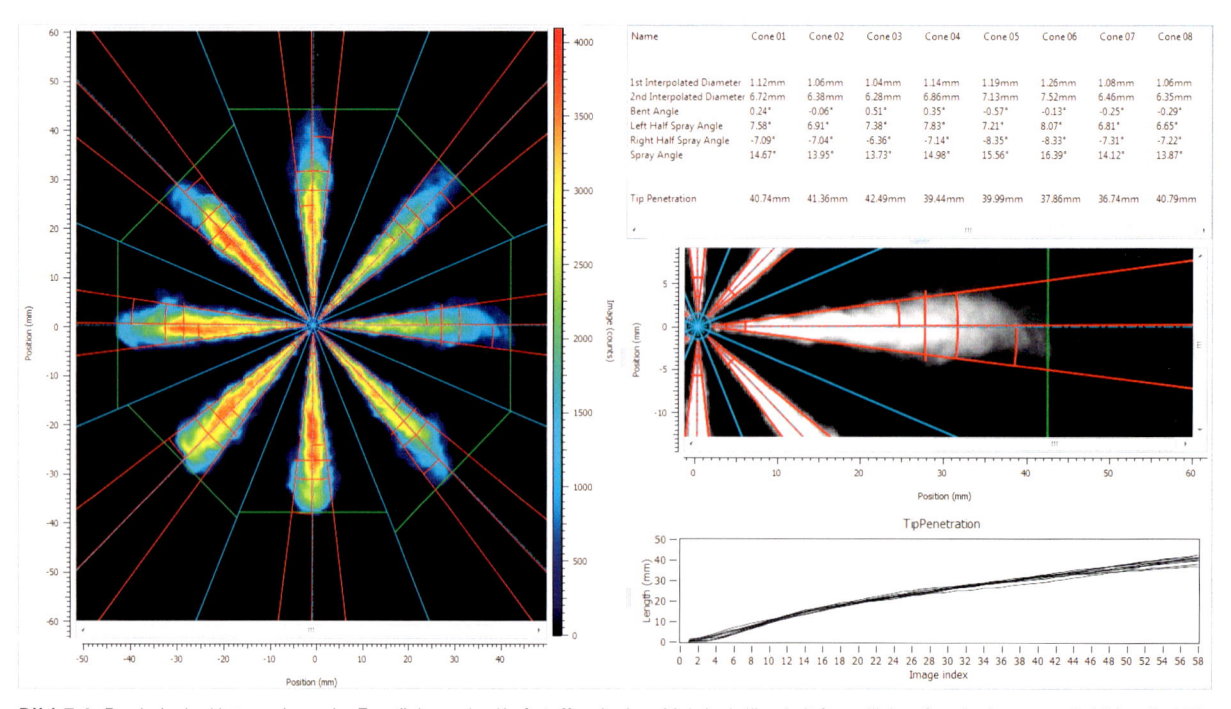

Bild 7.4 Ergebnis der Untersuchung der Zerstäubung des Kraftstoffs mit einer Mehrlochdüse (mit freundlicher Genehmigung von LaVision GmbH)

Die Umsetzung effizienter und optimaler Verbrennungsysteme setzt ein detailliertes Wissen über komplexe dynamische Prozesse in Gasen voraus und benötigt In-situ-Messungen.

In der optischen Verbrennungsdiagnostik werden minimal invasive Techniken mit bildgebenden Endoskopen oder faseroptischen Sensorsystemen eingesetzt und beispielsweise in kundenspezifische optische Sonden von geringer Baugröße integriert.

Mit optischen PLIF-Systemen (Planar Laser Induced Fluorescence) werden flüssige und gasförmige Kraftstoffe, Flammenspezies, Rußkonzentration, Temperaturen, Gaszusammensetzung sowie Mehrphasenströmungsfelder gemessen.

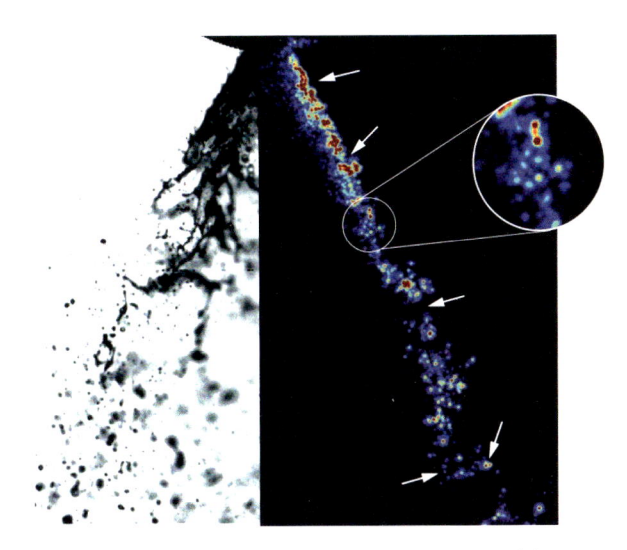

Bild 7.5 Auf der linken Seite die Sprayvisualisierung, auf der rechten Seite mithilfe der optischen Strömungsuntersuchungsmethoden gemessene Verteilung und Größe der einzelnen Tropfen (mit freundlicher Genehmigung der LaVision GmbH)

messmethoden angewandt, um möglichst viele Informationen zu sammeln. Auch die hochaufgelöste und mit einer Hochgeschwindigkeitskamera erfasste Aufnahme der Sprayentstehung kann sehr hilfreich sein.

7.2.2 Anwendung des Messverfahrens PLIF bei Untersuchung von Verbrennungen

Eine der größten Herausforderungen für die Zukunft ist die Steigerung der Effizienz von Verbrennungsprozessen angesichts der Knappheit fossiler Brennstoffressourcen und deren Auswirkungen auf die Umwelt. In diesem Zusammenhang ist eine detaillierte Laserdiagnostik von Verbrennungsprozessen von höchster Bedeutung für künftige technische Entwicklungen.

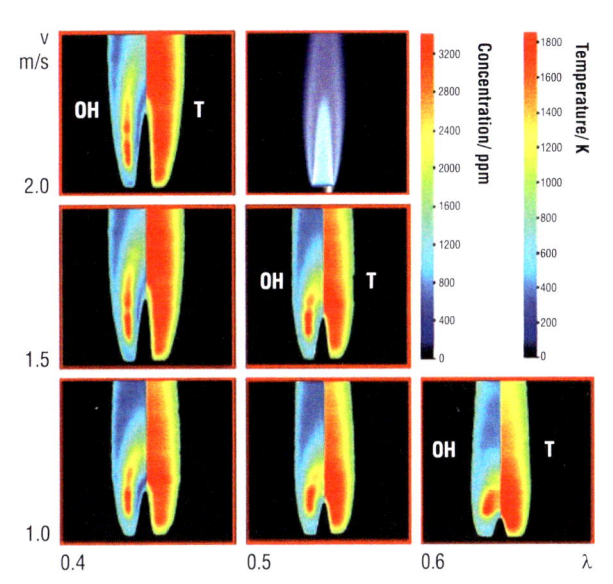

Bild 7.6 OH-Konzentration (links) und Flammentemperatur (rechts) einer Methanflamme bei unterschiedlichen Methanströmgeschwindigkeiten (mit freundlicher Genehmigung von LaVision GmbH)

8 Doppler Global Velocimetry (DGV)

8.1 Verfahrensgrundlagen

Doppler Global Velocimetry, auch als Planar Doppler Velocimetry bezeichnet, ist ein optisches Messverfahren zur Untersuchung von Fluidströmungen. DGV wird erst seit einigen Jahren industriell eingesetzt. Die Anmeldung erster Patente erfolgte im Jahre 1991 (Uhlig 2008). Entwickelt wurde dieses Verfahren, um primär Strömungsprozesse in Brennkammern zu untersuchen. Das ist auch bisher der Schwerpunkt des industriellen Einsatzes dieses Verfahrens.

Prinzip der Doppler Global Velocimetry

Die der zu untersuchenden Strömung zugesetzten Tracerpartikel streuen beim Passieren der aufgespannten Lichtebene das Laserlicht. Die der Geschwindigkeit proportionale Dopplerfrequenzverschiebung wird mithilfe von zwei Kameras registriert, um daraus die Strömungsgeschwindigkeit auszurechnen (Bild 8.1).

Vor- und Nachteile der Doppler Global Velocimetry

Vorteile	Nachteile
Für turbulente Strömungen geeignet	Messbereich eingeschränkt
kurze Messzeit	Laserschutzmaßnahmen erforderlich
kleinste Tracerpartikel reichen aus	Zusatz von Tracerpartikeln oft erforderlich
in engen Räumen einsetzbar	
Tracerpartikelkonzentration darf schwanken	
kombinierbar mit Endoskopen	

Messbereich/Messgenauigkeit von DGV

Doppler Global Velocimetry ist insbesondere für Messung von mittleren Strömungsgeschwindigkeiten geeignet. Die noch zuverlässig detektierbare Strömungsgeschwindigkeit liegt bei ca. 260 m/s. Die Standardabweichung liegt bei 0,03 m/s (Fischer 2011). Je nach zu untersuchender Strömung können sowohl große Flächen als auch Volumen, aber auch kleine, wenige Quadratzentimeter große Fluidströmungen untersucht und visualisiert werden.

Typische Anwendungen von DGV

Zur Leitung von Laserlicht können bei diesem Verfahren Lichtwellenleiter und zur Aufnahme der Bilder Endoskope verwendet werden. Aus diesem Grund ist DGV zur Untersuchung von Strömungen in schwer zugänglichen Bereichen sehr gut geeignet. Die häufigsten dazuzählenden Anwendungsfälle sind:
- Untersuchung der Strömung innerhalb des Brennraumes eines Verbrennungsmotors
- Untersuchung der Strömung innerhalb von Turbinentriebwerken
- Untersuchung von Katalysatorströmungen
- Untersuchung von Zylinderauslaufströmungen
- Untersuchung von Strömungen in Turbomaschinen
- Untersuchung von Rohrströmungen.

Die klassische Untersuchung von verschiedensten Geometrien in Windkanalströmungen wird ebenfalls immer häufiger mithilfe von DGV vorgenommen.

8.2 Messverfahren der Doppler Global Velocimetry

Doppler Global Velocimetry basiert, wie der Name bereits verrät, auf dem Dopplereffekt. Im Vergleich zur Laser-Doppler-Anemometrie werden nicht zwei Strahlen, sondern zwei Kameras eingesetzt. Zur Messung

8.2 Messverfahren der Doppler Global Velocimetry

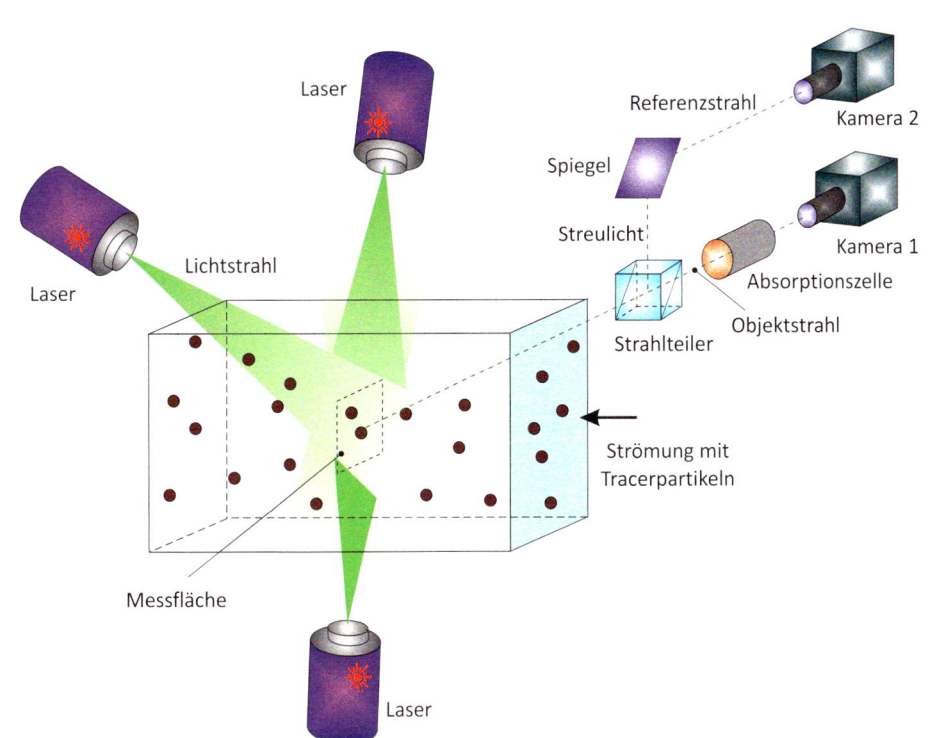

Bild 8.1 Schematische Darstellung des Aufbaus des Verfahrens DGV

der drei Geschwindigkeitsvektoren sind drei Laser notwendig, die aus unterschiedlichen Richtungen eine Laserlichtebene bilden. Wenn die Lasertracer diese Lichtebene passieren, streuen sie das Laserlicht. Die Frequenzänderung der Rückstreuung enthält eine Information bezüglich der Teilchengeschwindigkeit. Die Strahlung ist jedoch so hochfrequent, dass eine Auswertung nicht ohne weiteres möglich ist.

Das Erzeugen einer leicht auswertbaren Schwebungsfrequenz mithilfe eines Referenzstrahls ist in engen Räumen kaum möglich. Aus diesem Grund wird vor einer Kamera eine Absorptionszelle platziert, nachdem die Streuung an einem Strahlteiler in zwei Teilstrahlen gleicher Intensität geteilt wird. Absorptionszellen werden meistens als ein Rohr ausgeführt. Im Inneren befindet sich ein Gas, welches im Rohr hermetisch eingeschlossen ist. In Abhängigkeit von der Frequenz des Lichts wird vom Gas die Strahlung absorbiert. Die äußeren Bedingungen dürfen dabei keinen Einfluss auf die Absorptionskurve haben. Dadurch ist das Absorptionsverhalten genau bekannt.

Die zweite Kamera empfängt direkt die Strahlung und nimmt die Intensität auf. Aus dem Vergleich der beiden gemessenen Intensitäten (Kamera 1 und Kamera 2) und bei bekanntem Absorptionsverhalten der Zelle kann die Dopplerfrequenz bestimmt werden. Daraus lässt sich anschließend der Geschwindigkeitsvektor berechnen. Bei Beleuchtung aus drei verschiedenen Richtungen können alle drei Geschwindigkeitsvektoren bestimmt werden.

An die eingesetzten Kamerasysteme werden sehr hohe Anforderungen gestellt, da die gestreute Strahlung eine sehr niedrige Intensität aufweist. Aus diesem Grund müssen die Kameras sehr empfindlich sein und möglichst kein Rauschen aufweisen.

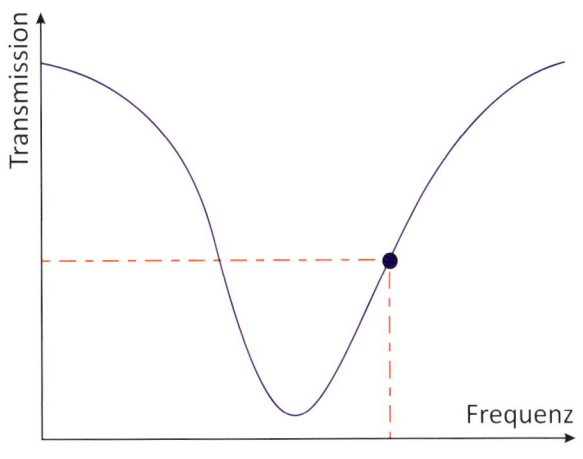

Bild 8.2 Schematische Darstellung des Absorptionsverhaltens einer Absorptionszelle

9 Sonstige Verfahren zur Untersuchung von Fluidströmungen

Im Rahmen dieses Kapitels werden Verfahren vorgestellt, die eine eher untergeordnete Rolle für den industriellen Einsatz spielen, aber der Vollständigkeit wegen hier vorgestellt werden. Zum Teil sind das recht neue Verfahren, die möglicherweise in den nächsten Jahren eine breitere Anwendung finden.

9.1 Global Phase Doppler (GPD), Interferometric Particle Imaging (IPI)

Im Aufbau unterscheidet sich dieses Verfahren (GPD/IPI) kaum von Laser-Doppler-Anemometrie. Der Unterschied besteht darin, dass eine nicht fokussierte Kamera und optisch durchsichtige Tracerpartikel verwendet werden. Dadurch werden horizontale kreisrunde Streifenmuster und nicht scharf abgebildete Partikel aufgenommen. Die Streifenmuster entstehen aufgrund von Interferenzerscheinungen der dopplerverschobenen Rückstreuung (Bild 9.1).

GPD kann nicht nur zur Untersuchung der Strömungsgeschwindigkeit und Richtung, sondern auch zur Bestimmung der Tropfengröße der Partikel, eingesetzt werden. Deshalb eignet sich dieses Verfahren auch zur Untersuchung von z. B. Dampfprozessen. Die Bestimmung der Tropfengröße erfolgt anhand der Anzahl der Streifen im Interferenzbild. Dabei ist der Zusammenhang zwischen der Anzahl der Streifen und Partikelgröße linear und der Durchmesser d_P kann wie folgt bestimmt werden (Madsen 2013):

$$d_P = \frac{N}{\kappa}$$

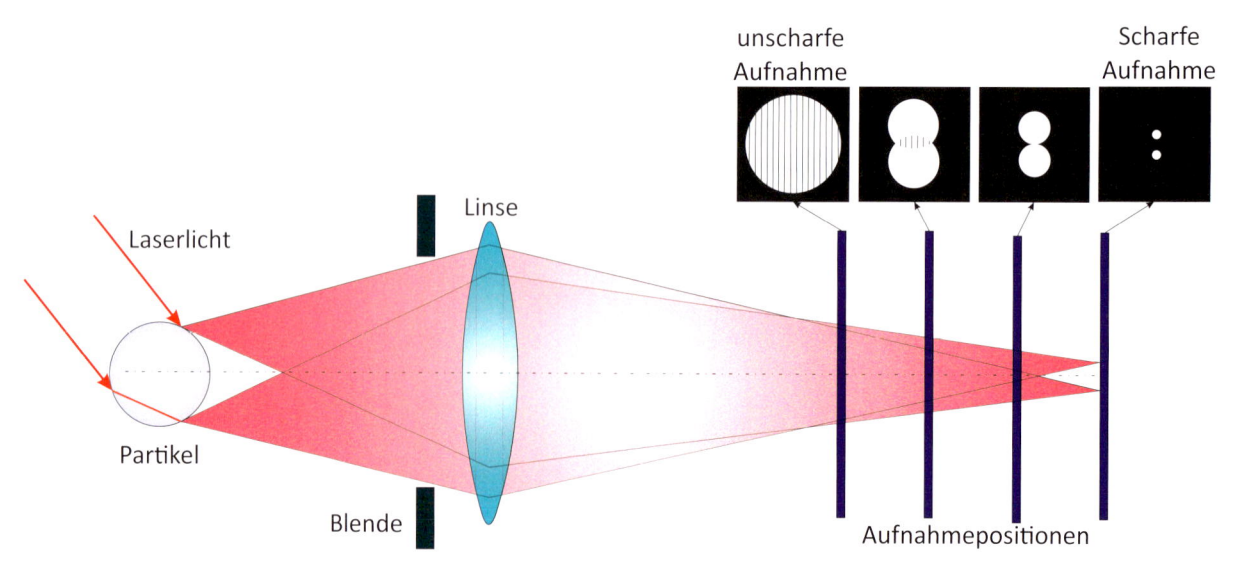

Bild 9.1 Schematische Darstellung der Abhängigkeit der Aufnahme von der Aufnahmeposition

Für den relativen Brechungsindex m > 1 gilt:

$$\kappa = \frac{\sin^{-1}\left(d_a/2z\right)}{\lambda}\left(\cos\frac{\phi}{2} + \frac{m\sin\phi/2}{\sqrt{m^2 + 1 - 2m\cos\phi/2}}\right)$$

und für $m < 1$

$$\kappa = \frac{\sin^{-1}\left(d_a/2z\right)}{\lambda}\left(m\cos\frac{\phi}{2} + \frac{m\sin\phi/2}{\sqrt{m^2 + 1 - 2m\cos\phi/2}}\right).$$

d_a - Blendendurchmesser
z - Abstand zum Lichtschnitt
λ - Laserwellenlänge
ϕ - Winkel zu der Abbildungsebene
κ - gibt die Abhängigkeit von m vom Betrachtungswinkel an

Es ist darauf zu achten, dass lediglich durchsichtige Partikel mithilfe dieses Verfahrens untersuchbar sind. Die anschließende Bestimmung der Strömungsgeschwindigkeit erfolgt mithilfe der bereits vorgestellten Methode PTV. Das heißt, dass die Bewegung der registrierten Partikel von einer zur nächsten Aufnahme beobachtet wird.

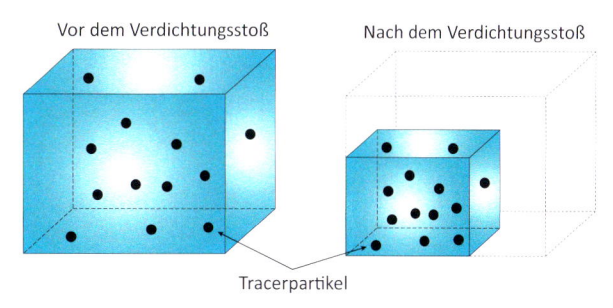

Bild 9.2 Konzentration der Tracerpartikel vor und nach dem Verdichtungsstoß

Da es nicht mehr erforderlich ist, die Flugbahn jedes einzelnen Partikels zu verfolgen, können auch Endoskope eingesetzt werden, um auch Messungen an schwer zugänglichen Stellen zu ermöglichen. Für dreidimensionale Messungen muss die Laserlichtebene verschoben werden, um anschließend alles zu einem dreidimensionalen Bild zusammenfügen zu können.
Da dieses Verfahren auf der Intensitätsauswertung der an den Tracerpartikeln gestreuten Strahlung basiert, ist es erforderlich, dass die Intensität der Lichtebene konstant ist. Dies ist jedoch nicht möglich, da die Intensität mit zunehmender Entfernung abnimmt. Um diesen Nachteil zu beseitigen, wird mit Referenzaufnahmen gearbeitet, wodurch das Strahlungsprofil genau bekannt ist (Uhlig 2008).

9.2 Teilchenbasierte Stoß-Visualisierung (TSV)

TSV ist ein neues Verfahren zur Untersuchung von Fluidströmungen. Mithilfe dieses Verfahrens ist es vor allem möglich, die Lage von Verdichtungsstößen zu visualisieren (Uhlig 2008) (Bild 9.2).
Der Strömung werden Tracerpartikel zugesetzt. Die Verteilung der Partikel soll möglichst gleichmäßig sein. Die zu untersuchende Messfläche wird mit einer Lichtebene beleuchtet. Die sich mit der Strömung bewegenden Partikel streuen das Laserlicht. Eine Kamera registriert die Intensität der Rückstreuung pro Volumenelement. Bei einem Verdichtungsstoß kommt es zu einer Erhöhung der Dichte. Dies bewirkt, dass es stromaufwärts mehr Partikel pro Volumenelement gibt. Die von der Kamera wahrgenommene Intensität steigt also, da mehr Partikel das Laserlicht streuen.

9.3 Filtered Rayleigh Scattering (FRS)

Wie bereits der Name des Messverfahrens verrät, bildet die Auswertung der Rayleigh-Streuung die Grundlage für die Messung der Strömungsgeschwindigkeit. Bei Rayleigh-Streuung handelt es sich um eine Rückstreuung. Die Rayleigh-Streuung entsteht beim Treffen von Laserlicht auf Atome oder Molekülen, deswegen ist eine zusätzliche Zugabe von Tracerpartikeln bei diesem Verfahren nicht erforderlich (Bild 9.3).
Der Laserstrahl wird mithilfe eines Strahlteilers aufgeteilt, um einen Teil zu einem Wellenlängenmessgerät weiterzuleiten. Mit dem transmittierten Strahl wird die Messszene ausgeleuchtet. Es kommt an Atomen zur sogenannten elastischen Lichtstreuung. Für jeden Bildpunkt werden also Intensitäten gemessen. Vor der Kamera befindet sich eine Absorptionszelle.

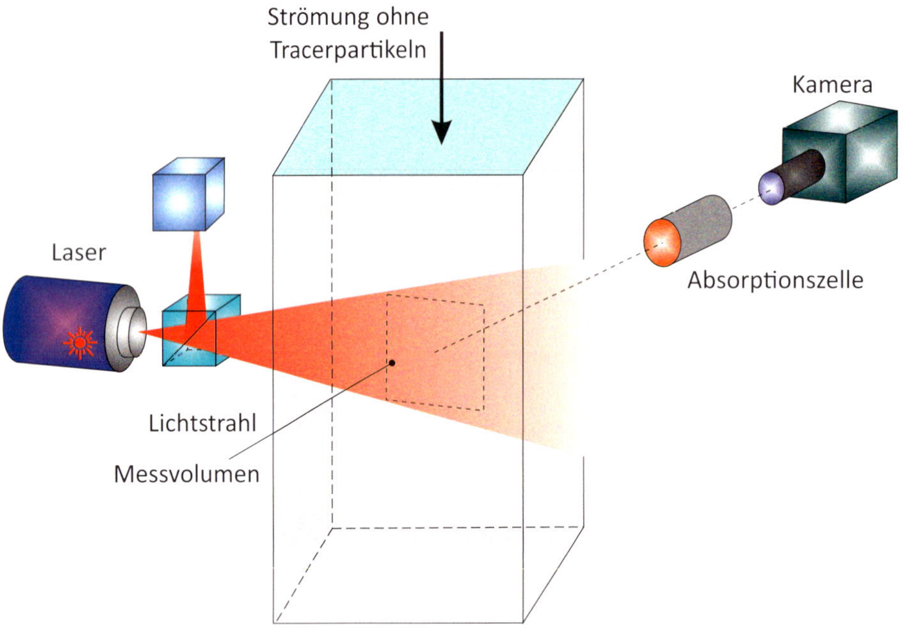

Bild 9.3
Schematische Darstellung des Verfahrens gefilterte Rayleigh-Streuung

Wie bereits im Kapitel DGV beschrieben, bewirkt die Absorptionszelle eine von der Absorptionskennlinie abhängige Auslöschung einiger Spektralanteile der Streuung. Alle störenden und nicht aus dem Messvolumen kommenden Streuungsanteile werden dadurch eliminiert. Übrig bleibt lediglich das eigentliche FRS-Signal (Doll 2013).

Zur Bestimmung der Strömungsgeschwindigkeit, Druck und Temperatur kann das Prinzip der Frequenz-Scan-Methode angewandt werden. Bei dieser Methode wird die Frequenz der Laserlichtquelle im Bereich des Transmissionsfensters der Absorptionszelle verstellt. Das FRS-Signal, welches von dem Absorptionsverhalten der Zelle abhängt, ändert sich dadurch. Durch eine zeitliche Zuordnung der emittierten Laserwellenlänge dem gemessenen FRS-Signal ist eine Bestimmung des Drucks, Temperatur und Strömungsgeschwindigkeit möglich (Doll 2013).

Da der Strömung keine Partikel beigemischt werden müssen, eignet sich dieses Verfahren besonders gut für wandnahe Messungen (Doll 2013). Die Untersuchung von Brennvorgängen ist ebenfalls möglich.

9.4 Anwendungsbeispiele der Verfahren IMI (Interferometric Mie Imaging) und Shadow bei Untersuchung von Partikeln

Das Verfahren Shadow basiert auf der Hintergrundbeleuchtung der Strömung und der Registrierung der Schatten, der in der Strömung befindlichen Teilchen (Bild 9.4). Bei der Methode IMI wird die räumliche Intensitätsverteilung der Mie-Streuung ausgewertet, die eine Aussage bezüglich der Verteilung der Partikel erlaubt.

Der Transport von Tröpfchen in gasförmiger Umgebung sowie die Strömung partikelhaltiger Dispersionen sind von großer Wichtigkeit in vielen Bereichen industrieller Prozesse (Bild 9.5). Dies schließt alle Arten von Sprayanwendungen ein, wie z. B. die Zerstäubung von fossilen Brennstoffen, Lacken, Düngern oder auch medizinischen und pharmazeutischen Sprays. Während die Forschung auf dem Gebiet der Meteorologie und Klimakontrolle interessiert ist an der Wechselwirkung von Strömungen und Teilchenbewegungen, ist die Dispersion von Teilchen in Flüssigkeiten eine zentrale Fragestellung bei der Abwasseraufbereitung.

Die Dispersion von Feststoffpartikeln spielt in einer

Vielzahl von Anwendungsbereichen eine große Rolle, wie beispielsweise bei der Oberflächenbeschichtung, bei der Keramikherstellung und in verschiedenen chemischen und biochemischen Prozessen. Die steigende Bedeutung des Einflusses von Partikeln auf Umwelt und Medizin, die insbesondere in Verbrennungsprozessen und anderen industriellen Anlagen produziert werden, machen die präzise Kontrolle der Partikelgrößen sowie ihrer räumlichen und zeitlichen Verteilung unerlässlich.

In der pharmazeutischen Industrie zielen die Entwicklungen hin auf eine medikamentöse Behandlung durch therapeutische Rezepturen, die auf einer feinen Zerstäubung von Flüssigkeiten basieren.

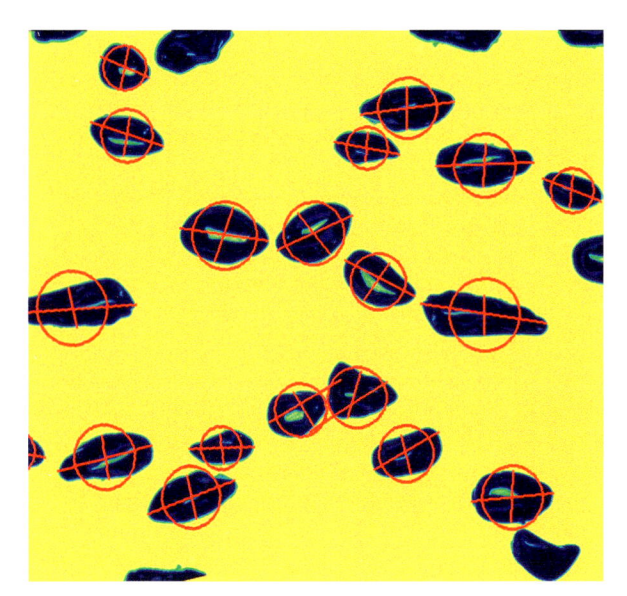

Bild 9.4 Detektierte Luftblasen im Wasser (mit freundlicher Genehmigung von LaVision GmbH)

Gegenüber mechanischen oder elektronischen Sonden zur Messung der Größenverteilung kleiner Partikel und Tröpfchen erreicht die optische Diagnostik eine deutlich höhere räumliche und zeitliche Auflösung und beeinflusst darüber hinaus den eigentlichen Sprayvorgang nicht.

Partikel-Imaging liefert Informationen von vielen Teilchen gleichzeitig über Größe, Form, Position und Geschwindigkeit, die in einem Bild aufgenommen wurden und ermöglicht somit sehr einfach, umfangreiche statistische Auswertungen der Messgrößen.

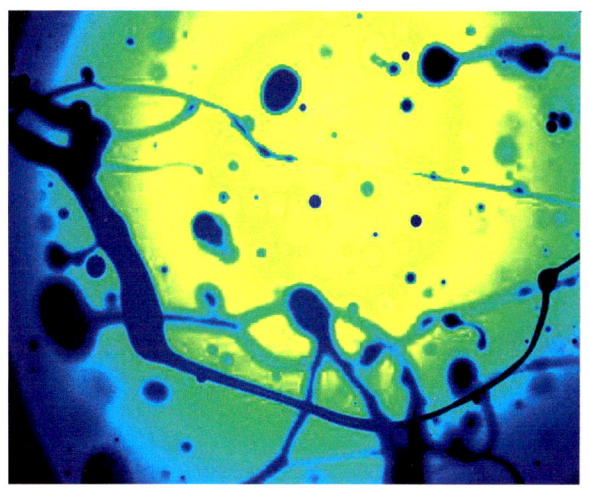

Bild 9.5 Mithilfe der optischen Messverfahren erfasste Tröpfchen in der Luft (mit freundlicher Genehmigung von LaVision GmbH)

9.5 Sonderverfahren – Interferometrische Mehrwellenlängen-Kinematografie

Für Untersuchung von sehr schnell ablaufenden Strömungsprozessen oder Bewegungen, wie z. B. Vermessung von Stoßwellen, reichen die bereits vorgestellten Verfahren nicht mehr aus.

Das Messobjekt wird dabei mittels Impulsserien von wenigen *ns* beleuchtet. Ein synchron dazu arbeitender Detektor registriert die Reflektionen aus der Messszene. Als Ergebnis stehen Interferogramme (Streifenmuster) zur Verfügung, die analog zu anderen interferometrischen Messverfahren auszuwerten sind. Zur Vergrößerung des Eindeutigkeitsbereichs und um zusätzliche Informationen zu gewinnen, werden Laser mit unterschiedlichen Wellenlängen eingesetzt (Hugenschmidt 2007).

10 Literaturverzeichnis zu Teil III

Breuer, M.: Vertiefungspraktikum Strömungsmechanik, Laser Doppler Anemometrie, Universität Hamburg, 22. Februar 2011

Büttner, L.: Untersuchung neuartiger Laser-Doppler-Verfahren zur hochauflösenden Geschwindigkeitsmessung, Cuvillier Verlag Göttingen, 2004

Doll, U.; Stockhausen, G.; Willert, C.: Frequenz-scannende gefilterte Rayleigh-Streuung für Temperaturfeldmessung und Strömungscharakterisierung, Fachtagung „Lasermethoden in der Strömungsmesstechnik", München 2013

Durst, F.; Melling, A.; Whitelaw, J. H.: Theorie und Praxis der Laser-Doppler-Anemometrie, G. Braun Verlag, 1987

Durst, F.: Grundlagen der Strömungsmechanik, Springer Verlag, 2006

Eichler, J.: Physik für das Ingenieurstudium, Vieweg Teubner Verlag, 4. Auflage, 2011

Fiedler, O.: Strömungs- und Durchflussmesstechnik, Oldenbourg Verlag, 1992

Fischer, A.; Neumann, M.; Büttner, L.; Czarske, J.; Gottschall, M.; Mailach, R.; Vogeler, K.: Neuartige optische Messverfahren für die Untersuchung von Spaltströmungen, Technische Universität Dresden, 2011

Garbe, C. S.: Entwicklung eines Systems zur dreidimensionalen Particle Tracking Velocimetry mit Genauigkeitsuntersuchung und Anwendung bei Messung in einem Wind-Wellen Kanal, Universität Heidelberg, 1998

Hucho, W. H.: Aerodynamik der stumpfen Körper, Vieweg Teubner Verlag, 2011

Hugenschmidt, M.: Lasermesstechnik, Diagnostik der Kurzzeitphysik, Springer Verlag, 2007

Ilchenko, Volodymyr.: Digitale holografische Geschwindigkeitsmessung mittels Kreuzkorrelation und Partikelverfolgung, Promotion an der Universität München, 2007

Maas, H. G.; Gruen, A.; Papantoniou, D.: Particle tracking velocimetry in three-dimensional ows, Experiments in Fluids 15, 1993

Madsen, J.; Harbo, J.; Nonn, T. I.; Blondel, D.; Hjertager, B. H.; Solberg, T.: Measurement of droplet size and velocity distribution in sprays using Interferometric Particle Imaging (IPI) and Particle Tracking Velocimetry (PTV), Aalborg University Esbjerg, Denmark, 2013

Nitsche, W.; Brunn, A.: Strömungsmesstechnik, Springer Verlag, 2006

Pfeifer, C.: Experimentelle Untersuchungen von Einflußfaktoren auf die Selbstzündung von gasförmigen und flüssigen Brennstofffreistrahlen, Karlsruhe Institute of Technology, Kit scientific reports 7555, 2010

Putze, T.: Geometrische und stochastische Modelle zur Optimierung der Leistungsfähigkeit des Strömungsmessverfahrens 3D-PTV, Dissertation an der Technischen Universität Dresden, 2008

Ruck, B.: Laser Doppler Anemometrie, AT Fachverlag Stuttgart, Stuttgart, 1987

Uhlig, M.: Analyse und Bewertung der Einsatzmöglichkeiten von bildgebenden Strömungsmessverfahren unter realen Triebwerksbedingungen, Diplomarbeit an der Universität Cottbus, 2008

Uhlig, M.: Analyse und Bewertung der Einsatzmöglichkeiten von bildgebenden Strömungsmessverfahren unter realen Triebwerksbedingungen, Diplomarbeit, Technische Universität Cottbus, 2008

Walther, J.: Quantitative Untersuchungen der Innenströmung in kavitierenden Dieseleinspritzdüsen, Promotion bei der Robert Bosch GmbH, Verlag für akademische Texte, 2001

Warnatz, J.; Maas, U.; Dibble, R. W.: Verbrennung, Springer Verlag, 3. Auflage, 2001

Wissel, K. S.: Lasermessverfahren zur Bestimmung von Geschwindigkeit und Kraftstoffverteilung bei motorischen Einspritzvorgängen, Dissertation an der Hochschule Aachen, 2006

Wolfschmidt, G.: Geschichte der Navigation, Books on Demand GmbH, 2009

TEIL IV

Optische Untersuchung mechanischer Schwingungen und Bewegungsanalyse

1	Einleitung	297
2	Laservibrometrie	303
3	Bildkorrelation	305
4	Holografie zur Schwingungsmessung	311
5	Bildbasierte Schwingungsanalyse und Videostroboskopie	318
6	Shearografie zur Schwingungsmessung	325
7	Faseroptische Schwingungsmessung	331
8	Literaturverzeichnis	333

1 Einleitung

Unter einer Schwingung wird im Allgemeinen eine periodische Bewegung verstanden. Schwingungen treten als störende oder auch nützliche Erscheinungen in unserem Alltag auf. Dabei spielt es keine Rolle, ob man in einem Auto fährt, eine Kaffeemaschine benutzt oder musiziert. Überall wirken auf Körper und Maschinen Schwingungen und somit Schwingungskräfte ein. Deswegen ist es nicht verwunderlich, dass die Menschen bestrebt sind, die Auswirkungen und die Grenzwerte zu kennen. Heutzutage ist es z. B. bekannt, dass die Eigenschwingungen des menschlichen Körpers zwischen 5 und 10 Hz liegen. Bei Entwicklungen in der Technik werden diese Kenntnisse berücksichtigt, sodass z. B. Übelkeit während des Autofahrens erst gar nicht auftritt.

Eine Analyse der Schwingungen im technischen Bereich ist aus mehreren Gesichtspunkten notwendig. Es ist bekannt, dass die Dauerfestigkeit von Maschinenteilen stark von der Einwirkung der Schwingungen abhängig ist. Ein anderer wichtiger Punkt ist die Übertragung der Schwingungsenergie auf andere schwingungsfähige Systeme. Das Aufstellen einer dynamisch arbeitenden Maschine, ohne Entkopplung von der Gesamtkonstruktion, kann z. B. dazu führen, dass ganze Gebäude in Schwingungen versetzt werden. Durch Schwingungen können also die Funktion einer Maschine selbst oder deren schwingungsgekoppelten Anbauteile und Systeme beeinträchtigt werden.

Die Aufgabe der Ingenieure besteht darin, das Schwingungsverhalten zu analysieren und zu berücksichtigen. Unter Analyse wird neben der numerischen Betrachtung u. a. auch das Messen der Schwingungen verstanden und genau das ist der Schwerpunkt dieses Kapitels.

1.1 Historischer Rückblick

Mechanische Schwingungen sind bereits seit Jahrtausenden den Menschen bekannt. Schwingungen eines Pendels wurden z. B. zur Zeitmessung verwendet. Beim Musizieren bildeten die erzeugten Schwingungen die gewünschten Klänge. Das Verständnis dieser Prozesse existiert aber erst seit wenigen Jahrzehnten. Das lag nicht zuletzt daran, dass Messungen von hochfrequenten Vorgängen sehr schwer bis unmöglich waren.

Einfache Schwingungen aufzuzeichnen, ist nicht sonderlich schwer. Man könnte z. B. eine Stimmgabel dafür einsetzen (Bild 1.1). Da die Gabel leicht mithilfe eines Impulses anzuregen ist, muss man lediglich ein Schreibwerkzeug an der Gabel befestigen und die Gabel in eine Richtung, während die Schwingung abklingt, bewegen. Auf diese Art und Weise können also einfache Schwingungen, zwar nicht sonderlich präzise, aber dennoch aufgezeichnet und visualisiert werden.

Bis in jüngster Zeit kam es oft zum Versagen von Maschinen und Konstruktionen, weil man bis dato viele Schwingungsvorgänge nicht voraussagen konnte. Ei-

Bild 1.1 Aufzeichnen von einfachen Schwingungen mithilfe einer Stimmgabel

nes der berühmtesten Beispiele ist die Tacoma-Narrows-Brücke, die nach nur vier Monaten Betriebszeit einstürzte. Zunächst konnte keiner die Schwingungsvorgänge und die Herkunft der zerstörerischen Schwingungen erklären. Es dauerte viele Jahre bis die Ursachen, die zum Unglück geführt haben, einigermaßen verstanden wurden. Die Tacoma-Brücke ist bei Weitem nicht das einzige Beispiel aus dieser Zeit.

Auch in den letzten Jahren traten immer wieder Schwingungsprobleme auf. Als zwei berühmte Bauwerke können die Brücke Erasmus in Rotterdam und die Milleniumbridge in London genannt werden (Geier 2004).

1.2 Nichtoptische Messtechnik

Prinzipiell gibt es auf dem Markt verschiedene Systeme, um mechanische Schwingungen zu erfassen, hierzu zählen:
- Optische Messverfahren
- akustische Messverfahren
- elektromagnetische Messverfahren
- mechanische Beschleunigungssensoren.

Die Funktionsweise der akustischen Schwingungsmessung beruht darauf, dass durch mechanische Schwingungen Strukturen angeregt werden. Die dadurch entstandene Schwingungsenergie wird auch an das umgebende Medium abgegeben und verursacht akustische Wellen, die wiederum gemessen werden können. Im Bereich von sogenannten Eigenfrequenzen sind die akustischen Emissionen besonders stark. Genau das macht die Ermittlung der Resonanzfrequenzen auch auf akustischem Wege möglich. Eines der größten Nachteile dieses Verfahrens besteht darin, dass brauchbare Messungen lediglich bei sehr leisen Umgebungsbedingungen möglich sind. Des Weiteren gibt es bei diesem Verfahren keine Möglichkeit, die Schwingungsform zu visualisieren und somit punktuell die Amplituden zu messen.

Die elektromagnetischen Messverfahren basieren in der Regel auf dem Hall-Effekt. Wenn sich ein stromdurchflossener, dynamisch angeregter Leiter in einem Magnetfeld befindet, entsteht im Leiter die sogenannte Hall-Spannung. Beim Messen dieser Spannung kann auf die Schwingung des Messobjektes rückgeschlossen werden. Ein großer Nachteil dieses Verfahrens ist die Voraussetzung der metallischen Oberfläche des Messobjektes. Außerdem gibt es große Limitierungen in Bezug auf die Messobjektgröße.

Mechanische Beschleunigungssensoren sind sehr weit verbreitet und sind in verschiedensten Ausführungen auf dem Markt erhältlich. Die preiswerten Sensoren sind heutzutage in jedem Mobiltelefon integriert und dienen z. B. der Erfassung jeglicher Aktivitäten. Grundsätzlich funktionieren die Beschleunigungssensoren nach folgenden Prinzipien:
- MEMS (Micro-electro-mechanical systems)
- piezoelektrische Sensoren
- IEPE (Integrated Electronics Piezo Electric).

Zur Erfassung von mechanischen Schwingungen werden jedoch sehr hochwertige Sensoren benötigt. Mithilfe von Beschleunigungssensoren, die typischerweise auf die Oberfläche von Messobjekten aufgeklebt werden, können sowohl hohe Beschleunigungen > 30 000 g (Erdbeschleunigung) als auch sehr hochfrequente Vorgänge (bis in den MHz-Bereich) aufgenommen und analysiert werden.

Beschleunigungssensoren wandeln die mechanische Energie der schwingenden Messobjektoberfläche in proportionale elektrische Signale um, die in Beschleunigungswerte umgerechnet und gespeichert werden können.

1.3 Übersicht

Durch die großen Fortschritte in der Computer- und Sensortechnologie entstanden in den letzten Jahren eine Vielzahl an optischen Messsystemen zur Schwingungsmessung. Im Folgenden wird eine Übersicht der verschiedenen Verfahren zur Schwingungsmessung vorgestellt (Bild 1.2).

1.4 Grundbegriffe

Um den Einstieg in das Gebiet der Schwingungslehre zu erleichtern, sollen an dieser Stelle die wichtigsten Grundbegriffe angesprochen werden. Besonders inter-

1.4 Grundbegriffe

essierte Leser werden auf die einschlägige Literatur verwiesen.

1.4.1 Mechanische Schwingung

Als einführendes Beispiel soll ein Feder-Masse-Schwinger dienen (Bild 1.4). Das System besteht aus einer Masse m, einer elastischen Feder mit der Federkonstanten c und einer Dämpfungsvorrichtung mit einem Reibbeiwert k.

Der Einfachheit wegen werden die Masse der Feder und der Dämpfungsvorrichtung vernachlässigt. Bei einer Auslenkung aus der Gleichgewichtslage infolge der Kraft F_3 wirken auf die Masse folgende Kräfte:
- Die Rückstellkraft der Feder $F_1 = -c \cdot x$
- Dämpfungskraft $F_2 = -k \cdot v = -k \cdot \dot{x}$ ($v, \dot{x}$ – Geschwindigkeit)
- von außen einwirkende Kraft $F_3 = F(t)$

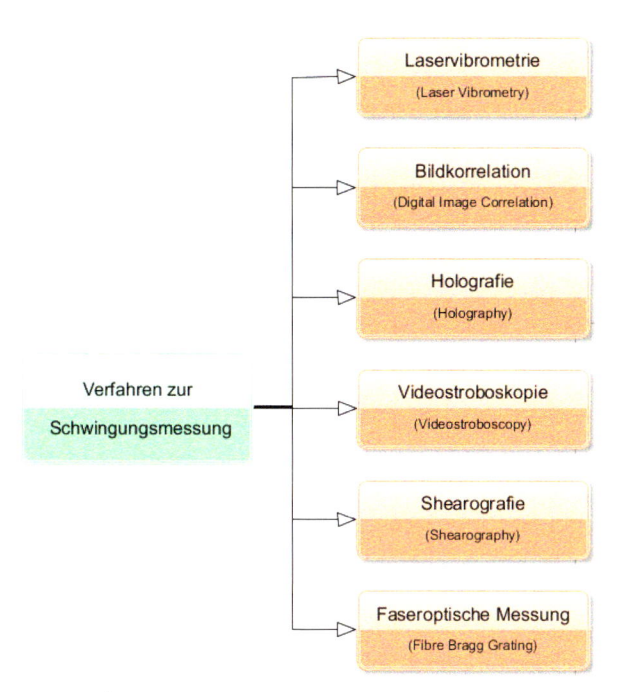

Bild 1.2 Übersicht der Verfahren zur Schwingungsmessung

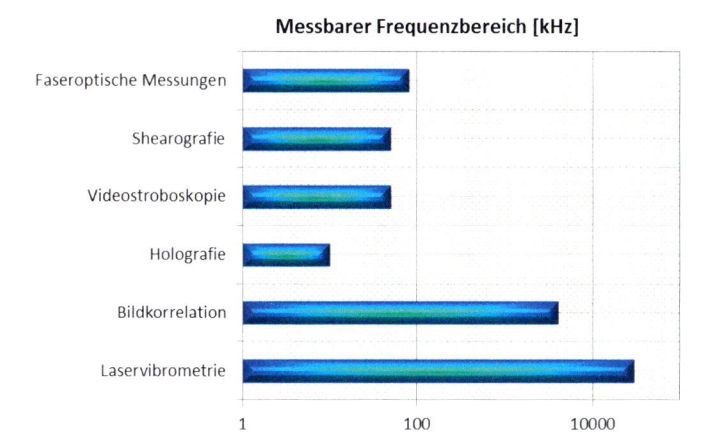

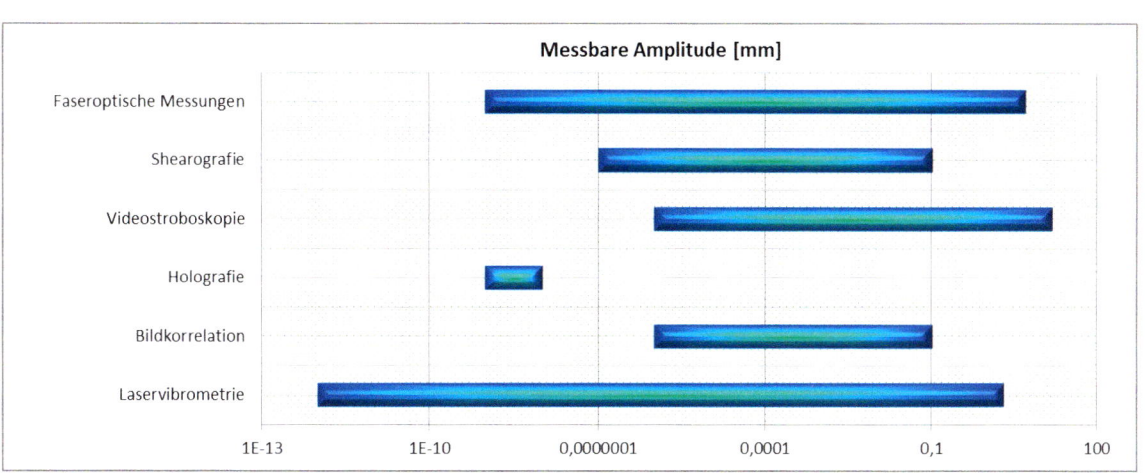

Bild 1.3 Frequenzbereich und Amplitude der optischen Verfahren zur Schwingungsmessung

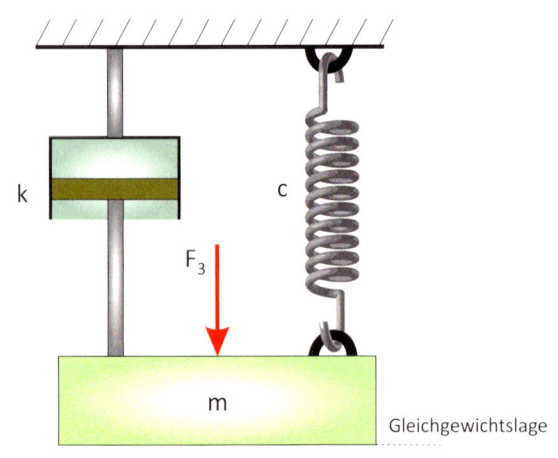

Bild 1.4 Einmassenschwinger in schematischer Darstellung

Als Reaktion wird die Masse m beschleunigt. Somit gilt:

$$m \cdot a = F_1 + F_2 + F_3,$$

a – Beschleunigung

oder in Form einer Differenzialgleichung

$$m\ddot{x} + k\dot{x} + cx = F(t)$$

Es ist ersichtlich, dass die Schwingungen mit Differenzialgleichungen mit konstanten Koeffizienten beschrieben werden.

1.4.2 Darstellung von Schwingungen

Die einfachsten Schwingungsformen stellen die harmonischen Schwingungen dar. Dazu zählen z. B. die Sinus- oder Cosinus-Schwingungen.

Außerdem wird zwischen freien, fremderregten und selbsterregten Schwingungen unterschieden. Zu freien Schwingungen kommt es dann, wenn ein schwingungsfähiges System, also ein System mit Rückstellkräften, aus der Gleichgewichtslage ausgelenkt und sich selbst überlassen wird. Wird dagegen dem System ständig Energie zugeführt, spricht man von erzwungenen (fremd- oder selbsterregten) Schwingungen.

In Natur und Technik kommen fast ausschließlich gedämpfte Schwingungsvorgänge vor. Aufgrund von z. B. Reibeffekten nimmt die Amplitude der Schwingung ständig ab, wenn sie nicht von außen ständig angeregt werden.

Eine sehr anschauliche Darstellung von Schwingungen ist mithilfe der sogenannten Spektrogramme möglich. In einem Spektrogramm erfolgt eine spektrale Visualisierung eines Signals über einen Zeitbereich; dadurch wird eine kombinierte Zeit-Frequenz-Darstellung ermöglicht.

Aus dem Spektrogramm kann man leicht erkennen, welche Eigenfrequenzen und mit welchem Energiebetrag diese angeregt wurden.

1.4.3 Übertragungsfunktion

Für die Verfahren der experimentellen Modalanalyse (zu denen auch optische Verfahren zählen), die im Frequenzbereich (frequency domain) arbeiten, werden durch Messung ermittelte Übertragungsfunktionen benötigt. Für die verschiedenen Orte erhält man die Übertragungsfunktionen H durch Fouriertransformation

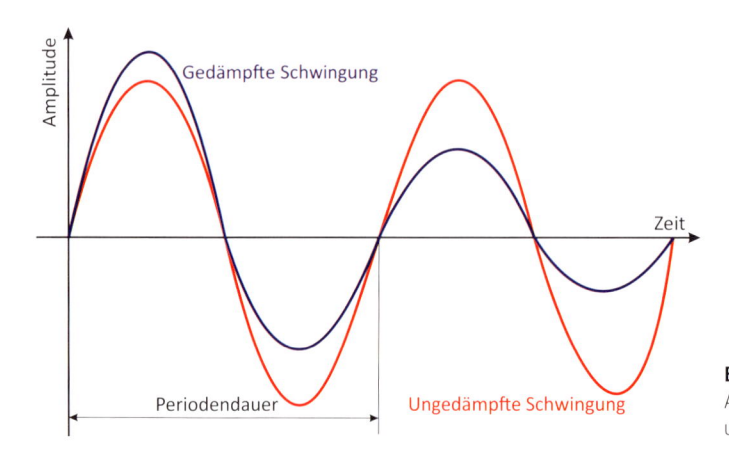

Bild 1.5 Amplitude-Zeit-Diagramm einer gedämpften und ungedämpften Schwingungen

Bild 1.6 3D-Spektrogramm der Impulsantwort einer Aluminiumplatte

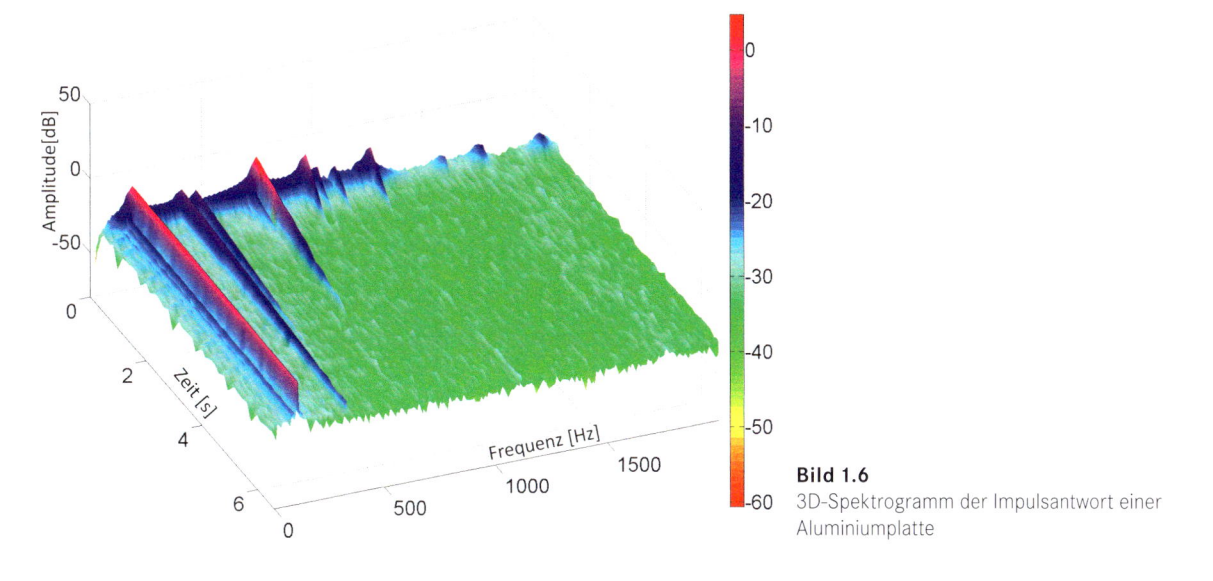

der Zeitfunktionen und anschließender Division im Frequenzbereich:

$$H(j\Omega) = \frac{Ausgangsbeschleunigung}{Eingangsbeschleunigung}$$

Ω – Kreisfrequenz

oder

$$H(j\Omega) = \frac{Q(j\Omega)}{F(j\Omega)}$$

Wobei $F(j\Omega)$ und $Q(j\Omega)$ die Fouriertransformierten der gemessenen Eingangsbeschleunigung $f(t)$ und Ausgangsbeschleunigung $q(t)$ entsprechend der Transformationsgleichung

$$X(j\Omega) = \int_{-\infty}^{\infty} x(t) e^{-j\Omega t} dt$$

sind, unter der Voraussetzung, dass die Signale folgende Bedingung erfüllen:

$$\int_{-\infty}^{\infty} x(t) dt < 0$$

Wenn diese Forderung der Beschränktheit nicht erfüllt wird, muss allgemein die Laplace-Transformation angewandt werden. Die genaue mathematische Beschreibung des Übergangs von der Übertragungsmatrix $H(s)$ (Laplace-Transformation) zur Frequenzgangmatrix $H(j\Omega)$ (Fourier-Transformation) kann z.B. (Rosenow 2008) entnommen werden.

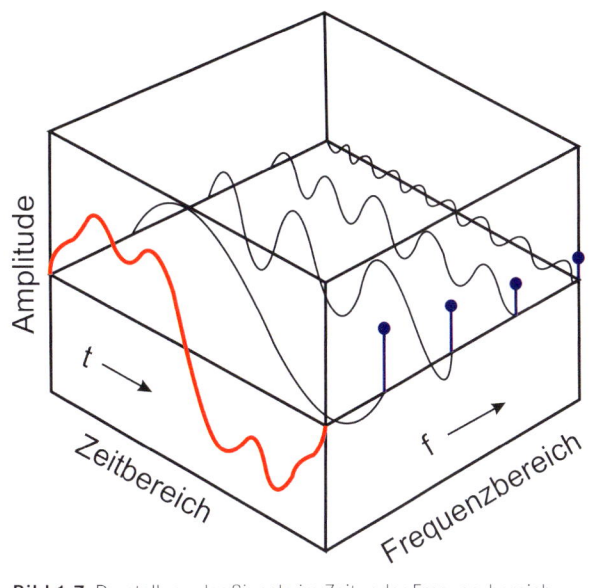

Bild 1.7 Darstellung der Signale im Zeit- oder Frequenzbereich

1.4.4 Messen von Schwingungen

Bei der Anregung eines schwingungsfähigen Systems, z.B. durch einen Impuls, werden (theoretisch) alle Eigenfrequenzen des Systems angeregt. Die experimentelle Modalanalyse misst genau diese Antwort der mechanischen Konstruktion und extrahiert daraus die wichtigen Eigenfrequenzen.

Bei allen anderen Anregungsarten sieht zwar die ge-

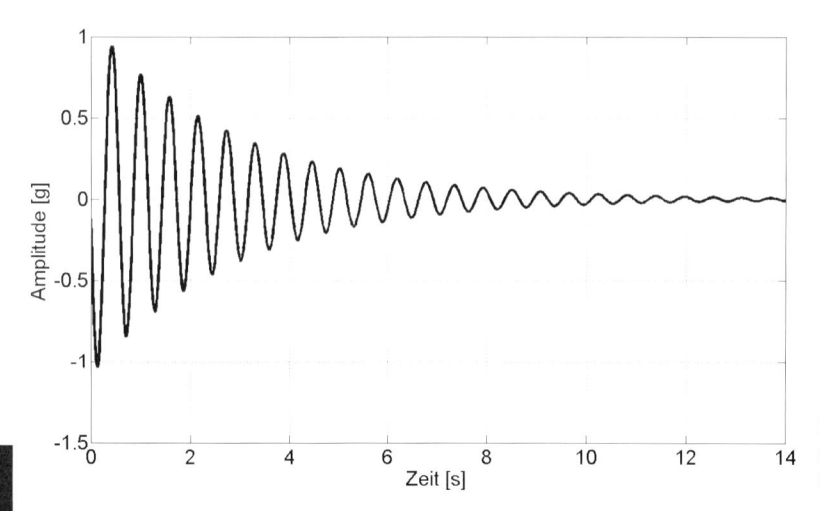

Bild 1.8
Gemessene Schwingung eines Masse-Feder-Systems als Antwort auf eine Impulsanregung

messene Systemantwort etwas anders aus, aber an der prinzipiellen Vorgehensweise ändert sich nichts.

Unter Eigenfrequenz oder Resonanzfrequenz wird die Frequenz verstanden, mit der die Struktur nach einer Anregung von außen schwingt. Jedes System hat eine unendliche Anzahl an Eigenfrequenzen. Für technische Anwendungen sind die ersten zehn Resonanzfrequenzen von Bedeutung. Wird ein schwingungsfähiges System nahe der Eigenfrequenz angeregt, entstehen bei schwacher Dämpfung große oder sogar kritische Amplituden. Dies wird als Resonanz bezeichnet.

2 Laservibrometrie

Die Laservibrometrie ist das bekannteste optische Messverfahren zur Untersuchung von Schwingungsvorgängen. Der industrielle Einsatz erfolgt bereits seit ca. 20 Jahren und ist aus einigen Branchen aufgrund der einzigartigen Eigenschaften nicht mehr wegzudenken. Die modernen Systeme erlauben flächenhafte und rückwirkungsfreie Analysen von komplexen Schwingungsvorgängen.

2.1 Verfahrensgrundlagen

Prinzip der Laservibrometrie

Ein Prüfkörper wird durch eine äußere Kraft in Schwingungen versetzt. Der Körper wird mit Laserlicht beleuchtet. Das vom Prüfling zurückgestreute Laserlicht erfährt aufgrund des Doppler-Effekts und der vorherrschenden Schwingung eine Frequenzverschiebung. Nach interferometrischer Auswertung kann anschließend die Schwinggeschwindigkeit ermittelt werden.

Vor- und Nachteile der Laservibrometrie

Vorteile	Nachteile
Flächenhafte Messungen möglich	Messsysteme teuer
für große Messobjekte geeignet	teure Komponenten
für sehr kleine Messobjekte geeignet	viele Faktoren zu berücksichtigen
schnelle Messung (in Echtzeit)	Schmutz und Wasser empfindlich
kompakt (transportabel)	Laserschutzmaßnahmen erforderlich
sehr hohe Genauigkeit	

Messbereich/Messgenauigkeit der Vibrometrie

Bei laservibrometrischen Messungen kann der Abstand zum Messobjekt zum Teil über 100 m betragen. Dadurch können auch Messungen an Strukturen durchgeführt werden, die über große Distanzen und Abmessungen verfügen. Arbeitsabstände von wenigen mm sind ebenfalls möglich.

Die erfassbare Schwingungsamplitude liegt im Bereich von wenigen pm bis zu 1 m.

Die Frequenzen können dabei bis zu 30 MHz betragen. Die Geschwindigkeitsauflösung liegt im Bereich von 10 nm/s. Die noch erfassbaren Schwinggeschwindigkeiten können bis zu 30 m/s betragen.

Typische Anwendungen der Vibrometrie

Die Laservibrometrie ist sehr weit verbreitet und findet aufgrund der vielen positiven Eigenschaften in verschiedensten Bereichen Anwendung. Um nur einige wenige zu nennen:

- Zu den bekanntesten Anwendungen ist der Einsatz der Laservibrometer im Automobilbau zu zählen. Es werden sowohl Einzelteile als auch ganze Karossen schwingungstechnisch analysiert. Das Ziel ist die Minimierung der Geräuschemissionen und die Verbesserung der mechanischen Stabilität der Komponenten. Die Validierung von FEM-Modellen gehört ebenfalls zu den wichtigen Aufgaben der Vibrometrie.
- Im Bereich der Untersuchung von Gebäude- oder Brückenschwingungen spielt die Laservibrometrie ebenfalls eine wichtige Rolle, da sie in der Lage ist, Verschiebungen im nm-Bereich zu erfassen.
- Zur Untersuchung von rotierenden Objekten existieren ebenfalls, speziell für diesen Zweck entwickelte Vibrometer.
- Neben der Automobilindustrie gehört die Luft- und Raumfahrt zu den wichtigen Einsatzgebieten der Vibrometrie. Die genaue Kenntnis über Schwingungs-

vorgänge ist in diesem Bereich enorm wichtig. Die Schwingungen können zu Materialermüdungen und dadurch zum Versagen der Bauteile führen.
- Auch im Bereich der Medizin sind die Vibrometer anzutreffen, um z. B. die Schwingungen des Trommelfells zu untersuchen (Strenger 2009).

2.2 Messverfahren der Vibrometrie

Laservibrometer messen berührungslos die Schwinggeschwindigkeit einer Oberfläche. Es ist aber auch möglich, den Schwingweg (Schwingamplitude) zu bestimmen. Dieses Verfahren nutzt den Doppler-Effekt, um die interessierenden physikalischen Größen zu bestimmen.

Der Aufbau ist relativ einfach und entspricht in der physikalischen Wirkungsweise einem Interferometer (s. Bild 2.1). Als Lichtquelle wird ein Laser verwendet. Der erste Strahlteiler hat die Aufgabe, den ankommenden Laserstrahl in einen Objekt- und einen Referenzstrahl aufzuteilen. Mit dem fokussierten Objektstrahl wird die Oberfläche des Messobjektes punktuell beleuchtet. Aufgrund der Relativbewegung der Messobjektoberfläche kommt es aufgrund des Doppler-Effektes zu einer Frequenzverschiebung des reflektierten Objektstrahls. Der Strahlteiler 2 sorgt dafür, dass der zurückreflektierte Strahl Richtung Detektor abgelenkt wird. Dann kommt es zur Überlagerung des Objektstrahls mit dem Referenzstrahl. Aufgrund von Interferenzerscheinungen entsteht am Detektor ein typisches Hell-Dunkel-Muster.

Die Änderung des Interferenzmusters enthält also Informationen über die Modulationsfrequenz und somit der Frequenzverschiebung f_D. Daraus lässt sich anschließend die Geschwindigkeit v der schwingenden Oberfläche bestimmen.

$$f_D = \frac{2 \cdot v}{\lambda}$$

Die Wellenlänge λ des verwendeten Lasers ist in der Regel bekannt und somit kann die Geschwindigkeit v recht einfach bestimmt werden.

Falls direkt der Weg, also die Schwingungsamplitude, erfasst werden soll, wird am Detektor nicht die Intensität abgelesen, sondern die Hell-Dunkel-Übergänge werden gezählt. Der Übergang entspricht dabei einem Weg von einer halben Wellenlänge des verwendeten Lasers. Beträgt also beispielsweise die Wellenlänge 300 nm, entspricht ein Übergang einem gemessenen Weg von 150 nm. Mithilfe digitaler Auswertung und Interpolation ist eine Auflösung im pm-Bereich erreichbar.

Zur Erkennung der Schwingungsrichtung, das heißt bewegt sich die schwingende Oberfläche auf das Messgerät zu oder weg, wird eine Bragg-Zelle in den optischen Aufbau integriert. Die Bragg-Zelle bewirkt eine Verschiebung der Lichtfrequenz. Wenn sich das Messobjekt auf das Messsystem zubewegt, wird die Modulationsfrequenz erniedrigt. Bewegt sich die schwingende Messobjektoberfläche vom Interferometer weg, wird die Modulationsfrequenz erhöht (Hesse 2009).

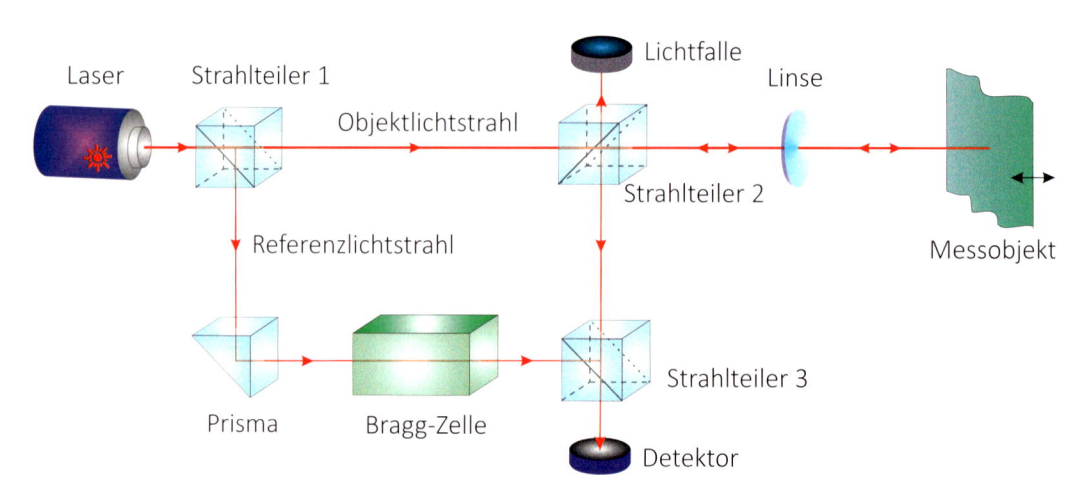

Bild 2.1 Schematischer Aufbau eines Laservibrometers

3 Bildkorrelation

Das in erster Linie für die Untersuchung von Verformungs- und Spannungszuständen entwickelte Messverfahren Bildkorrelation kann durch den Einsatz von Hochgeschwindigkeitskameras ebenfalls zur Untersuchung von Schwingungsvorgängen verwendet werden.

3.1 Verfahrensgrundlagen

Prinzip der Bildkorrelation

Die Bildkorrelation basiert auf der zeitlichen Verfolgung von stochastischen Mustern auf der Oberfläche von Messobjekten bei sich schnell ändernden Verformungszuständen infolge einer äußeren Last.

Vor- und Nachteile der Bildkorrelation

Vorteile	Nachteile
Flächenhafte Messungen möglich	Messsysteme teuer
für große Messobjekte geeignet	Schmutz und Wasser empfindlich
kein Laserschutz erforderlich	für sehr kleine Objekte ungeeignet
schnelle Messung (in Echtzeit)	Vorbereitungen erforderlich
kompakt (transportabel)	Kalibrierung erforderlich
sehr hohe Genauigkeit	

Messbereich/Messgenauigkeit der Bildkorrelation

Mithilfe des Verfahrens Bildkorrelation ist es möglich, große Flächen zu untersuchen. Dabei muss jedoch ein Kompromiss eingegangen werden. Denn je größer das Messfeld ist, desto höher muss die räumliche Auflösung sein, um einzelne Messpunkte noch scharf abbilden zu können. Die hohe Pixelauflösung führt aber auch dazu, dass die maximale, durch die physikalischen Eigenschaften der Kamera begrenzte, Untersuchungsfrequenz herabgesetzt wird. Ein Nachteil für hochauflösende Hochgeschwindigkeitskameras bei hoher Bildwiederholrate ist der Aspekt, dass diese recht teuer sind.

Die modernen Hochgeschwindigkeitskameras erlauben eine maximale Abtastfrequenz von 20 000 kHz bei einer Auflösung von 1920 × 1080 Pixel. Das Messfeld kann dabei einige (5–6 m^2) Quadratmeter betragen. Dabei ist zu beachten: Je größer das Messfeld ist, desto schlechter ist die Genauigkeit.

Die modernen Bildkorrelationssysteme erlauben auch eine Kopplung mit Mikroskopen. Dadurch ist es möglich, Mikrostrukturen (1,5 mm × 1,5 mm) zu untersuchen. Die dabei erreichbare Genauigkeit beträgt ca. 2–5 µm.

Die messbare Schwingungsamplitude erstreckt sich dabei vom µm- bis in den m-Bereich.

Typische Anwendungen der Bildkorrelation

Der Anwendungsbereich der digitalen Bildkorrelation wird immer größer. Das liegt zum Teil daran, dass es sich um ein relativ junges Messverfahren handelt, welches noch nicht so weit verbreitet ist. Ein anderer Aspekt ist die Senkung des Anschaffungspreises für das Messsystem vor allem geschuldet durch die Kostenreduktion der Hochgeschwindigkeitskameras, da sie den größten Teil des Anschaffungspreises ausmachen. In vielen Bereichen der experimentellen Modalanalyse kommen deshalb zunehmend Bildkorrelationssysteme zum Einsatz.

Die Bildkorrelation eignet sich sehr gut zur Detektion und Visualisierung von Resonanzfrequenzen. Vor allem sicherheitsrelevante Bauteile werden auf diesem Wege untersucht. Dies begründet daher den verstärkten Einsatz dieses Messsystems im Flugzeugbau. Die Detektion der akustischen kritischen Eigenfrequenzen in der Automobilbranche spielt eine immer wichtigere Rolle. Die Bildkorrelation eignet sich auch für diesen Einsatzzweck und wird bereits eingesetzt.

3.2 Messverfahren der Bildkorrelation

Ein Bildkorrelationsensor besteht im Wesentlichen aus mehreren Kameras (meistens zwei), einer Beleuchtungs- und einer Steuerungs- bzw. Auswerteeinheit (Rechner). Zur Untersuchung von Schwingungsvorgängen werden Hochgeschwindigkeitskameras eingesetzt. Je nach zu untersuchendem Frequenzbereich variiert die Bildabtastrate (Framerate). Allgemein gilt, dass mit steigender Frequenz auch die Anzahl der aufzunehmenden Bilder zu erhöhen ist. Ab einer bestimmten Frequenz muss jedoch die Auflösung der Kamera herabgesetzt werden, um die Framerate weiter erhöhen zu können. Als Beleuchtungseinheit kommen in der Regel LED-Arrays zum Einsatz, um einerseits die Erwärmung der Messobjektoberfläche zu vermeiden und andererseits eine möglichst gleichmäßige Ausleuchtung zu erreichen.

Auf die Oberfläche des Prüflings muss ein stochastisches Punktemuster (Specklemuster) aufgebracht werden. Dies kann z.B. durch Besprühen mit schwarzer Farbe realisiert werden. Zur Verbesserung des Kontrastes ist es empfehlenswert, die Oberfläche des Messobjektes zunächst mit weißer Farbe zu überziehen (Bild 3.1).

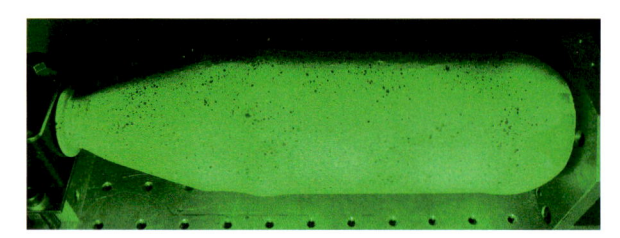

Bild 3.1 Mittels grüner LEDs beleuchtetes Messobjekt mit einem stochastischen Punktemuster

Das zufällig verteilte Muster auf dem Bauteil wird aus verschiedenen Blickwinkeln aufgenommen und registriert. Über das Triangulationsverfahren (s. Kapitel 3D-Vermessung) wird die Position jedes erkannten Punktes im Raum bestimmt. Wenn nun eine Last oder Schwingungsanregung aufgebracht wird und das Bauteil sich dabei verformt, kann die Verformung des Untersuchungsobjektes anhand der Punkteverschiebung im Raum berechnet und dargestellt werden.

Für die Zuordnung von Bildern mithilfe der digitalen Bildkorrelation existieren verschiedene Strategien. Die meisten industriellen Anlagen wenden eine Kombination aus mehreren Verfahren an, um die Nachteile des jeweils anderen Verfahrens zu eliminieren.

- Bildzuordnung auf Basis von Grauwerten

Einige Messsysteme nutzen ein weiteres Verfahren (wird nicht behandelt):

- Bildzuordnung auf Basis der Methode der kleinsten Quadrate

Im Folgenden wird auf das bekannteste Verfahren eingegangen.

Bildzuordnung auf Basis von Grauwerten

Die mithilfe von CCD-Kameras aufgenommenen Bilder liegen in Form einer Matrix, gefüllt mit Grauwerten, vor. Der Grauwert eines Bildpunktes stellt eine Wertigkeit entsprechend der Helligkeit und der Intensität eines Bildpunktes dar. Jedem digitalen Bildpunkt kann ein Grauwert zugeordnet werden; dabei spielt die Farbe eine untergeordnete Rolle. Mit einer einfachen Formel (gilt für RGB-Codierung) kann der Grauwert wie folgt ermittelt werden:

$$Grauwert = 0{,}299 \cdot rot + 0{,}587 \, grün + 0{,}114 \cdot blau$$

Die Aufgabe besteht nun darin, anhand von mathematischen Verfahren eine automatische Bildzuordnung durchzuführen und die Verschiebung der einzelnen Punkte zu erfassen.

Als Beispiel soll ein einfaches Bild bestehend aus 8 × 8 Bildpunkten betrachtet werden. Das Bild hat 11 gleichmäßig abgestufte Grautöne; angefangen von weiß mit einer Grauwertigkeit von 1 bis hin zu schwarz mit einer Wertigkeit von 11.

In der industriellen Praxis werden vor der eigentlichen Auswertung Verstärkungsfaktoren eingesetzt. Sie haben einen doppelten Zweck zu erfüllen. Einerseits soll durch diese Faktoren der Unterschied zwischen hell und dunkel hervorgehoben werden, andererseits gilt es, bei der Verwendung von mehreren Kameras die Unterschiede in der Ausleuchtung und somit in der registrierten Intensität auszugleichen. Da die verwendeten Kameras nicht auf derselben Position stehen und einen

3.2 Messverfahren der Bildkorrelation

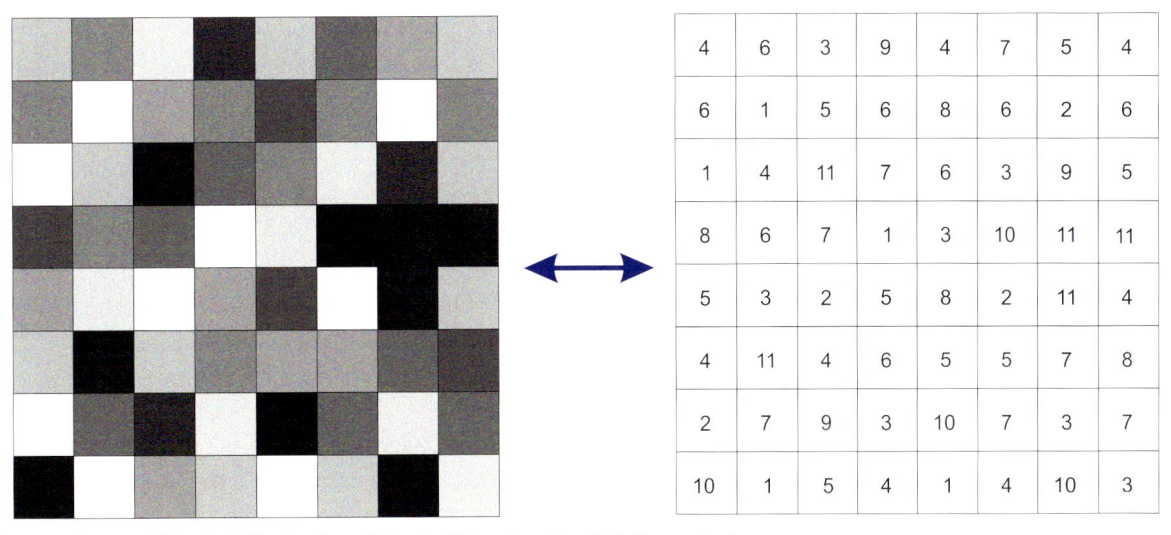

4	6	3	9	4	7	5	4
6	1	5	6	8	6	2	6
1	4	11	7	6	3	9	5
8	6	7	1	3	10	11	11
5	3	2	5	8	2	11	4
4	11	4	6	5	5	7	8
2	7	9	3	10	7	3	7
10	1	5	4	1	4	10	3

Bild 3.2 Grauwertbild mit 64 Pixelpunkten (links als Bild und rechts mit Zahlenwerten)

gewissen Winkel zueinander haben, werden sich die Bilder vom selben Objekt immer in der Intensität unterscheiden. Das liegt an der nur schwer realisierbaren homogenen Ausleuchtung des aufzunehmenden Bildes und an der reflektierenden, besprenkelten Oberfläche.

Mathematischer Hintergrund

Die Bestimmung der Korrelation erfolgt anhand der aus der Statistik bekannten Kreuzkorrelationsgleichung. Das Ziel besteht in der Ermittlung des größten Korrelationskoeffizienten r.

$$r = \frac{COV(x,y)}{\sqrt{VAR(x)} \cdot \sqrt{VAR(y)}}$$

Der Korrelationskoeffizient stellt also das Verhältnis aus der Covarianz und den multiplizierten Varianzen zweier Variablen dar. Die Wertigkeiten betragen dabei die Grauwerte der aufgenommenen Bildmatrizen.

Die Varianz wird aus dem Quadrat der Abweichung eines Wertes vom Mittelwert berechnet und wird deshalb auch als mittlere quadratische Abweichung bezeichnet (Gehring 2004).

$$s^2(x) = \frac{\sum_{i=1}^{n}(x_i - \bar{x})^2}{n}$$

Analog dazu

$$s^2(y) = \frac{\sum_{i=1}^{n}(y_i - \bar{y})^2}{n}$$

Die Kovarianz berechnet sich wie folgt:

$$S(x,y) = \frac{1}{n-1}\sum_{i=1}^{n}(x_i - \bar{x})(y_i - \bar{y})$$

Die gezeigte mathematische Vorgehensweise lässt sich auch auf die Grauwertmatrix der aufgenommenen Bilder anwenden. Als Mustermatrix werden möglichst markante Merkmale bezüglich der Grauwertmatrix ausgesucht. Im realen Einsatz sind das die zufällig verteilten Punktmuster auf der Oberfläche des Messobjektes, da sie einen hohen Kontrast im Vergleich zum Rest der zu untersuchenden Fläche besitzen. Die Nachverfolgung der Verschiebung dieser Punkte ist die primäre Aufgabe dieses Verfahrens, um die gesuchten Verformungen und Schwingungsformen zu ermitteln.

Am Beispiel von Bild 3.2 wird eine praktische Bestimmung der Korrelationskoeffizienten r vorgenommen. Das Bild 3.3 zeigt die Mustermatrix.

Die Aufgabe besteht nun darin, die Mustermatrix in der Suchmatrix zu finden. Für diesen Zweck werden für alle möglichen Positionen der Mustermatrix in der Suchmatrix die Korrelationskoeffizienten berechnet. Für eine 8 × 8 Suchmatrix und eine 3 × 3 Mustermatrix ergeben sich insgesamt 36 Positionen (Bild 3.4).

3 Bildkorrelation

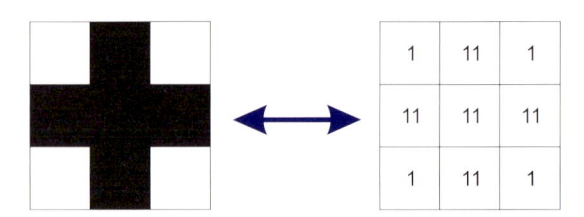

Bild 3.3 Mustermatrix als Bildausschnitt, die in der letzten Abbildung (Suchmatrix) zu finden ist

1	11	1
11	11	11
1	11	1

Nun werden die Korrelationskoeffizienten für alle 36 Positionen berechnet. Gesucht wird dabei der höchste Wert, der möglichst nah bei 1 liegen sollte. In Bezug auf unsere Grauwertmatrix ergibt sich folgendes Ergebnis.

Der höchste Wert für den Korrelationskoeffizienten r befindet sich an der Stelle 18 und liegt bei 0,96. Hier stimmen Such- und Mustermatrix nahezu überein (Bild 3.5).

Ausgleich von Verzerrungen

Da die Kameras das Messobjekt aus verschiedenen Winkeln und aus verschiedenen Abständen erfassen, werden die Bilder perspektivisch verzerrt aufgenommen (Bild 3.6). Auch der Winkel beider Kameras zueinander bringt optische Effekte mit sich. Das erschwert die Suche nach der Mustermatrix in der Suchmatrix erheblich.

Die allgemeine Formel des Korrelationskoeffizienten wird nun in ihrer Koordinatenzuweisung der Grauwerte erweitert. Jede Positionsangabe eines Grauwertes war bisher mit den linearen Matrizenkoordinaten genau positioniert. Diese Positionsangabe stimmt bei verzerrten Bildern nicht mehr überein. Auf eine mathematische Ausführung wird hier verzichtet und auf die einschlägige Literatur verwiesen.

Genau wie bei den Helligkeits- und Intensitätsausgleichen muss nur ein Bild angeglichen werden. Zur effektiven Nutzung der Rechenressourcen wird die Muster-

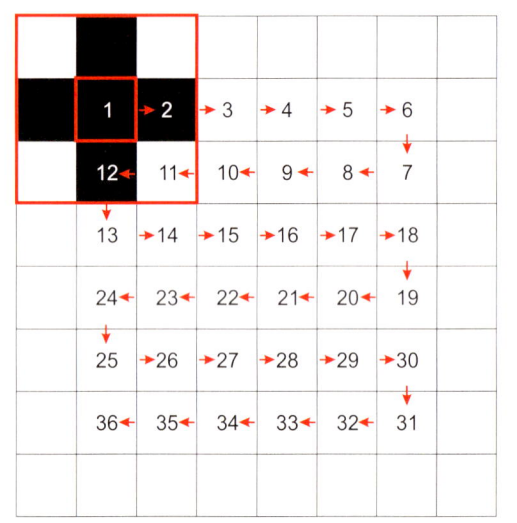

Bild 3.4 Überlagerte Mustermatrix (rot umrandet) über der Suchmatrix mit den möglichen Positionen

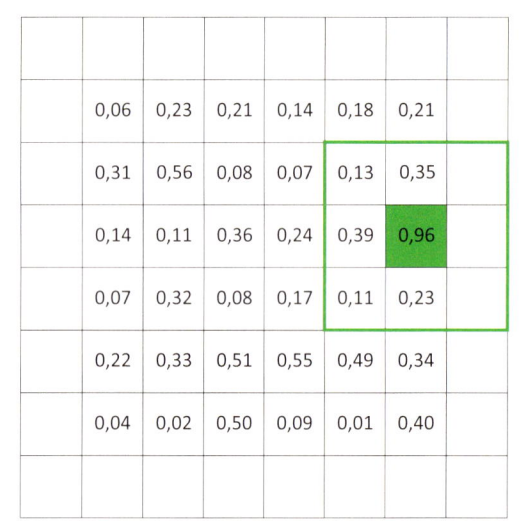

Bild 3.5 Die berechneten Korrelationswerte, mit Angabe des höchsten Wertes

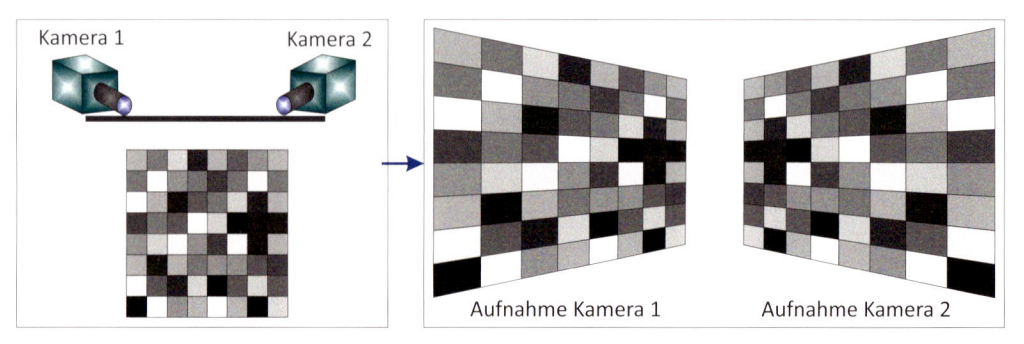

Bild 3.6 Verzerrtes Bild von einem Messobjekt durch zwei Kameras aus unterschiedlichen Perspektiven

matrix bearbeitet, da sie um einiges kleiner als die Suchmatrix ist.

Probenvorbereitung

Die Bildkorrelation erfordert markante Bilder mit stochastischen Punktemustern mit unterschiedlichen Grauwerten, um eine eindeutige Bilderkennung zu ermöglichen.

Diese optimale Oberfläche kann dadurch realisiert werden, dass die Oberfläche des Objekts mit einer entsprechenden Farbschicht überzogen wird. Es ist üblich, das Objekt weiß zu grundieren und mit einer dunklen Farbe (schwarz) ein unregelmäßiges feines Muster aufzutragen. Die Unregelmäßigkeit der schwarzen Farbpunkte ermöglicht eine präzise Zuordnung. Für eine hohe Genauigkeit wird ein ausreichend feines Muster benötigt. Wichtig ist, dass die Farbe keine starre geschlossene Decke darstellt, die sich nur durch Risse und Spalte der Verformung anpasst. Die Farbe sollte sich möglichst mit dem Untergrund verformen und jede Bewegung mitmachen. Zudem sollte die Oberfläche einigermaßen matt sein, um das einfallende Licht diffus zu reflektieren.

3.3 Anwendungsbeispiele für die Bildkorrelation zur Schwingungsmessung

Die Schwingungsmesstechnik mithilfe der Bildkorrelation hat in den letzten Jahren immer mehr an Bedeutung gewonnen. Der größte Vorteil liegt in der flächenhaften Erfassung der Strukturschwingung.

Untersuchung einer Motorhaube

Die unerwünschten Schwingungen im Automobilbau können zu vielen Störeffekten führen. Diese kann der Fahrer entweder als unangenehme Geräusche wahrnehmen oder im schlimmsten Fall kann es zu einem Totalausfall des Fahrzeugs kommen. Fahrzeugmotorhauben zählen zwar nicht direkt zu den sicherheitsrelevanten Teilen, können aber bei einer falschen dynamischen Auslegung zu einem erheblichen akustischen Störfaktor werden. Zur Eliminierung von Resonanzerscheinungen ist die genaue Kenntnis der Eigenfrequenzen der Motorhaube von entscheidender Bedeutung. Zum Auffinden dieser kritischen Frequenzen kann die experimentelle Modalanalyse eingesetzt werden (Bild 3.7 und 3.8).

Die Motorhaube wird mithilfe eines Shakers harmonisch angeregt. Vor dem Messobjekt wird ein entsprechendes DIC-Messsystem aufgestellt, um die resultierenden Schwingungen zu erfassen. Wie auch bei statischen Messungen wird die Oberfläche der Motorhaube mithilfe eines stochastischen Punktemusters präpariert.

Um die dynamische Antwort des Messobjektes schnell genug erfassen zu können, werden zwei Hochgeschwindigkeitskameras eingesetzt. Außerdem wird eine spezielle Beleuchtung benötigt, da aufgrund der

Bild 3.7 Messaufbau beim Untersuchen der Motorhaube mithilfe des Verfahrens Bildkorrelation (mit freundlicher Genehmigung von Dantec Dynamics)

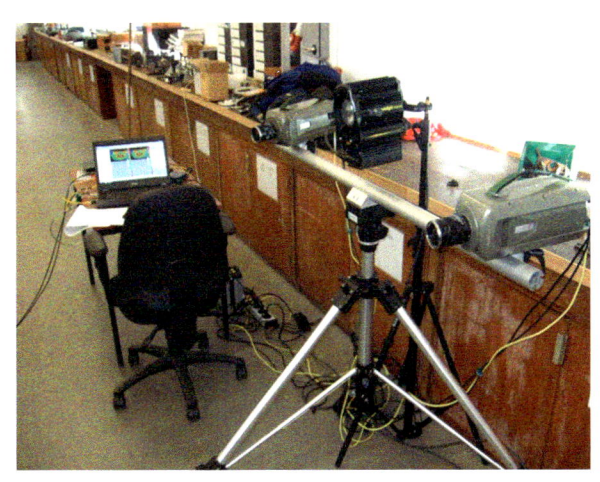

Bild 3.8 Das verwendete Messsystem zum Erfassen der Eigenfrequenzen der Motorhaube (mit freundlicher Genehmigung von Dantec Dynamics)

sehr kurzen Belichtungszeit das normale Licht nicht ausreichen würde.

Zum Verifizieren der Ergebnisse wurde auch eine rechnerische Modalanalyse (FE) anhand der CAD-Daten mit dem Programm Nastran durchgeführt. Die nachfolgende Tabelle zeigt eine verhältnismäßig sehr gute Überstimmung der Ergebnisse. Die vorhandenen Abweichungen sind auf die idealisierte rechnerische Ermittlung der Ergebnisse zurückzuführen.

Des Weiteren können die Schwingungsformen der rechnerischen und der experimentellen Modalanalyse miteinander verglichen werden. Jeder Eigenfrequenz ist eine einzigartige Bewegung der Gesamtstruktur zuzuordnen. Auch der Vergleich der Schwingungsformen liefert fast identische Ergebnisse. Diese durchgeführte Analyse zeigt deutlich, dass die Bildkorrelation sehr gut im Bereich der experimentellen Modalanalyse eingesetzt werden kann und spiegelt das wahre Verhalten der Struktur wider (Bild 3.9).

Nummer der Eigenfrequenz	Experimentelle Ergebnisse	FE (Nastran)
1	9,04 Hz	11,37 Hz
2	10,64 Hz	13,54 Hz
3	25,75 Hz	28,75 Hz
4	28,55 Hz	35,53 Hz
5	32,28 Hz	38,59 Hz

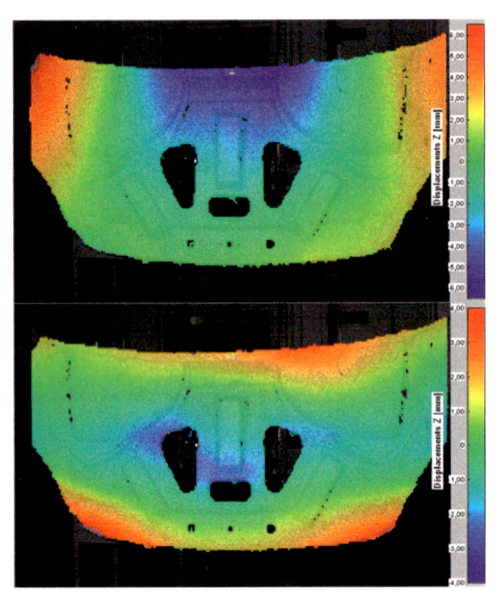

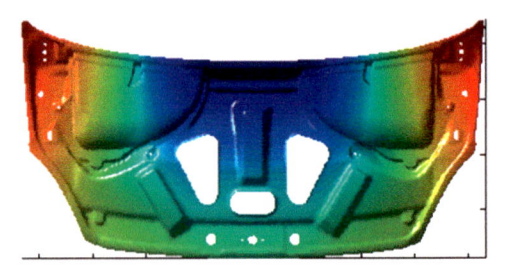

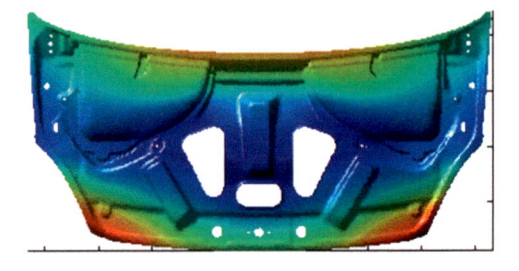

Bild 3.9 Links: Die mithilfe der Bildkorrelation (experimentelle Modalanalyse) ermittelten Schwingungsformen; Rechts: Die mithilfe des FE-Programms Nastran ermittelten Schwingungsformen (mit freundlicher Genehmigung von Dantec Dynamics)

4 Holografie zur Schwingungsmessung

Dieses interferometrische Verfahren wurde ursprünglich für hochgenaue Messungen von Verformungen entwickelt. Bei hinreichend schneller Datenerfassung und Auswertung ist es jedoch auch möglich Schwingungsanalysen durchzuführen.

4.1 Verfahrensgrundlagen

Prinzip der Holografie
Die durch die Oberflächenschwingung verursachte Mikroverformung bewirkt eine Änderung der zurückzulegenden Strecke für die Laserstrahlen. Dies bewirkt eine Änderung im Streifenmuster und die Verformung wird damit bestimmbar (Bild 4.1).

Vor- und Nachteile der Holografie

Vorteile	Nachteile
Flächenhafte Messungen möglich	Messsysteme teuer
für relativ große Messobjekte geeignet	Schmutz und Wasser empfindlich
schnelle Messung (in Echtzeit)	für sehr kleine Objekte ungeeignet
kompakt (transportabel)	störanfällig
sehr hohe Genauigkeit	Kalibrierung erforderlich
	Laserschutz erforderlich

Messbereich/Messgenauigkeit der Holografie
Mithilfe von Weitwinkelobjektiven und mehreren gleichzeitig arbeitenden Laserbeleuchtungseinheiten können Messobjekte mit einigen Quadratmetern (bis 5 m^2) untersucht werden. Wenn anstatt der Weitwinkelobjektive vergrößernde Optiken (Mikroskopobjektive) verwendet werden, können auch sehr kleine Messobjekte analysiert werden. Der Messbereich kann dabei lediglich einige wenige Quadratmillimeter (10 mm^2) betragen.

Die Amplitude der zu erfassenden Schwingung darf jedoch lediglich einige Mikrometer betragen, um im Messbereich zu bleiben.

Typische Anwendungen der Holografie
Die flächenhafte Untersuchung von Prüflingen eignet sich besonders gut für ebene, großflächige Messobjekte. Dazu zählen beispielsweise Autokarossen, verschiedene Blechkonstruktionen und andere dynamisch belastete Bauteile. Stark zerklüftete Bauteile mit Hinterschneidungen stellen jedoch ein Problem dar.

Eine Einschränkung des Verfahrens stellt die besonders hohe Sensitivität dar. Deswegen ist die Holografie kaum unter rauen, äußeren Umgebungsbedingungen einzusetzen, da bereits Gebäudeschwingungen zu fehlerhaften Messungen oder zu gar keinen Ergebnissen führen können. Zur Vermeidung von solchen Erscheinungen bietet sich der Einsatz von schwingungsisolierenden Vorrichtungen (Tischen) zur Befestigung des Messsystems und der Untersuchungsobjekte an.

Unter Laborbedingungen sind jedoch verschiedenste Messobjekte analysierbar. Sogar Gleissegmente können in Bezug auf das Schwingungsverhalten hin untersucht werden (Lammering 2004).

4.2 Messverfahren der Holografie

Mithilfe der normalen Fotografie ist es möglich, ein Bild von einem räumlichen Motiv in einer Ebene aufzunehmen. Alle anderen Ebenen werden entweder gar nicht oder lediglich unscharf abgebildet. Es gehen folglich viele Informationen verloren. Aus physikalischer Sicht bedeutet dies, dass lediglich die Intensitäten registriert und ausgewertet werden. Informationen bezüglich der Phase gehen folglich verloren.

Der Name Holografie ist von den griechischen Wörtern „holos" und „graphein" abgeleitet und bedeutet so viel wie „vollständig aufzeichnen". Mit Holografie lässt sich also die gesamte Information des Messobjektes aufzeichnen.

Die Entdeckung der holografischen Grundlagen erfolgte durch eine Reihe von Physikern, die sich mit den Verfahren der Wellenfrontrekonstruktion zur Bilderzeugung in den 1920er-Jahren beschäftigten. Der Durchbruch gelang schließlich dem ungarischen Ingenieur Dennis Gabor. Er verfolgte das Ziel, das Auflösungsvermögen von Elektronenmikroskopen zu verbessern. In seinem optischen Aufbau erfolgte eine Überlagerung von kohärenten, vom Messobjekt reflektierten Elektronenstrahlbündeln mit einem kohärenten Hintergrund (Hugenschmidt 2007). Das Ergebnis waren die ersten Hologramme. Zur Rekonstruktion der gespeicherten Informationen musste die Fotoplatte lediglich mit einer kohärenten Lichtquelle beleuchtet werden. Da für die Holografie kohärentes Licht benötigt wird, erlangte dieses Verfahren einen für den industriellen Einsatz notwendigen robusten und bezahlbaren Aufbau erst mit der Entwicklung der Laser.

Wie bereits erwähnt, ist es mithilfe der Holografie möglich, die gesamte Information eines dreidimensionalen Bildes auf einer ebenen Fotoplatte aufzuzeichnen. Bei Verwendung einer geeigneten Rekonstruktionslichtwelle können die gespeicherten Informationen rekonstruiert werden.

Aufnahmeanordnung

Der Laserstrahl wird von einem Strahlteiler in zwei Anteile zerlegt. Nach Umlenkung und Aufweitung erreicht der Objektstrahl das Messobjekt und wird von der Oberfläche reflektiert. Dieser Teil der Welle wird als Gegenstandswelle bzw. Objektwelle bezeichnet. Der Referenzstrahl ist ebenfalls aufzuweiten und gelangt direkt zu der Fotoplatte. Dieser Teil der Welle wird Referenzwelle genannt. Nach Überlagerung der beiden Teilwellen kommt es zur Bildung eines Interferenzmusters.

Wiedergabe von Hologrammen

Zur Wiedergabe des Hologramms wird die Fotoplatte erneut mit der bei der Aufzeichnung verwendeten Laserwellenlänge beleuchtet. Durch Beugung wird die gespeicherte Information rekonstruiert. Das sich hinter der Fotoplatte befindende Bild wird als virtuelle Bild bezeichnet. Die rekonstruierte 3D-Abbildung kann auch aus verschiedenen Positionen und somit aus verschiedenen Richtungen betrachtet werden.

Unterscheidung von Hologrammen

Es gibt verschiedene Arten von Hologrammen. Diese werden der Vollständigkeit halber hier erwähnt.
- Amplitudenhologramm (wenn absorbierendes Aufzeichnungsmaterial verwendet wird)
- Phasenhologramme (wenn transparentes Aufzeichnungsmaterial verwendet wird)

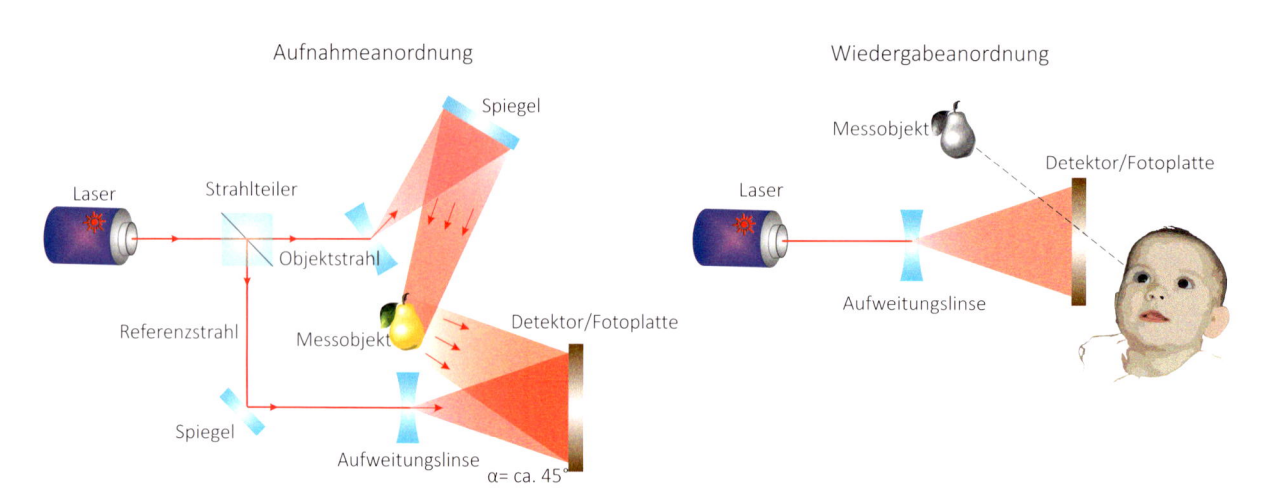

Bild 4.1 Holografische Aufzeichnung (links) von Informationen auf ebenen Fotoplatten und Wiedergabe (rechts)

- Weißlichthologramme (bei Aufzeichnung werden Laser mit unterschiedlichen Wellenlängen benutzt und überlagert)
- dünne Hologramme (Dicke des Aufzeichnungsmaterials ist kleiner als die Lichtwellenlänge)
- dicke Hologramme (Dicke des Aufzeichnungsmaterials ist größer als die Lichtwellenlänge).

4.2.1 Elektronische Speckle-Pattern-Interferometrie (ESPI)

Anstelle von holografischen Platten wird in modernen Systemen eine Digitalkamera eingesetzt. Wegen der zu geringen Auflösung ist es jedoch nicht möglich, auf einem CCD- oder CMOS-Sensor holografische Interferenzmuster aufzuzeichnen (Buse 2003). Beim Beleuchten der Objektoberfläche, deren Raugkeit größer als die Wellenlänge der verwendeten Lichtquelle ist, kann ein fleckiges Muster auf der Oberfläche beobachtet werden. Diese Erscheinung wird als Speckle-Pattern bezeichnet. Bedingung für die Entstehung dieses Musters

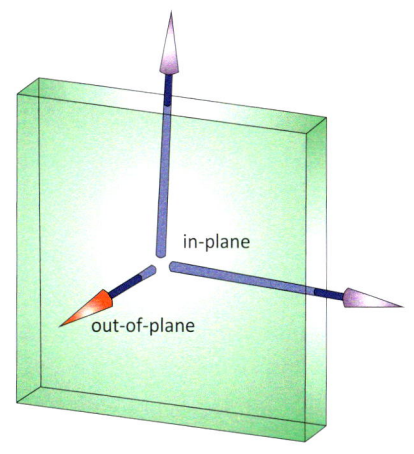

Bild 4.2 Unterschied zwischen in-plane (in der Ebene) und out-of-plane (aus der Ebene heraus)

ist die Verwendung von Lichtquellen mit kohärenter Strahlung. Das Speckle-Muster ist relativ grob genug und kann von CCD- bzw. CMOS-Sensoren aufgenommen werden.

Grundsätzlich unterscheidet man zwei verschiedene

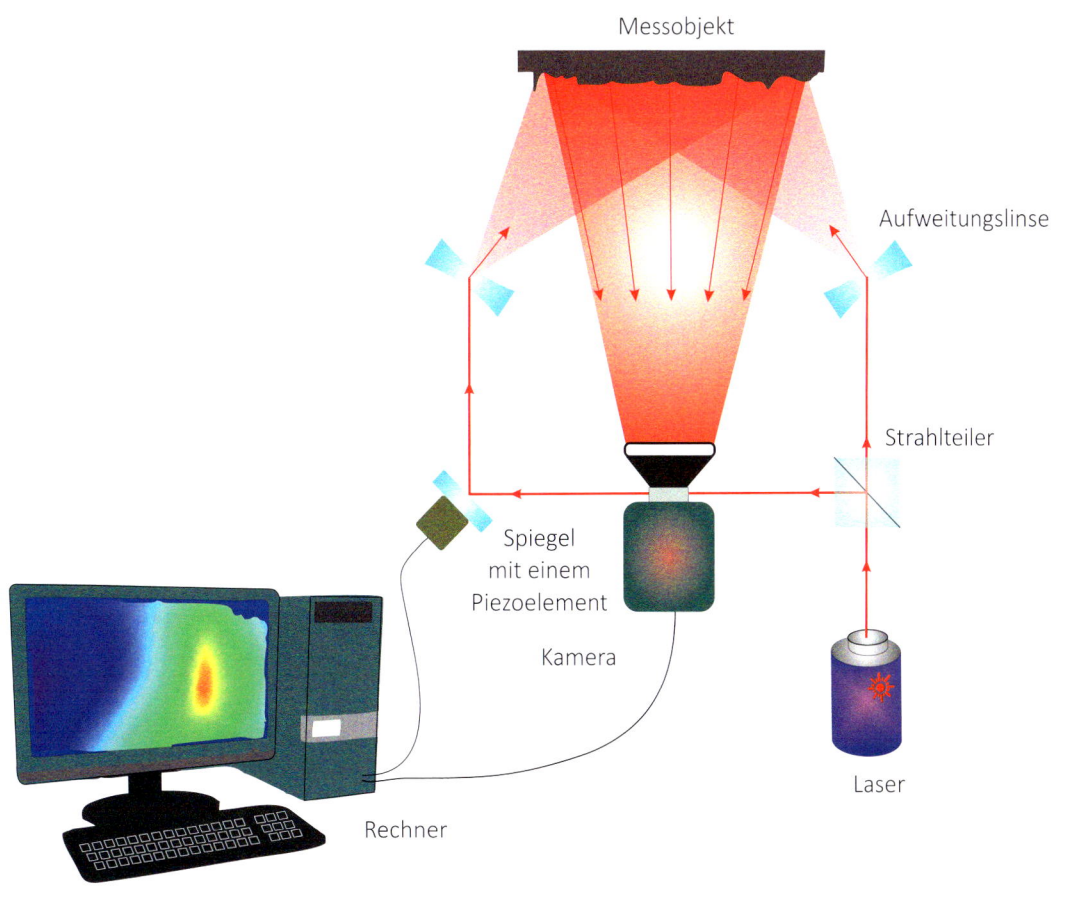

Bild 4.3 Schematischer Aufbau des ESPI-Aufbaus (in-plane)

Arten des Messaufbaus zur Messung von unterschiedlichen Verformungskomponenten. Bei dreidimensionalen Messungen werden alle drei Verformungsrichtungen gemessen. Die Deformationen aus der Ebene der untersuchten Oberfläche heraus werden als out-of-plane-Verformungen bezeichnet. Die in der Ebene liegenden Komponenten der Deformation sind die sogenannten in-plane-Verformungen (Bild 4.2).

Bei in-plane-Messungen wird das vom Laser ausgesandete Lichtbündel mittels eines Strahlteilers in zwei Teilstrahlen aufgeteilt. In einen der beiden Beleuchtungsstrahlen wird ein Piezoaktor eingebracht. Die beiden Teilstrahlen beleuchten das Messobjekt. Das reflektierte Licht wird von einem CCD- bzw. CMOS-Sensor erfasst (Bild 4.3).

Der out-of-plane-Aufbau unterscheidet sich von dem bereits beschriebenen in-plane-Aufbau dadurch, dass nach dem Strahlteiler ein Teilstrahl (Objektstrahl) zum Beleuchten der Messobjektoberfläche verwendet wird. Der zweite, schwächere Teilstrahl (Referenzstrahl) gelangt dagegen direkt zum Detektor, wo er sich mit dem Objektstrahl überlagert. Die Überlagerung der beiden Strahlen führt zu gewünschter Interferenz (Bild 4.4). Wenn beide Teilstrahlen auf dem Detektor zusammentreffen, kommt es nun auf jedem Pixel zu einer Interferenz der eintreffenden Wellen. Die draus resultierende Intensität kann wie folgt mathematisch bestimmt werden:

$$I = I_{Obj} + I_{Ref} + 2\sqrt{I_{Obj}I_{Ref}} \cos(\Delta\phi)$$

Mit:
I – Gemessene Intensität
I_{Obj} – Intensität der Objektwelle
I_{Ref} – Intensität der Referenzwelle
$\Delta\phi$ – Phasendifferenz zwischen den beiden Teilwellen.

Bei geradem Vielfachen von 2π ist die Intensität maximal, bei ungeradem Vielfachen ist die Intensität dagegen minimal.

Die einfachste Möglichkeit zur Berechnung der Verfor-

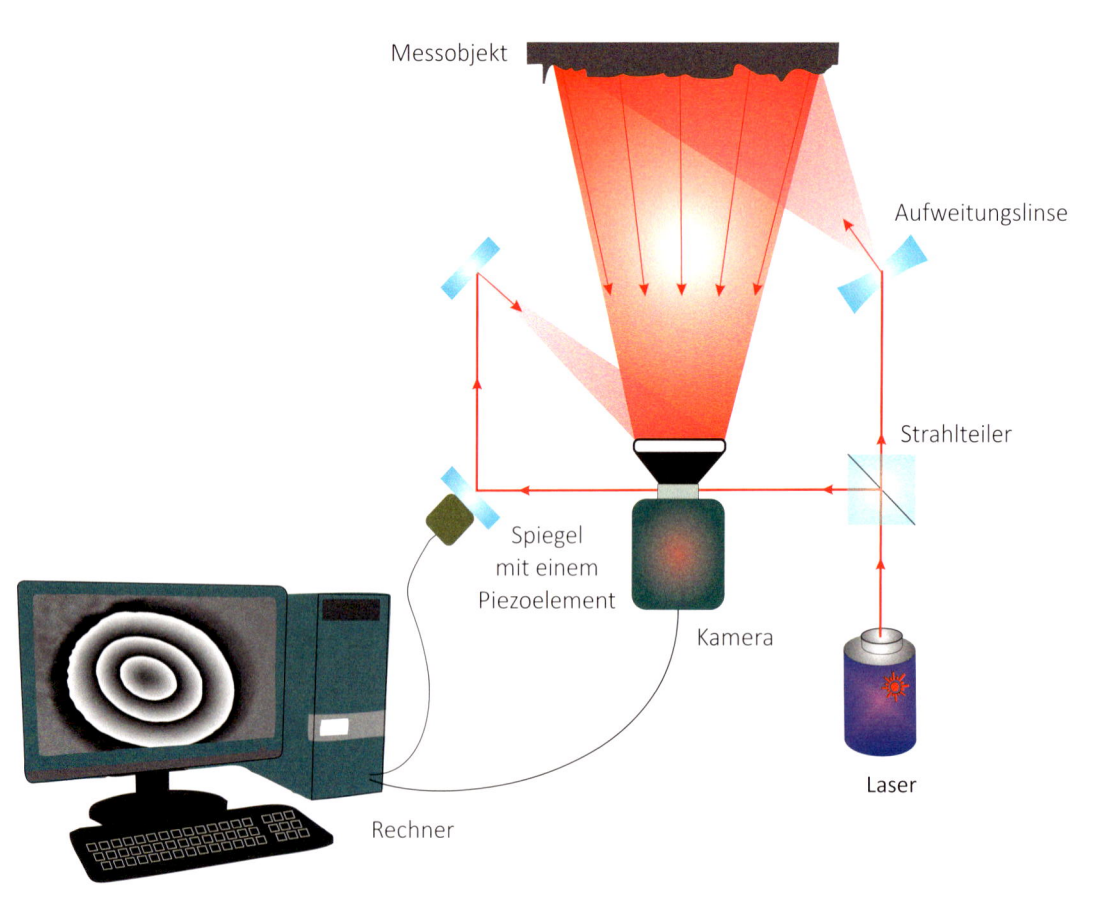

Bild 4.4 Schematischer Aufbau des ESPI-Aufbaus (out-of-plane)

mung stellt die Subtraktion der gemessenen Lichtintensitäten aus zwei verschiedenen Verformungszuständen dar (Bild 4.5).

$$V = (V_{unb} - V_{bel}) \propto (I_{unb} - I_{bel}) = 2\sqrt{I_{Obj} \cdot I_{Ref}}\left[\cos\varphi_{unb} - \cos(\varphi_{unb} + \Delta\varphi)\right]$$

V_{unb} – Verformung im unbelasteten Zustand
V_{bel} – Verformung im belasteten Zustand
φ_{unb} – Phasenwinkel im unbelasteten Zustand.

Bild 4.5 Entstehung von Hologrammen durch Subtraktion der gemessenen Lichtintensitäten aus zwei verschiedenen Messobjektzuständen

Der Nachteil der beschriebenen Messanordnung und Auswertung besteht darin, dass die Verformungen lediglich qualitativ ausgewertet werden können. Um diesen Nachteil zu beseitigen, ist eine Erweiterung des Messsystems erforderlich.

Um die quantitative Berechnung der Verformungen zu erlauben, ist die Bestimmung der drei Unbekannten aus der obigen Gleichung erforderlich. Das sind der Gleichlichtanteil ($I_{Obj} + I_{Ref}$), die Modulation ($2\sqrt{I_{Obj} \cdot I_{Ref}}$) und die Phase ($\Delta\varphi$). Dies bedeutet, dass mindestens drei Messungen pro Objektzustand vorgenommen werden müssen.

Als besonders praxistauglich hat sich das Phasenschiebeverfahren mit vier Aufnahmen (Four-Bucket-Verfahren) je Objektzustand erwiesen. Zwischen den Messungen wird eine konstante Phasenschiebung des Referenzstrahls mittels Piezoaktoren um jeweils $\pi/2$ durchgeführt.

$$I_1(x,y) = I_0(x,y)\left[1 + \gamma(x,y) \cdot \cos(\phi(x,y))\right]$$

$$I_2(x,y) = I_0(x,y)\left[1 + \gamma(x,y) \cdot \cos(\phi(x,y) + \pi/2)\right]$$

$$I_3(x,y) = I_0(x,y)\left[1 + \gamma(x,y) \cdot \cos(\phi(x,y) + \pi)\right]$$

$$I_4(x,y) = I_0(x,y)\left[1 + \gamma(x,y) \cdot \cos(\phi(x,y) + 3\pi/2)\right]$$

$\gamma = 2\sqrt{I_{Obj} \cdot I_{Ref}}$ – Modulation

$I_0 = I_{Obj} + I_{Ref}$ – Gleichlichtanteil

Anhand dieser Gleichungen kann nun die gesuchte Phase berechnet werden.

$$\varphi(x,y) = \arctan\left[\frac{I_4(x,y) - I_2(x,y)}{I_1(x,y) - I_3(x,y)}\right]$$

Die Phasendifferenz wird aus den Phasen der beiden Objektzustände (Referenz- und verformter Zustand) ermittelt.

$$\Delta\varphi = \varphi_{verf} - \varphi_{ref}$$

Die ermittelte Phasendifferenz kann nach der Filterung und Demodulierung (unwrap) der Daten (Umrechnung in einen stetigen Verlauf) (Bild 4.6) in Verformungs-

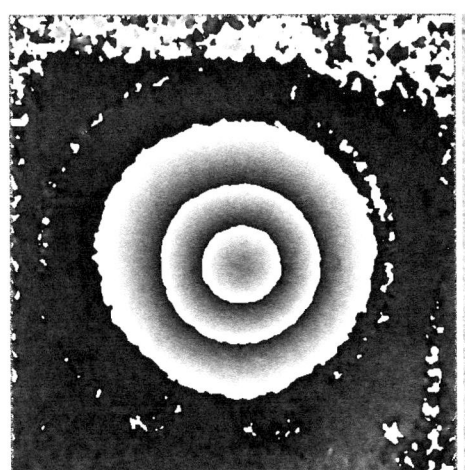

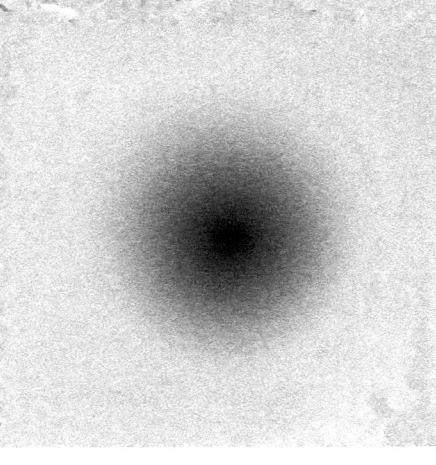

Bild 4.6
Gefiltertes (links) und demoduliertes (rechts) Phasenbild einer zentrisch belasteten Metallkreisplatte

4 Holografie zur Schwingungsmessung

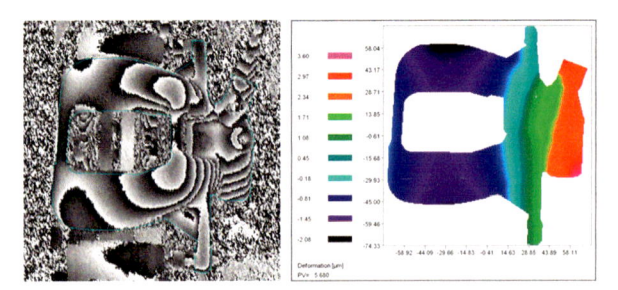

Bild 4.7 Phasenbild (links) und ermittelte Verformung (rechts) eines Bremssattels bei Betriebsbelastung

4.2.2 Erweiterung der klassischen Holografie auf dynamische Schwingungsanalyse

Durch die Kombination der konventionellen Modalanalyse und der Holografie ist eine quantitative Untersuchung von dynamischen Vorgängen möglich (Bild 4.8). Für diesen Zweck werden zusätzliche Geräte benötigt. Das Messobjekt muss im Vergleich zur statischen Verformungsmessung dynamisch angeregt werden. Für diesen Zweck kommen Schwingungserreger (im Folgenden auch als Shaker bezeichnet) zum Einsatz. Je nach Messobjektgröße, gewünschte Amplitude und Steifigkeit der Struktur gibt es verschiedene Shakersysteme. Der Shaker leitet in Amplitude und Frequenz modellierte Signale in die Teststruktur ein. Um verschiedene Schwingungszustände erfassen zu kön-

werte umgerechnet und für die anschließende Darstellung gespeichert werden (Bild 4.7).

Aus dem demoduliertem Phasenbild können die Verformungen mit einer Genauigkeit im nm-Bereich bestimmt werden. Dafür muss lediglich die Wellenlänge des eingesetzten Lasers bekannt sein.

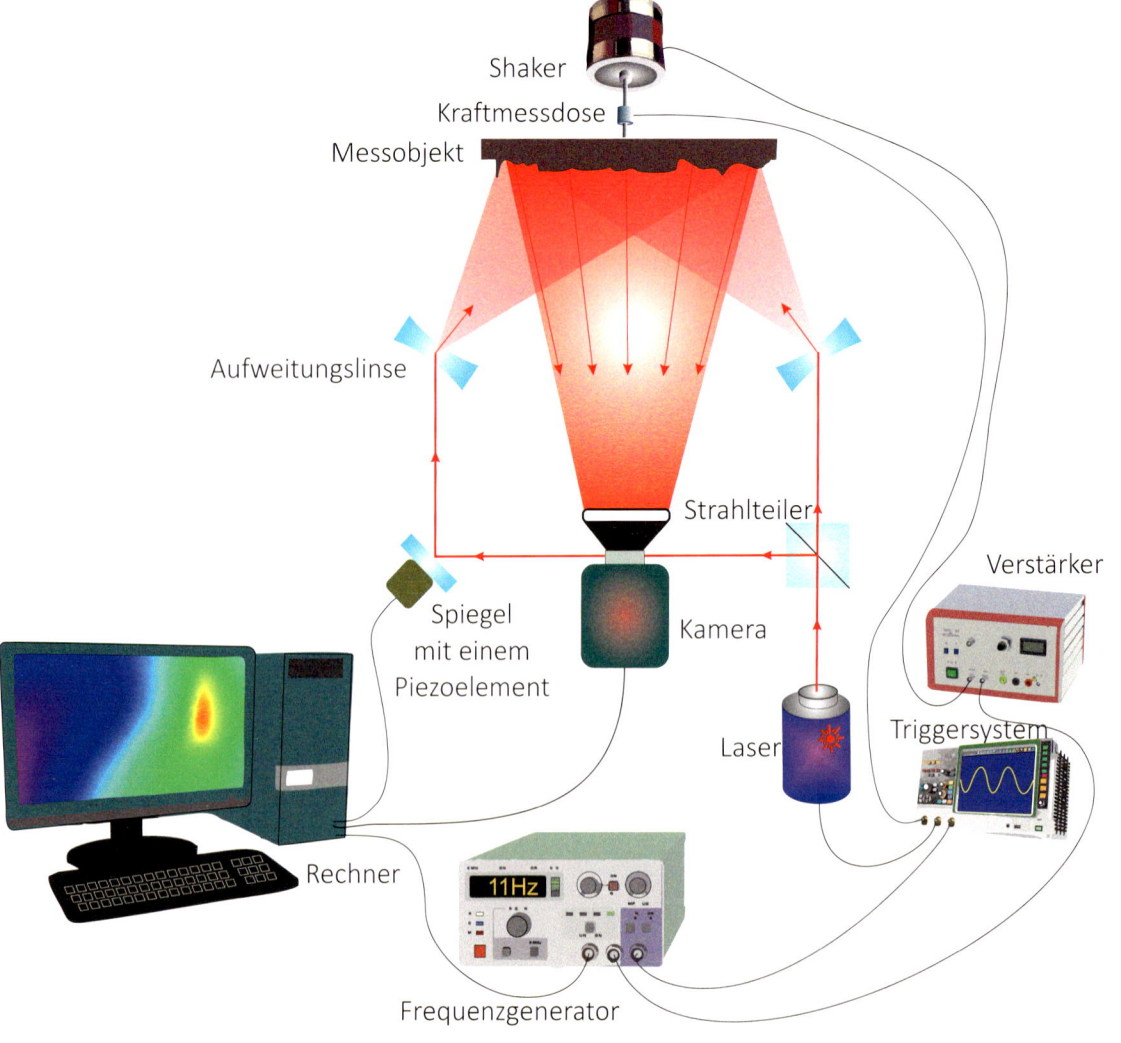

Bild 4.8 Schematischer Aufbau des ESPI-Aufbaus (in-plane) für dynamische Untersuchungen

nen, muss das Laserlicht der Schwingungsfrequenz angepasst sein. Der Laser wird idealerweise gepulst betrieben. Ein Triggersystem synchronisiert den Zeitpunkt für den Pulsbetrieb des Lasers und die Schwingungsanregung des Shakers.

Zum Erzeugen des Anregungssignals wird ein Frequenzgenerator benötigt. Die Amplitude und Frequenz werden vom Rechner aus vorgegeben. Zwischen dem Messobjekt und dem Shaker befindet sich ein Kraftmessaufnehmer, der es ermöglicht, die Amplitude der Kraftanregung zu steuern. Aufgrund der hohen Empfindlichkeit der Holografie kann es schnell passieren, dass wegen zu großer Anregungsamplitude die Messungen nicht möglich werden.

Der Laser und der Shaker werden aufeinander so abgestimmt, dass für die Kamera lediglich ein Verformungszustand der Schwingung sichtbar wird. Diese Beleuchtungsart wird auch als stroboskopische Beleuchtung bezeichnet. Dies wird dadurch erreicht, dass der Laser immer an der gleichen Stelle der Objektschwingung die Objektoberfläche ausleuchtet und somit lediglich diese Auslenkung (Verformung) für die Kamera sichtbar wird. Aufgrund einer gewissen Belichtungszeit nimmt die Kamera mehrere Perioden der Schwingung auf (Bild 4.9).

Für die quantitative Auswertung von Schwingungsvorgängen kommen für das Phasenschieben weitere Steuereinheiten dazu. Die Notwendigkeit resultiert daraus, dass mehrere Aufnahmen je Objektzustand notwendig sind.

Zur Detektion von Resonanzfrequenzen gibt es grundsätzlich zwei Möglichkeiten. Die erste Methode besteht darin, den zu untersuchenden Frequenzbereich durch kleine Änderungen der Anregungsfrequenz zu analysieren. Diese Methode ist jedoch sehr zeitaufwendig. Die zweite Möglichkeit kombiniert die Vorteile der klassischen Modalanalyse und der Holografie. Mithilfe eines Beschleunigungssensors und geeigneter mathematischer Verfahren werden die Eigenfrequenzen grob bestimmt (Bild 4.10). Anschließend werden die bereits bekannten Eigenfrequenzen mithilfe der holografischen Modalanalyse genauer untersucht und die Schwingungsformen bestimmt.

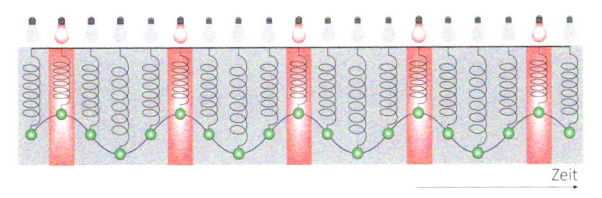

Bild 4.9 Prinzip der stroboskopischen Beleuchtung – beleuchtet wird immer lediglich eine Stelle der erzwungenen Schwingung und folglich wird nur dieser Belastungszustand von der Kamera erfasst.

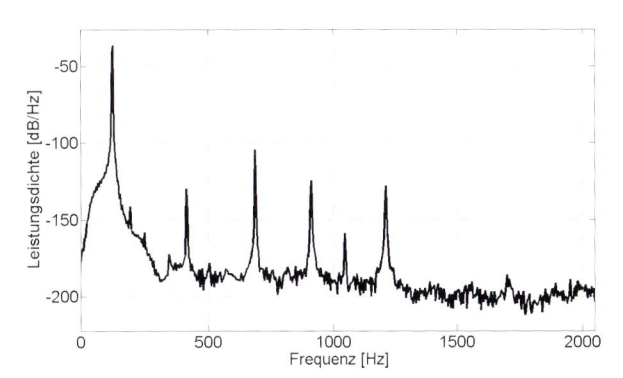

Bild 4.10 Mithilfe eines Beschleunigungssensors ermittelte Eigenfrequenzen (Ausschläge im Leistungsdichtediagramm)

5 Bildbasierte Schwingungsanalyse und Videostroboskopie

Das Prinzip der Stroboskopie ist der Menschheit schon lange bekannt. Chevalier d'Arcy zeigte im Jahre 1754, dass glühende Kohle befestigt an einem Draht und versetzt in Kreisbewegung nicht an einzelnen Punkten, sondern als ein einziger, glühender Kreis wahrgenommen wird. Die theoretischen Grundlagen zur Beschreibung dieses Phänomens gehen aber auf den englischen Arzt Peter Marc Roget zurück. Er hat beobachtet, dass Radspeichen bei bestimmten Geschwindigkeiten unbewegliche Formen annahmen. In seiner Abhandlung „The Persistence of Vision with regards to Moving Objekts" aus dem Jahre 1824 beschreibt er zum ersten Mal mathematisch die Stroboskopie. Das war der Impuls zu der Entwicklung der Filmtechnik (Dencker 2011). Schnell laufende Prozesse können also bei geeigneter Beleuchtung oder Kamerasteuerung verlangsamt oder sogar als stehendes Bild betrachtet werden. Alternativ können Hochgeschwindigkeitskameras verwendet werden, um das aufgenommene Video anschließend langsamer abzuspielen.

5.1 Verfahrensgrundlagen

Prinzip der bildbasierten Schwingungsanalyse und der Videostroboskopie

Unter Videostroboskopie versteht man in regelmäßigen Zeitintervallen, die Aufnahme von periodischen Prozessen zu bestimmen, mit dem Ziel des visuellen Einfrierens oder Verlangsamens. Bei der bildbasierten Schwingungsanalyse werden Hochgeschwindigkeitskameras eingesetzt (Bild 5.1).

Vor- und Nachteile der bildbasierten Schwingungsanalyse und der Videostroboskopie

Vorteile	Nachteile
flächenhafte Messungen möglich	Genauigkeit eingeschränkt
für große Messobjekte geeignet	Frequenzbereich begrenzt
schnelle Messung (in Echtzeit)	keine quantitative Analyse von Verformungen und Spannungen
kompakt (transportabel)	teuer bei Verwendung von Hochgeschwindigkeitskameras
relativ preiswert	
kein Laserschutz erforderlich	

Messbereich/Messgenauigkeit der bildbasierten Schwingungsanalyse und der Videostroboskopie

Mit Hilfe des Verfahrens Videostroboskopie können sowohl sehr langsame (0,01 Hz) als auch sehr hochfrequente Vorgänge (bis zu 50 kHz) untersucht werden. Bei der bildbasierten Schwingungsanalyse wird die Grenzfrequenz von der verwendeten Hochgeschwindigkeitskamera (meist im Bereich von 1 kHz) vorgegeben. Die Auflösung hängt von der verwendeten Kamera und dem Objektiv ab. Die Auflösung beträgt bei modernen Systemen typischerweise 5 MPixel. Die zulässige Messobjektgröße hängt entscheidend von den verwendeten Optiken ab. Mit Hilfe von Makroobjektiven können sehr kleine Prüflinge (< 1 mm^2) untersucht werden. Zwecks Analyse von großen > 1 m^2 und weit entfernten Objekten sind Zoomobjektive zu verwendet. Die detektierbaren Schwingungsamplituden können sowohl wenige Millimeter als auch einige Meter betragen.

Typische Anwendungen der bildbasierten Schwingungsanalyse und der Videostroboskopie

Die Videostroboskopie und die bildbasierte Schwingungsanalyse werden für berührungslose Untersuchungen von dynamischen Vorgängen eingesetzt. Um Resonanzerscheinungen zu vermeiden, ist die Kenntnis der kritischen Eigenfrequenzen für verschiedenste Konstruktionen von großer Bedeutung. Eine automatische Aufnahme der Frequenzantwortfunktion ist mit Hilfe der Videostroboskopie möglich und bildet die Grundlage für die anschließende Resonanzfrequenzbestimmung.

Schnell rotierende Objekte (zum Beispiel Fahrzeugräder) oder zyklische Vorgänge können zum Beispiel sehr gut mit Hilfe der Videostroboskopie und der bildbasierten Schwingungsanalyse untersucht werden. Die Messobjekte erscheinen für den Beobachter als unbeweglich oder bewegen sich zeitverzögert. Die moderne Serienfertigung ist für das menschliche Auge teilweise zu schnell, um die einzelnen Produktionsschritte erfassen zu können. An dieser Stelle liefert die Videostroboskopie ein wichtiges Hilfswerkzeug.

Die Anwendung der Videostroboskopie ist in der Medizintechnik weit verbreitet. Hierzu zählen beispielsweise folgende Schwerpunkte:
- Analyse der Stimmlippenschwingungen
- Analyse der Schwingungen des Trommelfells

5.2 Messverfahren der Videostroboskopie und der bildbasierten Schwingungsanalyse

Der prinzipielle Aufbau der Videostroboskopie stellt eine Erweiterung der klassischen Fotografie dar. Zusätzlich zur digitalen Kamera wird ein Rechner zum Aufzeichnen und Steuern des Messgerätes benötigt. Zum optischen Einfrieren oder Verlangsamen von dynamischen Vorgängen existieren zwei Möglichkeiten. Die erste Methode besteht darin, mit der Kamera dauerhaft das Messobjekt aufzunehmen und den stroboskopischen Effekt über eine Blitzlampe zu erzielen. Die Kamera kann also somit lediglich die ausgeleuchteten Sequenzen der gesamten Bewegung wahrnehmen. Eine alternative Methode besteht darin, den Belichtungszeitpunkt der Kamera präzise zu steuern. Die externe Beleuchtung dient in so einem Fall als Hilfsmittel, um während der meist sehr kurzen Belichtungsphase den Kamerachip mit genügend Licht zu versorgen, also die Messszene besser auszuleuchten. Die zweite Variante hat den Vorteil, dass kein störendes Blitzlicht verwendet wird. Einen etwas anderen Weg

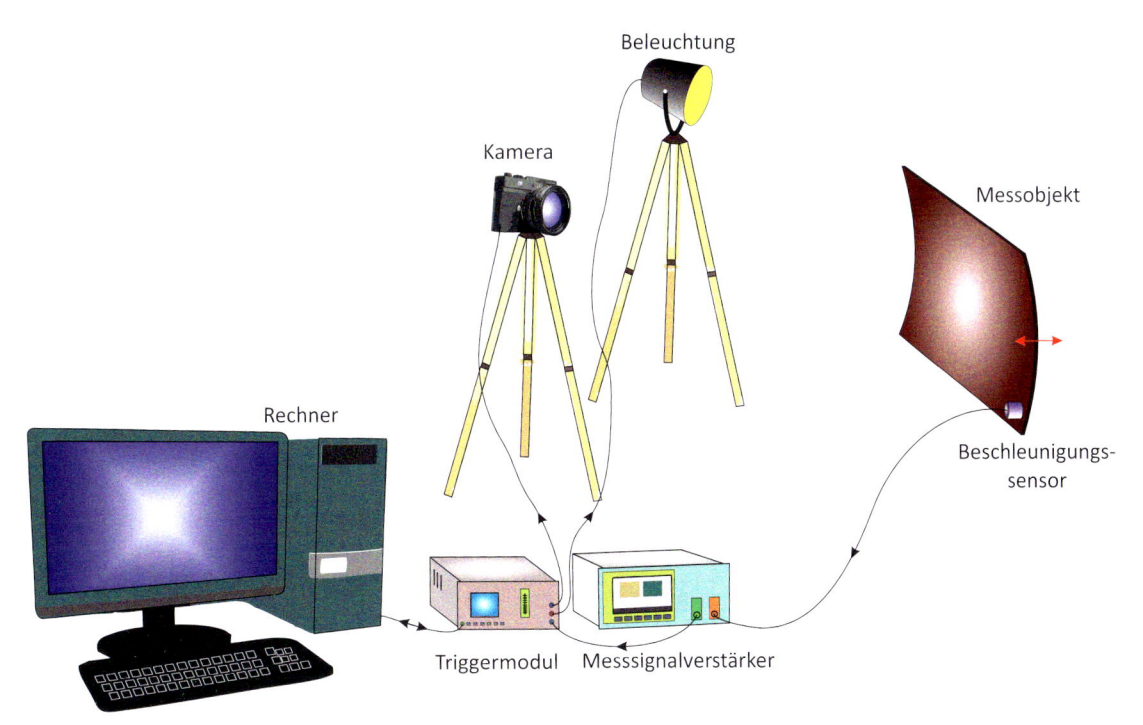

Bild 5.1 Prinzip der Videostroboskopie

geht man bei dem Verfahren der bildbasierten Schwingungsanalyse. Bei dieser Methode wird der Aufbau vereinfacht und eine Hochgeschwindigkeitskamera verwendet. Die verfügbare Auflösung und der hohe Anschaffungspreis sind aber nachteilig bei diesem Verfahren.

Um Informationen bezüglich der Schwingungsfrequenz des Messobjektes zu gewinnen, wird oftmals ein Beschleunigungssensor auf die Oberfläche aufgeklebt. Mit Hilfe der so gewonnenen Information ist es nun möglich, über ein Triggersystem die Kamera oder die Beleuchtung der Messobjektschwingung anzupassen (bei Hochgeschwindigkeitskameras nicht erforderlich). Da die Spannung eines Beschleunigungsaufnehmers im mV-Bereich liegt, ist ein analoger Verstärker notwendig.

Die Software dient nicht nur dazu, das Messsystem zu steuern, sondern auch um diese aufzuzeichnen und auszuwerten (auch in Echtzeit). So können zum Beispiel Resonanzfrequenzen und Resonanzkurven bestimmt werden.

Im praktischen Einsatz werden oft Shaker zur Zwangserregung von Messobjekten eingesetzt. In solchen Fällen kann das Eingangssignal direkt vom Frequenzgenerator abgegriffen werden. Der Frequenzgenerator ist zum Steuern des Shakers notwendig.

bei dynamischer Anregung durch Unebenheiten der Straße die einzelnen Komponenten auf der Elektronikplatine in Resonanzschwingungen versetzt werden (Bild 5.2). Diese Resonanzerscheinungen sind grundsätzlich zu vermeiden, da sie zur Zerstörung der Bauteile führt.

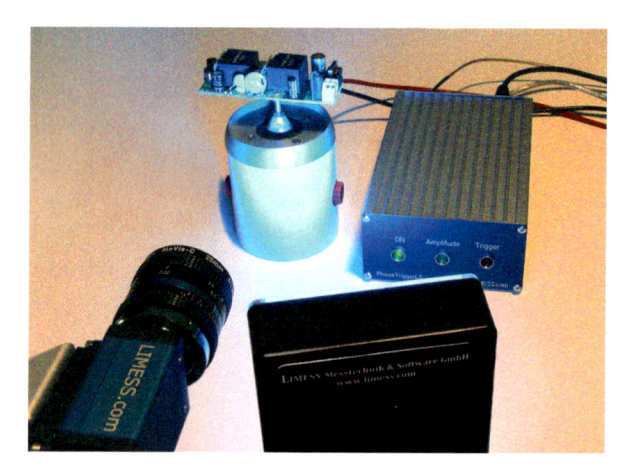

Bild 5.2 Videostroboskopiesystem (StrobeCam) mit Triggerelektronik und Beleuchtung zum Untersuchen einer Elektronikplatine, die mittels eines Shakers in Schwingungen versetzt wird (mit freundlicher Genehmigung der LIMESS Messtechnik & Software GmbH)

Die Kamera wird elektronisch hochpräzise synchronisiert und friert aufgrund der kurzen Belichtungszeit die Bewegung ähnlich wie bei einer Stroboskoplampe ein. Damit ist die Aufzeichnung von Bildsequenzen für die Bewegungsvisualisierung, die Online-Messung und die Erfassung von Resonanzkurven bis ca. 4 kHz möglich.

Anhand der aufgezeichneten Resonanzkurve ist eine genaue Ermittlung der Bewegungsamplituden und der Resonanzfrequenzen möglich (Bild 5.3). Ein Vergleich mit den Erregerfrequenzen aus dem Betrieb des Produktes lässt eine Aussage bezüglich der zu erwartenden Lebensdauer zu.

5.3 Anwendungsbeispiele der bildbasierten Schwingungsanalyse und der Videostroboskopie

Die Videostroboskopie wird oft zur Visualisierung und Messung von Bewegungen bei periodischen Vorgängen auf einem Shaker oder in der Produktion eingesetzt.

5.3.1 Vibrationsanalyse an einer Elektronikplatine

Ein häufiger Grund für Autopannen ist der Ausfall der Bordelektronik. Selbst kleine Bauteile sind in der Lage, einen Totalausfall eines Fahrzeuges zu verursachen. Ein möglicher Auslöser für die Störung ist die falsche, dynamische Auslegung der Elektronikbauteile, so dass

5.3.2 Prüfung der Rotorblätter von Windenergieanlagen

Bei welchen Lasten ermüden Rotorblätter und wann werden Materialfehler sichtbar? Diese Fragestellung untersucht das Kompetenzzentrum Rotorblatt des IWES (Institut für Windenergie und Energiesystemtechnik). Die bislang eingesetzten Seilzugpotentiometer sind als Schwachstelle der Prüfung zu betrachten.

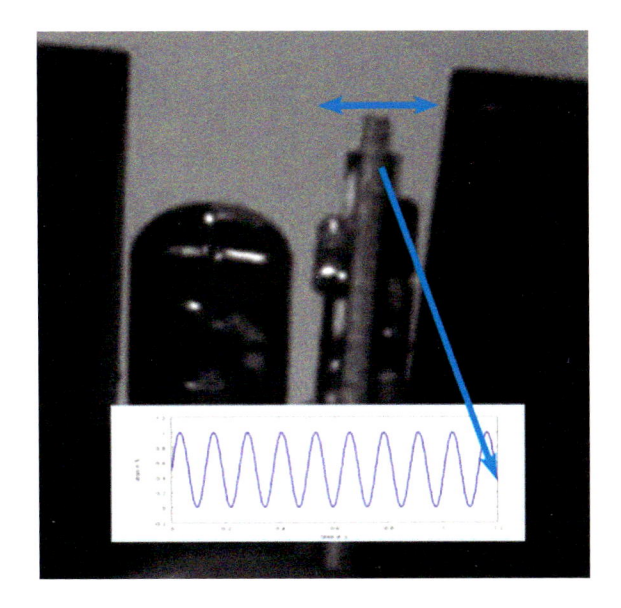

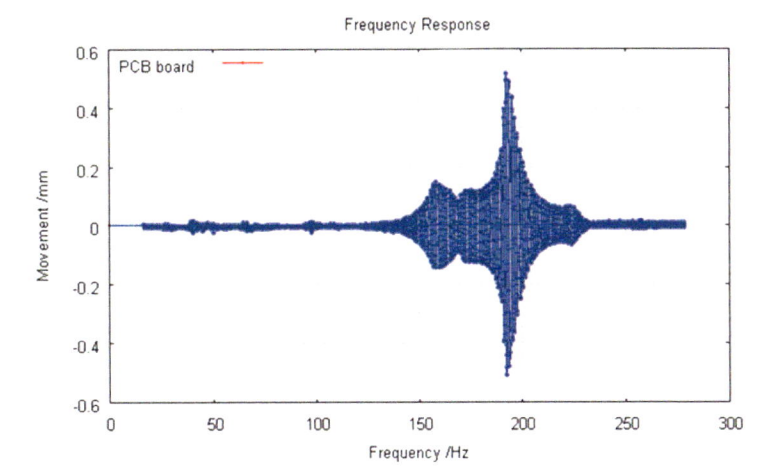

Bild 5.3
Die gemessene Schwingungsamplitude an einer Elektronikplatine (oben), die gemessene Resonanzkurve (unten), (mit freundlicher Genehmigung der LIMESS Messtechnik & Software GmbH)

Ab einer bestimmten Seillänge werden die Seilzüge zu träge, sie reagieren nicht mehr schnell genug auf hochdynamische Bewegungsänderungen. Dies kann zu ungenauen Messergebnissen führen. Das war der Anstoß, anstelle dieser mechanischen Messverfahren künftig ein optisches 3D-Messsystem einzusetzen, bei dem keinerlei Kopplung zwischen Messgerät und Prüfling besteht.

Das System arbeitet mit hochauflösenden Digitalkameras, die auf das Messobjekt ausgerichtet werden. Im Falle des IWES benötigt man aufgrund der Länge der Rotorblätter von bis zu 90 m vier Kameras, die jeweils auf einem Stativ stehen und um das Rotorblatt positioniert werden. Auf diese Weise überblickt MoveInspect HF Bewegungen des kompletten Prüflings.

Zur Messung werden die zu beobachtenden Messstellen mit selbstklebenden Punktmarken gekennzeichnet.

Bei einem Rotorblatt ist beispielsweise die Wegmessung der Blattspitze von enormer Bedeutung, die naturgemäß besonders weitreichende Bewegungen aushalten muss. Bei Blättern, deren Auslenkung an der Blattspitze ±10 m beträgt und welche mit 0,5 Hz schwingen, kommt es an der Blattspitze zu Geschwindigkeiten von bis zu 32 m/s

Die bildbasierte Schwingungsuntersuchung muss jedoch noch weitere Anforderungen erfüllen. Es wurde ein ausführlicher Katalog, der neben den Genauigkeitsspezifikationen auch testbezogene Leistungsmerkmale vom Messsystem einfordert, erarbeitet.

Dazu zählen auch statische Belastungstests. Für den statischen Belastungstest wird das Rotorblatt über Bolzen an einem Stahl-Betonblock fixiert. Dann wird die Belastung in einer vertikalen Abwärtsbewegung über hydraulische Zylinder, Seile und Umlenkrollen reali-

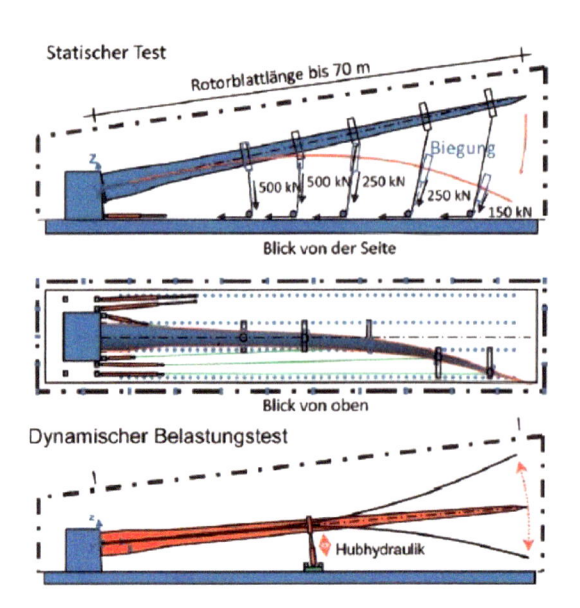

Bild 5.4 Belastungstests im IWES (links), AICONs Messsystem MoveInspect HF mit Zusatzblitz (rechts), (mit freundlicher Genehmigung von AICON 3D Systems GmbH)

siert, wobei das Blatt 1 bis 20 m ausgelenkt wird und kurzzeitig in der jeweiligen Position verharrt. Das optische Messsystem MoveInspect HF soll die Positionsänderung des Rotorblattes im Raum verfolgen und die 3D-Koordinaten relevanter Punkte an das zentrale Messwerterfassungssystem per CAN-Bus in Echtzeit weiterleiten. Dabei ist es besonders wichtig, dass das optische System über einen unbegrenzten Zeitraum präzise 3D-Messungen vornimmt und beliebig viele Punkte gleichzeitig misst (Bild 5.4).

Die synchron erfassten Messwerte müssen kontinuierlich in Echtzeit an das zentrale Messwerterfassungssystem weitergegeben werden. Im Anschluss liegen die Daten automatisch, bezogen auf ein rechtwinkeliges Koordinatensystem, vor.

5.3.3 Hochgeschwindigkeitsmessung von Radbewegungen

Seit Kraftfahrzeuge gebaut werden, beschäftigen sich Ingenieure mit der Konstruktion und Entwicklung der unterschiedlichen Komponenten des Fahrwerks, um den Komfort der Fahrzeuge zu erhöhen und gleichzeitig die aktive Sicherheit zu verbessern. In dieser Tradition arbeitet auch der Fachbereich „Fahrwerk" des Instituts für Kraftfahrzeuge (ika) der RWTH Aachen University. Seit 2013 setzt das ika erfolgreich Wheel-Watch für ihre Untersuchungen zur Fahrdynamik am Fahrzeug ein (Bild 5.5).

Zwecks Weiterentwicklung der eingesetzten Messtechnik entstand der Bedarf für ein optisches Hochgeschwindigkeitsmesssystem, das alle wichtigen Messwerte zur Bestimmung der Achskenngrößen wie Spur, Sturz und Verschiebungen in einem Fahrzeugkoordinatensystem liefert. Das System sollte sowohl im Fahrversuch auf der Teststrecke als auch am Prüfstand einsetzbar, sowie gegebenenfalls auf andere Messaufgaben übertragbar sein. Heute setzt das ika für die Aufgabe AICONs Messsystem WheelWatch ein (Bild 5.6).

Welchen Einfluss die verschiedenen Lagerarten sowohl auf Achsen und Radstellungen als auch auf das Fahrverhalten haben, ist beispielsweise eine der Fragen, die durch eine Einflussanalyse beantwortet werden soll. Dazu werden unterschiedliche Arten von Manövern gefahren. Die Vertikaldynamik wird unter anderem anhand von Geradeausfahrten auf Schlechtwegen untersucht. Für die Erfassung der Querdynamik werden genormte Fahrmanöver wie der VDA-Spurwechsel (nach ISO 3888-2) oder auch Open-loop-Manöver wie stationäre Kreisfahrt und Sinuslenken durchgeführt.

Jeweils eine Achse wird mit dem WheelWatch System ausgerüstet. Über jedes zu messende Rad ist eine Kamera montiert, die zeitgleich den Kotflügel als ortsfestes Referenzsystem und das Rad als zweiten Starrkörper erfasst. Messmarken an steifen Karosseriebauteilen wie dem Kotflügel kennzeichnen das Koordinatensystem des Fahrzeugs.

Ein spezieller Adapter in hochfester CFK-Leichtbauwei-

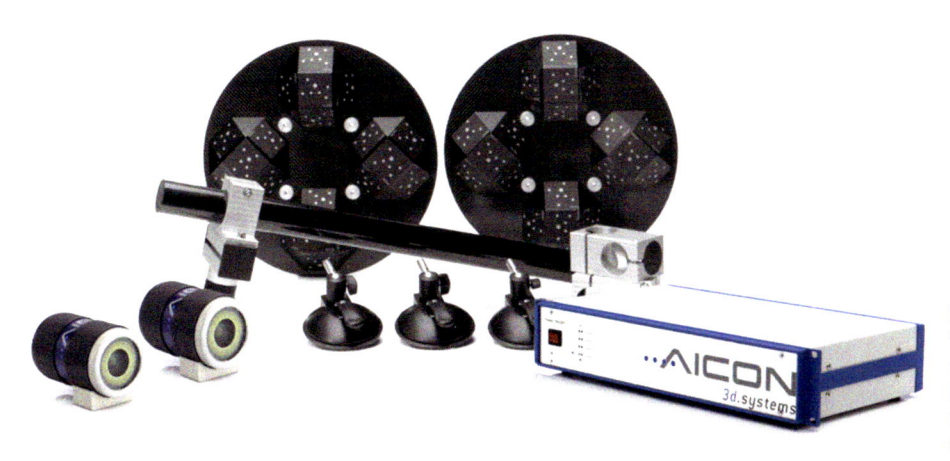

Bild 5.5
WheelWatch Systemkomponenten, bestehend aus 2 Kameras, Halterungen und kodierten Radkappen (mit freundlicher Genehmigung von AICON 3D Systems GmbH)

se signalisiert das Rad. Der komplette Aufbau inklusive Referenzierung, Radachskalibrierung und Systemsetup dauert weniger als eine Stunde pro Fahrzeugachse. Das Testfahrzeug hat neben dem WheelWatch System noch weitere Messtechnik an Bord: beispielsweise Sensoren, die Kräfte und Beschleunigung erfassen; auch Lenkroboter und Kreiselplattformen werden oftmals zeitgleich eingesetzt. Die unterschiedlichen Sensoren sind über verschiedene Schnittstellen (z. B. CAN, Ethernet, Analog) an die Datenerfassung angebunden, die Messdaten werden zeitsynchron zentral zusammengeführt und gespeichert, je nach Anforderung in Echtzeit oder im Post-Processing.

Kinematische Analyse am Prüfstand

Am Achsmessstand des ika wird die Kinematik und Elastokinematik von Fahrzeugen und Achsmodulen gemessen: Radverhalten, Radlasten, Spur- und Sturzänderungen, Längs-, Seiten- und Vertikalkräfte sowie die Verschiebung der Radaufstandspunkte sind beispielhafte Größen, die hier erfasst werden (Bild 5.7 und 5.8). Auch hier soll die Frage beantwortet werden, welchen Einfluss einzelne Komponenten auf die Achse haben. Dazu wird ein beladener Zustand des Fahrzeugs simuliert, d. h. das Fahrzeug wird in einen definierten Einfederzustand gebracht. Die Tests werden mit einem mechanischen Radersatzsystem und WheelWatch durchgeführt.

Bild 5.6 Mit WheelWatch ausgerüstetes Fahrzeug (links), Rad mit Messmarken und einer Kamera (rechts), (mit freundlicher Genehmigung von AICON 3D Systems GmbH)

5 Bildbasierte Schwingungsanalyse und Videostroboskopie

Bild 5.7 WheelWatch-Setup auf dem Prüfstand (mit freundlicher Genehmigung von AICON 3D Systems GmbH)

Auch auf dem Prüfstand arbeitet das ika parallel zur Messung mit WheelWatch mit einem eigenen Erfassungssystem für Kräfte und Wege. Ein Messrechner steuert den Prüfstand. Die mit WheelWatch bestimmten 6D-Daten (X, Y, Z, 3 Rotationen) werden in Echtzeit via Ethernet-Schnittstelle an die zentrale Datenerfassung geschickt. Ein aufwändiges Post-Processing wird damit vermieden. Das macht die Arbeit mit WheelWatch und die Integration des Systems in komplexere Messabläufe komfortabel und unkompliziert.

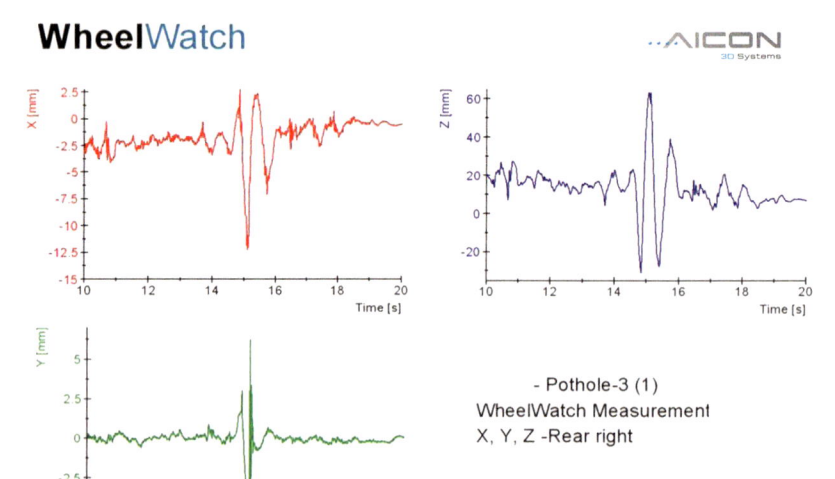

Bild 5.8 Exemplarische Ergebnisdarstellung der Radmittenpositionen X, Y, Z beim Durchfahren eines Schlaglochs (mit freundlicher Genehmigung von AICON 3D Systems GmbH)

6 Shearografie zur Schwingungsmessung

Die Shearografie ist ein interferometrisches Messverfahren. Die Entwicklung dieses Verfahrens erfolgte im Jahre 1973. Die rasche Entdeckung der Computer, Laser und der Kameras hat dieses Verfahren immer leistungsfähiger werden lassen. Eine industrielle Nutzung der Shearografie für die Schwingungsanalyse ist aber erst seit wenigen Jahren möglich und ist daher noch nicht weit verbreitet.

6.1 Verfahrensgrundlagen

Prinzip der Shearografischen Schwingungsmessung

Das von der Messobjektoberfläche reflektierte Laserlicht wird mit Hilfe eines Strahlteilers in zwei gleiche Teilstrahlen aufgespalten und durch jeweils einen Spiegel reflektiert. Durch Verkippung eines der beiden Spiegel wird ein geringer Versatz zwischen den beiden Wellenfronten erreicht. Bei Überlagerung der beiden Wellenfronten kommt es zu Interferenzerscheinungen, die Informationen bezüglich der Messobjektoberfläche beinhalten.

Vor- und Nachteile der Shearografischen Schwingungsmessung

Vorteile	Nachteile
flächenhafte Messungen möglich	komplexe Datennachbearbeitung
für große Messobjekte geeignet	Frequenzbereich begrenzt
schnelle Messung (in Echtzeit)	keine direkte Verformungsmessung
kompakt (transportabel)	Laserschutz erforderlich
relativ unempfindlich gegenüber Störungen	hohe Kosten bei Verwendung von Hochgeschwindigkeitskameras
materialunabhängig	

Messbereich/Messgenauigkeit der Shearografischen Schwingungsmessung

Die Größe des Messobjektes hängt von der verwendeten Optik und der Laserleistung ab. Beträgt aber typischerweise einige Quadratmeter (2 m^2–4 m^2). Bei Verwendung von Makroobjektiven können auch kleine Messobjekte untersucht werden (100 mm^2).

Der Frequenzbereich wird durch die verwendete Kamera und den Laser vorgegeben. Bei stroboskopischer Beleuchtung wird mit steigender Frequenz die Beleuchtungsdauer immer kürzer und ist somit irgendwann für kontrastreiche Shearogramme nicht mehr ausreichend. Deswegen ist der Frequenzbereich relativ stark limitiert. Der Frequenzbereich erstreckt sich typischerweise bis zu einigen kHz (50 kHz). Der Frequenzbereich kann erheblich erweitert werden, indem eine Hochgeschwindigkeitskamera verwendet wird. Dies ist aber mit sehr hohen Kosten verbunden.

Die Genauigkeit der Shearografie liegt im Bereich der Wellenlänge des verwendeten Lasers (weniger als 1 µm).

Typische Anwendungen der Shearografischen Schwingungsmessung

Zu den typischen Anwendungen gehören Untersuchungen von allen kleinen bis mittleren Größen Objekten. Hierzu können zum Beispiel Untersuchungen von Blechteilen im Automobilbau, Schiffsbau und sicherheitsrelevante Bauteile aus anderen Branchen gezählt werden.

6.2 Verfahren der Shearografischen Schwingungsmessung

Der Shearografischer Messaufbau entspricht einer modifizierten Form des klassischen Michelson Interferometers. Der Unterschied besteht darin, dass einer der Spiegel nicht parallel zum Strahlteiler steht. Das bewirkt eine Überlagerung des von der Messobjektoberfläche reflektierten und im Strahlteiler geteilten Lichts mit einem gewissen Versatz, dem sogenannten Shearbetrag. Dadurch interferiert jeder Bildpunkt nicht mit sich selbst, sondern mit einem vom Shearbetrag abhängigen Bildpunkt. Der Versatz zwischen den Punkten kann mit Δx angegeben werden. Die Koordinaten der Punkte im kartesischen Koordinatensystem können also wie folgt formuliert werden:

$\vec{d}_1(x,y)$ für den ersten Punkt und $\vec{d}_2(x+\Delta x, y)$ für den verschobenen Punkt

Mit der Kenntnis, dass es sich um einen Michelson-Aufbau handelt kann man die Empfindlichkeit E des Verfahrens formulieren (Purde 2006):

$$E = \frac{4\pi}{\lambda} \cdot \left(\vec{d}_1(x,y) - \vec{d}_2(x+\Delta x, y) \right) = \frac{4\pi}{\lambda} \cdot \left(\frac{\partial \vec{d}}{\partial x} \right) \cdot m \cdot \Delta x$$

m – Abbildungsmaßstab
λ – Wellenlänge des Lasers

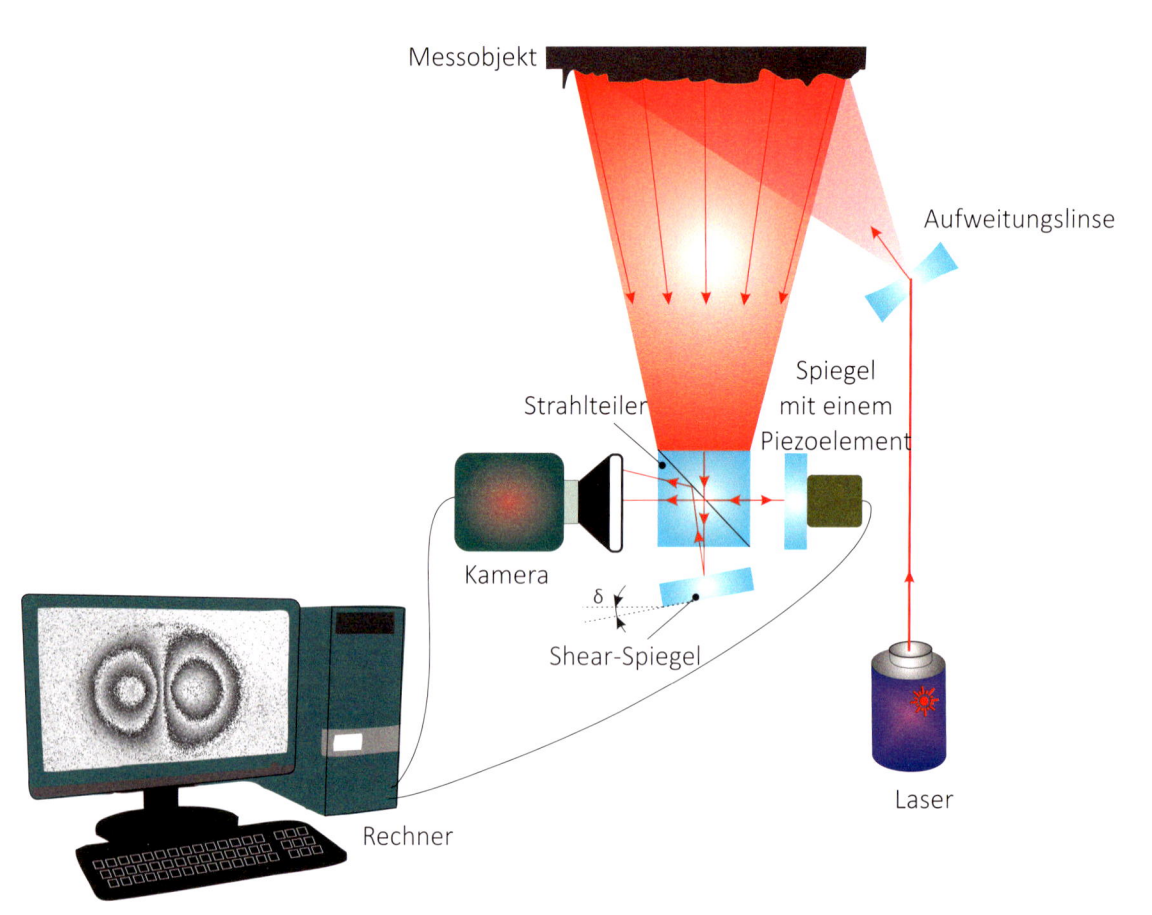

Bild 6.1 Prinzip der Shearografie (out-of-plane, aus der Ebene heraus)

Es ist zu erkennen, dass mit Hilfe der Shearografie annähernd die erste Ableitung des Verschiebungsvektors in Shearrichtung gemessen wird.

Im einfachsten Fall wird das Messobjekt nahezu senkrecht zur Oberfläche beleuchtet. Dabei wird die Verformungskomponente gemessen, die in Richtung des Messsystems zeigt (out-of-plane). Von der Kamera werden pixelweise Intensitäten I_i gemessen.

$$I_i = I_0 \left(1 + \gamma \cos(\phi)\right)$$

Mit I_0 wird die Grundintensität, mit γ die Modulation und mit ϕ die gesuchte Phaseninformation angegeben. Diese 3 Größen sind zunächst unbekannt. Das heißt, dass für eine quantitative Messung sie entsprechend ermittelt werden. Eine weit verbreitete Methode ist das sogenannte Phasenschiebe-Verfahren. Dabei wird eine definierte Verschiebung eines Spiegels (zum Beispiel mit Hilfe eines Piezoelementes) vorgenommen.

Es sind folglich mindestens 3 Gleichungen (also 3 Aufnahmen) notwendig, um eine quantitative Auswertung vornehmen zu können. In der Regel werden jedoch mehr als 3 Gleichungen erzeugt, um die Robustheit des Verfahrens zu erhöhen.

$$I_1 = I_0 \left(1 + \gamma \cos(\phi)\right)$$

$$I_2 = I_0 \left(1 + \gamma \cos(\phi + 90°)\right)$$

$$I_3 = I_0 \left(1 + \gamma \cos(\phi + 180°)\right)$$

$$I_4 = I_0 \left(1 + \gamma \cos(\phi + 270°)\right)$$

Da die Shearografie lediglich die Bestimmung der relativen Dehnung in Shearrichtung erlaubt, wird ein zweiter Objektzustand benötigt. Das bedeutet, dass nach Aufnahme des Grundzustands das Messobjekt in irgendeiner Weise belastet wird und erneut 4 Bilder aufgenommen werden.

$$I'_1 = I_0 \left(1 + \gamma \cos(\phi)\right)$$

$$I'_2 = I_0 \left(1 + \gamma \cos(\phi + 90°)\right)$$

$$I'_3 = I_0 \left(1 + \gamma \cos(\phi + 180°)\right)$$

$$I'_4 = I_0 \left(1 + \gamma \cos(\phi + 270°)\right)$$

Nun kann die gesuchte Phaseninformation berechnet werden (Bild 6.2):

$$\Delta = \phi' - \phi = \arctan \frac{(I_4 - I_2)}{(I_1 - I_3)} - \arctan \frac{(I'_4 - I'_2)}{(I'_1 - I'_3)}$$

Es existieren bereits Verfahren, die auch mit einer Aufnahme des jeweiligen Zustands auskommen (also insgesamt 2 Aufnahmen). Solche Verfahren basieren auf dem sogenannten räumlichen Phasenschieben. Diese Methode der Phasenschiebung befindet sich jedoch noch in der Erprobungsphase und ist zur Zeit industriell nicht vorhanden.

Um Dehnungen in der Ebene der Messobjektoberfläche (in-plane) erfassen zu können, muss der gezeigte Aufbau modifiziert werden. Die Messobjektoberfläche wird nun aus zwei verschiedenen Richtungen beleuchtet. Das Messobjekt wird nacheinander aus den beiden

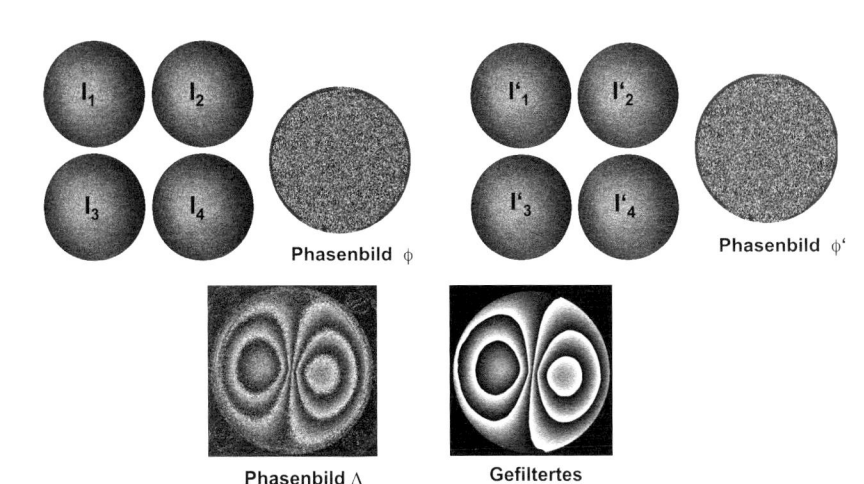

Bild 6.2
Alle Ergebnisse der shearografischen Untersuchung einer zentrisch belasteten Kreisplatte. Oben links sind vier Einzelaufnahmen des Grundzustands mit Berechnung des Phasenbildes, oben rechts vier Einzelaufnahmen der belasteten Kreisplatte, unten links das Ergebnisse der Verrechnung der beiden Phasenbilder, unten rechts das gefilterte Phasenbild

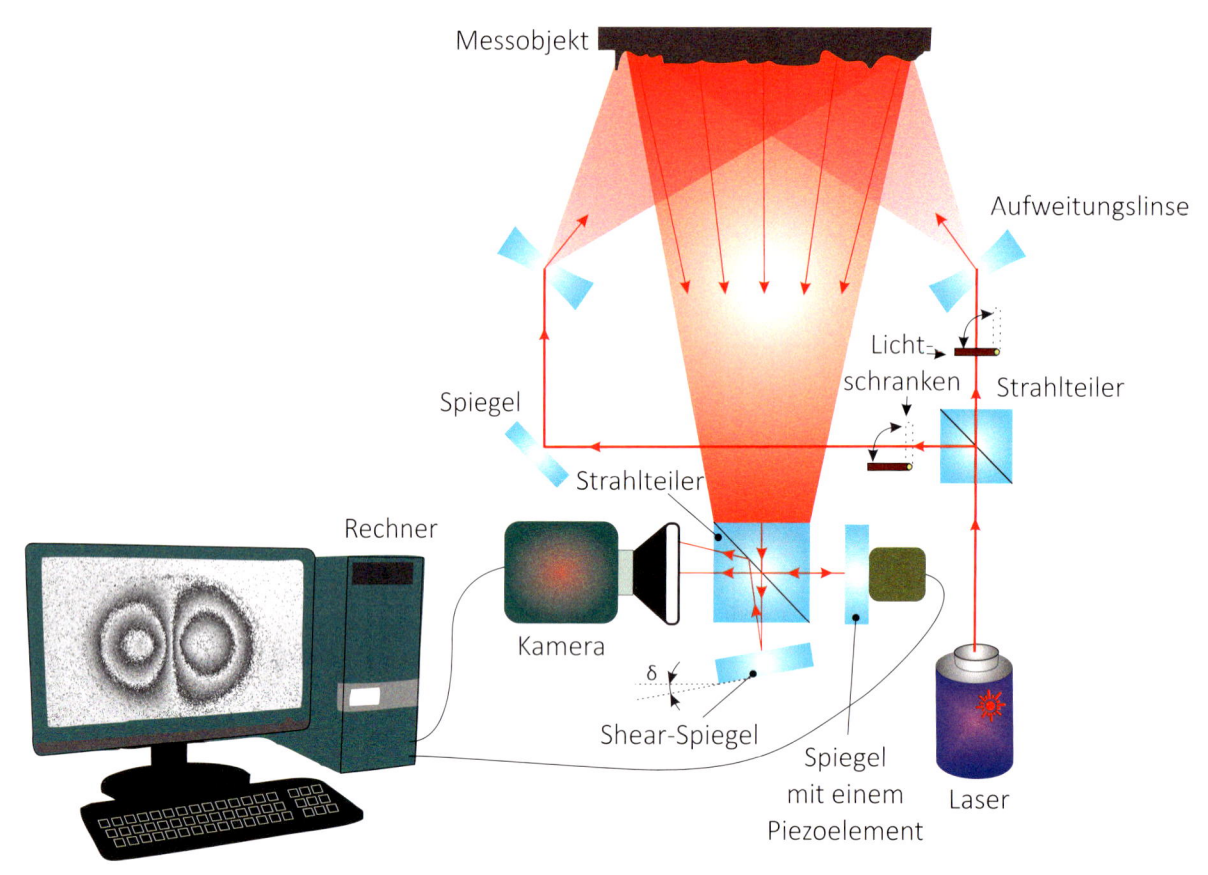

Bild 6.3 Shearografischer Aufbau für in-plane Messungen

Richtungen beleuchtet, indem die Lichtschranken auf und zu gemacht werden. Aus der Verrechnung aller aufgenommenen Intensitäten lassen sich die Dehnungen in der Messobjektoberfläche bestimmen. An der prinzipiellen bereits gezeigten mathematischen Vorgehensweise ändert sich aber nichts.

Die gezeigten Messaufbauten sind für dynamische Messungen noch ungeeignet und sind noch zu erweitern. Das Messobjekt muss harmonisch angeregt werden. Dafür können Shaker eingesetzt werden. Wie auch bei der Holografischen Schwingungsanalyse ist die Objektanregung mit der Laserbeleuchtung mit Hilfe eines Triggersystems zu synchronisieren, um eine stroboskopische Objektbetrachtung zu erreichen (siehe Kapitel Holografische Schwingungsanalyse). Zurzeit wird die dynamische in-plane-Schwingungsanalyse industriell noch nicht eingesetzt.

Die Detektion von Resonanzfrequenzen ist mit Hilfe der Shearografie besonders einfach. Da die Shearografie prinzipbedingt annähernd die erste Ableitung der Verformung misst, sind nur dann Streifenbilder zu beobachten, wenn die Verformung nicht konstant ist, also lediglich bei Resonanzfrequenzen. Bei allen anderen Frequenzen entstehen keine Korrelationsstreifen. Im praktischen Einsatz wird der interessierende Frequenzbereich mit Hilfe eines Sweeps abgesucht und beim Auftreten von Streifenbildern hat man bei der jeweiligen Frequenz eine Eigenform detektiert.

6.3 Anwendungsbeispiel der Shearografischen Schwingungsanalyse

Die Shearografie zählt noch nicht zu den weit verbreiteten Verfahren der Schwingungsanalyse und wird hauptsächlich in der Forschung eingesetzt, dies liegt zum Teil an dem relativ komplexen Messaufbau.

6.3 Anwendungsbeispiel der Shearografischen Schwingungsanalyse

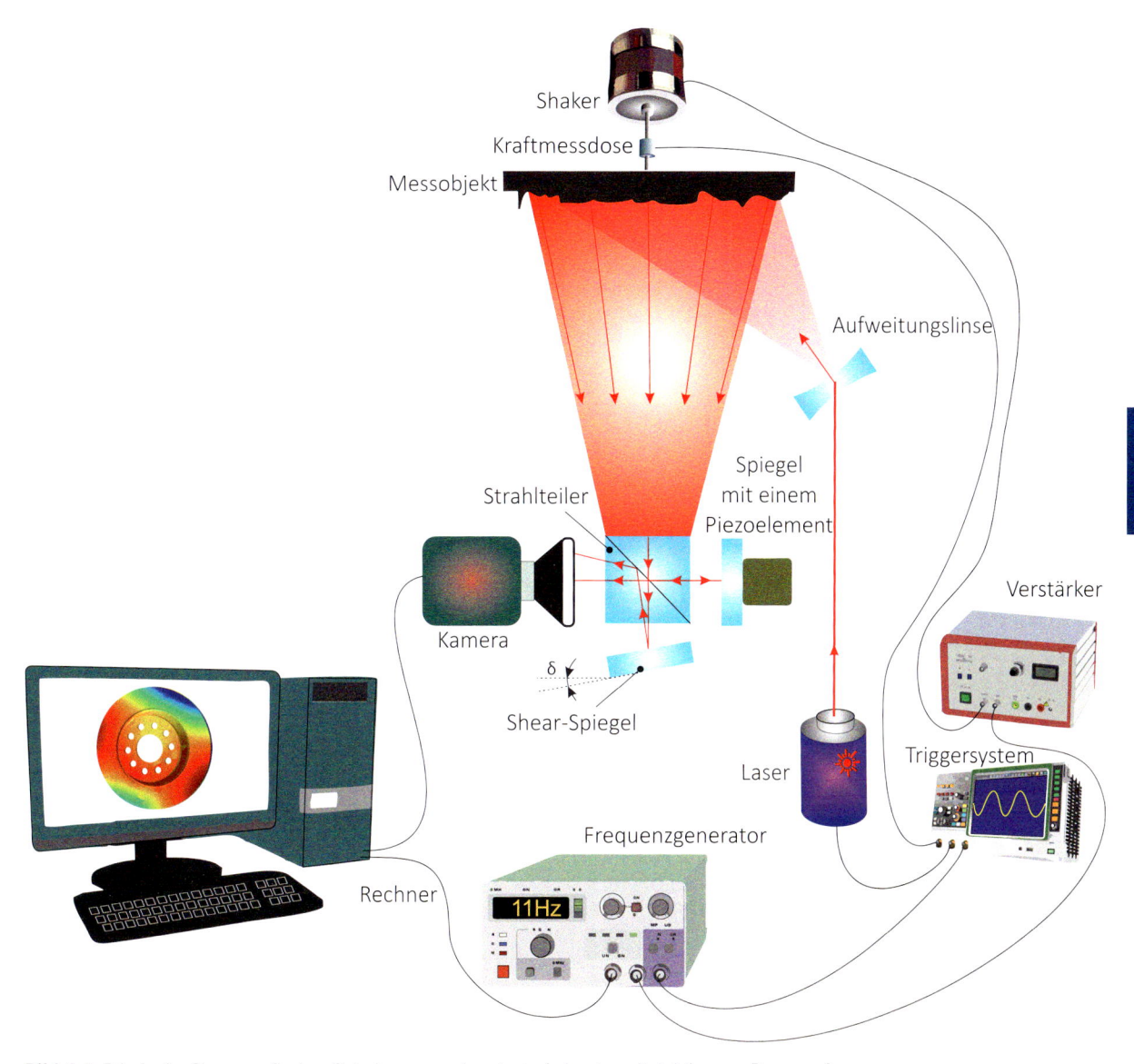

Bild 6.4 Prinzip der Shearografischen Schwingungsanalyse (out-of-plane) zur Detektion von Resonanzfrequenzen

Untersuchung eines Flugzeugmodells des A380

Im Rahmen dieser Untersuchung ging es primär um die Detektion von Resonanzfrequenzen der Tragflügel (Bild 6.4 bis 6.6). Verwendet wurde ein Nd-Yag-Laser, der im grünen Spektralbereich arbeitet (532 nm). Angeregt wird das Modell mit Hilfe eines hydro-dynamischen Shakers. Interessant sind besonders die ersten Eigenfrequenzen, da sie besonders kritisch im technischen Bereich sind, weil sie hohe Amplituden erzeugen.

Bei einem realen Flugzeug muss man die Struktur der Flügel so konstruieren, dass ihre Resonanzfrequenzen nicht mit den Betriebsschwingungen zusammenfallen. Beim Zusammentreffen der Schwingungsfrequenz, welche aus dem Betrieb der Antriebsmaschine resultiert, mit der Eigenfrequenz der Konstruktion kommt es zu Resonanzerscheinungen und im schlimmsten Fall zur Zerstörung der Maschine.

6 Shearografie zur Schwingungsmessung

Bild 6.5 Mit Hilfe der Shearografie untersuchte Flugzeugmodell hinsichtlich der kritischen Eigenfrequenzen

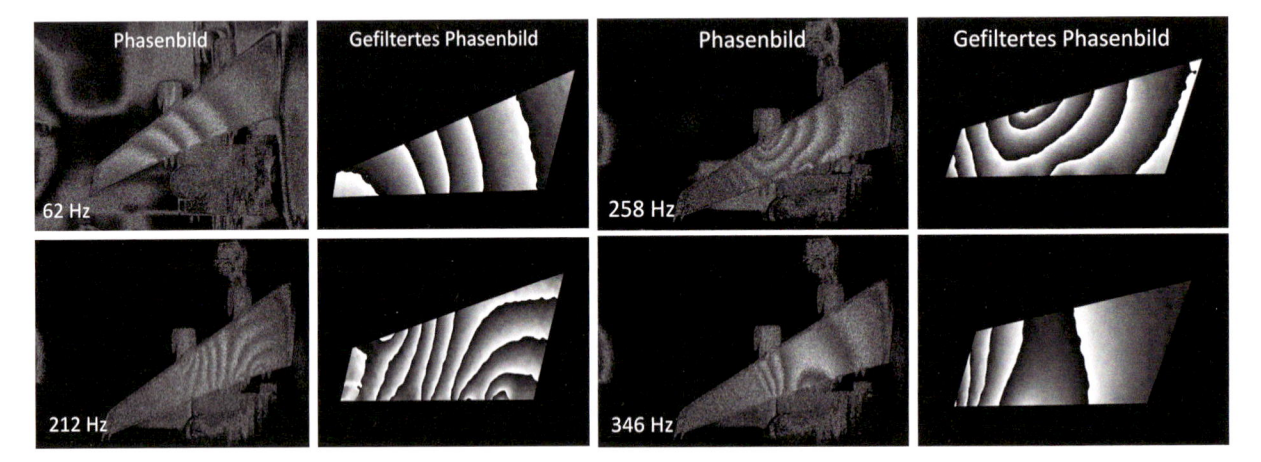

Bild 6.6 Die ersten vier detektierten Eigenfrequenzen liegen bei 62, 212, 258 und 346 Hz

7 Faseroptische Schwingungsmessung

Diese Methode zur Schwingungsmessung wird erst seit wenigen Jahren industriell eingesetzt. Es gibt deswegen noch wenige Firmen, die sich darauf spezialisiert haben. Aber es ist davon auszugehen, insbesondere im Bereich der Langzeitüberwachung, dass in den nächsten Jahren diese Messmethode eine größere Verbreitung finden wird.

7.1 Verfahrensgrundlagen

Prinzip der faseroptischen Schwingungsmessung

Breitbandiges Licht wird in eine Glasfaser eingekoppelt. Entlang der Glasfaser sind Gitter mit einer longitudinalen, periodischen Variation in dem Brechungsindex des Kerns der Faser integriert. Diese reflektieren eine bestimmte Wellenlänge. Bei mechanischen Spannungen ändert sich die Wellenlänge des reflektierten Lichts. Anhand der Messung der Wellenlänge, kann auf die Krafteinwirkung und somit die Schwingungen zurück geschlossen werden (Bild 7.1).

Vor- und Nachteile der faseroptischen Schwingungsmessung

Vorteile	Nachteile
Langzeitmessungen möglich	flächenhafte Messungen nicht möglich
für große Messobjekte geeignet	keine direkte Verformungsmessung
schnelle Messung (in Echtzeit)	Berücksichtigung der Umgebungseinflüsse nötig
kompakt	hoher Vorbereitungsaufwand
hohe Lebensdauer	
Messungen im kHz Bereich	

Messbereich/Messgenauigkeit der faseroptischen Schwingungsmessung

Gemessen wird an diskreten Punkten entlang der Faser. Entlang einer Faser können bis zu 6-8 Messstellen integriert sein. Die Auswerteeinheiten enthalten in der Regel mehrere Kanäle, so dass insgesamt bis ca. 40 Messpunkte pro Auswerteeinheit realisierbar sind. Die Größe des Messobjektes ist jeweils von der Länge der Glasfaser abhängig und variiert je nach Anzahl der Messstellen und dem gewählten Frequenzbereich.

Bei den punktuellen Messungen können Schwingungen bis ca. 70-80 kHz erfasst werden. Bei vielen Messpunkten, die in eine einzige Glasfaser integriert sind, wird der Frequenzbereich um ca. das vierfache verkleinert (also < 20 kHz).

Die faseroptischen Messsensoren können in die Konstruktionen integriert werden, um Langzeitanalysen durchzuführen. In so einem Fall kann die Glasfaser auch mehrere Jahre ohne Unterbrechungen zur Schwingungsanalyse genutzt werden.

Die detektierbare Schwingungsamplitude liegt im Nanometer-Bereich. Je nach Aufbau können aber die messbaren Amplituden einige Meter betragen.

Typische Anwendungen der faseroptischen Schwingungsmessung

Faseroptische Schwingungsmessung findet insbesondere dort ihre Anwendung, wo eine Langzeitanalyse erforderlich ist. Insbesondere sind das Bauwerke. Brücken sind besonders kritisch zu betrachten, wenn es um die Resonanzschwingungen geht. Entlang einer Brücke können somit Glasfaser platziert werden, um rund um die Uhr die auftretenden Schwingungen der Gesamtkonstruktion zu analysieren.

Flugzeugtragflügel werden ständig dynamisch angeregt. Schwingungen im kritischen Frequenzbereich sind aber zu vermeiden. Bei der Auslegung muss berücksichtigt werden, dass in den Tragflügeln Treibstofftanks sind. Da die Eigenfrequenz von der Gesamtmasse abhängig ist, ändert sich die Eigenfrequenz während des Fluges. Zur Beobachtung und Aufzeichnung von Schwingungen der Maschine während des ganzen Fluges sind die faseroptischen Sensoren sehr gut geeignet.

Bei dynamischen Tests bietet die faseroptische Schwingungsmessung den Vorteil, dass viele Sensoren gleichzeitig ausgelesen werden. Bei Crash Tests hat diese Technologie deshalb im Vergleich zu klassischen Beschleunigungssensoren, die einzeln appliziert werden müssen, einen großen Vorteil.

Allgemein kann man sagen, dass im technischen Bereich, wo es um Schwingungsuntersuchungen von großen Objekten geht, die faseroptischen Sensoren eine nicht zu vernachlässigende Alternative sind.

7.2 Verfahren der faseroptischen Schwingungsmessung

Das Licht einer breitbandigen Lichtquelle wird in eine Glasfaser, die fest mit dem Messobjekt verbunden wird, eingekoppelt. In eine Faser sind mehrere Gitter integriert. Unter Gitter versteht man in dem Zusammenhang eine longitudinale, periodische Änderung des Brechungsindexes in einem Abschnitt der Glasfaser.

Jedes Gitter reflektierte eine bestimmte Wellenlänge des ankommenden Lichtes zurück. Mechanische oder auch thermische Belastungen bewirken eine Änderung dieser zurück reflektierten Wellenlänge. Mit Hilfe eines Spektrometers lässt sich das reflektierte Spektrum analysieren. Aus der Änderung der detektierten Wellenlänge lässt sich die Größe der mechanischen Belastung, resultierend aus der Schwingung, bestimmen. Bei hinreichend schneller Erfassung können auch hochfrequente Vorgänge aufgezeichnet und analysiert werden.

Die Nachbearbeitung der aufgenommenen Messdaten ist analog zu den anderen bereits beschriebenen Verfahren der experimentellen Modalanalyse.

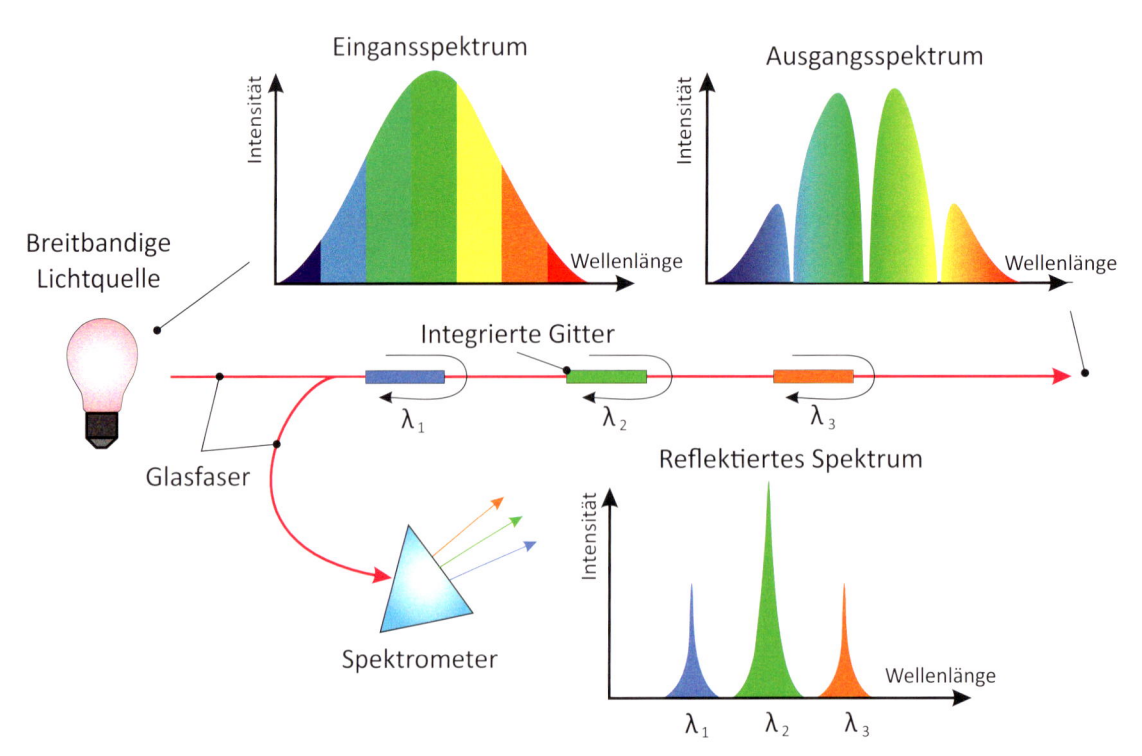

Bild 7.1 Messprinzip der faseroptischen Schwingungsmessung

8 Literaturverzeichnis zu Teil IV

Buse, K.; Soergel, E.: Holografie in Wissenschaft und Technik, Physik Journal 2 (2003) Nr. 3, S. 37–43

Dencker, K.-P.: Optische Poesie von den prähistorischen Schriftzeichen bis zu den digitalen Experimenten der Gegenwart, DE Gruyter Verlag, 2011

Gehring, U. W.; Weins, C.: Grundkurs Statistik für Politologen, VS Verlag für Sozialwissenschaften, 4. Auflage, 2004

Geier, R.: Brückendynamik, Schwingungsuntersuchung von Schrägseilen, Books on Demand GmbH, 2004

Hesse, S.; Schnell, G.: Sensoren für die Prozess- und Fabrikautomation, Vieweg + Teubner Fachverlag, 4. Auflage, 2009

Hugenschmidt, M.: Lasermesstechnik, Diagnostik der Kurzzeitphysik, Springer Verlag, 2007

Lammering, R.; Plenge,M.; Walz,T.: Qualitätssicherung von Massivbaukonstruktionen mit Hilfe der Puls-ESPI-Technik am Beispiel Fester Fahrbahnsysteme. In: Bauingenieur (79) No. 11, 2004, pp. 528–533

Purde, A.: Speckle-Interferometrie zur Formerfassung unstetiger Oberflächen, Promotion an der Universität München, 2006

Rosenow, S.-E.: Identifikation des dynamischen Verhaltens schiffbaulicher Strukturen, Promotion an der Universität Erlangen-Nürnberg, 2008

Strenger, G.-T.: Laservibrometrische Schwingungsmessungen am „Floating Mass Transducer" des teilimplantierbaren Mittelohrhörgerätes „Vibrant Soundbridge", Promotion an der Universität Würzburg, 2009

TEIL V
Oberflächenanalyse

1	Einleitung	337
2	Optische Verfahren vs. taktile Verfahren	353
3	Streulichtverfahren zur Oberflächenanalyse	356
4	Weißlichtinterferometrie zur Oberflächenanalyse	357
5	Fokusvariation zur Oberflächenanalyse	359
6	Streifenprojektion zur Oberflächenanalyse	363
7	Konfokalmikroskopie zur Oberflächenanalyse	365
8	Literaturverzeichnis	369

1 Einleitung

Die Anforderungen an die Oberflächenbeschaffenheit von Bauteilen sind in den letzten Jahren sukzessive gestiegen. Funktionsanforderungen, wie tribologische (Tribologie: griechisch: Reibungslehre) Eigenschaften (Trockenreibung, ungeschmierte Reibung, Grenzreibung, Mischreibung, Flüssigkeitsreibung, hydrodynamische Reibung, elastohydrodynamische Reibung, aerodynamische Reibung, Verschleiß, Schmierung, Setzverhalten usw.) werden wesentlich durch die Geometrie der Oberfläche beeinflusst. Beispielsweise sollte die Dichtfläche eines Kugelventils möglichst glatt sein, das heißt möglichst wenig Materialspitzen aufweisen. Weiterhin sollte die Oberfläche eines Gleitlagers eine gewisse Anzahl an Riefen besitzen, welche zur Öl- bzw. Fettspeicherung dienen. Zusätzlich ist ggf. das sogenannte Schleif- bzw. Honbild wichtig, welches die Struktur der Riefen und somit Aufschluss über die Gleichmäßigkeit der Schmierung wiedergibt. Die Selbstreinigung der Oberflächen (Lotusblüten-Effekt) oder ein optimiertes Strömungsverhalten hängen ebenfalls stark von der Oberfläche ab. Die Oberflächenrauheit spielt auch eine Rolle, ob die Oberfläche beschichtet oder lackiert werden soll. Hier spielen z. B. die Benetzungsdichte sowie die Schichtdicke eine entscheidende Rolle.

Bei der Maschinenbearbeitung, die ja eine spanabhebende Bearbeitung ist, entsteht eine Abfolge von Spitzen und Tälern mit unterschiedlichen Höhen, Tiefen und Abständen. Somit weisen maschinenbearbeitete Oberflächen bei genauerer Betrachtung eine komplexe Geometrie auf. Das Gehäuse einer Maschine oder eines Gerätes, das Armaturenbrett oder die Sitze eines Autos, die Bedientafel oder die Steuereinheit einer Anlage, alle besitzen ein unterschiedliches Erscheinungsbild, insbesondere ob etwas glänzend oder matt ist. Alles ist insgesamt auf die unterschiedliche Oberflächenrauheit zurückzuführen. Die Oberflächenrauheit wirkt sich nicht nur auf das visuelle Erscheinungsbild aus, sondern auch auf die Haptik und damit auf die Frage, wie sich eine Oberfläche anfühlt. Die äußerliche Erscheinung und die Textur können sich wiederum auf wesentliche Merkmale eines Produkts auswirken, beispielsweise die Qualität und daraus resultierend die Kundenzufriedenheit. Somit ist es in letzter Zeit immer wichtiger geworden, Oberflächenzustände exakt messen und spezifizieren zu können.

Die oben genannten Anmerkungen zeigen, wie mit den Anforderungen an die Funktionalität von Oberflächen auch die Anforderungen an die Messtechnik zur Charakterisierung steigen (Seewig 2011, 2014).

1.1 Historischer Rückblick

Die Wände von Gebäuden in südlichen Ländern werden bereits seit Jahrtausenden von außen weiß gekalkt, um das auftreffende Sonnenlicht besser zu reflektieren. Dadurch bleiben die Innenräume weitgehend kühl. Schwerter wurden in der Vergangenheit nach dem Schmieden in Dunghaufen abgeschreckt, wodurch sich die Randschicht des Stahls mit Stickstoff anreicherte. Sie wurden dadurch härter und widerstandsfähiger.

Auch die Fortbewegung auf Eis und Schnee hat schon früh dazu geführt, Oberflächen zu entwickeln, die den Witterungsbedingungen angepasst sind. Somit wurde auch schnell der Ruf nach entsprechenden Oberflächeninspektionsgeräten laut. Zunächst wurden Vergleichsprofile (Abgüsse) erstellt und später dann die ersten taktilen Verfahren entwickelt, welche die Oberfläche auf eine festgelegte Länge hin inspizieren konnten. Daraus entwickelten sich dann Rauheit- und Oberflächenangaben sowie Form- und Lagetoleranzen.

1.2 Mechanische Grundlagen

Zunächst sollen an dieser Stelle ein paar Begrifflichkeiten aus der Oberflächenanalyse beschrieben werden. Prinzipiell bezeichnet man jede Abweichung von der Idealfläche als die sogenannte Gestaltabweichung. Somit drängt sich die Frage auf: Welches Profil liegt nach der Bearbeitung eines Werkstücks an der Oberfläche wirklich vor? Man unterscheidet primär zwischen Formabweichungen, Welligkeit und Rauheit. Demzufolge müssen entsprechende Kenngrößen mit einem abgesteckten Toleranzbereich angegeben werden. Diese finden sich in den „Technischen Zeichnungen" der jeweiligen Einzelteile wieder oder sind in entsprechenden Werknormen verankert.

1.2.1 Oberflächenrauheit, Form- und Lagetoleranzen

Die Rauheit ist streng genommen ein Begriff aus der Oberflächenphysik, der die Unebenheit der Oberflächenhöhe bezeichnet. Zur quantitativen Charakterisierung der Rauheit gibt es unterschiedliche Berechnungsverfahren, die jeweils auf verschiedene Eigenheiten der Oberfläche Rücksicht nehmen. Die Oberflächenrauheit kann u.a. durch Polieren, Schleifen, Läppen, Honen, Beizen, Sandstrahlen, Kugelstrahlen, Nitrieren, Ätzen, Bedampfen, Korrosion usw. beeinflusst werden. Der Begriff Rauheit bezeichnet physikalisch – bei technischen Oberflächen gesehen – eine Gestaltabweichung dritter bis fünfter Ordnung (Tab. 1.1).

Die Form- und Lagetoleranz eines Elementes (Fläche, Achse, Punkt oder Mittelebene) definiert die Zone, innerhalb der jeder Punkt dieses Elementes liegen muss.

Formtoleranzen

Da die Maßtoleranzen nur die örtlichen Istmaße eines Formelementes erfassen, nicht aber seine Formabweichungen, sind vielfach zusätzliche Formtoleranzen zur genauen Erfassung des Formelementes erforderlich. Formtoleranzen begrenzen die zulässigen Abweichungen eines Elementes von seiner idealen, geometrischen Form (z.B. Geradheit einer Welle, Ebenheit einer Passfläche, Rundheit eines Drehteils). Formtoleranzen sind immer dann nötig, wenn z.B. aus fertigungstechnischen Gründen nicht ohne Weiteres zu erwarten ist, dass die durch Maßangaben bestimmte geometrische Form des Werkstückes durch das gewählte Fertigungsverfahren eingehalten wird.

Lagetoleranzen

Unter Lagetoleranzen sind Richtungs-, Orts- oder Lauftoleranzen zu verstehen. Diese Angaben begrenzen die zulässigen Abweichungen von der geometrischen, idealen Lage zweier oder mehrerer Elemente. Beispiele hierzu sind die Parallelität zweier Flächen, die Koaxialität von gegenüberliegenden Bohrungen, die Positionen bestimmter Passflächen zu einem Bezugselement, Rund- und Planlauf bei Drehteilen usw. Lagetoleranzen sind immer dann nötig, wenn die einfache Bemaßung und Toleranzangabe nicht ausreicht, um die gewünschte Funktion der Teile zueinander zu gewährleisten. Häufig sind Gründe einer unzureichenden Fertigung hierfür verantwortlich.

Rauheit- und Oberflächenangaben sowie Form- und Lagetoleranzen einer technischen Oberfläche werden daher auch mit entsprechenden Symbolen in der technischen Zeichnung spezifiziert.

Die Gesamtheit aller Abweichungen der Istoberfläche[1] von der geometrischen Oberfläche[2] wird als Gestaltabweichung bezeichnet. Die Gestaltabweichungen eines Werkstücks lassen sich nach DIN 4760 in Formabweichungen, Welligkeit und Rauheit einteilen (Tab. 1.1). Formabweichungen stellen die erste Ordnung der Gestaltabweichung dar. Mögliche Entstehungsursachen sind beispielsweise die Durchbiegung einer Maschine oder des Werkstückes, Fehler in den Führungen einer Werkzeugmaschine oder eine ungünstige Einspannung des Werkstückes. Die zweite Ordnung ist die Welligkeit. Form- oder Laufabweichungen eines Werkzeuges, z.B. Fräsers sowie Schwingungen der Werkzeugmaschine oder des Arbeitsgerätes, können hierzu führen. Die weiteren Ordnungen drei bis sechs beschreiben eine Gestaltabweichung in Form von Rauheit. Die dritte Ordnung stellt eine Rauheit in Form von Rillen dar, welche z.B. durch die Form der Werkzeugschneide oder die Zustellung des Werkzeuges beeinflusst wird. Die vierte Ordnung beschreibt eine Rauheit in Form von Riefen, Schuppen und Kuppen. Verantwortlich für die Entstehung dieser kann der Vorgang der Spanbildung (Reißspan, Scherspan, Aufbauschneide) oder die Werkstoffverformung beim Strahlen sein.

---

[1] Als Istoberfläche wird nach DIN 4760 die messtechnisch ermittelte Oberfläche eines Werkstücks bezeichnet. Dabei wird lediglich eine Annäherung an das Original – die wirkliche Oberfläche – erreicht. Grund hierfür sind unterschiedlich präzise Messverfahren oder Schwankungen der Messbedingungen.

[2] Die geometrische Oberfläche ist nach DIN 4760 eine durch die Zeichnung oder andere technische Unterlagen definierte idealisierte Oberfläche.

1.2 Mechanische Grundlagen

Tabelle 1.1 Ordnungssystem für Gestaltabweichungen nach DIN 4760

Gestaltabweichung	Beispiele/Erläuterung für Art der Abweichung	Beispiele für die Entstehungsursache
1. Ordnung: Formabweichung	Geradheits-, Ebenheits-, Rundheits-Abweichung. Sie werden z. B. mithilfe der Toleranzangaben in den Zeichnung begrenzt	Fehler in den Führungen der Werkzeugmaschine, Durchbiegung der Maschine oder des Werkstückes, falsche Einspannung des Werkstückes, Verschleiß
2. Ordnung: Welligkeit	Periodische Anstiege bzw. Abstiege (Abstand größer als die eigentliche Rauheit): Wellen	Außermittige Einspannung, Form- oder Laufabweichungen eines Fräsers, Schwingungen der Werkzeugmaschine oder des Werkzeuges
3. Ordnung: Rauheit	Rillen, bei der Spitzen und Täler mit unterschiedlichen Höhen und Tiefen vorhanden sind	Form und Art der Werkzeugschneide, Vorschub oder Zustellung des Werkzeuges
4. Ordnung: Rauheit	Riefen, Schuppen, Kuppen	Vorgang der Spanbildung (Reißspan, Scherspan, Aufbauschneide), Werkstoffverformung beim Strahlen
5. Ordnung: Rauheit Profil nicht bildlich darstellbar	Gefügestruktur	Kristallisationsvorgänge, Veränderung der Oberfläche durch chemische Einwirkung, Korrosionsvorgänge
6. Ordnung Werkstoffstruktur Profil nicht bildlich darstellbar	Gitteraufbau des Werkstoffes	

Gestaltabweichungen 1. bis 4. Ordnung überlagern sich zu der Istoberfläche

Die Gestaltabweichungen fünfter und sechster Ordnung beziehen sich auf die Gefügestruktur bzw. auf den Gitteraufbau des Werkstoffes und sind für Anwendungen im klassischen Maschinenbau nicht relevant, jedoch in den Materialwissenschaften von Bedeutung. Jede Istoberfläche besteht aus einer Überlagerung dieser verschiedenen Gestaltabweichungen.

Der Übergang zwischen Welligkeit und Rauheit ist fließend und abhängig vom Verhältnis zwischen mittlerer Länge der Abweichung, zur Gesamthöhe der Abweichung. Als Welligkeit werden gemessene, periodische Abweichungen von der geometrischen Oberfläche bezeichnet, wenn die mittlere Wellenlänge um ein Vielfaches größer ist als die Gesamthöhe des Welligkeitsprofils. Als Rauheit hingegen werden Abweichungen bezeichnet, bei welchen das Verhältnis von Rillenbreite zur Gesamthöhe des Rauheitsprofils deutlich kleiner ist. Richtwerte sind dabei ein Verhältnis von 1000:1 bis 100:1 bei der Welligkeit und ein Verhältnis von 100:1 bis 5:1 bei der Rauheit. Es existieren allerdings keine absoluten Definitionen darüber, wann Welligkeit in Rauheit übergeht oder umgekehrt. Um zwischen diesen beiden Gestaltabweichungen besser differenzieren zu können, wurde der Begriff der Grenzwellenlänge eingeführt. Die Grenzwellenlänge ist dabei ein spezifisch festgelegter Wert in Millimetern (mm), der zu einer scharfen Abtrennung zwischen den Gestaltabweichungen Welligkeit und Rauheit dient. Als Herangehensweise kann die Istoberfläche in unterschiedliche Wellenlängen aufgeteilt werden, wobei die Wellenlänge mit der Ordnung der Gestaltabweichung abnimmt. Die Wellenlänge, welche den Übergang zwischen Rauheit und Welligkeit markiert, wird dann als Grenzwellenlänge λ_c definiert. In der Praxis kommen in der Regel Filter zum Einsatz, welche die Welligkeit von der Rauheit unterscheiden (Volk 2013).

1.2.2 Rauheitskenngrößen

Die im Folgenden vorgestellten Kenngrößen stellen eine Auswahl der wichtigsten Parameter dar, um die Oberflächenbeschaffenheit zu beschreiben. Alle hier beschriebenen Kenngrößen können darüber hinaus aus dem Primär-, dem Rauheits- sowie dem Welligkeitsprofil (Bild 1.1) berechnet werden. Das Primärprofil (P-Profil) ist dabei das um die erste Ordnung (Formabweichung) bereinigte Messergebnis der Oberfläche. Das Rauheitsprofil (R-Profil) wird von dem Primärprofil abgeleitet, indem langwellige Profilanteile abgetrennt werden. Diese langwelligen Profilanteile entsprechen dem Welligkeitsprofil (W-Profil).

Zur Berechnung der Kenngrößen wird auf verschiedene Strecken des Profils zurückgegriffen. Die Taststrecke l_t beschreibt die gesamte abgetastete Strecke inklu-

1 Einleitung

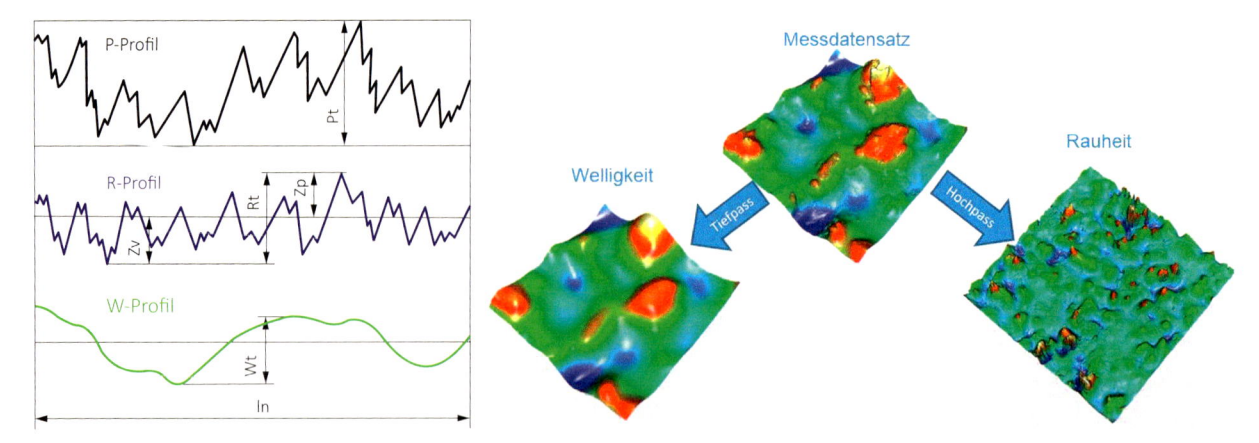

Bild 1.1 Rauheitskenngrößen P, R, W nach DIN EN ISO 4287 (links, Linienrauheit) und nach DIN EN ISO 25178 (rechts, Flächenrauheit), (mit freundlicher Genehmigung von Nanofocus und Prof. Dr. Seewig TU Kaiserslautern

sive Vor- und Nachlauf. Die Gesamtmessstrecke l_n ist die horizontale Strecke entlang des Profils, welches zur Bildung der Messgrößen herangezogen wird. Diese Gesamtmessstrecke wird für bestimmte Kenngrößen in Einzelmessstrecken l_r unterteilt. Die Einzelmessstrecken betragen in der Regel ein Fünftel der Gesamtmessstrecke ($l_n = 5\, l_r$) bzw. entsprechender Grenzwellenlänge λ_c. Die Kenngrößen lassen sich außerdem in senkrechte, waagerechte und gemischte Kenngrößen unterteilen. Senkrecht- oder auch Amplitudenkenngrößen beziehen sich dabei ausschließlich auf vertikale Werte, wie Spitzenhöhen oder Riefentiefen. Waagerechtkenngrößen (auch Abstandskenngrößen genannt) beziehen sich auf horizontale Messungen, wie Spitzenabstand oder Rillenbreite. Gemischte Kenngrößen beruhen demnach auf einer Mischung aus horizontalen und vertikalen Daten. Beziehen sich die Messgrößen ausschließlich auf einen Profilschnitt spricht man von 2D-Kenngrößen. Tabelle 1.2 fasst alle hier beschriebenen Kenngrößen in einer Übersicht zusammen und zeigt die passende Norm dazu an.

Linienrauheit nach DIN EN ISO 4287

Die Rauheitskenngröße R_a ist der arithmetische Mittenrauwert und ist weltweit als Standard-Rauheitskenngröße etabliert. Grund für die weite Verbreitung dieser Kenngröße ist, dass sie einen guten Überblick über die Beschaffenheit einer Oberfläche vermittelt. Somit wird R_a oftmals verwendet, um allmählichen Werkzeugverschleiß zu überwachen. R_a ist der arithmetische Mittelwert der Beträge der Ordinatenwerte $Z(x)$ des Rauheitsprofils innerhalb der Einzelmessstrecke l_r bzw. der Gesamtmessstrecke l_n. Er stellt somit die mitt-

Tabelle 1.2 R-Kenngrößen mit jeweiliger Norm

Kenngröße	Kenngrößenkürzel	Bezeichnung	Norm
Senkrechtkenngrößen	R_a	Arithmetischer Mittenrauwert	DIN EN ISO 4287
	R_q	quadratischer Mittenrauwert	
	R_z	gemittelte Rautiefe	
	R_{max}	maximale Rautiefe	
	R_p	mittlere Glättungstiefe	
	R_v	mittlere Riefentiefe	
Waagerechtkenngröße	R_{Sm}	mittlere Rillenbreite	DIN EN ISO 4287
gemischte Kenngrößen	R_{mr}	Materialanteil des R-Profils	DIN EN ISO 4287
	R_k	Kernrautiefe	DIN EN ISO 13565-2
	R_{pk}	reduzierte Spitzenhöhe	
	R_{vk}	reduzierte Riefentiefe	

lere Abweichung des Profils von der mittleren Linie (Bild 1.2) dar und wird nach folgender Formel berechnet:

$$R_a = \frac{1}{l_r} \int_0^{l_r} |Z(x)|\, dx$$

bzw.

1.2 Mechanische Grundlagen

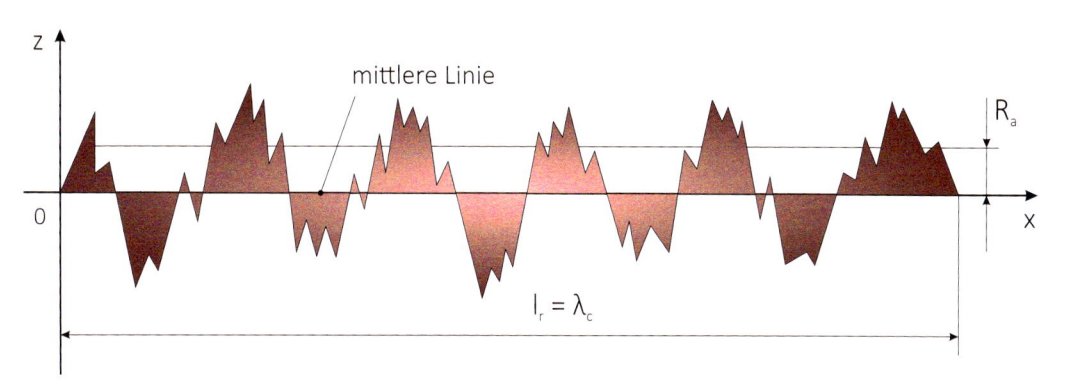

Bild 1.2 Arithmetischer Mittenrauwert R_a

$$R_a = \frac{1}{l_n} \int_0^{l_n} |Z(x)| \, dx$$

Der Nachteil des arithmetischen Mittenrauwertes liegt darin, dass die Aussagekraft über den Charakter der Rauheit der Oberfläche sehr beschränkt ist. Profile mit recht unterschiedlichen Strukturen können somit einen sehr ähnlichen Ra-Wert aufweisen, da Spitzen und Riefen (Bild 1.3) bei der Ermittlung dieses Wertes keinen Eingang finden. Der Vorteil wiederum ist, dass die Kenngröße schwach auf einzelne Störungen reagiert, die sich durch ungünstige Messverhältnisse ergeben können (Jung 2012, Volk 2013).

Zwei weitere wichtige Rauheitskenngrößen sind die gemittelte Rautiefe R_z und die maximale Rautiefe R_{max}. Zur Ermittlung (Bild 1.3) von R_z wird die gesamte Messstrecke l_n in fünf gleich große Abschnitte unterteilt, wobei jede Abschnittslänge der Grenzwellenlänge λ_c entspricht. Dann wird die Summe aus der Höhe der größten Profilspitze und der Tiefe des größten Profiltals eines jeden Einzelabschnitts gebildet, um die Einzelrautiefen der jeweiligen Abschnitte zu ermitteln. Der gemittelte Wert dieser fünf Einzelrautiefen wird als gemittelte Rautiefe R_z bezeichnet.

$$R_z = \frac{1}{5} \sum_{i=1}^{5} R_z(i)$$

R_{max} hingegen stellt die größte Einzelrautiefe der vermessenen Abschnitte (s. ebenfalls Bild 1.3) dar. Die gemittelte Rautiefe R_z und die maximale Rautiefe R_{max} werden zweckmäßig zusammen verwendet. R_{max} ist

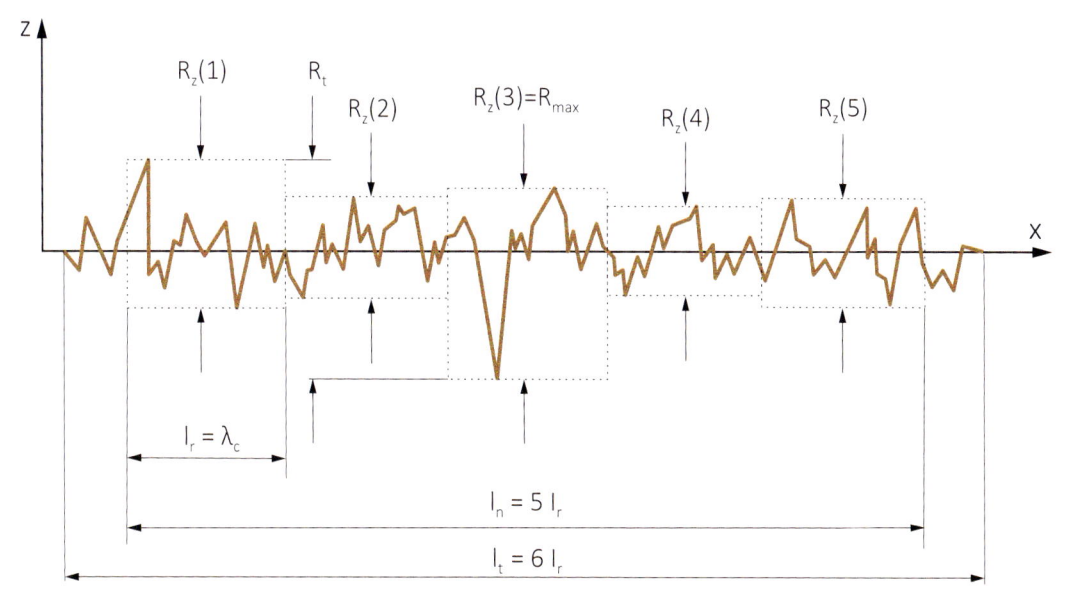

Bild 1.3 Gemittelte und maximale Rautiefe: R_z und R_{max}

1 Einleitung

deutlich größer als R_z und kann daraus gefolgert werden, dass ein einzelner Abstand aus Profilspitze- und Profiltal den Wert der gemittelten Rautiefe verzerrt. In diesem Fall sollte die Messung an einer anderen Stelle der Oberfläche wiederholt werden. Ein Vorteil von R_{max} und R_z ist deren leicht zu verstehende Definition und die leichte Ablesbarkeit am Rauheitsprofil. Dies hat maßgeblich zur weiten Verbreitung dieser Kenngrößen beigetragen.

Die oben beschriebenen und vielfach in der Industrie verwendeten Größen R_a, R_z und R_{max} umschreiben die Qualität der Oberfläche bei Weitem noch nicht vollständig (Tab. 1.3). Später wird daher noch gezielt auf andere, flächenhafte Kenngrößen eingegangen.

Tabelle 1.3 Ähnliche Mittenrauwerte der Oberflächen, jedoch mit verschiedenen Verfahren bearbeitet

Gehonte Oberfläche	R_a R_{max} R_z	= 2,3 µm = 10,3 µm = 5,1 µm
Gedrehte Oberfläche	R_a R_{max} R_z	= 2,6 µm = 10,1 µm = 9,7 µm
Erodierte Oberfläche	R_a R_{max} R_z	= 2,3 µm = 10,2 µm = 7,1 µm

Der quadratische Mittenrauwert R_q entspricht dem quadrierten arithmetischen Mittenrauwert R_a und ist somit der quadratische Mittelwert der Profilabweichungen von der mittleren Linie. R_q reagiert demnach etwas empfindlicher auf einzelne Riefen und Spitzen. Als Formel wird R_q wie folgt mit der Einzelmessstecke l_r, der Gesamtmessstrecke l_n und dem Ordinatenwert $z(x)$ dargestellt:

$$R_q = \sqrt{\frac{1}{l_r} \int_0^{l_r} z^2(x)\,dx}$$

bzw.

$$R_q = \sqrt{\frac{1}{l_n} \int_0^{l_n} z^2(x)\,dx}$$

Die mittlere Glättungstiefe R_p und die mittlere Riefentiefe R_v ähneln der gemittelten Rautiefe R_z. Der Unterschied zu allen vorher beschriebenen Kenngrößen liegt darin, dass R_p und R_v zwischen Spitzen und Riefen differenzieren. Die Ermittlung von R_p und R_v erfolgt analog zur mittleren Rautiefe. Demnach wird zunächst die Messstrecke in fünf gleich große, der Grenzwellenlänge entsprechenden Abschnitte, unterteilt (Bild 1.4). Anschließend wird für R_p pro Abschnitt die Distanz zwischen der mittleren Linie des Rauheitsprofils und der höchsten Spitze (p_i) gemessen (Bild 1.4). Die gemittelten Werte der einzelnen Abschnitte ergeben die mittlere Glättungstiefe R_p:

$$R_p = \frac{1}{5} \sum_{i=1}^{5} p_i$$

Die jeweilige mittlere Riefentiefe R_v wird in den fünf Abschnitten als Distanz zwischen der mittleren Linie des Rauheitsprofils und der tiefsten Riefe (v_i) ermittelt. Die Werte werden anschließend gemittelt (s. Formel nachfolgend).

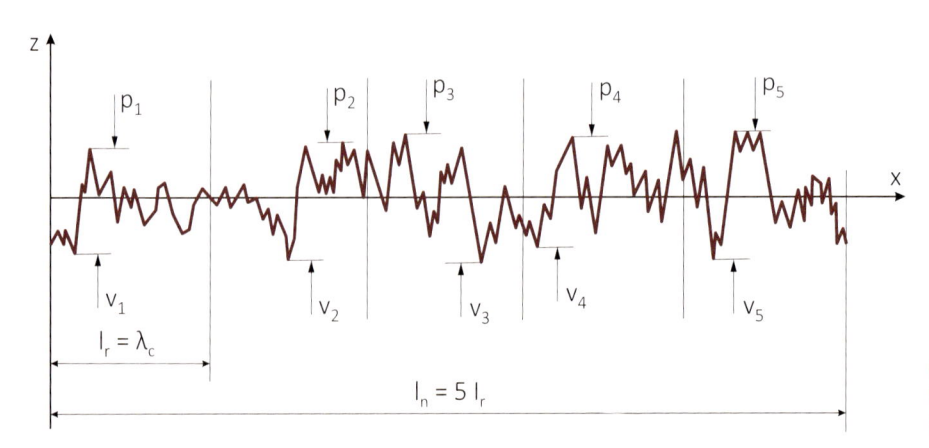

$$R_v = \frac{1}{5} \sum_{i=1}^{5} v_i$$

Bild 1.4 Mittlere Glättungstiefe und Riefentiefe

Die mittlere Glättungstiefe R_p und die mittlere Riefentiefe R_v werden häufig in Kombination mit der gemittelten Rautiefe R_z verwendet, wenn eine bestimmte Profilform verlangt wird. Bei Lagerflächen sollte das Oberflächenprofil beispielsweise keine Spitzen aufweisen, um Reibung und Verschleiß gering zu halten. Riefen hingegen sind in diesem Beispiel nicht funktionsbeeinträchtigend, sondern sogar gewünscht, da sie als Schmierstofftaschen dienen können. Um hierbei eine Aussage über die Profilform treffen zu können, wird das R_p/R_z-Verhältnis gebildet. Ergibt dieses Verhältnis einen Wert, der kleiner als 0,5 ist, liegt ein rundkämmiges Profil vor. Bei einem R_p/R_z-Verhältnis größer als 0,5 liegen dagegen spitze Profilformen vor.

Die zuvor beschriebenen Eigenschaften treffen lediglich für vertikale, über eine Linie betrachtete Kenngrößen eines Profils zu. D.h., die Datenerfassung erfolgt entlang einer Linie. Für eine bessere Gesamteinschätzung eines Oberflächenprofils sind jedoch auch sogenannte flächenbezogene Kenngrößen von Bedeutung, welche im Folgenden behandelt werden sollen.

Die zuvor beschriebenen Kenngrößen treffen lediglich eine Aussage über vertikale Eigenschaften eines Profils. Für eine bessere Gesamteinschätzung eines Profils sind jedoch auch sogenannte Waagerechtkenngrößen von Bedeutung, welche auf horizontalen Abständen beruhen. Eine wichtige Waagerechtkenngröße ist die mittlere Rillenbreite R_{Sm}. Diese ergibt sich aus dem arithmetischen Mittelwert der Breiten der Profilelemente X_{si} des Rauheitsprofils innerhalb einer Einzelmessstrecke l_r (Bild 1.5). Als Profilelement wird dabei eine Teilstrecke mit Profilerhebung und benachbarter Vertiefung verstanden. Die Profilelemente werden in der Regel innerhalb von fünf Einzelmessstrecken festgelegt und die Ergebnisse im Anschluss gemittelt.

$$R_{Sm} = \frac{1}{5}\sum_{i=1}^{5} X_{si}$$

Die Definition der Profilelemente erfolgt durch das Überschreiten einer vertikalen und einer horizontalen Zählschwelle. Diese Schwellen müssen angepasst an das Profil der Oberfläche festgelegt werden. Erfolgt keine Anpassung an das Oberflächenprofil kann dies dazu führen, dass bei klein gewählten Zählschwellen Messungenauigkeiten als Spitzen interpretiert werden oder bei zu groß gewählten Zählschwellen keine Spitzen mehr erkannt werden. Falls diese Schwellen nicht näher definiert sind, muss der Betrag der vertikalen Zählschwelle 10 % von R_z betragen und die horizontale Zählschwelle 1 % der Einzelmessstrecke. Die Erfüllung beider Bedingungen ist bindend.

Gemischte Kenngrößen nach DIN EN ISO 13565-2

Die Kenngröße R_{mr} beschreibt den Materialanteil im Rauheitsprofil in Abhängigkeit von der Schnitttiefe c (Bild 1.6). Der Materialanteil $R_{mr(c)}$ ist besonders bedeutsam bei der Bewertung von Gleitflächen, für die ein bestimmter Verschleiß angenommen wird. Um den Materialanteil zu ermitteln, wird das Rauheitsprofil mit einer Linie geschnitten. Diejenigen Strecken, welche das Profil schneiden und auf der Schnittlinie liegen (Materiallängen $M_{l(c)}$ der Profilelemente), werden addiert und in ein Verhältnis zur Gesamtmessstrecke l_n gesetzt. Daraus ergibt sich der Materialanteil in Prozent in Abhängigkeit zur Schnitttiefe.

$$R_{mr(c)} = \frac{100}{l_n}\sum_{i=1}^{n} Ml_i = \frac{M_{l(c)}}{l_n} \text{ [\%]}$$

Wird diese Vorgehensweise für mehrere Schnitttiefen schrittweise wiederholt, können die Messwerte anschaulich in einer sogenannten Abbott-Kurve dargestellt werden (Bild 1.6). Diese stellt den Materialanteil in Abhängigkeit zur Schnitttiefe grafisch dar. Die Abszisse beschreibt hierbei den Materialanteil von 0 bis 100 %, die Ordinate beschreibt die Schnitttiefe c. Auf diese Weise kann der prozentuale Materialanteil in

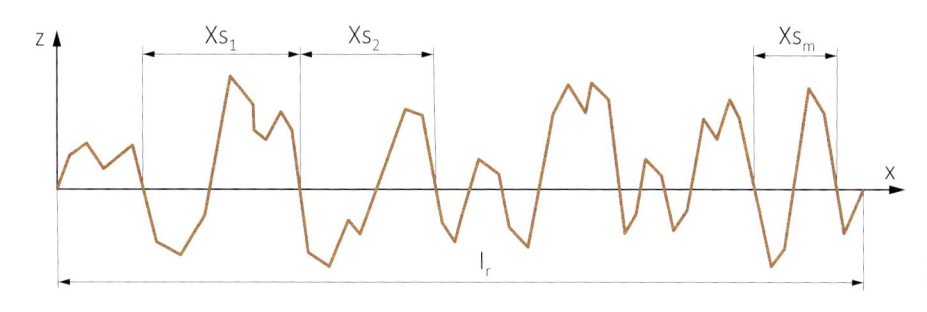

Bild 1.5
Ermittlung mittlere Rillenbreite

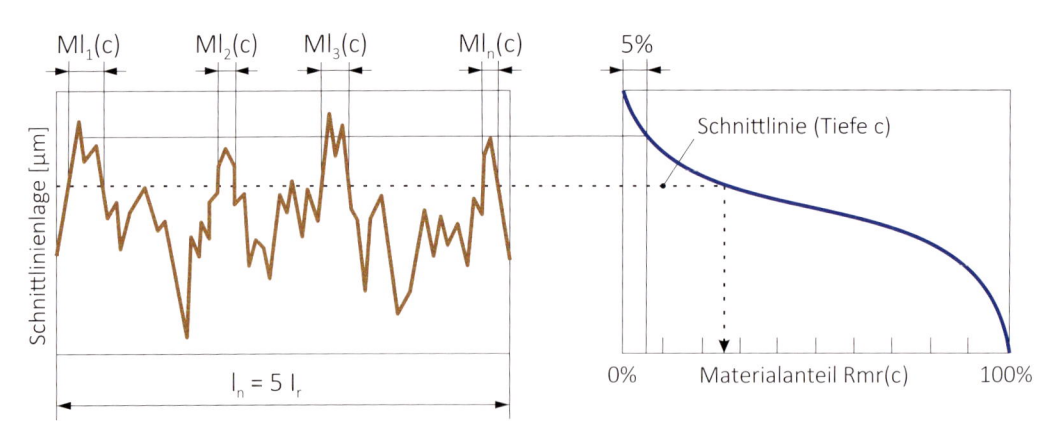

Bild 1.6 Ermittlung der Abbott-Kurve aus dem Rauheitsprofil

einer bestimmten Tiefe des Oberflächenprofils direkt abgelesen werden. Da die höchste Schnittlinie direkt über der oder den höchsten Spitzen des Rauheitsprofils angesetzt wird, ist die Abbott-Kurve abhängig von den wenigen höchsten Spitzen. Diese nutzen sich jedoch schnell mit der ersten Verwendung ab und sind danach nicht mehr relevant. Aus diesem Grund wird in der Praxis eine Nulllinienverschiebung von in der Regel 5 % angewandt. Diese Nulllinienverschiebung muss aufgrund gravierend unterschiedlicher Messergebnisse angegeben werden. Jedes Rauheitsprofil besitzt eine charakteristische Abbott-Kurve, wobei gehonte, geläppte und vor allem geschliffene Oberflächen häufig einen S-förmigen Verlauf mit einem Wendepunkt besitzen.

Besitzt die Abbott-Kurve einen solchen S-förmigen Verlauf mit nur einem Wendepunkt, lassen sich weitere Werte ableiten. Die wichtigsten sind die Kernrautiefe R_k, die reduzierte Spitzenhöhe R_{pk} und die reduzierte Riefentiefe R_{vk}. Um diese aus der Abbott-Kurve abzuleiten, wird zunächst eine Sekante mit einer Länge von 40 % der Abszisse auf die Kurve gelegt und dann solange verschoben, bis sie eine möglichst geringe Neigung erreicht. Dann wird die Gerade so lange verlängert, bis die beiden gegenüberliegenden Ordinaten geschnitten werden (Bild 1.7). Die Strecke zwischen den Schnittpunkten Sekante/0 %-Ordinate und Abbott-Kurve/0 %-Ordinate stellt die Kenngröße R_{pk} dar. Die Strecke der Schnittpunkte zwischen Abbott-Kurve/

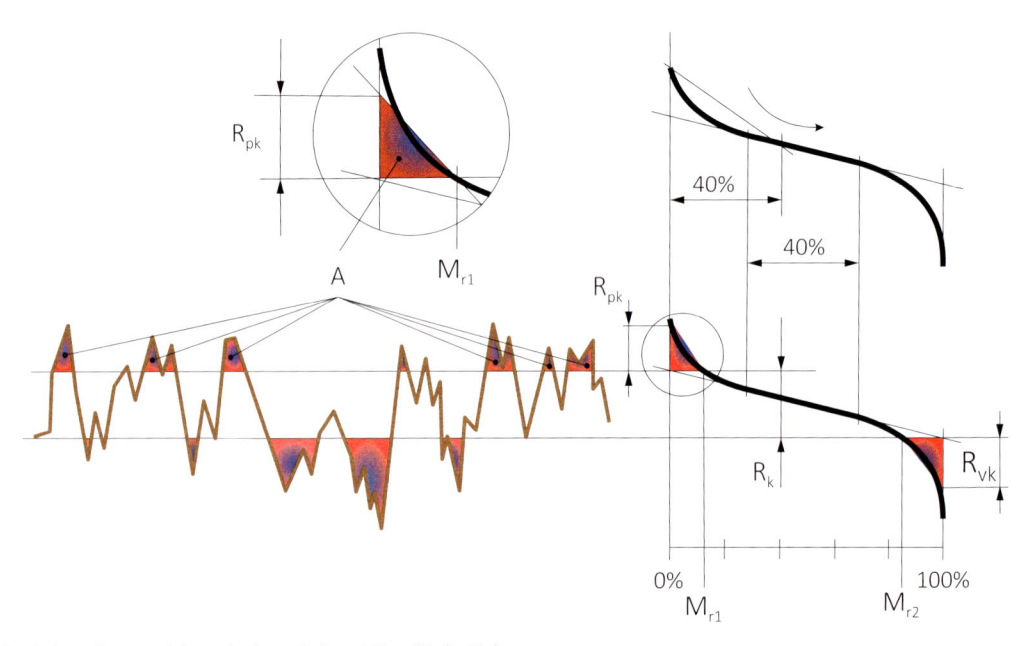

Bild 1.7 Ermittlung Kernrautiefe, reduzierte Spitzenhöhe/Riefentiefe

100 %-Ordinate und Sekante/100 %-Ordinate entspricht der Kenngröße R_{vk}. Dazwischen liegt die Kernrautiefe R_k.

Oftmals werden niedrige R_{pk} und größere R_{vk} bevorzugt, da dies eine plateauartige Oberfläche mit tiefen Riefen kennzeichnet. Somit ist die Reibung verringert und die Riefen fungieren als Öldepot, was beispielsweise häufig im Motorenbau gewünscht ist. Die Kernrautiefe R_k ist alleine wenig aussagekräftig, wenn es darum geht, ein Profil zu charakterisieren. Ist R_k allerdings relativ klein zu R_z lässt das auf einen plateauartigen Charakter der Oberfläche schließen. Je kleiner R_k im Verhältnis zu R_z ist, umso belastbarer ist die untersuchte Oberfläche, was beispielsweise bei Gleitlagern wichtig ist (Jung 2012, Volk 2013).

Oberflächenrauheit nach DIN EN ISO 25178

Diese Norm bezieht neben der linienhaften Messung die „gesamte" Oberfläche mit ein. Viele Eigenschaften einer Oberfläche können erst über die flächenhafte Betrachtung beschrieben werden, sodass weitere Kenngrößen erforderlich sind.

Zu den wichtigsten Kenngrößen zählt u. a. der arithmetische Mittenrauwert S_a (Bild 1.9). Er entspricht prinzipiell dem Wert R_a, jedoch bezogen auf die Fläche (X-Y-Richtung) und hat dadurch bedingt eine höhere Aussagekraft.

Nachfolgend wird ein Beispiel gezeigt, wie es beim Löten durch die Verteilung des Lötzinns zu Löchern in der Oberfläche kommen kann (Bild 1.10).

S_a, Einheit in µm	links	rechts
Maximum	3,095	5,155
Minimum	2,148	4,954
Arithmetische Mittelhöhe S_a	2,522	5,023
Standardabweichung	0,374	0,079

Je nach Fertigungsverfahren besitzt die Oberfläche ein mehr oder weniger anschauliches Erscheinungsbild, das der Werkzeugführung zugeordnet werden kann. Um zu beurteilen, wie ausgeprägt das sogenannte Textur-Aspekt-Verhältnis ist, kann durch die Kenngrößen S_{tr} zum Ausdruck gebracht werden. Ein Wert nahe 0 bedeutet, dass es eine Vorzugsrichtung in der Rauheit gibt, während ein Wert nahe 1 kennzeichnet, dass die Oberflächenrauheit ungerichtet ist (Bild 1.11).

Diese sogenannte Textur trägt wesentlich zum äußeren Erscheinungsbild der Oberfläche bei. Verdeutlicht wird

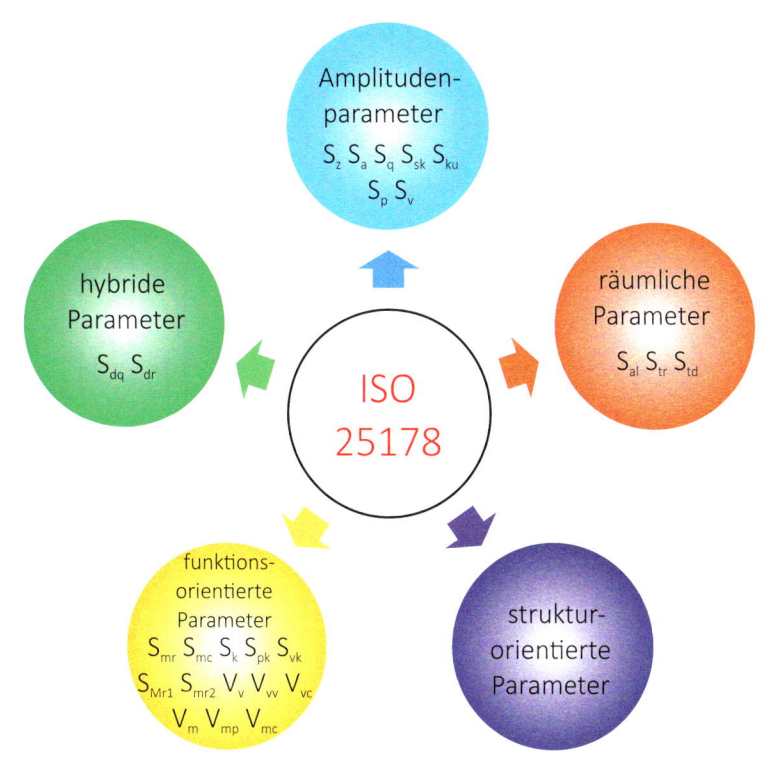

Bild 1.8 Kenngrößen der ISO 25178

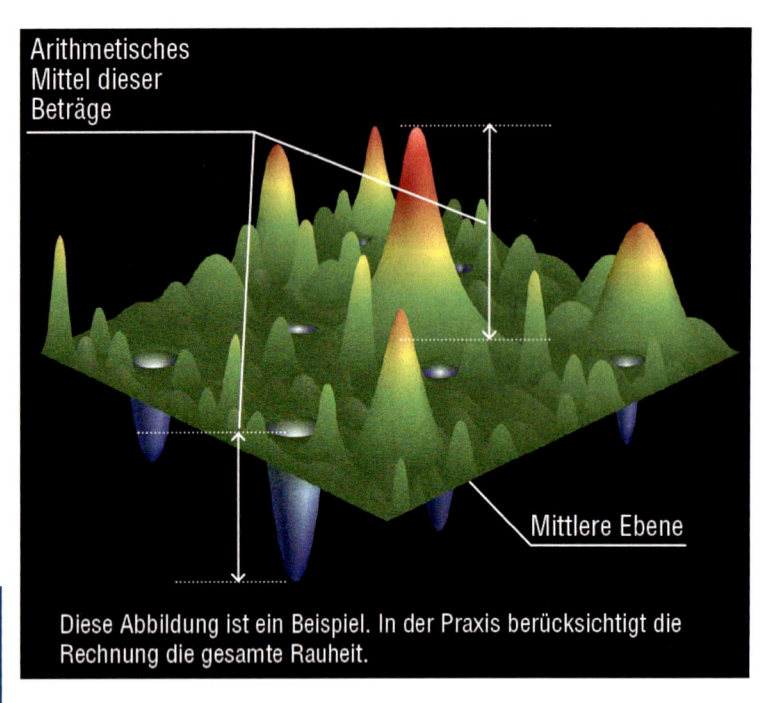

Bild 1.9
Arithmetischer Mittenrauwert S_a (mit freundlicher Genehmigung der Firma Keyence)

Bild 1.10
Vergleich zweier Lötproben, rechts ist eine stark erhöhte Oberflächenrauheit zu erkennen (mit freundlicher Genehmigung der Firma Keyence)

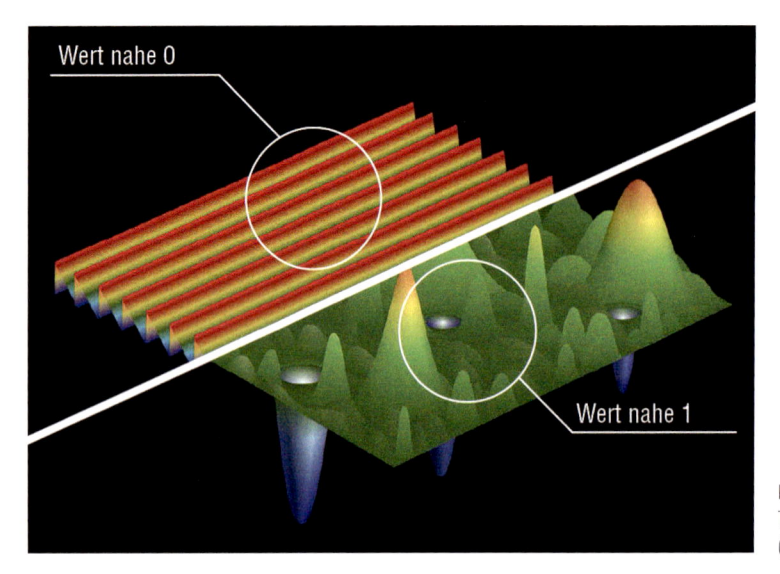

Bild 1.11
Textur-Aspekt-Verhältnis (Seitenverhältnis Textur), (mit freundlicher Genehmigung der Firma Keyence)

1.2 Mechanische Grundlagen

Bild 1.12 Um zu beurteilen, ob die Oberfläche einer Vorzugsrichtung in der Rauheit/Textur aufweist, wird der Wert S_{tr} herangezogen. Die beiden oben dargestellten Bleche zeigen links (Blech A) eine ausgeprägte und rechts (Blech B) eine eher unbedeutende Textur/Richtung (mit freundlicher Genehmigung der Firma Keyence)

dies an der Oberfläche zweier Bleche A und B (Bild 1.12).

S_{tr}	links	rechts
Maximum	0,045	0,894
Minimum	0,011	0,740
Arithmetisches Mittel S_{tr}	0,023	0,843
Standardabweichung	0,013	0,061

Um das relative Flächenverhältnis von der Istoberfläche zur Messfläche (projizierten Grundfläche) zum Ausdruck zu bringen, wird der Wert S_{dr} herangezogen (Bild 1.13). Der Wert drückt somit die Zunahme der Oberfläche im Vergleich zu einem als Bezugsgröße verwendeten idealen, ebenen Zustand aus. Eine Zunahme von z. B. 20 % wird als 0,20 ausgedrückt.

Da es einen direkten Zusammenhang zwischen der Oberfläche und den Adhäsionskräften gibt, kann z. B. der Wert S_{dr} bei der Beurteilung von Klebeflächen der Klebstoffauftrag bei der Herstellung von Klebeband beurteilt werden (Bild 1.14).

S_{dr}	links	rechts
Maximum	0,003913	0,07649
Minimum	0,001271	0,03959
Arithmetisches Mittel S_{dr}	0,002782	0,04966
Standardabweichung	0,0009616	0,01551

Eine wichtige Kenngröße stellt der Wert S_{vk} dar. Dieser Parameter drückt das arithmetische Mittel der reduzierten Riefentiefe der Fläche-Materialverhältnis-Kur-

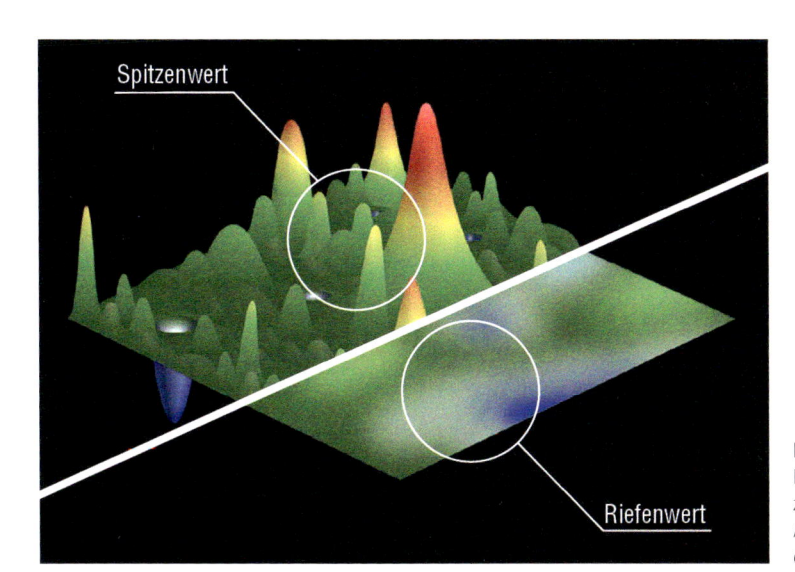

Bild 1.13
Das relative Flächenverhältnis von der Istoberfläche zur Messfläche wird durch den Wert S_{dr} zum Ausdruck gebracht (mit freundlicher Genehmigung der Firma Keyence)

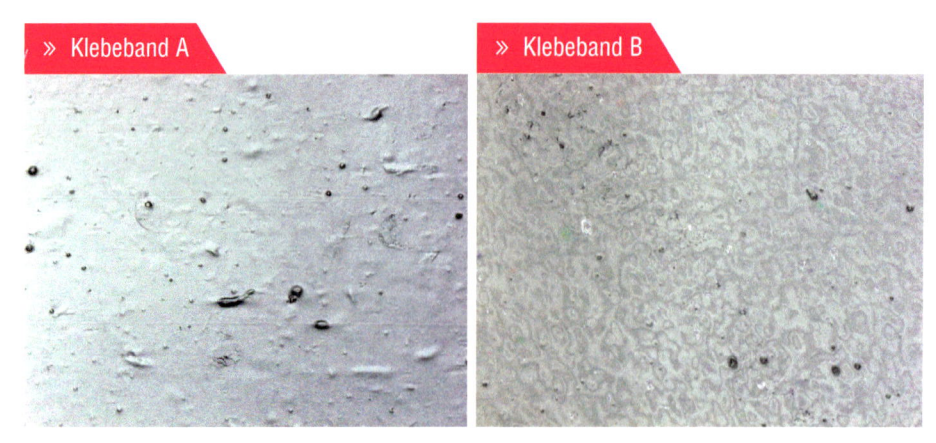

Bild 1.14 Ausmaß der Zunahme der Oberfläche an Klebebändern für Betrachtungen des Vernetzungsgrades/Adhäsion, links Klebeband A (geringer Vernetzungsgrad), rechts Klebeband B (hoher Vernetzungsgrad) (mit freundlicher Genehmigung der Firma Keyence)

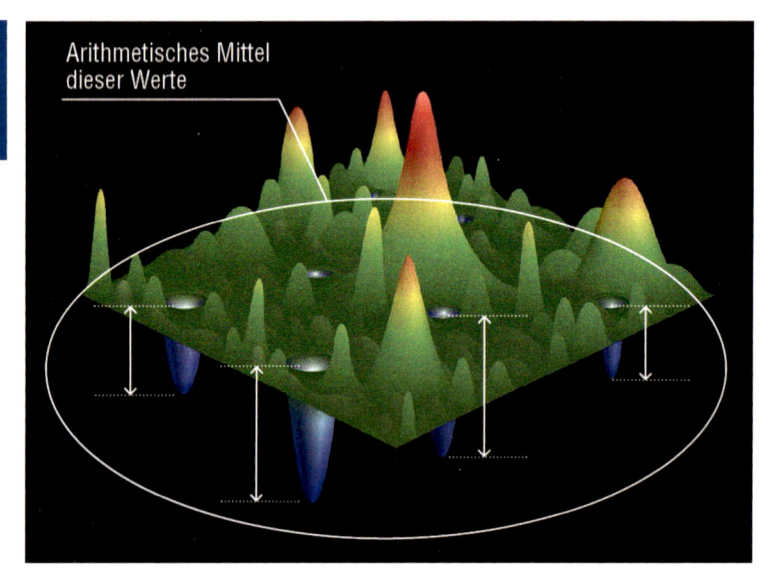

Bild 1.15
Reduzierte Riefentiefe zur Beurteilung von „Schmiertaschen" (mit freundlicher Genehmigung der Firma Keyence)

Bild 1.16 Darstellung zweier Produkte, auf deren glatten Oberfläche ein gleichmäßiger Ölfilm aufgetragen werden soll. Links: Gute, glatte Oberfläche mit ausreichendem Schmierreservoir, rechts: Raue Oberfläche, erhöhter Verschleiß, ausgeprägte Riefen (mit freundlicher Genehmigung der Firma Keyence)

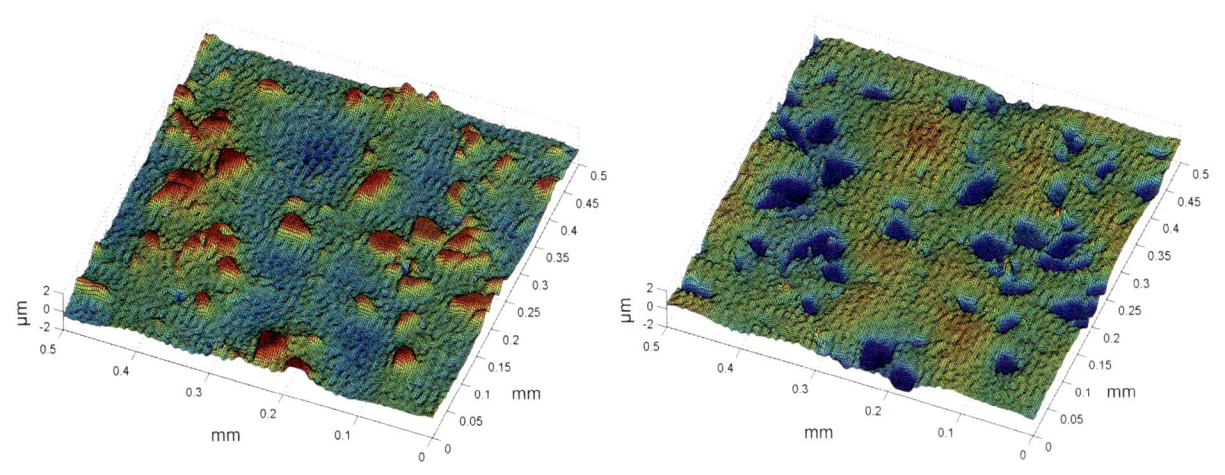

Bild 1.17 Identische Kennwerte für beide Oberflächen, links Partikelstruktur, rechts Näpfchenstruktur (Arithmetische mittlere Höhe $S_a = 0{,}31$ μm, Maximalhöhe $R_z = 3{,}01$ μm) bei völlig unterschiedlichem tribologischen Funktionsverhalten (mit freundlicher Genehmigung von Dr. Wiora Firma Nanofocus und Prof. Dr. Seewig TU Kaiserslautern)

ve (Abbott-Kurve) aus (Bild 1.15 bis 1.17). Damit lässt sich quantifizieren, wie tief der Bereich ist, in dem sich eine auf die Oberfläche aufgetragene Flüssigkeit sammeln kann. Dadurch lassen sich die Schmiereigenschaften optimieren, z. B. von Gleitlagern.

Damit es bei Teilen, die auf einem Ölfilm über eine glatte Oberfläche gleiten sollen nicht zu einem erhöhten Verschleiß kommt, sollte der Wert S_{vk} herangezogen werden. Idealerweise in Kombination mit dem Wert S_a. Im Bild 1.16 wird ein typisches Beispiel gezeigt, wie wichtig der Wert S_{vk} ist. Beide Werte besitzen die gleichen Werte S_a und S_z. Dennoch besitzen die Flächen ein völlig unterschiedliches, tribologisches Verhalten.

S_{vk}, Einheit in μm	links	rechts
Maximum	0,895	1,976
Minimum	0,655	1,448
Arithmetische Mittelhöhe S_a	0,729	1,780
Standardabweichung	0,097	0,215

Analog zur Abbott-Kurve, wo der Materialanteil im Rauheitsprofil in Abhängigkeit von der Schnitttiefe c und im Vertikalschnitt gezeigt wird, gilt dies auch analog bei der Fläche und man erhält den 3D-Flächenmaterialanteil nach ISO 25178. Hier werden u. a. das Einlaufverhalten S_{pk}, die Kernrautiefe/Belastbarkeit S_k und die

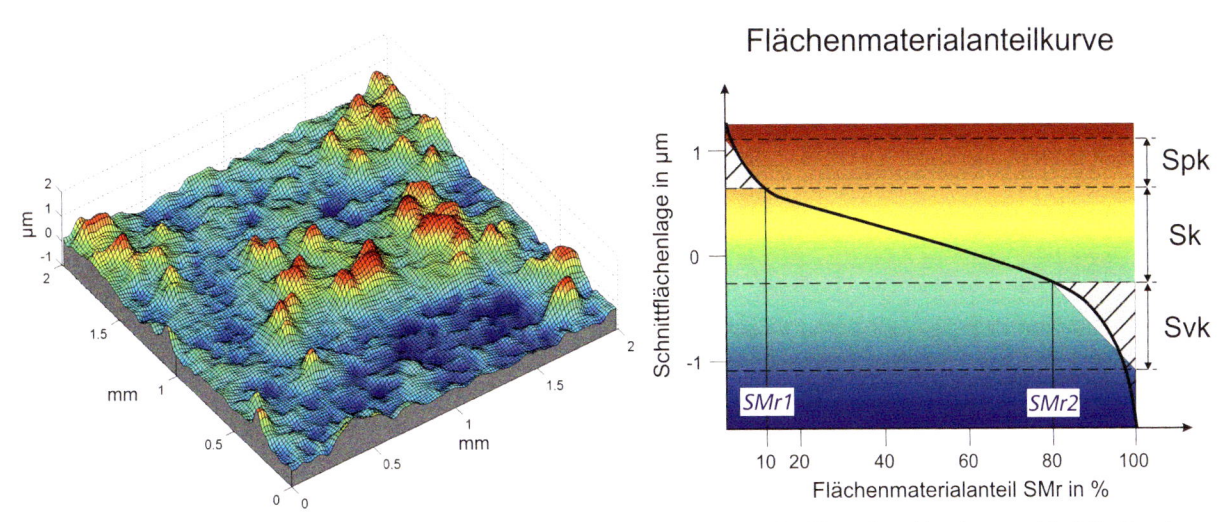

Bild 1.18 3D-Flächenmaterialanteil nach ISO 25178 (mit freundlicher Genehmigung von Dr. Wiora Firma Nanofocus und Prof. Dr. Seewig TU Kaiserslautern)

Tabelle 1.4 Gegenüberstellung von 2D- und 3D-Kenngrößen

	3D-Kenngröße Norm ISO 25178	Bezeichnung	2D-Kenngröße ISO 4287/ISO 4288 ISO 13565-2
Amplitudenkenngrößen	S_a	Arithmetischer Mittenrauwert	R_a
	S_q	Quadratischer Mittenrauwert	R_q
	S_z	Maximale Höhe der Oberflächentextur	R_z
Räumliche Kenngrößen	S_{tr}	Textur-Aspekt-Verhältnis	–
	S_{al}	Autokorrelationslänge des schnellsten Abfalls	–
Hybride Kenngrößen	S_{dq}	Mittlere quadratische Oberflächensteigung	R_{dq}
	S_{dr}	Relatives Flächenverhältnis von Istoberfläche zur Messfläche	–
Flächenmaterialanteil	S_k	Kernrautiefe	R_k
	S_{pk}	Reduzierte Spitzenhöhe	R_{pk}
	S_{vk}	Reduzierte Riefentiefe	R_{vk}
	$S_{mr(c)}$	Flächenmaterialanteil	$R_{mr(c)}$

Schmiermittelaufnahme/Förderverhalten bei gerichteten Strukturen S_{vk} sowie weitere volumenorientierte Kenngrößen der Oberfläche dargestellt (Bild 1.18).

In Tabelle 1.4 sind nochmal alle wesentlichen sowohl linearen als auch räumlichen Kenngrößen zusammengefasst.

Eine detaillierte Übersicht sowie die Beschreibung der Kenngrößen, der Messbedingungen, der Toleranzen usw. finden sich in den einschlägigen Normen wieder. Einige der wichtigsten Normen sind im nachfolgenden Kapitel aufgelistet.

1.2.3 Übersicht der Normen

- ISO 4287/4288 und ISO 13565-2: Lineare Oberflächenbeschaffenheit, die i.d.R. auf dem „Tastschnittverfahren" – d.h. Messverfahren, die auf Analysen mittels Tasterspitze – beruhen
- ISO 25178: Beschreibt die „flächenhafte" Oberflächenbeschaffenheit. Sie beinhaltet eine Sammlung internationaler Normen hinsichtlich der Analyse der Oberflächenrauheit. Die Norm unterstützt prinzipiell zwei verschiedene Messverfahren: Berührend messende Verfahren (taktile Verfahren mit Taster) und berührungslos messende Verfahren (optische Verfahren mit optischer Sonde). Eine flächenhafte Rauheitsmessung erfolgt in der Regel mit optischen Messeinrichtungen
- DIN 4760: Begriff Rauheit bezeichnet eine Gestaltabweichung dritter bis fünfter Ordnung bei technischen Oberflächen
- ISO 4288 Messbedingungen
- ISO 4287 Standardkenngrößen
- ISO 13565, Teil 2 R_k-Parameter
- DIN EN ISO 5458 Positionstoleranzen
- DIN EN ISO 1101: Form- und Lagetoleranzen sind Richtungs-, Orts- oder Lauftoleranzen.

Tabelle 1.5 Übersicht Profilfilter nach DIN EN ISO 16610

Norm	Bezeichnung
DIN EN ISO 16610-21	Lineare Profilfilter: Gauß-Filter
DIN EN ISO 16610-22	Lineare Profilfilter: Spline-Filter
DIN EN ISO 16610-31 (Entwurf)	Robust Profilfilter: Gaußsche Regressionsfilter
DIN EN ISO 16610-41	Morphologische Profilfilter: Filter mit Kreisscheibe und horizontaler Strecke

1.3 Nichtoptische Messtechnik

Zur Messung von Oberflächen gibt es verschiedene Verfahren mit unterschiedlichen Eigenschaften und Funktionsweisen. Generell lassen sich aber die Prinzipien zur Messung der Oberflächenrauheit in taktile und optische Verfahren einteilen.

Bei der taktilen Rauheitsmessung, welche die Werkstückoberfläche berührt, kommen überwiegend Tastschnittverfahren zum Einsatz. Anforderungen, welche an das Tastschnittgerät gestellt werden, sind in der Norm DIN IN ISO 3274 zu finden. Diese Geräte nutzen einen Taster, der in der Regel mit einer Diamantspitze senkrecht zur Rillenrichtung der Oberfläche das Werkstück abfährt und dabei einen Profilschnitt der Oberfläche erfasst. Die vertikale Auslenkung der Tastspitze wird in ein elektrisches Signal umgewandelt. Das Signal wird anschließend über einen Digital/Analog-Wandler weiterverarbeitet. Durch eine digitale Filterung (Profilfilter nach DIN EN ISO 16610) können dann die jeweiligen Kenngrößen sowie das Welligkeits- und Rauheitsprofil ermittelt werden. Grundlegend lassen sich die Oberflächentaster in zwei Bauformen unterteilen, den Gleitkufen- und den Bezugsebenentaster.

Der Taster besteht aus einer Tastspitze, einem Wandler und einer Gleitkufe (Bild 1.19). Die Tastspitze, welche die Oberfläche abtastet, befindet sich an einem Tastarm und besteht in der Regel aus Diamant. Die Spitze ist kegelförmig und besitzt üblicherweise einen Radius von 5 μm sowie einen Spitzwinkel von 90°. Damit vertikale Bewegungen aufgenommen werden können, ist sie in einem Steinlager gelagert.

Die Geometrie der Tastspitze kann bei sehr kleinen oder steilen Strukturen Auswirkungen auf die Messung haben und diese verzerren. Dementsprechend führen Messungen mit unterschiedlichen Radien der Tastspitze zu unterschiedlichen Ergebnissen. Spitzen mit kleineren Radien können tiefer in das Material eindringen. Hierbei muss auch auf die Messkraft geachtet werden, da es bei sehr weichen Werkstoffen zum Einsinken der Spitze bzw. zur Kratzerbildung auf der Oberfläche kommen kann. Hingegen kann sich bei sehr harten Werkstücken, wie z. B. einem Hohnstein, die Abnutzung der Tastspitze erhöhen und somit verschleißen. Um die Bewegungen eines Tasters in ein elektrisches Signal zu überführen, benötigt man A/D-Wandler. Diese lassen sich beispielsweise in piezoelektrische oder induktive Systeme differenzieren. Am häufigsten kommen letztere zum Einsatz, da diese sowohl für grobe als auch für feine Oberflächen geeignet sind. Des Weiteren verfügen sie über eine hohe Auflösung (bis 0,001 μm) und haben eine relativ kleine Baugröße. Bei Gleitkufen-Tastern wird ein entsprechendes Führungselement verwendet. Dieses gibt es mit einer oder zwei Kufen zur besseren Erfassung der Welligkeit. Die Kufe folgt der Form und Welligkeit der Oberfläche, während die Tastspitze das Oberflächenprofil erfasst. Durch die Gleitkufe bleibt die makroskopische Form des Objektes unberücksichtigt und wirkt dadurch als Hochpassfilter. Aufgrund der Nähe der Kufe zur Tastspitze sind die Taster relativ unempfindlich gegen Schwingungen. Sie werden dort eingesetzt, wo keine genauen Angaben über die Form und Welligkeit benötigt werden. Im Gegensatz zu den Gleitkufen-Tastern sind die Bezugsebenentaster fest mit einer Bezugsebene verbunden, welche sich in der Regel im Vorschubapparat befindet. Sie sind in der Lage, neben dem Rauheitsprofil auch die Form und Welligkeit des Objektes zu erfassen. Diese Oberflächentaster können den Verlauf einer Oberfläche unverzerrt darstellen. Deshalb kommen Taster mit fester Bezugsebene auch bei Schiedsfällen zum Einsatz.

Taster benötigen einen Vorschubapparat. Dieser hat die Aufgabe, den Taster über die Oberfläche zu bewegen. Dabei ist auf eine gradlinige kontinuierliche Bewegung mit konstanter Geschwindigkeit zu achten. Die Vor-

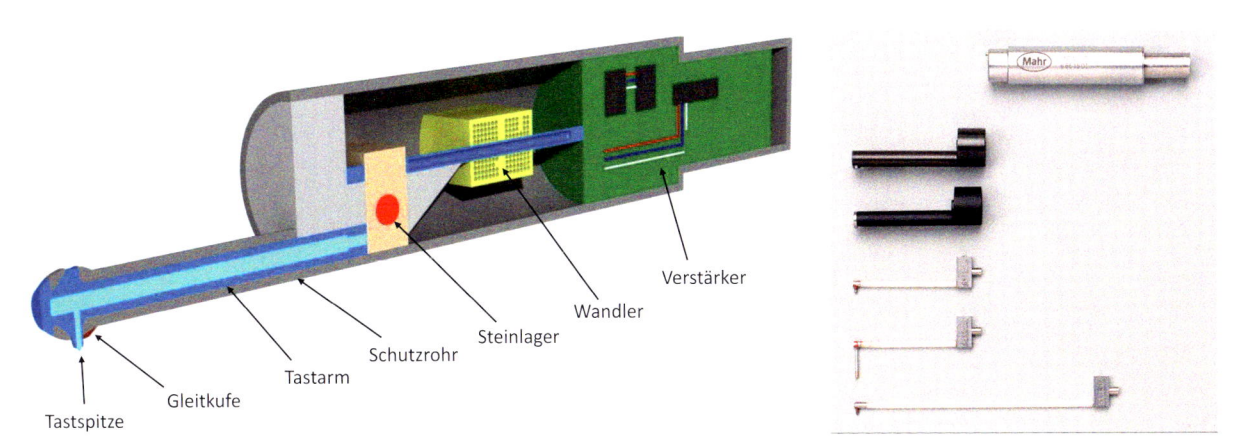

Bild 1.19 Querschnitt eines induktiven Oberflächentasters, Oberflächentaster mit verschiedenen Tastspitzen (rechts) (mit freundlicher Genehmigung der Firma Mahr GmbH)

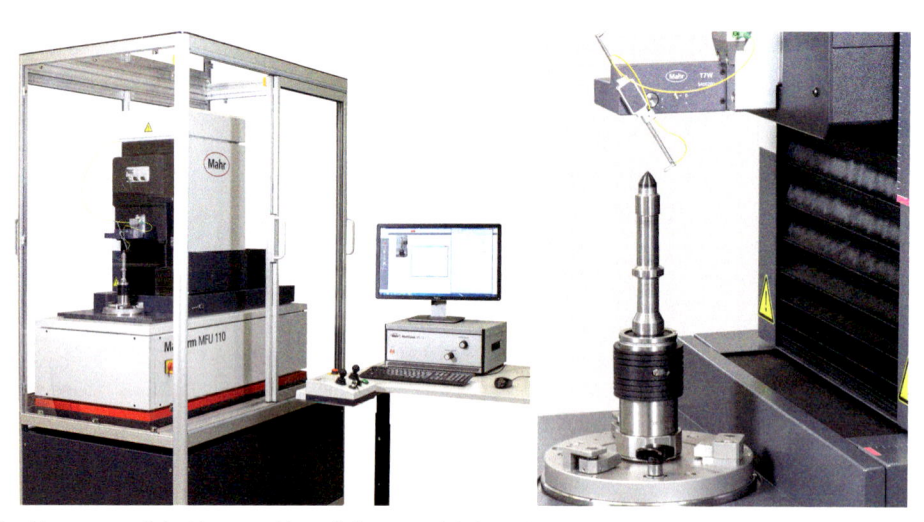

Bild 1.20 Taktiles Messsystem, links Messmaschine mit Auswerteeinheit, rechts Detailaufnahme des Abtastvorganges (mit freundlicher Genehmigung der Firma Mahr GmbH)

schubeinrichtungen lassen sich in drei Typen unterscheiden:
- Linearer Vorschubapparat mit Bezugsebene
- linearer Vorschubapparat ohne Bezugseben
- Rotationsvorschubapparat.

Am häufigsten werden lineare Vorschubapparate eingesetzt. Bei solchen mit fester Bezugsebene können sowohl Gleitkufen als auch Bezugsebentaster verwendet werden. Einfacher im Aufbau sind Geräte ohne Bezugsebene. Diese können allerdings nur Gleitkufen-Taster nutzen und werden überwiegend in Verbindung mit Handgeräten eingesetzt. Bei dem Rotationsvorschubapparat ist der Taster feststehend und das Werkstück rotiert.

Neben den größeren, in der Regel immobilen Messmaschinen, kommen aber auch kleine, handliche Taster infrage (Bild 1.20 und 1.21).

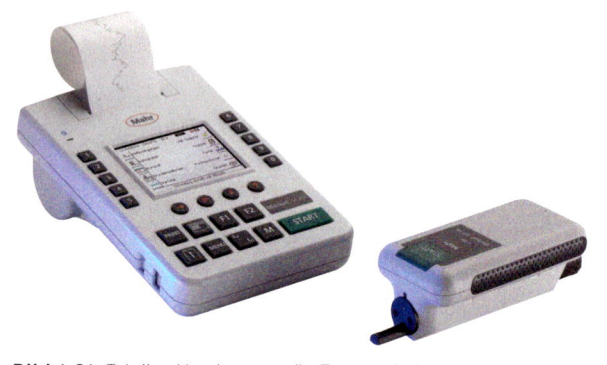

Bild 1.21 Taktiles Handmessgerät, Taster mit Auswerteeinheit (links), Tastspitze (rechts), (mit freundlicher Genehmigung der Firma Mahr GmbH)

2 Optische Verfahren vs. taktile Verfahren

Neben den taktilen Verfahren zur Rauheitsmessung von Oberflächen gibt es zunehmend optische Methoden. Diese sind in der Lage, Messungen durchzuführen, ohne das Werkstück zu berühren. Unter anderem dient das Licht dabei als Messmedium auf der Grundlage von Absorption, Reflektion, Interferenz und Fokussierung. Die Verfahren erlauben das Erstellen von digitalen Abbildern durch flächenhaftes Scannen. Mit den optischen Sensoren ist es möglich, alle visuell erreichbaren Flächen zu erfassen und auszuwerten. Anforderungen, welche an diese Verfahren gestellt werden, findet man in der Norm DIN EN ISO 25178-6.

Wie bereits oben beschrieben, sind die Kenngrößen und Parameter in der Oberflächenmesstechnik vielfältig. Tabelle 2.1 zeigt deshalb auch eine Gegenüber-

Tabelle 2.1 Vor- und Nachteile taktiler Verfahren versus optischer Verfahren

taktile Verfahren		optische Verfahren	
Vorteile	**Nachteile**	**Vorteile**	**Nachteile**
relativ kompakt	Nur linienhafte Messungen	Flächenhafte Messungen	Beeinträchtigung bei hoher Flankensteilheit
relativ kostengünstig	Vermessung nur bedingt automatisierbar	Vermessung automatisierbar	teuer in der Anschaffung (zu taktilen Handgeräten)
kann leichte Schmutzpartikel entfernen	Vorschubapparat erforderlich	Oberflächen können abgegriffen und der Abdruck analysiert werden	leichte Schmutzpartikel werden zur Oberfläche hinzugerechnet
leichter Ölfilm/Wasserfilm stört die Messung nur unwesentlich	relativ lange Messzeit	schnelle qualitative Darstellung des Messergebnisses (in Echtzeit)	Ölfilm/Wasserfilm stört die Messung wesentlich
	Verschleiß der Messspitze	teilweise kompakt (leicht transportabel)	
	keine weichen Oberflächen messbar	kontaktlos, dadurch auch bei weichen Oberflächen einsetzbar	stark reflektierende Oberflächen können nur bedingt vermessen werden
	kann Oberfläche beschädigen (Riefen, Kratzer)	ggf. großer Messabstand realisierbar	
	erfordert Kontakt zur Oberfläche	häufig multifunktionale Ausstattung der Messgeräte	
	Tastspitze hat Auswirkungen auf die Genauigkeit der Messung	keine Kollisionsgefahr beim Anfahren	
	nicht alle Parameter können erfasst werden	alle Parameter können erfasst werden	
	A/D-Wandler erforderlich		
	begrenzter Messbereich		
	Kollisionsgefahr beim Anfahren der Messspitze auf die Oberfläche		

stellung der taktilen Verfahren zu den optischen Verfahren.

2.1 Messbereich/Messgenauigkeit der optischen Verfahren

Tabelle 2.2 zeigt den Messbereich und die Messgenauigkeit der optischen Verfahren. Als Vergleich ist in der ersten Zeile das Tastschnittverfahren gegenübergestellt. Man erkennt deutlich, dass sowohl die Genauigkeit der optisch messenden Verfahren gleich gut bis besser ist als auch diese Verfahren viele weitere Vorteile besitzen.

Tabelle 2.2 Vergleich der Verfahren

Verfahren	Genauigkeit	Beeinträchtigung bei:
Tastschnitt	0,001 mm	weichen oder harten Oberflächen
Streulicht	0,00001–0,001 mm	hoher Flankensteilheit
Fokusvariation	0,001 mm	strukturlosen oder hochpolierten Oberflächen
Weißlichtinterferometrie	0,001 mm	hoher Flankensteilheit
Streifenprojektion	0,01–0,001 mm	zu hohem und zu niedrigem Reflektionsgrad
Konfokal-Mikroskop	0,001 mm	hohe Flankensteilheit

2.2 Typische Anwendungen der Verfahren

Während bei den taktilen Messverfahren in der Regel die Bauteiloberfläche abgefahren und somit primär die Oberflächenrauigkeit gemessen wird, besitzen optische Messverfahren weitreichendere Möglichkeiten der Objekterfassung. Der Übergang zur klassischen 3D-Konturvermessung ist hierbei nicht eindeutig definiert. So können kleine Strukturen der Oberflächenrauigkeit zugeordnet werden oder gehören bereits der 3D-Kontur des Werkstücks an. Im Kapitel „3D-Vermessung" sind daher bereits einige Verfahren beschrieben worden, die auch hier in diesem Kapitel zu Vermessung der Oberflächenrauigkeit bzw. Oberflächenkontur wieder herangezogen werden. Auf eine erneute detaillierte Beschreibung wird daher hier verzichtet und auf das jeweilige Kapitel verwiesen. Weiterhin wird hier nicht mehr auf die taktilen Verfahren eingegangen, da erstens die Vorteile der optischen Messgeräte überwiegen und zweitens in dem hier vorliegenden Handbuch primär auf optische Verfahren eingegangen werden.

2.3 Übersicht der optischen Verfahren

Der Bedarf an fertigungsintegrierten Messsystemen mit voller Automatisierung zur hochgenauen Oberflächenmessung wird immer höher. Geometrien werden kleiner und komplexer, Toleranzen enger und die Prozesssicherheit immer bedeutender. Gleichzeitig wird die Forderung nach nachweisbarer und rückführbarer Qualitätssicherung zunehmend lauter. Für die optische Messtechnik hat das vor allem zwei Konsequenzen. Zum einen müssen hochauflösende Messverfahren den Sprung vom bis dato eher laborlastigen Einsatz in die Fertigung schaffen. Zum anderen gilt es, dem Anwender durch neue Technologien Möglichkeiten zu eröffnen, Kosten zu sparen und mit minimalem Aufwand maximale Qualitätssicherung zu leisten.

Aus Tabelle 2.1 wird klar ersichtlich, dass die Vorteile der optischen Messverfahren deutlich gegenüber den taktilen Verfahren überwiegen. Die Nachteile der optischen Verfahren, dass die Oberflächen sauber von Öl und Staub sein muss, lässt sich manuell aber auch automatisiert leicht bewerkstelligen. Sie stellen somit keinen wirklichen Nachteil dar. Durch die Multifunktionalität und das flächenhafte Abtasten der Oberfläche lassen sich viel mehr Informationen über die Oberfläche ermitteln. In Bezug auf die doch sehr sensible Tastspitze der taktilen Verfahren sind sie zudem weitaus robuster. Auch hier haben sich auf dem Markt dennoch verschiedene Verfahren etabliert, wie aus dem folgenden Diagramm (Bild 2.1) ersichtlich:

2.3 Übersicht der optischen Verfahren

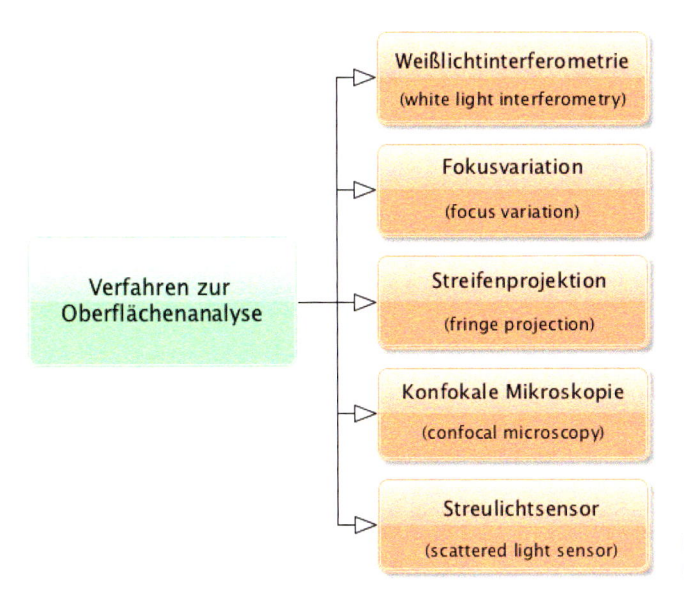

Verfahren zur Oberflächenanalyse
- Weißlichtinterferometrie (white light interferometry)
- Fokusvariation (focus variation)
- Streifenprojektion (fringe projection)
- Konfokale Mikroskopie (confocal microscopy)
- Streulichtsensor (scattered light sensor)

Bild 2.1
Übersicht der optischen Oberflächenanalyseverfahren

3 Streulichtverfahren zur Oberflächenanalyse

In den letzten Jahren hat sich das Streulichtverfahren als neues optisches Messverfahren im Markt etabliert, welches sich besonders für die schnelle, automatisierte Rauheits- und Formmessung von feinbearbeiteten Oberflächen in rauer Fertigungsumgebung eignet. Die physikalische Grundlage ist die winkelaufgelöste Streulichtmesstechnik, bei der die zu messende Oberfläche mit einem Messfleck flächenhaft beleuchtet wird und das zurückgestreute Licht mittels Optik und Fotodiodenzeile analysiert wird. Die Streulichtverteilung enthält Informationen sowohl über die Mikrostruktur (Rauheit) als auch über die Makrostruktur (Form, Welligkeit). Für den Anwendungsbereich in der Feinbearbeitung gilt die einfache Spiegelfacettentheorie, nach der die Oberflächenstruktur sich aus vielen Mikrospiegeln zusammensetzt und die Verteilung des Streulichts sich rein geometrisch daraus ableiten lässt. Beurteilt werden dadurch die Profilwinkel, d.h. die Ableitung der Topografie.

Der Streulichtsensor (Bild 3.1) besteht aus einer Beleuchtungseinheit (LED oder Laser), die einen Messfleck mit einem Durchmesser von 0,9 mm (bzw. 0,3 mm oder 0,05 mm) erzeugt. Das Streulichtobjektiv sammelt das unter verschiedenen Winkeln φ zurückgestreute Licht und leitet es auf eine lichtempfindliche Diodenzeile. Ein angeschlossener PC ermittelt daraus eine Intensitätsverteilungskurve, die statistisch ausgewertet wird. Als Rauheitsparameter hat sich die Varianz der Verteilung bewährt. Anwendungsbeispiele und weitere Erläuterungen des Verfahrens sind im Teil I, 3D-Formenfassung, Unterkapitel 10, Streulichtsensor, erläutert.

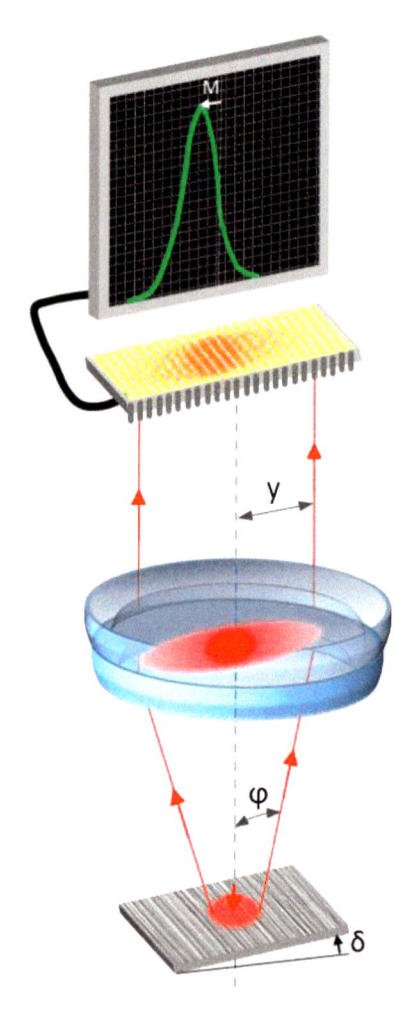

Bild 3.1 Messaufbau Streulichtsensor (mit freundlicher Genehmigung der Fa. OptoSurf)

4 Weißlichtinterferometrie zur Oberflächenanalyse

Da dieses Verfahren bereits im Kapitel 3D-Formenfassung, Kapitel 6, beschrieben wurde, wird an dieser Stelle ebenfalls auf dieses Kapitel hingewiesen.

Anwendungsbeispiele des Verfahrens

Prozessnahe Oberflächenmessung bringt ein breit gefächertes Anforderungsprofil mit sich, wie es z. B. bei

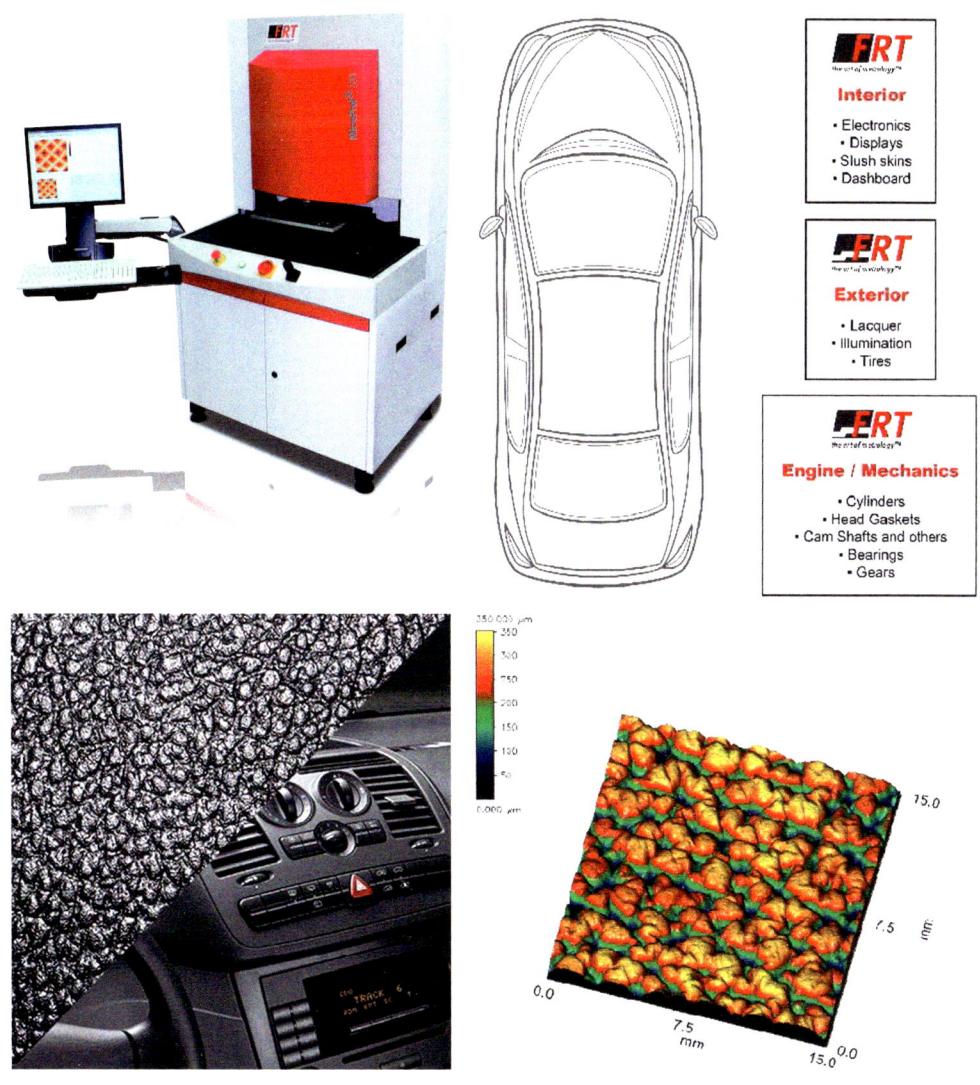

Bild 4.1 Der MicroProf® 200 (links oben) liefert u. a. Daten bei der Vermessung der Oberfläche eines Armaturenbrettes (unten links) zur Topografie, Schichtdicke Oberflächenstruktur, -Rauheit (unten rechts) : $SR_a = 34{,}2$ µm, $SR_q = 41{,}8$ µm, $SR_z = 191{,}6$ µm, $SR_t = 241{,}9$ µm (mit freundlicher Genehmigung der Firma FRT).

der Herstellung von Kunstlederhäuten auftritt – hier im Besonderen bei der Prozesskontrolle, um Designmerkmale bei gleichzeitiger Funktionalität der zu produzierenden Oberflächen sicherstellen zu können (Bild 4.1).

Die Notwendigkeit der Oberflächenmessung in der Medizintechnik zeigt Bild 4.2.

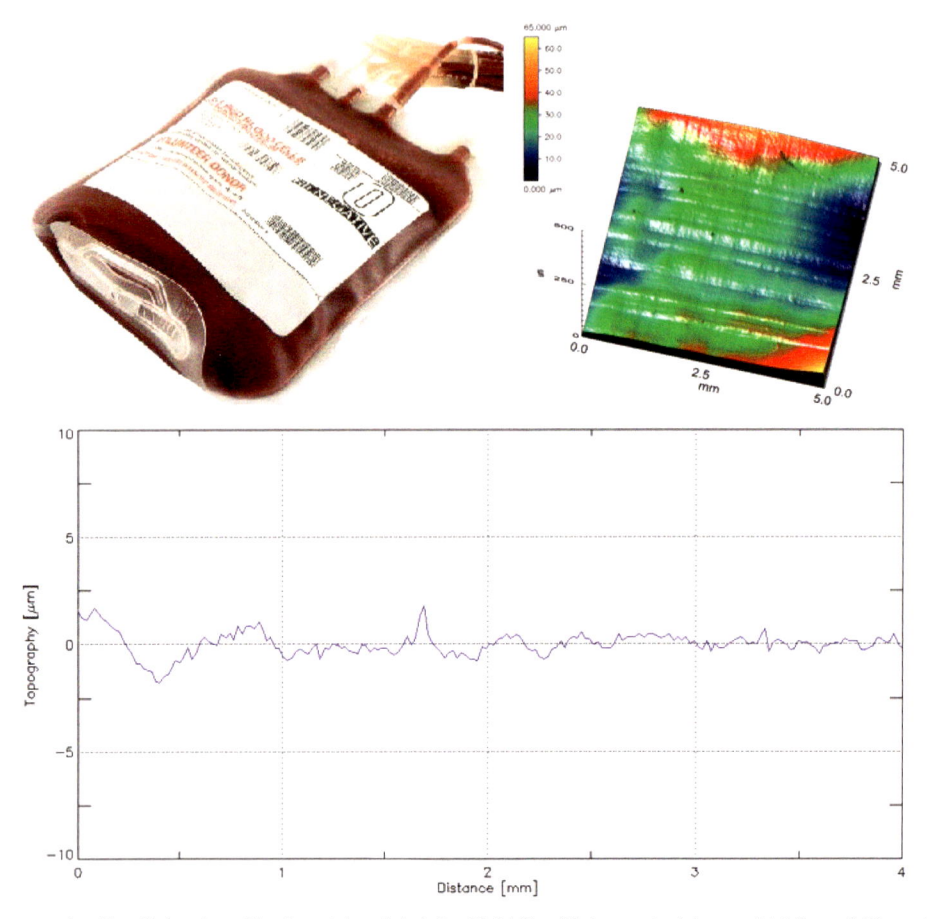

Bild 4.2 Vermessung der Oberfläche eines Blut Bags (oben links), Profilbild Oberflächenwerte (oben rechts) Sa = 0,99 µm, Sq = 1,29 µm, Sz = 30,51 µm, Profilschnitt (unten), (mit freundlicher Genehmigung der Firma FRT)

5 Fokusvariation zur Oberflächenanalyse

Das Fokusvariationsverfahren (siehe auch 3D-Formenfassung, Kapitel 19) verbindet die Oberflächenmesstechnik und die klassische (Mikro) Koordinatenmesstechnik. Damit wird die Fokusvariation sowohl zur Form- als auch zur Rauheitsmessung verwendet. Das technische Prinzip basiert auf der geringen Schärfentiefe einer Optik, die genutzt wird, um die Tiefeninformation einer Probe zu extrahieren. Während des Messvorgangs wird das entsprechende Bauteil vertikal gescannt. Je nach Oberflächengeometrie werden nur limitierte Bereiche scharf abgebildet. Aus der Variation der Schärfewerte wird für jeden Messpunkt die entsprechende Tiefeninformation gewonnen. Der resultierende 3D-Datensatz enthält bei einigen Geräten zusätzlich die zu den Höhendaten registrierte 3D-Farbinformation. Basis für Messgeräte dieses Verfahrens bildet meist ein Mikroskop. Mithilfe eines Präzisionsmaßstabes wird dabei die Position des beweglichen Werkstückes oder der Optik bestimmt. Des Weiteren verfügen die Geräte über eine Beleuchtungseinheit (Ringlichtbeleuchtung, stroboskopische Beleuchtung etc.) mit deren Hilfe beispielsweise störende Umgebungseinflüsse kompensiert werden können. Durch ein flexibles, modulares Hardwaresystem wird die Integration der Technologie der Fokus-Variation in die Inline-Qualitätssicherung möglich. Die Industrietauglichkeit ist außerdem auf die hohe Automatisierung, auch über große Scanhöhen sowie umfangreichen Datenex- und -import zurückzuführen, die eine schnelle Auswertung der Messergebnisse gewährleistet. Hohe Messgeschwindigkeiten steigern die Anwendungsmöglichkeiten in der fertigungsintegrierten Qualitätssicherung. Dazu zählt beispielsweise die Form- und Rauheitsmessung von mikrostrukturierten Oberflächen auf Flugzeugturbinen, Motorblöcken oder Rotoren für Windkraftanlagen.

Die Hauptkomponente der Geräte ist eine Präzisionsoptik, die diverse Linsensysteme enthält und mit verschiedenen Objektiven ausgestattet werden kann, um so Objekte in maximaler Auflösung zu messen. Mithilfe eines halbdurchlässigen Spiegels wird Licht von einer Weißlichtquelle in den optischen Pfad des Geräts geleitet und über das Objektiv auf die Probe fokussiert. Wenn das Licht auf der Probe auftrifft, wird es je nach Probenbeschaffenheit in verschiedene Richtungen reflektiert. Bei diffusen Oberflächen findet die Reflexion in alle Richtungen gleichmäßig, bei spiegelnden Topografien hauptsächlich nur in eine Richtung statt. Alle ausgehenden Lichtstrahlen, die auf das Objektiv treffen, werden mithilfe der Optik gebündelt und treffen auf der Rückseite des Spiegels auf einen lichtempfindlichen Sensor. Aufgrund der geringen Schärfentiefe des Systems werden immer nur kleinere Bereiche des Objektes scharf abgebildet. Um eine 3D-Messung und die Erzeugung eines vollkommen scharfen Bildes zu ermöglichen, ist es notwendig, die Präzisionsoptik entlang der optischen Achse vertikal so zu verschieben, dass jeder Bereich der Probe scharf abgebildet wird. Bei diesem Scan-Prozess wird mithilfe des Sensors eine ganze Serie von 2D-Datensätzen erfasst und ausgewertet, um 3D-Daten und ein vollkommen scharfes Bild der Probe zu generieren. Diese Auswertung geschieht in mehreren Schritten. Zunächst wird für jeden Punkt, der vom Sensor erfasst wurde, ein Schärfemaß berechnet, um zu bestimmen, an welcher z-Position jeder Objektpunkt am schärfsten abgebildet wurde. Für jeden Objektpunkt wird dann ein 3D-Messwert geliefert. In der Literatur sind verschiedenste Methoden für die Berechnung der Schärfe eines Bildes bekannt, die auf der Auswertung der Grauwertdaten beruhen. Grundsätzlich gilt, dass ein Objektpunkt umso schärfer abgebildet wird, je stärker die Variation der Sensorwerte in einem kleinen lokalen Bereich ist. Eines der gängigsten Schärfemaße ist es demzufolge, alle Werte in einem kleinen lokalen Bereich aufzulisten und deren Standardabweichung als Maß für die Schärfe zu verwenden. Aufgrund der großen involvierten Datenmengen ist es möglich, mechanische Einschränkungen zu umgehen. Damit werden für jede z-Position hoch auflösende Messwerte erhalten. Sobald die Höhendaten topografisch erfasst worden sind, wird ein Farbbild mit durchgehender Schärfentiefe erzeugt.

Anwendungsbeispiele des Verfahrens

Die gängigsten Anwendungsgebiete für Forschung und Entwicklung sowie industrielle Qualitätssicherung sind die spangebende, metallbearbeitende Industrie, Präzisions- und Feinwerktechnik bzw. Mikrotechnik, Materialwissenschaften, Medizintechnik, Korrosions- und Tribologieforschung, Kunststoffindustrie und die Papier- und Druckindustrie.

Zum Beispiel sind die Radien und Winkel einer Schneidkante kritische und qualitätsentscheidende Parameter von Schaft- und Gewindewerkzeugen. Sie entscheiden über Standzeit, Kantenstabilität und Werkstückgüte von Bohrern und Fräsern. Die zunehmend enger werdenden Fertigungstoleranzen verlangen nach hochauflösenden und flächenbasierten Messverfahren, da Rauheiten oder komplexe Geometrien mit steilen Flanken, Hinterschneidungen und konkaven Strukturen mittels herkömmlicher Verfahren wie der Messung mit einer taktilen Tastspitze nur unzureichend bis gar nicht erfasst werden können.

Die Fokus-Variation ist in der industriellen Praxis eine etablierte Technologie zur Einhaltung der Formtreue und Maßgenauigkeit von Werkzeugen. Als flächenbasiertes Verfahren erfasst das Verfahren auch Geometrien wie Hinterschneidungen und konkave Strukturen. Die vertikale Auflösung von bis zu 10 nm ermöglicht die Messung von Bauteilgeometrien mit Toleranzen bis in den μm-Bereich. Ein spezieller Algorithmus und eine modulierte Beleuchtung gewährleisten eine hohe Auflösung in z-Richtung auch bei stark unterschiedlichen Materialien mit divergierenden Reflexionseigenschaften. In der Industrie ist das u. a. bei qualitätssichernden Prozessen relevant, wo Werkstücke fertigungsbegleitend gemessen werden. Das Spektrum von Reflexionseigenschaften während der verschiedenen Fertigungsschritte kann von matt bis massiv spiegelnd reichen. Ein weiteres Anwendungsgebiet ist die Verschleißanalyse. Damit beugen Anwender verschlissene Kanten und mangelhafte Bearbeitungsergebnissen vor. Dieser Bestimmung gehen vergleichende Messungen des Werkstücks vor und nach Gebrauch in der Fertigung voraus. Mit der Fokus-Variation messen Anwender nicht nur die klassische Schartigkeit einer Schneidkante, sondern somit auch die Rauheit auf der Spanfläche eines Werkzeugs (Bild 5.1).

Die nachfolgende Anwendung zeigt die Vermessung eines Gewindebohrers. Die Rauheit in der Nut ist maßgeblich für eine „reibungslose" Spanabfuhr. Der Abstand der Gewindesteigung sorgt für eine exakte Gewindeführung (Bild 5.2).

Für sehr kleine Bauteile und sehr kleine Strukturen werden zur Vermessung der Oberfläche häufig optische Messsysteme in Verbindung mit Mikroskopen eingesetzt. Die bewährte Strahlführung und den optischen Aufbau des Mikroskopkörpers macht man sich hierzunutze.

Mithilfe von Digitalmikroskopen lassen sich auch 3D-Oberflächeninspektionen durchführen, die auch starke Erhebungen und Vertiefungen überbrücken können (Bild 5.3). Der Nachteil der Tiefenschärfe der Mikroskopkörper wird dabei durch eine manuelle oder auto-

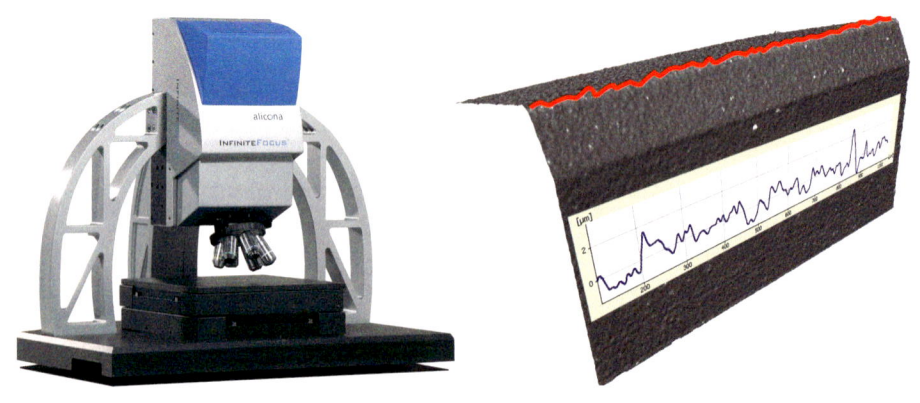

Bild 5.1 3D-Messsystem, das auf dem Verfahren der Fokusvariation basiert, InfiniteFocus von Alicona (links). Schneidkantenmessung: Die Fokus-Variation misst die Schartigkeit entlang der Kante und die Rauheit auf der Spanfläche (rechts), (mit freundlicher Genehmigung der Firma Alicona GmbH).

5 Fokusvariation zur Oberflächenanalyse

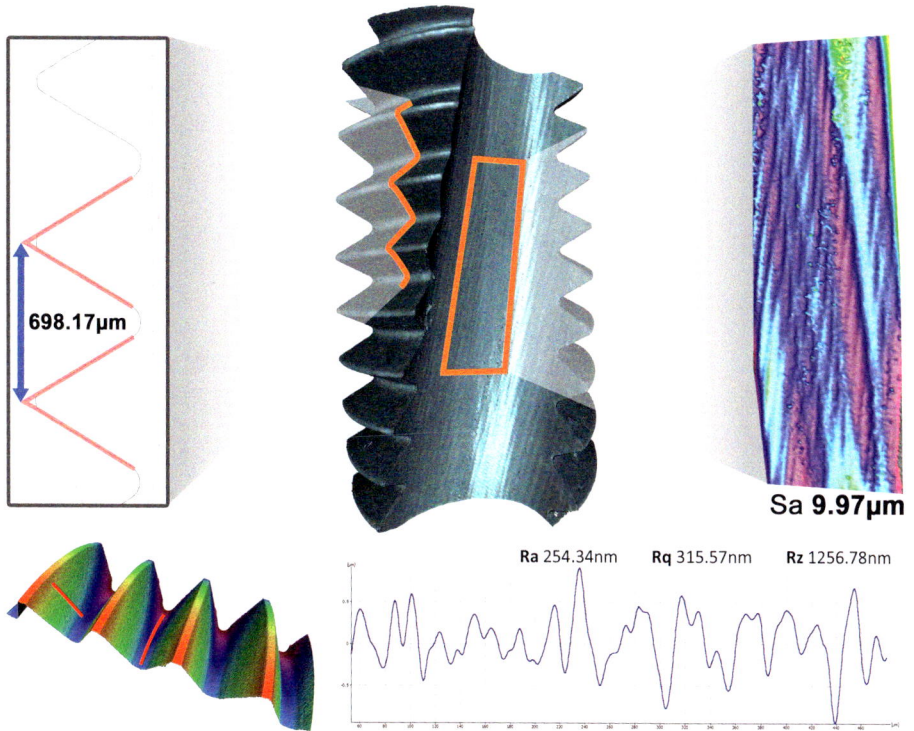

Bild 5.2
Sowohl Rauheit- als auch die Formvermessung eines Gewindebohrers (oben), Rauheit am Gewindegrund an den Flanken (unten), (mit freundlicher Genehmigung der Firma Alicona GmbH)

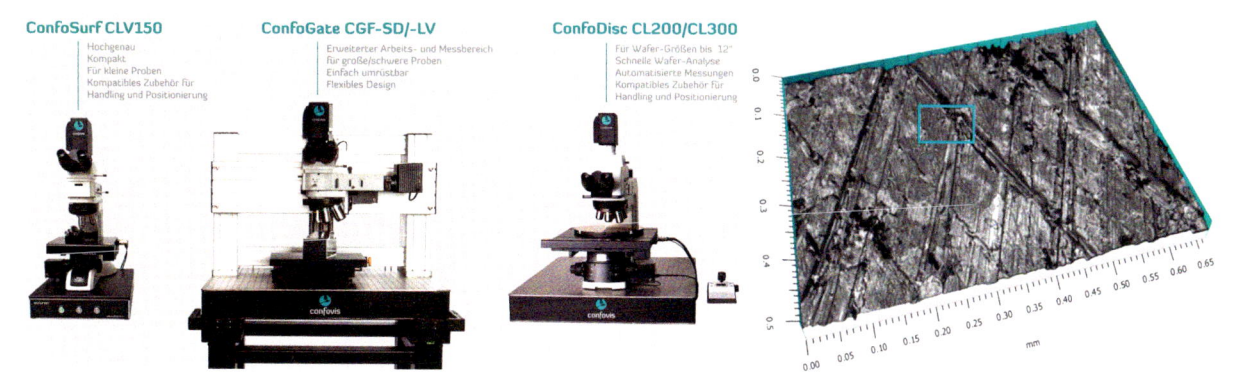

Bild 5.3 Mikroskope zur Oberflächeninspektion (links), 3D-Bild einer Honstruktur eines Zylindersegments (rechts), (mit freundlicher Genehmigung der Firma Confovis GmbH)

matisierte Verstellung in z-Richtung kompensiert. Dabei wird für jede Höhe ein Tiefenbild in Echtzeit erzeugt. Somit entsteht eine Vielzahl an Bildern, die dann zu einem einzigen, tiefenscharfen Bild zusammengesetzt werden. Detailaufnahmen wie z.B. auf einer Leiterplatine lassen sich dadurch gestochen scharf abbilden (Bild 5.4).

Bild 5.4 Digitalmikroskop zur Oberflächeninspektion (oben links), 3D-Bild einer Mikrostruktur (oben rechts), Darstellung einer Leiterplatine (unten links), Bild einer Schleifsteinoberfläche (unten rechts), (mit freundlicher Genehmigung der Firma Keyence)

6 Streifenprojektion zur Oberflächenanalyse

Wie die zuvor bereits angesprochenen Verfahren zur Oberflächenanalyse ist auch diese Messmethode im Kapitel 3D-Formerfassung, Kapitel 3, bereits ausführlich beschrieben. Somit wird hier nur auf die Besonder-

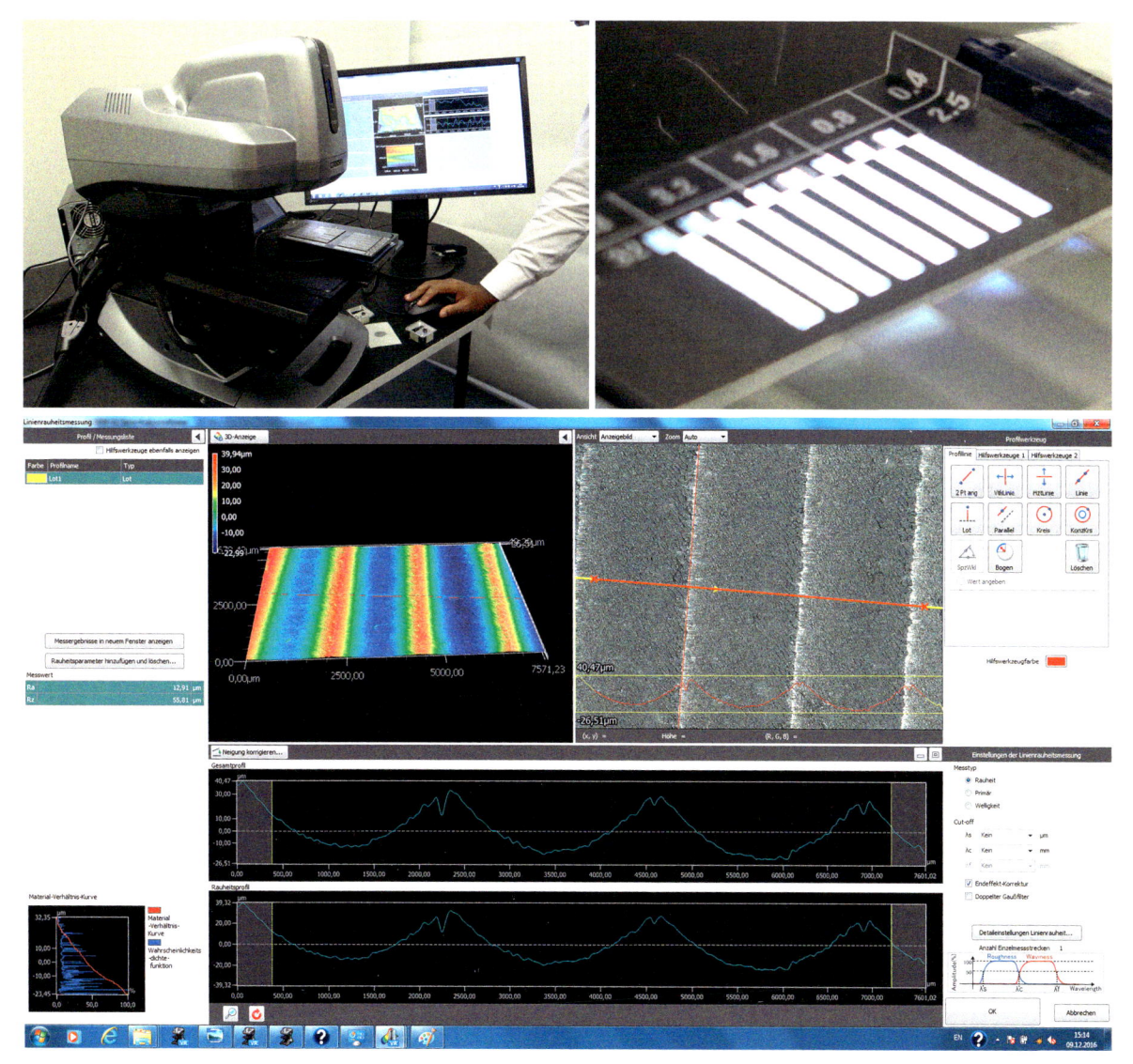

Bild 6.1 3D-Profilometer (VR) der Firma Keyence mit Vergleichsmessprobe (oben links), Streifenprojektion auf der Probenoberfläche (oben rechts), Auswertung der Ergebnisse $R_a = 12{,}91$ µm, $R_z = 55{,}81$ µm, Monitorauszug (unten), die Messung wurde durchgeführt mit einem 3D-Profilometer der Firma Keyence

heiten der Oberflächenmesstechnik eingegangen. Da in der Regel die zu untersuchenden Oberflächen relativ klein sind, werden die Messgeräte diesbezüglich auch entsprechend ausgelegt. Das bedeutet, dass der Messbereich zwar kleiner, dafür aber die Messgenauigkeit erhöht ist. Die Messgeräte werden häufig in einem Messraum platziert, der vor direkten Einflüssen aus der Fertigung geschützt ist.

Messbereich/Messgenauigkeit des Verfahrens
Der messbare Höhenbereich (vertikaler Messbereich) dieses Verfahrens liegt zwischen 1 mm und 10 mm. Die Messfläche liegt bei ca. 20 × 20 mm. Die Messgenauigkeit befindet sich in einer Größenordnung von ± 2 µm bis ± 5 µm in der Breite und ± 3 µm in der Höhe.

Anwendungsbeispiele des Verfahrens
Um eine vergleichende Aussage bezüglich der Oberflächenrauhigkeit zu bekommen, wurde an einem Messmikroskop eine Vergleichsmessprobe mit bekannter Oberfläche verwendet. Die Auswertung in Bild 6.1 zeigt eine gute Übereinstimmung der Messergebnisse.

In Bild 6.2 wird gezeigt, wie mithilfe der Streifenlichtprojektion und einem Messmikroskop auch die Oberflächenrauhigkeit einer Felge mithilfe eines Abdrucks gemessen werden kann.

Das oben beschriebene Verfahren ist immer dann interessant, wenn eine direkte Oberflächenmessung am Objekt nicht möglich ist.

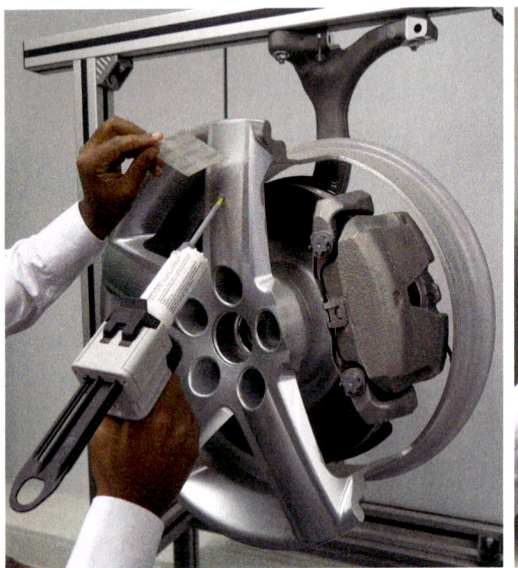

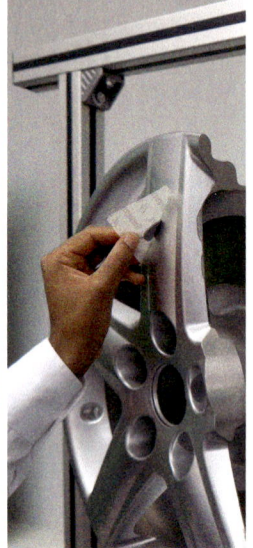

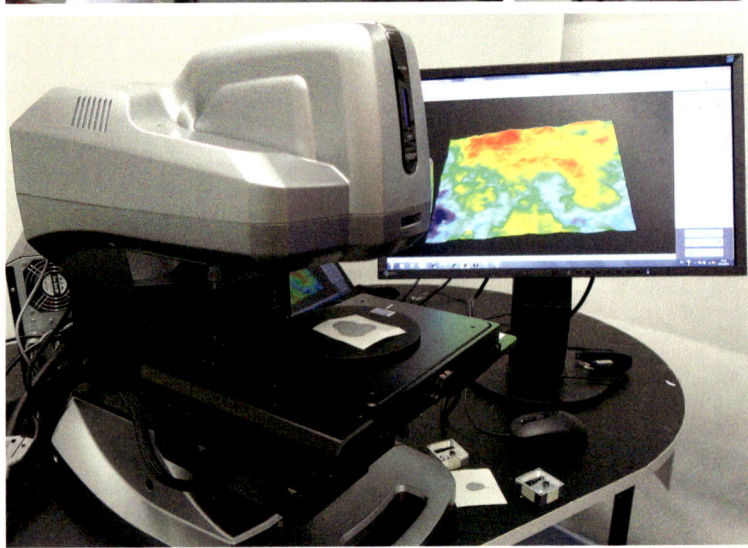

Bild 6.2
Zum Abgreifen der Oberflächenrauigkeit wird eine niedrig viskose Paste aufgetragen (oben links). Nach kurzer Einwirkzeit kann der Abdruck entfernt werden (oben rechts). Der Abdruck lässt sich anschließend unter einem Messmikroskop untersuchen (unten).

7 Konfokalmikroskopie zur Oberflächenanalyse

Die Tiefendiskriminierung erfolgt beim konfokalen Mikroskop auf die gleiche Weise wie beim konfokalen Punktsensor (siehe 3D-Formerfassung, Kapitel 8). Zusätzlich enthält das Konfokalmikroskop einen Mechanismus zur lateralen Abtastung aller Bildpunkte im Gesichtsfeld des Mikroskops. Hierfür existieren verschiedene Verfahren, die jeweils ihre individuellen Vor- und Nachteile besitzen.

Zu den schnellsten Verfahren, die in der industriellen Praxis eingesetzt werden, zählt die Lateralabtastung mit einer schnell rotierenden Nipkow-Scheibe, die ein spiralförmig angeordnetes Muster von sehr kleinen Lochblenden (Pinholes) besitzt. Diese übernehmen die Funktion der beiden Lochblenden im Punktsensor, die bei diesem vor der Lichtquelle und vor dem Detektor angeordnet sind. Im Gegensatz zum Punktsensor durchquert das Licht hier auf dem Hin- wie auf dem Rückweg zweimal jeweils die gleiche Lochblende. Durch die Rotation der Nipkow-Scheibe werden alle Bildpunkte innerhalb von einer Umdrehung mindestens einmal abgetastet und konfokal auf die Kamera abgebildet. So entsteht ein flächenhaftes konfokales Bild (Bild 7.1, rechts), bei dem, im Gegensatz zum normalen Mikroskopbild (Bild 7.1, links), nur die Bereiche im Fokus abgebildet werden. Außerhalb des Fokus liegende Bereiche werden ausgeblendet und erscheinen dunkel.

Moderne Mikroskope verwenden einen optischen Multi-Pinhole-Filter (auch Multi-Pinhole-Disc, MPD) anstelle einer Nipkow-Scheibe. Im Gegensatz zur Nipkow-Scheibe führt der Multi-Pinhole-Filter viele zehntausend Lochblenden parallel über die Oberfläche. So wird innerhalb einer Umdrehung jeder Punkt der Oberfläche rund einhundertmal konfokal erfasst. Die Summe dieser Abtastungen ergibt ein flächenhaftes konfokales Bild der Oberfläche. Die Kamera erfasst während einer Umdrehung also genau ein konfokales Bild (Bild 7.1 rechts). Das Verfahren ermöglicht eine sehr schnelle Bildaufnahme mit typischen Geschwindigkeiten von 50 bis 100 Bildern pro Sekunde. Darüber hinaus zeichnet es sich durch eine extrem streulichtarme und robuste Signalgebung bei hoher Lichtausbeute aus. So

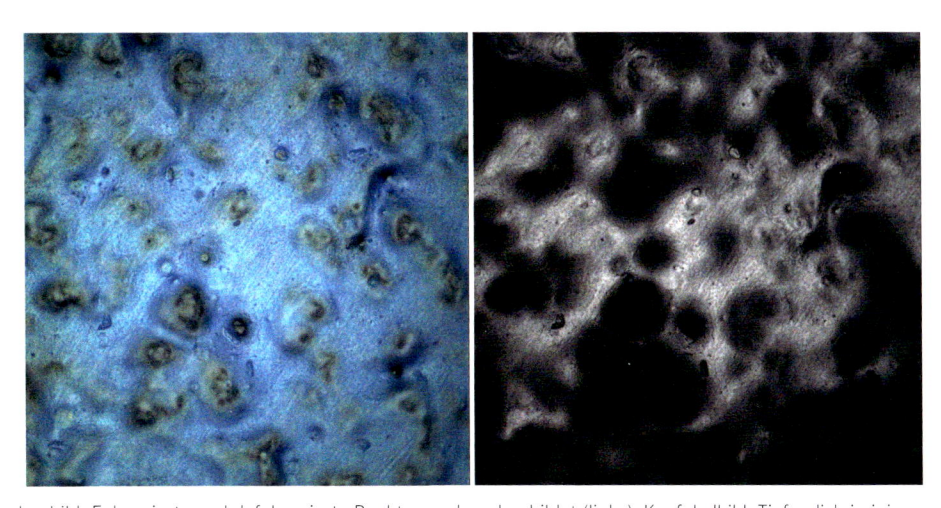

Bild 7.1 Mikroskopbild: Fokussierte und defokussierte Punkte werden abgebildet (links), Konfokalbild: Tiefendiskriminierung im Konfokalmikroskop, nur fokussierte Punkte werden abgebildet (rechts), (mit freundlicher Genehmigung der Firma nanofocus GmbH)

werden Höhenauflösungen bis in den Nanometerbereich erreicht. Die stochastische Verteilung der Pinholes auf der Multi-Pinhole-Disc verhindert, dass zwei benachbarte Messpunkte unmittelbar nacheinander vermessen werden. Im Gegensatz zu herkömmlichen linear abtastenden Messverfahren werden dadurch Streulichteffekte, Messartefakte und Vorzugsrichtungen verhindert.

Das Licht einer LED-Lichtquelle (1) wird durch die Punktöffnungen einer Multi-Pinhole-Disc, MPD (2) und das Objektiv auf eine Probenoberfläche (3) projiziert (Bild 7.2). Die Lichtstrahlen werden von der Probe reflektiert und gelangen zurück ins Messgerät. An jeder Punktöffnung der MPD wird das reflektierte Licht auf den Fokusanteil reduziert. Die Lichtstrahlen werden über einen Strahlteiler (4) umgelenkt und von einer Kamera (5) aufgenommen. Durch die Rotation der Multi-Pinhole-Disc wird die Oberfläche lückenlos abgetastet. Zur Topografiemessung mit dem Konfokalmikroskop wird eine Bildsequenz aufgenommen, während das Messobjekt gegenüber dem Objektiv entlang der optischen Achse verschoben wird. Das Ergebnis ist ein Bildstapel, wie in Bild 7.3 dargestellt.

Jedes Konfokalbild entspricht einem horizontalen

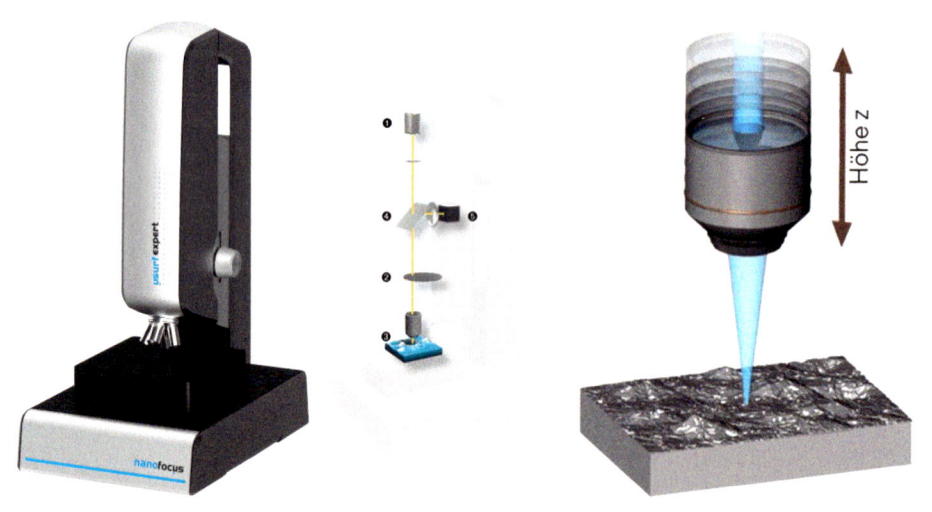

Bild 7.2 Konfokalmikroskops µsurf expert der Firma NanoFocus AG (links), prinzipieller Aufbau eines Konfokalmikroskops mit integrierter LED-Lichtquelle und einer schnell rotierenden Multi-Pinhole-Disk (mittig); mit einem z-Versteller wird das Objektiv in der Höhe verschoben, wodurch die Aufnahme von Bildern in unterschiedlichen Höhen erfolgt (rechts), (mit freundlicher Genehmigung der Firma NanoFocus AG)

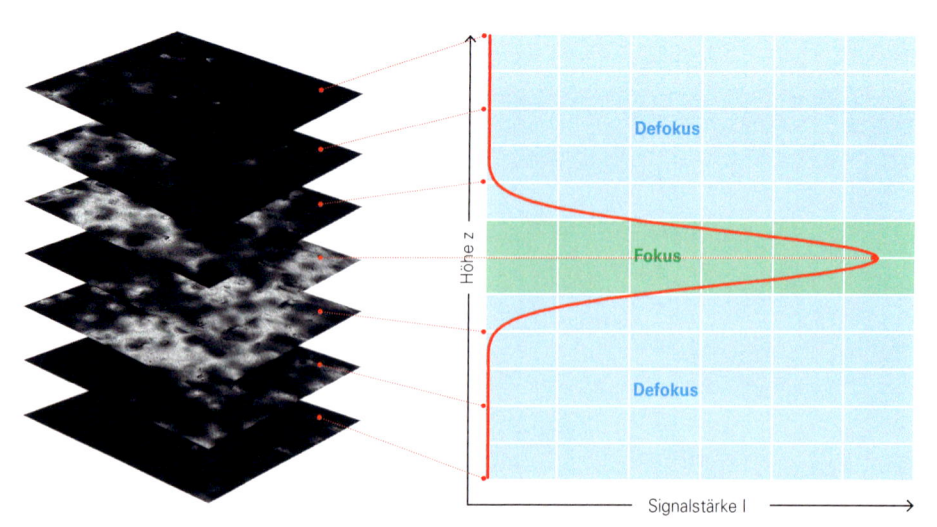

Bild 7.3 Bei der vertikalen Abtastung wird ein Bildstapel (links) aus unterschiedlichen Fokuspositionen erzeugt. Für jeden Bildpunkt ergibt sich ein charakteristischer Intensitätsverlauf (rechts), dessen Maximum den Durchgang der Oberfläche durch den Fokus markiert (mit freundlicher Genehmigung der Firma NanoFocus AG)

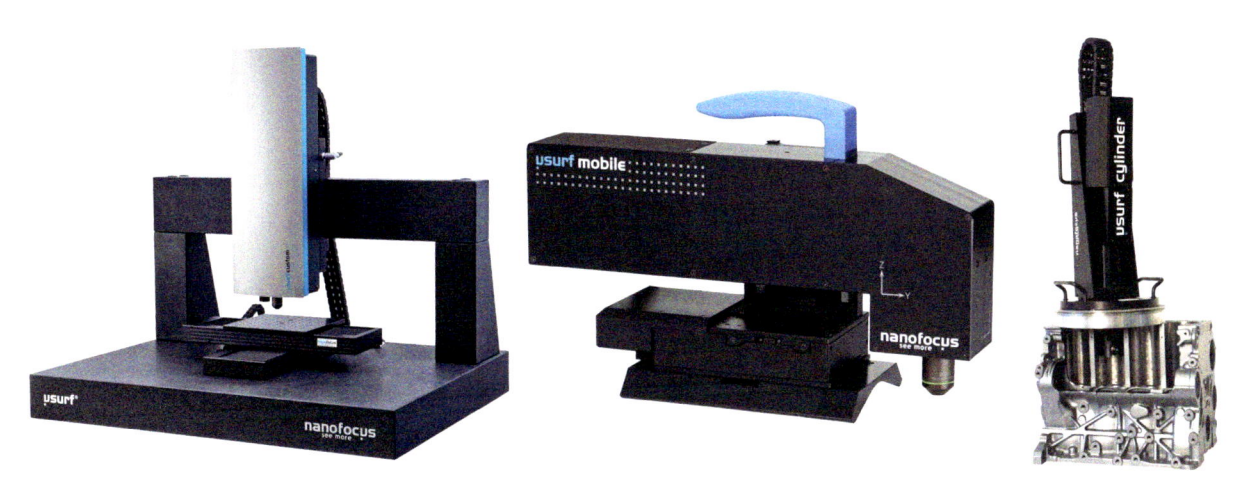

Bild 7.4 Oberflächenmessgeräte für verschiedene Anwendungen in der Produktion und im Labor – hier gezeigt von links nach rechts: µsurf custom (universell einsetzbares Messgerät), µsurf mobile (besonders geeignet zur Oberflächenmessung vor Ort), µsurf cylinder (Vermessung von Zylinderlaufflächen in der Motorenherstellung), (mit freundlicher Genehmigung der Firma NanoFocus AG)

Schnitt durch die Probe. Die Lichtintensität für jedes einzelne Pixel ändert sich über alle Höhenstufen. Bei maximaler Intensität liegt der Messpunkt im Fokus. Zusammen betrachtet ergeben die Einzelwerte die Konfokalkurve. Aus der Konfokalkurve wird der präzise Höhenwert eines Pixels durch Schwerpunktbildung errechnet. Die gemessenen Höhenwerte jedes einzelnen Pixels ergeben eine exakte dreidimensionale Rekonstruktion der Oberfläche. Aus den gemessenen maximalen Intensitätswerten jedes Bildpunktes erhält man gleichzeitig ein hochaufgelöstes tiefenscharfes Mikroskopbild. Wie mit dem konfokalen Punktsensor können auch mit dem flächenhaft messenden Konfokalmikroskop Schichtdicken transparenter Schichten bestimmt werden.

Messbereich/Messgenauigkeit des Verfahrens

Der messbare Höhenbereich des Verfahrens liegt bei ca. 10 mm. Die Messfläche liegt zwischen 5 und 3000 mm². Die Messgenauigkeit befindet sich in einer Größenordnung von ± 1 µm in der Höhe.

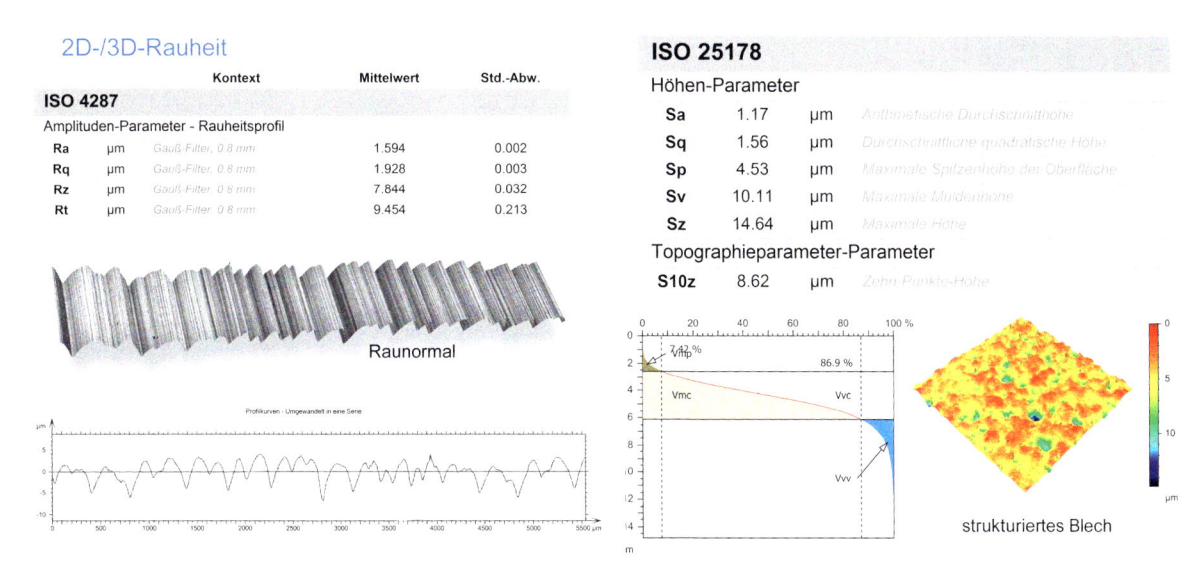

Bild 7.5 Auflistung der Rauheitsparameter in 2D nach ISO 4287 und 3D nach ISO 25178 sowie Darstellung der Oberfläche und einem Längsschnitt (oben), unten rechts die Tragfähigkeit der Oberfläche mithilfe der Abbott-Kurve (mit freundlicher Genehmigung der Firma NanoFocus AG)

Anwendungsbeispiele des Verfahrens

In nahezu allen Branchen entscheiden Oberflächencharakteristika in der Mikro- und Nanometerdimension über Funktionalität, Qualität, Sicherheit, Haltbarkeit, Erscheinungsbild oder Leistung der hergestellten Produkte. Im Prüf- und Entwicklungslabor ermöglichen 3D-Konfokalmikroskope die präzise Vermessung der Oberflächenbeschaffenheit unabhängig von unterschiedlichen Materialien. Automatisierungsmöglichkeiten erlauben ebenso den Einsatz in der fertigungsbegleitenden Qualitätsprüfung.

Viele Messgeräte unterscheiden sich nicht nur in der Hardware wie z.B. dem Funktionsprinzip, dem optischen Aufbau, der Mobilität usw., sondern auch in der Messwertauswertung. Hierzu wird eine Vielzahl von Softwareausführungen auf dem Markt angeboten. Man sollte daher im Vorfeld schon eine Vorstellung davon haben, welche Daten man jeweils analysieren und dokumentieren möchte. Die Quantifizierbarkeit der Oberfläche durch anerkannte und rückführbare Standards, wie ISO 25178 oder ISO 4287, ist z.B. eine wichtige Grundlage fehlerfreier Abläufe in der industriellen Produktion. Mit optisch-konfokalen 3D-Messsystemen kann man die Rauheit nach international standardisierten Parametern bestimmen.

Im Motorenbau sind Honstrukturen auf Zylinderlaufflächen für einen funktionalen Betrieb von entscheidender Bedeutung (Bild 7.6). Im medizinischen Bereich sind die Ansprüche an die Qualität der Produkte und Komponenten ebenfalls sehr hoch. Entscheidend für den therapeutischen Erfolg sind oftmals Eigenschaften der Produktoberfläche, wie die Rauheit von Implantaten (Bild 7.6).

Um die Echtheit von Kunstgegenständen oder Spuren auf Tatwerkzeugen zu bestimmen, ist es nötig, einzelne Merkmale bis in den Nanometerbereich zu erfassen (Bild 7.7).

Die transparente Vergleichbarkeit von optischen 3D-Oberflächenmessgeräten wird von der Initiative Faires Datenblatt vorangetrieben. Die Initiative setzt sich für die Vorgabe einheitlicher Geräte- und Verfahrensspezifikationen zu einer objektiveren Vergleichbarkeit von Geräten und Technologien ein: *http://optassyst.de/fairesdatenblatt/index.html*.

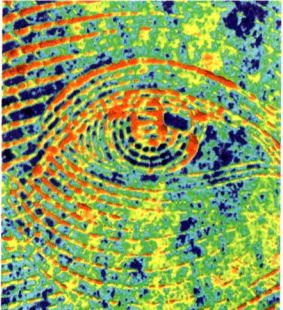

Bild 7.7 Hier gezeigt sind Sicherheitsmerkmale auf der 500-€-Banknote (links), Detailaufnahme (rechts), (mit freundlicher Genehmigung der Firma NanoFocus AG)

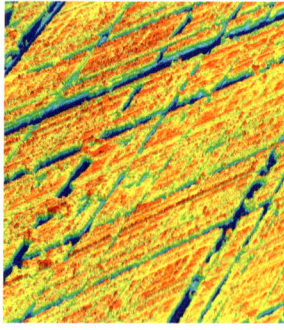

Bild 7.6 Anwendungsbeispiele: Honstrukturen auf Zylinderlaufflächen (links), Rauheit von Implantaten (rechts), (mit freundlicher Genehmigung der Firma NanoFocus AG)

8 Literaturverzeichnis zu Teil V

Brodmann, B.: Ganzflächige Beurteilung. In QZ Qualität und Zuverlässigkeit [Hrsg.], 05/2013, S. 122–126

Brodmann, R. (2016): Streulichtmessverfahren, OptoSurf GmbH [Hrsg.]

Brodmann, R.; Brodman, B.: Schnelle AusSage. Funktionsbezogene Rauheitsmessung mit Streulicht. In: QZ Qualität und Zuverlässigkeit [Hrsg.], 04/2016, S.88–90

Brodmann, R.; Brodman, B.: Kenngrößen der Mikrostruktur definiert. In: QZ Qualität und Zuverlässigkeit [Hrsg.]; 07/2008, S. 46–49

Brodmann, R.; et al., Kenngrößen der Mikrostruktur definiert. VDA-Richtlinie für die Oberflächenmessung mit Streulicht. QZ 2008, 53 (7), S. 46–49.

Christian-Albrechts-Universität zu Kiel: *http://www.tf.uni-kiel.de/seRvicezentrum/neutral/praktika/anleitungen/b501.pdf* [Zugriff 20.08.2016]

DIN 4760 (06-1982): Gestaltabweichungen: Begriffe, Ordnungssystem, Juni 1982

DIN EN ISO 4287 (07-2010): Geometrische Produktspezifikation (GPS) – Oberflächenbeschaffenheit: Tastschnittverfahren – Benennungen, Definitionen und Kenngrößen der Oberflächenbeschaffenheit

DIN EN ISO 13565-2 (04-1998): Geometrische Produktspezifikationen (GPS) - Oberflächenbeschaffenheit: Tastschnittverfahren - Oberflächen mit plateauartigen funktionsrelevanten Eigenschaften – Teil 2: Beschreibung der Höhe mittels linearer Darstellung der Materialanteil-Kurve

DIN EN ISO 16610-21 (06-2013): Geometirsche Produktspezifikation (GPS) – Filterung – Teil 21: Lineare Profilfilter: Gauß-Filter

DIN EN ISO 16610-22 (04-2016): Geometrische Produktspezifikation (GPS) – Filterung – Teil 22: Lineare Profilfilter: Spline-Filter

DIN EN ISO 16610-20 (12-2015): Geometrische Produktspezifikation (GPS) – Filterung – Teil 20: Lineare Profilfilter: Grundlegende Konzepte

DIN EN ISO 16610-40-Entwurf (10-2012): Geometrische Produktspezifikation (GPS) – Filterung – Teil 40: MoRphologischer Profilfilter: Grundlegende Konzepte

DIN EN ISO 16610-41 (12-2015): Geometrische Produktspezifikation (GPS) – Filterung – Teil 41: MoRphologische Profilfilter: Filter mit Kreisscheibe und horizontaler Strecke

DIN EN ISO 25178-2 (09-2012): Geometrische Produktspezifikation (GPS) – Oberflächenbeschaffenheit: Flächenhaft – Teil 2: Begriffe und Oberflächen-Kenngrößen

DIN EN ISO 12781-2 (07-2011): Geometrische Produktspezifikation (GPS) – Ebenheit – Teil 2: Spezifikationsoperatoren

Gröger, S.; Seewig, J.; Wiehr, C.: Charakterisierung technischer Bauteiloberflächen – Stand der Oberflächenmesstechnik heute. 4. Fachtagung, Erlangen, 25. und 26. Oktober 2011: Metrologie in der Mikro- und Nanotechnik 2011, Messprinzipien – Messgeräte – Anwendungen. Düsseldorf: VDI-Verl. 2011. S. 159–171

Gröger, S.: Beitrag zum ganzheitlichen Bewerten von geometrischen Strukturen mit Tastschnittgeräten bis in den Nanometerbereich. Technische Universität Chemnitz, Dissertation 2007

Hercke, T., Daimler AG, Stuttgart, private Mitteilung

Inspect: Angewandte Bildverarbeitung und optische Messtechnik: *http://www.inspect-online.com/topstories/topics/der-wandel-der-oberflaechenmesstechnik* [Zugriff am 18.08.2016]

Inspect: Angewandte Bildverarbeitung und optische Messtechnik: *http://www.inspect-online.com/produkte/control/streulicht-sensor-fuer-optische-rauheitsmessung* [Zugriff 24.08.2016]

Jung, S.: Oberflächenbeurteilung – Rauheitsmessung. Universität Stuttgart, 2012

Keferstein, C.P.; Marxer, M. (2015): Fertigungsmesstechnik. Springer Vieweg Verlag

Mitutoyo Europa GmbH (2002): Oberflächenrauheitsmessung – Praktische Hinweise für Labor und Werkstatt, 2002

Seewig, J.: Flächenhaftes Messen und Charakterisieren von Oberflächenrauheit – Stand der aktuellen Technik. Präsentation: 1. Göttinger Messtechniksymposium 16. und 17. Juli 2014

Seewig, J.: Innovation in der Oberflächenmesstechnik zum Nutzen der Praxis - neue optische Messverfahren, 3D Messgrößen und Anwendungen. Präsentation: Fachtagung Produktionsmesstechnik NTB- Internationale für Technik Buchs 07.09.2011

Seewig, J., et al.: Extraction of shape and roughness using scattering light, Proc. SPIE 7389, 73890N, 2009

Seewig, J.; Wiehr, C.: 3D-Kenngrößen nach ISO 25178. Vortragstexte der 45. Metallographie-Tagung, 14.–16. September 2011 in Karlsruhe: Fortschritte in der Metallographie. Frankfurt/Main: MAT-INFO, Werkstoff-Informationsges 2011, S. 3–8

VDA 2009 Geometrische Produktspezifikation Oberflächenbeschaffenheit, Winkelaufgelöste Streulichtmesstechnik, Definition, Kenngrößen und Anwendung (07/2010) (*http://www.dkf-ev.de/gesetzvv.htm*)

Volk, R.: Rauheitsmessung - Theorie und Praxis. DIN Deutsches Institut für Normung e. V [Hrsg.]. Beuth Verlag, Berlin 2013

8 Literaturverzeichnis zu Teil V

Wikipedia: *https://de.wikipedia.org/wiki/KonfokalmikroSkop#Einseitige_Nipkow-Scheiben-MikroSkope_f.C3.BCr_Wei.C3.9FlichtreflexionsmikroSkopie* [Zugriff 20.08.2016]

Zeiss: *http://optotechnik.zeiss.com/taktile-messtechnik* [Zugriff] 18.08.2016]

TEIL VI
Messen von mechanischen Spannungen

1	Einleitung	373
2	Spannungsoptisches Durchlichtverfahren (klassische Spannungsoptik)	378
3	Spannungsoptisches Reflexionsverfahren	391
4	Thermoelastische Spannungsanalyse (TSA)	396
5	Shearografie zur Messung von Spannungen	400
6	Holografie zur Messung von Spannungen	404
7	Bildkorrelation zur Messung von Spannungen	409
8	Literaturverzeichnis	416

1 Einleitung

Spannungen, genauer gesagt mechanische Spannungen, können auf verschiedene Art und Weise in Bauteilen entstehen. Hervorgerufen werden sie durch äußere Kräfte und Momente, durch Fertigungsprozesse und durch Wärmeeinwirkung. Man spricht somit von Lastspannungen, Eigenspannungen und Wärmespannungen. Die mechanische Spannung ist ein Begriff aus der Festigkeitslehre und stellt die Kraft pro Flächeneinheit dar (s. unten). Sie tritt an einer gedachten Schnittfläche in einem Körper, in einer Flüssigkeit oder einem Gas auf.

1.1 Historischer Rückblick

Bereits unsere Vorfahren haben sich die in einem Bauteil entstandenen Spannungen zu Nutze gemacht. So erfährt z. B. ein Stab, der auf Biegung belastet wird, Biegespannungen. Diese können im Stab als potenzielle Energie dadurch gespeichert werden, dass die beiden Enden durch eine Sehne miteinander verbunden werden. Ein typischer Bogen, um auf die Jagd zu gehen. In der Regel sind Spannungen in Bauteilen eher unerwünscht, da sie zur Schädigung des Bauteiles beitragen können. Somit war die Notwendigkeit naheliegend, mechanische Spannungen auch messen zu können.

1.2 Nichtoptische Messtechnik

Wie bereits erwähnt, ist es wichtig, für die Haltbarkeitsbeurteilung von Bauteilen zu wissen, welche Spannungen bei bestimmten Belastungen im Werkstoff auftreten. Diese Spannungen sind aber nicht direkt messbar. Mit Dehnungsmessstreifen (DMS) kann man die Dehnungen an der Bauteiloberfläche messen und daraus die Spannungen ermitteln. Die DMS-Technik hat sich in vielen Bereichen bewährt, insbesondere an schlecht zugänglichen Stellen. Auch z. B. im Feldversuch von Transportsystemen sind sie in der Lage, Dehnungen infolge von statischer und dynamischer Belas-

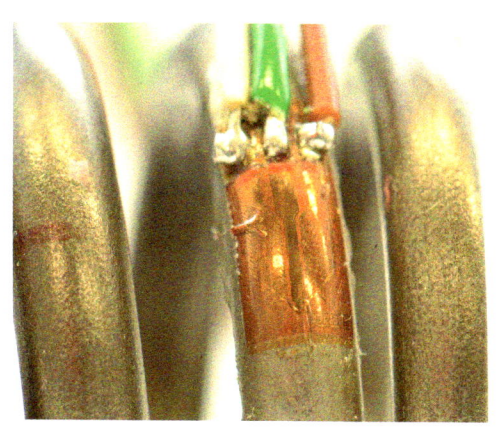

Bild 1.1 Applizierung und Verkabelung eines DMS an einer Spiralfeder (mit freundlicher Genehmigung von H. Steucseck)

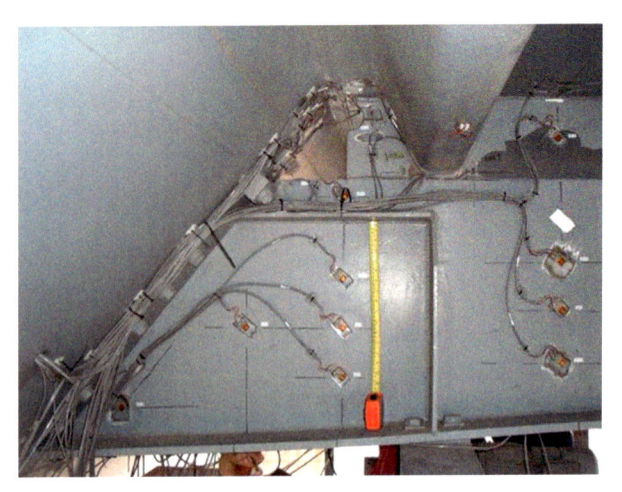

Bild 1.2 Applizierung und Verkabelung von DMS (mit freundlicher Genehmigung von „© Micro-Measurements, a brand of Vishay Precision Group, Inc. (VPG)")

tung sicher und einfach zu messen. Ein großer Nachteil ist jedoch, dass nur eine punktuelle Dehnungsmessung erfolgen kann. Weiterhin müssen die Untersuchungsobjekte aufwendig mit DMS-Modulen bestückt (appliziert) werden (Bilder 1.1 und 1.2). Ebenfalls ist jeder DMS an eine Messbrücke anzuschließen, sodass eine umfangreiche Verkabelung erforderlich ist. Beim Applizieren eines DMS wird zwischen der Bauteiloberfläche und dem DMS eine Klebeschicht auf das Bauteil aufgebracht. Diese kann unter Umständen auch das Messergebnis stark beeinflussen. Bei empfindlichen oder sehr kleinen Bauteilen ist eine DMS-Messung dadurch ausgeschlossen.

Um an kritischen Stellen eine aussagekräftige, flächenmäßige Erfassung der Dehnungen an Bauteilen zu ermitteln, müssen daher eine Vielzahl von DMS appliziert werden. Dies ist in der Regel häufig zu aufwendig und zu kostenintensiv.

In großem Umfang werden Spannungen aus dem Zug-/Druckversuch ermittelt. Das daraus resultierende Spannungs-/Dehnungsdiagramm gibt Aufschluss über die Materialeigenschaften von Werkstoffen. Bei komplexen Bauteilen ist diese Versuchsdurchführung aber nicht verwendbar.

1.3 Mechanische Grundlagen der Spannungen

Wirken auf einen Körper z. B. äußere Kräfte und Momente ein, so wird er verformt. Es entstehen Spannungen. Handelt es sich z. B. bei einem Körper um einen einfachen Zugstab mit der Länge L und dem Querschnitt A, der mit einer einfachen Kraft F belastet wird (Bild 1.3), so wird er sich um die Länge dL dehnen. Die mechanische Spannung σ im Zugstab und seine Dehnung ε sind nun definiert als:

$$\sigma = \frac{F}{A} \text{ mit } \sigma = \frac{\text{N}}{\text{m}^2} = \text{Pa} \text{ und } \varepsilon = \frac{dL}{L}$$

Es handelt sich hierbei um einen eindimensionalen Spannungszustand. Zwischen der mechanischen Spannung und der Dehnung existiert nach dem Hooke'schen Gesetz folgender, linearer Zusammenhang:

$$\sigma = E \cdot \varepsilon$$

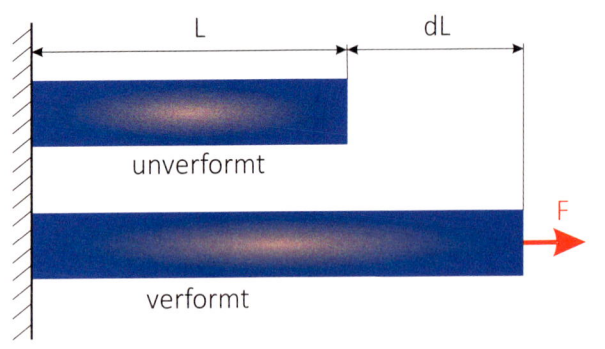

Bild 1.3 Zugstab (links eingespannt), belastet mit der Zugkraft F und dadurch gedehnt um den Betrag dL

Wobei E der Elastizitätsmodul des verwendeten Materials ist. Neben der Dehnung in Richtung der wirkenden Kraft wird der Festkörper senkrecht dazu gestaucht. Diese Stauchung ε' ist linear zur Dehnung ε mit der Proportionalitätskonstante ν, die Querkontraktionszahl oder Poissonzahl genannt wird:

$$\varepsilon' = \nu \cdot \varepsilon$$

Die hier vorgestellte Beziehung zwischen der Spannung und der Dehnung gelten nur für kleine Dehnungen, die elastisch verlaufen. Elastische Dehnungen zeichnen sich dadurch aus, dass die Dehnung reversibel ist, sich also vollständig zurückbildet, wenn die Kraft zu Null wird. Für metallische Festkörper liegt das Limit für elastische Dehnung bei ungefähr $\varepsilon = 10^{-3}$. Bei höheren mechanischen Spannungen ist die Dehnung nicht mehr reversibel; das Material wird plastisch verformt. Wenn die Spannungen weiter ansteigen, wird der Zugstab schließlich reißen.

Herrscht unter den oben genannten Einwirkungen auf ein Bauteil ein dreidimensionaler Spannungszustand und betrachten wir von diesem räumlichen Körper ein infinitesimal kleines, quaderförmiges Element mit den Kantenlängen dx, dy, dz, so erfährt ein Eckpunkt P eine Verschiebung

$$d = u \cdot e_x + v \cdot e_y + w \cdot e_z$$

mit den Komponenten u, v, w in x-, y-, z-Richtung und mit e_x, e_y, e_z als Einheitsvektoren. Gleichzeitig wird das Element verzerrt, d.h., die Kantenlängen vergrößern oder verkleinern sich auf dx', dy', dz', und es wird infolge von Gleitungen zu einem Parallelogramm. Im Bild 1.4 ist dieser Umstand für den ebenen Fall dargestellt.

Am Mohrschen Spannungskreis sollen die mechanischen Spannungen veranschaulicht werden, da diese Kenntnisse das weitere Verständnis erleichtern (Bild 1.6). Der Mohrsche Spannungskreis beschreibt den ebenen Spannungszustand in einem Punkt (Bild 1.5). Mit ihm lassen sich die Spannungswerte für beliebige

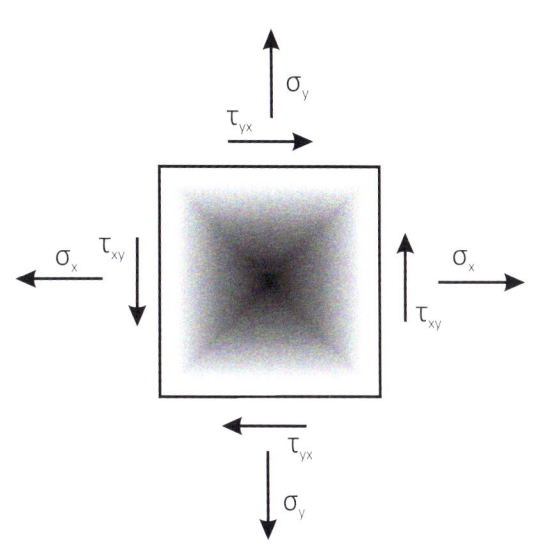

Bild 1.5 Spannungen am finiten, ebenen Element

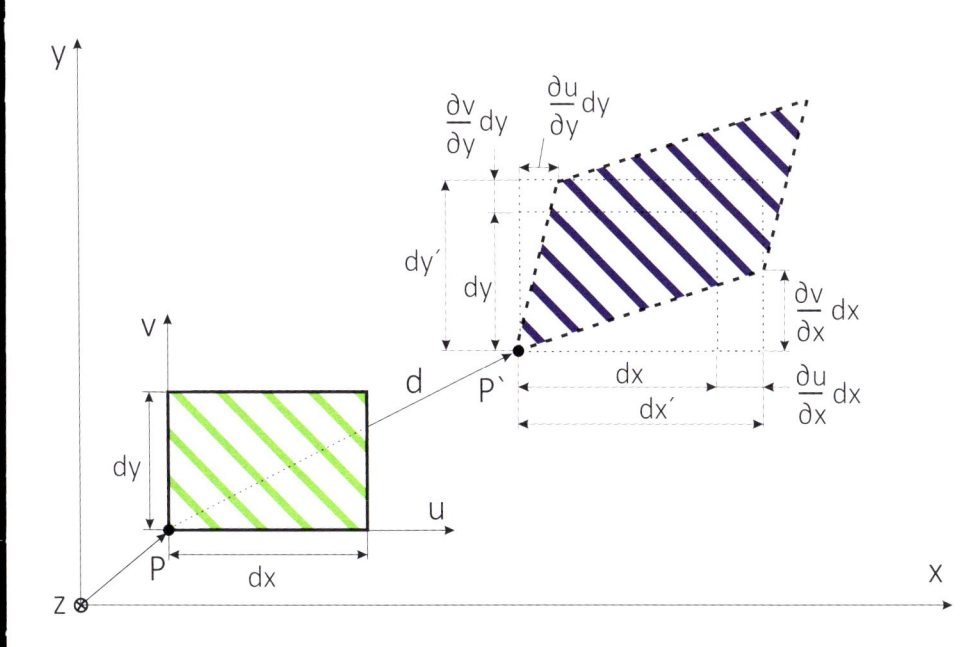

Bild 1.4 Verformungs- und Verzerrungszustand eines infinitesimal kleinen Elements in der x-y-Ebene

Schnittrichtungen ermitteln. Ebener Spannungszustand bedeutet, dass die Spannungen nur in zwei Richtungen (z. B. x- und y-Richtung) auftreten können. Ein solcher Spannungszustand herrscht immer an lastfreien Oberflächen. Die im Spannungskreis eingetragenen Werte greifen am finiten, ebenen Element an. Wir unterscheiden Zug-/Druckspannungen σ und Schub-/Scherspannungen τ.

Im Spannungskreis werden Schubspannungen, die das Element im Uhrzeigersinn drehen auf der positiven Ordinate und die das Element gegen den Uhrzeigersinn drehen auf der negativen Ordinate aufgetragen. Die Zugspannungen werden auf der positiven und die Druckspannungen auf der negativen Abszisse eingetragen. Der Winkel zwischen zwei Schnitten erscheint im Spannungskreis als Zentriwinkel in doppelter Größe.

Wird das finite Element so angeordnet, dass die Schubspannungen entfallen, d. h. der Winkel φ zu Null wird, dann sprechen wir von Hauptspannungen σ_1 und σ_2.

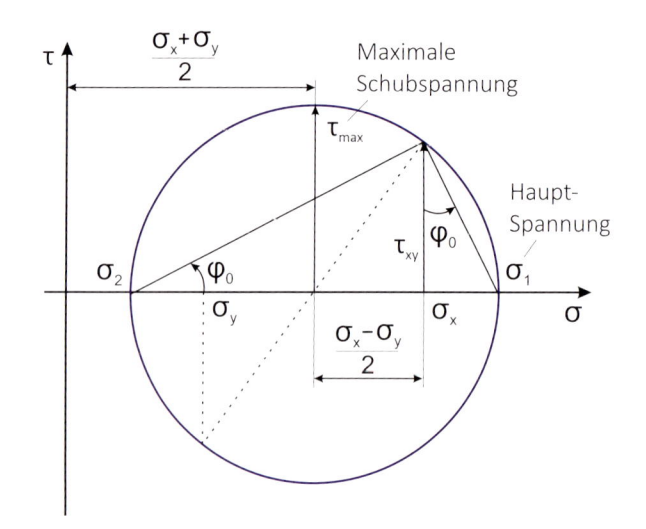

Bild 1.6 Bezeichnungen am Mohrschen Spannungskreis

1.4 Übersicht

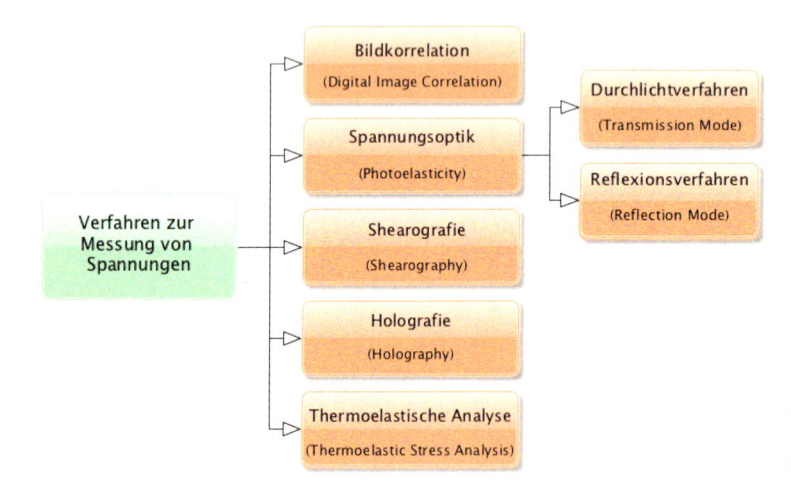

Bild 1.7 Übersicht der Verfahren zur Spannungsmessung bzw. -ermittlung

1.4 Übersicht

Messgenauigkeit [N/mm²]

- Spannungsoptik (Durchlicht)
- Spannungsoptik (Reflexion)
- Thermoelastisches Verfahren
- Shearografie
- Holografie
- Bildkorrelation

0,001   0,01   0,1   1

Bild 1.8 Messgenauigkeit der einzelnen Verfahren

Messobjektgröße [m²]

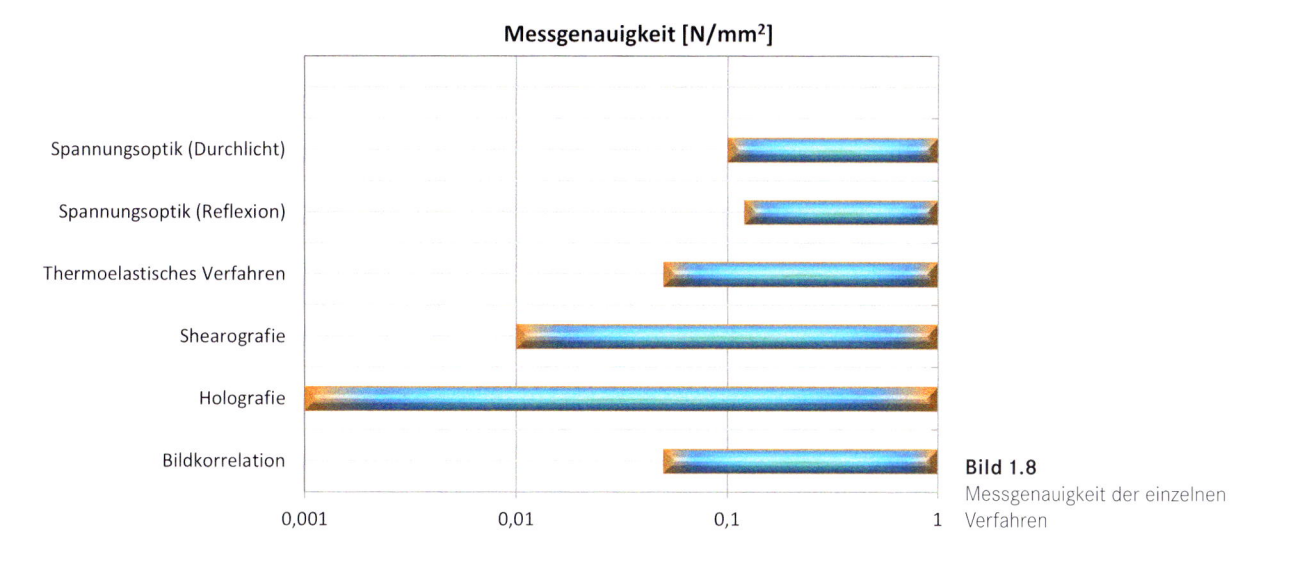

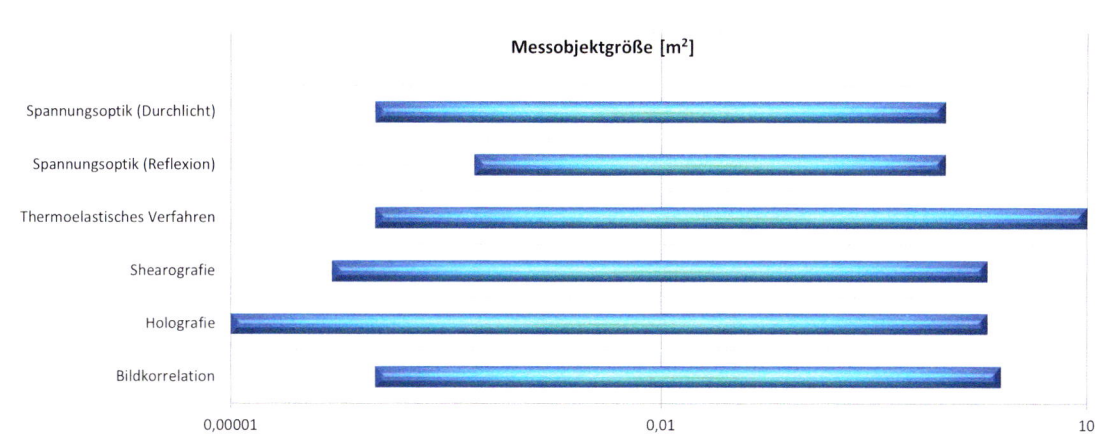

- Spannungsoptik (Durchlicht)
- Spannungsoptik (Reflexion)
- Thermoelastisches Verfahren
- Shearografie
- Holografie
- Bildkorrelation

0,00001   0,01   10

Bild 1.9 Mögliche Messobjektgrößen der einzelnen Verfahren

2 Spannungsoptisches Durchlichtverfahren (klassische Spannungsoptik)

2.1 Verfahrensgrundlagen

Die klassische Spannungsoptik ist ein relativ altes Verfahren. So beobachteten Seebeck und Brewster bereits im vorletzten Jahrhundert, dass Gläser bei Verspannungen doppelbrechende Eigenschaften aufwiesen. Neumann und Wertheim entwickelten daraus um die Mitte des 19. Jahrhunderts die Gesetzmäßigkeiten der Doppelbrechung (Mesmer 1939). Die Spannungsoptik (SPO) gewann dann im Laufe der Jahre immer mehr an Bedeutung. Bevor man umfangreiche Berechnungen und Darstellungen am Computer entwickeln konnte, war die SPO in keinem dominierenden Industriezweig, wie z. B. der Automobilindustrie oder der Luft- und Raumfahrtindustrie, mehr wegzudenken. Neuere, theoretische Verfahren wie z. B. die Finite Elemente Methode haben die SPO dann gegen Ende des 19. Jahrhunderts sukzessive verdrängt. Durch den unkomplizierten, kostengünstigen, optischen Messaufbau erlebt die SPO heutzutage aber ein „Comeback".

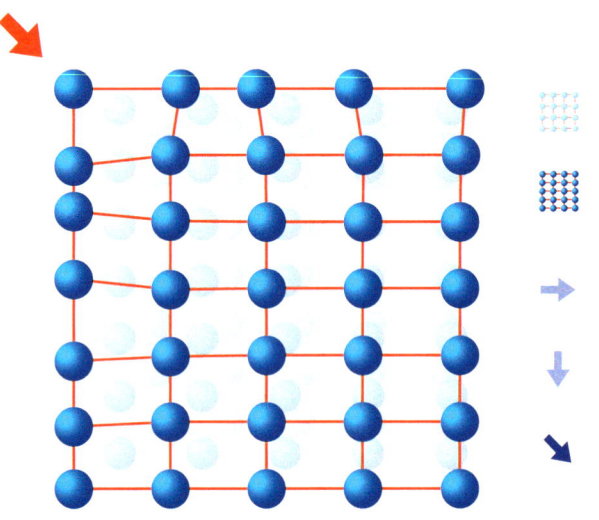

Bild 2.1 Mechanische Spannungen führen zur Verformung der Materialstruktur und verändern somit den Teilchenabstand (mit freundlicher Genehmigung der ilis GmbH)

Prinzip des Spannungsoptischen Durchlichtverfahrens

In der Spannungsoptik werden Größe und Richtung mechanischer Spannungen in z. B. Kunststoffmodellen bestimmt, um Aussagen über die Belastbarkeit komplizierter Bauteile zu gewinnen. Man verwendet z. B. den transparenten Kunststoff Araldit, der unter mechanischer Belastung optisch doppelbrechend wird (Spannungsdoppelbrechung). Mechanische Spannungen führen zur Verformung der Materialstruktur, verändern also den Teilchenabstand. Unterscheidet sich die Lichtgeschwindigkeit (und damit die Brechzahl) in den Raumrichtungen, ist das Material doppelbrechend. Glas ist normalerweise ebenfalls optisch isotrop, wird unter Spannung aber ebenfalls doppelbrechend.

Die optische Achse der Doppelbrechung liegt aus Symmetriegründen jeweils in Richtung der Dehnung oder der Stauchung, daher kann man die Spannungen im Kunststoffmodell oder in Glas mit polarisationsoptischen Methoden sichtbar machen.

Vor und Nachteile des Verfahrens

Vorteile	Nachteile
flächenhafte Messungen	Vermessung nur bedingt automatisierbar
für relativ große Messobjekte geeignet	begrenzter Messbereich
qualitative, visuelle Darstellung der Spannungsdifferenzen $\sigma_1 - \sigma_2$ in Echtzeit	aufwendige, quantitative Ermittlung des Messergebnisses (bei manueller Messung)
kostengünstiger Aufbau	I.d.R. Kunststoffmodelle mit doppelbrechenden Eigenschaften
kompakt (leicht transportabel)	nichttransparente Bauteile bedürfen einer aufwendigen Vorbereitung
	für transparente Glasbauteile geeignet

Messbereich/Messgenauigkeit des Verfahrens

Prinzipiell ist der Messbereich abhängig von der Größe des verwendeten Polariskops. I.d.R. können Bauteile von 1 cm² bis zu einer Größe von einem 1 m² untersucht werden. Die Messgenauigkeit hängt im Wesentlichen von der Modelldicke bzw. der Schichtdicke sowie den Materialkonstanten des verwendeten Kunststoffes ab. Da bei diesem Verfahren die qualitative Auswertung stärker zum Tragen kommt als die quantitative, spielt die Messgenauigkeit entsprechender Objekte eine untergeordnete Rolle. Bei Modellversuchen müssen die gewonnen Werte ebenfalls noch den realen Bedingungen zugeordnet werden, was zusätzliche Unsicherheiten hervorruft. Dennoch werden örtliche Auflösungen von Isochromaten bzw. Isoklinen zwischen 0,01 mm und 5 mm erreicht.

Typische Anwendungen des Verfahrens

Die Durchlicht-SPO findet zurzeit eher dort Anwendung, wo eine qualitative Aussage ausreicht. Somit wird das Verfahren auch primär in der Qualitätssicherung zur Detektion von Fehlern in transparenten Kunststoffteilen und Gläsern eingesetzt. Beispielsweise lassen sich Scheinwerfer und Windschutzscheiben in der Automobilindustrie untersuchen. In der Glasindustrie werden Brillengläser, Glasflaschen und Glasspritzen analysiert.

2.2 Messverfahren der Durchlicht-SPO

Die klassische Spannungsoptik basiert auf dem Wellenmodell des Lichtes. Weißes Licht, z.B. von der Sonne, enthält verschiedene Wellenlängen, unterschiedliche Amplituden und schwingt in verschiedenen Richtungen senkrecht zur Ausbreitungsrichtung. Eine Lichtwelle besitzt sowohl einen elektrischen als auch einen magnetischen Feldstärkevektor (siehe Teil XII).

Da diese in einem festen Verhältnis zueinander stehen, genügt es, für die Beschreibung der Vorgänge in der Spannungsoptik elektrischen Feldstärkevektor zu verwenden.

Filtert man Licht nach seiner Schwingungsebene, so erhält man linear polarisiertes Licht. Den hierfür benötigten Filter nennt man (Linear-)Polarisator. Um die Polarisation nachzuweisen, benötigt man einen zweiten Filter, den sogenannten Analysator. Stehen die Schwingungsebenen von Polarisator und Analysator senkrecht aufeinander, so kann kein Licht mehr durch diese beiden Filter gelangen. Den Versuchsaufbau mit Lichtquelle, Polarisator und Analysator nennt man Polariskop.

In einem Polariskop (Bild 2.2) können transparente Modelle von Bauteilen, deren optische Eigenschaften sich unter dem Einfluss innerer Spannungen verändern, untersucht werden. In der Natur besitzen bestimmte Kristalle, z.B. Kalkspat, doppelbrechende Eigenschaften.

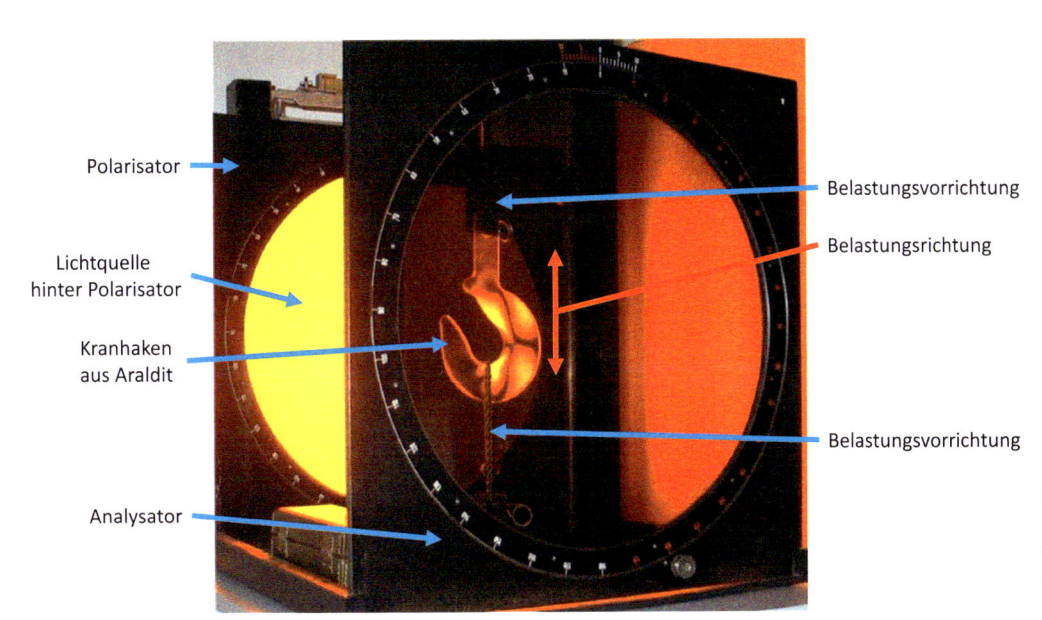

Bild 2.2 Durchlicht Polariskop mit Lichtquelle, Polarisator, Modell und Analysator

Dies bedeutet, dass eine Lichtwelle in zwei Lichtwellen, mit senkrecht aufeinander stehenden elektrischen Feldstärkevektoren, aufgespalten wird. Die Geschwindigkeit dieser Lichtwellen ist im doppelbrechenden Medium, aufgrund der vorhandenen Spannungen, unterschiedlich. Somit besitzen die beiden Wellen beim Verlassen dieses Mediums einen Gangunterschied. Die eine Welle gelangt schneller durch das Medium als die andere.

Dieser Effekt tritt ebenfalls bei bestimmten Kunststoffen z. B. Araldit auf, wenn diese unter Spannung stehen. Jedoch erfolgt die Doppelbrechung bei Kunststoffen in Richtung der Hauptspannungen. Diese physikalischen Eigenschaften werden in der Spannungsoptik genutzt, um Spannungen bzw. die daraus resultierenden Dehnungen sichtbar zu machen.

Isochromaten sind Linien gleicher Hauptspannungsdifferenz, Isoklinen gleicher Hauptspannungsrichtung. Beide können durch einen Polariskop sichtbar gemacht werden. Die Entstehung dieser Linien soll am folgenden Beispiel deutlich werden.

In einem Polariskop befindet sich ein unter Spannung stehendes Modell eines Bauteils (Bild 2.3). Durch einen Polarisator entsteht linear polarisiertes Licht. Der Weg einer dieser Lichtwellen soll nun verfolgt werden. Im Modell wird die Lichtwelle der Spannungsdoppelbrechung unterzogen. Für jede der beiden neuen Lichtwellen gilt im Modell ein anderer Brechungsindex und somit auch eine andere Lichtgeschwindigkeit. Die Differenz in der Laufzeit verursacht als Folge den Gangunterschied s nach Verlassen des Modells.

$$s = \frac{d(n_1 - n_2)c_L}{c_0}$$

s – Gangunterschied
c_L – Lichtgeschwindigkeit in Luft
c_0 – Lichtgeschwindigkeit im Vakuum
$n_{1,2}$ – Brechwert im Modell infolge Materialdichteunterschiede

Wenn der Gangunterschied durch die Wellenlänge dividiert wird, so erhält man die relative Phasenverschiebung. Gelangen die beiden phasenverschobenen Lichtwellen in den Analysator, werden nur noch die horizontalen Komponenten durchgelassen. Ist die relative Phasenverschiebung der beiden Lichtwellen ganz-

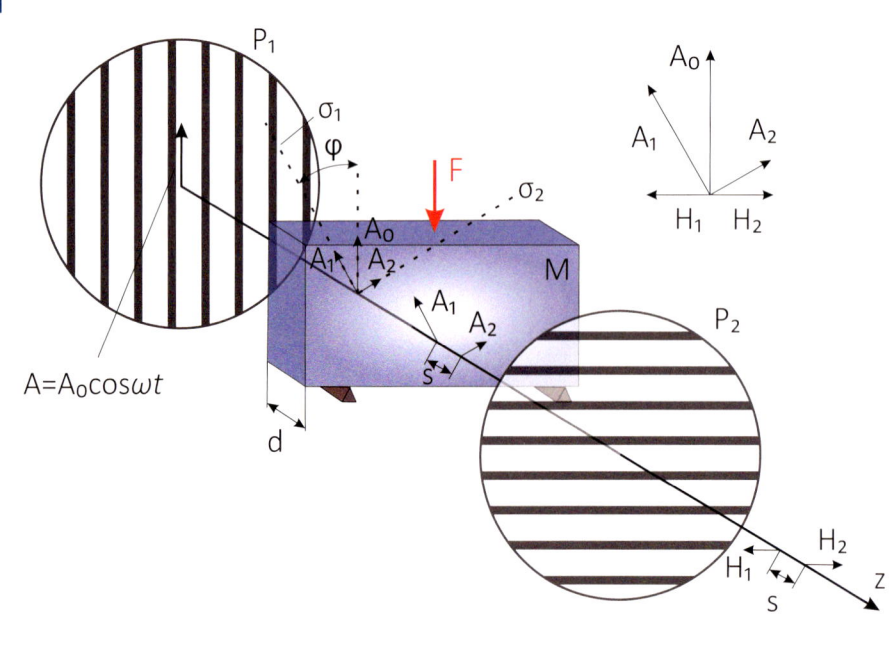

Bild 2.3
Modell M im linear polarisierten Licht (Dunkelfeld, Polarisator und Analysator stehen senkrecht zueinander, PMA-Anordnung) [nach Föppl/Mönch]

P_1 – Polarisator
P_2 – Analysator (A)
M – Modell
A_0 – Lichtamplitude
A_1, A_2 – Komponenten der Lichtamplitude (nach dem Polarisator)

H_1, H_2 – vom Analysator durchgelassene Horizontalkomponenten der Lichtamplitude
s – Gangunterschied
d – Modelldicke
z – Ausbreitungsrichtung des Lichtstrahls

2.2 Messverfahren der Durchlicht-SPO

Feste Einspannung

Isokline (schwarze Linie)

Isochromaten (farbige Linien)

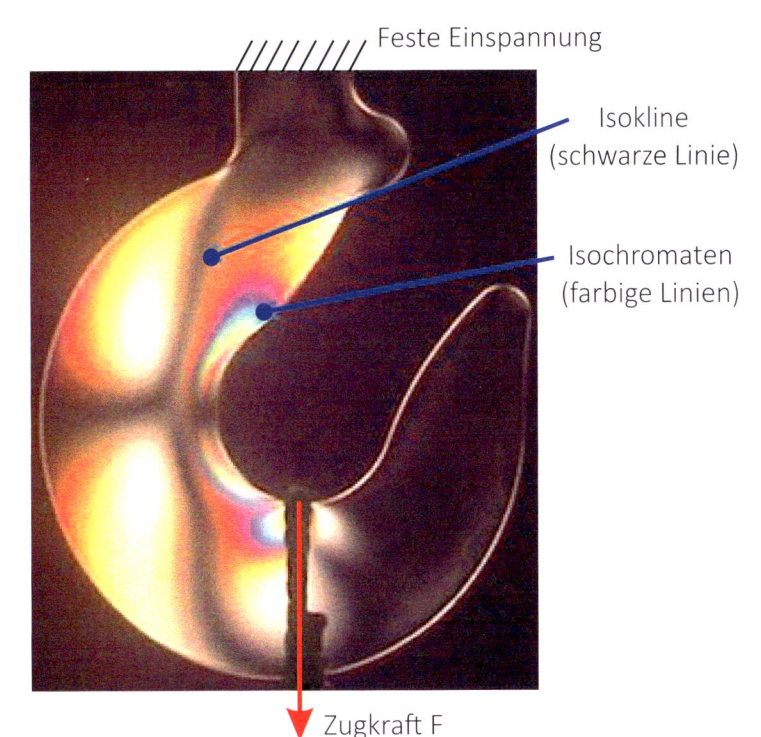

Zugkraft F

Bild 2.4
Modell eines Kranhakens aus Araldit mit Isoklinen und Isochromaten (oben eingespannt und nach unten belastet)

zahlig, so trifft ein Wellenberg auf ein Wellental und die beiden Komponenten der ursprünglichen Welle löschen sich aus. Die relative Phasenverschiebung ist jedoch abhängig von der Wellenlänge. Somit werden nur Lichtwellen einer bestimmten Wellenlänge ausgelöscht. Die restlichen Lichtwellen gelangen durch den Analysator und bilden eine farbige Linie, eine Isochromate. Den Isochromaten können Ordnungen zugeteilt werden. Diese entsprechen der Phasenverschiebung bei einer bestimmten Wellenlänge. Beträgt die Phasenverschiebung z. B. 1,7 so spricht man von der Isochromate 1,7ter Ordnung.

Die Komponenten der Lichtamplitude (A_1, A_2) geben die Richtung der Hauptspannungen an. Fällt die ursprüngliche Lichtamplitude A_0 mit einer der Hauptspannungsrichtungen zusammen, so entfällt für diesen Lichtstrahl die Spannungsdoppelbrechung und er kann das Modell unverändert durchdringen. Sind Polarisator und Analysator gekreuzt, so besitzt der vertikal, linearpolarisierte Lichtstrahl keine horizontale Komponente und kann somit nicht durch den Analysator gelangen. Im Dunkelfeld entsteht eine dunkle Linie auf dem Modell, eine Isokline.

Um Isochromaten und Isoklinen (Bild 2.4) besser auszuwerten, möchte man diese Linien auch einzeln und getrennt voneinander betrachten. Die bisher vorge-

stellte Apparatur reicht aus (Bild 2.5), um von einem Modell nur die Isoklinen zu erhalten. Isoklinen sind Linien gleicher Hauptspannungsrichtung, da diese je-

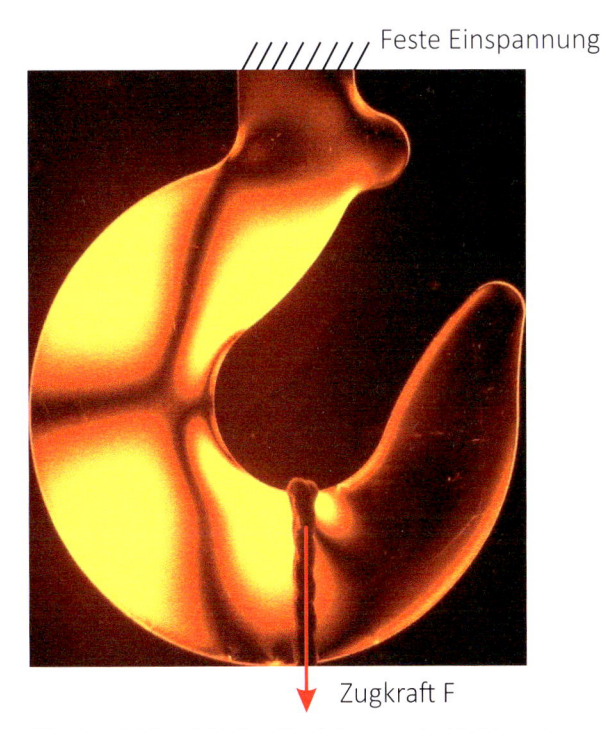

Feste Einspannung

Zugkraft F

Bild 2.5 Isoklinenbild eines Kranhakens aus Araldit (oben eingespannt und nach unten belastet, analog vorheriges Bild)

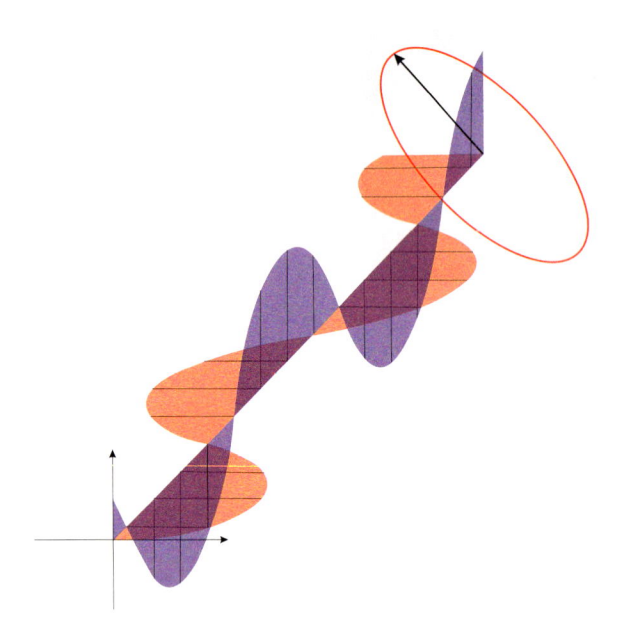

Bild 2.6 Elliptisch polarisiertes Licht

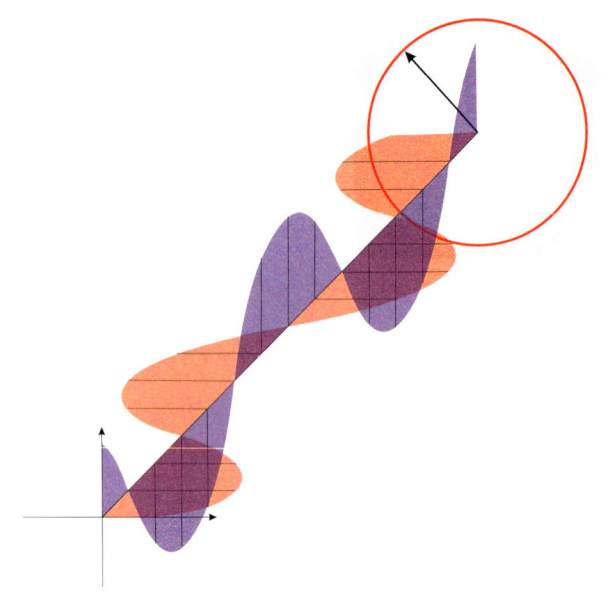

Bild 2.7 Zirkular polarisiertes Licht

doch unabhängig vom Betrag der Spannung sind, treten sie bei Belastung des Modells bereits vor den Isochromaten auf. Es genügt ein Modell nur leicht zu belasten, damit die Isoklinen sichtbar werden; die Isochromaten sind dann noch nicht zu erkennen. Wenn man noch bessere Ergebnisse bezüglich der Isoklinen erhalten möchte, sollte man monochromatisches Licht verwenden, weil sich dadurch die Abstufung von hell und dunkel stärker hervorhebt.

Möchte man ein reines Isochromatenbild erhalten, so benötigt man zusätzliche $\lambda/4$-Wellenplatten. Diese Platten besitzen ebenfalls doppelbrechende Eigenschaften, jedoch ist die Phasenverschiebung bereits festgelegt. Sie beträgt, wie der Name bereits sagt, $\lambda/4$. Trifft das linear polarisierte Licht auf eine solche $\lambda/4$-Platte, so wird es im allgemeinen Fall elliptisch polarisiert (Bild 2.6).

Fällt der Lichtstrahl genau unter 45° zu den Hauptachsen der doppelbrechenden Scheibe ein und der Gangunterschied beträgt genau $\lambda/4$, so ergibt sich zirkular polarisiertes Licht (Bild 2.7). Man unterscheidet je nach Drehrichtung der Welle entlang der z-Achse zwischen links und rechts elliptischem bzw. zirkular polarisiertem Licht.

Dieses zirkular polarisierte Licht kann nun im Polariskop dazu verwendet werden, um die Isoklinen zu eliminieren. Es werden dazu zwei $\lambda/4$-Platten benötigt, welche zwischen Polarisator und Modell bzw. Modell und Analysator positioniert werden. Die zweite Platte macht die Wirkung der ersten Platte rückgängig, nachdem der Lichtstrahl das Modell passiert hat. Die erste $+\lambda/4$-Platte erzeugt z. B. links zirkular polarisiertes Licht, die zweite $-\lambda/4$-Platte rechts zirkular polarisiertes Licht und hebt so die Drehung der ersten wieder auf. Die Schwingungsebene wird „mit Lichtgeschwindigkeit" gedreht, d. h., beim Fortschreiten um eine Wellenlänge hat sich die Schwingungsebene um 2π gedreht. Eine bevorzugte Richtung ist nicht mehr aufzulösen, die Isoklinen erscheinen nicht.

Bild 2.8 zeigt den Aufbau eines Polariskops in Dunkelfeldanordnung (Polarisator und Analysator sind gekreuzt) und $\lambda/4$-Platten. Die Doppelstriche geben die Richtung der Lichtkomponente mit der höheren Geschwindigkeit an. Die Geschwindigkeitsdifferenz sorgt für den Gangunterschied und somit auch für die Drehrichtung der zirkular polarisierten Welle.

Bereits im Jahr 1853 stellte der schottische Physiker James Clerk Maxwell eine Theorie auf, in der die Geschwindigkeit der Lichtstrahlen im doppelbrechenden Medium mit den Hauptspannungen in Beziehung gesetzt wurde. Diese Beziehung heißt Hauptgleichung der Spannungsoptik oder auch spannungsoptische Grundgleichung.

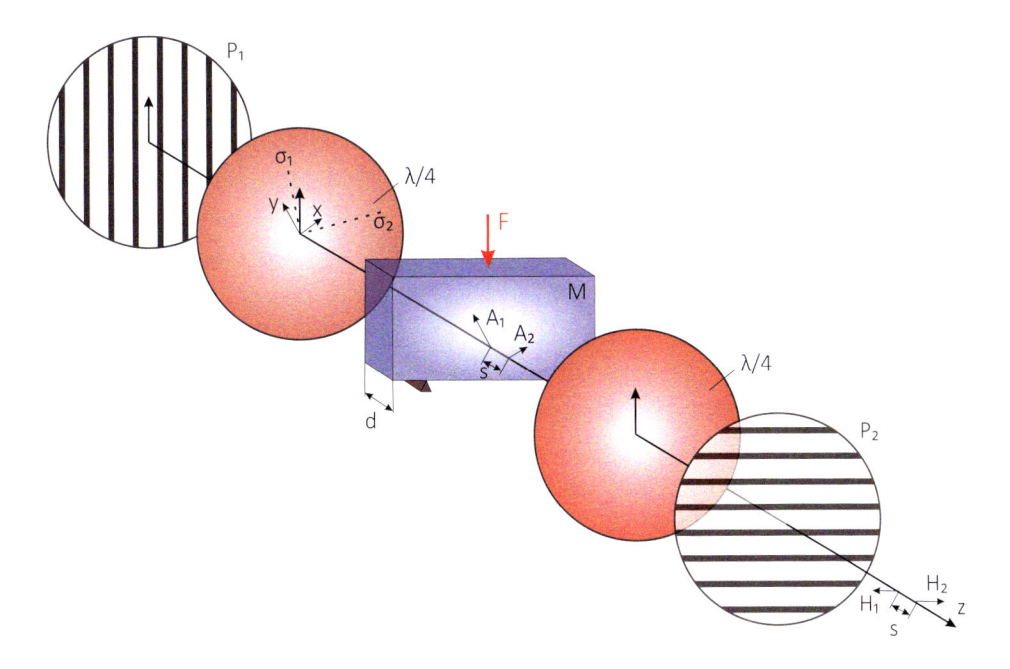

Bild 2.8
Modell M im zirkular polarisierten Licht (von links oben nach rechts unten: Polarisator, $+\lambda/4$-Wellenplatte, Modell M belastet mit der Kraft F, $-\lambda/4$-Wellenplatte, Analysator, PVMVA-Anordnung)

$$\sigma_1 - \sigma_2 = \frac{S}{d}\delta \text{ mit der spannungsoptischen Konstante}$$

$$S = \frac{\lambda}{C}$$

$\sigma_{1,2}$ – Hauptspannungen
δ – Isochromatenordnung
d – Modelldicke
C – Materialkonstante (Araldit)
λ – Wellenlänge (Lichtvektor)
S – Spannungsoptischer Einheitskoeffizient

2.3 Anwendungsbeispiele des Verfahrens der Spannungsoptik (SPO)

Der Einsatz der SPO in der Industrie beschränkt sich vor allem auf die Qualitätssicherung bei Klebstoff-, Kunststoff- und Glasherstellern sowie deren Kunden. Gemäß des bereits beschriebenen einfachen Versuchsaufbaus können unzulässige Bauteilspannungen, bspw. in Windschutzscheiben, Brillengläsern, Aquarien, Scheinwerferscheiben usw. erkannt und die betroffenen Produkte entsprechend ausgesondert werden. Darüber hinaus lassen sich mit der SPO auch Kerbwirkungen und Bauteiloptimierungen durchführen.

2.3.1 Untersuchung von Brillengläsern und Gestellen

Einen wichtigen Beitrag liefert die SPO bei der Untersuchung von Brillengläsern und Gestellen. Auf schnelle einfache Art und Weise lassen sich so Eigenspannungen von Brillengläsern als auch Brillengestellen untersuchen. Ebenfalls können durch das Einsetzen der Gläser in den Rahmen zusätzliche Spannungen auftreten. Diese gilt es möglichst gering zu halten, da beim Ablegen der Brille auf den Tisch zusätzlich zu den Einbauspannungen dann auch noch dynamische Spannungen bzw. Stoßbelastungen von außen hinzukom-

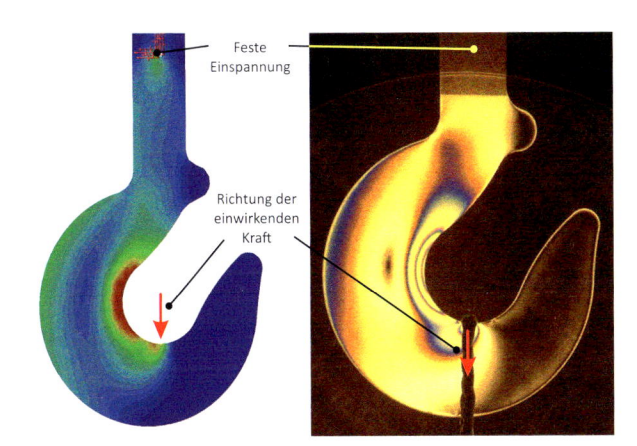

Bild 2.9 Belastetes Kranhakenmodell – links FEM-Analyse (Spannungen nach Mieses), rechts Spannungsoptik als Isochromatendarstellung

2 Spannungsoptisches Durchlichtverfahren (klassische Spannungsoptik)

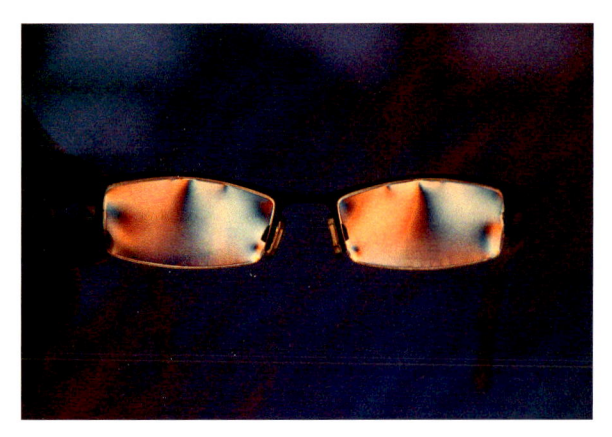

Bild 2.10 Verspannungen in Brillengläsern; sichtbar im Polariskop: links Gestell mit einer Nylorfassung, rechts Brille mit Vollrandfassung

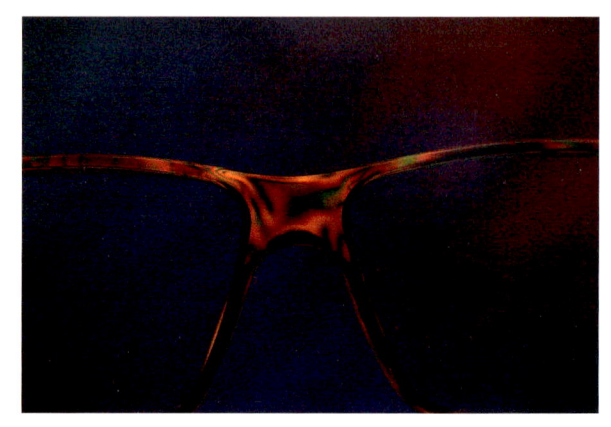

Bild 2.11 Neben den Brillengläsern kann man bei transparenten Brillengestellen auch dieses analysieren. Deutlich sind die Fassungsränder und der Nasensteg in der Mitte (vergrößerte Darstellung rechts) mit Isochromaten belegt.

men. Bei der Überlagerung dieser Spannungen kann es dabei zum Bruch sowohl des Glases als auch des Gestelles kommen. Der Optiker muss daher schnell beurteilen können, ob die vorhandenen Spannungen noch vertretbar und zulässig sind.

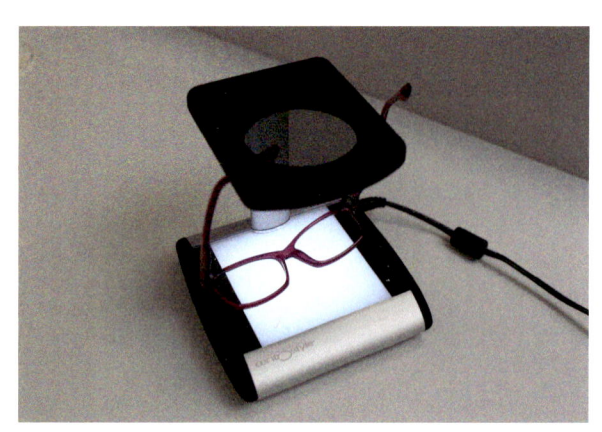

Bild 2.12 Einige Optiker besitzen einen sogenannten „Spannungsprüfer", um Spannungsspitzen im Brillengestell und in den Gläsern detektieren zu können. Links: Spannungsprüfer mit Brille, rechts Blick von oben durch das Polariskop (Dank an die Fielmann Niederlassung in Trier für die Möglichkeit der Bildaufnahme)

2.3.2 Untersuchung von Kerbwirkungen und Spannungsverläufen zur Bauteiloptimierung und mechanischen Analyse

Im nächsten Beispiel (Bild 2.13) werden die Ergebnisse der Untersuchung eines abgewinkelten Kragarms vorgestellt, der in der Kehle verschiedene geometrische Ausführungen (Kerben/Übergänge) besitzt und mithilfe der Spannungsoptik analysiert wurde. Es wird deutlich, je homogener der Übergang in der Kehle ist, umso harmonischer ist der Spannungsverlauf. Auch eine Entlastungsbohrung bringt bereits einige Vorteile des Spannungsflusses mit sich.

Beschreibung zu Bild 2.13:
- Version 1, scharfkantiger Übergang (links oben), starke Kerbwirkungen vorhanden, Spannungskonzentration in der scharfkantigen Kehle
- Version 2, Freistich (rechts oben) mit Entlastungsbohrung in der Kehle. Die Spannungen verteilen sich um die Bohrung herum, somit stellt sich eine bessere Verteilung der Spannungen in der Kehle ein
- Version 3, abgerundeter Übergang, R30 (links unten), verbesserte Spannungsverteilung in der Kehle
- Version 4, abgerundeter Übergang, R70 (rechts unten), nur noch geringe Spannungen in der eigentlichen Kehle.

Nachfolgend (Bild 2.14) wird eine Konturoptimierung an einem Kragbalken gezeigt. Dieser ist links eingespannt und wird am rechten Ende mit einer vertikalen Kraft belastet. Durch das Verjüngen des Kragbalkens kann das Eigengewicht reduziert und somit Material eingespart werden, ohne dabei die Sicherheit gegen Bruch einzuschränken.

Ein weiteres Beispiel zeigt nachfolgend die Konturoptimierung eines Maulschlüssels (Bild 2.15). Auch hier wurde Material eingespart, ohne die Funktionalität und die Belastbarkeit einzuschränken. Im Gegenteil, scharfe Kanten wurden eliminiert und somit auch die sogenannten unbeanspruchten Zonen beseitigt.

Das nachfolgende Beispiel zeigt eine diametral belastete Kreisscheibe. Dieser Fall tritt in der Technik sehr

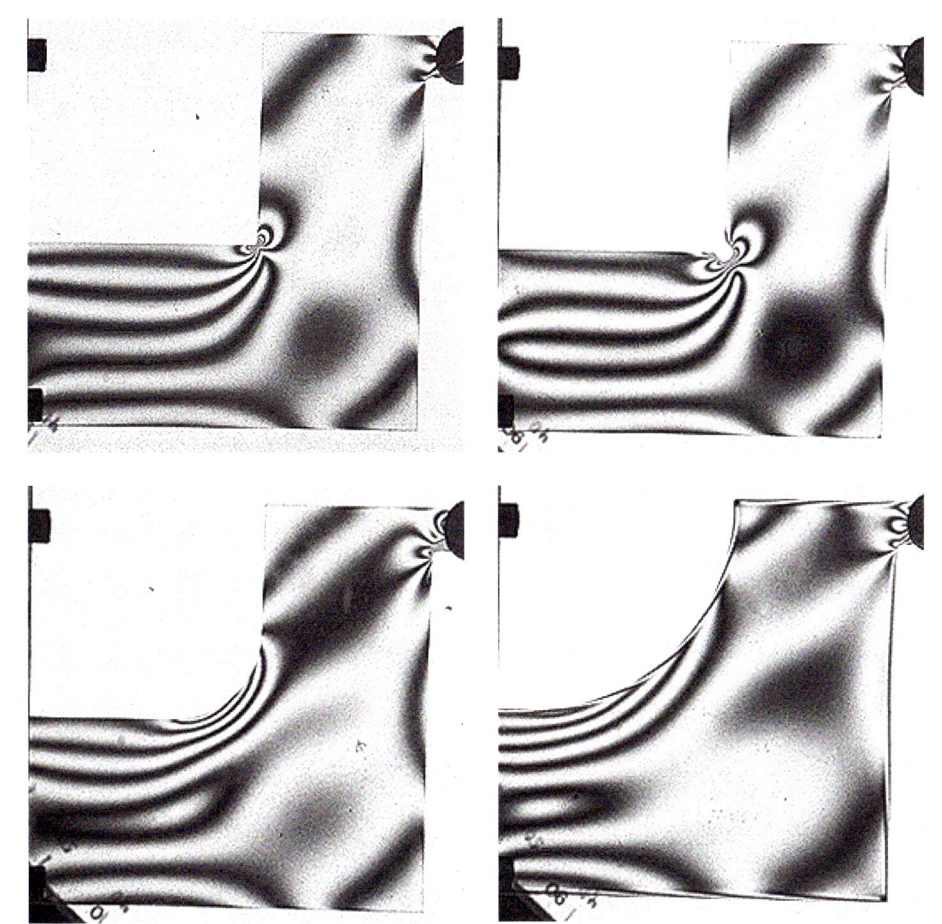

Bild 2.13
Spannungsoptische Untersuchung (Hellfeld) eines Winkels bei Variation des Übergangs in der Kehle. Die Krafteinleitung erfolgte horizontal in der rechten oberen Ecke.

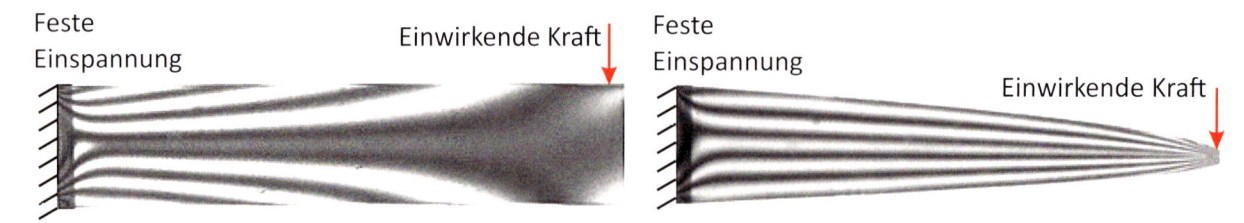

Feste Einspannung · Einwirkende Kraft ↓ · Feste Einspannung · Einwirkende Kraft ↓

Bild 2.14 Spannungsoptische Aufnahme eines Kragarms aus Araldit B, beobachtet im Hellfeld, eingespannt am linken Ende und vertikal belastet am rechten Ende mit $F_y = 49{,}5$ N (links). Spannungsoptische Aufnahme eines idealen, konturoptimierten Kragbalkens aus Araldit B, beobachtet im Hellfeld, eingespannt am linken Ende und vertikal belastet am rechten Ende mit $F_y = 31{,}3$ N (rechts).

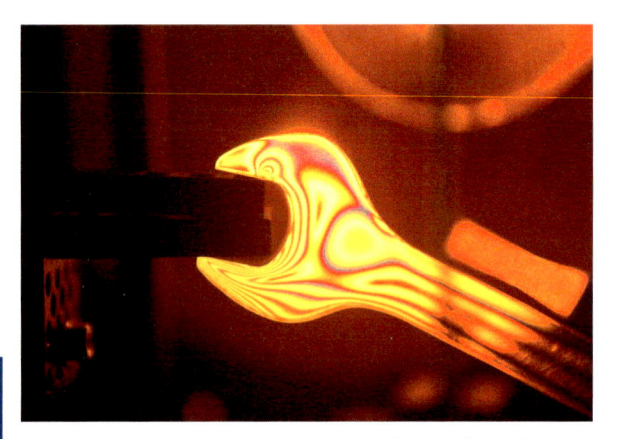

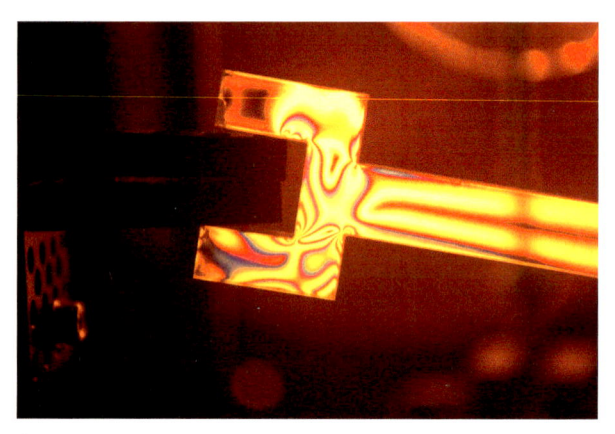

Bild 2.15 Spannungen in einem normalen Maulschlüssel (links) und in einem rechteckigen Maulschlüssel (rechts) beim Anziehen einer Mutter

häufig auf und zeigt die sogenannte Herz'sche Pressung z. B. an einem Kugellager (Bild 2.17).
Die Auswirkungen der Kraftsteigerung von runden Kerben an Zugproben zeigt Bild 2.18. Die Spannungen nehmen sukzessive zu und führen schließlich zum Bruch der Zugprobe in der Kerbe (auf eine genauere, mechanische Analyse wird hier verzichtet).

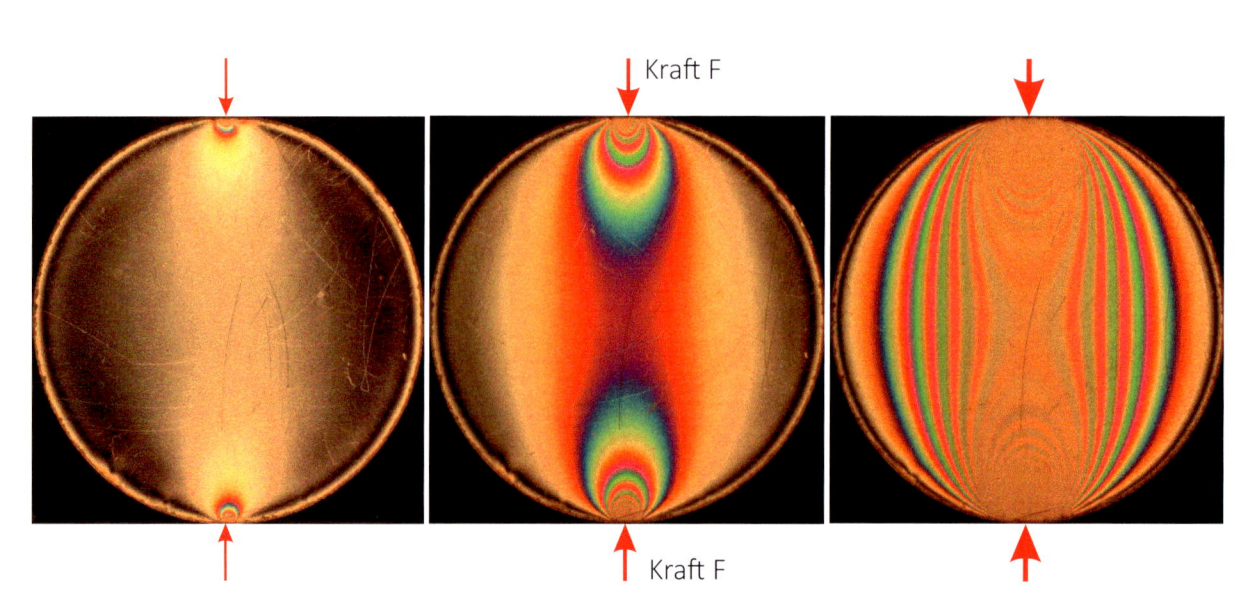

↓ Kraft F

↑ Kraft F

Bild 2.16 Versuchsreihe Kreisscheibe (zirkular polarisiertes Licht/Anordnung PVMVA) mit steigender Belastung, (links: Ausbildung Isochromaten, mittig: Mittlere Belastung, rechts: Max. angelegte Last)

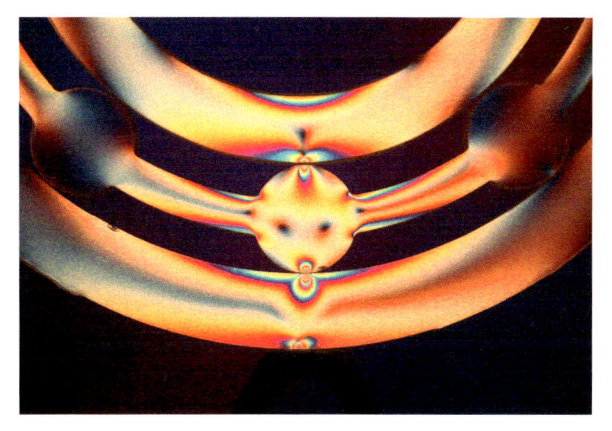

2.3 Anwendungsbeispiele des Verfahrens der Spannungsoptik (SPO)

Bild 2.17 Isochromatenbild eines diametral belasteten „Kugellagers" (ebenes Aralditmodell). Links Gesamtansicht, rechts Detailausschnitt „Kugellager unten", deutlich ist die Hertz'sche Pressung zu beobachten.

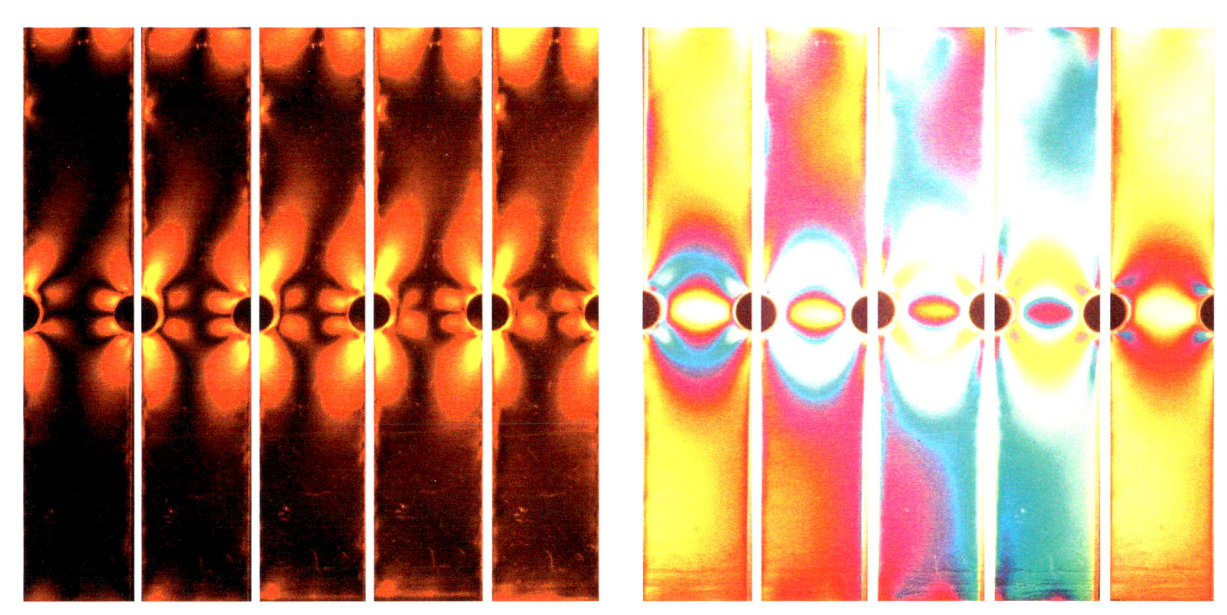

Bild 2.18 Versuchsreihe Zugprobe (zirkular polarisiertes Licht) mit steigender Belastung von 50 N bis 400 N, Ausbildung Isoklinen (links), Ausbildung Isochromaten (rechts)

2.3.3 Spannungsverläufe „einfrieren"

Es besteht auch die Möglichkeit, Spannungen „einzufrieren". Dabei wird ein Aralditmodell hergestellt, in einer Vorrichtung belastet und getempert. Die Belastungsvorrichtung inkl. des Aralditmodells werden in einen Ofen gestellt und das Modell wird bis auf ca. 150 °C erwärmt. Anschließend wird es belastet. Nach einem längeren Abkühlprozess (3-5 °C/h) bis auf ca. 70 °C bleiben die erzeugten Isochromatenverläufe infolge der Belastung und der eingebrachten Spannungen im Werkstück erhalten. Die nachfolgenden Beispiele (Bild 2.19) zeigen einfache, belastete Maschinenelementen, die entsprechend hergestellt wurden.

2.3.4 Messung von Restspannungen in Glasflaschen

Bei der Herstellung von Behälterglas, wie z.B. Glasflaschen und Konservengläsern, entstehen in der Produktion durch die schnelle Abkühlung nach der Formgebung sehr hohe mechanische Spannungen im Glas, die durch einen nachgeschalteten Entspannungsprozess in einem sogenannten Kühlofen weitestgehend abgebaut werden. Das akzeptable Restspannungsniveau hängt

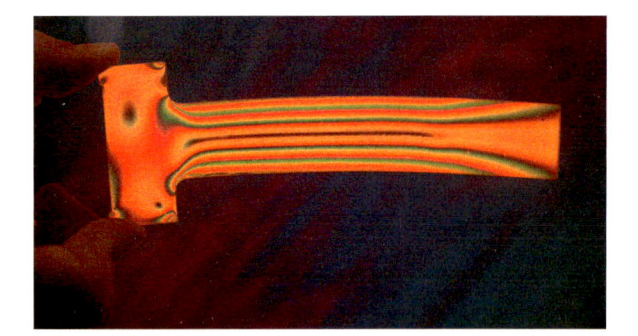

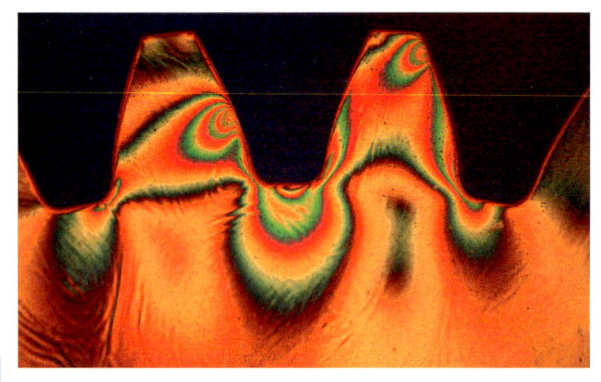

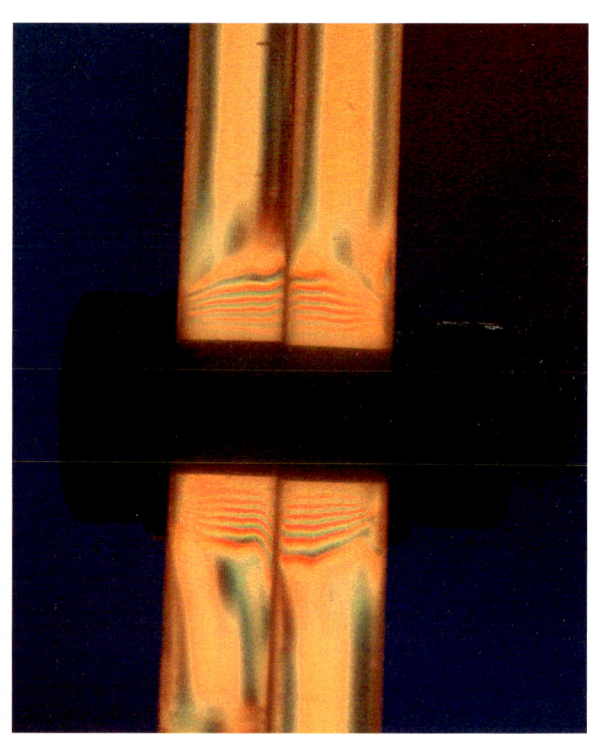

Bild 2.19 Aralditmodelle von einfachen Maschinenelementen mit eingefrorenen Isochromateverläufen: Oben links, eingefrorener Zustand eines belasteten Kragbalkens; unten links, eingefrorener Zustand eines belasteten Zahnrades (Detailausschnitt). Deutlich sind die Herz'sche Pressung und die Zahnfußspannungen zu erkennen. Rechts Spannungsverteilung bei einer Verschraubung von zwei Blechen (Schraube ist hier nicht belastet). Die tonnenförmige Verspannung ist deutlich zu erkennen.

vom Produkt und dem geplanten Anwendungszweck (Inhalt mit oder ohne Kohlensäure, sensibler Inhalt wie Babynahrung etc.) ab. Auch zeigt sich, dass die Restspannungen von Behälter zu Behälter variieren, je nachdem welche Entfernung der Artikel von der Formgebungsmaschine bis zum Kühlofen zurückgelegt hat und an welcher Position auf dem Transportband der Behälter den Kühlofen durchlaufen hat. Die Restspannungen müssen daher regelmäßig kontrolliert und mit einem Grenzwert, z. B. nach ASTM C 148-00[1], verglichen werden.

Bisher wird diese Kontrolle mit manuell bedienten Polariskopen oder Polarimetern durchgeführt. Allerdings hängt das Messergebnis stark sowohl vom Prüfer als auch den Umgebungsbedingungen ab und die Ergebnisse werden in der Regel nicht oder nur lückenhaft dokumentiert. Das StrainScope-Echtzeitpolarimetersystem der Firma ilis (Bild 2.20, oben links) objektiviert hingegen die Messung, indem die Änderung des Polarisationswinkels mittels einer Polarisationskamera ohne bewegliche Teile automatisch in Echtzeit bestimmt und das Ergebnis als Falschfarbenbild am Monitor angezeigt wird (Bild 2.20, oben rechts: Spannungsmessung in Glasflaschenboden). Die Messergebnisse werden außerdem automatisch dokumentiert und auf Wunsch in übergeordnete Qualitätsinformationssysteme übertragen.

Bereits geringe Eigenspannungen können durch den Effekt der Spannungsdoppelbrechung die Funktion von optischen Materialien und daraus gefertigten Komponenten und Systemen negativ beeinträchtigen. Für anspruchsvolle Anwendungen, z. B. Optiken für die Mikrolithografie und andere Laseranwendungen, sind daher vorgegebene Grenzwerte für die Spannungsdoppelbrechung einzuhalten. Neben der visuellen Prüfung mit herkömmlichen Polariskopen und Polarimetern werden oft noch scannende Messverfahren eingesetzt, bei denen die Probe mit einem laserstrahlbasierten System abgerastert und daraus ein Bild zusammengesetzt wird. Die Messung von großen Probengeometrien kann prinzipbedingt mehrere Stunden dauern und er-

---

[1] Standard Test Methods for Poliariscopic Examination of Glass Containers, Die ASTM International (ursprünglich American Society for Testing and Materials) ist eine internationale Standardisierungsorganisation mit Sitz in West Conshohocken, Pennsylvania, USA. Sie veröffentlicht technische Standards für Waren und Dienstleistungen.

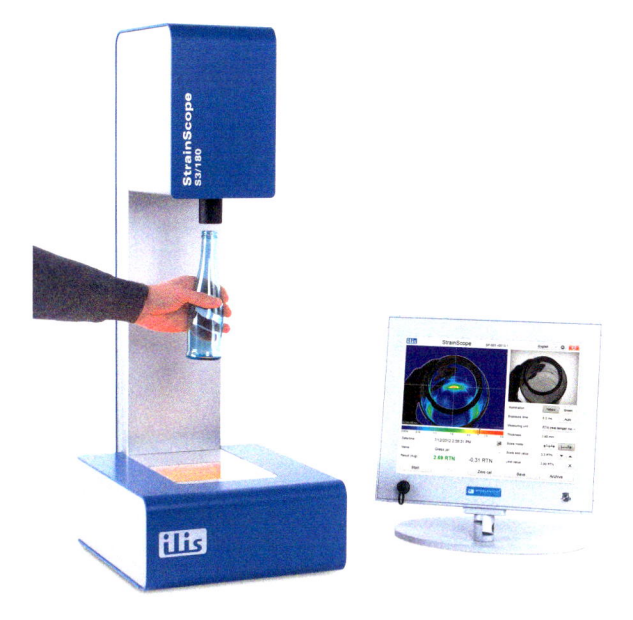

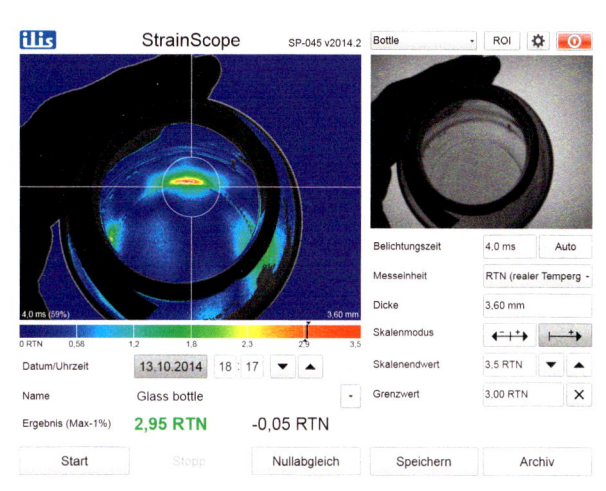

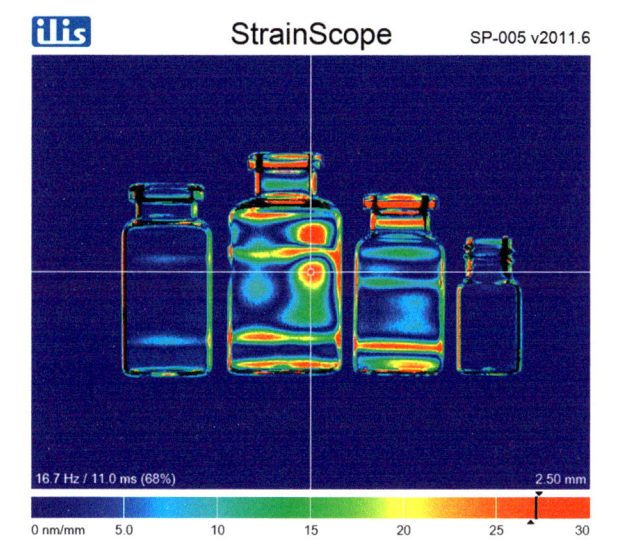

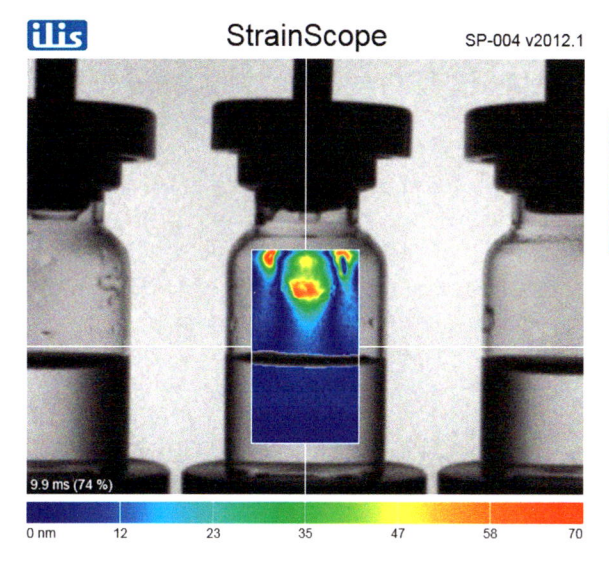

2.3 Anwendungsbeispiele des Verfahrens der Spannungsoptik (SPO)

Bild 2.20 StrainScope S3/180 Echtzeitpolarimeter der Firma ilis GmbH (oben links), Spannungsmessung im Glasflaschenboden (oben rechts), Spannungsmessung im Glasflaschenmantel (unten links), Inline-Inspektion (unten rechts), (mit freundlicher Genehmigung der Firma ilis GmbH)

fordert eine Stabilisierung der Umgebungsbedingungen, insbesondere um Temperatureinflüsse auf das Messergebnis zu minimieren. Außerdem eignet sich dieses Messverfahren nur für plane Oberflächen. Die Messung an gekrümmten Flächen, wie z.B. Linsen, ist nicht oder nur mit sehr großem Aufwand möglich.

Mit bildgebenden Polarimetern wie den StrainMatic- und StrainScope-Messgeräten kann die 2D-Spannungsverteilung schnell und in hoher lateraler Auflösung gemessen werden. Bei den automatischen Polarimetersystemen der StrainMatic-Serie, die analog zu einem herkömmlichen Polarimeter nach dem Sénarmont-Verfahren arbeiten, können standardmäßig Proben mit einem Durchmesser bis 120 mm mit einer Auflösung von 0,06 mm vermessen werden. Die Mess- und Auswertezeit beträgt dabei etwa eine Minute. Durch Einsatz einer diffusen Beleuchtung lassen sich auch Proben mit nicht-planen Oberflächen, wie z.B. Linsen, bis zu einem gewissen Krümmungsradius vermessen. Um in jedem Messpunkt einen senkrechten Lichtdurchfall zu gewährleisten, kommen kameraseitig telezentrische Objektive zum Einsatz, deren Frontlinsendurchmesser

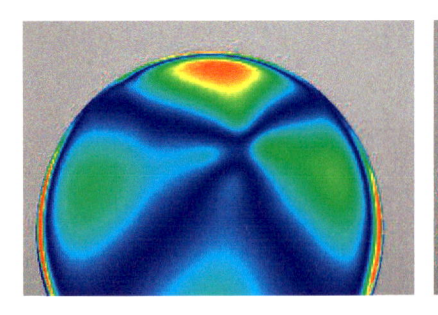

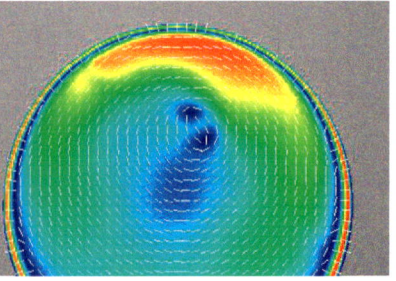

Bild 2.21 Messergebnis einer Probe mit linearer (links) und zirkularer (rechts) Polarisation im direkten Vergleich (mit freundlicher Genehmigung der Firma ilis GmbH).

mindestens dem maximalen Probendurchmesser entspricht. Kommt es weniger auf Auflösung und Messfeldgröße als auf eine schnelle Messung an, ermöglichen die StrainScope-Messgeräte die Messung der Spannungsdoppelbrechung in Echtzeit an – auch an bewegten Objekten. Auch diese Geräte arbeiten nach dem Sénarmont-Aufbau, allerdings ist der drehbare Analysator durch eine Polarisationskamera ersetzt, die ohne bewegliche Teile auskommt und bis zu zwanzig Mal pro Sekunde ein Messergebnis liefert. Dies ermöglicht eine schnelle Beurteilung der Qualität unter verschiedenen Betrachtungswinkeln. Um Spannungen unabhängig von ihrer Orientierung messen zu können, gibt es auch Varianten, die mit zirkular statt linear polarisierter Beleuchtung arbeiten. Die Abbildungen in Bild 2.21 zeigen Messungen einer Probe mit linearer und zirkularer Polarisation im direkten Vergleich.

Messung von Restspannungen in Pharmaglas

Die Anforderungen an pharmazeutische Primärpackmittel aus Glas wie Spritzen, Ampullen oder Vials sind aufgrund der Gefahr der Kontamination des darin enthaltenen Medikaments durch Glassplitter oder Änderungen der Dosis durch Leckagen besonders hoch. Bildgebende Messsysteme eignen sich durch die hohe Messgenauigkeit und Reproduzierbarkeit ideal für diese Messaufgabe. Außerdem gewährleistet eine automatische Dokumentation die Rückverfolgbarkeit der erzielten Ergebnisse. Neben der herkömmlichen Durchlichtprüfung auf Restspannungen, kann unter Ausnutzung von Symmetrieeffekten auch die Spannungsverteilung innerhalb des Glases quasi-tomographisch gemessen werden. Bild 2.22 zeigt die Spannungsmessung in Glasspritzen.

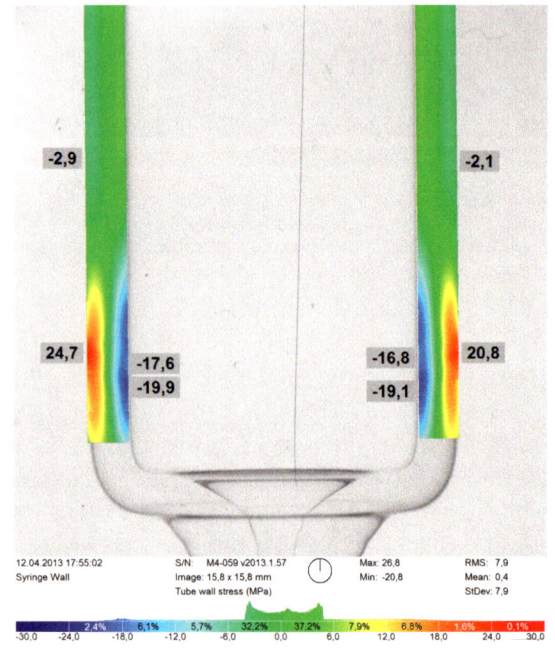

Bild 2.22 Links: StrainMatic M4/60 vial tester der Firma ilis. Rechts: Spannungsverteilung in der Wandung einer Glasspritze. Die Festigkeit beeinträchtigenden Zugspannungen sind hier rot und mit positiven Vorzeichen dargestellt. Ungefährliche Druckspannungen erscheinen blau und mit negativen Vorzeichen (mit freundlicher Genehmigung der Firma ilis GmbH).

3 Spannungsoptisches Reflexionsverfahren

3.1 Verfahrensgrundlagen

Das spannungsoptische Reflexionsverfahren – auch PhotoStress®-Verfahren genannt – ist sehr stark verbunden mit dem spannungsoptischen Durchlichtverfahren. Der Vorteil dieses Verfahrens liegt darin begründet, dass man Spannungsmessungen bzw. Dehnungsmessungen am realen Bauteil mit einem Reflexionspolariskop durchführen kann. Leider ist jedoch eine etwas aufwendigere Vorbereitung hierzu nötig. Die Oberfläche des Untersuchungsobjektes muss mit einer Kunststoffschicht, die doppelbrechende Eigenschaften aufweist, überzogen werden. Diese Schicht bring man natürlich nur an den Stellen des Bauteiles an, die in Bezug auf die zu erwartete Spannungen ein Maximum erwarten lassen bzw. Schwachstellen darstellen. Das nachträgliche Entfernen dieser Schicht ist ebenfalls nicht unproblematisch, da diese Schicht wie ein Klebstoff auf der Oberfläche haftet.

Prinzip des Verfahrens

Im spannungsoptischen Durchlichtverfahren können ebenfalls Größe und Richtung mechanischer Spannungen bestimmt werden. Dadurch lassen sich Aussagen über die Belastbarkeit bzw. über Schwachstellen realer, komplizierter Bauteile gewinnen. Man verwendet z. B. den transparenten Kunststoff (Araldit), der unter mechanischer Belastung optisch doppelbrechend wird und in Form einer dünnen Schicht auf das Untersuchungsobjekt aufgeklebt wird. Das Objekt/Bauteil wird anschließend eingebaut und unter realen Bedingungen belastet. Hierbei ist Sorge zu tragen, dass das Bauteil visuell von außen zugänglich ist. Mithilfe eines speziellen Polariskops (Reflexionspolariskop) können dann die Spannungsverläufe infolge der Doppelbrechung der Kunststoffschicht sichtbar gemacht werden.

Vor und Nachteile des Verfahrens

Vorteile	Nachteile
flächenhafte Messungen	Vermessung nicht automatisierbar
für mittlere Messobjektgrößen geeignet	begrenzter Messbereich
schnelle qualitative Darstellung des Messergebnisses (in Echtzeit)	aufwendige, quantitative Ermittlung des Messergebnisses
kostengünstiger Aufbau	Aufkleben einer Kunststoffschicht erforderlich
Messapertur ist kompakt und leicht transportabel	aufwendige Entfernung der Klebeschicht
Untersuchung auch nicht-transparenter Bauteile und Strukturen	visueller Zugang zur Bauteiloberfläche muss gewährleistet sein
Untersuchung der Bauteile im eingebauten Zustand, d. h. unter realen Bedingungen	Vermessung von heißen Bauteilen ist nicht möglich, Ablösung/Verbrennen der Klebeschicht
Messungen können beliebig oft wiederholt werden, solange die Klebeschicht haftet und intakt bleibt	das Messergebnis kann durch die Dicke der Klebeschicht beeinflusst werden
	nicht geeignet für empfindliche Bauteile

Messbereich/Messgenauigkeit des Reflexionsverfahrens

Prinzipiell ist der Messbereich abhängig von der Größe der verwendeten Klebeschicht, sodass Bauteile bis zu 1 m^2 untersucht werden können. I. d. R. werden jedoch nur die kritischen Stellen in Augenschein genommen. Die Messgenauigkeit hängt analog zur Durchlicht-Spannungsoptik im Wesentlichen von der örtlichen Schichtdicke sowie den Materialkonstanten des verwendeten Kunststoffes ab (s. auch Kapitel „Durchlicht Spannungsoptik"). Da bei diesem Verfahren ebenfalls die qualitative Auswertung stärker zum Tragen kommt als die quantitative, spielt die Messgenauigkeit entsprechender Objekte eine untergeordnete Rolle. Dennoch werden örtliche Auflösungen von Isochromaten auch hier zwischen 0,01 mm–5 mm erreicht.

Typische Anwendungen des Reflexionsverfahrens

Das Reflexionsverfahren findet vor allem dort Anwendung, wo spezielle Bereiche einer komplexen Gesamtstruktur untersucht werden sollen. Insbesondere große Strukturen, Bauteile und Anlagen, die nicht mal gerade eben in ein Labor geschafft werden können, lassen sich untersuchen. Hierzu zählen z. B. Flugzeuge, Schiffe, Windkraftanlagen, Großanlagen usw. Die vorherrschenden, lokalen Spannungen können dabei gezielt analysiert und ggf. ausgewertet werden.

3.2 Funktionsweise des Reflexionsverfahrens

Das spannungsoptische Reflexionsverfahren bzw. PhotoStress®-Verfahren ist von der Theorie her der allgemeinen Spannungsoptik gleichzusetzen; somit wird hier auf eine umfangreiche Beschreibung der theoretischen Grundlagen verzichtet und auf das Kapitel „Durchlicht Spannungsoptik" verwiesen. Die Hauptgleichung der Spannungsoptik oder auch spannungsoptische Grundgleichung findet ebenfalls hier wieder Anwendung. Lediglich die „Modelldicke", in dem Falle die Schichtdicke, erhält den Faktor 2, da die Lichtwellen an der Rückseite der Schicht reflektieren und somit zweimal die Schicht durchlaufen wird.

$$\sigma_1 - \sigma_2 = \frac{S}{2d}\delta$$ mit der spannungsoptischen Konstante

$$S = \frac{\lambda}{C}$$

$\sigma_{1,2}$ – Hauptspannungen
δ – Isochromatenordnung
d – Schichtdicke (Modelldicke SPO)
C – Materialkonstante (z. B. Araldit)
λ – Wellenlänge (Lichtvektor)
S – Spannungsoptischer Einheitskoeffizient

Das Aufbringen der Schichtdicke ist etwas aufwendig (Bild 3.1). In der Regel werden dünne Aralditscheiben (1–3 mm) erhitzt, sodass sie flexibel sind und der Oberflächenkontur des Untersuchungsobjektes angepasst werden können, und auf die Objektoberfläche aufgeklebt.

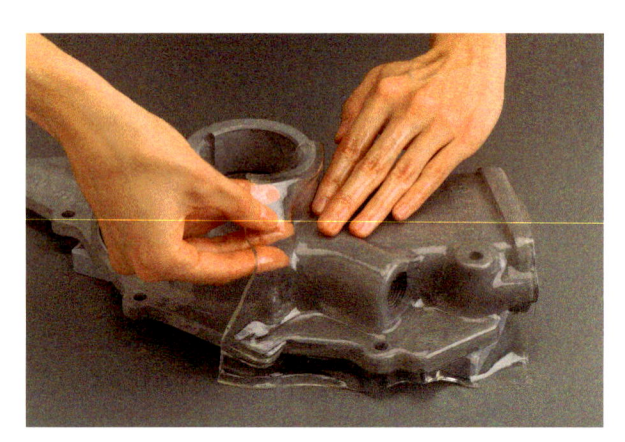

Bild 3.1 Aufbringen einer Araldit(PhotoStress®)-Beschichtung auf das Gehäuse einer Fahrzeugwasserpumpe (mit freundlicher Genehmigung, „© Micro-Measurements, a brand of Vishay Precision Group, Inc. (VPG)")

Von einer Lichtquelle aus wird das Licht in einem Polarisator linear polarisiert. Danach durchläuft das linear polarisierte Licht, d. h. die Lichtvektoren eine $+\lambda/4$-Wellenplatte und erhält dadurch z. B. eine Rechtsdrehung. Wir bekommen dann zirkular polarisiertes Licht, welches auf die zuvor aufgebrachte Kunststoffschicht (i. d. R. Aralditschicht) mit doppelbrechenden Eigenschaften trifft. Die Lichtwellen durchdringen die Schichtdicke und reflektieren an der Rückseite, d. h. der Bauteiloberfläche. Das bedeutet, dass die Schichtdicke zweimal durchlaufen wird (s. Hauptgleichung der Spannungsoptik). Wir erhalten elliptisch polarisiertes Licht. Die zuvor erzeugte Rechtsdrehung wird in der nun folgenden $-\lambda/4$-Wellenplatte wieder rückgängig gemacht. Die Isochromatenverläufe (Linien gleicher Hauptspannungen) werden von der Kamera aufgenommen und können ausgewertet werden.

Ein klassisches System entsprechend dem Aufbau im Bild 3.2 ist in Bild 3.3 dargestellt.

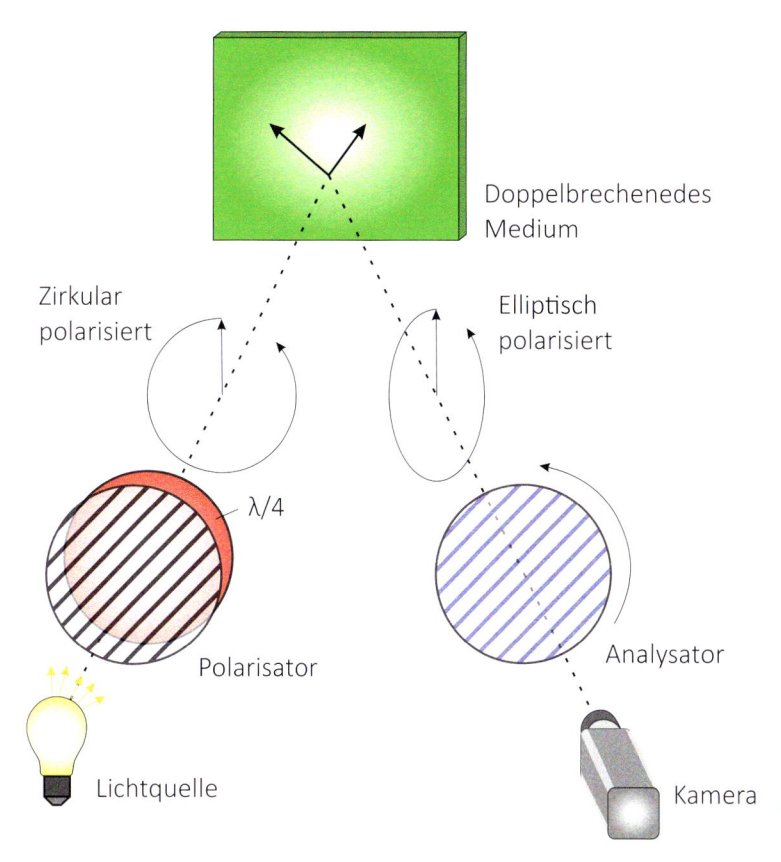

Bild 3.2
Prinzipieller Aufbau des Reflexionspolariskops

Bild 3.3
Gesamtsystem eines Reflexionspolariskops (mit freundlicher Genehmigung, „© Micro-Measurements, a brand of Vishay Precision Group, Inc. (VPG)")

3.3 Anwendungsbeispiele des Reflexionsverfahrens

Der Einsatz des spannungsoptischen Reflexionsverfahrens in der Industrie beschränkt sich vor allem auf die Untersuchung partieller Flächen komplexer Strukturen. Ebenfalls findet es dort Anwendung, wo neue Erkenntnisse gesammelt werden, um z. B. Implantate und deren Auswirkungen auf das Knochengewebe zu analysieren.

3 Spannungsoptisches Reflexionsverfahren

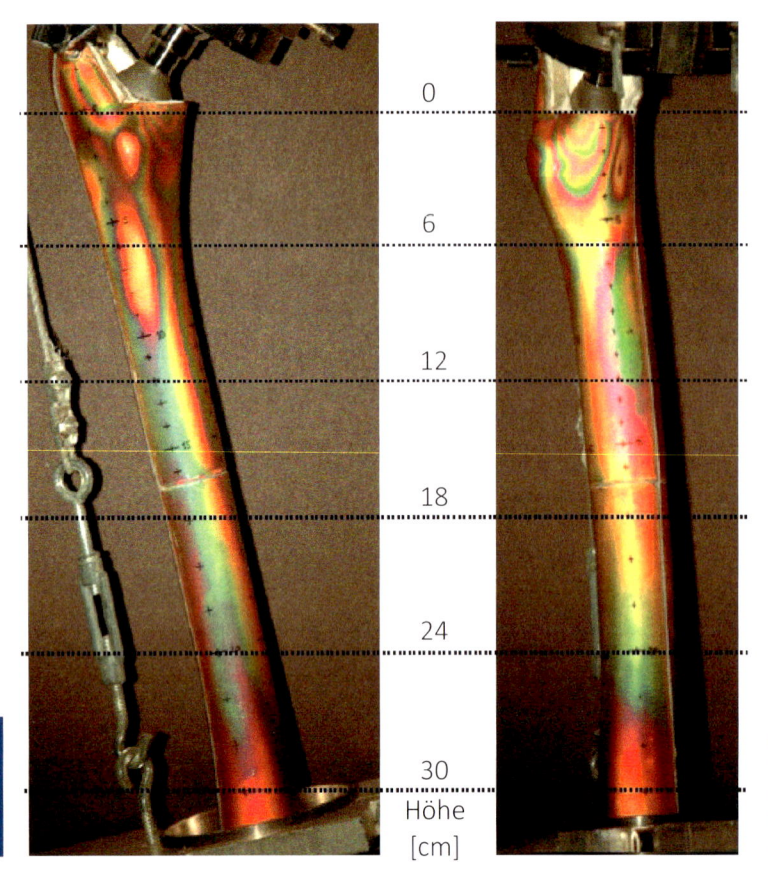

Bild 3.4
Untersuchung von mit Implantaten präparierten Knochen mithilfe des spannungsoptischen Reflexionsverfahrens (mit freundlicher Genehmigung von Dr. Ellenrieder)

3.3.1 Untersuchung des Spannungsverhaltens in Knochen durch Implantate

Sicherlich stellen unsere Knochen sehr komplexe Grundkörper dar. Der „Werkstoff" ist inhomogen und verhält sich anisotrop. Werden dahinein noch Implantate integriert, ändert sich das Spannungsverhalten undefinierbar. Um solche komplexen Strukturen zu untersuchen, ist das beschriebene Reflexionsverfahren gut geeignet. Dr. Ellenrieder hat hier erste Untersuchungen durchgeführt.

Es ist ersichtlich, dass hier noch viel Forschungspotenzial vorhanden ist, um das Verhalten von Implantaten besser zu erfassen. In Zukunft ein immer bedeutender werdendes Themengebiet.

3.3.2 Messungen in der Luft- und Raumfahrtindustrie

Überall, wo Bauteile nicht einfach ausgebaut werden können oder wo keine geeigneten, transparenten Modelle zur Verfügung stehen bzw. hergestellt werden können, eignet sich das Reflexionsverfahren. In den Bildern 3.5 und 3.6 sind einige Beispiele dargestellt.

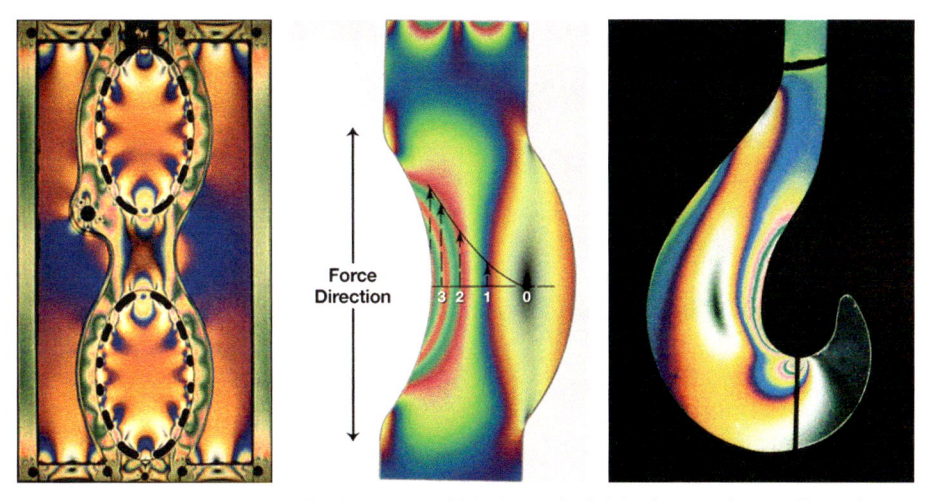

3.3 Anwendungsbeispiele des Reflexionsverfahrens

Bild 3.5 Untersuchung eines Panels vom Treibstofftank aus der Luftfahrtindustrie (links), einer c-geformten Zugprobe (mittig) und eines Kranhakens (rechts) in Analogie zum Durchlichtverfahren im vorherigen Kapitel (mit freundlicher Genehmigung, „© Micro-Measurements, a brand of Vishay Precision Group, Inc. (VPG)")

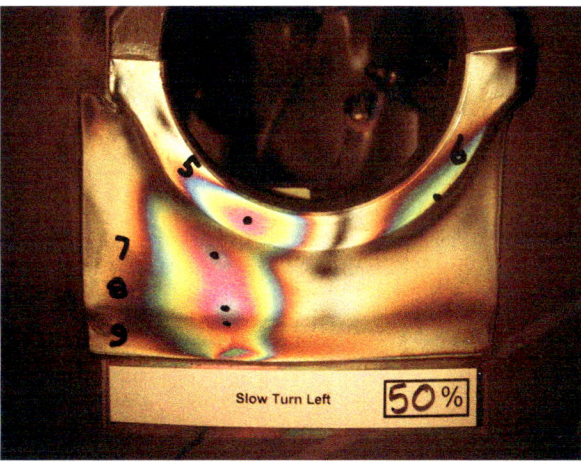

Bild 3.6 Untersuchung eines Fahrwerkgetriebes aus der Luftfahrtindustrie (links) und dem dazugehörigen, beobachteten Ausschnitt (rechts), (mit freundlicher Genehmigung, „© Micro-Measurements, a brand of Vishay Precision Group, Inc. (VPG)")

395

4 Thermoelastische Spannungsanalyse (TSA)

4.1 Verfahrensgrundlagen

Wie der Name schon sagt, werden bei der thermoelastischen Spannungsanalyse (TSA) Wärmefelder mithilfe einer speziellen Thermografiekamera beobachtet. Die Ursprünge lassen sich bis ins 19. Jahrhundert verfolgen. Bereits Lord Kelvin entdeckte 1851 den thermoelastischen Effekt, den er intensiv untersuchte und der später von Joule bestätigt wurde. Biot beschrieb 1956 die Entropieänderung in verformten Materialien und brachte diese mit der thermoelastischen Temperaturänderung in Zusammenhang. Erste, berührungslose, thermische und punktuelle Messungen führte 1967 Belgen durch. Zunächst dauerten die punktuellen Messungen noch mehrere Stunden. Heute können diese auf wenige Sekunden reduziert werden, was den Einsatz in der heutigen Zeit lukrativ macht.

Prinzip der thermoelastischen Spannungsanalyse (TSA)

Die thermoelastische Spannungsanalyse wurde im Wesentlichen dazu entwickelt, hochgenaue Temperaturfelder zu analysieren. Jede Bewegung eines Gegenstandes benötigt Energie. Wenn nun ein Objekt in irgendeiner Art und Weise belastet wird, sodass es zu einer Verformung führt, wird dabei Wärmeenergie freigesetzt. Insbesondere bei dynamischen Vorgängen werden Wärmefelder produziert. Dabei gibt es einen direkten Zusammenhang zwischen den lokalen Wärmefeldern zu den dort vorhandenen Spannungen. Dieses Phänomen macht sich die TSA zunutze.

Vor und Nachteile des Verfahrens

Vorteile	Nachteile
flächenhafte Messungen	Vermessung nicht/bedingt automatisierbar
für mittlere Messobjektgrößen geeignet	begrenzter Messbereich
schnelle, qualitative Darstellung des Messergebnisses (in nahezu Echtzeit)	aufwendige, quantitative Ermittlung des Messergebnisses
Messapertur ist kompakt und leicht zu transportieren	nicht geeignet für empfindliche Bauteile
Untersuchung auch nicht-transparenter Bauteile und Strukturen	visueller Zugang zur Bauteiloberfläche muss gewährleistet sein
Untersuchung der Bauteile im eingebauten Zustand, d. h. unter realen Bedingungen möglich	dynamische Belastung der Bauteile i. d. R. erforderlich
Messungen können beliebig oft wiederholt werden, solange im elastischen Bereich gearbeitet wird	

Messbereich/Messgenauigkeit des Verfahrens

Der Messbereich ist stark davon abhängig, welche Materialien untersucht werden. Die Genauigkeit der Thermografiekamera ist in der Regel 0,1 °C. Über deren Funktionsweise und den Aufbau wird auf das Kapitel „Temperaturerfassung" (siehe Teil II) verwiesen.

Typische Anwendungen des Verfahrens der TSA

Schwingungen sind häufig ein Problem infolge äußerer Anregung von Bauteilen und Strukturen. Im ungünstigen Fall kommt es zu Resonanzschwingungen und zum Versagen der Bauteile. Um die Spannungen infolge von Schwingungen zu analysieren, bedient man sich der TSA. Sie ist in der Lage, die durch elastische Verformungen hervorgerufenen, lokalen Erwärmungen zu messen und daraus Rückschlüsse auf die vorherrschenden Spannungen zu schließen. Durch die ständige Verbesserung und die weite Verbreitung von thermischen Sensoren ist damit zu rechnen, dass auch die Kosten solcher Anlagen – die z. Z. noch in die 100 000 € gehen – sinken werden. Mithilfe der TSA lassen sich Schwachstellen gezielt detektieren und auswerten. Dadurch können rechtzeitig Verbesserungsmaßnahmen eingeleitet werden. Die TSA arbeitet wie alle optischen Verfahren kontaktlos, materialunabhängig, flächendeckend sowie zerstörungsfrei und macht sie somit zu einem zukunftsweisenden Messverfahren bei der Analyse dynamischer Vorgänge. Beispielsweise können Fahrwerksuntersuchungen im Automobil- und im Flugzeugbau durchgeführt werden. In der Werkstoffkunde lassen sich Ermüdungserscheinungen von Werkstoffen und Werkstoffverbünden mithilfe geeigneter Schwingungserreger belasten und analysieren.

4.2 Funktionsweise der TSA

Die thermoelastische Spannungsanalyse (TSA) macht es sich zunutze, dass ein dynamisch (zyklisch) belasteter Körper lokal Wärme erzeugt, wodurch Oberflächenspannungs- bzw. Oberflächendehnungszustände ermittelt werden können. Die thermoelastische Temperaturänderung ist proportional zur im Werkstoff auftretenden Änderung der Summe der Hauptspannungen. TSA-Messsysteme die eine hochauflösende Infrarotkamera mit hoher Aufnahmerate besitzen, liefern bei konstanter Absoluttemperatur ein der thermoelastischen Temperaturänderung proportionales thermoelastisches Signal. Dies tritt bei homogenen, isotropen Werkstoffen i. d. R. auf. Bei sich ändernder Absoluttemperatur, z. B. bei der Untersuchung von faserverstärkten Kunststoffen, ändert sich das thermoelastische Signal nichtlinear mit der Temperatur (sensorabhängig). Dies gilt es zu kompensieren. Das korrigierte thermoelastische Signal ist schließlich proportional zur thermoelastischen Temperaturänderung.

Im Bild 4.1 ist der prinzipielle Aufbau der TSA wiedergegeben. Das Untersuchungsobjekt (hier eine Zugprobe) wird dynamisch belastet. Vor der Probe wird eine hochauflösende Infrarotkamera mit hoher Aufnahmerate positioniert. Die lokale Temperaturänderung in der Probe wird kontinuierlich erfasst, da infolge der dynamischen Belastung lokale Temperaturkonzentrationen entstehen. Diese treten primär an Schwachstellen bzw. hoch beanspruchten Stellen, wie z. B. an Kerben, auf. Aus dem Temperaturgradienten können dadurch die auftretenden Spannungsdifferenzen ermittelt werden.

Der Zusammenhang aus der gemessenen Temperaturdifferenz und der auftretenden Spannungsdifferenz wird durch nachfolgenden Sachverhalt deutlich.

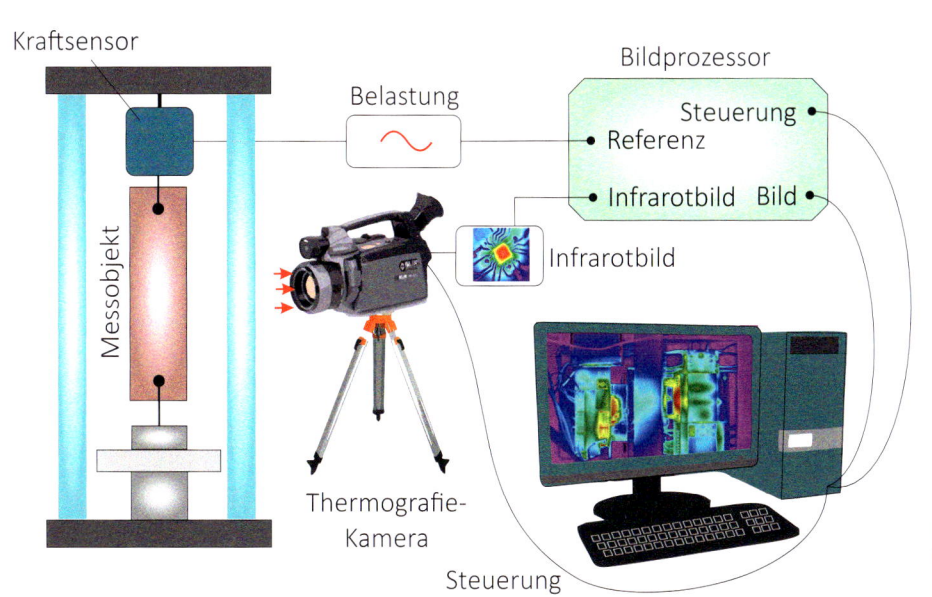

Bild 4.1 TSA-Systemdiagramm vor einer dynamisch belasteten Zugprobe

4 Thermoelastische Spannungsanalyse (TSA)

$$\Delta T = \frac{-\alpha T}{\rho C_p}(\Delta \sigma_x + \Delta \sigma_y)$$

mit
- ΔT – Temperaturdifferenz
- α – thermischer Ausdehnungskoeffizient
- ρ – Werkstoffdichte
- σ – Spannungswert
- T – absolute Temperatur
- C_p – spezifische Temperatur

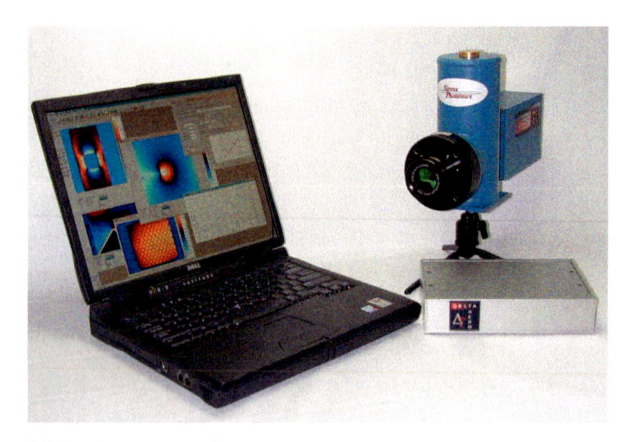

Bild 4.2 Thermografiekamera DeltaTherm 1410 (mit freundlicher Genehmigung der Firma Stress Photonics)

4.3 Anwendungsbeispiel der TSA

Für die Untersuchung von Bauteilen ist in der Regel von Seiten der Messtechnik nur eine entsprechende Thermografiekamera nebst Rechner und Software nötig (Bild 4.2).

Das nachfolgende Bild 4.3 zeigt die Untersuchung einer Autofelge unter dynamischer Belastung.
Beim Betreiben von Ventilatoren treten zwangsläufig dynamische Belastungen auf. Eigenfrequenzen, Schwingungen, Fliehkräfte und äußere Belastungen wirken auf die Rotorblätter (Bild 4.4).

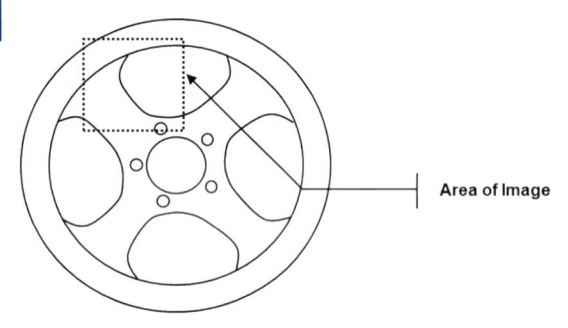

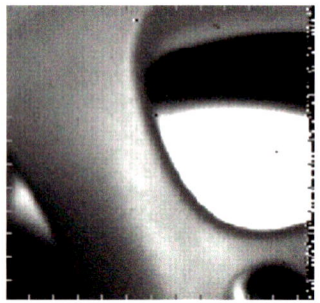

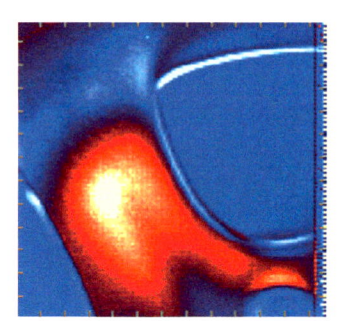

Bild 4.3 TSA einer Autofelge (mit freundlicher Genehmigung der Firma Stress Photonics)

4.3 Anwendungsbeispiel der TSA

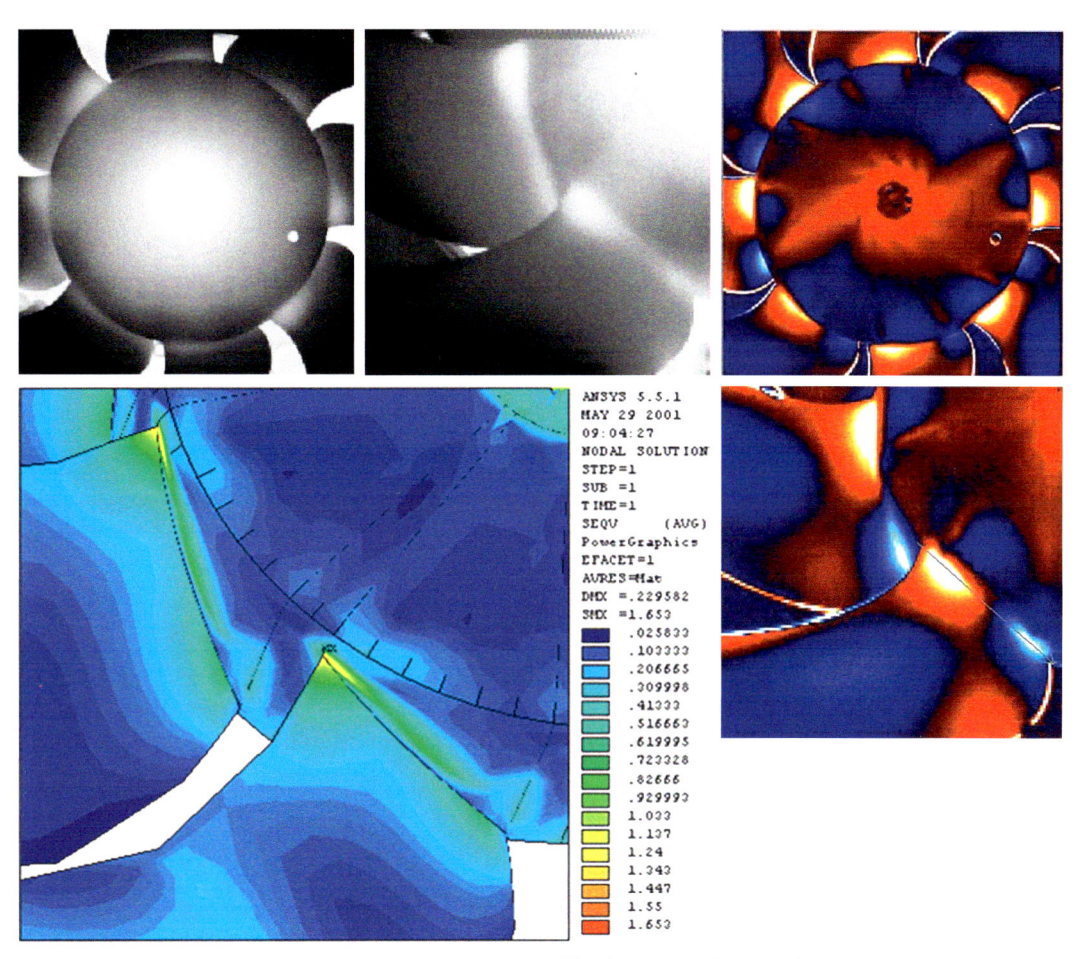

Bild 4.4 TSA eines Ventilators: oben links Gesamtansicht, oben rechts TSA-Gesamtansicht, unten links FEM-Berechnung, unten rechts Teilansicht (mit freundlicher Genehmigung der Firma Stress Photonics)

5 Shearografie zur Messung von Spannungen

5.1 Verfahrensgrundlagen

Das Messverfahren Shearografie basiert auf dem Speckle-Effekt. Die erste experimentelle Beobachtung von Speckles gelang bereits im Jahre 1887. Die erste theoretische Beschreibung dieses Phänomens wurde im Jahre 1914 durch von Laue vorgestellt (von Laue 1914). Bis zur ersten technischen Nutzung der Speckles vergingen aber weitere 56 Jahre. Der Hauptgrund dafür waren nicht vorhandene, aber für die Messungen benötigte Lichtquellen. Erst nach der Entwicklung der ersten Laser in den 1960er-Jahren wurden erste Messsysteme basierend auf der Speckle-Messtechnik vorgestellt. Das entwickelte Messverfahren der Holografie ermöglichte eine hochgenaue Erfassung von Verformungen. Diese Messmethode ist jedoch sehr empfindlich gegenüber den Störungen aus der Umgebung. Im Jahre 1973 wurde ein ziemlich ähnliches Verfahren basierend auf einem modifizierten Michelson-Interferometer vorgestellt (Leendertz 1973). Diese neue Methode wurde als Shearografie bezeichnet, da im optischen Aufbau ein Shear-Element verwendet wird.

Prinzip der Shearografischen Messung von Spannungen

Das Messobjekt wird mit Laserlicht beleuchtet, dabei entsteht aufgrund der Interferenz eine körnige Struktur auf der Oberfläche des Messobjektes. Eine Kamera betrachtet mit einer sogenannten Shearing-Optik das Messobjekt. Durch die Aufnahme des Referenzzustandes und des belasteten Zustandes mit einem veränderten Muster wird mathematisch die Dehnung der Oberfläche berechnet. Anhand der gemessenen Dehnungen können mithilfe von Werkstoffkennwerten die mechanischen Spannungen ermittelt werden.

Vor- und Nachteile der shearografischen Messung von Spannungen

Vorteile	Nachteile
flächenhafte Untersuchungen möglich	komplexe Datennachbearbeitung
für große Messobjekte geeignet	Laserschutz erforderlich
schnelle Messung (in Echtzeit)	nicht alle Komponenten des Spannungstensors messbar
kompakt (transportabel)	relative Messung
relativ unempfindlich gegenüber Störungen	
materialunabhängig	

Messbereich/Messgenauigkeit der shearografischen Messung von Spannungen

Die Größe des Messobjektes hängt von der verwendeten Kamera, dem Objektiv und dem Laser ab. Beträgt aber typischerweise einige Quadratmeter (2 m² bis 4 m²). Sehr große Messobjekte werden in einzelne Messabschnitte unterteilt und nacheinander untersucht. Bei der Verwendung von Makroobjektiven können auch kleinere Messobjekte untersucht werden (100 mm²).

Aufgrund der hohen Empfindlichkeit der Shearografie können lediglich relativ geringe Dehnungen der Messobjektoberfläche erfasst werden. Dies hängt aber entscheidend von der Messobjektgröße und dem verwendeten optischen Aufbau ab. Bei einer kontinuierlichen Erfassung können Verformungen erfasst werden, die im hohen µm-Bereich liegen. Zur Bestimmung der erfassbaren Dehnung muss die Größe des Messbereichs in Relation zu der erfassten Verformung gesetzt werden, also $\Delta l/l$. Die Dehnungen werden üblicherweise in der Einheit $\mu m/m$ angegeben.

Da ein direkter, physikalischer Zusammenhang zwischen Dehnungen und mechanischen Spannungen besteht, können Aussagen bezüglich der erfassbaren Spannungen anhand der gemessenen Dehnung und der jeweiligen Werkstoffparameter getroffen werden. Wurde beispielsweise eine Dehnung von 10^{-4} μm/m bei der Untersuchung eines Messobjektes aus Stahl ($210 \cdot 10^9$ N/m²) gemessen, so resultiert daraus im einfachsten Fall (1D) eine mechanische Spannung von 21 N/m².

Typische Anwendungen der shearografischen Messung von Spannungen

Zu den typischen Anwendungen zählen vor allem Untersuchungen mit hohen Anforderungen bezüglich der Messgenauigkeit. Dazu zählen beispielsweise Messungen in der Automobilindustrie bzw. Luft- und Raumfahrt. Mit der Shearografie können bei einer geeigneten Belastung beliebige Strukturen analysiert werden. Um einige wenige Beispiele zu nennen: Untersuchung von Bremsscheiben, Bremssätteln sowie von verschiedenen Karosserieteilen.

Da der Messbereich der Shearografie begrenzt ist, können keine Messobjekte mit großen Verformungen (*cm*-Bereich) analysiert werden. Bei großflächigen Messobjekten werden in der Regel mehrere Messungen mittels der Shearografie durchgeführt, um die komplette Bauteilstruktur zu untersuchen.

5.2 Funktionsweise der Shearografie zur Spannungsmessung

Die Grundlagen der klassischen Shearografie wurden bereits im Teil IV, Kapitel 6, ausführlich behandelt. Deshalb wird an dieser Stelle darauf verwiesen. Im Folgenden wird daher nicht mehr auf die absoluten Grundlagen eingegangen, vielmehr wird darauf aufbauend die Shearografie zur Messung von Spannungen vorgestellt.

Die Oberfläche des Messobjektes wird mit einem aufgeweiteten Laserstrahl beleuchtet. Aufgrund der Unebenheiten der Messobjektoberfläche auf der Mikroebene werden die Lichtstrahlen diffus reflektiert. Auf der Abbildungsebene wird das reflektierte Laserlicht überlagert. Aufgrund der kohärenten Laserstrahlung kommt es zur Interferenz. Die Lichtstrahlen werden entweder verstärkt (konstruktive Interferenz) oder löschen sich gegenseitig aus (destruktive Interferenz). Dadurch wird eine körnige Struktur auf der Oberfläche des Messobjektes beobachtet. Diese Granulation wird als Speckle-Muster bezeichnet. Die Änderung des Speckle-Musters infolge von Belastungen wird zur Messung von Dehnungen verwendet. Das von der Kamera registrierte Speckle-Muster ist aufgrund der einzigartigen Struktur auf der Mikroebene bei jeder Oberfläche unterschiedlich und ist mit einem Fingerabdruck bei Menschen vergleichbar.

Der Aufbau der Shearografie besteht in der Regel aus einem modifizierten Michelson-Interferometer, einer digitalen Kamera und einem Laser. Das von der Oberfläche des Messobjektes reflektierte Laserlicht wird mittels eines 50:50 Strahlteilers in zwei Wellenfronten aufgeteilt. Der erste Teilstrahl wird von einem Spiegel (mit einem Piezoelement) reflektiert. Dieser Spiegel kann aber auch je nach Aufbau ohne einen Piezoaktor sein. Der zweite Spiegel ist leicht geneigt. Mittels spezieller Spiegelhalter kann der Winkel des Shear-Spiegels stufenlos eingestellt werden. Der entstehende Winkel wird als Shear-Winkel bezeichnet. Nach der Reflexion an den beiden Spiegeln werden die beiden Teilstrahlen auf der Kameraebene erneut überlagert. Durch die Schrägstellung eines der Spiegel werden von der Kamera jedoch zwei geringfügig verschobene Abbildungen des Messobjektes registriert (Bild 5.1).

Mit dem beschriebenen Messaufbau aus der letzten Abbildung können Dehnungen (genauer Neigungen) aus der Oberfläche des Messobjektes heraus (out-of-plane) erfasst werden. Zur Erfassung von in-plane-Dehnungen (in der Ebene des Messobjektes) ist der Aufbau zu modifizieren (Bild 5.2). Das Messobjekt wird dabei aus zwei Richtungen jedoch unter dem gleichen Winkel beleuchtet. Die genaue Funktionsweise der in-plane-Shearografie ist dem Kapitel „Verformungsmessung" zu entnehmen. Von der Kamera werden pixelweise Intensitäten I registriert:

$$I = 2I_0(1 + \gamma \cos \varphi)$$

Wobei I_0 die Hintergrundintensität, γ die Modulation des Interferenzterms und φ die zufällige Phase bezeichnen. Diese drei Größen sind zunächst unbekannt und sind folglich zu bestimmen. Für diesen Zweck sind zwei Lastzustände erforderlich. Das Messobjekt wird nach der Erfassung des Grundzustands belastet

5 Shearografie zur Messung von Spannungen

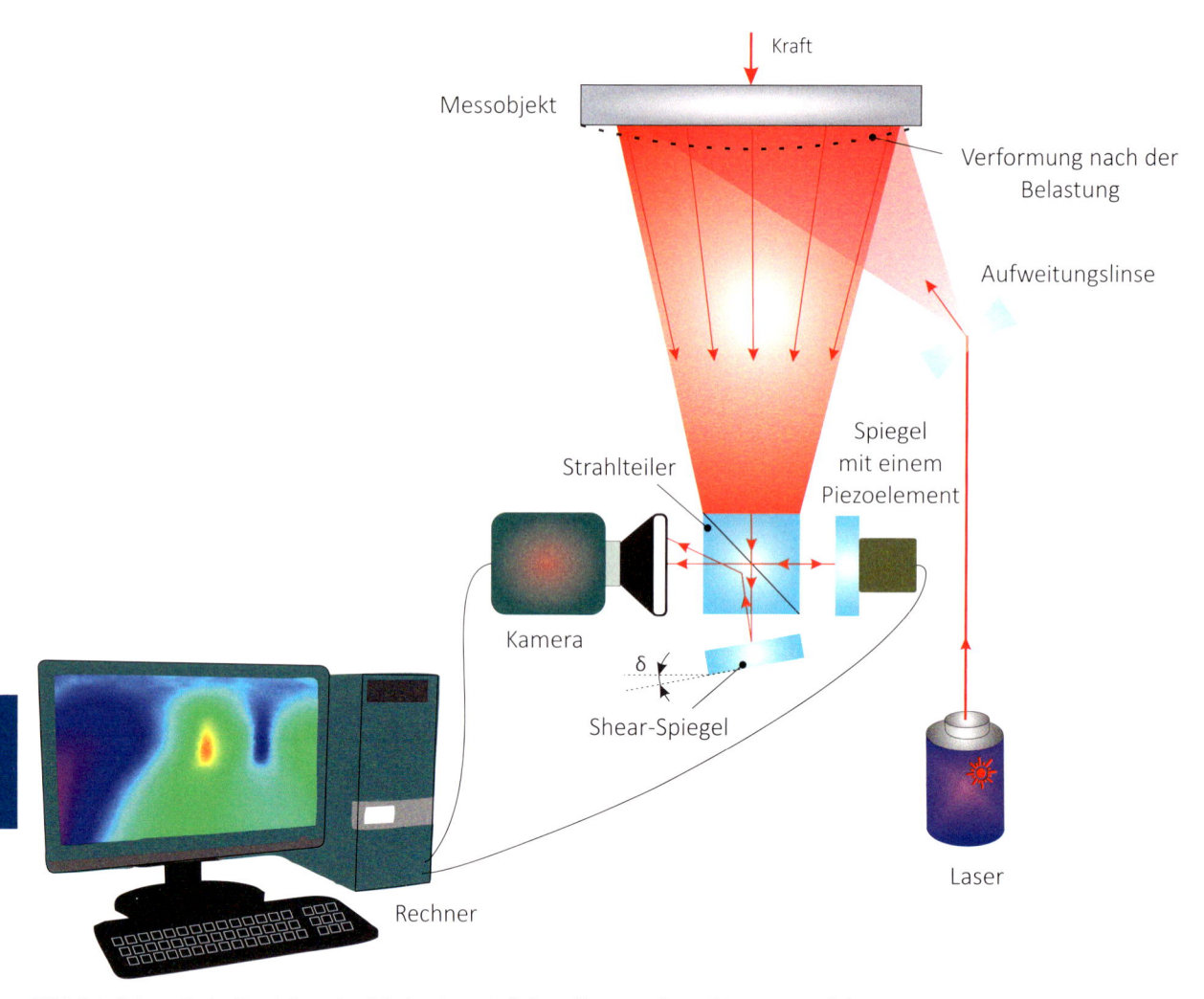

Bild 5.1 Schematische Darstellung des Prinzips der out-of-plane-Shearografie zur Messung von Dehnungen

und erneut mittels der Kamera mehrmals aufgenommen.

$$I' = 2I_0(1 + \gamma \cos(\varphi + \Delta))$$

Mit Δ wird die gesuchte, relative Phasenlage angegeben. Die genaue Vorgehensweise bei der quantitativen Bestimmung der relativen Phasenänderung kann dem Kapitel „Messen von Schwingungen" entnommen werden.
Nach der Bestimmung der relativen Phase können Dehnungen berechnet werden:

$$\varepsilon_x = \frac{\Delta_x \lambda}{4\pi \cdot \delta_x}$$

δ_x – Shearbetrag in x-Richtung

Mithilfe des Hookeschen Gesetzes können die Spannungen σ_x für den einachsigen Spannungszustand wie folgt bestimmt werden:

$$\sigma_x = E \cdot \varepsilon_x$$

Für die Bestimmung der Spannungen müssen also die Werkstoffparameter und zwar der Elastizitätsmodul E bekannt sein. Für einen zweiachsigen Spannungszustand muss zusätzlich die Querkontraktionszahl v eingeführt werden (Richard 2008).

$$\sigma_x = \frac{E}{1-v^2} \cdot (\varepsilon_x + v \cdot \varepsilon_y)$$

$$\sigma_y = \frac{E}{1-v^2} \cdot (\varepsilon_y + v \cdot \varepsilon_x)$$

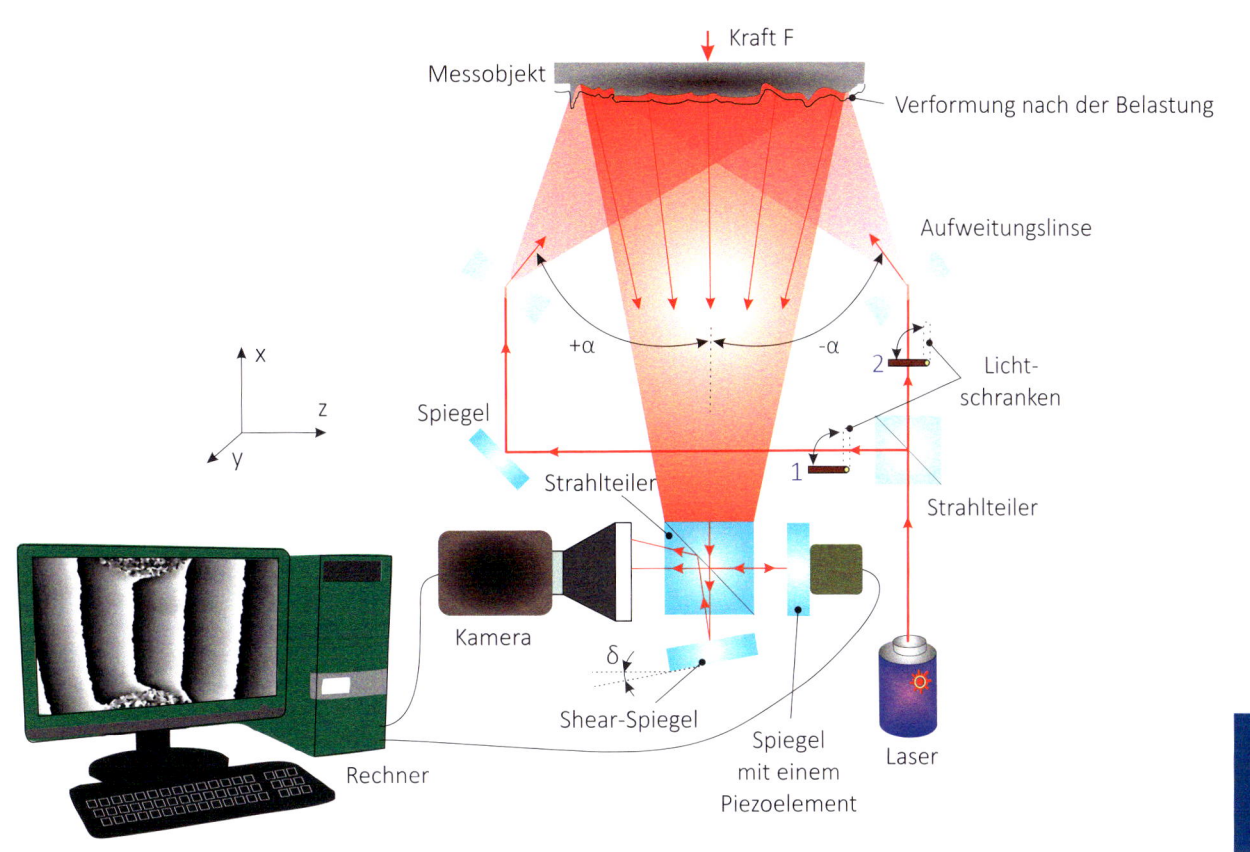

5.2 Funktionsweise der Shearografie zur Spannungsmessung

Bild 5.2 Schematische Darstellung der in-plane-Shearografie zur Dehnungsmessung

Es ist zu beachten, dass mit der Shearografie nicht alle Komponenten des Verzerrungstensors ermittelt werden können. Die Shearografie erlaubt die Ermittlung der ersten beiden Spalten des Verzerrungstensors.

Die Dehnungen in z-Richtung können mit dem klassischen shearografischen Aufbau nicht erfasst werden.

$$\varepsilon = \begin{bmatrix} \varepsilon_{xx} & \varepsilon_{xy} & \varepsilon_{xz} \\ \varepsilon_{yx} & \varepsilon_{yy} & \varepsilon_{yz} \\ \varepsilon_{zx} & \varepsilon_{zy} & \varepsilon_{zz} \end{bmatrix}$$

6 Holografie zur Messung von Spannungen

6.1 Verfahrensgrundlagen

Das interferometrische Verfahren Holografie wurde ursprünglich für hochgenaue Messungen von Verformungen entwickelt. Anhand der gemessenen Verformungen und der bekannten Werkstoffparameter können aber auch mechanische Spannungen an der Messobjektoberfläche bestimmt werden.

Prinzip der holografischen Messung von Spannungen

Aufgrund der kohärenten Laserstrahlung kann die relative Verformung zweier Objektzustände bei Überlagerung der nach den Gesetzen der Interferometrie aufgenommenen Hologramme gewonnen werden. Mithilfe von ermittelten Verformungen werden anschließend die Spannungen berechnet.

Vor- und Nachteile der holografischen Messung von Spannungen

Vorteile	Nachteile
flächenhafte Untersuchungen möglich	komplexe Datennachbearbeitung
für große Messobjekte geeignet	Werkstoffparameter müssen bekannt sein
relativ schnelle Messung (in Echtzeit)	geeignete Belastung erforderlich
relativ kompakt (transportabel)	Laserschutz erforderlich
extreme Empfindlichkeit	empfindlich gegenüber Störungen aus der Umgebung

Messbereich/Messgenauigkeit der Holografie zur Messung von Spannungen

Die Fläche einer Messung beträgt typischerweise 40×40 cm^2. Auf dem Markt sind jedoch Systeme erhältlich, die sowohl viel größere aber auch viel kleinere Messflächen ermöglichen. In Verbindung mit einem Mikroskopsystem erlaubt die Holografie Untersuchung von sehr kleinen Messobjekten. Der Messfleck beträgt dabei lediglich wenige mm^2. Einzelne Messungen können überlappen, sodass auch große Messflächen untersucht werden können. Die Größe des Messobjektes ist dabei nicht limitiert, solange die Oberfläche für das Messsystem zugänglich ist.

Aufgrund der enormen Empfindlichkeit des Verfahrens bei der Erfassung von Verformungen (bis in den nm-Bereich) reichen bereits geringe Kräfte aus, um messbare Deformationen an der Messobjektoberfläche zu verursachen. Dadurch können auch kleinste Spannungen erfasst werden. Die Messung von großen Spannungen ist dagegen schwierig, da der Messbereich der Holografie (im µm-Bereich) schnell überschritten wird. Der Messbereich hängt aber von den Randbedingungen ab, beispielsweise von den Abmessungen des Prüflings, den Werkstoffparametern oder auch vom verwendeten Messsystem.

Typische Anwendungen der holografischen Messung von Spannungen

Zu den typischen Anwendungsbereichen der holografischen Messung von Spannungen zählen vor allem die Automobil- und die Luftfahrtindustrie. Die Holografie kommt dann zum Einsatz, wenn eine extrem hohe Genauigkeit erforderlich ist. Es können beispielsweise Spannungsverteilungen in sicherheitsrelevanten Bauteilen, wie beispielsweise Bremsanlagen oder Turbinenschaufeln, analysiert werden.

Außerdem wird die Holografie zur Messung von Spannungen in der Forschung eingesetzt. Aufgrund einer sehr hohen Empfindlichkeit und somit auch Genauigkeit werden interferometrische Untersuchungen durchgeführt, um z. B. FEM-Modelle zu validieren bzw. zu verbessern.

Aufgrund der berührungsfreien Arbeitsweise der Holografie ist dieses Verfahren auch für die Untersuchung von sensiblen oder auch beispielsweise heißen Messobjekten geeignet. Außerdem werden lediglich geringe Belastungen benötigt, sodass das Messobjekt nicht beschädigt wird.

Der Einsatz der Holografie unter rauen Industriebedingungen ist jedoch kaum möglich, da bereits geringe Vibrationen ausreichend sind, um Messungen nachhaltig zu stören. Deshalb kann dieses Verfahren i. d. R. nicht in die klassische, industrielle bzw. laufende Produktion integriert werden.

6.2 Funktionsweise der holografischen Spannungsmessung

Die Grundlagen der klassischen Holografie wurden bereits im Teil IV, Kapitel 4, Holografie zur Schwingungsmessung, ausführlich behandelt. Deshalb wird an dieser Stelle darauf verwiesen. Im Folgenden wird nicht mehr auf die absoluten Grundlagen und die Messdatenverarbeitung eingegangen, vielmehr wird darauf aufbauend die Holografie zur Messung von Spannungen vorgestellt.

Ein Laserstrahl wird aufgeweitet und beleuchtet möglichst gleichmäßig die Oberfläche des Messobjektes. An der Oberfläche wird das Laserlicht gestreut, reflektiert (Objektstrahl) und überlagert sich auf dem Kamerasensor (in der Regel CCD- bzw. CMOS-Sensor)

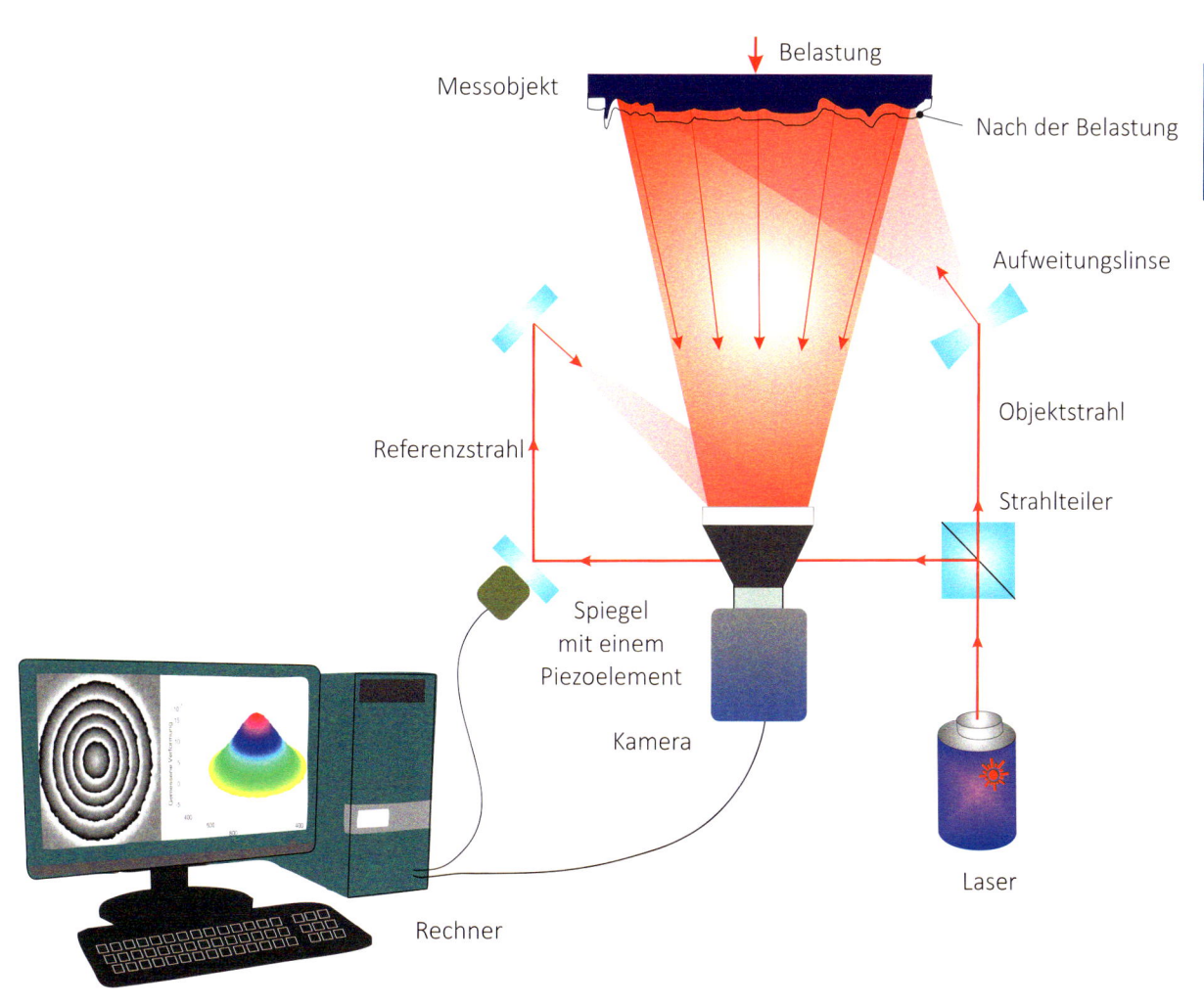

Bild 6.1 Messprinzip der Holografie (out-of-plane) zur Messung von Spannungen

mit dem Referenzstrahl. Je nachdem, ob die Interferenz konstruktiv oder destruktiv ist, wird eine körnige Struktur (sogenannte Speckles) als helle und dunkle Punkte aufgezeichnet. Der Speckle-Effekt resultiert aus der stochastischen Phasenverteilung der interferometrisch überlagerten Lichtwellen. Wird das Objekt nun belastet, verändert sich die Verteilung der Speckle entsprechend der Verformung. Die Überlagerung der beiden Interferogramme (unbelasteter und belasteter Objektzustand) liefert das typische Streifenmuster. Der Abstand von zwei benachbarten Streifen entspricht dabei einer Objektverformung, die der halben Laserwellenlänge des verwendeten Laserlichtes entspricht.

Die Überlagerung der Referenzwelle mit dem von der Oberfläche des Messobjektes reflektierten Objektstrahl kann mathematisch wie folgt beschrieben werden (Gerhard 2007):

$$I_{ges} = I_R + I_O + 2\sqrt{I_R \cdot I_O} \cos(\Delta\varphi)$$

I_{ges} – von dem Sensor gemessene Intensität
I_R – Intensität des Referenzstrahls
I_O – Intensität des Objektstrahls
$\Delta\varphi$ – Phasendifferenz

Durch einen Vergleich von zwei Belastungszuständen können Verformungen ermittelt werden (siehe Teil IV, Kapitel 4).

Die quantitative Bestimmung von Verformungen und anschließend von Spannungen ist mithilfe der sogenannten Phasenschiebverfahren möglich. Grundsätzlich wird zwischen den zeitlichen und den räumlichen Phasenschiebeverfahren unterschieden. Bei den zeitlichen Methoden wird der jeweilige Objektzustand mehrmals (mindestens 3) mit einem jeweils veränderten Lichtweg des Referenzstrahls aufgenommen. Für

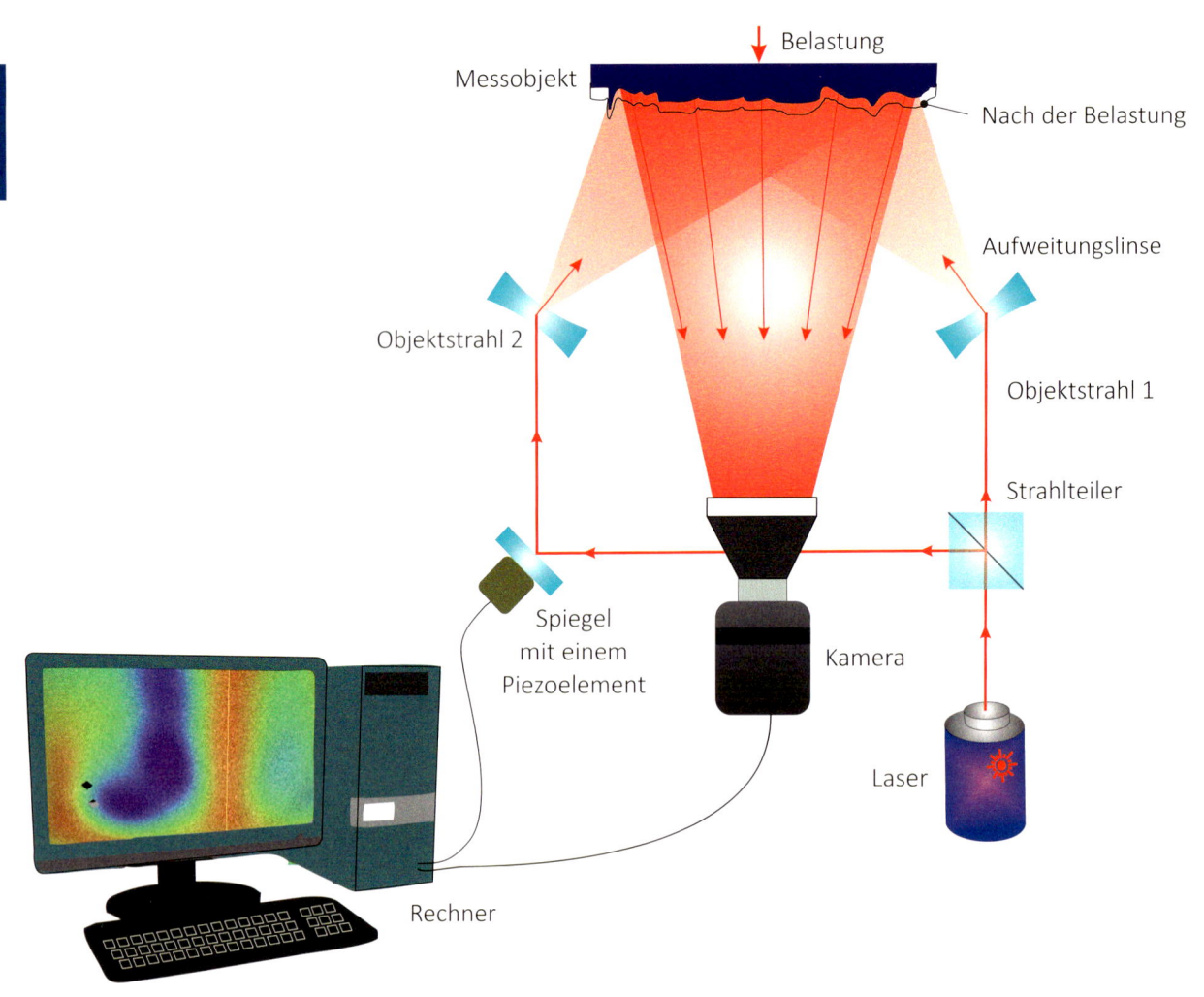

Bild 6.2 Messprinzip der Holografie (in-plane) zur Messung von Spannungen

die Phasenschiebung werden in der Regel Piezoelemente verwendet, die auf wenige Nanometer genau angesteuert werden können.

In Abhängigkeit von der Beleuchtungsrichtung variiert die Empfindlichkeit des Messgerätes in Bezug auf die Verformungsrichtung. Zur Messung von Verformungen aus der Ebene der Messobjektoberfläche heraus (out-of-plane) soll die Laser-Beleuchtung möglichst senkrecht zur Kameraebene positioniert werden. Außerdem wird der Laserstrahl auf dem Weg zum Messobjekt in einen Referenz- und einen Objektstrahl aufgeteilt. Zur Messung von in-plane-Verformungen (Verformungen in der Ebene) wird kein Referenzstrahl benötigt. Die Beleuchtung der Messobjektoberfläche erfolgt dabei aus zwei unterschiedlichen Richtungen, jedoch unter dem gleichen Winkelbetrag.

Der Messbereich der Holografie ist relativ stark limitiert. Starrkörperverschiebungen bzw. Drehungen führen schnell dazu, dass die sogenannte Speckle-Dekorrelation auftritt. Dabei sind keine Korrelationsstreifen mehr zu beobachten und es sind keine holografischen Messungen möglich. Besonders empfindlich reagiert die Holografie auf in-plane-Verschiebungen. Außerdem sind die Anforderungen an die Laserlichtquelle ziemlich hoch (ausreichende Kohärenzlänge), sodass preiswerte Laserdioden für die Holografie ungeeignet sind.

Wie bereits oben gezeigt, können anhand der gemessenen Verformungen mithilfe von Werkstoffparametern mechanische Spannungen ermittelt werden. Der Unterschied besteht lediglich darin, dass zunächst die Dehnungen ε zu ermitteln sind.

$$\varepsilon = \frac{\Delta l}{l_0}$$

Δl – Verformung (beispielsweise Längenänderung)
l_0 – Ausgangszustand (beispielsweise Länge eines Stabes)

Nun können die Spannungen σ für den einfachsten Fall (1D) berechnet werden:

$$\sigma = E \cdot \varepsilon$$

E – Elastizitätsmodul

Bestimmung von Spannungen der mehrachsigen Spannungszustände kann dem Kapitel „Shearografie zur Messung von Spannungen" entnommen werden.

6.3 Anwendungsbeispiel Scheibenbremsuntersuchung zur holografischen Spannungsmessung

Im Folgenden wird ein Beispiel der Anwendung der Holografie vorgestellt. Dabei geht es um eine Untersuchung einer Pkw-Bremse, die unter realitätsnahen Bedingungen belastet und analysiert wird (Bild 6.3).

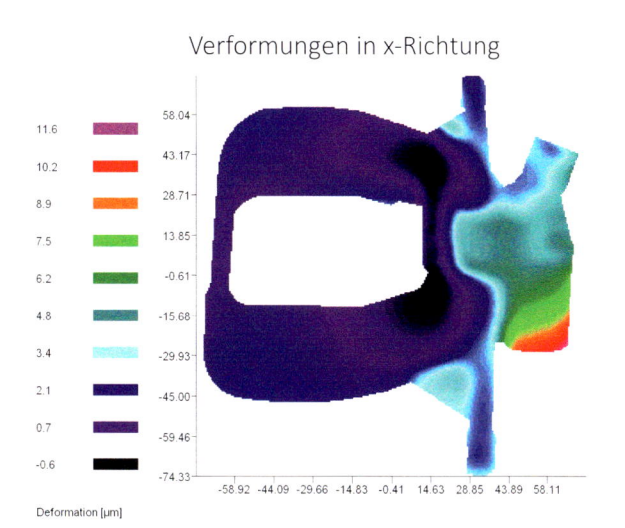

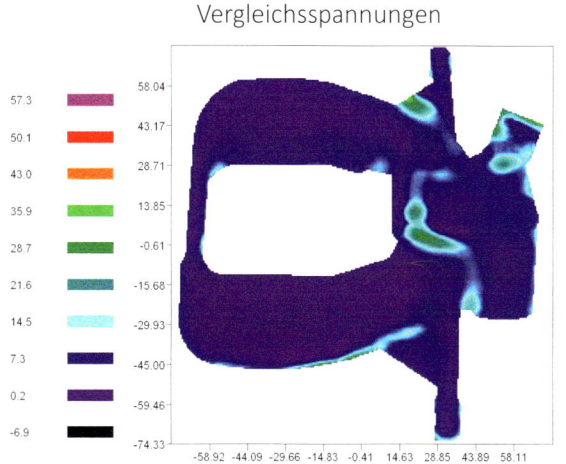

Bild 6.3 Gemessene Verformungen und Spannungen eines Pkw-Bremssattels

In Teil I VIII, Kapitel 2, Holografie zur Verformungsmessung, wird die Untersuchung dieses Bremssattels vorgestellt. Dabei geht es primär um die Verformungsmessung. Aufbauend auf diesen Messungen sollen die anschließend ermittelten Spannungen im Folgenden vorgestellt werden.

Zur Ermittlung von Spannungen werden zunächst alle Verformungskomponenten bestimmt. Anschließend werden Werkstoffparameter des Bremssattels vorgegeben. Dazu zählen vor allem die Querkontraktionszahl und der Elastizitätsmodul. Daraus werden im nächsten Schritt die mechanischen Spannungen berechnet. Anhand der Messdaten können beispielsweise Optimierungen hinsichtlich der Geometrie des Prüflings vorgenommen werden.

7 Bildkorrelation zur Messung von Spannungen

7.1 Verfahrensgrundlagen

Die digitale Bildkorrelation wird erst seit wenigen Jahrzehnten industriell eingesetzt, da für eine effiziente Auswertung der Messdaten relativ leistungsfähige Rechner und eine digitale Erfassung des Messobjektes benötigt werden. Häufig wird die Bildkorrelation auch als DIC-Verfahren[1] bezeichnet. Mit den modernen Rechner-Systemen gelingt die mathematische Berechnung von Verformungen und Spannungen anhand der Aufnahmen der präparierten Messobjektoberfläche in Echtzeit. Eine digitale und gleichzeitig hochauflösende Aufnahme von Messobjekten mittels einer CCD- oder auch einer CMOS-Kamera stellt ebenfalls kein Problem mehr dar. Außerdem können gleichzeitig mehrere Kameras für Untersuchungen eingesetzt werden. Dadurch gelingen nicht nur 3D-, sondern auch 360°-Messungen. Alle Komponenten der mechanischen Spannungen der Gesamtstruktur werden somit mit einer einzigen Messung erfasst. Diese Art der Untersuchungsmethode ist insbesondere bei komplexen Geometrien von Vorteil.

Prinzip der Bildkorrelation zur Messung von Spannungen

Die Bildkorrelation basiert auf der zeitlichen Verfolgung von stochastischen Mustern auf der Oberfläche von Messobjekten, mittels einer oder mehreren Kameras, bei sich ändernden Verformungszuständen infolge einer äußeren Last. Anschließend werden die Spannungen aus den gemessenen Verformungen berechnet.

Vor- und Nachteile der Bildkorrelation zur Messung von Spannungen

Vorteile	Nachteile
flächenhafte Messungen	Vorbereitungen erforderlich
kompakt (transportabel)	schmutz- und wasserempfindlich
keine gefährliche Strahlung	relative Messung
schnelle Messung	Messsysteme relativ teuer
für große Messobjekte geeignet	ungenauer als interferometrische Verfahren
materialunabhängig	
berührungslose Messungen	

Messbereich/Messgenauigkeit der Bildkorrelation zur Messung von Spannungen

Mit der Bildkorrelation können sowohl relativ kleine aber auch große Bereiche untersucht werden. Mithilfe von Mikroskop-Objektiven sind auch Flächen von 1 mm² oder sogar weniger analysierbar. Bei einem gleichzeitigen Einsatz von mehreren Kameras bzw. bei großen Aufnahmeabständen können bis zu 10 m² und sogar mehr mit einer Messung erfasst und analysiert werden.

Die erreichbare Genauigkeit hängt von der verwendeten Kamera bzw. der Auflösung dieser und der Größe des Messfeldes ab. In der Regel liegt die Genauigkeit bei einer Anwendung von Interpolationsverfahren im Bereich von 0,01 Pixel. Bei einem Messfeld von 100 × 100 mm² und einer 1-Megapixel-Kamera liegt die erreichbare Genauigkeit bei 1 µm (bei der Verformungsmessung). Diese Genauigkeit ist auch auf die Dehnungsmessung übertragbar. Je nach Messsystem werden teilweise Kameras mit 30 Megapixeln und mehr für die Messungen eingesetzt.

Bei einer kontinuierlichen Erfassung der Messobjektoberfläche können Verformungen bis in den m-Bereich

---

[1] DIC – Digital Image Correlation

erfasst werden. Dies gilt insbesondere bei Untersuchung von großen Messobjekten. Folglich können auch große Spannungen mit der Bildkorrelation analysiert werden. Der Messbereich der erfassbaren Dehnungen erstreckt sich von 0,01 % bis zu 1000 %.

Typische Anwendungen der Bildkorrelation zur Messung von Spannungen

Zu den bevorzugten Einsatzgebieten der Bildkorrelation zählen die Automobilindustrie und die Luftfahrt. Mit der Bildkorrelation ist die erreichbare Genauigkeit im Vergleich zu den Speckle-Messtechniken geringer. Jedoch ist dieses Verfahren robuster gegenüber den Störungen aus der Umgebung. Deshalb wird die Bildkorrelation dann eingesetzt, wenn keine extrem hohe Genauigkeit erforderlich ist. Mit der Bildkorrelation können beispielsweise Zahnräder, Karosserieteile oder auch Reifen untersucht werden.

Außerdem können mit der Bildkorrelation große Verformungen und somit auch Spannungen erfasst werden. Deshalb eignet sich diese Methode zur Untersuchung von stark belasteten, schwingenden Messobjekten oder auch von Prüflingen mit einer geringen Steifigkeit. Es können auch eine oder mehrere Hochgeschwindigkeitskameras verwendet werden, um schnell ablaufende Prozesse zu untersuchen. Deshalb können beispielsweise Airbags während der Zündung analysiert werden. Für solche Messungen werden in der Regel mehrere Hochgeschwindigkeitskameras benötigt, um eine dreidimensionale Spannungsanalyse vorzunehmen.

Die Bildkorrelation kann bei Verwendung von mehreren Kameras zur Untersuchung von Messobjekten mit einer komplexen geometrischen Form eingesetzt werden. Aus diesem Grund eignet sich dieses Verfahren auch für 3D-Untersuchungen und somit für verschiedenste Messaufgaben.

7.2 Funktionsweise der Bildkorrelation zur Spannungsmessung

Die Grundlagen der klassischen Bildkorrelation wurden bereits im Teil IV, Kapitel 3, Messverfahren der Bildkorrelation, ausführlich behandelt. Deshalb wird an dieser Stelle darauf verwiesen. Im Folgenden wird daher nicht mehr auf die absoluten Grundlagen eingegangen, vielmehr wird darauf aufbauend die Bildkorrelation zur Messung von Spannungen vorgestellt.

Die Bildkorrelation ist ein kamerabasiertes Messverfahren. Auf die Oberfläche des Messobjektes wird entweder ein zufälliges oder ein regelmäßiges Muster aufgetragen. Aufbauend auf den regelmäßigen Mustern können größere Verformungen und somit Spannungen erfasst werden (Gorny 2013). Die Applizierung eines zufälligen Streifenmusters ist aber in der Regel einfacher vorzunehmen.

Die zu untersuchende Fläche des Prüflings wird im ersten Schritt in sogenannte Subsets (quadratische Bereiche) – oder auch Facette genannt – aufgeteilt. Das Messobjekt wird im Grundzustand mittels einer oder auch mehreren Kameras aufgenommen. Bei der Festlegung der Größe der Subsets ist zu beachten, dass große Subsets grundsätzlich besser bei schwer zu korrelierenden Aufnahmen geeignet sind. Nach der Erfassung des Grundzustands wird das Messobjekt belastet. Aufgrund der Krafteinwirkung wird das zuvor aufgebrachte Muster verformt. Nun ist die Oberfläche des Messobjektes erneut digital mittels einer Kamera (oder auch mehrerer Kameras) aufzunehmen. Von der Kamera (oder auch Kameras) werden Helligkeitsverteilungen erfasst. Während der Messung wird die Oberfläche des Messobjektes in der Regel mittels LEDs beleuchtet, um einen möglichst hohen Kontrast zu erzeugen und den Einfluss der Umgebung zu minimieren.

Anschließend wird versucht, mittels mathematischer Verfahren die Helligkeitsverteilung des Referenzzustandes in der Aufnahme des belasteten Prüflings wiederzufinden. Als mathematische Verfahren stehen die Methode der Fehlerquadrate oder die Kreuz-Korrelation zur Verfügung. Nach dem Detektieren bzw. Zuordnen der Muster der beiden Zustände wird dem Subset-Mittelpunkt die berechnete Dehnung bzw. Verschiebung zugeordnet. Die Bildkorrelation erlaubt nicht nur eine Bestimmung der Verformungen, sondern auch gleichzeitig der Dehnungen, Scherungen und somit auch Spannungen. Bild 7.2 soll diesen Sachverhalt verdeutlichen.

Die Ermittlung der Dehnungen ist etwas umständlicher als die Bestimmung der Verformungen, da die Verzehrung des Subsets zusätzlich zu berücksichtigen ist.

7.2 Funktionsweise der Bildkorrelation zur Spannungsmessung

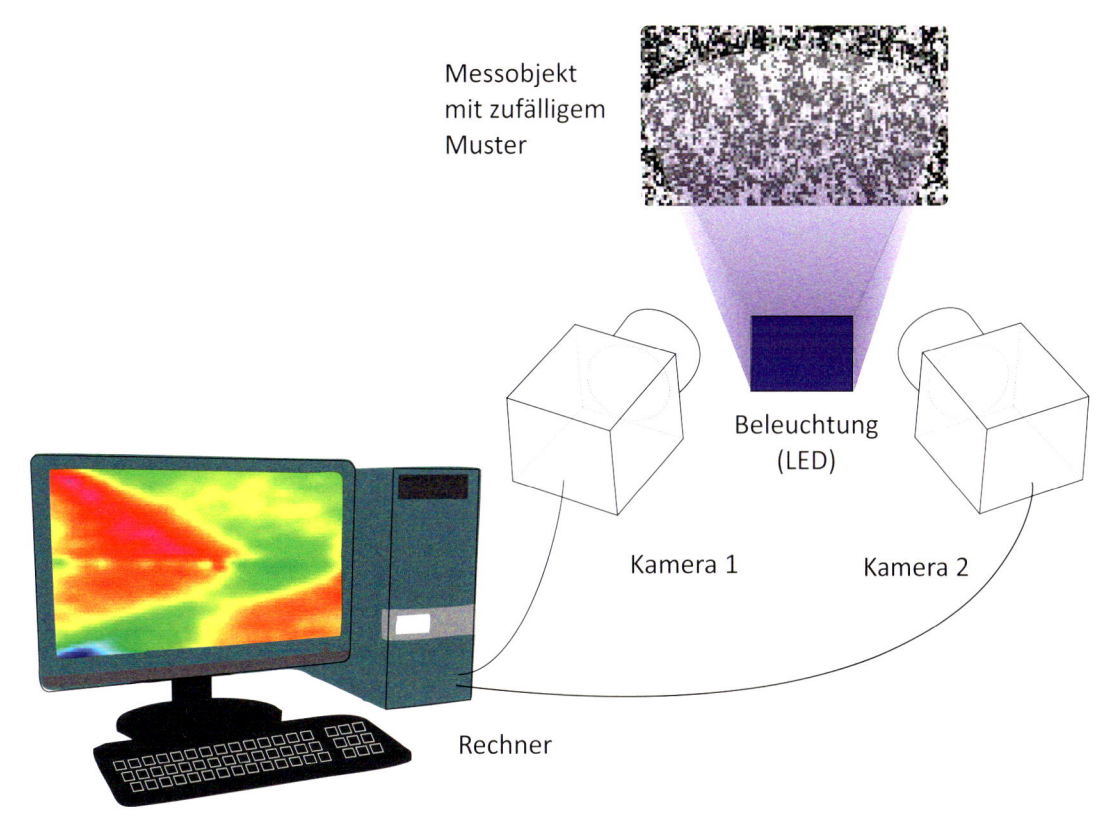

Bild 7.1 Prinzipieller Aufbau des Bildkorrelationsverfahrens (DIC) mit zwei Kameras und einer Beleuchtungseinheit

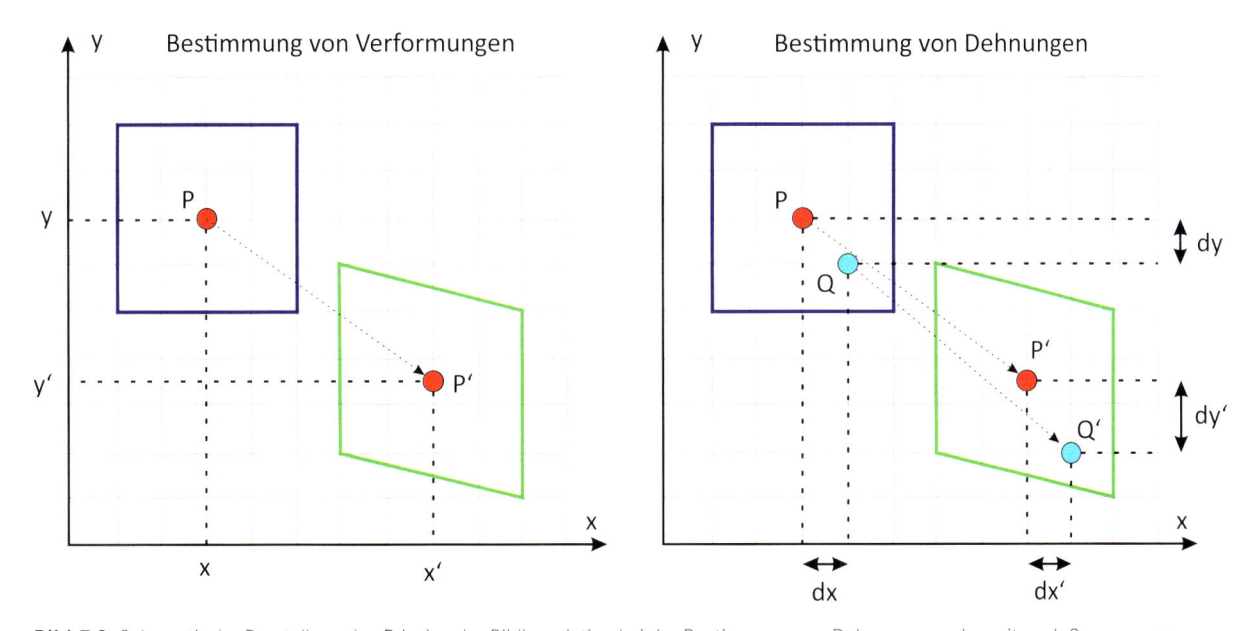

Bild 7.2 Schematische Darstellung des Prinzips der Bildkorrelation bei der Bestimmung von Dehnungen und somit auch Spannungen

$$\vec{\varepsilon} = \begin{pmatrix} \varepsilon_x & \varepsilon_{xy} & \varepsilon_{xz} \\ \varepsilon_{xy} & \varepsilon_y & \varepsilon_{yz} \\ \varepsilon_{xz} & \varepsilon_{yz} & \varepsilon_z \end{pmatrix}$$

Bzw. in ausgeschriebener Form als 2D-Auswertung (Gorny 2013):

$$\vec{\varepsilon} = \begin{pmatrix} \frac{dx'-dx}{dx} & \frac{1}{2}\left(\frac{dx'-dx}{dy}+\frac{dy'-dy}{dx}\right) & \frac{1}{2}\left(\frac{dx'-dx}{dz}+\frac{dz'-dz}{dx}\right) \\ \frac{1}{2}\left(\frac{dx'-dx}{dy}+\frac{dy'-dy}{dx}\right) & \frac{dy'-dy}{dy} & \frac{1}{2}\left(\frac{dy'-dy}{dz}+\frac{dz'-dz}{dy}\right) \\ \frac{1}{2}\left(\frac{dx'-dx}{dz}+\frac{dz'-dz}{dx}\right) & \frac{1}{2}\left(\frac{dy'-dy}{dz}+\frac{dz'-dz}{dy}\right) & \frac{dz'-dz}{dz} \end{pmatrix}$$

Ein Bildkorrelation-Sensor besteht im Wesentlichen aus einer (oder auch mehreren) Kameras und einem LED-Array (Bild 7.3). Daraus ist ersichtlich, dass der optische Aufbau sehr einfach ist. Das ist auch einer der größten Vorteile der Bildkorrelation.

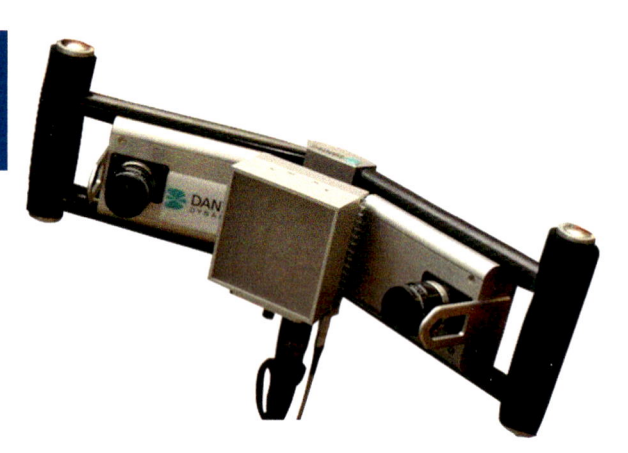

Bild 7.3 Ein mobiles Bildkorrelation-Messsystem der Firma Dantec (mit freundlicher Genehmigung von Dantec GmbH)

Die zusätzliche Beleuchtung wird vor allem dann benötigt, wenn die zu untersuchende Oberfläche Abschattungsbereiche oder auch ungleichmäßig ausgeleuchtete Areale enthält. Spiegelnde Bereiche stellen grundsätzlich ein Problem dar und können die Messungen stark verfälschen. Deshalb ist es oftmals sinnvoll, die Probe mit einer weißen Farbe zu grundieren und erst oberhalb dieser Schicht das Punktemuster mittels einer Sprühflasche aufzutragen. Wenn die Oberfläche sehr uneben ist, werden Kameras mit einer großen Schärfentiefe benötigt. Vor der Messung ist eine Kalibrierung des Messsystems durchzuführen. Damit wird die räumliche Ausrichtung und Positionierung der Kameras ermittelt und später bei den Berechnungen berücksichtigt.

Aus den ermittelten Dehnungen ε lassen sich die Spannungen anhand der Werkstoffparameter bestimmen.

$$\sigma_x = \frac{E}{1-\upsilon^2} \cdot (\varepsilon_x + \upsilon \cdot \varepsilon_y)$$

$$\sigma_y = \frac{E}{1-\upsilon^2} (\varepsilon_y + \upsilon \cdot \varepsilon_x)$$

Wobei E der Elastizitätsmodul ist und υ die Querkontraktionszahl.

7.3 Anwendungsbeispiele der Bildkorrelation

Anwendungsbereiche der digitalen Bildkorrelation sind aufgrund eines stark variablen Messbereichs sehr vielfältig. Im Folgenden werden Anwendungsfälle aus unterschiedlichsten Industriebereichen vorgestellt.

7.3.1 Untersuchung eines Zahnrads

Zahnräder gehören zu den wichtigen Maschinenelementen. Zum Verifizieren von Berechnungen werden Zahnräder oftmals mittels zerstörungsfreier Messtechniken untersucht. In Bild 7.4 sind die Ergebnisse einer Untersuchung eines Zahnrades mithilfe der Bildkorrelation dargestellt.

Mithilfe der Bildkorrelation können die Spannungsspitzen experimentell erfasst und konstruktiv beseitigt werden, um die Qualität der Produktion zu erhöhen.

7.3.2 Untersuchung einer Rohrzange

Rohrzangen werden für das Arbeiten an Rohren und zur Sanitärinstallation verwendet. Mit solchen Zangen werden folglich Rohre unterschiedlichen Durchmessers angezogen bzw. abgeschraubt. Dadurch variiert die Spannungsverteilung aufgrund der verschiedenen Arbeitswinkel. Mithilfe der Bildkorrelation lässt sich die Spannungsverteilung mittels experimenteller Messungen schnell und somit effektiv bestimmen.

Aus Bild 7.5 ist ersichtlich, dass die größten Spannungen auf der Innenseite des Gewindestangenschenkels

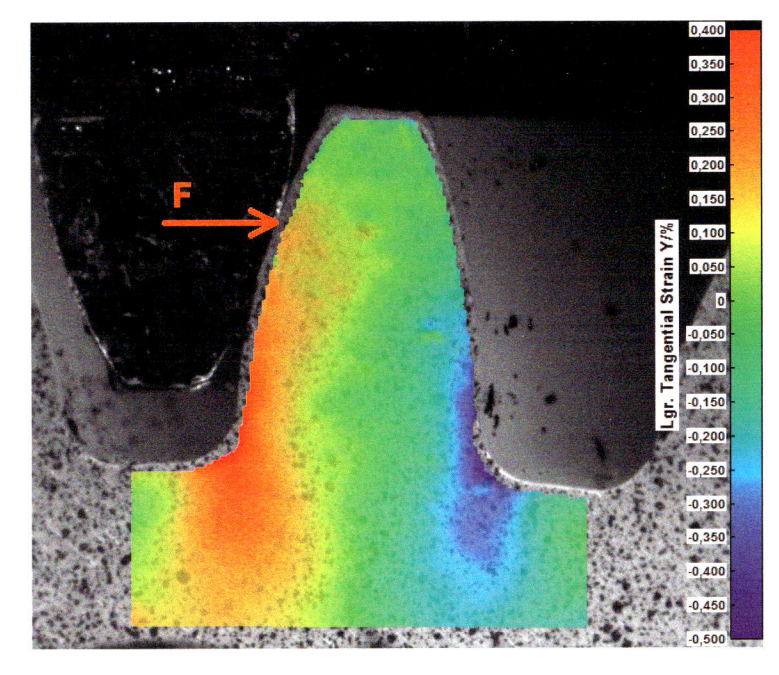

Bild 7.4
Dehnungsverteilung auf einem Kunststoff-Zahnrad (6 mm²) bei Biegebelastung; rot Zugdehnung, blau Druckdehnung (mit freundlicher Genehmigung der Limess Messtechnik & Software GmbH)

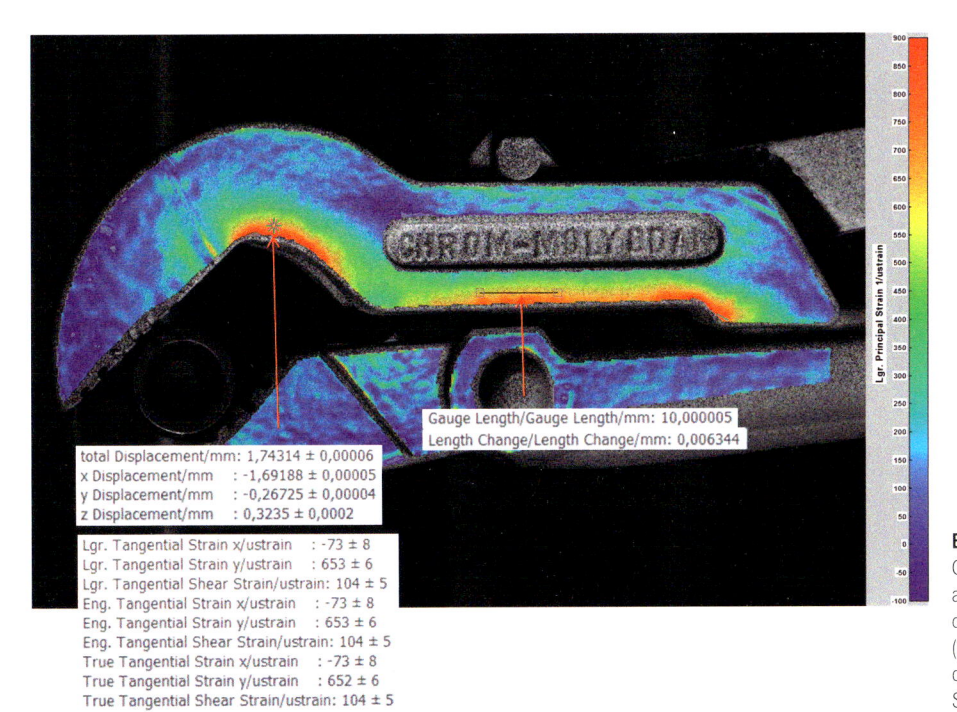

Bild 7.5
Gemessene Dehnungsverteilung auf einer Rohrzange; rot Zugdehnung, blau Druckdehnung (mit freundlicher Genehmigung der Limess Messtechnik & Software GmbH)

entstehen. Bei der Dimensionierung der Komponenten sind diese Stellen entsprechend auszulegen.

7.3.3 Untersuchung von zugbelasteten Rundproben

Zur Bestimmung der Materialparameter werden in der Regel entweder Zug- oder auch Druckproben verwendet (Bild 7.6). Die Bildkorrelation erlaubt eine Untersuchung von solchen Proben mittels mehrerer Kameras.

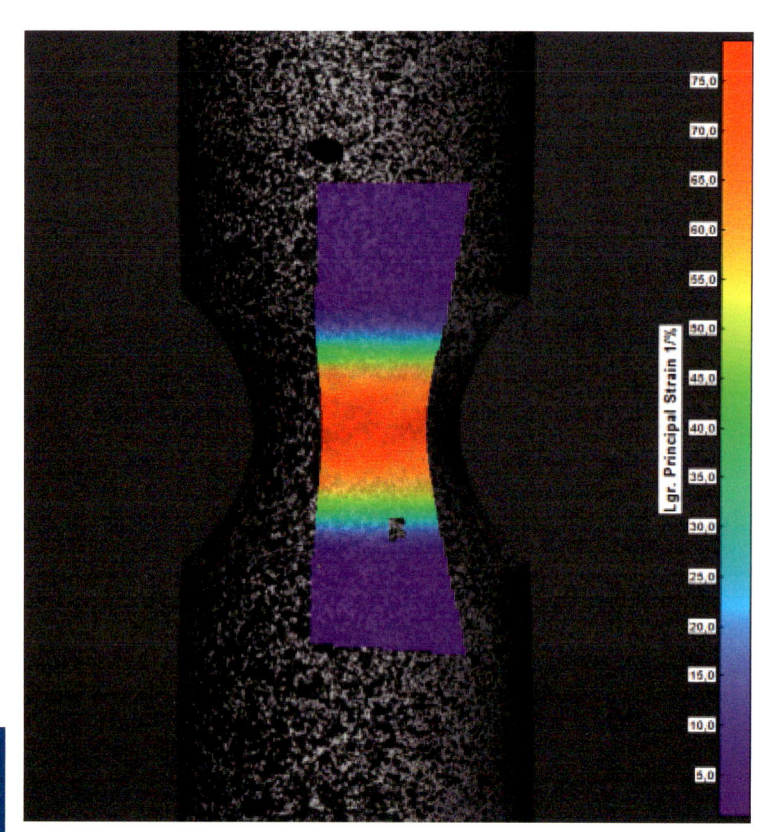

Bild 7.6
Dehnungsverteilung an einer zugbelasteten Rundprobe (mit freundlicher Genehmigung der Limess Messtechnik & Software GmbH)

Somit werden alle Spannungskomponenten erfasst, was in der Regel mit berührend messenden Systemen entweder nicht möglich ist oder einen sehr hohen Vorbereitungsaufwand erfordert.

7.3.4 Untersuchung von scherbelasteten Proben

Mittels der Bildkorrelation lassen sich auch Scherbelastungen analysieren. Zur Analyse einer mechanischen Fügeverbindung, beispielsweise Klebeverbindung, ist diese Art der Belastung oftmals maßgebend. Anhand der Messungen mit der Bildkorrelation können Aussagen bezüglich der Belastbarkeit einer Verbindung getroffen werden.

Aus Bild 7.7 und Bild 7.8 ist ersichtlich, dass die Dehnungs- und somit die Spannungsverteilung konstant ist. Die Messung von Dehnungsspitzen würde auf eine schlechte Verklebung hindeuten. In solchen Fällen versagt die Klebeverbindung bereits bei geringeren Kräften.

Mit der Bildkorrelation lassen sich nicht nur Klebeverbindungen, sondern auch verschiedene Bauteile unter Scherbelastung analysieren.

7.3.5 Untersuchung von Rissen

Für die Erfassung der Ausbreitung von Rissen sind optische Messverfahren gut geeignet. Risswachstum ist ein Model und Grundidee der Bruchmechanik. Die Bruchmechanik ist wiederum sehr wichtig zur Abschätzung der Lebensdauer von mechanischen Kons-

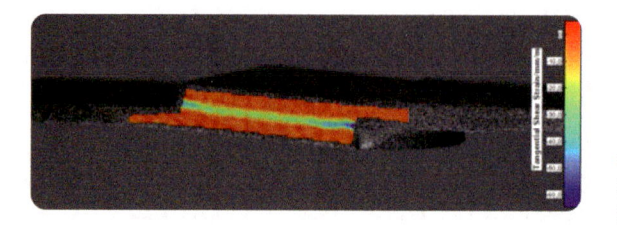

Bild 7.7
Scherdehnung einer zugbelasteten Klebeverbindung (mit freundlicher Genehmigung der Limess Messtechnik & Software GmbH)

7.3 Anwendungsbeispiele der Bildkorrelation

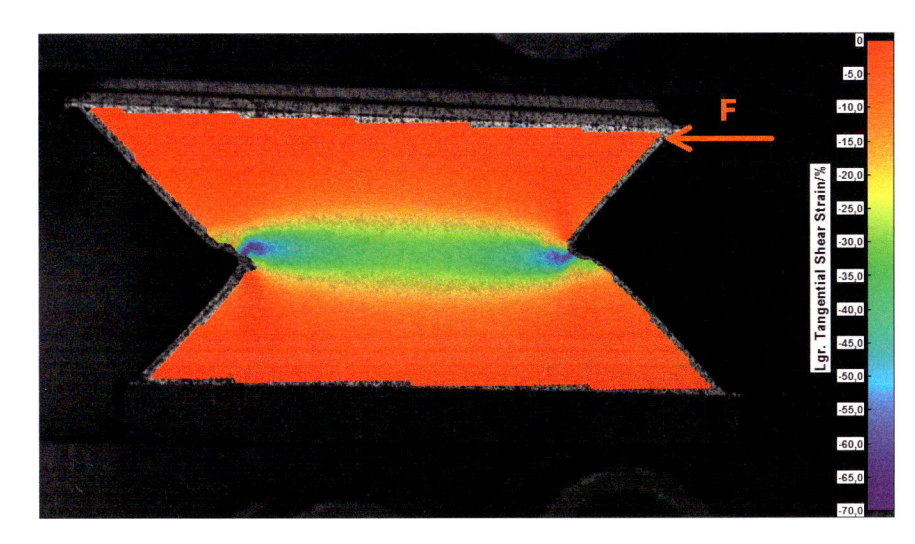

Bild 7.8
Scherdehnung bei einer Scherbelastung F (mit freundlicher Genehmigung der Limess Messtechnik & Software GmbH)

truktionen. Mithilfe der Bildkorrelation werden sehr wichtige Erkenntnisse bei quantitativen Risswachstumsuntersuchungen gewonnen.

Bild 7.9 zeigt Dehnungsverteilungen um eine Rissspitze bei einer äußeren Belastung. Anhand der Dehnungsverteilung können Aussagen bezüglich des Risswachstums und vor allem der Geschwindigkeit der Rissausbreitung sehr präzise getroffen werden (Bild 7.10).

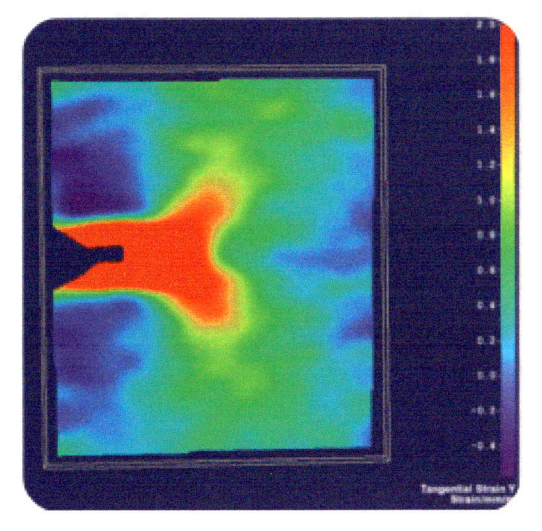

Bild 7.9 Dehnungsverteilung um eine Rissspitze (mit freundlicher Genehmigung der Limess Messtechnik & Software GmbH)

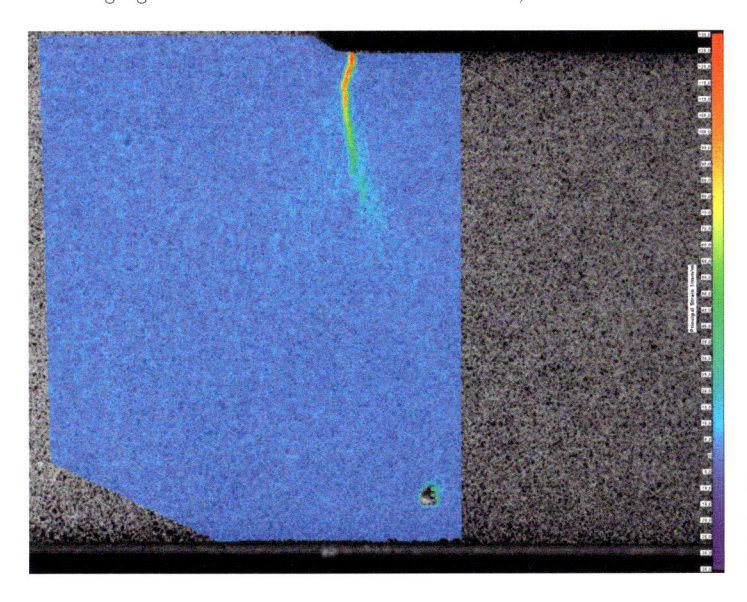

Bild 7.10
Risswachstum an einer geschweißten Aluminiumprobe (mit freundlicher Genehmigung der Limess Messtechnik & Software GmbH)

8 Literaturverzeichnis zu Teil VI

Drese, Robert Jens.: Dissertation, Technische Universität Aachen, 2005

Ellenrieder, Martin: Dissertation, Technische Universität München

Föppel, Ludwig; Mönch, Ernst: Praktische Spannungsoptik, 3. Auflage, Springer Verlag 1972

Gerhard, H.: Entwicklung und Erprobung neuer dynamischer Speckle-Verfahren für die zerstörungsfreie Werkstoff- und Bauteilprüfung, Dissertation an der Universität Stuttgart, 2007

Gorny, B.: Einsatzmöglichkeiten und Anwendungsgrenzen der digitalen Bildkorrelation zur Frühdetektion struktureller und funktioneller Schädigungen und Versagensvorhersage in metallischen Werkstoffen, Werkstoffverbunden und Verbundwerkstoffen, Dissertation an der Universität Paderborn, 2013

Klavzar, Andreas: Dissertation, Thermoelastische Spannungsanalyse bei kurzfaserverstärkten Thermoplasten, 2009

Kuske, Albrecht: Verfahren der Spannungsoptik, VDI Verlag, 1951

Laible, M.; Müller, R. K.; Bill, B.; Gehrke, K.: Mechanische Größen elektrisch gemessen, Expert Verlag, 2009

von Laue, M.: Die Beugungserscheinungen an vielen unregelmäßig verteilten Teilchen. In: Sitzungsberichte der preussischen Akademie der Wissenschaften Vol. 47, S. 1144–1163, 1914

Leendertz, J. A.; Butters, J. N.: An image-shearing speckle-pattern interferometer for measuring bending moments, Journal of Physics E: Scientic Instrument 6, S. 1107–1110, 1973

Mesmer, G.: Spannungsoptik, Springer Verlag, 1939

Peiter, A.: Handbuch Spannungsmesspraxis, Viehweg Verlag, 1992

Renz, R.; Maier, M.; Seewig, J.: Thermoelastische Spannungsanalyse bei kurzfaserverstärkten Thermoplasten, Wissenschaftlicher Arbeitskreis Kunststofftechnik (WAK), 2009

Richard, H. A.; Sander M.: Technische Mechanik, Festigkeitslehre: Lehrbuch mit Praxisbeispielen, Klausuraufgaben und Lösungen, Viewer + Teubner Verlag, 2008

Wolf, H.: Spannungsoptik, 2. Auflage, Springer Verlag 1976

TEIL VII

Abstands- und Geschwindigkeitsmessung

1	Einleitung	419
2	Interferometrische Abstands- und Geschwindigkeitsmessung	423
3	Laserdistanzmessung	426
4	Lasertriangulation	430
5	Konfokale und chromatisch-konfokale Abstandsmessung	434
6	Radiointerferometrie	438
7	Literaturverzeichnis	444

1 Einleitung

1.1 Historischer Rückblick

Die Anfänge der Längenmessung gehen Jahrtausende zurück. Am Anfang diente der menschliche Körper als Maßstab. Die Anzahl der Schritte diente genauso zur Streckenmessung, wie auch die Anzahl der Füße oder der Ellbogen. Aus den erwähnten Beispielen ist ersichtlich, dass es bei der Abstandsmessung immer darum geht, einen unbekannten Abstand mit einem festgelegten Normmaß zu vergleichen.

Nicht nur der menschliche Körper, sondern auch verschiedenste Gegenstände aus dem Alltagsleben dienten in der Menschheitsgeschichte zur Längenmessung. Dazu zählen Stöcke, Bänder, Seile oder auch Ketten. Diese Methoden können aber nur innerhalb einer begrenzten Menschengruppe erfolgreich eingesetzt werden.

Im antiken Griechenland gab es zur Entfernungsmessung extra ausgebildete Menschen. Sie wurden als Bematisten (Schrittzähler) bezeichnet (Seidel 2012). Sie erreichten eine hohe Präzision bei Vermessung von auch großen Entfernungen. Als Maßeinheit wurde mille passus verwendet. Dabei entspricht 1 mille passus ca. 1480 m und ergibt sich aus 1000 Schritten. Damals wurden Doppelschritte (also links und rechts) als ein Schritt gezählt.

Insbesondere die Seefahrer waren auf die Geschwindigkeitsbestimmung und Entfernungsmessung angewiesen. Die Entfernungseinheit wird in Seemeilen angegeben und kann aus dem Äquatorumfang ($40\,000 \cdot 10^3$ m) der Erde berechnet werden.

$$1\ Seemeile = \frac{40\,000 \cdot 10^3\,\text{m}}{360° \cdot 60'} = 1852\,\text{m}$$

Die Geschwindigkeit in der Seefahrt wird in Knoten angegeben. Sie wird mithilfe einer Sanduhr und einer Holzplakette, die an einer Leine befestigt wird, bestimmt. Die Leine wird mit Knoten in einem Abstand von ca. 12,80 m versehen. Die Holzplakette wird ins Wasser geworfen, die Sanduhr umgedreht (z. B. für 28 s) und die Anzahl der Knoten, die durch die Hand in der Messzeit gleiten, gezählt.

Die Entwicklung der Technik und des internationalen Handels machten universale Maßstäbe erforderlich. Im Jahre 1875 beschlossen siebzehn Staaten die Einführung der Maßeinheit Meter. Der Urmeter entspricht einem zehnmillionsten Teil der Distanz vom Äquator zum Pol. Das damals hergestellte Urmeter wird in Paris aufbewahrt. Viele Länder besitzen eine exakte Kopie des Urmeters. Die Genauigkeit der Kopien liegt bei 10^{-7} m.

Seit 1993 wird der Meter wie folgt festgelegt: 1 m ist die Strecke, die das Licht im Vakuum in $1/299\,792\,458$ Sekunden zurücklegt (Filk 2004).

Nach der Einführung des Meters war es nun möglich, mit standardisierten Handmessgeräten mit einer akzeptablen Genauigkeit weitestgehend alle Alltagsaufgaben bewältigen zu können. Im Bereich der Messung von sehr großen Abständen bzw. bei Messung von Abständen im nm-Bereich existierten noch keine Verfahren. Das war ein wichtiger Grund für die rasante Entwicklung der optischen Abstands- und Geschwindigkeitsmessungen.

1.2 Nichtoptische Messtechnik

In den letzten Jahrhunderten wurde eine ganze Reihe von Handmesswerkzeugen entwickelt. Das sind verschiedenste Messschieber, Bügelmessschrauben, Messuhren und Lineale, die alle in verschiedenste Genauig-

1 Einleitung

keitsklassen und Messbereiche aufgeteilt werden. Die Genauigkeit der hochwertigen Messuhren liegt im µm-Bereich. Die hochwertigen Messwerkzeuge sind aber im Vergleich zu den einfacheren und sehr weit verbreiteten Messmitteln relativ teuer. Der Messbereich liegt dabei von wenigen Mikrometern bis zu einigen Metern.

Bei der nicht optischen Messung von größeren Abständen konnte bisher keine hohe Genauigkeit erreicht werden. Des Weiteren ist die Messung mit relativ viel Aufwand verbunden. Die Handmessmittel sind aber vergleichsweise sehr preiswert. Im einfachsten Fall kann man ein Messband benutzen. Für größere Strecken hat man bereits in der Antike sogenannte Hodometer (Messwagen) eingesetzt (Bild 1.1). Bei dem Hodometer werden die Radumdrehungen gezählt. Dadurch, dass der Umfang des Rades bekannt ist, kann der zurückgelegte Weg nun ermittelt werden. Die Hodometer werden immer noch sehr oft genutzt.

Basierend auf dem Prinzip der Laufzeitmessung können auch akustische Wellen zur Abstandsmessung eingesetzt werden. Ein Sender erzeugt eine akustische Welle, die von einem Messobjekt reflektiert wird. Die Zeit bis zur Rückkehr der Reflexion wird gemessen (Bild 1.2). Aus der bekannten Ausbreitungsgeschwindigkeit kann nun der Abstand zum Objekt gemessen werden. Bei hinreichend schneller Arbeitsfrequenz können auch Geschwindigkeiten mithilfe dieses Verfahrens messtechnisch erfasst werden. Einige Lebewesen aus dem Tierreich, wie z. B. Fledermäuse, nutzen dieses Messprinzip zum Tracking von Motten und anderen Insekten. Auch in einer absolut dunklen Umgebung sind sie also in der Lage, sich frei zu bewegen.

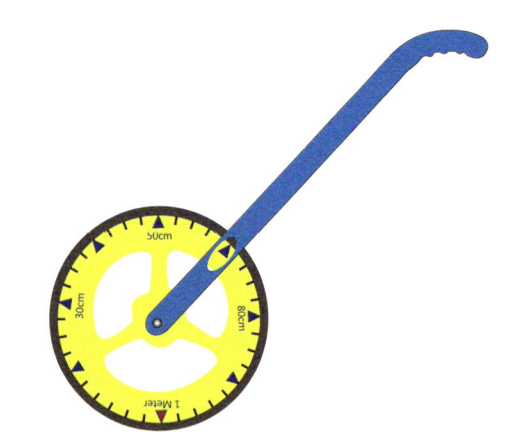

Bild 1.1 Hodometer zur mechanischen Entfernungsmessung

Auch die klassischen Einparksensoren arbeiten nach diesem Prinzip.

Die Ultraschalsensoren zur Abstandsmessung sind nicht sonderlich genau und können je nach Eintreffwinkel Fehlmessungen verursachen. Auch Temperaturschwankungen beeinflussen die Messgenauigkeit. Zur Messung von großen Abständen werden sehr leistungsstarke Sender benötigt. Dadurch ist die Reichweite auf 200 bis 300 m begrenzt.

Für die Abstandsmessung von Messobjekten, bestehend aus elektrisch leitenden Werkstoffen, eignen sich Wirbelstromsensoren. Eine im inneren des Sensorkopfes integrierte Spule wird mit hochfrequentem Wechselstrom durchflossen. Dadurch entsteht ein elektromagnetisches Spulenfeld. Dieses Magnetfeld induziert Wirbelströme im Messobjekt. Dadurch wird der resultierende Wechselstromwiderstand der Spule geändert. Diese Änderung ist direkt zum Abstand des Messobjektes proportional. Der große Vorteil dieses Verfah-

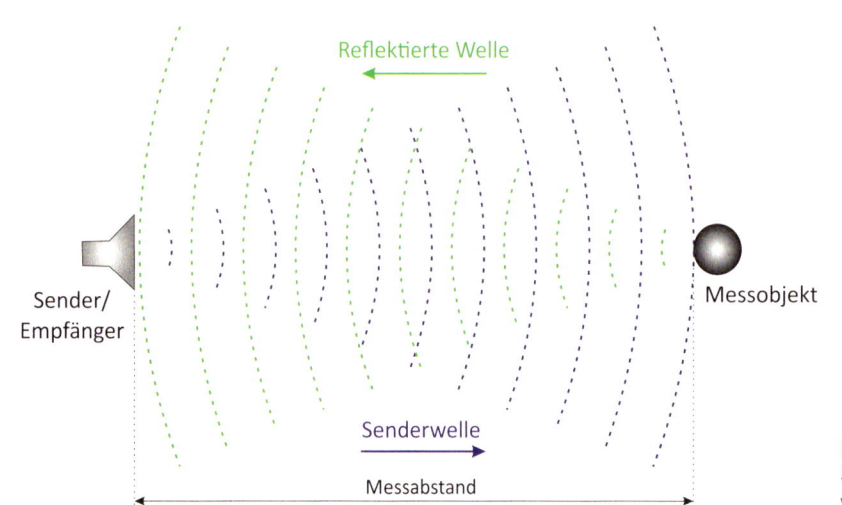

Bild 1.2
Schematische Darstellung der Funktionsweise eines Ultraschallsensors

rens besteht in der Möglichkeit nicht nur unter rauen Bedingungen, sondern auch ohne direkten Sichtkontakt die Abstandsmessung vorzunehmen. Die erreichbare Genauigkeit liegt im nm-Bereich. Der Messbereich ist jedoch auf ca. 100 mm begrenzt und das Messobjekt muss unbedingt elektrisch leitend sein. Für metallische Werkstoffe können auch kapazitive Sensoren zur Abstandsmessung verwendet werden. Dabei wird im Sensor ein Kondensator mit einem konstanten Wechselstrom durchflossen und die Amplitude der Wechselspannung ist dem Abstand bis zum Messobjekt proportional.

Auch das aus dem Bereich der Haushaltselektronik bekannte Potentiometer (Drehregler) ist für die Abstandsmessung geeignet. Dabei muss eine Drehbewegung z. B. einer Trommel in einen Abstand umgerechnet werden. Ein Seil wird auf die Trommel gewickelt und bei der Abstandsmessung (Ziehen an dem Seil) wird die Trommel in Drehbewegung versetzt. Ein Potentiometer generiert dabei ein elektrisches Signal. Aus der Anzahl der Umdrehungen ist es nun möglich, den Abstand zu bestimmen.

Um einige der genannten Nachteile zu vermeiden, wurden zusätzlich optische Messverfahren entwickelt. Damit sollte der wachsende Bedarf an mehr Präzision in weit kürzerer Zeit erfüllt werden. Der technologische Fortschritt und die immer kürzer werdenden Messzeiten erlauben glücklicherweise die zunehmende Beherrschung dieser Probleme.

$$\nu = \frac{s}{t}$$

Beschleunigung a ist dabei die Änderung der Geschwindigkeit $\Delta \nu$ pro Zeitintervall Δt. Die Beschleunigung wird in der Physik in m/s² angegeben.

$$a = \frac{\Delta \nu}{\Delta t}$$

Es ist also ersichtlich, dass die Abstandsmessung eines bewegten Objektes in Geschwindigkeit umgerechnet werden kann, wenn die Abstandsänderung und die dabei vergangene Zeit erfasst werden. Geschwindigkeitsmessung ist also nichts anderes als eine zu wiederholende Abstandsmessung mit Erfassung der zeitlichen Komponente.

Zur Verdeutlichung soll an dieser Stelle ein einfaches Zahlenbeispiel betrachtet werden. Bei der ersten Messung wurde bis zu einem Fahrzeug ein Abstand von 150 m gemessen. Nach 0,15 s änderte sich die Entfernung auf 130 m. Anhand der vorliegenden Angaben kann nun die mittlere Geschwindigkeit ermittelt werden

$$\nu = \frac{\Delta s}{\Delta t} = \frac{150\,m - 130\,m}{0{,}15\,s - 0\,s} = 133{,}33\,\frac{m}{s}$$

1.3 Grundbegriffe

Grundsätzlich wird der Abstand in Metern erfasst. Zum Teil aus historischen Gründen sind aber auch andere Längeneinheiten gebräuchlich.
- 1 Angström entspricht 10^{-10} m
- 1 Femtometer (1 fm) entspricht 10^{-15} m
- 1 Astronomische Einheit (1 AE) entspricht ca. $15 \cdot 10^{10}$ m
- 1 Lichtjahr (1 ly) entspricht $9{,}5 \cdot 10^{15}$ m

Zu beachten ist aber, dass einige Länder, insbesondere die USA, offiziell kein metrisches Maßsystem verwenden.

Zusammenhang zwischen dem Abstand, der Geschwindigkeit und der Beschleunigung

Die Geschwindigkeit ν eines Objektes ist als Entfernung s pro Zeit t definiert und wird in m/s angegeben.

1.4 Übersicht

Durch große Fortschritte in der Computer- und Sensortechnik und dem hohen Bedarf entstanden in den letzten Jahren eine ganze Reihe an optischen Messsystemen zur Abstandsmessung. Im Folgenden wird eine Übersicht der verschiedenen Verfahren vorgestellt (Bild 1.4).

Die kleinste Länge wird als Planck-Länge bezeichnet und beträgt 10^{-35} m (Mücklich 2011). Die exakte Ausdehnung des Universums ist noch nicht genau bekannt. Der größte bisher gemessene Abstand zu fernen Galaxien beträgt ca. 10^{25} m. Daraus ist ersichtlich, dass diese enorme Entfernungsspanne mit einem einzigen Verfahren nicht zu erschlagen ist. Vielmehr existieren sich ergänzende Messmethoden. Die Wahl des jeweils richtigen Verfahrens soll anhand des Messbereichs und der erreichbaren Genauigkeit erfolgen.

1 Einleitung

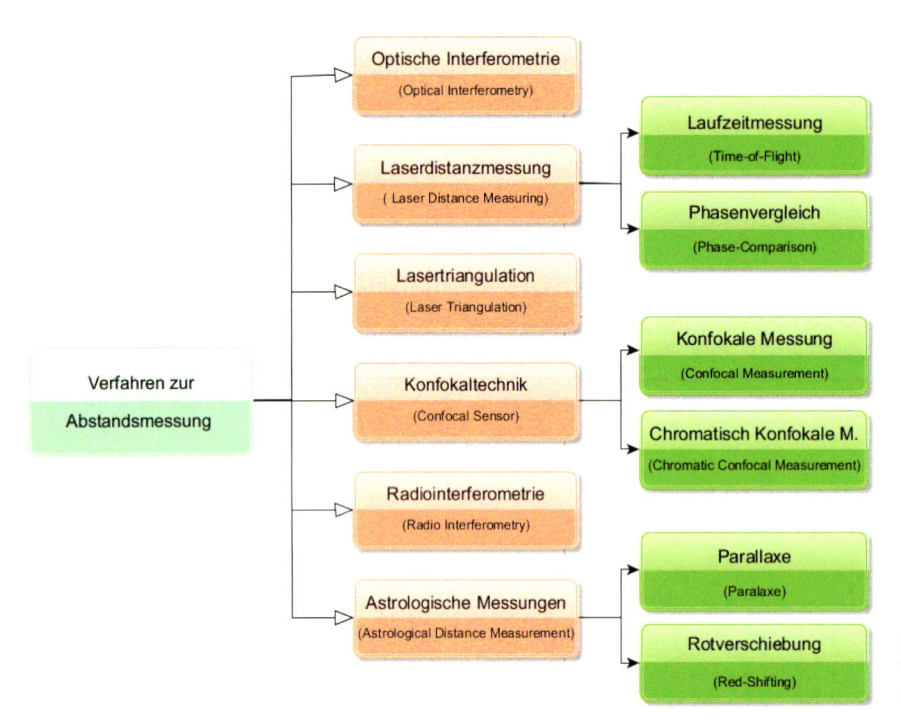

Bild 1.3 Verfahren der optischen Abstands- und Geschwindigkeitsmessung

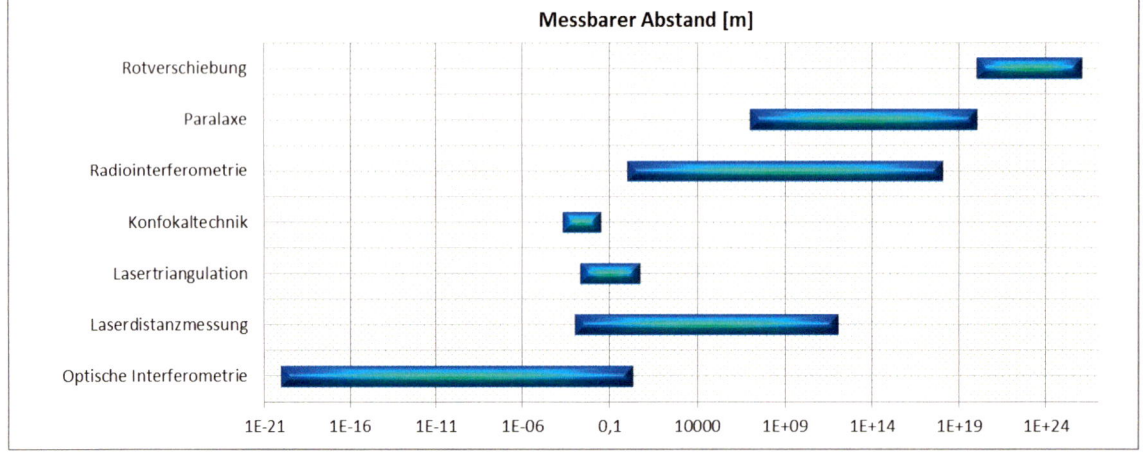

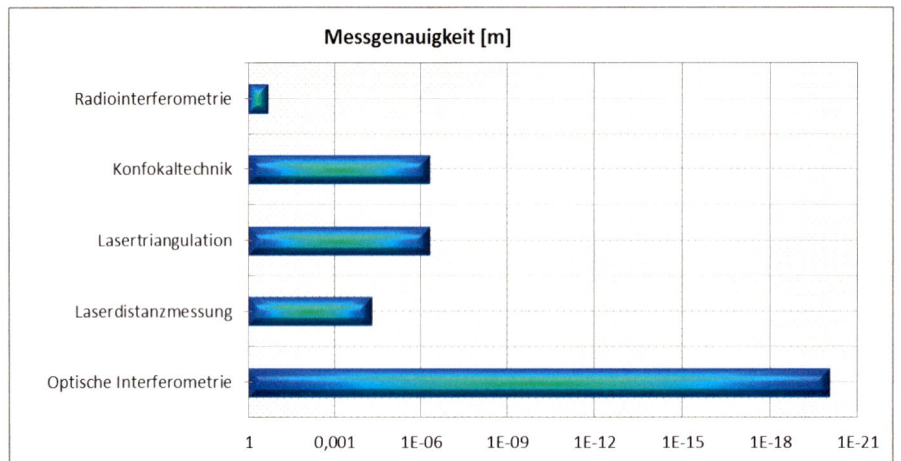

Bild 1.4 Einteilung der Verfahren der optischen Abstandsmessung nach Messbereich und Messgenauigkeit

2 Interferometrische Abstands- und Geschwindigkeitsmessung

Die Grundlage der interferometrischen Abstands- und Geschwindigkeitsmessung bilden die Interferometer. Am meisten verbreitet ist das Michelson-Interferometer. Das Michelson-Interferometer ist nach dem Physiker Albert A. Michelson benannt. Die Funktionsweise beruht auf der Interferenzfähigkeit des Lichtes (insbesondere des Laserlichtes). Dieser optische Aufbau wurde durch das Michelson-Morley-Experiment bekannt und erlangte seine Bedeutung. Bei diesem Versuch (in den Jahren 1881 und 1887) ging es darum, den sogenannten Lichtäther nachzuweisen. Eine andere weit verbreitete Variante stellt das Mach-Zender-Interferometer dar. Die Bezeichnung ist ebenfalls auf die Entwickler dieses Interferometers zurückzuführen. Diese Anordnung ist jedoch nicht so gut für Abstandsmessung geeignet und wird deshalb, wie alle weiteren Interferometer-Arten, hier nicht behandelt.

2.1 Verfahrensgrundlagen

Prinzip der interferometrischen Abstands- und Geschwindigkeitsmessung

Nach Überlagerung von zwei Teilstrahlen, die unterschiedlich lange Strecken zurücklegen, kommt es zur messstreckenabhängigen Interferenz. Die Auswertung der Interferenz liefert die gesuchten Informationen in Bezug auf den Abstand und die Geschwindigkeit.

Vor- und Nachteile der interferometrischen Abstands- und Geschwindigkeitsmessung

Vorteile	Nachteile
sehr hohe Genauigkeit	Laserschutz erforderlich (ab 1 mW)
relativ preiswert	empfindlich gegenüber äußeren Einflüssen
relativ schwache Laser nötig	keine absolute Messung
schnelle Messung (in Echtzeit)	schmutz- und wasserempfindlich

Messbereich/Messgenauigkeit der interferometrischen Abstands- und Geschwindigkeitsmessung

Die zurzeit erreichbare Genauigkeit liegt im Bereich von sogenannten Gravitationswellen (10^{-20} m). Diese extreme Genauigkeit wird jedoch lediglich unter Zuhilfenahme von den derzeit verfügbaren Spitzentechnologien erreicht. Die auf dem Markt verfügbaren Messsysteme haben eine Genauigkeit, die im Nanometer-Bereich liegt (10^{-9} m).

Der erfassbare Abstand kann maximal 1 bis 2 m betragen.

Typische Anwendungen der interferometrischen Abstands- und Geschwindigkeitsmessung

Interferometrische Abstandsmessung wird insbesondere für hochpräzise Messungen eingesetzt. In erster Linie wird diese enorme Genauigkeit im wissenschaftlichen Bereich benötigt.

Eine ebenfalls sehr hohe Präzision wird in der industriellen Fertigung gefordert, z.B. zur Überwachung spezieller Prozesse. Die interferometrischen Messgeräte werden deshalb zunehmend auch in dieser Branche eingesetzt.

2.2 Das Messverfahren zur interferometrischen Abstands- und Geschwindigkeitsmessung

Als erstes sei hier das Michelson-Interferometer genannt. Der Michelson-Aufbau besteht aus einem Laser, drei Spiegeln, einem Strahlteiler und einem Detektor. Der Strahlteiler hat die Aufgabe den Laserstrahl in zwei senkrecht zueinanderstehende Teilstrahlen aufzuteilen. Die beiden Teilstrahlen werden in die beiden Interferometer-Arme gelenkt, um am Ende an den beiden Spiegeln reflektiert zu werden. Die beiden Teilstrahlen gelangen erneut zum Strahlteiler und werden in Richtung des Detektors abgelenkt. Am Detektor werden sie überlagert. Aufgrund der Interferenzfähigkeit der Laserstrahlung entstehen am Detektor Interferenzmuster in Form von konzentrischen Kreisen.

Im praktischen Einsatz wird der verschiebbare Spiegel am Messobjekt befestigt. Bei einer Abstandsänderung, also Messobjektbewegung, wird eine Verschiebung des Streifenmusters beobachtet. Aus dieser Verschiebung, die eine Funktion der eingesetzten Lichtwellenlänge λ darstellt, ist die Änderung des Abstandes Δs beim Zählen der Maxima (also Anzahl der Streifen-Durchgänge N) einfach berechenbar.

$$\Delta s = \frac{N \cdot \lambda}{2}$$

Wenn die Zeit, in der die gemessene Strecke zurückgelegt wurde, bekannt ist, kann die Geschwindigkeit ebenfalls ermittelt werden.

Der Nachteil des einfachen Zählens der Intensitätsmaxima besteht darin, dass die Bewegungsrichtung des Spiegels unbekannt bleibt. Um diesen Nachteil zu eliminieren, muss der bereits gezeigte Aufbau um ein weiteres Signal erweitert werden, welches um $\pi/2$ in Bezug auf den ersten Laserstrahl verschoben ist.

Heterodyne Interferometer

Schnelle Bewegungen stellen sehr hohe Anforderungen an die Auswerteelektronik, da der Sensor (wegen der in der Regel extremen Auflösung) mit einer sehr großen Frequenz die Messwerte erfassen muss.

Beim Benutzen von zwei Lichtquellen, die eine leicht voneinander abweichende Wellenlänge haben, entsteht nach Überlagerung eine neue Wellenlänge, die wesentlich niederfrequenter ist und deshalb einfacher zu erfassen ist. Genau dieses Phänomen kommt beim heterodynen Interferometer zum Einsatz (Schulz 2014).

Die beiden Wellenlängen (mit f_1 und f_2 angegeben) sind zueinander senkrecht polarisiert. Die Polarisationsrichtung wird mit s (senkrecht) und p (parallel) angegeben. Die Strahlteilerplatte teilt die ankommenden

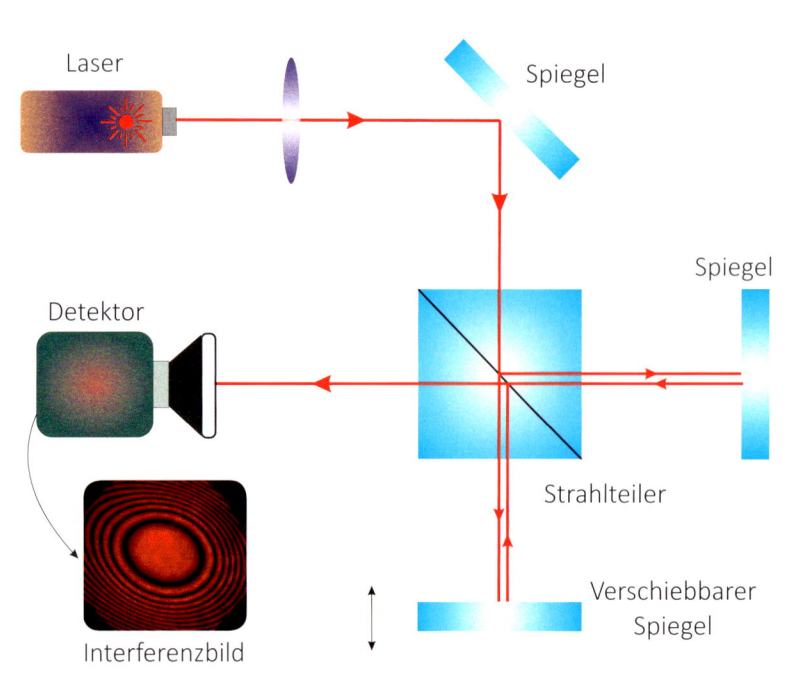

Bild 2.1
Prinzip des Michelson-Interferometers

2.2 Das Messverfahren zur interferometrischen Abstands- und Geschwindigkeitsmessung

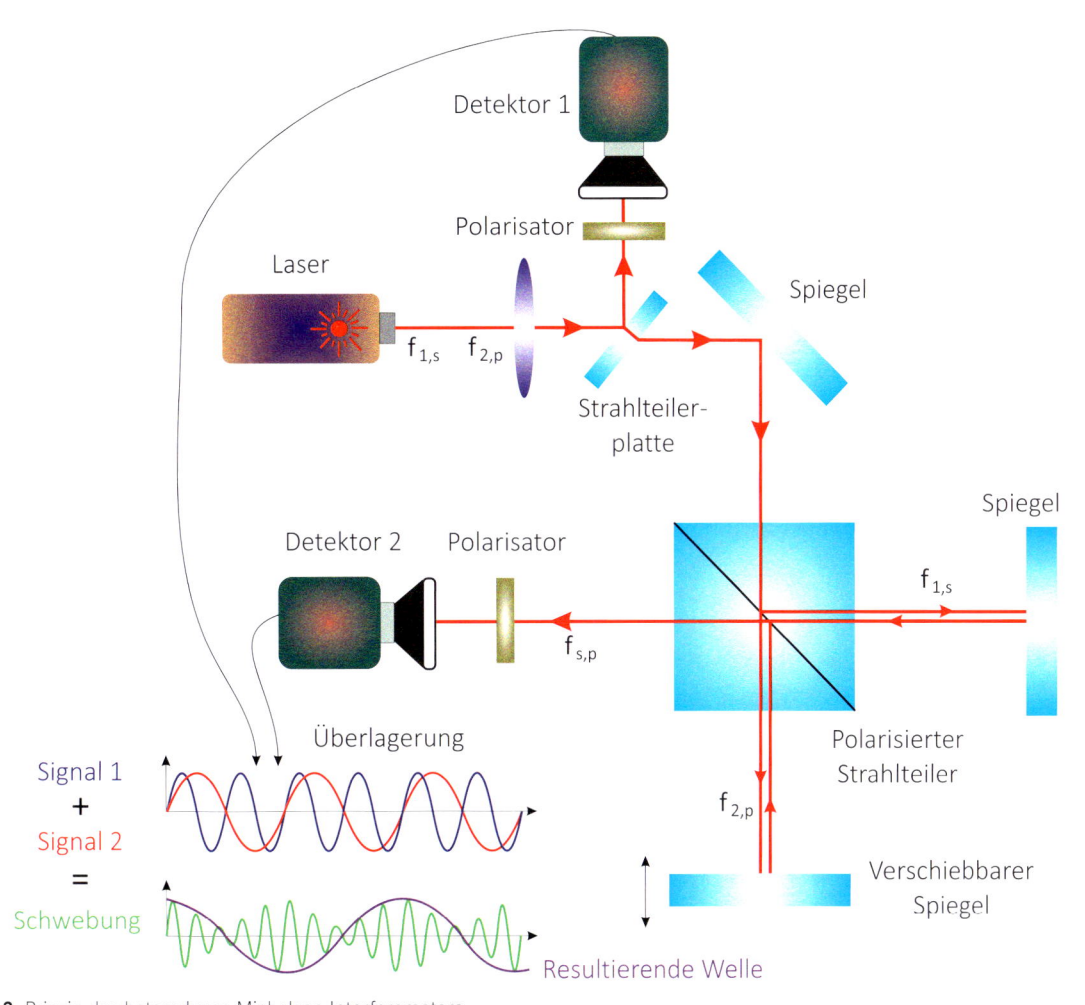

Bild 2.2 Prinzip des heterodynen Michelson-Interferometers

beiden Lichtwellen jeweils in zwei Teile auf. Ein Teil der Strahlung wird transmittiert und der andere Teil wird reflektiert und in Richtung des Detektors 1 abgelenkt. Um die beiden reflektierten Strahlen überlagern zu können, wird vor dem Detektor 1 ein Polarisator platziert.

Die beiden transmittierten Strahlen werden am polarisierten Strahlteiler erneut aufgeteilt und zwar so, dass der s-polarisierte und der p-polarisierte Strahl in unterschiedliche Richtungen abgelenkt werden. Nach der Reflexion der Strahlen an den Spiegeln werden diese in Richtung des Detektors 2 geleitet. Nach dem Durchlauf des Polarisators werden die beiden Strahlen nun überlagert. Durch die Überlagerung der registrierten Informationen der beiden Detektoren kann die Abstandsänderung und somit die Geschwindigkeit des verschiebbaren Spiegels ermittelt werden (Bild 2.2).

Es existiert eine Vielzahl an weiteren interferometrischen Sensoren zur Abstands- und Geschwindigkeitsmessung. Diese spielen aber für industrielle Messungen kaum eine Rolle und werden deshalb nicht gesondert betrachtet.

3 Laserdistanzmessung

Die Entwicklung der Laser machte die Laserdistanzmessung erst möglich. Deswegen entstanden die ersten Systeme erst in den 70er-Jahren. Diese waren am Anfang jedoch so teuer und unhandlich, dass lediglich im Militärbereich und für geodätische Messaufgaben solche Messsysteme eingesetzt wurden. Die Entwicklung von relativ preiswerten Laserdioden in den 80er-Jahren ermöglichte die Nutzung der Laserdistanzmessung auch für Ingenieurvermessungen. Die rasante Weiterentwicklung der Laser- und der Computertechnik senkten die Kosten für die Produktion solcher Messgeräte um ein Vielfaches. Somit stand für eine breite Anwendung der Laserdioden-Distanzmessgeräte für industrielle Abstandsmessung nichts mehr im Wege.

Die Entwicklung der optischen Technologien ist bereits so weit fortgeschritten, dass die Laserdioden-Distanzmessgeräte in jedem Haushalt anzutreffen sind. Sogar mobile Telefone werden zunehmend mit solchen Messgeräten ausgestattet, um z. B. beim Fotografieren die Bildqualität zu verbessern.

3.1 Verfahrensgrundlagen

Prinzip der Laserdistanzmessung

Nach dem Aussenden eines Lichtimpulses wird die Zeit bis zur Rückkehr der Reflexion gemessen. Aus der bekannten Lichtgeschwindigkeit und der gemessenen Zeit kann der Abstand berechnet werden.

Vor- und Nachteile der Laserdistanzmessung

Vorteile	Nachteile
Hohe Genauigkeit	Nicht geeignet für kleine Abstände
sehr preiswert	schmutz- und wasserempfindlich
relativ schwache Laser	evtl. Laserschutz erforderlich
schnelle Messung (in Echtzeit)	
absolute Messung	
großer Messbereich	

Messbereich/Messgenauigkeit der Laserdistanzmessung

Je nach eingesetztem Verfahren können extreme Reichweiten abgedeckt werden. Es ist z. B. möglich, die Entfernung zum Mond (384 000 km) zu messen. Dies ist aber nur mit ziemlich starken und fokussierten Lasern möglich. Des Weiteren würden die Reflexionen von der Mondoberfläche nicht ausreichen. Deswegen wurden Spiegel auf dem Mond an einigen Stellen platziert. Im industriellen Einsatz bzw. bei geodätischen Messungen sind Abstände bis ca. 50 km möglich. Der kleinste Abstand beträgt weniger als 10 mm.

Die erreichbare Genauigkeit liegt im Submillimeter-Bereich. Die Abstandsmessung kann bis zu 10 000 mal pro Sekunde vorgenommen werden.

Typische Anwendungen der Laserdistanzmessung

Laserdistanzmesssysteme sind sehr weit verbreitet. Keine industrielle Fertigung kommt heutzutage ohne diese Sensoren aus. Insbesondere Handwerker und kleinere Firmen nutzen heutzutage solche Messsysteme in großem Maße.

Laserdistanzmesssysteme werden aber auch für dynamische Füllstandmessungen unter rauen Industriebedingungen eingesetzt.

Zur Verkehrsüberwachung und zum Erfassen von Geschwindigkeiten im Straßenverkehr werden sowohl stationäre als auch mobile Systeme verwendet. Dazu sind die bei Autofahrern unbeliebten „Blitzer" zu zählen. Die Maut-Brücken sind ebenfalls mit Laserdistanzmesssystemen ausgestattet, um die Verkehrssituation zu erfassen.

Im Bereich der Heimelektronik, wie z. B. bei Mobiltelefonen, kommt die Laserdistanzmessung immer mehr zum Einsatz. Moderne Autos sind oft mit intelligenten Geschwindigkeits- und Abstandsregelanlagen ausgestattet und diese können nicht ohne Sensoren zur Abstandsmessung funktionieren.

Die Laserabstandsmessung im Militärbereich hat eine lange Tradition. Es werden sowohl handgehaltene Systeme als auch fest installierte Systeme verwendet. Kaum ein Militärfahrzeug (geschweige Luftwaffe) kommt ohne laserbasierte Abstandsmessung aus. Handfeuerwaffen sind ebenfalls oft mit abstandmessenden Sensoren ausgestattet.

3.2 Das Messverfahren zur Laserdistanzmessung

Grundsätzlich gibt es drei unterschiedliche Ansätze zu Laserdistanzmessung:
- Einzelpulsmessung
- Phasenvergleichsmessung
- Puls-Akkumulationsmessung.

Alle Verfahren haben sowohl Vor- als auch Nachteile, deswegen – je nach Einsatzzweck – haben alle Verfahren ihre Berechtigung.

3.2.1 Einzelpulsmessung

Ein Laser erzeugt einen Laserpuls. Die Leistung des Pulses hängt von der zu messenden Entfernung ab, da die Atmosphäre absorbierend wirkt. Der Strahlteiler 1 in Bild 3.1 bewirkt eine Aufspaltung des ausgesandten Lichtpulses in zwei Teilstrahle, dabei wird der schwächere Teilstrahl Richtung Fotodetektor 1 abgelenkt. Nun wird die Zeitmessung gestartet. Der Messstrahl passiert den zweiten Strahlteiler. Dabei wird jedoch funktionsbedingt erneut ein zweiter Teilstrahl gebildet, der jedoch für die Messungen nicht notwendig ist und ausgelöscht wird. Auf dem Markt gibt es jedoch spezielle Strahlteiler, die diesen Nachteil des Verlustes der Intensität nicht haben. Der Messstrahl wird von der Oberfläche eines Objektes reflektiert und gelangt erneut zum Strahlteiler 2. Nun wird der Messstrahl in Richtung des Fotodetektors 2 abgelenkt. Das ist das Stop-Signal für die Zeitmessung.

Aus der gemessenen Laufzeit t kann nun der Abstand d ermittelt werden.

$$d = \frac{1}{2} \cdot c \cdot t$$

c – Lichtgeschwindigkeit (Lichtgeschwindigkeit im Vakuum $c_0 = 2{,}9979 \cdot 10^8$ m/s)

Der Faktor 1/2 resultiert aus dem zweimaligen Durchlaufen der Messstrecke.

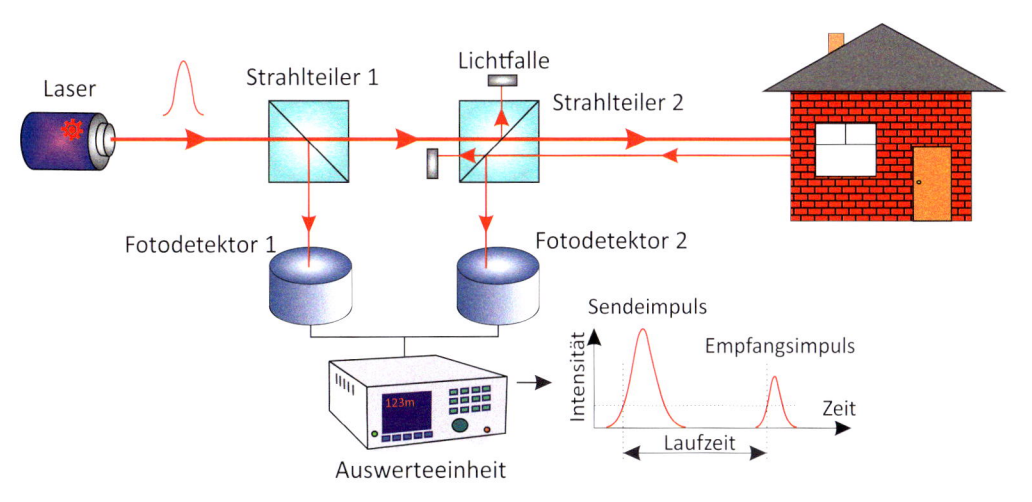

Bild 3.1 Prinzip des Verfahrens Einzelpulsabstandsmessung

3 Laserdistanzmessung

Dieses Verfahren der Laserdistanzmessung erlaubt große Reichweiten. Auf dem Markt gibt es Geräte, die eine Reichweite bis zu 50 km haben. Außerdem kann die Messung mehr als 100 000-mal pro Sekunde wiederholt werden. Dadurch ist es möglich, auch Bewegungen von Messobjekten, wie z. B. Schwingungen, zu erfassen. Die erreichbare Genauigkeit liegt bestenfalls im Millimeter-Bereich.

Aufgrund der hohen Lichtgeschwindigkeit sind die Auflösungsanforderungen an die Fotodetektoren bei Messung von kurzen Abständen (cm-Bereich) enorm. Das Licht benötigt beispielsweise für 1 m Abstand ca. 3,3 ns. Deshalb wird diese Art der Laserdistanzmessung zur Erfassung von größeren Abständen eingesetzt.

3.2.2 Phasenvergleichsmessung

Der prinzipielle Aufbau des Messgerätes entspricht weitestgehend dem der Einzelpulsmessung. Der Unterschied besteht darin, dass kein Laserpuls für die Abstandsmessung, sondern eine kontinuierliche Welle verwendet wird. Die hochfrequente Laserwelle (Trägerwelle) wird mit einer Modulationswelle überlagert (analog wie bei dem heterodynen Michelson-Interferometer), sodass eine niederfrequente Welle entsteht (Bild 3.2). Die modulierte Trägerwelle kann eine Länge zwischen wenigen cm und bis zu 100 m betragen.

Diese Welle wird von der Oberfläche eines Objektes zurückreflektiert und gelangt zum Detektor. Nun kann eine Phasendifferenz zwischen der ausgesandten und der empfangenen Welle detektiert werden (Bild 3.3).

Bei der digitalen Signalauswertung erfolgt eine Umwandlung der kontinuierlichen Welle in ein Rechtecksignal (Witte 2004).

Nun kann die Anzahl N der positiven Rechtecke messtechnisch erfasst werden. Zur Erhöhung der Genauigkeit muss zusätzlich die Phasedifferenz zwischen der ausgesandten und der zurückgekommenen Wellen bekannt sein.

Der Abstand d kann wie folgt berechnet werden:

$$d = \frac{1}{2} \cdot c \cdot (N \cdot T + \Delta t)$$

c – Lichtgeschwindigkeit
N – Anzahl der positiven Rechtecke
T – Periodendauer
Δt – Phasendifferenz zwischen den Signalen

Mithilfe dieses Verfahrens kann im Vergleich zu der Einzelpulsmessung eine viel höhere Auflösung erreicht werden (im Submillimeter-Bereich). Der Nachteil dieser Methode resultiert aus der Funktionsweise. Da mit einer kontinuierlichen Laserlichtemission gearbeitet wird, ist die optische Leistung viel geringer. Deshalb ist die Reichweite um einiges kürzer (einige Hundert m). Ein weiterer Vorteil sind die geringeren Herstellungskosten, da die Anforderungen an die verwendete Hardware viel geringer sind.

3.2.3 Puls-Akkumulations-Messverfahren

Bei der Methode der Einzelpulsmessung wird mit zunehmendem Messabstand die Energie des reflektierten Impulses immer geringer. Das führt dazu, dass ab ei-

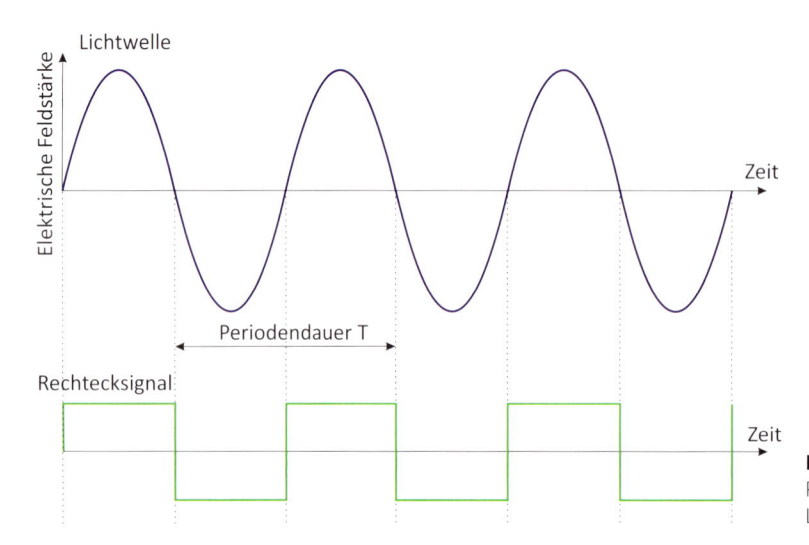

Bild 3.2
Prinzip der digitalen Umwandlung einer Lichtwelle in ein Rechtecksignal

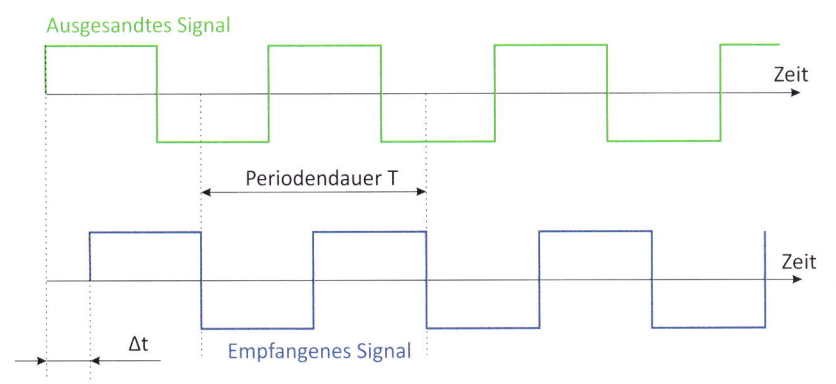

3.2 Das Messverfahren zur Laserdistanzmessung

Bild 3.3 Phasendifferenz zwischen dem empfangenen Signal und dem ausgesandten Signal

nem gewissen Abstand keine sichere Registrierung des Stop-Impulses erfolgen kann. Eine Störung können auch hochreflektive Medien (z. B. Wassernebel), die sich zwischen dem Zielobjekt und dem Messgerät befinden, verursachen. Diese unerwünschten Reflexionen werden entsprechend ebenfalls erfasst und können dazu führen, dass eine Fehlinterpretation des Stop-Impulses erfolgt. Bei dem Verfahren Puls-Akkumulation werden deshalb mehrere Lichtimpulse ausgesandt. Die Reflexionen dieser Pulse werden erfasst und akkumuliert (Bild 3.4).

Auf diesem Wege wird ein deutliches Stop-Signal erhalten. Um Störungen auszuschließen, die aus der höheren Reflexivität des Mediums als des Zielobjektes resultieren, wird zusätzlich die Form des empfangenen Stop-Impulses analysiert. Dieser Ansatz erlaubt eine signifikante Verbesserung des Signal/Rausch-Verhältnisses.

Die Reichweite der Sensoren nach dem Puls-Akkumulations-Verfahren kann bis zu 5 km betragen. Messungen durch trübe Medien sind ebenfalls möglich. Das ist einer der Gründe für die Verwendung dieser Laserabstandssensoren im Automobilbau, da es sonst z. B. bei Regen zu Fehlmessungen kommen kann. Die Puls-Akkumulations-Sensoren können aber auch zur Messung der Ausbreitung eines Störmediums eingesetzt werden. Das können z. B. Wolken sein.

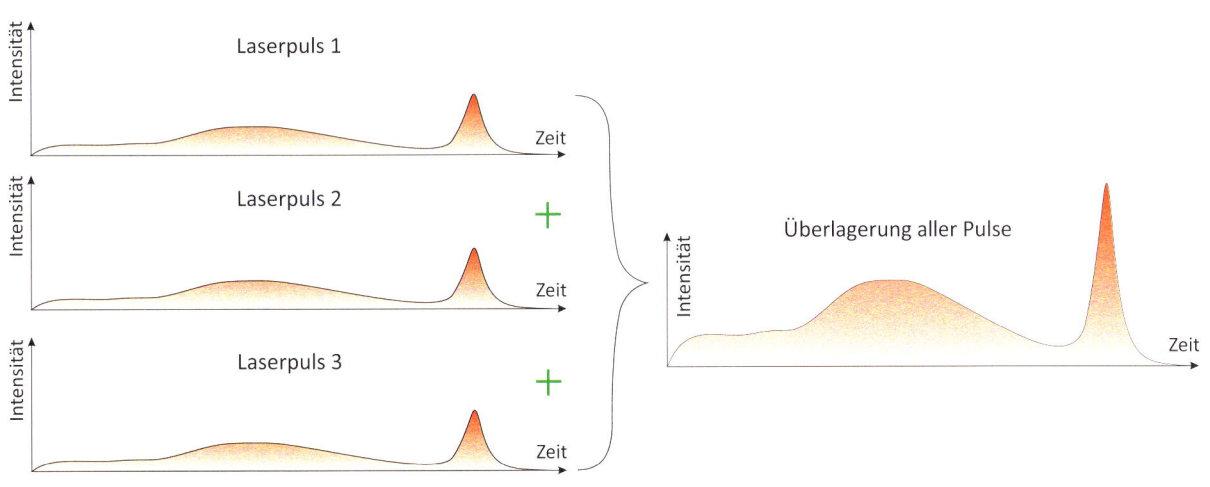

Bild 3.4 Messprinzip des Verfahrens Puls-Akkumulation

4 Lasertriangulation

Das Verfahren der Lasertriangulation ist eine der ältesten bekannten Abstandmessmethoden. Bereits im 16. und 17. Jahrhundert wurde die geodätische Triangulation für Distanzbestimmung eingesetzt. Die ersten Systeme waren nicht sonderlich genau, erlaubten aber eine Vermessung von großen Abständen und ermöglichten auch dort die Abstandsbestimmung, wo die klassischen Entfernungsmessmethoden (im schweren Gelände, Wasseroberflächen) versagten.

Bild 4.1 Geländevermessung mithilfe des Verfahrens Triangulation im Jahre 1607 (Autoren: Leonhard Zubler & Kaspar Waser; Deutsche Fotothek)

Entwicklung der Laser und vor allem der kompakten Laserdioden hat den Anfang für die optische Triangulation gelegt. Da für die Lasertriangulation lediglich eine geringe optische Leistung benötigt wird und die sonstigen Anforderungen an das Lasersystem und die Auswerteeinheit nicht sonderlich hoch sind, wurde eine ganze Reihe an preiswerten Lasertriangulationssensoren entwickelt. Seitdem sind die Abstandssensoren aus den modernen Produktionsprozessen nicht mehr wegzudenken. Der hohe Automationsgrad ist ein weiterer wichtiger Vorteil der optischen Triangulationssensoren.

4.1 Verfahrensgrundlagen

Prinzip der Lasertriangulation

Eine Laserdiode projiziert einen Lichtpunkt auf die Oberfläche des Messobjektes. Das reflektierte Licht wird mithilfe der Abbildungsoptik auf dem positionsempfindlichen Detektor abgebildet. Die registrierte Position auf dem Detektor ist in den Messabstand umrechenbar (Bild 4.2).

Vor- und Nachteile der Lasertriangulation

Vorteile	Nachteile
hohe Genauigkeit	nicht geeignet für sehr kleine Abstände
sehr preiswert	empfindlich gegen Schmutz und Staub
relativ schwache Laser	Abschattungen möglich
schnelle Messung (in Echtzeit)	
kleiner Messfleck	
nahezu materialunabhängig	

Messbereich / Messgenauigkeit der Lasertriangulation

Die Messauflösung der Lasertriangulation-Sensoren liegt im nm-Bereich. Die absolute Genauigkeit des Sensors hängt entscheidend von der Beschaffenheit der Messobjektoberfläche ab und liegt typischerweise im µm-Bereich.

Der Abstand zur Messobjektoberfläche variiert von wenigen Millimetern bis über einen Meter. Das erlaubt eine flexible Anordnung des Messsystems.

Der maximal erfassbare Abstand beträgt wenige m. Die Wiederholrate der Messung ist bis zu 50 kHz möglich. Die meisten auf dem Markt angebotenen Sensoren arbeiten jedoch im niedrigeren Frequenzbereich (einige kHz).

Typische Anwendungen der Lasertriangulation

Die Hauptanwendung der Lasertriangulation erfolgt in Fertigungs- und Produktionsprozessen. Diese Sensoren erlauben eine automatische Regelung des Fertigungsprozesses. Mithilfe der Lasertriangulation können Formhaltigkeit, Ebenheit, Rundheit und andere Formeigenschaften präzise erfasst werden, um auf Änderungen rechtzeitig reagieren zu können.

Dadurch, dass mehrere Sensoren synchron messen können, sind auch Dicken- und Rundheitsmessungen möglich. Eine präzise Positionierung von Prüflingen wird mit mehreren Sensoren ebenfalls realisierbar.

Auch in der Erprobung kommen diese Sensoren immer häufiger zum Einsatz. Beispielsweise bei Fahrzeugerprobungen lassen sich relevante Abstände, von z. B. der Fahrzeug-Fahrbahn, an einigen Stellen gleichzeitig erfassen, um die Fahrzeugdynamik präzise erfassen zu können.

Bei Abstandsmessungen von glänzenden Oberflächen bedarf es spezieller Sensoren und ist mit reduzierter Genauigkeit möglich.

4.2 Das Messverfahren zur Lasertriangulation

Das Messprinzip wurde von dem holländischen Mathematiker Willebrordus Snellius für astronomische Messungen entwickelt. Bei diesem Verfahren wird ein Lichtpunkt unter einem bekannten Winkel auf das Messobjekt projiziert. Dieser Punkt wird von der Oberfläche des Messobjekts reflektiert und gelangt anschließend über die Abbildungslinse zum positionsempfindlichen Detektor. Nach dem Triangulationsprinzip kann somit der exakte Abstand bis zum Messobjekt bestimmt werden.

Der Abstand a kann nun wie folgt berechnet werden:

$$\tan\alpha = \frac{a}{b_1}$$

und

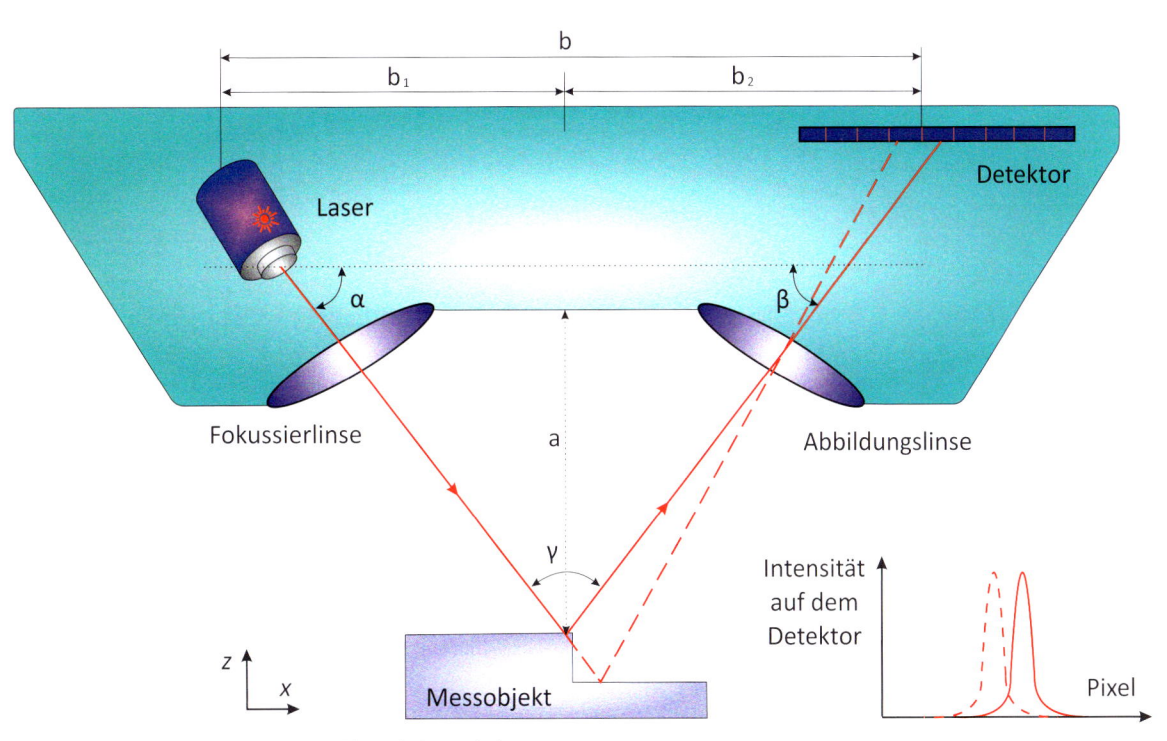

Bild 4.2 Schematische Darstellung des Triangulationsprinzips

$$\tan \beta = \frac{a}{b_2}$$

Mit $b = b_1 + b_2$ folgt:

$$a = b \cdot \frac{\tan \alpha \cdot \tan \beta}{\tan \alpha + \tan \beta}$$

Es ist ersichtlich, dass ein möglichst großer Triangulationswinkel anzustreben ist, um eine hohe Genauigkeit zu erreichen.

Eins der Nachteile des gezeigten Aufbaus resultiert aus dem großen Triangulationswinkel und somit auch unvermeidbaren Abschattungen. Zur Minimierung dieses Nachteils wird im praktischen Einsatz der Winkel γ auf 45° reduziert. Dabei wird der Laser senkrecht zu der Messobjektoberfläche ausgerichtet, sodass der Winkel α nun 90° beträgt. In Abhängigkeit von dem Messabstand ändert sich während der Messung der Winkel β und entsprechend die Position des Abbildes auf dem Detektor. Aus der Änderung der registrierten Position des Signals auf dem Fotoempfänger wird der Abstand a trigonometrisch berechnet.

Einschränkungen des Verfahrens

Eine präzise Abstandsmessung kann lediglich dann erreicht werden, wenn die möglichen Fehlerquellen bekannt sind und berücksichtigt werden. Eine der am häufigsten auftretenden Fehlerursachen ist auf die Änderung der Reflexionseigenschaften der Messobjektoberfläche zurückzuführen. Zur Änderung der Reflexionseigenschaften können z. B. Farbänderungen während der Messung führen. Für spiegelnde Oberflächen werden extra dafür entwickelte Sensoren benötigt.

Staub oder andere Partikel im Strahlengang können zur unterwünschten Reflexionen führen und somit Messungen verfälschen.

Eine weitere häufige Fehlerquelle resultiert aus der Ausrichtung des Sensors zur Messobjektoberfläche. Eine Winkeländerung zwischen dem Sensor und dem Messobjekt während der Messung kann bei gleichbleibendem Abstand zu Fehlmessungen führen. Dies hängt mit dem Reflexionsgesetz zusammen. Das Gesetz besagt, dass der Einfallswinkel und der Ausfallswinkel immer gleich sind (Bild 4.3).

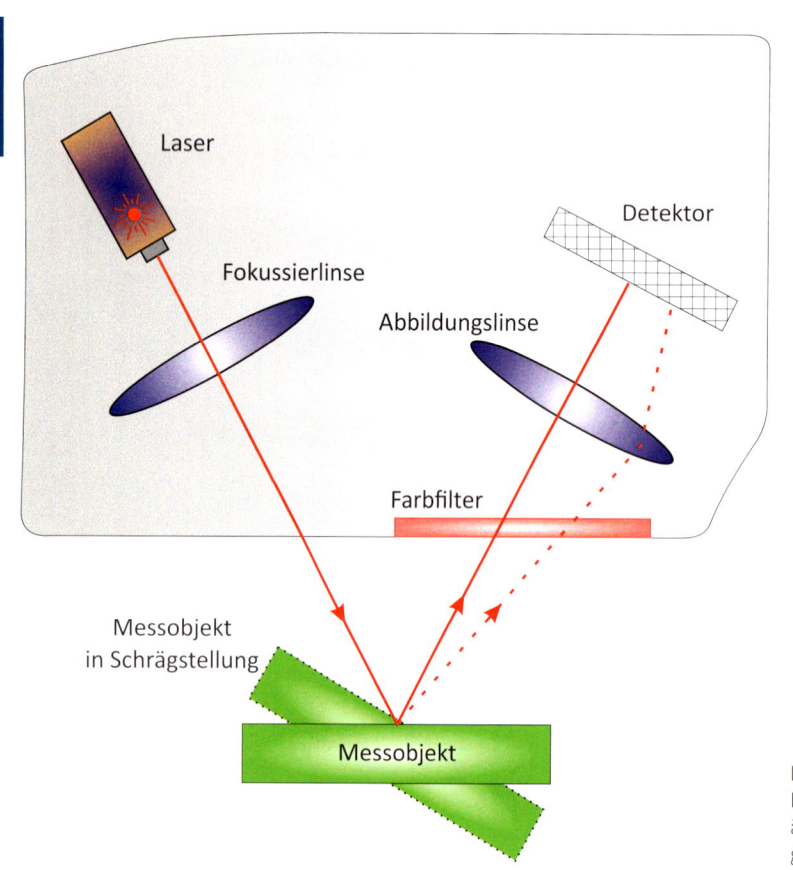

Bild 4.3
Messfehler resultierend aus einer Winkeländerung des Messobjektes zum Sensor bei gleichbleibendem Abstand

4.3 Anwendungsbeispiele der Lasertriangulation

Die Lasertriangulations-Sensoren sind aufgrund der vielen Vorteile und des geringen Preises sehr weit in der industriellen Produktion verbreitet. Für jedes Einsatzgebiet gibt es speziell auf diese jeweilige Aufgabe zugeschnittene Sensoren.

4.3.1 Vermessung von Spannstahl

Lasertriangulationssensoren werden zur Qualitätsprüfung in der Wareneingangskontrolle eines Spannbetonherstellers eingesetzt. Sie messen die Profiltiefe der gelieferten Chargen des Spannstahls und zeichnen die Daten dauerhaft in einer Datenbank auf (Bild 4.4).

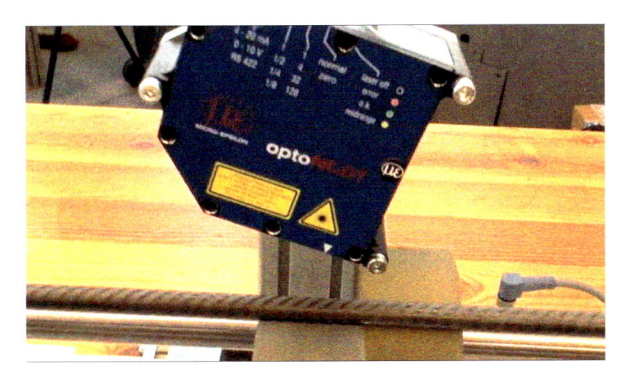

Bild 4.4 Erfassung der Profiltiefe des Spannstahls mithilfe eines Lasertriangulations-Sensors (mit freundlicher Genehmigung von Micro Epsilon Messtechnik GmbH)

Eine minimale Profiltiefe des Spannstahls ist von großer Bedeutung für die Qualität und Standfestigkeit der Spannbetonteile. Die Profilierung wird mit Prägerollen auf den Spannstahl aufgewalzt. Die Profiltiefe muss somit über den gesamten Umfang einer Prägerolle überprüft werden.

Das Messsystem besteht aus einer Linearachse, auf welcher ein Lasersensor montiert ist sowie aus einem angetriebenen Rollenprisma zum Einlegen des Spannstahls. Während der Bewegung des Sensors durch die Linearachse werden die Messdaten aufgezeichnet und zu einem zweidimensionalen Profil über die Länge des Prägerollenumfangs aneinandergereiht. Die Profiltiefen sind mit 0,03 mm sehr eng toleriert. Die Software ermittelt dann für jede Prägung die Profiltiefe. Das Messsystem arbeitet mit einer Wiederholgenauigkeit von ±0,005 mm. Eine umfassende Datenbank bietet eine Rückverfolgbarkeit der eingesetzten Spannstähle auf Lieferanten sowie Charge und beugt somit der Weiterverarbeitung fehlerhafter Spannstähle vor.

4.3.2 Automatische Positionierung von Synchronringen

Synchronringe werden als Synchronpaket in Automatikgetrieben eingesetzt. Die Lasertriangulationssensoren werden bei einer Handlings- und Bearbeitungsanlage zum Entgraten der Synchronringstirnseiten eingesetzt. Sie realisieren die produktionssichere Positionierung der Synchronringe zum Entgraten durch Diodenlaser (Bild 4.5).

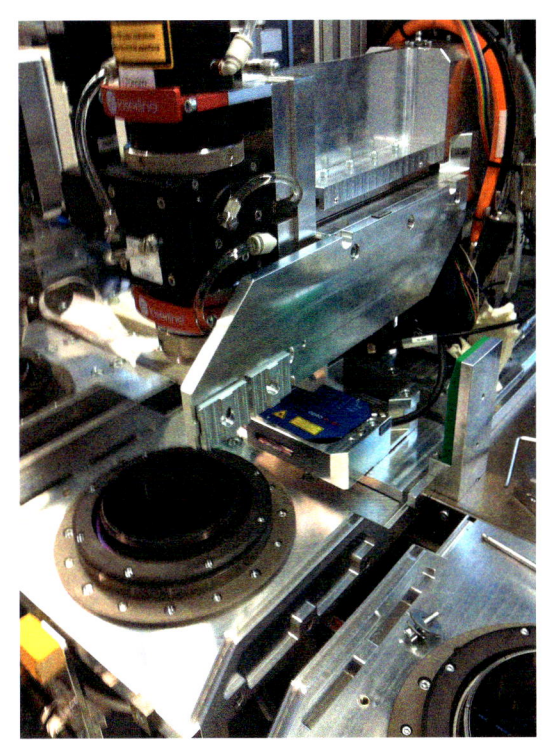

Bild 4.5 Lasertriangulations-Wegsensoren gewährleisten die exakte Positionierung der Synchronringe (mit freundlicher Genehmigung von Micro Epsilon Messtechnik GmbH)

Mit dieser messtechnischen Anordnung werden die Synchronringe durch den Laser-Triangulationssensor genau positioniert und durch den Entgratlaser nicht gestört. Zum Schutz gegen die hohe Leistung des Entgratlasers (500 W) werden die Lasertriangulationssensoren abgeschottet (Bild 5.1).

5 Konfokale und chromatisch-konfokale Abstandsmessung

Die konfokale Abstandsmessung wurde erstmals im Jahr 1957 von Marvin Minsky vorgeschlagen. Diese Methode ermöglichte eine berührungslose Abstandsmessung mit hoher Genauigkeit. Die konfokale Abstandsmessung hat sich seit dem zu einem robusten und zuverlässigen Verfahren entwickelt. Da konfokale Sensoren bewegliche Teile zur Messung benötigen, wird die Genauigkeit entsprechend dadurch limitiert. Die Entwicklung des chromatisch-konfokalen Messverfahrens beseitigte dieses Problem und ermöglicht außer der höheren Genauigkeit eine kompaktere Bauweise. Die chromatisch-konfokalen Sensoren kommen also ohne bewegliche Teile aus. Dies wird mithilfe von speziellen Optiken erreicht.

5.1 Verfahrensgrundlagen

Prinzip der konfokalen und der chromatisch-konfokalen Abstandsmessung

Bei den konfokalen Sensoren wird auf der Oberfläche des Messobjektes ein möglichst kleiner Lichtpunkt abgebildet. Nach Reflexion wird der Lichtpunkt durch eine Lochblende auf dem Detektor abgebildet. Eine scharfe Abbildung entsteht nur dann, wenn sich die Messobjektoberfläche in der Fokusebene befindet.

Die chromatisch-konfokalen Sensoren nutzen die sonst störende Eigenschaft der Linsen, das weiße Licht in einzelne Wellenlängen zu zerlegen, sodass die Brennweite jeder einzelnen Farbe unterschiedlich ist. Von der Oberfläche des Messobjektes wird deshalb nur eine Wellenlänge fokussiert reflektiert. Daraus kann der Abstand ermittelt werden.

Vor- und Nachteile der konfokalen und der chromatisch-konfokalen Abstandsmessung

Vorteile	Nachteile
sehr hohe Genauigkeit	nicht geeignet für große Abstände zur Messobjektoberfläche
preiswert	empfindlich gegen Schmutz und Staub
kein Laserlicht (kein Laserschutz)	kleiner Messbereich
schnelle Messung (in Echtzeit)	
sehr kleiner Messfleck	
materialunabhängig	
kompakter Sensor	

Messbereich/Messgenauigkeit der konfokalen und der chromatisch-konfokalen Abstandsmessung

Konfokale Sensoren haben im Vergleich zu den chromatisch-konfokalen Sensoren einen kleineren Messbereich. Während der Messbereich beim konfokalen Messverfahren von 0,2 mm bis 10 mm möglich ist, können chromatisch-konfokale Sensoren Abstände bis zu 30 mm erfassen.

Das Auflösungsvermögen der beiden Verfahren liegt im nm-Bereich. Aufgrund der hohen Linearität beträgt die absolute Genauigkeit < 1 μm.

Der Messabstand zu der Oberfläche des Prüflings variiert zwischen 2 mm und 200 mm. Die Messrate kann bis zu ca. 70 kHz betragen.

Typische Anwendungen der konfokalen und der chromatisch-konfokalen Abstandsmessung

Zu den typischen Anwendungen der konfokalen und der chromatisch-konfokalen Abstandsmessung zählen die Überwachung von Produktionsprozessen und die klassische Qualitätskontrolle. Aufgrund der enormen

Genauigkeit werden diese Sensoren auch dort eingesetzt, wo die Genauigkeit anderer Messverfahren nicht mehr ausreicht.

Nicht nur im Bereich des Maschinenbaus sind diese Sensoren verbreitet, auch in der Elektronik- und der Halbleiterindustrie hat die hochgenaue Abstandsmessung Einzug gehalten.

Ein weiteres wichtiges Anwendungsgebiet der konfokalen Abstandsmessung stellt die Forschung dar. Aufgrund des kompakten Aufbaus und der Möglichkeit durch eine Verkippung der optischen Achse um 90° können Messungen auch an sehr schwer zugänglichen Stellen durchgeführt werden.

5.2 Das Messverfahren der konfokalen und der chromatisch-konfokalen Abstandsmessung

Es gibt einige konfokale Messprinzipien. Im Folgenden werden die zwei wichtigsten und auch am meisten industriell genutzten Verfahren beschrieben. Eine Anordnung von zwei Linsen wird als konfokal bezeichnet, wenn die Brennpunkte übereinstimmen. Dieser Effekt ist also namensgebend.

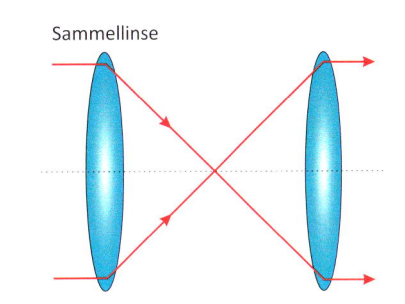

Bild 5.1 Konfokale Anordnung von zwei Linsen

5.2.1 Konfokale Abstandsmessung

Das Licht einer Lichtquelle passiert die Lochblende 1. Dadurch kommt es zu Beugungseffekten, sodass auf die Oberfläche des Messobjektes ein Beugungsbild projiziert wird. Von der Oberfläche des Prüflings wird das Licht reflektiert und gelangt anschließend über einen Strahlteiler zu dem Detektor. Das kann aber nur dann passieren, wenn die Oberfläche der Probe im Fokus liegt, da sonst das Licht von der Lochblende 2 blockiert wird.

Von dem Detektor wird also nur dann die maximale Intensität gemessen, wenn die Oberfläche des Messobjektes in der Fokusebene liegt (Lücke 2006) (Bild 5.2).

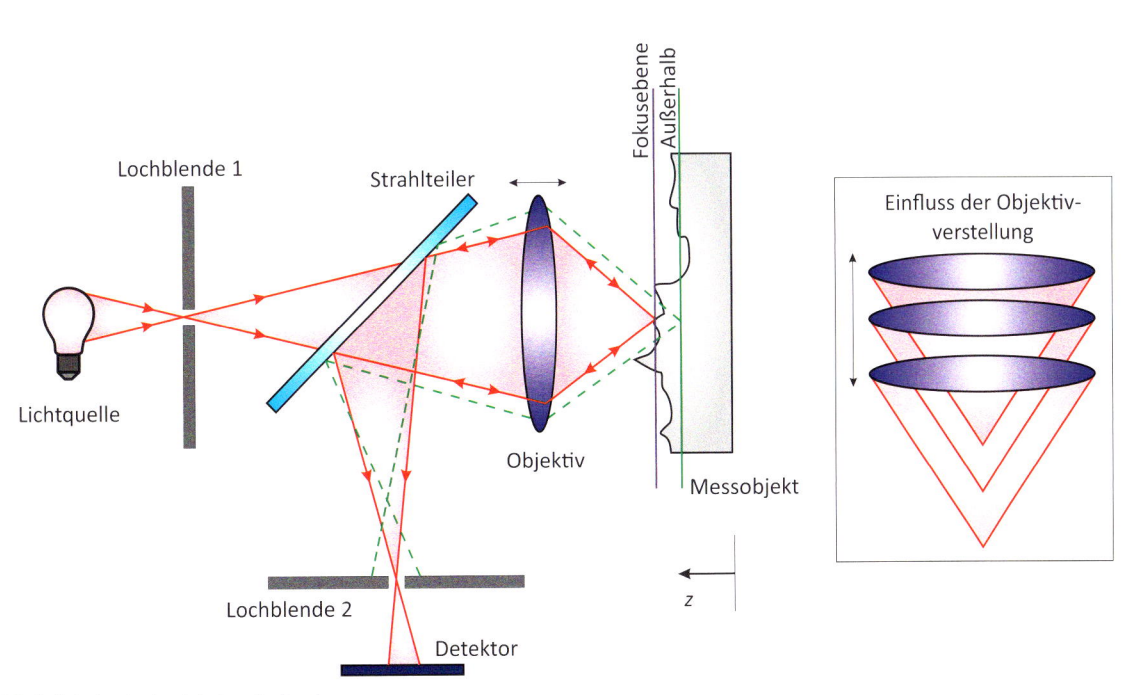

Bild 5.2 Prinzip der konfokalen Abstandsmessung

Wenn das Messobjekt sich nicht in der Fokusebene befindet, muss durch eine Verstellung des Objektivs nachgeregelt werden. Die Verschiebung des Objektivs wird erfasst und ist ein Maß für den zu messenden Abstand.

Die mechanische Verstellung des Objektivs ist entsprechend langsam, da bei jeder Messung der komplette Messbereich zu analysieren ist, bis die Position mit der maximalen Intensität ermittelt wird. Anstatt die mechanische Verschiebung zu nutzen, kann in den Strahlengang ein schwingender Spiegel integriert werden. Dies erlaubt Messungen bis in den kH-Bereich.

5.2.2 Chromatisch-konfokale Abstandsmessung

Diese Art der Sensoren kommt ohne bewegliche Komponenten aus. Stattdessen wird die chromatische Aberration von Sammellinsen oder auch speziellen diffraktiven Linsen ausgenutzt. Die diffraktiven Linsen haben gegenüber Sammellinsen den Vorteil, dass sie eine größere chromatische Aufspaltung ermöglichen (Lücke 2006).

Das Licht einer Lichtquelle gelangt nach dem Passieren der Lochblende 1 zu der Oberfläche des Messobjektes. Aufgrund der gezeigten Aufspaltung des weißen Lichtes wird auf der Oberfläche des Prüflings lediglich eine Wellenlänge scharf fokussiert. Alle anderen Wellenlängen verteilen sich auf der Oberfläche des Messobjektes großflächig.

Das reflektierte Licht wird über einen Strahlteiler und die Lochblende 2 auf dem Detektor abgebildet. Ausgehend von der spektralen Aufteilung kann lediglich eine Wellenlänge eine hohe Intensität haben. Dabei enthalten die gemessenen Intensitäten der einzelnen Wellenlängen die Information in Bezug auf den gesuchten Abstand. Aus der Kalibrierung des Messsystems ist der Abstand der jeweiligen Wellenlänge bekannt. Die Aufgabe besteht nun darin, die dominante Wellenlänge zu bestimmen. Für diesen Zweck werden gewöhnlich Spektrometer eingesetzt (Bild 5.3 und 5.4).

An die Lichtquelle werden bei diesem Verfahren relativ hohe Anforderungen gestellt, weil alle Spektralteile des weißen Lichtes gleichmäßig vorhanden sein müssen.

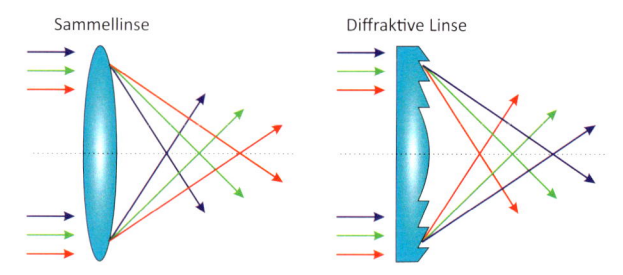

Bild 5.3 Spektrale Aufteilung des weißen Lichtes mithilfe von verschiedenen Linsen

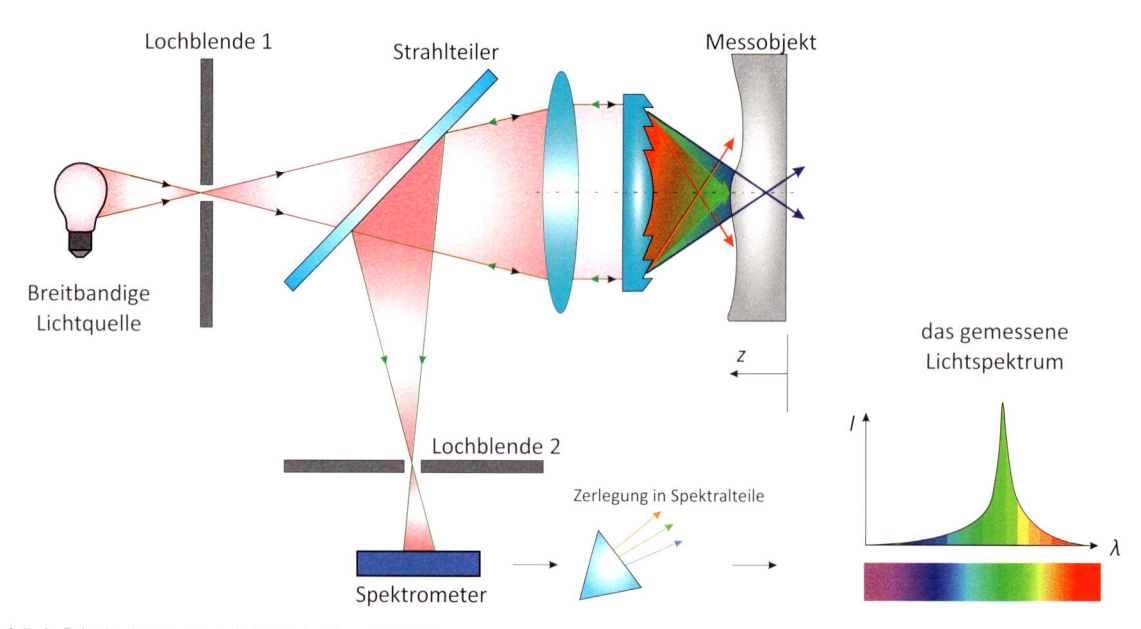

Bild 5.4 Prinzip der chromatisch-konfokalen Abstandsmessung

Dieser Umstand macht die Verwendung von billigen Lichtquellen unmöglich. Außerdem muss der optische Leistungsverlust, der aus der Auswertung lediglich einer Wellenlänge des weißen Lichtes resultiert, durch eine stärkere Lichtquelle kompensiert werden.

Durch eine gezielte Herstellung der Linsen mit gewünschten Eigenschaften können Sensoren für größere Messbereiche als bei konfokalen Sensoren entwickelt werden. Außerdem sind auch größere Arbeitsabstände realisierbar.

Um den Sensorkopf möglichst kompakt zu gestalten, können einzelne Komponenten des Messgerätes ausgelagert werden. Die Lichtquelle kann beispielsweise außerhalb des Messkopfes platziert werden. Das breitbandige Licht wird dann über eine Glasfaser eingekoppelt.

6 Radiointerferometrie

Die Radiointerferometrie hat ihren Ursprung in der Astronomie. Nach dem Entwickeln der ersten Teleskope und später der Erfindung des Radios und somit der nötigen Empfangstechnik wurden die ersten Radioteleskope für kosmologische Beobachtungen konstruiert. Die Benutzung der einzelnen Radioteleskope erlaubt aber lediglich einen punktuellen Signalempfang. Dies liegt an der im Vergleich zu der optischen Strahlung viel längeren Wellenlänge. Die Wellenlänge liegt typischerweise im cm-Bereich. Um das Auflösungsvermögen eines sehr guten optischen Teleskops zu erreichen, müsste man ein Radioteleskop fast von der Größe der Erde konstruieren. Um dieses Problem zu eliminieren und Messungen mit einem hohen Auflösungsvermögen zu realisieren, wird das Prinzip der Interferometrie angewandt (Scholz 2012).

6.1 Verfahrensgrundlagen

Prinzip der Radiointerferometrie

Mehrere Radioteleskope, die räumlich voneinander getrennt sind, werden auf die gleiche Radioquelle ausgerichtet. Die Radiostrahlung wird mit einer von dem Abstand abhängigen Zeitverzögerung registriert. Aus der gemessenen Zeitdifferenz und der bekannten Ausbreitungsgeschwindigkeit der Radiowellen kann der Abstand zwischen den Teleskopen berechnet werden (Bild 6.1).

Vor- und Nachteile der Radiointerferometrie

Vorteile	Nachteile
hohe Genauigkeit in Bezug auf den Messbereich	technisch sehr aufwendig
großer Messbereich	sehr teuer
für astronomische Messungen nutzbar	sehr große Anlagen
	direkte optische Sicht erforderlich

Messbereich/Messgenauigkeit der Radiointerferometrie

Mit der Radiointerferometrie können Abstände von unter 1 m bis zu einigen Lichtjahren 10^{18} m erfasst werden. Die Genauigkeit bei der Entfernungsmessung hängt von dem Messbereich ab. Beispielsweise bei einer Entfernung von $2 \cdot 10^6$ m – $3 \cdot 10^6$ m liegt die erreichbare Genauigkeit im cm-Bereich.

Typische Anwendungen der Radiointerferometrie

Die Radiointerferometrie wird hauptsächlich für astronomische Zwecke eingesetzt. Aufgrund des hohen räumlichen Auflösungsvermögens der modernen Anlagen können Ergebnisse von bisher einzigartiger Qualität erreicht werden.

Im Bereich der Geodäsie wird die Radiointerferometrie zur genauen Vermessung der Erdoberfläche eingesetzt. Genau gesagt erfolgt die Abstandsbestimmung zwischen den Radioteleskopen, die weltweit aufgestellt werden. Die Genauigkeit liegt dabei im mm-Bereich. Das erlaubt den Wissenschaftlern eine präzise Abstands- und Geschwindigkeitsmessung der Kontinente.

6.2 Das Messverfahren der Radiointerferometrie

Die Winkelauflösung eines Radioteleskops ist begrenzt, deshalb werden mehrere Teleskope gleichzeitig eingesetzt. Zur Kombinierung der Signale verschiedener Radioteleskope kommt die klassische Interferometrie zum Einsatz.

Mindestens zwei aber in der Regel mehrere Radioteleskope, die voneinander weit entfernt sind, können nicht zur Messsignalüberlagerung per Kabel miteinander verbunden werden. Deshalb werden die Aufnahmen des Radiosignals mit einer möglichst präzisen Zeitmessung ergänzt. Die Atomuhren, die eine sehr hohe Genauigkeit aufweisen, sind dafür bestens geeignet. Dadurch kann sichergestellt werden, dass die gemessenen Signale der Radioteleskope phasengenau zur Überlagerung gebracht werden. Das ist auch eine Notwendigkeit der Interferometrie.

Dieses Verfahren der Radiointerferometrie wird als Langbasisinterferometrie (engl.: Very Long Baseline Interferometry) bezeichnet. Nach dem Aufzeichnen der Radiowellen und der Ergänzung der Messung mit einer höchst präzisen Zeitmessung werden die Signale verschiedener Radioteleskope überlagert. Aus der Überlagerung der Signale kann ein höheres Auflösungsvermögen erreicht werden, aber auch der Zeitunterschied in der Registrierung der Signale wird ermittelt. Aus der bekannten Ausbreitungsgeschwindigkeit der Radiowellen kann nun eine genaue Abstandsbestimmung vorgenommen werden. Zur Steigerung der Genauigkeit bei der Abstandsmessung werden typischerweise mehrere Signalquellen im Weltraum nacheinander benutzt und nicht nur eine.

Zu einer weiteren Steigerung des Auflösungsvermögens für astronomische Untersuchungen wird inzwischen die satellitengestützte Langbasisinterferometrie verwendet.

6.3 Astronomische Abstandsmessung

Zu den ältesten Fragestellungen der Astronomie (eine der ältesten Wissenschaften) gehört die Frage nach der Entfernung zum Mond und der Sonne. Ohne die Entfernung bestimmen zu können, war es schwierig die ablaufenden Prozesse zu verstehen und zu beschreiben. Einer der ersten Ansätze (ca. 300 v. Chr.) geht auf Aristarch von Samos (Engelhardt 1984) zurück. Damals war es bereits bekannt, dass der Mond das Sonnenlicht reflektiert. Bei Halbmond hat der Mond also einen rechten Winkel zur Sonne. Aufbauend darauf und unter Benutzung der Trigonometrie gelang es ihm erste Schätzungen anzustellen (Bild 6.2).

Der mit diesem Ansatz berechnete Abstand war jedoch sehr ungenau und ermöglichte höchstens eine sehr

Bild 6.1 Prinzip der Radiointerferometrie

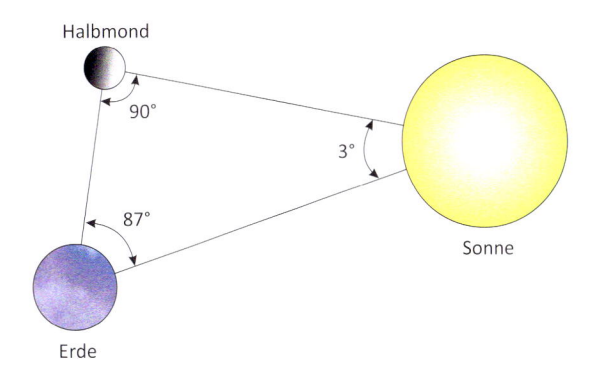

Bild 6.2 Der Ansatz von Aristarch von Samos zur kosmischen Abstandsmessung

6 Radiointerferometrie

grobe Abschätzung – aber nicht mehr. Die später entwickelten trigonometrischen Methoden waren genauer, aber für die praktischen kosmischen Abstandsmessungen ungeeignet.

Es hat mehr als 1500 Jahre gedauert, bis genauere Verfahren entwickelt wurden. Die Grundlagen dafür legten die Astronomen Nikolaus Kopernikus (1473–1545) und Johannes Kepler (1571–1630). Das 3. Keplersche Gesetz besagt, dass das Verhältnis aus dem Quadrat der Umlaufzeit eines Planeten T proportional der 3. Potenz des Abstandes (der mittlere Bahnradius) r eine Konstante ist (Clauser 2014).

$$\frac{T^2}{r^3} = const$$

Dieser Zusammenhang gilt für alle Planeten, die eine zentrale Masse umkreisen. Dieses Gesetz erlaubt uns eine Abstandsbestimmung, wenn die Umlaufzeiten von zwei Planeten und der mittlere Bahnradius eines Planeten bekannt sind. Zum Beispiel:

$$\frac{T^2_{Erde}}{r^3_{Erde}} = \frac{T^2_{Saturn}}{r^3_{Saturn}}$$

Der Erdabstand zur Sonne wird als 1 Astronomische Einheit (AE) definiert und muss dementsprechend genau bekannt sein. Für diesen Zweck wurde die sogenannte Parallaxe entwickelt.

6.3.1 Parallaxe

Unter der Parallaxe wird eine scheinbare Änderung der Position eines Objektes, bei einer Verschiebung der eigenen Position, bezeichnet (Bild 6.3).

Würde man ein Objekt vor die Augen halten und abwechselnd das linke und das rechte Auge schließen, wird eine Verschiebung des Hintergrunds beobachtet. Diese Parallaxe wird mit immer kleiner werdendem Abstand des Objektes zu den Augen größer. Der Abstand zwischen den Augen wird als Basis bezeichnet und ist unserem Gehirn aus Erfahrungswerten bekannt. Genau das bildet die Grundlage des räumlichen Sehens.

In der Astronomie oder auch Geodäsie (zum Teil auch in Fotoapparaten) wird dieses Messprinzip angewandt, um eine relativ genaue Abstandsmessung vorzunehmen. Es ist ersichtlich, dass für solche Zwecke die Basis um einiges länger sein muss, damit die Parallaxe möglichst groß wird. Für die Entfernungsmessung bis zu den erdnahen Objekten kann der Radius der Erde als die Basis verwendet werden. Das bedeutet, dass möglichst gleichzeitig (wegen der Bewegung der Planeten) an zwei, weit auseinander liegenden Punkten der Erd-

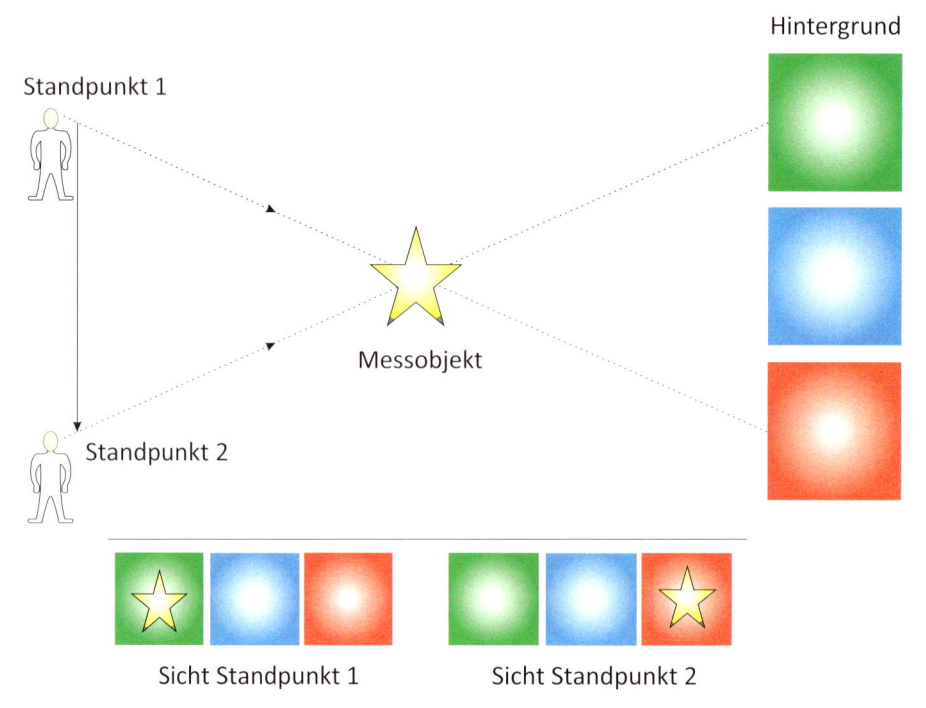

Bild 6.3 Prinzip der Parallaxe als schematische Darstellung

oberfläche die Position der Planeten zu erfassen ist. Aus der Verrechnung der Ergebnisse kann nun der Abstand ermittelt werden. Diese Art der Parallaxe wird als Horizontalparallaxe bezeichnet.

Aber auch der Erdradius ist nicht ausreichend, um den Abstand zu den nächsten Sternen zu messen. Dadurch, dass unser Planet sich durch den Weltraum bewegt, können wir diese Veränderung der Position für die Parallaxe nutzen. Das gilt sowohl für die Erdrotation als auch die Bewegung der Erde um die Sonne. Die Anwendung der Erdrotation wird als die sogenannte Höhenparalaxe bezeichnet.

Die Bewegung der Erde um die Sonne erlaubt uns die Messung der Abstände auch von weiter entfernten Sternen. Diese Messmethode trägt die Bezeichnung Sternparallaxe. Dabei werden an zwei möglichst weit entfernten Positionen (also nach 6 Monaten) auf der Bahn der Erde um die Sonne die Positionen von dem Stern – bis zu dem der Abstand bestimmt werden soll – erfasst.

Der gesuchte Abstand wird meistens in Parsec (Parallaxensekunde) angegeben. Sie ist gleich der Entfernung, die unter einem Winkel von einer Winkelsekunde erscheint. Die Parallaxensekunde entspricht 3,26 Lichtjahre oder 206264 AE (Kurzweil 1999).

Mit dieser Methode können Entfernungen bis ca. 10^{20} m (150 Lichtjahre) vermessen werden.

Die Sterne sind in verschiedene Klassen eingeteilt, sodass aus dem spektralen Anteil des Sterns eine Zuordnung erfolgen kann. Daraus kann dem Stern eine absolute Helligkeit zugeordnet werden. Aus der Messung der auf der Erde ankommenden Helligkeit und dem direkten Vergleich mit der absoluten Helligkeit kann der Abstand bis zum Stern berechnet werden. Diese Methode ist aber äußerst unzuverlässig. Diese Art der Abstandsbestimmung trägt die Bezeichnung spektroskopische Parallaxe (Bild 6.4).

Es existieren auch andere Arten der Parallaxen. Diese haben jedoch eine geringe Bedeutung für praktische Messungen.

Zur Entfernungsmessung können auch andere Effekte herangezogen werden. Beispielsweise pulsieren (Gepheiden) einige Sterne. Das heißt, dass die Helligkeit des Sterns periodisch schwankt. Das Pulsieren ist physikalisch auf die inneren Prozesse und eine Wechselwirkung mit der Atmosphäre des Sterns zurückzuführen. Die Astronomen haben eine Abhängigkeit der Periodendauer von der Helligkeit des Sterns entdeckt. Aus der Messung der Pulsdauer kann also direkt die tatsächliche Helligkeit des Sterns ermittelt werden.

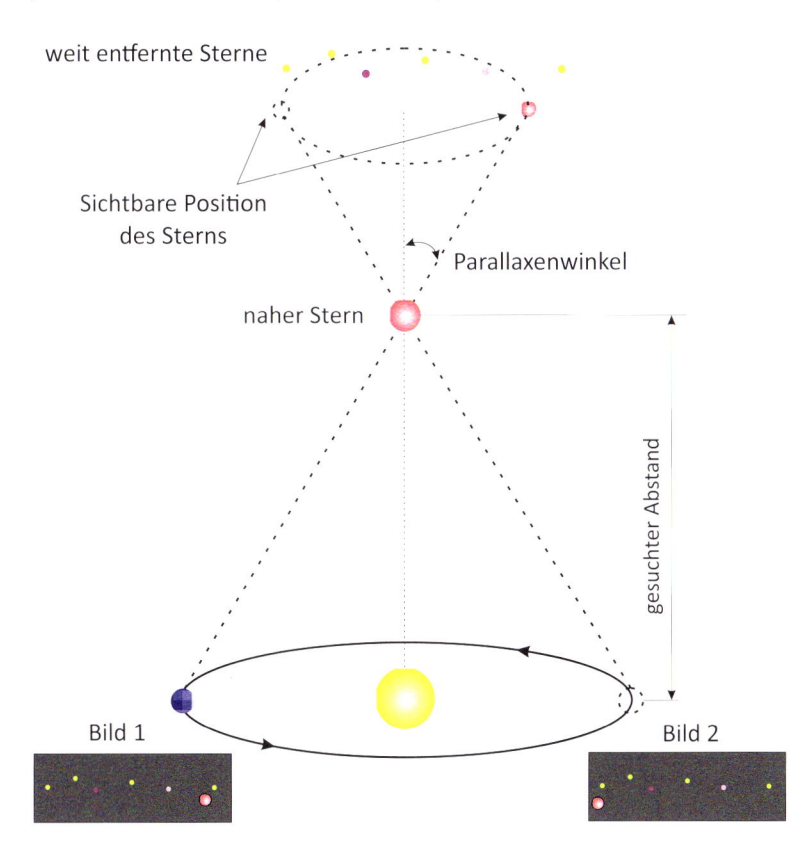

Bild 6.4
Prinzip der Sternparallaxe

Wie auch bei der spektroskopischen Parallaxe kann nun durch den Vergleich der gemessenen und der tatsächlichen Helligkeiten der Abstand berechnet werden. Diese Methode kann auch für größere Abstände eingesetzt werden. Beschränkt wird die Messung durch die Beobachtbarkeit der Sterne.

6.3.2 Rotverschiebung

Allgemein wird unter der Rotverschiebung eine Verlängerung der emittierten Welle verstanden. Diese verlängerte Welle wird vom Beobachter registriert. Die Ursache für die Rotverschiebung ist der Dopplereffekt (Bild 6.5). Bei einer Relativbewegung des Senders der elektromagnetischen Welle und dem Empfänger dieser kommt es zu einer Frequenzänderung (Verkürzung oder Verlängerung) der ursprünglichen Welle. Wenn sich der Übertragungsweg verkürzt, erfolgt eine Erhöhung des Empfangssignals, also eine Verkürzung der Wellenlänge. Bei der Vergrößerung des Übertragungsweges wird eine niedrigere Frequenz empfangen, also eine Verlängerung der Wellenlänge (Fließbach 2012). Im zweiten Fall würde man von der Rotverschiebung reden.

Im Jahre 1929 stellte Edwin Hubble bei der Untersuchung der Sterne mit bereits bekannter Entfernung fest, dass mit zunehmendem Abstand eine immer größere Verschiebung des Spektrums zum Rotbereich beobachtet wird (Cornell 1991). Das würde bedeuten, dass je größer die Entfernung ist, desto schneller entfernen sich die Sterne (gilt auch für ganze Galaxien) von der Erde. Genauso hat Edwin Hubble das auch am Anfang interpretiert. Man stellte jedoch relativ schnell fest, dass sich einige Galaxien (z. B. Abell 1835 IR 1916) fast mit Lichtgeschwindigkeit bewegen müssten.

Die gemessene Rotverschiebung setzt sich aus mehreren Effekten zusammen. Eine kleine Rolle spielt die tatsächliche Geschwindigkeit z_{Doppler} der Galaxien. Eine weitere geringe Rolle spielt die Gravitationsrotverschiebung z_{Grav}. Die Lichtteilchen verlieren ein Teil ihrer Energie beim Überwinden der Gravitation und erfahren dadurch eine geringe Rotverschiebung. Aber den größten Einfluss übt die Raumausdehnung z_{Raum} aus. Das heißt, je länger der Weg der Lichtwellen zu der Erde ist, desto mehr Zeit hat die Raumausdehnung (Bild 6.6), um auf das Licht einzuwirken und dieses entsprechend auch zu verlängern. Die gemessene Rotverschiebung z_{ges} setzt sich also wie folgt zusammen:

$$z_{\text{ges}} = z_{\text{Raum}} + z_{\text{Doppler}} + z_{\text{Grav}}$$

Dabei ist die Rotverschiebung, die aus der kosmologischen Raumausdehnung resultiert, als ein Verhältnis aus der gemessenen Wellenlänge λ_{Mess} und der Wellenlänge eines nahen Sterns (z. B. Sonne) λ_{Ref} definiert.

$$z_{\text{Raum}} = \frac{\lambda_{\text{Mess}} - \lambda_{\text{Ref}}}{\lambda_{\text{Ref}}}$$

Die gemessene Rotverschiebung ist also direkt zu der Entfernung des Sterns oder der Galaxie proportional. Für unsere Sonne würden wir $z_{\text{Raum}=0}$ erhalten. Anfangs ging man von einem linearen Zusammenhang aus. Es stellte sich jedoch heraus, dass der lineare Zu-

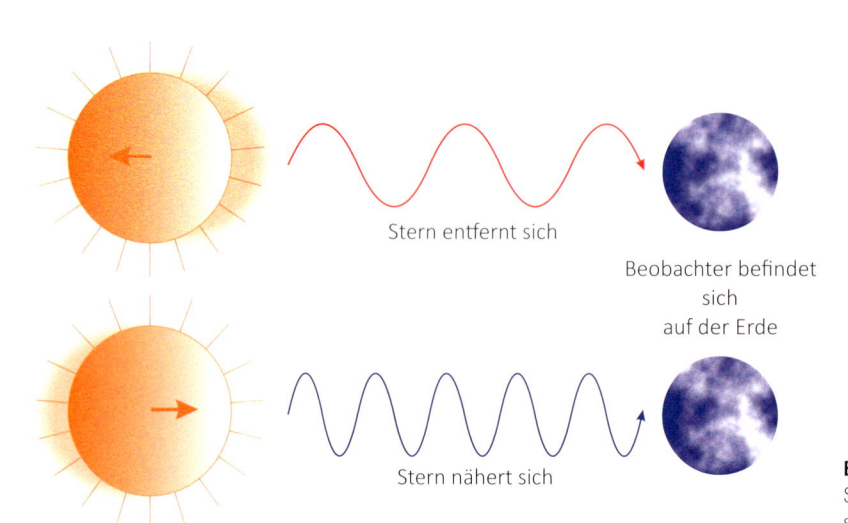

Bild 6.5
Schematische Darstellung der Rotverschiebung bzw. des Dopplereffekts

6.3 Astronomische Abstandsmessung

Bild 6.6
Schematische Darstellung der Raumausdehnung

sammenhang lediglich für nahe Objekte gilt. Die anfangs eingeführte Hubble-Konstante wird inzwischen als Hubble-Parameter bezeichnet.

Im Spektrum eines Sterns sind immer Absorptionslinien vorhanden. Diese Linien werden als Fraunhofer-Linien bezeichnet und geben eine Auskunft über die chemische Zusammensetzung und die Temperatur des Sterns. Die Wellenlänge jedes chemischen Elementes ist inzwischen sehr genau bekannt, deswegen können diese Linien aufgrund ihrer Änderung sehr gut für die Messung der Rotverschiebung genutzt werden (Korte 2015).

Die Methode, die Rotverschiebung zu messen, erlaubt uns, die Entfernungen der Galaxien bis zum Randbereich des Universums zu bestimmen.

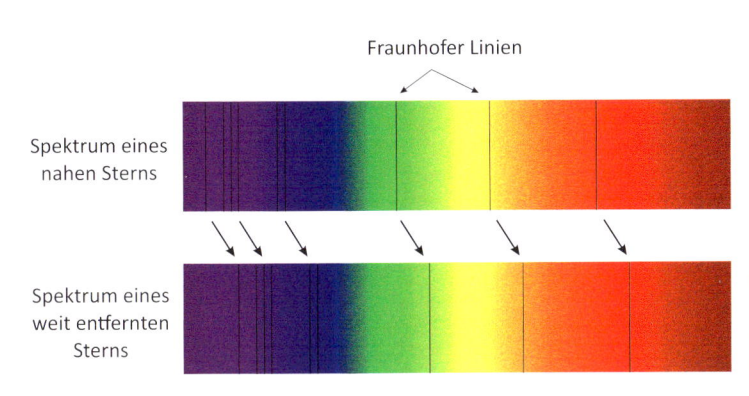

Bild 6.7
Beispielhafte Darstellung der Spektren eines nahen und eines weit entfernten Sterns und der aus der Entfernung resultierenden Rotverschiebung

7 Literaturverzeichnis zu Teil VII

Clauser, C.: Einführung in die Geophysik, Springer Verlag GmbH, 2014

Cornell, J.: Die neue Kosmologie, Springer Basel AG, 1991

Engelhardt, W.: Planeten Monde Ringsysteme, Springer Basel AG, 1984

Filk, T.; Giulini, D.: Am Anfang war die Ewigkeit, auf der Suche nach dem Ursprung der Zeit, C. H. Beck Verlag, 2004

Fließbach, T.: Allgemeine Relativitätstheorie, Springer Spektrum, 6. Auflage, 2012

Kurzweil, P.: Das Vieweg Einheiten-Lexikon, Formeln und Begriffe aus Physik, Chemie und Technik, Friedr. Vieweg & Sohn Verlagsgesellschaft mbH, 1999

Korte, S.: Die Grenzen der Naturwissenschaft als Thema des Physikunterrichts, Logos Verlag, 2015

Lücke, P.; Last, A.; Mohr, J.: Mikrooptische Sensoren nach dem chromatisch konfokalen Messprinzip, Forschungszentrum Karlsruhe in der Helmholtz-Gemeinschaft, Wissenschaftliche Berichte FZKA7234, 2006

Mücklich, A.: Das verständliche Universum: wie unsere Wirklichkeit entsteht, Books on Demand GmbH, 2011

Scholz, M.: Beobachtende Astronomie II, Radioastronomie, Astronomie im Submillimeter- und Millimeterwellenbereich, epubli GmbH, 2012

Schulz, M.: Interferometrisch messender faseroptischer Sensor mit mechanisch oszillierender Sonde, Dissertation an der Universität Kassel, 2014

Seidel, W.: Sternstunden: Die abenteuerliche Geschichte der Entdeckung und Vermessung der Welt, Bastei Entertainment, 2012

Witte, B.; Schmidt, H.: Vermessungskunde und Grundlagen der Statistik für das Bauwesen, Wichmann Herbert Verlag, 2004

TEIL VIII
Verformungsmessung

1	Einleitung	447
2	Holografie zur Verformungsmessung	451
3	Shearografie zur Verformungsmessung	461
4	Bildkorrelation zur Verformungsmessung	467
5	Streifenprojektion zur Verformungsmessung	484
6	Photogrammetrie zur Verformungsmessung	488
7	Literaturverzeichnis	497

1 Einleitung

Die Kenntnis des Verhaltens von Werkstoffen unter mechanischer Last ist von höchster Bedeutung, um deren zugedachte Funktionsfähigkeit im Betrieb zu gewährleisten. Weit verbreitet sind Methoden, welche die Last „statisch", oft mit einer nur geringen Verformungsrate, aufbringen. Im Zuge des immer weiter fortschreitenden Standes der Technik und der wissenschaftlichen Neugier wurde auch die Frage nach dem Verhalten unter „dynamischen", d.h. rasch ablaufenden Umformungen, immer wichtiger. Eingang finden solche Forschungsarbeiten beispielsweise im Fahrzeug- und Flugzeugbau oder auch bei der Entwicklung von geeigneten Schutzmaterialien gegen Beschuss und persönlicher Schutzausrüstung.

Eine sehr effektive Möglichkeit Deformationen eines Messobjektes zu erfassen, stellen verschiedene, optische Messverfahren dar. Die optischen Messverfahren haben alle gemeinsam, dass die Verformung mittels Licht gemessen wird. Die Geschichte dieser Verfahren reicht zurück bis zur sogenannten Spannungsoptik. Mit der Spanungsoptik können Spannungsverteilungen in transparenten Kunststoffen mit doppelbrechenden Eigenschaften sichtbar gemacht werden.

In den letzten Jahrzehnten entstand eine Vielzahl neuer optischer Verfahren, die auf unterschiedlichen Messprinzipien basieren. Aber nicht nur die Art der Messmethoden hat sich verändert. Insbesondere Messbereiche, Messgenauigkeit und Messgeschwindigkeit wurden entscheidend verbessert, sodass heutzutage die optische Verformungsmessung eine sehr breite Anwendung findet.

1.1 Historischer Rückblick

Das Deformationsverhalten und die Verformungsänderung verschiedener Objekte interessiert die Fachwelt bereits seit langem. Vor der Entwicklung der ersten elektronischen Geräte und der optischen Verformungsmessung standen lediglich einfache Messmethoden, basierend auf einer manuellen Messung mittels Maßlehren, zur Verfügung. Ein direkter Vergleich von Messungen, die zu verschiedenen Zeitpunkten durchgeführt wurden, lieferte die Verformungsänderung. Zur Erfassung von Verformungen, beispielsweise an Bauwerken, wurden sogenannte Setzdehnungsmesser entwickelt. Mit solchen Messgeräten wird eine Längenänderung einer bestimmten Strecke mechanisch mittels einer Messuhr erfasst. Diese Messgeräte waren ziemlich ungenau und erlaubten keine zuverlässigen Langzeitmessungen (Wischers 1976).

Mechanische Messgeräte wurden von elektronischen Wegaufnehmern abgelöst, die entweder induktiv arbeiten oder auf dem Prinzip der Dehnungsmessstreifen (DMS) basieren. Die Grundlagen der DMS wurden im Jahre 1938 von Prof. Ruge am MIT veröffentlicht (Laible 2005).

Die DMS werden auf die Oberfläche der zu untersuchenden Struktur aufgeklebt (appliziert). Eine Dehnung oder Stauchung führt zu einer Verformung der DMS und somit zu einer Änderung des elektrischen Widerstandes. Die Widerstandsänderung wird wiederum in eine Verformung bzw. Dehnung umgerechnet. Dehnungsmessstreifen gibt es in verschiedensten Ausführungsformen, wie z.B. als einfache Folien-Dehnungsmessstreifen und Rosetten-DMS (Bild 1.1).

Bei den induktiven Messgeräten wird die Verformung in Abhängigkeit von der Position eines verschiebbaren Eisenkerns, der sich relativ zu einer oder mehreren Spulen bewegen lässt, erfasst (Czichos 2000). Eine relative Verschiebung des Eisenkerns führt zu einer

1 Einleitung

Bild 1.1 Anordnung von drei DMS (Rosetten-DMS) zur Erfassung von Verformungskomponenten (Dehnungen) in alle Richtungen

messbaren Induktionsänderung, die mit einer relativ hohen Genauigkeit in eine Längenänderung umgerechnet werden kann.

Zu den ersten optischen Messmethoden, die zur Erfassung von Deformationen eingesetzt wurden, zählt die Spannungsoptik (Teil I, Kapitel 2 und 3). Aufgrund der relativ komplexen Auswertung und der Möglichkeit der Untersuchung von lediglich bestimmten Kunststoffen wird dieses Messverfahren zur Ermittlung von Verformungen nur noch selten eingesetzt. Außerdem wird das optische Verfahren Photogrammetrie (Teil I, Kapitel 4), welches auf der fotografischen Messobjekterfassung aus verschiedenen Perspektiven basiert, bereits seit über einem Jahrhungert für Deformationsmessungen genutzt. Aber erst die Entwicklung der modernen Rechner und der digitalen, hochauflösenden Kameras machte die Photogrammetrie zu einem weit verbreiteten Messverfahren zur Erfassung von Verformungen.

Die Entwicklung der verschiedenen Lasersysteme, die eine kohärente Strahlung erzeugen, führte zur Entstehung von einigen neuen, optischen Verfahren zur Verformungsmessung. Dazu zählen beispielsweise Speckle-Messtechniken wie die Shearografie und die Holografie (Teil I, Kapitel 4 und 6).

Weiterhin wurden bildbasierende Messmethoden wie die Bildkorrelation (Teil IV, Kapitel 3) und die Streifenprojektion (Teil I, Kapitel 3) zur Verformungsmessung entwickelt. Für einen erfolgreichen Einsatz dieser beiden Messmethoden werden ebenfalls relativ leistungsstarke Rechner und digitale Kameras benötigt. Das ist auch der Grund für die – erst seit wenigen Jahrzehnten – industrielle Nutzung dieser Messmethoden.

1.2 Nichtoptische Messtechnik

Am Anfang der technischen Verformungsmessung standen lediglich berührend messende Techniken zur Verfügung. Außerdem erfolgte die Erfassung der Verformung häufig nur punktuell. Eine relativ kompakte und leistungsfähige Messung der Verformungen und Dehnungen erlauben sogenannte Dehnungsmessstreifen. Sie ermöglichen die punktuelle Erfassung von (kleinen) Dehnungen und Stauchungen. Die Messung dieser Verformungen erfolgt dabei mit einer hohen Genauigkeit auf indirekte Art und Weise über die Änderung des elektrischen Widerstandes, wie bereits beschrieben.

Zu den Nachteilen der Dehnungsmessstreifen zählt eine relativ aufwendige Vorbereitung der Messungen. Die Richtung der Dehnungen und Verformungen muss vor der Messung bekannt sein, damit die DMS richtig appliziert werden. Wenn die Richtung unbekannt ist, wird der Vorbereitungsaufwand deutlich erhöht.

Außerdem existiert eine große Anzahl von potenziometrischen und induktiven Wegsensoren, welche ebenfalls eine punktuelle Messung großer Längen- bzw. Winkeländerungen erlauben. Bei induktiven und potenziometrischen Verfahren erfolgt die Messung der Verformung über die Änderung des elektrischen Widerstandes bzw. der Induktivitätsänderung einer Spule. Zur Erfassung sehr großer Verformungen existieren potenziometrische Seilzugaufnehmer. Die Deformation wird dabei über die Drehbewegung einer Trommel durchgeführt.

Bei der Erfassung von sehr großen Verformungen sind nichtoptische Messtechniken überlegen. Außerdem sind diese in der Regel preiswerter als optische Messgeräte. Für flächenhafte Messungen sind sie jedoch ungeeignet.

Um einige der genannten Nachteile zu vermeiden, wurden zusätzlich optische Messverfahren entwickelt. Damit konnte der wachsende Bedarf an mehr Präzision in weit kürzerer Zeit erfüllt werden. Der technologische Fortschritt und die immer kürzer werdenden Messzeiten erlauben glücklicherweise zunehmend diese Probleme zu beherrschen.

1.3 Übersicht

Durch die großen Fortschritte in der Computer- und Sensortechnologie entstand in den letzten Jahren eine Vielzahl an optischen Messsystemen zur Verformungsmessung. Im Folgenden wird eine Übersicht der verschiedenen Verfahren zur Erfassung von Verformungen vorgestellt.

Die nachfolgenden Diagramme enthalten außerdem die wichtigsten Kenngrößen bei der Wahl des jeweils richtigen Verfahrens zur Verformungsmessung. Dabei sind mögliche Messflächen, messbare Verformungen und die erzielbare Messgenauigkeit besonders wichtig. In Abhängigkeit von den Randbedingungen kann anhand der Diagramme eine Vorauswahl getroffen werden. Die endgültige Wahl des richtigen Verfahrens ist mithilfe der Messverfahrensbeschreibung durchzuführen.

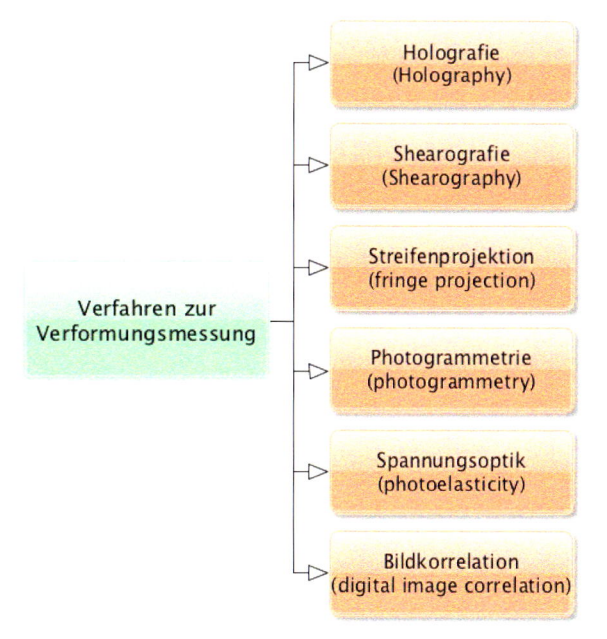

Bild 1.2 Übersicht der optischen Verfahren zur Verformungsmessung

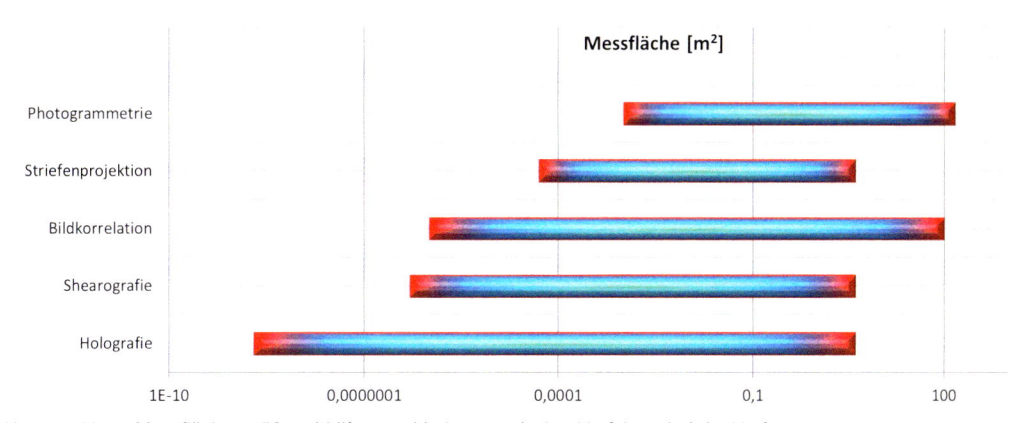

Bild 1.3 Untersuchbare Messflächengröße mithilfe verschiedener optischer Verfahren bei der Verformungsmessung

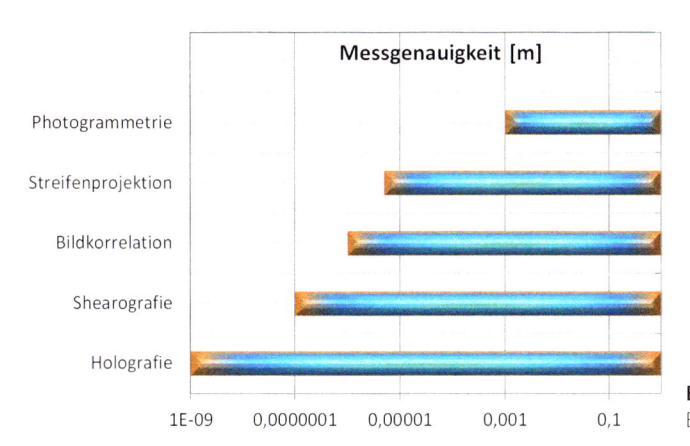

Bild 1.4 Erzielbare Messgenauigkeit bei der Verformungsmessung

1 Einleitung

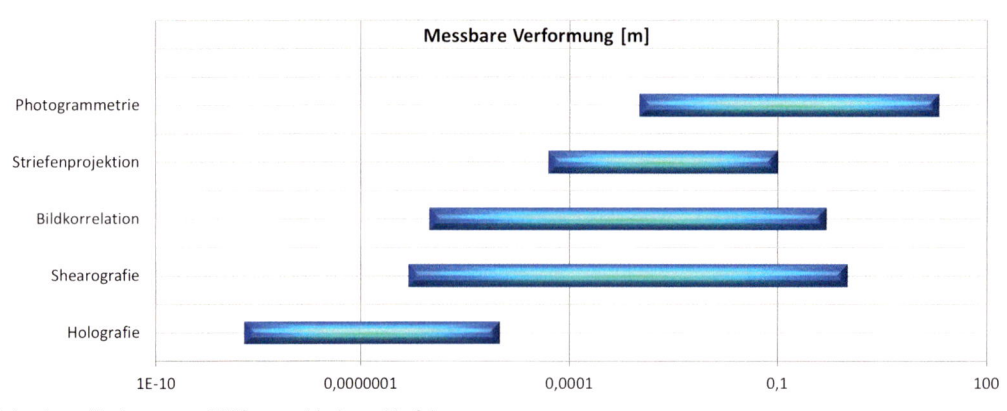

Bild 1.5 Erfassbare Verformung mithilfe verschiedener Verfahren

2 Holografie zur Verformungsmessung

2.1 Verfahrensgrundlagen

Das Messverfahren der Holografie wurde im Jahre 1949 von Dennis Gabor entdeckt (Lindner 1991). Diese Methode fand jedoch zunächst keine Anwendung, da die erforderlichen Lichtquellen noch nicht zur Verfügung standen. Erst die Entwicklung der Laser in den 60er-Jahren, die eine kohärente Strahlung emittieren, ermöglichte eine effiziente Nutzung des entdeckten Messprinzips. Seitdem wurde die Holografie weiterentwickelt und gehört inzwischen zu einem weit verbreiteten, industriellen Messverfahren. Nach dem Übergang von Filmmaterial auf die digitale Bilderfassung mittels CCD-, bzw CMOS-Kameras und der Auswertung mittels Rechner wird dieses Verfahren auch als Elektronische-Speckle-Pattern-Interferometrie (ESPI) bezeichnet. Im Bereich der Verformungsmessung, insbesondere bei hochpräzisen Untersuchungen, ist die digitale Holografie inzwischen nicht mehr wegzudenken. Mittlerweile werden auf dem Markt relativ kompakte und somit transportable Messsysteme angeboten. Neben der industriellen Nutzung der Holografie ist dieses Verfahren in der Forschung und Entwicklung sehr beliebt.

Prinzip der Holografie

Aufgrund der kohärenten Laserstrahlung kann die relative Verformung zweier Objektzustände, bei Überlagerung von zwei oder mehr Aufnahmen, die nach den Gesetzen der Interferometrie erfasst werden, gewonnen werden (Bild 2.1 und 2.2).

Vor- und Nachteile der Holografie

Vorteile	Nachteile
Flächenhafte Messungen möglich	Schmutz- und wasserempfindlich
sehr hohe Genauigkeit	keine absolute Messung
schnelle Messung	Laserschutz erforderlich
kompakter Sensor (transportabel)	Vorbereitungen erforderlich
für kleine Messobjekte geeignet	Messsysteme teuer
	relativ kleiner Messbereich

Messbereich/Messgenauigkeit Holografie

Die Fläche, die bei der Holografie mit einer Messung erfasst werden kann, beträgt typischerweise ca. 40×40 cm^2. Es sind jedoch Systeme verfügbar, die sowohl größere als auch viel kleinere Messflächen untersuchen können. Messflächen größer als 3 bis 4 m^2 sind jedoch schwer zu realisieren. Es werden einerseits leistungsfähige und somit für den Bediener des Systems gefährliche Laser benötigt und andererseits ist aufgrund der enormen Empfindlichkeit eine vibrationsfreie Lagerung des Messobjektes erforderlich. Dies ist i.d.R. bei dieser Größenordnung nicht mehr gewährleistet. In Verbindung mit einem Mikroskopsystem erlaubt die Holografie Verformungsmessungen von sehr kleinen Messobjekten. Der Messfleck liegt dabei lediglich bei einigen mm^2.

Die erzielbare Genauigkeit beträgt wenige Nanometer. Somit zählt die Holografie zu den empfindlichsten Verfahren der Verformungsmessung. Bedingt durch das Messprinzip, werden mit der Holografie Verformungsinformationen in einer gefalteten Form (math.) ermittelt. Dadurch wird die Verformung nicht direkt, sondern in Form von Korrelationsstreifen erfasst, die mittels einer mathematischen Entfaltung in eine Verformung umgerechnet werden können. Da der Abstand zwischen den Streifen nicht beliebig klein sein darf, damit die einzelnen Übergänge noch erkannt werden, ist die maximal erfassbare Verformung limitiert. In Abhängigkeit von der Messobjektfläche und anderer Randbedingungen, wie beispielsweise Laserwellenlänge oder Speckle-Größe, variiert der Messbereich relativ stark. In der Regel können Verformungen bis in den Sub-µm-Bereich erfasst werden.

Typische Anwendungen der Holografie

Die holografische Verformungsmessung ist relativ weit verbreitet. Aber insbesondere in der Automobil- und Flugzeugindustrie findet dieses Messverfahren häufig Anwendung. Viele Berechnungen werden heutzutage mithilfe eines Computers durchgeführt. Zur Validierung der simulierten Ergebnisse werden belastbare Messdaten benötigt. Die Holografie liefert hochpräzise Messergebnisse und ist deshalb für diesen Zweck sehr gut geeignet. Wie noch im weiteren Verlauf dieses Kapitels gezeigt wird, können beispielsweise Pkw-Bremsanlagen belastet und die daraus resultierenden Verformungen mit der Holografie gemessen werden, um ein FEM-Modell zu validieren. Dieses Messverfahren wird außerdem in der Raumfahrt eingesetzt. Insbesondere, um einen vorzeitigen Ausfall von sicherheitsrelevanten Bauteilen zu vermeiden. Dies wird durch eine gezielte Erprobung einzelner Komponenten sichergestellt.

Im Bereich der Qualitätssicherung gehört die Holografie bereits zu den etablierten Messverfahren. Anhand von berührungslosen Verformungsmessungen, können Aussagen bezüglich der Qualität bzw. Belastbarkeit von Bauteilen getroffen werden, ohne diese zu beschädigen. Dies gilt sowohl für kleinere als auch für große Messobjekte wie beispielsweise ganze Zuggleis-Abschnitte.

Ein weiterer, relativ breiter Anwendungsbereich der Holografie stellt die Erfassung des Verformungsverhaltens von verschiedenen Zug- oder Druckproben dar. Zur Ermittlung von Werkstoffkenndaten sind verschiedene Zug-, Druck- oder Biegeuntersuchungen unverzichtbar. Die Holografie ist aufgrund der sehr hohen Präzision und der berührungslosen Arbeitsweise bestens für die Erfassung von Verformungen verschiedener Proben geeignet.

Es existieren derzeit nicht viele Messverfahren für die Untersuchung von Mikroproben. Aufgrund der existierenden Möglichkeit, die Holografie mit der Mikroskopie zu koppeln, können auch sehr kleine Strukturen hinsichtlich des Verformungsverhaltens bei einer geeigneten Belastung analysiert werden. Solche Untersuchungen werden insbesondere im Bereich der Biologie relativ häufig durchgeführt.

Die Holografie kann auch für medizinische Untersuchungen verwendet werden. Beispielsweise kann bei der Untersuchung eines Trommelfells mithilfe der Holografie eine Aussage, anhand der gemessenen Verformung, hinsichtlich des gesundheitlichen Zustandes getroffen werden. Knochenstrukturen lassen sich ebenfalls mit der Holografie untersuchen, um Aussagen bezüglich der Belastbarkeit treffen zu können. Solche Analysen sind für die Forschung sehr interessant, insbesondere auf dem Gebiet der Bionik. Nicht nur Menschen, sondern auch Tiere sowie Pflanzen werden mithilfe der Holografie untersucht. Es wurden beispielsweise bereits Untersuchungen bezüglich der Optimierung des Hufeisen-Beschlags für Pferde vorgenommen.

2.2 Das Verfahren der Holografie

Die Grundlagen der klassischen Holografie wurden bereits im Teil IV, Kapitel 4 und 6, „Messen von Schwingungen" ausführlich behandelt. Deshalb wird an dieser Stelle darauf verwiesen. Im Folgenden wird nicht mehr auf die absoluten Grundlagen und die Messdatenverarbeitung eingegangen, vielmehr wird darauf aufbauend die Holografie zur Verformungsmessung vorgestellt.

Grundsätzlich wird zwischen der out-of-plane und der in-plane-Holografie unterschieden. Bei out-of-plane-Messungen werden Verformungen in Richtung des Messsystems, also aus der Ebene der Messobjektoberfläche heraus gemessen. Bei der in-plane-Messung wird die Verformung in der Oberflächenebene des Prüflings erfasst.

Bei out-of-plane-Untersuchungen (Bild 2.1) wird das Messobjekt lediglich aus einer Richtung beleuchtet und zwar senkrecht zur Messobjektoberfläche. Der anschließend von der Messobjektoberfläche diffus reflektierte Objektstrahl wird mit einem Referenzstrahl überlagert und von einer digitalen Kamera in Form von Intensitätswerten erfasst. Um das zu ermöglichen, wird vorher der Laserstrahl mithilfe eines Strahlteilers aufgeteilt.

2.2 Das Verfahren der Holografie

Die Intensität der resultierenden Wellenfront I_{ges} wird dabei wie folgt berechnet:

$$I_{\text{ges}} = I_R + I_O + 2\sqrt{I_R \cdot I_O}\cos(\Delta\varphi)$$

Mit I_R und I_O werden die Intensitäten des Referenz- bzw. des Objektstrahls angegeben. $\Delta\varphi$ ist die relative Phasendifferenz.

Im einfachsten Fall werden zwei Lastzustände in Form von zwei Aufnahmen zur Visualisierung von Verformungen benutzt. Für diesen Zweck wird das Messobjekt zunächst im Grundzustand mittels der Kamera erfasst. Anschließend ist der Prüfling zu belasten. Nach der Belastung erfolgt die zweite Aufnahme. Die Intensität des Referenzzustandes kann folgendermaßen bestimmt werden:

$$I_{\text{Ref}} = I_R + I_O + 2\sqrt{I_R \cdot I_O}\cos(\Delta\varphi)$$

Die Intensität der zweiten Aufnahme, die nach der Belastung zu erfassen ist, wird analog zu der letzten Gleichung angegeben:

$$I_{\text{Verf}} = I_R + I_O + 2\sqrt{I_R \cdot I_O}\cos(\Delta\varphi)$$

Nun können die gemessenen Intensitäten der beiden Aufnahmen subtrahiert und in die gesuchten Korrelationsstreifen umgewandelt werden:

$$I_{\text{Res}} = I_{\text{Ref}} - I_{\text{Verf}} = 4I_O\gamma\left[\sin\varphi + \frac{\Delta}{2}\sin\frac{\Delta}{2}\right]$$

Das daraus resultierende, qualitative Interferogramm kann jedoch nicht weiter ausgewertet werden, da die Richtungsinformation und die gesuchte relative Phasenänderung fehlen. Es liegt somit ein unlösbares Gleichungssystem vor.

Um eine quantitative Bestimmung der Verformungswerte durchführen zu können, werden mindestens drei Aufnahmen benötigt, da die charakteristische Gleichung insgesamt drei unbekannte Größen enthält. Im Einzelnen sind das: I_0 – die Hintergrundintensität, γ – Modulation des Interferenzterms und Δ – die gesuchte relative Phasendifferenz. Im praktischen Einsatz werden deshalb in der Regel mithilfe eines Piezoaktors,

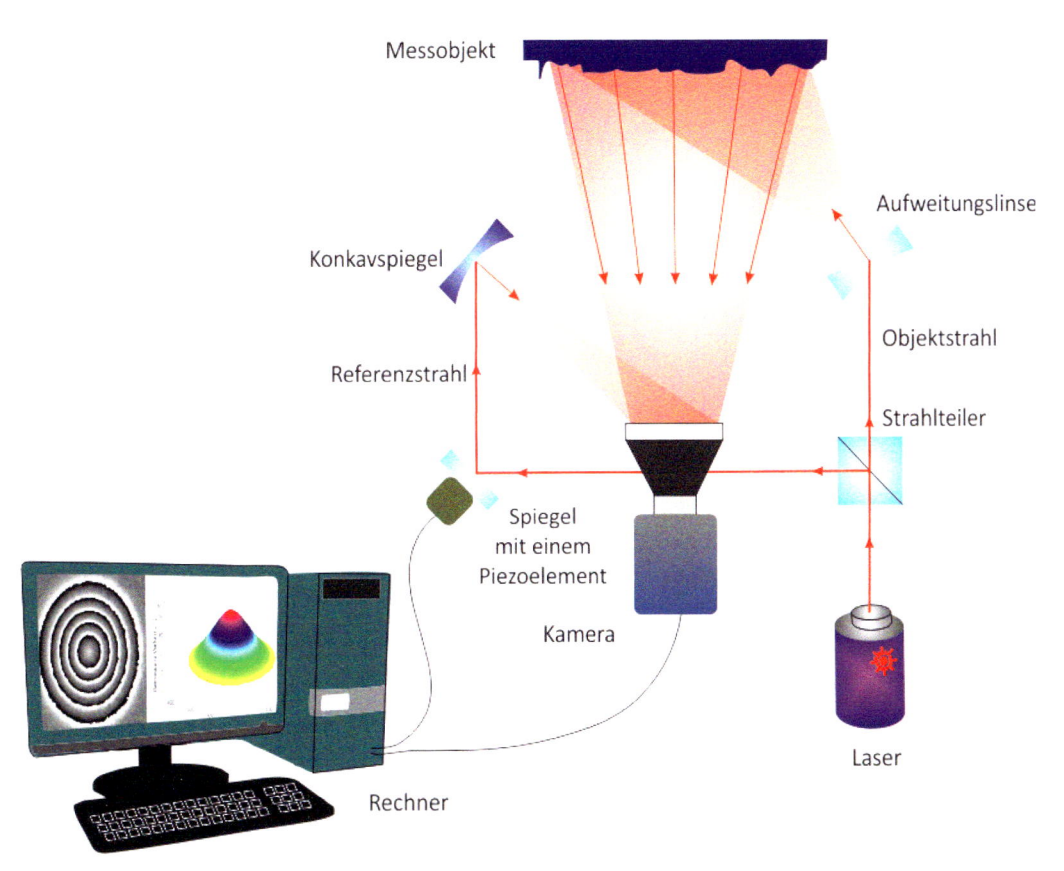

Bild 2.1 Schematische Darstellung des Prinzips der out-of-plane-Holografie

2 Holografie zur Verformungsmessung

Bild 2.2 Messablauf der qualitativen Holografie am Beispiel einer zentrisch belasteten Kreisplatte

der in den optischen Aufbau integriert ist, während der Messung zusätzliche Phasenschiebungen vorgenommen. Es werden folglich pro Belastungszustand mindestens drei Aufnahmen mit der Kamera durchgeführt, wobei zwischen den Aufnahmen eine Piezoverstellung erfolgt. Anschließend wird aus insgesamt sechs (bzw. acht) Gleichungen die gesuchte relative Phasenänderung bestimmt. Bei vier Aufnahmen pro Objektzustand erfolgt die Bestimmung der relativen Phasenänderung mithilfe der folgenden Gleichung:

$$\Delta = \arctan\frac{I_4 - I_2}{I_1 - I_3} - \arctan\frac{I'_4 - I'_2}{I'_1 - I'_3}$$

Mit I_{1-4} werden die gemessenen Intensitäten des Grundzustands und mit I'_{1-4} die Intensitäten des Zustands nach der Belastung angegeben. Die ermittelte relative Phasenänderung liegt in gefalteter Form (modulo 2π) vor, sodass gilt: $\Delta = 2\pi N$. N gibt hierbei die Streifenordnung an. Nach der Entfaltung, also der Bestimmung der Streifenordnung, wird die Verformung w wie folgt bestimmt:

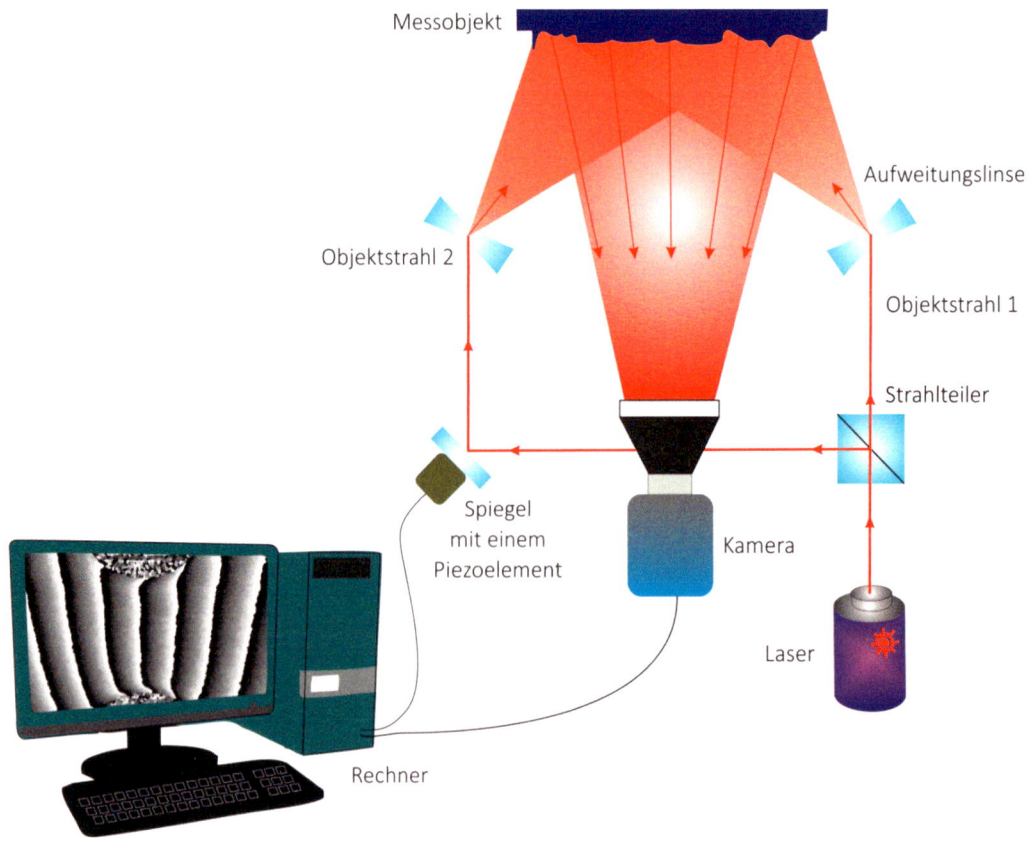

Bild 2.3 Schematische Darstellung des Prinzips der in-plane-Holografie

$$w = \frac{N\lambda}{2}$$

Aus der letzten Gleichung ist ersichtlich, dass zwischen zwei Korrelationsstreifen eine Verformung von einer halben Wellenlänge λ des verwendeten Lasersystems liegt.

Zur Bestimmung der in-plane-Verformungen ist der optische Aufbau zu modifizieren. Das Messobjekt wird aus zwei unterschiedlichen, jedoch betragsgemäß gleichen Winkeln beleuchtet. Der Referenzstrahl wird also nicht mehr benötigt. An der grundsätzlichen Vorgehensweise ändert sich jedoch nichts (Bild 2.3).

Die kommerziellen Holografie-Messgeräte sind so konstruiert, dass sie sowohl in-plane- als auch out-of-plane-Untersuchungen ermöglichen. Für diesen Zweck werden in den optischen Aufbau zusätzliche Komponenten integriert, um die Beleuchtung dem Mess-Wunsch anzupassen. In der Regel werden sogenannte Shutter benutzt, um die Lichtstrahlen durchzulassen bzw. zu blockieren. Außerdem kann oftmals das Messobjekt in zwei unterschiedlichen Ebenen beleuchtet werden, um die Verformungskomponenten aller Raumrichtungen zu erfassen. Für solche Analysen werden in der Regel mehrere Laser bzw. Laserdioden in das Messsystem integriert. Der Einsatz von preiswerten Laserdioden ist jedoch kritisch, da eine große Kohärenzlänge benötigt wird. Dieser Umstand macht die Holografie vergleichsweise teuer.

Die resultierenden Hologramme enthalten in der Regel hochfrequente Störungen (Rauschen), die mittels einer Filterung direkt nach der Messung, aber vor der mathematischen Entfaltung zu beseitigen sind. Anschließend werden die gefilterten Interferogramme demoduliert. Anhand der Ergebnisse der Demodulierung werden die Verformungen bestimmt und grafisch dargestellt. Wenn die Werkstoffparameter des Messobjektes bekannt sind, können die jeweiligen Spannungen berechnet werden. Oftmals interessiert die Spannungsverteilung mehr als die eigentliche Verformung.

2.3 Anwendungsbeispiele der Holografie zur Verformungsmessung

Wie bereits eingangs dieses Kapitels erwähnt, wird die Holografie u. a. in der Automobilindustrie eingesetzt. Die Messdaten der experimentellen Untersuchungen dienen oftmals der Validierung von Rechenmodellen. Die simulierten Berechnungen gehen von idealisierten Parametern aus. Die Vorgabe der Randbedingungen entspricht jedoch nicht immer den realen Gegebenheiten. Insbesondere ist die Vorgabe der richtigen Dämpfung kritisch. Zur Beseitigung dieser Nachteile erfolgt eine Verbesserung des Rechenmodells aufbauend auf den experimentellen Ergebnissen.

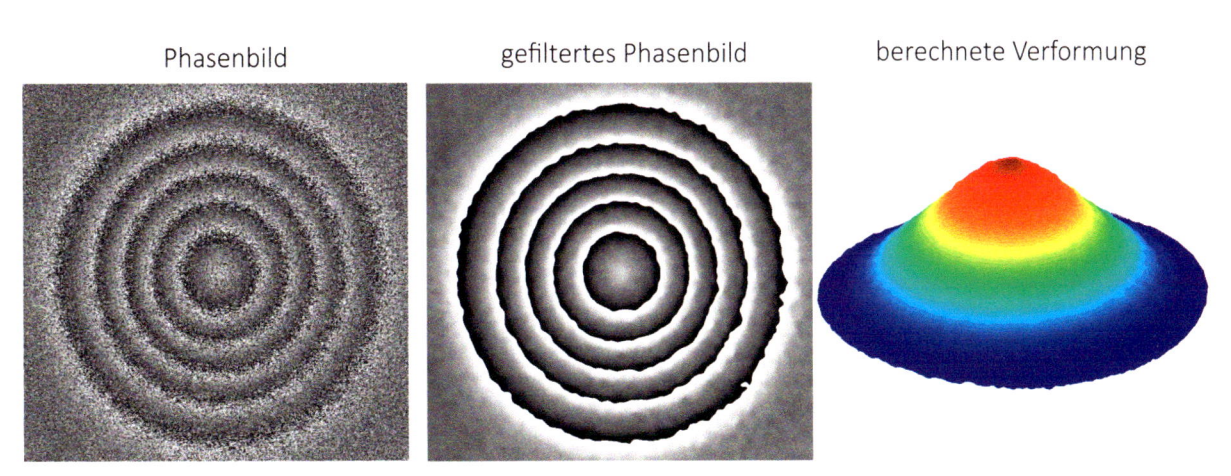

Bild 2.4 Nachbearbeitung eines Phasenbildes (Holografie) mit anschließender Berechnung der Verformung einer zentrisch belasteten Aluminium-Kreisplatte

2.3.1 Verformungsmessung eines Bremssattels und Vergleich mit FEM-Berechnungen

Untersucht wird ein Bremssattel der Firma TRW. Die holografischen Messungen werden im eingebauten Zustand durchgeführt. Dafür wird ein spezieller Prüfstand verwendet. Als Holografie-Messgerät kommt der Q300 der Firma Dantec Dynamic zum Einsatz. Vor der Diskussion der eigentlichen Messungen soll noch kurz auf die durchgeführte FEM-Simulation eingegangen werden.

Für eine FEM-Analyse müssen die Massen-, Dämpfungs- sowie Steifigkeitsverteilungen bekannt sein, damit die entsprechenden Matrizen mithilfe einer Diskretisierung aufgestellt werden können. Deshalb wird die Geometrie des Bremssattels mittels eines Verfahrens zur 3D-Messobjektvermessung erfasst. Für diesen Zweck wird ein Streifenprojektions-Messsystem der Firma AICON 3D Systems GmbH (ehemals Fa. Breuckmann) eingesetzt. Die genaue Funktionsweise des Messverfahrens der Streifenprojektion kann dem Teil I, Kapitel 3 entnommen werden. Die Erfassung der Geometrie gliedert sich in mehrere Arbeitsschritte. Im ersten Schritt werden Messungen aus verschiedenen Richtungen aufgrund der komplexen Geometrie des Prüflings durchgeführt. Nach jedem Messvorgang wird die jeweils neu aufgenommene Punktewolke mit den zuvor durchgeführten Messungen grob verbunden. Sobald die komplette Geometrie erfasst ist, erfolgt eine Feinausrichtung aller Messungen, die anschließend zu einer geschlossenen Punktewolke verschmolzen werden (Bild 2.5).

Nach der Vermessung der kompletten Geometrie des Bremssattels wird die Punktewolke in ein CAD-Programm (z. B. CATIA) eingeladen. Anschließend wird sie in ein Solid umgewandelt (Bild 2.6). Für diesen Zweck ist die Punktewolke zunächst zu bearbeiten, sodass eine geschlossene Fläche entsteht. Deshalb müssen alle noch vorhandenen Lücken, die während der 3D-Erfassung zwangsläufig entstehen (z. B. Hinterschneidungen), geschlossen werden. Im nächsten Schritt werden dem Solid Werkstoffparameter zugewiesen. Die Werkstoff-Kenndaten gehören zu den Parametern, die aufbauend auf den experimentellen Messungen mit der Holografie anzupassen sind.

Vor der Durchführung der FEM-Analyse sind im ersten Schritt die Randbedingungen zu definieren (Bild 2.7). Das Ziel ist eine möglichst genaue Abbildung der Realität. In Bild 2.7 sind die vorgenommenen Definitionen dargestellt. Der Bremsvorgang wird mithilfe einer Druckerhöhung im Hydrauliksystem eingeleitet. Der Druck wird mithilfe eines beweglichen Kolbens auf die Bremsbeläge übertragen. Das führt zum Anpressen der Reibbeläge an die rotierende Bremsscheibe. Aufgrund der Reibung wird die kinetische Bewegungsenergie in Wärme umgewandelt, die an die Umgebung abgegeben wird. Bei dem durchgeführten Versuch wird die Bremsscheibe nicht in Rotation versetzt, sondern fest verschraubt. Dies ändert aber an der Definition der Randbedingungen nichts, da bei der Untersuchung primär die Verformung des Bremssattels bei unterschiedlichen hydraulischen Drücken von Interesse ist.

Für die FEM-Analysen werden zwei Programme und zwar CATIA V5 sowie ANSYS 14.5 eingesetzt. Vor dem Starten der Berechnungen ist die Geometrie zu vernet-

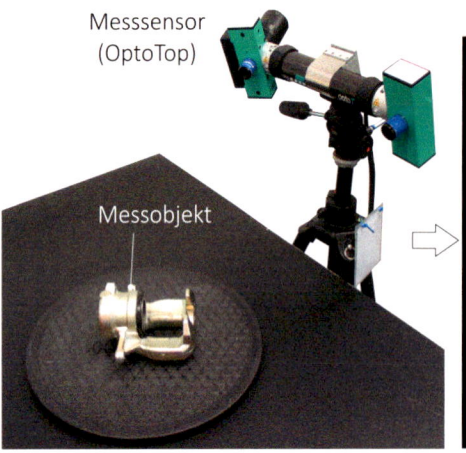

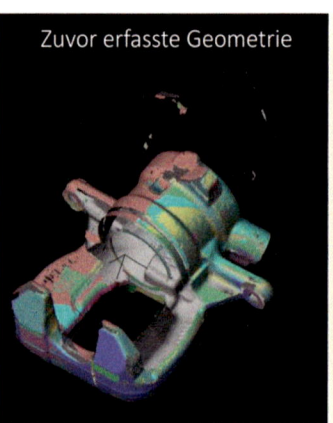

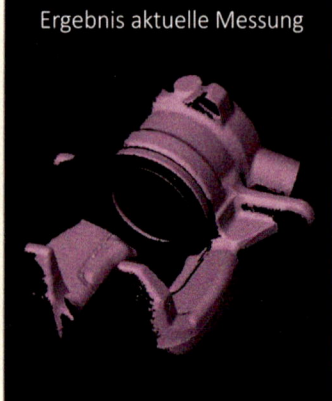

Bild 2.5 Erfassung der Geometrie des Bremssattels mithilfe des Verfahrens Streifenprojektion (links), Ergebnisse der aktuellen Messung und zuvor erfasste Geometrie (rechts), die miteinander verbunden werden

2.3 Anwendungsbeispiele der Holografie zur Verformungsmessung

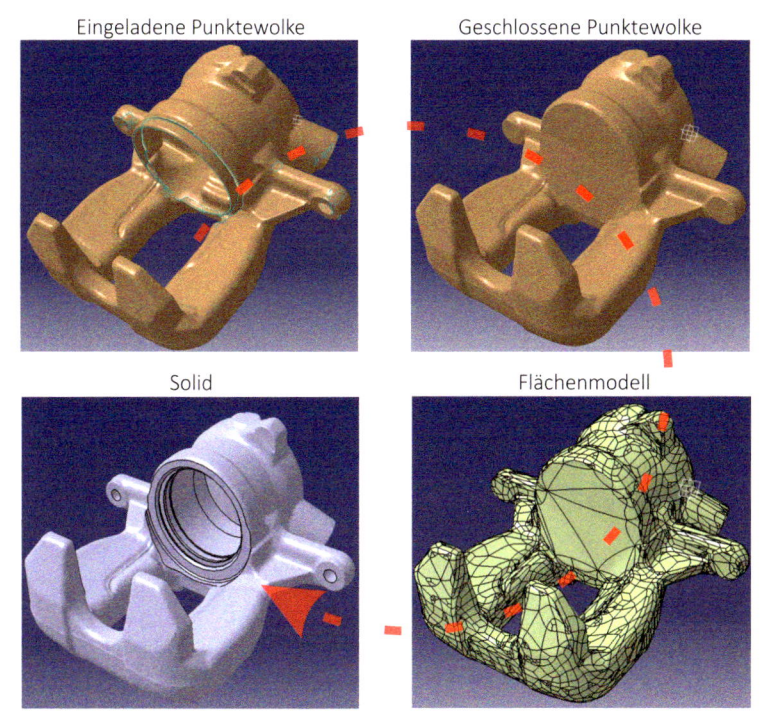

Bild 2.6
Schematische Darstellung der einzelnen Schritte der Solid-Erzeugung ausgehend von der eingeladenen Punktewolke

zen. Von der Vernetzung hängt entscheidend die Qualität der Ergebnisse ab. Es werden parabolische Tetraeder-Elemente verwendet, die eine gute Anpassung an die Geometrie des Bremssattels, bei einem vertretbaren Rechenaufwand, ermöglichen. Außerdem soll eine Unabhängigkeitsanalyse der Ergebnisse von der Anzahl der Netzelemente durchgeführt werden. Das heißt, dass das Netz solange verfeinert wird, bis keine signifikante Änderung der Ergebnisse mehr beobachtet wird.

Nach der durchgeführten FEM-Berechnung werden holografische Messungen vorgenommen. Die Einleitung des hydraulischen Druckes erfolgt mithilfe einer Belastungsvorrichtung, die in den Prüfstand integriert ist

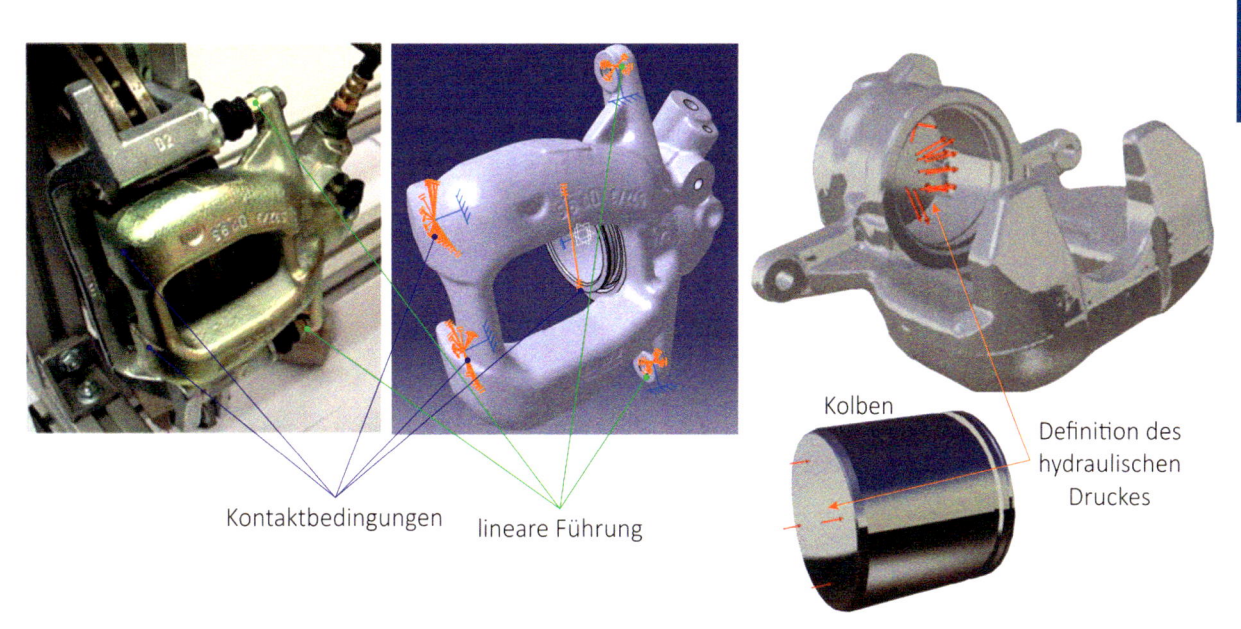

Bild 2.7 Definition der Randbedingungen und der Belastungen in CATIA, Scheibenbremse und Bremsbeläge werden durch entsprechende Kontaktbedingungen definiert, um den Rechenaufwand zu minimieren

2 Holografie zur Verformungsmessung

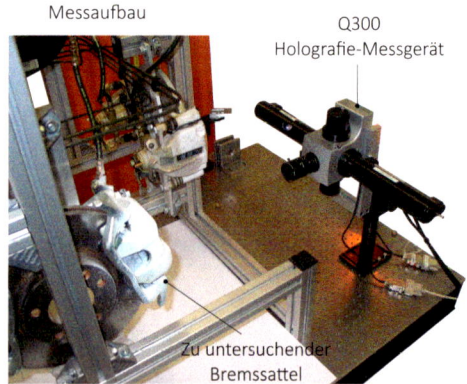

Bild 2.8 Messaufbau bei der Untersuchung eines Bremssattels mittels der Holografie

und sich unwesentlich von der Wirkung des Druckes auf die Bremssystemelemente in einem Pkw unterscheidet (Bild 2.8). Die Hydraulikflüssigkeit und somit auch die Druckänderung werden, wie bei einem Kraftfahrzeug, mittels spezieller, flexibler Leitungen an den Bremssattel weitergeleitet. Infolge der einstellbaren Druckänderung wird der Kolben entsprechend Bild 2.7 aus der Führung gedrückt und erzeugt eine Kraft, die auf die Bremsbeläge und somit auf die Bremsscheibe einwirkt. Dadurch verformt der Bremssattel sich. Aufgrund der massiven Bauweise, die zur Aufnahme der großen Kräfte erforderlich ist, erfährt der Bremssattel bei geringen Drücken (5–10 bar) nur eine unwesentliche Verformung, die aber mittels der Holografie erfasst werden kann.

Das holografische Messgerät Q300 bietet die Möglichkeit, die Geometrie der betrachteten Messobjektoberfläche durch eine Laserbeleuchtung aus verschiedenen Richtungen zu erfassen. Dadurch können die Ergebnisse der Verformungsmessung mit den Geometriedaten verknüpft werden, wodurch eine bessere Visualisierung entsteht (Bild 2.9). Weiterhin können jetzt die Werkstoffparameter definiert werden. Dadurch lassen sich neben den Verformungen auch die Spannungen im Bremssattel ermitteln. Der zu untersuchende Messbereich wird mittels spezieller Softwarewerkzeuge ausgeschnitten, um den Hintergrund von der Analyse auszuschließen.

Durch die vier Beleuchtungsarme des Q300 können Verformungen der verschiedenen Raumrichtungen unabhängig voneinander erfasst und ausgegeben werden. Deshalb erfolgt der Vergleich der Messergebnisse mit den Ergebnissen der FEM-Simulation ebenfalls für jede einzelne Richtung.

Der qualitative Vergleich (Bild 2.10) zeigt sehr gute Übereinstimmungen. Ein direkter quantitativer Vergleich liefert einige Abweichungen. Diese Diskrepanzen sind vor allem auf eine unzureichende Abbildung der Randbedingungen zurückzuführen. Beispielsweise die Ergebnisse der holografischen Messungen in y-Richtung zeigen im Bereich der Druckeinleitung die größten Verformungen, die von der hydraulischen Lei-

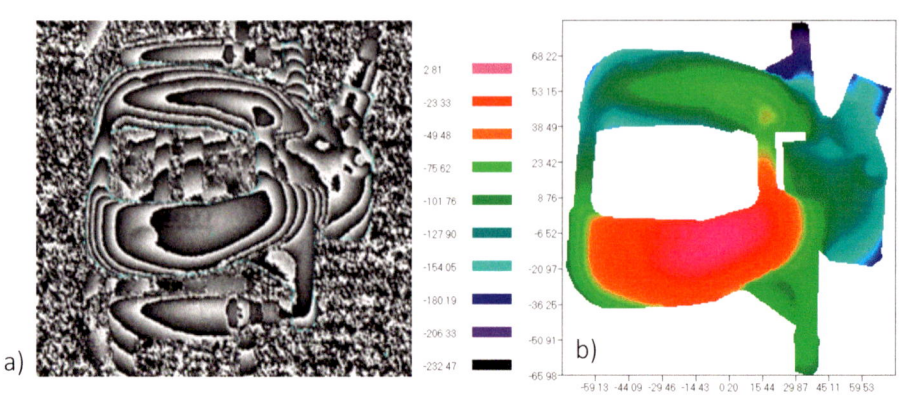

Bild 2.9 a) Ergebnisse der Konturvermessung als Phasenbild, b) Ergebnis der Konturvermessung in farblicher Darstellung

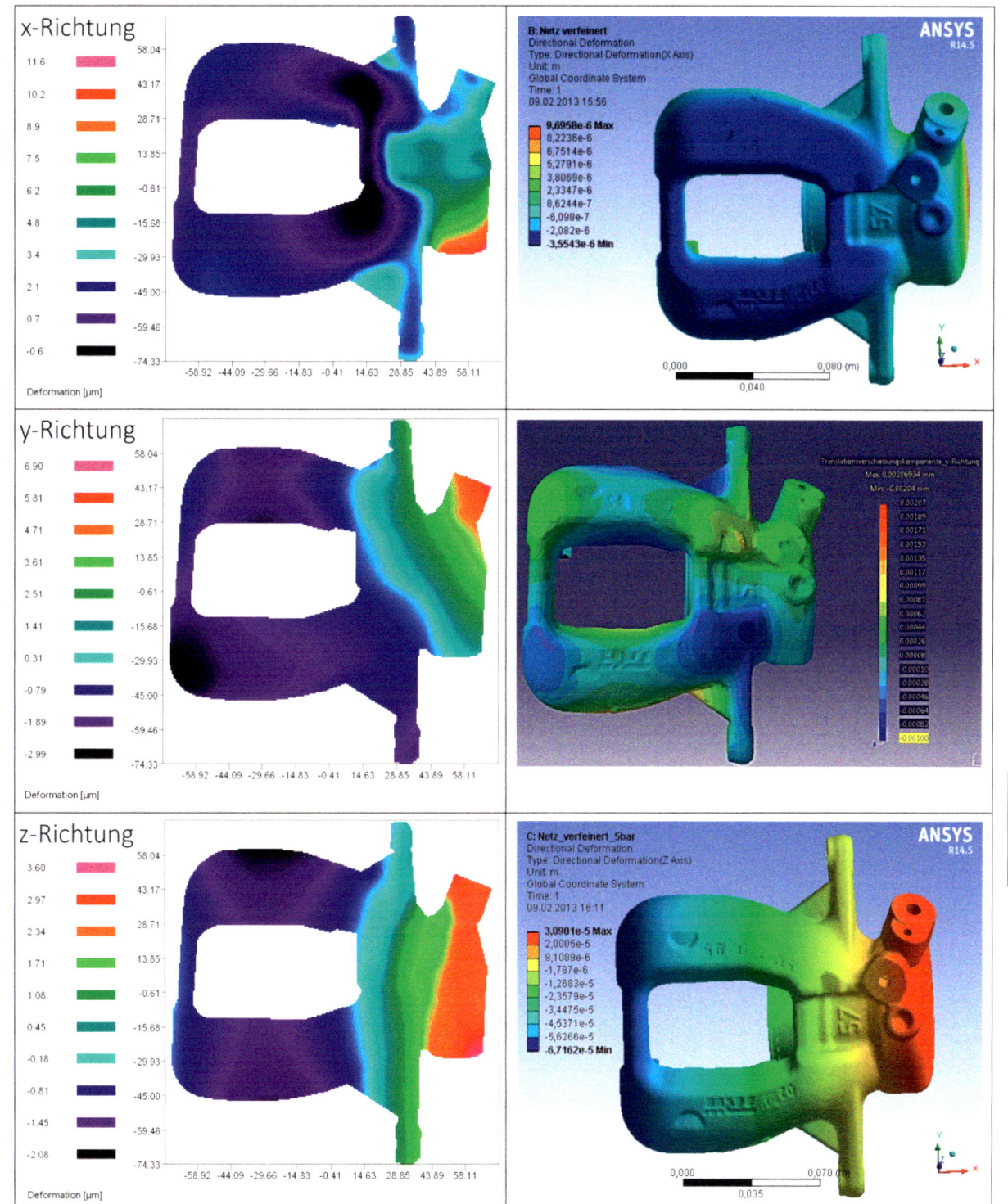

2.3 Anwendungsbeispiele der Holografie zur Verformungsmessung

Bild 2.10 Vergleich der Ergebnisse der holografischen Messungen (linke Spalte) mit FEM-Ergebnissen (rechte Spalte) für x-, y- und z-Richtungen

tung verursacht werden. Da die Leitungskräfte bei den FEM-Berechnungen nicht berücksichtigt wurden, resultiert daraus eine Abweichung. Nichtsdestotrotz sind die Ergebnisse vergleichbar und können zur Validierung des Rechenmodells genutzt werden.

Bild 2.11 zeigt die Ergebnisse der Spannungsberechnungen nach Mises. Auch hierbei werden gute übereinstimmende Ergebnisse, bis auf die durch die Druckleitung verursachten Verformungen, erzielt.

Die durchgeführten Messungen zeigen deutlich, dass die Holografie für hochpräzise Messungen auch bei komplexen Messobjekten geeignet ist. Bei bekannten Werkstoffkenndaten können auch Spannungen ermittelt werden. Die mithilfe der Holografie experimentell gewonnenen Ergebnisse werden anschließend zur Verbesserung des FEM-Modells genutzt.

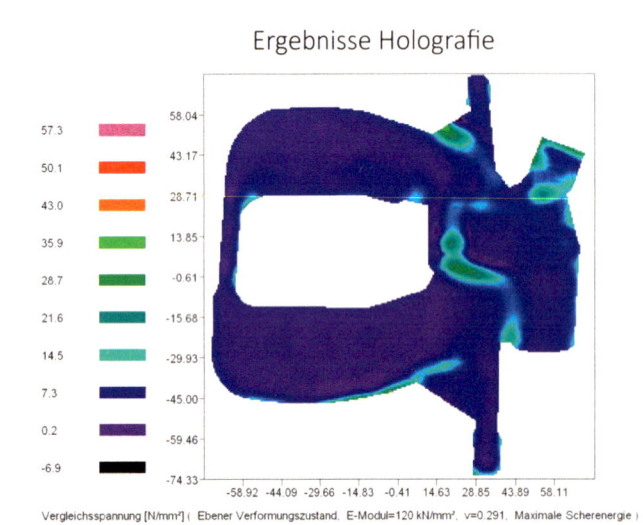

Bild 2.11 Ergebnisse der Ermittlung von Spannungen nach Mises mit der Holografie (links) und FEM (rechts)

3 Shearografie zur Verformungsmessung

3.1 Verfahrensgrundlagen

Die ersten Experimente und Veröffentlichungen zur Messung der ersten Ableitung der Messobjektverformung mit der Shearografie gehen auf Leendertz und Butters aus den Jahren 1970 bis 1973 zurück (Leendertz 1973). Der entwickelte Aufbau war jedoch für den praktischen Einsatz wenig geeignet. Eine wichtige Weiterentwicklung gelang dem Wissenschaftler Hung (Hung 1975). Seitdem wird die Shearografie ständig verbessert. Das gilt sowohl für die Erfassung als auch Auswertung der interferometrisch aufgenommenen Informationen. Es wurden zahlreiche Algorithmen zur Extrahierung von Dehnungsinformationen aus den Shearogrammen entwickelt, da die Dehnungen – aus mathematischer Sicht – in gefalteter Form erfasst werden. Außerdem sind die Ergebnisse in der Regel mit hochfrequenten Störungen überlagert. Deshalb ist bei den shearografischen Analysen eine geeignete Messdatenaufbereitung besonders wichtig. Mittels der Methoden der numerischen Integration werden anschließend aus der gemessenen Dehnung Verformungen berechnet.

Auf dem Markt werden einige industrietaugliche Lösungen angeboten, die jedoch primär für Detektion von Fehlstellen entwickelt wurden, da die Detektion von verborgenen Defekten zur größten Stärke dieses Messverfahrens gehört. Aber auch Verformungen können präzise ermittelt werden.

Prinzip der Shearografie

Das Messobjekt wird mit Laserlicht beleuchtet, dabei entsteht aufgrund der Interferenz der kohärenten Laserstrahlung eine körnige Struktur auf der Oberfläche des Messobjektes. Eine CCD-Kamera betrachtet mit einer sogenannten Shearing-Optik das Messobjekt. Durch die zunächst erforderliche Aufnahme des Referenzzustandes und anschließend des belasteten Zustandes der Objektoberfläche, mit einem veränderten Speckle-Muster, wird mathematisch die Dehnung berechnet. Die Anschließende nummerische Integration ermöglicht eine Bestimmung der Verformungen aus den Dehnungen.

Vor- und Nachteile der Shearografie

Vorteile	Nachteile
flächenhafte Messungen möglich	keine direkte Verformungsmessung
kompakt (transportabel)	schmutz- und wasserempfindlich
hohe Genauigkeit	für sehr kleine Objekte schlecht geeignet
schnelle Messung	Messobjektvorbereitungen je nach Oberflächenerscheinung ggf. erforderlich
für relativ große Messobjekte geeignet	Messsysteme relativ teuer
in laufende Produktion integrierbar	relative Dehnungsmessung
berührungslose Messungen	Umrechnung der Dehnung in Verformungen nötig

Messbereich/Messgenauigkeit der Shearografie

Die mit einer Messung untersuchbare Fläche beträgt typischerweise 50×50 cm^2. Es sind jedoch Systeme verfügbar, die sowohl größere als auch kleinere Messflächen ermöglichen. Größere Messflächen als 3 bis 4 m^2 sind jedoch, wie auch bei der Holografie, schwer zu realisieren, da für diesen Zweck relativ leistungsfähige und somit für den Bediener des Systems gefährliche Lasersysteme benötigt werden. Mit speziellen Mikroskop-Objektiven können auch kleine Messobjekte (10×10 mm^2) untersucht werden.

Die mit der Shearografie erzielbare Genauigkeit liegt im μm-Bereich. Somit zählt dieses Verfahren dennoch zu den empfindlicheren Verfahren der optischen Verformungsanalyse. Bedingt durch das optische Messprinzip werden mit der Shearografie zunächst die Dehnungsinformationen im Sinne von Korrelationsstreifen in einer gefalteten Form erfasst. Mittels einer Demodulierung und anschließender numerischer Integration werden die Dehnungen in Verformungen umgerechnet.

Da der Abstand zwischen den Streifen nicht beliebig klein sein darf, damit die einzelnen Streifen-Übergänge noch erfasst werden können, ist die maximal erfassbare Verformung limitiert. In Abhängigkeit von der Messobjektfläche und weiterer Randbedingungen, wie beispielsweise Laserwellenlänge, Sheargröße oder auch Speckle-Größe und Kamerasensorauflösung, variiert der Messbereich relativ stark. In der Regel können Verformungen bis in den *mm*-Bereich erfasst werden.

Typische Anwendungen der Shearografie
Die Shearografie wird aufgrund der relativ komplexen Bestimmung der Verformung anhand der gemessenen Dehnung relativ selten industriell für diesen Zweck eingesetzt. Die Holografie ist aufgrund einer direkten Verformungsmessung für diesen Zweck besser geeignet. Lediglich bei schwierigen äußeren Bedingungen, wie beispielsweise Vibrationen, bietet die Shearografie wegen der höheren Unempfindlichkeit gegenüber der Holografie, einige Vorteile. Daher wird die Shearografie in der Regel dann eingesetzt, wenn die Holografie versagt bzw. keine so extrem hohe Genauigkeit erforderlich ist.

Die beiden Speckle-Messverfahren Holografie und Shearografie sind von der Gestaltung her durchaus gut vergleichbar. Daher gelten die im letzten Kapitel erwähnten Einsatzbereiche für die Holografie ebenso auch für die Shearografie. Im Einzelnen sind das die Automobil-, Flugzeug- und Zuliefererindustrie. Shearografische Verformungsanalysen sind auch in der Forschung ebenfalls relativ stark verbreitet.

3.2 Das Messverfahren Shearografie

Die Grundlagen der klassischen Shearografie wurden bereits im Teil IV „Messen von Schwingungen" ausführlich behandelt. Deshalb wird an dieser Stelle darauf verwiesen. Im Folgenden wird daher nicht mehr auf die absoluten Grundlagen eingegangen, vielmehr wird darauf aufbauend die Shearografie zur Bestimmung von Verformungen vorgestellt.

Der shearografische Aufbau zur Ermittlung der Verformungen entspricht dem klassischen Messaufbau zur Erfassung von Dehnungen und basiert in der Regel auf dem Michelson-Interferometer. Grundsätzlich wird zwischen in-plane- (in der Ebene der Messobjektoberfläche) und out-of-plane- (aus der Ebene der Messobjektoberfläche heraus) Dehnungsmessungen unterschieden. Im ersten Schritt werden out-of-plane-Analysen beschrieben, da diese einfacher zu realisieren sind (Bild 3.1).

Ein Laser erzeugt kohärente Strahlung, die mittels einer Linse (Objektiv) aufgeweitet wird. Mit dem aufgeweiteten Laserstrahl wird die Messobjektoberfläche beleuchtet. Das Laserlicht wird von der Oberfläche diffus reflektiert. Eine optisch raue Oberfläche ist hierzu nötig. Wird diese reflektierte Strahlung mit einer Abbildungsoptik auf einem CCD-Sensor fokussiert, kommt es zur Interferenz der Lichtstrahlen. Dadurch wird von der Kamera eine Intensitätsverteilung bestehend aus hellen (konstruktive Interferenz) und dunklen (destruktive Interferenz) Punkten erfasst. Dieses Muster wird auch als Speckle-Muster bezeichnet.

Die vom Messobjekt reflektierte Strahlung wird im ersten Schritt mittels eines Strahlteilers in zwei Wellenfronten geteilt. Die erste Wellenfront wird mithilfe eines Shear-Spiegels, der unter einem sogenannten Shearwinkel zum Strahlteiler positioniert wird, seitlich verschoben (versheart). Die zweite Wellenfront wird nach der Reflexion vom zweiten Spiegel, der mit einem Piezoelement verbunden ist und daher in der Phase verschoben werden kann, unversehrt zu der Kamera geleitet. Die zwei geringfügig gegeneinander verschobenen Abbildungen des Prüflings werden von der Kamera registriert und gespeichert. Der Abstand zwischen zwei Abbildungen eines Messobjektpunktes wird als Shear-Betrag bezeichnet. Die Einstellung des Shear-Betrages erlaubt eine Anpassung der Sensitivität des Messverfahrens. Je größer der Shear-Betrag ist, desto empfindlicher reagiert das Messgerät auf Dehnungen und somit auf die zu ermittelnden Verformungen.

Die Messobjektoberfläche wird zunächst im Grundzustand aufgenommen. Anschließend wird der Prüfling belastet. Anhand der Aufnahmen der beiden Zustände können die resultierenden Messobjektdehnungen be-

3.2 Das Messverfahren Shearografie

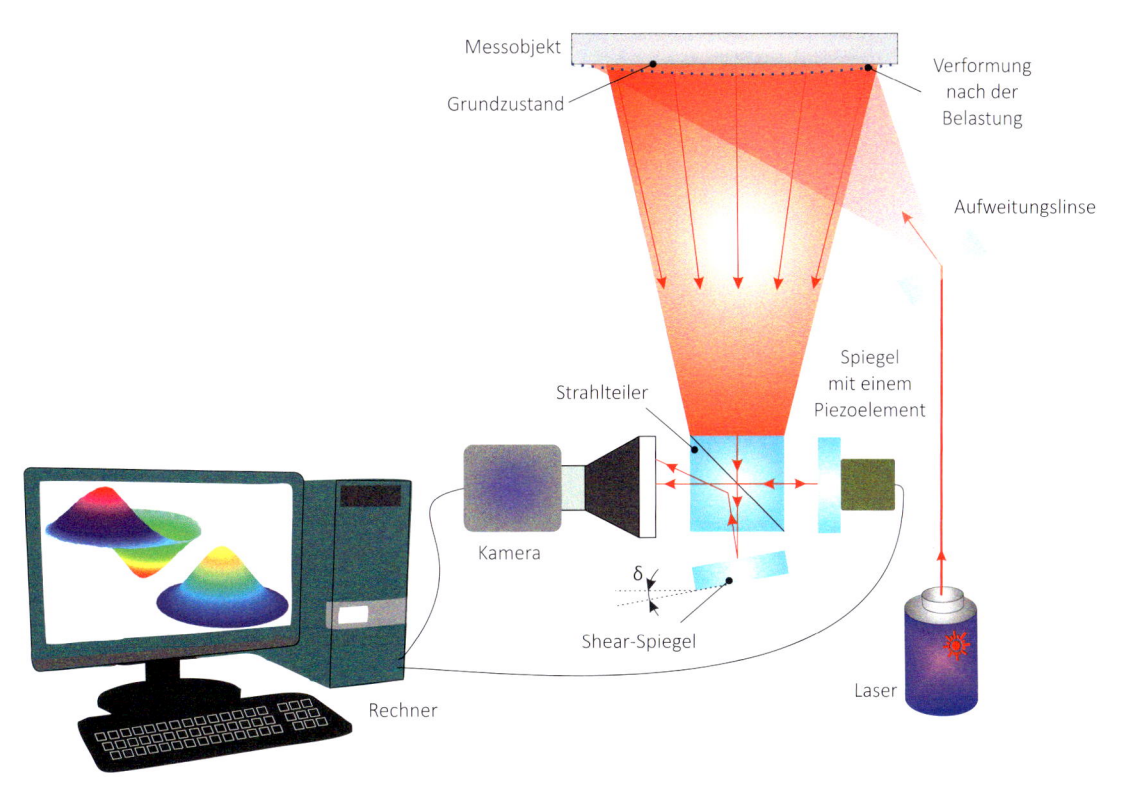

Bild 3.1 Schematische Darstellung der out-of-plane-Shearografie

rechnet werden. Im einfachsten Fall werden die qualitativen Dehnungsverläufe anhand einer einfachen Subtraktion der beiden Aufnahmen vorgenommen.

$$I_{\text{Res}} = I - I' = 2I_0(1+\gamma\cos\varphi_1) - 2I_0(1+\gamma\cos\varphi_2)$$

Die letzte Gleichung enthält folgende Größen: I – gemessene Intensität im Grundzustand, I' – gemessene Intensität nach der Belastung, I_0 – Hintergrundintensität, γ – Modulation des Interferenzterms. $\Delta = \varphi_1 - \varphi_2$ ist dabei die gesuchte Phasendifferenz. Für eine quantitative Auswertung sind mindestens drei Gleichungen erforderlich, da die letzte Gleichung drei unbekannte Größen enthält (I_0, γ, Δ). Bei der sogenannten zeitlichen Phasenschiebung mithilfe eines Piezoelementes, werden durch das Verschieben eines Spiegels, drei oder mehr Aufnahmen registriert. Das Messobjekt wird somit mindestens dreimal im Grundzustand und anschließend mindestens dreimal im belasteten Zustand mittels einer CCD- bzw. CMOS-Kamera aufgenommen. Die Gleichung für eine quantitative Bestimmung der relativen Phasenänderung für jeweils vier Aufnahmen lautet:

$$\Delta = \arctan\frac{I_4 - I_2}{I_1 - I_3} - \arctan\frac{I'_4 - I'_2}{I'_1 - I'_3}$$

Mit I_{1-4} werden die gemessenen Intensitäten des Grundzustands und mit I'_{1-4} die Intensitäten des Zustands nach einer geeigneten Belastung des Prüflings angegeben. Die ermittelte relative Phasenänderung liegt in einer gefalteten Form (modulo 2π) vor, sodass gilt: $\Delta = 2\pi N$. N gibt dabei die Streifenordnung an. Nach der Entfaltung, also der Bestimmung der Streifenordnungen für jeden Punkt der Messobjektoberfläche, werden die Dehnungen in Abhängigkeit von der Richtung des Shearbetrages δ in x- oder y-Richtung bestimmt.

$$\Delta_x = \frac{4\pi\delta_x}{\lambda}\frac{\partial w}{\partial x}$$

Die Dehnungen ergeben sich also zu: $\dfrac{\partial w}{\partial x} = \dfrac{\Delta_x \lambda}{4\pi\delta_x}$

bzw. $\Delta_y = \dfrac{4\pi\delta_y}{\lambda}\dfrac{\partial w}{\partial y}$

Die Dehnung ergibt sich zu: $\dfrac{\partial w}{\partial y} = \dfrac{\Delta_y \lambda}{4\pi\delta_y}$

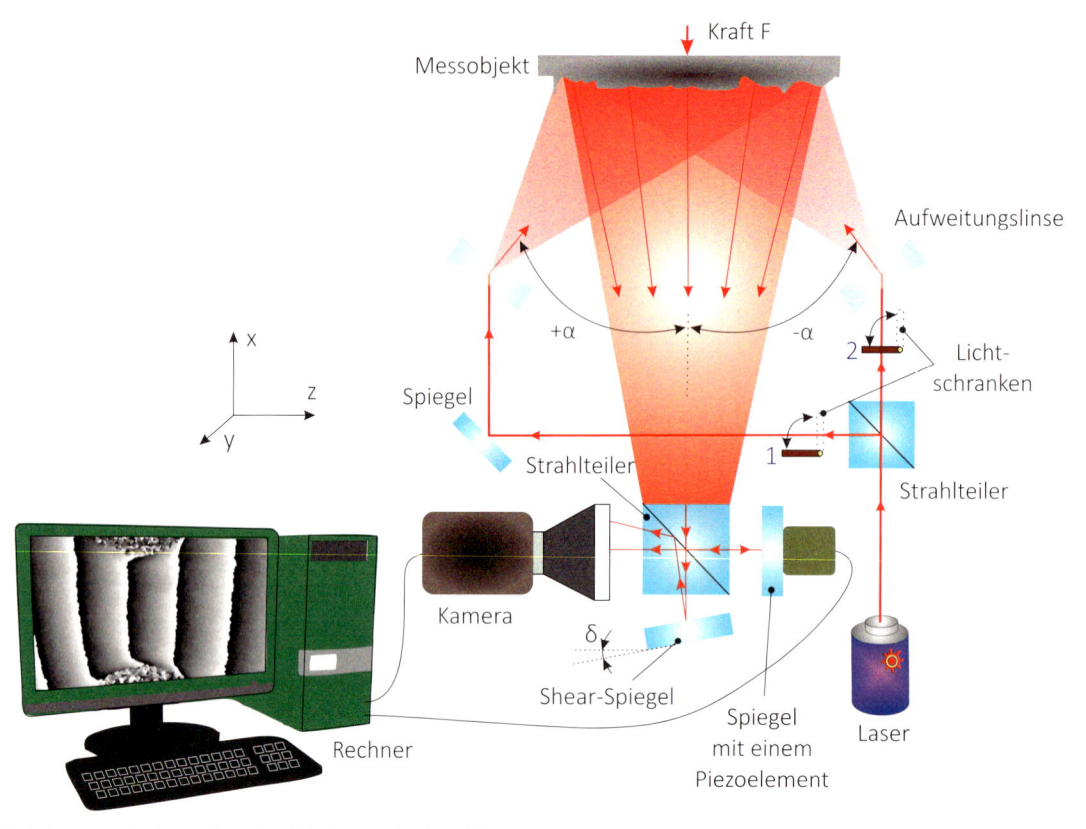

Bild 3.2 Schematische Darstellung des Prinzips der in-plane-Shearografie

Die in-plane-Messungen sind komplexer als die out-of-plane-Untersuchungen (Bild 3.2). Das gilt sowohl für den Messablauf als auch für die Auswertung der Messdaten. Der Prüfling wird aus zwei unterschiedlichen Richtungen illuminiert. Die beiden Beleuchtungswinkel sind jedoch betragsmäßig gleich. Während der Messung wird die Messobjektoberfläche nacheinander aus beiden Richtungen beleuchtet. Deshalb sind die einzelnen Lichtwege mittels zusätzlicher Lichtschranken in einer bestimmten Reihenfolge zu öffnen bzw. zu schließen. Im praktischen Einsatz werden in der Regel Laserdioden zur Messobjektbeleuchtung eingesetzt. Eine Piezosteuerung erlaubt eine gezielte Einstellung der optischen Ausgangsleistung. Laserdioden können auch einzeln ein- und ausgeschaltet werden. Dabei kann dann auf die Lichtschranken verzichtet werden.

Im Folgenden werden die einzelnen Messschritte bei der praktischen in-plane-Messung erläutert. Der Shearbetrag δ_x ist zunächst in x-Richtung eingestellt.

- Die Lichtschranke 1 ist geöffnet und die Lichtschranke 2 ist geschlossen, das Messobjekt befindet sich im Grundzustand.
- Die Beleuchtung erfolgt unter dem Winkel $+\alpha$. Es werden drei bzw. vier Aufnahmen des Messobjektes mittels der Kamera vorgenommen. Wie bereits gezeigt, kann daraus die Phaseninformation $\varphi_{+\alpha,x}$ berechnet werden.
- Die Lichtschranke 1 ist geschlossen und die Lichtschranke 2 ist geöffnet, das Messobjekt befindet sich im Grundzustand.
- Die Beleuchtung erfolgt unter dem Winkel $-\alpha$. Es werden drei bzw. vier Aufnahmen des Messobjektes vorgenommen. Anhand der erfassten Informationen wird die Phaseninformation $\varphi_{-\alpha,x}$ bestimmt.
- Die Lichtschranke 1 ist geöffnet und die Lichtschranke 2 ist geschlossen, das Messobjekt befindet sich im belasteten Zustand.
- Der Prüfling wird nun belastet. Die Beleuchtung erfolgt unter dem Winkel $+\alpha$. Es werden drei bzw. vier Aufnahmen der Messobjektoberfläche vorgenommen. Nun kann die Phaseninformation $\varphi_{+\alpha,x}$ berechnet werden.
- Die Lichtschranke 1 ist geschlossen und die Lichtschranke 2 ist geöffnet, das Messobjekt befindet sich im belasteten Zustand.
- Die Beleuchtung erfolgt erneut unter dem Winkel $-\alpha$.

3.2 Das Messverfahren Shearografie

Mithilfe der Kamera werden drei bzw. vier Aufnahmen des Prüflings vorgenommen, um anschließend die Phaseninformation $\varphi_{-\alpha,x}$ zu erhalten.

- Die eigentliche Messung ist somit abgeschlossen. Um zunächst die gesuchte Dehnung zu extrahieren, werden die relativen Phasenänderungen für die beiden Beleuchtungsrichtungen berechnet.

$$\Delta_{+\alpha,x} = \varphi_{+\alpha,x} - \varphi'_{+\alpha,x}$$

$$\Delta_{-\alpha,x} = \varphi_{-\alpha,x} - \varphi'_{-\alpha,x}$$

- Die beiden letzten Gleichungen enthalten sowohl in-plane- als auch out-of-plane-Dehnungsanteile. Eine gezielte Eliminierung der out-of-plane-Anteile ist jedoch relativ einfach und erfolgt mittels einer einfachen Subtraktion.

$$\Delta_{\text{in-plane}} = \Delta_{+\alpha,x} - \Delta_{-\alpha,x}$$

Die relative Phasenänderung $\Delta_{\text{in-plane}}$ enthält lediglich in-plane Anteile und die Dehnung kann unter Berücksichtigung des Beleuchtungswinkels $\alpha_{x,z}$ und der bereits eingeführten Gleichung $\Delta = 2\pi N$ ermittelt werden.

$$\frac{\partial u}{\partial x} = \frac{2\pi N \lambda}{4\pi \delta_x \sin \alpha_{x,z}} = \frac{N\lambda}{2\delta_x \sin \alpha_{x,z}}$$

Für die Beleuchtung in einer anderen Ebene oder der Ausrichtung des Shearbetrages in y-Richtung ist die Vorgehensweise bei der Bestimmung der Dehnung absolut identisch.

Nach der Bestimmung der out-of-plane- bzw. der in-plane-Dehnungen sind im nächsten Schritt die Verformungen zu ermitteln. Für diesen Zweck werden numerische Methoden eingesetzt. Vor der eigentlichen Berechnung der Verformung wird das resultierende Phasenbild gefiltert und demoduliert. Für die Filterung werden entweder der Mittelwert- oder der Median-Filter eingesetzt. Für die Demodulierung sind in der Regel 2D-Algorithmen zu verwenden, da die Phasenbilder oftmals diverse Fehler im Streifenverlauf aufweisen. Mittels der einfachen 1D-Methode würde dies zu großen Fehlern führen. Es existieren eine Reihe an verschiedenen, numerischen Intergrationsmethoden. In der Regel werden jedoch entweder die Trapez- oder die Simpsonsche-Regel eingesetzt (Dahmen 2008), da diese Verfahren relativ einfach umzusetzen sind.

Bei großen Shear-Beträgen (über 30–40 mm) und gleichzeitig relativ kleinen Messabständen liefert die Verwendung der beiden Integrationsmethoden oftmals sehr ungenaue Ergebnisse. In solchen Fällen ist das sogenannte Summationsverfahren besser geeignet, welches speziell für die Shearografie bzw. Holografie

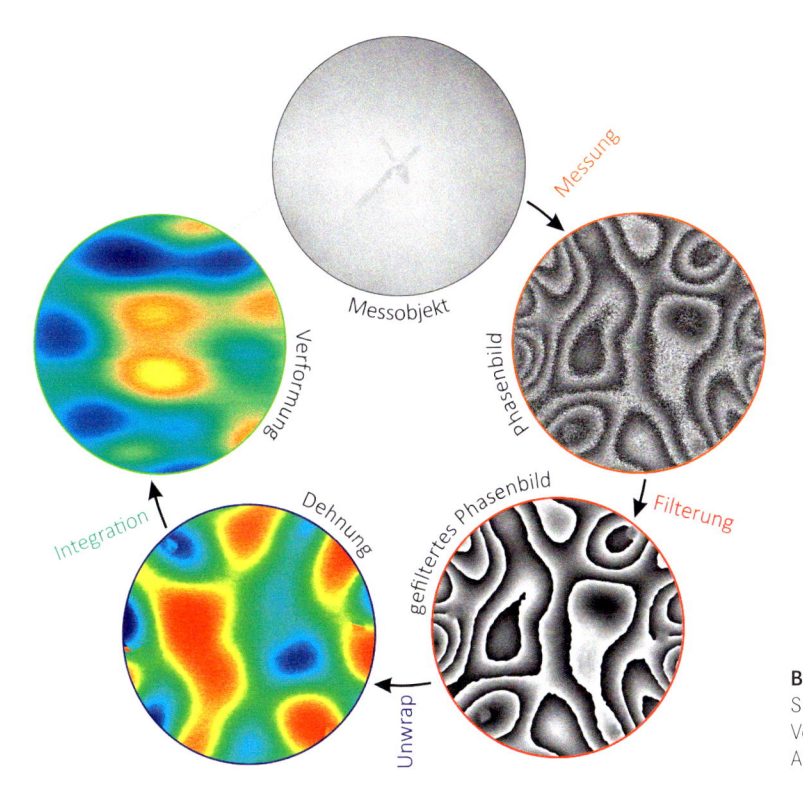

Bild 3.3
Schematische Darstellung der shearografischen Verformungsmessung einer schwingenden Aluminiumplatte

entwickelt wurde. Das Summationsverfahren ermöglicht auch bei großen Shearbeträgen eine korrekte Bestimmung der Verformungen.

In Bild 3.3 ist der komplette Messablauf zusammenfassend dargestellt. Untersucht wird eine schwingende Aluminiumplatte. Bei experimentellen Schwingungsuntersuchungen interessiert neben den Resonanzfrequenzen vor allem die dazugehörige Schwingungsform. Bei solchen Untersuchungen ist die Bestimmung der Verformung zwingend erforderlich.

4 Bildkorrelation zur Verformungsmessung

4.1 Verfahrensgrundlagen

Die digitale Bildkorrelation wird erst seit wenigen Jahrzehnten industriell eingesetzt, da eine digitale Erfassung des Messobjektes mithilfe einer Kamera erforderlich ist und für eine effiziente Auswertung der Messdaten relativ leistungsfähige Rechner benötigt werden. Mit den heute vorhandenen Computersystemen gelingt die mathematische Berechnung der Verformungen problemlos. Eine digitale und gleichzeitig hochauflösende Aufnahme der präparierten Messobjektoberfläche mittels einer CCD- oder auch CMOS-Kameras stellt ebenfalls kein Problem mehr dar. Weiterhin können gleichzeitig mehrere Kameras für Untersuchungen eingesetzt werden. Dadurch gelingen nicht nur 3D-, sondern auch gleichzeitig vollständige 360°-Messungen rund um das gesamte Objekt. Alle Verformungskomponenten der Gesamtstruktur werden somit mit einer einzigen Messung erfasst. Diese Art der Untersuchungen ist besonders bei komplexen Geometrien von Vorteil.

Prinzip der Bildkorrelation

Die Bildkorrelation basiert auf der zeitlichen Verfolgung von stochastischen Mustern auf der Oberfläche von Messobjekten, mittels einer oder mehreren Kameras, bei sich ändernden Verformungszuständen infolge einer äußeren Last.

Vor- und Nachteile der Bildkorrelation

Vorteile	Nachteile
flächenhafte Messungen	Vorbereitungen erforderlich
kompakt (transportabel)	schmutz- und wasserempfindlich
keine gefährliche Strahlung	relative Messung
schnelle Messung	Messsysteme relativ teuer
für relativ große Messobjekte geeignet	
in die laufende Produktion integrierbar	
berührungslose Messungen	
materialunabhängig	

Messbereich/Messgenauigkeit der Bildkorrelation

Mit der Bildkorrelation können sowohl relativ kleine als auch große Bereiche untersucht werden. Mithilfe von Mikroskop-Objektiven sind Flächen von 1 mm² oder sogar weniger analysierbar. Bei einem gleichzeitigen Einsatz von mehreren Kameras bzw. bei großen Aufnahmeabständen können bis zu 100 m² und mehr mit einer Messung erfasst und analysiert werden.

Die erreichbare Genauigkeit hängt von der verwendeten Kamera und deren Auflösung sowie der Größe des Messfeldes ab. In der Regel liegt die Genauigkeit bei einer Anwendung von Interpolationsverfahren im Bereich von 0,01 Pixel. Bei einem Messfeld von 100×100 mm² und einer 1-Megapixel-Kamera liegt die erreichbare Genauigkeit bei 1 µm. Je nach Messsystem werden teilweise Kameras mit 30 Megapixeln und mehr für Messungen eingesetzt.

Bei einer kontinuierlichen Erfassung der Messobjektoberfläche, können Verformungen bis in den m-Bereich aufgenommen werden. Dies ist insbesondere bei Untersuchung von großen Messobjekten interessant.

Typische Anwendungen der Bildkorrelation

Die digitale Bildkorrelation wird in vielen Bereichen eingesetzt. Einer der häufigsten Anwendungen ist die Bestimmung von Werkstoffkennwerten mithilfe von Zugprüfmaschinen. Die berührungslose und werkstoffunabhängige Arbeitsweise ermöglichen auch Untersuchungen von empfindlichen Messproben.

Die Möglichkeit der Untersuchung von großen Strukturen macht die Bildkorrelation zu einem unverzichtbaren Werkzeug für beispielsweise Bauingenieure. Es wurden bereits ganze Brücken mit diesem Verfahren untersucht (Chen 2007). Eine Analyse von Deformationen einer Gebäudewand bei veränderlichen äußeren Bedingungen ist ebenfalls mit der Bildkorrelation möglich.

In der Automobil- und Flugzeugindustrie kommt die Bildkorrelation ebenfalls relativ häufig zum Einsatz und zwar insbesondere dann, wenn bei der Ermittlung von Verformungen keine extrem hohe Genauigkeit (nm-Bereich) benötigt wird. Aufgrund der materialunabhängigen Funktionsweise können sowohl ganze Fahrzeug-Karossen als auch kleine Bauteile untersucht werden. Mit der Bildkorrelation können bei einer ausreichend schnellen Erfassung der Messdaten beispielsweise schnell rotierende Rottorblätter von Flugzeugen – hinsichtlich des Verformungsverhaltens – analysiert werden.

In der Forschung und Entwicklung wird die Bildkorrelation oft zur Validierung von Rechenmodellen – durch den Vergleich der Ergebnisse aus experimentellen Messungen – eingesetzt. Das Einsatzgebiet ist dabei sehr vielfältig, wie z. B. die Untersuchung von Schweißprozessen oder die Erfassung des Risswachstums an Bauteilproben.

Sogar in der Elektronik-Industrie findet die Bildkorrelation inzwischen Anwendung, da auch hier die Deformationen von Bauteilen, Leiterplatinen usw. interessant sind. Beispielsweise wie verformt sich eine Platine, wenn ein Stecker gelöst oder angeschlossen wird?

Weiterhin kann die Bildkorrelation auch in der Biomedizin zur Untersuchung von Knochen, Gewebe, Blutgefäßen oder Implantaten eingesetzt werden. Bei solchen Untersuchungen wird u. a. das Knochen-, Gewebe- oder Gefäßwachstum analysiert, Steifigkeiten unterschiedlicher Knochenstrukturen ermittelt oder künstlich erzeugtes Biomaterial im Vergleich dem natürlichen Gewebe gegenübergestellt.

4.2 Das Messverfahren Bildkorrelation

Die Grundlagen der klassischen Bildkorrelation wurden bereits im Teil IV „Messen von Schwingungen" ausführlich behandelt. Deshalb wird an dieser Stelle darauf verwiesen. Im Folgenden wird daher nicht mehr auf die absoluten Grundlagen eingegangen, vielmehr wird darauf aufbauend die Bildkorrelation zur Messung von Verformungen vorgestellt.

Die Bildkorrelation ist ein kamerabasiertes Messverfahren. Auf die Oberfläche des Messobjektes wird entweder ein zufälliges oder ein regelmäßiges Muster aufgetragen. Aufbauend auf den regelmäßigen Mustern können größere Verformungen erfasst werden (Gorny 2013). Dies ist insbesondere bei Umformprozessen von Bedeutung, wie noch gezeigt wird. Die Applizierung eines zufälligen Streifenmusters ist aber in der Regel einfacher vorzunehmen.

Die zu untersuchende Fläche des Messobjektes wird im ersten Schritt, in sogenannte Subsets (quadratische Bereiche) oder auch als Facetten bezeichnet, aufgeteilt. Bei der Festlegung der Größe der Subsets ist zu beachten, dass große Subsets grundsätzlich besser bei schwer zu korrelierenden Aufnahmen geeignet sind. Das Messobjekt wird im Grundzustand mittels einer oder auch mehreren Kameras aufgenommen. Anschließend wird die Teststruktur belastet. Aufgrund der Krafteinwirkung wird das zuvor aufgebrachte Muster verformt. Nun ist die Oberfläche des Messobjektes erneut aufzunehmen. Von der Kamera (oder auch Kameras) werden Helligkeitsverteilungen erfasst. Während der Messung wird die Oberfläche des Messobjektes in der Regel mithilfe von LEDs beleuchtet, um einen möglichst hohen Kontrast zu erzeugen und den Einfluss der Umgebung zu minimieren.

Anschließend wird versucht, durch mathematische Verfahren die Helligkeitsverteilung des Referenzzustandes in der Aufnahme des belasteten Prüflings wiederzufinden. Als mathematische Verfahren stehen die Methode der Fehlerquadrate oder die Kreuz-Korrelation zur Verfügung. Nach dem Detektieren bzw. Zuordnen der Muster der beiden Zustände, wird dem Subset-Mittelpunkt die berechnete Dehnung bzw. Verschiebung zugeordnet. Die Bildkorrelation erlaubt nicht nur eine Bestimmung der Verformungen, sondern auch gleichzeitig der Dehnungen. Bild 4.1 soll diesen Sachverhalt verdeutlichen.

4.2 Das Messverfahren Bildkorrelation

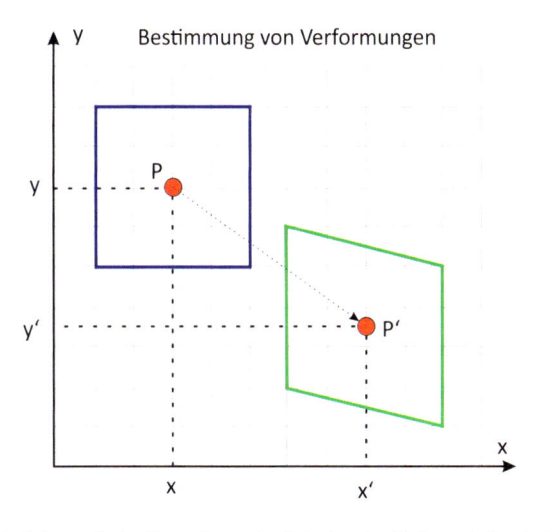

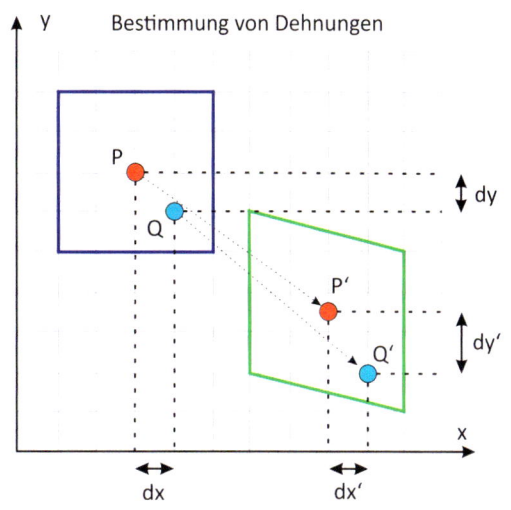

Bild 4.1 Schematische Darstellung des Prinzips der Bildkorrelation bei der Bestimmung von Verformungen und Dehnungen

Die Bestimmung der Verformungen ist vergleichsweise einfach und ergibt sich aus der ermittelten Verschiebung der Punkte (Gorny 2013).

$$\vec{v} = \begin{pmatrix} x' - x \\ y' - y \\ z' - z \end{pmatrix}$$

Die Ermittlung der Dehnungen ist etwas umständlicher, da die Verzehrung des Subsets ebenfalls zu berücksichtigen ist:

$$\vec{\varepsilon} = \begin{pmatrix} \varepsilon_x & \varepsilon_{xy} & \varepsilon_{xz} \\ \varepsilon_{xy} & \varepsilon_y & \varepsilon_{yz} \\ \varepsilon_{xz} & \varepsilon_{yz} & \varepsilon_z \end{pmatrix}$$

bzw. in ausgeschriebener Form als 2D-Auswertung (Gorny 2013):

$$\vec{\varepsilon} = \begin{pmatrix} \frac{dx'-dx}{dx} & \frac{1}{2}\left(\frac{dx'-dx}{dy} + \frac{dy'-dy}{dx}\right) & \frac{1}{2}\left(\frac{dx'-dx}{dz} + \frac{dz'-dz}{dx}\right) \\ \frac{1}{2}\left(\frac{dx'-dx}{dy} + \frac{dy'-dy}{dx}\right) & \frac{dy'-dy}{dy} & \frac{1}{2}\left(\frac{dy'-dy}{dz} + \frac{dz'-dz}{dy}\right) \\ \frac{1}{2}\left(\frac{dx'-dx}{dz} + \frac{dz'-dz}{dx}\right) & \frac{1}{2}\left(\frac{dy'-dy}{dz} + \frac{dz'-dz}{dy}\right) & \frac{dz'-dz}{dz} \end{pmatrix}$$

Der Sensor besteht im Wesentlichen aus einer oder auch mehreren Kameras und optional einer Beleuchtungseinheit. Daraus ist ersichtlich, dass der optische Aufbau relativ einfach ist, was auch einer der größten Vorteile der Bildkorrelation darstellt (Bild 4.2).

Zur Untersuchung von dynamischen Verformungen werden Hochgeschwindigkeitskameras eingesetzt. In solchen Fällen entstehen große Datenmengen. Dies erfordert sehr effiziente Algorithmen zur Berechnung der Verschiebungen.

Um beispielsweise einen Behälter von allen Seiten zu untersuchen, werden mehr als zwei (in der Regel acht) Kameras eingesetzt. Eine andere Anwendung von sol-

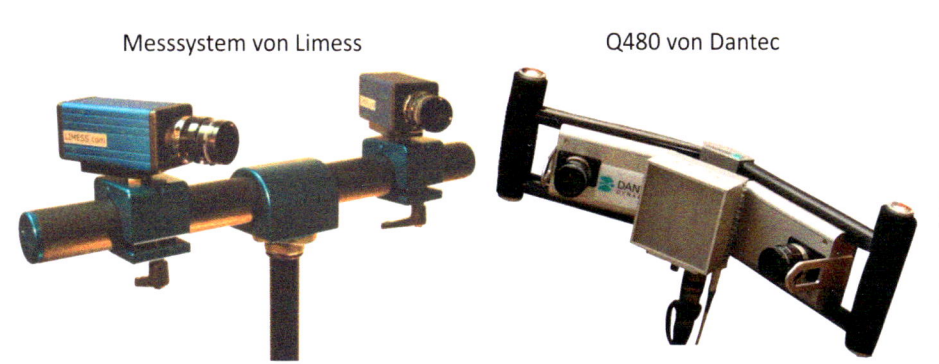

Bild 4.2
Zwei verschiedene Bildkorrelation-Messsysteme der Firmen Limess und Dantec (mit freundlicher Genehmigung der Firmen Dantec GmbH und Limess Messtechnik GmbH)

chen Systemen stellt die Untersuchung von Zugproben von allen Seiten dar, um die Probendicke während des Ziehens erfassen zu können. Außerdem ist es oftmals erforderlich, „um die Ecke" zu messen. In solchen Fällen bietet ein Mehrkamera-System klare Vorteile.

Die zusätzliche Beleuchtung wird vor allem dann benötigt, wenn die zu untersuchende Oberfläche sehr stark die Lichtstrahlen absorbiert bzw. Abschattungsbereiche oder auch ungleichmäßig ausgeleuchtete Areale enthält. Spiegelnde Oberflächen stellen grundsätzlich ein Problem dar und können die Messungen stark verfälschen. Deshalb ist es oftmals sinnvoll, die Probe mit einer weißen Farbe zu grundieren und erst oberhalb dieser Schicht das Punktemuster, mittels einer Sprühflasche, aufzutragen. Wenn die Oberfläche sehr uneben ist, werden Kameras mit einer großen Schärfentiefe benötigt. Vor der Messung ist eine Kalibrierung des Messsystems durchzuführen. Dadurch wird die räumliche Ausrichtung sowie die Positionierung der Kameras ermittelt und kann später bei den Berechnungen berücksichtigt werden.

Zur Untersuchung von Mikroproben lässt sich die Bildkorrelation, basierend auf einer oder auch zwei Kameras, mit einem handelsüblichen Mikroskop kombinieren (Bild 4.3).

4.3 Anwendungsbeispiele der Bildkorrelation

Anwendungsbereiche der digitalen Bildkorrelation sind aufgrund eines stark variablen Messbereichs sehr vielfältig. Im Folgenden werden Anwendungsfälle aus unterschiedlichsten Industriebereichen vorgestellt. Aber nicht nur der industrielle Einsatz der Bildkorrelation ist von großem Interesse, vor allem in der Medizin spielt dieses Messverfahren eine immer wichtigere Rolle.

4.3.1 Formänderungsanalyse von Umformvorgängen

Die Formänderungsanalyse ist ein anerkanntes Werkzeug für die Überwachung und Qualitätsbewertung von Tiefziehprozessen. Die gemessenen Formänderungen erlauben es, die Prozesssicherheit des Umformvorganges zu bestimmen. Der direkte Vergleich mit der Grenzformänderungskurve liefert wertvolle Informationen für eine effektive und stabile Blechteilfertigung.

Der leichte und kompakte Messkopf arbeitet kabellos und kann als autarke Einheit direkt an der Presse für Messungen verwendet werden. Der Sensor ist aus Carbon hergestellt, um eine möglichst geringe Gesamtmasse zu besitzen (Bild 4.4 und 4.5).

Auf Knopfdruck wird ein Bildverband von vier synchronisierten Kameras mit je fünf Megapixel Auflö-

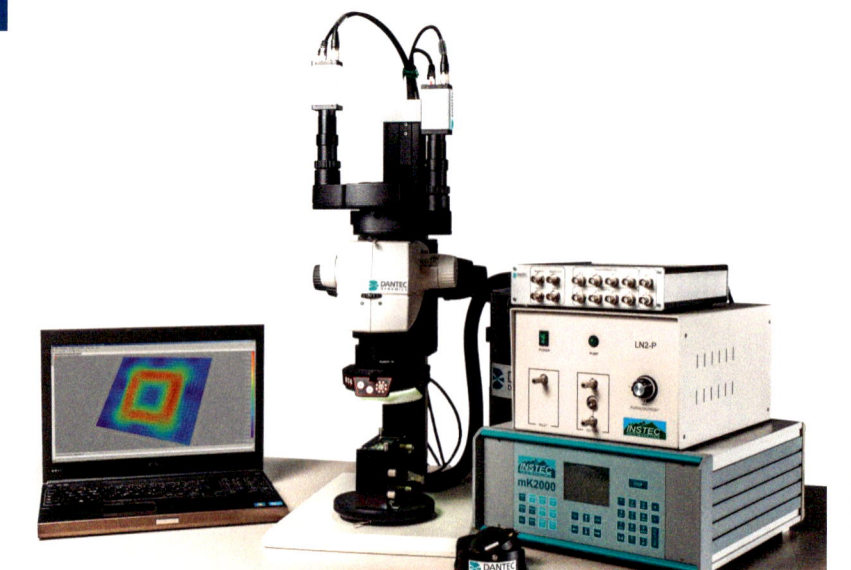

Bild 4.3
Ein Bildkorrelationssystem der Firma Dantec (Q400 µDIC) zur Untersuchung von Mikroproben (mit freundlicher Genehmigung von Dantec Dynamics GmbH)

4.3 Anwendungsbeispiele der Bildkorrelation

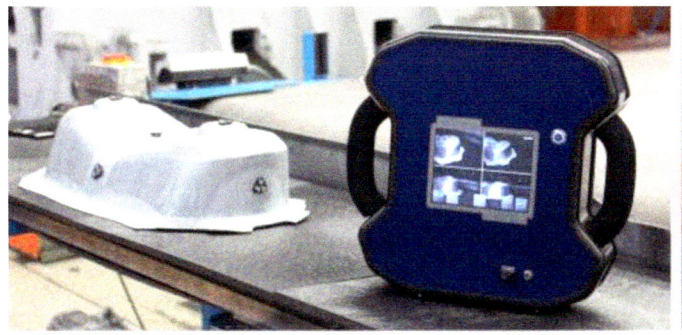

Bild 4.4 Ein mobiles Messsystem (AutoGrid comsmart) zur Formänderungsanalyse (mit freundlicher Genehmigung der Firma ViALUX GmbH)

sung aufgenommen. Die Bilddaten können direkt zum Auswerterechner übertragen oder für eine spätere Auswertung gespeichert werden. Ein integriertes Display erlaubt die visuelle Bildkontrolle im Messbetrieb. Die AutoGrid Software führt die Bildauswertung und Dehnungsberechnung automatisch durch. Für die Darstellung der Ergebnisse stehen vielfältige Visualisierungsmöglichkeiten zur Verfügung.

Für die experimentelle Formänderungsanalyse ist eine Markierung des zu analysierenden Bauteils erforderlich. Ziel ist es, Markierungsverfahren einzusetzen, die folgende Eigenschaften aufweisen:

- Exakte Übereinstimmung der Änderung des Musters mit der tatsächlichen Umformung
- gute Erkennbarkeit und hoher Kontrast auch nach intensivem Werkzeugkontakt
- möglichst keine Beeinflussung des Umformverhaltens
- eine hohe Präzision der Messraster
- das Muster der Markierung muss aufgrund der Untersuchung von großen Verformungen regulär sein.

Nach der Untersuchung stehen folgende Informationen zur Verfügung:
- Formänderung
- Dehnung
- Blechdickenreduzierung
- Blechdicke
- Vergleichsumformgrad
- Grenzformänderungsschaubilder.

4.3.2 Messen der Verformung von Zug-, Druck- und Biegeproben

Die Bildkorrelation ist aufgrund der berührungslosen Messung für die Untersuchung von Zugproben sehr gut geeignet. Dabei werden in der Regel mindestens vier Kameras eingesetzt.

Der Zugversuch zählt zu den wichtigsten Verfahren zur Prüfung von Werkstoffen. Das Ziel der Untersuchung ist die Bestimmung von Werkstoffkenndaten, die für Ingenieure unerlässlich sind (Bild 4.6). Eine Zugprobe wird bei einer Krafteinwirkung nicht nur gelängt, son-

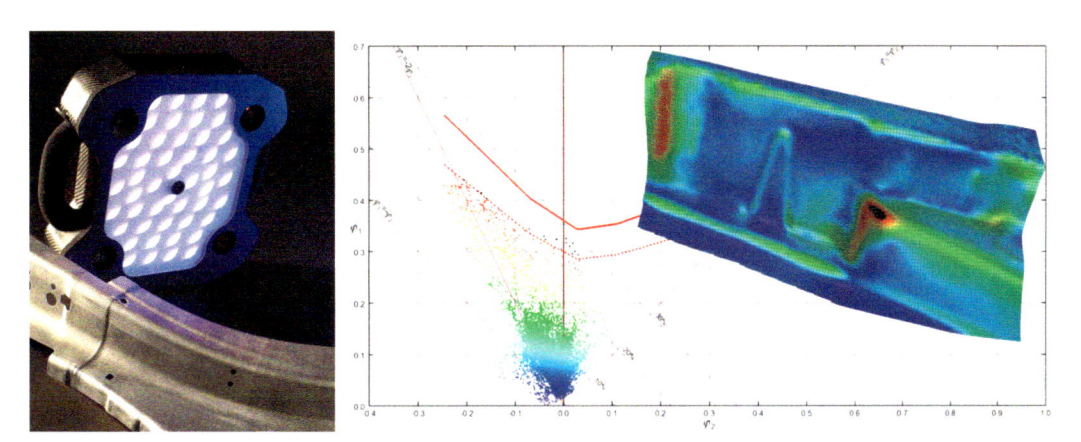

Bild 4.5 Messsystem (links) und Prüfling, Messergebnisse der Untersuchung von Tiefziehprozessen (rechts), (mit freundlicher Genehmigung von ViALUX GmbH)

4 Bildkorrelation zur Verformungsmessung

Bild 4.6 Messung der Längs- und der Dickenänderung bei einem Zugversuch (links); Ergebnis der Untersuchung (rechts), (mit freundlicher Genehmigung von Limess Messtechnik & Software GmbH)

dern die Dicke verändert sich ebenfalls. Mit herkömmlichen Systemen wird die Dickenänderung oftmals nicht erfasst.

Zug- bzw. Druckprüfungen erlauben die Ermittlung von Kraft-Dehnungskurven, Spannungs-Dehnungskurven, des E-Moduls und der Poissonzahl. Für die Bildkorrelation spielt die Richtung der einwirkenden Kräfte keine Rolle, deshalb können Druckuntersuchungen ebenfalls durchgeführt werden (Bild 4.7). Die Messungen erfolgen bei der anschließenden Analyse in Dickenrichtung.

Die Bildkorrelation kann auch zur Untersuchung von Biegeproben eingesetzt werden (Bild 4.8). Die Form der Biegeprobe spielt dabei keine Rolle. Neben den Verfor-

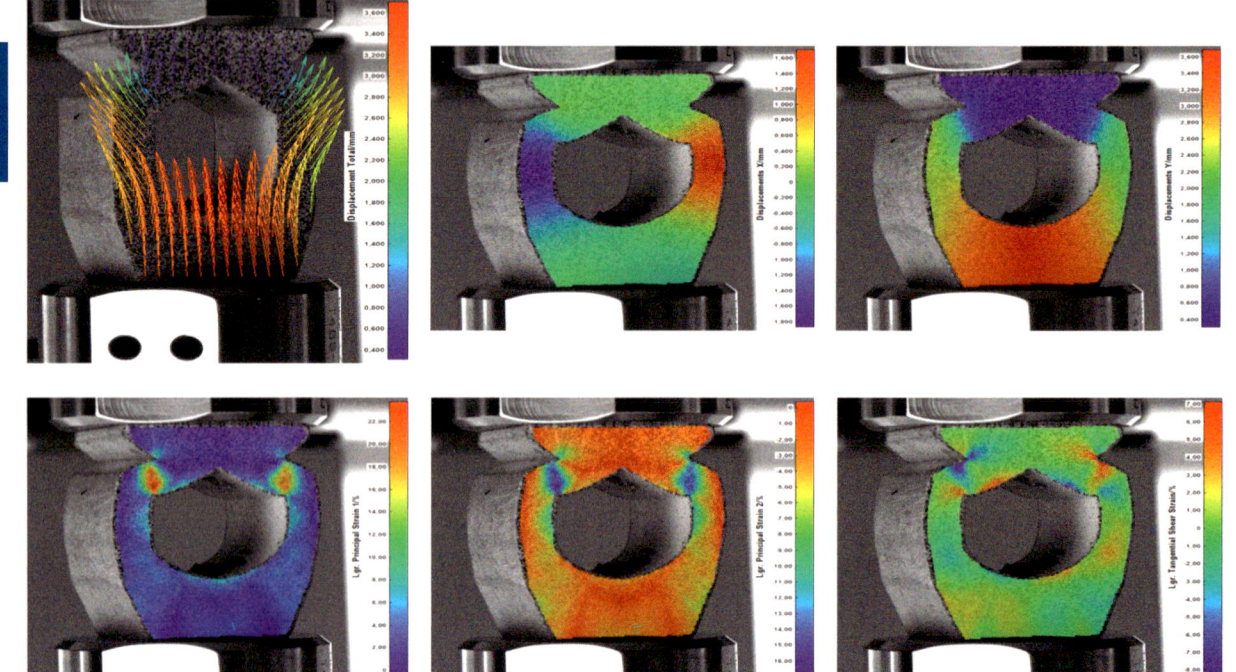

Bild 4.7 Mittels der Bildkorrelation gemessene Verschiebung bzw. Dehnung eines Prüflings bei mechanischer Stauchung (mit freundlicher Genehmigung von Limess Messtechnik & Software GmbH)

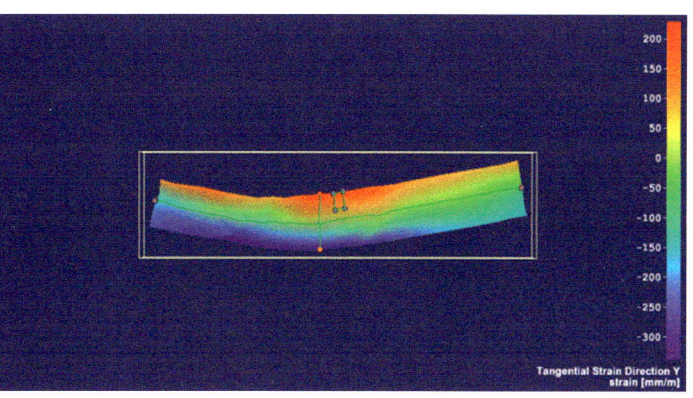

Bild 4.8 Untersuchung einer Biegeprobe (links), Ergebnisdarstellung mittels Bildkorrelation (rechts), (mit freundlicher Genehmigung von Dantec Dynamics GmbH)

mungen werden auch Dehnungen und Spannungen ermittelt.

Viele Komponenten eines Kraftfahrzeugs, die insbesondere größeren Belastungen ausgesetzt bzw. sicherheitsrelevant sind, werden genormten Belastungstests unterzogen. Mithilfe der Bildkorrelation kann dabei eine vollflächige Erfassung der Verformungen durchgeführt werden (Bild 4.9).

4.3.3 Dynamische Verformungsmessung

Die Erkenntnis des Verhaltens von Werkstoffen unter mechanischer Last ist von höchster Bedeutung, um die gewünschte Funktionsfähigkeit im Betrieb zu gewährleisten. Insbesondere die Erfassung von dynamischen Verformungsvorgängen wird in Zukunft noch an Bedeutung gewinnen.

Unter den dynamischen Prüfverfahren ist die von Kolsky (Kolsky 1949) entwickelte Split-Hopkinson-Pressure-Bar (SHPB), die auch als Kolsky Bar genannt wird, das gebräuchlichste und preiswerteste Verfahren. Hierbei befindet sich eine plastisch zu verformende zylindrische Probe (typische Dimensionen: Länge = 7 mm, Durchmesser = 10 mm) zentrisch zwischen zwei horizontal gelagerten Stangen (Durchmesser 20 mm). Das freie Ende einer der Stangen, des sogenannten Eingangsstabes (Länge 2250 mm), wird mit einem Projektil aus einer Kanone beschossen, woraufhin sich Wellen in dieser Stange ausbreiten. Die auf die Probe hinlaufende Welle (ε_I) wird an der Grenzfläche von Stange und Probe teils reflektiert (ε_R) und teils durch die Probe in die hintere Stange hindurch transmittiert (ε_T), den sog. Transmissionsstab (Länge 1250 mm). Diese Wellen werden mit Dehnungsmessstreifen (DMS) auf der Oberfläche der Stangen aufgezeichnet.

Die DMS sind paarweise 180° entfernt aufgebracht,

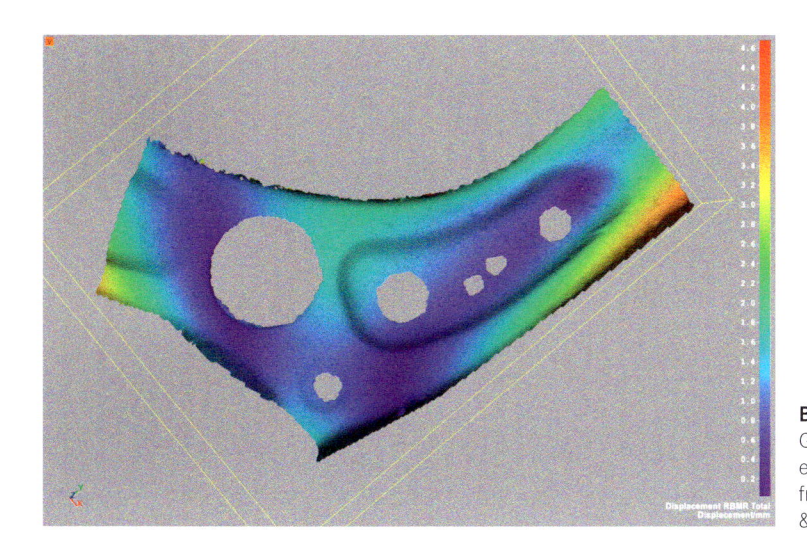

Bild 4.9
Gemessene Verformungen eines Querlenkers mit einem 4-Kamera-Bildkorrelationssystems (mit freundlicher Genehmigung von Limess Messtechnik & Software GmbH)

4 Bildkorrelation zur Verformungsmessung

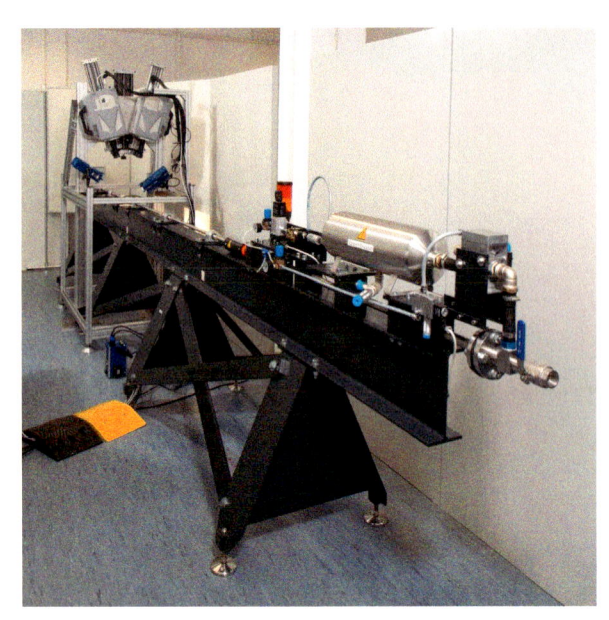

Bild 4.10 Untersuchung des Materialverhaltens bei hochdynamischer Beanspruchung mittels Split-Hopkinson-Pressure-Bar und High-Speed-Bildaufnahme/Bildkorrelationsverfahren (mit freundlicher Genehmigung der Bundesanstalt für Materialforschung und -prüfung)

$$\dot{\varepsilon}(t) = 2\frac{c_0}{l_0}\varepsilon_R$$

$$\sigma(t) = E\frac{A_0}{A}\varepsilon_T$$

Hierbei bedeuten E der Elastizitätsmodul der Stangen, A_0 die Querschnittsfläche der Stangen, A die Querschnittsfläche der Probe, l_0 die Ausgangslänge der Probe, $c_0 = \sqrt{E/\rho}$ die Wellengeschwindigkeit und ρ die Dichte des Stangenmaterials. Die Integration der Dehnrate ergibt die Dehnung. Diese Daten lassen sich zu einer Spannungs-Dehnungs-Kurve bei hoher Dehnrate, typischerweise von 500 bis 5000 s^{-1}, kombinieren. Die so ermittelten Größen Dehnrate, Dehnung und Spannung stehen für gemittelte Größen über das gesamte Probenvolumen. Bereits die Elastizitätstheorie verneint die oft anzutreffende Behauptung, die Dehnrate sei konstant in einem Split-Hopkinson-Pressure-Bar-Versuch (SHPB-Versuch) (Bild 4.10).

um Biegeanteile zu unterdrücken. Ein DMS-Paar auf dem Eingangsstab zeichnet die Signale ε_I und ε_R auf. Ein weiteres DMS-Paar erfasst ε_T auf dem Transmissionsstab.

Diese Signale müssen entlang der Zeitachse zu den Grenzflächen verschoben werden. Die auf die Stangen angewendete Elastizitätstheorie (Al-Mousawi 1997) erlaubt nun die Berechnung der Dehnrate der Probe $\dot{\varepsilon}(t)$ und der Spannung $\sigma(t)$ mittels den Formeln:

Die Inspektion des Stauchvorganges mittels Bildkorrelation erlaubt nun unabhängig von der Elastizitätstheorie das zeitlich hoch aufgelöste Verfolgen der tatsächlich vorliegenden Dehnrate und Dehnung und somit deren Vergleich mit der Theorie (Bild 4.11). Die Bundesanstalt für Materialforschung und -prüfung greift hierbei auf zwei Hochgeschwindigkeitskameras Photron FASTCAM SA-Z sowie das System ARAMIS zurück. Die erfasste Bildfläche umfasst typischerweise 5 mm in Stauchrichtung bei einem Mittelpunktswinkel von 50° oder mehr und wird erfasst bei einer Bildaufnahmerate von 315 000 Bilder pro Sekunde Bild 4.12 zeigt den Vergleich der Dehnrate anhand einer Mes-

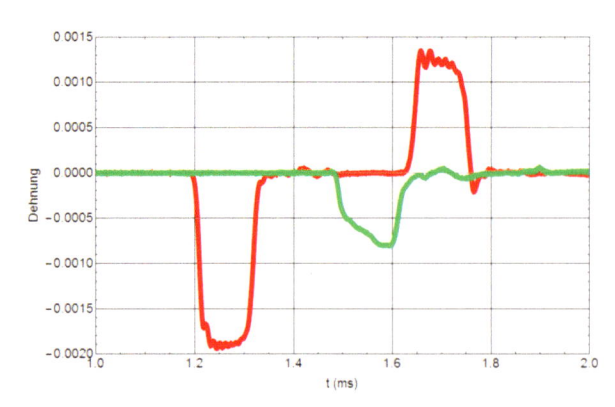

Bild 4.11 Typische Signale der Dehnungsmessstreifen, rot: Signal der DMS auf dem Eingangsstab, grün: Signal der DMS auf dem Transmissionsstab. Probenmaterial Al 6061 T6, Aufprallgeschwindigkeit des Projektils 17,2 m/s (mit freundlicher Genehmigung der Bundesanstalt für Materialforschung und -prüfung)

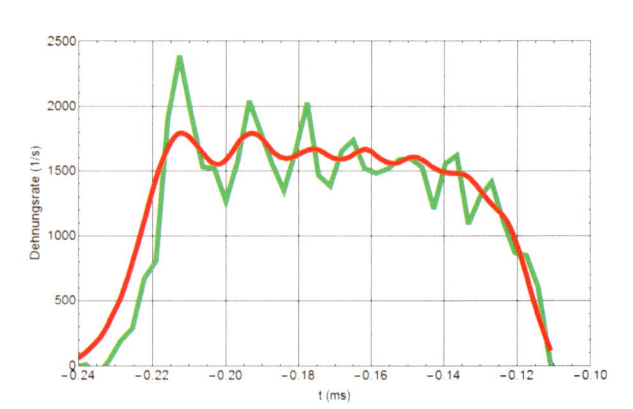

Bild 4.12 Dehnrate als Funktion der Zeit, rot: Theorie, grün: Bildkorrelation; gleiches Experiment wie in der letzten Abbildung (mit freundlicher Genehmigung der Bundesanstalt für Materialforschung und -prüfung)

sung. Die Dehnrate ist laut Theorie in qualitativer Übereinstimmung mit den Bildkorrelationsmessungen. Eine frühzeitig auftretende Spitze der Dehnrate ist in Theorie und Bildauswertung gemein.

Beide Methoden liefern auch die Dehnung als Funktion der Zeit. Bild 4.13 zeigt die Gegenüberstellung der Ergebnisse. Typischerweise erreicht die Dehnung laut Theorie einen geringfügig höheren Wert als von Bildkorrelation ermittelt.

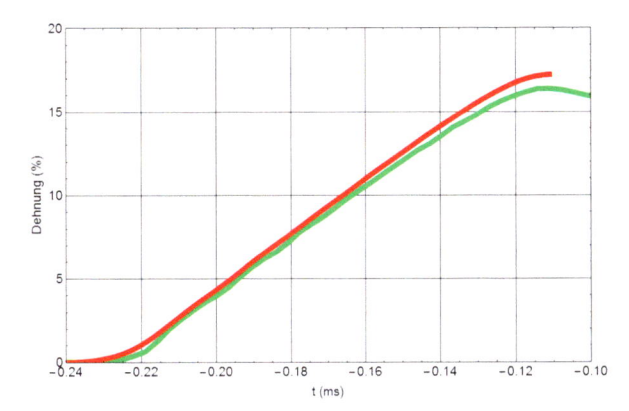

Bild 4.13 Dehnung als Funktion der Zeit, rot: Theorie, grün: Bildkorrelation (mit freundlicher Genehmigung der Bundesanstalt für Materialforschung und -prüfung)

4.3.4 Einsatz der Bildkorrelation in der Medizin

Aufgrund der berührungslosen und materialunabhängigen Arbeitsweise der Bildkorrelation lassen sich Knochen oder auch die menschliche Haut hinsichtlich des Verformungsverhaltens untersuchen. Im Folgenden werden zunächst Deformationsmessungen an einer Wirbelsäule vorgestellt (Bild 4.14). Die Belastung erfolgt in Form von Druck und kann stufenlos eingestellt werden. Trotz der relativ komplexen Geometrie werden aussagekräftige Ergebnisse erzielt, die eine Beurteilung bezüglich der Verformungs- und somit der Spannungsverteilung erlauben.

Bei der Untersuchung der Haut mittels der Bildkorrelation steht die Analyse eines Hautabschnittes mit einer Narbe im Vordergrund (Bild 4.15). Auf die Haut wird vor der Messung ein reguläres Punktemuster aufgetragen. Ansonsten erfolgt keine weitere Präparation des zu untersuchenden Hautabschnittes.

Die Belastung der Haut wird durch Ziehen mittels zweier Finger erzeugt. Aus Bild 4.16 ist deutlich ersichtlich, dass die Haut im Bereich der Narbe weniger elastisch ist. Daraus resultiert eine geringere Verformung bzw. Dehnung. Dies ist an der dunkelblauen Farbe, entlang der eingezeichneten Linie, zu erkennen. Außerdem kann dem Verformungsbild die Narbenform entnommen werden.

Mithilfe der nachfolgenden Untersuchung soll geklärt werden, wie sich verschiedene Lufttemperaturen der Händetrockner auf die Haut der Hände auswirkt. Auf die Haut wird vor der Untersuchung, ähnlich dem letzten Anwendungsbeispiel, ein Punktemuster aufgetragen (Bild 4.17).

Die einwirkende Lufttemperatur wird von 20° zunächst auf 30° und anschließend auf 40° erhöht. Die Einwirk-

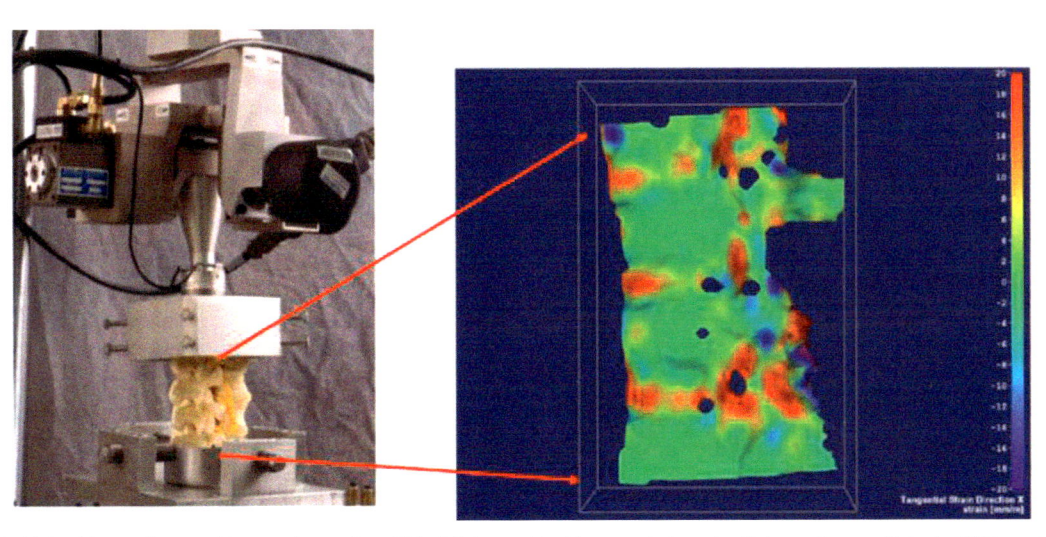

Bild 4.14 Links: Messaufbau zur Untersuchung einer Wirbelsäule, rechts: Messergebnisse der Untersuchung mittels der Bildkorrelation (mit freundlicher Genehmigung von Dantec Dynamics GmbH)

Bild 4.15
Reguläres Punktemuster auf der menschlichen Haut zur Untersuchung eines speziellen Bereiches mithilfe der Bildkorrelation (mit freundlicher Genehmigung von Dantec Dynamics GmbH)

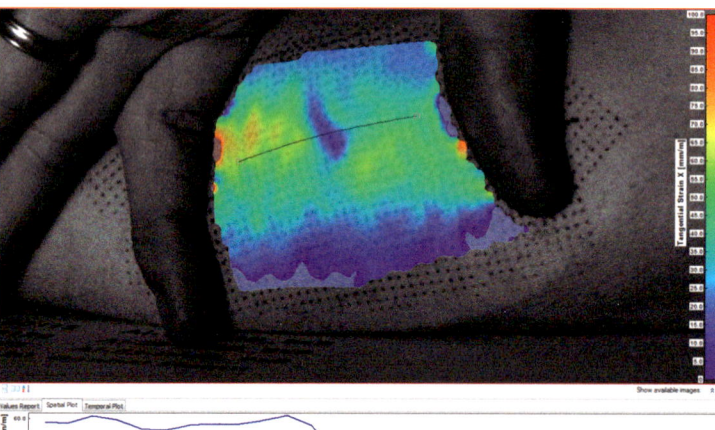

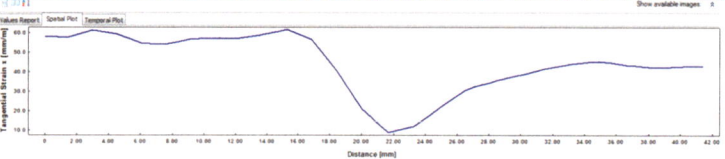

Bild 4.16
Ergebnisse der Untersuchung der Haut mittels der digitalen Bildkorrelation (mit freundlicher Genehmigung von Dantec Dynamics GmbH)

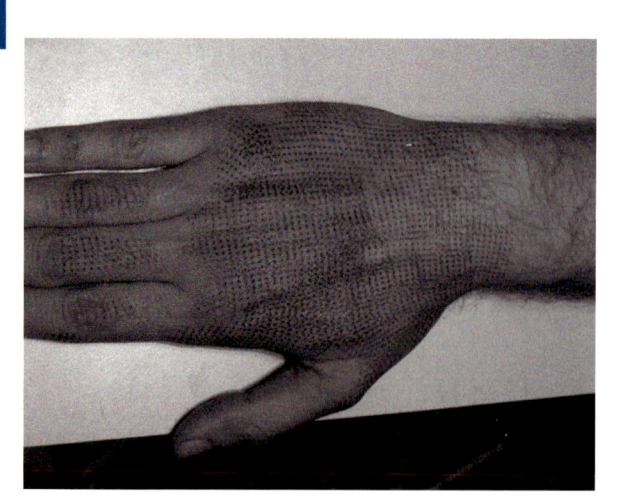

Bild 4.17 Die Abbildung zeigt den zu untersuchenden Hautbereich am Handrücken mit aufgetragenem Punktemuster (mit freundlicher Genehmigung von Dantec Dynamics GmbH).

zeit der warmen Luft beträgt jeweils zwei Minuten. Unmittelbar danach werden mithilfe der Bildkorrelation Messungen vorgenommen (Bild 4.18).

Ab einer Temperatur von 30° entstehen rote Bereiche auf der Handoberfläche, insbesondere zwischen den Mittelhandknochen. Probanden berichten über Schmerzgefühle in diesen Bereichen. Diese Temperaturen sind deshalb bei einer längeren Einwirkzeit nicht empfehlenswert und sollten nach Möglichkeit verhindert werden. Wenn die Einwirkzeit jedoch kürzer eingestellt wird, entstehen keine unangenehmen Gefühle und somit keine Schädigungen der Haut.

Bild 4.19 zeigt den Messaufbau bei der Untersuchung eines Beckenknochens. Zur Messung werden gleichzeitig vier Kameras eingesetzt. Die Belastung erfolgt mittels einer Druckkraft von beiden Seiten gleichzeitig.

Die Schöpfung hat im Laufe der Zeit optimale Lösungen

4.3 Anwendungsbeispiele der Bildkorrelation

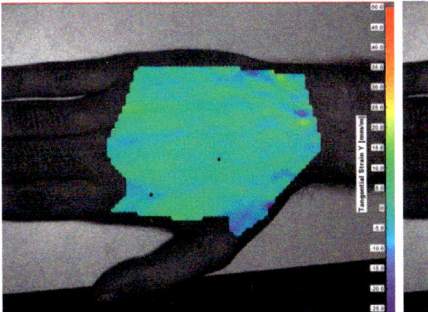

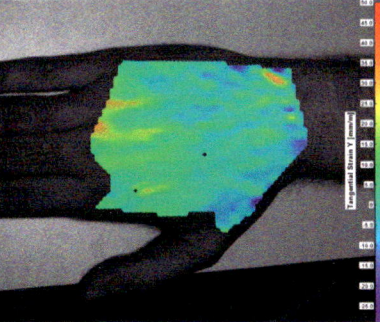

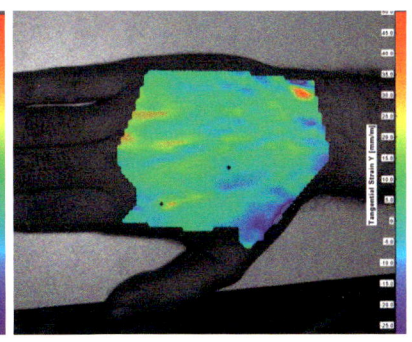

Bild 4.18 Ergebnisse der Einwirkung der warmen Luft bei verschiedenen Temperaturen auf die menschliche Haut, von links nach rechts: 20°, 30° und 40° (mit freundlicher Genehmigung von Dantec Dynamics GmbH)

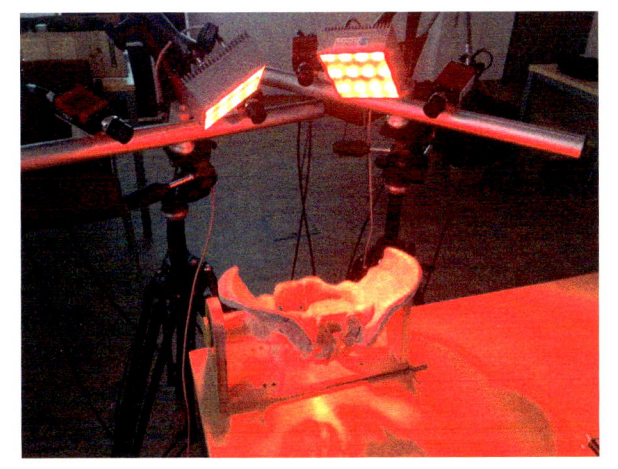

Bild 4.19 Verwendeter Messaufbau zur Untersuchung eines Beckens mittels der Bildkorrelation (mit freundlicher Genehmigung von Dantec Dynamics GmbH)

für verschiedenste Aufgaben und Lebensräume entwickelt. Deshalb liegt es nahe, von der Natur zu lernen (Bionik). Die im menschlichen Körper vorhandenen Knochen oder auch Tierknochen, sind trotz des relativ geringen Gewichtes sehr stabil und können beispielsweise als Vorbild für den Leichtbau dienen. Viele Forschungsarbeiten sind mittlerweile auf diesem Gebiet angelaufen.

Die Erfassung der Verformungen erfolgt in alle drei Raumrichtungen. Ergebnisse jeder Achsenrichtung lassen sich auch einzeln darstellen und auswerten. Im Vordergrund steht die Ermittlung der Dehnungen. Aus Bild 4.20 ist zu erkennen, dass sowohl Bereiche mit Zugbelastung als auch auf Druck beanspruchte Areale entstehen. Dies führt zu einer gleichmäßigen Verteilung der einwirkenden Kräfte.

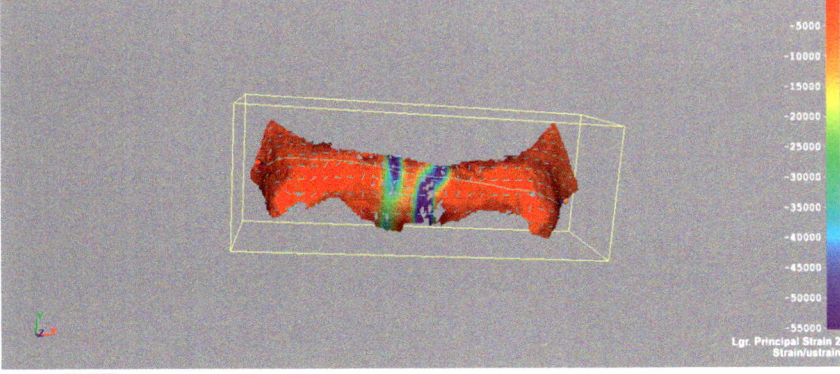

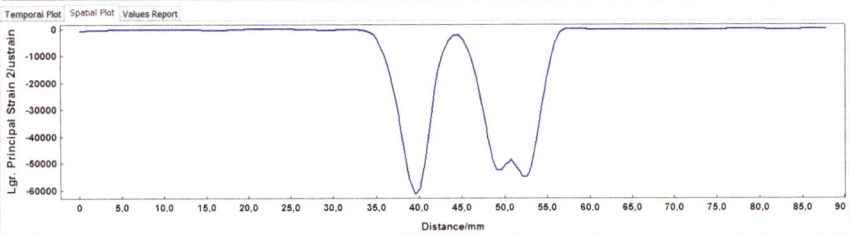

Bild 4.20 Ergebnisse der Untersuchung des Beckens mithilfe der Bildkorrelation (mit freundlicher Genehmigung von Dantec Dynamics GmbH)

Bild 4.21 Links: Brücken-Last-Messung an der Adenauer Brücke in Ulm mittels der Bildkorrelation, rechts: Speckle-Muster an der Brücke (mit freundlicher Genehmigung von Dantec Dynamics GmbH)

4.3.5 Untersuchung von Brücken mithilfe der Bildkorrelation

Brücken werden allgemein für eine begrenzte Nutzungsdauer, z. B. 100 Jahre, konzipiert und ausgeführt. Ein solches Planungsziel kann häufig dadurch nicht erreicht werden, weil Umweltschäden, höhere Verkehrslasten oder auch Folgen von Planungs- und Ausführungsfehlern dies aus Sicherheitsgründen nicht erlauben. Solche Brücken müssen aufgrund der rechnerisch erfolgten Tragsicherheitsbewertung in niedrigere Brückenklassen eingeordnet oder wenn das dem Bedarf nicht entsprechen kann, abgerissen und neu errichtet werden. Jüngste Forschungsergebnisse zeigen jedoch, dass einige dieser Brücken auf der Basis experimenteller Tragsicherheitsbewertungen höher eingestuft werden können als rechnerisch nachweisbar. Dadurch kann eine Verlängerung der Nutzungsdauer erreicht werden. Das bedeutet eine volkswirtschaftlich, relevante Schonung ökologischer sowie ökonomischer Ressourcen.

Bei der Brückeninspektion kommen bis jetzt Messinstrumente zur Anwendung, die auf Dehnungsmessstreifen oder Abstandsmessern beruhen. Alle diese Verfahren haben den Nachteil, dass sie an den Brücken montiert werden müssen, was je nach Zugänglichkeit der Brücke sehr zeitaufwendig und auch kostenintensiv ist.

Die digitale Bildkorrelation erlaubt ebenfalls die Vermessung von Brücken und größeren Bauteilen. Das Verfahren beruht auf einer Mustererkennung auf dem Messobjekt, den sogenannten Speckles.

Zur Erfassung von Verformungen wird ein Bildkorrelation-Messsystem Q-400 eingesetzt. Es werden lediglich eine bis zwei digitale Kameras benötigt, um das Messobjekt auch aus größerer Entfernung zu beobachten

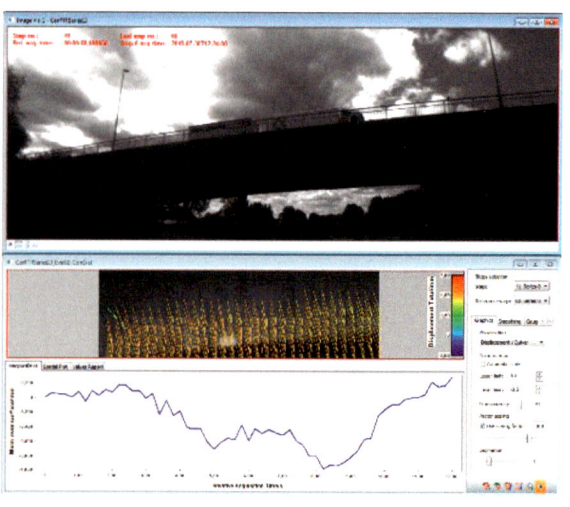

Bild 4.22 Links: Brückentest bei Nacht mit Ausleuchtung des Speckle-Musters, rechts: Lasttestergebnisse bei der Überfahrt eines Lkws (mit freundlicher Genehmigung von Dantec Dynamics GmbH)

(Bild 4.21). Der Test wird über einen längeren Zeitraum durchgeführt, um möglichst eine vollständige Datenerfassung zu gestatten und zuverlässige Aussagen bezüglich der Tragsicherheit treffen zu können. Bei Nacht muss das Speckle-Muster mit einem Scheinwerfer beleuchtet werden, um eine sichere Datenerfassung zu gewährleisten (Bild 4.22).

4.3.6 Einsatz der Bildkorrelation in der Fahrzeug- bzw. Luftfahrtindustrie

Die Untersuchung von Strukturen mit einem nicht linearen Verhalten ist lediglich mithilfe von experimentellen Messmethoden zuverlässig möglich. Eine FEM-Analyse von Prüflingen dieser Art ist oft mit zum Teil starken Abweichungen verbunden. Bei der ersten Untersuchung wird die Lauffläche eines Rennreifens untersucht. Es werden vier Kameras eingesetzt, um eine 180°-Verformungsanalyse durchführen zu können (Bild 4.23).

Der Reifen wird von oben durch eine Druckkraft belastet. Neben der Verformung wird auch die Dehnung erfasst (Bild 4.24).

Bei Verwendung von Hochgeschwindigkeitskameras bzw. einer impulsartigen Laserbeleuchtung, können auch dynamische Verformungsvorgänge untersucht werden. Dadurch lässt sich beispielsweise das Deformationsverhalten von Reifen auch während der Fahrt analysieren. Die in Bild 4.25 gezeigten Kameras eines Bildkorrelations-Systems können bis zu zehn Bilder pro Sekunde erfassen. Die Beleuchtung des Messobjektes erfolgt mittels eines Puls-Lasers.

Bei Verwendung eines geeigneten Aufbaus, kann ein Reifen mit einer Geschwindigkeit des Fahrzeuges von bis zu 250 km/h untersucht werden. Aber nicht nur die Reifen, sondern auch die Felgen werden während der Fahrt hohen Belastungen ausgesetzt. Die Felge wird dabei ebenfalls auf Druck belastet. Zur Analyse wird ein Messsystem mit vier Kameras eingesetzt.

Zur Untersuchung der kompletten Aluminiumfelge wären deutlich mehr als vier Kameras erforderlich. Aus diesem Grund wird mit dem in Bild 4.26 gezeigten Aufbau lediglich ein kleiner Abschnitt analysiert. Da so-

Bild 4.23 Messaufbau zur Untersuchung eines Rennreifens mittels der Bildkorrelation (mit freundlicher Genehmigung von Dantec Dynamics GmbH)

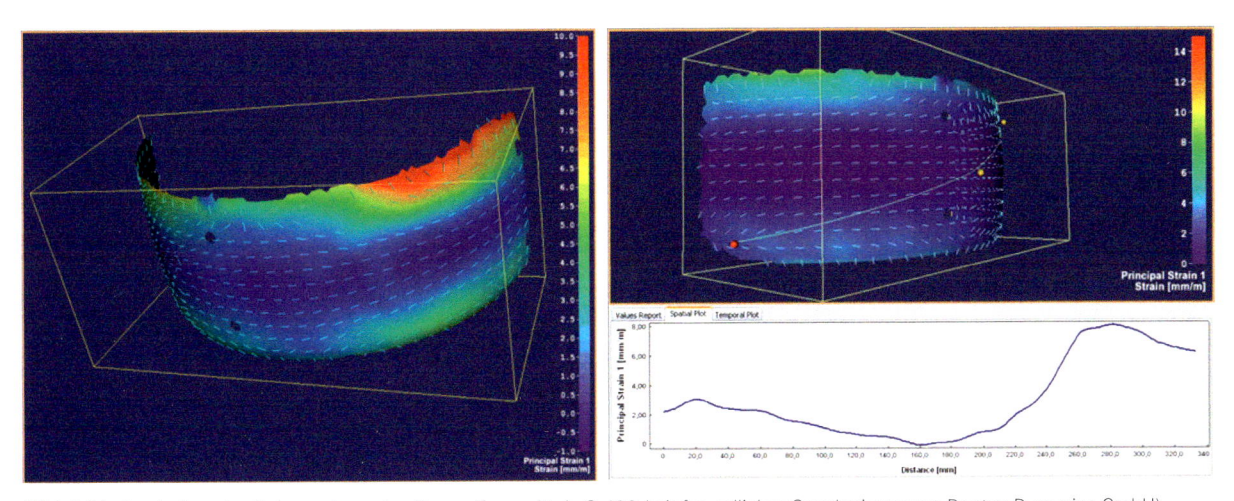

Bild 4.24 Ergebnisse der Untersuchung des Rennreifens mittels Q-400 (mit freundlicher Genehmigung von Dantec Dynamics GmbH)

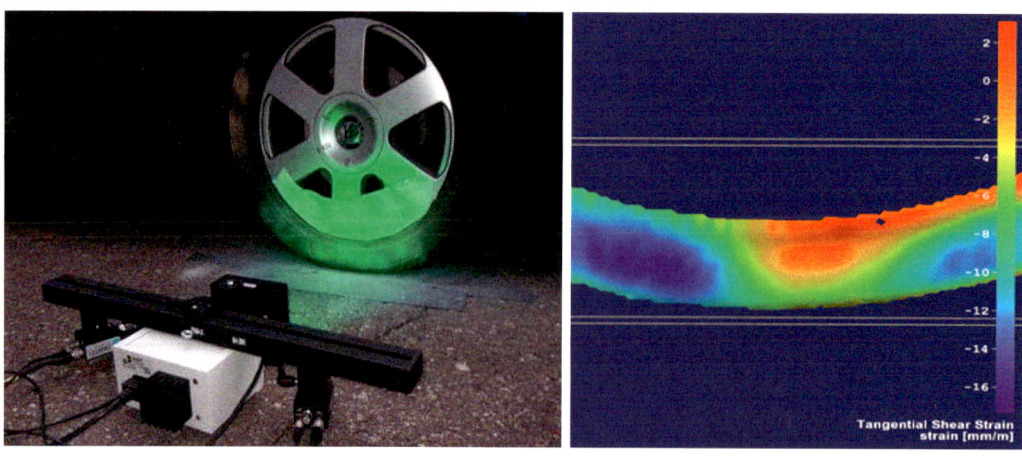

Bild 4.25 Links: Messaufbau zur Untersuchung eines Reifens mithilfe der Bildkorrelation, rechts: Das Ergebnis der Dehnungsmessung (mit freundlicher Genehmigung von Dantec Dynamics GmbH)

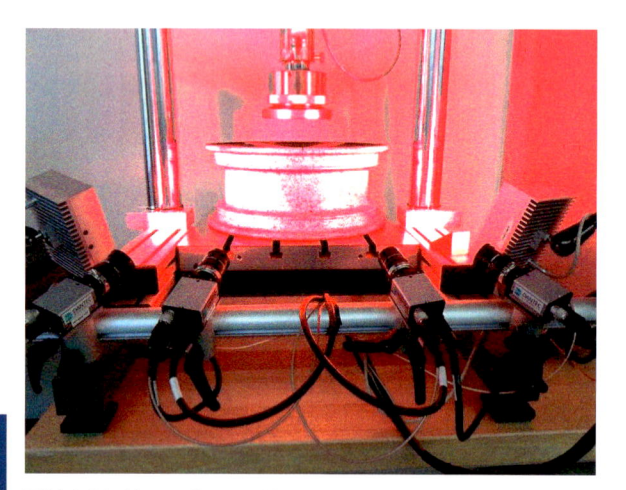

Bild 4.26 Messaufbau zur Untersuchung einer Al-Felge mittels der Bildkorrelation (mit freundlicher Genehmigung von Dantec Dynamics GmbH)

wohl die Geometrie als auch die Belastung symmetrisch ist, können die Ergebnisse (Bild 4.27) jedoch auf die komplette Felge übertragen werden.

Untersuchung einer Tellerfeder

Eine Tellerfeder in Einscheibentrockenkupplungen wird großen Belastungen ausgesetzt und das über einen längeren Zeitraum. Die Tellerfeder drückt die Druckplatte auf die Kupplungsplatte und schiebt diese gegen die Schwungscheibe. So wird eine kraftschlüssige Verbindung hergestellt. Dabei soll ein sanftes Anfahren ermöglicht werden, was eine möglichst genaue Auslegung der Feder erfordert. Zur Überprüfung von Rechenmodellen wird eine experimentelle Untersuchung durchgeführt (Bild 4.28).

Die Belastung erfolgt wie im realen Einsatz mittels

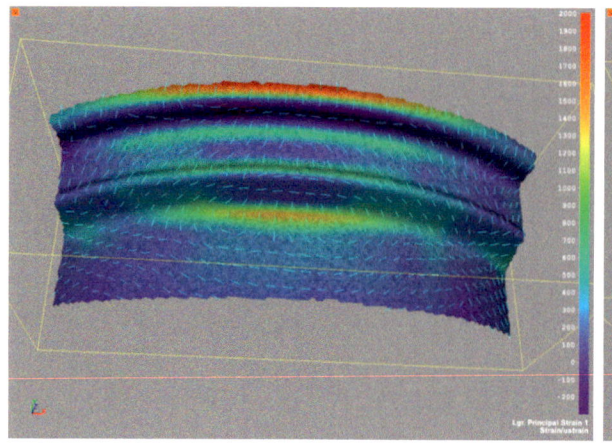

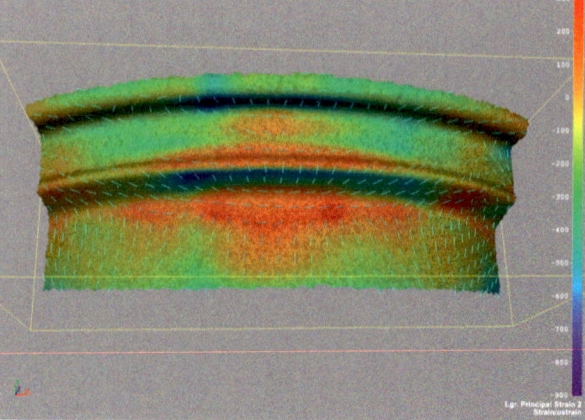

Bild 4.27 Ergebnisse der Untersuchung einer Felge in zwei verschiedene Richtungen (mit freundlicher Genehmigung von Dantec Dynamics GmbH)

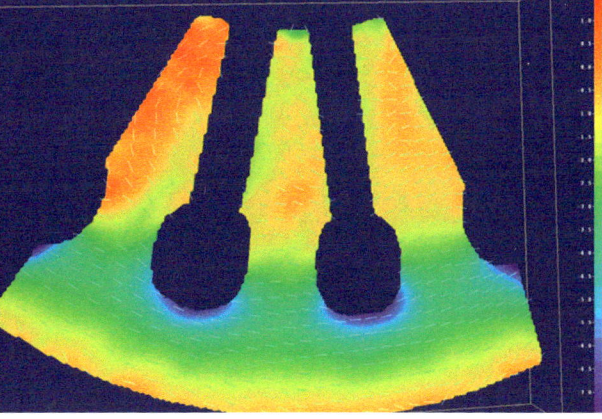

Bild 4.28 Links: die zu untersuchende Tellerfeder, rechts: Ergebnisse der Untersuchung mittels Bildkorrelation (mit freundlicher Genehmigung von Dantec Dynamics GmbH)

einer zentrischen Druckkraft. Die Ergebnisse der experimentellen Messung zeigen einen gleichmäßigen Verformungsverlauf. Es treten somit keine Spannungsspitzen auf. Dies ist insbesondere für eine lange Lebensdauer des Bauteils wichtig. Weiterhin erfolgt ein gleichmäßiges Anpressen der Druckplatte auf die Kupplungsplatte. Dies ist ebenfalls dem gemessenen, homogenen Verformungsverhalten der Feder zu entnehmen.

4.3.7 Untersuchung einer Flugzeugtür

Flugzeugtüren werden während eines Fluges großen Belastungen aufgrund eines großen Druckunterschiedes zwischen dem Innenraum und dem Atmosphärendruck in der jeweiligen Flughöhe ausgesetzt. In der Geschichte der Luftfahrt gab es einige Unfälle, auch mit Personenschäden, die durch defekte oder falsch ausgelegte bzw. falsch arretierte Türen verursacht wurden. Deshalb werden auch experimentelle Untersuchungen mittels der Bildkorrelation durchgeführt, um mögliche Schwachstellen frühzeitig zu erkennen (Bild 4.29).

Die Belastung der Tür erfolgt mittels einer Druckerhöhung im Inneren des Flugzeuges. Diese Randbedingungen entsprechen auch den realen Bedingungen während eines Fluges. Untersucht wird das Deformationsverhalten bei einem vorgeschriebenen Testdruck. Es wurde mithilfe der Bildkorrelation eine maximale Deformation von 1,9 mm gemessen, welche nicht weiter kritisch ist. Aufgrund der flächenhaften Erfassung der Verformungen werden zudem auch wichtige Erkenntnisse bezüglich der räumlichen Verformungs- und Dehnungsverteilungen gewonnen. Diese können in Zukunft bei einer Neukonstruktion bzw. Weiterentwicklung berücksichtigt werden (Bild 4.30).

Die größten Verformungen entstehen in der rechten unteren Ecke und sind auf dort verbaute Zusatzkomponenten zurückzuführen.

Bild 4.29 Zu untersuchende Flugzeugtür mit einem zufälligen Punktemuster (mit freundlicher Genehmigung von Dantec Dynamics GmbH)

4 Bildkorrelation zur Verformungsmessung

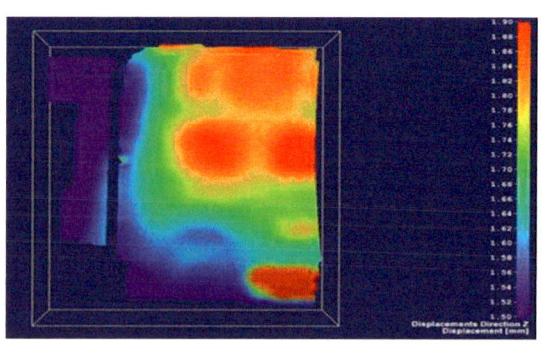

Bild 4.30 Ergebnisse der Untersuchung einer Flugzeugtür: rotes Netz stellt die verformte Struktur dar und grünes Netz den Ausgangszustand (links), gemessene Verformungen in z-Richtung (out-of-plane) mit Hotspots (rechts), (mit freundlicher Genehmigung von Dantec Dynamics GmbH)

4.3.8 360°-Untersuchung eines Druckbehälters

Durch eine Kombination von mindestens acht Kameras können Messobjekte mit einer einzigen Messung von „allen Seiten" erfasst werden. Es können aber auch noch mehr Kameras eingesetzt werden, falls dies erforderlich sein sollte. Auf die Oberfläche des zu untersuchenden Druckzylinders (Bild 4.31) wird vor der Messung ein zufälliges Punktemuster aufgetragen. Zur Erzeugung einer gleichmäßigen Ausleuchtung werden insgesamt vier rote LED-Arrays verwendet.

Bild 4.31 Untersuchung eines Druckzylinders mithilfe der Bildkorrelation (mit freundlicher Genehmigung von Dantec Dynamics GmbH)

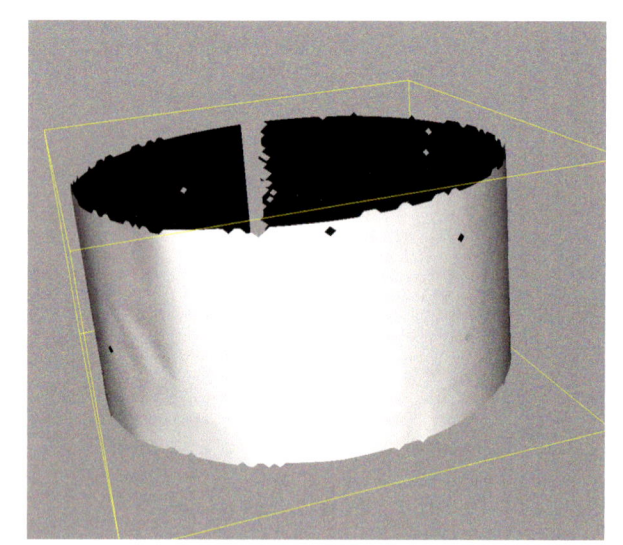

Bild 4.32 Mithilfe der Bildkorrelation erfasste Geometrie des Zylinders (mit freundlicher Genehmigung von Dantec Dynamics GmbH)

Belastet wird der Zylinder mittels eines Innendruckes. Vor der Messung erfolgt eine Kalibrierung des Messsystems, um die Ergebnisse aller Kameras in einem gemeinsamen Koordinatensystem zu erfassen. Durch den Einsatz mehrerer Kameras kann auch die Geometrie des Messobjektes erfasst werden (Bild 4.32).

Ähnlich der Speckle-Messverfahren können mittels der Bildkorrelation sowohl out-of-plane- als auch in-plane-Verformungsanteile getrennt voneinander erfasst werden. Die linke Abbildung in Bild 4.33 zeigt die out-of-plane- und die rechte Abbildung die in-plane-Verformungsanteile. Außerdem ist zu erkennen, dass die Verformung des Prüflings sehr ungleichmäßig ist. In den Bereichen mit den größten Verformungen ist die Materialdicke am geringsten. Beim Erreichen eines kritischen Druckes würde der Druckbehälter primär in diesen Bereichen versagen und aufreißen.

4.3 Anwendungsbeispiele der Bildkorrelation

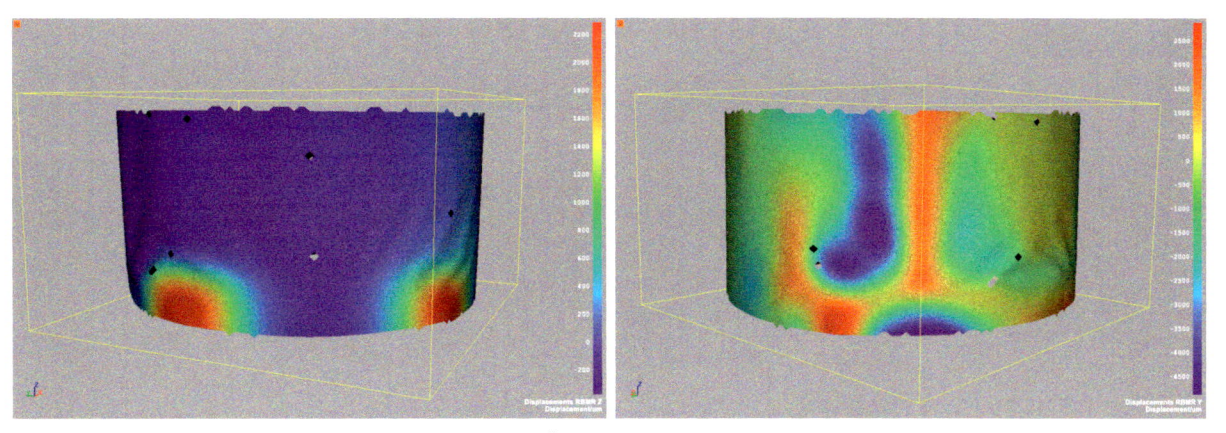

Bild 4.33 Ergebnisse der Verformungsmessung infolge einer Änderung des Innendruckes, links: Verformungsrichtung in z-Richtung (out-of-plane), rechts: Verformungsrichtung in y-Richtung (in-plane), (mit freundlicher Genehmigung von Dantec Dynamics GmbH)

5 Streifenprojektion zur Verformungsmessung

5.1 Verfahrensgrundlagen

Die Streifenprojektion wird seit über 20 Jahren industriell zur 3D-Formerfassung eingesetzt. Auf dem Markt sind zahlreiche Lösungen verfügbar. Durch große Fortschritte in der Datenaufbereitung und der gestiegenen Schnelligkeit eines Messvorganges, kann dieses Verfahren auch zur Erfassung von Verformungen eingesetzt werden. Für diesen Zweck werden zwei 3D-Objektvermessungen, die vor und nach einer Messobjektbelastung aufgenommen werden, direkt miteinander verglichen. Auf diese Weise gelingt eine räumliche Deformationsmessung.

Prinzip der Streifenprojektion

Bei dem Messverfahren der Streifenprojektion wird ein kodiertes Streifenmuster auf das Messobjekt projiziert. Dieses Muster, welches durch die Oberflächenkontur des Messobjektes verzerrt wird, wird gleichzeitig mithilfe einer Kamera beobachtet und aufgezeichnet. Zur schnelleren und genaueren Oberflächenvermessung werden jedoch gleichzeitig mehrere Streifenmuster auf die Oberfläche projiziert. Zur eindeutigen Unterscheidung der Streifen sind diese kodiert. Zur Bestimmung von Verformungen werden zwei Ergebnisse der Objektvermessung, die bei verschiedenen Lastzuständen erfasst werden, direkt miteinander verglichen. Es erfolgt also eine punktuelle Abstandsberechnung zwischen zwei Punktewolken.

Vor- und Nachteile der Streifenprojektion

Vorteile	Nachteile
flächenhafte Messungen möglich	keine direkte Verformungsmessung
kompakt (transportabel)	schmutz- und wasserempfindlich
berührungslose Messungen	für sehr kleine Objekte (< 1 mm) weniger geeignet
relativ schnelle Messung	Vorbereitungen erforderlich (z. B. bei spiegelnden oder mattschwarzen Oberflächen)
in laufende Produktion integrierbar	Messsysteme relativ teuer
keine gefährliche Strahlung	relative Messung
	vergleichsweise geringe Genauigkeit

Messbereich/Messgenauigkeit der Streifenprojektion

Mit der Streifenprojektion können Messobjekte von wenigen mm^2 bei Verwendung von speziellen Mikroskop-Objektiven und miniaturisierten Muster-Projektoren untersucht werden. Bei einem größeren Messabstand (einige Meter) und geeigneter Optik sind bis zu $2 \times 2\ m^2$ in einem Messvorgang erfassbar. Bei einer geeigneten Messdatenaufbereitung, sodass jeweils nicht nur eine Messung pro Objektzustand verwendet wird, können wesentlich größere Objekte untersucht werden. Hierbei werden mehrere Messungen aneinandergereiht und verrechnet.

Die erreichbare Genauigkeit liegt im Submillimeter-Bereich. Typischerweise wird eine Genauigkeit von 0,05 mm erreicht. Bei der Untersuchung von kleinen Messobjekten kann auch eine höhere Genauigkeit erzielt werden.

Die mit diesem Verfahren erfassbare Verformung kann von weniger als 0,1 mm bis hin zu einigen Zentimetern betragen, sodass auch vergleichsweise größere Verformungen untersucht werden können.

Typische Anwendungen der Streifenprojektion

Zur 3D-Geometrie-Erfassung ist die Streifenprojektion sehr weit verbreitet und wird in verschiedensten Branchen eingesetzt. Dazu zählen sowohl medizinische als auch technische Anwendungsbereiche. Die Verwendung der Streifenprojektion zur Messung von Verformungen ist dagegen noch nicht weit verbreitet. Das liegt hauptsächlich daran, dass diese Erweiterung der Standart-3D-Vermessung erst seit ca. 10 bis 15 Jahren verfügbar ist. Außerdem ist eine effiziente Nutzung der Streifenprojektion zur Deformationserfassung erst in den letzten Jahren möglich geworden.

Mit der Streifenprojektion können überwiegend ebene Objekte ohne große Hinterschneidungen, scharfe Rippen oder große Vertiefungen untersucht werden. Zwischen der Kamera und dem Projektor liegt messtechnisch und Aufbau bedingt, ein gewisser Abstand. Dadurch entstehen bei einer komplexen Geometrie des Prüflings zwangsläufig Bereiche, die von der Kamera nicht eingesehen bzw. nicht korrekt ausgeleuchtet werden können.

Aufgrund eines vergleichsweise großen Messbereiches kann die Streifenprojektion besonders effektiv bei großen Verformungen eingesetzt werden – im Vergleich zu Speckle-Messtechniken jedoch mit einer geringeren Genauigkeit.

Ein weiteres Anwendungsgebiet stellt die Medizin dar. Mit der Streifenprojektion können beispielsweise Ergebnisse von operativen Eingriffen quantifiziert und für eine weitere Verwendung gespeichert werden. Beispielsweise werden die zu operierenden Körperteile vor und nach einer Operation dreidimensional erfasst. Die Ergebnisse der beiden Messungen werden in Relation gesetzt, um Auswirkungen eines operativen Eingriffs für den Patienten anschaulicher darzustellen.

5.2 Das Verfahren der Streifenprojektion

Die Grundlagen der klassischen Streifenprojektion wurden bereits im Teil I „3D-Formerfassung" ausführlich behandelt. Deshalb wird an dieser Stelle darauf verwiesen. Im Folgenden wird daher nicht mehr auf die absoluten Grundlagen eingegangen, vielmehr wird darauf aufbauend die Streifenprojektion zur Verformungsmessung vorgestellt.

Die Streifenprojektion basiert auf dem Triangulations-Prinzip (Bild 5.1). Das Messobjekt wird dabei unter einem Winkel β beleuchtet und unter einem Winkel α erfasst. Der Abstand zwischen dem Projektor und der Kamera wird als Basis bezeichnet und mit b angegeben. Gesucht ist der Abstand a zwischen der Basis und dem Messpunkt. Der Winkel zwischen der Projektions- und Erfassungsrichtungen ist in Bild 5.1 als γ dargestellt.

Der zu bestimmende Abstand a wird wie folgt berechnet:

$$a = b \frac{\tan\alpha \cdot \tan\beta}{\tan\alpha + \tan\beta}$$

Die Basis b und die Winkel α, β werden mithilfe einer Kalibrierung ermittelt und müssen während der Mes-

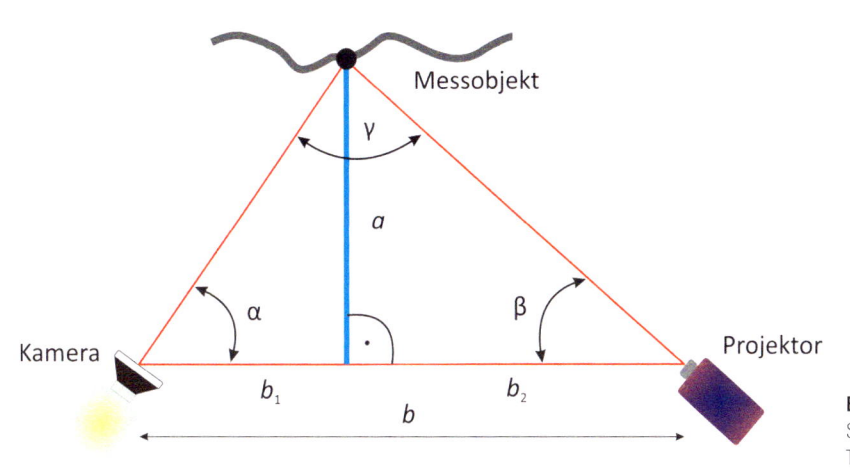

Bild 5.1
Schematische Darstellung des Triangulationsprinzips

sung unverändert bleiben. Bei unveränderlichen Parametern ist somit eine neue Kalibrierung nicht mehr erforderlich. Lediglich bei Verstellung der Kamera oder des Projektors muss das Messsystem erneut kalibriert werden, um die inneren und äußeren Parameter zu ermitteln. Wenn die Kalibrierung nicht wiederholt wird, führt das zu ungenauen Messergebnissen.

Bei realen Messungen wird für jedes Kamerapixel der Abstand a zum zugehörigen Messobjektpunkt berechnet. Das hat zur Folge, dass mit einer einzigen Messung Millionen von Punkten erfasst werden. Die aufgenommenen Punkte werden mittels Dreiecke verbunden, sodass eine Punktewolke entsteht.

Nicht jedes Kamerapixel entspricht zwangsläufig einem Messobjektpunkt, da der Prüfling in der Regel kleiner als das Messfenster ist. Anhand eines Schwellwertes erfolgt eine Unterscheidung der gültigen Messpunkte von den ungültigen Punkten, die der Umgebung entsprechen.

Um flächenhafte Messungen zu ermöglichen, werden kodierte Streifenmuster in die Messszene projiziert. Grundsätzlich wird zwischen örtlich und zeitlich kodierten Mustern unterschieden. In der Regel werden mehrere, binär codierte Muster vom Projektor erzeugt und nacheinander auf das Messobjekt projiziert, um eine zuverlässige Objekterfassung zu ermöglichen.

Spiegelnde Oberflächen, wie z. B. blanke Metalle, reflektieren die codierten Streifenmuster gerichtet, sodass diese von der Kamera lediglich zum Teil oder gar nicht wahrgenommen werden können. Das führt zu einigen Lücken in der Punktewolke und einer verminderten Messgenauigkeit.

Eine Abhilfe kann durch das Aufbringen von abwaschbaren Beschichtungen erreicht werden. Im Idealfall wird eine möglichst dünne und gleichmäßige Schicht mithilfe einer Spraydose aufgetragen. Dadurch ist es möglich, auch nicht kooperative Oberflächen mit einer hohen Genauigkeit zu vermessen. Diese Vorgehensweise ist auch für lichtabsorbierende Texturen zu empfehlen.

Zur Ermittlung von Verformungen werden die Ergebnisse von zwei Messungen benötigt, die bei unterschiedlichen Belastungen aufgenommen werden. Nach einer 3D-Vermessung des Messobjektes werden die Deformationen anhand des punktuellen Abstandes zwischen den beiden Punktewolken berechnet und visualisiert.

5.3 Anwendungsbeispiele der Streifenprojektion

Die Streifenprojektion wird primär, wie eingangs erläutert, zur Messung von größeren Verformungen eingesetzt. Insbesondere zur Analyse von Werkstoffen mit einem nichtlinearen Verhalten. Hierzu zählen beispielsweise Elastomere, Faserverbundwerkstoffe, Gummi-Metall-Verbindungen usw.

5.3.1 Untersuchung einer Membran

Membranventile werden in der Regel zur Steuerung von Fluidströmungen eingesetzt. Dabei erlauben sie eine genaue Steuerung des Fördervolumens. Im eingebauten Zustand wird die Membran mittels eines Druckstücks bewegt. Durch eine im Idealfall gleichmäßige Ausdehnung der Membran, können verschiedene Fördermengen bis zum vollständigen Schließen realisiert werden. Bei einer ungleichmäßigen Ausdehnung der Membran entstehen Leckströme, die nach Möglichkeit zu vermeiden sind. Diese Anforderungen sind auch nach einigen Jahren Einsatz zu erfüllen.

Bei der durchgeführten Analyse wird die Membran mithilfe einer speziellen Belastungsvorrichtung verformt. Dabei wird versucht, eine dem realen Betrieb entsprechende Belastung zu generieren. Das gelingt vor allem durch die Verwendung von Originalteilen des Membranventils. Die Belastungsvorrichtung ist so aufgebaut, dass die zu untersuchende Membran von außen zugänglich ist. Zur Erfassung der Verformungen wird ein Messgerät der Firma Breuckmann mit der Bezeichnung OptoTop eingesetzt (Bild 5.2).

Vor und nach Belastung der Membran wird eine Messung mit dem OptoTop durchgeführt. Anschließend können die berechneten Verformungen anhand eines Vergleiches der beiden Zustände visualisiert werden. Dabei interessieren in erster Linie die Verformungs- und Dehnungsverteilungen.

Mithilfe der vorgenommen Verformungsmessung wurde eine ungleichmäßige Deformation der zu untersuchten Membran festgestellt (Bild 5.3). Diese Analyse bestätigt auch die in der Praxis festgestellte Problematik, dass bei einigen Membranen Leckagen aufgetreten sind.

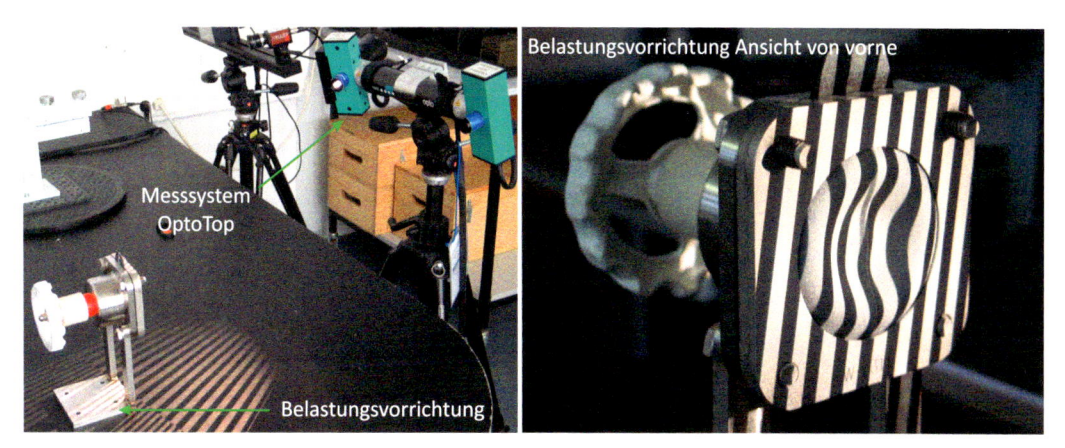

Bild 5.2 Messaufbau zur Untersuchung der Membran (links); die in die Belastungsvorrichtung eingebaute Membran, beleuchtet mit einem binären Streifenmuster zur Geometrieerfassung (rechts)

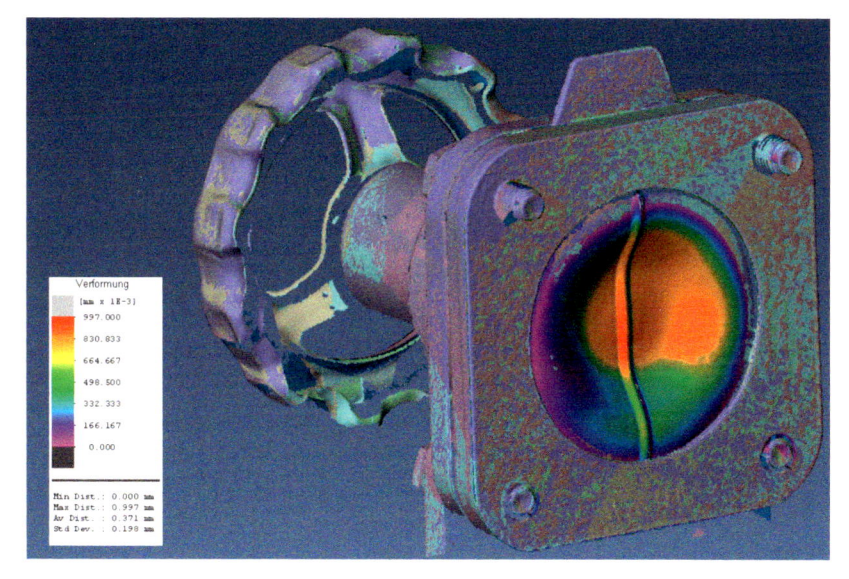

Bild 5.3
Ergebnisse der Membranuntersuchung mittels OptoTop (Streifenprojektion)

VIII

6 Photogrammetrie zur Verformungsmessung

6.1 Verfahrensgrundlagen

Die Photogrammetrie findet ihren Ursprung (um 1876) auf dem Fachgebiet der Geodäsie wieder und wurde parallel zur klassischen Fotografie entwickelt. Aber erst die Entwicklung von leistungsstarken Rechnern und digitalen Kameras machten die Photogrammetrie zu einem leistungsfähigen Messverfahren. Mithilfe der Photogrammetrie kann die Form und Lage von Messobjekten aus Bildern rekonstruiert werden. Bei einem Vergleich von verschiedenen Belastungszuständen können aber auch Deformationen mit der Photogrammetrie bestimmt werden.

Prinzip der Photogrammetrie

Die zu untersuchende Struktur wird aus verschiedenen Positionen aufgenommen. Anhand von markanten Stellen oder Markierungen kann anschließend die Form und Lage des Prüflings berechnet werden. Bei einem Vergleich von verschiedenen Zuständen gelingt eine Verformungsmessung.

Vor- und Nachteile der Photogrammetrie

Vorteile	Nachteile
flächenhafte Messungen möglich	keine direkte Verformungsmessung
kompakt (transportabel)	relative Messung
sehr große Objekte untersuchbar	für kleine Objekte ungeeignet
schnelle Messung	Vorbereitungen erforderlich
berührungslose Messungen	viele Aufnahmen notwendig
keine gefährliche Strahlung	
relativ preiswert	

Messbereich/Messgenauigkeit der Photogrammetrie

Mit der Photogrammetrie können große bis sehr große Messobjekte untersucht werden. Das gelingt dadurch, dass lediglich einfache digitale Aufnahmen für die Auswertung genügen.

Beispielsweise können mithilfe der Photogrammetrie große Areale bei der Landvermessung ausgewertet werden. Bei einer Veränderung, etwa nach einem Erdbeben, erfolgt eine weitere Messung, um daraus Deformationen der Erdoberfläche zu bestimmen. Die Größe des Messfeldes kann also bis zu einige Hundert km^2 betragen. Kleinere Objekte (< 1 m^2) werden in der Regel mit der Photogrammetrie – hinsichtlich des Verformungsverhaltens – eher nicht untersucht.

Die erreichbare Genauigkeit liegt bei der Untersuchung relativ kleiner Messobjekte im mm-Bereich, bei großen Flächen bzw. Verformungen im cm-Bereich und bei Idealbedingungen jeweils noch höher. Es können Verformungen von wenigen Millimetern bis zu einigen Metern erfasst und analysiert werden.

Typische Anwendungen der Photogrammetrie

Während in der Vergangenheit die Photogrammetrie hauptsächlich zur Landvermessung und somit zur Messung von Höhenänderungen eingesetzt wurde, ist das heutige Anwendungsfeld um einiges breiter geworden. Die Photogrammetrie wird beispielsweise in der Automobilindustrie zur Erfassung von Deformationen verschiedener Karosserieteile, bei unterschiedlichen Belastungen, herangezogen.

Weiterhin wird die Photogrammetrie in der Raumfahrt zur Analyse von komplexen Komponenten bei technischen Vorrichtungen eingesetzt. Aufgrund des großen Messbereiches können mit einer photogrammetrischen Messung ganze Strukturen in Bezug auf kritische Lasten analysiert werden.

In vielen anderen Industriezweigen, wie beispielsweise erneuerbare Energien, wird die Photogrammetrie (z. B. von Solarpanels) heutzutage ebenfalls eingesetzt. Die photogrammetrische Messmethode erlaubt oftmals eine hohe Zeitersparnis bei der Messung von Verformungen insbesondere bei großen Deformationen.

6.2 Das Verfahren der Photogrammetrie

Die Grundlagen der klassischen Photogrammetrie wurden bereits im Teil I „3D-Formerfassung" ausführlich behandelt. Deshalb wird an dieser Stelle darauf verwiesen. Im Folgenden wird daher nicht mehr auf die absoluten Grundlagen eingegangen, vielmehr wird darauf aufbauend die Photogrammetrie zur Verformungsmessung vorgestellt.

Das Messobjekt wird in der Regel mittels einer Spiegelreflexkamera aus verschiedenen Perspektiven erfasst (Bild 6.1). Die Abbildung eines dreidimensionalen Objektes erfolgt auf einem ebenen Kamerasensor. Deshalb werden mathematische Verfahren benötigt, um aus den aufgenommenen Informationen dreidimensionale Koordinaten für jeden Objektpunkt zu erhalten.

Die Zentralprojektion ist das meist verwendete Modell zur Bestimmung von 3D-Geometriedaten. Geometrisch kann dies als eine Abbildung von dreidimensionalen Punkten durch eine Gerade auf eine zweidimensionale Ebene (z. B. Kamerasensor) betrachtet werden.

Zur Rekonstruktion der Strahlenbündel im Raum müssen die Daten der inneren und der äußeren Orientierung bekannt sein. Mit dem Begriff der Orientierung werden die geometrischen Zusammenhänge im und um das Messbild beschrieben. Die innere Orientierung beschreibt die geometrischen Verhältnisse in der für die Aufnahmen eingesetzten Kamera. Diese hängen also von der verwendeten Optik ab und dürfen während der Messung nicht verändert werden. Die Brennweite des Objektivs darf also während der Messung nicht verstellt werden. Die äußere Orientierung beschreibt die Lage des Projektionszentrums im Raum.

Bei bekannten inneren und äußeren Orientierungsparametern können Objektkoordinaten anhand von Messobjektaufnahmen bestimmt werden. Die Parameter der beiden Orientierungen werden in der Regel mithilfe von Kalibrierungen ermittelt. Für diesen Zweck existiert eine Vielzahl an verschiedenen Kalibrierverfahren. Mit der sogenannten Bündelausgleichmethode (Bündeltriangulation) können die Parameter der inneren und der äußeren Orientierungen und gleichzeitig die Objektkoordinaten berechnet werden. Auf die Kalibrierung der Kameras kann bei diesem Verfahren also verzichtet werden. Die höhere Anzahl der unbekannten Parameter muss jedoch durch die Verwendung von Verknüpfungspunkten kompensiert werden. Ein weiterer, großer Vorteil dieser Methode ist die Möglichkeit der Verwendung von handelsüblichen Kamerasystemen zur Erfassung von Geometriedaten.

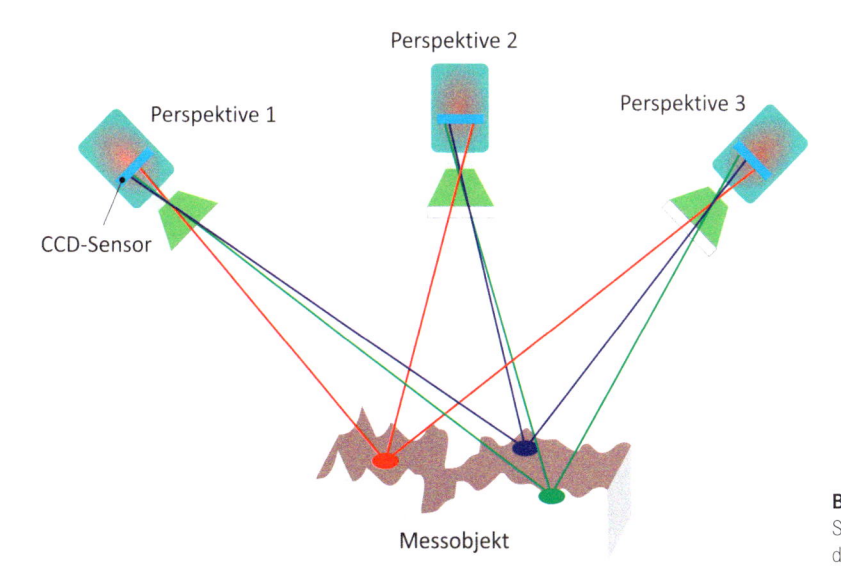

Bild 6.1
Schematische Darstellung des Prinzips der Photogrammetrie

Die Geometrieberechnung anhand von digitalen Aufnahmen kann dadurch vereinfacht werden, dass speziell kodierte Passmarken auf die Oberfläche des Messobjektes geklebt werden. Dadurch wird von einer speziellen Software eine automatische Zuordnung dieser markanten Stellen auf verschiedenen Aufnahmen vorgenommen. Außerdem werden von den Firmen oftmals spezielle Passmarken entwickelt, die bei der Auswertung von der Software registriert und anschließend als geometrische Formen erkannt werden. Das können beispielsweise große Schrauben sein, die mittels der Photogrammetrie nur schwer zu erfassen sind. Solche Objekte werden also mit einer speziellen Passmarke markiert und später von dem Auswerteprogramm erkannt und entsprechend dargestellt.

Zur Bestimmung von Verformungen werden zwei unterschiedliche Objektzustände benötigt, die jeweils photogrammetrisch zu erfassen sind. Ein direkter Vergleich dieser zu verschiedenen Zeitpunkten aufgenommenen Geometrien liefert die gesuchten Verformungen.

rameter für die Steifigkeit als auch die Ebenheit durch Messungen im belasteten und unbelasteten Zustand bestimmt. Zu diesem Zweck wurden bisher die Objekte zu einer Koordinatenmessmaschine (KMG) transportiert. Auf dieser Messmaschine musste anschließend sowohl der Belastungsversuch als auch die Vermessung durchgeführt werden. Die Größe der zu messenden Objekte (z. B. ca. $2 \times 2,5$ m^2 oder $4 \times 2,3$ m^2) und der für den jeweiligen Transport bzw. Versuchsaufbau erforderliche Aufwand, ließen schnell den Wunsch nach einem mobilen Messsystem aufkommen, um direkt vor Ort messen zu können.

Bild 6.2 Das mobile, photogrammetrische Messsystem DPA (mit freundlicher Genehmigung von AICON 3D Systems GmbH)

6.3 Anwendungsbeispiele der Photogrammetrie

Die Photogrammetrie kommt bevorzugt bei der Untersuchung von großen und mittelgroßen Messobjekten zum Einsatz. Zu einer hochgenauen Erfassung der Verformungen sind interferometrische Verfahren besser geeignet. Mittels der interferometrischen Methoden ist aber eine Messung von großen Verformungen kaum möglich. Deshalb haben beide Methoden eine Daseinsberechtigung.

6.3.1 Untersuchung von Solarpanels

Bei der Eurocopter Deutschland GmbH werden in der Komponentenerprobung als Teil eines umfangreichen Testprogramms Belastungsversuche mit Solarpanels durchgeführt. In diesem Zusammenhang werden auch Parameter für die Steifigkeit und Ebenheit der Panels bestimmt. Für die erforderlichen 3D-Vermessungen setzt man auf die Messtechnik von AICON und zwar das mobile 3D-Industriemesssystem DPA (Bild 6.2).

Bei der Erprobung von Solarpanels werden sowohl Pa-

Mit dem Einsatz des mobilen 3D-Industriemesssystems DPA können Vermessungen direkt am jeweiligen Ort des Versuchsaufbaus durchgeführt werden. Zur Bestimmung der Steifigkeit wird das Panel auf den Boden gelegt und an vier Ecken gelagert. Anschließend wird die erforderliche Anzahl von retroreflektierenden Messmarken aufgebracht. Es folgt eine Vermessung im belastungsfreien Zustand. Anschließend wird dann das Zentrum des Panels mit einem Gewicht von ca. 5 kg belastet und eine erneute Vermessung mittels der Photogrammetrie durchgeführt. Dadurch können die Deformationen, die in einer Größenordnung von 10 bis 20 mm liegen, unmittelbar erfasst werden.

In einem weiteren Versuch wird die Ebenheit des Panels gemessen. Hierzu wird dieses an den zwei Eckpunkten der längeren Seite aufgehängt. Diese Lagerung kommt dem Zustand des Panels in der Schwerelosigkeit am nächsten. Nach einer Einschwingphase kann mit der Aufnahme der Messbilder begonnen werden. Mit einer hochauflösenden Digitalkamera

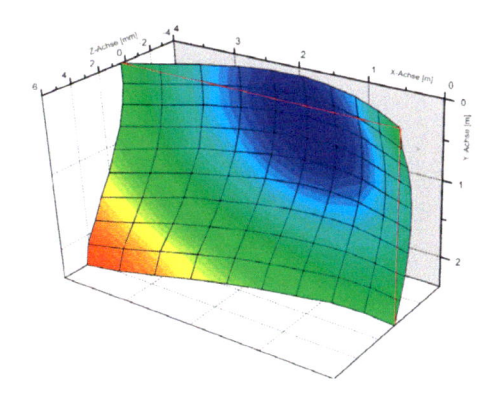

Bild 6.3 Verformungsmessung bei Solarpanels, links: „Messaufbau" mit Messobjekt, rechts: Ergebnis der Verformungsmessung (mit freundlicher Genehmigung von AICON 3D Systems GmbH)

werden die frei aufgehängten Panel in nur wenigen Minuten aufgenommen. Der kameraseitig installierte Ringblitz gewährleistet eine gleichmäßige Ausleuchtung der retroreflektierenden Zielmarken. Alle Messungen können direkt am Ort des Geschehens durchgeführt und ausgewertet werden. Die Möglichkeit einer schnellen Ermittlung der Daten stellt einen großen Vorteil gegenüber den bisher eingesetzten Messverfahren dar (Bild 6.3).

Die Auswertung der Messbilder und die Berechnung der 3D-Koordinaten erfolgen automatisch mit dem AICON 3D Studio mit DPA. Interaktionen zur Steuerung der photogrammetrischen Berechnung sind seitens des Anwenders nicht erforderlich. Zur Gegenüberstellung der Ergebnisse werden diese in einem einheitlichen Koordinatensystem dargestellt. Innerhalb des AICON 3D Studios werden die Deformationsvektoren zwischen den Belastungszuständen berechnet. Die grafische Ergebnisdarstellung von AICON 3D Studio ermöglicht eine Beurteilung der Versuchsergebnisse aufbauend auf der Berechnung der Verformungen.

6.3.2 Verformungsmessung in der Klimakammer

In der Entwicklungsphase, z. B. zur Beurteilung neuer Werkstoffe und Bauteile, gehört die Erfassung und Bewertung von Umwelteinflüssen mithilfe einer Klimakammer regelmäßig zum Testprogramm. In einer Klimakammer lassen sich reale klimatische Bedingungen künstlich erzeugen, um spezielle Eigenschaften wie die Verformung und Ausdehnung von Testobjekten zu prüfen (Bild 6.4).

Eine wesentliche Erkenntnisgrundlage bei der Auswertung von Klimaversuchen ist die Verformung der Testobjekte in Abhängigkeit von den definierten Umweltbedingungen. Hierzu ist eine vollständige 3D-Vermessung der Testobjekte erforderlich (Bild 6.5). Aufgrund der stetig wachsenden Anforderungen, Testobjekte mit einer großen Anzahl von hochgenauen Messpunkten möglichst schnell zu vermessen, stellt sich die Frage nach dem geeigneten Messmittel. Folgende Anforderungen sind von dem Messsystem zu erfüllen:

- Das Messverfahren muss kontaktlos sein, damit das Testobjekt nicht durch eine Berührung verändert wird.
- Die Messung muss in der Klimakammer durchgeführt werden können. Entsprechend muss das Messverfahren auch unter extremen klimatischen Bedingungen einsetzbar sein.
- Ein Messdurchlauf darf nur wenig Zeit in Anspruch nehmen, da unterstellt wird, dass sich das Objekt für den Zeitraum der Messung nicht verändert.

Bild 6.4 Bildaufnahme bei 180 °C mit einer hochauflösenden, digitalen Kamera (mit freundlicher Genehmigung von AICON 3D Systems GmbH)

- Die Auswertung der Messergebnisse sollte sich weitestgehend automatisieren lassen, damit die Ergebnisse der vielen Wiederholungsmessungen mit möglichst wenig Arbeitsaufwand erzeugt werden können.
- Die Präsentation der Ergebnisse muss grafisch illustriert werden und sich in das entsprechende Untersuchungsergebnis einbinden lassen.
- Für die Vermessung von Verformungen im Zuge von Klimaversuchen ist das AICON 3D Studio in Verbindung mit DPA ein geeignetes Werkzeug. Das Testobjekt wird mit einer digitalen Messkamera nach einer hierfür optimierten Aufnahmeanordnung erfasst. Die aufgenommenen Messdaten werden anschließend an die Auswertesoftware DPA übermittelt (Bild 6.6).

Das Signalisierungsmaterial wird direkt vom Anwender mit der Software Codemaker auf speziell für diese

Bild 6.5 Zu untersuchende Fahrzeugtür mit aufgeklebten Passmarken zur Durchführung von Deformationsmessungen mittels der Photogrammetrie (mit freundlicher Genehmigung von AICON 3D Systems GmbH)

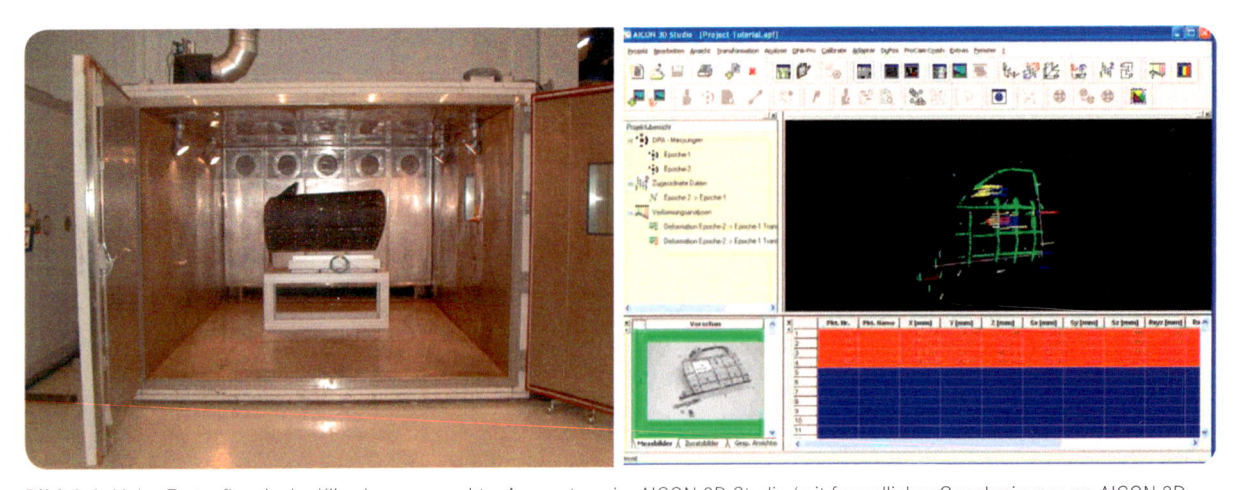

Bild 6.6 Links: Testaufbau in der Klimakammer, rechts: Auswertung im AICON 3D Studio (mit freundlicher Genehmigung von AICON 3D Systems GmbH)

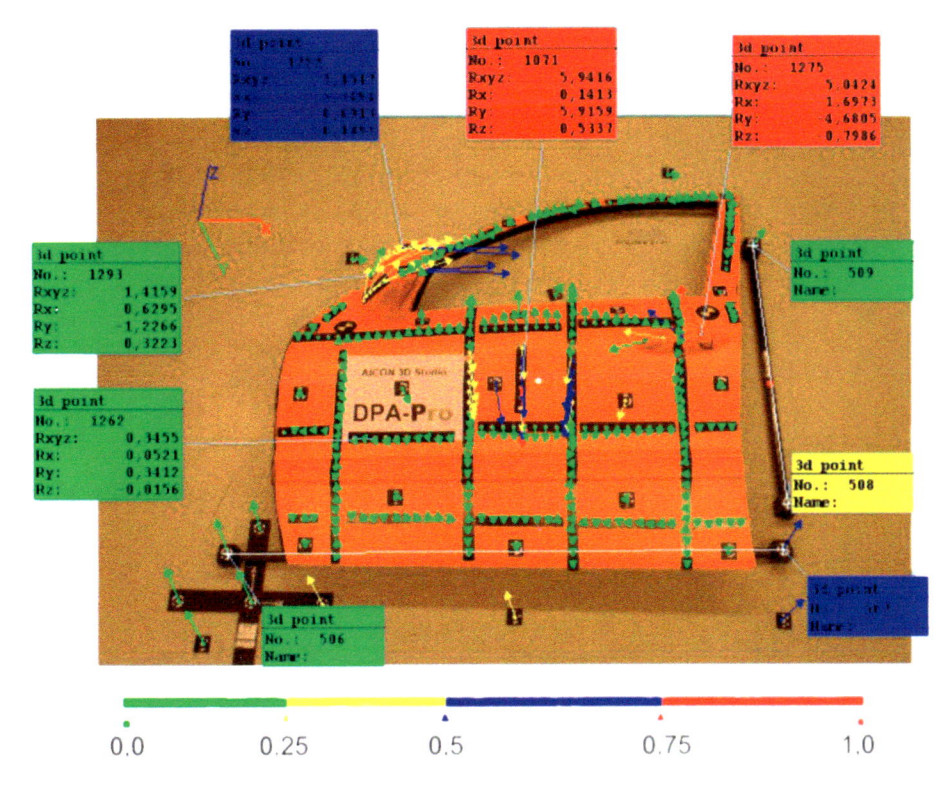

Bild 6.7
Im Dokumentationsbild mit Verformungsvektoren werden die Ergebnisse grafisch präsentiert (mit freundlicher Genehmigung von AICON 3D Systems GmbH)

klimatischen Bedingungen geeignetes Material gedruckt. Die eingesetzte, digitale Kamera ist auch unter den extremen klimatischen Bedingungen in einer Klimakammer einsetzbar und kann im Bedarfsfall mit einem speziellen Schutzgehäuse verwendet werden.

Die Auswertesoftware DPA benötigt für die Auswertung der Messbilder und Berechnung der 3D-Objektkoordinaten in der Regel nur wenige Minuten. Mit dem AICON 3D Studio können die Ergebnisse einzelner Messsequenzen direkt miteinander verglichen werden. Durch geeignete, grafische Ausgaben lassen sich die Messergebnisse anschaulich illustrieren. Die Einbindung von Fähnchen gibt zusätzlich eine Information über den exakten Verformungswert ausgewählter Punkte. Die erforderlichen Messprotokolle werden softwaregestützt erstellt (Bild 6.7).

Die Ergebnisse können mit der Software AICON 3D Viewer an Dritte weitergegeben werden, um dann die vollen Report- und Exportfunktionalitäten des AICON 3D Studio zu nutzen und die Ergebnisse beispielsweise mit den grafischen Präsentationsmöglichkeiten der Software zu betrachten.

6.3.3 Photogrammetrie zur Verformungsmessung in der Raumfahrt

Ein riesiges Sonnensegel entfaltet sich im Weltall und treibt einen Satelliten an, der das Sonnensystem erforscht. Das so genannte „Solar Sailing" ist keine Zukunftsvision, sondern vielleicht schon bald Realität in der Weltraumforschung. Die Institute des Deutschen Zentrums für Luft- und Raumfahrt e. V. (DLR) in Braunschweig und Bremen arbeiten gemeinsam mit der Europäischen Raumfahrtbehörde ESA und der Technischen Universität Braunschweig am sogenannten Gossamer-Projekt. Die Forscher wollen die Funktionstüchtigkeit des Solar Sailing nachweisen. Die Masten des Sonnensegels, die so genannten Booms, werden mit AICONs 3D-Koordinatenmessgerät MoveInspect HR auf ihre Belastbarkeit geprüft (Bild 6.8).

Die Booms bestehen aus kohlenstofffaserverstärktem Kunststoff, sogenanntem CFK. Dieser ist sehr leicht und dabei sehr steif. Die Masten werden derzeit von 2,8 m bis zu einer Länge von 14 m in einem Stück gefertigt und wiegen dabei nur maximal 70 g pro Meter. Die Durchmesser variieren je nach Masttyp von 30 bis 150 m. Sie werden aus zwei langen omegaförmigen Halbschalen zusammengesetzt und können zum Trans-

6 Photogrammetrie zur Verformungsmessung

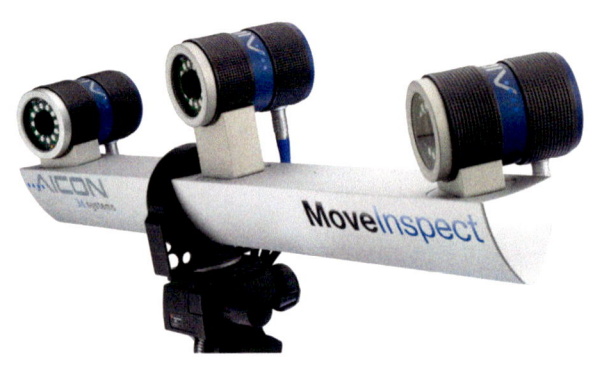

Bild 6.8 Das Messsystem MoveInspect HR (mit freundlicher Genehmigung von AICON 3D Systems GmbH)

port aufgerollt werden. Durch einen speziellen Mechanismus entfalten sich die Sonnensegel samt Masten automatisch.

Wie stark kann man die Segel spannen, ohne dass die Masten einknicken? Mit dieser Frage beschäftigt sich das Institut für Faserverbundleichtbau und Adaptronik des DLR. Bisher konnte sie nur unzureichend beantwortet werden, da das verwendete Messsystem ziemlich kompliziert in der Bedienung war und für die weitere Verwendung zu ungenaue Daten lieferte.

Seit März 2014 ist beim DLR ein MoveInspect HR im Einsatz. MoveInspect HR ist ein kamerabasiertes Messsystem mit einer oder mehreren hochauflösenden Digitalkameras auf einem Stativ oder Balken. Das System erfasst annähernd beliebig viele Messpunkte gleichzeitig und nimmt somit die Gesamtsituation auf. Die Messung erfolgt hochfrequent; der gesamte Bewegungsablauf wird wie bei einem Video in 3D erfasst und eine kontinuierliche Verformung auf diese Art und Weise bestimmt.

Der zu messende Boom wird in die Versuchsvorrichtung eingespannt, welche mit Zugmotoren ausgestattet ist. Am Fuß des Booms befinden sich die Messpunkte. Zwei Digitalkameras blicken auf den Boom im Gestell. Die Zugmotoren werden gestartet und ziehen das untere Ende des Booms zur Seite. Je nach Größe des Mastes beträgt die maximale Auslenkung zwischen 0,3 m und 1,5 m (Bild 6.9).

Das MoveInspect ist mit den Zugmotoren und weiteren Sensoren elektronisch synchronisiert; Kraft, Defor-

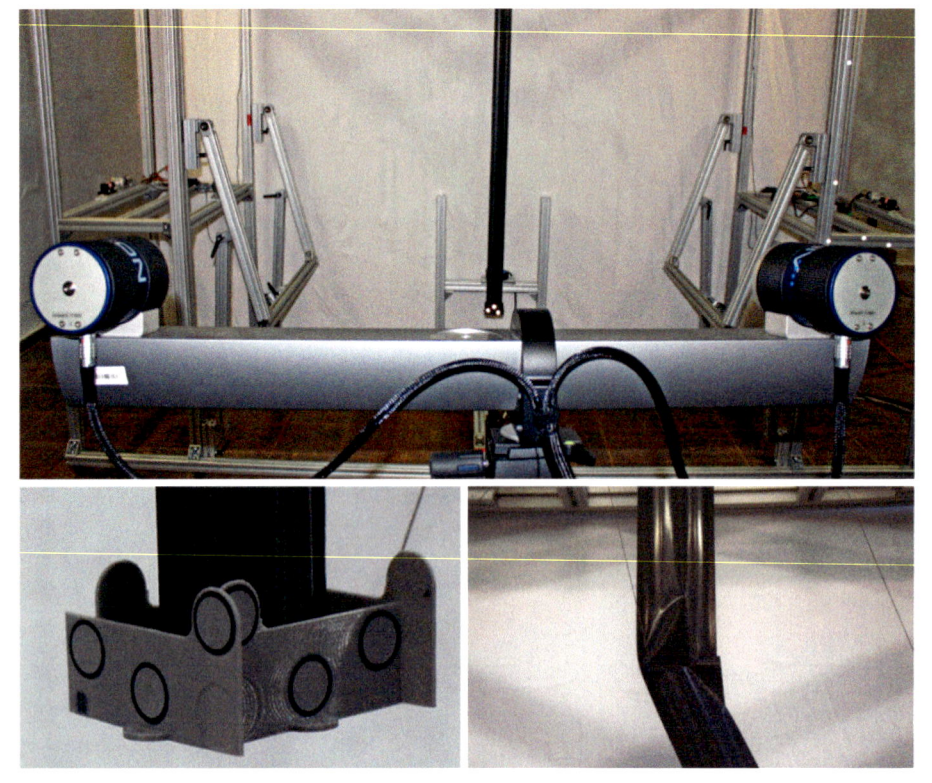

Bild 6.9 Der Boom-Teststand zur Ermittlung der kritischen Zugkraft, bei welcher die Masten einknicken. Im Bild oben ist das Messsystem dargestellt. Unten links sind Messpunkte zu sehen und im Bild unten rechts ein eingeknickter Stab (mit freundlicher Genehmigung von AICON 3D Systems GmbH).

mation und Zeit werden zeitgleich erfasst. Die gemessenen Koordinaten werden automatisch an das Auswerteprogramm übertragen und der Zusammenhang zwischen Kraft und Deformation analysiert. Die Ergebnisdarstellung erfolgt in Form von Diagrammen oder Excel-Tabellen.

Eine komplette Messung dauert nur etwa zwei Minuten – ein enormer Zeitvorteil gegenüber laserbasierten oder rein tastenden Messsystemen. Mit Lasersystemen kann in der Regel nur ein Punkt in eine Richtung gemessen werden. Der Laser ist dabei mehrmals nachzuführen, um alle relevanten Punkte zu erfassen. Das macht die Messung nicht nur zeitaufwendig, sondern auch ungenau. Mit MoveInspect werden dagegen beliebig viele Punkte gleichzeitig erfasst. Dadurch können dynamische sowie statische Vorgänge in allen Raumrichtungen in einer einzigen Messung in 3D erfasst werden. Aufgrund des optischen Messprinzips können auch große Auslenkungen ohne zusätzlichen Aufwand gemessen werden. Sehr wichtig für die präzise Messung solch filigraner Strukturen ist insbesondere das berührungslose Messen. Tastende Messsysteme beeinflussen die ultraleichte Struktur während der Messung, was inakzeptabel ist.

Solar Sailing ist eine Form des Raumfahrt-Antriebs, welche seit Jahrzehnten als Alternative zu klassischen Antriebstechnologien entwickelt wird. Der Vortrieb wird durch Nutzung des Photonenimpulses der Sonne erreicht – dieser „Lichtdruck" ist etwa tausendmal größer als der Druck des Sonnenwindes. Die Attraktivität des Solar-Sail-Antriebs besteht hauptsächlich darin, dass dieser keinen Treibstoff benötigt, der beim Starten der Rakete mitgenommen werden müsste; die Antriebskraft ist somit unerschöpflich.

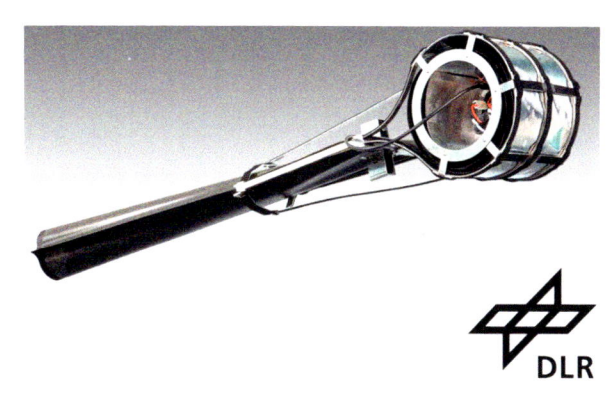

Bild 6.10 Elektrisch angetriebener Boom-Entfaltungsmechanismus (mit freundlicher Genehmigung von AICON 3D Systems GmbH)

Bislang sind nur zwei nichteuropäische Versuche zum Nachweis der Funktionsfähigkeit von Solar Sailing durchgeführt worden: Ein reines Entfaltungsexperiment im erdnahen Orbit und ein Sonnensegel, das selbstständig manövrieren, aber nicht segeln konnte (Bild 6.10 und 6.11). Daher haben sich das Deutsche Zentrum für Luft- und Raumfahrt e.V. (DLR) und die Europäische Weltraumagentur (ESA) dazu entschlossen, gemeinsame Projekte mit ultraleichten, entfaltbaren Weltraumstrukturen durchzuführen. In den nächsten Jahren sollen verschiedene Demonstrationsflüge, die solche Strukturen in diversen Größen in der Erdumlaufbahn entfalten, durchgeführt werden. Hierdurch lassen sich die entfaltbaren und ultraleichten Raumfahrtstrukturen des DLR für kommerzielle und wissenschaftliche Missionen qualifizieren und später einsetzen (Bild 6.12).

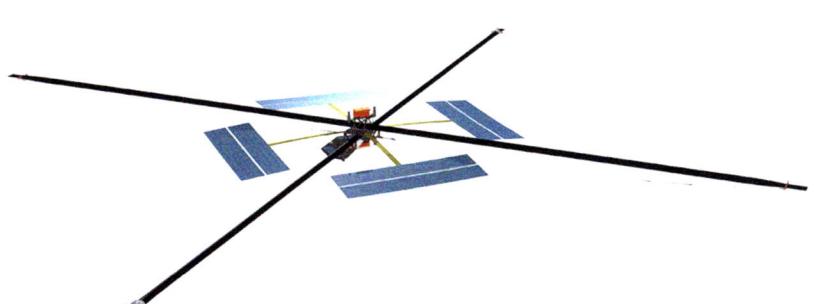

Bild 6.11 Entfaltetes Sonnensegel (mit freundlicher Genehmigung von AICON 3D Systems GmbH)

Bild 6.12
Boomfertigung im DLR Space Structures Lab @ Uni (mit freundlicher Genehmigung von AICON 3D Systems GmbH)

7 Literaturverzeichnis zu Teil VIII

Al-Mousawi, M.M.; Reid, S.R.; Deans, W.F.: The use of the split Hopkinson pressure bar techniques in high strain rate materials testing, Proceedings of the Institution of Mechanical Engineers, Part C: Journal of Mechanical Engineering Science, Vol. 211, Seiten 273–292, 1997

Chen, J.; Jin, G.; Meng, L.: Tsinghua Science & Technology 12, Seiten 237–243, 2007

Czichos, H.: Die Grundlagen der Ingenieurwissenschaften, Springer Verlag, 2000

Dahmen, W.; Reusken, A: Numerik für Ingenieure und Naturwissenschaftler, Springer Verlag, 2008

Gorny, B.: Einsatzmöglichkeiten und Anwendungsgrenzen der digitalen Bildkorrelation zur Frühdetektion struktureller und funktioneller Schädigungen und Versagensvorhersage in metallischen Werkstoffen, Werkstoffverbunden und Verbundwerkstoffen, Dissertation an der Universität Paderborn, 2013

Hung, Y.Y.: Speckle-Shearing Interferometric Technique: a Full-Field Strain Gauge, Applied Optics, Vol.14, No. 3, Seiten 678–622, 1975

Kolsky, H.: An Investigation of the Mechanical Properties of Materials at Very High Rates of Loading, Proc. Phys. Soc., Vol. 62, Seiten 676–700, 1949

Laible, M.; Müller, R.K. Mechanische Größen elektrisch gemessen: Grundlagen und Beispiele zur technischen Ausführung, Expert Verlag, 2005

Leendertz, J.A.; Butters, J.N.: An image shearing speckle pattern interferometer for measuring bending moments, J. Phys. E., Sci. Instr. 6, Seiten 1107–1110, 1973

Lindner, H.: Physik für Ingenieure, VEB Fachbuchverlag Leipzig, 1991

Wischers, v.G.; Dahms, J.: Kriechen von frühbelastetem Beton mit hoher Anfangsfestigkeit, Technisch-wissenschaftliche Zement-Tagung des Vereins Deutscher Zementwerke, Düsseldorf, 1976

TEIL IX
Detektion von Schäden

1	Einleitung	501
2	Terahertz	506
3	Thermografie	514
4	Computertomografie	535
5	Shearografie zur Detektion von Schäden	552
6	Holografie zur Detektion von Schäden	576
7	Laservibrometrie zur Detektion von Schäden	582
8	Literaturverzeichnis	587

1 Einleitung

Die ständig steigenden Ansprüche an die Qualität von Produkten erfordern immer häufiger zerstörungsfreie Prüf- und Messmethoden. Dabei wird nicht selten eine 100%ige Kontrolle verlangt. Zusätzlich soll oft die Prüfung im Produktionszyklus der Fertigung integriert werden können und einfach zu handhaben sein. Bauteile sowie ganze Systeme müssen in immer kürzeren Zeitabständen entwickelt und zur Serienreife gebracht werden. Für monatelange, aufwendige Erprobungen von Prototypen fehlt heutzutage die Zeit. Aussagen über die Beschaffenheit, die Einsatzfähigkeit und somit über die Qualität einzelner Komponenten sowie ganzer Strukturen müssen in kürzester Zeit getroffen werden können.

Außerdem sind vor allem die sicherheitsrelevanten Bauteile in regelmäßigen Abständen bzw. beim Auftreten von Auffälligkeiten zu prüfen. Die zerstörungsfreie Prüfung (ZfP) erlaubt die Qualitätsüberprüfung von Werkstücken, ohne diese zu beschädigen, sodass die spätere Verwendung nicht beeinflusst wird. Im Laufe der Jahrhunderte und vor allem in den letzten 30 bis 40 Jahren entstanden eine ganze Reihe von Verfahren zur zerstörungsfreien Werkstoffprüfung. Für die Prüfung werden verschiedene physikalische Effekte ausgenutzt, um bestimmte Eigenschaften eines Werkstücks zu analysieren.

Die Prüfung der Messobjekte kann sowohl in der Produktion, nach der Produktion als auch während des späteren Einsatzes erfolgen. Dabei werden sowohl an der Oberfläche des Prüflings sichtbare Fehlstellen als auch verborgene Defekte detektiert und hinsichtlich des möglichen Versagens begutachtet und beurteilt.

In allen Industriebereichen ist die ZfP unverzichtbar geworden und nicht mehr wegzudenken. Ohne die ständige Kontrolle mittels der Verfahren der ZfP würden heutzutage keine Bauwerke mehr errichtet, keine Autos produziert, keine Kraftwerke betrieben und keine Flugzeuge fliegen.

1.1 Historischer Rückblick

Der Wunsch der Menschen Werkstücke und Werkzeuge zerstörungsfrei zu prüfen, existiert seit der Herstellung der ersten primitiven Werkzeuge. Die visuelle Begutachtung und die taktile Abtastung der Oberfläche des Werkstückes mit den Fingern gehören zu den frühen Verfahren der ZfP.

Die Entwicklung der ersten Maschinen und Feuerwaffen erforderte neue Prüfmethoden, um einen Ausfall zu verhindern, da es sonst zu gefährlichen Unfällen hätte kommen können. Die Benutzung von z. B. Kanonen stellte nicht selten für die Schützen ein großes Risiko dar. Deshalb entwickelte man im 15. Jahrhundert spezielle Verfahren, um die Geschützrohre zerstörungsfrei zu prüfen. Dabei wurde das Geschützrohr einer größeren Belastung ausgesetzt, als später während des Gefechtes auf dem Schlachtfeld. Wenn die Kanone die Überlast problemlos überstand, wurde sie für das Militär freigegeben. Außerdem wurde eine optische Kontrolle des äußeren Zustandes durchgeführt, um die Bildung von z. B. Rissen rechtzeitig zu bemerken.

Die ersten Werkstoffprüfmaschinen wurden bereits im Jahre 1862 entwickelt und zur Ermittlung der für die Konstruktion und Entwicklung notwendigen Werkstoffparameter eingesetzt. Die ersten Versuchsanstalten und Gesellschaften entstanden einige Jahre später und existieren zum Teil immer noch. Zwecks der Vergleichbarkeit und der Vereinheitlichung der Ergebnisse der Prüfverfahren wurde im Jahre 1884 die erste internationale Konferenz ausgetragen (Siebel 1958).

Zu den ersten klassischen Methoden der ZfP – nach den heutigen Standards – gehört das sogenannte Reißlackverfahren. Im Jahre 1932 wurde das Reißlackverfahren – oder auch Dehnungslinienverfahren genannt – von O. Dietrich und E. Lehr vorgestellt (Siebel 1958). Dabei wird ein besonderer Lack mit einem wesentlich höheren Elastizitätsmodul als das zu unter-

1 Einleitung

Bild 1.1 Grobe Einteilung der zerstörungsfreien Werkstoffprüfverfahren

Zerstörungsfreie Werkstoffprüfverfahren: Kapillar-Verfahren, Thermische Verfahren, Akustische Verfahren, Optische Verfahren, Durchstrahlungsverfahren, Elektrische Verfahren, Magnetische Verfahren

suchende Bauteil auf die Oberfläche aufgetragen. Bei Belastung des Objekts reißt der Lack entsprechend der Oberflächendehnung auf und bildet die sogenannten Dehnungslinien aus, die anschließend analysiert werden.

Seit der rasanten industriellen Entwicklung Mitte des 19. Jahrhunderts waren die einfachen Prüfverfahren nicht mehr ausreichend. Vor allem die Entwicklung der Elektronik, der Laser und der Rechner beschleunigten den technischen Fortschritt der Messtechnik. Je nach zu prüfenden Eigenschaften und der Beschaffenheit des Messobjektes sind unterschiedliche Verfahren nötig. Diese Faktoren waren ausschlaggebend bei der Entwicklung der zahlreichen Prüfmethoden (Bild 1.1).

1.2 Nichtoptische Messtechnik

Neben den optischen Verfahren existiert eine Vielzahl von nicht optischen Messmethoden, die ebenfalls sehr weit verbreitet sind und bereits seit vielen Jahren erfolgreich industriell eingesetzt werden.

Zu den wichtigsten nichtoptischen Methoden der ZfP zählen z. B.:
- Akustische Resonanzanalyse
- Dehnungsmessstreifen
- Potenzialfeldmessung
- Eindringprüfung
- magnetinduktive Methode
- Magnetpulverprüfung
- Spanndrahtbruchortung
- Ultraschallprüfung
- Wirbelstromprüfung.

Die Vorstellung aller Verfahren der nichtoptischen Messtechnik würde den Umfang dieses Buches sprengen, deshalb gehen wir im Rahmen dieses Kapitels lediglich auf die wichtigsten Verfahren ein.

Eindringprüfung

Bei der Eindringprüfung (Bild 1.2) wird die Oberfläche des Werkstückes zunächst gründlich gesäubert. Im zweiten Schritt wird ein hochviskoses Eindringmittel aufgebracht bzw. das Untersuchungsobjekt ganz hineingetaucht. Aufgrund des hohen Kriechvermögens des Fluids gelangt es in die kleinsten Poren und Zwischenräume auf der Oberfläche des Messobjektes. Nach einer bestimmten Einwirkzeit wird die Oberfläche des Werkstückes erneut gründlich gesäubert, um

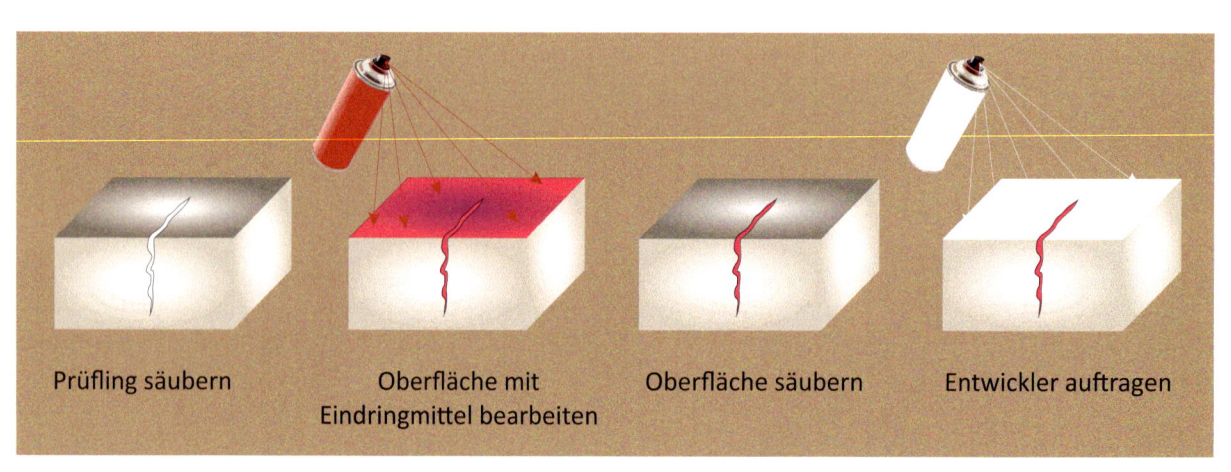

Prüfling säubern — Oberfläche mit Eindringmittel bearbeiten — Oberfläche säubern — Entwickler auftragen

Bild 1.2 Prinzipskizze des Verfahrens Eindringprüfung (Farbeindringprüfung)

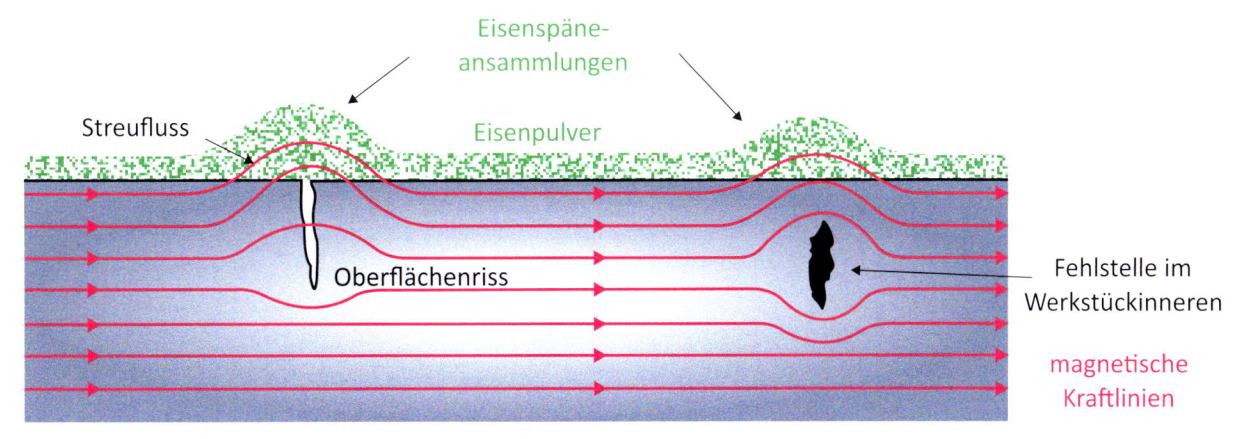

Bild 1.3 Prinzipskizze des Verfahrens Magnetpulverprüfung

die Reste des Eindringfluids zu beseitigen. Im letzten Schritt wird ein Entwickler aufgetragen. Das Restfluid, welches in den Oberflächenrissen nach der Säuberung verblieben ist, vermischt sich mit dem feinkörnigen Pulver des Entwicklers und färbt diesen ein (Bild 1.2). Aufgrund des hohen Kontrastes (z. B. rot auf weiß) ist die Detektion der Risse und der Rissverläufe nun ohne Weiteres möglich. Dieses Verfahren ist für das Aufspüren von Oberflächenrissen gut geeignet. Für innere Defekte ist dieses Verfahren jedoch nicht effektiv.

Magnetpulverprüfung

Dieses Verfahren erlaubt die Detektion von oberflächennahen Fehlstellen in ferromagnetischen Werkstoffen. Das Messobjekt wird parallel zur Oberfläche magnetisiert. Zur Erzeugung des Magnetfeldes wird entweder das zu prüfende Werkstück vom Strom durchflossen oder es werden von außen angebrachte stromdurchflossene Spulen eingesetzt. Eine Kombination der beiden Methoden zur Erzeugung der magnetischen Kraftlinien vereint die Vorteile der beiden Verfahren und ermöglicht die Detektion von Rissen mit unterschiedlicher, räumlicher Ausrichtung.

Bei einem fehlerfreien Werkstück verlaufen die magnetischen Feldlinien innerhalb des Bauteils parallel zur Oberfläche. Bei den der Oberfläche nahen Fehlstellen laufen die Kraftlinien aus der Oberfläche heraus. Es entsteht der sogenannte Streufluss. Wird nun über die Oberfläche des Werkstückes Eisenpulver verteilt, sammeln sich die Metallpartikel an der Fehlstelle an (Bild 1.3).

Dem Magnetpulver wird meistens fluoreszierender Farbstoff zugegeben, um in dunkler Umgebung unter dem Ultraviolettlicht die feinen Risse besser erkennen zu können (Bild 1.4). Diese Vorgehensweise kommt sowohl bei Oberflächenrissen als auch bei Defekten im Werkstückinneren vor. Die Tiefenreichweite des Verfahrens ist jedoch ziemlich begrenzt (ca. 1 mm). Je nach Magnetisierrichtung kann es vorkommen, dass die

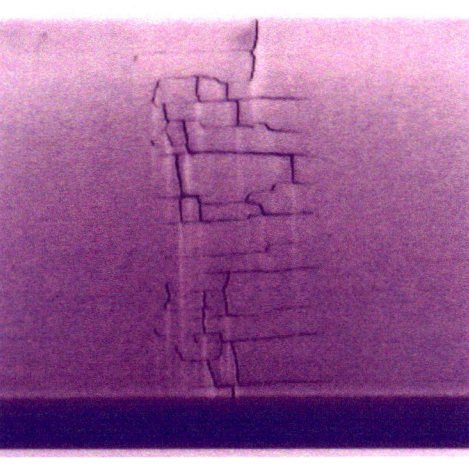

Bild 1.4
Unter der Oberfläche einer Metallplatte (links) detektierte Risse (rechts) mithilfe des Verfahrens Magnetpulverprüfung

Fehlstellen nicht erkannt werden. Vor allem, wenn Risse parallel zu den magnetischen Kraftlinien verlaufen, erzeugen sie keinen Streufluss. Zur Eliminierung dieses Nachteils wird ein ringförmiges Magnetfeld erzeugt. Im praktischen Einsatz ist die kombinierte Magnetisierung zu bevorzugen, da meistens die Ausrichtung der Defekte unbekannt ist.

Wirbelstromprüfung
Dieses Verfahren beruht auf der elektromagnetischen Induktion. Die Erregerspule wird vom Wechselstrom durchflossen. Dadurch entsteht ein Magnetfeld (primäres Feld). Das Magnetfeld induziert im elektrisch leitenden Material Wirbelströme. Die Wirbelströme führen dazu, dass im Messobjekt ein eigenes Feld (sekundäres Feld) entsteht, das dem Primärfeld entgegengerichtet ist (Seidel 2012). In der zweiten Spule (Messspule) entsteht aus der Überlagerung der beiden Magnetfelder ein Stromfluss (Bild 1.5).

Risse oder andere Fehlstellen führen dazu, dass die lokale Leitfähigkeit des Prüflings sinkt. Die Wirbelströme werden somit ebenfalls geringer. Der gemessene Strom ändert sich (Änderung des Scheinwiderstandes) entsprechend der Größe und der Tiefe des Defektes. Für die Prüftiefe ist die Frequenz des Prüfstroms entscheidend. Für die Detektion der in der Tiefe liegenden Fehlstellen werden niedrigere Frequenzen benötigt.

Oberflächennahe Defekte werden dagegen mithilfe der höheren Frequenzen analysiert. Zu dem Nachteil dieses Verfahrens ist die Notwendigkeit der elektrischen Leitfähigkeit des Prüflings zu zählen.

Ultraschallprüfung
Beim Ultraschallverfahren werden mechanische Wellen mithilfe von Ultraschallköpfen in das Bauteil eingeleitet. Die Schallwellen werden mithilfe von elektroakustischen Wandlern erzeugt. Zur besseren Einleitung des Schalls werden Koppelmedien benutzt. Meistens sind das verschiedene Öle oder Gele.

Die Schallwellen breiten sich in unterschiedlichen Medien mit verschiedenen Geschwindigkeiten aus. An Grenzflächen werden die Wellen teilweise reflektiert. Trifft also die Schallwelle auf die Rückwand des Bauteils wird sie reflektiert und vom Empfänger, der im Prüfkopf integriert ist, registriert. Aus der bekannten Ausbreitungsgeschwindigkeit des Schalls und der gemessenen Zeit kann der zurückgelegte Weg bestimmt werden. Die Fehlstellen im Bauteilinneren reflektierten den Schallimpuls ebenfalls. Aufgrund der kürzeren Laufzeit sind die Defekte von den Reflexionen von der Rückwand des Prüflings deutlich unterscheidbar und somit als solche detektierbar (Bild 1.6).

Mithilfe der Ultraschalprüfung können auch kleine Defekte nachgewiesen werden (unter 1 mm). Die Form

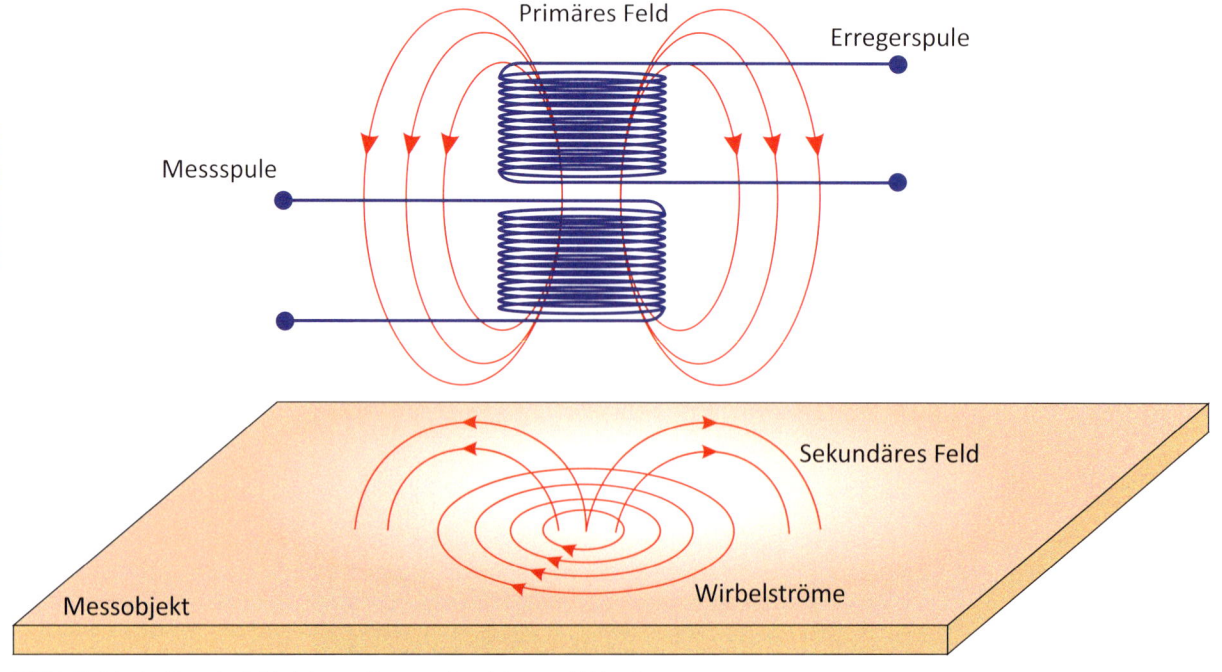

Bild 1.5 Prinzipskizze der Wirbelstromprüfung zur Detektion von Fehlstellen

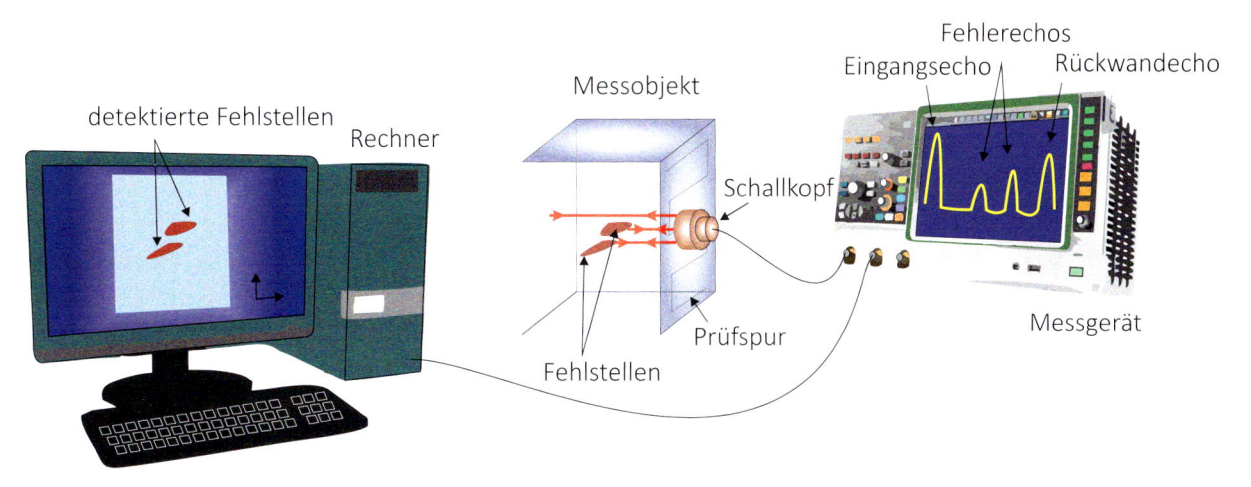

Bild 1.6 Prinzipskizze der Ultraschallprüfung (Impuls-Echo-Verfahren) zur Detektion von inneren Fehlstellen

des Defektes kann ebenfalls bestimmt werden. Dafür wird die Probe aus verschiedenen Richtungen und unter unterschiedlichen Einstrahlwinkeln untersucht. Die Ultraschalprüfung ist besonders bei homogenen Werkstoffen gut einsetzbar. Zur flächenhaften Untersuchung wird der Messkopf über die Oberfläche des Bauteils geführt. Wenn die zeitliche Position des Messkopfes und die gemessenen Schallreflexionen gespeichert werden, können die Ergebnisse in Form des sogenannten C-Bildes als Falschfarbengrafik angezeigt werden.

1.3 Übersicht optischer Messverfahren

Durch die großen Fortschritte in der Computer- und Sensortechnologie entstanden in den letzten Jahren viele optische Messsysteme zur Detektion von Schäden. Diese Messverfahren sind in der Lage, verschiedenste Arten von Fehlstellen in unterschiedlichsten Materialien nachzuweisen.

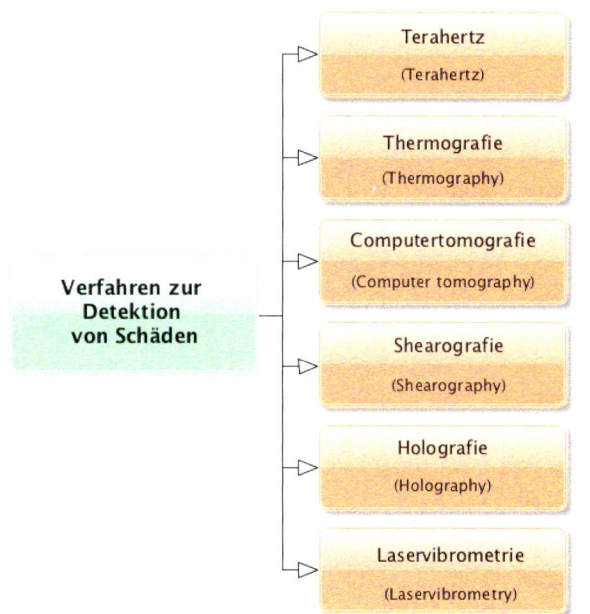

Die optische Detektion von Fehlstellen hat im Gegensatz zu weitverbreiteten berührend messenden Systemen eine Reihe von Vorteilen. Im Folgenden wird eine Übersicht der optischen Verfahren zur Detektion der Schäden vorgestellt.

Verfahren zur Detektion von Schäden:
- Terahertz (Terahertz)
- Thermografie (Thermography)
- Computertomografie (Computer tomography)
- Shearografie (Shearography)
- Holografie (Holography)
- Laservibrometrie (Laservibrometry)

2 Terahertz

2.1 Verfahrensgrundlagen

Die Terahertz-Strahlung kann man erst seit ein paar Jahren technisch nutzen, deshalb bezeichnete man lange Zeit diesen Spektralbereich als Terahertz-Lücke. In der Grundlagenforschung ist aber diese Strahlung bereits lange bekannt. Die Ausgrenzung der technischen Nutzung der Terahertz-Strahlung bildete die letzte größere Lücke im elektromagnetischen Spektrum (Bild 2.1). Die Entwicklung von leistungsfähigen Lasersystemen und die Verfügbarkeit von hochsensitiven Detektoren haben die technische Umsetzung von bildgebenden Terahertz-Systemen ermöglicht (Bauer 2008).

Prinzip des Verfahrens Terahertz

Ein Messkopf sendet THz-Wellen aus. Diese Wellen werden am Messobjekt reflektiert. Die reflektierte Strahlung ist der Träger der Intensitäts- und Entfernungsinformationen. Diese Strahlung wird mithilfe spezieller Detektoren registriert. Dadurch, dass die THz-Wellen viele Materialien durchdringen können, werden Strukturen und Fehlstellen auch im Inneren von Objekten sichtbar.

Vor- und Nachteile des Verfahrens Terahertz

Vorteile	Nachteile
hohe Genauigkeit	Systeme sind noch teuer
ungefährliche Strahlung	vergleichsweise große Sensoren
verdeckte Schäden lokalisierbar	nicht für alle Materialien geeignet
schnelle Messung (in Echtzeit)	kurze Reichweite
mehrere physikalische Größen mit einem Sensor erfassbar	

Messbereich/Messgenauigkeit des Verfahrens Terahertz

Aufgrund der Neuheit dieses Verfahrens ist zu erwarten, dass sowohl der Messbereich als auch die Messgenauigkeit in den nächsten Jahren signifikant verbessert werden. Die Anzahl der Firmen und Forschungseinrichtungen, die sich mit der Weiterentwicklung und dem Vertrieb der Terahertz-Technik beschäftigen, ist bereits in den letzten Jahren um einiges größer geworden.

Derzeit kann der maximale Abstand, bei Messungen mit kompakten Sensoren, bis zum Messobjekt einige Meter (3–4 m) betragen. Bei höheren Leistungen und trockener Umgebungsluft sind aber Messabstände bis zu hundert Meter möglich. Die räumliche Auflösung liegt derzeit im Submillimeterbereich. Die Tiefenauflösung hängt entscheidend von dem Frequenzbereich der Strahlung und der Ausgangsleistung der Strahlung ab. Derzeit sind auf dem Markt Systeme vorhanden, die je nach Messobjektmaterial bis zu 15 mm ins Innere der Prüflinge eindringen können. Die Größe der noch detektierbaren Defekte beträgt wenige Millimeter.

Die 3D-Terahertz-Sensoren rastern ein zu untersuchendes Objekt ab und erzeugen von dessen Inneren eine 2D- oder auch eine 3D-Ansicht. Die Größe des Messobjektes, welches auf diese Art untersucht werden kann, hängt vom verwendeten Linearsystem ab und kann einige Quadratmeter betragen. Für ein Messvolumen von 650 mm × 650 mm × 250 mm werden typischerweise 15 Minuten benötigt. Durch die Kombination mehrerer Sende- und Empfangseinheiten zu Arrays können Messzeiten so weit reduziert werden, dass quadratmetergroße Messbereiche in Sekundenbruchteilen erfasst und die Ergebnisse visualisiert werden können.

Typische Anwendungen des Verfahrens Terahertz

Trotz der jungen Geschichte der technischen Nutzung der Terahertz-Strahlung gibt es eine Vielzahl an Anwendungsbereichen dieses Messverfahrens. Dies liegt insbesondere daran, dass die Eigenschaften der Terahertz-Strahlung einzigartig sind.

Das derzeit wohl bekannteste Anwendungsgebiet der Terahertz-Technik ist die Nutzung dieser Strahlung für Sicherheitskontrollen. An Flughäfen werden zunehmend immer mehr sogenannte Körperscanner eingesetzt. Mithilfe der Terahertz-Sensoren können unter der Kleidung versteckte Waffen oder Sprengstoffe problemlos und vor allem schnell detektiert werden. Die Terahertz-Strahlung ist für den menschlichen Körper bei niedriger Ausgangsleistung ungefährlich und dadurch bedenkenlos einsetzbar. Auf der Haut wird die Terahertz-Strahlung als Wärme empfunden.

Bei Dickenmessungen, insbesondere von Kunststoffen, wird die Terahertz-Technik immer beliebter. Auch die Spektroskopie kann im begrenzen Umfang mithilfe dieser Methode vorgenommen werden. Im Bereich der Biologie und der Medizin kann dieses Verfahren zur Verbesserung der Früherkennung von Krankheiten einen großen Beitrag leisten. Aber auch in der Astronomie eröffnet die Terahertz-Technologie neue Möglichkeiten. So kann z. B. die molekulare Zusammensetzung von Wolken auch außerhalb des Sonnensystems bestimmt werden.

Im Bereich der drahtlosen Kommunikation sind die Trägerfrequenzen stark reguliert. Die Terahertz-Strahlung ist dagegen bisher nicht reguliert. Deswegen können die höheren Trägerfrequenzen dieses Spektralbereichs auch in der Kommunikationstechnik genutzt werden, was viel höhere Übertragungsarten in Zukunft ermöglichen würde.

Aber neben der Anwendung der Terahertz-Sensoren für Sicherheitskontrollen ist dieses Verfahren insbesondere für die Qualitätssicherung und die Detektion von Defekten in der Produktion sehr gut geeignet. Dadurch, dass die Strahlung viele Materialien durchdringen kann, ist die zerstörungsfreie Detektion von inneren Defekten möglich. An dieser Stelle ist aber zu erwähnen, dass Metalle für diese Strahlung undurchlässig sind. Die Fehlstellen im Inneren von metallischen Werkstoffen sind also nicht detektierbar.

2.2 Messverfahren für Terahertz-Strahlung

Terahertz-Strahlung (im Folgenden auch als THz-Strahlung bezeichnet) besteht aus elektromagnetischen Wellen im Frequenzbereich von etwa 0,1 bis 10 THz. Das entspricht einer Wellenlänge von 100 µm bis zu 1 mm. Die THz-Strahlung liegt also zwischen den Mikrowellen und der Infrarot-Strahlung. Bis vor einigen Jahren wurde von einer THz-Lücke gesprochen, da der Aufwand, die THz-Strahlung zu erzeugen und zu detektieren, so hoch war, dass sie praktisch keine Verwendung fand. Mittlerweile wurden jedoch neue THz-Quellen und -Empfänger entwickelt, welche eine kompaktere und robustere Konstruktion ermöglichten (Bild 2.2). Die neuen Messgeräte sind nun in der Lage, die besonderen Eigenschaften von THz-Wellen auszunutzen.

Am besten haben sich die sogenannten Dipolantennen zur THz-Strahlungserzeugung bewährt. Auf einen Halbleiter werden in einem Abstand von wenigen Millimetern (der Abstand kann variieren) Elektroden an-

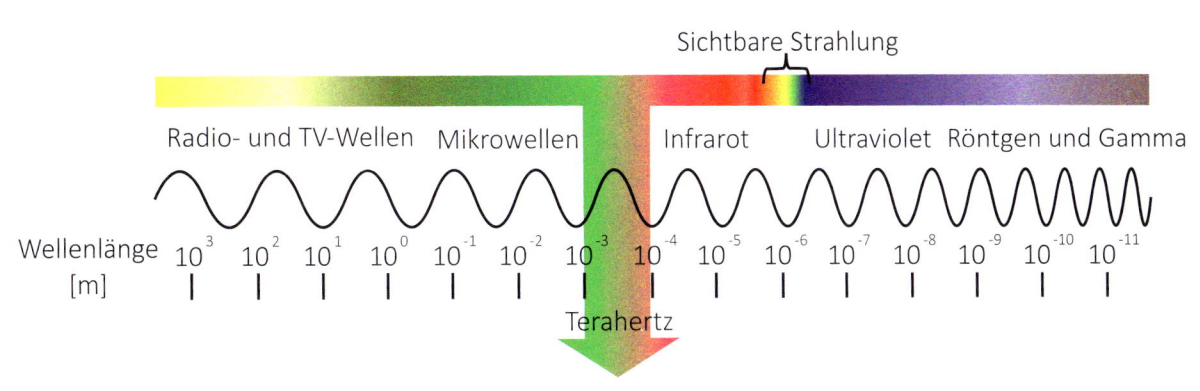

Bild 2.1 Spektralbereich der Terahertz-Strahlung

2 Terahertz

Bild 2.2 Prinzip der Erzeugung der Terahertz-Strahlung

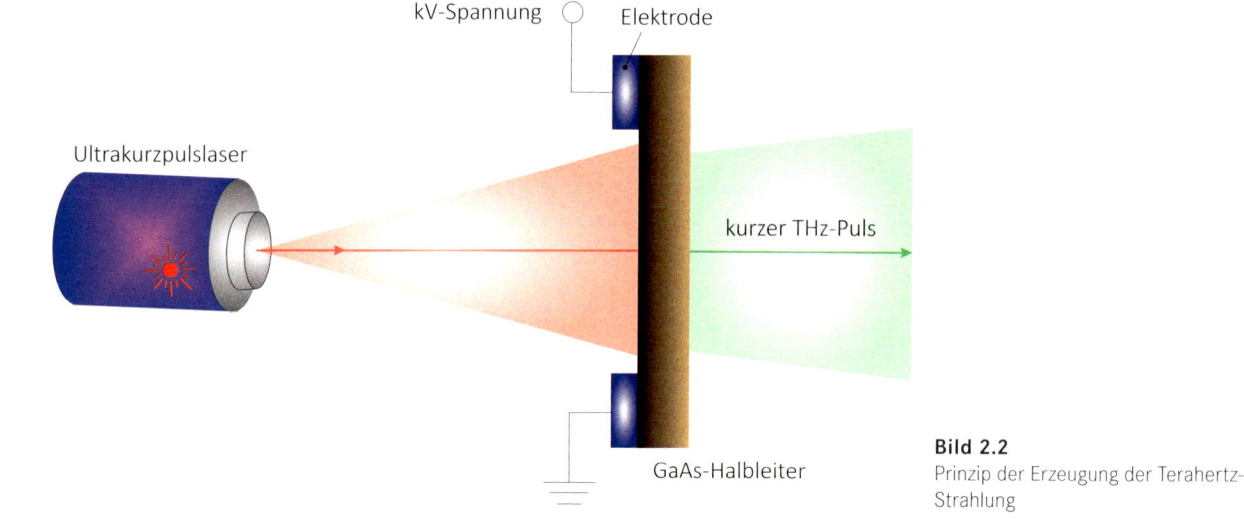

gebracht. An den Elektroden wird eine Hochvoltspannung angelegt. Auf die Oberfläche des Halbleiters (InSb, InAs, InP und insbesondere GaAs) wird zwischen den beiden Elektroden ein Laserstrahl derart fokussiert, dass ein Laserfleck mit einem Durchmesser von ca. 0,1 bis 0,3 mm entsteht. Die Laseranregung (z. B. mit einem Titan-Saphir-Laser) erfolgt mit extrem kurzen Laserimpulsen 100 fs (10^{-13} s). Daher werden diese Laser auch als Femtosekunden-Laser bezeichnet. An allen Punkten der Laseranregung des Halbleiters entstehen deshalb THz-Wellen (Eichler 2015).

Durch eine starke Fokussierung und die kurze Pulsdauer werden sehr hohe Intensitäten im Fokuspunkt erreicht. Die Laserstrahlung wird von den Elektronen absorbiert, die daraufhin aus dem Valenzband in das Leitungsband (höheres Energieniveau) gehoben werden. Bei der Rekombination wechseln die Elektronen vom Leistungsband wieder in das Valenzband (Grundzustand) (Bild 2.3). Im Idealfall (es gibt verschiedene Arten der Rekombination) wird dabei die Terahertz-Strahlung emittiert.

Bei der Detektion der THz-Strahlung (Bild 2.4) wird zwischen der kohärenten und der inkohärenten Strahlung unterschieden. Zur Detektion der kohärenten Terahertz-Strahlung werden Sensoren benötigt, die extrem schnell (im ps-Bereich) das Signal abtasten müssen. Eine Pikosekunde entspricht dabei 1 ps = 10^{-12} s. Die Auswertung des kohärenten Signals hat den Vorteil, dass trotz der niedrigen THz-Leistung (< mW) eine sehr große Empfindlichkeit des Messsystems erzielt wird. Auch wie bei der Strahlungserzeugung gibt es eine Vielzahl an Methoden zur Detektion der Strahlung.

Die Dipolantennen, die zur Strahlungserzeugung eingesetzt werden, sind auch für die Strahlungsdetektion

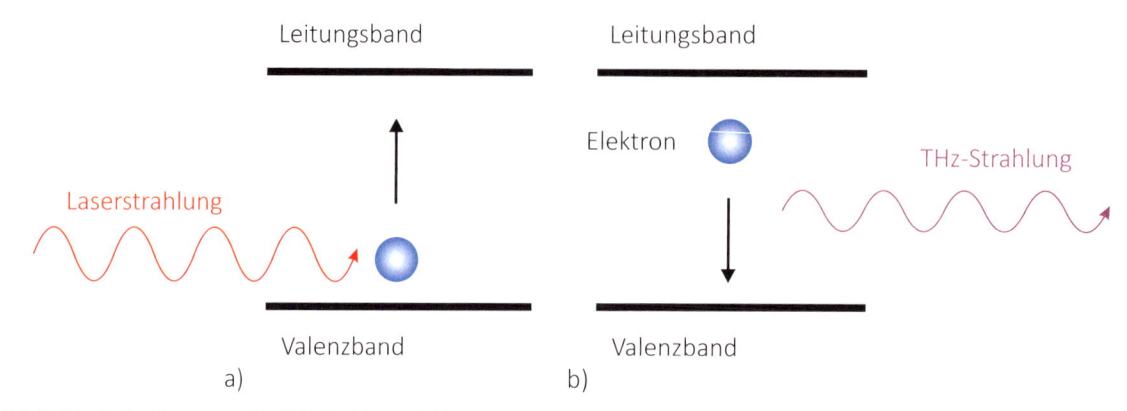

Bild 2.3 Prinzip der Erzeugung der THz-Strahlung, a) Absorption eines Photons und Anhebung des Energieniveaus, b) Rekombination mit Emission der THz-Strahlung

2.2 Messverfahren für Terahertz-Strahlung

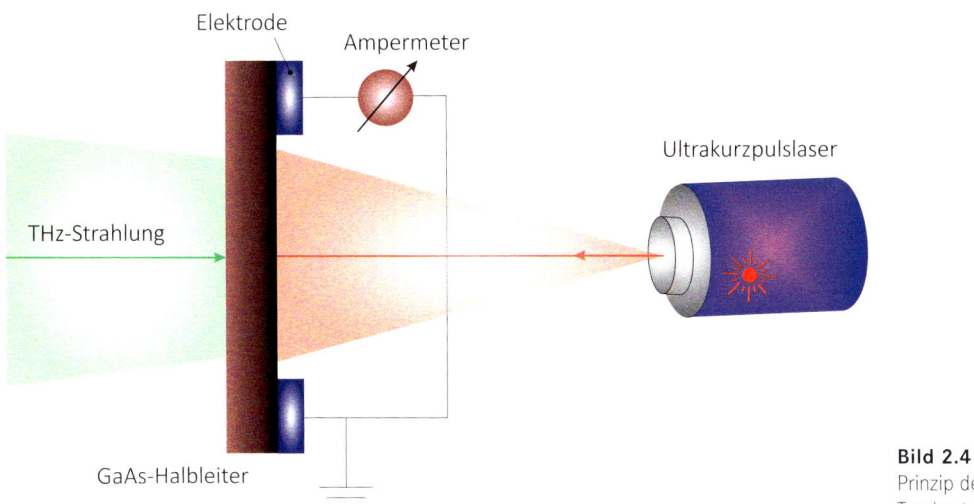

Bild 2.4 Prinzip der Detektion der Terahertz-Strahlung

geeignet. Dabei wird die Hochspannung nicht mehr angelegt, stattdessen wird ein empfindliches Amperemeter verwendet. Mit einem Ultrakurzpulslaser werden im Halbleiter Ladungsträger erzeugt. Es fließt aber noch kein Strom, da ein elektrisches Feld zusätzlich benötigt wird. Erst der einfallende THz-Puls versetzt die Ladungsträger in Bewegung. Am Amperemeter kann nun ein Strom abgelesen werden. Das gemessene elektrische Signal muss aber erst noch verstärkt werden.

Das THz-Signal dauert länger als der Laserimpuls, deshalb kann man auf dem Detektor lediglich einen Teil des THz-Pulses registrieren. Zum Abtasten des kompletten THz-Signals muss die Ankunft des Laserimpulses gegenüber dem THz-Puls verzögert werden. Das wird in der Regel durch eine Verlängerung oder auch Verkürzung des Lichtweges realisiert.

Nach dem Durchdringen der Probe wird das Signal je nach Beschaffenheit und Materialeigenschaften abgeschwächt. Es ist aber erforderlich, dass mindestens 30 % der Leistung transmittiert werden (Kleine-Ostmann 2005).

Da sowohl für die THz-Strahlungserzeugung als auch für die Detektion fs-Laserimpulse erforderlich sind,

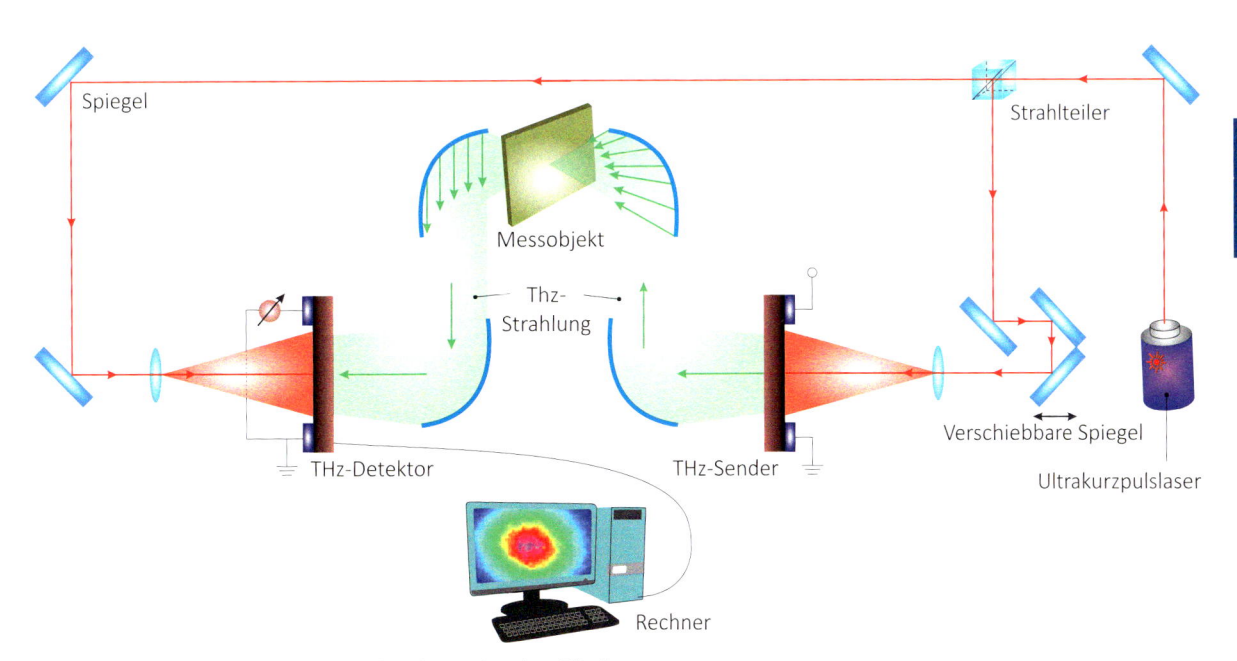

Bild 2.5 Schematische Darstellung der Funktionsweise eines THz-Sensors

wird im praktischen Einsatz oft ein Laser für beide Zwecke verwendet. Die Strahlung des Lasers wird mithilfe eines Strahlteilers geteilt. Der Messkopf wird über ein Kabel an einen handelsüblichen Rechner mit einer entsprechenden Datenerfassungseinheit angeschlossen.

Die Signale des Messkopfes werden im Rechner zu Tiefenprofilen und 3D-Datensätzen umgerechnet. Die Datenausgabe erfolgt daher ebenfalls in Form einzelner Tiefenprofile, die als Data-Stream oder als 3D-Datensatz aus den Bildansichten extrahiert werden können. Je nach Aufgabe kann die Defekterkennung automatisiert werden.

Wie bereits erläutert, existieren verschiedene technische Verfahren zur Erzeugung von THz-Wellen. Zu den neuesten Entwicklungen gehören kompakte, vollelektronische Messköpfe. Bild 2.6 zeigt einen vollelektronischen Messkopf, der THz-Wellen aussendet und die von den Objekten zurückreflektierte THz-Strahlung zusammen mit der Intensitäts- und Entfernungsinformation detektiert. Auf diese Weise können mit einem einzelnen Messkopf pro Sekunde typischerweise 1000 bis 10 000 sogenannte Tiefenprofile aufgenommen werden. Das Messprinzip entspricht einem FMCW-Radar (frequency modulated continuous wave radar).

Bei einfachen 3D-THz-Bildgebungssystemen rastern die oben beschriebenen THz-Tiefenprofilometer ein zu untersuchendes Objekt ab (Bild 2.7) und erzeugen von dessen Inneren auf diese Weise eine 2D- oder 3D-Ansicht.

2.3 Anwendungsbeispiele

Viele nichtleitende Materialien, wie Kunststoffe, Papier, Keramiken, Holz, Glasfaserkomposite, Schäume etc., sind im THz-Licht transparent und somit zerstörungsfrei auf Defekte untersuchbar. Diese können sich durch Reflexion, Streuung, Absorption, spektrale Änderungen oder THz-Lichtlaufzeit- und Phasenänderungen bemerkbar machen. Im Vergleich zur Anwendung der Röntgenstrahlung besitzt die THz-Strahlung den Vorteil, dass sie keine potenziell gewebeschädigende, ionisierende Wirkung besitzt. Anders als bei Ultraschallmessungen kann die Messung berührungslos erfolgen und Hohlräume im Messobjekt stellen keine Limitierung dar.

2.3.1 Erkennung verborgener Ondulationen in GFK-Materialien

Glasfaserkomposit-Materialien sind für THz-Wellen transparent. Mit den THz-Wellen können also an verbauten GFK-Materialien verborgene Defekte lokalisiert werden.

Zu typischen Defekten gehören Ondulationen (Welligkeiten) in den Glasfaserlagen, die bereits in der Produktion entstehen. Die Ondulationen entstehen zwangsläufig durch das Verweben von Fasern (Bild 2.8 und 2.9). Die Ondulationen führen dazu, dass die Steifigkeit von Konstruktionen reduziert wird. Es ist insbesondere mit einer Absenkung der faserparallelen Druckfestigkeit

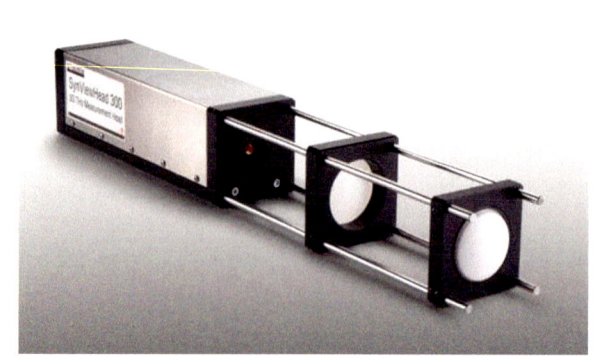

Bild 2.6 THz-Messkopf SynViewHead (mit freundlicher Genehmigung von SynView GmbH)

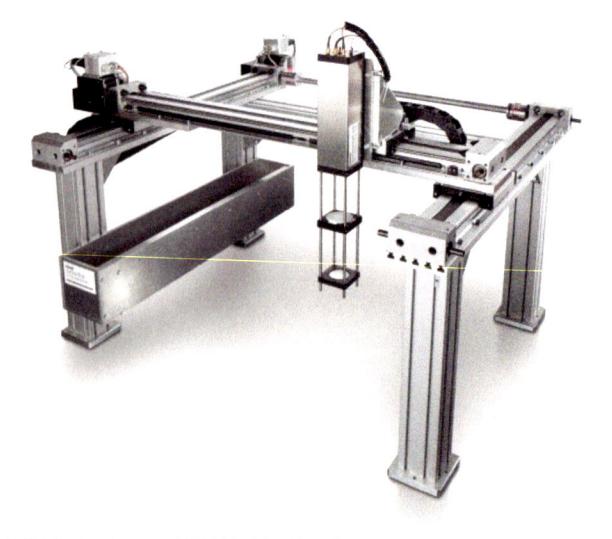

Bild 2.7 2D- bzw. 3D-Table-Top-THz-Bildgebungssystem (mit freundlicher Genehmigung von SynView GmbH)

2.3 Anwendungsbeispiele

Bild 2.8 Probenrückseite mit den im verbauten Zustand verborgenen Ondulationen im GFK-Material (mit freundlicher Genehmigung von SynView GmbH)

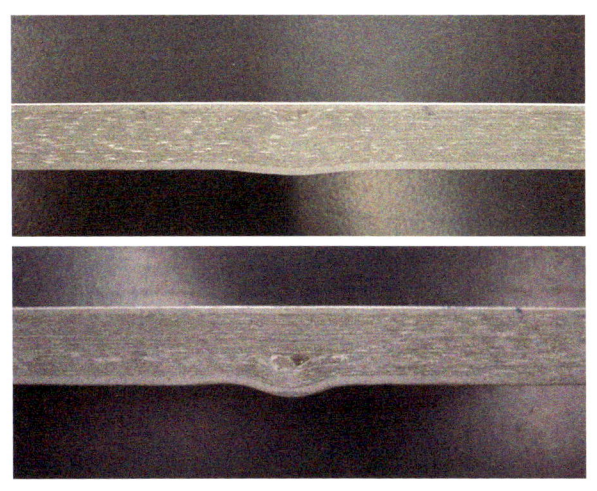

Bild 2.9 Oben: GFK-Ondulationen nahe der Probenvorderseite, unten: GFK-Ondulationen nahe der Probenrückseite (mit freundlicher Genehmigung von SynView GmbH)

zu rechnen. Anhand von THz-Messdaten können diese als in den jeweiligen Probentiefen veränderte Reflexionsintensitäten identifiziert werden (Bild 2.10).

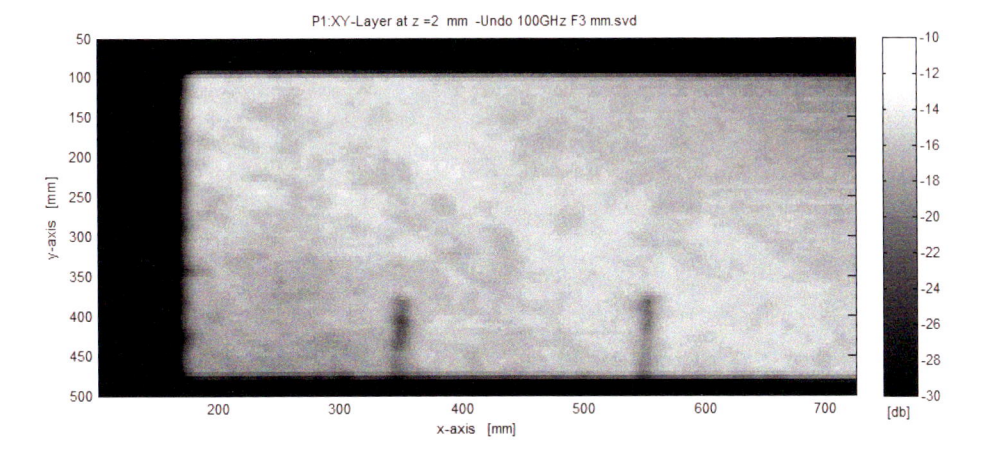

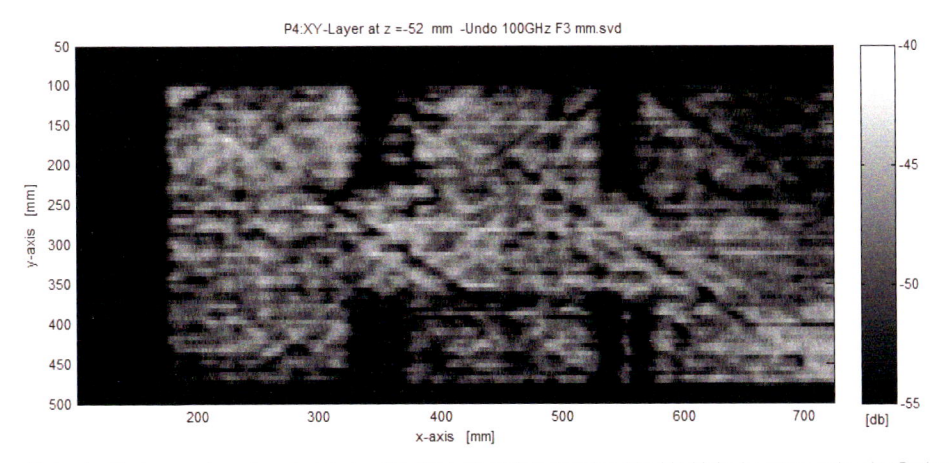

Bild 2.10 Oben: Nahe der Probenvorderseite extrahiertes THz-Bild mit Defektsignalen (dunkle Linien), unten: nahe der Probenrückseite extrahiertes THz-Bild mit Defektsignalen (mit freundlicher Genehmigung von SynView GmbH)

2.3.2 Porenartige Materialdefekte in einem keramischen Kühlkörper

Die keramischen Werkstoffe sind für die THz-Wellen transparent und können also problemlos untersucht werden (Bild 2.11). In der Produktion der Keramiken kann es zur Entstehung von Defekten kommen. Bei keramischen Werkstoffen können bereits kleinere Defekte zum Totalausfall führen.

Lediglich mit den zerstörungsfreien Prüfverfahren ist es möglich, direkt nach der Produktion eine Analyse durchzuführen, um die verborgenen Fehlstellen zu detektieren. Anschließend erfolgt eine bruchmechanische Bewertung der detektierten Fehlstellen. Da die Defekte bis zu einer bestimmten Größe nicht unbedingt funktionsbeeinträchtigend sind.

Defekte sind im THz-Bild als helle Punkte in der Wand des Körpers zu erkennen (Bild 2.12).

2.3.3 Untersuchung von Dichtringen in Kunststoffrohren

Dichtelemente haben die Aufgabe, unerwünschte Stoffübergänge zu verhindern. Nicht selten werden die Dichtelemente bereits in der Produktion verbaut. Während bei vielen Messobjekten noch von der Seite eingesehen werden kann, ob ein Dichtring eingelegt ist oder nicht, ist dies bei vielen fertiggestellten Produkten nicht mehr möglich. In THz-Bildern kann durch eine Änderung der reflektierenden Flächen im Objektinneren festgestellt werden, ob ein Dichtring fehlt bzw. falsch eingesetzt ist. Diese Auswertung kann oft auch anhand der transmittierten THz-Wellen erfolgen (Bild 2.13 und 2.14).

Bild 2.11 Untersuchungsobjekt, ein keramischer Kühlkörper (mit freundlicher Genehmigung von SynView GmbH, untersucht von Becker Photonik GmbH)

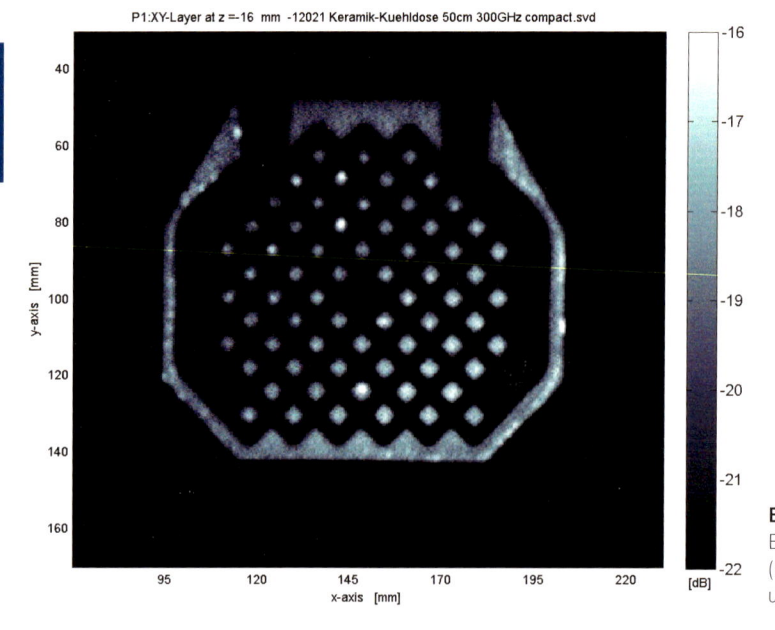

Bild 2.12 Extrahiertes THz-Bild mit porenartigen Defekten (mit freundlicher Genehmigung von SynView GmbH, untersucht von Becker Photonik GmbH)

2.3 Anwendungsbeispiele

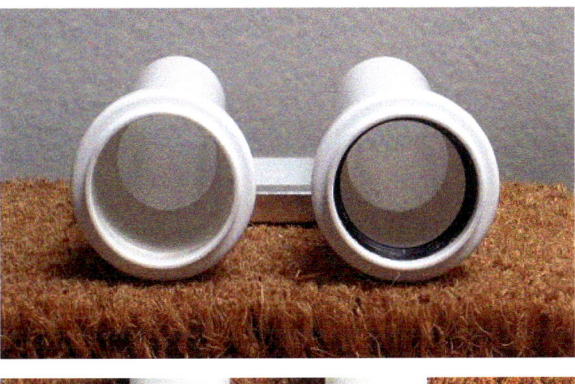

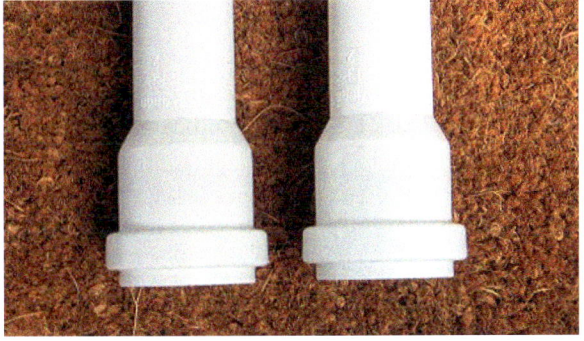

Bild 2.13 Kunststoffrohre ohne und mit Dichtring, oben die Seitenansicht und unten die Draufsicht (mit freundlicher Genehmigung von SynView GmbH)

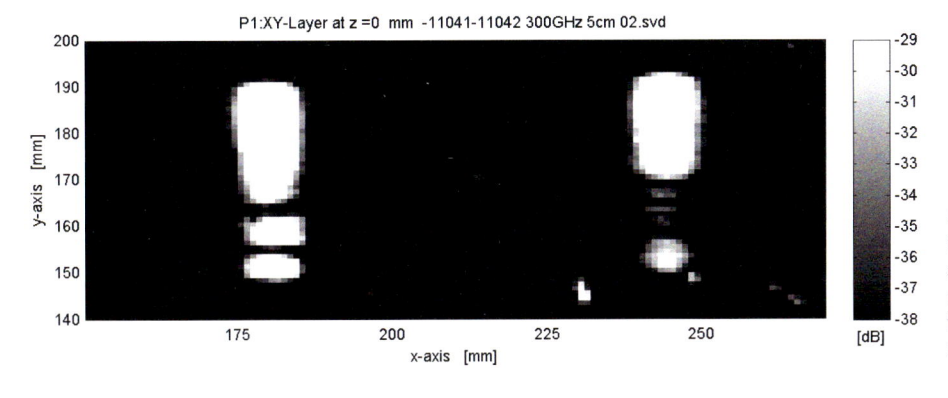

Bild 2.14
Extrahiertes THz-Bild (Draufsicht), links ohne Dichtring und rechts mit Dichtring (mit freundlicher Genehmigung von SynView GmbH)

3 Thermografie

3.1 Verfahrensgrundlagen

Der erste Nachweis der Wärmestrahlung gelang im Jahre 1800 dem Astronom William Herschel. Er teilte das Sonnenlicht durch ein Prisma auf und stellte fest, dass außerhalb des sichtbaren Bereichs die maximale Temperatur zu messen war (Nabil 2008). Es dauerte aber weitere 150 Jahre bis die erste Thermografiekamera entwickelt wurde. Diese Kameras waren klobig, schwer und teuer. Außerdem wurden viele Minuten für eine einzige Aufnahme benötigt. Der Detektor in der Kamera musste stark gekühlt werden, was in der Regel mit flüssigem Stickstoff erfolgte, um das elektrische Rauschen des Detektors zu minimieren. Inzwischen ist die Technik so weit fortgeschritten, dass die kompakten Geräte nicht nur hochaufgelöste Wärmebilder liefern, sondern die Anschaffungskosten auch für Privatpersonen erschwinglich geworden sind. Mitte der 90er-Jahre wurde mit ungekühlten Infrarotdetektoren eine Technologie eingeführt, welche es erlaubte, kleine und robuste Infrarotkameras zu bauen und gleichzeitig die Anschaffungspreise zu reduzieren. Außerdem wurden auch andere Systeme, z.B. Peltier-Elemente, zur Kühlung des Detektors entwickelt, die sehr kompakt gebaut werden können und zur Kühlung lediglich eine Stromquelle benötigen. Dies sind alles Faktoren, welche für die große Verbreitung der thermografischen Messsysteme ausschlaggebend sind.

Auch im Bereich der zerstörungsfreien Werkstoffprüfung ist die Thermografie nicht mehr wegzudenken. Sie erlaubt eine schnelle und vor allem großflächige Detektion von Fehlstellen, sowohl an der Oberfläche als auch in der Tiefe des Prüflings.

Prinzip des Verfahrens Thermografie

Die von Körpern in verschiedenen Wellenlängen abgegebene Strahlung wird mittels infrarotempfindlichen Detektoren gemessen und weiterverarbeitet. Defekte verursachen dabei Auffälligkeiten in der Temperaturverteilung und sind dadurch detektierbar.

Vor- und Nachteile der Thermografie

Vorteile	Nachteile
flächenhafte Messungen	Kenntnis des Emissionsfaktors erforderlich
für große Messobjekte geeignet	teure Komponenten
Vermessung automatisierbar	viele Faktoren bei der Auswertung zu berücksichtigen
schnelle Messung (in Echtzeit)	begrenzter Temperaturmessbereich
kompakt (leicht transportabel)	schmutz- und wasserempfindlich
hohe Temperaturauflösung	

Messbereich/Messgenauigkeit des Verfahrens Thermografie bei Detektion von Fehlstellen

Der Temperatur-Messbereich erstreckt sich typischerweise von −40 °C bis 2000 °C. Es sind jedoch Systeme auf dem Markt verfügbar, die auch Temperaturen bis 3500 °C erfassen können. Die Genauigkeit ist sehr von dem verwendeten Detektortyp und der Beschaffenheit des Messobjektes abhängig. Die modernen Messsysteme erreichen eine Genauigkeit von ca. 1 % vom Messwert. Bei bekannten Umgebungseinflüssen und unter Berücksichtigung aller Einflussfaktoren lässt sich aber auch eine noch höhere Genauigkeit erreichen. Die Auflösung ist dann im Bereich von 0,3 °C anzusiedeln. So eine hohe Auflösung erlaubt eine hochsensible Detektion von kleinsten Temperaturunterschieden, die beispielsweise auf Grund der inneren Defekte verursacht werden.

Die Tiefe der noch detektierbaren Defekte hängt von vielen Faktoren ab. Die Abmessungen der Fehlstelle sind entscheidend. Während sehr kleine Fehlstellen

(< 0,5 mm) lediglich in einer maximalen Tiefe von 1 bis 2 mm zuverlässig zu detektieren sind, können größere Fehlstellen in einer wesentlich größeren Tiefe entdeckt werden. Die Beschaffenheit der Oberfläche des Messobjektes, die geometrische Form der Fehlstelle und die thermischen Materialparameter spielen ebenfalls eine wichtige Rolle. Die Fehlstelle muss sich bei einer thermischen Anregung an der Oberfläche in Form von Temperaturdifferenzen bemerkbar machen, um diese zu lokalisieren.

Die grobe Faustregel besagt, dass ein Defekt dann thermografisch zuverlässig erkannt werden kann, wenn seine Tiefe nicht größer als sein Durchmesser ist (Bauer 2005). Die räumliche Position der Fehlstelle ist ebenfalls zu berücksichtigen, da es durchaus vorkommen kann, dass ein quer zur Oberfläche liegender Riss nicht entdeckt wird.

Typische Anwendungen der Thermografie

Das Spektrum der Anwendungsmöglichkeiten ist dabei äußerst vielfältig. Grob gesagt, wird zwischen Anwendungen mit aktiver Messung – wobei das Objekt während des Messvorgangs zusätzlich mit Energie beaufschlagt wird und Anwendungen mit passiver Messung, wobei eine solche Beaufschlagung mit Energie nicht erfolgt – unterschieden.

Einschlüsse sind oft funktionsstörend, können aber produktionsbedingt auftreten. Das sind z. B. Luftblasen in verschiedensten Materialien. Sie wirken als Kerben und mindern die Festigkeit der Konstruktionen. Da die Einschlüsse in der Regel eine thermische Abweichung gegenüber dem umgebenden Medium haben, eignen sie sich sehr gut zum thermografischen Nachweis.

Insbesondere für die zerstörungsfreie Prüfung von Faserverbundmaterialien (kohle- oder glasfaserverstärkte Kunststoffe) ist die Lockin-Thermografie ein sehr gut geeignetes Prüfverfahren. Dies gilt sowohl für die Qualitätskontrolle in der Produktion, als auch für die nachträgliche Kontrolle während der Betriebszeit.

Insbesondere bei Flugzeugen kann das Versagen von Bauteilen katastrophale Folgen nach sich ziehen. Defekte müssen daher frühzeitig und mit hoher Zuverlässigkeit erkannt werden. Das gilt aber auch für andere sicherheitsrelevante Bauteile. Eine Zerstörung der Turbinenschaufeln kann ebenfalls zu einem enormen Schaden führen. Auch sie werden deshalb thermografisch inspiziert.

Im Bereich der Elektronik und der Energiegewinnung ist die Thermografie zu einem nicht zu ersetzenden Inspektionswerkzeug geworden. Sie erlaubt eine schnelle und berührungslose Kontrolle von z. B. Elektronikplatinen oder sogar ganzen Photovoltaikanlagen. Kein anderes Verfahren ist im Stande die thermografische Detektion von Fehlstellen in diesen Bereichen zu ersetzen.

3.2 Messverfahren der Thermografie

Die Grundlagen der klassischen Thermografie wurden bereits im Teil II „Temperaturerfassung" ausführlich behandelt. Deshalb wird an dieser Stelle darauf verwiesen. Im Folgenden wird somit nicht mehr auf die absoluten Grundlagen dieses Verfahrens eingegangen, vielmehr wird darauf aufbauend die Thermografie zur Detektion von Fehlstellen vorgestellt.

Die Wissenschaftler Josef Stefan und Ludwig Boltzmann entdeckten vor ca. 150 Jahren, dass alle Körper Energie in Form von elektromagnetischen Wellen ausstrahlen. Die Ursache für diese Strahlung erklärte einige Jahre später der berühmte Physiker Max Planck (Schiebold 2015).

Die Thermografie beruht darauf, dass alle Körper mit einer Temperatur oberhalb des absoluten Nullpunktes (−273,15 °C) elektromagnetische Strahlung abgeben, die der Körpertemperatur proportional ist. Diese Strahlung ist für die Menschen grundsätzlich unsichtbar, lediglich bei hohen Temperaturen (glühender Stahl oder die Sonne) können wir diese Strahlung mit unseren Augen wahrnehmen.

- Nach dem Gesetz von J. Stefan und L. Boltzmann kann die Oberflächentemperatur eines schwarzen Strahlers aus der gemessenen Intensität M wie folgt berechnet werden (Nabil 2008):

$$M = \sigma \cdot T^4 = C_S \cdot \left(\frac{T}{100}\right)^4$$

σ – Stefan-Boltzmann-Konstante ($5{,}67 \cdot 10^{-8}\ W/m^2K^4$)
T – Absolute Temperatur in K (Kelvin)
C_S – Strahlungskoeffizient des schwarzen Strahlers ($5{,}67\ W/m^2K^4$)

- Die Intensität M ist die Summe aller Intensitäten, die jedoch über verschiedene Wellenlängen abgegeben werden. Die Abhängigkeit der abgegebenen Strahlung von der Temperatur und der Wellenlänge wird mithilfe des „Planck'schen Strahlungsgesetzes" beschrieben (Nabil 2008):

$$M_\lambda = \frac{c_1}{\lambda^5} \cdot \frac{1}{e^{c_2/\lambda \cdot T} - 1}$$

c_1 – 1. Strahlungskonstante ($3{,}7418 \cdot 10^4 \frac{W \mu m^4}{cm^2}$)

c_2 – 2. Strahlungskonstante ($1{,}4388 \cdot 10^4 \, K \mu m$)
λ – Wellenlänge (µm)

Die Atmosphäre ist nicht für alle Wellenlängen der IR-Strahlung, im Gegensatz zu der für uns Menschen sichtbaren Strahlung, durchlässig (Bild 3.1). Die durchlässigen Bereiche werden als atmosphärische Fenster bezeichnet. Deshalb muss die Thermografiekamera, je nach zu messendem Temperaturbereich, die verschiedenen optischen Fenster nutzen. Das schränkt den messbaren Temperaturbereich ziemlich stark ein. Eine Thermografiekamera, die z.B. zwei atmosphärische Fenster für die Messungen verwendet, wird als Dual-Band-Infrarotkamera bezeichnet.

Ein Thermografiesystem besteht aus der IR-Optik, dem IR-Detektor, der Auswerteeinheit und oft einem Bildschirm zur Darstellung der Ergebnisse. Die aufgenommenen thermografischen Aufnahmen werden auf einem Speichermedium abgelegt. Ein Thermografiebild entspricht weitestgehend einem digitalem Bild, jedoch werden pixelweise nicht die Farbintensitäten oder Grauwerte erfasst, sondern Temperaturwerte. Der genaue Aufbau und die Besonderheiten der einzelnen Komponenten kann dem Teil I „Temperaturerfassung" entnommen werden.

Die Auswerteinheit benötigt für eine korrekte Temperaturmessung einige Vorgaben der wichtigen Einflussfaktoren. Dazu zählen der Abstand bis zum Messobjekt, der Emissionskoeffizient der Messobjektoberfläche, Strahlungsquellen aus der Messobjektumgebung, die Luftfeuchtigkeit und die Umgebungstemperatur. Diese Parameter werden in der Regel von dem Bediener des Systems gemessen und in der Software eingetragen (Bild 3.2).

- *Atmosphäreneinfluss bei thermografischen Messungen*
  Die vom Messkörper abgestrahlte elektromagnetische Strahlung bewegt sich auf dem Weg zu der Thermografiekamera durch die Atmosphäre. Die in der Luft enthaltenen Partikel, Wasserdampf und Moleküle absorbieren, reflektieren und streuen die Infrarotstrahlung, sodass am Detektor eine geringere Intensität im Vergleich zur abgestrahlten Energie gemessen wird.

- *Emissionsgrad*
  Mithilfe des Emissionskoeffizienten wird der Zusammenhang zwischen einem schwarzen Strahler

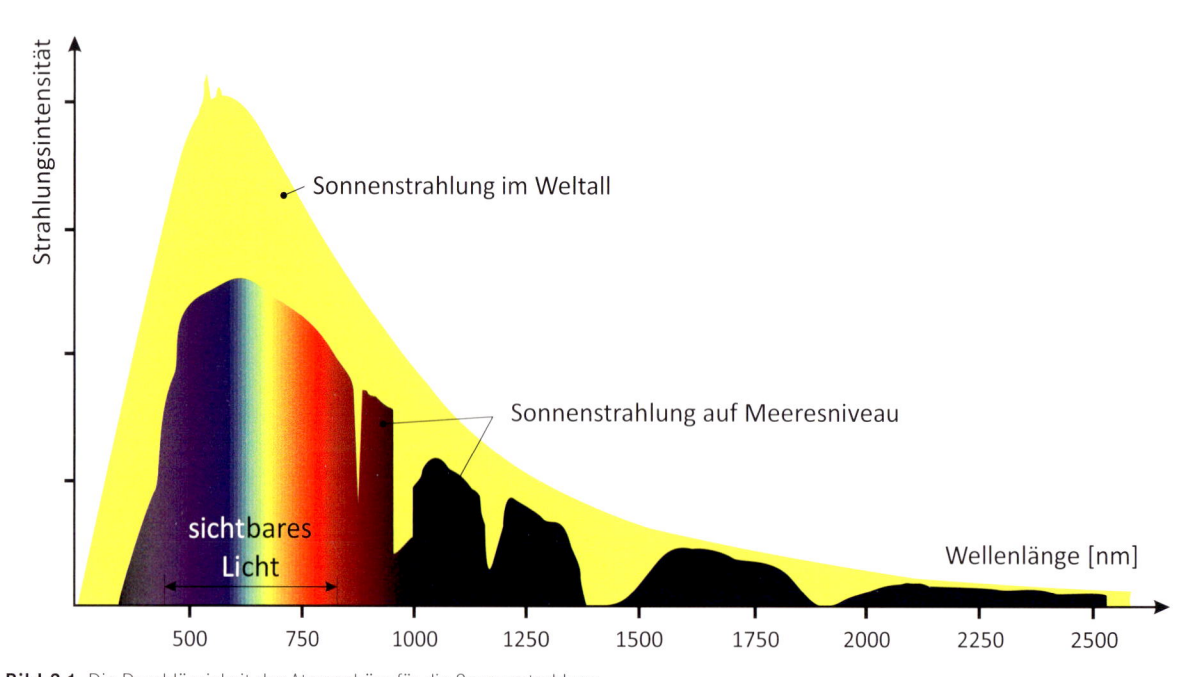

Bild 3.1 Die Durchlässigkeit der Atmosphäre für die Sonnenstrahlung

3.2 Messverfahren der Thermografie

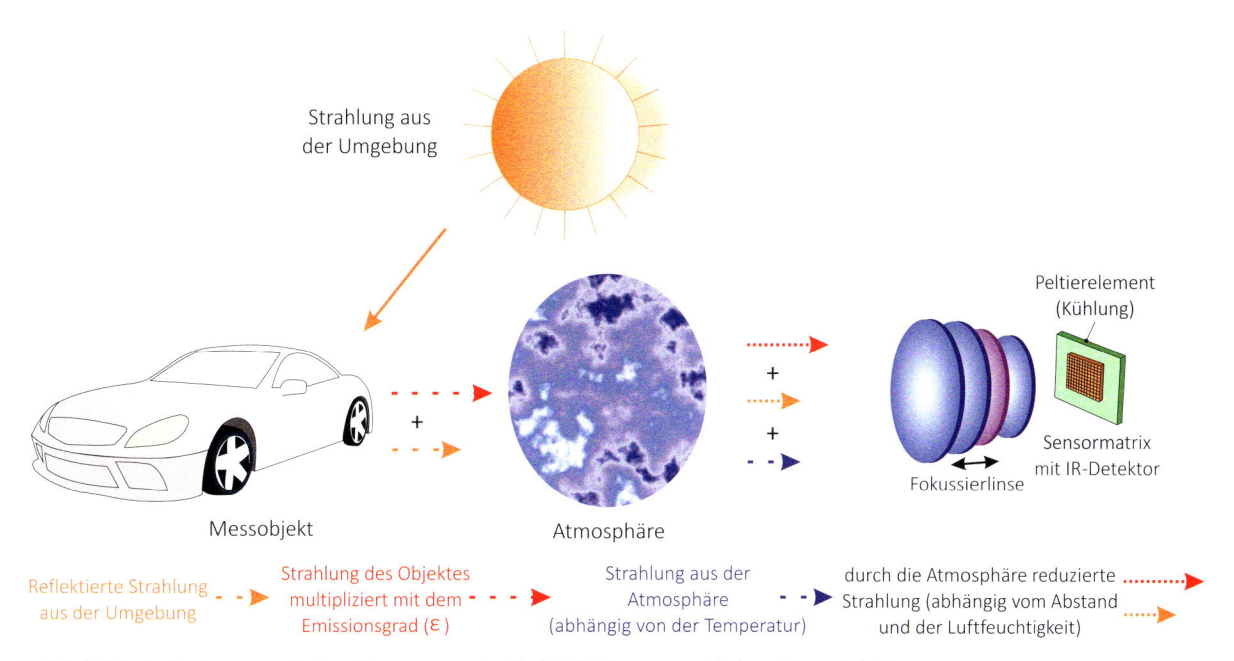

Bild 3.2 Prinzip der thermografischen Messungen unter Berücksichtigung verschiedener Umwelteinflüsse

und einem beliebigen Strahler beschrieben. Die auftreffende Strahlung kann an realen Oberflächen absorbiert, reflektiert oder transmittiert werden, sodass die empfangene Strahlung nicht immer zur Oberflächentemperatur proportional ist. Mithilfe des Emissionsgrades wird deshalb eine Korrektur vorgenommen.

- *Einfluss von Strahlungsquellen bei thermografischen Messungen*
  Eine reale thermografische Temperaturmessung wird von verschiedensten Strahlungsquellen aus der unmittelbaren Umgebung mitbeeinflusst. Das hat zur Folge, dass die IR-Kamera eine Überlagerung der verschiedensten Strahlungsanteile registriert und eine falsche Temperaturverteilung daraus berechnet.

Grob unterscheidet man zwischen Anwendungen mit aktiver Messung, wobei das Objekt während des Messvorgangs zusätzlich mit Energie beaufschlagt wird, und Anwendungen mit passiver Messung, wobei eine solche Beaufschlagung mit Energie nicht erforderlich ist. Im Folgenden werden die Funktionsweise und Anwendungsbeispiele der verschiedenen Verfahren aufgezeigt (Bild 3.3).

3.2.1 Passive Thermografie

Die passive Thermografie nutzt die Wärmestrahlung des Objektes, die diesem z.B. aus einem Herstellprozess oder auch aus der Umgebung (Sonneneinstrahlung) zugeführt wurde. Man bezeichnet dies als die klassische Thermografie-Messmethode zur Oberflächentemperaturerfassung (Bild 3.4).

In einigen Fällen wird im Bereich der Fehlstelle entweder eine höhere oder auch niedrigere Temperatur gemessen, was als Materialfehler oder Fehlstelle gedeutet werden kann. Bei elektrischen Anlagen sind die Hotspots ein deutliches Indiz für eine fehlerhafte Verbindung oder einen schlechten Kontakt. Die Thermografie

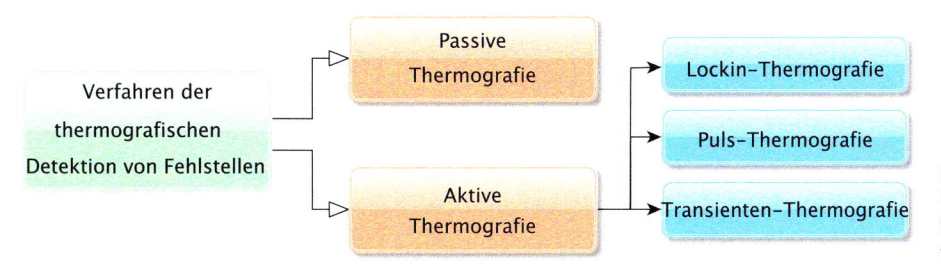

Bild 3.3 Übersicht der Verfahren der thermografischen Detektion von Fehlstellen

3 Thermografie

Bild 3.4
Messprinzip der passiven Thermografie (bei der Untersuchung von Abkühlvorgängen zwecks Schadensdetektion)

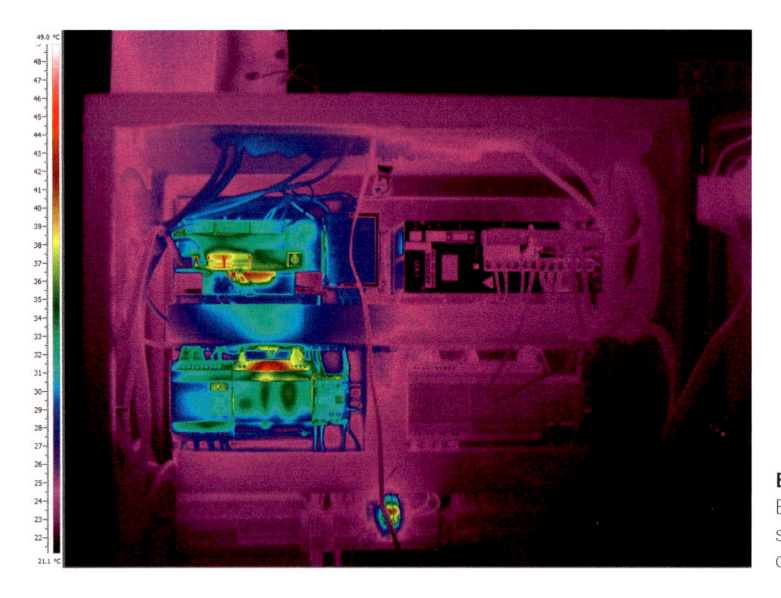

Bild 3.5
Eine thermografische Aufnahme eines Schaltschranks mit einer Auffälligkeit (im unteren Bereich des Bildes)

erlaubt in solchen Fällen eine möglichst frühzeitige Detektion der Fehlstellen, bevor ein größerer Schaden eintreten kann (Bild 3.5).

3.2.2 Aktive Thermografie

Die Anwendungsgebiete der aktiven thermischen Messverfahren mit Infrarot-Bildverarbeitung sind weitere, sehr verbreitete Methoden zur zerstörungsfreien Prüfung von Objekten und Anlagen. Bei diesen aktiven Methoden wird ein Wärmefluss im Inneren der Messobjekte hervorgerufen. Das kann entweder durch eine Beaufschlagung des Prüflings mit pulsförmiger Energie (Puls-Thermografie) oder mit harmonisch modulierter Energie (Lockin-Thermografie) realisiert werden (Bild 3.6). Die Ausbreitung des Wärmeflusses im Messobjekt und die innere Struktur des Messobjektes haben eine Auswirkung auf die Temperaturentwicklung an der Oberfläche. Zeichnet man die zeitliche Entwicklung der Oberflächentemperatur als eine Bildfolge mit einer Infrarotkamera auf, so kann durch mathematische Analyse ein Bild berechnet werden, welches Defekte in Abhängigkeit von eingesetzten Verfahren und dem Aufbau der inneren Bauteilstruktur zeigt.

Zur thermischen Anregung des Messobjektes können folgende Wärmequellen verwendet werden:
- Wärmestrahler
- Hochleistungs-Blitzlampen
- Ultraschall
- warme Luft
- Wirbelstrom.

Die aktiven thermischen Messverfahren wurden erst in jüngster Zeit entwickelt. Sie gewinnen jedoch aus verschiedensten Gründen zunehmend an Bedeutung.

3.2 Messverfahren der Thermografie

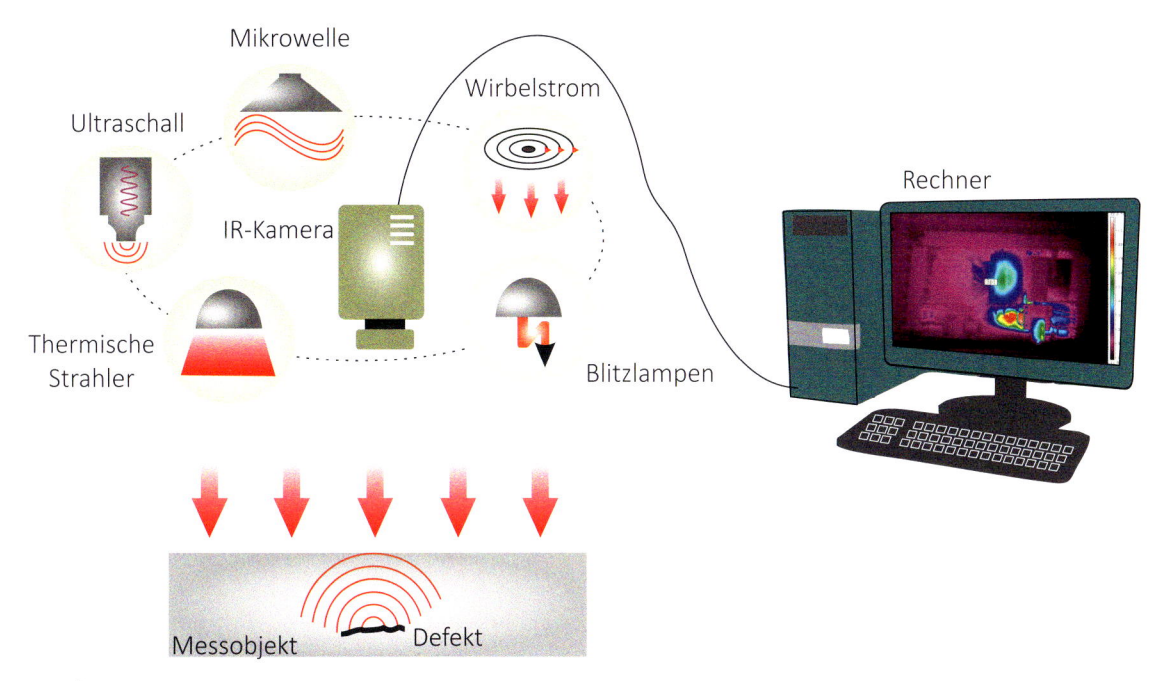

Bild 3.6 Übersicht verschiedener Anregungsquellen der aktiven Thermografie

Zu den wichtigsten Gründen zählen:
- Berührungsfreie, großflächige und schnelle Arbeitsweise. Das Messergebnis wird als Bild anschaulich dargestellt und erlaubt so eine schnelle Auswertung durch eine visuelle Begutachtung. Eine vollautomatische Auswertung ist mithilfe der Bildverarbeitung möglich.
- Einführung ständig neuer, exotischer Werkstoffe auch in die Produktion von Serienprodukten, z. B. Faserverbundwerkstoffe, Faserkeramik, Faser-Metall-Laminate. Hier versagen die etablierten Verfahren der zerstörungsfreien Prüfung teilweise, während die aktiven thermischen Messverfahren hervorragende Ergebnisse liefern können.
- Einführung neuer Fertigungs- und Fügeverfahren in die Produktion, z. B. Laserschweißen, Laserlöten. Auch hier gilt, dass die etablierten Verfahren teilweise versagen, während die thermischen Methoden gute Ergebnisse liefern.

Im Folgenden werden die bekanntesten aktiven Verfahren kurz beschrieben. Sie unterscheiden sich im Wesentlichen durch die verwendeten Energiequellen, die Art der Energieeinbringung und die nachgeschaltete Analytik. Hieraus resultieren unterschiedliche Stärken und Schwächen, welche die Eignung der Verfahren für unterschiedliche Anwendungen und Messobjekte bestimmen.

Lockin-Thermografie

Bei der Lockin-Thermografie (Bild 3.7) wird die Oberfläche des Messobjekts mit der harmonisch modulierten Energie periodisch angeregt. Als Wärmequellen dienen z. B. normale Halogenlampen, Heißluftgebläse oder Laser. Von der Oberfläche setzt sich die aufgeprägte Temperaturmodulation als thermische Welle in das Innere des Bauteils fort. Dabei wird sie gedämpft und negativ phasenverschoben. An Grenzflächen oder Defekten wird die thermische Welle teilweise reflektiert. Der reflektierte Anteil interferiert mit der an der Oberfläche aufgeprägten Modulation und führt hier zu einer Veränderung des zeitlichen Verhaltens der Temperatur.

Durch eine Infrarotkamera lässt sich die Oberflächentemperatur mit hoher zeitlicher, thermischer und geometrischer Auflösung erfassen. Eine pixelweise durchgeführte mathematische Analyse über die Bildfolge, z. B. mithilfe der Fourier-Analyse, liefert dabei ein Amplituden- und ein Phasenbild, welche die innere Bauteilstruktur mit den gegebenenfalls vorhandenen Defekten zeigen.

Durch diese Art der Ergebnisanalyse der thermografischen Aufnahmen spricht das Verfahren nur auf Temperaturveränderungen an, welche dieselbe Frequenz wie die Modulation der Wärmequelle haben. Die gleichbleibenden Anteile sowie zufällige oder störungsbe-

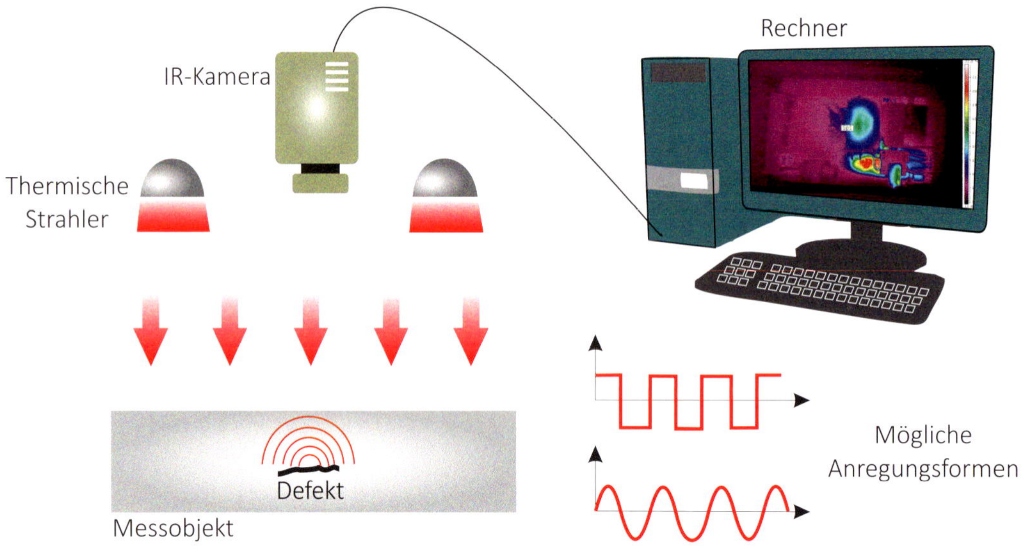

Bild 3.7 Prinzip der Lockin-Thermografie zur Detektion von Fehlstellen

dingte Veränderungen werden weitestgehend ausgefiltert. Dies entspricht dem Prinzip eines aus der Technik bekannten Lockin-Verstärkers, weshalb man in so einem Fall von Lockin-Thermografie spricht.

Wegen der starken Dämpfung der thermischen Welle ist die Tiefenreichweite des Verfahrens begrenzt. Sie beträgt maximal das Zweifache der thermischen Eindringtiefe μ. Dabei ist μ wie folgt definiert:

$$\mu = \frac{2 \cdot \lambda_W}{\omega \cdot \rho \cdot C}$$

λ_W – Wärmeleitfähigkeit
ω – Kreisfrequenz der Modulation
ρ – Dichte
C – Wärmekapazität.

Die Tiefenreichweite hängt von der Kreisfrequenz der Modulation ab und lässt sich somit auf die gewünschte Eindringtiefe einstellen.

Puls-Thermografie

Bei der Puls-Thermografie (Bild 3.8) wird das zu untersuchende Objekt mit einem möglichst kurzzeitigen Energieimpuls angeregt. Als Wärmequellen kommen hauptsächlich Hochenergie-Blitzsysteme zum Einsatz. Von der Oberfläche ausgehend dringt die Wärmefront in das Bauteil ein; die Wärmeleitung erfolgt zunächst eindimensional. Erreicht die Wärmefront einen Defekt, so ist hier der Wärmeleitmechanismus gestört. Die Wärme muss um den Defekt herum diffundieren. Die Wärmeleitung erfolgt nun zweidimensional. Dies hat Auswirkungen auf die Oberflächentemperatur: Der Defekt wirkt sich hier wie eine innere Wärmequelle aus. Die Temperatur hat einen anderen zeitlichen Verlauf, als an einer Stelle ohne einen Defekt. Hat die Wärmefront den Defekt passiert, so ist der Wärmeleitmechanismus wieder eindimensional. Bei der Messung kommt es darauf an, den Zeitraum der zweidimensionalen Wärmeleitung zu erfassen. Dieser kann, insbesondere bei guten Wärmeleitern (z. B. bei Metallen), sehr kurz sein. Bei der Puls-Thermografie werden daher in der Regel hochwertige IR-Kameras mit hoher Bildfrequenz eingesetzt.

Hauptanwendungen der Puls-Thermografie liegen insbesondere bei der Inspektion von Bauteilen bestehend aus guten Wärmeleitern (z. B. Metalle) sowie in der Charakterisierung dünner Schichten (Lackschichten, thermisch gespritzter Schichten). Ein wesentlicher Vorteil ist dabei die kurze Messzeit (< 1 Sekunde bis zu einigen wenigen Sekunden). Weiterhin kann durch die Analyse der aufgezeichneten Oberflächentemperatur die Tiefenlage von Defekten sehr genau bestimmt werden.

Transienten-Thermografie

Die Transienten-Thermografie (Bild 3.9) beruht auf ähnlichen Prinzipien, wie die bereits vorgestellte Puls-Thermografie. Man verzichtet bei dieser Methode jedoch auf die möglichst kurzzeitige Einbringung der Energie in Form eines Impulses. Stattdessen wird die

3.2 Messverfahren der Thermografie

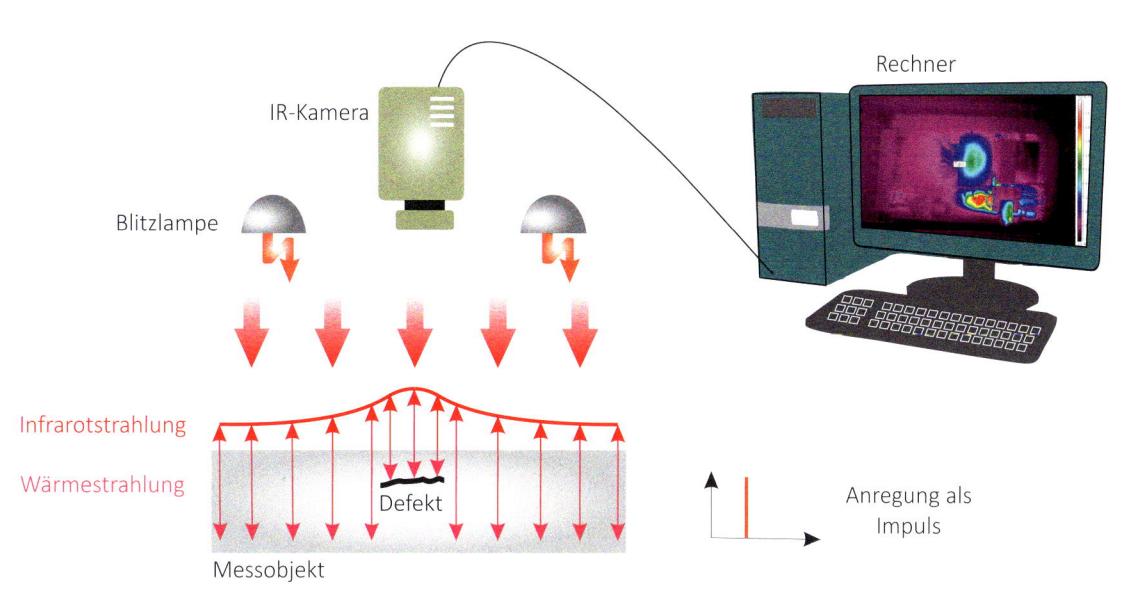

Bild 3.8 Prinzip der Puls-Thermografie zur Detektion von Fehlstellen

Energie über einen gewissen Zeitraum in Form einer Rechteckfunktion zugeführt. Hierdurch können, ähnlich wie bei der Lockin-Thermografie, einfachere Wärmequellen wie Halogenstrahler oder Heißluft verwendet werden.

Gegenüber der Lockin-Thermografie ergeben sich bei der Transienten-Thermografie deutlich kürzere Messzeiten. Weiterhin kann, wie auch bei der Puls-Thermografie, die Tiefenlage von Defekten relativ genau bestimmt werden. Wegen der Energieeinbringung über einen gewissen Zeitraum ist die Anwendung dieser Methode jedoch auf relativ schlechte Wärmeleiter beschränkt.

Ultraschallangeregte Lockin- und Puls-Thermografie

Bei diesen beiden Methoden verwendet man als Energiequelle den sogenannten Leistungsultraschall, welcher in das zu prüfende Bauteil eingekoppelt wird. Die Ultraschallenergie wird bevorzugt an Defekten, wie Rissen oder Delaminationen, in Wärme umgewandelt. Defekte wirken dabei als innere Wärmequellen, wäh-

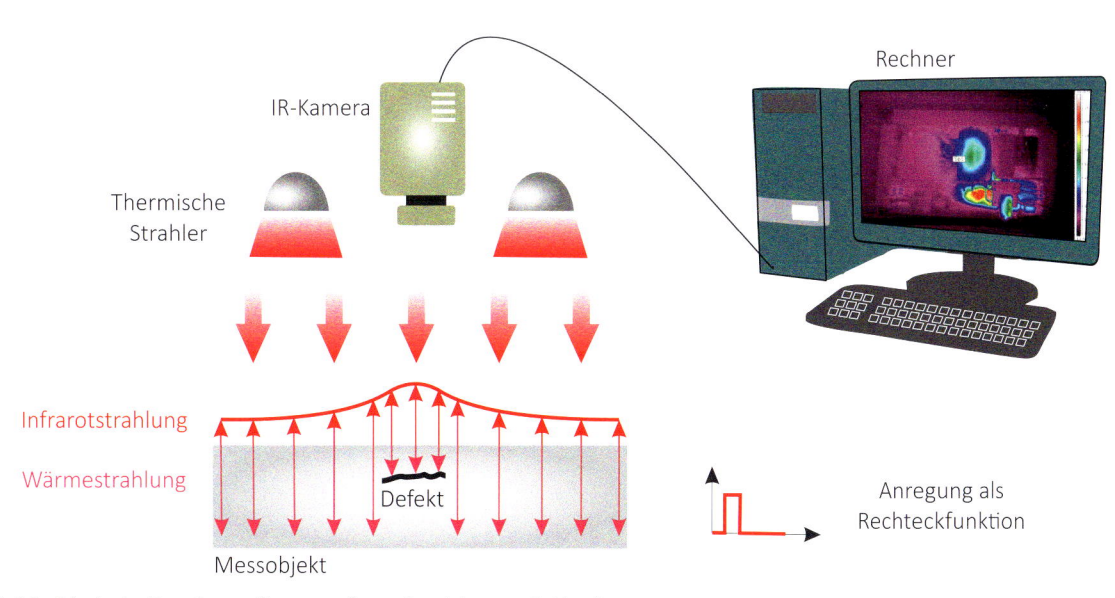

Bild 3.9 Prinzip der Transienten-Thermografie zur Detektion von Fehlstellen

3 Thermografie

rend ungeschädigte Bereiche keine oder nur eine geringe Erwärmung zeigen. Man erhält mit dieser Vorgehensweise also eine echte, defektselektive Dunkelfeldmethode mit hohem Kontrast. Dabei sind auch Untersuchungen an schwerzugänglichen Stellen sowie an gekrümmten Oberflächen möglich. Für die Rissdetektion ist es von besonderem Vorteil, dass auch verdeckte Risse durch die Wärmeleitung aus der Tiefe des Bauteils angezeigt werden (Bild 3.10).

Moduliert man die Amplitude des Ultraschallgebers, so gehen von den Defekten thermische Wellen mit der eingestellten Modulationsfrequenz aus. Die von den thermischen Wellen hervorgerufene Modulation der Oberflächentemperatur wird mit einer IR-Kamera erfasst. Damit lässt sich pixelweise eine mathematische Analyse über die Bildfolge durchführen. Man erhält hierdurch ein Amplituden- und ein Phasenbild mit den bereits beschriebenen Vorteilen der Lockin-Technik: Extreme Steigerung des Kontrasts im Bereich der Defekte und eine effiziente Ausfilterung von Störungen. Die Tiefenreichweite der ultraschallangeregten Lockin-Thermografie ist erheblich größer, als bei der Lockin-Thermografie mit der Anregung durch Halogenlampen oder Heißluft (Bild 3.11).

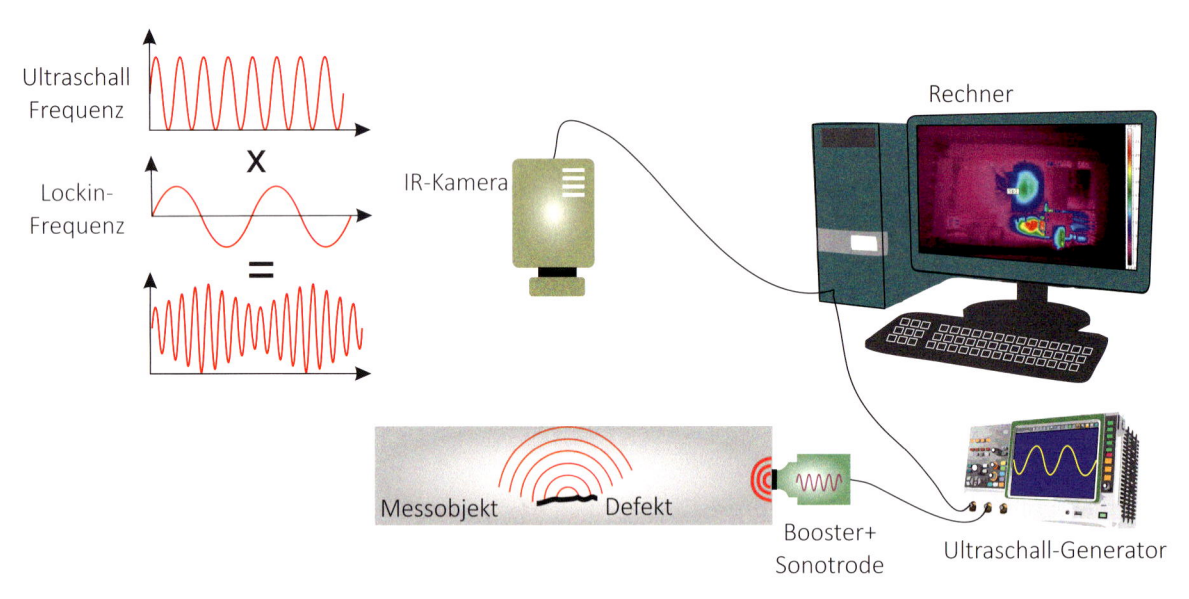

Bild 3.10 Messprinzip der ultraschallangeregten Lockin-Thermografie zur Detektion von Fehlstellen

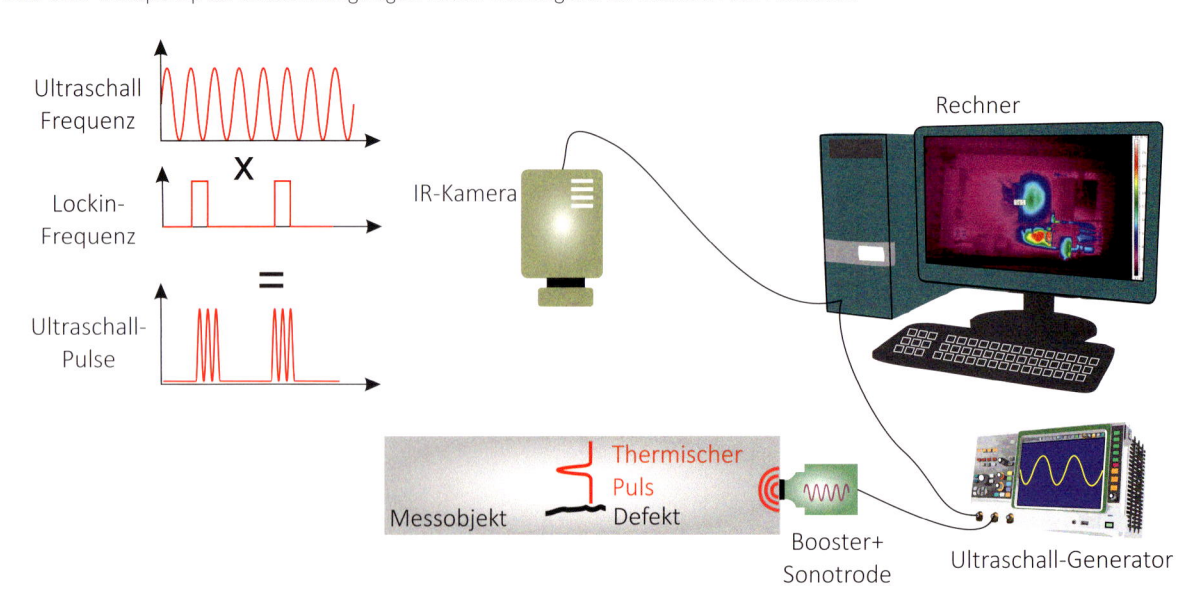

Bild 3.11 Prinzip der Ultraschallangeregten Puls-Thermografie zur Detektion von Fehlstellen

Analog zur Puls-Thermografie kann man mit dem Ultraschallgeber auch kurze Ultraschallimpulse in das Bauteil einleiten. Mit der Infrarotkamera wird hierbei das durch Defekte hervorgerufene Aufwärm- und Abkühlverhalten erfasst und die Bildfolge mathematisch analysiert.

3.2.3 Verfahren der aktiven Thermografie zur Überprüfung von Solarzellen

Für die thermografische Überprüfung von Solarzellen wurden mehrere neue Verfahren entwickelt, um die Leistungsfähigkeit der klassischen, aktiven Thermografie weiter zu steigern. Im Folgenden werden sie näher erläutert.

Dark-Lockin-Thermografie (DLIT)

Eine Methode zur thermografischen Inspektion ist die Dark-Lockin-Thermografie. Hierzu wird eine modulierte Stromquelle in Durchlass- oder Sperrrichtung an die zu prüfende Zelle angeschlossen. Während der Modulation nimmt eine Thermografiekamera kontinuierlich die Wärmestrahlung, die aus dem Stromfluss resultiert, auf. Die Frequenz des modulierten Stromsignals wird in Abhängigkeit von verschieden Faktoren festgelegt. Die wichtigsten Faktoren sind die Diffusionslänge des Halbleitermaterials und dessen Schichtdicke, aber auch die gewünschte Ortsauflösung und die Prüfzeit werden mit in die Frequenzbestimmung einbezogen. Die während der Messung angewandte Online-Lockin-Analyse ermöglicht eine deutliche Erhöhung der thermischen Auflösung gegenüber einer Infrarotaufnahme ohne Modulation und Lock-in-Verfahren.

Shunts sind lokale niederohmige Widerstände, die im Halbleiter Leckströme erzeugen und dadurch den Wirkungsgrad einer Solarzelle verringern. Das Auftreten der Shunts kann in Abhängigkeit von den Parametern des Fertigungsprozesses systematischer Natur sein, aber auch von Zelle zu Zelle zufällig schwanken. Demzufolge ist eine 100 %-Prüfung direkt in der Produktion für ein Höchstmaß an Qualität häufig unerlässlich. Der Messvorgang läuft zerstörungsfrei ab und kann mit Messzeiten unterhalb einer Sekunde realisiert werden, sodass dieses Verfahren in die laufende Produktion integriert werden kann.

Illuminated-Lockin-Thermografie (ILIT)

Eine weitere Methode zur Detektion von den Shunts liefert die Illuminated-Lockin-Thermografie (ILIT). Ebenso wie beim DLIT-Verfahren handelt es sich bei der Anregung um ein periodisch moduliertes Signal, nur wird dieses nicht durch einen direkten Kontakt mit einer Stromquelle, sondern durch eine externe Lichtquelle generiert.

Die modulierte Beleuchtung regt am P/N-Übergang der Solarzelle die Ladungsträger an, wodurch im Halbleiter eine Fotospannung erzeugt wird. Sollten sich in der Solarzelle lokale ohmsche Shunts oder nichtlineare Shunts im Halbleitermaterial befinden, fließt hierüber ein Ausgleichsstrom, der wiederum kleinste lokale Erwärmungen hervorruft. Die Messung der resultierenden Temperaturänderungen erfolgt abermals mithilfe der Lockin-Thermografie. Im Gegensatz zur DLIT-Messung erfordert die ILIT-Messung keine Kontaktierung der Solarzelle. Somit ermöglicht die ILIT-Methode eine berührungslose Prüfung in einer frühen Fertigungsstufe, auch ohne das Vorhandensein von Kontakten an der Solarzelle.

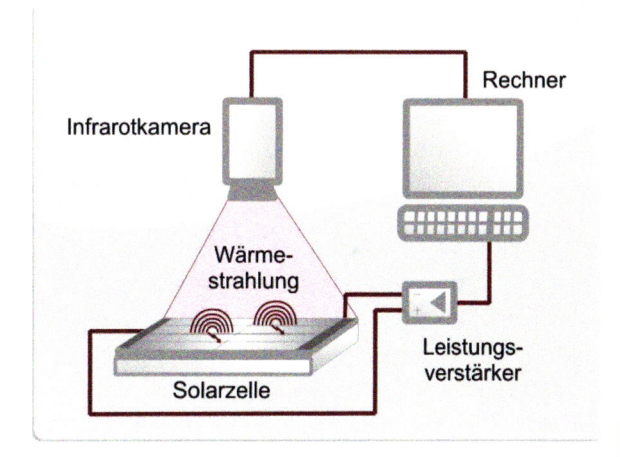

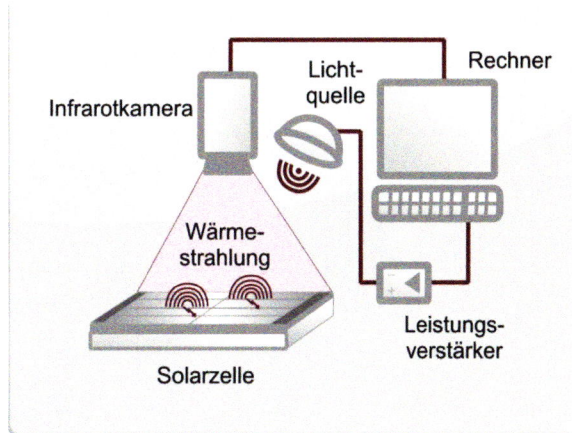

Bild 3.12 Oben: Prinzip der DLIT-Methode, unten: Prinzip der ILIT-Methode (mit freundlicher Genehmigung von Automation Technology)

3.3 Anwendungsbeispiele der Thermografie zur Schadensdetektion

Bei allen Produktionsprozessen spielt die Temperaturverteilung eine entscheidende Rolle für die Produktqualität und ermöglicht außerdem Aussagen bezüglich der möglichen Fehlstellen im Inneren des Bauteils. Eine Messung der Temperaturverteilung ist dabei so gut wie immer berührungslos möglich. Deshalb ist die Thermografie zur Schadensdetektion in den letzten Jahren zu einem sehr wichtigen Qualitätsprüfwerkzeug geworden.

3.3.1 Detektion von Gaseinschlüssen im Schaum von Instrumententafeln (passive Thermografie)

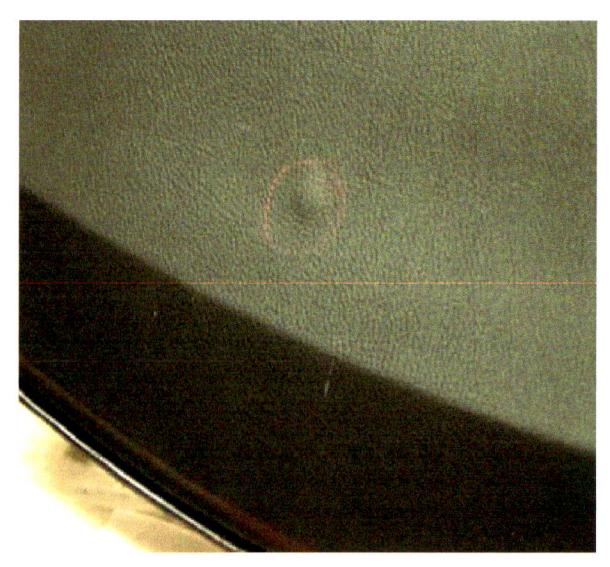

Bild 3.13 Aufwölbung in der Kunstlederhaut einer Instrumententafel, hervorgerufen durch einen Gaseinschluss in der Schaumschicht (mit freundlicher Genehmigung von Automation Technology)

Durchläuft ein Messobjekt produktionsbedingt einen Abkühlvorgang, so kann dies in vielen Fällen zur Qualitätskontrolle mit einer Infrarot-Bildverarbeitung ausgenutzt werden (Bild 3.14). Oberflächenbereiche, unter denen sich Defekte mit geringer Wärmeleitfähigkeit (z.B. Delaminationen oder Lufteinschlüsse) befinden, kühlen schneller ab, da hier der Wärmefluss an die Oberfläche geringer ist. Die Auflösungsgrenze für Defekte hängt im Wesentlichen von der thermischen Empfindlichkeit und der Pixelanzahl der Kamera sowie von den thermophysikalischen Eigenschaften des Messobjekts ab. Hinsichtlich der Tiefenreichweite gilt als grober Anhalt, dass nur Defekte erkannt werden können, welche von ihrem Durchmesser her größer sind, als die Defekttiefe.

Das Messprinzip kann beispielsweise zur Detektion von Gasblasen (Lunkern) in der Schaumschicht von Kfz-Instrumententafeln und anderen geschäumten Bauteilen eingesetzt werden (Bild 3.13). Eine Instrumententafel ist häufig aus drei Materiallagen aufgebaut: Sie besteht aus Kunststoff, Schaumschicht und Kunstlederhaut. Prozessbedingt können in der Schaumschicht größere oder kleinere Gaseinschlüsse auftreten.

Wird die Instrumententafel durch Sonneneinstrahlung erwärmt, so bilden sich an den Stellen mit Gasblasen im Schaum Aufwölbungen in der Kunstlederhaut. Kundenreklamationen führen in so einem Fall in der Regel dazu, dass die komplette Instrumententafel mit hohem Aufwand und Kosten ausgetauscht werden muss. Um dies zu vermeiden, ist man im Rahmen der Qualitätskontrolle bemüht, Gaseinschlüsse durch manuelles Abtasten zu finden. Die betroffenen Instrumententafeln

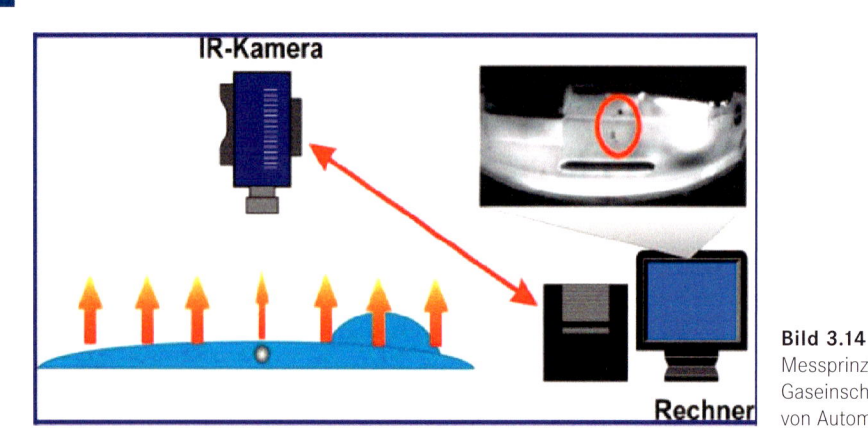

Bild 3.14
Messprinzip bei thermografischer Detektion von Gaseinschlüssen (mit freundlicher Genehmigung von Automation Technology)

3.3 Anwendungsbeispiele der Thermografie zur Schadensdetektion

Bild 3.15
Links: Ergebnisbild, detektierter Gaseinschluss markiert; Rechts: Sichtbild nach zerstörender Prüfung, Gaseinschluss in der Schaumschicht (mit freundlicher Genehmigung von Automation Technology)

werden entweder aufgearbeitet oder in den Ausschuss gegeben. Häufig gelingt es mit manueller Abtastung jedoch nicht, die Gaseinschlüsse zu finden.

Im Gegensatz zur Handabtastung lässt sich mit Infrarot-Bildverarbeitung eine absolut zuverlässige Qualitätskontrolle realisieren (Bild 3.16). Gleichzeitig sind die Prüfzeiten erheblich geringer (maximal 5 s im Vergleich zu ca. 1 min), was einen zusätzlichen Rationalisierungseffekt zur Folge hat. Ausgenutzt wird die exotherme Reaktion des Schaums. Nach der Entnahme aus der Form hat die Instrumententafel eine Oberflächentemperatur von ca. 55–65 °C. Durch Strahlung und Konvektion gibt sie an der Oberfläche Wärme ab, während gleichzeitig Wärme aus dem Inneren nachgeliefert wird. An einer Stelle mit einer Gasblase ist der Wärmeleitmechanismus gestört, hier kühlt die Kunstlederhaut schneller ab. Damit zeichnen sich die Stellen mit Gaseinschlüssen als dunkle Punkte im Infrarotbild ab (Bild 3.15).

Bild 3.16 Komplettes Prüfsystem für Instrumententafeln, ausgeführt als Einzelprüfplatz (mit freundlicher Genehmigung von Automation Technology)

Der Abkühlungseffekt ist umso stärker, je näher die Gasblase an der Kunstlederhaut liegt. Hierdurch kann man im Infrarotbild zwischen tiefliegenden und weniger tiefliegenden Gaseinschlüssen unterscheiden. Diese Aussage ist von Bedeutung, da nur oberflächennahe Gasblasen eine Aufwölbung der Kunstlederhaut bewirken und damit kritisch sind. Tieferliegende Defekte sind dagegen nicht unbedingt ein Ausschusskriterium und können je nach Größe toleriert werden.

3.3.2 Prüfung von Faserverbundwerkstoffen (Lockin-Thermografie)

Insbesondere für die zerstörungsfreie Prüfung von Faserverbundmaterialien (kohle- oder glasfaserverstärkte Kunststoffe) ist die Lockin-Thermografie ein sehr gut geeignetes Prüfverfahren (Bild 3.17). Dies gilt sowohl für die Qualitätskontrolle in der Produktion, als auch für die nachträgliche Kontrolle während der Betriebszeit. Gerade bei kohlefaserverstärkten Kunststoffen können Defekte auftreten, welche mit klassischen Prüfverfahren entweder gar nicht oder nur sehr schwer nachweisbar sind. Für die Lockin-Thermografie stellen diese Defekte dagegen kein Problem dar. Je nach Anwendungsfall kann bei diesen Materialien alternativ auch die Transienten-Thermografie oder die ultraschallangeregte Thermografie eingesetzt werden (s. nachfolgende Abschnitte).

Da die Rotorblätter der Windkraftanlagen ebenfalls aus Faserverbundwerkstoffen bestehen, lassen sich diese ebenfalls auf das Vorhandensein von Fehlstellen untersuchen (Bild 3.18). Auch in diesem Fall erscheinen die Schäden als dunkle Stellen (niedrigere Temperatur) im Ergebnisbild. Die Rotorblätter werden entweder direkt nach der Produktion oder vor dem Aufstellen der Windkraftanlage thermografisch untersucht. Eine Untersuchung der Rotorblätter im Betrieb ist jedoch nicht ohne Weiteres möglich.

Bild 3.17 Platte aus kohlefaserverstärktem Kunststoff mit künstlich eingebrachten Delaminationen, oben: Sichtbild, unten: Ergebnisbild einer Messung mit Lockin-Thermografie (mit freundlicher Genehmigung von Automation Technology GmbH)

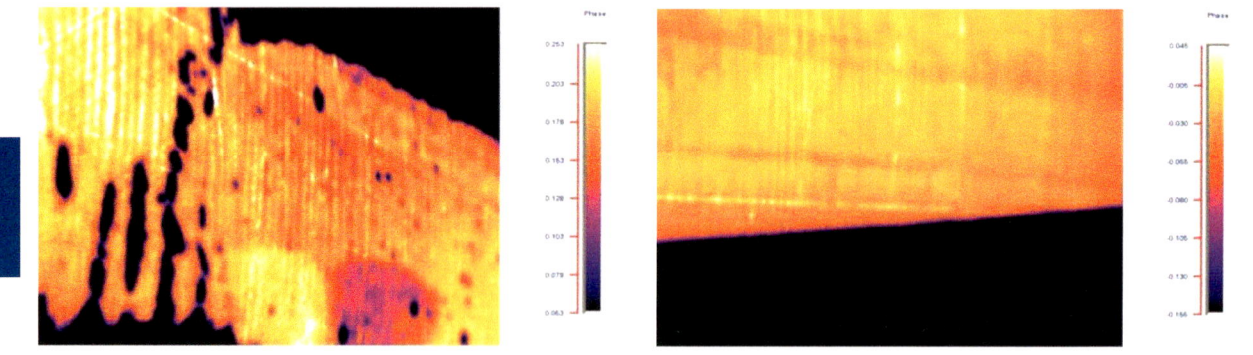

Bild 3.18 Prüfung der Rotorblätter von Windkraftanlagen, links: Bereich mit Fehlern in der Verklebung des Rotorblatts, rechts: Bereich ohne Defekte (mit freundlicher Genehmigung von Automation Technology GmbH)

3.3.3 Qualitätskontrolle an Leder (Lockin-Thermografie)

Leder ist ein Naturprodukt und kann Defekte aufweisen. Bei der Verarbeitung werden diese Defekte gespachtelt und aufwendig nachbearbeitet, sodass sie für den Kunden nicht sichtbar sind. Die Qualität des Leders richtet sich u. a. nach der Anzahl und Größe der vorhandenen Defekte. Die Lockin-Thermografie liefert hier die Möglichkeit für den Kunden (z. B. Möbelindustrie, Automobilindustrie), unsichtbare Defekte sichtbar zu machen und somit die Qualität des angelieferten Leders besser zu überprüfen. Die Fehlstellen im Leder sind im Ergebnisbild deutlich als dunkle Stellen sichtbar (Bild 3.19).

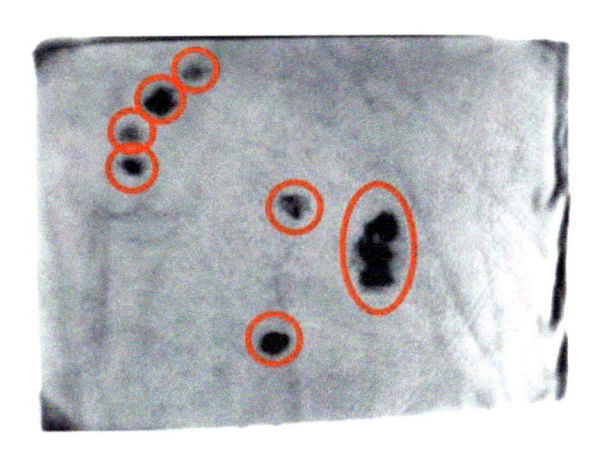

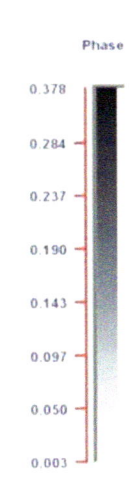

Bild 3.19
Ergebnis der thermografischen Untersuchung einer Lederprobe: Unsichtbare Reparaturstellen werden im Ergebnisbild deutlich angezeigt (mit freundlicher Genehmigung von Automation Technology GmbH)

3.3.4 Kontrolle des Rumpfs von Flugzeugen (Lockin-Thermografie)

Insbesondere bei Flugzeugen kann das Versagen von Bauteilen katastrophale Folgen nach sich ziehen. Defekte müssen daher frühzeitig und mit hoher Zuverlässigkeit erkannt werden. Aufgrund des allgemeinen Kostendrucks ist man in der Luftfahrt bemüht, bei Aufrechterhaltung der sehr hohen Sicherheitsstandards, die vorgeschriebenen Inspektionen so effizient und kostengünstig wie möglich durchzuführen. Dabei erlangen die aktiven, thermischen Prüfverfahren eine zunehmende Bedeutung. Die Anwendungen sind gerade bei Flugzeugen sehr vielfältig. Beispielhaft soll hier die Kontrolle der Rumpfstruktur mit Lockin-Thermografie dargestellt werden.

In Bild 3.20 ist zu sehen, wie die Folgen eines Versagens während des Fluges von Teilen der äußeren Rumpfstruktur aussehen können. In diesem Fall konnte die Maschine dank glücklicher Umstände und der noch intakten Rumpfstruktur trotzdem landen, allgemein wird das Ergebnis jedoch anders ausfallen.

Während die Hülle eines Flugzeugs auf der Außenseite absolut glatt ist, weist sie innen eine Vielzahl von Spanten, Verstrebungen und Verstärkungen auf. Diese Bauteile sind allgemein aufgeklebt oder genietet. Unter anderem ist auf der Innenseite auch eine Vielzahl von sogenannten Riss-Stoppern angebracht. Diese sollen verhindern, dass sich kleine Risse ausdehnen und zu einem Versagen des gesamten Rumpfes führen.

Für einen Flugzeugtyp wurde inzwischen eine komplette Prüfung der Rumpfstruktur vom Flugzeughersteller und der amerikanischen Luftfahrtaufsichtsbehörde vorgeschrieben. Die hierfür erlassene Arbeitsanweisung umfasst einen Gesamtaufwand von ca. 1500 Mannstunden pro Flugzeug. Hinzu kommen die Kosten

Bild 3.20 Flugzeug mit teilweise aufgerissenem Rumpf als Folge von Materialversagen (mit freundlicher Genehmigung von Automation Technology GmbH)

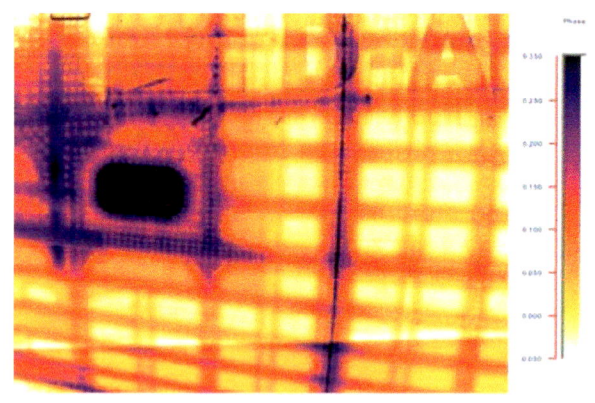

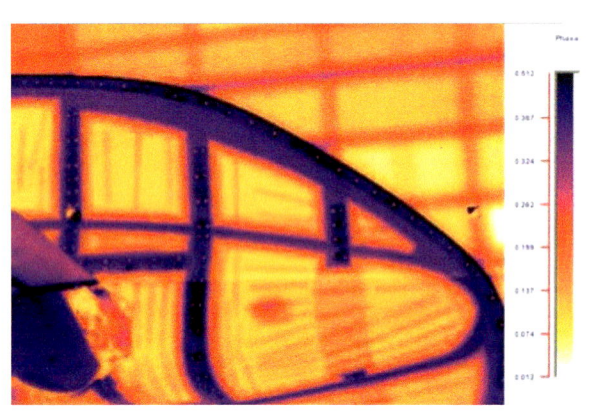

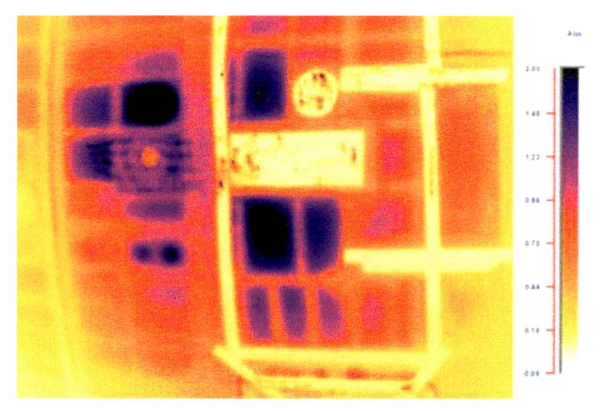

Bild 3.21 Ergebnisbilder von Messungen an einem Flugzeugrumpf: Die innere Struktur mit eventuell vorhandenen Defekten wird deutlich angezeigt (mit freundlicher Genehmigung von Automation Technology GmbH).

durch die lange Stillstandszeit des Flugzeugs während der Prüfung. Der kalkulierte Gesamtaufwand liegt derzeit damit pro Maschine bei nahezu 300 000 Euro.

Mit der Lockin-Thermografie lässt sich die gleiche Prüfaufgabe mit einem Team aus drei Mann an einem einzigen Tag bearbeiten. Dabei wird von der Außenseite gemessen. Als Wärmequelle kommt ein mit Standard-Halogenstrahlern bestücktes Lampenpanel zum Einsatz, die Leistung beträgt 16 kW. Eine Messung deckt eine Fläche von 1–2 m² ab, wobei alle möglichen Arten von Defekten, wie Delaminationen, lose Nieten oder Wassereinschlüsse identifiziert werden können. Vorausgesetzt, dass keine Defekte gefunden werden, ist die Maschine bei Anwendung der Lockin-Technik sehr schnell wieder flugbereit (Bild 3.21).

Das Verfahren wurde zwischenzeitlich sowohl vom Flugzeughersteller als auch von der Luftfahrtaufsichtsbehörde anerkannt und wird Bestandteil einer neuen Arbeitsanweisung für diesen Flugzeugtyp.

3.3.5 Inspektion von Laserschweißnähten (Puls-Thermografie)

Von der Vielzahl der möglichen Anwendungen kann hier nur eine Anwendung exemplarisch dargestellt werden. Es handelt sich dabei um die Inspektion von Laserschweißnähten. Insbesondere im Automobilbau kommt dem Laserschweißen eine immer größere Bedeutung zu, da es gegenüber anderen Verfahren, wie z. B. dem Punktschweißen, erhebliche Vorteile aufweist. Hierzu gehören die Möglichkeiten, das Gewicht eines Autos deutlich zu reduzieren und gleichzeitig die Stabilität durch Vergrößern der geschweißten Fläche zu erhöhen. Ein weiterer Vorteil liegt darin, dass die Schweißung berührungslos erfolgt, man hat also quasi keinen Verschleiß. Nicht zuletzt kann man durch Anwendung des Verfahrens die Fertigungskosten reduzieren.

Diesen Vorteilen steht die Tatsache gegenüber, dass keines der klassischen Verfahren der zerstörungsfreien Prüfung für die Inspektion von Laserschweißnähten geeignet ist. Die Nähte werden also als Stichprobenkontrolle zerstörend überprüft, was für die Automobilher-

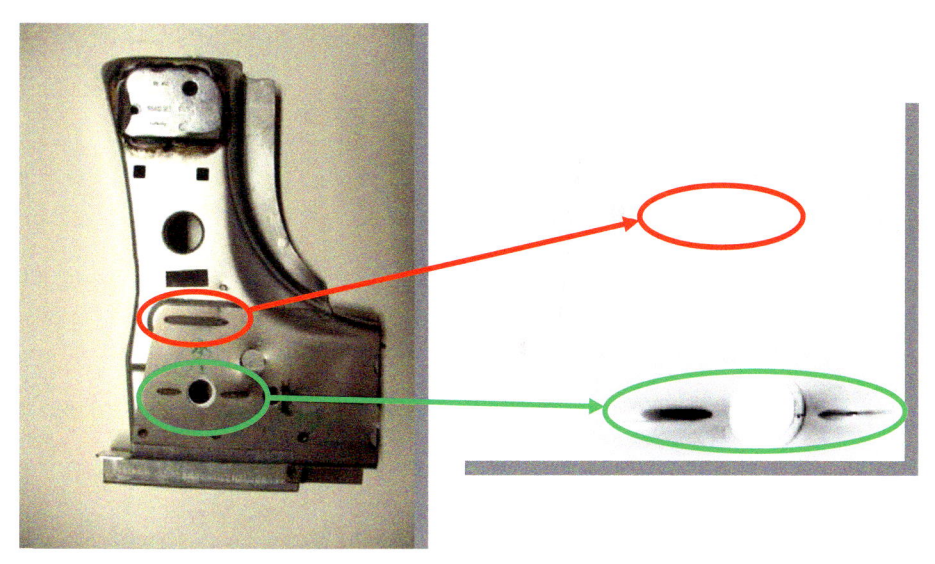

Bild 3.22 Inspektion eines lasergeschweißten Kfz-Bauteils mit Puls-Thermografie, unterer Bereich links: Naht durchgeschweißt, unterer Bereich rechts: Naht nur teilweise durchgeschweißt (grün markiert), oberer Bereich (rot markiert): Naht nicht durchgeschweißt (mit freundlicher Genehmigung von Automation Technology GmbH)

steller mit erheblichem Aufwand und Kosten verbunden ist.
Durch den Einsatz der Puls-Thermografie kann dieses Prüfproblem weitestgehend gelöst werden. Das Verfahren befindet sich bereits bei zahlreichen Automobilherstellern in der Erprobung. Dabei liefert die Puls-Thermografie, neben der Erkennung anderer Fehlerarten, insbesondere Aussagen über Anbindungsfehler, d. h. ob die Naht durchgeschweißt ist oder nicht (Bild 3.22).

3.3.6 Inspektion von Faserverbundwerkstoffen (Transienten-Thermografie)

Als ein weiteres Beispiel soll hier nochmals die Inspektion von Faserverbundwerkstoffen dargestellt werden. Für die Prüfung derartiger Materialien ist neben der Lockin-Thermografie auch die Transienten-Thermografie sehr gut geeignet.
Bild 3.23 zeigt eine Platte aus kohlefaserverstärktem Kunststoff (CFK) mit einem inneren Impactschaden. Äußerlich ist der Platte keine Schädigung anzusehen. Der Impact gehört zu den häufigsten Schäden an Strukturen aus Faserverbundwerkstoffen und kann bei stoßartigen Belastungen entstehen. Der Impact-Schaden erzeugt Delaminationen, die sich fortpflanzen können und somit zum Ausfall der gesamten Struktur führen.
Mithilfe der Transienten-Thermografie kann man nun schichtweise das Innere der Platte betrachten. Hierzu

genügt eine einzige Messung. Es werden mehrere Infrarotbilder aufgenommen, welche unterschiedliche Tiefen der Platte widerspiegeln. Diese ergeben sich allein durch die Analyse verschiedener Abschnitte, der während der Messung aufgezeichneten Infrarotbild-Sequenz.
Aus Bild 3.24 ist deutlich zu erkennen, dass in größerer Bauteiltiefe großflächige Delaminationen sowohl ober- als auch unterhalb der Position des Impacts vorhanden sind.

Bild 3.23 CFK-Platte mit Impact-Schaden in der Mitte der Platte, der aber von außen nicht sichtbar ist (mit freundlicher Genehmigung von Automation Technology GmbH)

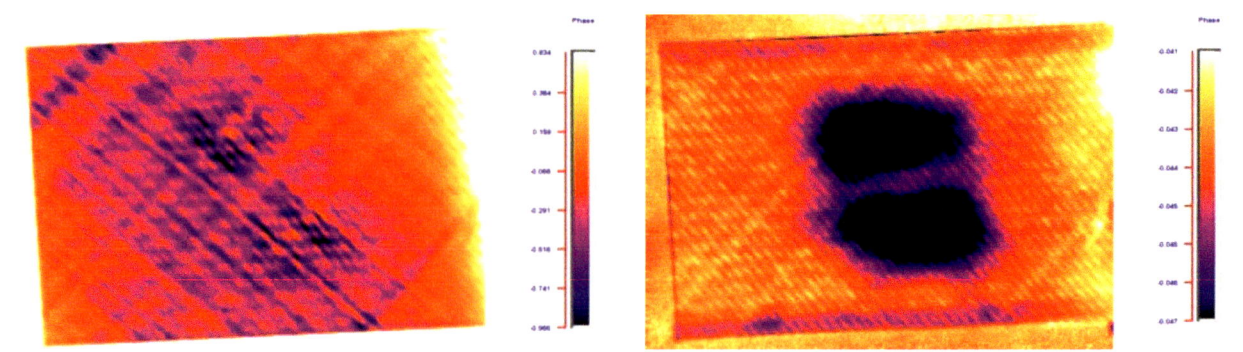

Bild 3.24 Ergebnisse der Untersuchung der CFK-Platte mit der Transienten-Thermografie, links: Ergebnis nahe der Oberfläche (Defekte sind kaum zu erkennen), rechts: Ergebnis in größerer Tiefe (mit freundlicher Genehmigung von Automation Technology GmbH)

3.3.7 Inspektion von Instrumententafeln (Transienten-Thermografie)

Die Online-Inspektion von Instrumententafeln auf Gaseinschlüsse wurde bereits in einem vorhergehenden Abschnitt (passive Wärmeflussthermografie) vorgestellt. Mithilfe der Transienten-Thermografie kann man diese Inspektionsaufgabe auch offline durchführen. Die Instrumententafel wird dabei von der Rückseite her mit Infrarotstrahlern über einen Zeitraum von ca. 5 bis 10 s aufgewärmt. Die Messung mit der Infrarotkamera erfolgt auf der Vorderseite. Mit der Transienten-Thermografie erhält man eine wesentlich bessere Auflösung für Defekte. Allerdings sind die Messzeiten erheblich länger (ca. 90 s). Die Methode ist damit für die Optimierung von Produktionsprozessen und für stichprobenartige Kontrollen sehr gut geeignet (Bild 3.25). Wegen der langen Messzeit kommt der Einsatz für eine 100 %-Kontrolle aber kaum in Frage.

3.3.8 Inspektion von Turbinenschaufeln (ultraschallangeregte Thermografie)

Die Schaufeln von Flugzeugturbinen müssen in regelmäßigen Abständen auf das Vorhandensein von Defekten untersucht werden. Insbesondere das Abreißen von Teilen einer Schaufel während des Flugbetriebs könnten fatale Folgen hervorrufen.
Bisher wurden für die zerstörungsfreie Prüfung der Schaufeln die klassischen Methoden wie Farbeindringverfahren, Ultraschall oder Röntgen eingesetzt. Die Prüfzeiten waren dabei relativ lang.
Mit ultraschallangeregter, aktiver Thermografie lässt sich insbesondere die Rissdetektion wesentlich effizienter durchführen, wobei man gegenüber den klassischen Prüfverfahren auch noch zusätzliche Informationen erhält. Neben offenen und verdeckten Rissen werden offensichtlich auch im Material liegende Cluster von Mikrorissen angezeigt, welche zu einem Versagen der Schaufel führen könnten.
Bild 3.26 zeigt oben einen Prüfstand für ultraschallan-

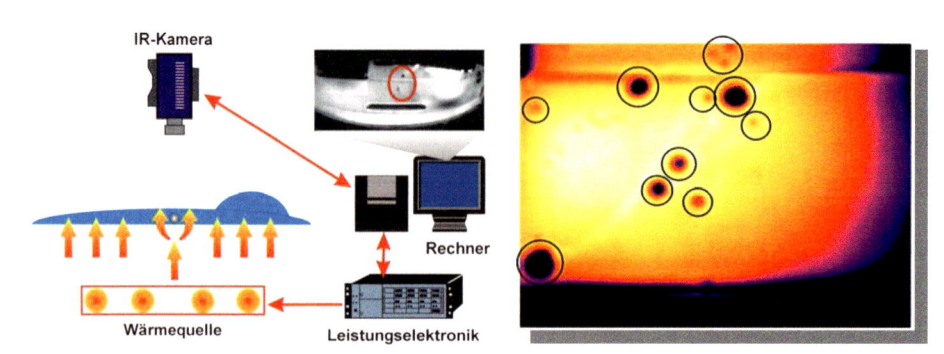

Bild 3.25 Prüfung von Instrumententafeln mit Transienten-Thermografie, links: Messprinzip, rechts: Ergebnis mit markierten Gaseinschlüssen, die unterschiedliche Färbung repräsentiert die Tiefenlage der Defekte (mit freundlicher Genehmigung von Automation Technology GmbH)

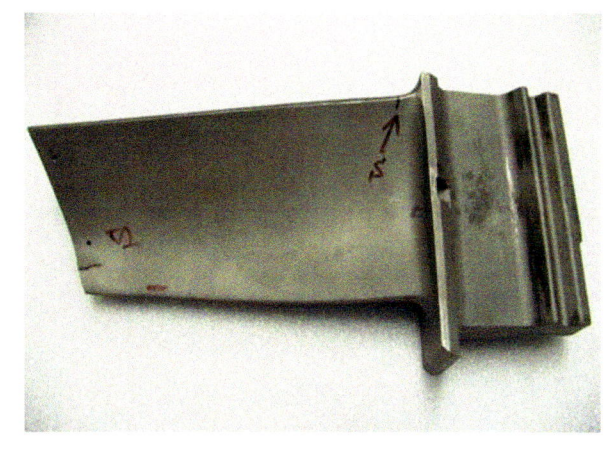

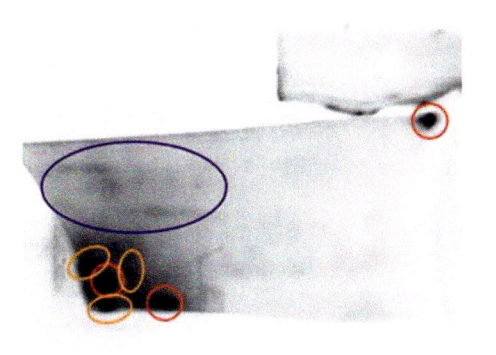

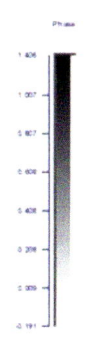

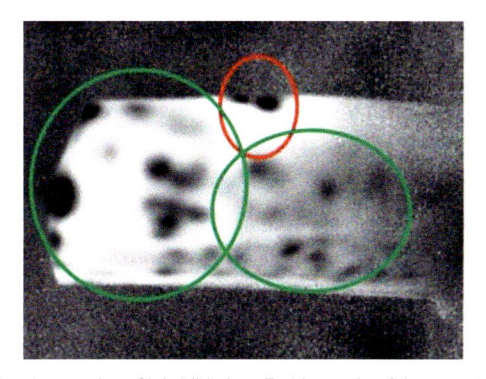

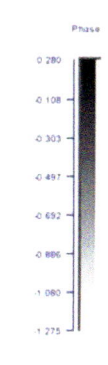

3.3 Anwendungsbeispiele der Thermografie zur Schadensdetektion

Bild 3.26 Oben links: Prüfstand für ultraschallangeregte Thermografie, oben rechts: Sichtbild einer Turbinenschaufel, unten links und rechts: Ergebnisbilder, Anzeigen von offenen Rissen rot markiert, alle anderen Anzeigen stammen von verdeckten Rissen oder Clustern aus Mikrorissen (mit freundlicher Genehmigung von Automation Technology GmbH)

geregte Thermografie. Daneben ist eine Schaufel abgebildet, wobei offene Risse markiert wurden. Unten links ist das Ergebnisbild der Untersuchung dargestellt. Die von den offenen Rissen hervorgerufenen Detektionen sind rot markiert. Daneben erkennt man im Bild viele weitere Detektionen, welche von verdeckten Rissen herrühren (orange markiert). Bei der blau markierten Anzeige handelt es sich um Cluster von Mikrorissen. Im Bild rechts unten stammt nur die rot markierte Stelle von einem offenen Riss. Alle anderen Detektionen stellen verdeckte Risse oder Cluster von Mikrorissen dar.

Neben der Rissdetektion können Methoden der aktiven Thermografie auch eingesetzt werden, um andere Defekte an den Schaufeln zu identifizieren. So lassen sich Delaminationen der thermisch gespritzten Schutzschicht mithilfe der Puls-Thermografie detektieren und der freie Durchgang der Kühlkanäle kann durch Beaufschlagung mit Heißluft geprüft werden. Es lässt sich somit ein kompletter thermografisch basierter Prüfstand für Turbinenschaufeln aufbauen.

3.3.9 Inspektion von Bauteilen aus Faserkeramik und aus Faserverbundwerkstoff (ultraschallangeregte Thermografie)

Die ultraschallangeregte, aktive Thermografie ist hervorragend geeignet, um Bauteile aus Faserkeramik auf Defekte wie Risse oder Delaminationen zu prüfen. Bild 3.27 zeigt ein Bauteil aus Faserkeramik. Deutlich sind im Ergebnisbild unten die von den Bohrungen ausgehenden, feinen Risse zu erkennen.

Bild 3.28 zeigt ein Hohlprofil aus CFK mit einem Impact-Schaden. Auch hier sind im Ergebnisbild (unten) deutlich die von dem Impact hervorgerufenen Schäden im Material zu erkennen.

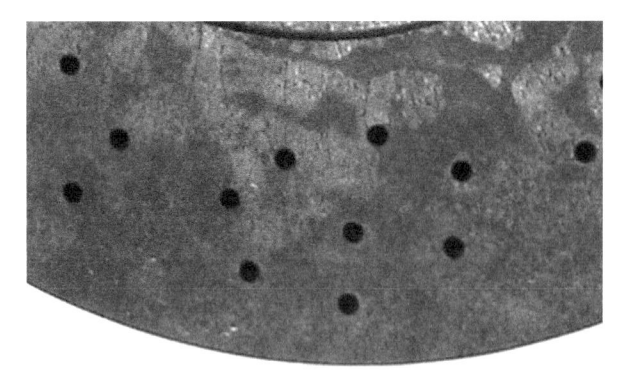

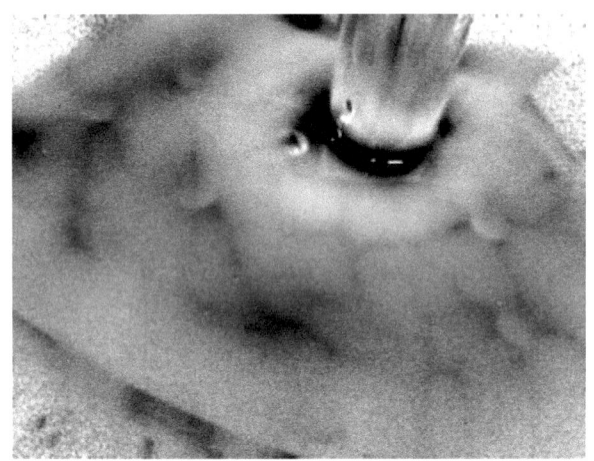

Bild 3.27 Oben: Bauteil aus Faserkeramik, unten: thermografisches Ergebnisbild (mit freundlicher Genehmigung von Automation Technology GmbH)

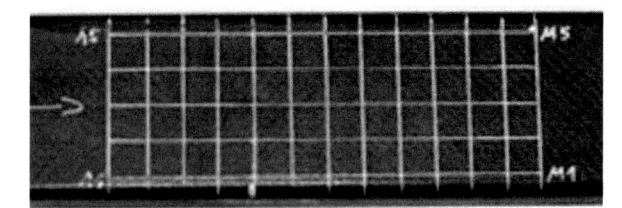

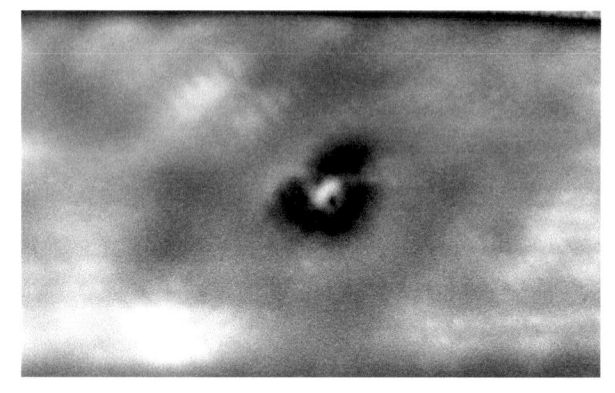

Bild 3.28 Oben: Sichtbild des Hohlprofils aus CFK, unten: thermografisches Ergebnisbild mit einem Impact-Schaden (mit freundlicher Genehmigung von Automation Technology GmbH)

3.3.10 Prüfverfahren mit aktiver Thermografie in der Solarzellenproduktion

Wissenschaftler haben errechnet, dass die Sonne uns täglich einen Energieertrag liefert, der dem 10 000-fachen Energieverbrauch der Menschheit entspricht. Dieses Potenzial veranlasst weltweit die Hersteller von Solarzellen und Forschungseinrichtungen stetig nach neuen Lösungen zu suchen, mit denen sich die photovoltaische Umwandlung zuverlässiger und somit effizienter gestalten lässt. Auf der Basis der Lockin-Thermografie lassen sich diverse Defekte eingehend bestimmen.

Ein besonderes Ärgernis in der Herstellung von Solarzellen sind Produktionsfehler, denn bereits kleinste Störungen können sich verheerend auf die weitere Fertigung auswirken. Dies liegt an den vielen Präzisionsarbeiten, die bei der Entstehung anfallen. Auftretende Mängel gilt es, deshalb möglichst in einer frühen Phase der Produktion zu erfassen, weshalb man Solarzellen nach jedem Produktionsabschnitt sorgfältig überprüft. Neben der schnellen Defekterkennung erleichtert eine Schritt- für-Schritt-Analyse auch die Eingrenzung von Fehlerquellen. Auf diese Weise lassen sich Fehler schneller ausmerzen und die Herstellung optimieren.

Um eine verbesserte Solarzellenproduktion zu gewährleisten, sind Ingenieure allerdings auf genaue Informationen angewiesen. Doch die Erhebung detaillierter Daten gestaltet sich oft als sehr zeitaufwendig. Das System mit dem Namen IrNDT-SolarCheck basiert auf dem Prinzip der Lockin-Thermografie und prüft Objekte in einem zerstörungsfreien Prozess. Durch seinen modularen Aufbau unterstützt das Thermografiesystem mehrere Inspektionsarten, die verschiedene Produktionsfehler und Materialcharakteristiken erfassen und analysieren können.

Mithilfe der thermografischen Verfahren Dark-Lockin-Thermografie (DLIT), Illuminated-Lockin-Thermografie (ILIT) und Foto- und Elektrolumineszenz lassen sich fehlerhafte Bereiche, Risse und Kontaktierungsfehler lokalisieren (Bild 3.29 und 3.30).

Bei Foto- und Elektrolumineszenz erfolgt die Anregung wahlweise per Licht- oder Stromimpuls. Dabei wird die Tatsache ausgenutzt, dass Solarzellen Lichtemissionen im Spektralbereich des nahen Infrarots freisetzen. Diese Emissionen lassen sich mit einer NIR-Kamera

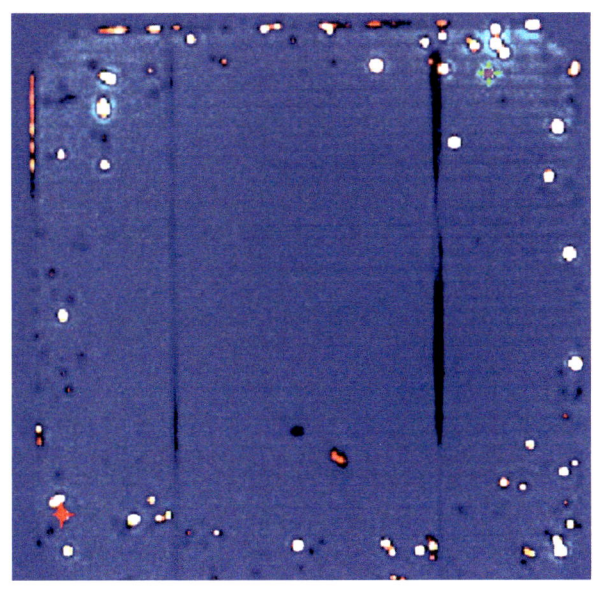

Bild 3.29 Links: Infrarotbild nach einer DLIT-Prüfung, um Shunts zu lokalisieren, rechts: Ergebnisbild einer Elektrolumineszenz-Analyse (mit freundlicher Genehmigung von Automation Technology GmbH)

aufzeichnen und mithilfe einer entsprechenden Bildverarbeitungssoftware auswerten.

Wie eingangs erwähnt, sind neben neuen Methoden zur Defektidentifikation, auch Lösungen für die Leistungsoptimierung ein großes Thema in der Photovoltaikindustrie. Dabei ist nicht nur die Qualität in der Herstellung von Bedeutung, sondern auch die Beschaffenheit des Basismaterials. Hierfür kann ein DLIT- oder auch ILIT-Aufbau in Kombination mit einem beheizbaren Probenträger verwendet werden. Das Messverfahren selbst beruht dabei auf der Abhängigkeit der Infrarotemission von der Generation freier Ladungsträger im Halbleitermaterial. Anhand der so gewonnenen Aufnahmen lassen sich typische Charakteristiken, wie die Ladungsträgerkonzentration und die Ladungsträgerlebensdauer, von Solarzellen ortsaufgelöst darstellen.

3.3.11 Thermografische Überprüfung von Faserverbundwerkstoffen (Lockin-Thermografie)

Faserverbundkunststoffe (FVK) werden aufgrund ihrer hohen Festigkeit bei geringem Gewicht bevorzugt in der Luftfahrtindustrie und beim Bau von Rotorblättern von Windkraftanlagen eingesetzt. Mittlerweile steigt aber auch im Automobilbereich die Nachfrage nach Bauteilen aus FVK, wie z. B. ihr Einsatz in den BMW-Modellen i3 und i8 bestätigt. Die Gründe dafür liegen in ihren hervorragenden mechanischen Eigenschaften bei einem gleichzeitig geringen Gewicht. Zusätzlich ermöglicht der alterungs- und korrosionsbeständige Werkstoff einen erhöhten Grad an Gestaltungsfreiheit gegenüber den konventionellen Werkstoffen wie Stahl und Aluminium.

Zu möglichen Fehlern gehören z. B. Anhäufungen des

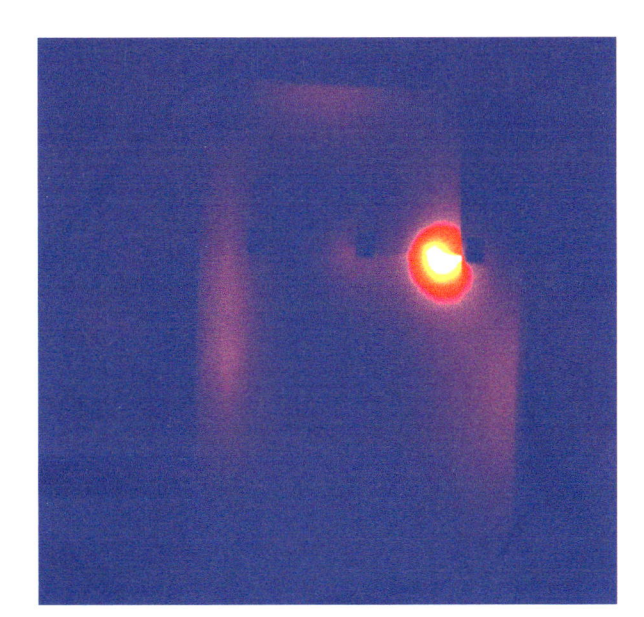

Bild 3.30 Thermografische Risserkennung an einer kristallinen Solarzelle (mit freundlicher Genehmigung von Automation Technology GmbH)

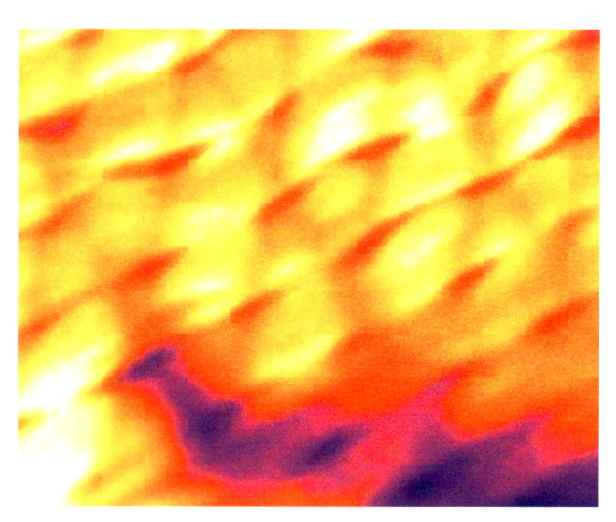

Bild 3.31 Links: Mithilfe der Lockin-Thermografie detektierte Harzanhäufung, rechts: unerwünschte Welligkeit der Fasern (mit freundlicher Genehmigung von Flir GmbH)

Harzes oder auch die Welligkeit der Fasern. Im Bereich der Anhäufung wird eine Minderung der übertragbaren mechanischen Last beobachtet. Die unerwünschte Welligkeit kann während des Imprägnierprozesses auftreten (Bild 3.31). Beim Detektieren der Welligkeit sind die Fertigungsprozesse zu überprüfen.

4 Computertomografie

4.1 Verfahrensgrundlagen

Die Computertomografie (CT) ist die Auswertung von vielen, aus verschiedenen Richtungen aufgenommenen Röntgenaufnahmen mithilfe eines Rechners. Im Jahre 1895 entdeckte Wilhelm Conrad Röntgen eine neue Art der Strahlung. Er gab dieser Strahlung die Bezeichnung X-Strahlen. Gebräuchlich ist aber auch die Bezeichnung als Röntgenstrahlung. Röntgen beobachtete, dass die Kathodenstrahlen in einer Entladungsröhre beim Auftreffen auf die Anode neue durchdringende Strahlen entstehen ließen (Flügge 1957). Er entdeckte schnell, dass auch menschliche Körper durchleuchtet und auf einer Fotoplatte abgebildet werden können.

Das Ergebnis der einfachen Röntgenaufnahme ist in der Regel zweidimensional und je nach Lage und Dimension der Defekte sind diese mit dieser einfachen Methode ggf. nur schwer detektierbar. Die mathematische Grundlage für die Verrechnung von aufgenommenen Röntgenaufnahmen aus verschiedenen Richtungen zu einem 3D-Ergebnis lieferte im Jahre 1917 dann der Mathematiker Johann Radon (Biermann 2014). Bis zum Bau einer der ersten medizinischen CT-Scanner vergingen aber weitere 40 Jahre. Die digitale Computertomografie ist seit ca. 1971 möglich. Diese bildgebende Methode ist heutzutage insbesondere im medizinischen Bereich sehr weit verbreitet.

Prinzip des Verfahrens Computertomografie

Die Röntgenstrahlen durchstrahlen infolge der sehr kurzen Wellenlänge das Messobjekt. Um ein 3D-Ergebnis zu erhalten, werden Röntgenaufnahmen des Messobjektes aus verschiedenen Blickrichtungen aufgenommen und anschließend rechnergestützt zu einem 3D-Bild rekonstruiert.

Vor- und Nachteile der Computertomografie

Vorteile	Nachteile
Erfassung innerer und verdeckter Strukturen	sehr gefährliche Strahlung
Messungen automatisierbar	teuer in der Anschaffung
Erfassung der kompletten Geometrie	relativ langsame Messung
Messen von Dichteverteilungen	zum Teil große Messkabinen erforderlich
	lediglich für kleinere und mittelgroße Objekte geeignet
	Schwingungsisolierung notwendig

Messbereich/Messgenauigkeit des Verfahrens Computertomografie

Aufgrund der gefährlichen Strahlung müssen die Röntgenstrahlen von der Umgebung abgeschottet werden. Deshalb sind die Abmessungen der Messgeräte entsprechend sehr groß. Je nach Messobjektgröße sind die Kabinen einige Tonnen schwer und haben oftmals die Größe eines kleinen Raumes.

Die Abmessungen der Bauteile, die mithilfe der CT untersucht werden können, variieren von wenigen mm² bis zu (1000 × 2000) mm². Das maximale Gewicht der Messobjekte ist ebenfalls limitiert und kann bis zu ca. 150 kg betragen. Es existieren jedoch spezielle Scanner, um beispielsweise komplette Lkws zu durchleuchten.

Die erreichbare Genauigkeit der modernen CT-Systeme liegt im nm-Bereich (bei Messobjekten bis 20–50 mm²). Die Detailerkennbarkeit beträgt ≤ 150 nm. Das erlaubt somit auch die Detektion von sehr kleinen Defekten.
Je nach gewünschter geometrischer Auflösung und somit auch je nach der Anzahl der Einzelmessungen und den Abmessungen des Bauteils beträgt die Dauer der Messung wenige Sekunden bis zu einigen Minuten.

4 Computertomografie

Typische Anwendungen der Computertomografie

Der Einsatz der Computertomografie ist sehr vielfältig. Die CT-Messgeräte sind insbesondere im medizinischen Bereich sehr weit verbreitet. Die Computertomografie erlaubt eine schnelle Visualisierung von medizinischen Befunden.

Die industrielle Computertomografie ist gegenüber der medizinischen CT um einiges komplexer. Da der Aufbau des menschlichen Körpers relativ gut bekannt ist, sind die medizinischen CT-Geräte auch genau darauf eingestellt. Im technischen Bereich sind die Messobjekte nicht homogen und bestehen aus verschiedensten Werkstoffen, die alle unterschiedliche Durchstrahlungseigenschaften haben. Die industriell verwendete Röntgenstrahlenergie ist meist deutlich höher, um beispielsweise metallische Strukturen durchleuchten zu können. Außerdem kann das zu untersuchende Objekt im Gegensatz zum Patienten frei bewegt werden, was wiederum den Ablauf einer industriellen CT-Untersuchung vereinfacht.

Die Computertomografie erlaubt Einblicke in das Innere der Messobjekte. Die Detektion von Poren, Lunkern und Rissen wird dadurch ermöglicht. Außerdem können die Dichteverteilungen visualisiert werden. Diese messtechnischen Eigenschaften machen die CT für die Automobil-, Zulieferer-, Kunststoff- und Elektroindustrie zu einem wichtigen Messverfahren.

Faserverbundwerkstoffe können ebenfalls untersucht werden, um z. B. die Faserausrichtung zu prüfen. Verschiedene Verbindungsstellen (z. B.: Schweiß-, Klebe- und Lötverbindungen) stellen oft Schwachstellen einer Konstruktion dar und sind deshalb besonders kritisch zu begutachten. Die CT ist auch für diese Anwendungsfälle gut geeignet und ermöglicht die Visualisierung von visuell verdeckten Defekten. Die CT-Analyse erlaubt außerdem eine zerstörungsfreie Überprüfung von verschiedenen formschlüssigen Fügeverbindungen.

Die CT wird primär in der industriellen, zerstörungsfreien (Werkstück-)Prüfung eingesetzt, aber auch zunehmend für 3D-Geometrievermessung genutzt. Die klassische Geometrievermessung mit Abbildung der inneren Struktur ist heutzutage ein wesentlicher Grund für die Anschaffung eines Computertomografen. Aus den gewonnen Messdaten kann anschließend ein CAD-Modell erzeugt werden. Mithilfe des CAD-Modells können z. B. Form- und Lageanalysen in Bezug auf das Sollmodell vorgenommen werden, um z. B. einen Herstellungsprozess zu kontrollieren.

4.2 Messverfahren der Computertomografie

Obwohl Röntgengeräte seit mehr als 100 Jahren Einblicke in die inneren Strukturen von Mensch oder Material erlauben, ist die industrielle Computertomografie ein relativ junges, bildgebendes Verfahren.

Das elektromagnetische Spektrum der Röntgenstrahlung liegt zwischen dem ultravioletten Licht und der Gammastrahlung (Bild 4.1). Grundsätzlich gibt es zwei physikalische Vorgänge, die zur Erzeugung der Röntgenstrahlung genutzt werden können. Bei einer starken Beschleunigung oder einer starken Abbremsung von geladenen Teilchen entsteht Röntgenstrahlung. Hochenergetische Übergänge in den Elektronenhüllen von Atomen können ebenfalls zum Entstehen der Röntgenstrahlung führen (Flesch 1994).

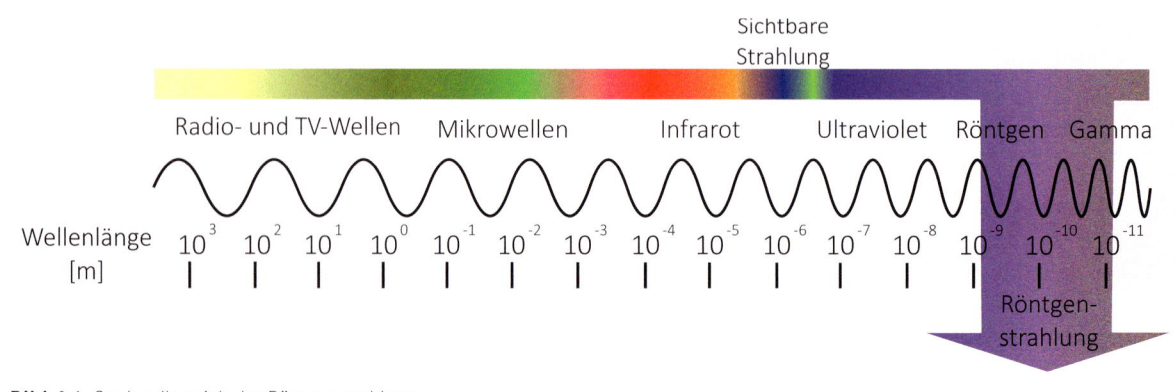

Bild 4.1 Spektralbereich der Röntgenstrahlung

4.2.1 Erzeugung der Röntgenstrahlung

Zur Erzeugung der Röntgenstrahlung existieren grundsätzlich zwei Effekte. Beide Effekte werden im praktischen Einsatz zur Strahlerzeugung ausgenutzt. In einer Vakuum-Röntgenröhre wird ein Metalldraht durch die einstellbare Heizspannung zum Glühen gebracht. Die Regulierung der Temperatur des Heizdrahtes beeinflusst die Zahl der Elektronen, die herausgelöst werden können. Die an der Kathode angelegte Spannung beschleunigt die herausgelösten Elektronen in Richtung der Anode. Anschließend treffen die Elektronen auf die Anode. Die Elektronen treffen somit auf ein Hindernis und werden schlagartig abgebremst. Ca. 99 % der kinetischen Energie wird dabei in Wärme umgewandelt. Der Rest der kinetischen Energie (ca. 1 %) verlässt die Röhre als Röntgenstrahlung (Bild 4.2).

Die Anodenspannung bestimmt die Beschleunigung der Elektronen. Je höher die Anodenspannung ist, desto mehr kinetische Energie haben die Elektronen vor dem Aufprall. Die Röntgenstrahlung wird somit ebenfalls energiereicher.

Die Elektronen haben nach der Beschleunigungsphase folgende kinetische Energie E_{kin}:

$$E_{kin} = e \cdot U_A$$

e – Ladung des Elektrons ($1{,}602 \cdot 10^{-19}$ in Coulomb)
U_A – Anodenspannung

Die fotoelektrische Grundgleichung gibt den Zusammenhang zwischen der kinetischen Energie des Elektrons und der Frequenz der Strahlung an (Siegbahn 1931).

$$E_{kin} = h \cdot \nu$$

h – die Konstante von Planck ($6{,}626 \cdot 10^{-34}$ Js)
ν – Frequenz der ausgesandten Strahlung

Nach dem Gleichsetzen der beiden Gleichungen:

$$\nu = \frac{e}{h} \cdot U_A$$

Die Frequenz der erzeugten Strahlung ist somit direkt von der Anodenspannung abhängig und kann je nach gewünschter Frequenz der Röntgenstrahlung eingestellt werden.

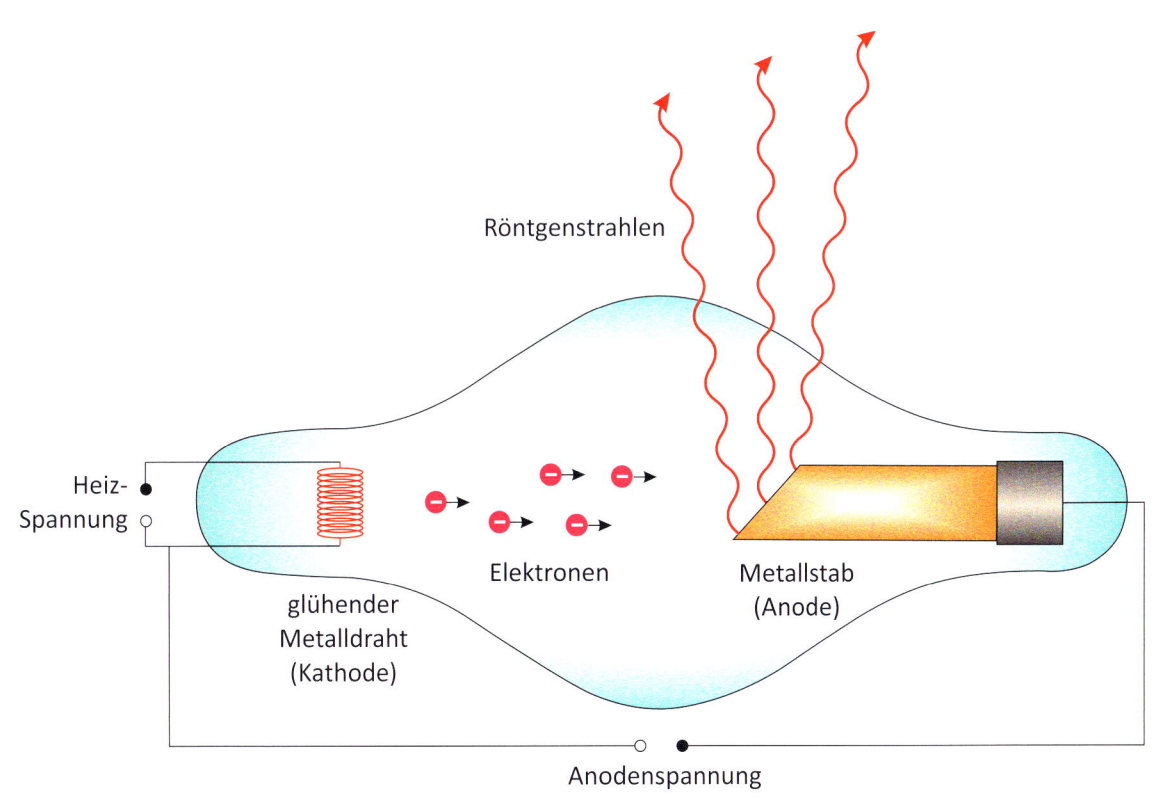

Bild 4.2 Prinzip der Erzeugung von Röntgenstrahlen

4 Computertomografie

Bild 4.3
Prinzip der Erzeugung der charakteristischen (diskreten) Röntgenstrahlung

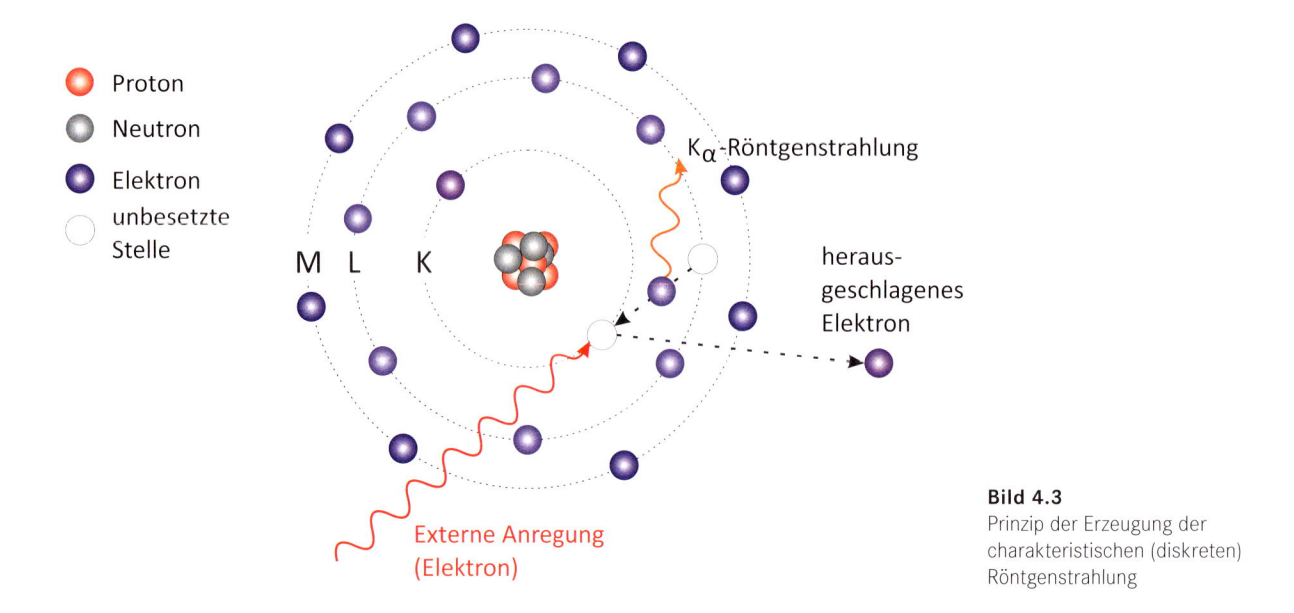

Die ankommenden, energiereichen Elektronen schlagen Elektronen aus den inneren Schalen der Atome des Anodenmaterials heraus. Die unbesetzte Stelle wird von einem Elektron aus einem höheren Energieniveau eingenommen.

Da die Bindungsenergie der inneren Schalen (z. B. K-Schale) niedriger als die Energie der höheren Elektronenniveaus (z. B. L-Schalle) ist, wird die Energiedifferenz aus der Bindungsenergie als Röntgenstrahlung emittiert (Bild 4.3).

Es sind jedoch auch verschiedene andere Kombinationen möglich. Die Elektronen können sowohl aus der K- und der L-Schale herausgeschlagen werden. Die entstandenen Lücken können auch von freien Elektronen besetzt werden. Der Zusammenhang zwischen der charakteristischen Strahlung $E_{K\alpha}$ und der Ordnungszahl Z des Anodenmaterials beschreibt das Moseleysche Gesetz (Meissner 1929).

$$E_{K\alpha} = \frac{3}{4} \cdot R_\infty (Z-1)^2$$

R_∞ – Rydbergkonstante ($10973731{,}568\ m^{-1}$)

Auf die Erzeugung der Röntgenstrahlung hat also die Ordnungszahl des verwendeten Materials einen großen Einfluss und soll möglichst hoch sein. Außerdem müssen zusätzlich 99 % der Energie in Form von Wärme abgeführt werden. Das Anodenmaterial soll deshalb ein guter Leiter sein und einen hohen Schmelzpunkt besitzen. Als Anoden-Werkstoff ist deshalb Wolfram gut geeignet. Einige Keramikmaterialien sind ebenfalls als Anoden-Werkstoff einsetzbar.

Obwohl Wolfram einen hohen Schmelzpunkt hat, ist das trotzdem für die Erzeugung der hochenergetischen Röntgenstrahlung nicht ausreichend. Deshalb wird die Anode als Drehanode ausgeführt, damit die Wärme nicht punktuell entsteht. Das ermöglicht eine größere Strahlintensität und eine längere Lebensdauer der Drehanode. Der Anodenteller muss die entstehende Wärme an die Umgebung abgeben, deshalb wird über die Antriebswelle und die Wärmeabstrahlung des Tellers die Wärme an eine Kühlflüssigkeit abgeführt. Die Lagerung der Welle wird in der Regel als hydrodynamisches Gleitlager ausgeführt.

4.2.2 Detektion der Röntgenstrahlung

Zur Detektion der Röntgenstrahlung stehen zwei verschiedene Verfahren zur Verfügung (Bild 4.5):
- Xenon-Hochdruckionisationskammern
- Szintillationskristalle (CsI) mit Fotodiode.

Die Xenon-Hochdruckionisationskammern sind mit Xenongas gefüllt und stehen unter einem hohen Druck. Die einfallenden Röntgenstrahlen führen zum Ionisieren des Xenongases und erzeugen sowohl negativ als auch positiv geladene Teilchen. Die in der Kammer vorhandenen Elektroden (zwei Stück), die unter einer elektrischen Spannung stehen, ziehen die geladenen Ionen und Elektronen an. Beim Eintreffen von Röntgenstrahlung fließt nun ein Strom. Mit einem Amperemeter kann der entstandene elektrische Strom gemessen

4.2 Messverfahren der Computertomografie

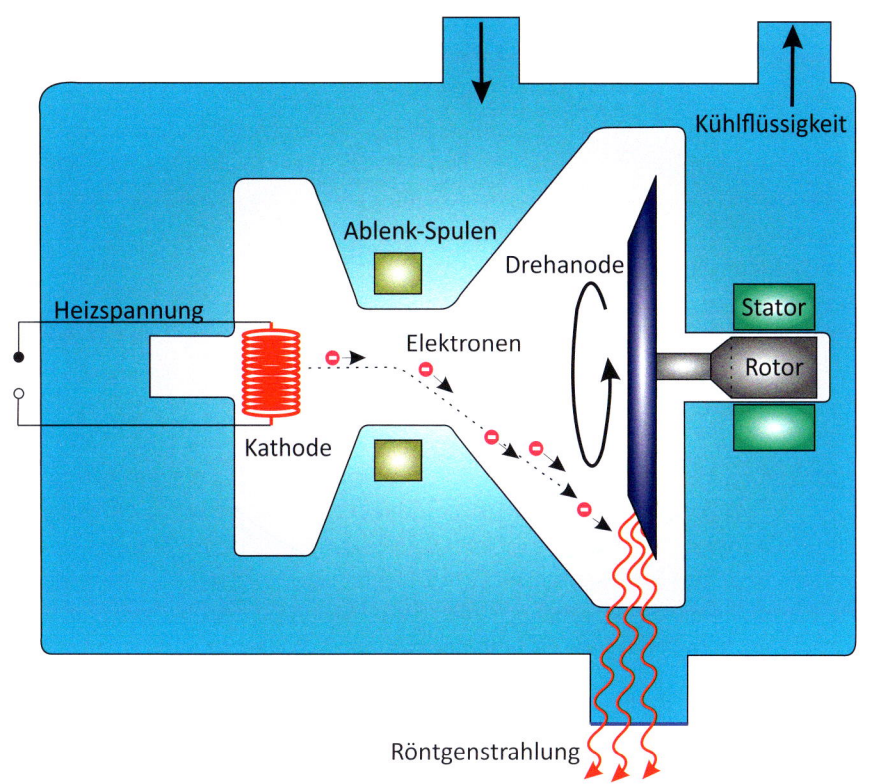

Bild 4.4 Schematische Darstellung des Aufbaus einer Röntgenröhre

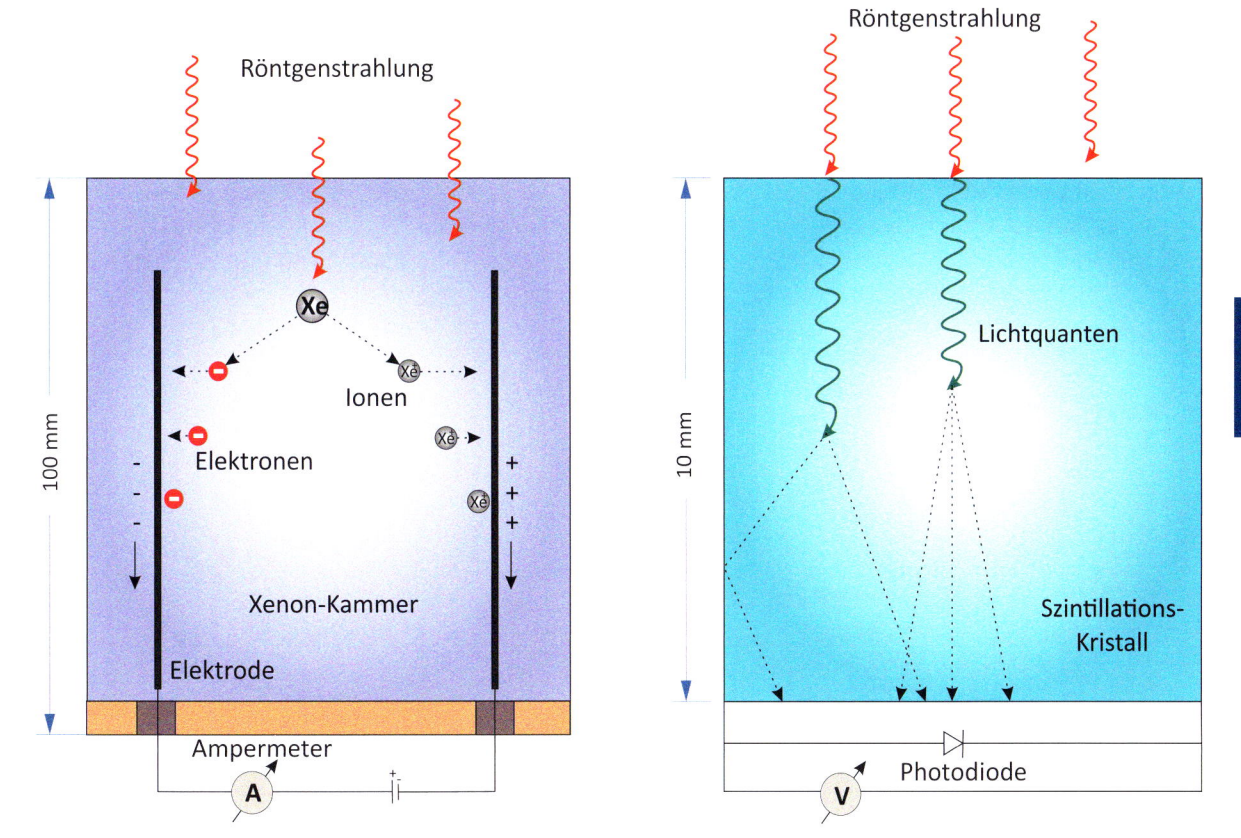

Bild 4.5 Schematischer Aufbau der Röntgendetektoren, links: Xenon-Hochdruckionisationskammer, rechts: Szintillationskristall mit Fotodiode

werden. Der Strom ist zur absorbierten Röntgenleistung proportional und erlaubt deshalb die quantitative Auswertung der ankommenden Strahlung. Die Länge der Xenon-Kammer beträgt in der Regel ca. 10 cm.

Die Szintillationskristalle haben die Eigenschaft, die ankommenden Röntgenstrahlen in Lichtstrahlen umzuwandeln. Unter dem CsI-Kristall wird deshalb eine Fotodiode platziert, um die erzeugten Lichtstrahlen zu detektieren und somit die ankommende Röntgenstrahlung nachzuweisen. Die Länge der CsI-Kristalle beträgt ca. 1 cm. Diese Detektorart ist also wesentlich kompakter als die Xenon-Hochdruckionisationskammern.

4.2.3 Einteilung der Röntgengeräte

Je nach Einsatzzweck existieren verschiedene Röntgen-Messgeräte. Grundsätzlich sind derzeit Computertomografen mit zwei unterschiedlichen Funktionsweisen auf dem Markt. Zum einen sind dies Geräte mit Zeilendetektor für die Fächerstrahl-CT und zum anderen die marktübliche Technik Kegelstrahl-CT. Im Folgenden wird eine Übersicht und der prinzipielle Aufbau der Messgeräte vorgestellt.

Zweidimensionale Computertomografie

Im einfachsten Fall ist die zweidimensionale Computertomografie ausreichend (Bild 4.6). Die Registrierung der Röntgenstrahlung kann mit einem einfachen Zeilendetektor durchgeführt werden. Die Röntgenquelle erzeugt einen Fächerstrahl und durchstrahlt damit das Messobjekt. Entweder das Messobjekt oder die Röntgenquelle werden während der Untersuchung bewegt. Anschließend können alle Aufnahmen zu einem Röntgenbild digital zusammengesetzt werden.

Wenn das Objekt um seine Achse zusätzlich gedreht wird, können auch 3D-Röntgenaufnahmen erzeugt werden, indem ein Rechner anhand der bekannten Positionen des Messgerätes bezüglich des zu untersuchenden Objektes die einzelnen 2D-Aufnahmen verrechnet.

Zweidimensionale CT-Messgeräte sind in der Regel deutlich günstiger als 3D-Messsysteme und haben oftmals eine hohe Auflösung. Die Messdauer insbesondere für 3D-Untersuchungen ist entsprechend lang und kann bei größeren Messobjekten, wenn eine hohe Genauigkeit benötigt wird, einige Stunden betragen. Diese Methode erlaubt aber eine deutlich effizientere und vor allem detailliertere Überprüfung der Maßhaltigkeit. Die Detektion von Fehlstellen ist ebenfalls anhand der 3D-Messergebnisse deutlich genauer. Die 3D-CT enthält auch Informationen bezüglich der räumlichen Position und vor allem der Größe der inneren Fehlstelle.

Die Fächerstrahl-CT-Methode wird bei höheren Energien und größeren Objekten verwendet. Die Zeilendetektoren können in großer Länge gefertigt werden. Außerdem erzeugt der eng kollimierte Fächerstrahl weniger Streustrahlungsartefakte, die bei hohen Energien häufig auftreten.

Dreidimensionale Computertomografie

Die Röntgenquelle erzeugt einen Kegelstrahl und durchstrahlt das Messobjekt. Ein Flächendetektor auf der anderen Seite empfängt die transmittierte Röntgen-

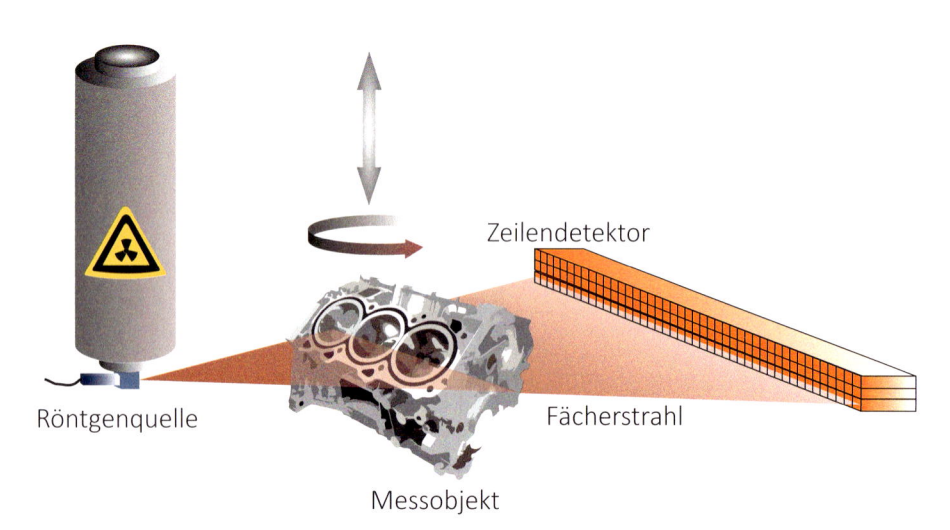

Bild 4.6 Schematische Darstellung der 2D-Computertomografie

4.2 Messverfahren der Computertomografie

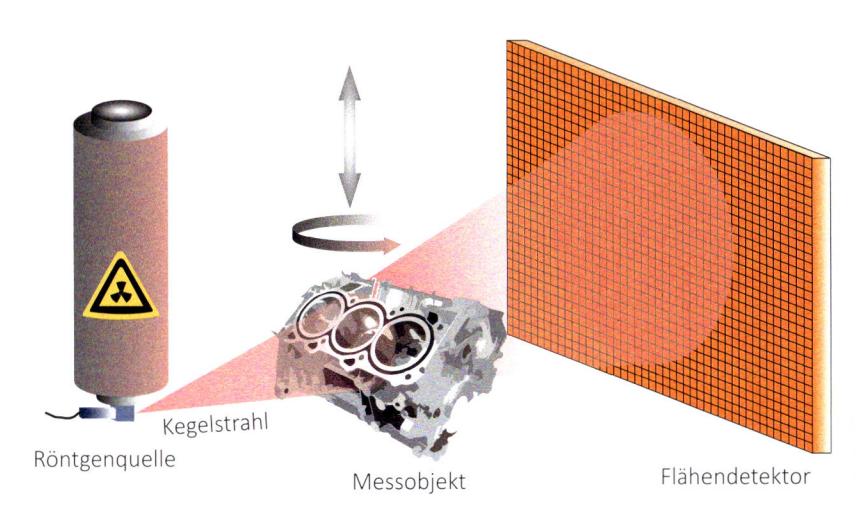

Bild 4.7 Schematische Darstellung der 3D-Computertomografie

strahlung. Das Messobjekt wird während der Messung gedreht und in der Höhe verstellt (Bild 4.7).

Die Messzeiten sind bei 3D-Untersuchungen im Vergleich zu den 2D-CT-Systemen um einiges kürzer. Die Volumendatenauswertung ist außerdem automatisierbar. Diese Systeme sind aber relativ teurer. Nachteilig für die Qualität der Röntgenaufnahmen sind die zwangsläufig entstehenden Streustrahlungen. Die 3D-CT-Messsysteme sind sehr gut zur Detektion von Fehlstellen und zur Visualisierung von inneren Strukturen des Messobjektes geeignet. Die so gewonnenen Messdaten bilden eine gute Grundlage zur Untersuchung der Zusammensetzung des Messobjektes. Dieses Verfahren wird vor allem bei kleinen Prüfteilen und hohen Auflösungen angewandt.

Helix-Computertomografie

Im medizinischen Bereich bewegen sich der Detektor und die Röntgenquelle in einer Helixkurve um den Patienten. Diese Methode wird auch für industrielle Untersuchungen benutzt. Der Unterschied besteht darin, dass das Messobjekt und nicht der Sensor bewegt wird (Bild 4.8). Der Aufwand wird zwar im Vergleich zu der 3D-CT wegen der aufwendigeren Mechanik höher, aber diese Methode bringt eine Reihe von Vorteilen mit sich.

Der wichtigste Vorteil der Helix-Computertomografie besteht darin, dass deutlich weniger Artefakte mithilfe spezieller Algorithmen aufgenommen werden. Ein weiterer Vorteil ist die Möglichkeit, auch lange Objekte untersuchen zu können.

Laminografie

Eine Unterart der Kegelstrahl-CT ist die sogenannte Laminografie (Bild 4.9). Sie kommt bei flachen Objekten, die aufgrund ihrer Sperrigkeit nicht frei drehbar sind, zum Einsatz, beispielsweise bei elektronischen Flachbaugruppen oder großen Verbundwerkstoffplat-

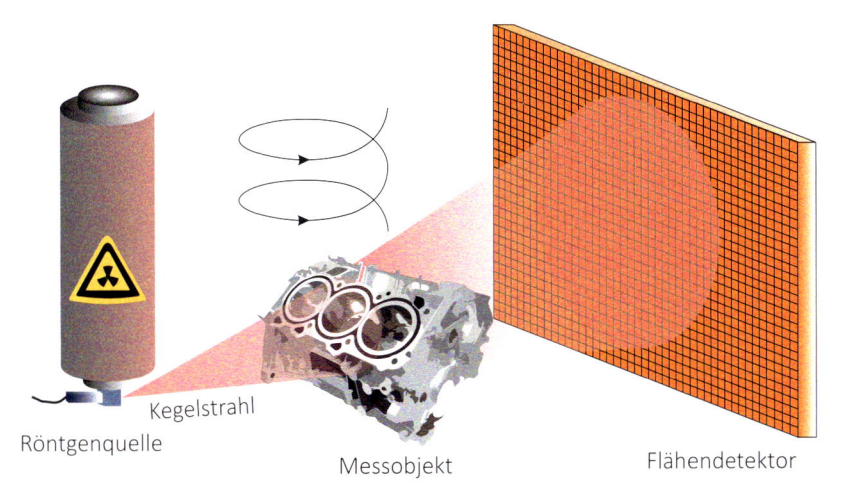

Bild 4.8 Schematische Darstellung der Helix-Computertomografie

Bild 4.9 Funktionsprinzip der rotatorischen Laminografie (mit freundlicher Genehmigung von YXLON International GmbH)

ten. Hier wird im einfacheren Fall das flache Objekt zwischen einer Röntgenquelle und einem Detektor hindurchgeschoben. Das durch den seitlichen Versatz rekonstruierte dreidimensionale Bild ist allerdings im Vergleich zu frei rotierenden Objekten ungenauer und mit mehr Bildartefakten behaftet. Eine rotatorische Laminografie hingegen, bei der die Röntgenquelle und der Detektor gegenläufig um das Objekt herumfahren, liefert genauere Tiefeninformationen, ist aber konstruktiv aufwendiger.

Es existieren weitere Methoden zur computertomografischen Untersuchung von Messobjekten, diese spielen aber keine große Rolle in der industriellen Bauteilüberprüfung und Fehlerdetektion.

4.3 Anwendungsbeispiele der Computertomografie

Vor allem für Schnittbildaufnahmen von Werkstücken mit komplexen Innenstrukturen oder aus Verbundwerkstoffen wird die CT häufig angewendet, beispielsweise in der Automobilindustrie, in Gießereien oder in der Elektronikfertigung. Ermöglicht werden diese Anwendungen durch das Zusammenspiel von präzisen, leistungsfähigen Computertomografen mit hoher Rechenleistung und moderner Software zur Auswertung von Volumendaten (Bild 4.10).

Die Einsatzmöglichkeiten der Computertomografie sind sehr vielfältig. Aus diesem Grund werden auf dem Markt unterschiedliche technische Ausführungen der Geräte angeboten. Die Computertomografen mit Mikrofokus-Röntgenröhren haben eine sehr hohe Auflösung bis unter einem Mikrometer.

Die Mikrofokus-Röntgenröhren werden in der Analyse von sehr kleinen Objekten, wie z. B. Halbleiterbauteilen, eingesetzt (Bild 4.11). Die inneren Strukturen können somit sichtbar und für die Analyse zugänglich gemacht werden.

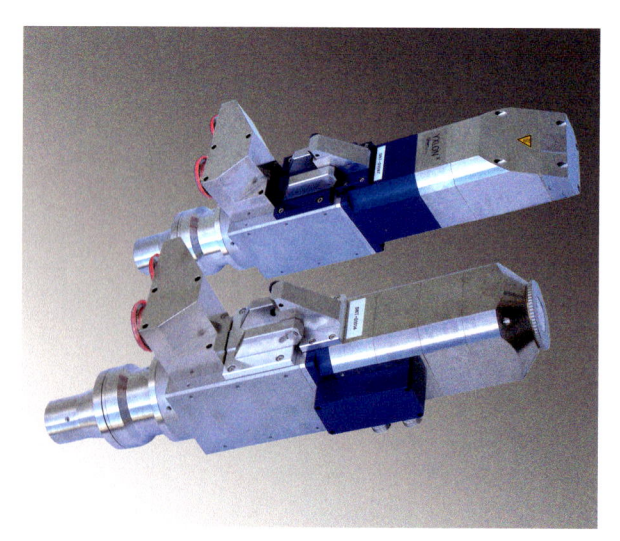

Bild 4.10 FeinFocus Röntgensystem Y.Cheetah (links), Y.FXE Röntgenröhre rechts (mit freundlicher Genehmigung von YXLON International GmbH)

4.3 Anwendungsbeispiele der Computertomografie

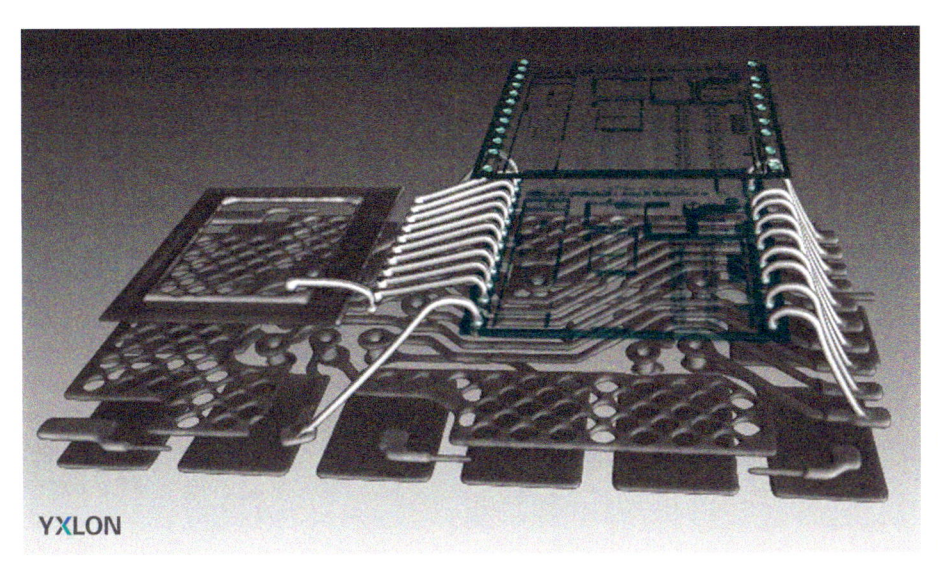

Bild 4.11 Volumenmodell eines Beschleunigungssensors (mit freundlicher Genehmigung von YXLON International GmbH)

Für die Durchleuchtung großer, aber vor allem massiver Bauteile werden dagegen CT-Systeme mit Röntgenröhren bis zu einer Energie von 600 keV oder Linearbeschleuniger (Linac) bis in den MeV-Bereich eingesetzt (Bild 4.12).

Mit diesen, wesentlich energiereicheren, Röntgenstrahlen können dickwandige oder großvolumige Objekte untersucht werden. Hierzu zählen Zylinderköpfe oder sehr dichte Materialien wie verschiedene Eisenlegierungen. Somit können z. B. auch von ganzen Motorblöcken dreidimensionale Scans/Volumenbilder erzeugt werden (Bild 4.13).

Auch die Nutzungshäufigkeit entscheidet über die Wahl des für die jeweilige Anwendung idealen CT-Systems. Beispielsweise in einem Messlabor wird der Computertomograf meist nur zeitweise genutzt, jedoch wird hier großer Wert auf höchste Präzision gelegt. Hier kommen häufig sogenannte offene Mikrofokus-Röntgenröhren zum Einsatz, welche die Technik und die physikalischen Grenzen voll ausreizen. Diese offenen Systeme bieten die Möglichkeit, besonders hoch beanspruchte Teile einfach auszutauschen (Bild 4.14). In der produktionsnahen Verwendung liegt der Fokus des Anwenders hingegen auf Standzeit, Geschwindigkeit und Automatisierung. Um die Scanzeiten von zehn Minuten oder gar Stunden, wie es in den Laboren üblich ist, auf wenige Minuten oder gar nur Sekunden zu reduzieren, werden bevorzugt robuste Hochleistungs-

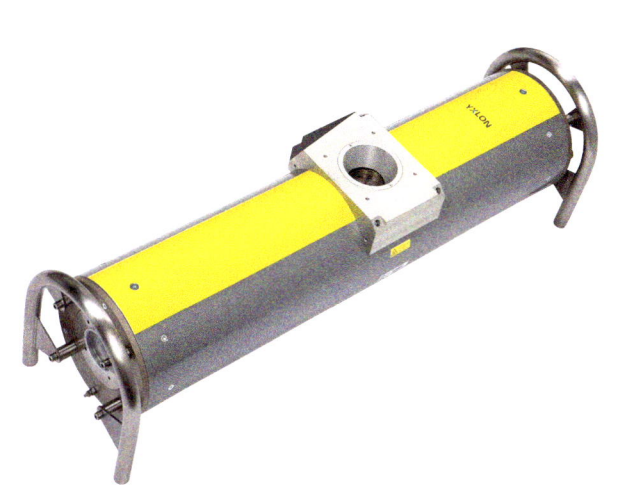

Bild 4.12 Eine 600kV-Röntgenröhre (mit freundlicher Genehmigung von YXLON International GmbH)

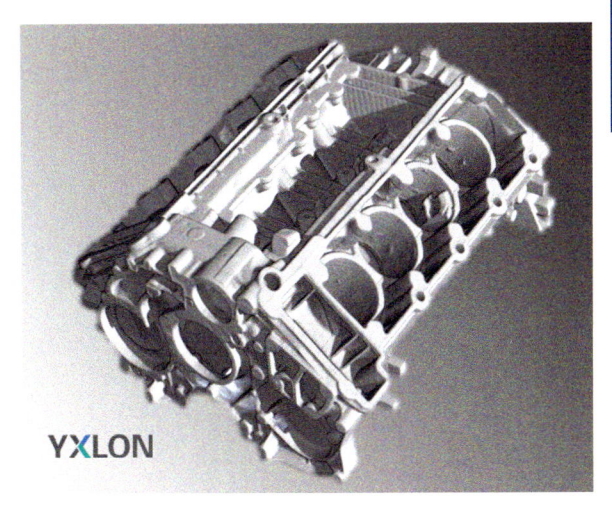

Bild 4.13 Volumenmodell eines Zylinderkopfes (mit freundlicher Genehmigung von YXLON International GmbH)

Bild 4.14 Y.CT Precision mit Mikrofokus-Röntgenröhre (mit freundlicher Genehmigung von YXLON International GmbH)

Bild 4.15 Vollautomatische Turbinenschaufelprüfung mit CT (mit freundlicher Genehmigung von YXLON International GmbH)

komponenten verwendet. Hier sind die geschlossenen, nahezu wartungsfreien Röntgenröhren die richtige Wahl. Im Dauer- bzw. Hochleistungsbetrieb werden zur Unterstützung der Bediener häufig auch Roboter zur Beladung und zu einer automatischen Auswertung, wie z. B. für die Wandstärkenvermessung eines Bauteils, eingesetzt (Bild 4.15).

4.3.1 Computertomografie als Teil der Produktentwicklung

In der zerstörungsfreien Erstmusterprüfung von komplexen Innenstrukturen hat sich die Computertomografie für den Soll-Ist-Vergleich schon als Standard für die Volumendigitalisierung etabliert. Mit der steigenden Rechenleistung der Computer lassen sich zudem anhand der Volumendaten (den Voxeln) automatische Wandstärken- und Fehleranalysen durchführen. Zunehmend wird die CT nicht erst nach der Fertigung von Prototypen und der Qualitätssicherung eingesetzt, sondern ist bereits ein Teil der Entwicklungsarbeit. Die schon heute in der Produktentwicklung eingesetzten und breit angewandten Verfahren, wie Rapid Prototyping und computergenerierte Simulation, benötigen ein virtuelles 3D-Modell. Bei bereits bestehenden Vorläufermodellen und Komponenten können CT-Scans die vorhandenen CAD-Daten ideal ergänzen (Bild 4.16). Auch bei Objekten, zu denen keine 3D-CAD-Daten existieren, ist die Computertomografie der schnelle und effektive Weg, um ein exaktes Volumenmodell zu erhalten. Dieses Reverse Engineering ermöglicht z. B. in Verbindung mit einem 3D-Drucker das Erzeugen von

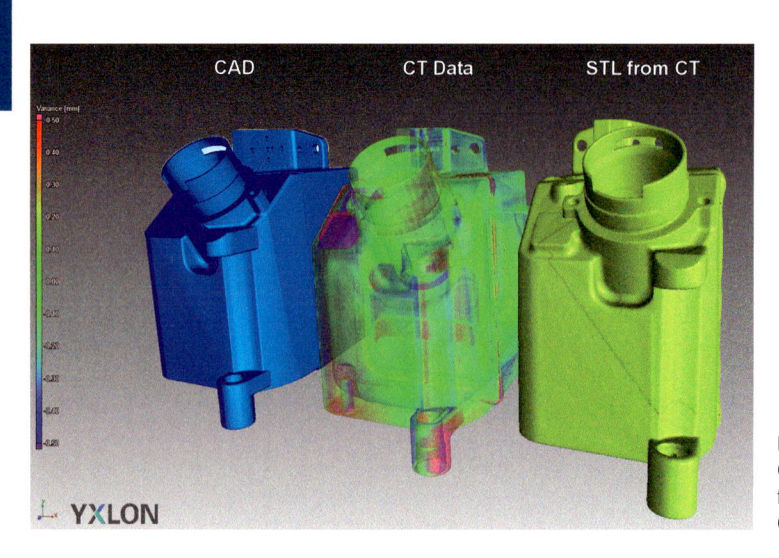

Bild 4.16
CAD, CT-und STL-Daten von einem Gussteil (mit freundlicher Genehmigung von YXLON International GmbH)

exakten Kopien beliebiger Objekte, auch wenn keine Baupläne oder CAD-Daten vorliegen. Die Erfassung der inneren Geometrie ist derzeit nur mit einem CT-Gerät effizient und schnell möglich.

4.3.2 Fehler- und Maßanalyse im Leichtbau und Messdatengewinnung für Simulationen

In vielen Branchen sind Gewichts- und Materialeinsparungen ein wichtiges Thema. Daher werden Wandstärken, Verstrebungen etc. möglichst leicht gebaut, dürfen aber Mindeststärken nicht unterschreiten. Werden die (idealen) CAD-Daten mit den (realen) CT-Scan-Daten per Software kombiniert, lassen sich Abweichungen und kritische Profile farbig markiert sehr leicht identifizieren. In diesem Zusammenhang wird sowohl die Größe als auch die Lage der in fast jedem Guss auftretenden Poren und Lunker um einiges bedeutsamer. Die anhand von Volumendaten mithilfe einer 3D-Auswertesoftware erkannten Fehlstellen werden farbig hervorgehoben. Dadurch wird die Detektion von Defekten und Abweichungen für den Benutzer besonders einfach. Bei vielen Softwarelösungen werden die gefundenen Fehler zusätzlich inklusive ihrer Größe, Ausrichtung und Position in Form einer Liste ausgegeben (Bild 4.17).

Die Möglichkeit vollständige, dreidimensionale Daten zu erfassen, eröffnet viele neue Einsatzgebiete über reine Messaufgaben hinaus. Da mit der CT ein vollständiges Volumenmodell erstellt werden kann, ist es möglich, diese Daten als Basis für rechnergestützte Simulationen zu nutzen. Bis vor kurzem basierten diese Simulationen nur auf idealen Daten aus der Konstruktion und konnten dementsprechend auch nur den Idealzustand abbilden.

Darüber hinaus ist in zunehmend komplexeren Verbundwerkstoffen auch deren innerer Aufbau von kritischer Bedeutung. Zu den wichtigsten zu untersuchenden Faktoren zählen z. B. die Faserverteilung (Bild 4.18) und die Ausrichtung. Diese ebenfalls mit der CT

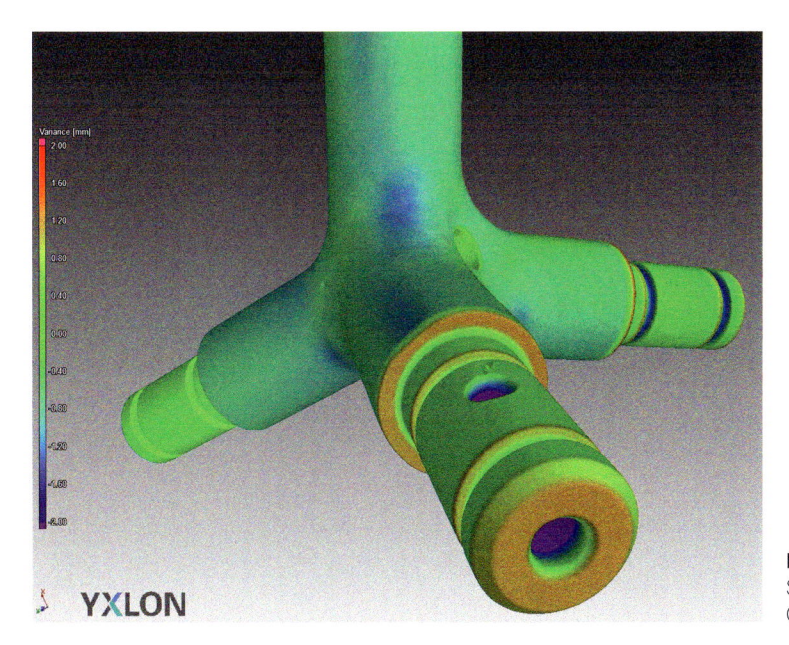

Bild 4.18 Mithilfe der CT erfasste Faserverteilung in einem Verbundwerkstoffteil (mit freundlicher Genehmigung von YXLON International GmbH)

Bild 4.17 Soll-Ist-Vergleich eines Gussteils (mit freundlicher Genehmigung von YXLON International GmbH)

messbaren Materialeigenschaften spielen eine genauso bedeutende Rolle wie die Abmessungen des Bauteils selbst.

Auch in der klassischen, zerstörungsfreien Röntgenprüfung, wie sie seit vielen Jahrzehnten eingesetzt wird, zeigt sich ein starker Trend in Richtung Computertomografie. Ein Grund dafür liegt darin, dass immer komplexere Teile und Materialen untersucht werden und die exakte, quantitative Bestimmung von Fehlern immer mehr an Bedeutung gewinnt. Zudem sorgen die stark verbesserten Rechenleistungen moderner Computer für immer kürzere Prozesszeiten der Computertomografie, sodass sich die CT in der Industrie zu einem universellen Instrument entwickelt und sich zur Lösung sehr unterschiedlicher Mess- und Prüfapplikationen anbietet.

4.3.3 Poren- und Restwandstärkeanalyse mittels der CT

Die Erfahrung zeigt, dass kaum ein gegossenes Bauteil vollkommen frei von Poren, Lunkern und Rissen ist. Diese Fehler können mittels der CT detektiert und visualisiert werden (Bild 4.19). Entscheidend sind die Größe und die Lage der Defekte, da nicht jeder Fehler zwangsläufig zum Versagen des Bauteils führt. Aber auch diese wichtigen Angaben liefert die Computertomografie.

Bei komplexen Geometrien und an schwer zugänglichen Stellen ist es oft mit konventionellen Prüfmethoden nicht möglich, die Wandstärke zu messen. Insbesondere bei sicherheitsrelevanten Bauteilen (z. B. in einem Atomkraftwerk) ist die zerstörungsfreie Messung der Restwandstärke von großer Bedeutung (Bild 4.20). Die Computertomografie ist in der Lage, auch in diesem Bereich die notwendigen, quantitativen Informationen zu liefern.

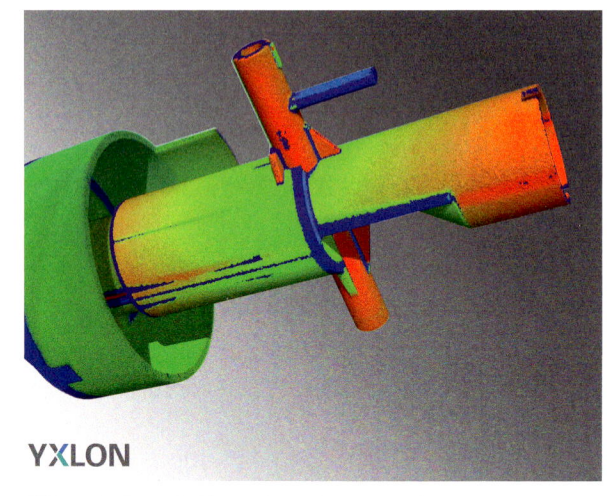

Bild 4.20 Die mithilfe der CT ermittelte und farblich gekennzeichnete Restwandstärke (mit freundlicher Genehmigung von YXLON International GmbH)

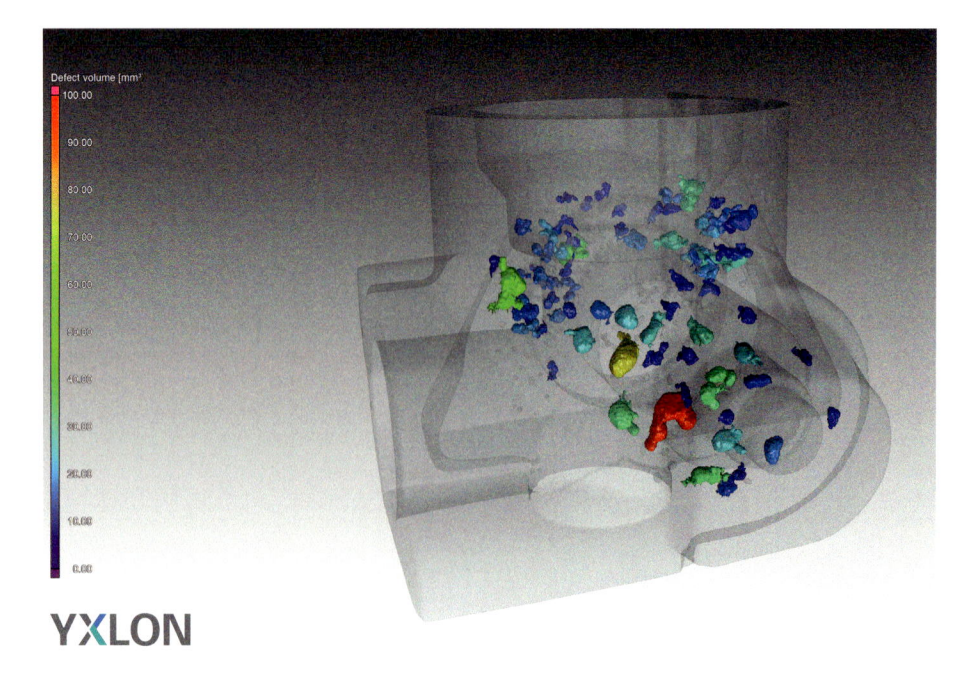

Bild 4.19 Die mithilfe der CT detektierten Poren in einem Gussteil (mit freundlicher Genehmigung von YXLON International GmbH)

4.3.4 Untersuchung von Turbinenschaufeln

Turbinenschaufeln müssen besonders hohen Belastungen standhalten, deshalb werden an die Turbinenschaufeln sehr hohe Qualitätsanforderungen gestellt. Die besonders kritischen Merkmale sind in regelmäßigen Intervallen messtechnisch zu erfassen und zu überprüfen. Dazu zählen mögliche Risse, Einschlüsse, Korrosion, Wandstärke, Position und Durchmesser von Kühlbohrungen. Die Computertomografie erlaubt eine effiziente Analyse dieser Merkmale (Bild 4.21).

In der Wartung werden die Schaufeln auf das Vorhandensein der genannten kritischen Merkmale überprüft. Auch in der Entwicklung der Turbinenschaufeln spielt die CT eine große Rolle. Diese Prüfmethode erlaubt eine zerstörungsfreie Überwachung des Zustandes der Turbinenschaufeln für die komplette Dauer der Erprobung. Die Integration der CT in die Serienproduktion erlaubt eine 100 %ige Kontrolle vor der Auslieferung an den Kunden. Die CT-Messungen sind automatisierbar.

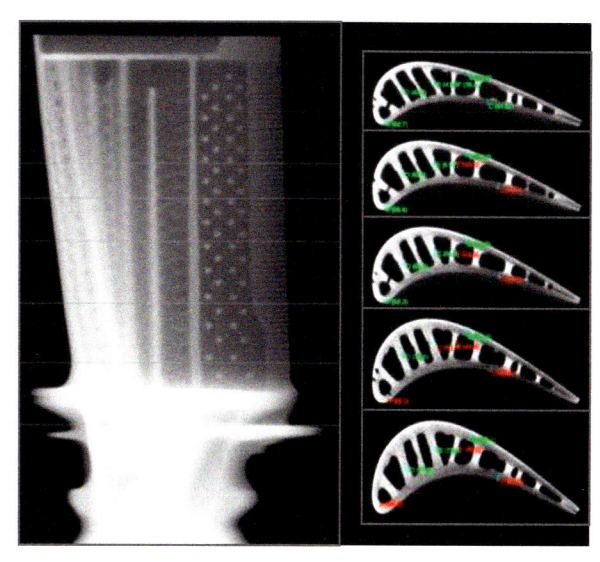

Bild 4.21 Ergebnisse der Untersuchung einer Turbinenschaufel mithilfe der Computertomografie (mit freundlicher Genehmigung von Nikon Metrology)

4.3.5 Computertomografische Untersuchung von mechanischen Maschinen

Bei den meisten Maschinen erfolgt die Kraftübertragung formschlüssig. Die Montage der einzelnen Komponenten der Konstruktion übernehmen heutzutage Industrieroboter. Eine Überprüfung der Korrektheit der Montage ist nur mit durchstrahlenden Verfahren möglich, da eine visuelle Begutachtung lediglich eine Außenkontrolle zulässt und somit keine Aussage bezüglich des Innenlebens erlaubt.

Die Analyse des Zusammenspiels der beweglichen Komponenten kann schichtweise erfolgen, um die möglichen Probleme möglichst früh aufzudecken. Bei den Zahnrädern kann somit überprüft werden, ob z. B. der Eingriffswinkel optimal ist (Bild 4.22 und 4.23).

Die modernen Spiegelreflexkameras sind komplexe, mechanische Konstruktionen mit vielen beweglichen Teilen. Einen Einblick in das Innere der Kamera ermöglicht die Computertomografie und erlaubt die bereits angesprochenen Untersuchungen (Bild 4.24).

4.3.6 Computertomografische Untersuchung von Einspritzinjektoren

Moderne Motoren sind inzwischen fast alle mit der Technik der Direkteinspritzung des Kraftstoffs ausgestattet. Ein zentraler Bestandteil eines Einspritzsystems neben einer Pumpe ist eine Düse, die den Kraft-

Bild 4.22
Untersuchung einer Uhr mithilfe der Computertomografie (mit freundlicher Genehmigung von Nikon Metrology)

4 Computertomografie

Bild 4.23 Ergebnis der CT-Überprüfung einer Uhr (mit freundlicher Genehmigung von Nikon Metrology)

Bild 4.24 Computertomografische Aufnahme einer Spiegelreflexkamera (mit freundlicher Genehmigung von Nikon Metrology)

stoff mit einem sehr hohen Druck (bis ca. 2000 bar) in die Motorzylinder einspritzt. Das garantiert eine effiziente Verbrennung des Kraftstoffs und somit eine deutliche Reduzierung des Verbrauchs und der Schadstoffe. Die Einspritzdüse spielt also eine zentrale Rolle für die Effizienz eines Motors.

Die Einspritzdüse weist mehrere Einspritzbohrungen auf, die einen Durchmesser von ca. 0,15 mm haben. Die Anzahl der Einspritzbohrungen, der Winkel und der Durchmesser beeinflussen die Zerstäubung des Kraftstoffes und werden deshalb für jeden Motor möglichst optimal eingestellt.

Die messtechnische Untersuchung solch feiner Strukturen ist sehr anspruchsvoll. Die modernen CT-Anlagen haben jedoch ein ausreichendes Auflösungsvermögen, um die feinen Bohrung zu vermessen, um einen Soll-Ist-Vergleich auch der inneren Bohrungen durchzuführen (Bild 4.25).

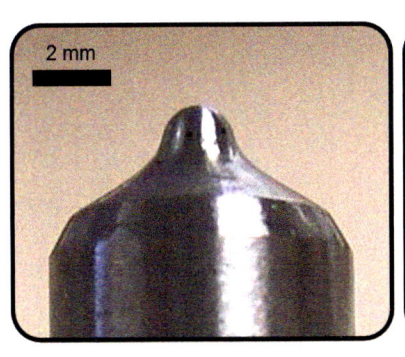

Bild 4.25 Untersuchung einer Einspritzdüse mit der CT. Links: Foto des Messobjektes, rechts: Soll-Ist-Vergleich mit den CAD-Daten (mit freundlicher Genehmigung von Nikon Metrology)

4.3.7 Computertomografische Überprüfung von Fügenähten an Faserverbundbauteilen

Wood-Plastic-Composites (WPC) sind neuartige, thermoplastisch verarbeitbare verstärkte Werkstoffe, die aus unterschiedlichen Anteilen von Holz, Kunststoffen und Additiven bestehen. Diese finden häufig ihre Verwendung im Baugewerbe, aber seit einiger Zeit auch in der Automobil- und Möbelindustrie. Dabei zeichnen sich diese Materialien durch ihre hervorragende, dreidimensionale Formbarkeit aus. Sie haben, verglichen mit traditionellen Holzwerkstoffen, eine höhere Feuchte- und UV-Resistenz und besitzen gegenüber unverstärkten Kunststoffen eine deutlich höhere Steifigkeit.

Um verkaufsfähige Artikel, wie z. B. Fensterrahmen, Gehäuse, Endplatten und Verbindungselemente für den Küchenbereich oder Verkleidungen für die Automobilindustrie zu produzieren, müssen sehr häufig verschiedene Fügeverfahren angewendet werden. Für diese neuartigen Materialien werden derzeit das Schweißen und das Kleben als vielversprechende Fügeverfahren erprobt (Bild 4.26). Fehler in den Fügeflächen können allerdings die Fügeverbindungen schnell zu einer Schwachstelle im WPC-Bauteil werden lassen und damit dessen Lebensdauer drastisch beeinträchtigen. Folglich besteht seitens der Kunststoffindustrie großes Interesse an einer zerstörungsfreien Prüfung von thermisch und klebetechnisch gefügten Bauteilen. Die exaCT-Computertomografen von Wenzel Volumetrik ermöglichen eine ganzheitliche Analyse der Prüfobjekte. Durch die Verwendung der industriellen Computertomografie kann eine vollständige, dreidimensionale Rekonstruktion des Prüfobjektes vorgenommen werden, die es dem Prüfer ermöglicht, kleinste, innere Strukturen und Defekte zu analysieren, ohne dabei das Objekt zu zerstören. Für den CT-Scan wird das Objekt im Computertomografen zwischen einer Röntgenquelle und einem Detektor platziert. Der Prüfkörper wird schrittweise um 360° gedreht. Nach jedem Schritt wird ein zweidimensionales Durchstrahlungsbild auf dem Detektor abgebildet. Dabei handelt es sich um sogenannte Projektionen. Aus den einzelnen zweidimensionalen Bildern wird im Anschluss ein dreidimensionales Volumenmodell mithilfe eines Rechners

Bild 4.26 Geschweißtes Testobjekt aus Holzfaserverbundwerkstoff (mit freundlicher Genehmigung von WENZEL Volumetrik GmbH)

Bild 4.27 Eine 3D-Darstellung der CT-Messergebnisse zur Untersuchung der Stoffschlüssigkeit einer WPC-Schweißung (mit freundlicher Genehmigung von WENZEL Volumetrik GmbH)

Bild 4.28 Gescannte CT-Daten des Testobjekts in einer Schnittansicht (mit freundlicher Genehmigung von WENZEL Volumetrik GmbH)

rekonstruiert. Aus diesem Volumenmodell werden Oberflächendaten erzeugt, welche die Basis für alle darauffolgenden Auswertungen darstellen.

Im SKZ (das Kunststoff-Zentrum) werden die exaCT-Computertomografen u. a. für die Analyse von Fügenähten an Holzfaserverbundwerkstoffen eingesetzt. Mittels der CT-Daten kann die Qualität der Fügenähte überprüft werden (Bild 4.27). Ausschlaggebende Kriterien sind dabei die räumliche Orientierung der Holzpartikel, Lunker, Einschlüsse und die Stoffschlüssigkeit der Naht.

Bild 4.28 zeigt eine Schnittansicht eines Testobjektes aus einem Holzfaserverbundwerkstoff, welches mittels einer Ultraschallschweißung gefügt wurde. Aufgrund der unterschiedlichen Dichtegrade des Matrixmaterials und der Holzfasern, sind die Holzpartikel deutlich in der Kunststoffkomponente des WPC zu erkennen. Durch die visuelle Analyse solcher Schnittansichten ist

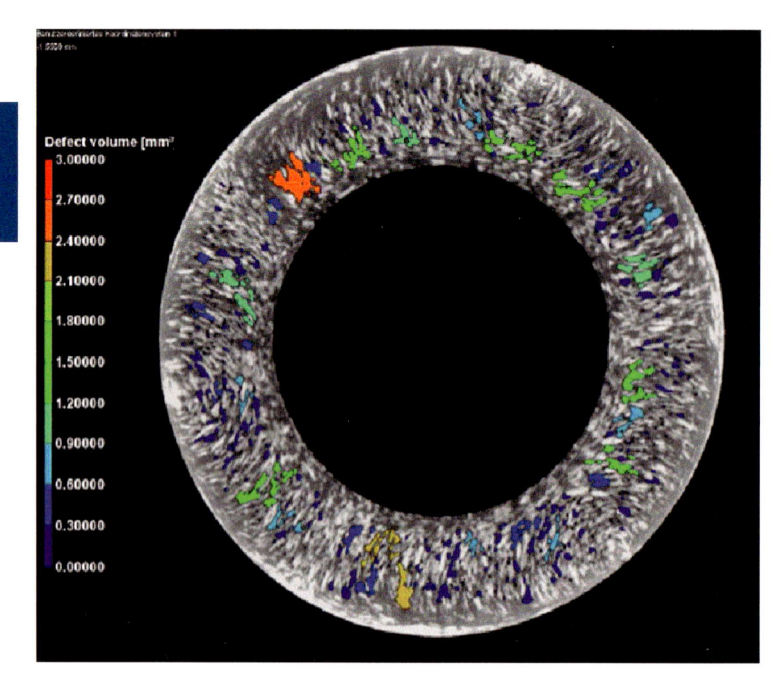

Bild 4.29
Eine Defektanalyse mit farbkodierter Darstellung von Einschlüssen (mit freundlicher Genehmigung von WENZEL Volumetrik GmbH)

es möglich, auf die Qualität der Schweißnaht zu schließen. Dabei ist davon auszugehen, dass die senkrecht zur Schweißnaht ausgerichteten Holzpartikel eine höhere Festigkeit der Schweißnaht bewirken. Wohingegen die parallel zur Schweißnaht liegenden Partikel auf eine weniger hohe Festigkeit der Verbindung schließen lassen.

In einem weiteren Analyseschritt wird die Schweißnaht hinsichtlich bestehender Defekte untersucht (Bild 4.29). Die eventuell vorhandenen Einschlüsse werden durch die Auswertesoftware automatisch erkannt und durch eine Farbkodierung verschiedenen Größenkategorien zugeordnet. Diese Methode ermöglicht eine vollständige und zerstörungsfreie Defektanalyse zur Beurteilung von Anzahl, Verteilung und Größe der vorhandenen Einschlüsse. Die Ergebnisse dieser Analyse dienen der Beurteilung der Qualität und Eignung der Kombination vom verwendeten Holzfaserverbundwerkstoff und der Fügemethode.

5 Shearografie zur Detektion von Schäden

5.1 Verfahrensgrundlagen

Die Grundlagen des interferometrischen Verfahrens der Holografie wurden bereits im Jahre 1947 von dem Physiker Dennis Gabor entwickelt. Damals hatte Gabor jedoch keine Laser zur Verfügung. Ihm gelang es aber trotzdem die Theorie auszuarbeiten (Ostrowski 1989). Aufbauend auf dieser Entdeckung und weiteren technischen Fortschritten wurde im Jahre 1973 von Hung durch eine Modifikation des Michelson-Interferometers die Shearografie entwickelt (Waidelich 2013). Es zeigte sich schnell, dass die Shearografie besonders gut zur Detektion von Fehlstellen geeignet ist.

Prinzip der shearografischen Detektion von Schäden

Das Messobjekt wird mit Laserlicht beleuchtet, dabei entsteht aufgrund der Interferenz eine körnige Struktur auf der Oberfläche des Messobjektes (Bild 5.1). Eine CCD- oder CMOS-Kamera betrachtet mit einer sogenannten Shearing-Optik das Messobjekt. Durch die Aufnahme des Referenzzustandes und des belasteten Zustandes mit einem veränderten Muster wird mathematisch die Dehnung der Oberfläche berechnet. Defekte führen dabei zu Auffälligkeiten im Phasenbild und werden somit detektierbar.

Vor- und Nachteile der shearografischen Detektion von Schäden

Vorteile	Nachteile
flächenhafte Untersuchungen möglich	komplexe Datennachbearbeitung
für große Messobjekte geeignet	Tiefe der Fehlstelle bleibt oft unbekannt
schnelle Messung (in Echtzeit)	Fehlstelle muss sich an der Oberfläche bemerkbar machen
kompakt (transportabel)	Laserschutz erforderlich
relativ unempfindlich gegenüber Störungen	
materialunabhängig	

Messbereich/Messgenauigkeit der shearografischen Detektion von Schäden

Die Größe des Messobjektes hängt von der verwendeten Optik und dem Laser ab. Beträgt aber typischerweise einige Quadratmeter ($2\,m^2$–$4\,m^2$). Sehr große Messobjekte (z. B. die Außenhaut eines Flugzeugs) werden in einzelne Messabschnitte unterteilt und nacheinander untersucht. Bei Verwendung von Makroobjektiven können auch kleine Messobjekte untersucht werden ($100\,mm^2$). Die maximale Tiefe der noch detektierbaren Defekte hängt stark von dem Werkstoff des Messobjektes, der Größe des Fehlers, der Art des Defektes und der Belastungsart ab. Deswegen kann keine pauschale Aussage getätigt werden. Es ist ersichtlich, dass größere Defekte sich viel eher an der Oberfläche bei gleicher Belastung bemerkbar machen werden. Die letzten Untersuchungen zeigen, dass die Shearografie im Vergleich zu der thermografischen Fehlerdetektion eine etwas größere Tiefenreichweite hat. Die Faustregel für die Thermografie besagt, dass ein Defekt dann zuverlässig erkannt werden kann, wenn seine Tiefe nicht größer als sein Durchmesser ist. Diese Faustregel gilt also auch für die Shearografie.

Typische Anwendungen der shearografischen Detektion von Schäden

Zu den typischen Anwendungen zählen vor allem Untersuchungen von Faserverbundwerkstoffen. Die sonst weitverbreiteten Methoden der zerstörungsfreien Werkstoffprüfung (z. B. Ultraschallprüfung) stoßen bei solchen Werkstoffen an ihre Grenzen. Das Streben nach Leichtbau zur Steigerung der Effizienz erfordert aber einen größeren Anteil an Verbundwerkstoffen. Die Shearografie erlaubt die Detektion der Fehlstellen unabhängig vom Werkstoff und wird deshalb immer mehr auch in der Luft- und Raumfahrt eingesetzt. Die Außenhaut der modernen Flugzeuge besteht zu einem großen Teil (über 50 %) aus CFK (carbonfaserverstärkter Kunststoff). Die Shearografie ist in der Lage, in CFK-Bauteilen folgende Fehlstellen zu entdecken und zu visualisieren: Delaminationen, Risse, Strukturanomalien, Separationen, Änderungen in Schichten, Undulationen und Impaktschäden.

Die Anwendung der Shearografie beschränkt sich aber nicht nur auf die Luftfahrt, sondern wird in sehr vielen Bereichen der zerstörungsfreien Prüfung seit einigen Jahren erfolgreich eingesetzt. Überall dort, wo die von außen nicht sichtbaren Fehlstellen zum Versagen einer Konstruktion oder eines Bauteils führen können, kann die Shearografie zur Detektion der Schäden eingesetzt werden. Das können z. B. Druckrohrleitungen, verschiedene Schweiß- und Klebverbindungen, Yachten, Helikopter, Windkraftanalgen, Automobile und sogar Reifen von Nutzfahrzeugen sein, um nur einige Anwendungsfelder zu nennen.

Auch im Bereich der Forschung wird die Shearografie

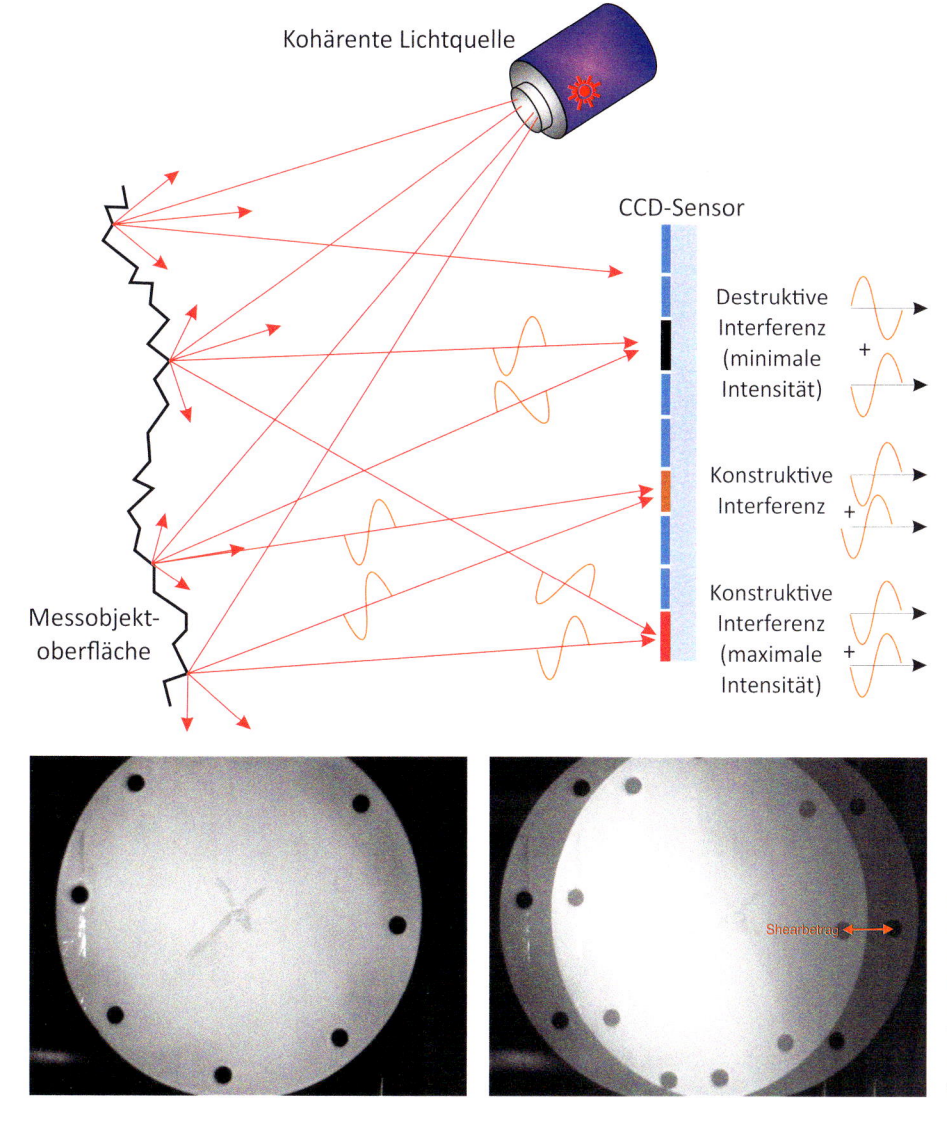

Bild 5.1
Oben: Prinzip der konstruktiven (helle Pixel) und destruktiven Interferenz (dunkle Pixel).
Unten links: Live-Bild einer Testscheibe.
Unten rechts: Live-Bild des vershearten Messobjektes

zur Detektion von Fehlstellen und zur Dehnungsmessung eingesetzt.

5.2 Verfahren der shearografischen Detektion von Schäden

Die Grundlagen der klassischen Shearografie wurden bereits im Teil II „Messen von Schwingungen" ausführlich behandelt. Deshalb wird an dieser Stelle darauf verwiesen. Im Folgenden wird daher nicht mehr auf die absoluten Grundlagen eingegangen, vielmehr wird darauf aufbauend die Shearografie zur Detektion von Fehlstellen vorgestellt.

Die Oberfläche eines Messobjektes wird mit einem aufgeweiteten Laserstrahl beleuchtet. Das Laserlicht wird von der Oberfläche des Messobjektes diffus reflektiert. Dadurch, dass die Oberfläche auf der Mikroebene nicht eben ist, werden die Laserstrahlen in verschiedene Raumrichtungen gestreut. Die Überlagerung der Laserstrahlen führt auf der Kameraebene zur Interferenz. Dabei wird in Abhängigkeit von der Phasenlage der sich überlagernden Wellen entweder konstruktive Interferenz (helle Pixel) oder destruktive Interferenz (dunkle Pixel) beobachtet. Das entstehende Intensitätsbild wird als Interferenzmuster oder auch umgangssprachlich als Specklemuster bezeichnet.

Der Michelson-Aufbau hat die Aufgabe, zwei geringfügig verschobene Bilder des Messobjektes in der Kameraebene zu erzeugen.

Deshalb wird die ankommende Wellenfront zunächst aufgeteilt und anschließend nach der Reflexion von den

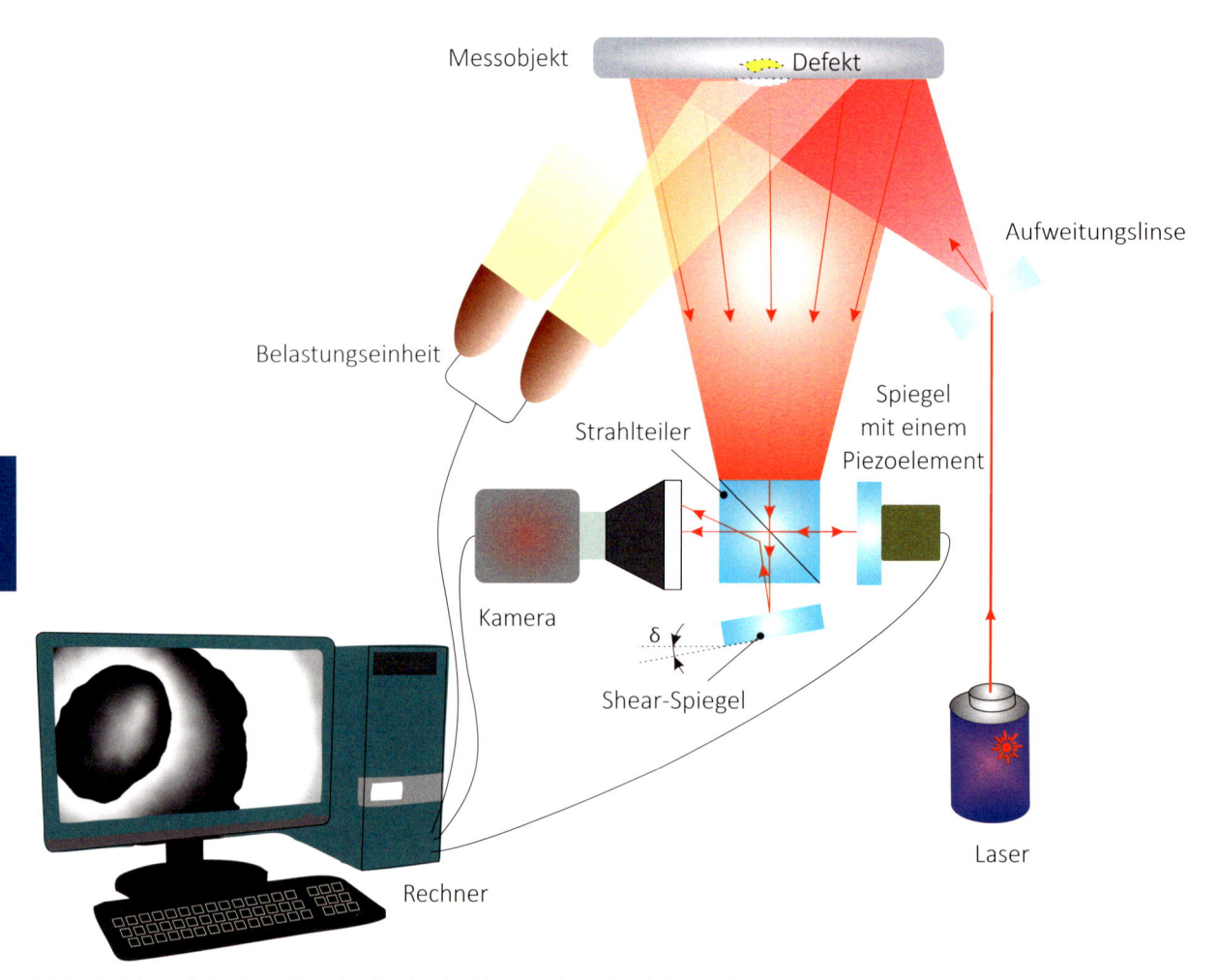

Bild 5.2 Schematische Darstellung des Prinzips der Shearografie zur Detektion von Fehlstellen

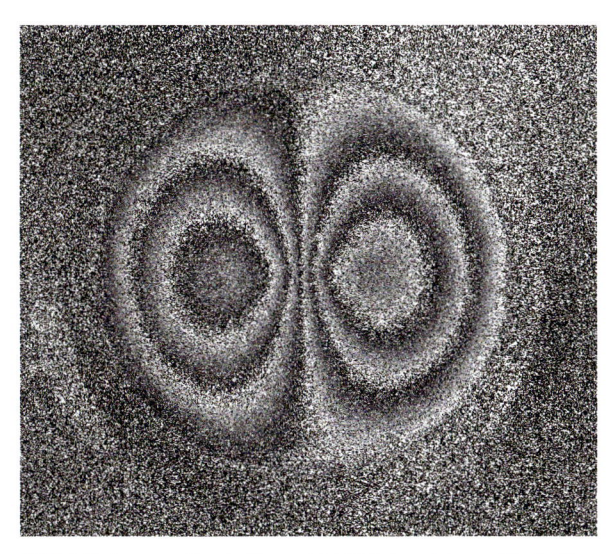

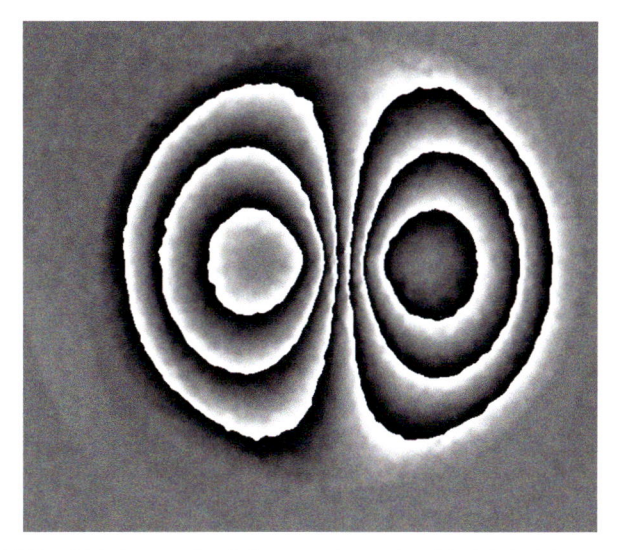

Bild 5.3 Das ungefilterte Phasenbild (links) und das gefilterte Phasenbild (rechts) einer am Rand eingespannten und zentrisch belasteten Kreisplatte

beiden Spiegeln erneut überlagert. Einer der beiden Spiegel ist nicht parallel zum Strahlteiler angeordnet. Das bewirkt eine Überlagerung des von der Messobjektoberfläche reflektierten und im Strahlteiler geteilten Lichts mit einem gewissen Versatz, dem sogenannten Shearbetrag. Dadurch interferiert jeder Bildpunkt nicht mit sich selbst, sondern mit einem von dem Shearbetrag abhängenden Bildpunkt.

Das Messobjekt wird zunächst im Referenzzustand und anschließend im belasteten Zustand (oder auch umgekehrt) aufgenommen. Beide aufgezeichneten Belastungszustände werden korreliert, sodass ein charakteristisches Streifenbild entsteht (Bild 5.3, links).

Unter Korrelation wird eine pixelweise Subtraktion der aufgezeichneten Intensitäten der beiden Belastungszustände verstanden. Das Ergebnis wird als Shearogramm bezeichnet. Das Shearogramm enthält in der Regel viele Rauschanteile und muss deshalb gefiltert werden. Das Phasenbild wird somit mit einem Mittelwertfilter vom Rauschen befreit (Bild 5.3, rechts).

Nach der Filterung wird die in gefalteter Form (modulo 2π) vorliegende Information mithilfe mathematischer Verfahren entfaltet (Unwrapping, Demodulierung) (Bild 5.4). In den letzten Jahren wurde eine Reihe an Algorithmen für diese Aufgabe entwickelt. Das Er-

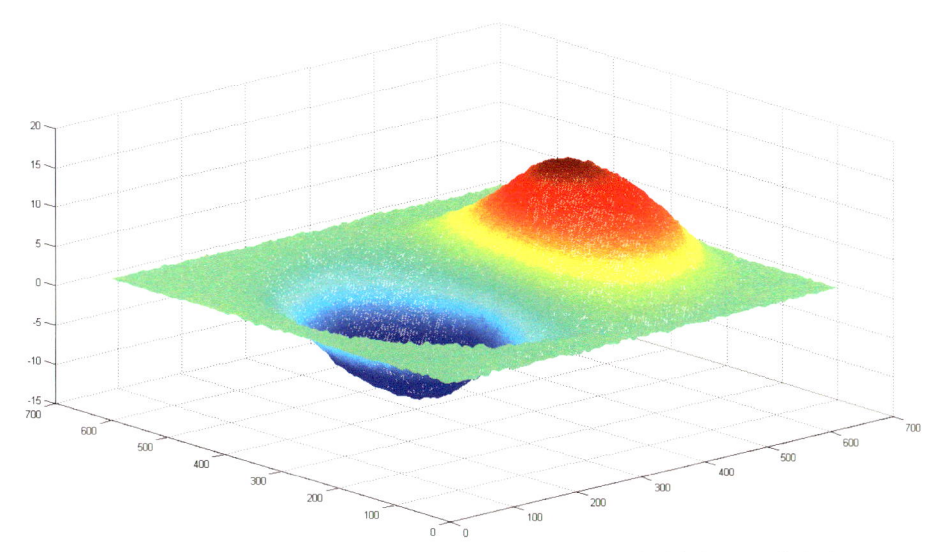

Bild 5.4 Das demodulierte Phasenbild (Bild 5.3) einer am Rand eingespannten und zentrisch belasteten Kreisplatte

5 Shearografie zur Detektion von Schäden

Bild 5.5 Detektierte Fehlstellen (rot umrandet) in einer CFK-Platte

gebnis entspricht annähernd der ersten Ableitung der Verformung.

Der große Vorteil der Shearografie ist die Messung des ersten Gradienten der Verformung in Shearrichtung. Da die Fehlstellen zu einer ungleichmäßigen Verformung der Messobjektoberfläche führen, sind sie als deutliche Auffälligkeiten im Shearogramm zu erkennen (Bild 5.5). Die Shearografie ist außerdem weitestgehend auf Starrkörperverschiebungen und andere Störungen aus der Umgebung unempfindlich. Da sowohl die gleichförmige Deformation als auch eine Starrkörperverschiebung zu keiner Änderung der relativen Phase führen. Das macht diese Technik insbesondere für die industrielle Praxis und Messungen außerhalb des Labors besonders interessant.

5.3 Anregungsarten zur shearografischen Fehlerdetektion

Bei der Shearografie muss dem Messobjekt Energie zugeführt werden, damit eine Verformungsänderung auftritt. Deshalb ist die Anregung eines der wichtigsten Einflussfaktoren in Bezug auf die Detektierbarkeit einer Fehlstelle (Bild 5.6). Das Ziel ist es, das Messobjekt derart zu belasten, dass die im Defektbereich vom Rest des Bauteils abweichende Steifigkeit der Struktur zu einer Anomalie an der Oberfläche des Bauteils führt. In der letzten Zeit wurde eine ganze Reihe von Verfahren zwecks einer möglichst optimalen Prüflingsanregung entwickelt (Bild 5.6). Im Folgenden werden die für die industrielle Praxis wichtigsten Anregungsarten näher vorgestellt.

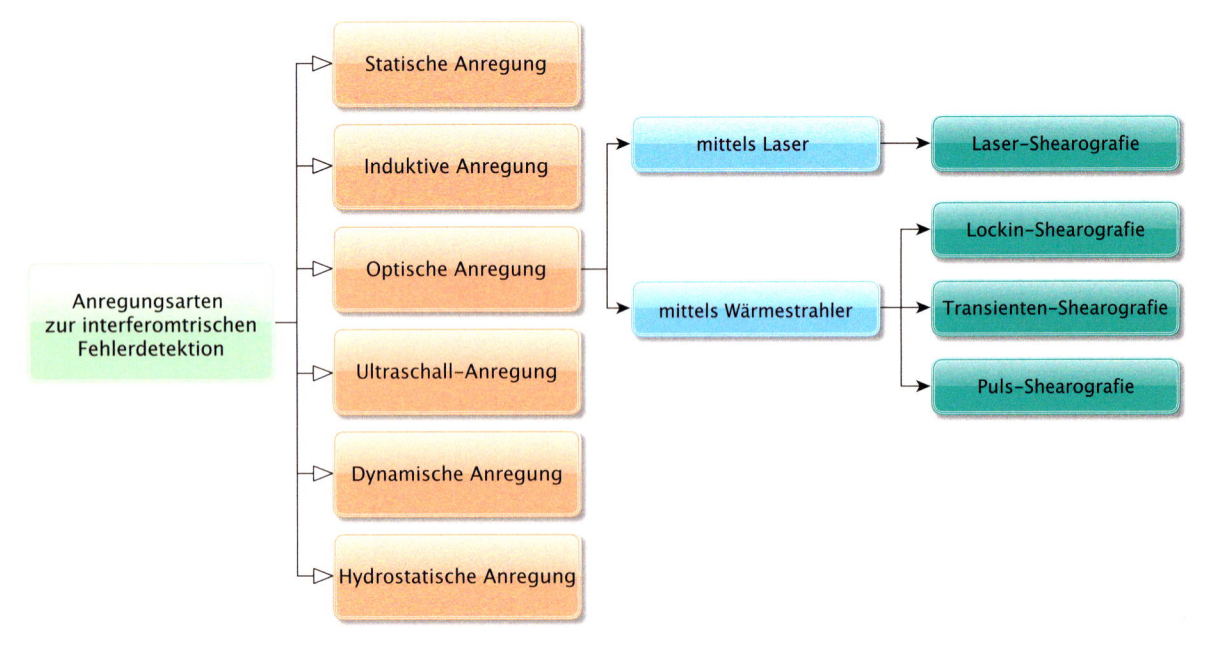

Bild 5.6 Verfahren zur Anregung des Messobjektes zur shearografischen Detektion von Fehlstellen

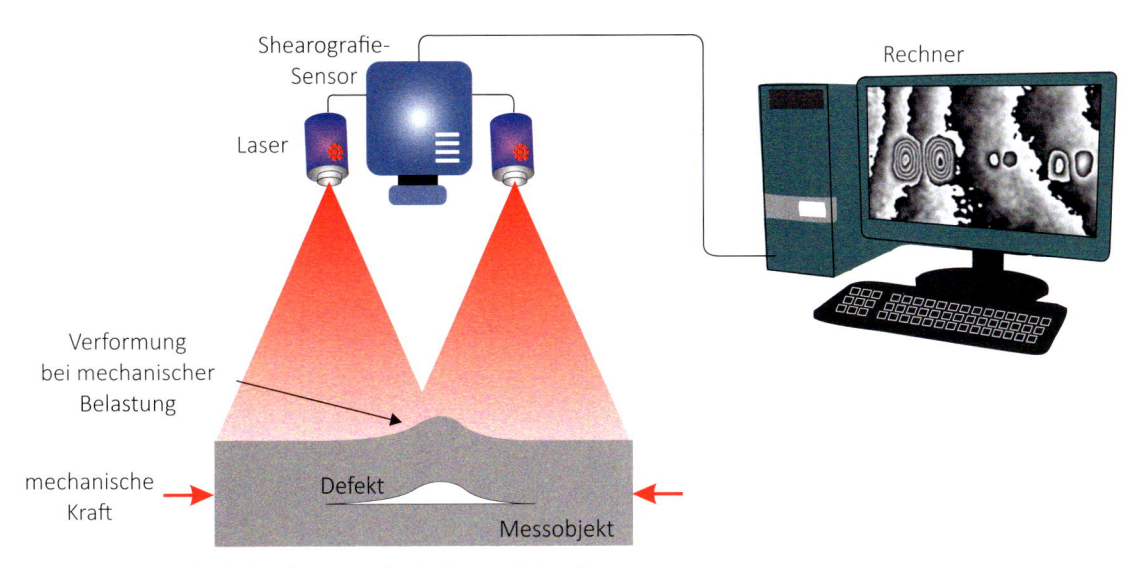

Bild 5.7 Prinzip der mechanischen Anregung mittels einer statischen Last

Statische Anregung

Diese Anregungsart wird seit der Erfindung der Shearografie eingesetzt. Dies liegt nicht zuletzt daran, dass diese Anregung besonders einfach zu realisieren ist (Bild 5.7). Zur Belastung des Messobjektes wird lediglich eine mechanische Kraft benötigt. Dabei können z.B. verschiedene Gewichte, Federn, Schrauben und sogar industrielle Zugmaschinen zur Krafteinleitung verwendet werden. Aufgrund der Schwächung der Steifigkeit im Bereich der Fehlstelle kommt es dabei lokal zu einer größeren Verformung der Messobjektoberfläche. Diese größere Verformung verrät die Position der visuell nicht sichtbaren Fehlstelle.

Eine große Limitierung dieser Anregungsart resultiert aus der begrenzten Möglichkeit der geeigneten Krafteinleitung zur Fehlerdetektion, da nicht alle Messobjekte eine einfache Geometrie mit kompakten Abmessungen aufweisen. Vor allem kleinere Defekte sind mit dieser Anregung kaum nachzuweisen. Außerdem erfordert diese Methode einen erheblichen Zeitaufwand für die Vorbereitung der Messung.

Der optische Aufbau bei statischer Anregung ist ziemlich einfach, da keine zusätzlichen Komponenten zur Anregung (optische Strahler, dynamische Anreger, Ultraschallerzeuger) benötigt werden. Dieses zusätzliche Equipment muss in der Regel mit der eigentlichen Messung synchronisiert und im Idealfall vom Rechner aus gesteuert werden. Das macht solche Systeme vergleichsweise teuer.

Optische Anregung

Die Anregung des Bauteils erfolgt berührungslos. Die elektromagnetische Strahlung wird vom Messobjekt in Abhängigkeit von der Beschaffenheit der Oberfläche teilweise absorbiert (Bild 5.8). Das führt zu einer Temperaturerhöhung zunächst an der Oberfläche des Prüflings. Anschließend dringt die Strahlung in das Bauteilinnere ein. Dabei soll beachtet werden, dass nicht alle Werkstoffe gleichermaßen die Strahlung absorbieren. Blanke Metalle oder spiegelnde Oberflächen reflektieren das Licht sehr stark, sodass lediglich ein Bruchteil der ausgesandten thermischen Energie vom Messobjekt absorbiert wird. Das Reflexionsverhalten von solch unkooperativen Oberflächen ist nicht im gesamten Spektralbereich der optischen Anregung konstant, sodass eine deutliche Steigerung der Absorption durch eine abgestimmte Anregung erzielt werden kann. Zum Beispiel bei Aluminium sollte die thermische Anregung im Nah-Infrarotbereich vorgenommen werden, da in diesem Spektralbereich das Verhältnis aus absorbierter und reflektierter Strahlung am höchsten ist.

Aufgrund der hohen Sensitivität der Shearografie (im µm-Bereich) reicht bereits eine Temperaturerhöhung des Messobjektes um wenige Grad Celsius aus. Werkstoffe mit einem geringen Wärmeausdehnungskoeffizient müssen stärker angeregt werden, sodass eine Temperaturdifferenz von 10°–20° erforderlich wird.

Eines der wichtigsten Kriterien bei der optischen Anregung ist die thermische Eindringtiefe μ. Die in das Messobjekt eingeleitete thermische Welle wird in Ab-

Bild 5.8 Prinzip der optisch angeregten Lockin-Shearografie

hängigkeit von den Werkstoffparametern mit zunehmender Tiefe schwächer. Die thermische Eindringtiefe wird als jene Strecke bezeichnet, die erforderlich ist, um die ursprüngliche thermische Welle auf ca. 37 % der Anfangsamplitude zu schwächen. Dieser Zusammenhang kann mithilfe folgender Formel berechnet werden (Gerhard 2007):

$$\mu = \sqrt{\frac{2 \cdot \alpha}{\omega}}$$

α – Temperaturleitfähigkeit des Prüflings
ω – Kreisfrequenz

Aus der Kreisfrequenz kann die Anregungsfrequenz f bestimmt werden.

$$\omega = 2\pi \cdot f$$

Die Eindringtiefe der optischen Strahlung ist somit von der Anregungsfrequenz f der thermischen Quelle und dem Werkstoffparameter Temperaturleitfähigkeit α des Messobjektes abhängig.
Ähnlich der thermografischen Fehlerdetektion kommen mehrere optische Anregungsarten in Frage. Im Einzelnen sind das:
- Optisch angeregte Lockin-Shearografie
- optisch angeregte Puls-Shearografie
- optisch angeregte Transienten-Shearografie (incl. Dual-Burst-Shearografie)
- optisch angeregte Laser-Shearografie.

Optisch angeregte Lockin-Shearografie
Bei der optisch angeregten Lockin-Shearografie wird die Oberfläche des Messobjekts mit harmonisch modulierter Energie periodisch beaufschlagt. Als Wärmequellen dienen z. B. normale Halogenlampen. Von der Oberfläche aus setzt sich die aufgeprägte Temperaturmodulation als thermische Welle in das Innere des Bauteils fort. Dabei wird sie gedämpft und negativ phasenverschoben. An Grenzflächen oder Defekten wird die thermische Welle teilweise reflektiert. An der Bauteiloberfläche findet anschließend eine Überlagerung der vom Defekt reflektierten thermischen Welle und der äußeren periodischen optischen Anregung. Dadurch entsteht eine lokal, vom Rest des Bauteils abweichende Verformung der Messobjektoberfläche und die Fehlstelle kann als eine Anomalie im Phasenbild registriert werden.
Der Shearografiesensor und die Strahler sind mit entsprechenden Filtern auszustatten, damit die optische Anregung die shearografische Messung nicht stört, weil die Anregung mittels Halogenlampen und die Messung mittels Laserlicht parallel ablaufen und zum Teil im gleichen Spektralbereich arbeiten.
Die optisch angeregte Lockin-Shearografie ist insbesondere für große Bauteile aus Faserverbundwerkstoffen geeignet. Deshalb ist diese Methode in Automobil-, Luftfahrt- und Windenergie verbreitet.

Optisch angeregte Puls-Shearografie
Bei der optisch angeregten Puls-Shearografie wird das zu untersuchende Objekt mit einem möglichst kurz-

zeitigen Energiepuls angeregt. Als Wärmequellen kommen hauptsächlich Hochenergie-Blitzsysteme zum Einsatz (Bild 5.9).

Von der Oberfläche her dringt die Wärmefront in das Bauteil ein, die Wärmeleitung erfolgt zunächst eindimensional. Erreicht die Wärmefront einen Defekt, so ist hier der Wärmeleitmechanismus gestört. Die Wärme muss um den Defekt herum diffundieren, die Wärmeleitung erfolgt nun zweidimensional. Dies hat entsprechend Auswirkungen auf die lokale Oberflächentemperatur: Der Defekt wirkt sich hier wie eine innere Wärmequelle aus. Die sonstige Oberflächentemperatur hat einen anderen zeitlichen Verlauf, als an einer Stelle ohne eine Fehlstelle. Hat die Wärmefront den Defekt passiert, so ist der Wärmeleitmechanismus wieder eindimensional. Bei der Messung kommt es darauf an, den Zeitraum der zweidimensionalen Wärmeleitung zu erfassen. Dieser kann, insbesondere bei guten Wärmeleitern, sehr kurz sein. Diese Anregungsart erfordert also ein entsprechend schnell arbeitendes Shearografie-System und der Zeitpunkt der Anregung muss genau mit dem Zeitpunkt der Bildaufnahme abgestimmt werden.

Optisch angeregte Transienten-Shearografie

Die optisch angeregte Transienten-Shearografie beruht auf ähnlichen Prinzipien wie die Puls-Shearografie. Man verzichtet hier jedoch auf die möglichst kurzzeitige Einbringung der Energie in Form eines Impulses. Stattdessen wird die Energie über einen gewissen Zeitraum in Form eines Rechtecksignals zugeführt. Hierdurch können, ähnlich wie bei der Lockin-Thermografie, einfachere Wärmequellen wie z. B. Halogenstrahler verwendet werden (Bild 5.10).

Bei transienter Belastung spielen zwei unterschiedliche Mechanismen eine Rolle. Während der Belastung tritt im Bereich der Fehlstelle lokal eine höhere Oberflächenverformung aufgrund der lokal geringeren Steifigkeit auf. Nach einer kurzen Abkühlungsphase ist die Verformung nicht mehr detektierbar. Der zweite Effekt ist erst danach zu beobachten. Zwar wird die Wärme großflächig eingeleitet, aber die Defekte im Bauteilinneren führen dazu, dass die Wärmeabfuhr nicht überall gleichmäßig möglich ist. Also im Bereich der Fehlstelle ist eine höhere Temperatur und somit auch eine Verformung der Messobjektoberfläche zu beobachten. Die beiden Mechanismen führen zu einer längeren Detektierbarkeit von z. B. Impaktschäden.

Während des Abkühlvorgangs kann die Referenzaufnahme erneuert werden, sodass ein Vergleich nicht mit dem unbelasteten Zustand erfolgt, sondern der ganze Vorgang abschnittsweise untersucht wird. Aus der aufgenommenen Reihe an Shearogrammen können anschließend die besonders aussagekräftigen Ergebnisse ausgewählt und zum Nachweis von Fehlstellen eingesetzt werden. Durch die ständige Aktualisierung des Referenzzustandes geht jedoch die Information bezüglich der Tiefe des Defektes verloren.

In der Praxis kann, bei der vorhandenen Möglichkeit das Bauteil über einen längeren Zeitraum zu untersuchen, eine etwas andere Vorgehensweise angewandt werden. Zunächst erfolgt eine starke Aufheizung des

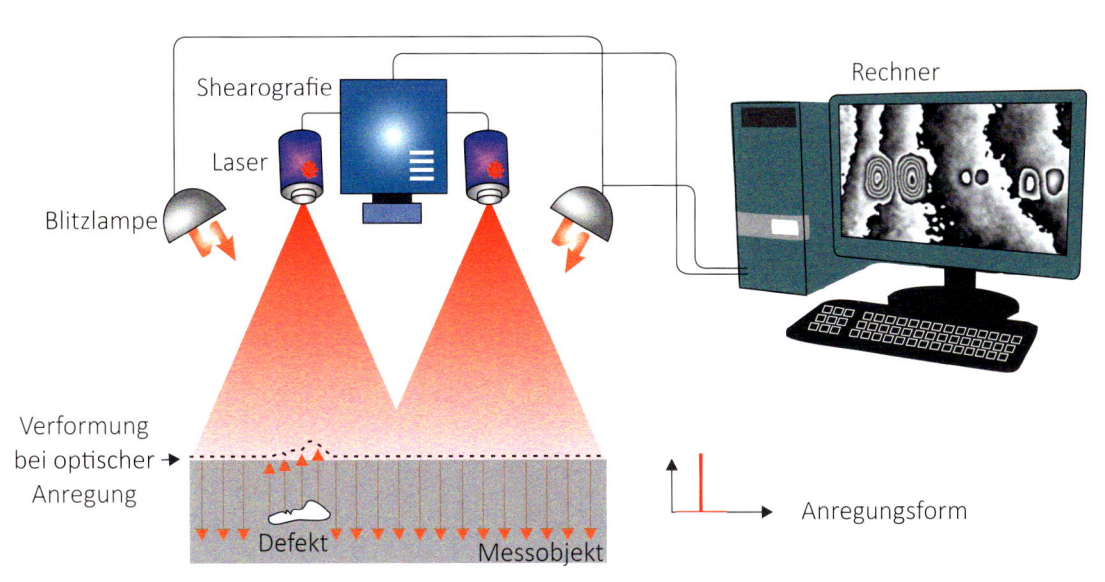

Bild 5.9 Prinzip der optisch angeregten Puls-Shearografie

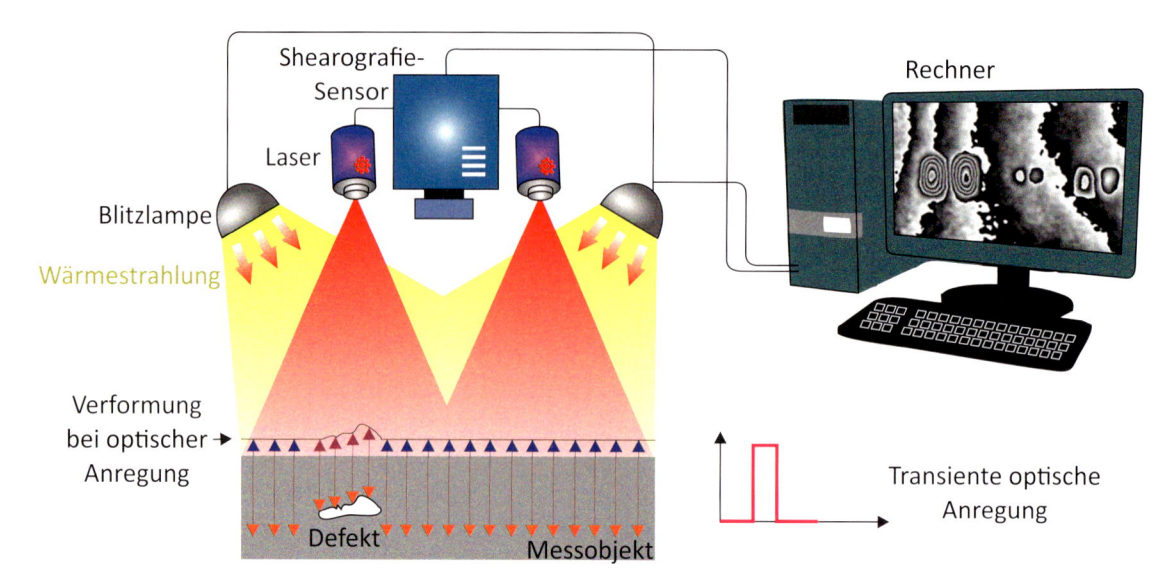

Bild 5.10 Prinzip der optisch angeregten Transienten-Shearografie

Messobjektes. Dabei kann sogar der Messbereich der Shearografie überschritten werden. Anschließend wird die optische Wärmezufuhr unterbrochen, sodass das Messobjekt nach einer gewissen Zeit die ursprüngliche Ausgangstemperatur erreichen wird. Bevor das passieren kann, wird während des Abkühlvorganges der Referenzzustand shearografisch aufgenommen. Der Prüfling wird nun erneut optisch erwärmt, aber nicht mehr so stark wie in der ersten Phase. Das Messobjekt erreicht nach einiger Zeit eine homogene und konstante Temperaturverteilung und wird erneut shearografisch aufgenommen (Bild 5.11). Der shearografische Vergleich erfolgt also zwischen zwei belasteten Zuständen. Der Vorteil dieser Methode liegt darin, dass die gleichmäßige Messobjektausdehnung aus dem Messergebnis weitestgehend eliminiert wird. Daraus resultiert ein höherer Kontrast und dementsprechend eine deutlich verbesserte Fehlerauffindwahrscheinlichkeit. Diese Methode wird als Dual-Burst-Shearografie bezeichnet (Menner 2013) (Bild 5.11).

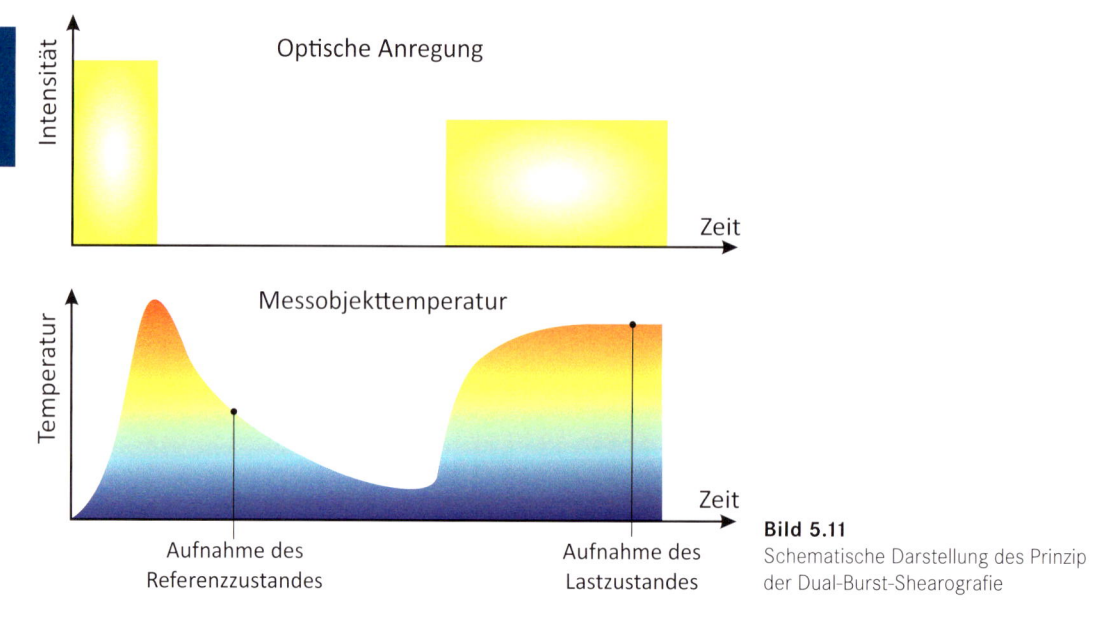

Bild 5.11 Schematische Darstellung des Prinzip der Dual-Burst-Shearografie

Optisch angeregte Laser-Shearografie

Die Besonderheit der Laser-Shearografie besteht darin, dass anstatt eines Strahlers zur optischen Anregung ein Laser eingesetzt wird. Für die Anregung und für die shearografische Bilderfassung werden zwei Laser mit unterschiedlichen Wellenlängen verwendet (Bild 5.12). Das Laserlicht ist sehr schmalbandig, dadurch werden die Messungen durch den zweiten Laser nicht beeinträchtigt. Diese Methode hat den Vorteil, dass einige Werkstoffe aufgrund des höheren Absorptionskoeffizienten im Spektralbereich der Laseranregung besser angeregt werden können. Die Erwärmung beträgt in der Regel lediglich wenige Grad Celsius. Der Grund dafür liegt darin, dass das Laserlicht aufgeweitet werden muss, um die Oberfläche des Prüflings gleichmäßig auszuleuchten. Somit verteilt sich die optische Leistung des Anregungslasers auf eine größere Fläche. Zum Erreichen von größeren Verformungen wird deshalb ein sehr leistungsstarker Laser benötigt. Dabei müssen besondere Laserschutzbestimmungen beachtet werden. Ein Strahler hat üblicherweise deutlich über 500 Watt an Leistung. Um eine so hohe optische Leistung mit einem Laser zu erreichen, werden sehr leistungsfähige und somit teure Komponenten benötigt. Deshalb ist diese Art der Anregung lediglich für kleinere Messobjekte von Bedeutung.

Die Erwärmung des Prüflings führt bei vorhandenen Defekten zu einer ungleichmäßigen Verformung der Bauteiloberfläche. Diese wird mit dem Shearografie-Messsystem erfasst und in Form einer Anomalie dargestellt.

Prinzip der induktiv angeregten Shearografie

Diese Methode ist noch nicht lange bekannt und hat bisher keine große Verbreitung. Mittels einer Induktionsspule wird ein Magnetfeld erzeugt. In elektrisch leitenden Materialien erzeugt das Magnetfeld elektrische Wirbelströme. Diese Wirbelströme führen zu einer Erwärmung des Bauteils. Wie bei allen Anregungsarten wird die geringere Struktursteifigkeit im Bereich der Fehlstelle zur Detektion ausgenutzt (Bild 5.13).

Die Leitfähigkeit des Prüfwerkstoffes muss nicht sonderlich hoch sein, da die Shearografie eine sehr hohe Empfindlichkeit aufweist. Solche Werkstoffe wie CFK können also auch mithilfe der induktiven Anregung untersucht werden. Die nicht leitenden Werkstoffe sind aber mit dieser Methode nicht analysierbar. Es bleibt noch abzuwarten, ob diese innovative Anregungsart für die industrielle Praxis Vorteile bietet.

Prinzip der hydrostatisch anregten Shearografie

Die hydrostatische Belastung des Bauteils erfolgt mittels eines Über- oder Unterdruckes. Bei Messobjekten, die innen hohl sind, kann mithilfe eines Kompressors der innere Druck aufgebaut werden. Dies ist besonders für Rohrleitungen einfach zu realisieren und wird industriell zur Fehlerdetektion eingesetzt. Im Bereich der Fehlstelle wird lokal eine erhöhte Spannungskonzentration shearografisch aufgenommen und erlaubt auf diesem Wege eine einfache Detektion der von außen nicht sichtbaren Defekte (Bild 5.14).

Alle anderen Messobjekte können in eine Vakuum-

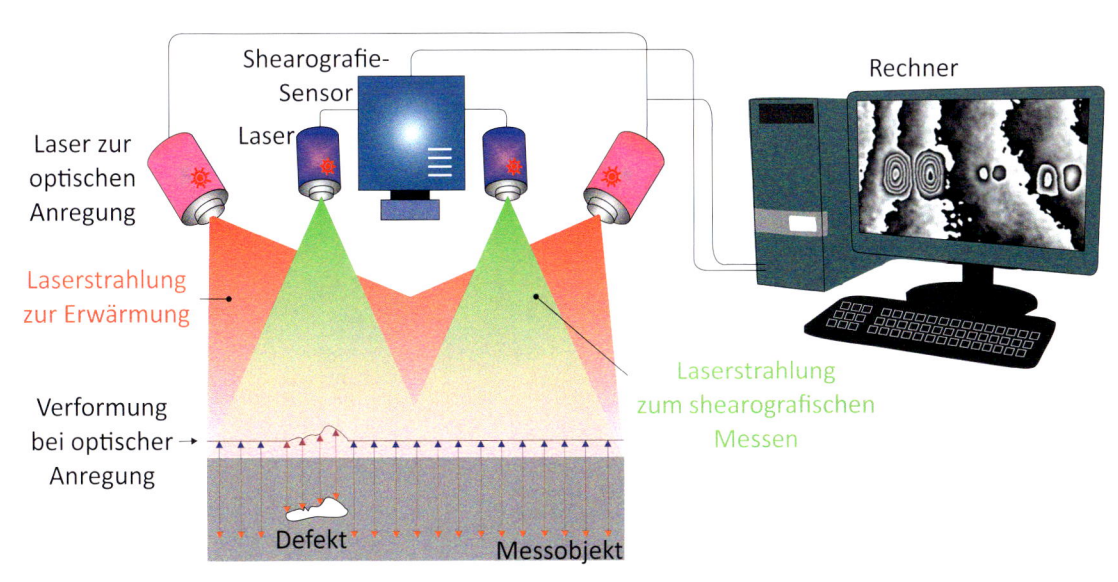

Bild 5.12 Prinzip der optisch angeregten Laser-Shearografie

5 Shearografie zur Detektion von Schäden

Bild 5.13 Prinzip der induktiven Shearografie

kammer platziert und belastet werden. Der Unterdruck führt vor allem zu out-off-plane-Verformungen auf der Messobjektoberfläche. Diese können besonders einfach und mit vor allem hoher Sensitivität shearografisch erfasst werden.

Die hydrostatische Anregung ist besonders gut für Verbundwerkstoffe, Kunststoffe und Gummi-Prüflinge geeignet. Auf dem Markt sind verschiedene hydrostatische Belastungssysteme zur shearografischen Fehlerdetektion erhältlich. Für mobile Messungen werden Vakuumhauben und für stationäre Messungen große Druckkammern eingesetzt. Mobile Vakuum-Prüfsysteme werden auf die Oberfläche des Prüflings platziert und zwar so, dass lokal eine Druckdifferenz unter der Haube erzeugt wird (Bild 5.15). Die Oberfläche des Prüflings wird also in viele kleinere Messabschnitte unterteilt. Zur Untersuchung von großen Messobjekten, wie z. B. Nutzfahrzeug-Reifen, werden größere Druck-Kammern verwendet, um die Messzeiten signifikant zu verkürzen.

Die Bauteilbelastung erfolgt gleichmäßig im gesamten Kamerasichtfeld. Dadurch werden aufgrund der physikalischen Besonderheit dieses Verfahrens lediglich im Bereich der Fehlstelle Unregelmäßigkeiten beobachtet. Die hydrostatische Belastung steigert im Vergleich zu den anderen Anregungsarten also die Fehlerauffindwahrscheinlichkeit (Bild 5.16).

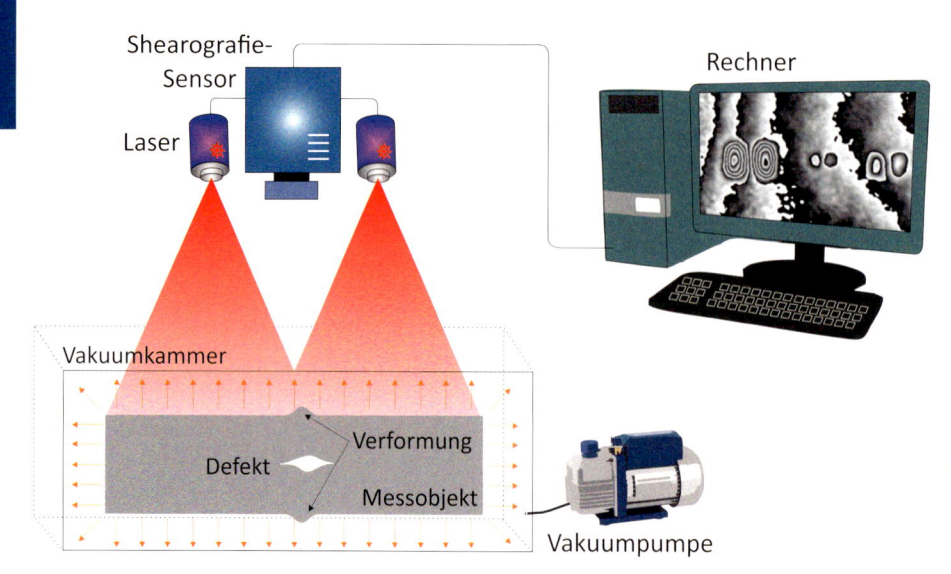

Bild 5.14
Prinzip der hydrostatischen Anregung bei shearografischen Untersuchungen

562

5.3 Anregungsarten zur shearografischen Fehlerdetektion

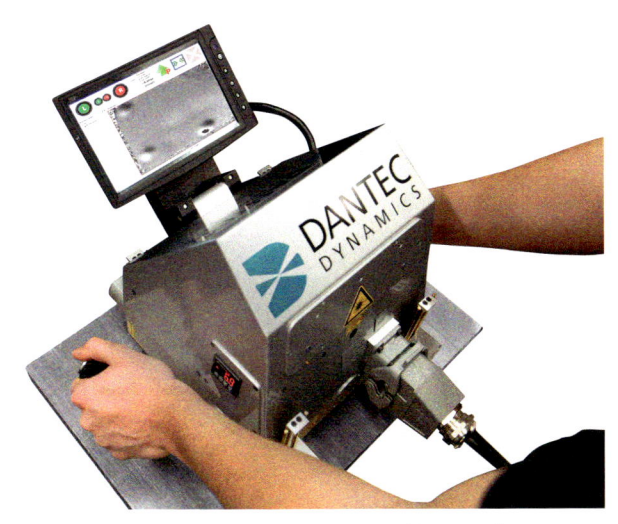

Bild 5.15 Mobile Vakuumhaube mit einem Shearografiesensor (Q810) zur Bauteilinspektion (mit freundlicher Genehmigung von Dantec Dynamics)

Prinzip der dynamisch angeregten Shearografie

Zur dynamischen Bauteilanregung können sowohl Piezoshaker als auch hydrodynamische Schwingungsanreger eingesetzt werden. Mithilfe eines Frequenzgenerators werden ein oder mehrere Frequenzbereiche mittels einer kontinuierlichen Anregungsfrequenzänderung untersucht. Im Bereich der Resonanzfrequenzen (Übereinstimmung der Anregungsfrequenz und der Eigenfrequenz des Prüflings) können die der jeweiligen Schwingungsform entsprechenden Streifenmuster beobachtet werden. Wenn die Fehlstellen im Vergleich zu der Größe der zu untersuchenden Struktur signifikant sind, wird eine lokale Störung des Resonanzmusters beobachtet. Die kleineren Defekte können aber erst bei höheren Frequenzen (kHz-Bereich) detektiert werden. Aufgrund der im Bereich der Fehlstelle reduzierten Struktursteifigkeit kommt es also zu lokalen Resonanzschwingungen (Bild 5.17). Die Eigenschwingungen der Fehlstellen sind in der Regel erst bei wesentlich höheren Frequenzen als die Resonanzschwingungen der gesamten Struktur (Bild 5.18) zu beobachten und zu detektieren.

Zur Detektion der Resonanzschwingungen kommen grundsätzlich zwei shearografische Methoden in Frage. Das erste Verfahren basiert auf der stroboskopischen Laserausleuchtung des Prüflings (s. Kapitel

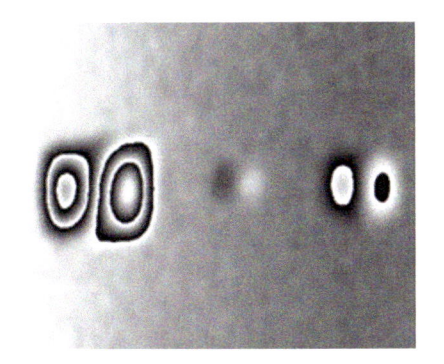

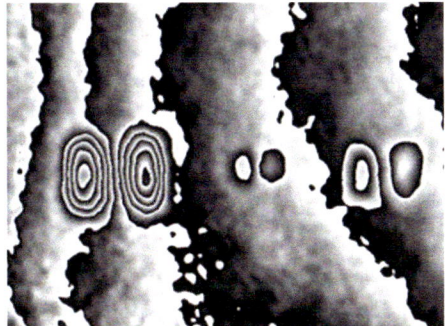

Bild 5.16 Vergleich der hydrostatischen (links) und der thermischen (rechts) Bauteilbelastung bei der shearografischen Fehlerdetektion (mit freundlicher Genehmigung von Prof. Dr. Lianxiang Yang, Oakland University)

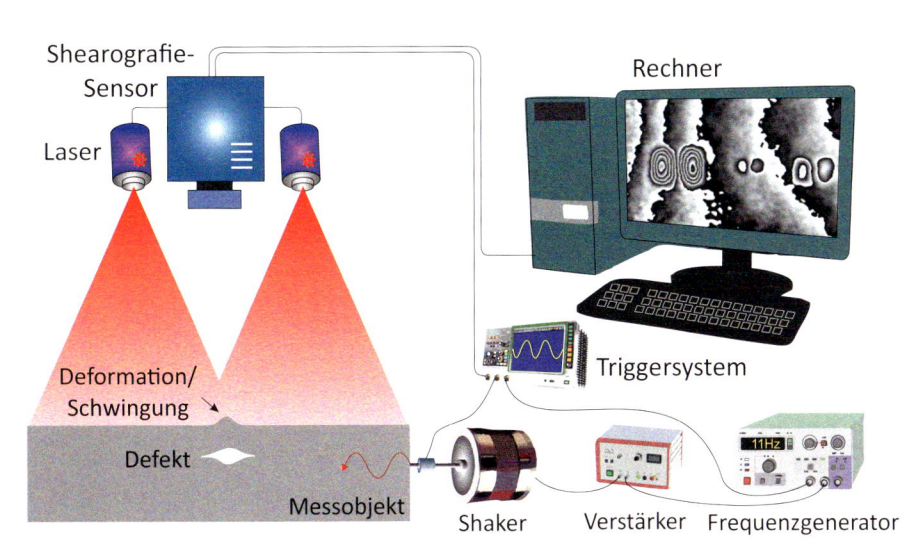

Bild 5.17 Prinzip der dynamischen Anregung bei shearografischer Fehlerdetektion

„Shearografische Schwingungsmessung"). Dadurch wird ein Schwingungszustand für die Kamera eingefroren und quasi statisch aufgenommen. Das zweite Verfahren (Zeitmittelungsshearografie) ist wesentlich einfacher zu realisieren, hat aber den Nachteil, dass die Auswertung lediglich qualitativ und bei einem viel schlechteren Kontrast möglich ist. Bei der Zeitmittelungsshearografie wird keine gepulste Laseransteuerung benötigt. Es erfolgt eine ständige Erneuerung des Referenz- und des aktuellen Bildes. Eine Subtraktion liefert also in Echtzeit die notwendigen Dehnungsinformationen. Diese Zeitmittelungsshearografie ist also trotz des einfachen Aufbaus für die qualitative Detektion der Fehlstellen geeignet.

Bei der Untersuchung von großen Messobjekten muss die Schwingungsanregung bei der Umpositionierung des Shearografiemessgerätes nicht unterbrochen werden. Das macht die dynamisch angeregte Fehlerdetektion bei großen stationären Messobjekten besonders effektiv.

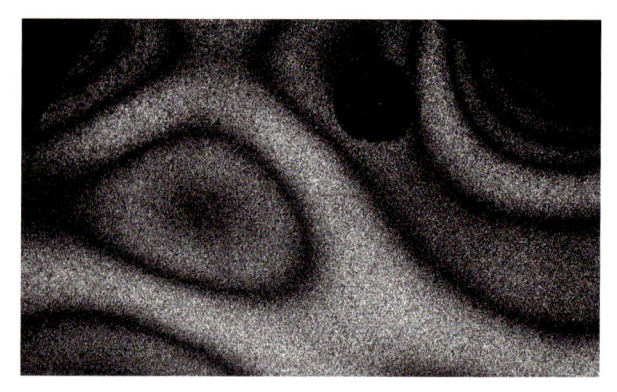

Bild 5.18 Mittels des Verfahrens Zeitmittelungsshearografie aufgenommene Resonanzschwingung einer Aluminiumplatte

Prinzip der Ultraschallanregung für shearografische Messungen

Zur Ultraschallanregung des Messobjektes können sowohl klassische als auch luftgekoppelte Ultraschallanreger eingesetzt werden. Die Ultraschallanregung führt dazu, dass im Bereich der Fehlstelle aufgrund der Defektuferreibung lokale Temperaturerhöhungen entstehen. Dies führt somit auch zu lokalen Dehnungskonzentrationen, die mittels der Shearografie detektiert und ausgewertet werden können (Bild 5.19). Die Limitierung dieser Methode resultiert aus dem Funktionsprinzip. Fehlstellen, die bei einer Ultraschallanregung keine Uferreibung (z. B. große Risse) haben, sind mit dieser Anregung nicht detektierbar.

In Plattenstrukturen können mittels der Ultraschallanregung sogenannte Lamb-Wellen erzeugt werden (Bild 5.20). Diese Wellen verursachen auch an der Prüflingsoberfläche detektierbare Verformungen. Die Fehlstellen im Bauteilinneren führen zur Streuung der sich ausbreitenden Lamb-Wellen und anschließend zur Überlagerung aller Wellen. Die shearografische Überwachung der Ausbreitung der Lamb-Wellen ermöglicht also eine zuverlässige Detektion von bauteilinneren Fehlstellen. Die Ultraschall-Erzeugung von Lamb-Wellen ist um einiges komplizierter als die einfache Ultraschalleinleitung zwecks Rissuferreibung. Für diesen Zweck werden beispielsweise besondere Vorrichtungen für die Kopplung des Anregers an den Messobjektkörper benötigt. Zur Kopplung können entweder ein Kammschallkopf oder ein Keil aus einem dämpfungsarmen Werkstoff (Kohlrausch 1996) eingesetzt werden.

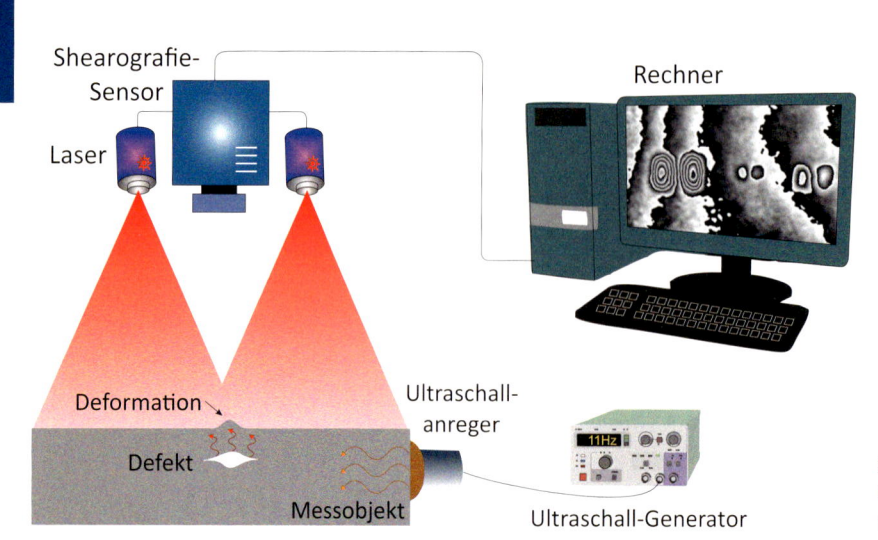

Bild 5.19 Prinzip der Ultraschallanregung bei shearografischer Fehlerdetektion

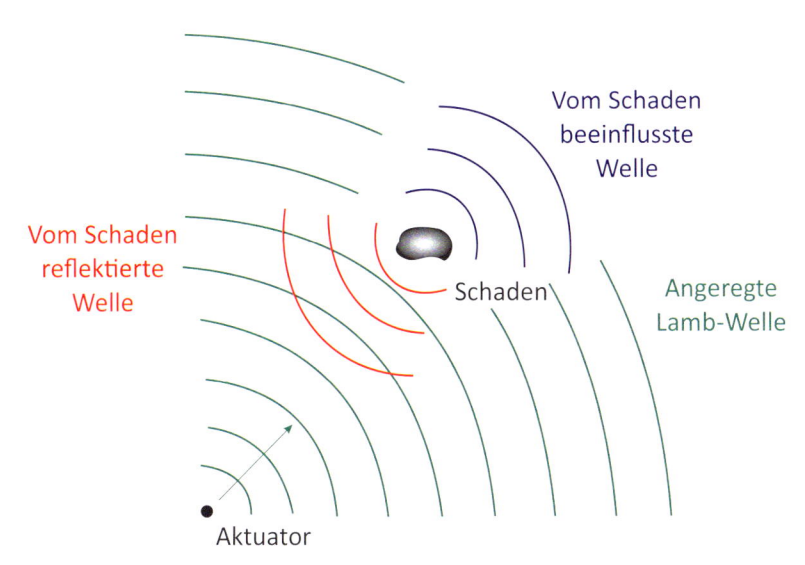

Bild 5.20
Prinzip der shearografischen Detektion von Fehlstellen mithilfe von Lamb-Wellen

5.4 Anwendungsbeispiele der Shearografie zur Detektion von Schäden

Die relativ große Unempfindlichkeit der Shearografie gegenüber den äußeren Störungen und die direkte Messung der Dehnungsinformationen machen dieses Verfahren zu einem wichtigen Messwerkzeug zur Detektion von inneren Fehlstellen. Ein weiterer sehr wichtiger Aspekt ist die Materialunabhängigkeit der zerstörungsfreien Untersuchungen. Deshalb wird die Shearografie vor allem dort eingesetzt, wo die anderen Verfahren an ihre Grenzen stoßen. Insbesondere Verbundwerkstoffe stellen eine Herausforderung an die modernen Messsysteme dar.

5.4.1 Shearografische Untersuchung einer CFK-Platte

Eine Vielzahl neuer Entwicklungen beruht auf der Anwendung innovativer Werkstoffe. Insbesondere im Bereich der Leichtbauwerkstoffe haben sich zahlreiche neue Entwicklungen ergeben. Diese sollen aber ihr Potenzial vor der Umsetzung und dem industriellen Einsatz noch beweisen.

In vielen Bereichen gehören die Faserverbundwerkstoffe zu etablierten Werkstoffen. Das resultiert aus der hohen Festigkeit und einer hohen Steifigkeit bei einem sehr geringen Gewicht. Im Automobilbau werden bereits seit einigen Jahren viele Karosseriebauteile aus

Bild 5.21 Zu untersuchende CFK-Testplatte (Abmessungen 40 × 80 cm)

CFK gefertigt. Dadurch kann das Fahrzeuggewicht reduziert werden, um bessere Fahreigenschaften bei geringerem Verbrauch zu erreichen. Dieser Trend wird durch die Auflagen bezüglich des zulässigen Emissions- und Schadstoffausstoßes verstärkt.

Bei der Fertigung von CFK-Bauteilen wird ein hoher Faservolumenanteil erwünscht. Verschiedene Verunreinigungen, wie z. B. Luftbläschen, verschlechtern die Eigenschaften des Werkstoffs deutlich. Die Detektion der Fehlstellen ist jedoch problematisch. Deswegen ist man bestrebt ein innovatives Messverfahren, welches eine zuverlässige Detektion ermöglicht, zu entwickeln.

Die zu untersuchende CFK-Testplatte (Bild 5.21) enthält eine Reihe von definierten Fehlstellen, die von außen durch eine visuelle Überprüfung nicht zu erkennen sind. Im Einzelnen sind die folgenden Fehlstellen

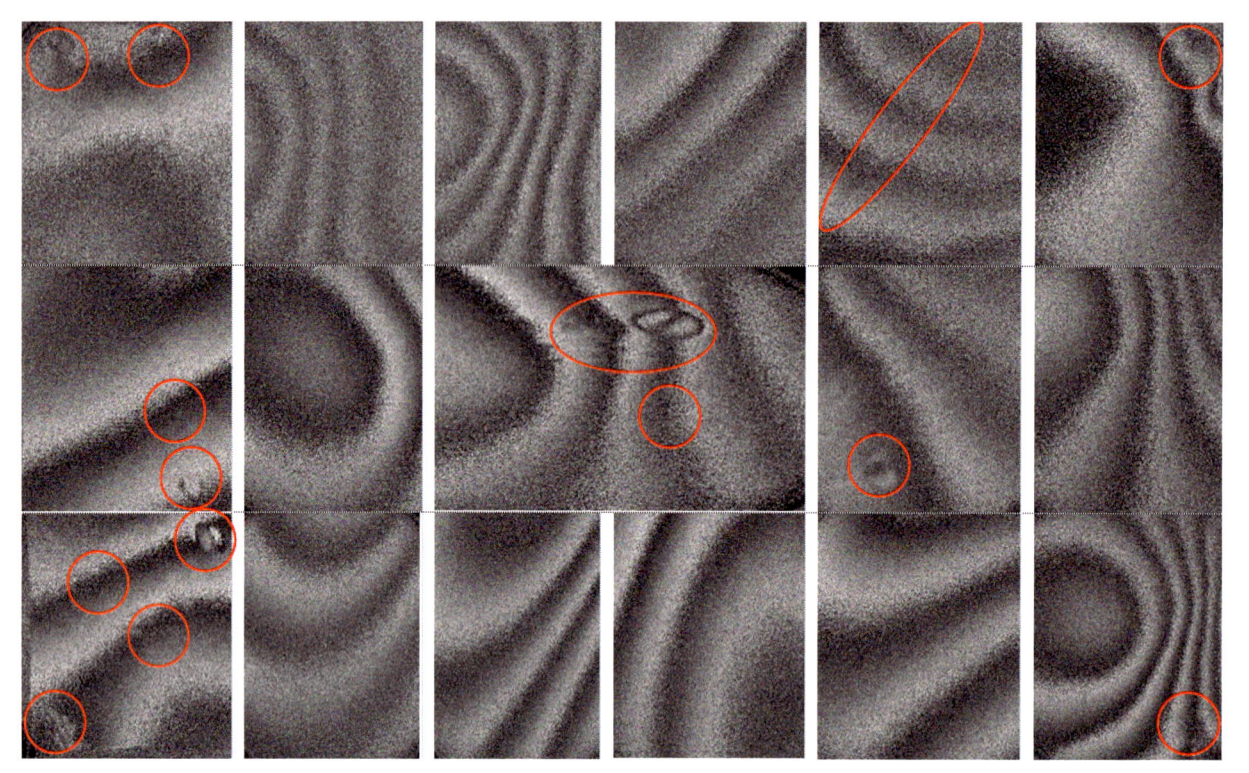

Bild 5.22 Ergebnisse der shearografischen Untersuchung der präparierten CFK-Platte (rot umrandet sind die lokalisierten Defekte)

nach der 3. und der 4. Gewebelage in die Platte integriert:
- Pappe
- Papier
- Glasscherben
- ein Stück einer Cutterklinge
- Alufolie
- Tesafilm.

Die CFK-Platte wurde in 17 Abschnitte aufgeteilt, um die einzelnen Bereiche genauer untersuchen zu können. Die Anregung erfolgte thermisch mithilfe eines Strahlers von der Rückseite der Testplatte.

Fast alle Fehlstellen konnten mithilfe des beschriebenen optischen Aufbaus detektiert werden. Lediglich das eingelegte kleine Papierstück war nicht zu lokalisieren. Besonders einfach konnten die Glasscherben und die Cutterklinge gefunden werden (Bild 5.22).

5.4.2 Shearografische Untersuchung von Druckleitungen

Innere Fehlstellen in Rohrdruckleitungen sind nicht selten für den Ausfall von Maschinen und sogar ganzen Anlagen verantwortlich. Es sind einige Zwischenfälle bekannt (z. B. in Fessenheim im Jahr 2015), wo eine undichte Rohrleitung zu einer vorübergehenden Stilllegung eines ganzen Atomkraftwerkes führte. Solche Vorfälle sind mit enormen Kosten verbunden und sind evtl. sogar für Menschen gefährlich.

Zur rechtzeitigen Detektion von Defekten in Rohrleitungen ist das Messverfahren Shearografie gut geeignet, da die Lastaufbringung dadurch realisiert werden kann, dass der innere Druck zwischen den einzelnen Aufnahmen variiert wird. Die Shearografie erfasst annähernd die erste Ableitung der Verformungen. Deshalb sind die typischen Shearogramme (Schmetterlingsmuster) lediglich dann zu sehen, wenn eine innere Fehlstelle vorliegt. Alle Bereiche ohne Fehlstellen haben aufgrund der konstanten Verformung den gleichen Grauwert. Mithilfe des Shearbetrages kann die Sensitivität des Verfahrens auf die Belastung und die Defektgröße angepasst werden.

Das gefilterte Phasenbild kann anschließend demoduliert werden (Bild 5.24). Die Demodulierung entspricht der mathematischen Entfaltung der Streifeninformationen. Je nach Größe der Beschädigung kann die berechnete Dehnung im Vergleich zu einem Phasenbild deutlich mehr Informationen bereitstellen und

Bild 5.23 Ergebnisse der Untersuchung eines beschädigten Stahlrohrabschnittes (Druckdifferenz betrug 4 bar), links Phasenbild, rechts das gefilterte Phasenbild

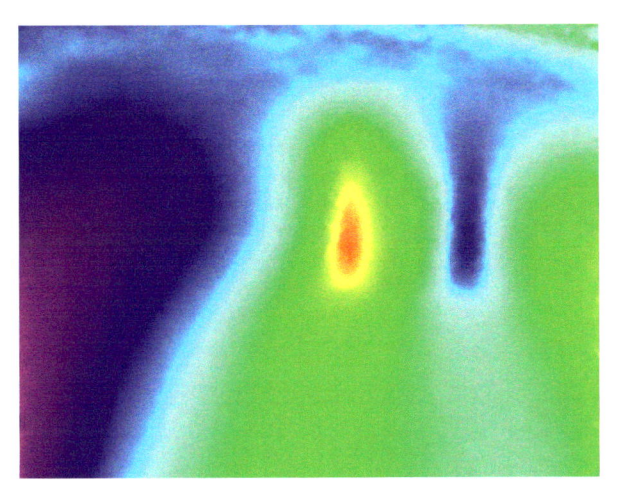

Bild 5.24 Aus dem gefilterten Phasenbild berechnete Dehnung des beschädigten Rohrabschnittes

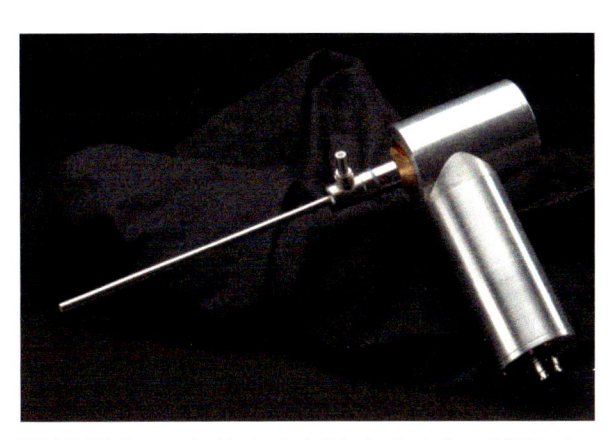

Bild 5.25 Das an der Hochschule Trier im Technikum OGKB entwickelte Messgerät (Interferoskop)

somit die Fehlerdetektierbarkeit entscheidend verbessern. Die Fehlstelle im Dehnungsbild (Bild 5.23) ist auch vom nicht geschulten Systembediener als solche erkennbar.

5.4.3 Endoskopische Untersuchung einer beschädigten Turbinenschaufel

Turbinenschaufeln gehören zu den Sicherheitsbauteilen in der Luft- und Raumfahrtindustrie und werden deshalb in regelmäßigen Abständen visuell begutachtet. Außerdem werden sie alle nach einer bestimmten Anzahl an Betriebsstunden ausgetauscht. Die rein visuelle Betrachtung erlaubt die Detektion von großen Beschädigungen, die sich bereits an der Oberfläche bemerkbar machen. Die kleineren Defekte, wie z. B. Risse, müssen eine bestimmte Größe erreicht haben, um bei einer Sichtprüfung entdeckt zu werden. Der vorsorgliche Austausch der Schaufeln grenzt das Risiko für das Versagen der ganzen Turbine zwar sehr ein, ist aber mit hohen Kosten verbunden.

Das an der Hochschule Trier entwickelte Messgerät verbindet die klassische Shearografie mit der Endoskopie und wird als Interferoskop bezeichnet (Bild 5.25). Bei dem Einsatz eines Endoskops wird die Shearografie als Messverfahren erweitert. Dadurch werden die shearografischen Untersuchungen von Hohlräumen in technischen Aggregaten durch kleinste Öffnungen möglich.

Das Interferoskop findet seinen Einsatz dort, wo die gewöhnliche Shearografie versagt, weil der Untersuchungsort schwer zugänglich ist. Mit dem Interferoskop ist es auch möglich, mittels dynamischer Anregung Bauteile zu untersuchen. Das hat den Vorteil, dass auch in der Tiefe liegende Fehlstellen sich an der Oberfläche bemerkbar machen und somit detektierbar werden.

Untersucht wird eine rückseitig beschädigte Turbinenschaufel (Bild 5.26). Die Beschädigung äußert sich dadurch, dass das Messobjekt rückseitig angebohrt wurde. Belastet wird die Schaufel thermisch. Dadurch lässt sich die Belastung unter realen Bedingungen, wenn

5 Shearografie zur Detektion von Schäden

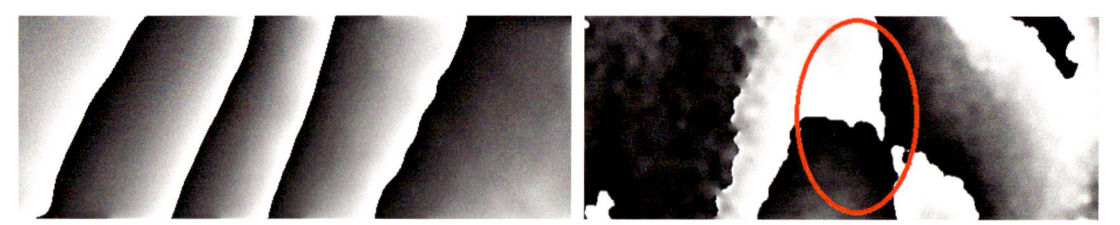

Bild 5.26 Interferogramme der unbeschädigten (links) und der beschädigten (rechts) Turbinenschaufel

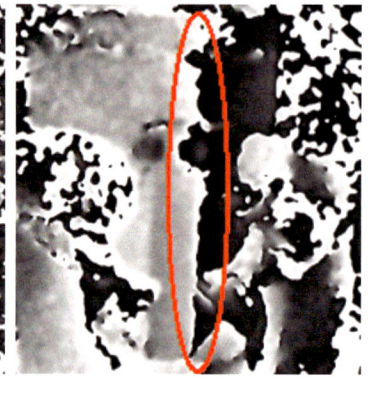

Bild 5.27 Von links nach rechts: Untersuchte Turbinenschaufel mit geklebtem Fuß, Ergebnis der Untersuchung einer intakten Schaufel (mittig), Ergebnis der Untersuchung einer geteilten Turbinenschaufel (rechts)

auch nur bei wesentlich geringeren Temperaturen, simulieren.

Die aufgrund der Beschädigung geänderte Dehnungsverteilung und der irreguläre Verlauf der Interferenzstreifen im Phasenbild machen die Detektion von Beschädigungen relativ einfach.

Bei der zweiten Untersuchung geht es um die Analyse einer ebenfalls beschädigten Turbinenschaufel. Der Fuß besteht aus zwei Hälften, die miteinander verklebt sind. Damit soll ein Riss im Bauteil simuliert werden. Um Vergleichsdaten zu erhalten, wird auch eine intakte Turbinenschaufel mit dem Interferoskop shearografisch untersucht (Bild 5.27).

Der simulierte Riss ist leicht zu detektieren, da der Dehnungsverlauf nicht mehr homogen ist und eine deutliche Separation auftritt (Bild 5.27 rechts).

5.4.4 Shearografische Inspektion von Helikopter-Rotorblättern

Hubschrauber-Rotorblätter gehören zu hoch technologisierten Produkten, bestehend aus einer Vielzahl von Verbundwerkstoffen. Sie sind sicherheitsrelevante Bauteile und unterliegen deshalb einer 100%-Kontrolle. Jedes Rotorblatt ist als Verbund hergestellt, mit Schaum- oder Wabenmaterialien im Kern der Schaufel, bedeckt mit einer oder mehreren Schichten aus faserverstärktem Kunststoff auf der Außenseite. Eine zusätzliche Verstärkung der hochbelasteten Bereiche, wie beispielsweise die Vorderkante des Rotorblattes, wird durch Metallschichten erreicht.

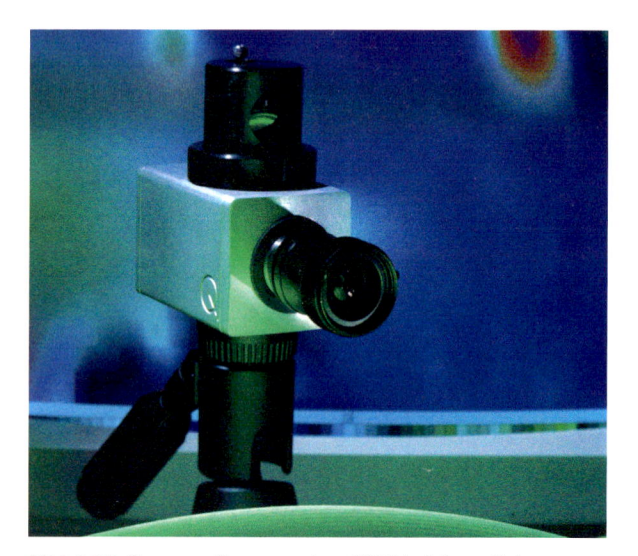

Bild 5.28 Shearografiemesssystem Q800 (mit freundlicher Genehmigung der Dantec Dynamics GmbH)

Das Inspektionssystem für Helikopterblätter besteht zu einem großen Teil aus einer Vakuumkammer und dem Shearografiemesssystem (Bild 5.28 und 5.29). Die

Bild 5.29
Automatische Shearografiemessanlage zur Untersuchung von Helikopter-Rotorblättern (mit freundlicher Genehmigung von Dantec Dynamics GmbH)

Druckänderung in der Vakuumkammer erzeugt an der Oberfläche des Rotorblattes leichte Verformungen. Ein Laser-Shearografiesystem kann diese Verformungen erfassen und als Dehnungsinformation dem Inspekteur zur Verfügung stellen. Dabei sind die Fehlstellen als deutliche Auffälligkeiten in einem sonst homogenen Dehnungsbild gut erkennbar.

Ein Belüftungssystem ermöglicht eine schnelle Druckänderung während des Betriebes der Anlage. Die typische Druckdifferenz beträgt wenige mbar. Trotz der großen Abmessungen der Vakuumkammer wird die Testdruckdifferenz innerhalb von 5 s realisiert. Sicherheitsventile stoppen das Evakuierungssystem bei der zulässigen maximalen Druckdifferenz von 50 mbar.

Das Rotorblatt ist an einem Schlitten positioniert und durch beidseitige Klemmen fixiert. Die Innenraumabmessungen sind extra für die Inspektion von großen Rotorblättern entwickelt worden. Zwei Kameras sind auf einem separaten Führungssystem an jeder Seite des Rotorblatts positioniert. Sie ermöglichen eine gleichzeitige Inspektion von beiden Seiten des Rotorblattes während eines Druckzyklus.

Die automatische Inspektionsanlage ermöglicht eine viel schnellere Inspektion der Rotorblätter, als es früher möglich war (Bild 5.30). Wenn ein Fehler entdeckt wird, ist es wichtig, weitere Informationen zu erhalten. Die Tiefenposition und die Größe der Fehlstelle sind die wichtigsten Kriterien zur Beurteilung der Gefährlichkeit dessen, da nicht jeder Defekt zwangsläufig zum Versagen des Bauteils führt. Eine Reparatur ist im gewissen Grade ebenfalls dann möglich.

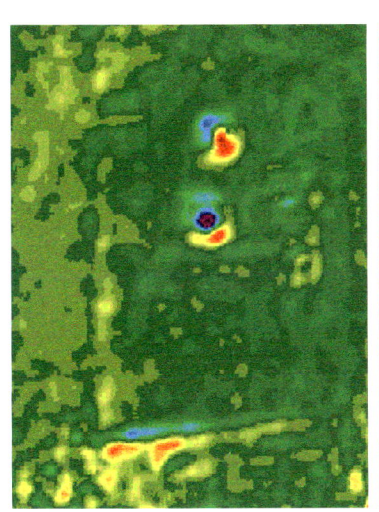

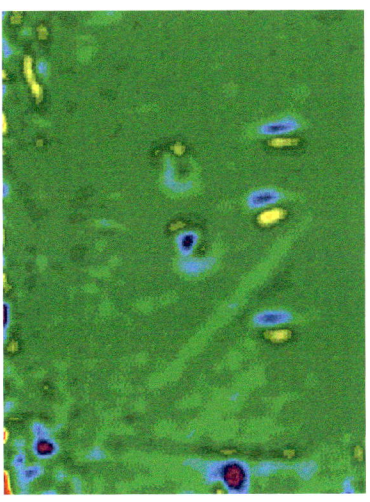

Bild 5.30
Ergebnis der Untersuchung eines Rotorblattes mit detektierten Fehlstellen, die als deutliche Auffälligkeiten zu erkennen sind (mit freundlicher Genehmigung von Dantec Dynamics GmbH)

5.4.5 Shearografische Untersuchung der Windkrafträder

Die hohe Nachfrage nach erneuerbaren Energien verursacht einen schnellen Anstieg der Produktionsrate von Windrotorblättern. Die breite Palette von Windenergielösungen und die Produktion der Anlagen in verschiedenen Größen und Ausführungen erfordern höhere und vor allem schnellere Produktionsraten. Diese Anforderungen erzeugen einen hohen Bedarf an verbesserten und schnelleren Qualitätsprüfungsmethoden. Optische Messtechniken wie die Shearografie können an dieser Stelle einen wichtigen Beitrag leisten.

Windrotorblätter sind komplexe Produkte, die aus einer Vielzahl von Materialien – insbesondere Verbundmaterialien – bestehen. Sie sind sicherheitsrelevant und sollen demnach einer 100%-Qualitätskontrolle unterzogen werden. Verschiedene Design-Merkmale zur Stärkung der Struktur des Blattes werden eingesetzt, sodass Rotorblätter mit einer Länge von mehr als 50 Metern gebaut werden können (Bild 5.31 und 5.32). Die hohe Nachfrage nach größeren und hocheffizienteren Rotorblättern führt zu einem High-Tech-Produkt, bei dem Gewicht und Qualität eine entscheidende Rolle spielen.

Die riesigen Dimensionen der Rotorblätter erfordern eine schnelle und zuverlässige Inspektionstechnologie, die es erlaubt, mehrere Quadratmeter in sehr kurzer Zeit zu inspizieren. Darüber hinaus erfordert die Form der Rotorblätter ein berührungslos messendes Messsystem. Die unterschiedlichen Krümmungen und Oberflächenbedingungen müssen ohne Änderungen am System untersuchbar sein.

Bild 5.31 Ein Windkraftblatt vor dem Aufbau der Anlage (mit freundlicher Genehmigung von Dantec Dynamics GmbH)

Die Erhöhung der Produktionsrate führt zu einem höheren Risiko bezüglich möglicher Herstellungsfehler, die durch eine neue Technologie rechtzeitig erkannt werden müssen. Das Shearografiesystem kann die meisten Fehlstellen problemlos erkennen (Bild 5.33). Zu den häufigsten Fehlerarten zählen: Falten, Delaminationen, Schichtablösungen und fehlerhafte Verklebungen.

Die Anregungstechnik wird während der anfänglichen Testphase bestimmt. Die thermische Anregung wurde bereits erfolgreich getestet. Die Vakuumbelastung wird

Bild 5.32
Innenseite eines Windkraftblattes zur Verdeutlichung der Dimensionen (mit freundlicher Genehmigung von Dantec Dynamics)

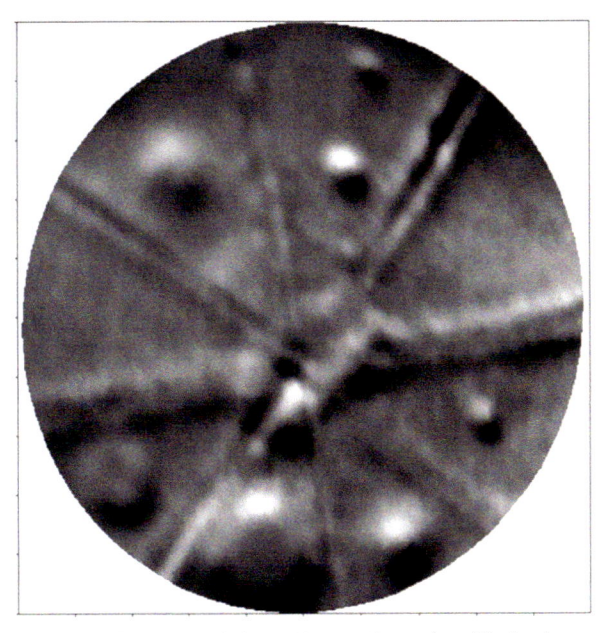

Bild 5.33 Echtzeitergebnis der Untersuchung eines Windkraftrotorblattes, welches mit einigen Fehlstellen behaftet ist (mit freundlicher Genehmigung von Dantec Dynamics)

werden automatisch, basierend auf den vordefinierten Parametern, durchgeführt. Die Software ermöglicht eine eigenständige Fehlererkennung (Bild 5.35). Jede mögliche Abweichung wird in einem vordefinierten Messbericht automatisch registriert. Eine automatische Prüfberichterstellung ist möglich und reduziert den Zeitaufwand für die Inspektion auf ein Minimum. Außerdem werden die Ergebnisse der Messung in Echtzeit dem Bediener angezeigt. Der Bediener kann relativ einfach jede Abweichung oder Anomalie im Sichtfeld erkennen und mit einem Klick alle Bilder automatisch speichern. Diese Bilder können später nochmals begutachtet werden, sodass das ausgewählte Bild (z. B. für die Berichterstattung) detailliert analysiert werden kann.

auch ein Teil des Bewertungsprozesses bezüglich der optimalen Anregung sein.

Bei der Untersuchung wird das Shearografiemesssystem Q-800 eingesetzt. Zusätzlich werden zwei Diodenlaser an dem Sensorgehäuse angebracht. Das komplette System ist nach weniger als fünf Minuten für die erste Messung betriebsbereit. Der Sensor ermöglicht ein variables Blickfeld, was durch unterschiedliche Abstände von der Objektoberfläche zum aufgestellten Messsystem auch nötig ist.

Das Ziel der Vorbewertung in der Forschungsabteilung ist es, die besten Parameter für das Messobjekt zu definieren. Das Shearografiemesssystem wird so verwendet, dass der Sensor automatisch von einem Inspektionsbereich zum anderen bewegt wird. Die Positionierung des Sensors, Bildaufnahme und Auswertung

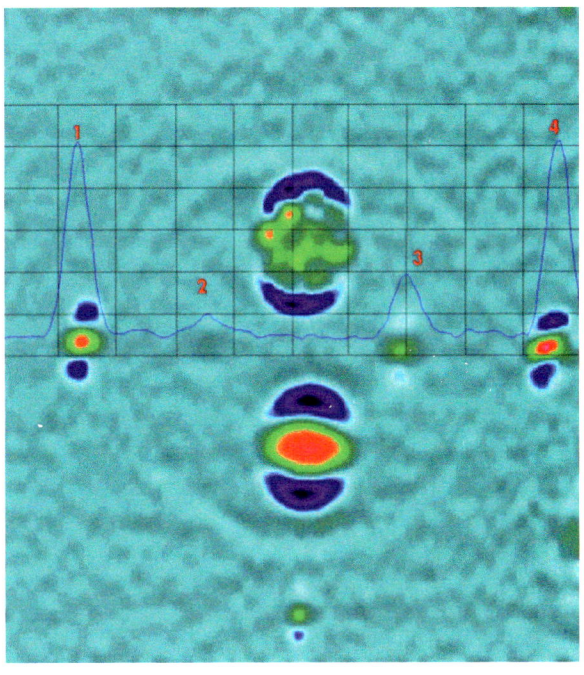

Bild 5.35 Ergebnisse der Untersuchung eines Bereiches mit zahlreichen Fehlstellen (mit freundlicher Genehmigung von Dantec Dynamics GmbH)

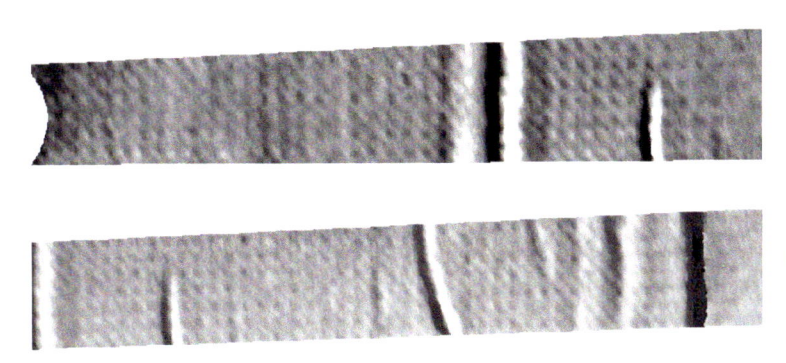

Bild 5.34
Detektierte Fehlstellen (Falten) bei der Untersuchung eines Windkraftrades (mit freundlicher Genehmigung von Dantec Dynamics GmbH)

Das Bild 5.34 macht deutlich, dass die visuelle Detektion der Fehlstellen anhand der shearografischen Ergebnisse relativ einfach ist und sogar von unerfahrenen Bedienern vorgenommen werden kann (Bild 5.34).

5.4.6 Shearografische Untersuchungen im Schiffbau

Moderne Yachten bestehen zu einem Großteil aus Faserverbundwerkstoffen. Insbesondere bei den Hochleistungs-Segelyachten versucht man an die Grenze des Machbaren zu gehen, um im Wettbewerb bestehen zu können. Deshalb kann es vorkommen, dass innovative Herstellungsverfahren eingesetzt werden, die noch nicht weit verbreitet sind und sich noch nicht bewährt haben. Die Dimensionierung der Struktur wird nicht selten mit einem Sicherheitsfaktor von 1 vorgenommen. Daraus resultieren Materialdefekte, die sowohl aus der Herstellung als auch aus dem Einsatz kommen. Die Shearografie erlaubt eine effiziente und zerstörungsfreie Überprüfung von sowohl hochbelasteten Bauteilen als auch die Untersuchung des ganzen Rumpfes. Grundsätzlich erfolgt die Messung mithilfe der thermischen, der dynamischen oder der hydrostatischen Anregung. Die Wahl der Anregung hängt von dem Material und der Art der Fehlstellen ab.

Im Bootsbau ist man grundsätzlich bestrebt, einen tiefen Schwerpunkt zu haben, um eine möglichst stabile Lage im Wasser zu erreichen. Aus diesem Grund wird in der Höhe das Gewicht möglichst reduziert, indem sehr leichte Materialien verwendet werden. Der Leichtbau darf aber nicht zu einer verminderten Festigkeit führen und Strukturfehlstellen sind möglichst zu vermeiden. Deshalb wurde die Überdachung der nachfolgend dargestellten Yacht vor der Fertigstellung mithilfe der Shearografie untersucht (Bild 5.36).

Bei der Untersuchung wurden zum Teil größere Fehlstellen detektiert, die die Festigkeit der Konstruktion beeinträchtigt hätten (Bild 5.37). Die Bereiche mit den entdeckten Fehlstellen wurden anhand der gewonnenen Ergebnisse markiert und anschließend ausgebessert. Nach der Reparatur wurde das Vordach erneut mit der Shearografie untersucht und anschließend für den Verbau freigegeben.

Bei dem nächsten Anwendungsbeispiel geht es um die Untersuchung eines Katamarans. Mittels der Shearografie wurden die komplette Außenhülle und die tragenden Komponenten der Innstruktur des 37 m langen Schiffs auf Fehlstellen hin überprüft (Bild 5.38).

Es wurden insgesamt bis zu tausend Messungen durchgeführt, um die komplette Außenhaut zu untersuchen. Dabei wurden einige Fehlstellen entdeckt. Der größte Defekt hatte eine Gesamtlänge von über 3 m und war zum Teil unter der Wasserlinie und hätte eventuell zu einem Unfall führen können (Bild 5.39).

Bei dem nächsten Beispiel wurde eine Segelyacht untersucht, die einen relativ großen Brandschaden im Motorenraum hatte (Bild 5.40). Das Ziel der Untersuchung war, zu analysieren, ob der Brand die von außen nicht beschädigt wirkenden Komponenten infolge der Hitzeentwicklung geschwächt hatte (Bild 5.41).

Die genaue Lokalisierung der geschädigten Strukturen ist aus mehreren Gründen wichtig. Bei der Reparatur des Schadens muss bekannt sein, welche Komponen-

Bild 5.36
Zeigt das mit der Shearografie zu untersuchende Vordach einer Yacht (mit freundlicher Genehmigung von Dantec Dynamics GmbH)

5.4 Anwendungsbeispiele der Shearografie zur Detektion von Schäden

Bild 5.37
Markierte Fehlstellen, die mittels der Shearografie entdeckt wurden (links), Ausbesserung und Nachbearbeitung (rechts), (mit freundlicher Genehmigung von Dantec Dynamics GmbH)

Bild 5.38 Das zu untersuchende Messobjekt Katamaran „Lady Barbaretta" (mit freundlicher Genehmigung von Dantec Dynamics GmbH)

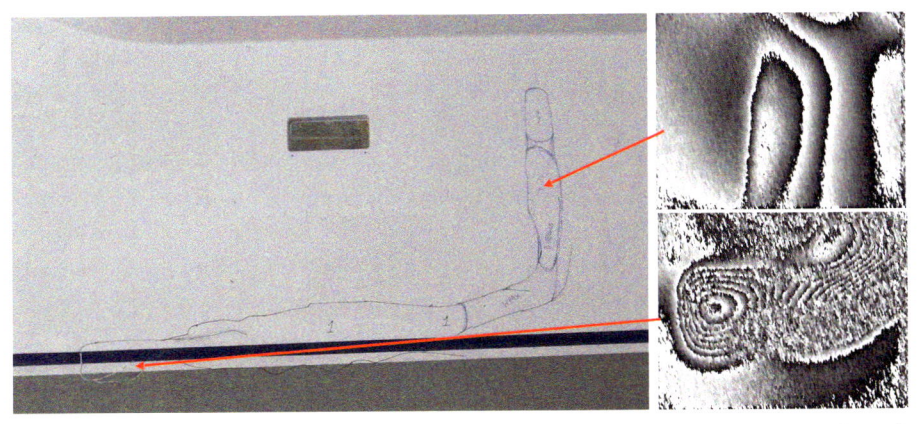

Bild 5.39 Eine der entdeckten Fehlstellen im Rumpf des Katamarans (mit freundlicher Genehmigung von Dantec Dynamics GmbH)

Bild 5.40
Zu untersuchende Segelyacht, die infolge eines Brandes im Motorenraum beschädigt wurde (mit freundlicher Genehmigung von Dantec Dynamics GmbH)

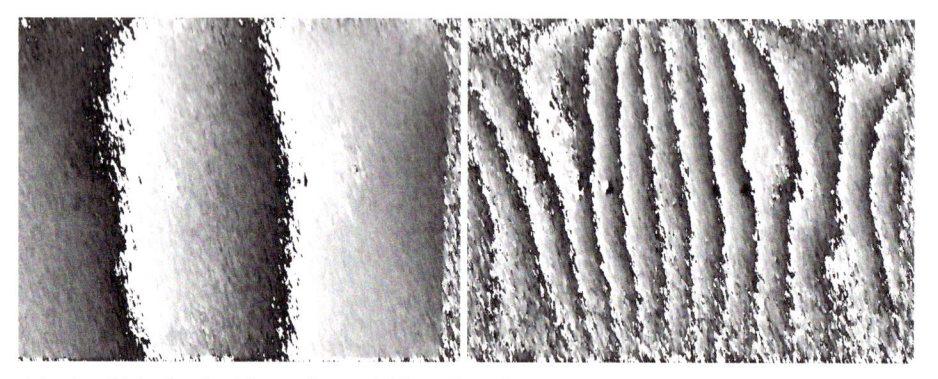

Bild 5.41 Anhand der Anzahl der Streifen können die geschädigten Bauteile detektiert werden, links: nicht beschädigte Struktur, rechts: infolge des Brandschadens geschwächte Struktur (mit freundlicher Genehmigung von Dantec Dynamics GmbH)

ten zu ersetzen sind. Der zweite Grund ist die möglichst genaue Kalkulation der Schadenshöhe für die Versicherung.

Mithilfe der Shearografie konnten die beschädigten Faserverbundbauteile genau lokalisiert werden. Die Einwirkung der hohen Temperatur hat dazu geführt, dass die Steifigkeit und somit die Tragfähigkeit einiger Komponenten signifikant reduziert wurden. Bei gleichbleibender Belastung wurden viel mehr Korrelationstreifen bei den geschädigten Strukturen im Vergleich zu den intakten Komponenten im Phasenbild beobachtet.

5.4.7 Automatisierte shearografische Untersuchungen in der Produktion

Zur Effizienzsteigerung der Bauteilprüfung in der Serienproduktion können Shearografiesensoren mit programmierbaren Roboter-Prüfsystemen gekoppelt werden (Bild 5.42). Der Industrieroboter hat die Aufgabe, die zuvor festgelegten Qualitätsmerkmale anzufahren und mithilfe der Shearografie zu überprüfen. Die Ergebnisse der Messung werden anschließend vollautomatisch ausgewertet. Falls Bauteile, die Fehlstellen enthalten, entdeckt werden, erfolgt eine automatische Ausschleusung. Ab einer zuvor festgelegten Menge an Ausschussteilen wird der Anlagenbediener informiert, dass evtl. ein Eingreifen in die Herstellung notwendig ist. Die Untersuchung erfolgt außerdem berührungslos und zerstörungsfrei, sodass die Bauteile nicht extra aus dem Herstellungsprozess zwecks Analyse entnommen werden müssen. Dadurch wird die Produktion nicht verlangsamt bzw. anderweitig gestört.

Die Belastung der Bauteile erfolgt entweder thermisch oder mittels Vakuum. Zur automatischen Analyse der Messergebnisse ist die Umrechnung der Phasenbilder (mit vielen Streifen) bei thermischer Anregung in ei-

Bild 5.42
Industrieroboter mit einem Shearografiesensor (mit freundlicher Genehmigung von Dantec Dynamics GmbH)

nen stetigen Dehnungsverlauf (Demodulierung bzw. unwrap) notwendig. Bei der Vakuumbelastung treten Streifen bzw. Auffälligkeiten lediglich im Bereich der Fehlstellen auf und dieser Umstand vereinfacht die Analyse um einiges (Bild 5.43).

Bild 5.43 Vakuumbelastetes Bauteil ohne Fehler (links), Bauteil mit Fehlstellen (rechts), (mit freundlicher Genehmigung von Dantec Dynamics GmbH)

6 Holografie zur Detektion von Schäden

6.1 Verfahrensgrundlagen

Dieses interferometrische Verfahren wurde ursprünglich für hochgenaue Messungen von Verformungen entwickelt. Da Fehlstellen jedoch oft zu einer Veränderung des Verformbildes führen, ist es möglich, verschiedene Defekte mithilfe der Holografie zu detektieren. Aufgrund der hohen Genauigkeit der Holografie können die lokalen Auffälligkeiten auf der Bauteiloberfläche – zwar nicht so deutlich wie mit der Shearografie aber mit einem genügend hohen Kontrast – lokalisiert werden.

Prinzip der holografischen Detektion von Schäden

Aufgrund der kohärenten Laserstrahlung kann die relative Verformung zweier Objektzustände bei Überlagerung der nach den Gesetzen der Interferometrie aufgenommenen Hologramme gewonnen werden. Fehlstellen sind als deutliche Auffälligkeiten im Verformungsverlauf, resultierend aus der geringeren Steifigkeit im Bereich der Fehlstelle an der Messobjektoberfläche, detektierbar.

Vor- und Nachteile der holografischen Detektion von Schäden

Vorteile	Nachteile
flächenhafte Untersuchungen möglich	komplexe Datennachbearbeitung
für große Messobjekte geeignet	Tiefe der Fehlstelle bleibt oft unbekannt
schnelle Messung (in Echtzeit)	Fehlstelle muss sich an der Oberfläche bemerkbar machen
relativ kompakt (transportabel)	Laserschutz erforderlich
extreme Empfindlichkeit	empfindlich gegenüber Störungen aus der Umgebung
materialunabhängig	

Messbereich/Messgenauigkeit der holografischen Detektion von Schäden

Die Fläche einer Messung beträgt typischerweise 40×40 cm². Auf dem Markt sind jedoch Systeme erhältlich, die sowohl viel größere als auch viel kleinere Messflächen ermöglichen. In Verbindung mit einem Mikroskopsystem erlaubt die Holografie Untersuchung von sehr kleinen Messobjekten. Der Messfleck beträgt dabei lediglich wenige mm². Einzelne Messungen können überlappen, sodass auch große Messflächen untersucht werden können. Die Größe des Messobjektes ist dabei nicht limitiert, solange die Oberfläche für das Messsystem zugänglich ist.

Die Größe und die maximale Tiefe der noch detektierbaren Fehlstelle hängen von vielen Faktoren ab. Zu den wichtigsten Einflussgrößen sind die Beschaffenheit der Oberfläche, das Material, die Anregungsart und die Art der Fehlstelle zu zählen. Grundsätzlich gilt, dass die maximale Tiefe des noch detektierbaren Defektes maximal so groß wie die Größe der Fehlstelle sein darf. Aufgrund der enormen Empfindlichkeit des Verfahrens (bis in den nm-Bereich) reichen bereits geringe Kräfte aus, um messbare Deformationen an der Messobjektoberfläche zu verursachen.

Typische Anwendungen der holografischen Detektion von Schäden

Die holografische Detektion von Schäden ist noch nicht weit verbreitet. Das liegt daran, dass aufgrund der hohen Empfindlichkeit des Verfahrens der Einsatz außerhalb des Labors schwierig ist. Außerdem sind die Anforderungen an den Laser ziemlich hoch, was den Einsatz von billigen Laserdioden unmöglich macht. Dies hat zur Folge, dass die Holografie-Messsysteme immer noch vergleichsweise teuer sind.

Ebene Plattenstrukturen können mit Ultraschallwellen beaufschlagt werden, sodass im Messobjekt vor allem sogenannte Lamb-Wellen entstehen. Wenn in der zu untersuchenden Plattenstruktur Fehlstellen vorhanden sind, werden sie mit den Wellen interagieren. Anhand der mithilfe der Holografie gemessenen und visualisierten Lamb-Wellenausbreitung können Defekte somit lokalisiert werden.

Im Bereich der Untersuchung von Mikrostrukturen leistet die Holografie einen wichtigen Beitrag. Im ersten Schritt wird ein intaktes Bauteil untersucht, um Vergleichsdaten zu gewinnen. Durch einen Vergleich der aktuellen Messungen mit den Vergleichsdaten sind die defekten Teile ziemlich einfach von den Unbeschädigten zu unterscheiden.

Die Holografie kann auch zur Schwingungsanalyse eingesetzt werden. Eine Verschiebung von den Resonanzfrequenzen ist ein deutliches Indiz für das Vorhandensein von größeren strukturellen Veränderungen. Auf diese Weise können Defekte in den Strukturen detektiert werden, die sich an der Messobjektoberfläche noch nicht einmal bemerkbar machen. Lokale Schwingungsmoden infolge der lokal verminderten Steifigkeit verraten ebenfalls die Position des Defektes.

Die Holografie wird ebenfalls zur Untersuchung von Verbundwerkstoffen eingesetzt, aber – wie eingangs erwähnt – die Empfindlichkeit in Bezug auf äußere Einwirkungen macht dieses Verfahren jedoch für die rauen Industriebedingungen fast unbrauchbar. Deswegen beschränkt sich bisher dieser Einsatz fast ausschließlich auf den Bereich der Forschung und Erprobung.

6.2 Verfahren der holografischen Detektion von Schäden

Die Grundlagen der klassischen Holografie wurden bereits im Teil IV „Schwingungsmessung" ausführlich behandelt. Deshalb wird an dieser Stelle darauf verwiesen. Im Folgenden wird nicht mehr auf die absoluten Grundlagen und die Messdatenverarbeitung eingegangen, vielmehr wird darauf aufbauend die Holografie zur Detektion von Fehlstellen vorgestellt.

Entdeckt wurden die Grundprinzipien der Holografie schon in den Jahren 1947/48 vom ungarischen/britischen Wissenschaftler Denis Gabor, der während der Forschung auf dem Gebiet der Mikroskopie auf die physikalischen Grundlagen der Holografie gestoßen war. Er suchte damals nach Verbesserungsmöglichkeiten der Linsen für Elektronenmikroskope. Dabei beobachtete er Interferenzerscheinungen und legte damit die Grundlage der Messmethode der Holografie.

Als interferometrisches Messverfahren beruht die holografische Interferometrie auf dem Vergleich zweier oder mehrerer Lichtwellen, die bestimmte Objektzustände repräsentieren. Für die holografische Verformungsanalyse bedeutet dies, dass der Ausgangszustand holografisch festgehalten werden kann, um ihn mit einem veränderten Zustand vergleichen zu können. Die Hologramminterferometrie ermöglicht die Vermessung sowohl statischer als auch dynamischer Verschiebungsfelder.

Ein Laserstrahl wird aufgeweitet und beleuchtet möglichst gleichmäßig die Oberfläche des Messobjektes. An der Oberfläche wird das Laserlicht gestreut, reflektiert (Objektstrahl) und überlagert sich auf dem Kamerasensor (in der Regel CCD- oder auch CMOS-Sensor) mit dem Referenzstrahl. Je nachdem, ob die Interferenz konstruktiv oder destruktiv ist, wird eine körnige Struktur (sogenannte Speckles) als helle und dunkle Punkte aufgezeichnet. Der Speckle-Effekt resultiert aus der stochastischen Phasenverteilung der interferometrisch überlagerten Lichtwellen. Wird das Objekt nun belastet, verändert sich die Verteilung der Speckle entsprechend der Verformung. Die Überlagerung der beiden Interferogramme (unbelasteter und belasteter Objektzustand) liefert das typische Streifenmuster. Der Abstand der zwei benachbarten Streifen entspricht dabei einer Objektverformung, die der halben Laserwellenlänge des verwendeten Laserlichtes entspricht.

Die Überlagerung der Referenzwelle mit dem von der Oberfläche des Messobjektes reflektierten Objektstrahl kann mathematisch wie folgt beschrieben werden (Gerhard 2007):

$$I_{ges} = I_R + I_O + 2\sqrt{I_R \cdot I_O} \cos(\Delta\varphi)$$

I_{ges} – von dem Sensor gemessene Intensität
I_R – Intensität des Referenzstrahls
I_O – Intensität des Objektstrahls
$\Delta\varphi$ – Phasendifferenz.

Für qualitative Messungen genügt es, die Intensität der beiden Objektzustände (Referenzzustand I_{Ref} und verformter Zustand I_{Verf}) zu erfassen. Zunächst erfolgt die Aufnahme des Referenzzustandes.

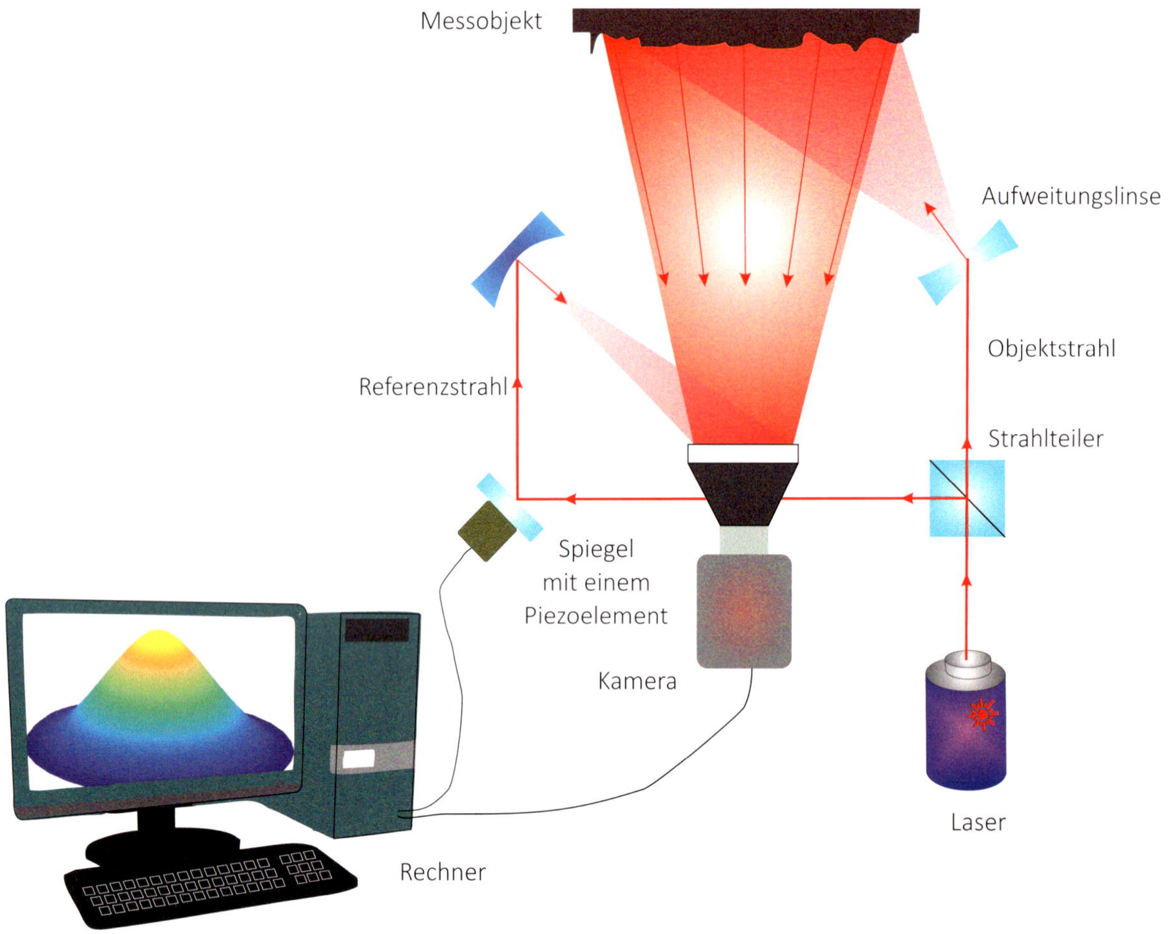

Bild 6.1 Messprinzip der Holografie (out-of-plane)

$$I_{\text{Ref}} = I_R + I_O + 2\sqrt{I_R \cdot I_O}\cos(\Delta\varphi)$$

Anschließend wird das Messobjekt belastet und erneut holografisch erfasst.

$$I_{\text{Verf}} = I_R + I_O + 2\sqrt{I_R \cdot I_O}\cos(\Delta\varphi)$$

Die Subtraktion der Interferogramme der beiden Objektzustände liefert ein Intensitätsbild, welches die bereits angesprochenen Korrelationsstreifen enthält. Die nun sichtbaren Korrelationsstreifen können in die Verformung umgerechnet werden. Zur automatischen Umrechnung der aufgenommenen Verformungsinformationen (in Form von Streifenbildern) in einen stetigen Verlauf ist diese Vorgehensweise jedoch ungeeignet. Dies resultiert aus dem schlechten Kontrast und den nicht vorhandenen Verformungsinformationen zwischen den Korrelationsstreifen.

Die quantitative Auswertung ist mithilfe der sogenannten Phasenschiebverfahren möglich. Grundsätzlich wird zwischen den zeitlichen- und den räumlichen Phasenschiebeverfahren unterschieden. Bei den zeitlichen Methoden wird der jeweilige Objektzustand mehrmals (mindestens dreimal) mit dem jeweils verändertem Lichtweg des Referenzstrahls aufgenommen. Für die Phasenschiebung werden in der Regel Piezoelemente verwendet, die auf wenige Nanometer genau angesteuert werden können. Die räumlichen Verfahren nutzen die Beugungseffekte bei Verwendung von z. B. kleinen Blenden. Der Vorteil besteht bei den räumlichen Methoden darin, dass lediglich zwei Aufnahmen (Referenzzustand und verformtes Messobjekt) benötigt werden. In Abhängigkeit von der Beleuchtungsrichtung variiert die Empfindlichkeit des Messgerätes in Bezug auf die Verformungsrichtung. Zur Messung von Verformungen aus der Ebene der Messobjektoberfläche heraus

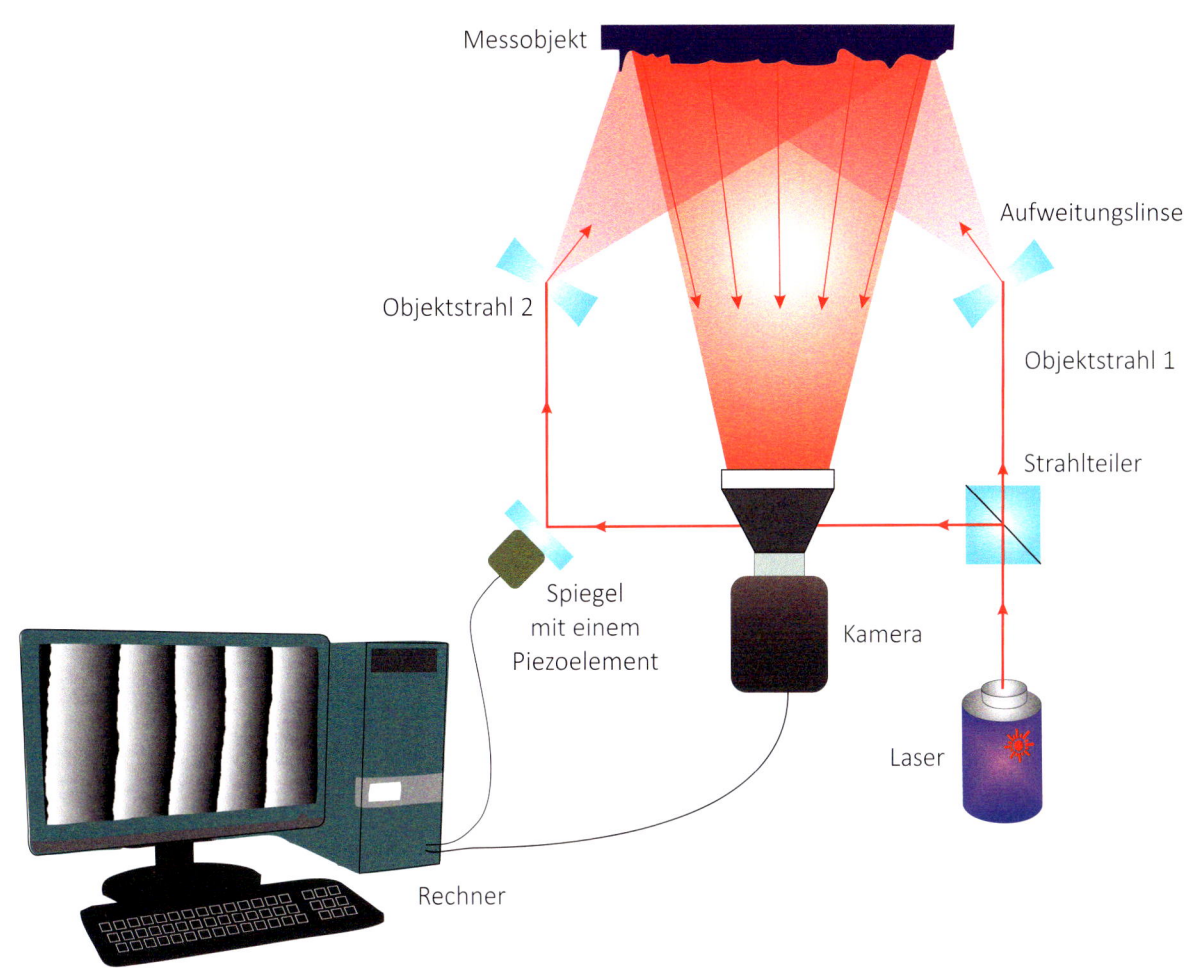

Bild 6.2 Messprinzip der Holografie (in-plane) zur Detektion von Fehlstellen

(out-of-plane) soll die Laserbeleuchtung senkrecht zur Kameraebene positioniert werden. Außerdem wird der Laserstrahl auf dem Weg zum Messobjekt in einen Referenz- und einen Objektstrahl aufgeteilt (Bild 6.1). Zur Messung von in-plane-Verformungen (Verformungen in der Ebene) wird kein Referenzstrahl benötigt. Die Beleuchtung der Messobjektoberfläche erfolgt dabei aus zwei unterschiedlichen Richtungen (jedoch unter dem gleichen Winkelbetrag).

Der Messbereich der Holografie ist relativ stark limitiert. Starrkörperverschiebungen bzw. Drehungen führen schnell dazu, dass die sogenannte Speckle-Dekorrelation auftritt. Dabei sind keine Korrelationsstreifen mehr zu beobachten und es sind keine holografischen Messungen möglich. Besonders empfindlich reagiert die Holografie auf in-plane-Verschiebungen. Außerdem sind die Anforderungen an die Laserlichtquelle ziemlich hoch (wegen der Kohärenzlänge), sodass die preiswerten Laserdioden für die Holografie ungeeignet sind.

Die Anregung der Prüflinge erfolgt analog zu der Shearografie. Die in dem Kapitel „Shearografie zur Detektion von Fehlstellen" vorgestellten Anregungsarten sind auch für die Holografie geeignet. Der einzige Unterschied besteht in der Anregungsamplitude. Aufgrund der hohen Empfindlichkeit der Holografie sind wesentlich geringere Amplituden der Verformung des Messobjektes zur Bauteiluntersuchung notwendig. Das gilt für alle Anregungsarten, wie statische, thermische, dynamische, hydrostatische als auch Ultraschallanregung.

Bild 6.3 Komplettes Messsystem bestehend aus einem Mikroferoskopmodul, einer CCD-Kamera, einem Stereomikroskop, der Optotronik und einem Rechner mit der Auswertsoftware Optis 2

6.3 Anwendungsbeispiel der Holografie zur Detektion von Fehlstellen

Die Holografie ist besonders zum Nachweis von kleinen und mittelgroßen Fehlstellen (im Millimeter- und Zentimeterbereich) gut geeignet. Die klassische Holografie lässt sich auch gut mit den anderen Methoden, wie z. B. der Mikroskopie, kombinieren, um auch sehr kleine Fehlstellen (µm-Bereich) zu detektieren. Die sehr hohe Empfindlichkeit gegenüber den störenden Einflüssen aus der Umgebung macht jedoch die breite industrielle Nutzung dieses Verfahrens zur Fehlstellendetektion derzeit noch unmöglich.

Holografische Mikroskopie zur Defektdetektion von mikroskopischen Fehlstellen

An der Hochschule Trier wurde ein Zusatzmodul entwickelt, welches die handelsüblichen Mikroskope um die Möglichkeit der hochgenauen Verformungsmessung erweitert. Das Mikroferoskopmodul wird über das Bedienprogramm Optis 2 gesteuert. Die Ansteuerung der beweglichen Komponenten und der Piezoelemente erfolgt über eine Optotronik.

Neben der Messung von Verformungen können aber auch Defekte mithilfe des entwickelten Messgerätes nachgewiesen werden. Für diesen Zweck kann die holografisch gemessene Verformung des Prüflings mit der Sollverformung verglichen werden.

Untersucht werden Mikromembranen, die einen Durchmesser von 5 mm aufweisen (Bild 6.4).

Bei einer defekten Membran ist die gemessene Verformung nicht mehr der aufgebrachten Belastung proportional. Die beschädigte Membran hat außerdem eine deutlich abweichende Verformung (Bild 6.5).

Aus Bild 6.5 ist deutlich erkennbar, dass die untersuchte Membran auf der rechten Seite einen Defekt aufweist. Für die weitere Verwendung ist diese Membran nicht mehr geeignet. Bei einer näheren Untersu-

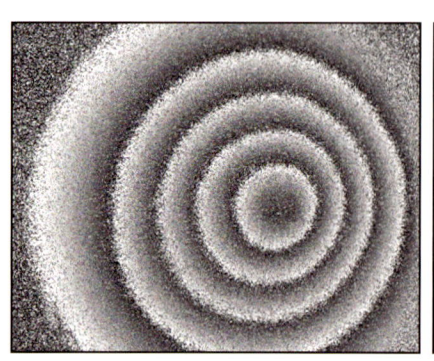

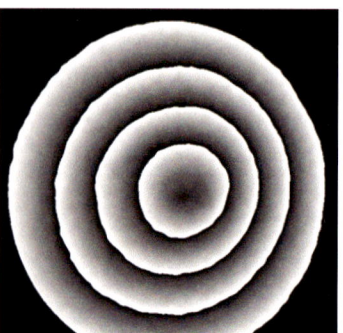

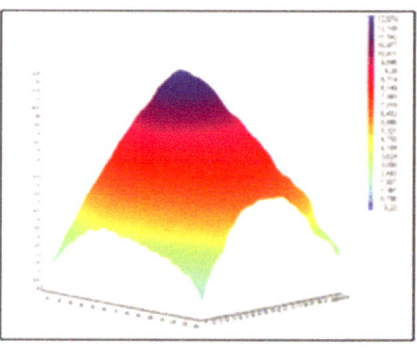

Bild 6.4 Ergebnisse der Untersuchung der intakten Mikromembran (von links nach rechts: Phasenbild, gefiltertes Phasenbild, berechnete Verformung)

Bild 6.5 Ergebnisse der Untersuchung der defekten Mikromembran mithilfe des Mikroferoskops (von links nach rechts: Phasenbild, gefiltertes Phasenbild, demoduliertes Phasenbild)

chung konnte im Bereich des detektierten Defektes ein Riss lokalisiert werden.

7 Laservibrometrie zur Detektion von Schäden

7.1 Verfahrensgrundlagen

Die Laservibrometrie ist das wohl bekannteste optische Messverfahren zur Untersuchung von Schwingungsvorgängen und wird bereits seit mehreren Jahrzehnten erfolgreich industriell eingesetzt. Beim Einleiten in das Messobjekt, von an der Oberfläche messbaren hochfrequenten Lamb-Wellen, die mit der Fehlstelle messbar interagieren und dadurch eine Veränderung der Oberflächenschwingung verursachen, können auch verdeckte Schäden mithilfe der Laservibrometrie detektiert werden.

Prinzip der Detektion von Schäden mittels der Laservibrometrie

Das vom Prüfling zurückgestreute Laserlicht erfährt aufgrund des Dopplereffekts eine Frequenzverschiebung, die nach interferometrischer Auswertung die Bestimmung der Schwinggeschwindigkeit des Prüflings erlaubt (Bild 7.1). Die in das Messobjekt eingeleiteten Lamb-Wellen werden durch die Fehlstelle beeinflusst und ermöglichen somit die Detektion dieses Defektes.

Vor- und Nachteile der Detektion von Schäden mittels Laservibrometrie

Vorteile	Nachteile
flächenhafte Untersuchungen möglich	komplexe Anregung
für große Messobjekte geeignet	Tiefe der Fehlstelle bleibt unbekannt
schnelle Messung (in Echtzeit)	Fehlstelle muss sich an der Oberfläche bemerkbar machen
extreme Empfindlichkeit (nm-Bereich)	Laserschutz evtl. erforderlich
	empfindlich gegenüber Störungen
	nicht für alle Werkstoffe geeignet (wegen der Materialdämpfung)

Messbereich/Messgenauigkeit der Detektion von Schäden mittels Laservibrometrie

Aufgrund der hohen Empfindlichkeit der Laservibrometrie ist die Aufzeichnung der Amplituden der Oberflächenschwingung bis in den Nanometerbereich problemlos möglich. Das hat zur Folge, dass auch sehr kleine Strukturschäden (Mikrometerbereich) unter idealen Bedingungen detektiert werden können.

Die Größe der Messfläche entspricht der klassischen Laservibrometrie zur Schwingungsanalyse und beträgt bis zu einige Quadratmeter. Der Abstand zwischen dem Messsystem und dem Prüfling ist durch wechselbare Objektive variabel und liegt typischerweise zwischen 5 mm und 100 mm.

Die Tiefe des Werkstofffehlers spielt in Plattenstrukturen bei diesem Verfahren eine untergeordnete Rolle, da die eingeleitete Welle mit dem Strukturschaden interagieren wird und sich somit das Ausbreitungsverhalten ändert.

Typische Anwendungen der Detektion von Schäden mittels Laservibrometrie

Zu den typischen Anwendungen zählt die Untersuchung von CFK-Platten, da sich lediglich in dünnen Strukturen die Lamb-Wellen ausbreiten können. In der Luft- und Raumfahrt sind die Strukturschäden besonders kritisch und werden deshalb einer 100 %-Kontrolle unterzogen. Die Laservibrometrie zählt zu den neuen vielversprechenden Verfahren auf diesem Gebiet. Jedoch ist dieses Verfahren auf dem Gebiet der zerstörungsfreien Werkstoffprüfung noch nicht sehr verbreitet.

Im Bereich der Forschung ist der Einsatz der Laservibrometrie nicht mehr wegzudenken. Aufgrund der hohen Empfindlichkeit und dem großen Frequenzmessbereich können sowohl große als auch kleine Strukturen schnell und präzise untersucht werden. Die so gewonnenen Messdaten werden zur Entwicklung von neuen Messmethoden benötigt. Zum Beispiel in Flugzeugen werden während des Fluges anhand der piezobasierten Messdatenaufzeichnung flächendeckende Schwingungsinformationen gesammelt. Mithilfe dieser Daten können mögliche Strukturschäden somit lokalisiert werden. Zur Auswertung der Messdaten werden jedoch Erfahrungswerte benötigt, die lediglich mit der Laservibrometrie zu gewinnen sind.

7.2 Verfahren zur Detektion von Schäden mittels Laservibrometrie

Die Grundlagen der klassischen Laservibrometrie wurden bereits im Teil IV „Optische Untersuchung mechanischer Schwingungen und Bewegungsanalyse" ausführlich behandelt. Deshalb wird an dieser Stelle darauf verwiesen. Im Folgenden wird nicht mehr auf die absoluten Grundlagen und die Signalverarbeitung eingegangen, vielmehr wird darauf aufbauend die Laservibrometrie zur Detektion von Fehlstellen vorgestellt.

Die Laservibrometrie basiert auf dem Dopplereffekt. Das fokussierte Laserlicht wird von der schwingenden Oberfläche des Prüflings reflektiert. Dabei wird die Schwingungsfrequenz der Lichtwelle aufgrund der schwingenden Messobjektbewegung verändert. Die reflektierte Lichtwelle enthält also die Information bezüglich der Schwinggeschwindigkeit der zu untersuchenden Struktur. Die direkte messtechnische Erfassung der Frequenzänderung ist aufgrund des sehr kleinen Wertes (10^{-8} Hz) nicht einfach und erfordert eine sehr leistungsfähige Datenerfassung. Mittels eines Interferometers ist die Auswertung des Messsignals um einiges einfacher und vor allem werden an die Datenerfassung keine so hohen Forderungen gestellt. Mithilfe des interferometrischen Aufbaus wird mittels des Strahlteilers 1 zusätzlich zum Objektstrahl ein Referenzstrahl erzeugt. Der Referenzstrahl wird direkt zum Detektor umgelenkt. Nach der Reflexion des Objektstrahls von dem Messobjekt werden die beiden Wellenfronten überlagert. Der optische Weg des Referenzstrahls bleibt während der Messung unverändert, deshalb hängt das resultierende Interferenzmuster lediglich von der Schwingung des Messobjektes ab. Eine Änderung der registrierten Lichtintensität am Detektor zwischen dem minimalen Wert zu der maximalen Intensität entspricht dabei einer Messobjektverschiebung von halber Wellenlänge des verwendeten Laserlichtes (in der Regel ca. 330 nm). Die dunklen Streifen resultieren aus der destruktiven Interferenz und die

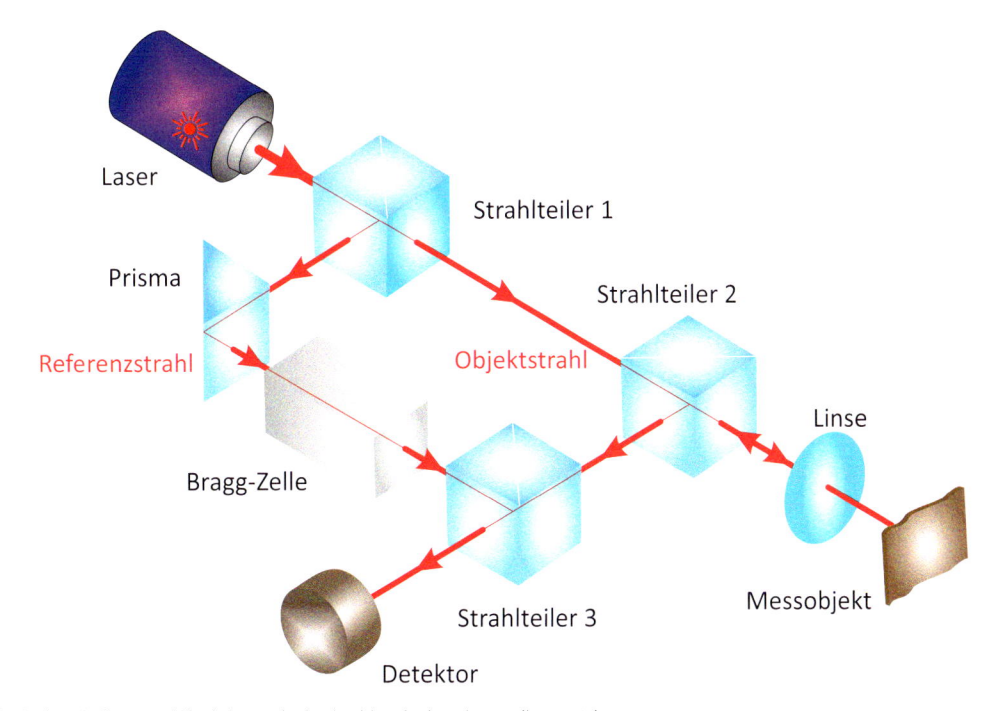

Bild 7.1 Optischer Aufbau und Funktionsprinzip der klassischen Laservibrometrie

hellen Streifen folglich aus der konstruktiven Interferenz der beiden Strahlen. Die Änderung des Interferenzmusters ist direkt proportional zur Geschwindigkeit der zu untersuchenden schwingenden Oberfläche und wird aus der Messung des Interferenzmusters bestimmt.

Die Richtung bzw. das Vorzeichen der Schwingung (zum Sensor hin oder weg vom Sensor) ist mit dem beschriebenen Aufbau nicht möglich. Zur Eliminierung dieses Nachteils wird zusätzlich ein akusto-optischer Modulator (Bragg-Zelle) in den Referenzstrahl integriert. Die Bragg-Zelle bewirkt eine Frequenzmodulation des Referenzstrahls. Je nach Bewegungsrichtung des Messobjektes wird die Frequenzmodulation entweder vergrößert oder verkleinert. Dadurch ist nun die Schwingrichtung bestimmbar.

Neben der Bestimmung der Schwingfrequenz kann die Amplitude der Schwingung direkt gemessen werden. Insbesondere bei niedrigen Frequenzen und somit relativ großen Amplituden ist diese Methode zu bevorzugen. Der Zusammenhang kann mithilfe folgender Formel erläutert werden:

$$v = 2\pi \cdot f \cdot s$$

v – Schwinggeschwindigkeit
f – Schwingfrequenz
s – Weg (Amplitude).

Die höheren Schwingfrequenzen erzeugen also relativ kleine Amplituden, jedoch hohe Geschwindigkeiten. Aus diesem Grund ist bei hohen Frequenzen die Erfassung der Schwinggeschwindigkeit vorteilhafter.

Zur flächenhaften Erfassung der Schwingungsform wird die Messung an mehreren zuvor definierten Stellen durchgeführt. Für diesen Zweck können beispielsweise Spiegel eingesetzt werden, die den Objektstrahl definiert ablenken. Mit einem einzigen Laservibrometer können die Schwingungen lediglich in einer Raumrichtung erfasst werden. Um die Schwingungsvorgänge in allen drei Raumrichtungen zu analysieren, werden also mindestens drei Laservibrometer benötigt, die miteinander synchronisiert werden.

Eine direkte Fehlstellendetektion mithilfe dieses Verfahrens ist, wie eingangs erwähnt, nicht möglich. Eine der Möglichkeiten besteht darin, dass in die Teststruktur hochfrequente Ultraschallwellen eingeleitet werden, die mit der Fehlstelle interagieren und die Position des Strukturschadens somit detektierbar machen.

7.2.1 Laservibrometrische Detektion von Fehlstellen mittels Lamb-Wellen

Die Anregung des Messobjektes erfolgt mit Ultraschallwellen. Die Ultraschallwellen können sich als Longitudinal-, Long-, Druck-, Transversal-, Scher- oder Schubwellen im Messobjekt ausbreiten. In dünnen Platten können aufgrund der Begrenzung sogenannte geführte Wellen (Platten oder Lamb-Wellen) entstehen (Gevatter 2006). Diese Wellenart ist elastisch und kann folglich mit der Fehlstelle interagieren.

Die Ultraschallwellen werden mithilfe von piezokeramischen Aktoren in die Struktur eingeleitet. Die Aktoren werden in der Regel mit der Oberfläche des Messobjektes verklebt. Die Anregung erfolgt oft in Form eines sinusförmigen Burst-Signals (im kHz-Bereich) oder eines Impulses. Die Lösung der charakteristischen Gleichung der Lamb-Wellentheorie für jede Frequenz liefert mindestens zwei Lösungen. Jede Lösung entspricht einem Mode (S_0- und A_0-Mode) der Lamb-Wellen (Schubert 2013).

Die einzelnen Moden breiten sich in der Plattenstruktur mit unterschiedlichen Geschwindigkeiten aus und sind somit auch getrennt voneinander zu beobachten. Die Energieübertragung erfolgt entweder als Longitudinal- oder Transversalwelle. Deshalb enthält die Schwingung sowohl in-plane- als auch out-of-plane-Verformungsanteile. Von größerer Bedeutung (für technische Anwendungen) sind die out-of-plane-Anteile (also Transversalwelle). Die Amplitude der Lamb-Wellenschwingung beträgt in der Regel lediglich wenige hundert Nanometer. Bei noch höheren Frequenzen werden oft die in-plane-Anteile dominant.

Je nach Werkstoffzusammensetzung des Prüflings klingen die Schallwellen mehr oder weniger schnell ab. Strukturen aus Metall und Faserverbundwerkstoffe sind jedoch in einigen Frequenzbereichen aufgrund der relativ geringen Dämpfung gut geeignet, um mithilfe der Lamb-Wellen auf Defekte analysiert zu werden. Von der Anregungsfrequenz hängen die Amplitude und die Wellenlänge der erzeugten Lamb-Wellen ab.

Um die Fehlstelle herum entstehen nach dem Durchlaufen der Lamb-Wellen (der beiden Moden), infolge der Wechselwirkung mit dem Defekt, neue Biegewellen, die mithilfe der Laservibrometrie sichtbar gemacht werden können. Im Zentrum der neuen Biegewellen befindet sich der Strukturschaden. Diese von der Fehlstelle ausgehenden Wellen sind mit einem Stein zu ver-

7.2 Verfahren zur Detektion von Schäden mittels Laservibrometrie

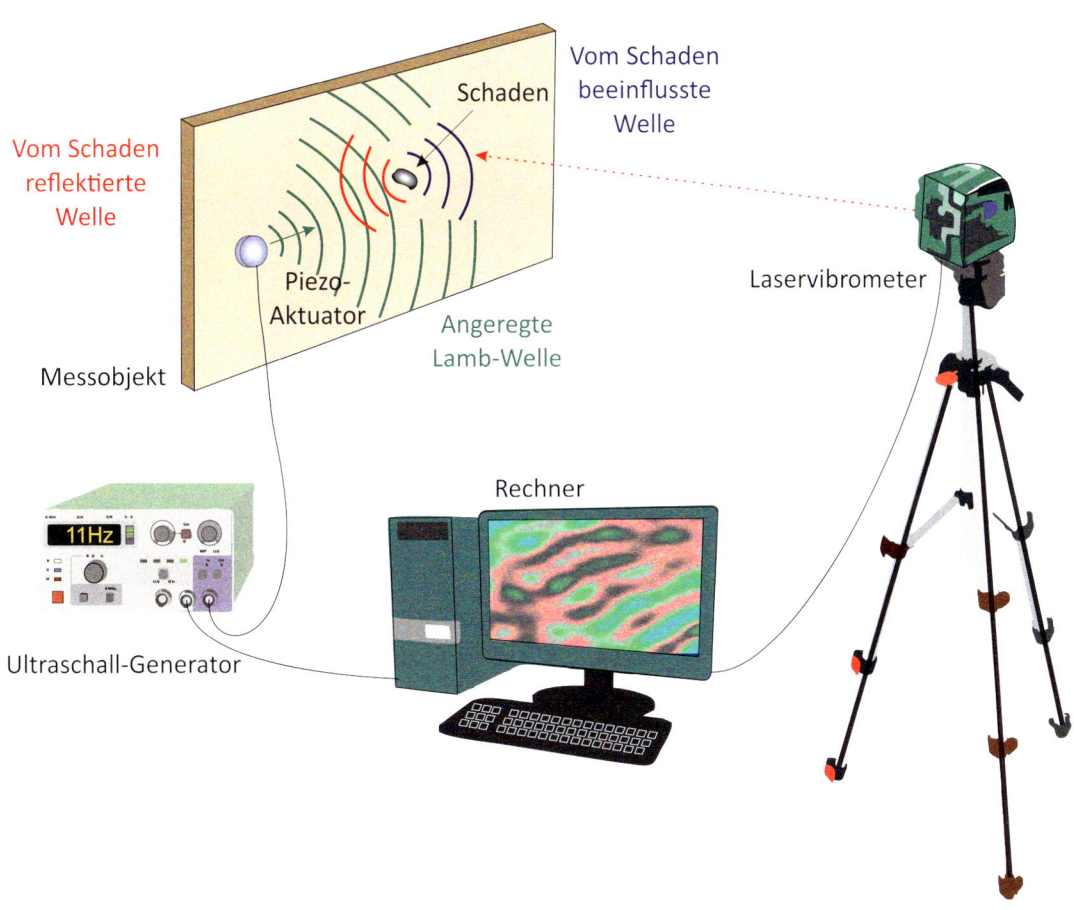

Bild 7.2 Prinzip der Laservibrometrie zur Detektion von Defekten, Anregung erfolgt mittels Lamb-Wellen

gleichen, welcher ins Wasser geworfen wird und somit eine Art Störung bewirkt. Die sehr hohe Empfindlichkeit der Laservibrometrie (wenige Nanometer) erlaubt somit die Detektion von sehr kleinen Defekten (Bild 7.2).

7.2.2 Detektion von strukturellen Fehlstellen mittels Laservibrometrie

Die Laservibrometrie ist in erster Linie ein Verfahren zur Detektion von Eigenfrequenzen und anderen modalen Parametern. Eine zeitliche Änderung der Eigenfrequenzen oder der Eigenvektoren entsteht oft aufgrund von größeren Defekten. Deshalb kann man mithilfe eines simplen Vergleiches der modalen Parameter einer intakten Anlage mit den Parametern, die nach einer gewissen Betriebszeit ermittelt werden, auf den Zustand der Struktur schließen.
Für diesen Zweck kann das Modal Assurance Criterion (MAC) verwendet werden. Die MAC-Matrix stammt ursprünglich aus der Signalanalyse und wird hauptsächlich zur Validierung der experimentellen Modalanalyse eingesetzt. Diese Matrix ist im Idealfall diagonal besetzt (Bild 7.3). Bei Abweichungen oder in diesem Fall Verschiebung der modalen Parameter infolge einer Schädigung der zu untersuchenden Struktur wird eine deutliche Abweichung von der Diagonalbesetzung beobachtet.

Die Änderung der modalen Parameter wird dadurch verursacht, dass die Steifigkeit des Systems verändert (minimiert) wird. Mithilfe dieser Methode können folglich größere Beschädigungen erkannt werden, die bereits auf die gesamte Struktur einen Einfluss haben. Diese Methode ist aber einfach anzuwenden und erlaubt eine schnelle Überprüfung von großen Konstruktionen (z. B. Brücken).

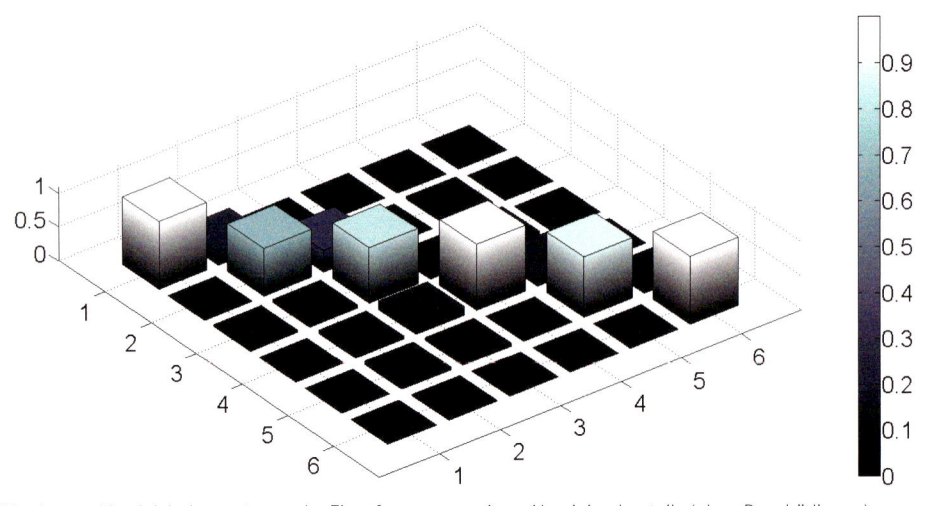

Bild 7.3 MAC-Matrix zum Vergleich der ersten sechs Eigenfrequenzen eines Aluminiumbauteils (ohne Beschädigung)

8 Literaturverzeichnis zu Teil IX

Bauer, N.: Handbuch zur industriellen Bildverarbeitung, Qualitätssicherung in der Praxis, Fraunhofer IRB Verlag, Stuttgart, 2008

Bauer, N.: Leitfaden zur Wärmefluss-Thermografie-Zerstörungsfreie Prüfung mit Bildverarbeitung, Erlangen Fraunhofer-Allianz Vision, 2005

Biermann, H.; Kruger, L.: Moderne Methoden der Werkstoffprüfung, Wiley-VCH Verlag, 1. Auflage, 2014

Eichler, H.J.; Eichler, J.: Laser, Bauformen, Strahlführung, Anwendungen, Springer Verlag, 2015

Flesch, U.; Schlungbaum, W.; Stabell, U.: Medizinische Strahlenkunde, 7. Auflage, Walter de Gruyter Verlag, 1994

Flügge, S.: Röntgenstrahlen, X-Rays, Springer Verlag, 1957

Gerhard, H.: Entwicklung und Erprobung neuer dynamischer Speckle-Verfahren für die zerstörungsfreie Werkstoff- und Bauteilprüfung, Promotion an der Universität Stuttgart, 2007

Gevatter, H.J; Grünhaupt, U.: Handbuch der Mess- und Automatisierungstechnik in der Produktion, 2. Auflage, Springer-Verlag, 2006

Kleine-Ostmann, T.: Markerfreie Analytik biologischer Moleküle: THz-Spektroskopie und Leitfähigkeitsuntersuchungen, Cuvillier Verlag Göttingen, 2005

Kohlrausch, F.: Praktische Physik 1, 24. Auflage, B.G. Teubner Stuttgart, 1996

Meissner, K.W.: Lehre von der strahlenden Energie (Optik), Friedr. Vieweg & Sohn Verlag, 1929

Menner, P.: Zerstörungsfreie Prüfung von modernen Werkstoffen mit dynamischen Shearografie-Verfahren, Promotion an der Universität Stuttgart, 2013

Nabil, A.F.; Richter, T.: Leitfaden Thermografie im Bauwesen, 3. Auflage, Fraunhofer IRB Verlag, 2008

Ostrowski, I.: Holografie – Grundlagen, Experimente und Anwendungen, 2. Auflage, Teubner Verlagsgesellschaft 1989

Schiebold, K.: Zerstörungsfreie Werkstoffprüfung – Sichtprüfung, 1. Auflage, Springer Verlag, 2015

Schubert, K.J.: Beitrag zur Strukturzustandsüberwachung von faserverstärkten Kunststoffen mit Lamb-Wellen unter veränderlichen Umgebungsbedingungen, Science-Report aus dem Faserinstitut Bremen, Band 7, 2013

Seidel, W.W.; Hahn, F.: Werkstofftechnik, Werkstoffe – Eigenschaften – Prüfung – Anwendung, 10. Auflage, Carl Hanser Verlag, 2012

Siebel, E.: Handbuch der Werkstoffprüfung, zweite Auflage, Springer Verlag, 1958

Siegbahn, M.: Spektroskopie der Röntgenstrahlung, Springer-Verlag, zweite Auflage, 1931

Waidelich, W.: Laser in der Technik/Laser in Engineering: Vorträge des 11. Internationalen Kongresses, Springer-Verlag, 2013

TEIL X
Normen in der optischen Messtechnik

1	Einleitung	591
2	Basiswissen Normung	594
3	Übersicht von Normen in der Messtechnik, optischen Messtechnik	597
4	Literaturverzeichnis	601

1 Einleitung

Die Integration von Fertigungsnormen/Qualitätsstandards/-Normen gewinnt mehr und mehr an Bedeutung. Ständig werden neue Normen entwickelt und alte überarbeitet. Von den rein „Nationalen Normen", über die „Europäischen Normen" hin zu „Internationalen Normen" erfolgt ein reger Austausch der einzelnen Nationen. In einer globalen Wirtschaft stellen Normen ein erhebliches Qualitätsmerkmal dar. Die ständige Weiterentwicklung von Produkten und der weltweite Handel erfordern Standards, um mit den vorhandenen Ressourcen ökonomisch und ökologisch umzugehen.

In dem vorliegenden Kapitel soll daher nach einem kleinen Rückblick und einer kurzen Einführung in die verschiedenen Arten der Normen gezielt auf die wichtigsten Normen in der optischen Messtechnik eingegangen werden. Es sei jedoch hier schon darauf hingewiesen, dass diese Thematik an dieser Stelle nicht erschöpfend betrachtet werden kann. Die ständige Weiterentwicklung der Normen macht es notwendig, sich ständig mit dieser Themenstellung auseinanderzusetzen.

Bild 1.1 Verschiedene Arten der Normen Nationale (DIN), Europäische (EN) und Internationale (ISO)

1.1 Historie, Rückblick im Bereich Normung

Die Notwendigkeit Bedingungen, Abmessungen, Materialien usw. von Bauteilen festzulegen, reicht bis ins tiefe Mittelalter zurück. Im Rahmen der zunehmenden Industrialisierung ist diese Notwendigkeit immer bedeutungsvoller geworden. Bereits 1906 wurde die „Internationale Elektrotechnische Kommission" (IEC) gegründet. Die Elektrotechniker erkannten somit schon Ende des 19. und Anfang des 20. Jahrhunderts die Notwendigkeit nach kontinuierlichen, methodischen und internationalen Normen. Dem folgte die ISA (International Federation of the National Standardizing Associations), die 1926 gegründet wurde. Die ISA hat Vorschläge ausgearbeitet, die wiederum in nationalen Normenausschüssen entsprechend umgesetzt wurden. Vorreiter waren die ISA-Passungen im Maschinenbau, welche eine Kompatibilität bzw. Austauschbarkeit von Maschinenteilen ermöglichten. Nach dem Zweiten Weltkrieg wurde dann als Nachfolger der ISA die ISO (Internationale Organisation für Normung) ins Leben gerufen. Seit 1952 ist Deutschland durch die DIN (Deutsches Institut für Normung) wieder Mitglied der ISO und des IEC.

Heute ist eine Rechtsgrundlage für die Wahrnehmung der Normungsaufgaben der DIN gegeben durch:
- Die Satzung des DIN
- die Normen der Reihe DIN 820 „Normungsarbeit"
- Normenvertrag mit der BRD vom 5. Juni 1975.

Historie von Normen optischer Systeme und Subsysteme
- Seit 1978 ISO/TC 172 Optics and photonics, Internationale Norm für Optik und Photonik.
- Seit 1985 ISO/TC 172/SC 9 Electrooptical Systems, Internationale Norm für optische Messtechnik.

1 Einleitung

Bild 1.2
DIN EN ISO 9000 Normensystem zum Qualitätsmanagement

1.2 Qualitätsmanagement, Normenbezug auf die Qualität von Produkten

Das Qualitätsmanagement (QM) wird in Deutschland in den DIN EN ISO 9000, 9001 und 9004 beschrieben.
- DIN EN ISO 9000: Beschreibt die Grundlagen und gibt die Terminologie für das Qualitätsmanagementsystem vor.
- DIN EN ISO 9001: Definiert die Anforderung für ein QM-System. Die Erfüllung der Norm ist die Grundlage für die Zertifizierung für ein QM-System.
- DIN EN ISO 9004: Gibt einen Leitfaden vor, der auf die Wirksamkeit und Effizienz des QM-Systems abzielt.

Das Qualitätsmanagement ist darin wie folgt definiert:

„Die aufeinander abgestimmten Tätigkeiten zum Leiten und Lenken einer Organisation bezüglich Qualität". Die darin enthaltene Qualitätssicherung gilt dabei als „Teil des Qualitätsmanagements der auf die Erfüllung von Qualitätsanforderungen gerichtet ist" (Brüggemann H.2015). Die wesentlichen Aufgaben sind in Bild 1.3 dargestellt.

PMM.Net Prüfmittelmanagement Beispiel Prüfmittelmanagement (PMM):
- Überprüfen und sicherstellen von Qualität, Einsatzfähigkeit und Zuverlässigkeit verwendeter Prüfmittel
- rechnergestütztes PMM vereinfacht Normen- und Richtlinienkonformität der Prüfmittel und unterstützt bei der Prüfmittelfähigkeitsuntersuchung sowie -kalibrierung

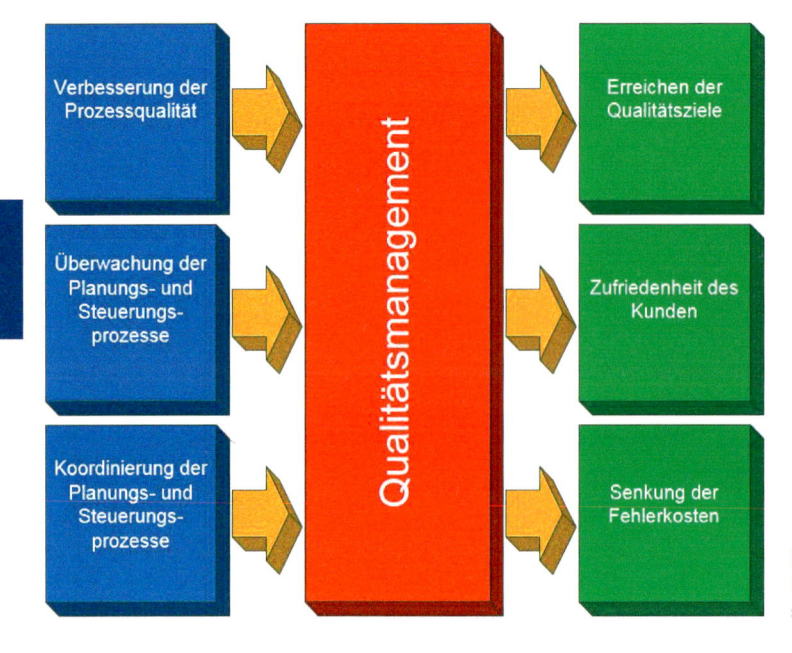

Bild 1.3
Integration von Fertigungsnormen, Qualitätsstandards und Qualitätsnormen

1.2 Qualitätsmanagement, Normenbezug auf die Qualität von Produkten

eNORM Beispiel Normenmanagement (NMM)

- Auflisten und Bereitstellen sowie Aktualisieren und Verwalten von verwendeten Normen
- Softwareprogramme und Netzwerke können den heutigen, hohen Anforderungen an das Normenmanagement gerecht werden.

Was ist eigentlich Qualität?

Definition von Qualität: „Qualität ist die Gesamtheit von Merkmalen einer Einheit (Produkt oder Dienstleistung) bezüglich ihrer Eignung, festgelegte und vorausgesetzte Erfordernisse zu erfüllen" (DIN EN ISO 9000).

Der Grad der Qualität ist dabei definiert durch den Vergleich von Input und Output (s. Bild 1.4).

Der Begriff Qualitätsmanagement ist heute viel umfassender und gesamtheitlicher zu betrachten als noch in den vergangenen Jahren. Die Einbeziehung aller Beteiligten zu einem vollumfänglichen und transparenten Austauschprozess ist dabei von erheblicher Bedeutung. Eine wichtige Voraussetzung für dieses umfassende Computer Aided Quality Management (CAQ) ist die Standardisierung von Prozessen (ISO 9000 etc.) und Vereinheitlichung von Schnittstellen (Hehenberger P., 2011).

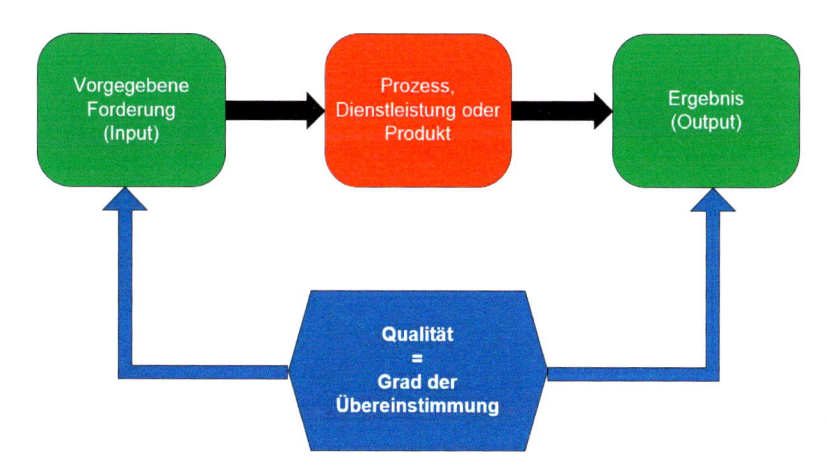

Bild 1.4
Definition des Qualitätsbegriffs

2 Basiswissen Normung

Unter Normung wird jedes Festlegen eines sich wiederholenden, technischen oder organisatorischen Vorganges verstanden – somit nicht nur die Anwendung von Normen (z. B. nach DIN), sondern auch das innerbetriebliche Erstellen von Hersteller- und Produktnormen. Wesentlich ist dabei zu erkennen, wann Teile- und Produktionsausführungen oder allgemein Vorgänge grundsätzlich ähnlich, aber doch jeweils leicht verschieden vorkommen. Wenn das der Fall ist, bietet sich in der Regel eine Norm an.

2.1 Normen im Alltag

Im täglichen Leben begegnen wir einer Vielzahl von Normen – bewusst oder unbewusst. Ohne Normen wäre ein geordnetes Alltagsleben kaum bzw. gar nicht möglich. Nachfolgend sind stellvertretend nur einige aufgelistet:

Ernährung

DIN EN ISO 7328	Fettgehalt von Speiseeis
DIN EN ISO 21415	Glutengehalt von Weizen

Sport

DIN EN 13061	Schienbeinschützer beim Fußball
DIN 18035	Sportplätze, Rasenflächen

Freizeit

DIN 67502	Sonnenschutzmittel
DIN EN 1972	Schnorchel

Verkehr

DIN EN 12368	Signalleuchten, Verkehrsampeln
DIN EN 228	Kraftstoffe für Kraftfahrzeuge

Infrastruktur

DIN EN 206	Beton
DIN EN 12899	Ortsfeste, vertikale Verkehrszeichen
DIN 476	Standardgrößen für Papierformate

Dienstleistungen

DIN 77800	Betreutes Wohnen
DIN EN 12522	Umzugsdienste

Konsumgüter

DIN 2137	Deutsche Tastaturen
DIN EN 60456	Gebrauchseigenschaften von Waschmaschinen

Haushalt

DIN EN 840	Mülltonnen / Abfallbehälter
DIN EN 71	Sicherheit von Spielzeug

Normen im Maschinenbau

DIN 912	Zylinderschrauben mit Innensechskant
DIN 934	Sechskantmuttern
DIN 125	Unterlegscheiben

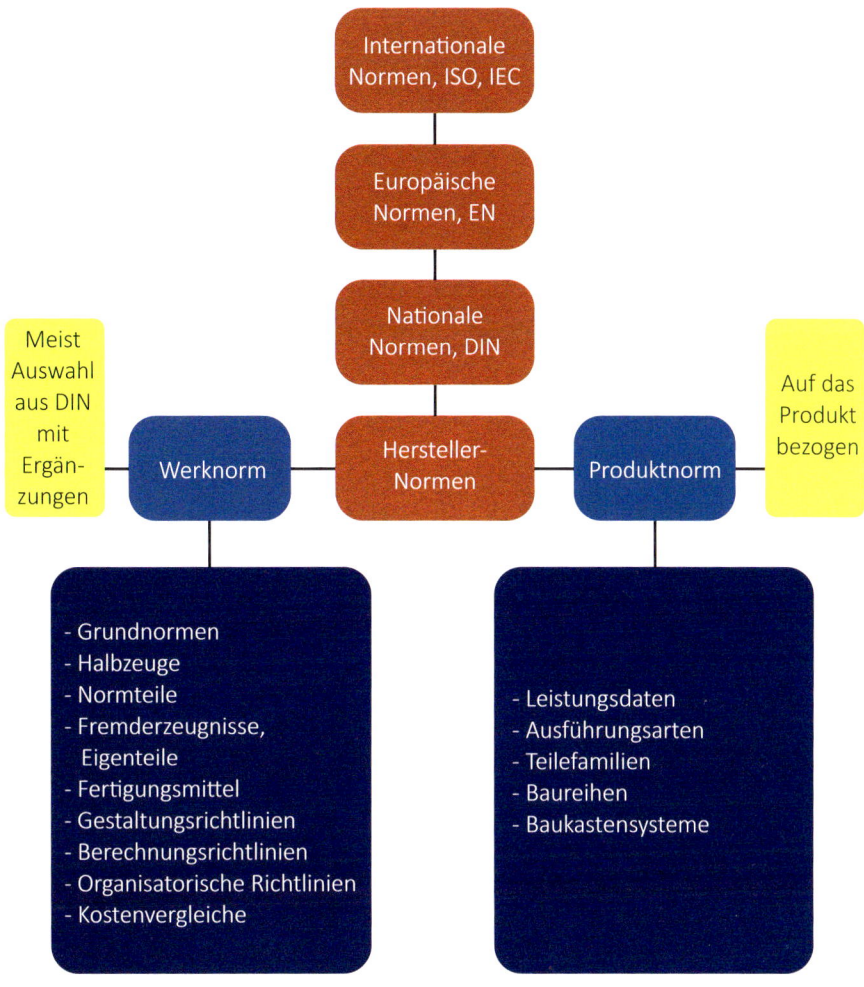

Bild 2.1 Flussdiagramm Normen

2.2 Zuordnung von Normen

2.2.1 Nationale (Deutsche) Normen

Nationale Normen haben ausschließlich oder überwiegend nationale Bedeutung oder werden als Vorstufe zu einem internationalen Dokument veröffentlicht. Arten nationaler Normen (Deutschland):

- DIN: Deutsche Norm, die überwiegend nationale Bedeutung hat
- DIN VDE: Elektrotechnische Normen mit sicherheitsrelevanten bzw. EMV-spezifischen Festlegungen (elektro-magnetische Verträglichkeit)
- VG: Normen für Verteidigungsgeräte, vom deutschen Bundesamt für Wehrtechnik und Beschaffung (BWB) Koblenz herausgegeben

Zuständige Organisationen (Deutschland) für das Festlegen von Normen sind:
- DIN: Deutsches Institut für Normung DIN
- VDE: VDE-Verband der Elektrotechnik Elektronik Informationstechnik **VDE**
- DKE: Deutsche Kommission Elektrotechnik Elektronik Informationstechnik im DIN und VDE **DKE**

2.2.2 Europäische Normen

Europäische Normen (EN) werden von einem der drei europäischen Komitees für Standardisierung (CEN, CENELEC und ETSI) ratifiziert (siehe unten).

Sie müssen von den nationalen Normungsorganisationen aller europäischen Länder unverändert als nationale Normen übernommen werden.

Ziel europäischer Normen: Vereinheitlichung aller in Europa geltenden Normen.

Arten europäischer Normen:
- EN: Europäische Norm als eigenständige Norm, wenn die unveränderte Übernahme vorhandener ISO-Normen nicht möglich ist. Die EN-Nummer weicht dann auch von der ISO-Nummer ab.
- EN ISO: Europäische Norm, die unverändert von ISO übernommen wurde. EN-Nr. gleich ISO-Nr.
- DIN EN: Deutsche Ausgabe einer europäischen Norm, die unverändert von allen Mitgliedern der europäischen Normungsorganisationen CEN/CENELEC/ETSI übernommen wurde.
- DIN EN ISO: Deutsche Ausgabe einer europäischen Norm, die mit einer internationalen Norm identisch ist und die unverändert von allen Mitgliedern der europäischen Normungsorganisationen CEN/CENELEC/ETSI übernommen wurde.

Zuständige Organisationen für das Festlegen von europäischen Normen sind:
- CEN: Europäisches Komitee für Normung/Comité Européen de Normalisation
- CENELEC: Europäisches Komitee für elektrotechnische Normung/Comité Européen de Normalisation Électrotechnique
- ETSI: Europäisches Institut für Telekommunikationsnormen/European Telecommunications Standards Institute

2.2.3 Internationale Normen

Internationale Normen werden im weltweiten Konsens aller interessierten Kreise erstellt.

Grundsätze weltweiter Normung:
- Freiwilligkeit
- Marktrelevanz
- Konsens
- Einbindung aller Kreise aus Wirtschaft, Wissenschaft und Gesellschaft
- eine Stimme pro Land
- weltweit.

Arten Internationaler Normen (Deutschland):
- DIN ISO: Deutsche Ausgabe einer internationalen Norm, die vom ISO herausgegeben und unverändert in das deutsche Normenwerk übernommen wurde.
- DIN IEC: Deutsche Ausgabe einer internationalen Norm, die vom IEC herausgegeben und unverändert in das deutsche Normenwerk übernommen wurde.
- DIN ISO/IEC: Deutsche Ausgabe einer internationalen Norm, die von ISO/IEC herausgegeben und unverändert in das deutsche Normenwerk übernommen wurde.

Zuständige Organisationen:
ISO: International Organization for Standardization. Die Geschäfte der ISO führt das Zentralsekretariat mit Sitz in Genf aus.
IEC: International Electrotechnical Commission. Die Geschäfte des IEC führt das Generalsekretariat, ebenfalls mit Sitz in Genf, aus.
Die „Technischen Komitees" (TC) verrichten dabei die Normungsarbeit, entsprechend nach Fachgebieten geordnet.

3 Übersicht von Normen in der Messtechnik, optischen Messtechnik

Die zuständige Organisation für Feinmechanik und Optik ist der DIN-Normenausschuss Feinmechanik und Optik (NAFuO). Er bearbeitet u. a. folgende Themenfelder:
- Feinmechanik
- Medizintechnik
- Mikrosystemtechnik
- Optik und Photonik
- Schmuck und Uhren.

In diesem Kapitel sollen die Messtechnik allgemein und insbesondere die optische Messtechnik im Vordergrund stehen.

3.1 Allgemeine Normen der Messtechnik

- DIN 1319 Grundlagen der Messtechnik
    - DIN 1319-1:1995-01 Teil 1 Grundbegriffe
    - DIN 1319-2:2005-10 Teil 2 Begriffe für Messmittel
    - DIN 1319-3:1996-05 Teil 3 Auswertung von Messungen einer einzelnen Messgröße – Messunsicherheit
    - DIN 1319-4:1999-02 Teil 4 Auswertung von Messungen – Messunsicherheit
- DIN EN ISO 1:2002-10 Geometrische Produktspezifikation – Referenztemperatur für geometrische Produktspezifikation
- DIN 43751: Digitale Messgeräte zur Messung von analogen, digitalen und zeitbezogenen Größen
- DIN 43790: Gestaltung von Strichskalen und Zeigern
- DIN EN 60751: Industrielle Platin-Widerstandsthermometer
- DIN 16160: Thermometer
- DIN EN ISO 463: Geometrische Produktspezifikation (GPS) – Längenmessgeräte – Konstruktionsmerkmale und messtechnische Merkmale für mechanische Messuhren
- DIN EN ISO 9712: Zerstörungsfreie Prüfung – Qualifizierung und Zertifizierung von Personal der zerstörungsfreien Prüfung.

3.2 Definitionen in der optischen Messtechnik

Die Definition optischer Bauteile, Systeme und physikalischer Größen ist ein wichtiger Aspekt der optischen Messtechnik. Dadurch wird die Kommunikation zwischen Herstellern, Kunden und Wissenschaftlern auf eine einheitliche Basis gebracht.

Die Definitionen beinhalten im Wesentlichen die Geometrie, die Benennungen, die Einheiten und die Symbole:

- DIN 5031-1:1982-03: Strahlungsphysik im optischen Bereich und Lichttechnik; Größen, Formelzeichen und Einheiten der Strahlungsphysik
- DIN 1335:2003-12: Geometrische Optik – Bezeichnungen und Definitionen
- DIN 13470:2011-10: Optik und Photonik – FAC-Linsen – Begriffe und Anforderungen an Datenblätter
- DIN 58629-1:2006-01: Optik und optische Instrumente – Begriffe für die Mikroskopie – Teil 1: Lichtmikroskopie
- DIN 58140-1:2012-03: Faseroptik – Teil 1: Begriffe, Formelzeichen
- DIN 5030-1:1985-06: Spektrale Strahlungsmessung; Begriffe, Größen, Kennzahlen
- DIN 5031-3:1982-03: Strahlungsphysik im optischen

Bereich und Lichttechnik; Größen, Formelzeichen und Einheiten der Lichttechnik
- DIN EN ISO 11145:2014-04: Optik und Photonik – Laser und Laseranlagen – Begriffe und Formelzeichen
- DIN EN ISO 11807-1:2005-05: Integrierte Optik – Begriffe – Teil 1: Grundbegriffe und Formelzeichen

3.3 Magnetpulverprüfung (optisch)

- ASTM A 456/A 456M: 2008: Magnetpulverprüfung von Schmiedestücken für große Kurbelwellen
- DIN EN ISO 9934: Zerstörungsfreie Prüfung – Magnetpulverprüfung
- DIN EN 1330-7: Zerstörungsfreie Prüfung – Terminologie – Teil 7: Begriffe der Magnetpulverprüfung; Dreisprachige Fassung
- DIN EN 10228-1: Zerstörungsfreie Prüfung von Schmiedestücken aus Stahl – Teil 1: Magnetpulverprüfung
- BS 5138: Magnetpartikelfehlerinspektion maschinell bearbeiteter, massiv geschmiedeter und gefallgehämmerter Kurbelwellen

3.4 Koordinatenmessgeräte (optisch)

- DIN EN ISO 10360-7: Geometrische Produktionsspezifikation (GPS) – Annahme- und Bestätigungsprüfung für Koordinatenmessgeräte (KMG) – Teil 7: KMG mit Bildverarbeitungssystemen
- DIN EN ISO 10360-8: Teil 8: KMG mit optischen Abstandssensoren
- VDI/VDE 2617-Blatt 6.1: KMG mit optischer Abtastung lateraler Strukturen(Technische Regel), Leitfaden zur Anwendung der oben genannten DIN EN ISO 10360
- VDI/VDE 2617-Blatt 6.2: KMG mit optischer Abtastung (Technische Regel), Leitfaden zur Anwendung der oben genannten DIN EN ISO 10360

3.5 Bestimmung und Messung von optischen Größen

Um sicherzustellen, dass eine Kompatibilität zwischen verschiedenen Messungen optischer Größen besteht, sind Messmethoden genormt:
- DIN 58189:2008-09: Grundnormen der Optik – Bestimmung der Brennweite
- DIN ISO 15529:2010-11: Optik und Photonik – Optische Übertragungsfunktion – Messung der Modulationsübertragungsfunktion (MTF) von abtastenden Abbildungssystemen
- DIN EN 15042-2:2006-06: Schichtdickenmessung und Charakterisierung von Oberflächen mittels Oberflächenwellen – Teil 2: Leitfaden zur photothermischen Schichtdickenmessung

3.6 Optische Komponenten und Messgeräte

Um ein bestimmtes optisches System zu definieren, müssen dessen einzelne Komponenten aufgelistet und genormt werden:
- DIN 54180-2:1997-01: Zerstörungsfreie Prüfung – Shearografie Teil 1: Allgemeine Grundlagen – Teil 2: Geräte
- ISO 17411:2014-06: Optics and photonics – Optical materials and components – Test method for homogeneity of optical glasses by laser interferometry
- ISO 11151-2:2015-07: Lasers and laser-related equipment – Standard optical components – Part 2: Components for the infrared spectral range
- VDI/VDE 2626 Bildkorrelationsverfahren Grundlagen und Geräte

3.7 Kalibrierung von optischen Systemen

Ähnlich wichtig wie die Messungen von Größen sind die Kalibrierung der Messgeräte und deren Normung. Eine Vergleichbarkeit der Ergebnisse ist somit möglich:
- DIN EN 62129:2007-01: Kalibrierung von optischen Spektrumanalysatoren
- ISO14999-3:2005-03: Optics and photonics – Interferometric measurement of optical elements and optical systems – Part 3: Calibration and validation of interferometric test equipment and measurements
- DIN EN 62129-2:2012-03: Kalibrierung von Messgeräten für die Wellenlänge/optische Frequenz – Teil 2: Michelson-Interferometer-Einzelwellenlängen-Messgeräte

3.8 Herstellung optischer Komponenten

Die Herstellung optischer Komponenten ist in vielen verschiedenen Normen standardisiert:
- DIN 58722-1:2009-02: Optikfertigung – Begriffe der Optikfertigung – Teil 1: Arbeitsverfahren
- DIN 58722-2:2001-10: Optikfertigung – Begriffe der Optikfertigung – Teil 2: Betriebsmittel
- DIN 58395:2015-10: Optikfertigung – Schmierstoffe für feinmechanisch-optische Geräte – Mindestanforderungen und Temperatureinsatzbereiche
- DIN 58197-1 bis 58197-4:2015-09: Dünne Schichten für die Optik – Teil 1: Mindestanforderungen an reflexionsmindernde Schichten
- DIN 58723:2013-01: Production in optical engineering – Diamond impregnated tools for facets

3.9 Qualitätskontrolle für optische Systeme

- DIN 58161:2002-04: Testing of optical components
- DIN ISO 14997:2013-08: Optics and photonics – Test methods for surface imperfections of optical elements
- DIN ISO 15795:2008-04: Optics and photonics – Quality evaluation of optical systems - Assessing the image quality degradation due to chromatic aberrations
- DIN ISO 9039:2008-08: Optics and photonics – Quality evaluation of optical systems Determination of distortion
- DIN EN ISO 13695:2004-09: Optics and photonics – Lasers and laser-related equipment – Test methods for the spectral characteristics of lasers
- DIN EN ISO 11551:2004-05: Optics and optical instruments – Lasers and laser-related equipment – Test method for absorptance of optical laser components
- DIN EN ISO 13697:2006-08: Optics and photonics – Lasers and laser-related equipment – Test methods for specular reflectance and regular transmittance of optical laser components
- DIN EN ISO 24013:2007-02: Optics and photonics – Lasers and laser-related equipment – Measurement of phase retardation of optical components for polarized laser radiation

3.10 Sicherheit optischer Systeme

Manche optische Systeme stellen eine Gefahr für den Benutzer dar, speziell wenn das System Lasergeräte enthält. Deshalb ist die Normung von Laserprodukten und deren Benutzung am Arbeitsplatz von großer Bedeutung:
- DIN EN 60825:2013-10 (12 Teile): Sicherheit von Laserprodukten
- DIN EN 12254:2012-04: Screens for laser working places – Safety requirements and testing

Weitere ausführlichere Erläuterungen finden Sie im Kapitel „Lasersicherheit".

3.11 Allgemeine Zahlen optischer Normen

Die Grafik in Bild 3.1 gibt eine Übersicht der existierenden Normen im Bereich der berührungslosen und optischen Messverfahren.
Daraus wird deutlich, dass in diesem Kapitel nur auf eine begrenzte Auswahl der wichtigsten Normen eingegangen werden konnte.

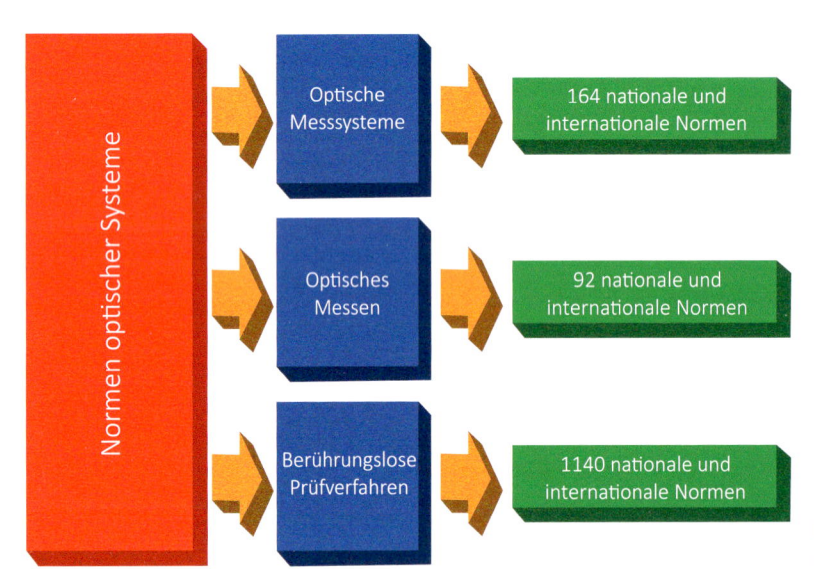

Bild 3.1
Einige Zahlen über optische Normen

4 Literaturverzeichnis zu Teil X

Brüggemann, H.; Bremer, P.: Grundlagen Qualitätsmanagement – Von den Werkzeugen über Methoden zum TQM, Springer Vieweg, 2015

Dittberner, J.; Krüger, M.: Bezeichnungen für Normen, 4. Auflage, Beuth Verlag, 2011

Erlenspiel, K.: Integrierte Produktentwicklung – Methoden für Prozessorganisation, Produkterstellung und Konstruktion, Hanser Verlag, 1995

Geiger, W.: Handbuch Qualität, Vieweg Verlag, 2007

Grote, K.-H.; Feldhusen, J.: Dubbel Taschenbuch für den Maschinenbau 22. Auflage, Springer-Verlag, 2007

Hehenberger, P.: Computerunterstützte Fertigung, Springer Verlag, 2011

Klein, M.: Einführung in die DIN-Normen, 14. Auflage, Beuth Verlag, 2007

Pahl, G.; Beitz, W.: Konstruktionslehre Methoden und Anwendungen, Springer Verlag, 1993

TEIL XI
Laserschutz

1	Einleitung	605
2	Gefahren von Laserstrahlung	606
3	Klassifizierung von Laserstrahlung	609
4	Rechtliche Grundlagen	611
5	Schutzmaßnahmen	613
6	Zusammenfassung	624

1 Einleitung

Da es sich bei Laserstrahlung um gebündelte Strahlung mit extrem hoher Leistungs- bzw. Energiedichte handelt, können unter Umständen bereits bei niedrigen Leistungen im mW-Bereich schwerwiegende Schäden an Person und Material entstehen. Übliche, in Forschung, Industrie und Medizin, verwendete Laser nutzen heutzutage bereits oftmals Leistungen im ein- oder zweistelligen Watt-Bereich. In der Lasermaterialbearbeitung werden sogar Laserleistungen von mehreren Kilowatt eingesetzt. Die Gefährdungen für die Gesundheit können in solchen Fällen sogar lebensbedrohlich werden.

Um sich den Unterschied der Gefährdung von Laserstrahlen zu konventionellen Lichtquellen klar zu machen, hilft es, eine 100 W-Glühbirne mit einem ebenso starken Laser im optisch sichtbaren Bereich zu vergleichen. Während die Glühbirne diese Leistung inkohärent und mit einer hohen Strahldivergenz großflächig abstrahlt, emittiert der Laser gebündelte kohärente Strahlung mit üblicherweise sehr niedriger Strahldivergenz. Folglich ist die am Ort auftreffende Leistungsdichte um ein vielfaches höher. Blickt beispielsweise eine Person aus einem Meter Entfernung auf beide Lichtquellen, so ist die Leistungsdichte auf der Netzhaut beim Laser etwa um den Faktor 1 000 000 000 höher als bei der Glühbirne.

Aus diesem Grund ist es notwendig, dass am Laser arbeitende Personen ausreichend über die Gefahren von Laserstrahlung informiert sowie durch geeignete Schutzmaßnahmen vor der möglichen auftretenden Strahlenbelastung geschützt werden. Im Folgenden wird darauf eingegangen, welche Schäden Laserstrahlung verursachen kann, wie die Klassifizierung bei Lasern in punkto Gefährlichkeit durchgeführt wird und wie die rechtliche Situation bei Verwendung von Lasern ist. Im Anschluss werden die einzelnen möglichen Schutzmaßnahmen beschrieben und exemplarisch die konkrete Umsetzung im Detail vorgestellt.

2 Gefahren von Laserstrahlung

Laserstrahlung kann sowohl beim Auge als auch auf der menschlichen Haut schwere Schäden anrichten, wobei der Großteil der Unfälle die Augen betreffen. Die Haut ist etwas unempfindlicher gegen Laserstrahlung, da sie Strahlung stärker reflektiert und nicht (wie bei der Augenlinse) das Licht zusätzlich noch bündelt. Dennoch kann auch die Haut Schaden nehmen. Die Art und Schwere des Schadens bei Haut und Auge hängen hierbei von der Wellenlänge sowie der Leistungsdichte ab.

Zur Einschätzung der Gefahren von Laserstrahlung auf menschliches Gewebe werden sogenannte MZB-Werte (MZB = maximal zulässige Bestrahlung) definiert. Diese Werte stellen die Grenzwerte dar, denen das Auge oder die Haut noch ausgesetzt sein kann, ohne dass mit kurz- oder langfristigen Schäden gerechnet werden muss. Es handelt sich hierbei um experimentell ermittelte Werte, die stark von den Laserparametern (Wellenlänge, Impulsdauer, Strahlgeometrie) sowie der Expositionsdauer und der Art des Gewebes (Auge oder Haut) abhängen. Die genauen MZB-Werte (in Abhängigkeit der Wellenlänge sowie Einwirkdauer) können im Anhang A der Prüfnorm DIN EN 60825-1 nachgelesen werden.

Grundsätzlich wird bei Lasern zwischen primären und sekundären Gefährdungspotenzialen unterschieden. Primäre Gefährdungspotenziale sind jene, die direkt durch die Bestrahlung des Lasers verursacht werden, während sekundäre Gefährdungspotenziale durch die weiteren experimentellen Gegebenheiten am Laser entstehen. Die folgenden primären Gefährdungspotenziale existieren für Auge und Haut.

2.1 Schädigung des Auges

- UV Licht (180 nm bis 400 nm) wird üblicherweise an der Oberfläche vom Auge absorbiert oder dringt höchstens bis zur Augenlinse ein. Gesundheitsgefährdende Folgen wären eine Linsentrübung (Katarakt = grauer Star), eine Entzündung der Hornhaut oder auch eine Verletzung der Hornhaut durch Ablation.
- Beim sichtbaren Wellenlängenbereich von 400 nm bis 780 nm erreicht die Strahlung die Netzhaut. Die besondere Gefahr liegt hier darin, dass durch die Linse das Licht gebündelt wird und dadurch die Leistungsdichte signifikant verstärkt wird. Mögliche Folgen sind hierbei photochemische und thermische Verletzungen der Netzhaut, die bis zur Erblindung führen können. Bei ca. 80 % der Menschen existiert allerdings der sogenannte Lidschlussreflex, der bei zu greller Einstrahlung dazu führt, dass sich die Person innerhalb von 0,25 s von der Strahlquelle abwendet. Dieser Mechanismus bietet einigermaßen zuverlässigen Schutz für Leistungen bis zu etwa 1 mW.
- Im nahinfraroten IR-A Bereich (780 nm–1400 nm) ist die Gefahr für das Auge prinzipiell am höchsten. Dadurch, dass das Licht für den Menschen unsichtbar ist, existiert kein natürlicher Lidschlussreflex. Gleichzeitig dringt die Strahlung (fokussiert durch die Augenlinse) wie beim sichtbaren Licht bis zur Netzhaut vor und kann zu schweren Verbrennungen führen. Wird dabei der blinde Fleck (Verbindung vom Sehnerv zum Gehirn) beschädigt, so ist das Augenlicht irreversibel verloren. Weitere mögliche Folge durch diese Strahlung ist außerdem noch eine Trübung der Augenlinse.
- Bei IR-B (1400 nm–3000 nm) und IR-C (3000 nm–11 000 nm) infrarotem Licht dringt das Licht nur bis auf die Hornhaut vor. Auch wenn dann für die Netzhaut keine direkte Gefahr besteht, kann Schlieren-

Wechselwirkung Laserstrahlung – Auge

Einfluss der Wellenlänge

Bereiche: X-Ray | UV-C | UV-B | UV-A | VIS | IR-A | IR-B | IR-C | Mikrowellen
Wellenlängen (λ in nm): 100 | 280 | 315 | 400 | 700 | 1400 | 3000 | 1·10⁶

Schadensbereiche: Hornhautschäden z. B. Photokeratitis; Bindehautentzündung; Photochem. Katarakt; Photochem. Verletzung der Netzhaut; Therm. Verletzung der Netzhaut; Verbrennung der Netzhaut; Katarakt; Verbrennung der Hornhaut

Katarakt = grauer Star
Photokeratitis = Hornhautentzündung

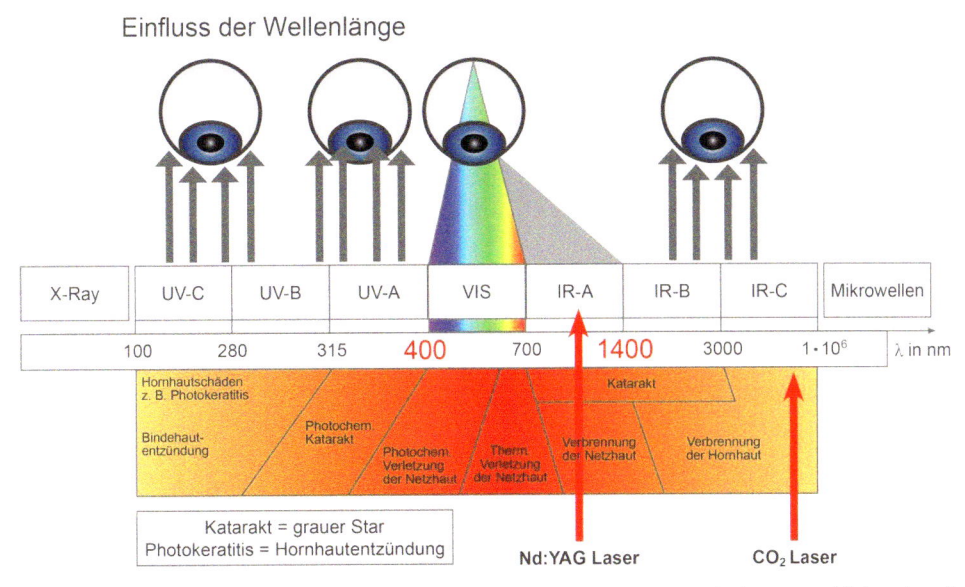

Nd:YAG Laser — CO_2 Laser

Bild 2.1 Schematisch dargestellte Gefahrenübersicht der Wechselwirkung von Laserstrahlung mit dem menschlichen Auge (mit freundlicher Genehmigung von Laser 2000)

bildung und Linsentrübung auftreten. Außerdem kann es zu (irreversiblen) Verbrennungen und zur Ablösung der Hornhaut kommen.

2.2 Schädigung der Haut

- UV Strahlung hat eine der größten Schadwirkungen für die Haut, da die Strahlung in diesem Wellenlängenbereich sehr stark absorbiert wird. Mögliche Verletzungen wären Hautrötung (Sonnenrand), beschleunigte Hautalterung, starke Pigmentierung sowie die Bildung von Hautkarzinomen (Hautkrebs).
- Im sichtbaren sowie dem IR-A Bereich ist die Eindringtiefe sehr hoch (> 1 mm). Mögliche Schäden sind Bräunung, fotosensitive Reaktionen sowie thermische Hautschädigungen (Verbrennungen).
- Die Eindringtiefe im IR-B und IR-C Bereich ist wieder deutlich niedriger und reicht nur bis zur Hornhaut. Dennoch können hier schwere Hautverbrennungen sowie Blasenbildung auftreten.

Bei der Wechselwirkung von Laserstrahlung mit der Haut spielt außerdem die Temperatur noch eine wichtige Rolle. Diese hängt wiederum direkt von der Leistungsdichte am Ort der Exposition ab. Temperaturen zwischen 37 °C und 42 °C führen zu einer reversiblen Erwärmung des Gewebes, während Temperaturen von > 45 °C bereits zu irreversiblen Schäden und sogar Gewebetod (ab ca. 60 °C) führen können. Für höhere Temperaturen (> 100 °C) tritt dann eine Austrocknung auf und ab 150 °C wird die Haut an der betroffenen Stelle karbonisiert. Temperaturen oberhalb von 300 °C führen sogar zur Verdampfung und Vergasung des Gewebes.

2.3 Schädigungen im Umfeld von Laserstrahlung

Neben diesen primären Gefährdungspotenzialen für Auge und Haut gibt es auch noch sekundäre Gefährdungspotenziale, beispielsweise wenn Laserstrahlung auf entflammbare, schmelzbare oder explosionsfähige Materialien trifft. Weiterhin können bei der Wechselwirkung von Laserstrahlung mit Materie (beispielsweise bei Kunststoffen oder Metallen) giftige Dämpfe entstehen. Ein weiteres Risiko liegt in der Begleitstrahlung, die beispielsweise durch Pumpquellen oder bei der Materialverarbeitung hervorgerufen werden kann.

Wechselwirkung Laserstrahlung – Haut

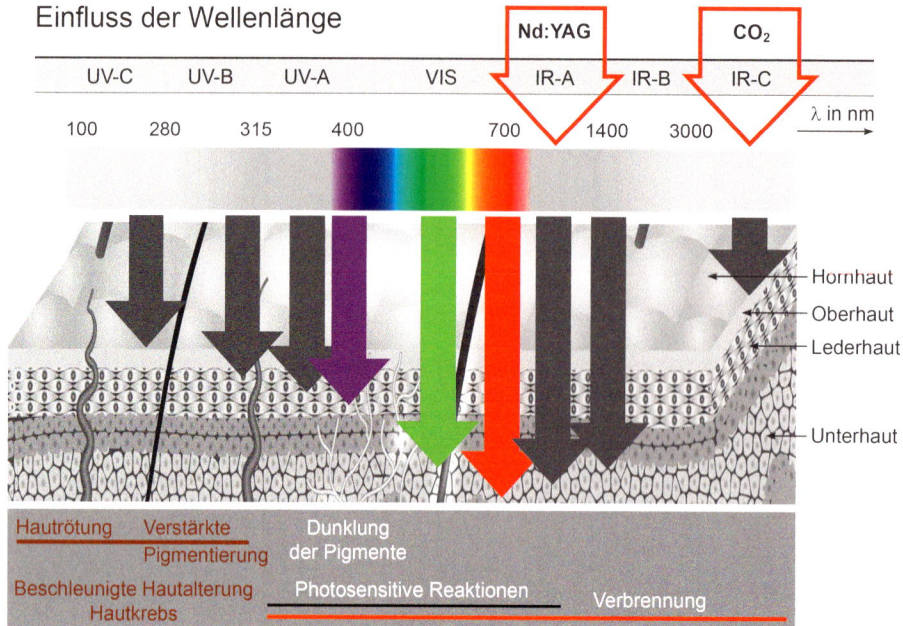

Bild 2.2 Schematisch dargestellte Gefahrenübersicht der Wechselwirkung von Laserstrahlung mit der menschlichen Haut (mit freundlicher Genehmigung von Laser 2000)

Hierbei handelt es sich zwar üblicherweise nicht um kohärente, gebündelte Laserstrahlung, allerdings kann sie dennoch eine stark, schädigende Wirkung entfachen. Beispielsweise durch starke Blendung im sichtbaren Bereich, Verbrennungen im IR-Bereich oder karzinogene Wirkung im UV-Bereich.

Ein Risiko liegt auch in der Technik des Lasers selbst, wenn es beispielsweise zu einem Kontakt mit dem optisch aktiven Medium (oftmals toxische Gase oder Flüssigkeiten) kommt. Kühlmittel, die zur Aufrechterhaltung einer konstanten Arbeitstemperatur des Lasers verwendet werden, können zudem schwere Verbrennungen hervorrufen. Daneben muss selbstverständlich auch die elektrische Sicherheit bei der Energieversorgung des Lasers beachtet werden und sichergestellt werden, dass keine Feuchtigkeit am Arbeitsplatz auftritt und externe Stöße sowie elektromagnetische Störungen verhindert werden.

3 Klassifizierung von Laserstrahlung

Die Prüfnorm DIN EN 60825-1 regelt die Einteilung der zugänglichen Laserstrahlung in sogenannte Laserklassen, um Auskunft über das Gefährdungspotenzial eines Lasers zu geben. Die Klassifizierung erfolgt anhand der GZS-Werte (GZS = Grenzwert für zugängliche Strahlung) und obliegt dem Hersteller. Im Allgemeinen sind die GZS-Werte von den MZB-Werten abgeleitet. Der Unterschied zwischen beiden Werten liegt in der Anwendung. Während es bei den MZB-Werten um Grenzwerte für die zulässige Exposition, abhängig von den Nutzungsbedingungen, geht, werden mit den GZS-Werten Grenzwerte für die zugängliche Emission beschrieben, die unabhängig von den Nutzungsbedingungen ist. Wichtig sei hier der Hinweis, dass die Klassifizierung auf Basis der zugänglichen Strahlung erfolgt. Ein vollständig eingehauster Klasse-4-Laser kann nach außen hin Laserklasse 1 besitzen. Wird für Wartungsarbeiten aber die Umhausung geöffnet, entspricht die zugängliche Strahlung den GZS-Werten der Klasse 4. Es sei noch darauf hingewiesen, dass die Klassifizierung immer konservativ erfolgt und somit den schlimmst möglichen Fall berücksichtigen soll. Folgende Laserklassen existieren nach dem Stand der aktuellen Fassung der DIN EN 60825-1.

Klasse 1
Die Strahlung ist für das menschliche Auge und die Haut ungefährlich, der Laser ist augensicher. Der GZS bei Dauerstrichlaser im grünen und roten Wellenlängenbereich beträgt 0,39 mW.

Klasse 1M
Die Strahlung ist ungefährlich für Auge und Haut, solange die Strahlung nicht durch zusätzliche optische Instrumente verstärkt wird.

Klasse 1C
Diese Laserklasse gilt ausschließlich für medizinische Produkte, die nur in direktem Kontakt mit der Haut emittieren (dieses muss vom Hersteller technisch sichergestellt werden). Die Strahlung ist hierbei für die Haut ungefährlich. Für das Auge ist die Strahlung nicht zugänglich.

Klasse 2
Diese Klasse gilt nur für optisch sichtbare Strahlung im sichtbaren Bereich von 400 nm bis 700 nm. Die Strahlung gilt als augensicher, sofern die Bestrahlungsdauer maximal 0,25 s beträgt (Lidschlussreflex). Für Dauerstrichlaser liegt der GZS-Wert bei 1 mW.

Klasse 2M
Analog zur Klasse 2, sofern keine zusätzlichen optischen Instrumente genutzt werden.

Klasse 3R
Der GZS beträgt das 5-fache vom GZS von Klasse 2 (für den sichtbaren Bereich) bzw. Klasse 1 (für alle anderen Wellenlängen). Im sichtbaren Bereich beträgt der GZS somit 5 mW für Dauerstrichlaser. Die Laserstrahlung kann für das Auge bereits gefährlich sein, insbesondere bei unsachgemäßem Umgang mit dem Strahl durch nicht eingewiesenes Personal.

Klasse 3B
Der direkte Strahl sowie spiegelnde Reflektionen sind für das Auge und (bei hohen Leistungen nahe dem GZS) auch für die Haut gefährlich. Diffuses Streulicht gilt im Allgemeinen als ungefährlich. Im sichtbaren Bereich liegt für Dauerstrichlaser der GZS bei 500 mW.

Klasse 4
Diese Laserklasse umfasst alle Hochleistungslaser und ist vom GZS nach oben hin offen. Sowohl der direkte

Strahl als auch spiegelnde Reflektionen sind für Auge als auch Haut gefährlich. Auch diffus reflektierte Strahlung ist für das Auge und, unter Umständen, für die Haut gefährlich. Zusätzlich besteht häufig eine hohe Brand- und Explosionsgefahr.

4 Rechtliche Grundlagen

Als oberste zugrunde liegende staatliche Vorschrift zur Arbeit mit optischer Strahlung gilt das Arbeitsschutzgesetz. Aus diesem geht die Arbeitsschutzverordnung zu künstlicher, optischer Strahlung (OStrV) hervor. Die OStrV schreibt vor, dass der Unternehmer/Arbeitgeber stets für den sicheren Betrieb und der ordnungsgemäßen Anwendung des Lasers verantwortlich ist. Wird im Unternehmen ein Laser der Klasse 3R, 3B oder 4 betrieben, so muss ein Laserschutzbeauftragter schriftlich bestellt werden, dem dabei vom Arbeitgeber konkrete Aufgaben, Befugnisse und Pflichten übertragen werden. Grundsätzlich hat der Laserschutzbeauftragte den sicheren Betrieb der Laseranlagen zu gewährleisten. Dabei unterstützt er den Arbeitgeber bei der Durchführung aller notwendigen Schutzmaßnahmen. Dazu gehören im Wesentlichen Gefährdungsbeurteilungen am Laserarbeitsplatz, Auswahl der notwendigen Schutzmaßnahmen sowie die Unterweisung der am Laser oder im Laserbereich arbeitenden Personen. Die zu berücksichtigenden Punkte der Gefährdungsbeurteilung werden ebenfalls in der OStrV dargelegt.

Grundsätzlich ist die OStrV kurz und allgemein verfasst. Für die konkretere Umsetzung im Anwendungsbereich gliedert sich die OStrV in die zwei Unterbereiche kohärente und inkohärente Strahlung auf. Die Technischen Regeln zur Arbeitsschutzverordnung zu inkohärenter optischer Strahlung (TROS IOS) beziehen sich dabei auf alle Arten der inkohärenten künstlich erzeugten optischen Strahlungen im Wellenlängenbereich von 100 nm bis 1 mm und werden in diesem Kapitel nicht weiter behandelt.

Relevant für die Arbeitssicherheit bei Lasern im Wellenlängenbereich von 100 nm bis 1 mm sind vielmehr die Technischen Regeln zur Arbeitsschutzverordnung zu künstlicher kohärenter optischer Strahlung (TROS Laserstrahlung). Hier wird beispielsweise detailliert beschrieben wie eine Gefährdungsbeurteilung im Allgemeinen abzulaufen hat, wie die Messungen und Berechnungen von Expositionen gegenüber Laserstrahlung durchgeführt werden und welche konkreten Maßnahmen zum Schutz vor Gefährdungen durch Laserstrahlung getroffen werden müssen. Hierbei wird unter anderem auch genauer auf die Rechte und Pflichten des Laserschutzbeauftragten eingegangen.

Der Laserschutzbeauftragte muss dabei ein Angestellter vor Ort (bezogen auf die Laseranlagen) sein. Besitzt ein Unternehmen an mehreren Standorten Laseranlagen der Klassen 3R, 3B oder 4, ist somit an jedem Standort die Benennung von mindestens einem Laserschutzbeauftragtem notwendig. Dieser muss eine abgeschlossene technische, naturwissenschaftliche, medizinische oder kosmetische Berufsausbildung nachweisen können sowie über mindestens zwei Jahre Berufserfahrung verfügen. Um als zugelassener Laserschutzbeauftragter tätig zu sein, muss die bestellte Person außerdem einen von der Berufsgenossenschaft anerkannten Kurs zum Thema Laserschutz besuchen. Die genauen Inhalte dieses Kurses sind in der aktuellen Fassung der TROS Laserstrahlung festgelegt.

Zum aktuellen Zeitpunkt (Stand Februar 2016) befindet sich die OStrV allerdings noch in einer Überarbeitung, da einige wichtige Fragen zur Stellung und den Kompetenzen des Laserschutzbeauftragen noch ungeklärt sind. Aus diesem Grund ist aktuell neben der TROS Laserstrahlung noch die von der Deutschen Gesetzlichen Unfallversicherung (DGUV) herausgegebene Unfallverhütungsvorschrift Laserstrahlung (DGUV Vorschrift 11; ehemals BGV B2) gültig. Somit ist es beispielsweise noch zulässig, Laserschutzbeauftragte gemäß DGUV Vorschrift 11 zu schulen. Im Wesentlichen sind aber viele Teile der DGUV-Vorschrift 11 in die TROS Laserstrahlung mit eingeflossen. Es ist aber davon auszugehen, dass nach der Veröffentlichung der neuen Ausgabe der OStrV die DGUV-Vorschrift 11 zurückgezogen wird und somit zukünftig keine rechtliche Gültigkeit mehr hat.

Anmerkung: Bitte informieren Sie sich bei den Berufsgenossenschaften bzw. bei der Gewerbeaufsicht über den aktuellen Stand.

5 Schutzmaßnahmen

Um die sichere Arbeit in einer Laserumgebung zu gewährleisten, sind umfangreiche Schutzmaßnahmen zu treffen. Die Schutzmaßnahmen hängen dabei zum einen von der Laserklasse, zum anderen aber auch von der Art der Anwendung ab. Dabei ist es möglich, sowohl durch technische und bauliche Maßnahmen die Umgebung abzusichern als auch durch organisatorische Maßnahmen das Personal entsprechend zu unterweisen. Dies hat durch den verantwortlichen Laserschutzbeauftragten zu erfolgen. Zusätzlich gibt es auch die Möglichkeit, durch persönliche Schutzausrüstung die Mitarbeiter auszustatten. Grundsätzlich sollte das Ziel immer darin bestehen, am Arbeitsplatz eine Umgebung mit den GZS der Laserklasse 1 herzustellen. Die Priorisierung der einzelnen Schutzmaßnahmen erfolgt dabei nach dem sogenannten TOP-Prinzip:

- Technische und bauliche Schutzmaßnahmen
- organisatorische Schutzmaßnahmen
- persönliche Schutzmaßnahmen.

Im Folgenden werden diese drei Schutzmaßnahmen in der TOP-Reihenfolge vorgestellt. Dabei werden anhand von beispielhaft aufgeführten Produkten exemplarische Lösungsvorschläge zu deren Realisierung mit aufgezeigt.

5.1 Technische und bauliche Schutzmaßnahmen

Unter technischen Schutzmaßnahmen werden alle Maßnahmen verstanden, die dazu führen, dass eine Laserumgebung nach außen hin sicher ist, also die Exposition nach Möglichkeit soweit reduziert wird, dass nur noch der GZS der Klasse 1 vorliegt. Generell ist dafür zu sorgen, dass primäre Gefährdungspotenziale minimiert werden. Im Allgemeinen gehören dazu auch die Auswahl einer geeigneten Oberfläche von Türen und Fenstern sowie die Verwendung von möglichst wenig reflektierenden Bauteilen und Instrumenten. Zur Reduzierung von sekundären Gefahren zählen beispielsweise Absaug- und Filteranlagen für Schadstoffe oder auch Brandschutzsysteme. Auf diese wird im Folgenden aber nicht näher eingegangen, da der Fokus dieses Kapitels auf den primären Lasergefahren liegt.

Ein erster Schritt zur Absicherung eines Laserbereiches ist immer dessen eindeutige Kennzeichnung, die auch in der TROS Laserstrahlung vorgeschrieben und in der DIN EN 60825-1 näher spezifiziert wird. Die Kennzeichnung muss dauerhaft, gut sichtbar und lesbar angebracht werden, ohne dass beim Betrachten die Gefahr besteht, sich Laserstrahlung über dem GSZ von Klasse 1 auszusetzen. Vom Format ist es vorgeschrieben, dass Text, Umrandung und Symbole in schwarz auf gelbem Untergrund angebracht sind. Eine zulässi-

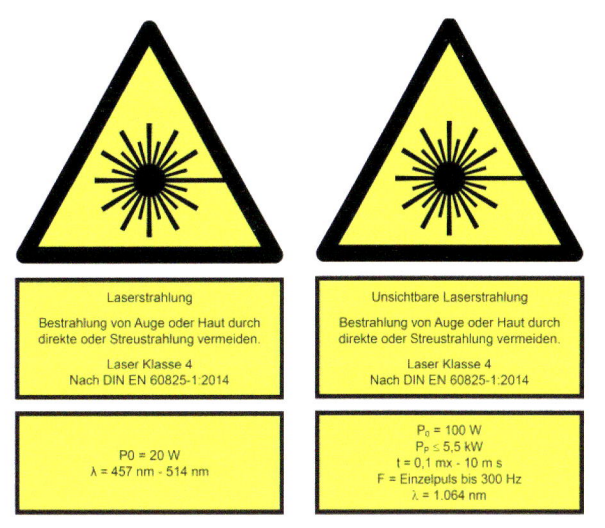

Bild 5.1 Zulässige Warnhinweisschilder für Klasse-4-Laser im Dauerstrich- und im Pulsbetrieb (mit freundlicher Genehmigung von Laser 2000)

ge Kennzeichnung nach DIN EN 60825-1 ist in Bild 5.1 exemplarisch für einen Dauerstrich und einen gepulsten Laser dargestellt. Neben dem dreieckigem Warnsymbol, gibt es ein Hinweisschild für die Laserklasse und die Angabe der relevanten Laserparameter. Die Kennzeichnung hat dabei in einer dem Wartungs- und Bedienpersonal verständlichen Sprache zu erfolgen. In Deutschland ist dies also üblicherweise Deutsch oder Englisch.

Die Kennzeichnung mit dem Warnhinweis hat gut sichtbar zu erfolgen und sollte sowohl nach außen hin (beispielsweise Zugangstür am Laborbereich) als auch direkt am Laser angebracht werden.

Eine weitere Schutzmaßnahme, die für Laser der Klassen 4 notwendig ist, ist die Anbringung von einem beleuchteten Warnschild, um das Vorhandensein gefährlicher Laserstrahlung anzuzeigen. Dieses sollte – analog zu den Hinweisschildern – außerhalb der betreffenden Laserumgebung angebracht sein. Empfehlenswert ist hierbei die Verwendung von Warnschildern, die mittels LED-Technik beleuchtet werden, da sie aufgrund der langen Haltbarkeit der LEDs als praktisch wartungsfrei gelten. Die Nutzung von 24-V-Technik liefert außerdem den Vorteil, im sicheren Niederspannungsbetrieb arbeiten zu können. Im Optimalfall sollte, wie in Bild 5.2 gezeigt, eine solche Warnlampe einen eindeutigen Text sowie das offizielle dreieckige Warnsymbol aufweisen. In einer 2-Wege-Ausführung zeigt ein grüner Text den sicheren Betrieb bei Deaktivierung vom Laser an, während der rote Text auf die Gefahr bei Laserbetrieb hinweist. Um zu vermeiden, dass die Warnschilder nicht den korrekten Zustand des Lasers anzeigen, sollten diese außerdem nach Möglichkeit direkt mit dem Laser verschaltet sein, sodass sie die Zustandsanzeige entsprechend vom Laserstatus automatisch abändern.

Neben der eindeutigen Kennzeichnung einer gefährlichen Laserumgebung ist es ebenso wichtig den Bereich entsprechend abzugrenzen, sodass Unbefugte nicht unbeabsichtigt hineingelangen können. In der DIN EN 60825-1 werden die genauen Ausführungen diesbezüglich spezifiziert. So ist vorgeschrieben, dass jede Lasereinrichtung ein Schutzgehäuse haben muss, welches sicherstellt, dass die zugängliche Strahlung nicht über dem Grenzwert von der Laserklasse 1 liegt. Da viele Anwendungen allerdings die offene Arbeit an hochenergetischen Lasern voraussetzen, betrifft diese Bestimmung auch begehbare Bereiche, wie beispielsweise Labore, bei denen dann der Außenbereich (üb-

Bild 5.2 Exemplarische Darstellung einer zulässigen Laserwarnleuchte in den drei Schaltzuständen „Aus", „An-Sicher" und „An-Gefahr" (mit freundlicher Genehmigung der Firma Lasermet)

licherweise Fenster und Türen) entsprechend abgesichert werden muss.

Jedes Lasersystem der Klasse 3B oder 4 muss eine Sicherheitsverriegelung (engl. Interlock) besitzen, sofern es im regulären bzw. Wartungsbetrieb geöffnet werden kann. Wird die Verriegelung geöffnet, muss durch einen Steckverbinder sichergestellt werden, dass die zugängliche Strahlung dann unter dem GZS der Laserklasse 3R liegt. Ferner ist ein schlüsselbetätigter Hauptschalter mit abziehbarem Schlüssel vorgesehen, sodass der Laser bei Entfernung des Schlüssels nicht in Betrieb genommen werden kann. Zudem ist bei jedem Klasse-4-Laser ein Zurücksetzen der Sicherheitsverriegelung von Hand vorgeschrieben, damit im Fall von Unterbrechungen für länger als 5 s (beispielsweise durch einen Stromausfall oder Öffnen des Steckverbinders) der Laser wieder in Betrieb genommen werden kann. Gleichzeitig wird dadurch sichergestellt, dass durch ein unbeabsichtigtes Zurücksetzen, der Laser nicht zum Laufen gebracht werden kann.

Bild 5.3 Interlock-Kontrollsystem ICS-6 zur sicheren Zugangsbeschränkung eines Laserbereiches (mit freundlicher Genehmigung der Firma Lasermet)

Eine gute Möglichkeit, um eine Laborumgebung im Einklang mit den Voraussetzungen der DIN EN 60825-1 nach außen hin abzusichern, bietet die Verwendung eines Interlock-Kontrollsystems (Bild 5.3). Hierbei werden die Laser über den laserinternen Interlock-Anschluss an einen potenzialfreien Kontakt einer zentralen Steuereinheit (Interlock-Kontrollsystems) angeschlossen. Die potenzialfreien Kontakte dienen als Steckverbindung. Soll der Laser in Betrieb genommen werden, so muss der schlüsselbetätigte Hauptschalter aktiviert werden. Dadurch schließen die potenzialfreien Kontakte und der Stromkreis zum Interlock-Anschluss des Lasers wird hergestellt. Im Falle einer Gefährdung (z. B. unautorisiertes Öffnen der Labortür) wird über das Öffnen des potenzialfreien Kontaktes der Laser in den Standby-Modus geschaltet, wodurch die zugängliche Strahlung unterhalb dem GZS der Laserklasse 3R liegt. Damit sichergestellt ist, dass die verwendete Technik hinreichend ausfallsicher ist, sollte darauf geachtet werden, dass das Interlock-Kontrollsystem – so wie das ICS-6 – durchgehend zweikanalig aufgebaut ist und sowohl nach der DIN EN ISO 13849-1 Sicherheitsnorm die höchst mögliche Sicherheitsstufe aufweist (Performance Level e) als auch ferner der Maschinenrichtlinie 2006/42EC genügt. Für eine sichere Handhabung, beispielsweise bei Änderung der Anschlüsse an der Steuereinheit, ist es außerdem nützlich – wie beim ICS-6 –, auf eine 24-VDC-Technik zuzugreifen, um Gefahren durch die 230 V Netzspannung vorzubeugen. Ein zuverlässig funktionierendes und sicheres Interlock-Kontrollsystem sollte deswegen der Niederspannungsrichtlinie 2006/95/EC und außerdem der Richtlinie zur elektromagnetischen Verträglichkeit 2004/108/EC genügen.

Die Funktionsweise eines solchen Interlocksystems in einer Laborumgebung wird exemplarisch am Beispiel des ICS-6 in Bild 5.4 dargestellt. In dem Labor befinden sich zwei Laser. Beide sind, mit einem zwischengeschalteten Not-Aus, über eine Verteilerbox mit der zentralen Steuereinheit, dem ICS-6, verbunden. Der Not-Aus-Schalter sollte dabei immer in einer gut zugänglichen Position angebracht werden. An den beiden Zugangstüren sind jeweils codierte Magnetschalter (Türmagnete) angebracht, die als Überwachungskontakte dienen. Ist die Tür geschlossen, so schließt ein im Magneten angebrachter Schalter den Überwachungskreis mit dem ICS-6. Die Umgebung gilt nach außen hin als sicher und der Laser kann aktiviert werden. Wird die Tür geöffnet, so öffnet auch der Überwachungskontakt im Türmagneten, wodurch das ICS-6 den potenzialfreien Kontakt zum Interlock-Kreis des Lasers öffnet. Eine Person, die nun den Raum betritt, ist somit keiner gefährlichen Laserstrahlung ausgesetzt.

Zusätzlich ist außen an beiden Türen jeweils eine Warnleuchte angebracht. Diese ist mit dem Interlock-Kontrollsystem verschaltet und zeigt automatisch an, ob Gefahr besteht oder die Umgebung sicher ist. Um zu verhindern, dass durch das Betreten nicht eingewiesener Personen der Laser bei laufendem Betrieb deaktiviert wird, sind beide Türen mit einer Magnetverriegelung ausgestattet. Wird der Laser in Betrieb genommen, werden die Türen automatisch verriegelt. Mithilfe einer ebenfalls außen angebrachten Zahlentastatur kann sowohl die Verriegelung als auch der Türmagnet für eine kurze Zeitspanne überbrückt werden, sodass entsprechend eingewiesenes Personal das Labor betreten kann. Ein innen angebrachter Überbrückungsschalter erfüllt dieselbe Funktion und ermöglicht das Verlassen des Raumes bei laufendem Laserbetrieb. Sofern diese Überbrückungsfunktion genutzt wird, sollte allerdings sichergestellt werden, dass die Person, die das Labor betritt, vorher die passende Schutzausrüstung anlegt und keine außen vorbeilaufenden Personen vom Laserstrahl getroffen werden können. Kann dieses nicht 100%ig sichergestellt werden, muss die Türumgebung

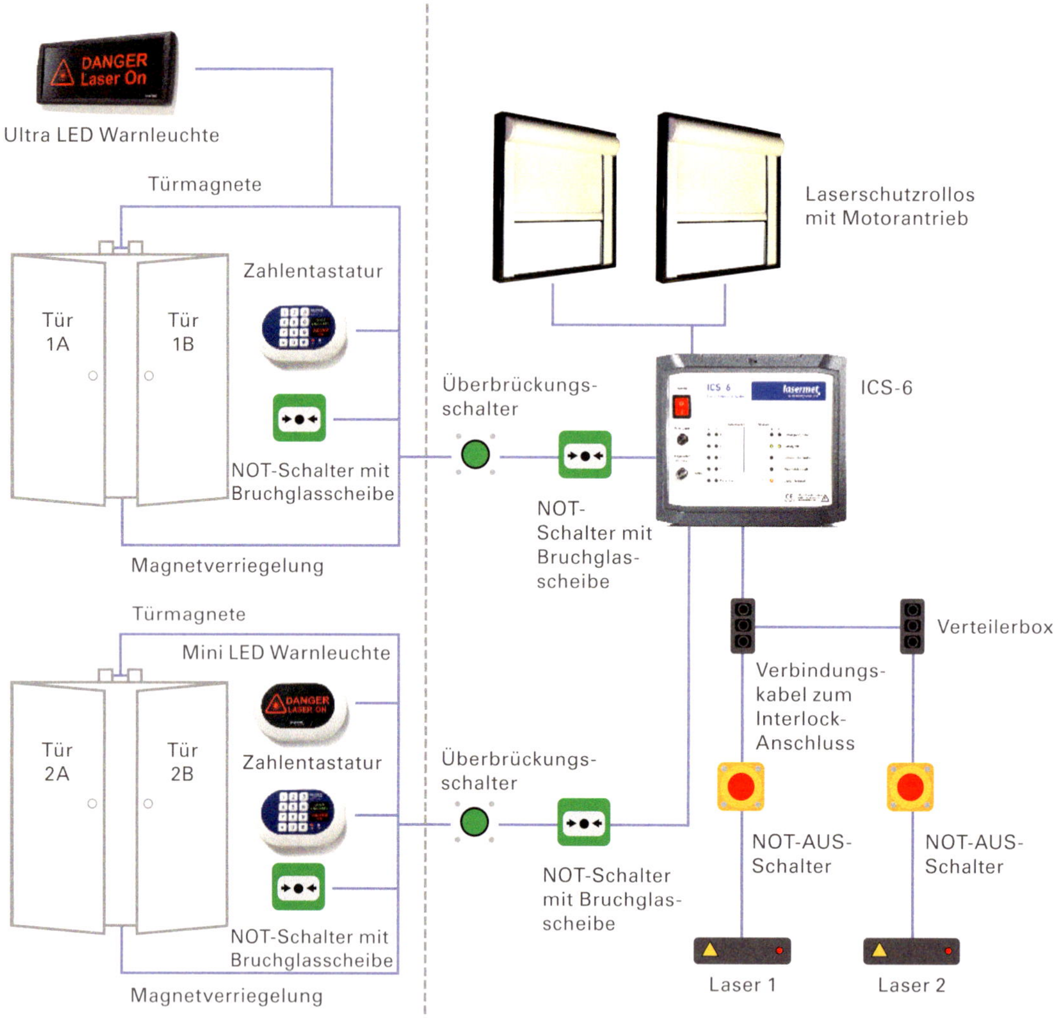

Bild 5.4 Schematische Darstellung einer nach EN 60825-1 zulässigen Konfiguration zur Überwachung eines Laserraumes (mit freundlicher Genehmigung der Firma Lasermet)

im Inneren des Raumes noch mit einer großflächigen Barriere wie einem Laserschutzvorhang oder einer Laserschutzwand geschützt werden (darauf wird im weiteren Text noch eingegangen). Wichtig sei noch der Hinweis, dass die Überbrückung eine Aussetzung der eigentlichen Sicherheitsvorkehrungen nach DIN EN 60825-1 bedeutet und deshalb stets von einem gut wahrnehmbaren Warnton begleitet werden sollte und auch nie dauerhaft angelegt sein darf.

Für Notfälle ist außerdem innen und außen ein Nottüröffner angebracht. Dieser deaktiviert die Türverriegelung, sodass der Raum betreten werden kann (beispielsweise vom Rettungspersonal) und dabei dann der Laser deaktiviert wird.

Neben dem Abschalten über den Interlock-Anschluss, kann der Laser beim ICS-6 auch über die Netzversorgung abgeschaltet werden. Für die meisten Laser ist diese Methode allerdings nicht zu empfehlen. Wenn hingegen weitere Maschinen über ein Interlock-Kontrollsystem abgeschaltet werden sollen (beispielsweise ein Verfahrtisch dessen Bewegung mit einem Laserarbeitskopf synchronisiert sein soll), so ist dies eine gute Möglichkeit, diese Maschinen ebenfalls in den Sicherheitskreis mit einzubinden.

Ebenso besteht die Möglichkeit, einen Shutter in den Strahlengang des Lasers zu platzieren, der beim Öffnen der Tür oder dem Auslösen vom Not-Aus den Strahlverlauf blockiert (Bild 5.5). Wichtig ist, sicherzustellen, dass solch ein Shutter beim Auslösen eines Sicherheitsproblems den Strahl sofort und dauerhaft blockt. Je nach Ausführung können Shutter problemlos in Sicherheitsschaltungen nach EN ISO 13849-1 mit Perfor-

Bild 5.5 Lasersicherheitsshutter zum Blocken des Strahls bei laufendem Laserbetrieb (mit freundlicher Genehmigung der Firma Lasermet)

mance Level E[1] integriert werden. Üblicherweise sind die aktuell verfügbaren Shutter für mittlere Leistungen bis zu maximal 200 W ausgelegt. Bei höheren Leistungen kann der Shutter mit einem Spiegel ausgerüstet werden, der den Strahl dann in eine seitlich angeschlossene luft- oder wassergekühlte Strahlfalle ablenkt. Auf diese Weise können auch Leistungen im Multi-kW-Bereich sicher geblockt werden. Neben der Integration in ein Interlock-Kontrollsystem kann ein Lasersicherheitsshutter selbstverständlich auch manuell betrieben werden.

Ein weiterer zu betrachtender Punkt bei den technischen Schutzmaßnamen ist der großflächige Laser-

---

[1] Wahrscheinlichkeit gefährlicher Ausfälle pro Stunde $\geq 10^{-8}$ bis $< 10^{-7}$

schutz. Auch wenn die Türumgebung eines Labors sicher kontrolliert wird, besteht immer noch die Gefahr, dass beispielsweise durch Fensteröffnungen Laserlicht nach außen dringen kann. Hierfür bieten sich Laserschutzvorhänge oder Rollos an (Bild 5.6). Technisch ist es auch möglich, die Vorhänge oder Rollos ebenfalls mit Magnetschaltern auszustatten und sie somit in den Sicherheitskreis des Interlock-Kontrollsystems zu integrieren. Dieses ist auch in der Beispielkonfiguration Bild 5.4 rechts zu sehen, wo zwei motorisierte Laserschutzrollos am ICS-6 angeschlossen sind. Sind die Rollos geöffnet, blockiert das Interlock-Kontrollsystem die Freigabe des Lasers, da die Umgebung ansonsten nicht sicher wäre.

Ebenso kann es vorkommen, dass in einem Labor oder einer großen Werkshalle ein Teilabschnitt als gesonderter Laserbereich abgesichert werden muss. In dem Fall können dann mobile Laserschutz-Stellwände (Bild 5.7) oder ebenfalls Vorhänge verwendet werden. Laserschutz-Stellwände bieten sich besonders bei temporärer Nutzung an. Wird beispielsweise ein Laser der Klasse 4 bereits in einer fertigen Einhausung geliefert, so hat ein solches Lasersystem dann nach außen hin GZS der Laserklasse 1 und gilt im Normalbetrieb als sicher. Müssen aber Wartungs- und Servicearbeiten an diesem System durchgeführt werden, muss die Einhausung geöffnet werden. Der Laserbereich ist nun für das arbeitende Personal gefährlich und muss entsprechend abgesichert werden. Ein weiterer Vorteil von Laserschutz-Stellwänden gegenüber Vorhängen und Rollos ist die üblicherweise bessere Widerstandsfähigkeit gegenüber Laserstrahlung.

Die Prüfnorm DIN EN 60825-4 legt dabei die Anforde-

Bild 5.6 Ein mittels Laserschutzvorhang abgehängter Laserarbeitsbereich sowie ein Laserschutzrollo zur Absicherung, dass keine Laserstrahlung durch die Fenster nach außen dringen kann (mit freundlicher Genehmigung der Firma Lasermet).

Bild 5.7 Mobile Laserschutzwände zur flexiblen Absicherung eines gefährlichen Laserbereiches (mit freundlicher Genehmigung der Firma Lasermet)

rung fest, wie eine dauerhafte oder temporäre großflächige Abschirmung eines Laserbereiches erfüllt sein muss. Hierbei wird für die zu prüfenden Produkte vom Hersteller in Form einer Risikoanalyse eine Schutzgrenzbestrahlung (SGB), also eine maximale Leistungs- oder Energiedichte in Abhängigkeit der Wellenlänge und der Bestrahlungsfläche, ermittelt. Insgesamt gibt es für die SGB-Bestimmung drei verschiedene Prüfklassen, die tabellarisch (Tab. 5.1) aufgelistet sind.

Tabelle 5.1 Prüfklassen für großflächige Abschirmungen gemäß der DIN EN 60825-4, Tabelle D.1

Prüfklasse	Wartungs-intervall (s)	Empfohlene Verwendung
T1	30 000	Für Benutzung in automatischen Maschinen
T2	100	Für zyklischen Kurzzeitbetrieb und zwischenzeitliche Überwachung
T3	10	Für kontinuierliche Überwachung durch Beobachtung.

Für den Einsatz einer großflächigen Abschirmung in einer Laserumgebung gilt es, durch den Laserschutzbeauftragten in Form einer Gefährdungsanalyse sicherzustellen, dass die Umgebung für sich dort aufhaltende Personen gefahrlos ist. Hierbei müssen zum einen natürlich die Laserparameter selbst berücksichtigt werden, aber zum anderen auch die räumlichen Gegebenheiten. Dazu gehört beispielsweise die Möglichkeit, dass ein Bereich oberhalb einer Laseranlage zugänglich ist und Personen dort der Gefahr eines Lasertreffers ausgesetzt sind. Auch mögliche Reflektionen müssen berücksichtigt werden, z. B. durch glattpolierte Bauteile oder an der Decke verlaufender Metallrohre. Ebenso ist es wichtig zu bewerten, in welchem Abstand ein direkter Lasertreffer möglich ist oder ob nur Streustrahlung auftritt. Ergebnis dieser Gefährdungsanalyse ist ein Wert für die vorhersehbare Maximalbestrahlung (VMB). Die VMB sollte immer den schlimmstmöglichen Fall berücksichtigen und muss gleichzeitig stets niedriger sein als die SGB. Üblicherweise sollte die SGB 30 % über dem VMB-Wert liegen. Neben der DIN EN 60825-4 kann außerdem auch die DIN EN 12254 zur Prüfung und Zertifizierung von großflächigen Abschirmungen verwendet werden, sofern die Abschirmung permanent überwacht wird und die mittlere Leistung innerhalb des Spektralbereichs von 180 nm bis 1000 µm unterhalb von 100 W liegt bzw. bei gepulsten Lasern die Einzelpulsenergie geringer als 30 J ist. Die Prüfdauer beträgt dabei stets 100 s. In der Zeit kann das Produkt zerstört werden, sofern sichergestellt ist, dass auf der Rückseite nicht der GZS von Laserklasse 1 überschritten wird.

Für sehr hohe Laserleistungen im Multi-kW-Bereich (wie sie beispielsweise in der Materialbearbeitung zum Schweißen, Schneiden und Härten von Metallen genutzt werden) besteht der einzige sinnvolle Schutz in einer großangelegten (meist begehbaren) Laserschutzkabine, die den kompletten Laserbereich umgibt. Kann nicht mehr sichergestellt werden, dass das Wandmaterial selbst einem Strahltreffer lange genug standhält, so müssen aktive Laserschutzwände verwendet werden, die mit einem Sicherheitskreis (beispielsweise ICS-6) verschaltet sind. Wird auf der aktiven Wand ein Strahltreffer detektiert, so wird der Laser über die Sicherheitsschaltung in Sekundenbruchteilen deaktiviert.

5.2 Organisatorische Schutzmaßnahmen

Üblicherweise reichen technische und bauliche Schutzmaßnahmen oftmals nicht aus, um 100 %ig sicherzustellen, dass keinerlei Gefährdungspotenziale an der Laseranlage mehr vorliegen. In solchen Fällen sind somit zusätzliche organisatorische Maßnahmen notwendig, die das Ziel haben, die Arbeit des Personals am Laser möglichst sicher zu gestalten. Wie bereits im Absatz „Rechtliche Grundlagen" erwähnt, gehört hierzu zuerst einmal die schriftliche Bestellung des Laserschutzbeauftragten.

Der Laserschutzbeauftragte ist dafür verantwortlich, den Laserbereich zu definieren und mit entsprechenden technischen Mitteln zu kennzeichnen. Weiterhin ist er für die Durchführung der Gefährdungsanalysen am Laserarbeitsplatz zuständig. Er hat zudem dafür zu sorgen, dass alle Mitarbeiter an den betreffenden Lasern entsprechend über die Gefährdungspotenziale, das korrekte Verhalten am Arbeitsplatz sowie die notwendigen Sicherheitsmaßnahmen unterwiesen werden. Die Unterweisung hat dabei zu Beginn der Arbeit einmalig zu erfolgen sowie weiterhin im regelmäßigen Abstand von mindestens einmal pro Jahr und bei wesentlichen Änderungen an der Anlage. Die Teilnahme an dieser Unterweisung sollte durch Unterschrift bestätigt werden. Der Laserschutzbeauftragte hat ferner durch Auswahl geeigneter technischer Schutzmaßnahmen (beispielsweise Interlock-Kontrollsysteme, Laserschutzvorhänge) dafür zu sorgen, dass nur das unterwiesene Personal den gefährlichen Laserbereich betreten und dort arbeiten kann.

Zu den organisatorischen Schutzmaßnahmen gehört es außerdem, dafür zu sorgen, dass durch Optimierung der Arbeitsabläufe die Expositionszeit des am Laser arbeitenden Personals möglichst minimiert wird. Zudem sollte sichergestellt werden, dass der Abstand zwischen der Strahlquelle und dem Beschäftigten so gut wie möglich maximiert wird. Zusätzlich müssen an der Anlage vom Laserschutzbeauftragten regelmäßig die technischen Schutzmaßnahmen auf ihre Funktionstüchtigkeit kontrolliert werden. Die Auswahl und Kontrolle der persönlichen Schutzausrüstung ist ebenfalls zu beachten. Zu den organisatorischen Schutzmaßnahmen gehört außerdem die Festlegung, Einhaltung und regelmäßige Überwachung der Sicherheitsvorschriften. Dies umschließt auch die Pflicht zur ärztlichen Versorgung bei Unfällen und die Beschäftigungseinschränkung für Jugendliche unter 16 Jahren.

5.3 Persönliche Schutzmaßnahmen

Oftmals kann durch technische und organisatorische Schutzmaßnahmen das Gefährdungspotenzial einer Laserumgebung enorm reduziert werden. Dennoch ist es häufig unumgänglich, dass Mitarbeiter an einem offenen Lasersystem arbeiten müssen. Kommt hierbei ein Laser der Klasse 3B oder 4 zum Einsatz, ist nach der TROS Laserstrahlung sicherzustellen, dass dem Personal eine geeignete Schutzausrüstung zur Verfügung gestellt wird. Da die Schadwirkung der Laserstrahlung für das Auge deutlich gefährlicher ist als für die Haut, kommt dem Augenschutz bei den meisten Laseranwendungen eine deutlich höhere Priorität zu. Heutige Laserschutzbrillen sind dabei den Bedürfnissen der Benutzer soweit angepasst, dass sie mit hohem Tragekomfort sowohl in modisch enganliegender Form als auch als Überbrille für Brillenträger verfügbar sind (Bild 5.8).

Bild 5.8 Laserschutzbrille für Normalsichtige und für Brillenträger (mit freundlicher Genehmigung der Firma Univet)

Bei der Auswahl einer geeigneten Laserschutzbrille gibt es einige wichtige Dinge zu berücksichtigen. Als eine Kenngröße zur Abschätzung der Qualität des eingesetzten Filtermaterials dient die Optische Dichte (OD). Diese gibt einen Faktor an, um den die Strahlung aufgrund des Filters abgeschwächt wird. Dabei gilt für den Abschwächungsfaktor die folgende Definition: OD $n = 1/(1 \cdot 10^n)$. So bedeutet OD 3 beispielsweise eine Abschwächung um den Faktor $1 \cdot 10^3 = 1000$. In der amerikanischen ANSI Z136 Norm gilt die optische Dichte als alleiniger Wert zur Spezifizierung einer geeigneten Laserschutzbrille. Notwendig für die Anwendung am Laser ist hierbei somit eine optische Dichte, die die Strahlung auf den GZS der Laserklasse 1 reduziert.

Diese Regelung ist im EU-Raum allerdings nicht ausreichend, da bei der optischen Dichte nicht automatisch auch die Widerstandsfähigkeit gegenüber einem direkten Lasertreffer sichergestellt ist. In Deutschland gilt deswegen für die Zertifizierung und Klassifizierung von Laserschutzbrillen die Prüfnorm DIN EN 207. Sie legt fest, dass eine zulässige Laserschutzbrille einem direkten Strahltreffer für mindestens 5 s (bzw. bei gepulsten Lasern für 50 Pulse) standhalten muss. Dabei kann das Material auch beschädigt werden, solange sichergestellt ist, dass auf der Rückseite nicht der GZS der Klasse 1 überschritten wird. Der Strahldurchmesser, der 63% der Gesamtenergie bzw. Leistung umfassen muss, hat bei der Prüfung $d_{63} = (1 \pm 0{,}1)$ mm zu betragen. In der Norm werden tabellarisch sogenannte LB-Schutzstufen zwischen 1 (niedrig) bis 10 (hoher Schutz) festgelegt (DIN EN 207, Tabelle 1). Diese Schutzstufen repräsentieren maximale Leistungs- bzw. Energiedichten, die von der Wellenlänge abhängig sind. Hierbei wird zwischen drei unterschiedlichen Wellenlängenbereichen unterschieden: 180 bis 315 nm, 315 bis 1400 nm und 1400 nm bis 1000 µm. Weiterhin gibt es vier verschiedene Prüfbedingungen, die von der Betriebsart des Lasers abhängen. Sie sind in Tabelle 5.2 aufgelistet.

Generell gilt für den Wert der Schutzstufe LB ≤ OD. Auf diese Weise wird bei einer nach DIN EN 207 zugelassenen Laserschutzbrille sichergestellt, dass die Strahlung auf den Grenzwert für Laserklasse 1 reduziert wird und gleichzeitig die Brille (dies umschließt sowohl das Filtermaterial als auch das Gestell) der Wirkung des Laserstrahls für 5 s standhält.

Bei der Auswahl einer geeigneten Laserschutzbrille muss also im Rahmen einer Gefährdungsbeurteilung die auftreffende Leistungs- bzw. Energiedichte abgeschätzt werden und anschließend mithilfe von Tabelle 5.2 aus der DIN EN 207 die erforderliche LB-Schutzstufe bestimmt werden. Hierbei müssen alle Betriebsarten berücksichtigt werden, die beim betrachteten Laser auftreten können. Oftmals entspricht der tatsächliche Strahldurchmesser am Ort der Exposition allerdings nicht dem Prüfdurchmesser von 1 mm. In diesem Fall

Tabelle 5.2 Prüfbedingungen für Laserschutzbrillen nach DIN EN 207

Prüf-bedingung	Typische Laserart	Impulslänge [s]	Mindest-impuls-anzahl
D	Dauerstrichlaser	5	1
I	Impulslaser	$> 10^{-6}$ bis $0{,}25$	50
R	Güteschalteter Impulslaser	$> 10^{-9}$ bis 10^{-6}	50
M	Modengekoppelter Impulslaser	$< 10^{-9}$	50

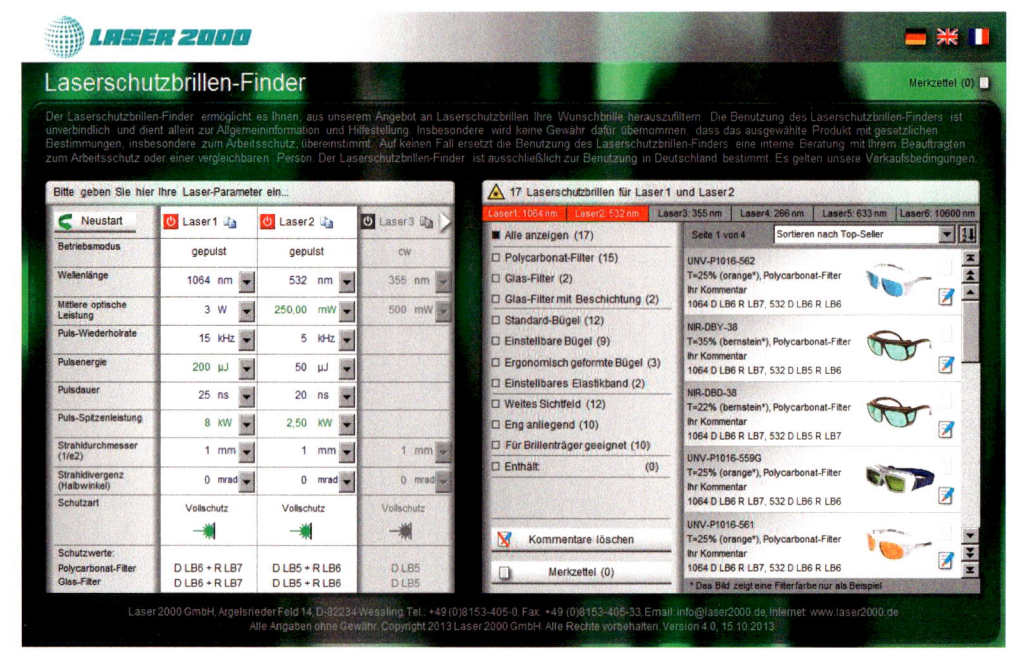

Bild 5.9 Laserschutzbrillenfinder zur Auswahl einer geeigneten Laserschutzbrille (mit freundlicher Genehmigung der Firma Laser 2000)

5.3 Persönliche Schutzmaßnahmen

532 DI LB6 X S

- Laserwellenlänge oder –wellenlängenbereich
- Prüfbedingung(en) (D I R M)
- Geprüfte Schutzstufe(n) (erweitert um „Y", wenn Prüffrequenz > 25 Hz)
- Identifikationszeichen des Herstellers
- Kennzeichnung für besondere mechanische Festigkeit (falls zutreffend)

Bild 5.10 Beschriftung von Laserschutzbrillen gemäß EN DIN 207 (mit freundlicher Genehmigung der Firma Laser 2000)

muss mithilfe des Faktors $F(d)$ noch die Wärmeabfuhr an die Umgebung mitberücksichtigt werden. Für einen Dauerstrichlaser wird für die Schutzstufenbestimmung die flächenkorrigierte Leistungsdichte beispielsweise bestimmt durch $E_{korr} = F(d) \cdot P/A$. Wobei P die Laserleistung und A die Strahlfläche bezeichnet. Der Faktor $F(d)$ ist ein experimentell ermittelter Wert. Besteht der Filter größtenteils aus Glas, so ist $F(d) = d^{1,1693}$, während bei Kunststoff $F(d) = d^{1,2233}$ gilt. Die flächenkorrigierten Berechnungen für gepulste Laser sind etwas ausführlicher und können im Anhang B 3.3 der DIN EN 207 nachgeschlagen werden.

Da die Berechnung der notwendigen Schutzwerte und somit die Auswahl einer geeigneten Brille oftmals sehr aufwendig ist, gibt es heutzutage Programme, wie beispielsweise die Software LaserSafe PC von der Firma Lasermet oder den Laserschutzbrillenfinder von Laser 2000 (Bild 5.9), die eine unverbindliche Unterstützung und Kontrolle der eigenen Berechnungen bieten können. Es sei aber darauf hingewiesen, dass sie die offizielle Überprüfung der Schutzstufe durch den Laserschutzbeauftragten vor Ort nicht ersetzten können.

Die DIN EN 207 legt außerdem fest, wie die korrekte Beschriftung einer Laserschutzbrille zu erfolgen hat. Die Beschriftung erfolgt dabei anhand der in Bild 5.10 exemplarisch dargestellten Reihenfolge.

In Bild 5.11 ist anhand eines Beispiels zu sehen, wie eine solche normkonforme Beschriftung auszusehen hat. Generell sollte stets darauf geachtet werden, dass das CE-Konformitätskennzeichen auf der Beschriftung ist. Brillen ohne CE-Kennzeichnung dürfen nicht eingesetzt werden. Ebenso ist darauf hinzuweisen, dass Laserschutzbrillen stets nur für den versehentlichen Blick in den Strahl geeignet sind. Sie sollten niemals dazu verwendet werden, um bewusst in den Laserstrahl zu schauen. Die Lebensdauer von Laserschutzbrillen ist grundsätzlich nicht im Voraus festgelegt. Vielmehr hängt sie maßgeblich vom sachgemäßen und pfleglichen Umgang ab. So sollte eine Laserschutzbrille keinen Wärmequellen ausgesetzt werden und bei Nichtbenutzung stets an einem kühlen trockenen Ort im Originaletui aufbewahrt werden. Es sollte außerdem darauf geachtet werden, die Brille niemals auf die Seite des Filters zu legen. Werden bei der Brille Beschädigungen (z.B. Kratzer oder Farbveränderungen) festgestellt, so sollte sie auf jeden Fall ausgetauscht werden.

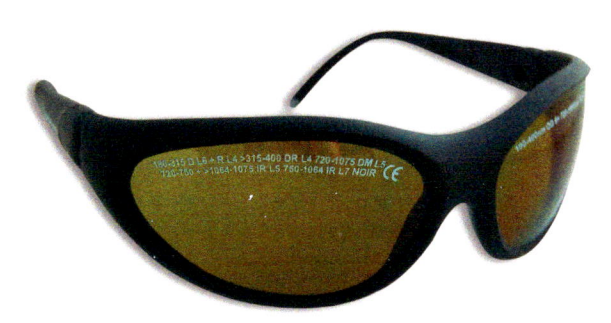

Bild 5.11 Beispiel einer Beschriftung von Laserschutzbrillen gemäß EN DIN 207 (mit freundlicher Genehmigung der Firma Laser 2000)

Sofern es während der Arbeit am Laser erforderlich ist, Einstellungs- und Justierarbeiten am Strahlverlauf durchzuführen, müssen spezielle Justierbrillen getragen werden. Während Laserschutzbrillen die Laserstrahlung auf den GZS von Klasse 1 abschwächen, sind Justierbrillen so ausgelegt, dass durch die Brille noch ein bisschen vom Strahlfleck der reflektierten Laserstrahlung gesehen werden kann. Eine zulässige Justierbrille ist deswegen stets so ausgelegt, dass sie den Laser im Falle eines unbeabsichtigten Strahltreffers auf den Grenzwert der Laserklasse 2 abschwächt. Da die Laserklasse 2 nur für den sichtbaren Spektralbereich von 400 bis 700 nm definiert ist, beschränkt sich der Anwendungsbereich für Justierbrillen eben darauf. Justierarbeiten bei Wellenlängen die für das Auge nicht sichtbar sind, sind physikalisch und technisch somit gar nicht möglich.

Ähnlich wie in der DIN EN 207 werden für Justierbrillen in der Prüfnorm DIN EN 208 sogenannte RB-Schutzstufen von 1 (niedrig) bis 5 (hoher Schutz) definiert, die die Widerstandsfähigkeit gegenüber Laserstrahlung beschreiben. Eine Justierbrille ist so ausgelegt, dass sie einem direkten Treffer für 0,25 s standhalten kann. Die Schutzwirkung der Brille setzt somit voraus, dass beim Anwender der Lidschutzreflex funktioniert. Tritt dieser nur mit Verzögerung auf, so sollte möglichst eine Brille mit einer höheren RB-Schutzstufe verwendet werden. Natürlich sollte gleichzeitig dabei die Sichtbarkeit vom Laserstrahl nicht allzu sehr eingeschränkt werden. Es kann somit durchaus vorkommen, dass sich gute Erkennbarkeit des Strahlverlaufes und sicherer Schutz bei Arbeiten am Laserstrahl gegenseitig ausschließen.

Das Thema Hautschutz wurde bis vor kurzem von vielen Herstellern noch mit deutlich niedrigerer Priorität behandelt. Dies lag zum einen daran, dass die grundsätzliche Schadwirkung für die Haut deutlich niedriger ist als die für das Auge und somit der potenzielle Bedarf an Laserschutzkleidung deutlich geringer ausfällt als für Schutzbrillen. Zum anderen existierte bis vor kurzen noch gar keine einheitliche Prüfnorm für Laserschutzkleidung nach denen, äquivalent zu den Laserschutzbrillen, die Kleidung zertifiziert werden kann. Gemäß TROS Laserstrahlung sowie DGUV-Vorschrift 11 ist bei Arbeiten an Lasern der Klasse 3R, 3B und 4 das Tragen einer geeigneten Schutzkleidung allerdings vorgeschrieben, sofern die MZB-Werte der Haut überschritten werden und keine andere Maßnahme ergriffen werden kann, um die Exposition zu verringern. Im Abschnitt „Gefahren von Laserstrahlen" wurde bereits auf die möglichen Hautschäden eingegangen, die aus der Laserexposition folgen können.

Aus diesem Grund wurde vor einigen Jahren das PROSYS-Laser-Forschungsprojekt ins Leben gerufen. Hierbei handelt es sich um ein von der EU gefördertes Forschungsvorhaben bei dem unter anderem das Laserzentrum Hannover, das Sächsische Textilforschungsinstitut und die Firma JUTEC maßgeblich mitgewirkt haben. Ziel dieses Forschungsprojektes war die Entwicklung von neuartiger passiver und aktiver Laserschutzkleidung sowie die Erarbeitung eines entsprechenden Prüfgrundsatzes.

Laut dem Prüfgrundsatz muss Laserschutzkleidung gegenüber Hitze und Flammen gemäß EN 407 (für Handschuhe) bzw. DIN EN ISO 11612 (Schutzkleidung für hitzeexponierte Industriearbeiten) auf Beständigkeit geprüft werden. Zusätzlich wird die direkte Widerstandsfähigkeit des Materials gegenüber einem direkten Lasertreffer gemessen. Um einen optimalen Hautschutz zu gewähren, muss allerdings auch die Verbrennungsgefährdung der Haut mittels kalorimetrischer Messmethode (Stoll-Chianta Verfahren) auf der Rückseite der Schutzkleidung getestet werden. Auf diese Weise kann sichergestellt werden, dass eine getroffene Person genug Zeit hat, um den Strahltreffer zu

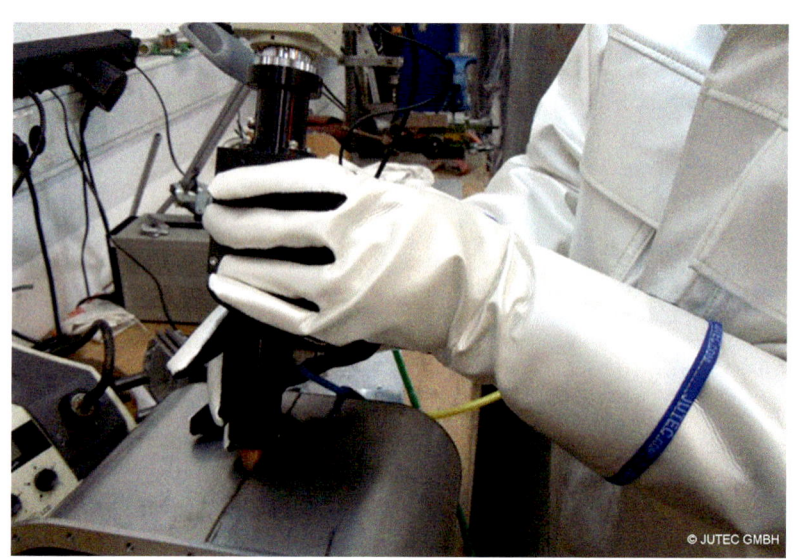

Bild 5.12 Passive Laserschutzkleidung für sichere Arbeit an offenen Lasersystemen (mit freundlicher Genehmigung der Firma JUTEC)

bemerken und sich von der Gefahr abzuwenden, bevor der Laser die Schutzkleidung zerstört hat. In der deutschen Vornorm DIN SPEC 91250 werden auf dieser Basis entsprechende P-Schutzstufen definiert, die mit maximalen Bestrahlungsstärken bzw. mittleren Pulsleistungsdichten korrespondieren.

Aktuell verfügbare zertifizierte Laserschutzkleidung der Firma JUTEC (Bild 5.12) ist nach der DIN SPEC 91250 für den Wellenlängenbereich 800–1100 nm getestet und sowohl einzeln als Handschuh, Jacke oder Hose als auch im kompletten Ganzkörperschutz verfügbar. Es ist wichtig darauf hinzuweisen, dass die Zertifizierung nur für den erwähnten Wellenlängenbereich angewandt werden kann. Bei anderen Wellenlängen, wie beispielsweise im UV-Bereich, kann zwar die direkte Beständigkeit gegenüber Laserstrahlung getestet werden, allerdings die kalorimetrische Messmethode nicht angewandt werden, da auf der Haut die eintreffenden UV-Strahlen nicht zu spüren sind. Somit besteht das Risiko, dass bei einem Lasertreffer der Laser sich durch die Schutzkleidung bohrt und die betreffende Person dieses gar nicht bemerkt.

6 Zusammenfassung

In diesem Kapitel wurde ein kurzer Überblick zu den Gefahren der Laserstrahlung gegeben und aufgezeigt, nach welchen Kriterien die Laser klassifiziert werden. Weiterhin wurde kurz die rechtliche Lage bei Anwendung von Lasern beschrieben und darauf im Folgenden dann die einzelnen möglichen Schutzmaßnahmen anhand des sogenannten TOP-Prinzips vorgestellt. Aufgrund der vielen primären und sekundären Gefährdungspotenzialen sollte bei Arbeiten an Laseranlagen stets der schlimmstmögliche Fall angenommen werden. Alle verfügbaren möglichen Maßnahmen zum Schutz der Personen sollten berücksichtigt und auch durchgeführt werden. Gerade bei langjährigen und routinierten Arbeiten an Laseranlagen ist die Gefahr groß, dass aufgrund von Nachlässigkeit die Gefährdungspotenziale unterschätzt werden. Hierzu sollte bedacht werden, dass ein Blick in den Laser oftmals nur zweimal im Leben möglich ist: Einmal mit dem linken und einmal mit dem rechten Auge.

Literaturhinweis zu Teil XI:

Dr. Hille, Firma Lasermet, Firma Jutec sowie Firma Laser 2000, 2016

DIN EN 60825-1: 2015-07; VDE 0837-1: 2015-07, Beuth Verlag

FROM MICRON TO MILE. IN ALL DIMENSIONS.

THIS IS **SICK**
Sensor Intelligence.

Mobilität, Infrastruktur, Logistik oder Produktion – die Automatisierung schreitet in allen Bereichen unaufhaltsam voran. Ganz vorne dabei: Distanzsensoren sowie Mess- und Detektionslösungen von SICK. Als intelligente Datenquellen liefern sie präzise Informationen für nahezu jede Anwendung. Über alle Distanzen, in allen Umgebungen. Ausgestattet mit hoch entwickelten Technologien und vielfältigen Schnittstellen. Entdecken Sie ein weltweit einzigartiges Portfolio, das übergreifendes Branchenwissen und herausragende Innovationskraft in allen Dimensionen vereint. Geballte Leistungsstärke und grenzenlose Flexibilität, gebündelt für Ihren Erfolg. Wir finden das intelligent.
sick.com/micron-to-mile

Das Standardwerk

Naumann, Schröder, Löffler-Mang
Handbuch Bauelemente der Optik
Grundlagen, Werkstoffe, Geräte, Messtechnik
7., vollständig überarbeitete und erweiterte Auflage
716 Seiten. Komplett in Farbe
€ 179,99. ISBN 978-3-446-42625-2

Auch als E-Book erhältlich
€ 149,99. E-Book-ISBN 978-3-446-44115-6

Seit Jahrzehnten hat das Buch »Bauelemente der Optik« seinen festen Platz in der Fachliteratur als geschätzter Ratgeber für den Umgang mit optischen Bauelementen und den Einsatz optischer Geräte und Verfahren.

Ausgehend von den Grundlagen der Optik sowie von Werkstoffen und Bauelementen, wie Spiegel, Linsen, Blenden und Fassungen werden komplexe Geräte und optische Messtechnik behandelt. Dazu gehören z. B. Mikroskope, Digitalkameras, Interferometer und Fernrohre. Themen wie Lichtleiter und Holografie runden das Spektrum ab.

In der 7., vollständig neu bearbeiteten und erweiterten Auflage wurde die Gerätetechnik dem Stand der Technik angepasst. Bei den Grundlagen und Verfahren wurden die neuesten Erkenntnisse aus Forschung und Entwicklung berücksichtigt.

Mehr Informationen finden Sie unter **www.hanser-fachbuch.de**

TEIL XII
Optische Komponenten und Grundlagen

1	Einleitung	629
2	Licht und Optik	630
3	Optische Bauelemente	639
4	Lasertechnik	661
5	Grundlagen der Interferometrie	673
6	Allgemeines zu flächendeckenden Prüf- und Messverfahren, Einführung	675
7	Literaturverzeichnis zu Teil XII	677

1 Einleitung

Optische Technologien sind Schrittmachertechnologien für die moderne Wirtschaft und Gesellschaft. Sie bewirken wichtige Innovationen in Bereichen wie dem Maschinen-, Automobil-, Schiff- und Flugzeugbau, der Mikroelektronik, der Beleuchtung sowie der Pharma- und Medizinproduktindustrie, in denen Deutschland Kernkompetenzen hat.

In Deutschland hängen schon heute etwa 18 % der Arbeitsplätze im verarbeitenden Gewerbe mittelbar oder unmittelbar von den optischen Technologien ab. Dies entspricht etwa 1,2 Millionen Beschäftigte. Direkt beschäftigt im Bereich der optischen Technologien sind etwa 130 000 Menschen, vor allem bei Laserherstellern, Herstellern optischer Komponenten und Systeme sowie in der Beleuchtungsindustrie.

Allein die rund 1000 mittelständischen Unternehmen in den optischen Technologien mit ihren 40 000 Arbeitsplätzen erwarten einen Zuwachs der Beschäftigten von über 30 % bis zum Jahr 2018. Die optischen Technologien stellen damit für den Wirtschaftsstandort Deutschland einen enorm wichtigen Wirtschaftszweig dar (Quelle: Bundesministerium für Bildung und Forschung).

Optische Messverfahren haben viele Vorteile, sie arbeiten:
- berührungslos
- flächendeckend
- nahezu materialunabhängig
- zerstörungsfrei.

Die optischen Messverfahren haben außerdem eine:
- hohe Auflösung
- hohe Genauigkeit
- hohe Geschwindigkeit und
- bieten die Möglichkeit der digitalen Datensicherung der gemessenen Ergebnisse (vereinfachte Dokumentation).

Aufgrund dieser Vorteile existiert eine große Zahl von Messverfahren, die auf der Auswertung von Lichtsignalen (elektromagnetischen Wellen) basieren.

Diese Messverfahren verwenden daher auch eine Vielzahl optischer Komponenten bzw. Systeme. In den vorhergehenden Kapiteln, in denen die Funktionsweise der Verfahren erläutert wird, werden diese immer wieder angesprochen. Einige dieser Basiselemente der optischen Messtechnik bedürfen einer genaueren Erläuterung, um den Gesamtzusammenhang besser zu verstehen. In dem vorliegenden Kapitel „Optische Komponenten und Grundlagen" wird somit gezielt darauf eingegangen. Über tiefergehende Erläuterungen wird auf die einschlägige Literatur verwiesen (Naumann, Schröder, Löffler-Mang 2014).

2 Licht und Optik

In diesem Kapitel sollen die Eigenschaften des Lichtes sowie das Verhalten von Beugung, Reflexion und Brechung betrachtet werden.

2.1 Eigenschaften des Lichts

Als Licht wird der mit dem menschlichen Auge wahrnehmbare Bereich des elektromagnetischen Spektrums (Bild 2.1) bezeichnet. Die Ausbreitungsrichtung ist vom Ort seiner Entstehung geradlinig und beim Auftreffen von Licht auf lichtundurchlässige Medien entstehen: Reflexion, Absorption sowie Schattenbildung hinter dem Objekt.

Die Optik befasst sich mit den Wirkungen und Anwendungen der optischen Strahlung. Sie wird unterteilt in:

- Geometrische Optik
- Wellenoptik
- Quantenoptik.

Die physikalische Optik dient der Erkenntnis und Bereitstellung neuer Effekte, im Unterschied zur technischen Optik, welche die optischen Wirkungsprinzipien in technischen Systemen beschreibt.

Die geometrische Optik kann anhand von vier Axiomen beschrieben werden:

1. Axiom: In homogenen Stoffen breiten sich die Lichtstrahlen gerade aus.
2. Axiom: An der Grenzfläche zweier homogener isotroper Medien reflektiert das Licht nach dem Reflexionsgesetz und bricht nach dem Brechungsgesetz.
3. Axiom: Der Strahlengang ist umkehrbar, d.h. die Lichtrichtung auf dem Lichtstrahl ist belanglos.
4. Axiom: Lichtbündel durchkreuzen und überlagern einander, ohne sich gegenseitig zu beeinflussen.

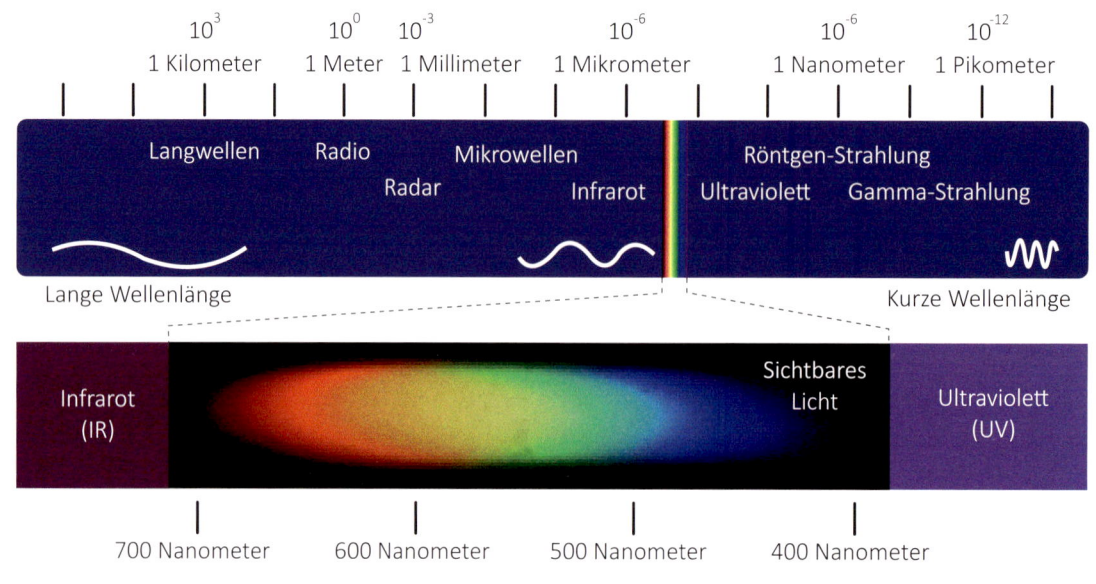

Bild 2.1 Das elektromagnetische Spektrum

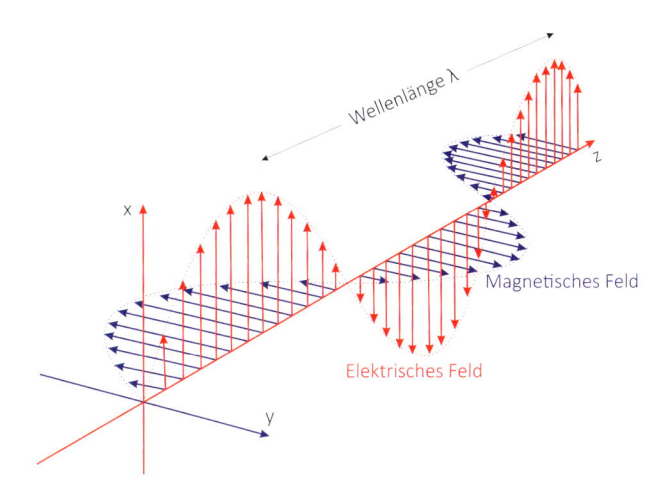

Bild 2.2
Feldstärke einer elektromagnetischen Welle

Licht ist somit etwas genauer betrachtet die Gesamtheit der elektromagnetischen Wellen. In der Messtechnik ist das elektromagnetische Spektrum vom langwelligen Bereich – der sog. Infrarotstrahlung (780 nm bis 1 mm) – bis zum kurzwelligen Bereich – der Ultraviolettstrahlung (380 nm bis 100 nm) – von Bedeutung. Der Bereich zwischen 380 nm bis 780 nm ist für das menschliche Auge sichtbar. Anhand der Wellenlänge lässt sich erkennen, ob die Strahlung viel oder wenig Energie besitzt. Hierbei ist Folgendes zu beachten: Eine Welle mit kleiner Wellenlänge hat mehr Energie als eine Welle mit großer Wellenlänge.

Von großer technischer Bedeutung und daher für viele Messgeräte relevant, ist der sichtbare Bereich von 380 nm bis 780 nm. Bild 2.1 stellt eine Skala der Wellenlänge mit Farbbereichen dar. Lichtquellen wie die Sonne oder eine Glühlampe strahlen Licht in allen Wellenlängen des sichtbaren Bereichs ab, sodass sich ein sog. kontinuierliches Spektrum ergibt. Durch die Überlagerung der Spektralfarben ergibt sich weißes Licht. Das sichtbare (weiße) Licht ist die Summe aller Spektralfarben, die in Abhängigkeit ihrer Wellenlänge einen eigenen Farbton besitzen.

2.2 Welle-Teilchen-Dualismus des Lichtes

Die moderne Physik schreibt dem Licht eine doppelte Natur zu: Auf der einen Seite verhält sich das Licht wie eine Welle, was die Erscheinung der Brechung, Reflexion, Beugung und Interferenz erklärt. Auf der anderen Seite scheint das Licht aus mit Lichtgeschwindigkeit bewegten Teilchen zu bestehen, die Träger einer ganz bestimmten Energie sind. In diesem Zusammenhang spricht man vom sogenannten Welle-Teilchen-Dualismus des Lichtes.

Ein wesentlicher Charakter des Lichtes ist die Erscheinungsform als elektromagnetische Welle (s. Bild 2.2). Die Wellenoptik beschreibt allgemein das Verhalten elektromagnetischer Wellen. Durch die Welle wird magnetische und elektrische Feldstärke transportiert. Die Feldlinien der beiden Energieformen stehen dabei orthogonal aufeinander und senkrecht zur Ausbreitungsrichtung z.

Die Ausbreitungsgeschwindigkeit c des Lichtes beträgt im Vakuum $c \approx 3 \cdot 10^8$ m/s, (genauer: $2{,}998 \cdot 10^8$ m/s). In anderen Medien ändert sich die Lichtgeschwindigkeit in Abhängigkeit der stoffspezifischen optischen Dichte. Aus der Lichtgeschwindigkeit c und der Frequenz ν lässt sich die Wellenlänge λ berechnen:

$$\lambda = \frac{c}{\nu}$$

c – Lichtgeschwindigkeit [m/s]
ν – Frequenz [Hz]
λ – Wellenlänge [m]

2 Licht und Optik

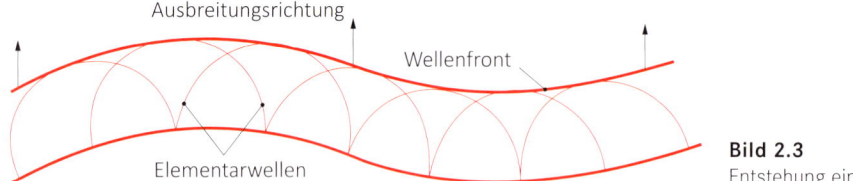

Bild 2.3 Entstehung einer Wellenfront aus Elementarwellen

2.3 Beugung

Nach dem Prinzip von Huygens stellt jeder Punkt einer Wellenfront ein neues Wellenzentrum dar, von dem eine sog. Elementarwelle ausgeht (s. Bild 2.3). Die gesamte Wellenfläche ist die Einhüllende der Elementarwellen.

Wird Licht durch die Öffnung einer Blende oder einen Spalt (Kante) so begrenzt, dass nur ein schmales Lichtbündel die Blende passieren kann, so dürfte gemäß der Strahlenoptik kein Licht außerhalb dieses Bündels auftreten. Tatsächlich weicht die Ausbreitungsrichtung des Lichts allerdings vom geradlinigen Verlauf ab, sodass an nahezu allen Stellen hinter der Blende eine gewisse Menge an Licht anzutreffen ist. Licht dringt dahinter auch in die Schattenräume vor, was sich durch die Elementarwelle am „(Loch-)Rand" erklären lässt. Man sagt, dass Licht, ähnlich wie eine Wasserwelle, an den Kanten eines Hindernisses „gebeugt" wird (Bild 2.4).

Ist eine gleichmäßig verlaufende Welle weit vom ursprünglichen Erregerzentrum entfernt, so verlaufen die Wellenfronten bzw. die Ausbreitungsrichtungen nahezu geradlinig und parallel.

2.4 Brechung

Trifft ein Lichtstrahl auf die Grenzfläche zweier unterschiedlicher Medien, z. B. Luft und Wasser, so wird ein Teil der Lichtenergie reflektiert; der andere Teil geht durch die Grenzfläche in das zweite Medium über, wobei sich die Ausbreitungsrichtung des Lichtstrahles ändert. Die Änderung der Bewegungsrichtung wird als Brechung bezeichnet (Bild 2.5). Das Brechungsgesetz von Snellius lautet:

$$\frac{\sin \varphi_1}{\sin \varphi_2} = \frac{n_2}{n_1}$$

φ_1 – Einfallswinkel [°]
φ_2 – Ausfallswinkel [°]
n_2, n_1 – Brechzahlen der Medien 1 und 2

Bild 2.6 zeigt ebenfalls eine ankommende Wellenfront, die auf eine schiefe Grenzfläche trifft. Das Modell sich bildender Elementarwellen an der Grenzfläche ergibt eine neue Wellenfront. Dabei ändern sich – wie bereits erwähnt – der Winkel, aber auch die Wellenlänge und die Geschwindigkeit.

Jeder Stoff hat eine charakteristische Brechzahl n. In der Tabelle 2.1 sind Werte für typische Werkstoffe aus der Optik im Vergleich zum Vakuum, der Luft und dem Wasser aufgelistet.

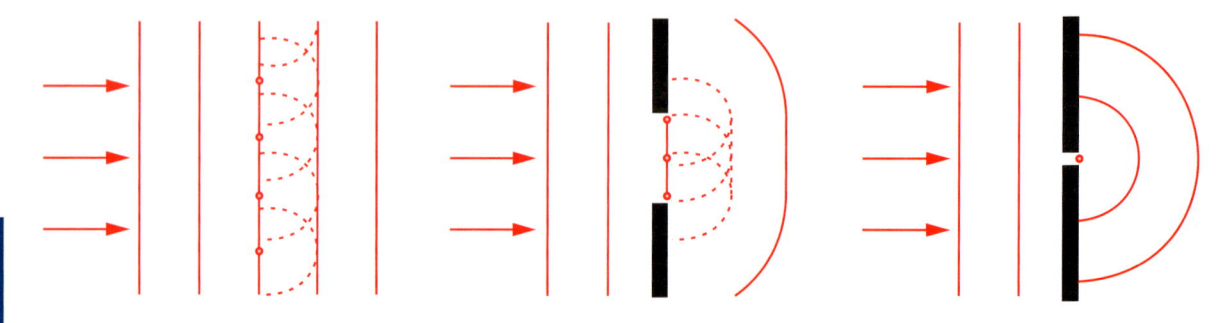

Bild 2.4 Beugungsmuster von Lichtwellen, von links nach rechts: keine Beugung, kaum Beugung, starke Beugung

2.4 Brechung

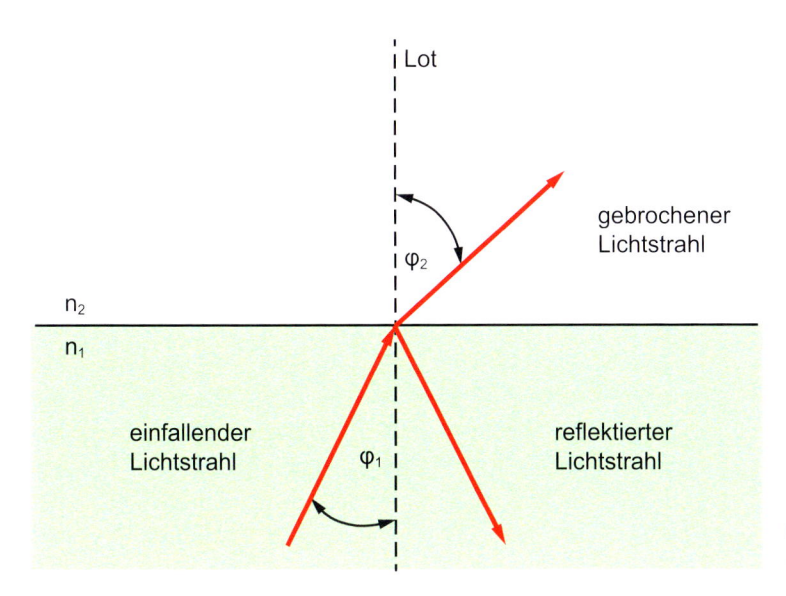

Bild 2.5 Brechung eines Lichtstrahls

Tabelle 2.1 Charakteristische Brechzahlen n verschiedener Stoffe

Werkstoff	Brechzahl
Vakuum	1
Luft	1,000292
Wasser	1,33299
Silicat-Flintglas	1,612
Plexiglas	1,49
Kieselglas	1,459
Silicat-Kronglas	1,503
Quarzglas	1,46
Zirkon	1,923
Diamant	2,417

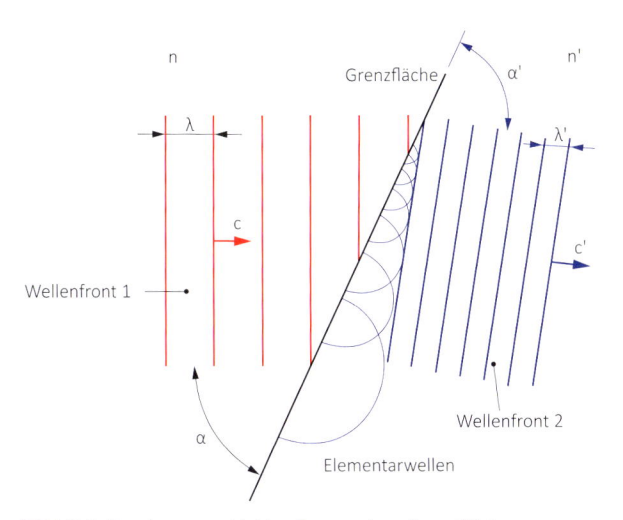

Bild 2.6 Brechung von Lichtwellen an einer Grenzfläche

Die Brechzahl ist allerdings nicht konstant, sondern verändert sich mit der Dichte eines Stoffes. Dies wird besonders an einer Kerze deutlich. Beobachtet man den Schattenwurf, so erkennt man Schlieren, die auf die unterschiedliche Brechung durch unterschiedliche Dichten der erwärmten Luft zurückzuführen sind.

Wird ein Objekt mit einer bestimmten Brechzahl von einer Lichtwelle durchleuchtet, beobachtet man, dass sich in dem Material die Wellenlänge ändert, die Frequenz jedoch konstant bleibt. Beim Austritt aus dem Objekt in das ursprüngliche Medium, bleibt die Frequenz ebenfalls erhalten und die ehemalige Wellenlänge stellt sich wieder ein. Es findet aber eine Phasenverschiebung statt (Bild 2.7).

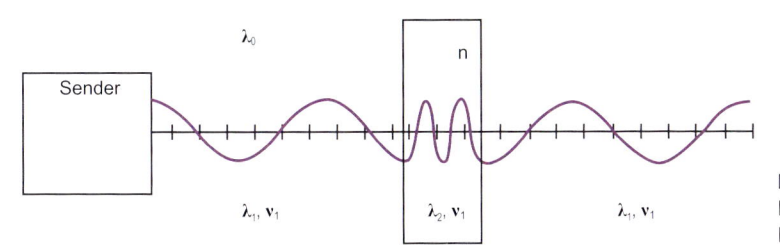

Bild 2.7 Lichtwellengang durch ein lichtdurchlässiges Medium

2 Licht und Optik

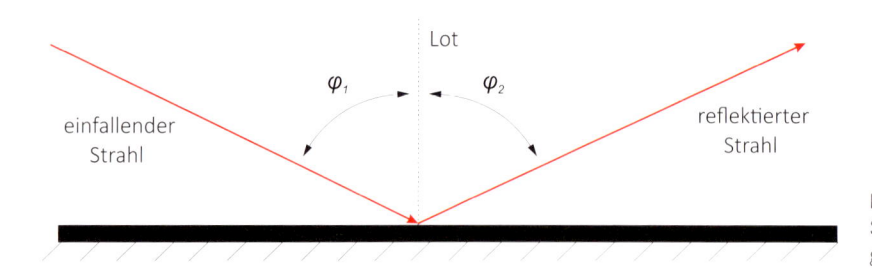

Bild 2.8 Schematische Darstellung des Reflexionsgesetzes

Die Wellenlänge λ_2 im Objekt lässt sich folgendermaßen berechnen:

$$\lambda_2 = \frac{c_0}{n \cdot \nu}$$

λ – Wellenlänge [m]
ν – Frequenz [Hz]
c_0 – Lichtgeschwindigkeit im Vakuum [m/s]
n – Brechungsindex

2.5 Reflexion

Treffen Wellen beliebiger Art auf eine ebene Fläche (z. B. Spiegel), entstehen neue Wellen, die sich von der Fläche wegbewegen. Diese Tatsache wird als Reflexion bezeichnet. Der Winkel φ_1 zwischen dem einfallenden Lichtstrahl und dem Lot im Einfallspunkt heißt Einfallswinkel. Die durch Lot und Strahl aufgespannte Ebene wird Einfallsebene genannt. Der reflektierte Strahl liegt auch in dieser Ebene und bildet mit dem Lot einen zu φ_1 betragsgleichen Winkel φ_2. Es gilt das Reflexionsgesetz (Bild 2.8):

$$\varphi_1 = \varphi_2$$

φ_1 – Einfallswinkel [°]
φ_2 – Ausfallswinkel [°]

Man unterscheidet zwischen der gespiegelten und der diffusen Reflexion (Bild 2.9). Ist die Oberfläche sehr verwinkelt und uneben, so werden die reflektierten Lichtstrahlen in verschiedene Richtungen abgelenkt. Man findet diese Reflexion bei Stoffen, die stumpf sind und deren Oberflächen nicht spiegeln. Ist die Oberfläche eines Stoffes glatt, d. h. die Unregelmäßigkeiten sind kleiner als die Wellenlänge, so entsteht die gespiegelte Reflexion.

Das Reflexionsgesetz kann man ebenso mit den Elementarwellen erklären. An der Grenzfläche der beiden Medien entstehen beim Auftreffen des Lichtstrahls wieder neue Elementarwellen, die wiederum eine neue Wellenfront bilden (Bild 2.10).

Das Reflexionsvermögen R gibt das Verhältnis zwischen der Intensität I der einfallenden Lichtwelle zur Intensität der ausfallenden Lichtwelle I' an:

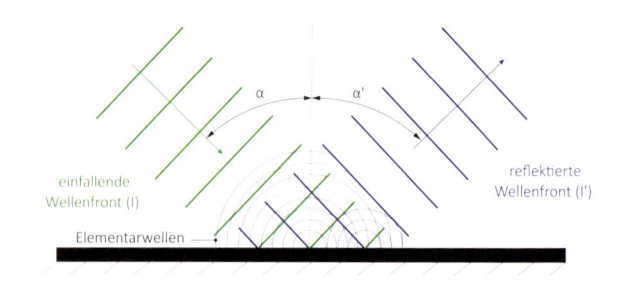

Bild 2.10 Spiegelung einer Lichtwelle

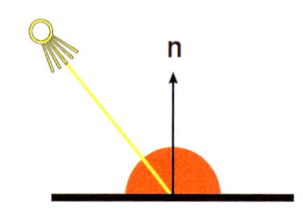

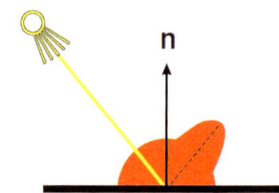

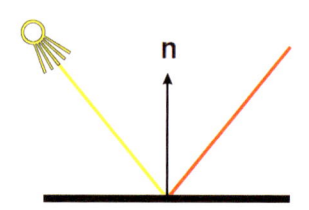

Bild 2.9 Reflexionsarten: Ideal diffuse Reflexion (links), gerichtet diffuse Reflexion (mittig), ideal spiegelnde Reflexion (rechts)

$$R = \frac{I}{I'}$$

R – Reflexionsvermögen
I – Intensität eintreffender Strahl [W/m²]
I' – Intensität austretender Strahl [W/m²]

Totalreflexion

Das Reflexionsvermögen selbst ist vom Einfallswinkel des Lichtstrahls und dem Verhältnis der Brechzahlen der beiden Medien abhängig. Es fällt auf, dass ab einem bestimmten Winkel φ_g eine vollständige Reflexion auftritt. Man spricht deshalb von der Totalreflexion (Bild 2.11). Der Winkel ergibt sich aus dem Verhältnis der Brechzahlen:

$$\sin \varphi_g = \frac{n_2}{n_1}$$

φ_g – Winkel der Totalreflexion [°]
n_1, n_2 – Brechzahlen der beiden Medien

Ab dem Winkel $\varphi_1 = \varphi_g$ wird die gesamte Lichtenergie reflektiert.
Die wichtigste Anwendung der Totalreflexion ist das Lichtleiterkabel, das in einem späteren Kapitel näher beschrieben wird.

2.6 Polarisation

Aufgrund der Lichtausbreitung als Transversalwelle[1] ist Polarisation möglich, d.h. es existiert allgemein eine Asymmetrie in der x-y-Ebene senkrecht zur Ausbreitungsrichtung z. In einer polarisierten Welle beschreibt der Vektor der elektrischen Feldstärke in jeder zur Ausbreitungsrichtung senkrechten Ebene eine bestimmte Bahn. Diese Bahn ist eine gerade Strecke, ein Kreis oder eine Ellipse. Dementsprechend unterscheidet man zwischen linear, zirkular oder elliptisch polarisiertem Licht. Solche polarisierten Lichtwellen kann man experimentell durch eine Überlagerung von senkrecht zueinander schwingenden, phasenverschobenen Wellen gleicher Frequenz erzeugen. Maßgebend für den Polarisationszustand sind Amplitudenverhältnisse und die Phasendifferenz der Komponenten.

2.6.1 Linear polarisiertes Licht

Die linear polarisierte Lichtwelle besitzt eine raumfeste Ebene, die sog. Schwingungsebene, in der die elektrische Feldstärke schwingt. In der senkrecht dazu liegenden Ebene (Polarisationsebene) muss dann die magnetische Feldstärke schwingen. Es ist auch möglich, dass sich linear polarisierte Wellen gleicher Phase, jedoch verschiedener Schwingungsrichtungen in der gleichen Richtung ausbreiten. Aus den beiden elektrischen Feldstärken ergibt sich eine einzelne, neue resultierende elektrische Feldstärke (Bild 2.12).

---

[1] senkrecht zur Ausbreitungsrichtung

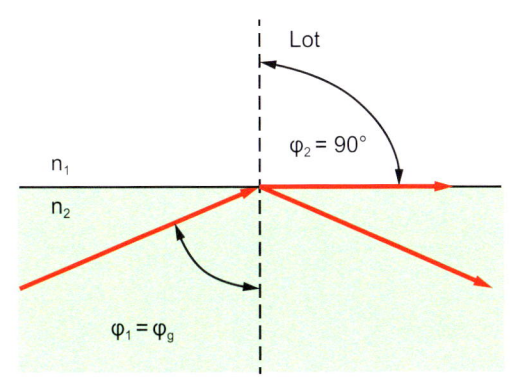

Bild 2.11 Grenzwinkel (links) und Totalreflexion (rechts)

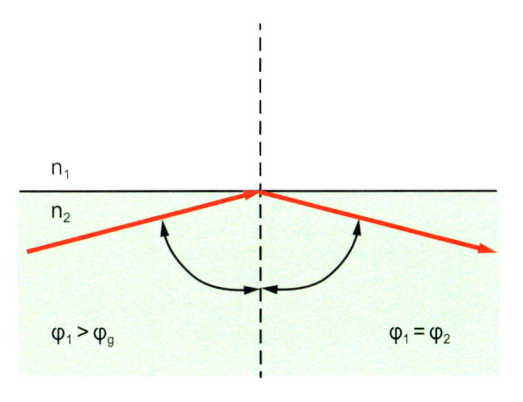

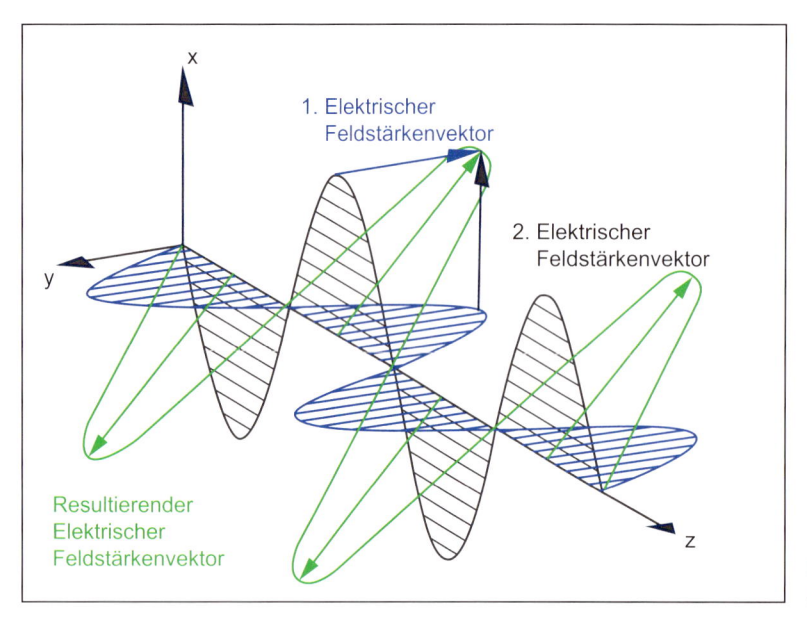

Bild 2.12
Ausbreitung von linear polarisiertem Licht

2.6.2 Unpolarisiertes Licht

Sind in einer Welle alle Schwingungsrichtungen vorhanden und alle Amplituden gleich, so spricht man von natürlichem Licht. Dieses unpolarisierte Licht weist in der x-y-Ebene keine Symmetrie auf. Es entsteht allerdings nur durch eine statistische Gleichverteilung der Feldstärkevektoren über alle Richtungen senkrecht zur Ausbreitungsrichtung. Unpolarisiertes Licht entsteht an jeder gewöhnlichen Lichtquelle.

2.6.3 Zirkular und elliptisch polarisiertes Licht

Aus linear polarisiertem Licht kann man durch Verzögerungsplatten zirkular oder elliptisch polarisiertes Licht erzeugen (Bild 2.13). Bei der zirkularen Polarisation rotiert der Schwingungsvektor, das heißt die Schwingungsebene ändert ständig ihre Lage. Dies gilt auch für elliptisch polarisiertes Licht. Zusätzlich ändert sich auch der Betrag der Amplitude periodisch zwischen einem Maximal- und einem Minimalwert. Die extremen Grenzfälle elliptischer Polarisation sind somit die lineare Polarisation (Ellipse mit Exzentrizität = 1, Gerade) und die zirkulare Polarisation (Ellipse mit Exzentrizität = 0, Kreis).

2.6.4 Polarisatoren

Um für technische Anwendungen polarisiertes Licht zu erzeugen, zu verändern und es allgemein so zu manipulieren, dass es unseren Ansprüchen genügt, werden Polarisatoren benötigt. Je nach Art der Polarisationsausgabe unterscheidet man zwischen Linear-, elliptischen oder Zirkularpolarisatoren. Alle diese Geräte variieren in ihrer Effektivität bis hinunter zu denen, die man Streu- oder Teilpolarisatoren nennt. Polarisatoren können verschiedene Formen annehmen, basieren jedoch alle auf einem von vier fundamentalen physikalischen Mechanismen:
- Dichroismus (selektive Absorption)
- Doppelbrechung
- Reflexion
- Streuung.

Eine grundlegende Eigenschaft aller Polarisatoren ist, dass sie eine gewisse Form von Asymmetrie geben.

Polarisation durch Dichroismus

Unter Dichroismus versteht man die selektive Absorption von einer der zwei orthogonalen Zustandskomponenten eines einfallenden Strahlenbündels. Der dichroitische Polarisator ist physikalisch anisotrop und erzeugt eine starke asymmetrische oder selektive Absorption für eine Feldkomponente, während er für eine andere transparent ist. Die wichtigsten Polarisatoren dieser Art sind der Drahtgitterkompensator, dichroitische Kristalle und der Polaroid-Filter.

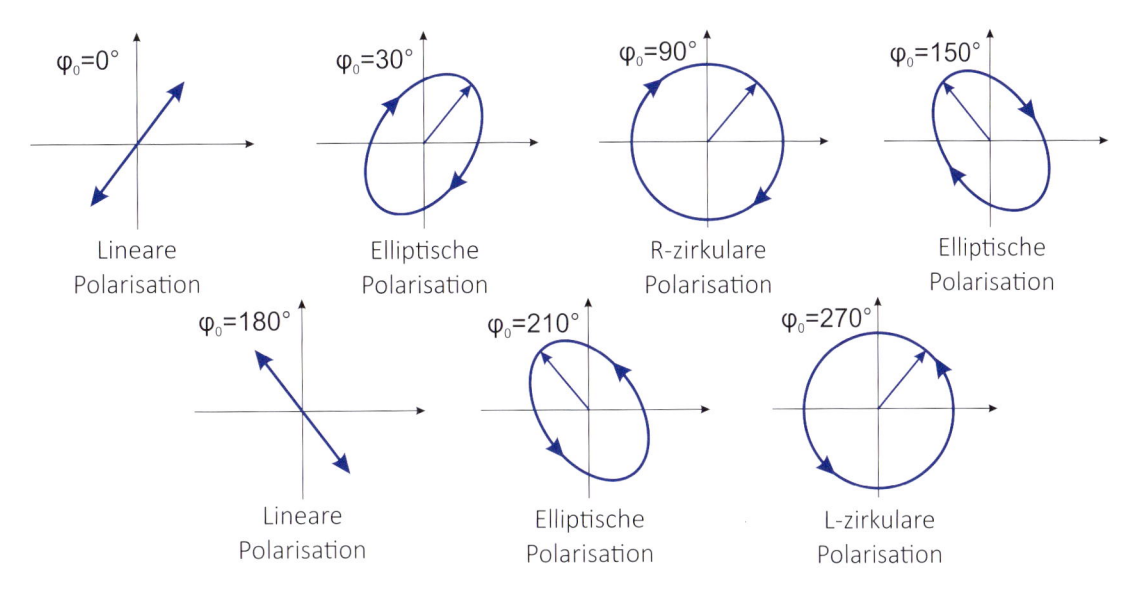

Bild 2.13 Ortskurve des elektrischen Feldstärkevektors (e-Vektors), (Sonderfall $A_x = A_y = A$)

Polarisation durch Doppelbrechung

In anisotropen Medien, z. B. Kristallen außerhalb des kubischen Systems oder mechanisch verspannten Kunststoffen, sind Lichtgeschwindigkeit und somit auch die Brechzahl richtungsabhängig. Dabei wird die einfallende Welle in zwei senkrecht zueinander polarisierte Teilwellen, für die unterschiedlichen Brechzahlen gelten, aufgespalten (Doppelbrechung). Nur in bestimmten Richtungen, optische Achsen, entfällt diese Aufspaltung und es ergibt sich eine einheitliche Brechzahl. Senkrecht zur optischen Achse ergibt sich hingegen die größte Brechzahldifferenz. Zu den polarisationsoptisch wichtigsten Vertretern gehört der Kalkspat ($CaCO_3$) und der Quarz (SiO_2).

Polarisation durch Reflexion

Eine weitere und häufige Quelle von polarisiertem Licht ist die Reflexion an dielektrischen Medien. Zu beobachten ist dieser Effekt beispielsweise als greller Schein auf der Oberfläche einer blanken Kugel oder auf einem Blatt Papier. Trifft ein Lichtstrahl unter dem sog. Polarisationswinkel (Brewster-Winkel) auf ein Medium mit einer anderen Brechzahl, so kommt es zur Polarisation. Dabei schwingt das elektrische Feld im reflektierten Strahl senkrecht zur Einfallsebene und im gebrochenen Strahl bevorzugt in der Einfallsebene (Bild 2.14).

Das Brewstersche Gesetz besagt Folgendes: Fallen linear polarisierte, elektromagnetische Wellen bzw. linear polarisiertes Licht, dessen elektrischer Vektor in der Einfallsebene schwingt, auf der Grenzfläche zwischen zwei Materialien mit Brechzahlen n_1 und n_2 unter einem bestimmten Winkel φ_1 ein, so beträgt die Reflexion gleich Null, d. h. die ganze Strahlung passiert die Grenzschicht.

Beispiel: Mit n_1(Luft) ≈ 1 und n_2(Glas) = 1,54 folgt:

$$\tan \varphi_1 = \frac{n_2}{n_1} \text{ und somit } \varphi_1 \approx 57°$$

Würde man nun Licht zweimal unter dem Winkel von 57° (Brewsterwinkel) an einer Glasplatte reflektieren und die beiden Einfallswinkel senkrecht zueinander anordnen, so würde der Lichtstrahl ausgelöscht (Bild 2.15).

Eine weitere Anwendung dieses Effekts ist der Polarisationsfilter beim Fotografieren. Hier verschwindet das polarisierte, reflektierte Licht von z. B. einer Schaufensterscheibe und man kann die Objekte dahinter ohne die Reflexionslichter erkennen.

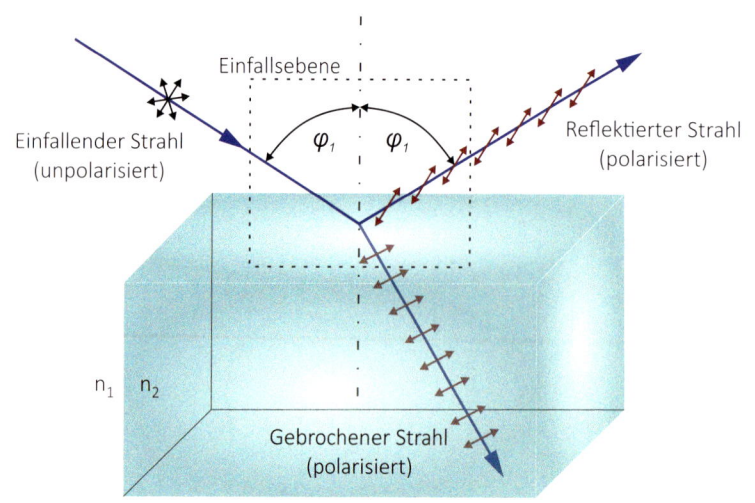

Bild 2.14
Polarisationsrichtung vor und nach der Reflektion

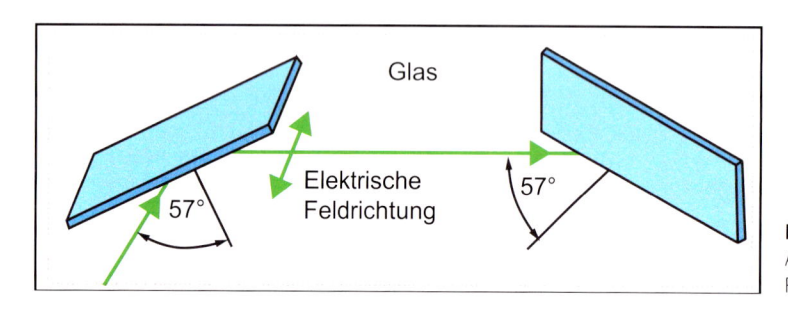

Bild 2.15
Auslöschen eines Lichtstrahles durch zweifache Reflexion

Polarisation durch Streuung

Trifft ein Lichtstrahl auf seinem Weg durch die Luft auf ein Atom, so entstehen in bestimmten Richtungen neue polarisierte Elementarwellen. Der Effekt beruht darauf, dass ein Elektron eines Atoms die Energie der ihn treffenden Lichtwelle aufnehmen kann und mit einer, von der Lichtwelle abhängigen Frequenz, um den Kern schwingt. Damit wird er zum Dipol und sendet seinerseits wieder einen Teil der Energie als elektromagnetische Wellen aus. Diesen Effekt nennt man Streuung.

Wichtig für die Polarisation ist dabei die Tatsache, dass der Dipol in der gleichen Ebene wie die Schwingungsebene der einfallenden Welle linear hin und her schwingt. Außerdem strahlt er in dieser Schwingungsrichtung keine Lichtwelle aus. Fällt nun ein unpolarisierter Lichtstrahl auf das Atom, so entstehen senkrecht zum einfallenden Licht linear polarisierte Wellen, da hier ja nur der lineare Anteil der unpolarisierten Welle abgestrahlt wird.

3 Optische Bauelemente

Gläser und entsprechende Halterungen stellen den größten Teil optischer Bauelemente dar (Bild 3.1). Zu den optischen Funktionsgruppen zählen Linsen, Spiegel, Prismen und Glasfasern. Ihre Funktion besteht darin,

- das Licht durch Brechung oder Spiegelung abzulenken
- das Licht durch Absorption, Polarisation, Streuung und Beugung hinsichtlich ihrer Intensität, Phase und Richtung zu verändern
- Träger von Zeichen und Marken zu sein (z. B. Fadenkreuz)
- Hüll- und Schutzfunktion zu übernehmen
- den Lichtquerschnitt zu verändern oder zu begrenzen (Blenden).

3.1 Linsen

Linsen sind lichtdurchlässige Körper, die mindestens auf einer Seite durch eine gekrümmte Fläche begrenzt werden (Bild 3.2). In der Regel sind beides Kugelflächen. Die optische Achse steht senkrecht auf der Oberfläche und verläuft durch das Symmetriezentrum.

Es wird prinzipiell zwischen Sammellinse (Konvexlinse) und Zerstreuungslinse (Konkavlinse) unterschieden (Bild 3.3 und 3.4). Die Sammellinse zeichnet sich durch zwei konvexe (bikonvex) bzw. einer konvexen und einer ebenen Fläche aus. Einfallende Lichtstrahlen werden i. d. R. in einem Punkt (dem Brennpunkt oder Fokus F) hinter der Linse gesammelt. Die Brennweite f ist positiv.

Die Zerstreuungslinse besitzt zwei konkave Flächen (bikonkav) oder hat eine konkave und eine ebene Fläche, d. h. sie ist am Rand dicker als in der Mitte. Einfallende Parallelstrahlen verlaufen hinter der Linse auseinander, als würden sie von einem Punkt F auf der Einfallseite des Lichts herkommen. Die Brennweite ist somit negativ.

Um Abbildungsfehler in optischen Systemen (z. B. Objektiven) zu korrigieren, gibt es Linsen, die sowohl eine konkave als auch eine konvexe Fläche besitzen. Weiterhin gibt es Linsen die zwar bikonkav oder auch bikon-

Bild 3.1
Optische Bauelemente (mit freundlicher Genehmigung von Edmund Optics)

3 Optische Bauelemente

Bild 3.2
Übersicht verschiedener Linsen (mit freundlicher Genehmigung von Edmund Optics)

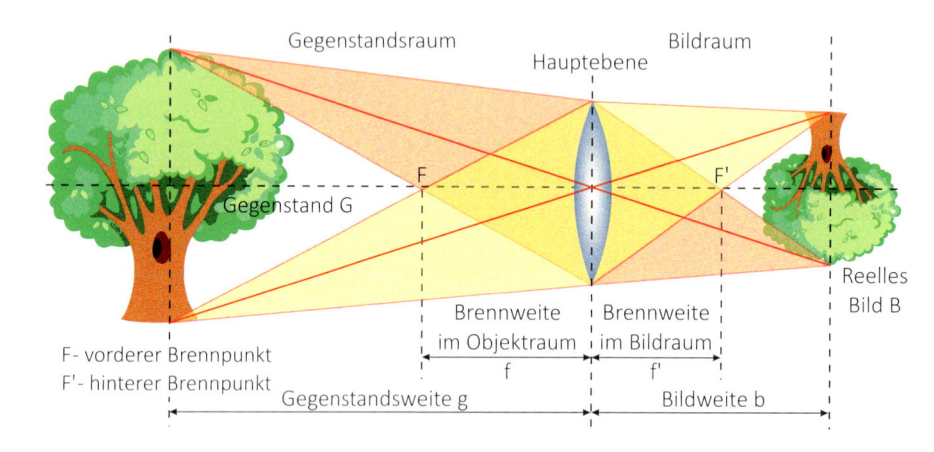

Bild 3.3
Abbildung eines Bildes mit einer Sammellinse

Gegenstandsraum — Bildraum
Hauptebene
F — vorderer Brennpunkt
F'- hinterer Brennpunkt
Gegenstand G
Reelles Bild B
Brennweite im Objektraum f
Brennweite im Bildraum f'
Gegenstandsweite g
Bildweite b

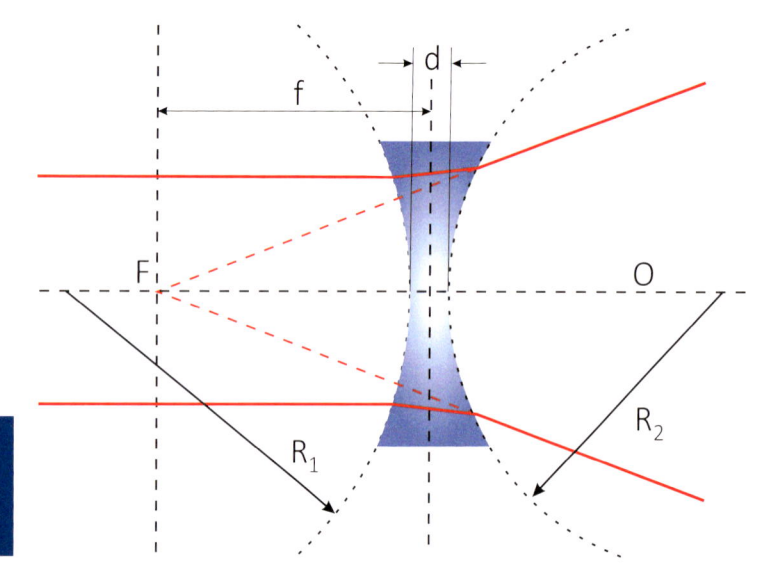

Bild 3.4
Abbildung eines Bildes mit einer Zerstreuungslinse

640

3.1 Linsen

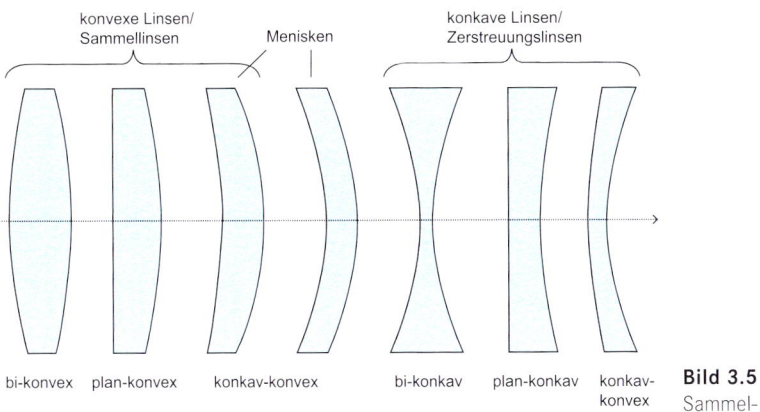

Bild 3.5 Sammel- und Zerstreuungslinsen

konvexe Linsen/Sammellinsen: bi-konvex, plan-konvex, konkav-konvex
Menisken
konkave Linsen/Zerstreuungslinsen: bi-konkav, plan-konkav, konkav-konvex

Verkleinerung — Gegenstandsweite > 2f — f < Bildweite < 2f

1:1 Abbildung — Gegenstandsweite = 2f — Bildweite = 2f

Vergrößerung — F < Gegenstandsweite < 2f — Bildweite > 2f

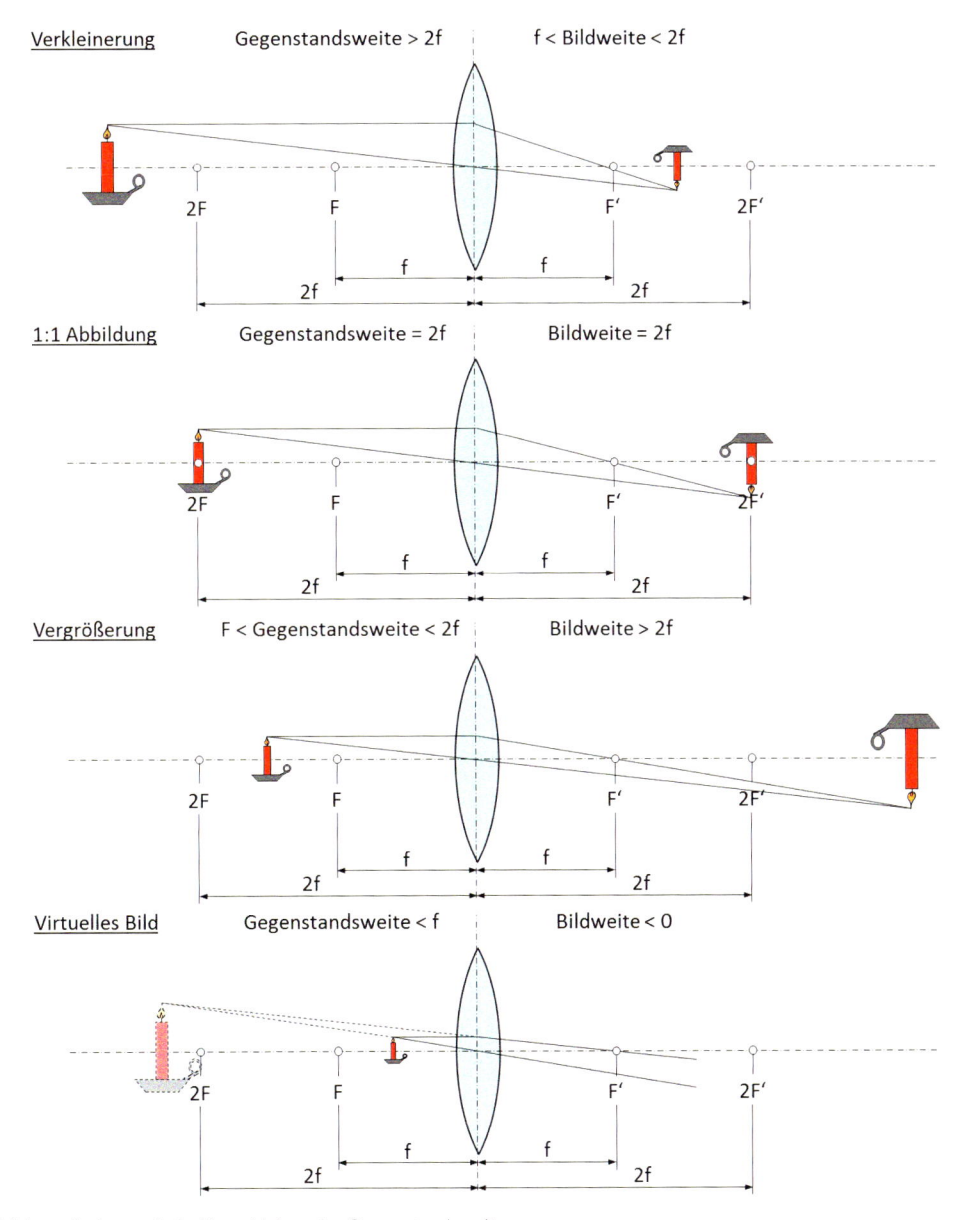

Virtuelles Bild — Gegenstandsweite < f — Bildweite < 0

Bild 3.6 Abbildungsänderung beim Verschieben der Gegenstandsweiten

vex sind, deren Radien sich aber auf beiden Seiten unterscheiden. Ebenso kann auch eine Fläche plan sein (Bild 3.5).

Die Brennweite f einer Linse gibt die Entfernung von der Hauptachse der Linse zu ihrem Brennpunkt (Fokuspunkt F) an. Ihr Kehrwert bezeichnet man als Brechkraft B. Die Brechkraft B wird auch in der Einheit Dioptrie (dpt) angegeben.

Beispiel:

Das menschliche Auge besitzt eine Brennweite von 0,017 m. Seine Brechkraft beträgt somit

$$B = \frac{1}{0,017 m} = 58,8 \frac{1}{m} \text{ bzw. 59 dpt.}$$

Vergrößert sich z. B. bei einer Sammellinse der Abstand des Gegenstandes (Gegenstandsweite g), erkennt man, dass sich, während der Parallelstrahl unverändert bleibt, der Winkel des Brennstrahls ändern muss. Dies führt zu einer kleineren Abbildung des Bildes. Verkleinert sich der Abstand, so wird der Gegenstand vergrößert dargestellt. Beträgt die Gegenstandsweite genau 2f, so bleibt die Größe des Gegenstandes unverändert (Bild 3.6).

Abbildungsfehler bei Linsen und Linsenkombinationen

Abbildungsfehler auch Aberrationen genannt, treten bei allen Linsen auf. Um dennoch eine saubere Abbildung von einem Objekt zu erreichen, müssen diese Fehler korrigiert werden. Dies erreicht man in der Regel – wie bereits erwähnt – durch entsprechende Linsenkombinationen. Diese werden so gewählt bzw. zusammengestellt, dass für den jeweiligen Anwendungsfall die optimale Abbildung erreicht wird. Folgende Abbildungsfehler kommen vor:

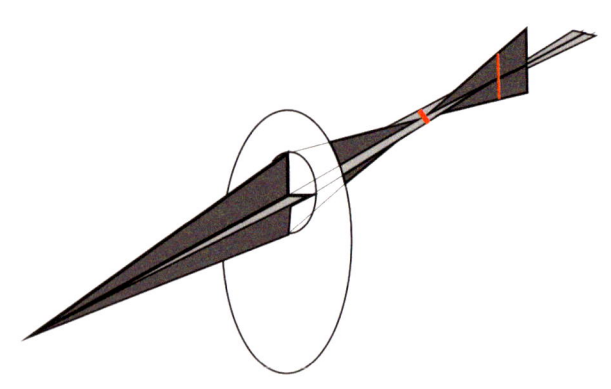

Bild 3.7 Astigmatismus

Astigmatismus

Unter Astigmatismus (Bild 3.7) versteht man eine unsymmetrische Brechung. Senkrechte und waagerechte Gegenstandsebenen werden nicht im gleichen Brennpunkt abgebildet.

Sphärische Abweichung

Unter sphärischer Abweichung (Bild 3.8) versteht man, dass die Ränder des Objektivs die Strahlen stärker brechen als in der Objektivmitte.

Chromatische Aberration

Der Brechungsindex von optischem Glas hängt von der Wellenlänge des einfallenden Lichts ab. Diese Er-

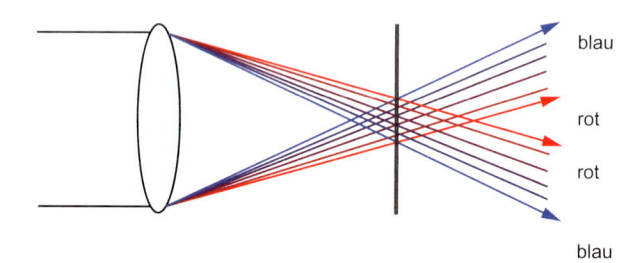

Bild 3.9 Darstellung der chromatischen Aberration

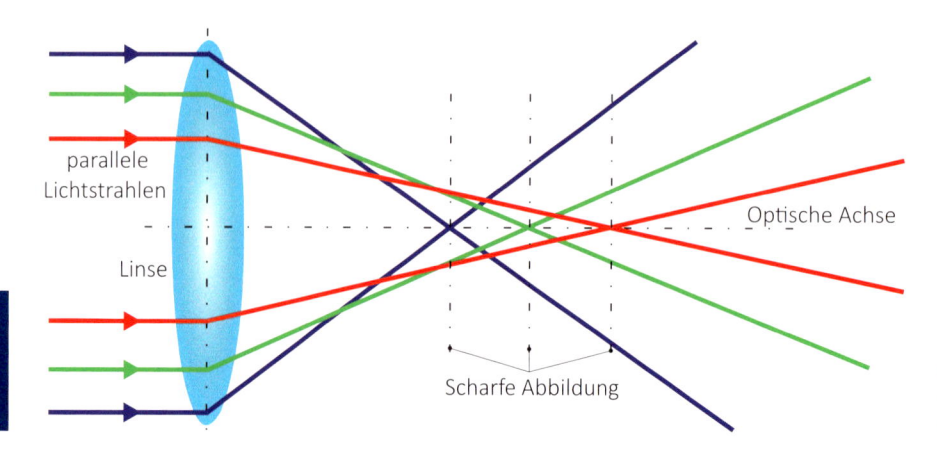

Bild 3.8 Darstellung der sphärischen Abweichung

3.1 Linsen

Bild 3.10
Tonnenförmige Verzeichnung

Bild 3.11
Kissenförmige Verzeichnung

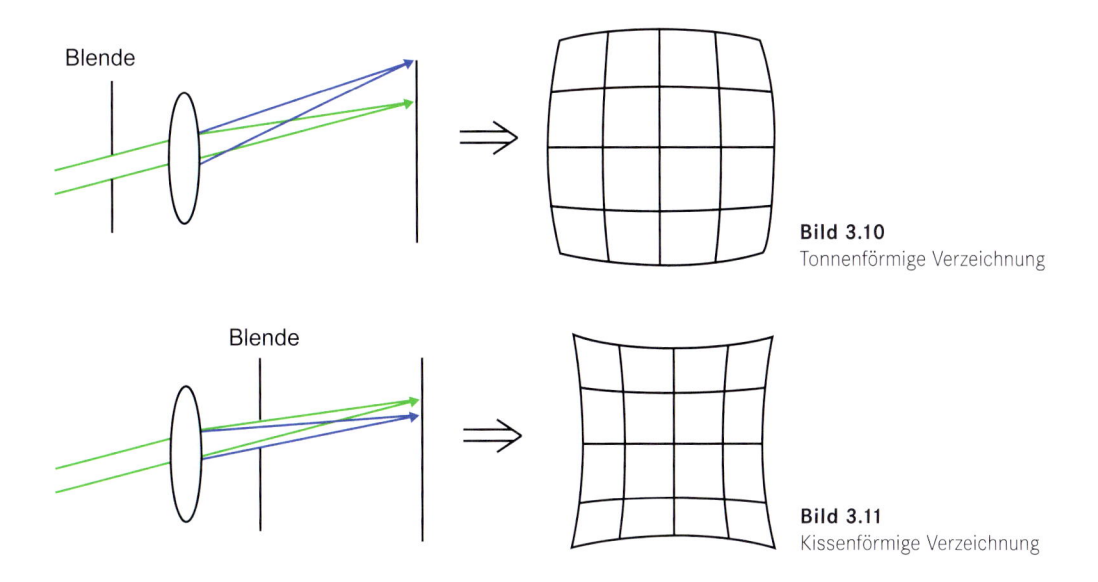

scheinung wird Dispersion genannt. Sie ist die Ursache für die chromatische Aberration (Bild 3.9). Unter der chromatischen Aberration versteht man, dass nicht alle Wellenlängen des weißen Lichtes im Brennpunkt gesammelt werden.

Distorsion

Unter Distorsion versteht man die Verzerrung bzw. Verzeichnung eines geometrischen Abbildungsfehlers von optischen Systemen. Beispielsweise führt ein unterschiedlicher Abbildungsmaßstab zwischen Bildmitte und Bildränder zu einem tonnenförmigen oder kissenförmigen Verzeichnis (Bild 3.10 und 3.11). Eine Blende (Apertur) vor der Abbildungsoptik (z. B. Linse) führt zu einem tonnenförmigen Verzeichnis.
Eine Blende (Apertur) nach der Abbildungsoptik (z. B. Linse) führt zu einem kissenförmigen Verzeichnis.
Bei einer Blende vor dem Objektiv stellt sich eine tonnenförmige Verzeichnung ein, bei einer Blende hinter dem Objektiv eine kissenförmige. Durch symmetrischen Objektivaufbau mit mittiger Blende lässt sich die Distorsion vermeiden. Abblenden hat keinen Effekt.

Bildfeldwölbung

Wenn das Objektiv kein scharfes Bild in einer flachen Ebene entwirft, sondern im gekrümmten Raum, so spricht man von einer Bildfeldwölbung (Bild 3.12).

Vignettierung

Die Vignettierung beschreibt einen Helligkeitsabfall (Abschattung) am Bildrand. Dieser Abbildungsfehler tritt vor allem bei Weitwinkelobjektiven auf. Die Vignettierung ist kein typischer Abbildungsfehler bei Linsen, sondern tritt auch bei Lochkameras auf (Bild 3.13).

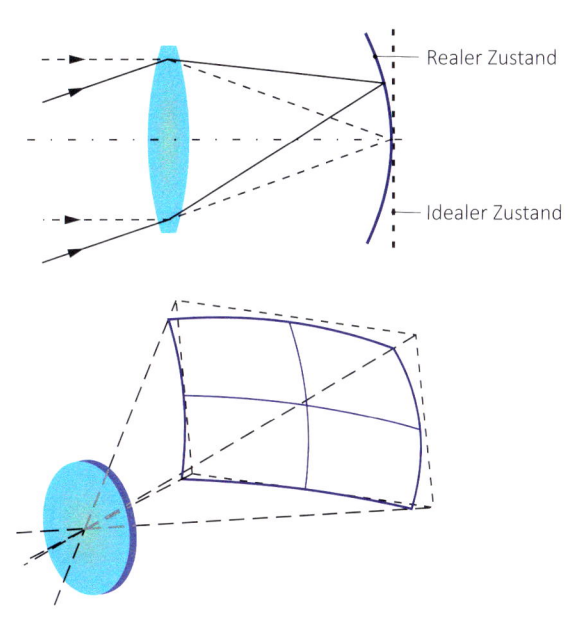

Bild 3.12 Darstellung der Bildfeldwölbung
(oben: Realer Zustand; unten: Idealer Zustand)

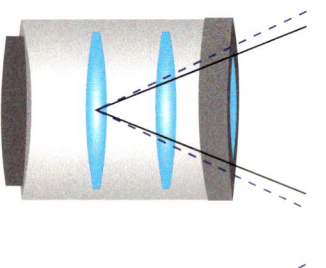

Vignettierung

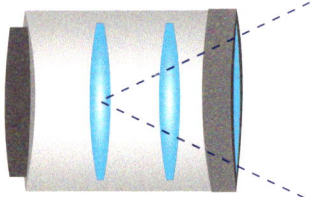

Ohne Abschattungen

Bild 3.13 Vignettierung

3.2 Spiegel

Die Hauptfunktion des Spiegels stellt die Reflexion des Lichtes dar. Die spiegelnden Flächen bestehen aus Metallen, wie z. B. Silber, Aluminium oder dielektrischen Schichten (Reflexionsgrad bis ≈ 100 %). Man unterscheidet dabei Vorderflächenspiegel und Rückflächenspiegel (Bild 3.14).

Neben den ebenen Spiegeln (Planspiegel) verwendet man auch häufig sphärische Spiegel (Bild 3.15). Hohlflächenspiegel besitzen einen negativen Krümmungsradius (Konkavspiegel), während Wölbspiegel einen positiven Krümmungsradius (Konvexspiegel) besitzen. Der ebene Spiegel als Spezialfall erfüllt z. B. die Forderung, einer idealen geometrisch-optischen Abbildung. Wie im vorangegangen Kapitel „Reflexion" beschrieben wurde, bildet sich an einem Spiegel jede Objektstruktur in eine gleichgroße Bildstruktur ab. Das heißt, eine Abbildung wird in ähnlichen Figuren transformiert (kongruentes Bild). Insgesamt kommen Spiegelflächen seltener zum Einsatz als brechende Flächen. Der Spiegel dient der Ablenkung oder der Bilderzeugung.

3.3 Prismen, Reflexionsprismen

Ein Prisma (Mehrzahl: Prismen) ist geometrisch betrachtet ein Körper, dessen Seitenkanten parallel sowie gleich lang sind und der ein Vieleck als Grundfläche hat. Ein Dreiecksprisma besitzt z. B. die Eigenschaft, einfallende Lichtstrahlen abzulenken (Umlenkprisma) bzw. Licht in seine Spektralfarben zu zerlegen (Dispersionsprisma). In Kombination zweier Dreiecksprismen (Wollaston-Prisma, Polarisationsprisma) wird hindurchtretendes Licht in Anteile unterschiedlicher Polarisation aufgespalten (Bild 3.18).

In einem Dispersionsprisma sind die Ein- und Austrittsflächen gegeneinander, entsprechend dem Winkel γ, geneigt. Nach dem Durchgang wird ein Lichtstrahl zu einem aufgespaltenen, divergierenden Strahlenbündel.

Der Ablenkungswinkel δ ist u. a. abhängig von der Wellenlänge des durch das Prisma hindurchgehenden Lichtes (Dispersion). Er ist im Allgemeinen für langwelliges (rotes) Licht kleiner als für kurzwelliges (violettes). Weißes Licht wird deshalb beim Durchgang durch

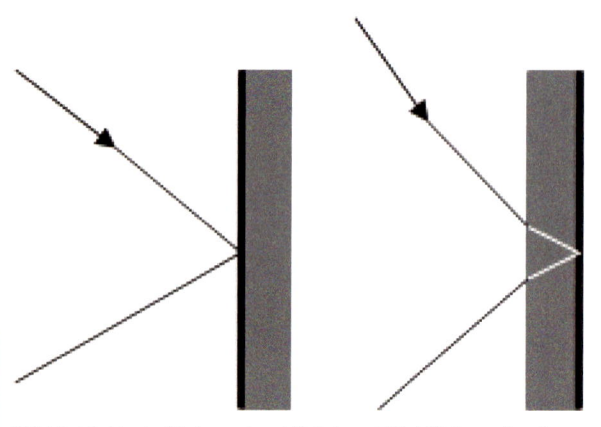

Bild 3.14 Vorderflächenspiegel (links) und Rückflächenspiegel (rechts)

3.3 Prismen, Reflexionsprismen

Sphärischer Spiegel   Wölbspiegel

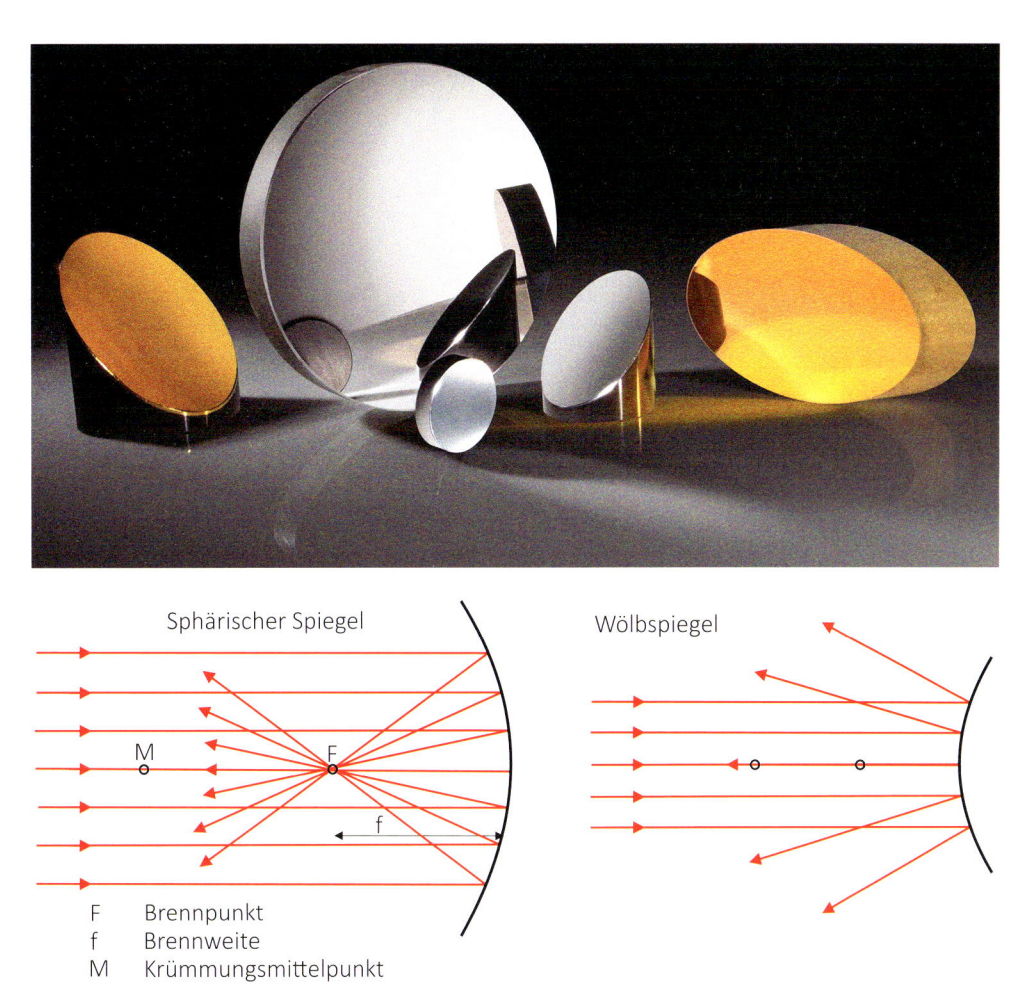

F Brennpunkt
f Brennweite
M Krümmungsmittelpunkt

Bild 3.15 Sphärische Spiegel (mit freundlicher Genehmigung von Edmund Optics)

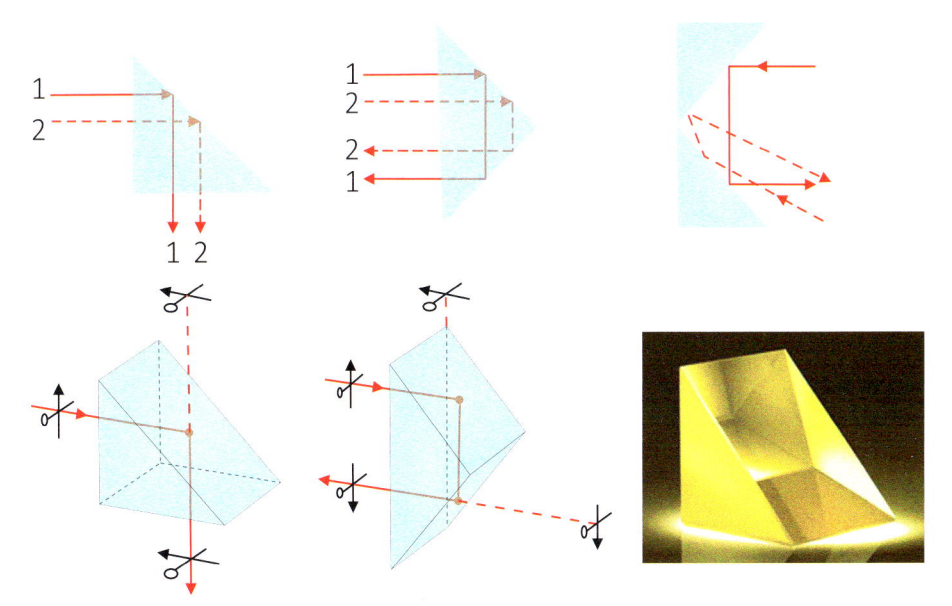

Bild 3.16 Umlenkprisma, Lichtumlenkung durch Totalreflexion im Prisma, eine einmalige Umlenkung spiegelt das Bild (oben links in 2D und unten links in 3D); Umlenkprisma, eine zweimalige Umlenkung kehrt das Bild um (oben mittig in 2D und unten mittig in 3D); Vergleich Strahlengang an einem rechtwinkligen Spiegel (Prinzip „Katzenauge", oben rechts) (mit freundlicher Genehmigung von Edmund Optics)

XII

645

3 Optische Bauelemente

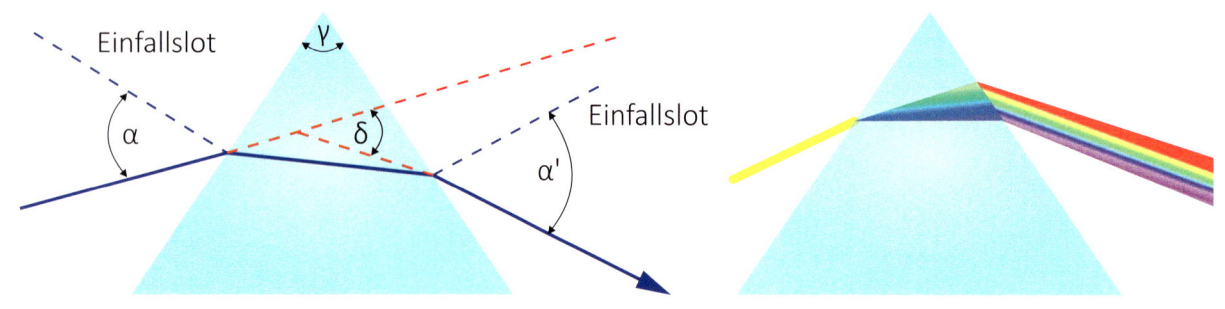

Bild 3.17 Dispersionsprisma, Strahlablenkung beim Prisma

ein Dispersionsprisma in seine farbigen Bestandteile zerlegt. Es ergibt sich ein Spektrum (Bild 3.17).

Um zwei rechtwinklig polarisierte Lichtstrahlen zu erzeugen, bedient man sich u. a. dem Wollaston-Prisma. Die beiden Hälften des Prismas bestehen je aus einem doppelbrechenden Material, z. B. Calcit. Wie aus der Skizze in Bild 3.18 zu erkennen, läuft das austretende Licht in zwei polarisierte Strahlen auseinander.

Allgemein betrachtet, dienen Prismen wie z. B. Reflexionsprismen, Umkehrprismen usw. in erster Linie dazu, den Strahlengang der räumlichen Bedingung innerhalb eines Geräts unter Beachtung der Bildlage anzupassen. Bei der Spiegelung macht man sich die Totalreflexion zunutze oder bringt auf die Rückseite der Reflexionsfläche eine spiegelnde Schicht auf. Jede Spiegelung vertauscht die Höhen und Seiten eines Bildes, die es fallweise wieder zu korrigieren gilt. Nachfolgend werden einige Prismen mit ihren speziellen Eigenschaften dargestellt.

Bild 3.19 zeigt ein Umkehrprisma. Die Umkehr der Bildlage in der Knickebene und senkrecht dazu entspricht einer Bilddrehung um 180°. Damit der Seitentausch des Halbwürfels erhalten bleibt, muss der Winkel an der „Spitze" $\delta \leq 90°$ sein.

Die Prismen (Bild 3.20 und 3.21) zeigen geradsichtige Umkehrprismen mit zwei und vier Reflexionen, davon jeweils eine an einer Dachkante.

Um in der Fotografie ein reelles Bild im Sucher zu erzeugen, bedient man sich eines Dachkant-Pentaprismas (Bild 3.21). Das Bild, welches durch das Objektiv und den Spiegel erzeugt wird, ist i. d. R. seitenverkehrt und steht auf dem Kopf. Dieses gilt es im Sucher zu korrigieren, sodass der Fotografierende ein realistisches Bild beobachtet.

Bei einer Spiegelreflexkamera (Bild 3.21 und 3.22) gelangt das Licht durch die Linsen des Objektivs (1) und wird dann vom Schwingspiegel (2) reflektiert und auf die Einstellscheibe (5) projiziert. Mit einer Sammellinse (Feldlinse) (6) und durch die Reflexion innerhalb des Dachkant-Pentaprismas (7) wird das Bild schließlich im Sucher (8) sichtbar, der meist mit einem Dioptrienausgleich ausgestattet ist. Es gibt auch Spiegelreflexkameras, die anstelle eines Prismensuchers mit Dachkant-Pentaprisma (7) einen Lichtschachtsucher oder einen Porro-Spiegelsucher verwenden. Bei einer einäugigen Spiegelreflexkamera klappt der Spiegel unmittelbar vor einer Aufnahme nach oben (im Bild durch einen Pfeil gekennzeichnet), und der Verschluss (3) öffnet sich; das Bild wird dann nicht mehr in das Dach-

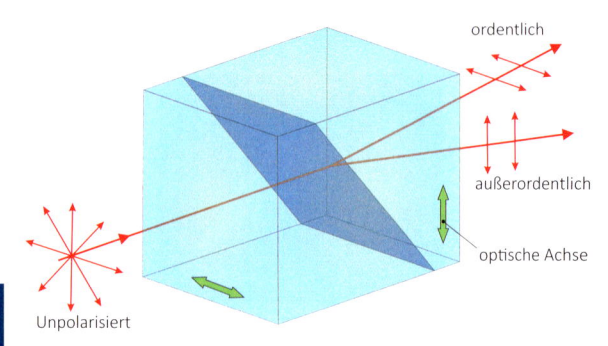

Bild 3.18 Wollaston-Prisma, Polarisationsprisma: Hindurchtretendes Licht wird aufgespalten in Anteile unterschiedlicher Polarisation (senkrechte und waagerechte Polarisation)

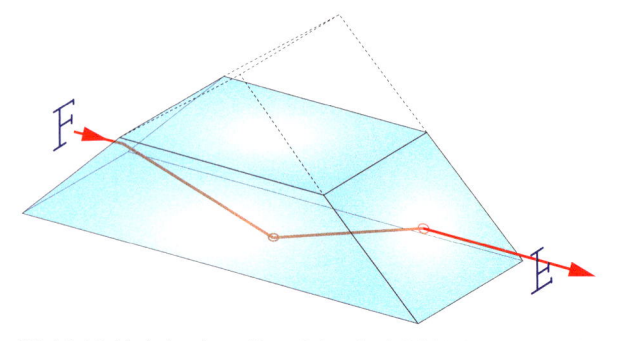

Bild 3.19 Umkehrprisma (Dove-Prisma) mit Bilddrehung um 180°

3.3 Prismen, Reflexionsprismen

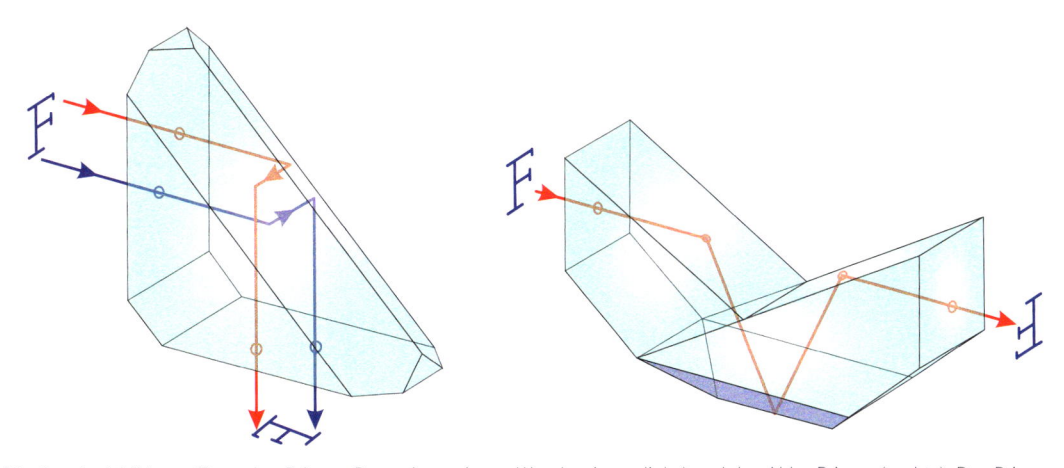

Bild 3.20 Das Amici-Prisma (Browning-Prisma, Reversionsprisma, Wendeprisma, links) und das Abbe-Prisma (rechts). Das Prisma von Abbe kann die Dachkante an jeder der drei spiegelnden Flächen tragen. Zweckmäßig ist sie an der Grundfläche, weil dann ihre Vorspiegelung erspart bleibt

Bild 3.21 Funktionsschema eines Dachkant-Pentaprismas

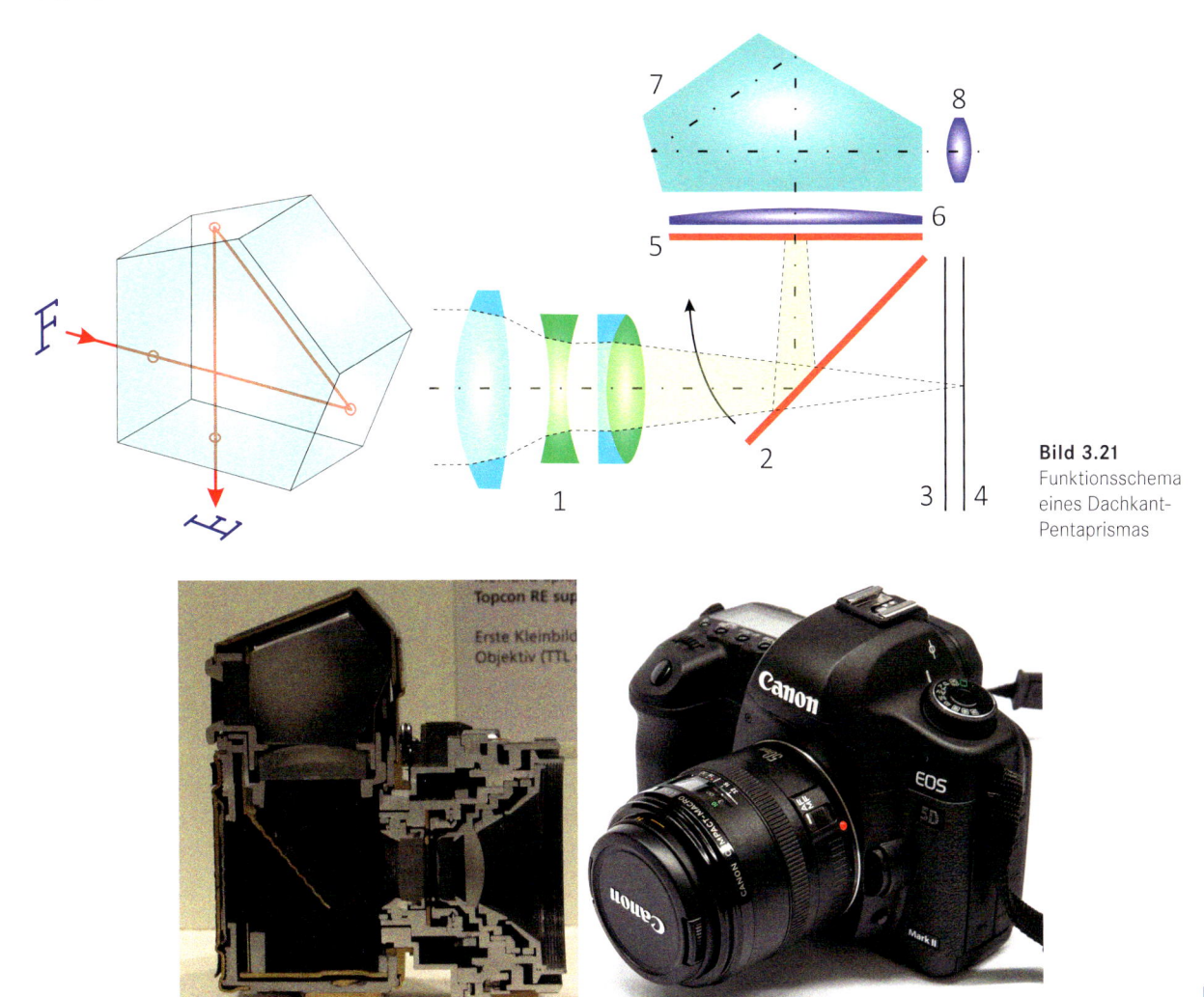

Bild 3.22 Links: Einsatz optischer Komponenten in einer Spiegelreflexkamera. Deutlich sind die Linsen im Objektiv zu erkennen. Durch den Spiegel wir das Bild nach oben umgelenkt und im Dachkant-Pentaprisma für den Fotografierenden wieder reell dargestellt. (Technikmuseum Berlin) Rechts: Moderne Spiegelreflexkamera der Firma Canon

XII

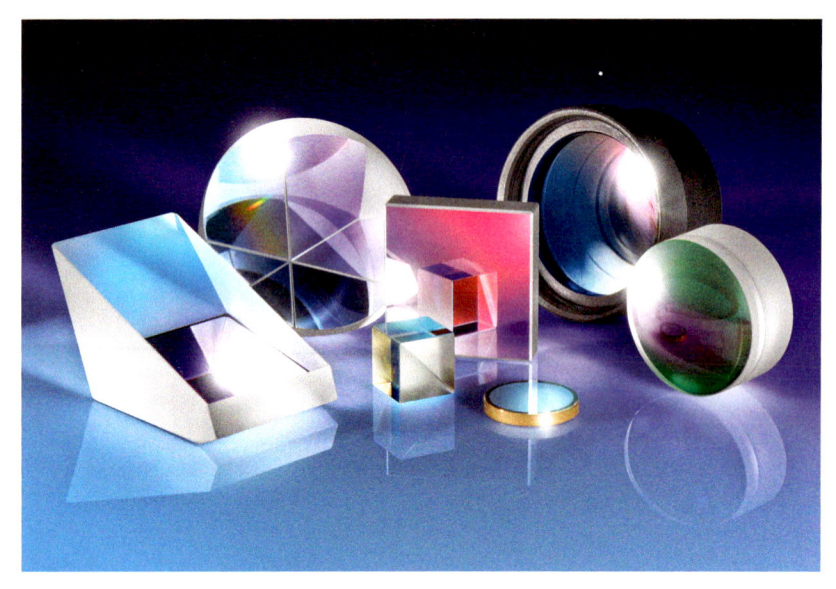

Bild 3.23
Prismen (mit freundlicher Genehmigung von Edmund Optics)

kant-Pentaprisma umgelenkt, sondern gelangt auf die Filmebene (4) beziehungsweise den Film oder Bildsensor.

Auf dem Markt existieren eine Vielzahl an Prismen mit unterschiedlichen Funktionen. Diese alle hier aufzuführen würde den Rahmen sprengen. Bild 3.23 zeigt eine geringe Auswahl an Prismen.

Weitere Prismen und deren Einsatzgebiete entnehmen Sie bitte der einschlägigen Literatur.

Vorteile von Reflexionsprismen gegenüber Planspiegel

- Durch die Nutzung der Totalreflexion besitzen Reflexionsprismen eine kleinere Spiegelmantelfläche als Spiegel. Das bringt bei hochtransparenten Prismenwerkstoffen eine höhere Lichtdurchlässigkeit im gesamten Spektrum, höhere Haltbarkeit und einfachere Fertigung der zu reflektierenden Flächen mit sich.
- Die Eintritts- und Austrittsflächen lassen sich im Allgemeinen so zur optischen Achse orientieren, dass kleine Brechungswinkel und damit geringe Farbaufspaltung auftreten. Sämtliche Nebenreflexe werden so herabgesetzt.
- Mehrere Spiegelflächen sind beim Reflexionsprisma starr miteinander verbunden. Die Prismenwinkel können so toleriert werden, dass die Ablenkung des Lichtes mit einer entsprechenden Genauigkeit garantiert ist. Das Reflexionsprisma wird als Ganzes justiert und nicht die Einzelflächen zueinander.

Nachteile der Reflexionsprismen gegenüber Planspiegel

- Reflexionsspiegel haben ein größeres Gewicht als Planspiegelplatten. Es ist deshalb wichtig, Mindestabmessungen zu bestimmen (möglichst kleine Prismen).
- Prismen besitzen oft große Glaswege. Der Vorteil der Totalreflexion kann durch mögliche Inhomogenitäten des Glases nicht ausgenutzt werden.

3.4 Okulare

Okulare (lateinisch oculus = Auge) dienen dazu, das von einem Objekt erzeugte, reelle Zwischenbild weiter zu vergrößern und der visuellen Betrachtung zugänglich zu machen (Bild 3.24). Ein Okular kann aus einer einfachen Linse bestehen oder aus einem Linsensystem aufgebaut sein. Fest eingebaute Okulare erlauben häufig einen Dioptrieausgleich zur Anpassung variierender Augen verschiedener Betrachter.

Bei Stereomikroskopen verwendet man häufig zwei Okulare, um eine bessere Objektbeobachtung zu erzeugen (Bild 3.25).

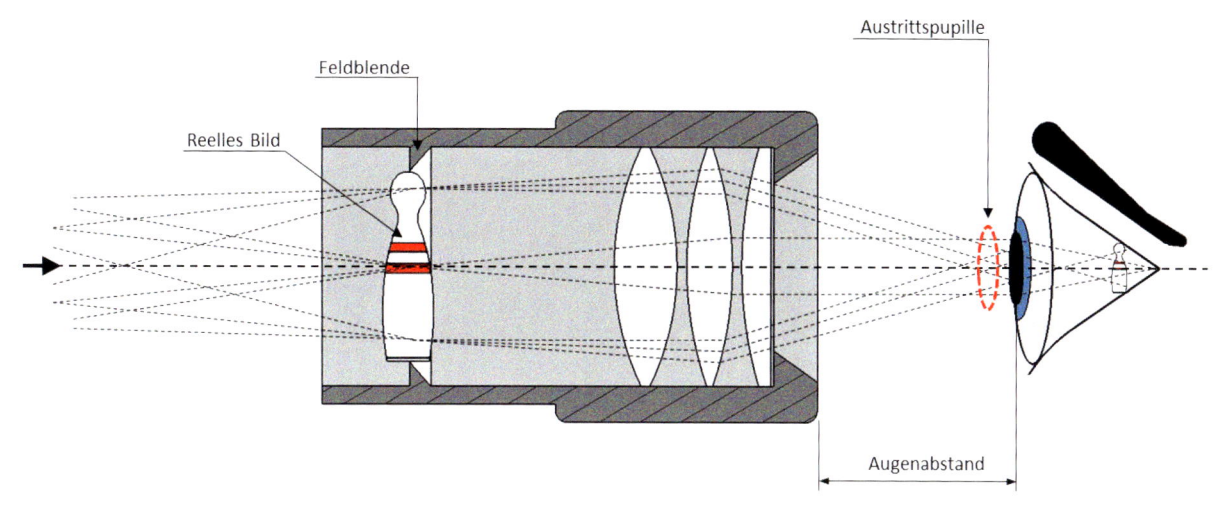

Bild 3.24 Okularaufbau und Abbildungseigenschaften mit reellem Bild (Abbildungsgegenstand), Feldblende, Augenabstand und Austrittspupille

3.5 Blende

Die Blende reguliert die einfallende Lichtmenge und beeinflusst die Tiefenschärfe eines Bildes. Je größer die Blende, desto mehr Licht wird durchgelassen und umso heller erscheint das Mattscheibenbild. Jedes Mal, wenn man auf der Blendenreihe um eine Blende abblendet, halbiert man das in die Kamera fallende Licht. Öffnet man die Blende, so verdoppelt sich die Lichtmenge. Eine große Öffnung besitzt eine kleine Blendenzahl und umgekehrt. Die typische Blendenreihe sieht wie folgt aus: 1 – 1,4 – 2 – 2,8 – 4 – 5,6 – 8 – 11 – 16 – 22 – 32. Hierbei bedeutet die Zahl „1", also eine kleine Blendenzahl, die größte Öffnung. Die Blendenzahl ändert sich immer um den Faktor 1,4 (genau genommen $\sqrt{2}$). Das erklärt sich aus der Tatsache, dass sich je Blendenzahl die Fläche der Öffnung verdoppelt (Bild 3.26).

Bild 3.25 Okular eines Stereomikroskops

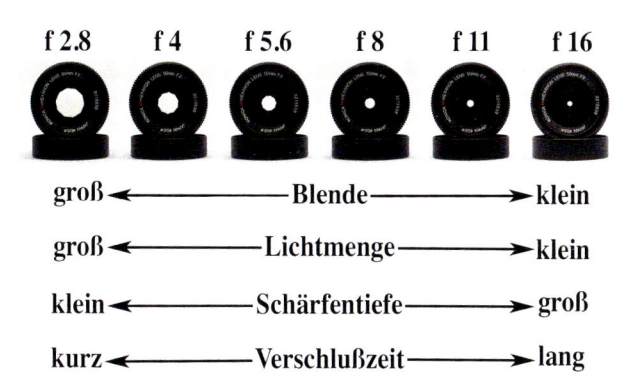

Bild 3.26 Links: Blendeneinstellungen und deren Auswirkungen (kleiner Blendenwert = große Blendenöffnung, großer Blendenwert = kleine Blendenöffnung). Rechts: Konica 50mm f2 Objektiv mit fast geschlossener Blende

Bild 3.27 Verschiedene Blenden: Fixe Blendengröße (links oben), einstellbare Irisblenden (mittig), rechts: Verstellbare Schlitzblende

Je mehr Licht durch das Objektiv einer Kamera – auch abhängig von der Blende – fällt, desto kürzer kann die Verschlusszeit sein. Nun ist es aber auch so, dass mit sinkender Blendenzahl, d. h. einer größer werdenden Öffnung, die Schärfentiefe abnimmt. Der Mensch empfindet nicht nur einen Punkt als scharf, sondern ebenso den Bereich vor und hinter dem Brennpunkt. Ist die Öffnung der Blende groß, so ist der Bereich, der als scharf wahrgenommen wird, klein. Ist die Blende jedoch klein, so ist der Bereich der Schärfentiefe sehr groß. Blenden gibt es in verschiedenen Ausführungen (Bild 3.27).

3.6 Objektive

Objektive (Bild 3.28) sind im Allgemeinen optische Elemente, die von einem Gegenstand ein Bild erzeugen (reelles Bild). Fotografische Objektive werden in der Regel nach ihrer Brennweite eingeteilt. Dabei richtet sich die Brennweite nach dem Bildformat der Kamera. Wichtige Eigenschaften sind die Vergütung, die fotografische Lichtstärke und ggf. automatische Funktionen wie Autofocus und Bildstabilisierung. Bei Fotoobjektiven unterscheidet man weiter nach dem Bildwinkel, der bei gegebenem Bildformat die Brennweite bestimmt:
- Normalobjektiv
- Tele- bzw. Fernobjektiv

Bild 3.28
Verschiedene Objektive (mit freundlicher Genehmigung von Edmund Optics)

- Weitwinkelobjektiv und
- Fischaugenobjektiv.

Für ein tiefergehendes Studium der Objektive wird auf die weiterführende Literatur verwiesen.

3.7 Strahlteiler

Oft muss ein Strahlbündel in zwei oder mehr Bündel geteilt werden, oder es sind zwei oder mehr Bündel zu einem zusammenzuführen. Beide Aufgaben können bei entgegengesetztem Strahlengang mit dem gleichen Strahlteiler ausgeführt werden. Die Zerlegung eines Bündels kommt z. B. bei biokularen („mit beiden Augen") Beobachtungssystemen und der Verteilung eines Lichtstromes auf zwei Empfänger vor. Oder wenn von einem Hauptstrahlengang nur ein kleiner Teilstrom zur Messung und Beobachtung abzuzweigen ist.

Man unterscheidet zwischen:
- Geometrische Strahlteiler
- physikalische Strahlteiler
- periodische Strahlteiler.

3.7.1 Geometrische Strahlteiler

Geometrische Strahlteiler (Bild 3.29) teilen den Bündelquerschnitt eines Lichtbündels mittels Prismen oder Spiegel in zwei oder mehrere größere Bereiche bzw. auch in kleinere Teilbereiche (Streifen, Spiegelflecken) auf. Dabei wird ein Teil der Strahlen aus dem Strahlenbündel hinausreflektiert oder refraktiert (Brechung an Grenzflächen). Die Intensität der Strahlen bleibt als Ganzes erhalten, während sich der Durchmesser des einfallenden Bündels in gleiche oder gleich große, ausfallende Bündel aufteilt.

3.7.2 Physikalische Strahlteiler

Physikalische Strahlteiler (Bild 3.30) erhalten die ungeteilte Apertur für beide Teilbündel. Gleichmäßig im gesamten Querschnitt wird der einfallende Lichtstrom entsprechend dem Transmissionsgrad τ und dem Reflexionsgrad ρ aufgeteilt. Das Auflösungsvermögen wird also nicht durch Aperturverkleinerung verschlechtert. Für eine verlustarme Aufteilung soll der Absorptionsgrad α der Teilerschicht möglichst niedrig sein. Deshalb werden dünne Metallschichten nur noch selten verwendet. Günstiger sind dielektrische Mehrfachschichten (Interferenzfilter). Bei nahezu absorptionsfreier Teilung kann durch die Konstruktion des Schichtpakets das Teilerverhältnis beliebig eingestellt werden, wobei auch spektrale Anforderungen berücksichtigt werden können. So sind Interferenz-Farbteiler möglich, mit denen eine verlustarme Aufteilung eines Spektralbereiches (z. B. kurzwellige Reflexion, langwellige Transmission usw.) erfolgt.

Der einfachste physikalische Strahlteiler für das Abzweigen eines kleinen Teilstromes ist eine unter 45° im Strahlengang stehende, zur Verhinderung des Astigmatismus dünne Planplatte (z. B. mikroskopisches Deckglas). Wenn bei nicht telezentrischem Strahlengang die durch Reflexion an beiden Glas-Luft-Flächen entstehenden Doppelbilder stören, muss eine Fläche entspiegelt werden. Praktisch keine Störung durch Planplattenwirkung (Astigmatismus, Doppelbilder) geben sehr dünne gespannte Kunststofffolien.

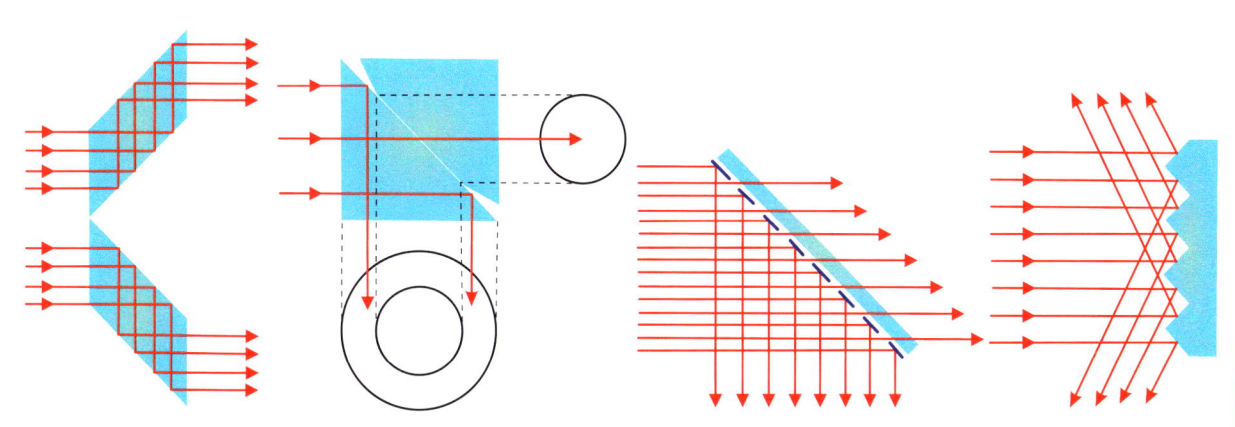

Bild 3.29 Symmetrische Aperturteilung mit zwei Rhomboidprismen (links), Lummer-Würfel als Beispiel für kreisförmige Aperturteilung (halblinks), Streifenförmig verspiegelte Planplatte (halbrechts), Furchenspiegel (rechts)

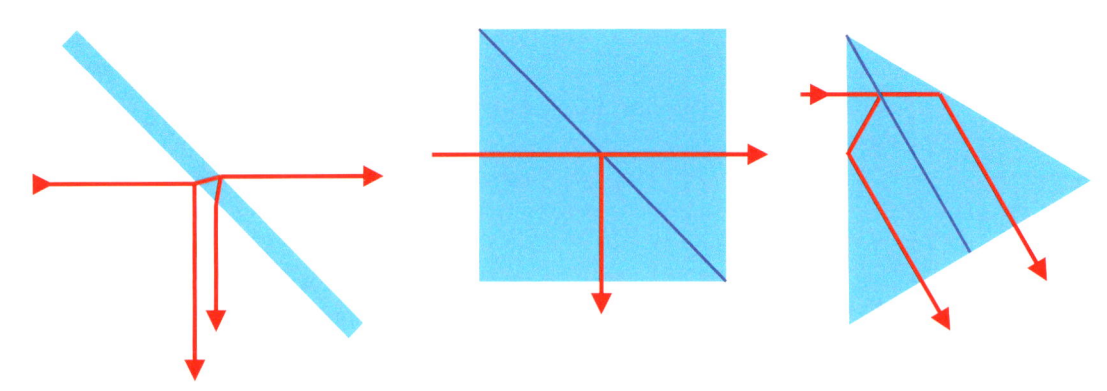

Bild 3.30 Planplatte ggf. mit Reflexionserhöhung oder -minderung (links), Strahlteilerwürfel (z. B. 50 % Transmission, 50 % Reflexion, mittig) (Bild 3.31), Kösters Teilungsprisma (rechts)

Im nächsten Kapitel werden Strahlteiler vorgestellt, die nur zeitweise das Licht umlenken.

3.7.3 Periodische Strahlteiler

Periodische Strahlteiler überführen einen Dauerlichtstrom in zwei Wechsellichtströme mit zeitlich versetzten Halbperioden (Phasenverschiebung 180°). So kann eine unter 45° zur Bündelrichtung angeordnete, verspiegelte Sektorenblende den Lichtstrom abwechselnd durchlassen oder ablenken. Das Teilerverhältnis ist durch unterschiedliche Sektorenbreiten einstellbar. Eine schwingende Spiegelfläche wirkt entsprechend.

Verwendet werden solche Strahlteiler zur Ausspiegelung eines Sucherbildes während der Belichtung in einer Spiegelreflexkamera oder einer rotierenden Löcherscheibe.

3.8 Fassungen optischer Bauelemente

Für das Fassen optischer Bauelemente ergeben sich drei Einflussbereiche bzw. Faktoren:
- Funktionelle Faktoren
  Es werden höchste Anforderungen an die feste oder funktionell veränderbare Einbauanlage und deren Stabilität gestellt.
- Geometrisch stoffliche Faktoren
  Die Eigenschaften des Werkstoffes Glas sind hinsichtlich Sprödigkeit, Bruchgefahr, innere Spannungen und Temperaturkoeffizient zu berücksichtigen.
- Umgebungsfaktoren
  Auch Temperatur, Staub, Feuchte etc. müssen beachtet werden.

Optische Elemente sollten immer aus folgenden Gründen mit Facetten versehen sein:

Bild 3.31 Strahlteilerwürfel (links mit freundlicher Genehmigung von Edmund Optics)

- Schutz gegen Absplittern von scharfen Kanten
- Befestigung der Linsen in der Fassung
- Entfernen von optisch unwirksamem Material.

Zum Verkleben von Optiken sind spezielle Optikkleber zu verwenden, deren Brechzahl der verwendeten Gläser nahekommt. Der Kleber muss glasklar sein und darf keine Entgasungserscheinungen aufweisen.

3.8.1 Fassungsarten

Alle Fassungsarten müssen Folgendes gewährleisten:
- Fester zentrischer Sitz der Linsen
- radialer Spielausgleich durch Temperaturschwankungen zulassen.

In Tabelle 3.1 sind einige Richtwerte für radiale Spiele aufgeführt.

Tabelle 3.1 Richtwerte für radiale Spiele häufig verwendeter Optiken bzw. Optiksysteme

Okularlinsen	0,1 mm
Verklebte Achromate	0,05 mm
Anspruchsvolle Optikteile (Mikro-, Foto-, Fernrohrobjektive)	0,01 mm
Beleuchtungsoptik	2–5 mm

Beispiele verschiedener Fassungen:
- Gratfassung
- Fassung mit Vorschraubring, Vorschraubklappe
- Fassung mit Sprengring
- Fassung durch Kleben und Kitten
- Füllfassung
- spannungsarme Fassung.

Ein Beispiel für das Fassen und Anordnen von Linsen zeigt Bild 3.32.

3.8.2 Konstruktionsgrundsätze für das Fassen optischer Bauelemente

Das optische Bauteil soll eindeutig und fest in seiner Fassung gehalten sein. Erfordert die Funktion die Veränderung der Raumlage, so wird im Allgemeinen die Fassung mit dem darin befestigten Optikteil bewegt.

Die Befestigungskraft muss in etwa gleich groß der durch die Eigenmasse des Optikteils hervorgerufenen Trägheitskraft sein (Richtwert, unabhängig von räumlicher Anordnung). Bei statischer Beanspruchung erfordert dies Kräfte, die der Eigenmasse bei stoßartiger Beanspruchung und die dem Mehrfachen der auftretenden Erdbeschleunigung entsprechen (bei Theodoliten[1] z. B. rechnet man meist mit 10 g).

Die Befestigungsmittel der Fassung dürfen das Optikteil lediglich auf Druck, möglichst nicht auf Zug und keinesfalls auf Biegung oder Torsion beanspruchen. Das erfordert, neben einwandfreier Berührung, die Anordnung der Auflageflächenelemente an genau gegenüberliegenden Stellen.

---

1 Winkelmessinstrument in der Geodäsie

Bild 3.32 Tubussystem zur Aufnahme und Platzierung von Linsen, Blenden usw. (mit freundlicher Genehmigung der Firma Linos)

Die Formstabilität ist durch mittelbare Fassungen, d. h. die Optikbauteile bilden mit ihrer Fassung eine konstruktive Einheit, so ausgelegt, dass sie diese erst durch ihre Aufnahme im eigentlichen Gestellteil findet. Die Fassung kann ggf. noch bearbeitet werden (z. B. zentriert), gegenüber dem Gestellteil justierbar sein und erleichtert somit Transport und Montage.

In der Fassung soll diejenige Funktionsfläche des Optikteils zur definierten Anlage bestimmt werden, an welche die höchsten Genauigkeitsforderungen gestellt werden, z. B. die Randzone der verspiegelten Fläche eines Spiegels.

Zur Vermeidung lokaler Spannungsspitzen an den Befestigungsstellen, durch Form- und Lageabweichungen, infolge Herstellungstoleranzen und Veränderungen durch Temperaturunterschiede, werden elastische Zwischenlagen aus Kork, Gummi, Plastik, Gewebe o. ä. eingesetzt. Wegen der Eindeutigkeit der Anlage sind diese nur an einer Seite anzuwenden. Bei größeren Bauelementen (etwa ab Durchmesser 100 mm) ist eine statisch bestimmte Dreipunktauflage anzustreben.

Optische Bauteile, die größeren Temperaturdifferenzen ausgesetzt sind (Beleuchtungseinrichtungen, Kondensoren, Geräte im Feldgebrauch), erfordern den Ausgleich entstehender Längendifferenzen durch
- entsprechend reichliches Spiel
- Anordnung elastischer Zwischenlagen
- geeignete Materialauswahl
- spezielle Kompensationseinrichtungen.

Das Vermeiden von Temperaturunterschieden innerhalb des Glasteils wird erreicht durch
- gleichmäßige Wärmeaufnahme, d. h. gänzliche Be- oder Durchstrahlung ohne Abschattung
- gleichmäßige Wärmeabgabe, d. h. beiderseitige Konvektion und wärmeisolierende Zwischenlagen an den Befestigungsstellen.

Das Vermeiden von Eigenspannungen, insbesondere von Kerbspannungen, im Glasteil infolge Herstellung und Art der Befestigung wird erreicht durch
- Polieren auch der optisch nicht wirksamen Flächen
- Anwendung spannungsarmer Fassungen.

Die Fassung selbst muss so stabil sein, dass ihre Befestigung im Gestell justierhaltig ist und keine Deformationen entstehen. Erforderliche Justierbewegungen sind durch spielfreie Gelenke oder spielarme Anordnungen und anschließendes Klemmen zu verwirklichen.

Zentrieren von Optiken

Man unterscheidet drei Arten von Zentrierungen:
- Mechanisches Zentrieren durch das Spannen mit fluchtenden Ringscheiben
- optisches Zentrieren mit Reflexbild – Linsen werden gekittet bzw. geklebt
- optisches Zentrieren im Durchlichtverfahren. Dies lässt sich sehr gut automatisieren durch Auswertung mithilfe einer CCD-Matrix

3.8.3 Gläseraufnahmen, Halterungen verschiedenster Art

Fassungsteile, die mit großen Kräften auf kleine Flächen wirken, können am Glasteil leicht Zerstörungen hervorrufen. Dabei sind wegen unterschiedlicher Ausdehnungskoeffizienten von optischem Material und dem Werkstoff der Fassung zusätzliche Spannungen zu berücksichtigen, die bei der Temperaturänderung auftreten können. Im Übrigen soll die Halterung oder Fassung das optische Bauteil stabil in der vorgegebenen Lage halten sowie es gegen Stöße schützen. Nur so kann man gewährleisten, dass sich der Streulichtanteil nicht vergrößert, der Strahlengang und die Totalreflexion (bei Prismen) nicht gestört wird. Kostspielige Systeme müssen zur Reparatur oder Nachjustierung demontierbar sein.

Bild 3.33 zeigt einige Möglichkeiten zur Befestigung von Linsen in Fassungen.

Das Einkleben, Eindrücken oder Einrollen (Bild 3.33 a, b) bietet insbesondere für kleine Durchmesser bis etwa 30 mm die beste Befestigungsart. Dabei muss der Grat auf die Linsendicke abgestimmt sein. Um Glasbeschädigungen zu vermeiden, verwendet man meist einen Zwischenring. Von elastischen Unterlagen wird abgesehen, wenn runde Glasteile in gut ausgedrehten Fassungen ohne erhebliche axiale oder radiale Drücke durch Sprengringe (Bild 3.33 c) oder Gewinderinge (Bild 3.33 d und e) am ganzen Rand festgehalten werden. Der Anschlagdruck der Gewinde soll dabei nicht vom Glas alleine aufgenommen werden, sondern durch einen abgestimmten Anschlag an der Fassung. Soll das nicht geschehen, so müssen federnde Organe (geschlitzte Zwischenlage, Wendelfeder) miteingeschaltet werden, wie dargestellt (Bild 3.33 f), wo der fehlende Zwischenring die Linse durch eine vorspringende Nase an drei Punkten hält. Diese Halterung ist besonders bei größeren Linsen zweckmäßig. Solche Bauteile können auch mit gummiartigen Gießmassen spannungsfrei ge-

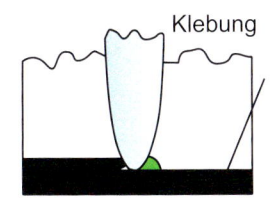

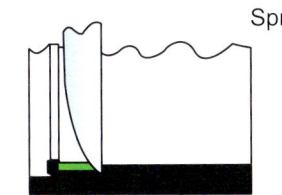

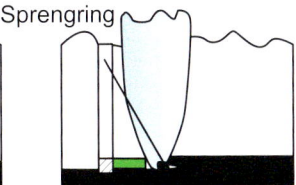

a) Fassung mit Ringscheibe/Klebung
b) Einpressen mit Zwischenring
c) Halten durch einen Sprengring
d) Gewindering mit Anschlag
e) Gewindering mit Anschlag
f) Sprengring mit Dreipunktauflage

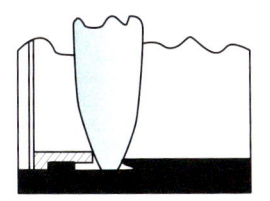

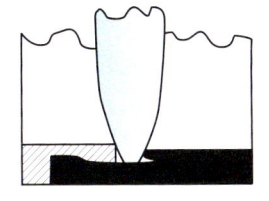

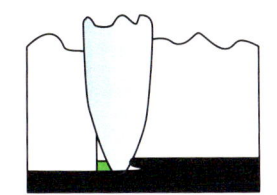

Bild 3.33 Befestigung von Linsen in Fassungen

lagert werden. Bei Linsen mit starker Krümmung ist ein kegelförmiger oder kugelig ausgedrehter Ring anzuwenden, damit ein Druck scharf wirkender Kanten vermieden werden kann. Es muss unbedingt darauf geachtet werden, dass Linsen im Fassungsrohr nicht radial geklemmt werden. Dies gilt besonders in der Beleuchtungsoptik, da diese sehr warm werden. Kratzer, die durch scharfe Metallkanten sehr leicht entstehen können, sind der Ausgangspunkt von Sprüngen, die das ganze Glasteil zerstören können. Aus diesem Grunde werden oft die sonst matt geschliffenen Ränder von Linsen poliert, um die Sprunggefahr von Anfang an zu verhindern.

Der Zusammenbau mehrerer Linsen zu optischen Systemen, vor allem bei Objektiven, erfolgt meist mit Füllfassungen (Bild 3.34). Dabei sind folgende Forderungen zu erfüllen:

- Die Einzellinsen müssen zueinander zentriert sein (d. h. der Krümmungsmittelpunkt aller Flächen muss auf der gemeinsamen optischen Achse liegen) und die Luftabstände müssen eingehalten werden.
- Für hochpräzise Systeme wird eine Füllfassung mit Justierdrehen der Einzelfassungen angewendet (Bild 3.34c). Dabei werden die mit Linsen fertig bestückten Einzelfassungen (Vorschraubring oder Klebenut) auf einer Justierdrehmaschine optisch ausgerichtet und genau passend zum Rohrstutzen abgedreht. Durch Zwischenringe kann der Luftabstand genau eingestellt werden. Eine günstige Materialpaarung ist Stahl für den Rohrstutzen und Messing für die Fassung.
- Um Temperaturspannungen zwischen Fassung und optischen Teilen zu vermeiden, muss das Passungsspiel entsprechend der Differenz der Ausdehnungskoeffizienten gewählt werden.

Für Versuchszwecke, z. B. auf optischen Tischen, wird gerne auf bewährte Grundbausteine für Halterungen zurückgegriffen (Bilder aus Bild 3.35):

3.9 Glasfaserkabel (Lichtwellenleiter LWL, Endoskope)

Neben den festen, ruhenden, optischen Bauteilen gibt es auch bewegliche Elemente, von denen das bedeutendste das Lichtleiterkabel bzw. der Lichtwellenleiter (LWL) darstellt. Das Kabel besteht aus einer Vielzahl von einzelnen Leitungen mit sehr dünnen Querschnitten, deren Werkstoff, wie der von festen Linsen, aus Glas oder Kunststoff ist. Ein solches faseroptisches Bauelement besteht aus einem Bündel von optisch iso-

a) Füllfassung mit Abstufungen und Zwischenringen

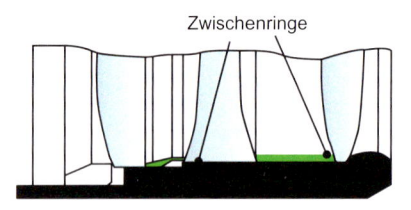

b) System aus zwei Gewindefassungen mit eingerollten Linsen

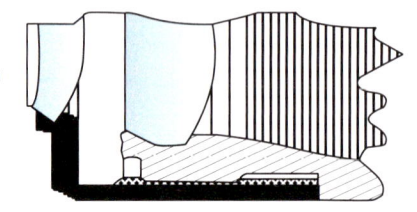

c) Füllfassung für Präzisions-Optik

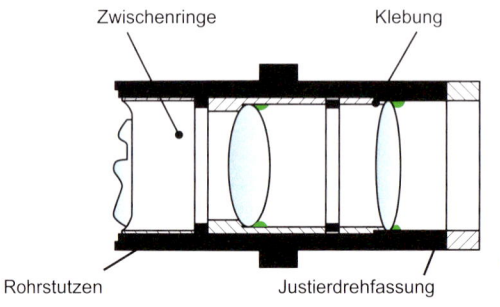

Bild 3.34
Zusammenbau von Linsen zu Systemen

lierten Fasern mit etwa 5 bis 200 µm Durchmesser (zum Vergleich, das menschliche Haar hat einen Durchmesser von 30 bis 40 µm). Optisch isoliert bedeutet, dass die Faser mit einem Stoff ummantelt ist, der eine niedrigere Brechzahl hat. An der Faserwand findet eine Totalreflexion statt. Allein durch diese Tatsache leiten die Kabel das einfallende Licht von einem Ende bis zum anderen. Wie im entsprechenden Kapitel bereits beschrieben wurde, gilt diese Totalreflexion allerdings nur ab einem bestimmten Winkel φ_g.

Somit ist die Funktion auf einen bestimmten Einfallswinkel φ am Beginn des Kabels und einen maximalen Krümmungsradius r beschränkt. Ein Maß für diesen Winkel ist die numerische Apertur A. Sie ist ein Maß für die Fähigkeit eines Systems, sehr feine Details abzubilden. In Umgebungsluft mit $n_0 = 1$ gilt der Zusammenhang:

$$\varphi_g = \arcsin\sqrt{n_1^2 - n_2^2\left(1 + \frac{D}{2}r\right)^2}$$

Mit:
φ_g – Einfallswinkel
n_1 – Brechungsindex des Faserkerns
n_2 – Brechungsindex der Glasfaser
D – innerer Durchmesser der Faser [m]
r – Krümmungsradius [m]

Lichtwellenleiter können Licht durch Totalreflexion über weite Strecken sehr verlustarm leiten (Bild 3.36). Dabei ist ein 1 km langer Lichtwellenleiter so durchsichtig wie eine 5 mm dicke Fensterscheibe (Bild 3.37). Heute werden bis zu 90 % aller Daten über optische Fasern transportiert. Die verschiedenen Datensignale erfolgen zeitgleich auf unterschiedlichen Wellenlängen. Dabei beträgt die Dämpfung in der Faser weniger als 0,2 dB pro km. Das bedeutet, dass ca. 96 % der Signalstärke auch nach einem Kilometer noch zur Verfügung stehen. Die Übertragungsrate, die sich heute realisieren lässt, liegt bei 1 Tbit/s. Der Inhalt einer 30 bändigen Enzyklopädie kann somit 41 Mal pro Sekunde übertragen werden. Das sind gute Gründe, warum das weltweite Glasfasernetz mit 3-facher Schallgeschwindigkeit, also mit gut 1000 m/s, wächst (Bild 3.38).

3.9 Glasfaserkabel (Lichtwellenleiter LWL, Endoskope)

Bild 3.35
Mikrobanksystem Michelson Interferometer (oben links), Prismenhalter (mittig links), Spiegelhalter (mittig zentral), verschiedene Halter unten (links). Mikrobanksystem (oben rechts), Halter mit Strahlteilerwürfel (mittig rechts), Linsenhalter unten rechts (mit freundlicher Genehmigung der Firma Linos)

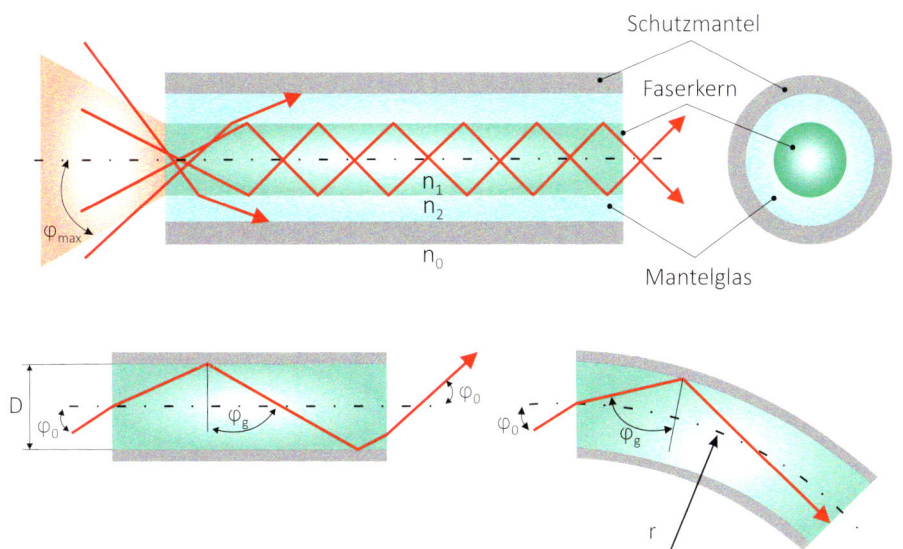

Bild 3.36
Schematischer Aufbau eines Lichtwellenleiters mit Angabe des maximalen Einfallswinkels und des Krümmungsradius für die Totalreflexion in Lichtleitern

Bild 3.37 Durchsichtigkeit eines Lichtwellenleiters (LWL) im Vergleich zu einer Fensterscheibe

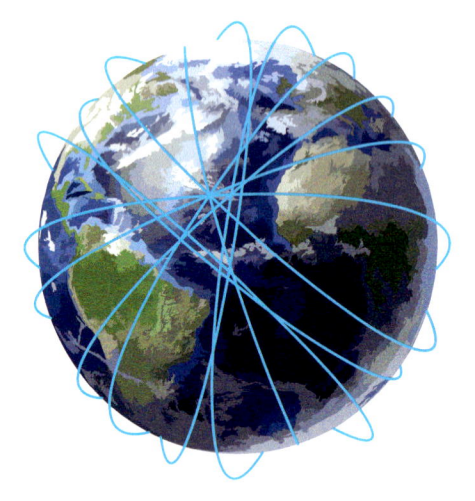

Bild 3.38 Symbolische Darstellung von Wachstum des Glasfasernetzes mit 3-facher Schallgeschwindigkeit

3.9.1 Arten von Fasern

Es gibt verschiedene Fasertypen. Für bestimmte Wellenlängenbereiche gibt es spezielle Werkstoffe, um möglichst wenig Verluste bei langen Leitungen zu haben. Dann unterscheidet man zwischen geordnetes Bündel zur Bildübertragung und den wesentlich preiswerteren ungeordneten Bündel zur Lichtleitung (Bild 3.39).

Einsatzgebiet der geordneten Lichtleiterkabel ist die Endoskopie. Vor allem in der Medizin werden mithilfe von zusätzlichen Linsen, Leuchtfasern und Bildfasern Untersuchungen im Körper vorgenommen. Aber auch in der Fernmelde- und Sensortechnik gibt es zahlreiche Anwendungsgebiete.

Weiterhin gibt es noch drei unterschiedliche Arten von Faserstrukturen:

Die preiswerte Stufenprofilfaser besitzt einen großen Durchmesser von 50 bis 150 µm. Der Nachteil ist, dass je nach Eintrittswinkel die Strahlen unterschiedlich lange Wege durch den Leiter zurücklegen (Bild 3.40). Die Signale kommen so nach einigen Kilometern nur noch verschwommen an.

Eine Verbesserung stellt die Gradientenprofilfaser dar. Bei ihr wechselt der Brechungsindex nicht abrupt, sondern nimmt zum Rand hin kontinuierlich ab. Die Lichtstrahlen wandern spiralförmig durch den Leiter (Bild 3.41). Bei dieser Übertragung ist die Schärfe des Signals besser, aber dafür sind die Leitungen auch teurer. Die beste Übertragung liefert die Monomodfaser. Aufgrund ihrer geringen Dicke (weniger als 9 µm) können alle Strahlen nur parallel zur Zentralachse wandern (Bild 3.42). Diese Faserart ist zwar am teuersten, sie wird wohl aber in Zukunft den größten Teil der Glasfaseranwendungen abdecken.

Bild 3.39 Faserbündel (LWL): Geordnetes Bündel (links), ungeordnetes Bündel (rechts)

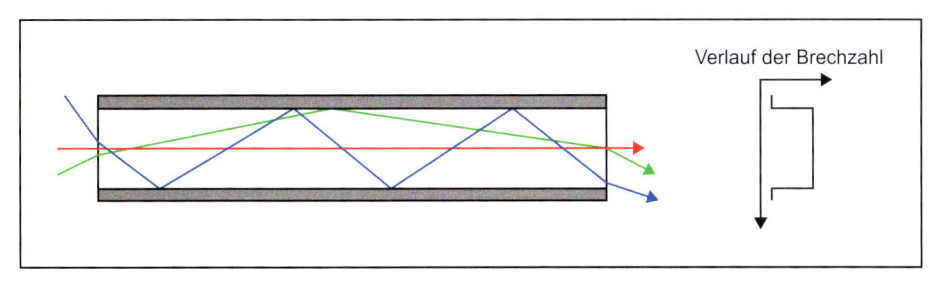

3.9 Glasfaserkabel (Lichtwellenleiter LWL, Endoskope)

Bild 3.40
Lichtleitung in einer Stufenprofilfaser

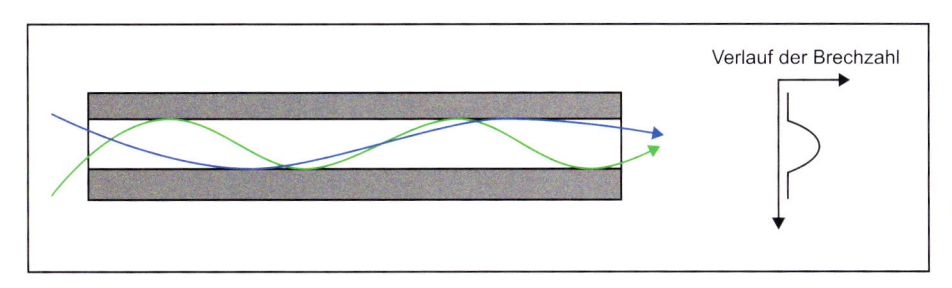

Bild 3.41
Lichtleitung in einer Gradientenprofilfaser

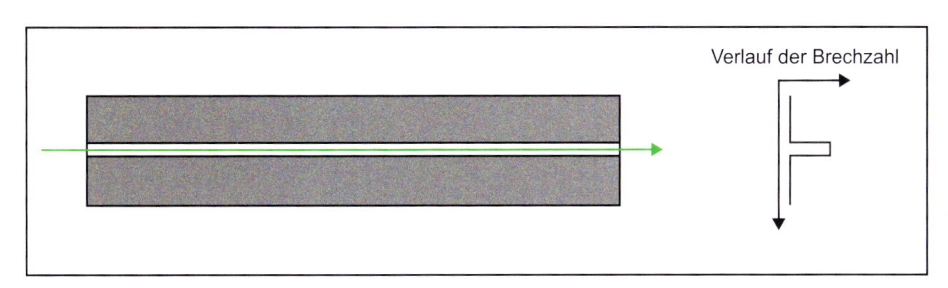

Bild 3.42
Lichtleitung in einer Monomodfaser

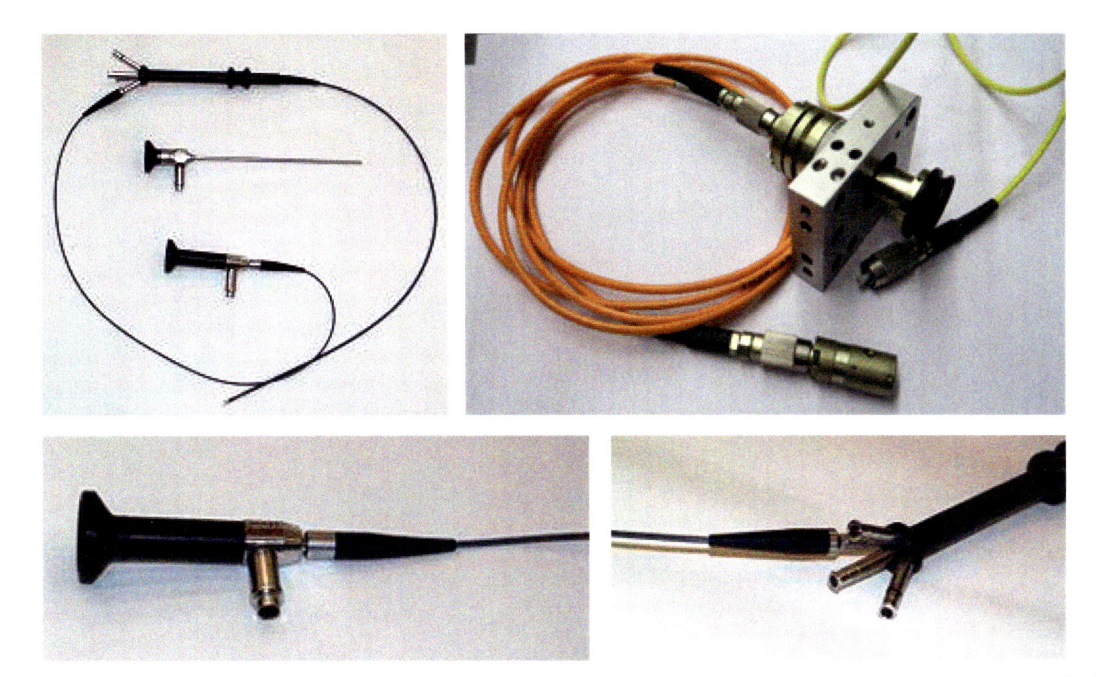

Bild 3.43 Flexibles/starres Endoskop zur Anbindung von Laserlichtquellen und Digitalkameras geeignet (oben links), Anschluss Okular (unten links), Anschlüsse (LWL, Werkzeugzuführung, unten rechts), LWL zur Laserstrahlführung (oben rechts)

Beispiele aus der Endoskopie sind in Bild 3.43 dargestellt.

3.9.2 Fügen von Lichtwellenleitern (LWL)

Die Grafik in Bild 3.44 zeigt die verschiedenen Möglichkeiten, LWL zu fügen.

Fügen von Lichtwellenleitern

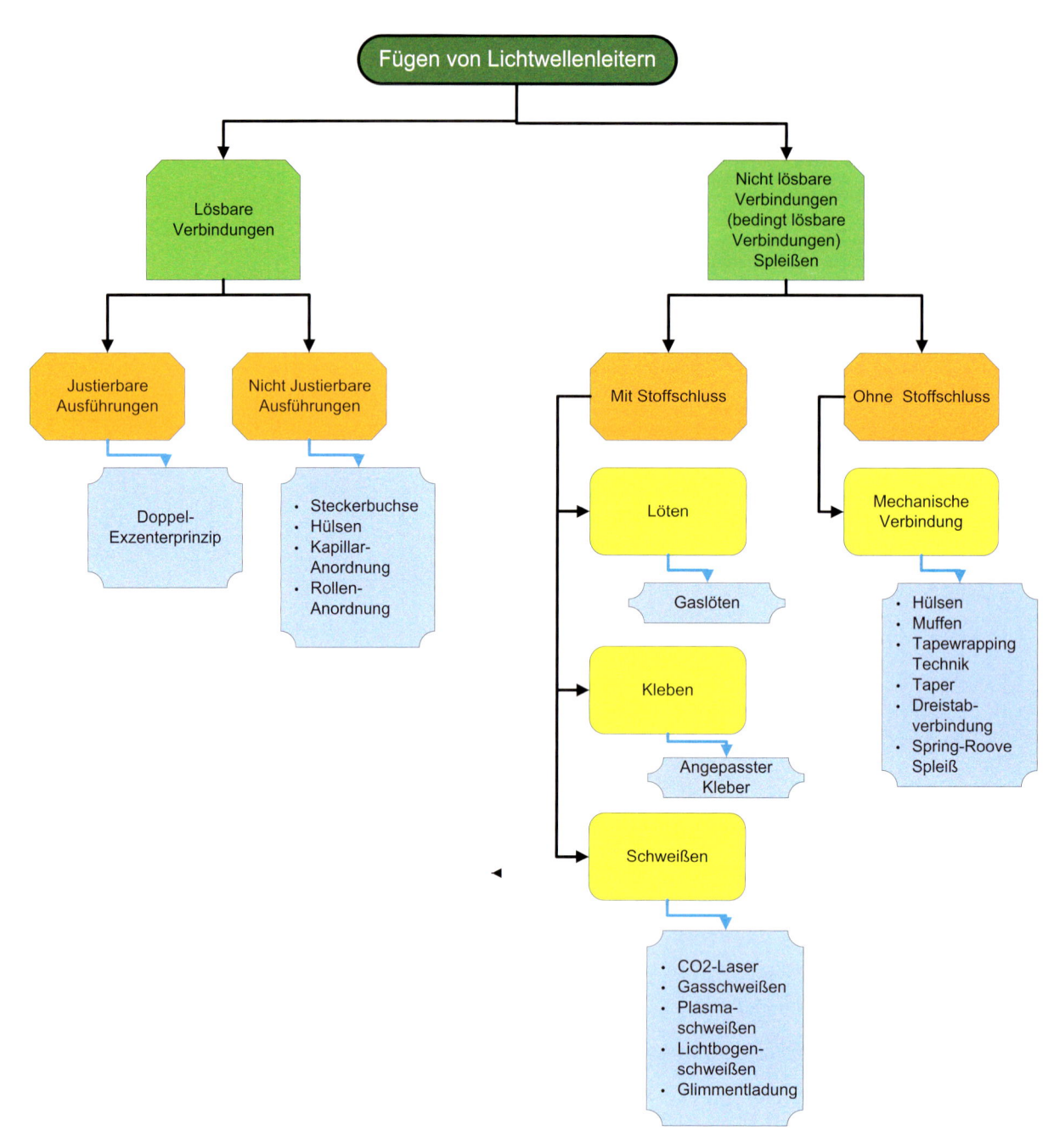

- **Lösbare Verbindungen**
  - Justierbare Ausführungen
    - Doppel-Exzenterprinzip
  - Nicht Justierbare Ausführungen
    - Steckerbuchse
    - Hülsen
    - Kapillar-Anordnung
    - Rollen-Anordnung
- **Nicht lösbare Verbindungen (bedingt lösbare Verbindungen) Spleißen**
  - Mit Stoffschluss
    - Löten
      - Gaslöten
    - Kleben
      - Angepasster Kleber
    - Schweißen
      - CO_2-Laser
      - Gasschweißen
      - Plasmaschweißen
      - Lichtbogenschweißen
      - Glimmentladung
  - Ohne Stoffschluss
    - Mechanische Verbindung
      - Hülsen
      - Muffen
      - Tapewrapping Technik
      - Taper
      - Dreistabverbindung
      - Spring-Roove Spleiß

Bild 3.44 Fügen von Lichtwellenleitern (LWL)

4 Lasertechnik

LASER sind aus unserer heutigen Welt nicht mehr wegzudenken. Viele Menschen besitzen, verwenden oder werden mit einen LASER konfrontiert ohne es zu wissen. Zum Beispiel an der Ladenkasse (Scannerkasse), im CD-Player, Pointer, in modernen Wasserwaagen, beim Arzt usw. Die Anwendungsgebiete sind schier unerschöpflich. Aber genauso wie wir heute den Begriff Kraftfahrzeug in Auto, Lkw, Motorrad usw. differenzieren müssen, gilt dies auch für den LASER. Es gibt mittlerweile eine unübersehbare Anzahl verschiedener Lasersysteme. Die nachfolgenden Kapitel werden die wesentlichen Unterschiede und Anwendungsgebiete darstellen.

4.1 Allgemeines zur Lasertechnik

Das Wort LASER ist das Akronym[1] der englischen Bezeichnung Light Amplification by Stimulated Emission of Radiation, was auf Deutsch so viel bedeutet wie: Lichtverstärkung durch stimulierte Emission von Strahlung. Bereits 1917 lieferte Albert Einstein eine der ersten theoretischen Abhandlungen, die sich mit dem Thema der stimulierten Emission befassten. Den ersten experimentellen Nachweis für eine stimulierte Emission gelang 1928. Im Jahr 1958 beschrieben die Amerikaner Arthur Schawlow und Charles Hard Townes die Funktionsprinzipien des Lasers in ihrer Patentschrift. Das Patent wurde ihnen zwar zugewiesen, später aber von dem amerikanischen Physiker und Techniker Gordon Gould angefochten. Den ersten experimentellen Nachweis für den Lasereffekt brachte 1960 der amerikanische Physiker Theodore Maiman – er prägte den Begriff „Laser". Maiman nutzte als Lasermaterial einen Rubinkristall. Ein Jahr später baute der im Iran geborene amerikanische Physiker Ali Javan den ersten Helium-Neon-Gaslaser; 1966 schließlich konstruierte der amerikanische Physiker Peter Sorokin den ersten auf einem flüssigen Medium basierenden Laser.

Es folgten verschiedene Laser auf Halbleiterbasis. Im Vergleich zu anderem, „normalen" Licht ist das Laserlicht sehr stark gebündelt, ohne die sonst bei Licht übliche große Streuung. Das Laserlicht ist außerdem einfarbig (monochromatisch) und besteht nicht wie herkömmliches Licht aus mehreren Farbspektren. Eine weitere Besonderheit des Lasers ist die hohe Intensität der Strahlung. Unter der Intensität des Lichts versteht man die Anzahl der Lichtteilchen pro Fläche. Die Intensität kann man ebenfalls wie die Energie anhand der Wellenform der betrachteten Strahlung charakterisieren, wobei darauf zu achten ist, dass man Energie und Intensität nicht verwechselt. Die Energie wird, wie eingangs schon erläutert, anhand der Wellenlänge bestimmt. Die Intensität wird jedoch anhand der Amplitude der Lichtwellen festgelegt.

Energie:	Intensität:
$W = m \cdot c^2$ mit: $c = \lambda \cdot v$	$I = A^2$ |//
m – Masse [kg]	
c – Lichtgeschwindigkeit ca. 300 000 [km/s]	
v – Lichtfrequenz [Hz]	
A – Fläche [m²]	

Die Intensität eines Lasers ist im Ausgangszustand schon recht hoch. Diese hohe Ausgangsintensität kann durch Bündelung des Laserstrahles noch enorm gesteigert werden. Durch die Fokussierung von kohärentem Licht können im Brennpunkt sehr große Intensitäten und sehr hohe Temperaturen erreicht werden. Dies

---

[1] Ein Wort das aus den Anfangsbuchstaben zusammengehöriger Wörter gebildet wird

geht sogar so weit, dass man mit einem Laser alle Materialien verdampfen kann, die uns zurzeit bekannt sind. Es gibt mittlerweile viele verschiedene Lasersysteme in den unterschiedlichsten Größen und mit den unterschiedlichsten Eigenschaften. Die Palette geht von winzigen Halbleiterlasern bis hin zu Lasern für Forschungszwecke, die ganze Gebäude über mehrere Etagen füllen.

Ebenso, wie sich die Laser in ihrer Größe unterscheiden, unterscheiden sie sich auch in ihrer Leistung. Die Leistungsspanne erstreckt sich von einigen Mikrowatt bis hin in den Terawattbereich. Neben Größe und Leistung gibt es noch andere Unterscheidungsmerkmale für Laser. Aufgrund der Tatsache, dass es im Laserbereich viele Variationsmöglichkeiten gibt, hat jeder Anwendungsbereich meist auch einen speziellen Laser. Die Anwendungsgebiete der Lasertechnik reichen von der Medizin über die Materialbearbeitung bis hin zur Navigation.

4.2 Stationen in der Geschichte der Lasertechnik und Optoelektronik

1917	Albert Einstein (spontane u. induzierte Emission, induzierte Absorption)
1928	Ladenburg, Kopfermann beobachten bei spektroskopischen Untersuchungen von Gasentladungen anomale Strahlungsintensitäten von Spektrallinien infolge induzierter Emission.
1950	Shalow & Townes (USA); Prokkorov, Baslov (UdSSR) Physikalische Grundlagen des Masers & Lasers
1953	Weber, Townes (USA) betreiben den ersten NH3-Laser
1960	Maiman, Rubinimpulslaser mit sichtbarer Strahlung
1961	Gaslaser (He/Ne)
1962	Halbleiter-Laser (GaAs)
1964	Nobelpreis (Physik) für Townes, Baslov, Prokkorov
ab 1965	Flüssigkeitslaser, chemische Laser
ab 1970	Nutzung: Messtechnik, Materialbearbeitung, Nachrichtentechnik, Medizin, Waffentechnik
1971	Holografie – Nobelpreis für Dennis Gabor
1981	Nobelpreis (3-Niveau-Laser, sichtlineare Optik, Laserspektroskopie) für Bloembergen und Schawlow
ab 1981	Röntgenlaser (SDI u. A.), Kernfusion, Umwelttechnik usw.

4.3 Grundlagen der Lasertechnik

Durch induzierte Emission ausgelöste Übergänge vieler Atome in den Grundzustand führen zu einer intensiven, monochromatischen, kohärenten und eng gebündelten Strahlung. Zwei parallele Spiegel, zwischen denen sich die Strahlung als stehende Welle ausbilden kann, verstärken diesen Effekt noch.

Anhand des Bohrschen Atommodells lässt sich dieses Prinzip des Lasers erklären (Bild 4.1). Atome bestehen aus Atomkernen und der Elektronenhülle, in der sich die Elektronen bewegen. Der Vorstellung nach gibt es Elektronenschalen. Sie beherbergen eine gewisse Anzahl von Elektronen. Jede Schale hat ein bestimmtes Energieniveau. Die maximal mögliche Zahl von Elektronen auf einer Schale errechnet sich wie folgt:

$$z_k = 2k^2$$

z_k – max. Anzahl der Elektronen auf der k-ten Schale
k – Nummer der Elektronenschale (Quantenzahl)

Die Energieabgabe erfolgt beim Übergang eines Elektrons auf eine energieärmere (kernnähere) Schale. Das auf ein niedrigeres Energieniveau übergehende Elektron emittiert ein Strahlungsquant, dessen Frequenz und Wellenlänge aus der beim Bahnwechsel auftretenden Energiedifferenz ΔW bestimmt werden kann:

$$\Delta W = h \cdot \nu$$

ΔW – Energiedifferenz [J]
h – Plancksche Konstante [Ws2]
ν – Frequenz [Hz]

Quantenmodell (nicht weiter teilbares Energieteilchen)

Durch Energiezufuhr wird ein Elektron auf eine kernfernere, d.h. energiereichere Bahn gebracht. Dieser Vorgang wird als „Anregen" bezeichnet. An der Lichterzeugung sind nur die äußeren Elektronen eines Atoms beteiligt, da die Energiedifferenz zwischen den Bahnen nicht so groß ist und die Strahlung im Bereich des sichtbaren Lichtes erfolgt.

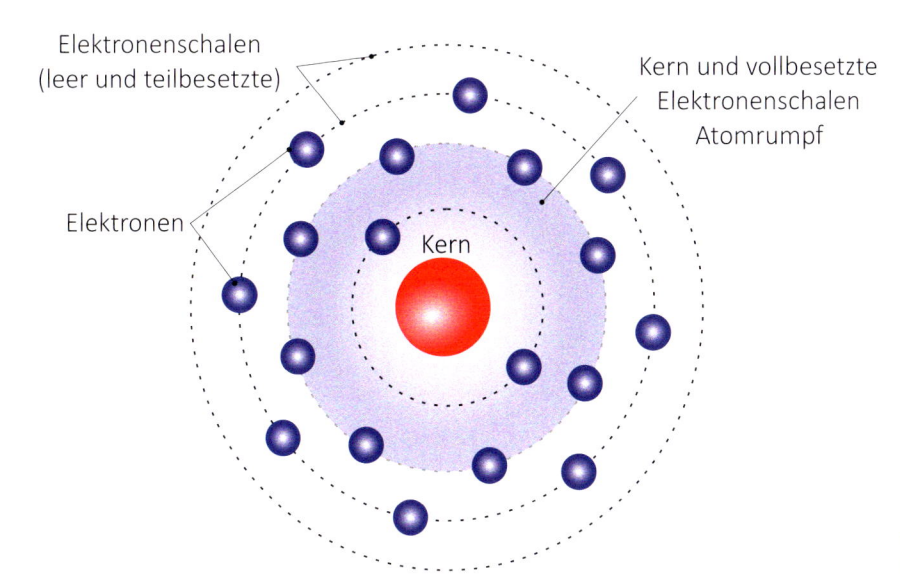

Bild 4.1
Das Bohrsche Atommodell

4.3.1 Anregungsformen

Atome können auf verschiedene Art und Weise angeregt werden, d. h., Elektronen werden auf die kernfernere Bahn gebracht, z. B.:

- Durch thermische Anregung: Durch Erwärmen wird die Molekularbewegung vergrößert, Stöße zwischen Atomen heben die Elektronen auf höhere Bahnen.
- Fotoanregung: Die Energie auftreffender Photonen hebt die Elektronen auf ein höheres Niveau. Dabei treten Fluoreszenz- und Phosphoreszenzerscheinungen auf.
- Elektrische Anregung: In Gasentladungslampen treffen Elektronen und Ionen mit hoher Geschwindigkeit auf Atome, die dadurch angeregt werden. Bei genügend großer Energiezufuhr wird das Elektron bis zur Schale $k = \infty$ gehoben; das Gas ionisiert.

4.3.2 Wechselwirkung von Photonen und Atomen

Ein Atom nimmt die Energie eines Photons auf und gelangt dadurch in einen angeregten Zustand. Beim Rückfall des Atoms in den Grundzustand emittiert dieses ein Photon, das in seiner Frequenz mit dem eingestrahlten Photon übereinstimmt, aber nicht mit ihm in Phase ist.

Bei dieser Art der Emission spricht man von spontaner Emission. Neben der spontanen Emission gibt es auch noch die stimulierte Emission. Bei der stimulierten Emission befindet sich das Atom im angeregten Zustand und das einfallende Photon stimuliert das angeregte Atom zur Emission eines Photons. Dieses emittierte Photon stimmt in Richtung, Phase und Frequenz mit dem einfallenden Photon überein. Die bei einer stimulierten Emission abgegebene Strahlung ist kohärent, d. h. alle von den unterschiedlichen Atomen abgegebenen Photonen, also Lichtwellen sind miteinander in Phase.

Die Anregung von Atomen kann neben der Absorption von Strahlung auch durch Stöße mit anderen Teilchen erreicht werden, z. B. durch Stöße mit Elektronen oder anderen Atomen.

Stoß 1. Art

Stöße 1. Art finden zwischen Atomen oder Atomen und Elektronen statt, wenn die kinetische Energie eines Stoßpartners gleich der Anregungsenergie des anderen Stoßpartners ist (Bild 4.2). Es gilt:

$$A + B_{kin} \rightarrow A^* + B$$
$$\text{bzw.}$$
$$A + e_{kin} = A^* + e$$

A – Atom im Grundzustand
A^* – Atom im angeregten Zustand

Stoß 2. Art

Anregung eines höheren atomaren Energiezustands beim Stoßpartner durch ein bereits mit gleicher Energie angeregtes Atom, wobei die kinetische Energie der Stoßpartner keine Rolle spielt (Bild 4.3). Die Koinzi-

4 Lasertechnik

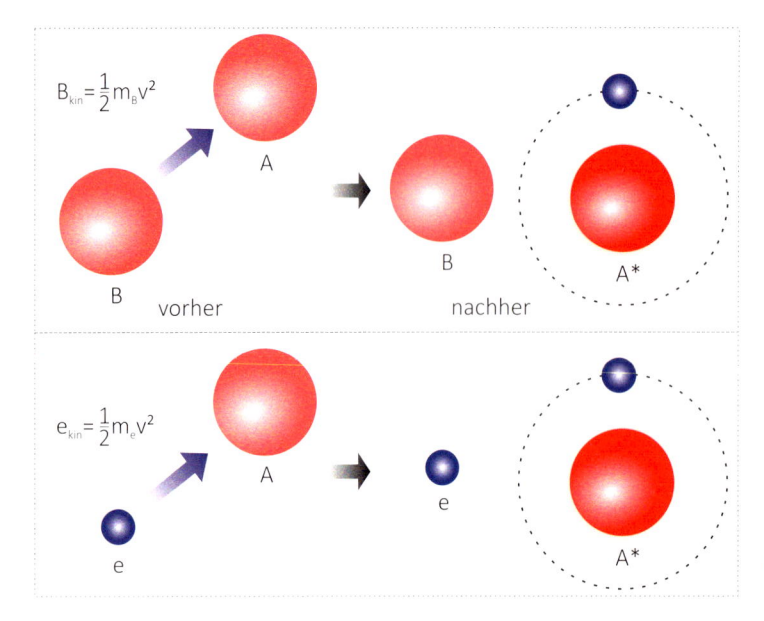

Bild 4.2
Stoß 1. Art

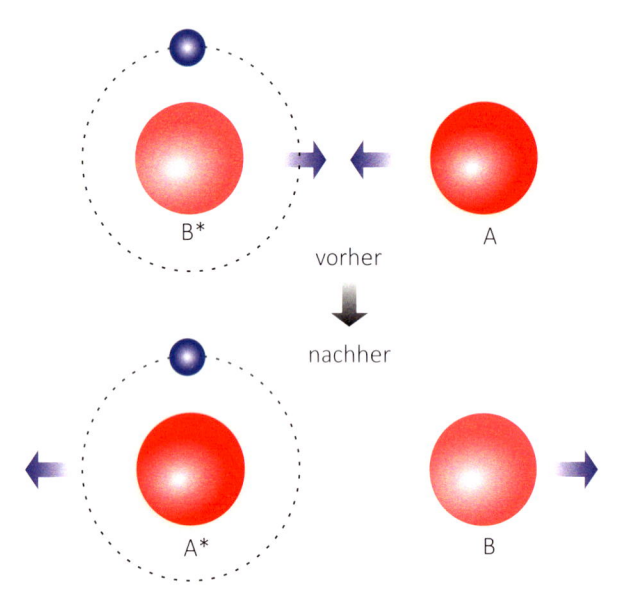

Bild 4.3 Stoß 2. Art

denz (Zusammentreffen zweier Ereignisse gleichzeitig) der beiden Energieniveaus wird mit Energieresonanz bezeichnet.

$$A + B^* \rightarrow A^* + B$$

4.3.3 Absorption eines Photons

Um ein Photon zu absorbieren, muss die Energieresonanzbedingung erfüllt sein (Bild 4.4):

$$h \cdot \nu^* = h \cdot \nu_{ik}$$

h – Plancksche Konstante
ν^* – Frequenz im angeregten Zustand
ν_{ik} – Frequenz im Grundzustand

Ist die obige Gleichung erfüllt, so folgt:

$$A + h \cdot \nu_{ik} \rightarrow A^*$$

h – Plancksche Konstante
A – Atom Grundzustand
A^* – Atom im angeregten Zustand
ν_{ik} – Frequenz im Grundzustand

4.3.4 Ionisation eines Atoms

Wird ein Atom von einer Energie $h \cdot \nu^+$ angeregt, die höher ist als $\Delta W_{i\infty}$ (Ionisationsenergie), entsteht ein freies Elektron; das Atom ist ionisiert (Bild 4.5). Es gilt:

$$A + h \cdot \nu_+ \rightarrow A^+ + e^- + \frac{1}{2} \cdot m_e \cdot v^2$$

A^+ – ionisiertes Atom
e^- – Elektron mit Masse m_e
v – Geschwindigkeit des Elektrons
h – Plancksche Konstante

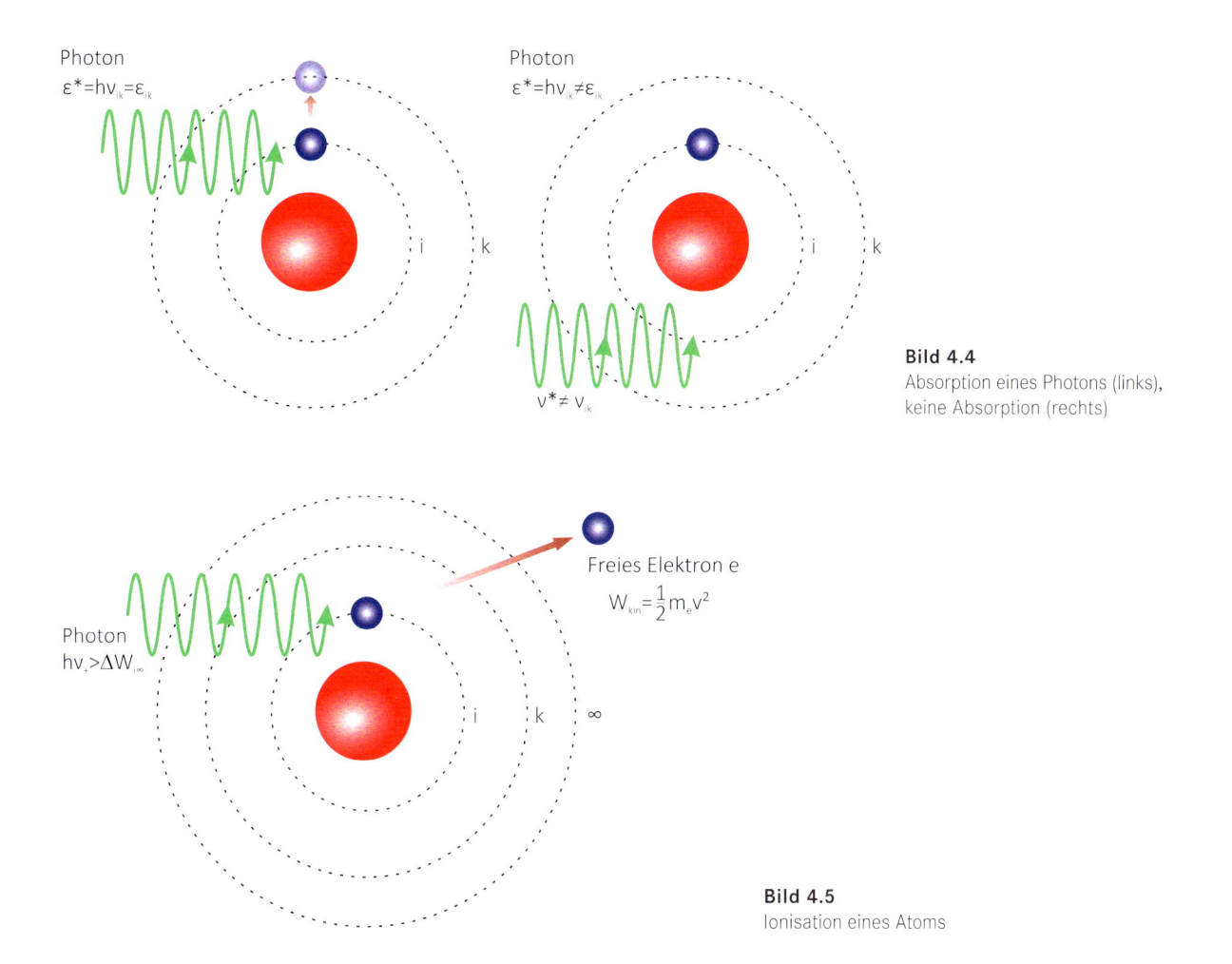

Bild 4.4
Absorption eines Photons (links), keine Absorption (rechts)

Bild 4.5
Ionisation eines Atoms

Metastabile Zustände

In manchen Elementen gibt es Energieniveaus, die das Elektron nicht durch einen direkten Übergang auf ein niedrigeres Niveau verlassen kann. Man bezeichnet sie als metastabile Zustände, in welche die Elektronen durch Elektronenstoß oder auf dem Umweg über ein höheres Niveau gelangen können. Die Verweildauer in einem metastabilen Zustand beträgt etwa 10^{-3} s; dagegen ist die Verweildauer im angeregten Zustand nur etwa 10^{-8} s.

Spontane Emission von Photonen

Unter der spontanen Emission verbirgt sich die Möglichkeit, dass das Elektron ohne äußere Einwirkung vom angeregten in den Grundzustand zurückkehrt (Bild 4.6). Dabei sind Richtung, Phasenlage und Polarisation zufällig. Es gilt:

$$A^+ \to A + h \cdot \nu_{ik}$$

Induzierte Emission eines Photons

Der Übergang vom metastabilen in den Grundzustand resultiert aus der Einwirkung einer elektromagnetischen Strahlung entsprechender Frequenz. Bei genügend starker Anregung (Pumpen) kann ein großer Teil der Atome mit metastabilen Niveaus gleichzeitig angeregt sein und somit Energie speichern. Hierauf beruht das Prinzip des Lasers. Durch induzierte Emission ausgelöste Übergänge vieler Atome in den Grundzustand führen zu einer intensiven, monochromatischen, kohärenten und eng gebündelten Strahlung (Bild 4.7). Zwei parallele Spiegel, zwischen denen sich die Strahlung als stehende Welle ausbilden kann, verstärken diesen Effekt noch. Die 2-Photonen-Welle zeichnet sich durch gleiche Richtung, gleiche Frequenz, gleiche Phase, gleiche Polarisation und doppelte Energie aus. Es gilt:

$$A^+ + h \cdot \nu_{ik} \to A + 2 \cdot h \cdot \nu_{ik}$$

Bild 4.6 Spontane Emission von Photonen

Bild 4.7 Induzierte Emission eines Photons

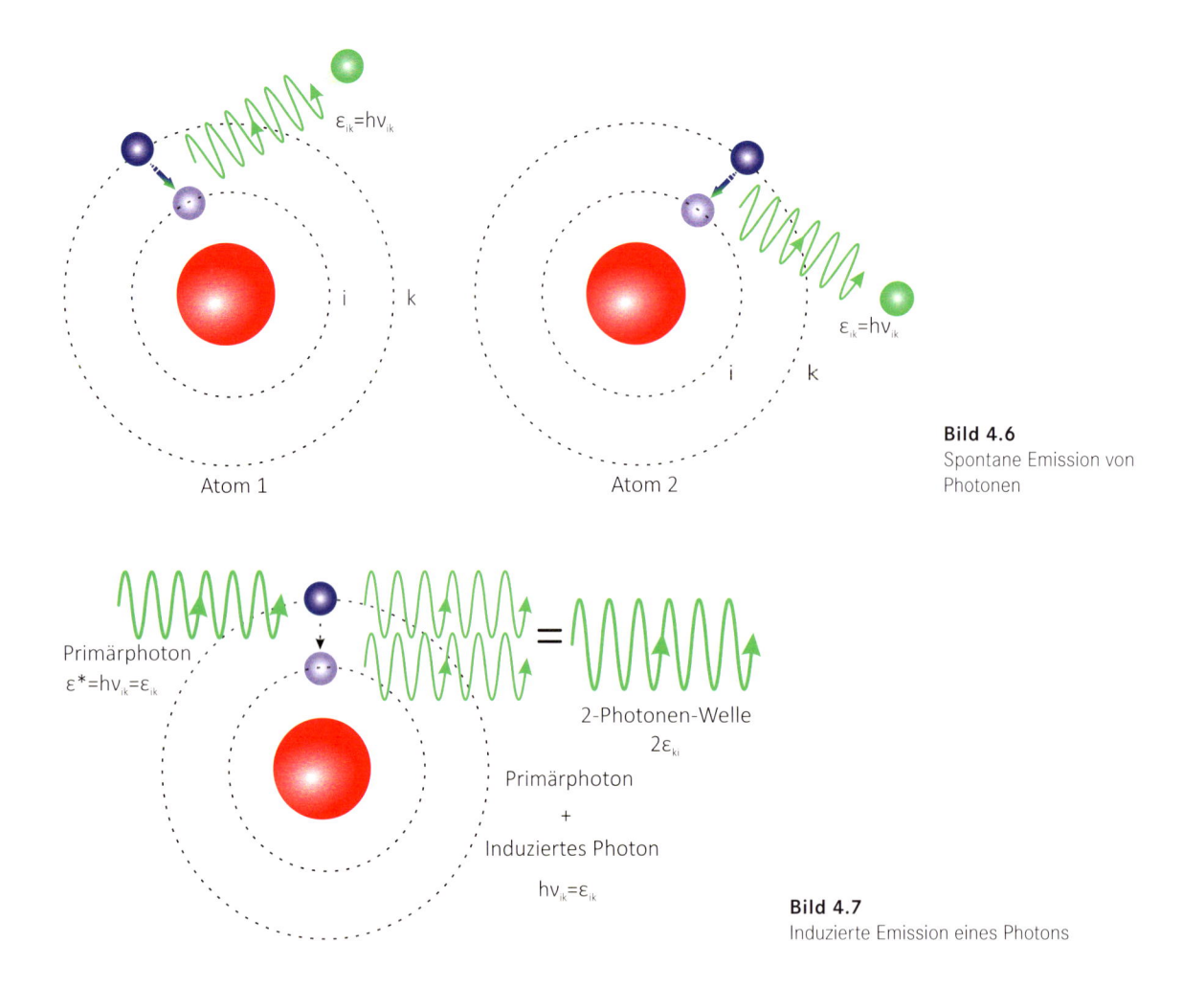

4.4 Laser und Lasersysteme

Man unterscheidet drei Subsysteme:
- Laserverstärker
- Laserresonator (Mehrspiegelsystem)
- Pumpquelle.

Funktionsprinzip der Subsysteme

Der Laserverstärker dient der Verstärkung schwacher externer Signale durch induzierte Emission und optische Rückkopplung durch das Spiegelsystem. Der Laserresonator erzeugt eigene Signale durch interne Verstärkung der spontanen Emission mittels induzierter Emission. Die Pumpquelle ist als Energielieferant zu verstehen.

4.4.1 Prinzipieller Aufbau eines Lasers

Zur Erzeugung der Strahlung in einem Laser benötigt man ein aktives Medium (Laserverstärker), einen Resonator (i.d.R. ein Spiegelsystem) und eine Energiezufuhr (Pumpquelle).

Als aktives Medium, also das sogenannte Lasermaterial (Laserverstärker), können die unterschiedlichsten Materialien dienen, z.B. Festkörper, Flüssigkeiten, Gase, Plasma oder Halbleiter. Entsprechend dem jeweiligen Arbeitsmedium unterscheidet man grundsätzlich Festkörper-, Gas-, Halbleiter-, Flüssigkeits- und Freie Elektronenlaser.

Tabelle 4.1 Verschiedene Laserverstärker

Beispiele	Prinzip der Aufladung
- Gasentladungsverstärker - Halbleiterverstärker	elektrisches Pumpen
- Festkörperverstärker - Flüssigkeitsverstärker	optisches Pumpen
- chemische Verstärker - Free-Electron-Verstärker	Sonderformen

4.4 Laser und Lasersysteme

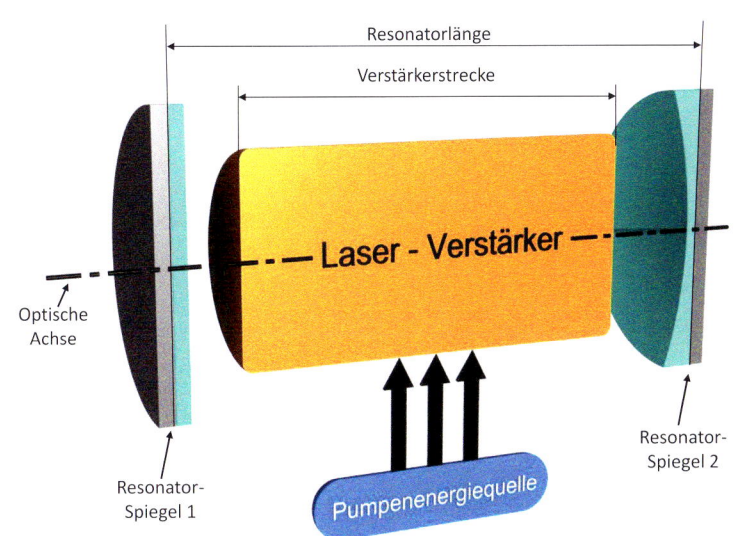

Bild 4.8
Grundelemente eines Lasers

Betriebsarten

Bei Lasern stehen je nach Ausführung zwei unterschiedliche Betriebsarten zur Verfügung; zum einen der Pulsbetrieb und zum anderen der Dauerbetrieb.

Pulsbetrieb (pw)

Von Pulsbetrieb spricht man, wenn das aktive Material nicht stetig, sondern pulsierend angeregt wird. Daraus resultiert auch das Pulsieren des Laserstrahls. Eine solche Anregung ist z. B. die Anregung mit einer Blitzlichtlampe. Es sind Pulse bis zu $12 \cdot 10^{-15}$ (Femto) Sekunden möglich.

Dauerbetrieb (cw)

Von Dauerbetrieb hingegen ist die Rede, wenn der Laserverstärker ständig angeregt wird und demzufolge auch eine kontinuierliche Laserabstrahlung erfolgt. Dies ist z. B. bei einer Anregung durch eine kontinuierliche Leuchtstoffröhre der Fall.

Im Folgenden sollen einige Laser vorgestellt werden, die für die industrielle Messtechnik von Bedeutung sind.

4.4.2 Festkörperlaser

Die gebräuchlichsten Festkörperlaserverstärker sind Stäbe aus kristallinem Rubin oder Neodym. Die Enden eines solchen Stabes sind als zwei parallele Flächen ausgeführt und mit einem hochreflektierenden, nichtmetallischen Spiegelbelag versehen. Festkörperlaser bieten die höchste Leistungsausbeute. Sie werden üblicherweise in gepulster Betriebsart benutzt, um einen kurzzeitigen intensiven Lichtblitz zu erzeugen. Kurze Pulse in der zeitlichen Größenordnung von $12 \cdot 10^{-15}$ (Femto) Sekunden sind erreichbar und wichtig, um etwa physikalische oder biologische Ereignisse von kürzester Dauer untersuchen zu können. Das optische Pumpen geschieht mittels Xenon-Blitzröhren, Lichtbogen-, Metalldampflampen oder Laserdioden. Die Frequenzbandbreite kann in den Infrarot- und Ultraviolettbereich erweitert werden, indem mithilfe geeigneter Kristalle die Ausgangsfrequenz des Lasers vervielfacht wird. Frequenzen im Röntgenbereich werden erzielt, indem man Yttrium mit Laserstrahlen beschießt.

Ein weit verbreiteter Festkörperlaser ist z. B. der Rubin-Laser:

Das aktive Medium des Rubinlasers ist ein synthetischer Rubin-Kristallstab. Der Laser besteht aus Al_2O_3-Molekülen, die mit Ionen Cr+ dotiert sind. Der Rubinlaser wird durch optisches Pumpen angeregt. Dabei erfolgt die Anregung in den meisten Fällen durch Blitzlampen (Bild 4.9).

Ein Hauptanwendungsbereich des Rubinlasers liegt in der Holografie, wobei für diesen Einsatz eine Kohärenzlänge von einigen Metern erreicht werden muss. Dies wird durch den Einsatz von frequenzselektiven Elementen erreicht, wodurch die Linienbreite z. B. von 300 GHz auf 30 MHz gesenkt werden kann.

Der Nd:YAG-Laser (Neodym in Yttrium-Aluminium Granat)

Der Neodym-YAG-Laser ist ein Festkörperlaser. Dabei handelt es sich bei Neodym um die Dotierungssub-

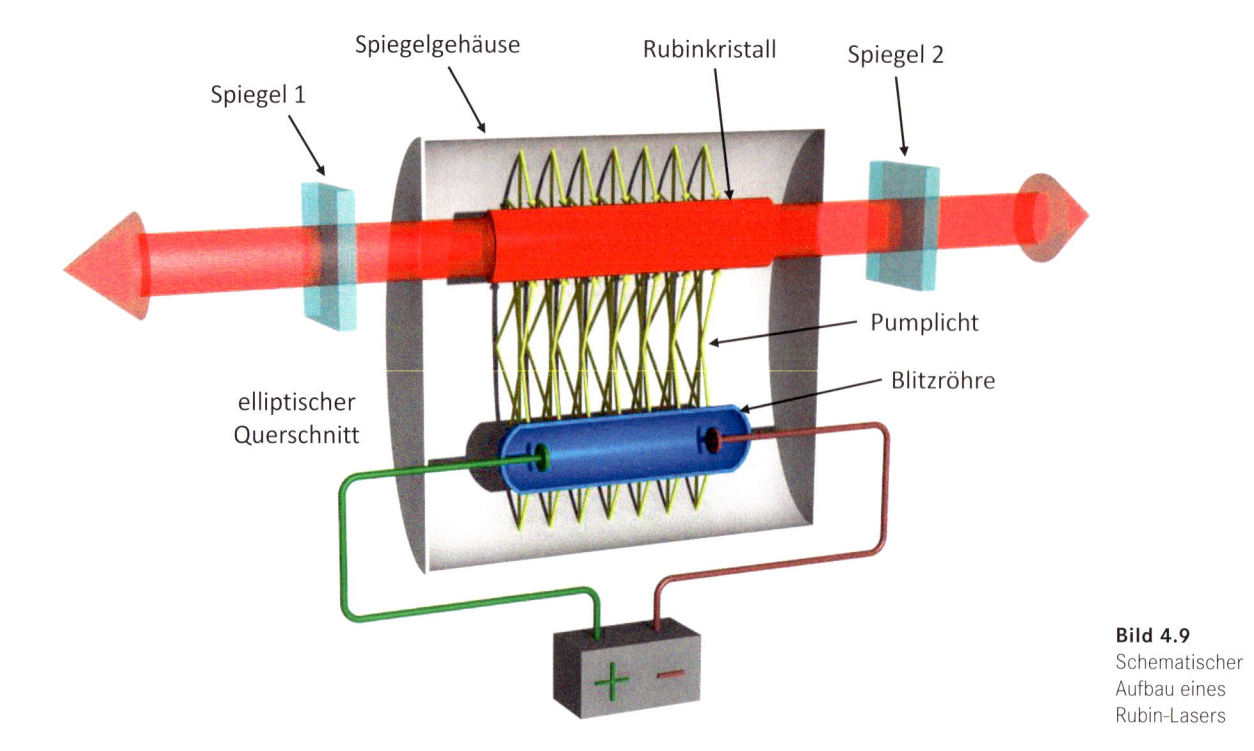

Bild 4.9
Schematischer Aufbau eines Rubin-Lasers

stanz; das laseraktive Material YAG stellt den Wirkkristall dar. Der Nd:YAG-Laser wird durch eine Blitz- oder Bogenlampe angeregt. Er kann aber auch über eine monochromatische Lichtquelle (z. B. Laserdiode) angeregt werden. Bei der Anregung mittels Blitzlampe wird deutlich, dass der Laser für den Pulsbetrieb geeignet ist. Der Neodym-Laser kann im Pulsbetrieb mehrere Tausend Impulse pro Sekunde abgeben. Er wird sowohl in der Materialbearbeitung als auch in der Medizin eingesetzt (Bild 4.10). In der Materialbearbeitung kommt er vorwiegend zum Bohren der einzelnen Materialien wie Keramik, Glas, Kunststoff und Metall zum Einsatz. In der Medizin findet er seinen Haupteinsatzbereich in der Tumorbehandlung und Blutstillung. Der Laser hat eine Eindringtiefe in das Gewebe oder auch in Blutgefäße von mehreren Millimetern. Wie bei allen Lasern

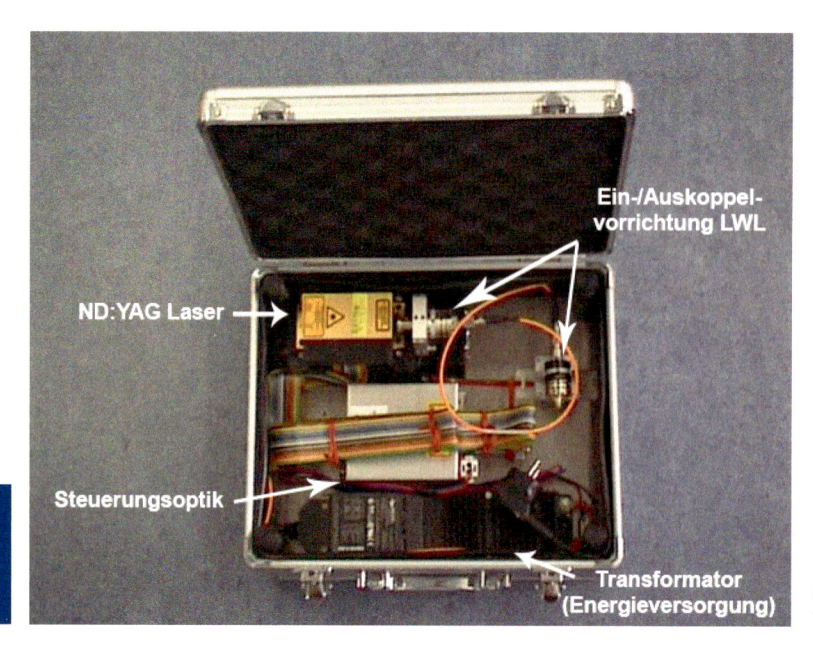

Bild 4.10
YAG-Laser mit Glasfaseranbindung (LWL)

4.4 Laser und Lasersysteme

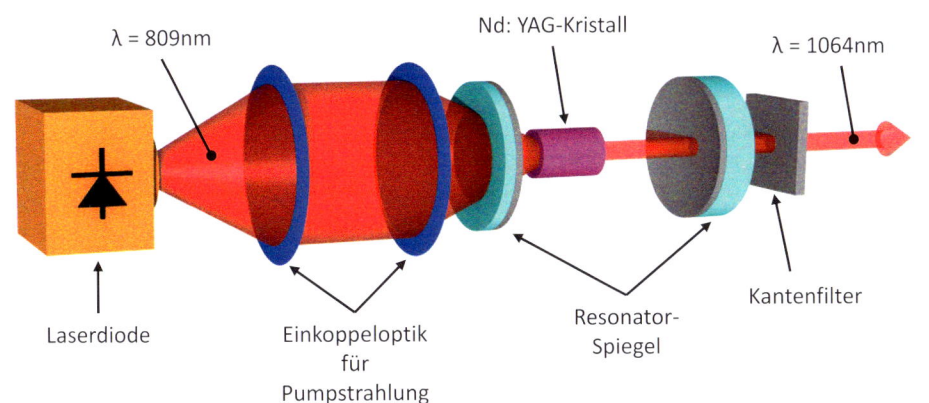

Bild 4.11
Prinzipaufbau eines diodengepumpten Nd:YAG-Lasers

ist auch hier eine Umleitung durch einen flexiblen Lichtleiter möglich, wodurch sich gerade im medizinischen Sektor viele Möglichkeiten ergeben.
Der prinzipielle Aufbau eines Nd:YAG-Lasers ist in Bild 4.11 dargestellt.

Die Laserdiode

Die Laserdiode wird auch als Halbleiterlaser bezeichnet. Sie besteht beispielsweise aus GaAs (Gallium-Arsenin) oder (GaAl)As (Galliumalluminium-Arsenit). Die Laserdiode ist der Zwerg unter den Lasern (Bild 4.12). Die Dioden können in der Größe eines Stecknadelkopfes gefertigt werden und liefern zurzeit eine Leistung von bis zu 500 mW. Ihre Wellenlänge beträgt zwischen 0,37 und 3,3 µm (Bild 4.13). Den Resonator erstellt man bei diesem Laser meistens durch geeignetes Spalten des Halbleiterkristalls. Bei diesen Diodenlasern handelt es sich normalerweise um Halbleiter mit p-n-Übergängen. Die Photonenerzeugung erfolgt durch Rekombinationsprozesse zwischen Elektronen und Defektelektronen (Löcher). Aufgrund der elliptischen Abstrahlcharakteristik des Halbleiterlasers ist die Anwendung für viele messtechnische Zwecke unbefriedigend. Deshalb wird durch eine geeignete Optik zur Strahlkorrektur Abhilfe geschaffen.
Laserdioden gibt es mittlerweile in vielen verschiedenen Ausführungen und Bauformen sowie unterschiedlicher Leistung und Wellenlänge.

Der Titan-Saphir-Laser

Der derzeit modernste abstimmbare Laser ist der Titan-Saphir-Laser, der mit blauem Laserlicht gepumpt wird.

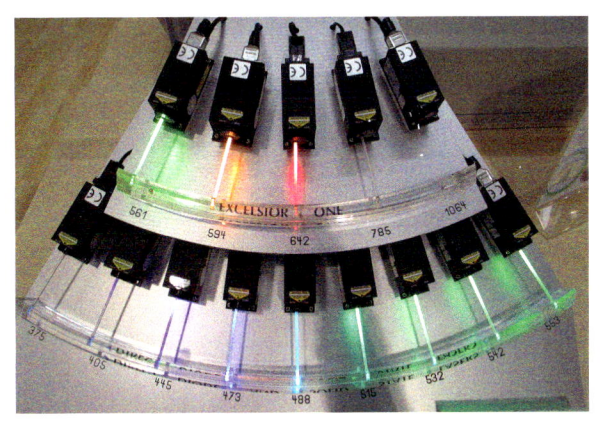

Bild 4.13 Dioden-Laser verschiedener Wellenlängen

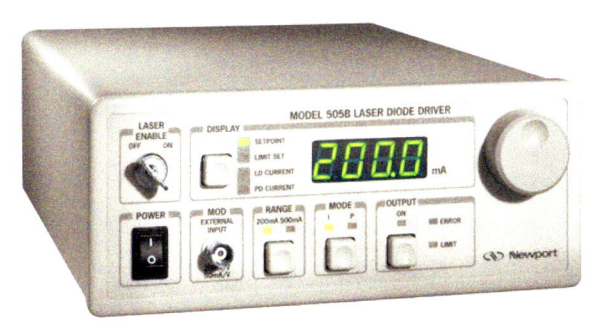

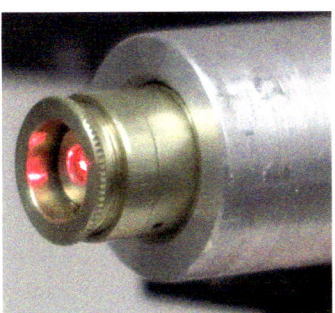

Bild 4.12 Laserdiodensteuerung (links), Laserdiode (mittig, vergrößerte Darstellung), Laserdiode mit Gehäuse (rechts, vergrößerte Darstellung)

Die angeregten Ionen kehren in den niedrigsten Energiezustand zurück und emittieren dabei rotes Licht. Die elektronischen Übergänge können aber in jedem der dicht beieinander liegenden Schwingungszustände enden, wodurch das Licht mit vielen Wellenlängen emittiert wird. Hier kann eine gewünschte Wellenlänge über die Winkelverstellung an einem optischen Gitter ausgewählt werden.

4.4.3 Gaslaser

Das Lasermedium eines Gaslasers kann ein reines Gas (Argon (Ar), Xenon (Xe), Krypton (Kr), Neon (Ne)), ein Gasgemisch (Helium/Neon oder Molekulargase (Kohlendioxid CO_2)) oder Metalldampf sein und befindet sich zu diesem Zweck normalerweise in einem zylindrischen Gefäß aus Glas oder einem Quarzrohr. Die zwei Spiegel, die den Laserresonator bilden, sind außerhalb dieses Gefäßes angebracht. Gaslaser werden mit UV-Licht, Elektronenstrahlen, elektrischem Strom oder über chemische Reaktionen gepumpt. Der Gasentladungslaser kann in den Ausführungen gepulster Laser oder Dauerstrichlaser betrieben werden. Laseraktive Wellenbereiche sind:

- IR-Bereich (infrarot: > 680 nm)
- UV-Bereich (ultraviolett: < 420 nm)
- sichtbarer Bereich (430 nm–680 nm).

He-Ne-Laser

Der He-Ne-Laser war der erste Gaslaser der in größerem Umfang eingesetzt wurde. Der Erfolg des Lasers beruhte auf dem Prinzip der kontinuierlichen Strahlung. Er ist nach wie vor sehr beliebt für den experimentellen Einsatz, da er sehr genau arbeitet und eine hohe Betriebssicherheit aufweist. Der Helium-Neon-Laser ist bekannt für seine Frequenzstabilität, Farbreinheit und minimale Strahlaufweitung.

Das Laserlicht des He-Ne-Gaslasers liegt im sichtbaren roten Bereich bei einer Wellenlänge von 632,8 nm. Das Lasermaterial dieses Gaslasers besteht aus den beiden Edelgasen Helium und Neon (He : Ne = 10 : 1). Die Gase befinden sich im sog. Laserrohr. Um die gewünschte Entladung erreichen zu können, muss das Gas im Rohr einen geringen Überdruck von 1,3 mb aufweisen. Technisch von Bedeutung sind die hohe Lebensdauer (≤ 1–2 Jahre im Dauerbetrieb) und die leichte Justierbarkeit (Bild 4.14).

Die Anregung läuft folgendermaßen ab: Durch Elektronenstöße werden die Helium-Atome primär angeregt und übertragen ihre Energie durch Stöße der zweiten Art auf die laseraktiven Neonatome. Die angeregten Neonatome streben nach einem stabileren, energieärmeren Zustand.

Das allgemeine Ablaufschema kann wie folgt dargestellt werden (Bild 4.15):

1. $He + e_{kin} \rightarrow He^* + e$ (Stoß 1. Art)
2. $He^* + Ne \rightarrow Ne^* + He$ (Stoß 2. Art)
3. $Ne^* \rightarrow Ne + h \cdot \nu_{Laser}$

Der Ausdruck $h \cdot \nu_{Laser}$ Laser steht hier für die Energie des Laserphotons und Ne^* bezeichnet den angeregten Zustand des Atoms, d. h. dass kinetische Energie umgesetzt wurde. Dabei sind drei verschiedene Übergänge möglich, die durch die folgenden Formeln beschrieben werden:

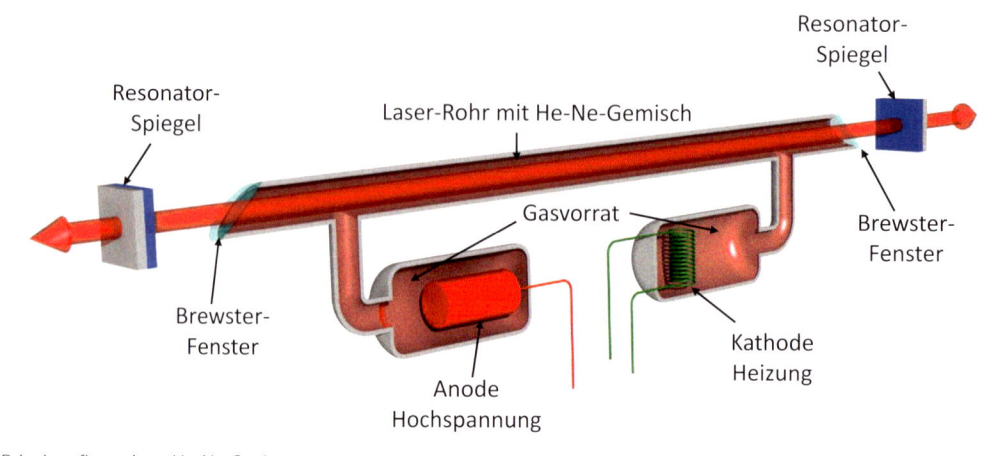

Bild 4.14 Prinzipaufbau eines He-Ne-Gaslasers

4.4 Laser und Lasersysteme

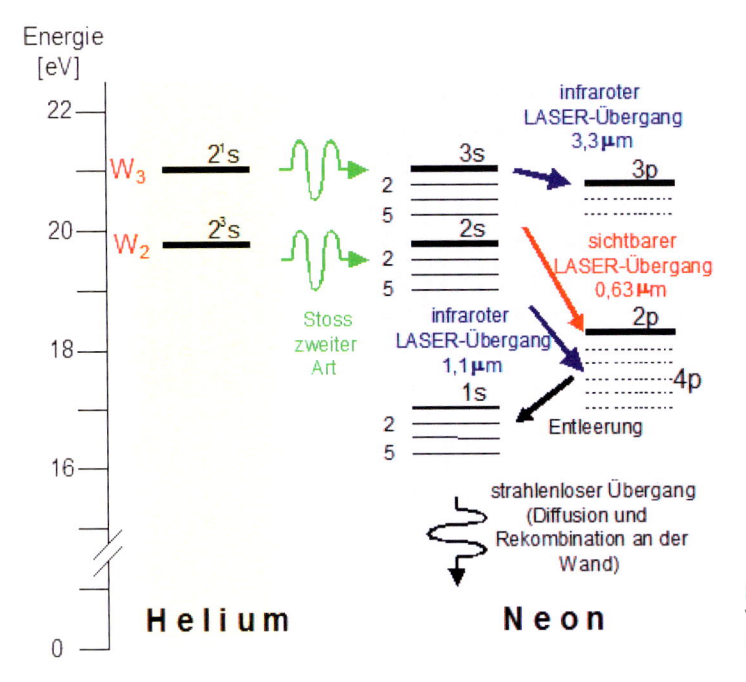

Bild 4.15 Vereinfachtes Termschema eines He-Ne-Laserverstärkers

- I. Erwünschter sichtbarer Laserübergang (Zielablauf):

  1. $He + e_{kin}(21eV) \rightarrow He^*(2^1s) + e$
  2. $He^*(2^1s) + Ne \rightarrow Ne^*(3s_5) + He$
  3. $Ne^*(3s_5) \rightarrow Ne(2p_1) + h \cdot \nu_{Laser}$

  Dabei entspricht $h \cdot \nu_{Laser}$ der Wellenlänge des Lasers mit $\lambda = 633$ nm. Dies ist die induzierte Emission.

- II. Unerwünschte infrarote Laserübergänge: ($\lambda = 1{,}1$ μm)

  1. $He + e_{kin}(<20eV) \rightarrow He^*(2^3s) + e$
  2. $He^*(2^3s) + Ne \rightarrow Ne^*(2s_5) + He$
  3. $Ne^*(2s_5) \rightarrow Ne(2p_4) + h \cdot \nu_{spontan}$

- III. Unerwünschte infrarote Laserübergänge: ($\lambda = 3{,}3$ μm)

  1. $He + e_{kin}(21eV) \rightarrow He^*(2^1s) + e$
  2. $He^*(2^1s) + Ne \rightarrow Ne^*(3s_2) + He$
  3. $Ne^*(3s_2) \rightarrow Ne(3p_1) + h \cdot \nu_{spontan}$

Hierbei stellt $h \cdot \nu_{spontan}$ die spontane Emission dar. Alle drei Übergänge haben noch die abschließende Entleerung gemeinsam, die sich wie folgt verhält:

  4. $Ne(2p_1\,2p_4\,3p_1) + Wand \rightarrow Ne + warme\ Wand$

Bild 4.16 He-Ne-Laser (1,0 mW)

Stabilisierung des He-Ne-Lasers

Im Allgemeinen schwingt der He-Ne-Laser auf mehreren Resonatormoden gleichzeitig. Das Problem liegt nun darin, dass aus verschiedenen Gründen die Frequenz der Moden schwankt:

- Luftdichteschwankungen
- Dichtefluktuation in der Gasentladung
- Änderung des geometrischen Spiegelabstandes durch Wärmeausdehnung oder mechanische Verbiegung.

Dadurch bedingt ändert sich ständig die optische Weglänge des Resonators und damit dessen Eigenfrequenz. Beim frequenzstabilisierten He-Ne-Laser werden diese Schwankungen dadurch kompensiert, dass einer der Resonatorspiegel in Richtung der Resonatorachse beweglich montiert ist. Durch die selbständige Regelung wird dann die Spiegelstellung stets so nachgefahren, dass die optische Resonatorlänge konstant bleibt. Wenn man das Gehäuse eines He-Ne-Gaslasers von oben öffnet, so ergibt sich das in Bild 4.17 dargestellte Erscheinungsbild.

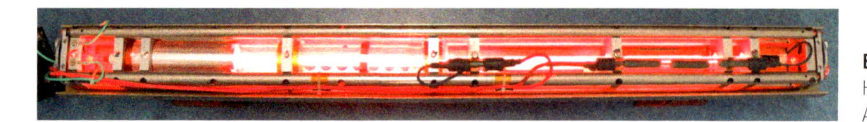

Bild 4.17
He-Ne Laser mit einer optischen Ausgangsleistung von 50 mW

Der Argon-Laser

Der Argon-Ionen-Laser (Bild 4.18) oder auch kurz Argonlaser genannt, ist ein Laser, der bei einer Wellenlänge im Bereich 488 bis 514 nm arbeitet, also im grünen Lichtbereich. Bei der Anregung des Argonlasers werden die Atome ionisiert und die Ionen angeregt. Um den Zustand der ionisierten Atome möglichst lange aufrecht zu erhalten, ohne dass diese sich entladen, wird um die Rohrwand ein Magnetfeld erzeugt. Durch das Magnetfeld und den magnetischen Fluss werden die Argonionen in der Röhre in Rotation versetzt, d. h. angeregt und erhalten so eine stabile Lage im Inneren der Röhre. Der Argonlaser arbeitet im Leistungsbereich bis 20 W.

Kohlendioxidlaser

Kohlendioxidlaser haben dagegen einen relativ hohen Wirkungsgrad zwischen 15 bis 20 % und sind mithin die leistungsstärksten Laser (10 bis 100 kW) für den Dauerbetrieb. Sie haben jedoch in der Messtechnik durch den „unreinen" Laserstrahl keine Bedeutung.

4.4.4 Flüssigkeitslaser

Die häufigsten flüssigen Lasermedien sind anorganische Farbstoffe in einem Glasgefäß. Sie werden im Pulsbetrieb mit intensiven Blitzlampen oder im Dauerbetrieb mit einem Gaslaser gepumpt. Die Frequenz eines durchstimmbaren Farbstofflasers kann mithilfe eines im Resonatorraum befindlichen Glasprismas eingestellt werden. Das Material muss allerdings eine bestimmte Bedingung erfüllen; es kann also nicht jedes Material als Lasermaterial verwendet werden. Die für den Aufbau eines Lasers geeigneten Stoffe müssen in der Lage sein, durch Anregung elektromagnetische Strahlung abzugeben und zu verstärken.

4.4.5 Weitere Laser

Prinzipiell kommen noch weitere Laser zum Einsatz. Hierzu zählen:
- Farbstofflaser
- Freie-Elektronen-Laser (kurz: FEL)
- chemische Laser
- Röntgenlaser
- Krypton-Laser
- Stickstoff-Laser.

Auf eine nähergehende Beschreibung wird hier jedoch verzichtet, weil sie für die industrielle Messtechnik eher unbedeutend sind und somit hier auf die einschlägige Literatur verwiesen wird.

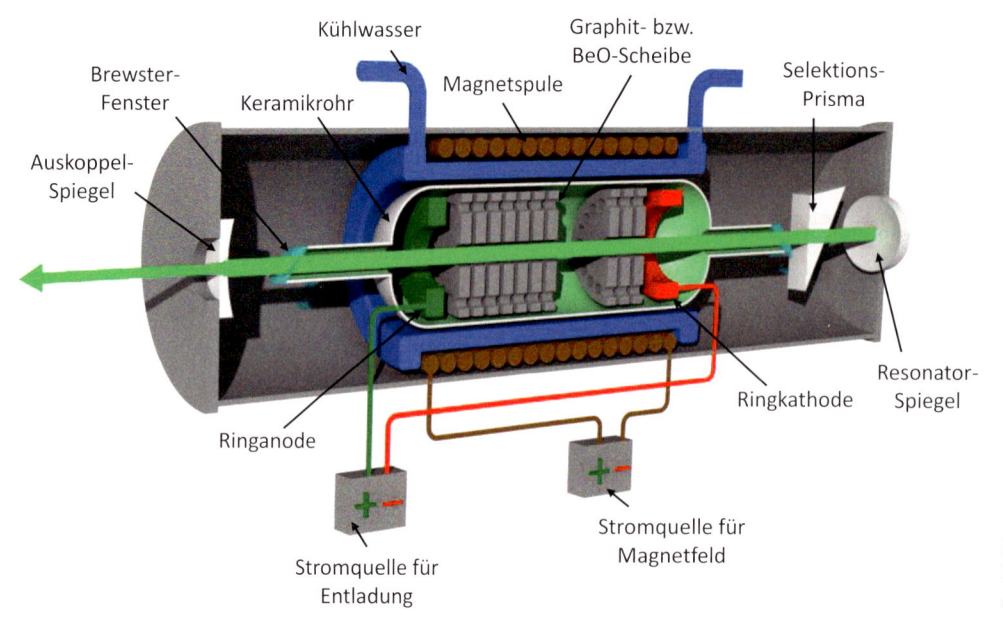

Bild 4.18
Prinzipaufbau des Argon-Ionen-Lasers

5 Grundlagen der Interferometrie

Entsprechend der Maxwell'schen Gleichungen kann Licht und insbesondere Laserlicht als elektromagnetische Welle betrachtet und beschrieben werden.

Im eigentlichen Sinne wird Licht als der Teil des Spektrums bezeichnet, der für das menschliche Auge empfindlich ist. Dieser Teil erstreckt sich über einen Wellenlängenbereich von ca. $\lambda = 380\text{--}780$ nm. Die elektromagnetische Wellenbeschreibung des Lichts reicht für die Betrachtung der Ausbreitungs-, Beugungs- und Interferenzerscheinung aus.

Das Licht ist eine besondere Form der Transversalwelle. Es schwingen ein elektrischer und ein magnetischer Feldstärkevektor und zwar senkrecht zur Ausbreitungsrichtung.

Der mathematische Zusammenhang zwischen Auslenkung a, Ort z und Zeit t bei einer harmonisch angeregten Welle ist in der folgenden Gleichung wiedergegeben. Ein Oszillator an einem beliebigen Ort der Welle schwingt zeitlich verschoben mit der gleichen Frequenz. Seine Phase ist also gegenüber der Schwingung im Erregungspunkt um $\Delta t = z/c$ verzögert, mit c als Lichtgeschwindigkeit im Vakuum:

$$a[t,z] = A_p \cos(\omega t - kz + \Phi_0)$$

In der Gleichung bedeuten weiterhin:

A_p – Amplitude
ω – Kreisfrequenz
Φ_0 – Nullphasenwinkel
k – Wellenzahl $k = 2\pi/\lambda$
z – Ausbreitungsrichtung

Man erkennt deutlich das Charakteristikum der Welle, nämlich die zeitliche und räumliche Periodizität.

Das Prinzip der optischen Interferometrie besteht in der Erzeugung zweier oder mehrerer kohärenter Teilwellen, die sich nach dem Durchlaufen verschiedener Weglängen wieder überlagern. Interferenzerscheinungen beim Licht lassen sich somit nur aus seinem Wellencharakter erklären. Messinstrumente, in denen die kohärente Teilung und Wiedervereinigung der Wellen zum Zweck einer interferometrischen Überlagerung erfolgt, werden Interferometer genannt.

Im Folgenden sollen zwei kohärente Teilwellen a_1 und a_2 mit:
$\Phi_1 = k \cdot z_1$ und $\Phi_2 = k \cdot z_2$ unter der Voraussetzung $\omega_1 = \omega_2 = \omega$ und $\Phi_{01} = \Phi_{02} = 0$ superponiert werden. k ist hierbei die Wellenzahl, ω die Kreisfrequenz, Φ die Phase und A die a Auslenkung:

$$a_1[t,z] = A_{p1} \exp i(\omega t + \Phi_1)$$
$$a_2[t,z] = A_{p2} \exp i(\omega t + \Phi_2)$$

Die Addition der beiden Gleichungen (oben) und die Bildung des Betrages, da dieser eine positive reelle Zahl darstellt, liefert die resultierende Auslenkung:

$$a_r^2[z] = A_{p1}^2 + A_{p2}^2 + 2A_{p1}A_{p2}\cos(\Phi_2 - \Phi_1)$$

Aus der obigen Gleichung ist zu erkennen, dass diese nur noch von der räumlichen Periodizität der Welle abhängt. Das ist für die interferometrische Messtechnik von entscheidender Bedeutung, da die hier verwendeten Verfahren nur zeitlich gemittelte Werte über eine größere Anzahl von Schwingungen registrieren können. Dabei ist es ohne Bedeutung, ob als Speichermedium ein Film oder ein CMOS- bzw. CCD-Target verwendet wird, denn aufgrund der extrem hohen Frequenz des verwendeten Laserlichtes $\Omega \approx 10^{15}$ Hz ist eine direkte Beobachtung des elektrischen Feldes nicht möglich. Die einzige messbare Größe ist somit nur die Intensität I. Diese ist proportional dem Quadrat der Amplitude der Teilwellen, wobei a^* die konjugiert komplexe Teilwelle darstellt:

$$I \sim A_p^2 = a \cdot a^*$$

Das bedeutet, dass sich bei der Interferenz von zwei Teilwellen mit der Phasendifferenz $\Delta\Phi = \Phi_2 - \Phi_1$ folgende Intensität ergibt:

$$I_{1,2} = I_1 + I_2 + 2\sqrt{I_1 \cdot I_2}\cos\Delta\Phi$$

In der praktischen Anwendung interferieren eine Vielzahl von Teilwellen, deren resultierende Amplitudenquadrate die gemessene Intensität in jedem Punkte des Aufnahmemediums ausmacht. Bei gleicher Amplitude der verwendeten Teilwellen erhält man nachfolgend die grundlegende Gleichung:

$$I_{ges} = 2 \cdot a^2 \cdot (1 + \cos\Delta\Phi)$$

Die Interferometrie ist die Grundlage vieler Verfahren und findet in vielen Bereichen der optischen Messtechnik Verwendung. Außer den erwähnten Verfahren zählen die folgenden Methoden zu den Wichtigsten:

- Speckle-Interferometrie
- Phasenschiebeverfahren
- Weißlicht-Interferometrie
- Radar-Interferometrie
- Very Long Baseline Interferometry (Astronomie).

Mit interferometrischen Messverfahren können z.B. Längen sehr viel genauer als auf eine Lichtwellenlänge im Bereich von 10^{-6}–10^{-7} m gemessen werden. Der Nachweis von Abständen oder Längenänderungen bis herunter zu 1 Angström (10^{-10} m, entspricht etwa einem Atomdurchmesser) ist schon möglich. Zurzeit liegt der Rekord unterhalb von 10^{-20} m, was dem Durchmesser von Atomkernen entspricht.

Wenn Massen beschleunigt bewegen, erzeugen sie wellenartige Störungen der Raumzeitgeometrie, sogenannte Gravitationswellen. Beim Durchqueren einer Gravitationswelle eines Raumgebiets kommt es zu einer kurzfristigen, rhythmischen Stauchung und Dehnung des Raums. Der Abstand zwischen den Objekten, die einen Kilometer voneinander entfernt sind, ändert sich nur um ein Tausendstel des Durchmessers eines Photons. Dieser Effekt wurde bereits von Albert Einstein vorhergesagt. Basierend auf dem klassischen Prinzip eines Michelson-Interferometers versuchen die Forscher diese Gravitationswellen zu messen. Weltweit gibt es derzeit vier Anlagen, die nach diesem Prinzip arbeiten. Der erste Nachweis der Gravitationswellen gelang im Jahre 2015.

Dazu gehört das deutsch-britische Projekt GEO600 in der Nähe von Hannover. Mit diesen Anlagen wird versucht Längenänderungen von 10^{-20} m zu messen.

Ein Messgerät, das auf der Basis der Interferometrie aufbaut, ist das oben erwähnte Michelson-Interferometer (Bild 5.1). Mit diesem ist es möglich, Weglängen, Kohärenzlängen, Schwingungen (Erläuterungen hierzu später) usw. zu messen. Es findet daher in vielen Laboren Verwendung. In der Praxis wird ein erzeugter Laserstrahl mithilfe eines Strahlteilers geteilt. Beide Teilstrahlen durchqueren dann senkrecht zueinander die Messstrecke und werden an Spiegeln reflektiert. Die reflektierten Strahlen werden anschließend wieder zusammengeführt und in einem gemeinsamen Punkt auf einem Photodetektor überlagert. Hier entsteht dann ein sogenanntes Interferogramm.

Bild 5.1 Michelson-Interferometer aus dem Technikum OGKB

Durch die hohe Empfindlichkeit wird das Michelson-Interferometer auch in der Seismologie zur Messung von Erdstößen eingesetzt.

6 Allgemeines zu flächendeckenden Prüf- und Messverfahren, Einführung

Die ständig steigenden Ansprüche an die Qualität von Produkten erfordern immer häufiger zerstörungsfreie Prüf- und Messmethoden. Dabei wird nicht selten eine 100%-Kontrolle verlangt. Zusätzlich soll die Prüfung im Produktionszyklus der Fertigung integriert werden können und einfach zu handhaben sein. Bauteile sowie ganze Systeme müssen in immer kürzeren Zeitabständen entwickelt und zur Serienreife gebracht werden. Für monatelange, aufwendige Erprobungen von Prototypen fehlt heutzutage die Zeit. Aussagen über die Beschaffenheit, die Einsatzfähigkeit und somit über die Qualität einzelner Komponenten sowie ganzer Strukturen müssen in kürzester Zeit getroffen werden können. Häufig reicht dazu eine rein qualitative Beurteilung bereits aus.

Vielfach verwendete mechanische Prüf- und Messmethoden wie z.B. Lehren, Taster, Dehnungsmessstreifen usw. sind zu aufwendig oder erlauben nur eine lokale Messung. Eine Interpolation solcher Daten auf die Gesamtstruktur sind sehr schwierig und auch sehr vage.

Notwendige getroffene Randbedingungen erweisen sich häufig als falsch und die Ergebnisse haben mit der Realität nur noch wenig gemein. Abhilfe schaffen hierbei ganzflächige Prüf- und Messverfahren. Hierzu zählen im Wesentlichen:

- Reißlackverfahren (wird heute nur noch in Ausnahmefällen angewandt)
- Thermografieverfahren, thermografischen Spannungsanalyse
- Spannungsoptik
- Moirè-Technik
- holografische Interferometrie
- Speckle-Verfahren (ESPI[1], ESPSI[2])
- Topometrie (Triangulation, Lichtschnittverfahren)
- Photogrammetrie
- Korrelationsverfahren
- Terahertztechnologie
- Photo-Stress-Verfahren.

Bereits 1932 wurde das Reißlackverfahren oder auch Dehnungslinienverfahren von O. Dietrich und E. Lehr vorgestellt. Dabei wird ein besonderer Lack mit einem wesentlich höheren Elastizitätsmodul als das zu untersuchende Bauteil auf die Oberfläche aufgetragen. Bei Belastung des Objekts reißt der Lack entsprechend der Oberflächendehnung auf und bildet die sogenannten Dehnungslinien aus. Eine quantitative Auswertung ist jedoch nicht möglich, sodass sich diese Methode nicht durchsetzen konnte.

Der Einsatz der Thermografie hingegen beruht u.a. auf der Tatsache, dass sich dynamisch belastete Bauteile an den Stellen maximaler Belastung stärker erwärmen als weniger beanspruchte Bereiche. Mithilfe einer speziellen temperaturempfindlichen Kamera können die Stellen erhöhter Wärmeabstrahlung detektiert und analysiert werden. Eine direkte numerische Auswertung ist jedoch nur bedingt möglich. Die Auflösung beträgt ca. 0,1 Kelvin.

Im Gegensatz gilt hierzu die Spannungsoptik als ein flächenmäßiges Auswerteverfahren, das es erlaubt, Hauptdehnungsdifferenzen in Form von Isochromatenverläufen sichtbar zu machen. Voraussetzung ist die Verwendung eines transparenten doppelbrechenden Materials, wie z.B. Araldit, aus dem Modelle angefertigt werden. Diese werden anschließend belastet und mit zirkular polarisiertem Licht durchstrahlt, sodass die Isochromaten sichtbar werden. Der Messbereich der Dehnungsdifferenz liegt zwischen 0,03 und 20%.

Das Moirè-Verfahren zur flächenmäßigen Verformungsmessung wurde erstmals von A. Rigi angewandt und wird auch heute noch dank digitaler Bildverarbeitung eingesetzt. Bei der Moirè-Technik wird auf das Objekt ein Gitter projiziert, das sich bei der Verfor-

---
[1] ESPI: Electronic Speckle Pattern Interferometry
[2] ESPSI: Electronic Speckle Pattern Shearing Interferometry

mung des Objekts infolge Belastung verändert. Die Gitter im Grundzustand und im belasteten Zustand des Objekts werden überlagert und es entstehen sogenannte Moirè-Streifen, die Rückschlüsse auf die Verformung liefern und quantitativ ausgewertet werden können. Abhängig von den verwendeten Gittern lassen sich Verformungen oberhalb von 10 µm messen.

Durch den Aufbau des ersten funktionierenden Lasers von Theodor Mayman[3] 1960 und durch die Entdeckung der Holografie von Dennis Gabor[4] bereits 1948, ist eine explosionsartige Entwicklung der interferometrischen Messtechnik entstanden. Interferometrische Mess- und Prüfmethoden zählen zu den genauesten und auch empfindlichsten Verfahren der heutigen Messtechnik. Sie werden in vielen Bereichen der Forschung und der industriellen Anwendung genutzt. Doch obwohl die Holografie, wie bereits erwähnt, schon 1948 entdeckt wurde, hat sie bis auf gepulste Systeme das Laborstadium nie verlassen. Die Gründe hierfür liegen in der Sensibilität des Verfahrens und der daraus resultierenden Schwingungsisolierung des gesamten optischen Aufbaus inklusive des zu untersuchenden bzw. zu beobachtenden Objekts. Bei der holografischen Interferometrie wird das Bauteil im unbelasteten und belasteten Zustand im Doppelbelichtungsverfahren aufgenommen und mit einer Referenzwelle überlagert. Hierbei bilden sich Makrointerferenzstreifen, die Rückschlüsse auf die Verformung liefern. Der Messbereich der holografischen Interferometrie liegt zwischen 0,1 und 100 µm. In den letzten Jahren ist dank der digitalen Bildverarbeitung die Speckle-Interferometrie mehr und mehr in den Vordergrund getreten. Der Messbereich der ESPI-Technik liegt im Bereich zwischen 0,5 und 100 µm bzw. bei der ESPSI-Technik zwischen 10^{-4} und 1 %. In den entsprechenden Kapiteln werden beide Verfahren einander gegenübergestellt und näher erläutert.

Die Terahertz (THz)-Strahlung vereint einige Vorteile der angrenzenden spektralen Bereiche und zeichnet sich durch ein hohes Durchdringungsvermögen für nichtleitende Werkstoffe aus. Sie ist energiearm (Wellenlänge: 3 mm – 30 µm, 10^{11} – 10^{13} Hz) und daher nicht gesundheitsschädlich. Sie durchdringt die meisten Kunststoffe sowie Papier, Kleidung und Halbleiter. Hingegen wird sie von Wasser absorbiert und von Metallen reflektiert. Je nach gewähltem Frequenzbereich lassen sich einzelne Punkte (Defekte) von etwa 1 mm Durchmesser auflösen. Schichtdicken bzw. eine Oberflächenanalyse ist allerdings mit einer Genauigkeit von bis zu 10 Mikrometern möglich.

Auf diese und weitere Verfahren wird im Rahmen dieses Buches ausführlich eingegangen und viele Anwendungsbeispiele gezeigt (z. B. Bild 6.1).

---
3 Baute den ersten Festkörperlaser (Rubin) 1960.
4 Erhielt 1971 den Nobelpreis für Physik für seine Entdeckung des Prinzips der Holografie.

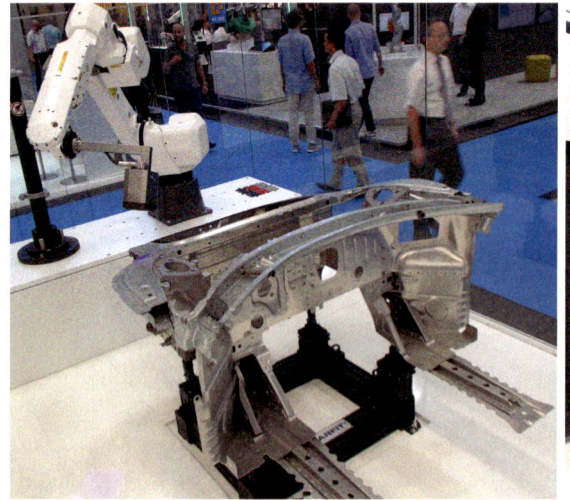

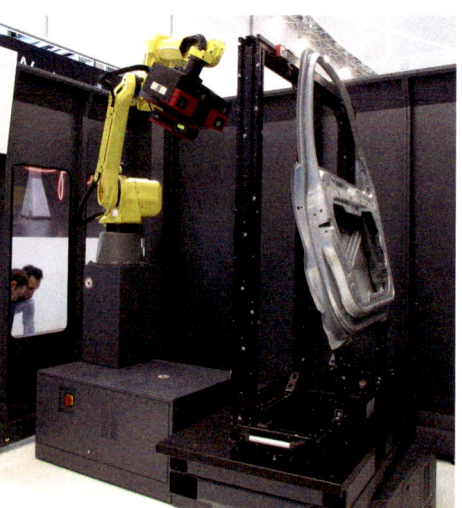

Bild 6.1 Beispiel: Optische Serienüberwachung in der Automobilindustrie, Roboter mit Streifenlichtsensor (Firma Zeiss, links und Firma GOM rechts)

7 Literaturverzeichnis zu Teil XII

Koch, A. W.; Rupprecht, M. W.; Toedter, O.; Häusler, G.: Optische Messtechnik an technischen Oberflächen, Expert Verlag, 1998

Kuchling, H.: Taschenbuch der Physik, 21. Auflage, Fachbuchverlag Leipzig im Carl Hanser Verlag, 2014

Naumann; Schröder; Löffler-Mang: Handbuch Bauelemente der Optik, Hanser Verlag., 7. Auflage, 2014

Rastogi, P. K.: Optical Measurement Techniques and Applications, Arthech House, Inc., 1997

Rajpal S. Sirohi; Fook Siong Chau: Optical Methods of Measurements, Wholefield Techniques, Marcel Dekker, Inc., 1999,

Schröder, G.: Technische Optik, Vogel Verlag, 7. Auflage, 1990

Stichwortverzeichnis

Symbole

3D-Formprüfinterferometrie *165*
3D-Koordinatenmesssystem *79*
3D-Koordinatenmesstechnik *90*
3D-Oberflächenerfassung *9*
3D-Oberflächeninspektion *360*
3D-Profilometer *363*
3D-Qualitätsprüfung *70 ff.*
3D-Vermessung *6 ff.*

A

Abbildungsfehler bei Linsen *642*
Abbott-Kurve *344*
Abdichtung *128*
Abstandsmessung *153, 419*
– interferometrische *423*
– konfokale *434*
– kosmische *439*
Additive Fertigungsverfahren *121*
Anemometer *262*
Antriebswelle *42*
archäologische Messobjekte *57*
Arithmetischer Mittenrauwert *346*
Assistenzroboter *238*
Astigmatismus *642*
ATOS Triple Scan *51*
Augenschädigung *606*
Autofelge *398*
Autofokussensor *145*
– mit Kontrastvergleich *149*
Autokarossen *311*
Automobilbau *303*

B

Banddickenmessung *104*
Bandstrahlungspyrometer *244*
Batterietechnologie *241*
Baugewerbe *102*
Bauteiloptimierung *385*
Bauteilprüfung in der Serienproduktion *574*
Bauteilvermessung *156*
Bauthermografie *222*
Beugung *632*
Biegeprobenverformung *471*
Biegeprozess *18*
Bierfässer
– thermografische Kontrolle *232*
Bildfeldwölbung *643*
Bildkorrelation
– in der Fahrzeugindustrie *479*
– zur Verformungsmessung *467*
Bildkorrelation *305, 409*
Bildzuordnung *306*
Blechkonstruktionen *311*
Blechteilvermessung *38, 53*
Blende *649*
BMW-Cabriolet *83*
Bohrlöcher *28*
Bolometerkameras *220*
Bragg-Reflexion *253*
Bragg-Wellenlänge *253*
Brechung *632*
Brechzahlen *633*
Bremssattelverformung *456*
Brennstoffzellentechnologie *241*
Brillengläser
– SPO-Untersuchung *383*

C

CFK-Platte
– shearografische Untersuchung *565*
chromatisch-konfokales Messverfahren *125*
Chromatische Aberration *642*

Clay-Modell *61*
CMM-Scanner *23*
Codierverfahren *47f.*
Cognitens-System *65*
Computertomografie *535*
- dreidimensionale *540*
- zweidimensionale *540*
Creaform *22*

D

Dark-Lockin-Thermografie *523*
Deflektometrie *184*
Deformationen *447*
Dehnungsmessstreifen *447*
Dehnungsmessung *374*
Detektion von Fehlstellen *514*
DGV *288*
Dichtelemente *128*
Dichtigkeit *216*
Dichtringe *512*
Dickenmessung *102f.*
Dispersionsprisma *644*
Distorsion *643*
DMS *374*
DMS *Siehe* Dehnungsmessstreifen *447*
Doppler Global Velocimetry *288*
Dopplereffekt *262*
Druckbehälteruntersuchung *482*
Druckgussformen
- Steuerung der Temperaturverteilung *231*
Durchlicht Polariskop *379*
Durchlichtverfahren
- spannunsoptisches *378*

E

Ebenheitsprüfung *170*
Eindringprüfung *502*
Eindringtiefe
- thermische *557*
Einspritzinjektoren *547*
Einzelpulsmessung *427*
Elektroanlagen
- thermografische Untersuchung *224*
Elektrobauteile
- thermografische Untersuchung *223*
Elektronikplatine
- Vibrationsanalyse *320*

Ellipsometrie *162*
Emissionsgrad *217*
Emissionsgrade von Materialien *218*
Endoskop *659*
Entfernungsmessung *153*
ESPI *313*

F

Faber-Perot-Interferometer *256*
Fahrerüberwachung *237f.*
Fahrzeugbau *35*
Fahrzeugdesignmodell *61*
Fahrzeuginnenraumvermessung *57*
Fahrzeugvermessung *73*
Falschfarbendarstellung *28, 31*
Falschfarbenvergleich *69*
Faser-Bragg-Gitter *253*
Faserkeramik *531*
faseroptischer Sensor *251*
faseroptisches Messsystem *252*
Faserverbundbauteile *549*
Faserverbundwerkstoff *531, 533*
Faserverbundwerkstoff-Inspektion *529*
Faserverbundwerkstoffprüfung *525*
Fassungen
- optischer Bauelemente *652*
Fenstervermessung *95*
Fertigungskontrolle *215*
Festkörperlaser *667*
Filtered Rayleigh Scattering *291*
Flugzeugbau *25, 66, 305*
Flugzeuginnenraum *21*
Flugzeuginspektion *138*
Flugzeugrumpf-Kontrolle *527*
Flugzeugtüruntersuchung *481*
Flugzeugvermessung *197*
Fluidmechanik *279*
Fluidströmungsuntersuchung *290*
Flüssigkeitslaser *672*
Flächenmessung *170*
Flächenrückführung *62*
Fokus-Variation *179*
Fokusvariationsverfahren *359*
Folienvermessung *103*
Formabweichungen *38*
Formel 1TM *73*
Formenbau *61*
Formerfassung *3*

Formtoleranzen *338*
Foucault-Methode *146*
FPA-Bolometerkameras *220*
Frequenzcodierung *47*
FRS *291*

G

Gaseinschluss-Detektion *524*
Gaseous Image Velocimetry *278*
Gaslaser *670*
Gebissabdruck *55*
Gebäudethermografie *215*
Gefühlszustände detektieren *237*
Geodäsie *438*
Geometriemessung *51*
Gesamtstrahlpyrometer *244*
Geschwindigkeitsmessung *419*
Gesenkformen *36*
Gestaltabweichungen *338*
Getriebegehäuse *70*
Gewindebohrervermessung *360*
Gewindeschneidplatte *116*
Gießpfannenüberwachung *227*
GIV *278*
Glasfaser *251*
Glasfaserkabel *655*
Global Phase Doppler *290*
Glühfadenpyrometer *245*
Gläseraufnahmen *654*
Glättung *16*
Glättungstiefe *342*
GPD *290*
Grauwertbild *307*
Großraumpumpe
– thermografische Untersuchung *223*
Gummibahnen *102*
Gussrohre
– Geometriekontrolle *17*

H

Hautschädigung *607*
HDPIV-Prinzip *277*
Helikopter-Rotorblätter
– shearografische Inspektion *568*
Helix-Computertomografie *541*
hochpräzise Bauteilen *33*
Hodometer *420*

Holografie
– in-plane *454*
– zur Spannungsmessung *404*
– zur Verformungsmessung *451*
Holografie *159, 311*
Holografie zur Schadensdetektion *576*
Holografische Mikroskopie *579*
Hologramme *312*
Holzfaserverbundwerkstoff *550*
Holzplattenvermessung *192*
Honda Civic *63*

I

Illuminated-Lockin-Thermografie *523*
IMI *292*
Implantate *36*
Implantate-Untersuchung *394*
Impulslaufzeitverfahren *194*
Infrarotkameras *215*
Infrarotthermografie *215*
Instandhaltung
– thermografische Untersuchung *225*
Instrumententafel-Inspektion *530*
Interferometric Mie Imaging *292*
Interferometric Particle Imaging *290*
Interferometrie *172, 673*
– heterodyne *155*
– homodyne *154*
Interferometrische Mehrwellenlängen-Kinematographie *293*
Interferoskop *567*
IPI *290*
Isochromaten *381*
Isoklinen *381*
Istoberfläche *338*

J

Jagdwaffenvermessung *58*
Jochprofilträger *19*

K

Kalibrierung von optischen Systemen
– Normen *599*
Karossenvermessung *25*
Karosserieteile *25*
Karosserieteilevermessung *65*

Kegelrollen *134*
keramischer Kühlkörper *512*
Kerbwirkungsuntesuchung *385*
Kleinstrukturenvermessung *50*
Klimakammer *491*
Kohärenztomografie *111*
Kollisionsanalyse *56*
Konfokalmikroskopie *365*
Konoskopie *159*
Koordinatenmessgeräte
– Normen *598*
Koordinatenmesstechnik *78*
Kraftmessaufnehmer *316*
Kraftstoffzerstäubung *286*
Kranhakenmodell *383*
Kreisscheibe *385*
Kugellager *387*

L

L2F *272*
Lagergehäuse *71*
Lagerringe *135*
Lagetoleranzen *338*
Lamb-Wellen *584*
Laminografie *541*
Langbasisinterferometrie *439*
Laser Doppler Velocimetry *265*
Laser Flow Tagging *278*
Laser Speckle Velocimetry *277*
Laser-2-Fokus Anemometrie *272*
Laser-Doppler-Anemometrie *265*
Laser-Shearografie *561*
Laserdistanzmessung *426*
Laserprofilsensoren *103*
Laserraum *616*
Laserscanner *24f.*
Laserscanning
– terrestrisches *193*
Laserscantechnik *42*
Laserschutz *605*
Laserschutzbeauftragter *611*
Laserschutzbrille *619*
Laserschweißnaht-Inspektion *528*
Laserstrahlung *605*
– Klassifizierung *609*
Lasertechnik *661*
Lasertracer *136*
Lasertriangulation *430*

Laservibrometer *303f.*
Laservibrometrie *303, 582*
LDA *265*
LDV *265*
Lederprobe *527*
Leica Absolute Tracker *141*
Leichtbau *545*
Licht *630*
Lichtschnittsensor *11*
Lichtwellenleiter *655*
Linienrauheit *340*
Linsen *639*
Linsenvermessung *176*
Lockin-Shearografie *558*
Lockin-Thermografie *515, 519*
LSV *277*
Luxusyachten *95*
Längenmessung *419*

M

Magnetpulverprüfung
– Normen *598*
Magnetpulverprüfung *503*
Makyoh-Sensor *188*
Maschinenelemente *388*
Maulschlüssel *385*
Maßanalyse *545*
Mechanik-Inspektion *547*
mechanische Analyse *385*
Medizintechnik *120*
Mehrwellenlänge-Interferometrie *172*
Membranuntersuchung *487*
Messmarker *96*
Messplan *54*
Messtechnik
– nichtoptische *298*
Messverfahren
– hybride *202*
Metallband *103*
MetraSCAN 3D *26*
Michelson-Interferometer *106, 423*
– heterodynes *425*
Mikrobohrer *183*
Mikroleckagen *233*
Mikromembran-Untersuchung *579*
Mikropräzisionsfertigung *182*
Mikroskopie *128*
– konfokale *113*

Mikrostrukturen *122*
Montagekonsolen *84*
Motor
– thermografische Untersuchung *226*
Motorenentwicklung *278*
Motorhaube *309*
multisensorische Messsysteme *34*
Mustermatrix *307*

N

Nietenprüfung *25, 66*
Normen
– für Oberflächenrauheit *350*
Normen *591*

O

Oberflächenmessgeräte *367*
Oberflächenqualität *186*
Oberflächenrauheit *338, 345*
Oberflächentaster *351*
Oberflächenuntersuchungen *109*
Objektive *650*
Offshore-Windenergieanlagen *78*
Okulare *648*
Ondulationen in GFK *510*
Optik *630*
Optikkomponenten
– Fertigungsnormen *598f.*
optische Bauelemente *639*
optische Sensoren *25*
OStrV *611*

P

Parallaxe *440*
Particle Image Velocimetry *275*
Particle Tracking Velocimetry *281*
PDA *270*
Pelton-Turbine *142*
Pendelanemometer *261*
Pharmaglasmessung *390*
Phasen-Doppler-Anemometrie *270*
Phasenvergleichsmessung *428*
Phasenvergleichsverfahren *194*
Photogrammetrie *75*
– zur Verformungsmessung *488*
PIV *275*

PIV-Systeme *277*
Planar Doppler Velocimetry *288*
Planck-Länge *421*
Plancksches Strahlungsgesetz *217*
Polarisation *635*
Polarisatoren *636*
polarisiertes Licht *382*
Polygonisierung *26*
Polygonnetz *16*
PolyWorks *27, 59, 62*
Porenanalyse *546*
Potentiometer *421*
Prismen *644*
Prismeninterferometer *167*
Profillehrenmessung *30*
Prototypenentwicklung *61*
Präzisionsteile *170*
Puls-Akkumulations-Messverfahren *428*
Puls-Shearografie *559*
Puls-Thermografie *520*
Pyrometer *244*
Pyrometrie *243*

Q

Qualitätskontrolle für optische Systeme
– Normen *599*
Qualitätssicherung *63, 83*
Quotientenpyrometer *245*

R

Radbewegungen
– Hochgeschwindigkeitsmessung *322*
Radiointerferometrie *438*
Radioteleskop *439*
Raman-Streuung *251*
Rauheit *120, 133, 181*
Rauheiterfassung *118*
Rauheitskenngrößen *339*
Rauheitsmessung
– taktile *350*
Rauheitsmessung *134*
Raumfahrt
– Photogrammetrieanwendung *493*
Rautiefe *341*
Red Bull Technology *31*
Referenzstrahl-Laser-Doppler-Anemometrie *268*

Reflektionsarten *13*
Reflexion *634*
Reflexionspolariskop *393*
Reflexionsprismen *644*
Reflexionsverfahren
- spannungsoptisches *391*
Rennhelmvermessung *32*
Rennsport *26*
Resonanzfrequenzdetektion *316*
Resonanzfrequenzen *305*
Reststoffdetektion *236*
Restwandstärkeanalyse *546*
Reverse Engineering *26, 44, 93*
Riefentiefe *342*
Rissdetektion *531*
Rochon-Prisma *272*
Rohrleitungs-Detektion *566*
Rohrzange *412*
Rotorblattflansche *95*
Rotorblätterprüfung *320*
Rotverschiebung *442*
Röntgenstrahlung *537*

S

Scanarbeiten *22*
Schadensanalyse *56*
Schadensdetektion *501*
Schaftwerkzeuge *181*
Schaltschrank *225*
Schartigkeit *182*
Schattenwurfverfahren *190*
Scheibenbremsuntersuchung *407*
Scherbelastungsanalyse *414*
Schienenfahrzeuge *143*
Schiffbau *90, 572*
Schlackedetektion *235*
Schmalbandpyrometer *245*
Schneidkantenvermessung *116, 191*
Schutzmaßnahmen
- gegen Laserstrahlung *613*
Schwarzer Strahler *216*
Schweißlinien *36*
Schweißnahtkontrolle *19*
Schwingungen *297*
- mechanische *299*
Schwingungsanalyse
- bildbasierte *318*
- dynamische *316*

Schwingungsmessung *298, 301*
- faseroptische *331*
Segelyacht *572*
Shaker *316*
Shape from Shading *199*
Shearografie
- zur Spannungsmessung *400*
Shearografie *325, 461, 552*
- dynamisch angeregte *563*
- hydrostatisch angeregte *561*
- induktiv angeregte *561*
Shearografiesensor *563*
Shutter *616*
Sicherheit optischer Systeme
- Normen *599*
smartSCAN *70*
Solarpaneluntersuchung *490*
Solarspiegel *157*
Solarzellenproduktion *532*
Solarzellenüberprüfung *523*
Spalt-Bündigkeitsmessung *25*
Spaltmaßuntersuchung *67*
Spannstahlvermessung *433*
Spannungsanalyse
- thermoelastische *396*
Speckle-Pattern-Interferometrie *313*
Specklemuster *554*
Spektralinterferometrie *127*
Sphärische Abweichung *642*
Spiegel *644*
stereoSCAN *68*
Strahlteiler *651*
Strahlungsquellen *219*
StrainScope-Echtzeitpolarimeter *389*
Streifenlaserscanner *41*
Streifenmuster *185*
Streifenprojektion
- zur Verformungsmessung *484*
Streifenprojektion *44, 363*
Streifenprojektionstechniken *49*
Streulichtmessverfahren *134*
Streulichtsensor *131*
Streulichtverfahren *356*
Stroboskopie *318*
Strömungsuntersuchung *261*
Synchronringpositionierung *433*

T

Taktile Messsysteme 3
Teilchenbasierte Stoß-Visualisierung 291
Tellerfeder 480
Temperaturmessung 215
– faseroptische 249
Terahertz 506
Terahertz-Strahlung 507
Thermoelastische Spannungsanalyse 396
Thermoforming-Prozesse
– Steuerung der Temeraturverteilung 232
Thermografie 215, 514
– aktive 518
– passive 517
Thermografiekamera 220
Thermografiemesssysteme 220
Thermografiesystem 516
THz-Sensor 509
Tornadolinie 29
Tracerpartikel 274
Tragflügel
– Resonanzfrequenzuntersuchung 329
Traktorvermessung 20
Transienten-Shearografie 559
Transienten-Thermografie 520
Treibstofftank 395
Triangulation 45, 51
Triangulationsprinzip 11, 431
Triangulationssensor 101
Triggersystem 316
Truck-Vermessung 198
TSA Siehe Thermoelastische Spannungsanalyse 396
TSV 291
Turbinenlaufrad 68
Turbinenschaufeln 72
– endoskopische Untersuchung 567
Turbinenschaufel-Inspektion 530, 547
Türschließsystem
– Digitalisierung 38

U

Ultraschallanemometer 261
Ultraschallanregung 564
Ultraschallprüfung 504
Ultraschallwellen 584
Ultraschalsensoren 420
Umformvorgänge
– Formänderungsanalyse 470

Umkehrprisma 646
Urmeter 419
UV-Licht 606
Übertragungsfunktion 300
Überwachungsaufgaben 234

V

Ventilator 399
Verbrennungsprozesse 287
Verformungsmessung 449
– dynamische 473
Verkehrsüberwachung 427
Vernetzung 12
Verzerrungsausgleich 308
Vibrometrie 303
Videostroboskopie 318
Vier-Takt-Motoren 71
Vignettierung 643
Volumendigitalisierung 544
Volumenmodell 23

W

Walzenschleifen 134
Wasserkraftwerke 140, 197
Weißlichtinterferometer 107
Weißlichtinterferometrie 106, 357
Werkstoffprüfung 501
Werkzeugbau 53, 60
WheelWatch System 323
Windenergieanlagen 320
Windkraftanlagen 95, 526
Windkrafträder
– shearografische Untersuchung 570
Windschutzscheiben
– Verbau von 24
Wirbelstromprüfung 504
Wirbelstromsensoren 420
Wirbelsäulenuntersuchung 475
Wollaston-Prisma 646
Wärmebildtechnik 238
Wärmebrücken 222
Wärmeleckagen 222

Z

Zahnraduntersuchung 412
Zeitmittelungsshearografie 564

Zerspanungsuntersuchungen *239*
Zerstäubungsprozesse *285*
Zinkdruckgießerei *42*
Zoomobjektive *150*
Zuginspektion *99*

Zustandsüberwachung *229*
Zweikamerasysteme *49*
Zweistrahl-Laser-Doppler-Anemometrie *267*

Optik für Einsteiger

Hering, Martin
Optik für Ingenieure und Naturwissenschaftler
Grundlagen und Anwendungen
874 Seiten
€ 42,–. ISBN 978-3-446-44281-8

Auch als E-Book erhältlich
€ 33,99. E-Book-ISBN 978-3-446-44509-3

Dieses Grundlagenwerk über alle Bereiche der Optik sowie deren Anwendungen in Ingenieur- und Naturwissenschaften weckt ein grundlegendes Verständnis für optische Phänomene und Geräte.

Behandelt werden u. a. die geometrische Optik, Wellenoptik, Radio- u. Fotometrie, Optoelektronik, Laseranwendungen, Beleuchtungsoptik, faseroptische Anwendungen, optische Sensoren und Messtechnik sowie optische Phänomene und Täuschungen.

Angesprochen sind Studierende der Ingenieur- und Naturwissenschaften (ab 4. Semester) sowie der Informatik und Medizin; außerdem Ingenieure in der Praxis, die sich optisches Fachwissen im Selbststudium aneignen möchten.

Mehr Informationen finden Sie unter **www.hanser-fachbuch.de**